电子与电气工程丛书

电磁场与电磁波

(第2版)

Electromagnetic Field Theory Fundamentals

(Second Edition)

机械工业出版社
China Machine Press

本书是美国大学本科生电磁场理论课程的教科书。全书共分12章，主要内容有：概论、矢量分析、静电场、恒定电流、静磁场、静态场的应用、时变电磁场、平面波的传播、传输线、波导与谐振腔、天线和电磁场的计算机辅助分析等。第2版增加了有限长的无损耗传输线，并对练习题进行了整合。书中包含大量插图和例题，各章后附有练习题和习题，有助于学生对所学知识加深理解。

本书可作我国高等院校电力、电信和相关专业本科生、研究生的教材，也可供有关学科的教师科研工作者及工程技术人员参考。

北京市版权局著作权合同登记 图字：01-2005-0677 号。

图书在版编目（CIP）数据

电磁场与电磁波（第2版）/戈鲁（Guru. B. S.），赫兹若格鲁（Hiziroğlu，H. R.）著；周克定等译. —北京：机械工业出版社，2006.1（2024.7 重印）

（电子与电气工程丛书）

书名原文：Electromagnetic Field Theory Fundamentals，Second Edition

ISBN 978-7-111-07761-9

Ⅰ. 电…　Ⅱ. ①戈…　②赫…　③周…　Ⅲ. ①电磁场-理论　②电磁波-理论　Ⅳ. O441.4

中国版本图书馆 CIP 数据核字（2000）第37858号

机械工业出版社（北京市西城区百万庄大街22号　邮政编码　100037）

责任编辑：王　颖

北京捷迅佳彩印刷有限公司印刷

2024年7月第2版第14次印刷

184mm×260mm · 28.75 印张

定价：79.00 元

客服电话：（010）88361066　68326294

第 2 版译者的话

本书第 1 版的中译本自 2000 年 8 月面世之后，得到一些读者的好评。我们连年采用作为本科生教材，确认和加深了在第 1 版“译者的话”中所述的对本书优点的体会与认识。同时欣幸和赞同著者在第 2 版序言所写的如下一段话：“本书的第 1 版于 1998 年问世，被学生和教师们满意地接受。我们从学生那里收到许多评论意见，认为本书胜过另一些书的地方是写得简明，应用了日常通俗的语言，所以每个人读后，即使是电磁场最深奥的概念，也能够容易理解。”现在这本书的第 2 版与第 1 版相比，基本内容变化不大，主要是将分散在各节的练习题集中成一节，放在复习题与习题之间。此外，重新写了序言，增加了 9.2.3 节和附录 C 的部分内容。译者对照两次的英文版和经周克定、张肃文、董天临、辜承林等几位教师辛勤劳动翻译好的第 1 版中文本，逐章仔细校阅，作了一些增删；同时根据部分授课教师和若干学生用过此书后提出的意见，对某些语句作了修改和注释，以期对相关理论和概念更加容易明白。并在第 2 版的中译本中，将物理量的矢量和相量改用国内书刊较为普遍采用的表示方法，如电场强度 $\boldsymbol{E}$，E_x，$\dot{\boldsymbol{E}}$ 等。由于能力有限，时间较紧，考虑不周和不妥当之处仍旧难免，恳请读者指正批评。

周克定

2005 年 8 月 15 日于武汉

第1版译者的话

本书是美国大学本科生电磁场理论课程的教科书。内容编排系统合理，概念定律叙述清楚，分析由浅入深，逻辑性很强，问题的提出富有启发性。根据我们的初步体会和不完全认识，概括提出以下几个特点。

(1) 不仅传授科学知识，还与读者有思想上的沟通。多处向学生灌输信念，希望对学习电磁场排除心理障碍；提醒学生要有勇气和毅力，克服当前学习过程中的困难，培养战胜将来生活道路中更大困难的意志和能力。作者还表示要把这本书写得与学生"友好"，所以尽量将深奥的理论陈述得通顺易懂，还不时介绍一些学习经验。告诉学生要理解所讨论问题的实质意义，不要满足于文字表面上的熟悉；要加深对基础理论的领会，不忙于追求公式和结论。

(2) 对一些问题的阐述，做到由表及里，深刻严密。如位移电流概念的建立和电流连续性方程的推导；满足麦克斯韦四个方程是电磁场能够存在的必要条件的论证；矢量和单位矢量在不同正交坐标系之间的变换与运算等都写得很有特色。同时还用对比分析等方法，加深印象，如从不同的出发点建立完整的麦克斯韦方程组，用两种观点求电磁能量公式等，都有助于使学生拓宽思路，扩大视野，了解一些问题的来龙去脉。

(3) 为了巩固和加深对基本概念和定律的理解，书中用了大量的插图和例题与习题。例如第5章(讲静磁场)并不是图和题最多的，但也有插图52幅，例题22个，练习题32个和复习题40个分布于各节中，章末还有习题50个，真可以说是图文题并茂。并且作者在各章精心选择配置的图与题是全书不可缺少的组成部分。因为有些理论是用插图和例题表达和阐明的；有些公式是在例题中推导建立的。特别是作者提出一种描述传输线上电压电流瞬变过程的所谓格子图(lattice diagram)或称跳跃图(bounce diagram)，对电压电流的变化，定时定量，一目了然，很有新意。

(4) 注意理论联系实际，联系工程规范。书中的名词术语和数据指标，尽量采用国际标准(IEC标准)。并且在静态场和时变电磁场两方面都有专门章节介绍工程应用。如对喷墨打印机、粒子速度选择器、电磁泵、自耦变压器和回旋加速器等10余种设备的电磁作用原理，都作了简繁适度的描述，这样有利于提高学生学习兴趣和实用知识。

(5) 对时谐(正弦稳态)场，有一套矢量(vector)和相量(phasor)相结合的表示符号。如电场强度矢量，在直角坐标系，书中普遍写成$\overrightarrow{E} = E_x \overrightarrow{a}_x + E_y \overrightarrow{a}_y + E_z \overrightarrow{a}_z$，对于时变场，则可写成(瞬时值)：

$$\overrightarrow{E}(x,y,z,t) = \overrightarrow{E}(r,t) = E_x(r,t)\overrightarrow{a}_x + E_y(r,t)\overrightarrow{a}_y + E_z(r,t)\overrightarrow{a}_z$$

在时谐(正弦稳态)情况，场强的每个分量是时间的正弦函数。作者用复数

$$\tilde{E}_x(r) = E_{xo}(r)\,e^{j\alpha(r)}$$

表示x分量$E_x(r,\ t)$的等效相量，并且用

$$\overrightarrow{\tilde{E}}(r) = \tilde{E}_x(r)\overrightarrow{a}_x + \tilde{E}_y(r)\overrightarrow{a}_y + \tilde{E}_z(r)\overrightarrow{a}_z$$

表示电场强度的复矢量。$\tilde{E}_i(i=x、y、z)$和$\vec{\tilde{E}}$是本书采用的特殊符号㊀，可用它们来决定瞬时值(取实部)：$E_x(r,t)=\mathrm{Re}[\tilde{E}_x(r)\mathrm{e}^{\mathrm{j}\omega t}]=E_{xo}(r)\cos[\omega t+\alpha(r)]$

和
$$\vec{E}(r,t)=\mathrm{Re}[\vec{\tilde{E}}(r)\mathrm{e}^{\mathrm{j}\omega t}]=E_{xo}(r)\cos[\omega t+\alpha(r)]\vec{a}_x+E_{yo}(r)\cos[\omega t+\beta(r)]\vec{a}_y+E_{zo}(r)\cos[\omega t+\gamma(r)]\vec{a}_z$$

此外，用$\hat{z}=R+\mathrm{j}X$代表一个复数(阻抗)，它不是矢量，也不是相量。

在其他讨论电磁场理论的书籍中，对时谐场可能用别的表示方法，例如在场量的顶上加点成为$\dot{E}_x(r)$和$\dot{\boldsymbol{E}}(r)$，与正弦电路中常用的相量符号相类似。

(6) 本书不仅包含传统电磁场理论的内容，还增加了近些年来受到普遍重视的电磁场电算新技术。介绍了有限差分法(FDM)、有限单元法(FEM)和矩量法(MOM)等三种数值计算的原理，并分别配有实例和计算机程序。附带说明，由于时间仓促，对四个计算机程序都未进行验算，均系按原书附录 B 扫描印出。

(7) 对电磁场的特性作了很好的概括性分类。根据场的散度和旋度二者都等于零、二者之一等于零和二者都不等于零，把电磁场归纳为四种类型。这样，能对电磁场理论有系统整体的认识，并且分析讨论可以根据场的种类作出推断，避免一些重复演算和方程求解过程，就获得正确结论，收到举一反三之功效㊁。

本书中译本用的名词术语均按照中国科学技术名词审定委员会(简称中国科技名词委)公布的《电工名词》(1998 年版)的规定使用。

本书中译本可作为我国高等院校电力电信及相关专业本科生或研究生的教材，也可供有关学科的教师、科研工作者及工程技术人员参考。

本书翻译分工如下：

序言和第 1、2 章由周克定翻译；第 3、4 章由周克定、辜承林翻译；第 5、7、9 章和附录 A 由张肃文翻译；第 6、8、10 ~ 12 章由董天临翻译。周克定统稿和校订全文。

在翻译过程中，有几处词句的成文，曾得到多位同志的帮助；特别是戴铁坦老师也给予了帮助，并对若干地方作了文字润色，在此表示衷心感谢。

原书有些印刷错误、笔误和少数叙述错误与疏漏之处，凡已发现的，都作了订正。

由于我们的水平有限，加上时间比较仓促，翻译不当不妥和缺点错误在所难免，恳请读者批评指正。

译　者

1999 年 8 月 30 日于武汉

㊀ 此书中的“$\vec{\tilde{\ }}$”，在原英文书中是一个花纹箭头。此书采用→、~ 和 $\vec{\tilde{\ }}$ 三种符号。→表示空间矢量(vector)，用于静态场和时变场，一个矢量最多可含三个标分量。~ 表示相量(phasor)，用于时谐场(分量)和正弦稳态电路(电压、电流的有效值或最大值)。$\vec{\tilde{\ }}$ 表示复矢量(complex vector)，即时谐场的空间矢量，一个复矢量最多可含三个带 ~ 的标分量。——校注

㊁ 在周克定编著的《工程电磁场专论》(华中工学院出版社 1986 年出版)一书中第一章首页有较详细论述，可以参考。——译注

序　言

电磁场理论一直是电气工程学习计划中最重要的基础课程之一。它是业经完善确立的普遍理论，能对其他理论不能解决的复杂电气工程问题提供说明和解答。

编写本书的意图是给希望对电磁场有基本了解的大学本科生作为连续两学期的基础教材。只要略去某些专题之后，也可用于一学期课程，既不影响主要内容学习的连贯性，也不妨碍学生对后续课程学习的准备。本书还可供学生学习高等电磁场课程作参考。

本书的第1版于1998年问世，被学生和教师们满意地接受。我们从学生那里收到许多评论意见，认为本书胜过另一些书的地方是写得简明，应用了日常通俗的语言，所以每个人读后，即使是电磁场最深奥的概念，也能够容易理解。我们把这样的好评归因于这个事实，即根据课堂教学的直接经验写出本书。第2版的修改也会同样按照经过时间考验的成熟方法。

透彻懂得矢量分析对以逻辑方法正确领悟电磁场理论是十分必要的。不夸张地说，可以认为矢量分析是电磁场理论数学表述的支柱。因此，全面掌握矢量分析对理解电磁场起决定性作用。为了保证每位读者开始就对矢量基本上有相同水平的知识，我们专用整个第2章，致力于矢量分析的研究。用大量篇幅着重讲解不同正交坐标系之间的变换和各种定理。

在电磁场理论的推导分析与应用中，希望学生回想他(她)记忆中的种种数学关系。为了帮助那些忘记某些常用数学公式的学生，我们在附录C中提供了相当多关于三角恒等式、级数和积分学等的资料。

快速浏览一下目录，不难看出，本书基本上分为两部分。第一部分，可以包含连续两学期课程的第一学期教学内容，引导学生学习静态场，比如静电场(第3章)、静磁场(第5章)和恒定电流产生的场(第4章)。因为大多数静态场的应用包括电场和磁场，我们决定把这类应用问题集中写在一章(第6章)。我们还认为学生一旦掌握了静态场的基础，他们只需要极少量的指导，就能学会这些应用。如果时间允许，则可将麦克斯韦方程在时域和频域(相量)两种情况的推导都包含在课程的第一部分中。这些材料呈现在第7章，那里重点放在时变电场与磁场的相互依存性以及平均功率密度的概念。同时在这一章还包括时变场在电机和变压器领域的一些应用。

本书的剩余部分，提供连续两学期课程第二学期用的主题材料，它涉及传播、传输和电磁场在媒质中各种约束条件下的辐射。将一章跟着一章加以论述。

波动方程的推导和其提供与波传播相关的解在第8章中讨论。这一章还阐明了波在垂直入射和斜入射时的反射与透射。波可能有垂直极化和平行极化。波入射的分界面两边可能是两种导体、两种电介质、一种导体与一种电介质，或者一种电介质与一种完全导体。

能量沿传输线的传输包含在第9章。假设以分布参数等效电路代替传输线，我们用场理论证明这种模型的应用是合理的。于是推导出用沿传输线长度的电压和电流表达的波动方程，并求出它们的解。为了使传输线上的反射极小，阐明了用短截线实现阻抗匹配。用格子图(Lattice diagrams)描述传输线的瞬变过程。虽然阻抗圆图(史密斯圆图)能提供沿传输线发生什么情况的可视图像，但我们仍然认为它基本上是一个传输线计算器。现在已经能够用袖珍计算器和计算机来获得传输线上的准确信息。由于这个原因，我们仅在附录 A 中讨论了阻抗圆图及其应用。

在具有矩形横截面的波导内导波的传播放在第 10 章，强调了横电（TE）和横磁（TM）两种模式波存在的条件。分析了矩形波导中在不同条件下的功率流。在这一章还论述了在腔体内电磁场能够存在的必要条件和腔体作为频率计的应用。

电磁波的辐射是第 11 章的主题。导出了用位函数表示的波动方程，并求出它们对各种类型天线的解。说明了近区场和辐射场的概念。这一章还讨论了发射天线的方向增益和方向性、接收天线和弗利斯（Friis）方程，以及雷达的运行和多普勒效应。

第 12 章涉及电磁场的计算机辅助分析。讨论在这一章的几种常用方法是有限差分法、有限单元法和矩量法。基于这些方法的计算机程序包含在附录 B 中。

我们的目标是写一本详细的面向学生的书。第 1 版的成功说明我们已经完成了我们的任务。第 1 版已经被翻译成两种外国语言：中文和朝鲜文。我们希望第 2 版也将被学生和教师接受，如同对第 1 版一样的热情与热心。我们的目的始终是想提供一套教材做到学生只需要教师极少的帮助就能够理解它。为此，我们在每一章精心安排了大量详尽计算过的例题。这些例题基于课文清晰的论述，不但加深对某一概念或某一物理定律的理解，而且在理论和它的应用之间，能填补已经觉察或尚未觉察的鸿沟。我们还认为例题对于所研究课题的即时巩固与进一步理顺清楚是必要的。接近每一章的末尾，我们在练习题的标题下，编入了一些简易问题，它们的答案取决于在每一节所述概念的直接应用。我们相信这些练习题将有助于增强学生学习的动力和培养信心，并且加深对每一章所包含内容的领会。此外，每一章最后有许多习题，这是计划对学生提出范围广泛的挑战性任务。这些练习题和习题是教科书的重要部分，并且是构成电磁场整体学习的必要因素。我们建议学生应该用基本定律和直觉推理去得到这些练习题和习题的解答。这种解题技巧的实践不但能使学生逐渐建立信心，而且有助于培养克服现实生活中更困难问题的能力。每一章正文后，编写了摘要和一组复习题。某些重要公式也包含在摘要中以便于参考。复习题保证学生掌握每章的基本内容。再次说明，我们努力争取尽可能把本书写得与学生友好，并且欢迎在这方面提出任何意见。

我们的经验表明，学生倾向于把理论推演看成是抽象观念，着重于某些方程，把它们看作是“公式”。很快学生就会从挫折中发现，这些所谓的公式不仅对于不同媒质而且对于不同坐标系都是各不相同的。仅仅计算一个场量，就需要一组方程，这可能使他们感到畏惧并对这些材料失去兴趣。于是这就成为获得电气工程学位必须通过的另一门“困难”课程。我们相信教师有责任

* 说明每一项推导的目的；
* 证明这些假设对手边这个推导是绝对必要的；
* 强调它的局限性；
* 突出媒质特性的作用；
* 举例说明几何形状对方程的影响；
* 指出它的某些应用。

为了达到这些目的，教师必须应用他们自己在这一学科的经验，同时也强调在其他领域的应用。他们还必须在讨论基础理论的同时，注重介绍这个领域中任何一些新进展。例如，

在讲解两载流导体之间的磁力时，教师可以讨论磁悬浮列车。又如，在阐述谐振腔时，可以介绍关于微波炉的设计。

在适当地讲解了主要内容并从基本定律出发推导出相关的方程之后，学生应接着在学习中

* 领会理论的发展；
* 排除畏难情绪；
* 增强动力和信心；
* 掌握推理的能力以开拓新见解。

我们在第2版中已经提出的所有内容，是根据我们自己的信念和对主题材料的理解而做的。这完全只是陈述和阐明我们的观点，也许与你的看法有某些不同，因此希望获得你的坦率意见和建设性批评。如果你的见解能有助于改进我们的认识，我们一定会将它包含进本书的新修订版中。由于这个原因，你的进言对于我们是很有价值的。

目录

第 1 章　电磁场理论概述

1.1　引言

什么是场？是标量场还是矢量场？场的本性是什么？是连续的还是有旋的场？载流线圈的磁场是如何产生的？电容器如何储能？一段导线(天线)如何发射或接收信号？电磁场在空间如何传播？当电磁能从空心管(波导)的一端传送到另一端，实际会发生什么事？这本教科书的主要目的就是要回答关于电磁场的若干这类问题。

这一章我们企图说明，电磁场理论的学习对理解在电气工程中发生的许多现象是极其重要的。为此我们利用了电气工程中不同领域的一些概念和方程式。我们希望用电磁场理论把这些概念和方程式的来龙去脉阐述清楚。

然而，在进行任何进一步讨论之前，我们要说明科学的发展依存于一些不能精确定义的量。我们认为这些是基本量；它们是**质量**(m)、**长度**(l)、**时间**(t)、**电荷**(q)和**温度**(T)。例如，什么是时间？时间从何时开始？同样地，什么是温度？什么是热或冷？对这几个量我们肯定有些直观感觉但缺乏精确定义。为了测量和表达这些量的值，需要定义一个单位系统。

在国际单位制(简称 SI 制)，已经采纳的单位是质量用千克(kg)，长度用米(m)，时间用秒(s)，电荷用库仑(C)，温度用开尔文(K)。然后，所有其他有关的量的单位都用这几个基本单位来确定。例如，电流的单位，安培(A)，用基本单位表示是库仑每秒(C/s)。因此，安培是一个导出单位。牛顿(N)，力的单位，也是一个导出单位；它可以用基本单位表示为 $1\mathrm{N} = 1\ \mathrm{kg} \cdot \mathrm{m/s^2}$。这本书中涉及到的一些量的单位给出在表 1-1 和 1-3 中。因为在工业界还用英制单位表示一些场量，有必要从一种单位制换算到另一种单位制，表 1-2 就是用于达到这个目的。

表 1-1　一些电磁量的导出单位

符　号	量 的 名 称	单 位 名 称	单 位 符 号
Y	导纳	西〔门子〕	S
ω	角频率	弧度每秒	rad/s
C	电容	法〔拉〕	F
ρ	电荷〔体〕密度	库〔仑〕每立方米	$\mathrm{C/m^3}$
G	电导	西〔门子〕	S
σ	电导率	西〔门子〕每米	S/m
W	能〔量〕,功	焦〔耳〕	J
F	力	牛〔顿〕	N
f	频率	赫〔兹〕	Hz
Z	阻抗	欧〔姆〕	Ω
L	自感	亨〔利〕	H

（续）

符　号	量的名称	单位名称	单位符号
$\mathscr{F}$	磁动势	安〔培〕匝	$(A\cdot t)$⊖
μ	磁导率	亨〔利〕每米	H/m
ε	电容率（介电常数）	法〔拉〕每米	F/m
P	〔有功〕功率	瓦〔特〕	W
$\mathscr{R}$	磁阻	（亨〔利〕）$^{-1}$	H^{-1}

表1-2　单位换算系数

从	乘　以	得　到
吉〔伯特〕	0.79577	安〔培〕匝（$A\cdot t$）
安〔培〕匝每厘米	2.54	安〔培〕匝/英寸
安〔培〕匝每英寸	39.37	安〔培〕匝/米
奥斯特	79.577	安〔培〕匝/米
线（麦克斯韦）	1×10^{-8}	韦〔伯〕（Wb）
高斯（线/cm^2）	6.4516	线/（英寸）^{2}
线/（英寸）^{2}	0.155×10^{-4}	Wb/m^2（特〔斯拉〕）
高斯	10^{-4}	Wb/m^2
英寸（吋）	2.54	厘米（cm）
英尺（呎）	30.48	厘米
米	100	厘米
平方英寸	6.4516	平方厘米
英两（唡，盎司）	28.35	克（g）
磅	0.4536	公斤（千克）（kg）
磅-力	4.4482	牛〔顿〕（N）
盎司-力	0.27801	牛〔顿〕
牛〔顿〕米	141.62	盎司英寸
牛〔顿〕米	0.73757	磅英尺
转数每分钟（r/min）	$2\pi/60$	弧度/秒（rad/s）

1.2　场的概念

在进行学习电磁场之前，我们必须定义场（field）的概念⊖。当我们在一个给定区域用一组数来定义一个量的特性时，若该区域中每个点都有具备这种特性的量，我们就把这种性质的量称为一个场。场在每一点的数值能够用实验测量或者根据一些其他量通过数学运算预计。

⊖ 磁动势（mmf）的大小是 NI。国内外书刊按国际单位制（SI）和我国国家法定计量单位规定，匝数是无量纲的量，所以 mmf 的单位就是 A。但是本书原作者在5.12节中说明本书采用安匝作 mmf 的单位，以便与电流的基本单位（A）相区别。在此译本中，安匝的符号记作 $A\cdot t$，类似于力矩的单位为牛（顿）米，记作 $N\cdot m$。所以在研究磁路问题中，分别用 $A\cdot t$、$A\cdot t/Wb$ 和 $A\cdot t/m$ 作磁动势（或磁位差或磁压降）、磁阻和磁场强度（每单位距离上的磁动势）的单位。但如果不是讨论磁路问题，不多用 $A\cdot t$ 的概念，磁场强度仍然按 SI 制，用 A/m 作单位。——译注

⊖ 关于场的概念，本书2.5节和2.14节有较简洁的阐述。——译注

从其他科学分支的学习，已知存在标量场和矢量场。本书中用到的一些场变量列于表1-3。这些场量之间存在确定的关系，有些关系列于表1-4。

表1-3 一部分场量的名称及符号

场变量	名称	类型	单位
$\boldsymbol{A}$	磁矢位	矢量	Wb/m
$\boldsymbol{B}$	磁通〔量〕密度	矢量	Wb/m^2(特)
$\boldsymbol{D}$	电通〔量〕密度	矢量	C/m^2
$\boldsymbol{E}$	电场强度	矢量	V/m
$\boldsymbol{F}$	洛伦兹力	矢量	N
I	电流	标量	A
$\boldsymbol{J}$	〔体〕电流密度	矢量	A/m^2
q	自由电荷	标量	C
$\boldsymbol{S}$	坡印亭矢量	矢量	W/m^2
$\boldsymbol{u}$	自由电荷的速度	矢量	m/s
V	电位(电势)	标量	V

表1-4 场变量之间关系的一部分

$\boldsymbol{D}=\varepsilon\boldsymbol{E}$	电容率(ε)
$\boldsymbol{B}=\mu\boldsymbol{H}$	磁导率(μ)
$\boldsymbol{J}=\sigma\boldsymbol{E}$	电导率(σ),欧姆定律
$\boldsymbol{F}=q(\boldsymbol{E}+\boldsymbol{u}\times\boldsymbol{B})$	洛伦兹力方程
$\nabla\cdot\boldsymbol{D}=\rho$	高斯定律 (麦克斯韦方程)
$\nabla\cdot\boldsymbol{B}=0$	高斯定律 (麦克斯韦方程)
$\nabla\times\boldsymbol{E}=-\frac{\partial\boldsymbol{B}}{\partial t}$	法拉第定律 (麦克斯韦方程)
$\nabla\times\boldsymbol{H}=\boldsymbol{J}+\frac{\partial\boldsymbol{D}}{\partial t}$	安培定律 (麦克斯韦方程)
$\nabla\cdot\boldsymbol{J}=-\frac{\partial\rho}{\partial t}$	连续性方程

电容率(Permittivity)ε 和**磁导率**(Permeability)μ 是表示媒质性质的量，对真空或自由空间，它们的值[⊖]是

$$\varepsilon_0=10^{-9}/(36\pi)\approx 8.851\times10^{-12}\quad F/m$$

$$\mu_0=4\pi\times10^{-7}\quad H/m$$

从列于表1-4的方程式，麦克斯韦能够预言电磁场在真空中以光速传播。即

$$c=(\mu_0\varepsilon_0)^{-1/2}m/s=3\times10^8 m/s$$

⊖ ε_0 和 μ_0 又分别称为电常数和磁常数。——译注

1.3 矢量分析

矢量分析是用于研究电磁场的语言。不用矢量，则场方程将很不便于书写且难于记忆。例如，$\boldsymbol{A}$ 和 $\boldsymbol{B}$ 两矢量的叉乘积可以简单地写成

$$\boldsymbol{A}\times\boldsymbol{B}=\boldsymbol{C} \tag{1-1}$$

此处 $\boldsymbol{C}$ 是另一个矢量。当表达成标量形式时，这个方程会产生三个标量方程。并且，这些标量方程的外形与坐标系有关。在直角坐标系，式(1-1)是下列三个方程的简明型式:

$$A_yB_z-A_zB_y=C_x \tag{1-2a}$$

$$A_zB_x-A_xB_z=C_y \tag{1-2b}$$

$$A_xB_y-A_yB_x=C_z \tag{1-2c}$$

你能够容易地意识到矢量方程表示叉乘积的意义比它对应的三个标量方程更好。而且，矢量表达式与坐标系无关。因此，矢量分析帮助我们简化并统一场方程。

到学生需要攻读电磁理论的初级课程时，他(她)已经对矢量分析有过接触。学生可以完成这样一些矢量运算，例如求梯度、散度和旋度，但他们也许还不能说明每一项运算的含义。要知道，每一项矢量运算的知识，对于理解电磁场理论的推导和发展是必需的。

学生往往不知道(a)若把一个标量面变换成一个矢量面，单位矢量总是垂直于该表面的，(b)一薄片(厚度可以忽略)纸有两个面，(c)沿一表面边界的线积分的方向取决于该表面单位法线的方向，(d)敞开的面和封闭的面之间存在差别。这些概念是重要的,学生应该领悟它们每一个的含义。

关于矢量分析的学习方式有两派意见:有一些作者提出每项矢量运算仅当需要用到时才作介绍;反之另外一些人则认为学生在仔细研究电磁场理论以前，对全部矢量运算必须达到足够的熟练程度。我们倾向于后一种方法，因为这个理由专门用第2章来研究矢量。

1.4 微分和积分表示法

学生常常不理解为什么我们表达同一个概念用两种不同的型式:微分型式和积分型式。必须指出，积分型式对于说明方程式的物理意义很有用处，而微分型式则便于完成数学运算。例如，表示电流连续性方程的微分型式是

$$\nabla\cdot\boldsymbol{J}=-\frac{\partial\rho}{\partial t} \tag{1-3}$$

此处 $\boldsymbol{J}$ 是体电流密度，ρ 是体电荷密度。这个方程说明在某一点电流密度的散度等于在该点电荷密度变化的速率。这个方程式的用处是当某点的电流密度已知时，能够用它计算在该点电荷密度变化的速率。然而，为了突出这个方程式的物理意义，我们必须把该点包围在体积 v 内并进行体积分。换言之，必须将式(1-3)表示成

$$\int_v\nabla\cdot\boldsymbol{J}\mathrm{d}v=-\int_v\frac{\partial\rho}{\partial t}\mathrm{d}v \tag{1-4}$$

现在可以应用散度定理把等号左边的体积分变换成封闭面积分。同时可以调换式(1-4)右边积分和微分的运算次序，于是得

$$\oint_s\boldsymbol{J}\cdot\mathrm{d}\boldsymbol{s}=-\frac{\partial}{\partial t}\int_v\rho\mathrm{d}v \tag{1-5}$$

此式为式(1-3)的积分表示。左边的积分代表通过包围体积 v 的封闭表面 s 上的净外向电流 I[⊖]，右边的积分则得到包含在体积 v 内的电荷 q。因此，这个方程说明通过包围一个区域的封闭表面的净外向电流等于该区域内部电荷随时间减少的速率。或表示为

$$I = -\frac{dq}{dt} \tag{1-6}$$

上式省去负号，就是著名的电路方程。

前述内容的细节写在第4章。我们现在用这个例子正好显示式(1-3)和(1-5)是完全一样的，它们体现相同的基本概念。

1.5 静态场

我们再一次面临着这样的困难，即如何去开始电磁场理论的陈述。一些作者首先以麦克斯韦方程的描述作为一组假设，然后概括多年实验观测电磁效应的结果。然而，我们认为场理论一般应尽可能地从早期物理学课程中初步讨论过的概念导出，因此我们先讨论静态场。

研究静电学或静电场，我们假设(a)所有电荷在空间位置是固定的，(b)所有电荷密度不随时间变化，(c) 电荷是产生电场的源。我们的兴趣是要决定：(a)在任一点的电场强度，(b) 电位分布，(c) 电荷对其他电荷施加的力，(d)在区域中的电能分布；还要研究电容器如何贮藏能量的问题。为此，我们将开始关于库仑定律和高斯定律的讨论，然后以位函数列写这样一些著名的方程式，如泊松方程和拉普拉斯方程。我们将证明任一点的电场垂直于等位面并强调它们的区别。一些与静电场有关的方程式列于表1-5。

表1-5 静电场方程式

库仑定律：	$\boldsymbol{F} = q\boldsymbol{E}$
电场：	$\boldsymbol{E} = \dfrac{Q}{4\pi\varepsilon R^2}\boldsymbol{a}_R$ 或 $\boldsymbol{E} = \dfrac{1}{4\pi\varepsilon}\displaystyle\int_v \dfrac{\rho\, \boldsymbol{a}_R}{R^2}dv$
高斯定律：	$\nabla \cdot \boldsymbol{D} = \rho$ 或 $\oint_s \boldsymbol{D} \cdot d\boldsymbol{s} = Q$
保守(守恒)$\boldsymbol{E}$ 场：	$\nabla \times \boldsymbol{E} = 0$ 或 $\oint_c \boldsymbol{E} \cdot d\boldsymbol{l} = 0$
位函数：	$\boldsymbol{E} = -\nabla V$ 或 $V_{ba} = -\displaystyle\int_a^b \boldsymbol{E} \cdot d\boldsymbol{l}$
泊松方程式：	$\nabla^2 V = -\dfrac{\rho}{\varepsilon}$
拉普拉斯方程式：	$\nabla^2 V = 0$
能量密度：	$w_e = \dfrac{1}{2}\boldsymbol{D} \cdot \boldsymbol{E}$
结构(本构)关系：	$\boldsymbol{D} = \varepsilon\boldsymbol{E}$
欧姆定律：	$\boldsymbol{J} = \sigma\boldsymbol{E}$

我们已经知道电荷运动形成电流。电流在它的周围空间建立一种特殊的力场(只对运动电荷产生作用力)称为磁场。如果电荷运动形成的电流不随时间变化，则称恒定电流。恒定电流引起的磁场即为恒定磁场。涉及恒定磁场的科学分支称为静磁学或静磁场。在这种情况

⊖ 如果电流随时间变化，则宜用 $i(t)$ 表示。——译注

下，我们感兴趣的是决定：(a)磁场强度，(b)磁通密度，(c)磁通量，(d)储积于磁场的能量。为了这个目的，我们将开始关于毕奥－萨伐尔定律和安培定律的讨论并推导所有基本方程式。不时地我们还将强调静电场和静磁场之间的对比。一些关于静磁学的重要方程列于表1-6。

表1-6 静磁场方程式

力方程式：	$\boldsymbol{F} = q\boldsymbol{u} \times \boldsymbol{B}$ 或 $\mathrm{d}\boldsymbol{F} = I\,\mathrm{d}\boldsymbol{l} \times \boldsymbol{B}$
毕奥－萨伐尔定律：	$\mathrm{d}\boldsymbol{B} = \frac{\mu}{4\pi}\frac{I\,\mathrm{d}\boldsymbol{l} \times \boldsymbol{a}_r}{r^2}$
安培定律：	$\nabla \times \boldsymbol{H} = \boldsymbol{J}$ 或 $\oint_c \boldsymbol{H} \cdot \mathrm{d}\boldsymbol{l} = I$
高斯定律：	$\nabla \cdot \boldsymbol{B} = 0$ 或 $\oint_s \boldsymbol{B} \cdot \mathrm{d}\boldsymbol{s} = 0$
磁矢位：	$\boldsymbol{B} = \nabla \times \boldsymbol{A}$ 或 $\boldsymbol{A} = \frac{\mu}{4\pi}\int_c \frac{I\,\mathrm{d}\boldsymbol{l}}{r}$
磁通[量]：	$\Phi = \int_s \boldsymbol{B} \cdot \mathrm{d}\boldsymbol{s}$ 或 $\Phi = \oint_c \boldsymbol{A} \cdot \mathrm{d}\boldsymbol{l}$
磁能[量]密度：	$w_m = \frac{1}{2}\boldsymbol{B} \cdot \boldsymbol{H}$
泊松方程式：	$\nabla^2 \boldsymbol{A} = -\mu \boldsymbol{J}$
结构(本构)关系：	$\boldsymbol{B} = \mu \boldsymbol{H}$

静态场有众多实际应用。静电场和静磁场用于设计多种器件。例如，能够用静电场加速带电粒子，而静磁场则使它偏转。这个方案可以用于制造示波器和(或)喷墨打印机。我们专用第6章论述静态场的一些应用。一旦学生掌握了静态场的理论基础，他(她)就能够理解它们的应用而无需教师更多的指导。教师可以着重说明每一项应用的特点，然后把它作为阅读题材。理论应用于实际生活中的讨论，能使学科饶有趣味。

1.6 时变场

研究电路时，曾引入一个微分方程，表明一个电感器 L 通过电流 $i(t)$ 时，两端产生电压降 $v(t)$。一般，这个关系不用证明可表述如下：

$$v = L\frac{\mathrm{d}i}{\mathrm{d}t} \tag{1-7}$$

有洞察力深入思考的人，可能对于这个方程式的来源感到惊异。这是法拉第(Michael Faraday 1791 ~ 1867)为了弄明白一个很复杂的现象即所谓磁感应而终生工作的结果。

我们将从对**法拉第感应定律**的阐述开始关于时变场的讨论，然后说明此定律如何导致研制成功发电机(三相电能源)，电动机(工业化世界的载重马)，继电器(磁控制机构)，和变压器(完全靠感应将电能从一个线圈传递到另一个线圈的器件)。事实上，四个著名的麦克斯韦方程之一，就是法拉第感应定律的表达式。现在可以这样说，法拉第定律是说明一个线圈的感应电动势(emf) $e(t)$ 与交链该线圈的磁通 $\Phi(t)$ 的时间变化率的关系，即

$$e = -\frac{\mathrm{d}\Phi}{\mathrm{d}t} \tag{1-8}$$

式中负号的含义(**楞次定律**)和从式(1-8)求式(1-7)的推导将在本书中详细讨论。

我们还要说明为什么麦克斯韦感觉到对时变场需要修改安培定律。位移电流(通过电容器的电流)的引入使得麦克斯韦能够预见电磁场在自由空间应该以光速传播。安培定律的修改被认为是麦克斯韦(James Clerk Maxwell 1831~1879)在电磁场理论方面意义最深远的贡献之一。

法拉第感应定律、修改过的安培定律和两个高斯定律(一个对时变电场,另一个对时变磁场)形成一个有四个方程的方程组;现在称它们为麦克斯韦方程式,已列于表1-4。显然,这些方程式表明事实上时变电场和时变磁场是互相紧密结合的。简言之,时变磁场产生时变电场,反之亦然。

安培定律的修改也可以认为是电流连续性方程或电荷守恒原理的推论结果。这个方程也列于表1-4。

当一个载电荷 q 的粒子以速度 $\boldsymbol{u}$ 运动于存在时变电场($\boldsymbol{E}$)和磁场($\boldsymbol{B}$)的区域时,它将受到的力($\boldsymbol{F}$)为

$$\boldsymbol{F}=q(\boldsymbol{E}+\boldsymbol{u}\times\boldsymbol{B}) \tag{1-9}$$

这个方程称为**洛伦兹力方程**。

借助于麦克斯韦四个方程、连续性方程和洛伦兹力方程,就能够解释所有的电磁效应。

1.7 时变场的应用

在电磁场理论的许多应用中,我们将考虑能量的传输、接收和传播。选择这些题目是由于这样一个事实,解麦克斯韦方程式常常引出电磁波的问题。电磁波的特性决定于媒质、激励(源)的型式和边界条件。

波的传播或在无界区域(场存在于无限大截面处,如自由空间)或在有界区域(场存在有限截面处,如波导或同轴传输线)。

虽然大多数的场是以球面波的形式发射的,但在远离发射机(辐射元件,例如天线)的区域,它们可以看作是平面波。究竟要多远才算是"远离"则决定于场的波长(一个整周期内传播的距离)。利用平面波作为一个近似,我们将从用电场磁场表示的麦克斯韦方程导出波动方程。这些波动方程的解将描述平面波在无界媒质中的特性。为了简化分析,提出这样一些限制:(a)波是均匀平面波,(b)在媒质中没有电流与电荷作源,(c)场随时间按正弦变化。于是我们将决定(i)场的表示式,(ii)在区域中的传播速度和(iii)它们的能量。我们还将证明媒质表现出好像有阻抗,称之为**本征阻抗**。自由空间的本征阻抗近似为377 Ω。

关于均匀平面波的讨论还将包括两种媒质之间分界面的影响。此处将讨论:(a)入射波有多少能量传送入第二种媒质或者反射回第一种媒质,(b)入射波与反射波如何结合形成驻波,(c)全反射的条件。

我们把第9章专用于能量经传输线从一端向另一端传送的讨论,将要证明当传输线的一端用时变源激励,能量以波的形式传送,这时波动方程将以沿传输线任一点的电压和电流来表示。这些波动方程的解会告诉我们波到达另一端需要有限的时间,并且,对实际传输线,波随着距离按指数律衰减,衰减是由传输线的电阻和漏电导引起的,这导致沿传输线全长的能量损耗。然而,在工频(50或60 Hz)情况下,由于辐射引起的能量损失是可以忽略不计的,因为导线间的距离与波长比较相对极小。

随着频率的升高，沿传输线路程信号的损耗也会增加。在高频时，能量是经波导从一点传送到另一点。虽然任何空心导线都能够用作波导，但最普通常用的波导是矩形或圆形截面的。我们将考察在波导内部场存在所必须满足的条件，求出场的表达式，并计算在任意点的能量。分析还包含在附加外部边界条件下波导内部波动方程的解，分析是复杂的，因而，我们将限于对矩形波导的讨论。虽然最后所得到的方程式看来好像是十分难以理解和难于记忆，但切莫忘记它们是对波动方程的通解简单地施加边界条件得到的。

传输线能够用于输送很低频率(甚至直流)到适当高频率的能量。反之，波导却有一个下限频率称为**截止频率**。截止频率的值决定于波导的尺寸，低于截止频率的信号不能在波导内部传播。传输线与波导之间另一个重要区别是传输线能够支持**横电磁**(TEM)模式的波。实际上，同轴和平行线两种传输线都用 TEM 模式，但是，这种模式的波不能存在于波导内部。为什么是这样将在第 10 章说明。波导能够支持两种不同模式，即**横电模**(TE)和**横磁模**(TM)。这两种模式存在的条件也将加以讨论。

本书中将讨论麦克斯韦方程的最后应用是关于有限尺寸时变源产生的电磁辐射。正是这些源的存在增加了用电场和(或)磁场来表示波动方程的解的复杂性。然而，如果我们导出用标量和矢量位表示的波动方程，则任何一种位函数的解将会相对比较容易。再从位函数经过简单的数学运算便得到电场和磁场表达式，从而能计算由这些源辐射的功率。第 11 章我们将考察直线和环形天线产生的场和辐射的功率。还将研究如何用天线阵改善辐射场方向图。

1.8 数值解

我们每次要得到一个问题的精确解答，总是被迫做出一些认为合理的假设。例如，(a)为了决定平行板电容器内的电场强度，假设极板是无限宽阔，便可用高斯定律。(b)为了用安培定律计算长载流导线产生的磁场强度，我们设想导线是无限长。(c)为了求得无源区域电磁场的性质和传播特性，我们认为场是处于均匀平面波的形式。(d)为了获悉关于小型直线天线的辐射方向图，我们假定天线的长度是如此之小，以致电流分布是均匀的，等等。每个假设引出一个特殊条件，这样得到的解析解在一定程度上是准确的。

在静电学，我们利用球对称性按高斯定律求出了一个孤立圆球的电容。然而，要决定一个孤立立方体的电容，则是很复杂的问题。在静磁学，我们用毕奥 - 萨伐尔定律求得圆载流导体轴线上磁场强度的答案。我们能不能用同样方法去确定当载流导体是任意形状时的磁场强度呢？因为积分公式的性质，答案自然是否定的。同理也不容易用解析法确定任意形状载流导体的辐射方向图。而且，均匀平面波不能存在，因为它的真正存在要求在媒质中有无限的能量，这是不可能的。但是为了得到所研究区域中功率流动的清晰图像，均匀平面波的概念又是十分需要的。

从以上讨论看出，如果对于一个问题不作出某些简化假设，要得到精确解不一定总是可能的。数值解的必要性(它常常是近似的)，应当是十分明显的了。但必须考虑到每个数值解仅仅是准确微分或积分方程的近似化。如何选择我们要用的数值方法决定于所需要的解的精度。越高的精度，必须是越精密的数值法。解的精度依所用的数值方法和系统计算能力为转移。

对于一些不容易用解析法求解的问题，已用多种方法成功地求得其数值解。本书将讨论三种数值方法：**有限差分法**、**有限单元法**和**矩量法**。

1.9 进一步研究

在这本书里陈述的电磁场理论仅仅是一个开端，这些知识不但在这个领域引起一些兴趣，而且为了更深入的研究和发展也是至关重要的。然而，电磁场理论的奥妙之处，是适当地运用四个麦克斯韦方程、连续性方程和洛伦兹力方程，就能够预测或解释几乎所有的电磁现象。

这本书只讨论矩形波导。对于圆形波导，同样的波动方程它自身变换成所谓**贝塞尔方程**的形式，其解用**贝塞尔函数**表示。故在讨论圆形波导之前，必须学习贝塞尔函数以及如何把它们用无穷级数表示。

在多种映射方法之中一种称为**许瓦兹－克利斯托夫变换**的，能够用于确定有限尺寸平行板电容器的电场边缘效应。这种方法的应用免除了每块板是无限宽的假设。可是因为这种方法包含高水平的数学，这里不作讨论。同样地，一种称为保角变换的方法，在本科生水平课程也不讨论。这种方法已经用于集成电路中决定任意两个电极之间的电容。

天线的通解是相当复杂的，很明显可以从 Ronald W. P. King 毕生的工作看出。他在这方面写了许多论文并且出版了若干专著。研究发自不同型式天线的散射和辐射问题，是如此地引人入胜，以致能使那些明智的学者长时期全力投入研究它。

另一个具有魅力的主题是研究被电磁场干扰的气态等离子体。电磁场严重地影响等离子体的性质，因为它包含许多荷电粒子，这些粒子几乎是自由的。如果进行这样的研究，将要说明(a)等离子体的基本物理特性，(b)等离子体媒质对波的影响。

如果处理复杂数学方程对于你能短时解决并起适当思维训练作用的话，就考虑包括相对论概念的电磁场理论的研究吧。这种研究会涉及洛伦兹变换的应用和麦克斯韦方程的协变公式。在这些方程式中，时间完全按空间坐标同样方式处理。因此，梯度、散度、旋度和拉普拉斯都是四维算子。

如果我们在任何新的学习领域激发了你的兴趣，就埋头去钻研和探索吧！然而，为了成功地继续你的使命，你必须首先领会这本书中介绍的理论。知识的获得不是一朝一夕之功，今天，如果你宁可在学习基础知识方面多下功夫，不把强记最后公式作为追求的目标，那么，明天你就会得到丰硕的收获，并且必将提高你的推理能力和增强将来应付更为困难的问题的本领。

第2章 矢量分析

2.1 引言

关于矢量代数和矢量微积分的知识，在研究电磁场理论时是必不可少的。在电磁场理论中普遍采纳矢量，部分是由于这样一个事实，它们为复杂现象提供紧凑的数学描述，并且便于直观想象和运算变换。矢量分析的普遍应用，使涉及这个主题的书籍不断地增加。在以后各章将会看到，单独一个矢量形式的方程就足以代表三个标量方程。虽然本书没有对矢量进行完整论述，但是这一章介绍的一些矢量运算公式将在电磁场理论的研究中起重要作用。现在从定义标量和矢量开始我们的讨论。

2.2 标量和矢量

电磁场遇到的绝大多数量，能够容易地区分为两类，标量(scalar)和矢量(vector)。

2.2.1 标量

一个专用它的大小就能够完整地描述的物理量称为**标量**。标量的一些例子是质量、时间、温度、功和电荷。这些量中的每一个量，用单纯一个数是可以完整地描述的。温度20℃，质量100 g，电荷0.5 C都是标量的例子。事实上，所有实数都是标量。

2.2.2 矢量

一个有大小和方向的物理量称为**矢量**。力、速度、力矩、电场强度和加速度都是矢量。

一个矢量常用一个线段来图示，其长度按适当比例等于它的大小，方向则用箭头指示如图2-1a。我们将用黑斜体字母来代表矢量[⊖]。于是，在图2-1a中，$\boldsymbol{R}$代表一个从O点指向P点的矢量。图2-1b表示几个平行矢量有同样的长度和方向；它们都代表同一个矢量。两个矢量$\boldsymbol{A}$和$\boldsymbol{B}$如果有同样的大小(长度)和方向，则是相等的，即$\boldsymbol{A}=\boldsymbol{B}$。如果它们有同样的物理或几何意义，因而有同样的量纲，我们可以只比较矢量。

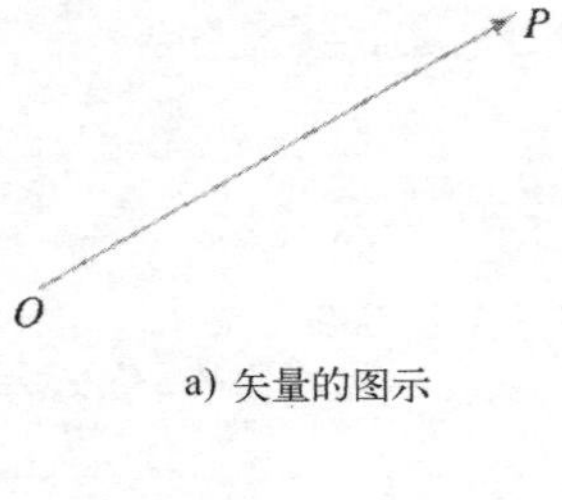

a) 矢量的图示

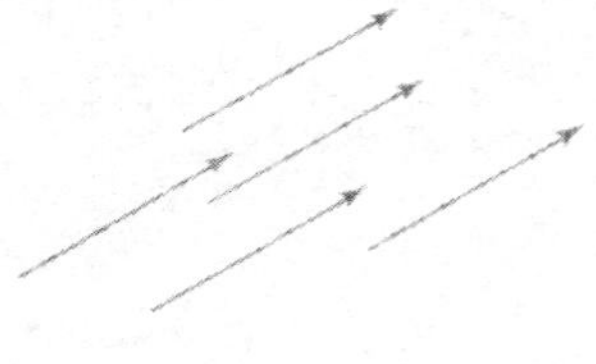

b) 代表相同矢量(长度相等方向相同)的平行箭头

图2-1 矢量

⊖ 原文是在字母上加箭头线来代表矢量。——译注

一个矢量的大小为零称为**空矢**(null vector)或**零矢**(zero vector)。这是唯一不能用箭头表示的矢量，因为它没有大小(长度)。一个大小(长度)为1的矢量称为**单位矢量**(unit vector)。我们常常可以用一个单位矢量来表示一个矢量的方向。例如，矢量$\boldsymbol{A}$可以写成

$$\boldsymbol{A} = A\,\boldsymbol{a}_A \tag{2-1}$$

式中A是$\boldsymbol{A}$的大小，$\boldsymbol{a}_A$是与$\boldsymbol{A}$同方向的单位矢量，这样可写成

$$\boldsymbol{a}_A = \frac{\boldsymbol{A}}{A} \tag{2-2}$$

2.3 矢量运算

标量的加、减、乘和除对我们大多数人是很容易的事。例如，如果要把两个有相同单位的标量相加，只要加它们的大小。矢量相加的过程就没有这样简单，两矢量相减和相乘也不简单，而矢量除法没有定义。

2.3.1 矢量加法

$\boldsymbol{A}$和$\boldsymbol{B}$两矢量相加，我们画出两个这样表示的矢量$\boldsymbol{A}$和$\boldsymbol{B}$，即$\boldsymbol{B}$的始端(尾 tail)与$\boldsymbol{A}$的末端(尖 tip)重合如图2-2的实线所示。线段连接$\boldsymbol{A}$的尾与$\boldsymbol{B}$的尖则代表矢量$\boldsymbol{C}$，它就是$\boldsymbol{A}$与$\boldsymbol{B}$两矢量之和。即

$$\boldsymbol{C} = \boldsymbol{A} + \boldsymbol{B} \tag{2-3a}$$

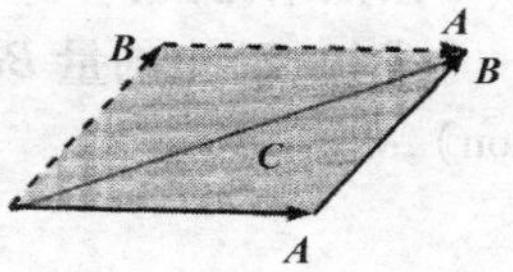

图2-2 矢量加法

$\boldsymbol{C}=\boldsymbol{A}+\boldsymbol{B}$

所以**两矢量之和为一矢量**。我们也可以先画$\boldsymbol{B}$再画$\boldsymbol{A}$，如图2-2的虚线所示。显然，矢量相加与加的矢量先后次序无关。换言之，矢量服从**加法的交换律**。即

$$\boldsymbol{A} + \boldsymbol{B} = \boldsymbol{B} + \boldsymbol{A} \tag{2-3b}$$

图2-2还提供了矢量加法的几何解释。如果$\boldsymbol{A}$和$\boldsymbol{B}$是一平行四边形的两条边，则$\boldsymbol{C}$是它的对角线。我们还能够证明矢量服从**加法的结合律**。也就是说

$$\boldsymbol{A} + (\boldsymbol{B} + \boldsymbol{C}) = (\boldsymbol{A} + \boldsymbol{B}) + \boldsymbol{C} \tag{2-4}$$

2.3.2 矢量减法

如果$\boldsymbol{B}$是一个矢量，则$-\boldsymbol{B}$(负$\boldsymbol{B}$)也是一个矢量和$\boldsymbol{B}$大小相同但方向相反。用$-\boldsymbol{B}$表示，可以定义矢量减法$\boldsymbol{A}-\boldsymbol{B}$，为

$$\boldsymbol{D} = \boldsymbol{A} + (-\boldsymbol{B}) \tag{2-5}$$

图2-3表示从$\boldsymbol{A}$减去$\boldsymbol{B}$。

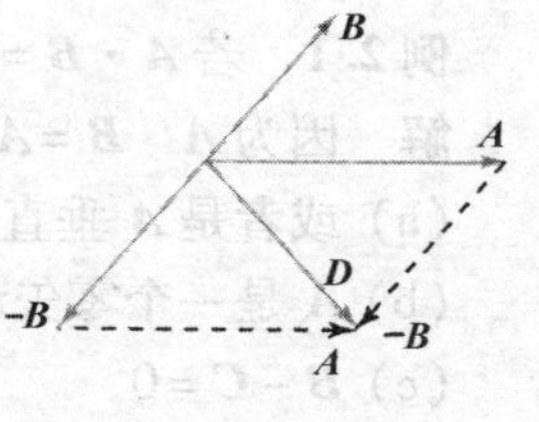

图2-3 矢量减法

$\boldsymbol{D}=\boldsymbol{A}-\boldsymbol{B}$

2.3.3 矢量乘以标量

如果矢量$\boldsymbol{A}$乘以标量k，得矢量$\boldsymbol{B}$即

$$\boldsymbol{B} = k\boldsymbol{A} \tag{2-6}$$

$\boldsymbol{B}$的大小明显地是等于$\boldsymbol{A}$的大小的$|k|$倍。然而，若$k>0$，$\boldsymbol{B}$与$\boldsymbol{A}$同方向，或者若$k<0$，$\boldsymbol{B}$与$\boldsymbol{A}$反方向。若$|k|>1$，$\boldsymbol{B}$的矢量比$\boldsymbol{A}$长，$|k|<1$，则$\boldsymbol{B}$比$\boldsymbol{A}$短。应记住一个有用的事实，$\boldsymbol{B}$平行于$\boldsymbol{A}$，方向相同或相反，$\boldsymbol{B}$经常称为**相依矢量**(dependent vector)。

2.3.4 两矢量的乘积

两矢量的乘积有两个有用的定义。一个称为**点积**(dot product)，另一个称为**叉积**(cross product)。

两矢量的点积 $\boldsymbol{A}$ 和 $\boldsymbol{B}$ 两矢量的点积写成 $\boldsymbol{A}\cdot\boldsymbol{B}$，读作"$\boldsymbol{A}$ 点乘 $\boldsymbol{B}$"。它的值定义为此两矢量的大小与它们之间较小夹角的余弦之积，如图2-4所示。即

$$\boldsymbol{A}\cdot\boldsymbol{B}=AB\cos\theta \tag{2-7}$$

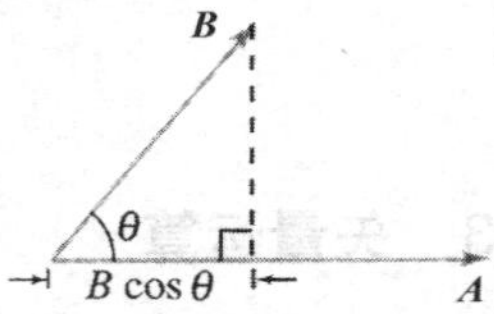

图2-4 点积的图示

从式(2-7)看出，$\boldsymbol{A}$ 和 $\boldsymbol{B}$ 的点积是一个标量。因此，点积也称为**标积**(scalar product)。当两矢量平行时点积最大。然而，如果两非零矢量的点积为零，则两矢量是正交的。

点积的基本性质是服从

交换律：
$$\boldsymbol{A}\cdot\boldsymbol{B}=\boldsymbol{B}\cdot\boldsymbol{A} \tag{2-8a}$$

分配律：
$$\boldsymbol{A}\cdot(\boldsymbol{B}+\boldsymbol{C})=\boldsymbol{A}\cdot\boldsymbol{B}+\boldsymbol{A}\cdot\boldsymbol{C} \tag{2-8b}$$

按数乘比例：
$$k(\boldsymbol{A}\cdot\boldsymbol{B})=(k\boldsymbol{A})\cdot\boldsymbol{B}=\boldsymbol{A}\cdot(k\boldsymbol{B}) \tag{2-8c}$$

式(2-7)中的量 $B\cos\theta$ 称为 $\boldsymbol{B}$ 沿 $\boldsymbol{A}$ 的分量，也常称为 $\boldsymbol{B}$ 在 $\boldsymbol{A}$ 上的**标投影**(scalar projection)，即

$$B\cos\theta=\frac{\boldsymbol{A}\cdot\boldsymbol{B}}{A}=\boldsymbol{B}\cdot\boldsymbol{a}_A \tag{2-9}$$

在式(2-9)中引入沿 $\boldsymbol{A}$ 的单位矢量，可以定义 $\boldsymbol{B}$ 在 $\boldsymbol{A}$ 上的**矢投影**(vector projection)为

$$B\cos\theta\boldsymbol{a}_A=(\boldsymbol{B}\cdot\boldsymbol{a}_A)\boldsymbol{a}_A \tag{2-10}$$

于是可用式(2-9)及式(2-10)求出一个矢量沿三个互相垂直方向的标和矢投影。式(2-7)也能用于决定 $\boldsymbol{A}$ 和 $\boldsymbol{B}$ 两矢量之间的夹角，条件是 $\boldsymbol{A}\neq 0$ 和 $\boldsymbol{B}\neq 0$，则有

$$\cos\theta=\frac{\boldsymbol{A}\cdot\boldsymbol{B}}{AB} \tag{2-11}$$

用式(2-7)还能决定矢量 $\boldsymbol{A}$ 的大小，即

$$A=\sqrt{\boldsymbol{A}\cdot\boldsymbol{A}} \tag{2-12}$$

例2.1 若 $\boldsymbol{A}\cdot\boldsymbol{B}=\boldsymbol{A}\cdot\boldsymbol{C}$，是否意味着 $\boldsymbol{B}$ 总是等于 $\boldsymbol{C}$ 呢？

解 因为 $\boldsymbol{A}\cdot\boldsymbol{B}=\boldsymbol{A}\cdot\boldsymbol{C}$，可以写成 $\boldsymbol{A}\cdot(\boldsymbol{B}-\boldsymbol{C})=0$，于是能够作出如下结论：

(a) 或者是 $\boldsymbol{A}$ 垂直于 $\boldsymbol{B}-\boldsymbol{C}$，或

(b) $\boldsymbol{A}$ 是一个零矢量，或

(c) $\boldsymbol{B}-\boldsymbol{C}=0$

所以，只有当 $\boldsymbol{B}-\boldsymbol{C}$ 等于零时才能 $\boldsymbol{B}=\boldsymbol{C}$。因此，$\boldsymbol{A}\cdot\boldsymbol{B}=\boldsymbol{A}\cdot\boldsymbol{C}$ 并不总是 $\boldsymbol{B}=\boldsymbol{C}$。

叉积 $\boldsymbol{A}$ 和 $\boldsymbol{B}$ 两矢量的叉积写成 $\boldsymbol{A}\times\boldsymbol{B}$，读作"$\boldsymbol{A}$ 叉乘 $\boldsymbol{B}$"。叉积是一个矢量，它的方向垂直于包含 $\boldsymbol{A}$ 和 $\boldsymbol{B}$ 的平面，其值等于 $\boldsymbol{A}$、$\boldsymbol{B}$ 两矢量的大小与它们之间较小夹角的正弦之积。即

$$\boldsymbol{A}\times\boldsymbol{B}=|AB\sin\theta|\boldsymbol{a}_n \tag{2-13}$$

式中 $\boldsymbol{a}_n$ 是垂直于 $\boldsymbol{A}$ 和 $\boldsymbol{B}$ 所形成的平面的单位矢量，它指在右手螺旋从 $\boldsymbol{A}$ 转到 $\boldsymbol{B}$ 前进的方向，如图2-5a所示。另一个确定单位矢量 $\boldsymbol{a}_n$ 的方向的方法是伸出右手的三个手指如图2-5b

所示。当食指指向 $\boldsymbol{A}$ 的方向，中指指在 $\boldsymbol{B}$ 的方向，则大拇指的指向即为 $\boldsymbol{a}_n$ 的方向。因为叉积得出的是矢量，所以又称**矢积**(vector product)。

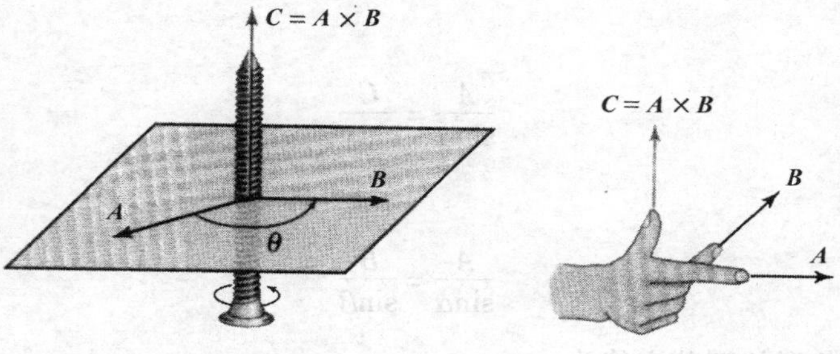

a) 右手螺旋法则　　b) 右手法则

图 2-5　决定叉积 $\boldsymbol{C}=\boldsymbol{A}\times\boldsymbol{B}$ 的方向的法则

如果 $\boldsymbol{C}$ 表示 $\boldsymbol{A}$ 和 $\boldsymbol{B}$ 两矢量的矢积，即

$$\boldsymbol{C}=\boldsymbol{A}\times\boldsymbol{B} \tag{2-14}$$

则

$$C\boldsymbol{a}_n=(A\boldsymbol{a}_A)\times(B\boldsymbol{a}_B)=(\boldsymbol{a}_A\times\boldsymbol{a}_B)AB$$

单位矢量 $\boldsymbol{a}_n$ 为

$$\boldsymbol{a}_n=\frac{\boldsymbol{a}_A\times\boldsymbol{a}_B}{|\sin\theta|} \tag{2-15}$$

从图 2-5 知

$$\boldsymbol{A}\times\boldsymbol{B}=-\boldsymbol{B}\times\boldsymbol{A} \tag{2-16}$$

所以矢积不服从交换律，其他性质是服从

分配律：
$$\boldsymbol{A}\times(\boldsymbol{B}+\boldsymbol{C})=\boldsymbol{A}\times\boldsymbol{B}+\boldsymbol{A}\times\boldsymbol{C} \tag{2-17a}$$

按数乘比例：
$$(k\boldsymbol{A})\times\boldsymbol{B}=k(\boldsymbol{A}\times\boldsymbol{B})=\boldsymbol{A}\times(k\boldsymbol{B}) \tag{2-17b}$$

我们还能够证明两矢量平行的必要和充分条件是它们的矢积为零。

例 2.2　证明拉格朗日恒等式，它指出如果 $\boldsymbol{A}$ 和 $\boldsymbol{B}$ 是任意二矢量，则

$$|\boldsymbol{A}\times\boldsymbol{B}|^2=A^2B^2-(\boldsymbol{A}\cdot\boldsymbol{B})^2$$

解　从两矢量的矢积定义，有

$$\begin{aligned}|\boldsymbol{A}\times\boldsymbol{B}|^2&=A^2B^2\sin^2\theta=A^2B^2(1-\cos^2\theta)\\&=A^2B^2-A^2B^2\cos^2\theta\\&=A^2B^2-(\boldsymbol{A}\cdot\boldsymbol{B})^2\end{aligned}$$

例 2.3　用矢量推导三角形的正弦定律。

解　从图 2-6，有

$$\boldsymbol{B}=\boldsymbol{C}-\boldsymbol{A}$$

因为 $\boldsymbol{B}\times\boldsymbol{B}=0$，故可写出

$$\boldsymbol{B}\times(\boldsymbol{C}-\boldsymbol{A})=0$$

或

$$\boldsymbol{B}\times\boldsymbol{C}=\boldsymbol{B}\times\boldsymbol{A}$$

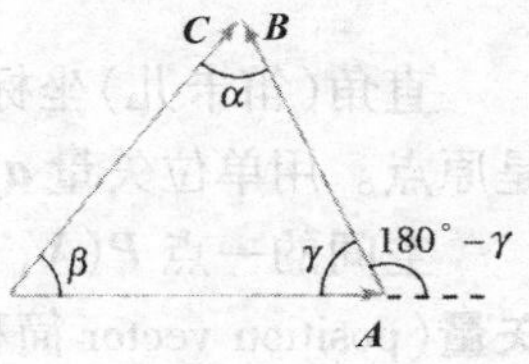

图 2-6　矢量三角形

所以

$$BC\sin\alpha = BA\sin(\pi - \gamma)$$

或

$$\frac{A}{\sin\alpha} = \frac{C}{\sin\gamma}$$

同样,可以证明

$$\frac{A}{\sin\alpha} = \frac{B}{\sin\beta}$$

于是,可以表述三角形的正弦定律为

$$\frac{A}{\sin\alpha} = \frac{B}{\sin\beta} = \frac{C}{\sin\gamma}$$

标三重积 $\boldsymbol{A}$、$\boldsymbol{B}$ 和 $\boldsymbol{C}$ 三个矢量的**标三重积**(scalar triple product)是一个标量可按下式计算

$$\boldsymbol{C}\cdot(\boldsymbol{A}\times\boldsymbol{B}) = ABC\sin\theta\cos\phi \tag{2-18a}$$

如果三个矢量代表一个平行六面体的边,如图 2-7 所示,则标三重积是它的体积。从式(2-18a)可知,三个共面矢量的标三重积为零。

只要把矢量循环变换次序,式(2-18a)也可写成

$$\boldsymbol{C}\cdot(\boldsymbol{A}\times\boldsymbol{B}) = \boldsymbol{A}\cdot(\boldsymbol{B}\times\boldsymbol{C}) = \boldsymbol{B}\cdot(\boldsymbol{C}\times\boldsymbol{A}) \tag{2-18b}$$

矢三重积 $\boldsymbol{A}$、$\boldsymbol{B}$ 和 $\boldsymbol{C}$ 三个矢量的**矢三重积**(vector triple product)是一个矢量可以写成 $\boldsymbol{A}\times(\boldsymbol{B}\times\boldsymbol{C})$。可以证明矢三重积不满足结合律。即

$$\boldsymbol{A}\times(\boldsymbol{B}\times\boldsymbol{C}) \neq (\boldsymbol{A}\times\boldsymbol{B})\times\boldsymbol{C} \tag{2-19}$$

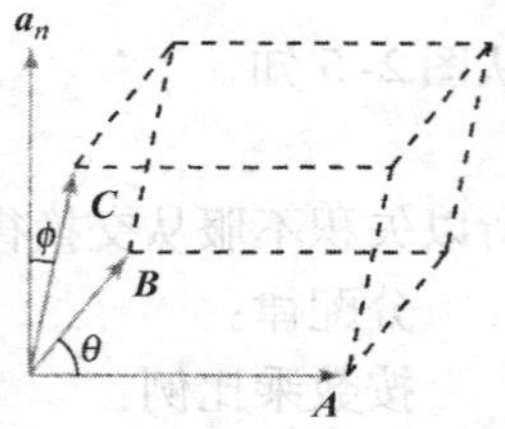

图 2-7 标三重积的图示

2.4 坐标系

直到现在我们进行了一般性讨论,并用图形表示矢量运算。从数学的观点把矢量分解成沿三个互相正交(垂直)方向的分量来处理,是更方便的。本书将采用三种正交坐标系:直角(或笛卡儿)坐标系,圆柱(圆)坐标系和球坐标系。我们现在要离开主题去讨论这三种坐标系,然后重新回到关于矢量的讨论。

2.4.1 直角坐标系

直角(笛卡儿)坐标系由三互相正交的直线形成。此三直线称 x、y 和 z 轴。三轴线的交点是原点。用单位矢量 $\boldsymbol{a}_x$、$\boldsymbol{a}_y$ 和 $\boldsymbol{a}_z$ 表征矢量分别沿 x、y 和 z 轴分量的方向。

空间的一点 $P(X, Y, Z)$ 能够用它在三轴线上的投影唯一地被确定如图 2-8 所示。**位置矢量**(position vector 简称**位矢**)$\boldsymbol{r}$,是一个从原点指向点 P 的矢量,能够用它的分量表示为

$$\boldsymbol{r} = X\boldsymbol{a}_x + Y\boldsymbol{a}_y + Z\boldsymbol{a}_z \tag{2-20}$$

此处 X、Y 和 Z 是 $\boldsymbol{r}$ 在 x、y 和 z 轴上的标投影。

如果 A_x、A_y 和 A_z 是 $\boldsymbol{A}$ 的标投影，如图 2-9 所示，则 $\boldsymbol{A}$ 可以写成

$$\boldsymbol{A} = A_x\boldsymbol{a}_x + A_y\boldsymbol{a}_y + A_z\boldsymbol{a}_z \tag{2-21}$$

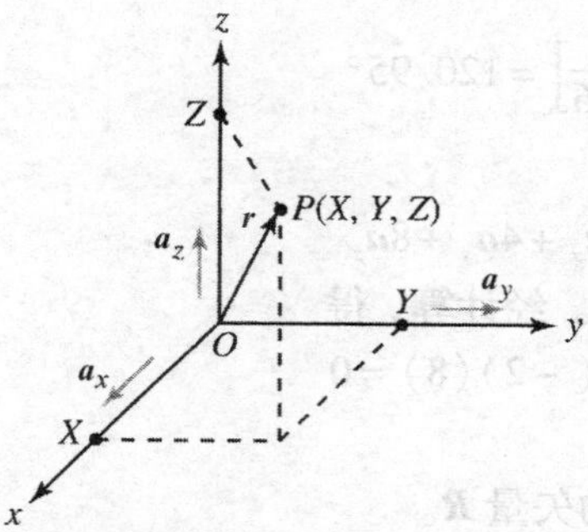

图 2-8　直角坐标系中一点的投影

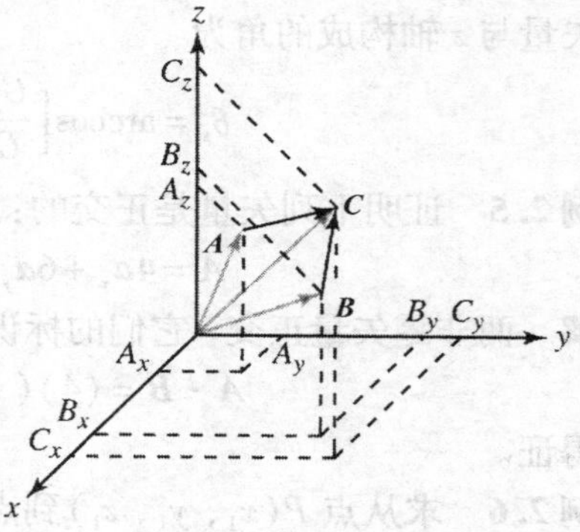

图 2-9　直角坐标系中的矢量加法

类似地，矢量 $\boldsymbol{B}$ 可以写成

$$\boldsymbol{B} = B_x\boldsymbol{a}_x + B_y\boldsymbol{a}_y + B_z\boldsymbol{a}_z \tag{2-22}$$

$\boldsymbol{A}$ 和 $\boldsymbol{B}$ 两矢量之和，$\boldsymbol{C} = \boldsymbol{A} + \boldsymbol{B}$，现在可以写成

$$\begin{aligned}\boldsymbol{C} &= (A_x + B_x)\boldsymbol{a}_x + (A_y + B_y)\boldsymbol{a}_y + (A_z + B_z)\boldsymbol{a}_z \\ &= C_x\boldsymbol{a}_x + C_y\boldsymbol{a}_y + C_z\boldsymbol{a}_z\end{aligned} \tag{2-23}$$

此处 $C_x = A_x + B_x$，$C_y = A_y + B_y$，和 $C_z = A_z + B_z$ 是 $\boldsymbol{C}$ 沿 $\boldsymbol{a}_x$、$\boldsymbol{a}_y$ 和 $\boldsymbol{a}_z$ 三单位矢量的分量。

由于三个单位矢量是互相正交，其点积为

$$\boldsymbol{a}_x \cdot \boldsymbol{a}_x = 1,\ \boldsymbol{a}_y \cdot \boldsymbol{a}_y = 1,\ \boldsymbol{a}_z \cdot \boldsymbol{a}_z = 1 \tag{2-24a}$$

和

$$\boldsymbol{a}_x \cdot \boldsymbol{a}_y = \boldsymbol{a}_y \cdot \boldsymbol{a}_z = \boldsymbol{a}_z \cdot \boldsymbol{a}_x = 0 \tag{2-24b}$$

此外，单位矢量的叉积为

$$\boldsymbol{a}_x \times \boldsymbol{a}_x = \boldsymbol{a}_y \times \boldsymbol{a}_y = \boldsymbol{a}_z \times \boldsymbol{a}_z = 0 \tag{2-24c}$$

$$\boldsymbol{a}_x \times \boldsymbol{a}_y = \boldsymbol{a}_z,\ \boldsymbol{a}_y \times \boldsymbol{a}_z = \boldsymbol{a}_x,\ \boldsymbol{a}_z \times \boldsymbol{a}_x = \boldsymbol{a}_y \tag{2-24d}$$

矢量 $\boldsymbol{A}$ 和 $\boldsymbol{B}$ 的点积用它们的分量表示为

$$\boldsymbol{A} \cdot \boldsymbol{B} = A_xB_x + A_yB_y + A_zB_z \tag{2-25}$$

利用式(2-25)，能用 $\boldsymbol{A}$ 的分量计算它的大小，即

$$A = \sqrt{\boldsymbol{A} \cdot \boldsymbol{A}} = \sqrt{A_x^2 + A_y^2 + A_z^2} \tag{2-26}$$

例 2.4　设 $\boldsymbol{A} = 3\boldsymbol{a}_x + 2\boldsymbol{a}_y - \boldsymbol{a}_z$ 和 $\boldsymbol{B} = \boldsymbol{a}_x - 3\boldsymbol{a}_y + 2\boldsymbol{a}_z$，求 $\boldsymbol{C}$，若 $\boldsymbol{C} = 2\boldsymbol{A} - 3\boldsymbol{B}$，并求单位矢量 $\boldsymbol{a}_c$ 及其与 z 轴构成的角。

解

$$\begin{aligned}\boldsymbol{C} &= 2\boldsymbol{A} - 3\boldsymbol{B} \\ &= 2[3\boldsymbol{a}_x + 2\boldsymbol{a}_y - \boldsymbol{a}_z] - 3[\boldsymbol{a}_x - 3\boldsymbol{a}_y + 2\boldsymbol{a}_z] \\ &= 3\boldsymbol{a}_x + 13\boldsymbol{a}_y - 8\boldsymbol{a}_z\end{aligned}$$

由式(2-26)，矢量 $\boldsymbol{C}$ 的大小是

$$C = \sqrt{3^2 + 13^2 + (-8)^2} = 15.556$$

要求的单位矢量为

$$\boldsymbol{a}_c=\frac{\boldsymbol{C}}{C}=0.193\boldsymbol{a}_x+0.836\boldsymbol{a}_y-0.514\boldsymbol{a}_z$$

单位矢量与 z 轴构成的角为

$$\theta_z=\arccos\left[\frac{C_z}{C}\right]=\arccos\left[\frac{-8}{15.556}\right]=120.95°$$

例 2.5 证明下列矢量是正交的：

$$\boldsymbol{A}=4\boldsymbol{a}_x+6\boldsymbol{a}_y-2\boldsymbol{a}_z \text{ 和 } \boldsymbol{B}=-2\boldsymbol{a}_x+4\boldsymbol{a}_y+8\boldsymbol{a}_z$$

解 两非零矢量正交，它们的标识 $\boldsymbol{A}\cdot\boldsymbol{B}$ 必须为零。经计算，得

$$\boldsymbol{A}\cdot\boldsymbol{B}=(4)(-2)+(6)(4)+(-2)(8)=0$$

问题得证。

例 2.6 求从点 $P(x_1, y_1, z_1)$ 到点 $Q(x_2, y_2, z_2)$ 的矢量 $\boldsymbol{R}$。

解 一个从一点到另一点的矢量称为距离矢量(distance vector)。令 $\boldsymbol{r}_1$ 和 $\boldsymbol{r}_2$ 分别为点 P 和点 Q 的位矢如图 2-10 所示。则

$$\boldsymbol{r}_1=x_1\boldsymbol{a}_x+y_1\boldsymbol{a}_y+z_1\boldsymbol{a}_z \quad \text{及}$$

$$\boldsymbol{r}_2=x_2\boldsymbol{a}_x+y_2\boldsymbol{a}_y+z_2\boldsymbol{a}_z$$

图 2-10 表明，从点 P 到点 Q 的距离矢量(又称点 Q 相对于点 P 的相对位矢)$\boldsymbol{R}$ 为

$$\begin{aligned}\boldsymbol{R}&=\boldsymbol{r}_2-\boldsymbol{r}_1\\&=(x_2-x_1)\boldsymbol{a}_x+(y_2-y_1)\boldsymbol{a}_y\\&\quad+(z_2-z_1)\boldsymbol{a}_z\end{aligned}$$

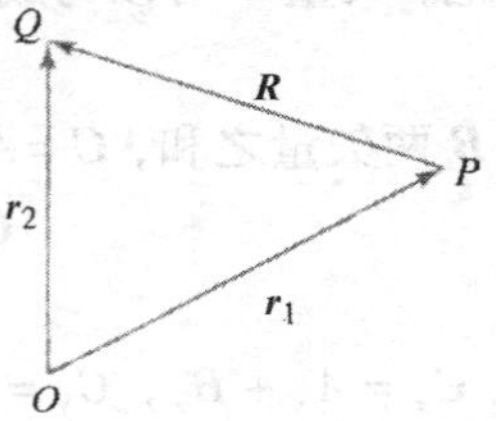

图 2-10 从点 P 到点 Q 的距离矢量(点 Q 相对于点 P 的相对位矢)

$\boldsymbol{A}$ 和 $\boldsymbol{B}$ 两矢量的矢积也可用它们的分量进行计算。令 $\boldsymbol{C}=\boldsymbol{A}\times\boldsymbol{B}$，则

$$\begin{aligned}\boldsymbol{C}&=[A_x\boldsymbol{a}_x+A_y\boldsymbol{a}_y+A_z\boldsymbol{a}_z]\times[B_x\boldsymbol{a}_x+B_y\boldsymbol{a}_y+B_z\boldsymbol{a}_z]\\&=[A_yB_z-A_zB_y]\boldsymbol{a}_x+[A_zB_x-A_xB_z]\boldsymbol{a}_y+[A_xB_y-A_yB_x]\boldsymbol{a}_z\end{aligned}$$

上式还能够方便地用行列式表示为

$$\boldsymbol{C}=\boldsymbol{A}\times\boldsymbol{B}=\begin{vmatrix}\boldsymbol{a}_x & \boldsymbol{a}_y & \boldsymbol{a}_z\\ A_x & A_y & A_z\\ B_x & B_y & B_z\end{vmatrix} \tag{2-27}$$

例 2.7 计算由 $\boldsymbol{A}$、$\boldsymbol{B}$ 和 $\boldsymbol{C}$ 三矢量构成的平行六面体的体积。由 $\boldsymbol{A}=2\boldsymbol{a}_x+\boldsymbol{a}_y-2\boldsymbol{a}_z$，$\boldsymbol{B}=-\boldsymbol{a}_x+3\boldsymbol{a}_y+5\boldsymbol{a}_z$，$\boldsymbol{C}=5\boldsymbol{a}_x-2\boldsymbol{a}_y-2\boldsymbol{a}_z$。

解 计算平行六面体的体积，用标三重积 $\boldsymbol{A}\cdot(\boldsymbol{B}\times\boldsymbol{C})$。借助于式(2-27)，标三重积写成行列式形式为

$$\boldsymbol{A}\cdot(\boldsymbol{B}\times\boldsymbol{C})=\begin{vmatrix}A_x & A_y & A_z\\ B_x & B_y & B_z\\ C_x & C_y & C_z\end{vmatrix}$$

代入数值，得所求的体积为

$$体积 = \boldsymbol{A}\cdot(\boldsymbol{B}\times\boldsymbol{C}) = \begin{vmatrix} 2 & 1 & -2 \\ -1 & 3 & 5 \\ 5 & -2 & -2 \end{vmatrix} = 57$$

2.4.2 圆柱坐标系

空间一点 $P(x, y, z)$ 也能够用 ρ、ϕ 和 z 完整地描绘如图 2-11 所示。注意 ρ 是位矢 OP 在 xy 平面上的投影，ϕ 是从正 x 轴到平面 $OTPM$ 的角，z 是 OP 在 z 轴上的投影。我们说 ρ、ϕ 和 z 是点 $P(\rho, \phi, z)$ 是圆柱(圆)坐标。从图 2-11，可以看出

$$x = \rho\cos\phi \qquad (2\text{-}28)$$
$$y = \rho\sin\phi$$

坐标面

$$\rho = \sqrt{x^2 + y^2} = 常数 \qquad (2\text{-}29)$$

是一个半径为 ρ 的圆柱以 z 轴作它的轴线如图 2-12 所示，这样，$0 \leqslant \rho \leqslant \infty$。坐标面

$$\phi = \arctan\left(\frac{y}{x}\right) = 常数 \qquad (2\text{-}30)$$

是一个附着在 z 轴上的平面(图 2-12)。最后，坐标面

$$z = 常数 \qquad (2\text{-}31)$$

是一个平行于 xy 平面的平面。

由于这些面相交成直角，便能够建立三个互相垂直的坐标轴：ρ、ϕ 和 z。相应的单位矢量为 $\boldsymbol{a}_\rho$、$\boldsymbol{a}_\phi$ 和 $\boldsymbol{a}_z$，示于图 2-11。角 ϕ 是在反时针方向相对于 x 轴来计量，因此 ϕ 从 0 变到 2π。注意单位矢量 $\boldsymbol{a}_\rho$ 和 $\boldsymbol{a}_\phi$ 不是单方向的；它们当 ϕ 增大或减小时变换方向。这一事实在被积函数有 $\boldsymbol{a}_\rho$ 和 $\boldsymbol{a}_\phi$ 方向的分量对 ϕ 积分时必须牢记。遇到必要时我们将重申这一点。

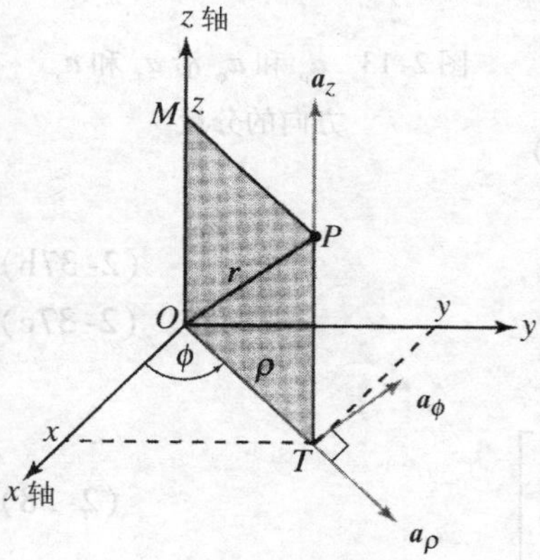

图 2-11 圆柱坐标系一点的投影

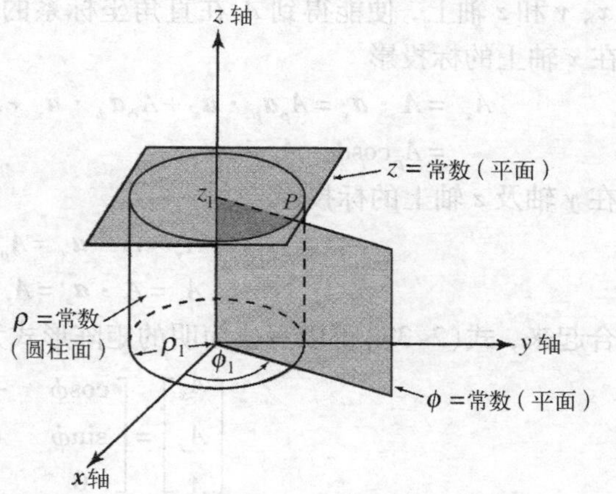

图 2-12 圆柱坐标系三个互相垂直的坐标面

如果两矢量 $\boldsymbol{A}$ 和 $\boldsymbol{B}$ 定义在一公共点 $P(\rho, \phi, z)$ 或在一个 $\phi =$ 常数的平面上，可以和这些矢量在直角坐标系一样进行加、减和乘。例如，如果两矢量在点 $P(\rho, \phi, z)$ 是 $\boldsymbol{A} = A_\rho\boldsymbol{a}_\rho + A_\phi\boldsymbol{a}_\phi + A_z\boldsymbol{a}_z$ 和 $\boldsymbol{B} = B_\rho\boldsymbol{a}_\rho + B_\phi\boldsymbol{a}_\phi + B_z\boldsymbol{a}_z$，则

$$\boldsymbol{A}+\boldsymbol{B}=(A_\rho+B_\rho)\boldsymbol{a}_\rho+(A_\phi+B_\phi)\boldsymbol{a}_\phi+(A_z+B_z)\boldsymbol{a}_z \tag{2-32a}$$

$$\boldsymbol{A}\cdot\boldsymbol{B}=A_\rho B_\rho+A_\phi B_\phi+A_z B_z \tag{2-32b}$$

和

$$\boldsymbol{A}\times\boldsymbol{B}=\begin{vmatrix}\boldsymbol{a}_\rho & \boldsymbol{a}_\phi & \boldsymbol{a}_z\\ A_\rho & A_\phi & A_z\\ B_\rho & B_\phi & B_z\end{vmatrix} \tag{2-32c}$$

圆柱坐标系中单位矢量的点积和叉积为

$$\boldsymbol{a}_\rho\cdot\boldsymbol{a}_\rho=1 \qquad \boldsymbol{a}_\phi\cdot\boldsymbol{a}_\phi=1 \qquad \boldsymbol{a}_z\cdot\boldsymbol{a}_z=1 \tag{2-33a}$$

$$\boldsymbol{a}_\rho\cdot\boldsymbol{a}_\phi=0 \qquad \boldsymbol{a}_\phi\cdot\boldsymbol{a}_z=0 \qquad \boldsymbol{a}_z\cdot\boldsymbol{a}_\rho=0 \tag{2-33b}$$

$$\boldsymbol{a}_\rho\times\boldsymbol{a}_\rho=0 \qquad \boldsymbol{a}_\phi\times\boldsymbol{a}_\phi=0 \qquad \boldsymbol{a}_z\times\boldsymbol{a}_z=0 \tag{2-34a}$$

$$\boldsymbol{a}_\rho\times\boldsymbol{a}_\phi=\boldsymbol{a}_z \qquad \boldsymbol{a}_\phi\times\boldsymbol{a}_z=\boldsymbol{a}_\rho \qquad \boldsymbol{a}_z\times\boldsymbol{a}_\rho=\boldsymbol{a}_\phi \tag{2-34b}$$

单位矢量的变换　单位矢量 $\boldsymbol{a}_\rho$ 和 $\boldsymbol{a}_\phi$ 在单位矢量 $\boldsymbol{a}_x$ 和 $\boldsymbol{a}_y$ 上的投影示于图 2-13。从这些投影，很明显，有

$$\boldsymbol{a}_\rho=\cos\phi\boldsymbol{a}_x+\sin\phi\boldsymbol{a}_y \tag{2-35a}$$

和

$$\boldsymbol{a}_\phi=-\sin\phi\boldsymbol{a}_x+\cos\phi\boldsymbol{a}_y \tag{2-35b}$$

这是因为 $\boldsymbol{a}_x\cdot\boldsymbol{a}_\rho=\cos\phi$，$\boldsymbol{a}_y\cdot\boldsymbol{a}_\rho=\sin\phi$，$\boldsymbol{a}_x\cdot\boldsymbol{a}_\phi=-\sin\phi$，和 $\boldsymbol{a}_y\cdot\boldsymbol{a}_\phi=\cos\phi$。

从直角到圆柱坐标系单位矢量变换能写成矩阵形式为

$$\begin{bmatrix}\boldsymbol{a}_\rho\\ \boldsymbol{a}_\phi\\ \boldsymbol{a}_z\end{bmatrix}=\begin{bmatrix}\cos\phi & \sin\phi & 0\\ -\sin\phi & \cos\phi & 0\\ 0 & 0 & 1\end{bmatrix}\begin{bmatrix}\boldsymbol{a}_x\\ \boldsymbol{a}_y\\ \boldsymbol{a}_z\end{bmatrix} \tag{2-36}$$

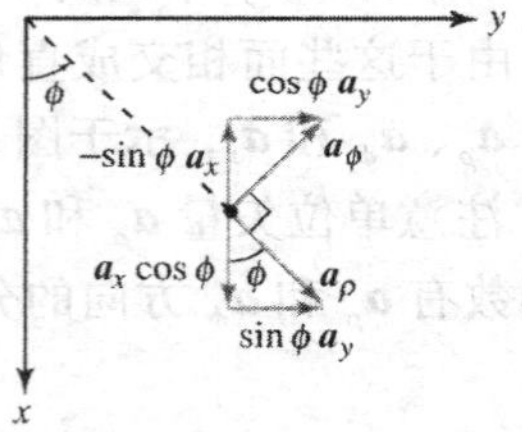

图 2-13　$\boldsymbol{a}_\rho$ 和 $\boldsymbol{a}_\phi$ 沿 $\boldsymbol{a}_x$ 和 $\boldsymbol{a}_y$ 方向的分量

矢量的变换　如果矢量 $\boldsymbol{A}$ 是给在圆柱坐标系，把它投影到 x、y 和 z 轴上，便能得到 $\boldsymbol{A}$ 在直角坐标系的表达式。即由 $\boldsymbol{A}$ 在 x 轴上的标投影

$$\begin{aligned}A_x&=\boldsymbol{A}\cdot\boldsymbol{a}_x=A_\rho\boldsymbol{a}_\rho\cdot\boldsymbol{a}_x+A_\phi\boldsymbol{a}_\phi\cdot\boldsymbol{a}_x+A_z\boldsymbol{a}_z\cdot\boldsymbol{a}_x\\&=A_\rho\cos\phi-A_\phi\sin\phi\end{aligned} \tag{2-37a}$$

和在 y 轴及 z 轴上的标投影

$$A_y=\boldsymbol{A}\cdot\boldsymbol{a}_y=A_\rho\sin\phi+A_\phi\cos\phi \tag{2-37b}$$

$$A_z=\boldsymbol{A}\cdot\boldsymbol{a}_z=A_z \tag{2-37c}$$

综合起来，式(2-37)可以写成简明的矩阵形式为

$$\begin{bmatrix}A_x\\ A_y\\ A_z\end{bmatrix}=\begin{bmatrix}\cos\phi & -\sin\phi & 0\\ \sin\phi & \cos\phi & 0\\ 0 & 0 & 1\end{bmatrix}\begin{bmatrix}A_\rho\\ A_\phi\\ A_z\end{bmatrix} \tag{2-38}$$

按照类似的方法，一个在直角坐标系的矢量，用下列变换可以得到在圆柱坐标系的表达式：

$$\begin{bmatrix} A_\rho \\ A_\phi \\ A_z \end{bmatrix} = \begin{bmatrix} \cos\phi & \sin\phi & 0 \\ -\sin\phi & \cos\phi & 0 \\ 0 & 0 & 1 \end{bmatrix} \begin{bmatrix} A_x \\ A_y \\ A_z \end{bmatrix} \tag{2-39}$$

显然，式(2-39)中的变换矩阵与式(2-36)中的相同(亦可从式(2-38)的矩阵求逆得到)。

例 2.8 写出空间任一点在直角坐标系的位矢表示式。然后将此位矢变换成在圆柱坐标系中的一个矢量。

解 在空间任一点 $P(x, y, z)$ 的位矢是

$$\boldsymbol{A} = x\boldsymbol{a}_x + y\boldsymbol{a}_y + z\boldsymbol{a}_z$$

用式(2-39)中的变换矩阵，得

$$A_\rho = x\cos\phi + y\sin\phi$$

$$A_\phi = -x\sin\phi + y\cos\phi \text{ 和 } A_z = z$$

代入 $x = \rho\cos\phi$ 和 $y = \rho\sin\phi$，得

$$A_\rho = \rho,\ A_\phi = 0,\text{ 和 } A_z = z$$

于是，位矢 $\boldsymbol{A}$ 在圆柱坐标系是

$$\boldsymbol{A} = \rho\boldsymbol{a}_\rho + z\boldsymbol{a}_z$$

例 2.9 表示矢量 $\boldsymbol{A} = \frac{k}{\rho^2}\boldsymbol{a}_\rho + 5\sin2\phi\boldsymbol{a}_z$ 在直角坐标系。

解 用式(2-38)中的变换矩阵。由于

$$A_\rho = \frac{k}{\rho^2},\ A_\phi = 0,\text{ 和 } A_z = 5\sin2\phi$$

经变换后得

$$A_x = \frac{k\cos\phi}{\rho^2}, A_y = \frac{k\sin\phi}{\rho^2}, \text{和 } A_z = 10\cos\phi\sin\phi$$

代入 $\rho = \sqrt{x^2+y^2}$，$\cos\phi = \frac{x}{\rho}$ 和 $\sin\phi = \frac{y}{\rho}$

最后得到所需要的矢量

$$\boldsymbol{A} = \frac{kx}{[x^2+y^2]^{3/2}}\boldsymbol{a}_x + \frac{ky}{[x^2+y^2]^{3/2}}\boldsymbol{a}_y + \frac{10xy}{x^2+y^2}\boldsymbol{a}_z$$

例 2.10 若矢量 $\boldsymbol{A} = 3\boldsymbol{a}_\rho + 2\boldsymbol{a}_\phi + 5\boldsymbol{a}_z$ 和 $\boldsymbol{B} = -2\boldsymbol{a}_\rho + 3\boldsymbol{a}_\phi - \boldsymbol{a}_z$ 分别给定在点 $P(3, \pi/6, 5)$ 和点 $Q(4, \pi/3, 3)$，求出在点 $S(2, \pi/4, 4)$ 的 $\boldsymbol{C} = \boldsymbol{A} + \boldsymbol{B}$。

解 两矢量不是定义在同一个 ϕ = 常数的平面上，所以在圆柱坐标系不能直接求和，变换到直角坐标系是必要的。对点 $P(3, \pi/6, 5)$ 的矢量 $\boldsymbol{A}$，变换后是

$$\begin{bmatrix} A_x \\ A_y \\ A_z \end{bmatrix} = \begin{bmatrix} \cos30^\circ & -\sin30^\circ & 0 \\ \sin30^\circ & \cos30^\circ & 0 \\ 0 & 0 & 1 \end{bmatrix} \begin{bmatrix} 3 \\ 2 \\ 5 \end{bmatrix}$$

$$\boldsymbol{A} = 1.598\boldsymbol{a}_x + 3.232\boldsymbol{a}_y + 5\boldsymbol{a}_z$$

类似地，对于 $\phi = \pi/3$，经变换后的矢量 $\boldsymbol{B}$ 为

$$\boldsymbol{B} = -3.598\boldsymbol{a}_x - 0.232\boldsymbol{a}_y - \boldsymbol{a}_z$$

现在可以在直角坐标系计算 $\boldsymbol{C} = \boldsymbol{A} + \boldsymbol{B}$，得

$$\boldsymbol{C}=-2\boldsymbol{a}_x+3\boldsymbol{a}_y+4\boldsymbol{a}_z$$

然后变换到圆柱坐标系的点 $S(2, \pi/4, 4)$，用式(2-39)，得

$$\begin{bmatrix}C_\rho\\C_\phi\\C_z\end{bmatrix}=\begin{bmatrix}\cos45° & \sin45° & 0\\-\sin45° & \cos45° & 0\\0 & 0 & 1\end{bmatrix}\begin{bmatrix}-2\\3\\4\end{bmatrix}$$

即

$$\boldsymbol{C}=0.707\boldsymbol{a}_\rho+3.535\boldsymbol{a}_\phi+4\boldsymbol{a}_z$$

注意：一个矢量从一种坐标系变换到另一种坐标系，只改变大小不改变方向。

2.4.3 球坐标系

现在讨论第三种坐标系即球坐标系。空间一点 P 在球坐标系是唯一地用 r，θ 和 ϕ 表示，描绘于图 2-14，此处 r 是位矢（又称**矢径** radius vector）OP 的大小，θ 是位矢 OP 与正 z 轴构成的角，ϕ 是正 x 轴与图中所示平面 $OMPN$ 之间的角。r 在 xy 平面上的投影为 $OM=r\sin\theta$。从图 2-14 很明显有

$$x=r\sin\theta\cos\phi \tag{2-40a}$$

$$y=r\sin\theta\sin\phi \tag{2-40b}$$

$$z=r\cos\theta \tag{2-40c}$$

从式(2-40)，可以导出

$$r=\sqrt{x^2+y^2+z^2} \tag{2-41a}$$

$$\theta=\arccos\left[\frac{z}{r}\right] \tag{2-41b}$$

$$\phi=\arctan\left[\frac{y}{x}\right] \tag{2-41c}$$

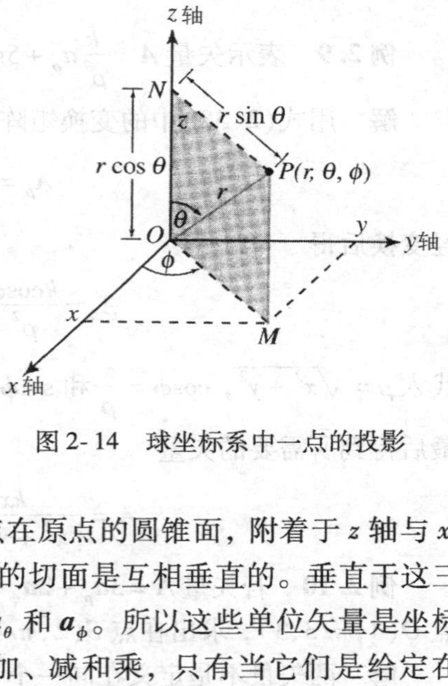

图 2-14 球坐标系中一点的投影

ϕ 的正方向是绕 z 轴从 x 向 y 按右手旋转，其值为 $0\sim2\pi$。θ 的正方向是从其值为零的正 z 轴转向其值为 π 的负 z 轴，所以它的变化范围是 $0\sim\pi$。然而，$0\leqslant r\leqslant\infty$。

通过点 $P(r, \theta, \phi)$ 以 r 为半径的球面，张角为 θ 顶点在原点的圆锥面，附着于 z 轴与 xz 平面成 ϕ 角的平面，均展示于图 2-15。在 P 点这些表面的切面是互相垂直的。垂直于这三个相交平面在 r、θ 和 ϕ 增加方向的单位矢量分别为 $\boldsymbol{a}_r$、$\boldsymbol{a}_\theta$ 和 $\boldsymbol{a}_\phi$。所以这些单位矢量是坐标 (r, θ, ϕ) 的函数。这样，在球坐标任意两矢量的矢量加、减和乘，只有当它们是给定在 $\theta=$常数和 $\phi=$常数两平面的交线上才能进行。换言之，这些矢量必须是定义在同一点或者是在沿同一半径线的点上。

单位矢量的标积和矢积如下，希望读者验证它们。

$$\boldsymbol{a}_r\cdot\boldsymbol{a}_r=1\qquad \boldsymbol{a}_\theta\cdot\boldsymbol{a}_\theta=1\qquad \boldsymbol{a}_\phi\cdot\boldsymbol{a}_\phi=1 \tag{2-42a}$$

$$\boldsymbol{a}_r\cdot\boldsymbol{a}_\theta=0\qquad \boldsymbol{a}_\theta\cdot\boldsymbol{a}_\phi=0\qquad \boldsymbol{a}_\phi\cdot\boldsymbol{a}_r=0 \tag{2-42b}$$

$$\boldsymbol{a}_r\times\boldsymbol{a}_\theta=\boldsymbol{a}_\phi\qquad \boldsymbol{a}_\theta\times\boldsymbol{a}_\phi=\boldsymbol{a}_r\qquad \boldsymbol{a}_\phi\times\boldsymbol{a}_r=\boldsymbol{a}_\theta \tag{2-42c}$$

例 2.11 $\boldsymbol{A}$ 和 $\boldsymbol{B}$ 两矢量给定在空间一点 $P(r, \theta, \phi)$ 为 $\boldsymbol{A}=10\boldsymbol{a}_r+30\boldsymbol{a}_\theta-10\boldsymbol{a}_\phi$ 和 $\boldsymbol{B}=-3\boldsymbol{a}_r-10\boldsymbol{a}_\theta+20\boldsymbol{a}_\phi$。求(a)$2\boldsymbol{A}-5\boldsymbol{B}$，(b)$\boldsymbol{A}\cdot\boldsymbol{B}$，(c)$\boldsymbol{A}\times\boldsymbol{B}$，(d)$\boldsymbol{A}$ 在 $\boldsymbol{B}$ 方向的标投影，(e)$\boldsymbol{A}$

在 $\boldsymbol{B}$ 方向的矢投影，(f) 垂直于 $\boldsymbol{A}$ 和 $\boldsymbol{B}$ 二矢量的单位矢量。

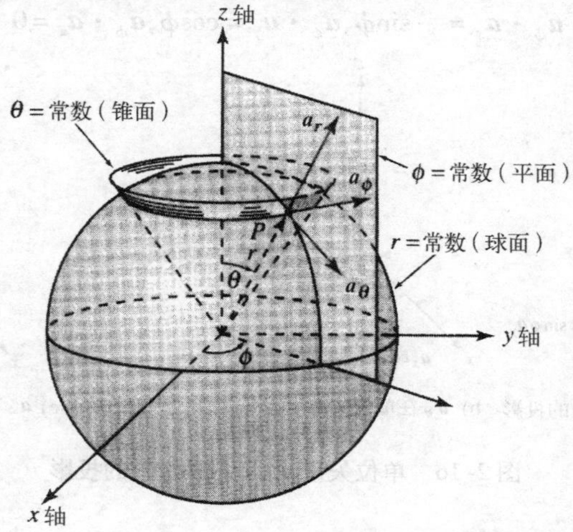

图 2-15 球坐标系

解 因 $\boldsymbol{A}$ 和 $\boldsymbol{B}$ 两矢量是给定在同一点 P，所以矢量运算法则在球坐标系能直接应用。

(a) $2\boldsymbol{A}-5\boldsymbol{B}=(20+15)\boldsymbol{a}_r+(60+50)\boldsymbol{a}_\theta+(-20-100)\boldsymbol{a}_\phi$

$=35\boldsymbol{a}_r+110\boldsymbol{a}_\theta-120\boldsymbol{a}_\phi$

(b) $\boldsymbol{A}\cdot\boldsymbol{B}=10(-3)+30(-10)+(-10)20=-530$

(c) $$\boldsymbol{A}\times\boldsymbol{B}=\begin{vmatrix}\boldsymbol{a}_r & \boldsymbol{a}_\theta & \boldsymbol{a}_\phi\\ 10 & 30 & -10\\ -3 & -10 & 20\end{vmatrix}=500\boldsymbol{a}_r-170\boldsymbol{a}_\theta-10\boldsymbol{a}_\phi$$

(d) $\boldsymbol{B}$ 的大小为 $B=[(-3)^2+(-10)^2+(20)^2]^{1/2}=22.561$，所以 $\boldsymbol{A}$ 在 $\boldsymbol{B}$ 上的标投影是

$$\boldsymbol{A}\cdot\boldsymbol{a}_B=\frac{\boldsymbol{A}\cdot\boldsymbol{B}}{B}=\frac{-530}{22.561}=-23.492$$

(e) $\boldsymbol{A}$ 在 $\boldsymbol{B}$ 上的矢投影是

$$(\boldsymbol{A}\cdot\boldsymbol{a}_B)\boldsymbol{a}_B=\frac{(\boldsymbol{A}\cdot\boldsymbol{a}_B)\boldsymbol{B}}{B}=\frac{-23.492}{22.561}[-3\boldsymbol{a}_r-10\boldsymbol{a}_\theta+20\boldsymbol{a}_\phi]$$

$$=3.123\boldsymbol{a}_r+10.413\boldsymbol{a}_\theta-20.825\boldsymbol{a}_\phi$$

(f) 有两个单位矢量垂直于 $\boldsymbol{A}$ 和 $\boldsymbol{B}$，一个单位矢量是

$$\boldsymbol{a}_{n1}=\frac{\boldsymbol{A}\times\boldsymbol{B}}{|\boldsymbol{A}\times\boldsymbol{B}|}=\frac{500\boldsymbol{a}_r-170\boldsymbol{a}_\theta-10\boldsymbol{a}_\phi}{[500^2+170^2+10^2]^{1/2}}$$

$$=0.947\boldsymbol{a}_r-0.322\boldsymbol{a}_\theta-0.019\boldsymbol{a}_\phi$$

另一个单位矢量是

$$\boldsymbol{a}_{n2}=-\boldsymbol{a}_{n1}=-0.947\boldsymbol{a}_r+0.322\boldsymbol{a}_\theta+0.019\boldsymbol{a}_\phi$$

单位矢量的变换 当一组矢量给定在球坐标系的不同点且这些点又不是沿同一半径线，为了进行基本矢量运算，必须先把这些矢量变换到直角坐标系。球坐标的三个单位矢量 $\boldsymbol{a}_r$、$\boldsymbol{a}_\theta$ 和 $\boldsymbol{a}_\phi$ 沿 $\boldsymbol{a}_x$、$\boldsymbol{a}_y$ 和 $\boldsymbol{a}_z$ 的分量不难从图 2-16 得到。即

$$\boldsymbol{a}_r\cdot\boldsymbol{a}_x=\sin\theta\cos\phi,\boldsymbol{a}_r\cdot\boldsymbol{a}_y=\sin\theta\sin\phi,\boldsymbol{a}_r\cdot\boldsymbol{a}_z=\cos\theta$$

$$\boldsymbol{a}_\theta \cdot \boldsymbol{a}_x = \cos\theta\cos\phi, \boldsymbol{a}_\theta \cdot \boldsymbol{a}_y = \cos\theta\sin\phi, \boldsymbol{a}_\theta \cdot \boldsymbol{a}_z = -\sin\theta \tag{2-43a}$$

$$\boldsymbol{a}_\phi \cdot \boldsymbol{a}_x = -\sin\phi, \boldsymbol{a}_\phi \cdot \boldsymbol{a}_y = \cos\phi, \boldsymbol{a}_\phi \cdot \boldsymbol{a}_z = 0$$

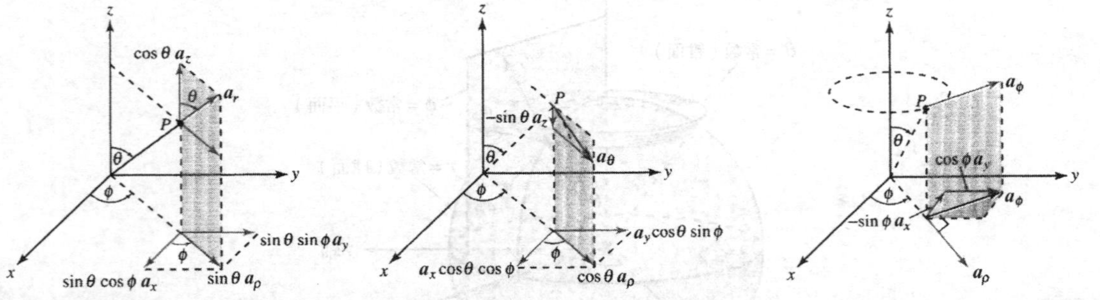

a) $\boldsymbol{a}_r$ 在单位矢量 $\boldsymbol{a}_x$、$\boldsymbol{a}_y$ 和 $\boldsymbol{a}_z$ 上的投影 b) $\boldsymbol{a}_\theta$ 在单位矢量 $\boldsymbol{a}_x$、$\boldsymbol{a}_y$ 和 $\boldsymbol{a}_z$ 上的投影 c) $\boldsymbol{a}_\phi$ 在单位矢量 $\boldsymbol{a}_x$、$\boldsymbol{a}_y$ 和 $\boldsymbol{a}_z$ 上的投影

图 2-16 单位矢量 $\boldsymbol{a}_x$、$\boldsymbol{a}_y$ 和 $\boldsymbol{a}_z$ 上的投影

这些方程可以写成矩阵形式为

$$\begin{bmatrix} \boldsymbol{a}_r \\ \boldsymbol{a}_\theta \\ \boldsymbol{a}_\phi \end{bmatrix} = \begin{bmatrix} \sin\theta\cos\phi & \sin\theta\sin\phi & \cos\theta \\ \cos\theta\cos\phi & \cos\theta\sin\phi & -\sin\theta \\ -\sin\phi & \cos\phi & 0 \end{bmatrix} \begin{bmatrix} \boldsymbol{a}_x \\ \boldsymbol{a}_y \\ \boldsymbol{a}_z \end{bmatrix} \tag{2-43b}$$

矢量的变换 如果矢量 $\boldsymbol{A}$ 是给定在球坐标系，$\boldsymbol{A} = A_r\boldsymbol{a}_r + A_\theta\boldsymbol{a}_\theta + A_\phi\boldsymbol{a}_\phi$，按式(2-43a)，把它投影到 x 轴上便得到它的 x 分量，即

$$\begin{aligned} A_x &= \boldsymbol{A} \cdot \boldsymbol{a}_x = A_r\boldsymbol{a}_r \cdot \boldsymbol{a}_x + A_\theta\boldsymbol{a}_\theta \cdot \boldsymbol{a}_x + A_\phi\boldsymbol{a}_\phi \cdot \boldsymbol{a}_x \\ &= A_r\sin\theta\cos\phi + A_\theta\cos\theta\cos\phi - A_\phi\sin\phi \end{aligned}$$

用类似方法求出其他分量，结果写成矩阵形式为

$$\begin{bmatrix} A_x \\ A_y \\ A_z \end{bmatrix} = \begin{bmatrix} \sin\theta\cos\phi & \cos\theta\cos\phi & -\sin\phi \\ \sin\theta\sin\phi & \cos\theta\sin\phi & \cos\phi \\ \cos\theta & -\sin\theta & 0 \end{bmatrix} \begin{bmatrix} A_r \\ A_\theta \\ A_\phi \end{bmatrix} \tag{2-44}$$

同样，一个给定在直角坐标系的矢量，能够用下列矩阵变换，把它表示成球坐标系的矢量。希望读者用投影方法验证这些结果。

$$\begin{bmatrix} A_r \\ A_\theta \\ A_\phi \end{bmatrix} = \begin{bmatrix} \sin\theta\cos\phi & \sin\theta\sin\phi & \cos\theta \\ \cos\theta\cos\phi & \cos\theta\sin\phi & -\sin\theta \\ -\sin\phi & \cos\phi & 0 \end{bmatrix} \begin{bmatrix} A_x \\ A_y \\ A_z \end{bmatrix} \tag{2-45}$$

例 2.12 矢量 $\boldsymbol{F} = 3x\boldsymbol{a}_x + 0.5y^2\boldsymbol{a}_y + 0.25x^2y^2\boldsymbol{a}_z$ 是给定在直角坐标系的点 $P(3, 4, 12)$，要求表示此矢量在球坐标系。

解 矢量 $\boldsymbol{F}$ 在点 $P(3, 4, 12)$ 是 $\boldsymbol{F} = 9\boldsymbol{a}_x + 8\boldsymbol{a}_y + 36\boldsymbol{a}_z$，还有

$$\theta = \arccos\left[\frac{12}{13}\right] = 22.62° \text{和} \ \phi = \arctan\left[\frac{4}{3}\right] = 53.13°$$

将这些值代入式(2-45)，得

$$F_r = 37.77, F_\theta = -2.95 \text{ 和 } F_\phi = -2.40 \text{ 或 } \boldsymbol{F} = 37.77\boldsymbol{a}_r - 2.95\boldsymbol{a}_\theta - 2.40\boldsymbol{a}_\phi$$

在球坐标系中的点 $P(13, 22.62°, 53.13°)$。

2.5 标量场和矢量场

到现在为止讨论过的所有矢量运算，都可用于一般称之为场的函数。一个场是一个函数，它描述在空间一定区域所有点的一个物理量。物理量可能是一个标量或者是一个矢量，因而，场也可能是一个标量场或一个矢量场。

标量场 一个**标量场**(scalar field)每点单纯用一个数来说明。标量场的一些著名例子包括温度、气体压力、海拔和电位。例如，在第 3 章，我们将证实一个平板电容器(两平行导体板由绝缘媒质隔开；见图 2-17a)内的电位分布是导电板间距离的线性函数，示于图 2-17b。因此，等位面是平行于导体的平面。一个等位面就是一个面在它上面电位没有变化。

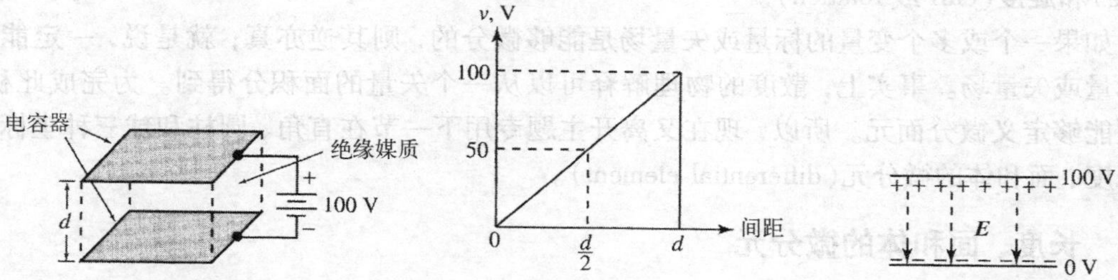

a) 平板电容器　　b) 电压分布　　c) 电场强度

图 2-17 标量场和矢量场

矢量场 一个**矢量场**(vector field)是空间每个点有一个量同时用它的大小和方向来说明。流体的速度和加速度，重力和电场是矢量场的一些例子。第 3 章还将证明在平板电容器内电场强度是常数并且从较高电位的导体指向较低电位的导体如图 2-17c 所示。

静态场 如果场不随时间变化称之为**静态场**(static field)，静态场也称为**时不变场**(time-invariant field)。我们将在第 3 章讨论由静止电荷产生的场(静电场)和第 5 章由恒定电流建立的场(静磁场)。

时变场 随时间变化的场称为**时变场**(time-varying field)。这本书的大部分是用在时变电磁(电与磁耦合的)场。

矢量微积分 在开始讨论矢量微积分之前，定义一个或多个变量的函数的导数是重要的。一个标函数 $f(s)$ 对 s 的导数定义为

$$\frac{\mathrm{d}f}{\mathrm{d}s}=\lim_{\Delta s\to 0}\frac{f(s+\Delta s)-f(s)}{\Delta s} \tag{2-46}$$

假使 f 是两个变量 u 和 v 的函数，而每个变量又连续地决定于 s，即 $f=f[u(s),v(s)]$。则 f 相对于 s 的导数定义为

$$\frac{\mathrm{d}f}{\mathrm{d}s}=\frac{\partial f}{\partial u}\frac{\mathrm{d}u}{\mathrm{d}s}+\frac{\partial f}{\partial v}\frac{\mathrm{d}v}{\mathrm{d}s} \tag{2-47}$$

式中 $\partial f/\partial u$ 是 v 为常数时 f 对 u 的偏导数，而 $\partial f/\partial v$ 则是 u 为常数时 f 对 v 的偏导数。由式(2-46)，得 f 对 u 的偏导数为

$$\frac{\partial f}{\partial u}=\lim_{\Delta u\to 0}\frac{f(u+\Delta u,v)-f(u,v)}{\Delta u} \tag{2-48}$$

同样可得到$\partial f/\partial v$ 的表达式。我们将用这些方程去定义一标函数的**梯度**(gradient)和**拉普拉斯**(Laplacian)。

现在定义一矢量场$\boldsymbol{F}(s)$(一标量 s 的函数)相对于 s 的导数为

$$\frac{\mathrm{d}\boldsymbol{F}}{\mathrm{d}s}=\lim_{\Delta s\to 0}\frac{\boldsymbol{F}(s+\Delta s)-\boldsymbol{F}(s)}{\Delta s} \tag{2-49}$$

假设$\boldsymbol{F}$是位置坐标 x、y 和 z 的函数。于是，用偏微分的定义，可以写$\partial\boldsymbol{F}/\partial x$ 为

$$\frac{\partial\boldsymbol{F}}{\partial x}=\lim_{\Delta x\to 0}\frac{\boldsymbol{F}(x+\Delta x,y,z)-\boldsymbol{F}(x,y,z)}{\Delta x} \tag{2-50}$$

对$\partial\boldsymbol{F}/\partial y$ 和$\partial\boldsymbol{F}/\partial z$ 可以写出类似的表达式。然后将用式(2-50)去定义一个矢量的**散度**(divergence)和**旋度**(curl 或 rotation)。

如果一个或多个变量的标量或矢量场是能够微分的，则其逆亦真；就是说，一定能积分一标量或矢量场。事实上，散度的物理解释可以从一个矢量的面积分得到。为完成此积分，必须能够定义微分面元。所以，现在又离开主题专用下一节在直角、圆柱和球三种坐标系定义长度、面和体的微分元(differential element)。

2.6 长度、面和体的微分元

在电磁学的研究中，常常需要完成线、面和体积分。在特定坐标系计算这些积分，需要关于长度、面和体微分元的知识。下面阐述在每种坐标系这些微分元是如何构成的。

2.6.1 直角坐标系

在直角坐标系一个体微分元 $\mathrm{d}v$ 由分别沿单位矢量 $\boldsymbol{a}_x$、$\boldsymbol{a}_y$ 和 $\boldsymbol{a}_z$ 的微分变元(differential change) $\mathrm{d}x$、$\mathrm{d}y$ 和 $\mathrm{d}z$ 构成示于图 2-18a。即

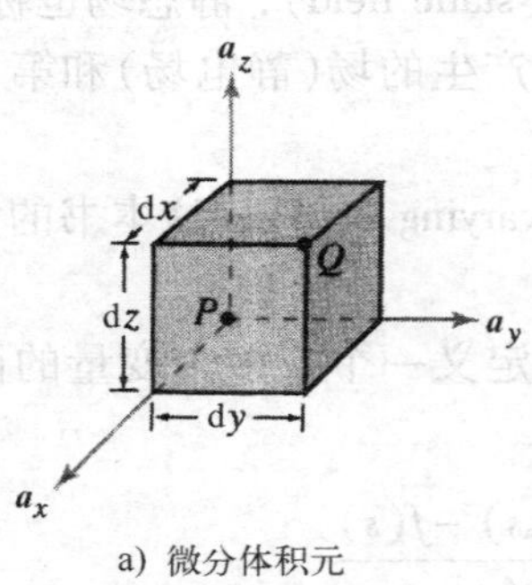

a) 微分体积元

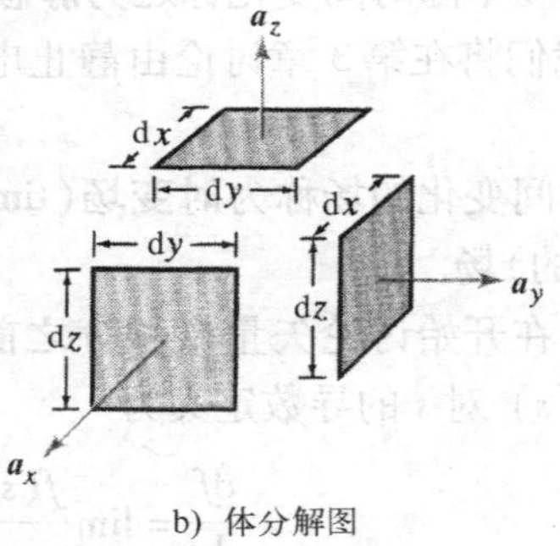

b) 体分解图

图 2-18 直角坐标系中的微分元

$$\mathrm{d}v=\mathrm{d}x\mathrm{d}y\mathrm{d}z \tag{2-51}$$

此体元由六个微分面包围。每个面元由垂直于它的单位矢量来定义。因此，微分面的方向用正单位矢量来确定(见图 2-18b)，即

$$\begin{aligned}\mathrm{d}\boldsymbol{s}_x&=\mathrm{d}y\mathrm{d}z\boldsymbol{a}_x\\ \mathrm{d}\boldsymbol{s}_y&=\mathrm{d}x\mathrm{d}z\boldsymbol{a}_y\\ \mathrm{d}\boldsymbol{s}_z&=\mathrm{d}x\mathrm{d}y\boldsymbol{a}_z\end{aligned} \tag{2-52}$$

从 P 到 Q 的一般长微分元为

$$d\boldsymbol{l} = dx\boldsymbol{a}_x + dy\boldsymbol{a}_y + dz\boldsymbol{a}_z \tag{2-53}$$

2.6.2 圆柱坐标系

图 2-19a 表示以在 ρ、$\rho+d\rho$、ϕ、$\phi+d\phi$、z 和 $z+dz$ 的面为界限的微分体积 dv。即

$$dv = \rho d\rho d\phi dz \tag{2-54}$$

在单位矢量正方向的微分面（见图 2-19b）是

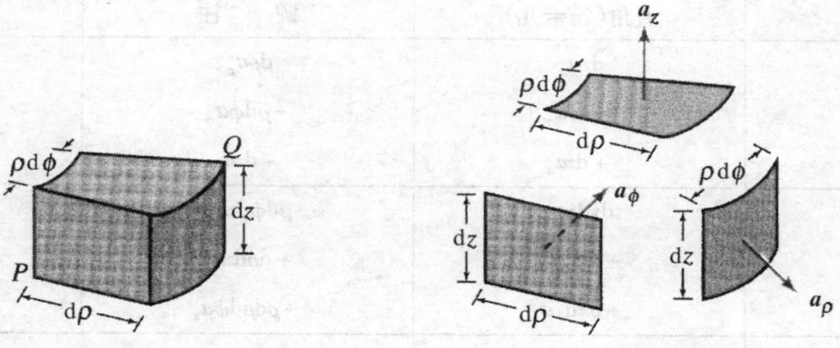

图 2-19 圆柱坐标系中的微分元

$$\begin{aligned} d\boldsymbol{s}_\rho &= \rho d\phi dz \boldsymbol{a}_\rho \\ d\boldsymbol{s}_\phi &= d\rho dz \boldsymbol{a}_\phi \\ d\boldsymbol{s}_z &= \rho d\rho d\phi \boldsymbol{a}_z \end{aligned} \tag{2-55}$$

从 P 到 Q 的微分长度矢量为

$$d\boldsymbol{l} = d\rho\boldsymbol{a}_\rho + \rho d\phi\boldsymbol{a}_\phi + dz\boldsymbol{a}_z \tag{2-56}$$

2.6.3 球坐标系

球坐标系的体微分元由 r、θ 和 ϕ 分别增加 dr、$d\theta$ 和 $d\phi$ 而得（图 2-20a）。体积元是

$$dv = r^2 dr \sin\theta d\theta d\phi \tag{2-57}$$

在单位矢量正方向的微分面，如图 2-20b 所示，是

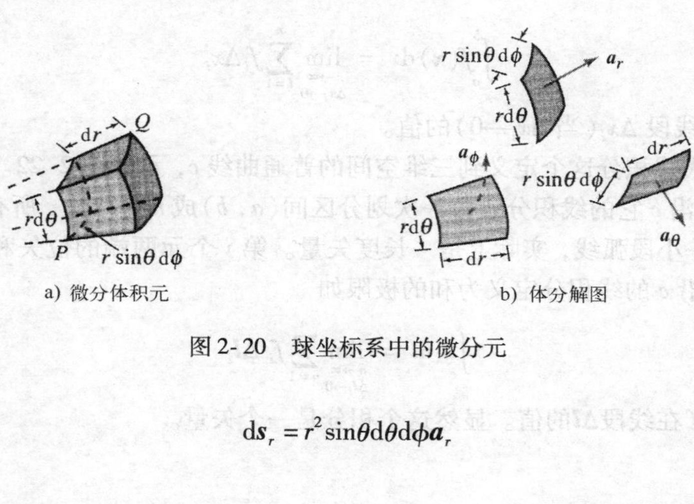

图 2-20 球坐标系中的微分元

$$d\boldsymbol{s}_r = r^2 \sin\theta d\theta d\phi \boldsymbol{a}_r$$

$$ds_\theta = r dr \sin\theta d\phi \boldsymbol{a}_\theta \tag{2-58}$$
$$ds_\phi = r dr d\theta \boldsymbol{a}_\phi$$

从 P 到 Q 的微分长度矢量为

$$d\boldsymbol{l} = dr\boldsymbol{a}_r + rd\theta\boldsymbol{a}_\theta + r\sin\theta d\phi\boldsymbol{a}_\phi \tag{2-59}$$

为了便于参考，在三种坐标系中长、面和体微分元汇集于表2-1。

表2-1　直角、圆柱和球坐标系中，长、面和体的微分元

微分元	坐标系		
	直角（笛卡儿）	圆　柱	球
长 $d\boldsymbol{l}$	$dx\boldsymbol{a}_x$ $+dy\boldsymbol{a}_y$ $+dz\boldsymbol{a}_z$	$d\rho\boldsymbol{a}_\rho$ $+\rho d\phi\boldsymbol{a}_\phi$ $+dz\boldsymbol{a}_z$	$dr\boldsymbol{a}_r$ $+rd\theta\boldsymbol{a}_\theta$ $+r\sin\theta d\phi\boldsymbol{a}_\phi$
面 $d\boldsymbol{s}$	$dydz\boldsymbol{a}_x$ $+dxdz\boldsymbol{a}_y$ $+dxdy\boldsymbol{a}_z$	$\rho d\phi dz\boldsymbol{a}_\rho$ $+d\rho dz\boldsymbol{a}_\phi$ $+\rho d\rho d\phi\boldsymbol{a}_z$	$r^2\sin\theta d\theta d\phi\boldsymbol{a}_r$ $+rdr\sin\theta d\phi\boldsymbol{a}_\theta$ $+rdrd\theta\boldsymbol{a}_\phi$
体 dv	$dxdydz$	$\rho d\rho d\phi dz$	$r^2 dr\sin\theta d\theta d\phi$

2.7　线、面和体积分

我们表达电磁场的基本定律，常常要用到场量在区域中的线积分、面积分和体积分。例如，在第3章，将用电场强度的线积分定义位函数。第4章用体电流密度的面积分来决定通过导线的电流。清楚理解这样一些空间积分对于研究电磁场理论是必要的。此外，我们经常用积分形式表达最后结果以阐明它的物理意义。所以，现在简单讨论线、面和体三种积分的概念。

2.7.1　线积分

令 $f(x)$ 是在区间 (a, b) x 的连续单值函数如图2-21所示。为了求 $f(x)$ 的线积分，划分区间（从 a 到 b）成 n 个小段，所有小段取极限趋于零。这样**线积分**（line integral）用和的极限表示如

$$\int_a^b f(x)\,dx = \lim_{\substack{n\to\infty \\ \Delta x_i\to 0}} \sum_{i=1}^{n} f_i \Delta x_i \tag{2-60}$$

式中 f_i 是 $f(x)$ 在线段 Δx_i（当 $\Delta x_i \to 0$）的值。

现在可以扩大线积分这个定义到三维空间的普通曲线 c，示于图2-22。首先考虑标量场 f 并定义从 a 到 b 沿 c 它的线积分。再一次划分区间 (a, b) 成 n 个小段，所有小段取极限趋于零。这种情况，一小段弧线，实际上是一长度矢量。第 i 个元两端的位矢和它们的长都示于图2-22。于是 f 沿 c 的线积分定义为和的极限如

$$\int_c f\,d\boldsymbol{l} = \lim_{\substack{n\to\infty \\ \Delta l_i\to 0}} \sum_{n=1}^{n} f_i\,\Delta\boldsymbol{l}_i \tag{2-61}$$

此处 f_i 是标函数 f 在线段 $\Delta\boldsymbol{l}$ 的值。显然这个积分是一个矢量。

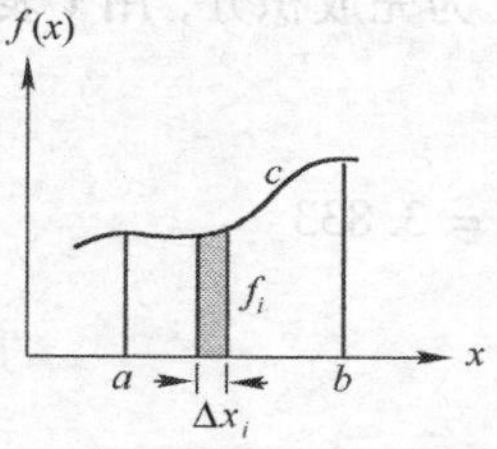

图 2-21 连续单值函数

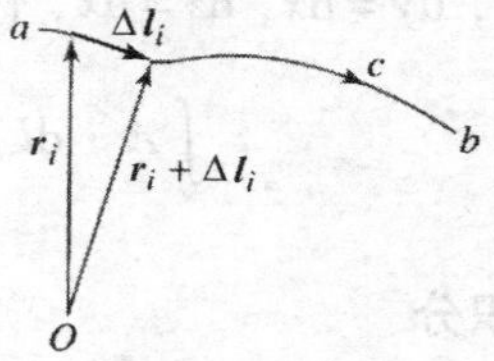

图 2-22 三维空间沿路径 c 的长微分元

无需重复所有详细叙述，可以定义一个矢量场 $\boldsymbol{F}$ 的标线积分如

$$\int_c \boldsymbol{F}\cdot \mathrm{d}\boldsymbol{l} = \lim_{\substack{n\to\infty \\ \Delta l_i\to 0}} \sum_{i=1}^{n} \boldsymbol{F}_i \cdot \Delta \boldsymbol{l}_i \tag{2-62}$$

最后，一个矢量场 $\boldsymbol{F}$ 沿路径 c 的矢线积分可以定义为

$$\int_c \boldsymbol{F}\times \mathrm{d}\boldsymbol{l} = \lim_{\substack{n\to\infty \\ \Delta l_i\to 0}} \sum_{i=1}^{n} \boldsymbol{F}_i \times \Delta \boldsymbol{l}_i \tag{2-63}$$

所有这些积分，积分路径可以是围绕一封闭曲线，这时 a、b 两点重合。这样一个闭合路径通常写成积分符号$\oint$来表示。

例 2.13 若 $\boldsymbol{A}=(4x+9y)\boldsymbol{a}_x-14yz\boldsymbol{a}_y+8x^2z\boldsymbol{a}_z$，计算 $\int_c \boldsymbol{A}\cdot \mathrm{d}\boldsymbol{l}$ 从 $P(0, 0, 0)$ 到 $Q(1, 1, 1)$，沿下列路径：

(a) $x=t$，$y=t^2$ 和 $z=t^3$。

(b) 沿直线从(0, 0, 0)到(1, 0, 0)再到(1, 1, 0)最后到(1, 1, 1)。

(c) 连接 $P(0, 0, 0)$ 到 $Q(1, 1, 1)$的直线。

解 (a) $\boldsymbol{A}\cdot \mathrm{d}\boldsymbol{l}=(4x+9y)\mathrm{d}x-14yz\mathrm{d}y+8x^2z\mathrm{d}z$，因为 $x=t$，$y=t^2$ 和 $z=t^3$，$\mathrm{d}x=\mathrm{d}t$，$\mathrm{d}y=2t\mathrm{d}t$ 和 $\mathrm{d}z=3t^2\mathrm{d}t$。直接代入，得

$$\int_c \boldsymbol{A}\cdot \mathrm{d}\boldsymbol{l} = \int_{t=0}^{1}[4t+9t^2-28t^6+24t^7]\mathrm{d}t = 4$$

(b) 沿三段直线路径如图 2-23 所示。这样要分段积分。

路径 c_1：$y=0$，$\mathrm{d}y=0$，$z=0$，$\mathrm{d}z=0$ 和 $0\leqslant x\leqslant 1$。

$$\int_{c_1} \boldsymbol{A}\cdot \mathrm{d}\boldsymbol{l} = \int_0^1 4x\mathrm{d}x = 2$$

路径 c_2：$x=1$，$\mathrm{d}x=0$，$z=0$，$\mathrm{d}z=0$，和 $0\leqslant y\leqslant 1$。

$$\int_{c_2} \boldsymbol{A}\cdot \mathrm{d}\boldsymbol{l} = 0$$

路径 c_3：$x=1$，$\mathrm{d}x=0$，$y=1$，$\mathrm{d}y=0$，和 $0\leqslant z\leqslant 1$

$$\int_{c_3} \boldsymbol{A}\cdot \mathrm{d}\boldsymbol{l} = \int_0^1 8z\mathrm{d}z = 4$$

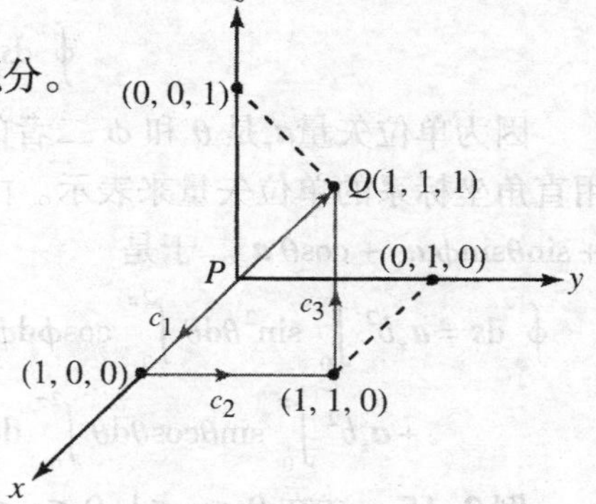

图 2-23 例 2.13 积分路径

这样，从 P 到 Q 沿三段路径的线积分为

$$\int_c \boldsymbol{A}\cdot \mathrm{d}\boldsymbol{l} = \int_{c_1} \boldsymbol{A}\cdot \mathrm{d}\boldsymbol{l} + \int_{c_2} \boldsymbol{A}\cdot \mathrm{d}\boldsymbol{l} + \int_{c_3} \boldsymbol{A}\cdot \mathrm{d}\boldsymbol{l}$$
$$=2+0+4=6$$

(c) 直接从 P 到 Q，有 $0\leqslant x\leqslant 1$，$0\leqslant y\leqslant 1$，和 $0\leqslant z\leqslant 1$，为完成积分，用 x 表示 y 和 z，即 $y=x$ 及 $z=x$，$\mathrm{d}y=\mathrm{d}x$，$\mathrm{d}z=\mathrm{d}x$，代入这些关系，得

$$\int_c \boldsymbol{A}\cdot\mathrm{d}\boldsymbol{l} = \int_0^1 (13x - 14x^2 + 8x^3)\,\mathrm{d}x = 3.833$$

2.7.2 面积分

为了求一个标量场 f 或一个矢量场 $\boldsymbol{F}$ 的面积分，将给定的面 s 划分成 n 个小面积，所有这些面积趋于零作为极限。每一个小面积 Δs_i 有相应的矢面 $\Delta\boldsymbol{s}_i$ 如图 2-24 所示。计算 f 的面积分时，用每一面元乘 f，当极限 Δs—0 ($n\to\infty$)，取 s 所有 n 元之和。此极限称为 f 在 s 面上的**面积分**(surface integral)。即

$$\int_s f\,\mathrm{d}\boldsymbol{s} = \lim_{\substack{n\to\infty\\ \Delta s_i\to 0}} \sum_{i=1}^{n} f_i\,\Delta\boldsymbol{s}_i \tag{2-64}$$

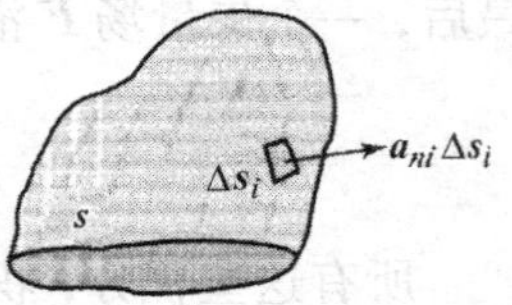

图 2-24 面微分元

式中 f_i 是标函数 f 在面元 Δs_i 之值。显然，式(2-64)的积分是一个矢量。

按照同样的法则，可以由矢量场 $\boldsymbol{F}$ 与每一面元 $\Delta\boldsymbol{s}$ 形成的点积并求这些标量之和取极限，而确定标面积分。即

$$\int_s \boldsymbol{F}\cdot\mathrm{d}\boldsymbol{s} = \lim_{\substack{n\to\infty\\ \Delta s_i\to 0}} \sum_{i=1}^{n} \boldsymbol{F}_i\cdot\Delta\boldsymbol{s}_i \tag{2-65}$$

最后，可以取矢积定义一个矢量场 $\boldsymbol{F}$ 的矢面积分为

$$\int_s \boldsymbol{F}\times\mathrm{d}\boldsymbol{s} = \lim_{\substack{n\to\infty\\ \Delta s_i\to 0}} \sum_{i=1}^{n} \boldsymbol{F}_i\times\Delta\boldsymbol{s}_i \tag{2-66}$$

例 2.14 证明在半径为 b 的球的封闭面上，$\oint \mathrm{d}\boldsymbol{s} = 0$。

解 在半径为 b 的球面上外向单位法线是在单位矢量 $\boldsymbol{a}_r$ 的方向，如图 2-25 所示。因此

$$\oint_s \mathrm{d}\boldsymbol{s} = \int_{\theta=0}^{\pi}\int_{\phi=0}^{2\pi} \boldsymbol{a}_r b^2 \sin\theta\,\mathrm{d}\theta\,\mathrm{d}\phi$$

因为单位矢量 $\boldsymbol{a}_r$ 是 θ 和 ϕ 二者的函数，必须在积分之前，将它用直角坐标系的单位矢量来表示。由式(2-43b)，有 $\boldsymbol{a}_r = \sin\theta\cos\phi\,\boldsymbol{a}_x + \sin\theta\sin\phi\,\boldsymbol{a}_y + \cos\theta\,\boldsymbol{a}_z$。于是

$$\oint_s \mathrm{d}\boldsymbol{s} = \boldsymbol{a}_x b^2\int_0^{\pi}\sin^2\theta\,\mathrm{d}\theta\int_0^{2\pi}\cos\phi\,\mathrm{d}\phi + \boldsymbol{a}_y b^2\int_0^{\pi}\sin^2\theta\,\mathrm{d}\theta\int_0^{2\pi}\sin\phi\,\mathrm{d}\phi$$

$$+ \boldsymbol{a}_z b^2\int_0^{\pi}\sin\theta\cos\theta\,\mathrm{d}\theta\int_0^{2\pi}\mathrm{d}\phi = 0$$

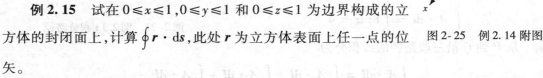

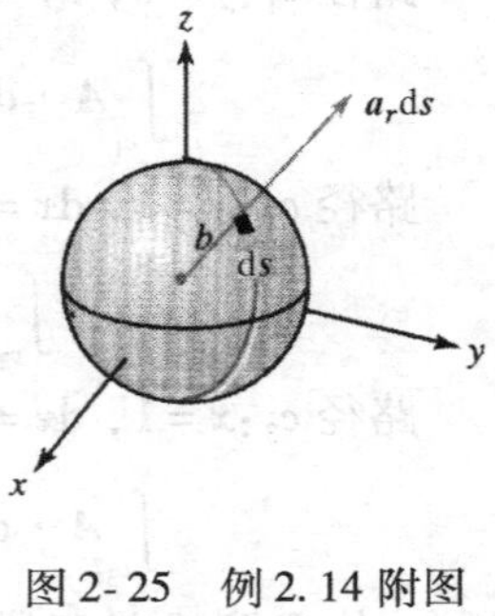

图 2-25 例 2.14 附图

例 2.15 试在 $0\leqslant x\leqslant 1$, $0\leqslant y\leqslant 1$ 和 $0\leqslant z\leqslant 1$ 为边界构成的立方体的封闭面上，计算 $\oint \boldsymbol{r}\cdot\mathrm{d}\boldsymbol{s}$，此处 $\boldsymbol{r}$ 为立方体表面上任一点的位矢。

解 在单位立方体的六个面上计算面积分(图 2-26)，先分别在每个面上计算积分然后将结果求和。在表面上任一点 P 的位矢一般为

$$\boldsymbol{r}=x\,\boldsymbol{a}_x+y\,\boldsymbol{a}_y+z\,\boldsymbol{a}_z$$

(a) 面在 $x=1$: $\mathrm{d}\boldsymbol{s}=\mathrm{d}y\mathrm{d}z\boldsymbol{a}_x$，故

$$\int_{s_1}\boldsymbol{r}\cdot\mathrm{d}\boldsymbol{s}=\int_0^1\mathrm{d}y\int_0^1\mathrm{d}z=1$$

(b) 面在 $x=0$: $\mathrm{d}\boldsymbol{s}=-\mathrm{d}y\mathrm{d}z\,\boldsymbol{a}_x$，则

$$\int_{s_2}\boldsymbol{r}\cdot\mathrm{d}\boldsymbol{s}=0$$

(c) 面在 $y=1$: $\mathrm{d}\boldsymbol{s}=\mathrm{d}x\mathrm{d}z\,\boldsymbol{a}_y$，则

$$\int_{s_3}\boldsymbol{r}\cdot\mathrm{d}\boldsymbol{s}=\int_0^1\mathrm{d}x\int_0^1\mathrm{d}z=1$$

(d) 面在 $y=0$: $\mathrm{d}\boldsymbol{s}=(-\mathrm{d}x\mathrm{d}z\,\boldsymbol{a}_y)$，则

$$\int_{s_4}\boldsymbol{r}\cdot\mathrm{d}\boldsymbol{s}=0$$

(e) 面在 $z=1$: $\mathrm{d}\boldsymbol{s}=\mathrm{d}x\mathrm{d}y\,\boldsymbol{a}_z$，则

$$\int_{s_5}\boldsymbol{r}\cdot\mathrm{d}\boldsymbol{s}=\int_0^1\mathrm{d}x\int_0^1\mathrm{d}z=1$$

(f) 面在 $z=0$: $\mathrm{d}\boldsymbol{s}=-\mathrm{d}x\mathrm{d}y\,\boldsymbol{a}_z$，则

$$\int_{s_6}\boldsymbol{r}\cdot\mathrm{d}\boldsymbol{s}=0$$

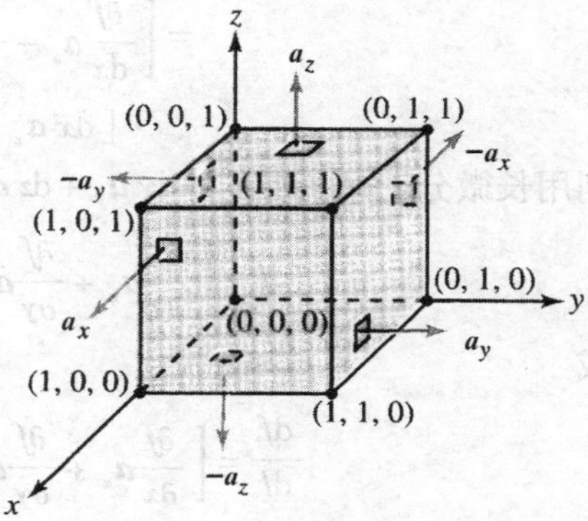

图 2-26　例 2.15 附图

于是，

$$\oint_s\boldsymbol{r}\cdot\mathrm{d}\boldsymbol{s}=3$$

2.7.3　体积分

为了定义**体积分**(volume integral)将给定体积划分成 n 个小体积元如图 2-27 所示。当 $n\to\infty$，每个体元 $\mathrm{d}v\to 0$。为确定标体积分，每个体元乘以标函数 f，求所有体元与 f_i 乘积之和，然后取极限，得

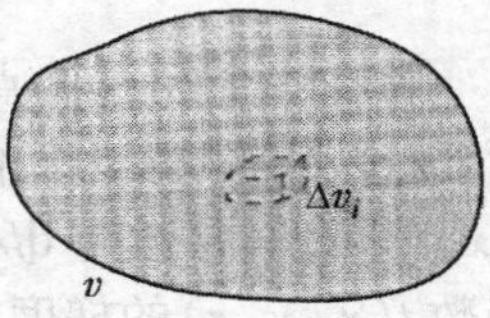

图 2-27　体微分元

$$\int_v f\mathrm{d}v=\lim_{\substack{n\to\infty\\ \Delta v_i\to 0}}\sum_{i=1}^{n}f_i\Delta v_i \qquad (2\text{-}67)$$

同样，定义矢量场 $\boldsymbol{F}$ 的体积分为

$$\int_v\boldsymbol{F}\mathrm{d}v=\lim_{\substack{n\to\infty\\ \Delta v_i\to 0}}\sum_{i=1}^{n}\boldsymbol{F}_i\Delta v_i \qquad (2\text{-}68)$$

例 2.16　在一个半径为 2 m 的球体内，电子分布密度给定为 $n_e=(1000/r)\cos(\phi/4)$ 电子数/m^3。求球体内的电荷，若每个电子的电荷是 $-1.6\times10^{-19}\mathrm{C}$。

解　令 N 为半径 2 m 的球所围区域内的电子数；则

$$N=\int_v n_e\mathrm{d}v=\int_v\frac{1000}{r}\cos(\phi/4)\,\mathrm{d}v$$

$$=\int_0^2\frac{1000}{r}r^2\mathrm{d}r\int_0^{\pi}\sin\theta\mathrm{d}\theta\int_0^{2\pi}\cos(\phi/4)\,\mathrm{d}\phi=16000\text{ 电子}$$

因此，包围的总电荷为 $Q=16000(-1.6\times10^{-19})=-2.56\times10^{-15}\mathrm{C}$。

2.8 一个标函数的梯度

令 $f(x, y, z)$ 为 x，y 和 z 的实可微函数如图 2-28 所示。从 P 到 Q，f 的微分变化由式(2-47)可得

$$\mathrm{d}f=\frac{\partial f}{\partial x}\mathrm{d}x+\frac{\partial f}{\partial y}\mathrm{d}y+\frac{\partial f}{\partial z}\mathrm{d}z$$

$$=\left[\frac{\partial f}{\mathrm{d}x}\boldsymbol{a}_x+\frac{\partial f}{\mathrm{d}y}\boldsymbol{a}_y+\frac{\partial f}{\mathrm{d}z}\boldsymbol{a}_z\right]\cdot[\mathrm{d}x\,\boldsymbol{a}_x+\mathrm{d}y\,\boldsymbol{a}_y+\mathrm{d}z\,\boldsymbol{a}_z] \tag{2-69}$$

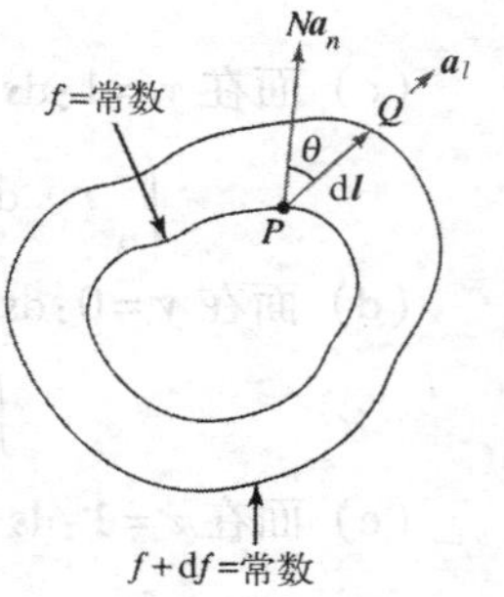

图 2-28 定义标函数的梯度的图示

利用长微分元$\mathrm{d}\boldsymbol{l}=\mathrm{d}x\,\boldsymbol{a}_x+\mathrm{d}y\,\boldsymbol{a}_y+\mathrm{d}z\,\boldsymbol{a}_z$，式(2-69)可以写成

$$\mathrm{d}f=\left[\frac{\partial f}{\partial x}\boldsymbol{a}_x+\frac{\partial f}{\partial y}\boldsymbol{a}_y+\frac{\partial f}{\partial z}\boldsymbol{a}_z\right]\cdot\mathrm{d}\boldsymbol{l} \tag{2-70}$$

或

$$\frac{\mathrm{d}f}{\mathrm{d}l}=\left[\frac{\partial f}{\partial x}\boldsymbol{a}_x+\frac{\partial f}{\partial y}\boldsymbol{a}_y+\frac{\partial f}{\partial z}\boldsymbol{a}_z\right]\cdot\frac{\mathrm{d}\boldsymbol{l}}{\mathrm{d}l}$$
$$=\boldsymbol{N}\cdot\boldsymbol{a}_l=N\,\boldsymbol{a}_n\cdot\boldsymbol{a}_l \tag{2-71}$$

式中$\boldsymbol{a}_l=\dfrac{\mathrm{d}\boldsymbol{l}}{\mathrm{d}l}$是从 P 到 Q 在$\mathrm{d}\boldsymbol{l}$方向的单位矢量。而

$$\boldsymbol{N}=\frac{\partial f}{\partial x}\boldsymbol{a}_x+\frac{\partial f}{\partial y}\boldsymbol{a}_y+\frac{\partial f}{\partial z}\boldsymbol{a}_z \tag{2-72}$$

从式(2-71)，很明显，函数 f 的变化率是当$\boldsymbol{a}_l$和 $\boldsymbol{N}$ 共线时最大。即

$$\left.\frac{\mathrm{d}f}{\mathrm{d}l}\right|_{\max}=N \tag{2-73}$$

存在一个经过 P 点的面，在它上面 f 是常数。同样，还存在一个经过 Q 点的面，在它上面 $f+\mathrm{d}f$ 是常数。为比值 $\mathrm{d}f/\mathrm{d}l$ 最大，从 P 到 Q 的距离 $\mathrm{d}l$ 必须最小。换言之，当$\boldsymbol{a}_l$垂直于面 $f(x, y, z)=$ 常数时 $\mathrm{d}f/\mathrm{d}l$ 最大。这又意味着 $\boldsymbol{N}$ 与 $f(x, y, z)=$ 常数的面正交。于是定义 $\boldsymbol{N}$ 是函数 $f(x, y, z)$ 的梯度。通常实用中将 f 的梯度写成 ∇f，此处 ∇读作**但尔**(del)或**拉布拉**(nabla)，称之为梯度算子。这样，标函数 $f(x, y, z)$ 的梯度，由式(2-72)，为

$$\nabla f=\frac{\partial f}{\partial x}\boldsymbol{a}_x+\frac{\partial f}{\partial y}\boldsymbol{a}_y+\frac{\partial f}{\partial z}\boldsymbol{a}_z \tag{2-74}$$

梯度算子本身在直角坐标系能够写成

$$\nabla=\boldsymbol{a}_x\frac{\partial}{\partial x}+\boldsymbol{a}_y\frac{\partial}{\partial y}+\boldsymbol{a}_z\frac{\partial}{\partial z} \tag{2-75}$$

我们强调梯度算子本身是无意义的。仅当作用到一个标函数时得到一个矢量。现在能够用标函数的梯度来表示该函数的微分，由式(2-70)，得

$$\mathrm{d}f=\nabla f\cdot\mathrm{d}\boldsymbol{l} \tag{2-76a}$$

或

$$\mathrm{d}f/\mathrm{d}l=\nabla f\cdot\boldsymbol{a}_l \tag{2-76b}$$

在第3章和第4章我们将很频繁地用式(2-76a)去确定一个标函数在给定方向的变化。式(2-76b)则给出标函数f在单位矢量$\boldsymbol{a}_l$方向的变化率，这称为f沿$\boldsymbol{a}_l$的**方向导数**(directional derivative)。

我们概括一标函数在某点的梯度的若干性质如下：

(1) 垂直于给定函数的等值面。

(2) 指向给定函数在某位置变化最快的方向。

(3) 它的大小等于给定函数每单位距离的最大变化率。

(4) 一个函数在某点任意方向的方向导数等于此函数的梯度与该方向单位矢量的标积。

我们也能得到一标函数在圆柱坐标系的梯度的表达式为

$$\nabla f=\frac{\partial f}{\partial \rho}\boldsymbol{a}_\rho+\frac{1}{\rho}\frac{\partial f}{\partial \phi}\boldsymbol{a}_\phi+\frac{\partial f}{\partial z}\boldsymbol{a}_z \tag{2-77}$$

在球坐标系则为

$$\nabla f=\frac{\partial f}{\partial r}\boldsymbol{a}_r+\frac{1}{r}\frac{\partial f}{\partial \theta}\boldsymbol{a}_\theta+\frac{1}{r\sin\theta}\frac{\partial f}{\partial \phi}\boldsymbol{a}_\phi \tag{2-78}$$

例2.17 求标量场$f(x, y, z)=6x^2y^3+e^z$在点$P(2, 1, 0)$的梯度。

解 因为$f(x, y, z)$是给定在直角坐标，可用式(2-74)求梯度。即

$$\begin{aligned}\nabla f&=\frac{\partial}{\partial x}[6x^2y^3+e^z]\boldsymbol{a}_x+\frac{\partial}{\partial y}[6x^2y^3+e^z]\boldsymbol{a}_y+\frac{\partial}{\partial z}[6x^2y^3+e^z]\boldsymbol{a}_z\\&=12xy^3\,\boldsymbol{a}_x+18x^2y^2\,\boldsymbol{a}_y+e^z\,\boldsymbol{a}_z\end{aligned}$$

在给定点$P(2, 1, 0)$，$f(x, y, z)$的梯度是

$$\nabla f=24\,\boldsymbol{a}_x+72\,\boldsymbol{a}_y+\boldsymbol{a}_z$$

例2.18 求r在圆柱坐标系的梯度，此处r是位矢$\boldsymbol{r}=\rho\,\boldsymbol{a}_\rho+z\,\boldsymbol{a}_z$的大小。

解 位矢是给定在圆柱坐标系，所以可用式(2-77)求梯度。位矢$\boldsymbol{r}$的大小是$r=[\rho^2+z^2]^{1/2}$。r相对于各个坐标的偏导数是

$$\frac{\partial r}{\partial \rho}=\frac{\rho}{r},\ \frac{\partial r}{\partial \phi}=0,\ \text{和}\frac{\partial r}{\partial z}=\frac{z}{r}$$

因而，由式(2-77)，得r的梯度为

$$\nabla r=\frac{\rho}{r}\boldsymbol{a}_\rho+\frac{z}{r}\boldsymbol{a}_z=\frac{\boldsymbol{r}}{r}=\boldsymbol{a}_r \tag{2-79}$$

$\nabla r=\boldsymbol{a}_r$是另一个重要结论，在以后各章我们将不时用它去简化某些方程式。

2.9 矢量场的散度

在定义矢量场的散度之前，让我们在点P用一个矢量场$\boldsymbol{F}$来表示一个标量场f。如

$$f=\lim_{\Delta v\to 0}\frac{1}{\Delta v}\oint_s \boldsymbol{F}\cdot \mathrm{d}\boldsymbol{s} \tag{2-80}$$

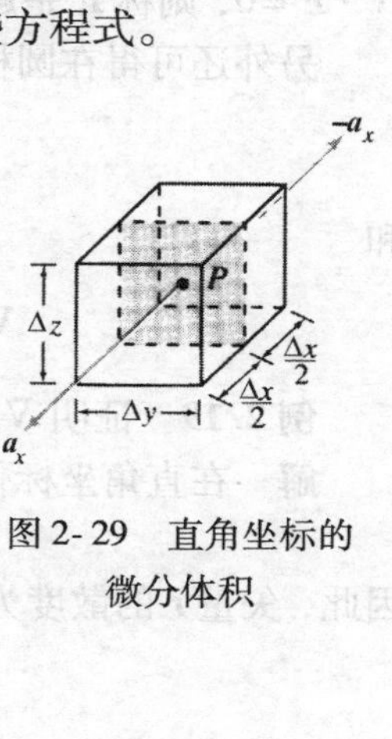

图2-29 直角坐标的微分体积

此处点P是在面s包围的体积Δv之内。虽然Δv可以是任意形状，我们构造一个平行六面体，边为Δx、Δy和Δz如图2-29所示，以便计算式(2-80)。注意当$\mathrm{d}s$的单位法线是指向离开封闭体时，$\boldsymbol{F}\cdot\mathrm{d}\boldsymbol{s}$

表示矢量场 $\boldsymbol{F}$ 经过表面d$\boldsymbol{s}$的外向流量(outward flow)。于是 $\oint \boldsymbol{F}\cdot d\boldsymbol{s}$给出矢量场 $\boldsymbol{F}$ 从体积 Δv 的净外向通量(net outward flow of flux)。然而，矢量场 $\boldsymbol{F}$ 在正 x 方向经过面 $\Delta y\Delta z$ 的外向流量，用泰勒级数展开并忽略高阶项，是

$$\left[F_x+\frac{\partial F_x}{\partial x}\frac{\Delta x}{2}\right]\Delta y\Delta z \tag{2-81}$$

同理可得负 x 方向的外向流量为

$$-\left[F_x-\frac{\partial F_x}{\partial x}\frac{\Delta x}{2}\right]\Delta y\Delta z \tag{2-82}$$

所以，矢量场 $\boldsymbol{F}$ 在 x 方向经过两个表面的净外向流量为

$$\frac{\partial F_x}{\partial x}\Delta x\Delta y\Delta z=\frac{\partial F_x}{\partial x}\Delta v \tag{2-83}$$

类似地可得到 $\boldsymbol{F}$ 在 y 和 z 方向的穿过相应表面的净外向流量，然后求得矢量场 $\boldsymbol{F}$ 穿过包围体积 Δv 的所有表面的净外向流量为

$$\oint_s \boldsymbol{F}\cdot d\boldsymbol{s}=\left[\frac{\partial F_x}{\partial x}+\frac{\partial F_y}{\partial y}+\frac{\partial F_z}{\partial z}\right]\Delta v \tag{2-84}$$

比较式(2-80)和(2-84)，得

$$f=\frac{\partial F_x}{\partial x}+\frac{\partial F_y}{\partial y}+\frac{\partial F_z}{\partial z} \tag{2-85}$$

将式(2-85)用 ∇算子表示为

$$f=\left[\boldsymbol{a}_x\frac{\partial}{\partial x}+\boldsymbol{a}_y\frac{\partial}{\partial y}+\boldsymbol{a}_z\frac{\partial}{\partial z}\right]\cdot\left[F_x\boldsymbol{a}_x+F_y\boldsymbol{a}_y+F_z\boldsymbol{a}_z\right] \tag{2-86a}$$

$$f=\nabla\cdot\boldsymbol{F} \tag{2-86b}$$

式中 $\nabla\cdot\boldsymbol{F}$ 称为矢量场$\boldsymbol{F}$ 的散度。注意它是一个标量。式(2-80)给出矢量场散度的定义，而式(2-85)则提供计算公式。因此，矢量场 $\boldsymbol{F}$ 的散度在直角坐标系是

$$\nabla\cdot\boldsymbol{F}=\frac{\partial F_x}{\partial x}+\frac{\partial F_y}{\partial y}+\frac{\partial F_z}{\partial z} \tag{2-86c}$$

式(2-86)的物理意义是用任意小体积包围点 P，能用计算矢量场在该点的散度以求得它的净外向流量。在**源点**(source point)净外向流量为正而在**汇点**(sink point)则为负。如果矢量场是连续的如像通过输送管的不可压缩流体或围绕磁铁的磁通线，没有净外向流量。在那种情况，$\nabla\cdot\boldsymbol{F}=0$，则称 $\boldsymbol{F}$ 是**连续的**(continuous)或**无散的(螺线管式)**矢量场(solenoidal vector field)。

另外还可得在圆柱坐标系和球坐标系矢量场的散度表示式分别为

$$\nabla\cdot\boldsymbol{F}=\frac{1}{\rho}\frac{\partial}{\partial\rho}[\rho F_\rho]+\frac{1}{\rho}\frac{\partial}{\partial\phi}[F_\phi]+\frac{\partial}{\partial z}[F_z] \tag{2-87}$$

和

$$\nabla\cdot\boldsymbol{F}=\frac{1}{r^2}\frac{\partial}{\partial r}[r^2F_r]+\frac{1}{r\sin\theta}\frac{\partial}{\partial\theta}[\sin\theta F_\theta]+\frac{1}{r\sin\theta}\frac{\partial}{\partial\phi}[F_\phi] \tag{2-88}$$

例 2.19 证明 $\nabla\cdot\boldsymbol{r}=3$，$\boldsymbol{r}$ 是在空间任意点 P 的位矢。

解 在直角坐标任一点 P 的位矢是

$$\boldsymbol{r}=x\,\boldsymbol{a}_x+y\,\boldsymbol{a}_y+z\,\boldsymbol{a}_z$$

因此，矢量 $\boldsymbol{r}$ 的散度为

$$\nabla\cdot\boldsymbol{r} = \frac{\partial}{\partial x}[x] + \frac{\partial}{\partial y}[y] + \frac{\partial}{\partial z}[z]$$
$$= 1 + 1 + 1 = 3$$

散度定理

一个矢量散度的定义，如式(2-80)和(2-86)所示，应用到一个包围在无穷小体积 Δv 之内的点——微观范围。如果矢量场 $\boldsymbol{F}$ 在表面 s 所包围体积 v 的区域内是连续可微的（见图2-30），则散度的定义可以扩展到覆盖整个体积。这样做是细分体积 v 成 n 个单元体积，它们的每一个都趋于零为极限。不难做到，以表面 s_i 为界的单元体积 Δv_i 内含点 P_i，$\boldsymbol{F}$ 在 P_i 的散度为

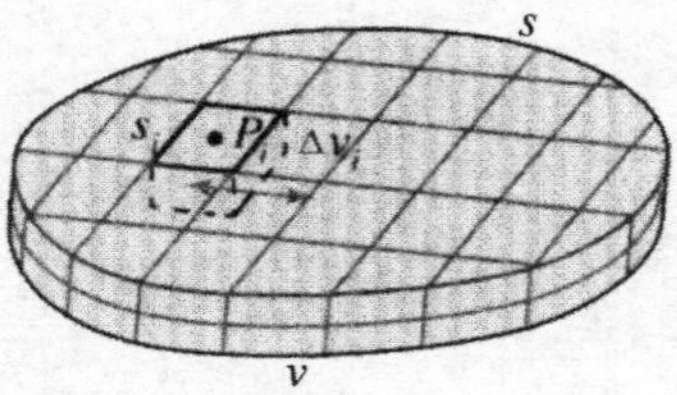

图 2-30 体积 v 细分成 n 个小体积说明散度定理

$$\nabla\cdot\boldsymbol{F}_i = \lim_{\Delta v_i\to 0}\frac{1}{\Delta v_i}\oint_{s_i}\boldsymbol{F}\cdot\mathrm{d}\boldsymbol{s} \tag{2-89}$$

式中$\boldsymbol{F}_i$是 $\boldsymbol{F}$ 在 P_i 之值。此式可以重写成

$$\oint_{s_i}\boldsymbol{F}\cdot\mathrm{d}\boldsymbol{s} = \nabla\cdot\boldsymbol{F}_i\Delta v_i + \varepsilon_i\Delta v_i \tag{2-90}$$

因点 P_i 包围在 Δv_i 之中，对所有单元体积求和，得

$$\lim_{n\to\infty}\sum_{i=1}^{n}\oint_{s_i}\boldsymbol{F}\cdot\mathrm{d}\boldsymbol{s} = \lim_{n\to\infty}\sum_{i=1}^{n}\nabla\cdot\boldsymbol{F}_i\Delta v_i + \lim_{n\to\infty}\sum_{i=1}^{n}\varepsilon_i\Delta v_i \tag{2-91}$$

上式等号左边包含许多个小的面积分。因相邻两单元体积分界面上来自两边的净通量互相抵消，因而总和中只剩下属于外表面 s 对应于最外一层面积分的项。于是可写成

$$\lim_{n\to\infty}\sum_{i=1}^{n}\oint_{s_i}\boldsymbol{F}\cdot\mathrm{d}\boldsymbol{s} = \oint_{s}\boldsymbol{F}\cdot\mathrm{d}\boldsymbol{s}$$

当 $n\to\infty$，式(2-91)的右边第一项取极限变成体积分，且因 $\Delta v\to 0$，$\varepsilon_i\to 0$，式(2-91)右边第二项的总和为零。于是，式(2-91)可以写成

$$\int_{v}\nabla\cdot\boldsymbol{F}\mathrm{d}v = \oint_{s}\boldsymbol{F}\cdot\mathrm{d}\boldsymbol{s} \tag{2-92}$$

式(2-92)为**散度定理**(divergence theorem 又称高斯散度定理)的数学定义，它建立了矢量场的散度体积分与它的法向分量面积分的关系。它说明一个连续可微矢量场从封闭表面的净外向通量等于遍及该表面所包围区域的散度体积分。

散度定理是很强有力的。它广泛地应用于电磁场理论中将一个封闭面积分变换成等价的体积分，或者反之亦然。

例 2.20 在圆柱体 $x^2+y^2=9$ 和平面 $x=0$、$y=0$、$z=0$ 及 $z=2$ 所包围的区域中，对矢量场

$$\boldsymbol{D} = 3x^2\boldsymbol{a}_x + (3y+z)\boldsymbol{a}_y + (3z-x)\boldsymbol{a}_z$$

验证散度定理。

解 图 2-31 显示五个不同的面包围体积 v。首先计算式(2-92)的左边。

$$\nabla\cdot\boldsymbol{D} = \frac{\partial}{\partial x}[3x^2] + \frac{\partial}{\partial y}[3y+z] + \frac{\partial}{\partial z}[3z-x]$$
$$= 6x + 6$$

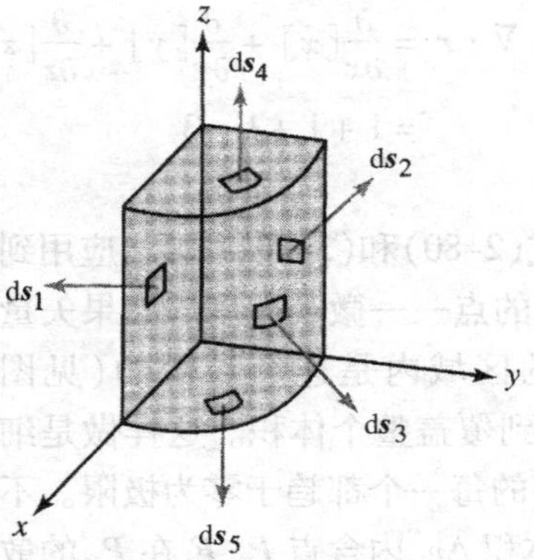

图 2-31　例 2.20 附图

在圆柱坐标系计算体积分，得

$$\int_v \nabla \cdot \boldsymbol{D} \mathrm{d}v = \int_v [6x + 6] \mathrm{d}v$$

$$= \int_0^3 6\rho^2 \mathrm{d}\rho \int_0^{\pi/2} \cos\phi \mathrm{d}\phi \int_0^2 \mathrm{d}z + \int_0^3 6\rho \mathrm{d}\rho \int_0^{\pi/2} \mathrm{d}\phi \int_0^2 \mathrm{d}z$$

$$= 192.82$$

再对五个不同的面计算式(2-92)的右边。

平面 $y=0$：$\mathrm{d}\boldsymbol{s}_1 = -\mathrm{d}x\mathrm{d}z\, \boldsymbol{a}_y$，

$$\int_{s_1} \boldsymbol{D} \cdot \mathrm{d}\boldsymbol{s}_1 = -\int_{x=0}^{3}\int_{z=0}^{2} (3y+z)\mathrm{d}x\mathrm{d}z = -6$$

平面 $x=0$：$\mathrm{d}\boldsymbol{s}_2 = -\mathrm{d}y\mathrm{d}z\, \boldsymbol{a}_x$，

$$\int_{s_2} \boldsymbol{D} \cdot \mathrm{d}\boldsymbol{s}_2 = -\int_{y=0}^{3}\int_{z=0}^{2} 3x^2 \mathrm{d}y\mathrm{d}z = 0$$

在半径 $\rho=3$ 的柱面上：$\mathrm{d}\boldsymbol{s}_3 = 3\mathrm{d}\phi\mathrm{d}z\, \boldsymbol{a}_\rho$，

$$\int_{s_3} \boldsymbol{D} \cdot \mathrm{d}\boldsymbol{s}_3 = \int_{\phi=0}^{\pi/2}\int_{z=0}^{2} 3D_\rho \mathrm{d}\phi\mathrm{d}z$$

然而，

$$D_\rho = D_x\cos\phi + D_y\sin\phi$$
$$= 3x^2\cos\phi + (3y+z)\sin\phi$$

因此，

$$\int_{s_3} \boldsymbol{D} \cdot \mathrm{d}\boldsymbol{s}_3 = \int_{\phi=0}^{\pi/2}\int_{z=0}^{2} [3x^2\cos\phi + (3y+z)\sin\phi] 3\mathrm{d}\phi\mathrm{d}z$$

将 $x=3\cos\phi$ 和 $y=3\sin\phi$ 代入上述方程并完成积分，得

$$\int_{s_3} \boldsymbol{D} \cdot \mathrm{d}\boldsymbol{s}_3 = 156.41$$

在平面 $z=2$：$\mathrm{d}\boldsymbol{s}_4 = \rho\mathrm{d}\rho\mathrm{d}\phi\, \boldsymbol{a}_z$，

$$\int_{s_4} \boldsymbol{D} \cdot \mathrm{d}\boldsymbol{s}_4 = \int_{\rho=0}^{3}\int_{\phi=0}^{\pi/2} (6-x)\rho\mathrm{d}\rho\mathrm{d}\phi$$

代入 $x=\rho\cos\phi$，由此积分得

$$\int_{s_4} \boldsymbol{D} \cdot \mathrm{d}\boldsymbol{s}_4 = 33.41$$

最后，在平面 $z=0$：$\mathrm{d}\boldsymbol{s}_5 = -\rho\mathrm{d}\rho\mathrm{d}\phi\,\boldsymbol{a}_z$，

$$\int_{s_5} \boldsymbol{D} \cdot \mathrm{d}\boldsymbol{s}_5 = \int_{\rho=0}^{3}\int_{\phi=0}^{\pi/2} x\rho\mathrm{d}\rho\mathrm{d}\phi = 9$$

于是，

$$\oint_s \boldsymbol{D} \cdot \mathrm{d}\boldsymbol{s} = -6 + 0 + 156.41 + 33.41 + 9 = 192.82$$

这样验证了散度定理。

2.10 矢量场的旋度

矢量场 $\boldsymbol{F}$ 环绕一闭合路径的线积分称为 $\boldsymbol{F}$ 的**环量**(circulation)，$\boldsymbol{F}$ 的旋度是它的量度(measure)即衡量标准。如果考虑一很小面积元 $\Delta s\,\boldsymbol{a}_n$，以闭合路径 Δc 为边界，定义平行于面积法线 $\boldsymbol{a}_n$ 的旋度分量，在极限 $\Delta s \to 0$ 时，为

$$(\mathrm{curl}\boldsymbol{F}) \cdot \boldsymbol{a}_n = \lim_{\Delta s \to 0}\frac{1}{\Delta s}\oint_{\Delta c} \boldsymbol{F} \cdot \mathrm{d}\boldsymbol{l} \tag{2-93}$$

此定义表示一个矢量场的旋度是一个矢量。路径 Δc 的方向按右手法则决定。式(2-93)提供 curl$\boldsymbol{F}$ 一个完整的定义，因为利用它可以确定在任意正交坐标系 curl$\boldsymbol{F}$ 的三个分量的每一个。

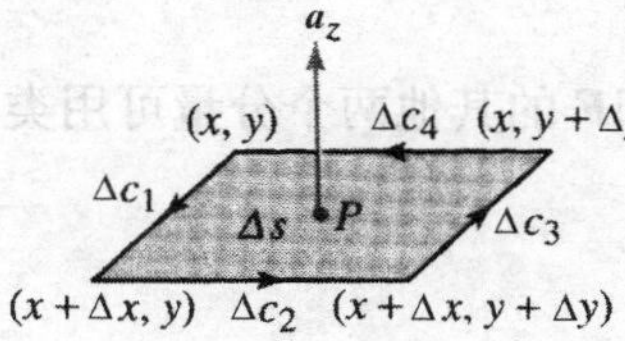

图 2-32 定义矢量场旋度的小面元

首先开始计算在直角坐标系 curl$\boldsymbol{F}$ 的 z 分量，设矢量场为

$$\boldsymbol{F} = F_x\,\boldsymbol{a}_x + F_y\,\boldsymbol{a}_y + F_z\,\boldsymbol{a}_z$$

在路径 Δc 围成的小面元 Δs 中的点 P，示于图 2-32。沿闭合路径 Δc 的线积分由四个分段路程组成：

$$\oint_{\Delta c} \boldsymbol{F} \cdot \mathrm{d}\boldsymbol{l} = \int_{\Delta c_1} \boldsymbol{F} \cdot \mathrm{d}\boldsymbol{l} + \int_{\Delta c_2} \boldsymbol{F} \cdot \mathrm{d}\boldsymbol{l} + \int_{\Delta c_3} \boldsymbol{F} \cdot \mathrm{d}\boldsymbol{l} + \int_{\Delta c_4} \boldsymbol{F} \cdot \mathrm{d}\boldsymbol{l} \tag{2-94}$$

现在分别计算式(2-94)中的四个积分。沿路径 Δc_1 是在 y 上计算，并假设 F_x 从 x 到 $x+\Delta x$ 近似是常数，这个假设是符合中值定理的，因而有线积分

$$\int_{\Delta c_1} \boldsymbol{F} \cdot \mathrm{d}\boldsymbol{l} = \int_{x}^{x+\Delta x} [F_x\,\boldsymbol{a}_x + F_y\,\boldsymbol{a}_y + F_z\,\boldsymbol{a}_z]_{\text{在}y\text{上}} \cdot [\mathrm{d}x\,\boldsymbol{a}_x] = [F_x\Delta x]_{\text{在}y\text{上}}$$

其他三个线积分可分别得到为

$$\int_{\Delta c_2} \boldsymbol{F} \cdot \mathrm{d}\boldsymbol{l} = \int_{y}^{y+\Delta y} [F_x\,\boldsymbol{a}_x + F_y\,\boldsymbol{a}_y + F_z\,\boldsymbol{a}_z]_{\text{在}x+\Delta x\text{上}} \cdot [\mathrm{d}y\,\boldsymbol{a}_y] = [F_y\Delta y]_{\text{在}x+\Delta x\text{上}}$$

和

$$\int_{\Delta c_3} \boldsymbol{F} \cdot \mathrm{d}\boldsymbol{l} = \int_{x+\Delta x}^{x} [F_x\,\boldsymbol{a}_x + F_y\,\boldsymbol{a}_y + F_z\,\boldsymbol{a}_z]_{\text{在}y+\Delta y\text{上}} \cdot [\mathrm{d}x\,\boldsymbol{a}_x] = -[F_x\Delta x]_{\text{在}y+\Delta y\text{上}}$$

和

$$\int_{\Delta c_4} \boldsymbol{F} \cdot \mathrm{d}\boldsymbol{l} = \int_{y+\Delta y}^{y} [F_x\,\boldsymbol{a}_x + F_y\,\boldsymbol{a}_y + F_z\,\boldsymbol{a}_z]_{\text{在}x\text{上}} \cdot [\mathrm{d}y\,\boldsymbol{a}_y] = -[F_y\Delta y]_{\text{在}x\text{上}}$$

于是，

$$\oint_{\Delta c} \boldsymbol{F}\cdot d\boldsymbol{l} = [F_x\Delta x]_{在y上} - [F_x\Delta x]_{在y+\Delta y上} + [F_y\Delta y]_{在x+\Delta x上} - [F_y\Delta y]_{在x上}$$

取极限 $\Delta x\to 0$ 和 $\Delta y\to 0$，用泰勒级数展开并忽略高阶项，得

$$-[F_x\Delta x]_{在y+\Delta y上} + [F_x\Delta x]_{在y上} = -\frac{\partial F_x}{\partial y}\Delta x\Delta y$$

和

$$[F_y\Delta y]_{在x+\Delta x上} - [F_y\Delta y]_{在x上} = \frac{\partial F_y}{\partial x}\Delta x\Delta y$$

代回式(2-94)，得

$$\oint_{\Delta c} \boldsymbol{F}\cdot d\boldsymbol{l} = \left[\frac{\partial F_y}{\partial x} - \frac{\partial F_x}{\partial y}\right]\Delta x\Delta y$$

上式两边同除以 $\Delta s=\Delta x\Delta y$ 并取极限 $\Delta s\to 0$，得

$$\lim_{\Delta s\to 0}\frac{1}{\Delta s}\oint_{\Delta c\to 0} \boldsymbol{F}\cdot d\boldsymbol{l} = \frac{\partial F_y}{\partial x} - \frac{\partial F_x}{\partial y} \tag{2-95}$$

因为单位矢量 $\boldsymbol{a}_n=\boldsymbol{a}_z$（见图 2-32），故可改写 $(\mathrm{curl}\boldsymbol{F})\cdot\boldsymbol{a}_n$ 成 $(\mathrm{curl}\boldsymbol{F})_z$，这里 $(\mathrm{curl}\boldsymbol{F})_z$ 表示 curl$\boldsymbol{F}$ 在 z 方向的分量。于是从式(2-93)和(2-95)，得

$$(\mathrm{curl}\boldsymbol{F})_z = \frac{\partial F_y}{\partial x} - \frac{\partial F_x}{\partial y} \tag{2-96a}$$

curl$\boldsymbol{F}$ 的其他两个分量可用类似方法得到，它们是

$$(\mathrm{curl}\boldsymbol{F})_x = \frac{\partial F_z}{\partial y} - \frac{\partial F_y}{\partial z} \tag{2-96b}$$

和

$$(\mathrm{curl}\boldsymbol{F})_y = \frac{\partial F_x}{\partial z} - \frac{\partial F_z}{\partial x} \tag{2-96c}$$

于是，矢量场 $\boldsymbol{F}$ 的旋度，在直角坐标系为

$$\mathrm{curl}\boldsymbol{F} = \left[\frac{\partial F_z}{\partial y} - \frac{\partial F_y}{\partial z}\right]\boldsymbol{a}_x + \left[\frac{\partial F_x}{\partial z} - \frac{\partial F_z}{\partial x}\right]\boldsymbol{a}_y + \left[\frac{\partial F_y}{\partial x} - \frac{\partial F_x}{\partial y}\right]\boldsymbol{a}_z \tag{2-97}$$

用叉积表示，式(2-97)可写成

$$\begin{aligned}\mathrm{curl}\boldsymbol{F} &= \left[\boldsymbol{a}_x\frac{\partial}{\partial x} + \boldsymbol{a}_y\frac{\partial}{\partial y} + \boldsymbol{a}_z\frac{\partial}{\partial z}\right]\times[F_x\boldsymbol{a}_x + F_y\boldsymbol{a}_y + F_z\boldsymbol{a}_z]\\ &= \nabla\times\boldsymbol{F}\end{aligned} \tag{2-98}$$

实用且便于记忆 $\nabla\times\boldsymbol{F}$ 在直角坐标系的表达式是写成行列式形式如

$$\nabla\times\boldsymbol{F} = \begin{vmatrix}\boldsymbol{a}_x & \boldsymbol{a}_y & \boldsymbol{a}_z\\ \dfrac{\partial}{\partial x} & \dfrac{\partial}{\partial y} & \dfrac{\partial}{\partial z}\\ F_x & F_y & F_z\end{vmatrix} \tag{2-99}$$

矢量场 $\boldsymbol{F}$ 的旋度表示式在圆柱和球坐标系分别是

$$\nabla\times\boldsymbol{F} = \frac{1}{\rho}\begin{vmatrix}\boldsymbol{a}_\rho & \rho\boldsymbol{a}_\phi & \boldsymbol{a}_z\\ \dfrac{\partial}{\partial \rho} & \dfrac{\partial}{\partial \phi} & \dfrac{\partial}{\partial z}\\ F_\rho & \rho F_\phi & F_z\end{vmatrix} \tag{2-100}$$

和

$$\nabla\times\boldsymbol{F}=\frac{1}{r^2\sin\theta}\begin{vmatrix}\boldsymbol{a}_r & r\,\boldsymbol{a}_\theta & r\sin\theta\,\boldsymbol{a}_\phi\\ \dfrac{\partial}{\partial r} & \dfrac{\partial}{\partial\theta} & \dfrac{\partial}{\partial\phi}\\ F_r & rF_\theta & r\sin\theta F_\phi\end{vmatrix} \tag{2-101}$$

一个矢量场的旋度的物理意义是，它表示该矢量场每单位面积的环量，它是由环绕任意形状的小面积的线积分求得。它的方向是垂直于密接表面的平面。若矢量场的旋度不是零，则称该矢量场是**有旋的**(rotational)。水从槽子流出或流进汇点是流体旋转速度场最好的例子。另一方面，如果一个矢量场的旋度为零，则称此矢量场是**无旋的**或**保守的**(irrotational 或 conservative)。保守场的一个普通例子是力作用于物体做功。

例 2.21 如果$f(x, y, z)$是一个连续可微标函数，证明 $\nabla\times(\nabla f)=0$。

解 标函数$f(x, y, z)$的梯度，由(2-74)，是

$$\nabla f=\frac{\partial f}{\partial x}\boldsymbol{a}_x+\frac{\partial f}{\partial y}\boldsymbol{a}_y+\frac{\partial f}{\partial z}\boldsymbol{a}_z$$

由式(2-99)，∇f 的旋度是

$$\nabla\times\nabla f=\begin{vmatrix}\boldsymbol{a}_x & \boldsymbol{a}_y & \boldsymbol{a}_z\\ \dfrac{\partial}{\partial x} & \dfrac{\partial}{\partial y} & \dfrac{\partial}{\partial z}\\ \dfrac{\partial f}{\partial x} & \dfrac{\partial f}{\partial y} & \dfrac{\partial f}{\partial z}\end{vmatrix}$$

$$=\left[\frac{\partial^2 f}{\partial y\partial z}-\frac{\partial^2 f}{\partial z\partial y}\right]\boldsymbol{a}_x+\left[\frac{\partial^2 f}{\partial z\partial x}-\frac{\partial^2 f}{\partial x\partial z}\right]\boldsymbol{a}_y+\left[\frac{\partial^2 f}{\partial x\partial y}-\frac{\partial^2 f}{\partial y\partial x}\right]\boldsymbol{a}_z$$

因为f是连续可微的，

$$\frac{\partial^2 f}{\partial y\partial z}=\frac{\partial^2 f}{\partial z\partial y},\frac{\partial^2 f}{\partial z\partial x}=\frac{\partial^2 f}{\partial x\partial z}\text{和}\frac{\partial^2 f}{\partial x\partial y}=\frac{\partial^2 f}{\partial y\partial x}$$

所以 $\nabla\times(\nabla f)=0$

由于标函数的梯度的旋度恒为零，∇f是一个无旋或保守场。反之，如果一矢量场的旋度为零，则此矢量场是标函数的梯度。即，如果 $\nabla\times\boldsymbol{F}=0$，则 $\boldsymbol{F}=\pm\nabla f$，式中正(+)或负(-)号的选择决定于$f$的物理解释。

斯托克斯定理

从 $\nabla\times\boldsymbol{F}$ 的定义式(2-93)，可以导出一个很重要的关系，即有名的**斯托克斯定理**(Stokes' theorem)，以闭合围线c为边界的有限但张开的表面s如图 2-33 所示。将表面积s划分成n个单元面积Δs_i(第i个)，具有单位法向矢量$\boldsymbol{a}_{ni}$，由闭合路径 Δc_i 包围且含点 P_i。

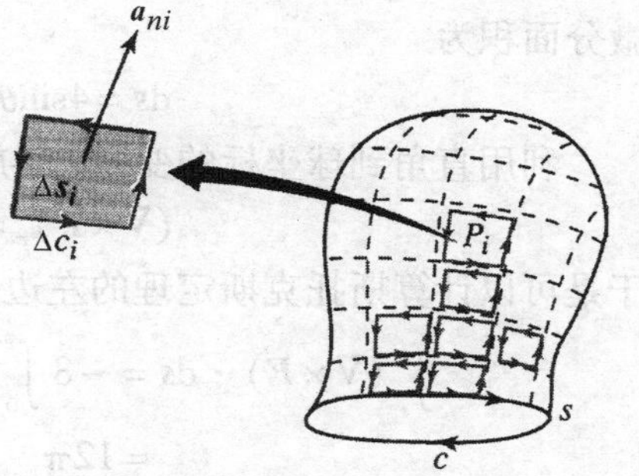

图 2-33 用于说明斯托克斯定理的闭合围线c界定的开表面s

由式(2-93)，可以写出

$$\int_{\Delta s_i}(\nabla\times\boldsymbol{F})\cdot d\boldsymbol{s}_i=\oint_{\Delta c_i}\boldsymbol{F}\cdot d\boldsymbol{l}+\varepsilon_i\Delta s_i$$

此处要加上 $\varepsilon_i\Delta s_i$ 一项，是因为严格说来，式(2-93)仅对于一点即在 $n\to\infty$，$\varepsilon_i=0$ 才是准确

的。覆盖整个面积求和，得

$$\sum_{i=1}^{n}\int_{\Delta s_i}(\nabla\times\boldsymbol{F})\cdot\mathrm{d}\boldsymbol{s}_i=\sum_{i=1}^{n}\oint_{\Delta c_i}\boldsymbol{F}\cdot\mathrm{d}\boldsymbol{l}+\sum_{i=1}^{n}\varepsilon_i\Delta s_i \tag{2-102}$$

当 $n\to\infty$ 时，式(2-102)左边成为

$$\lim_{n\to\infty}\sum_{i=1}^{n}\int_{\Delta s_i}(\nabla\times\boldsymbol{F})\cdot\mathrm{d}\boldsymbol{s}_i=\int_s(\nabla\times\boldsymbol{F})\cdot\mathrm{d}\boldsymbol{s}$$

上式是在围线 c 为边界构成的开面 s 上求面积分。式(2-102)右边第二项当 $n\to\infty$ 时降至零。另一方面，沿相邻两单元面积边界的线积分，在公共边上的积分方向相反而互相抵消。只有在路径 c 上的积分是仅有的贡献。所以

$$\lim_{n\to\infty}\sum_{i=1}^{n}\oint_{\Delta c_i}\boldsymbol{F}\cdot\mathrm{d}\boldsymbol{l}=\oint_c\boldsymbol{F}\cdot\mathrm{d}\boldsymbol{l}$$

从而,式(2-102)变成

$$\int_s(\nabla\times\boldsymbol{F})\cdot\mathrm{d}\boldsymbol{s}=\oint_c\boldsymbol{F}\cdot\mathrm{d}\boldsymbol{l} \tag{2-103}$$

式(2-103)是斯托克斯定理的数学定义。它说明矢量场 $\boldsymbol{F}$ 的旋度法向分量的面积分等于该矢量沿围绕此面积曲线边界的线积分。

例 2.22 若 $\boldsymbol{F}=(2z+5)\boldsymbol{a}_x+(3x-2)\boldsymbol{a}_y+(4x-1)\boldsymbol{a}_z$，试在半球 $x^2+y^2+z^2=4$ 和$z\geqslant0$上验证斯托克斯定理。

解

$$\nabla\times\boldsymbol{F}=\begin{vmatrix}\boldsymbol{a}_x & \boldsymbol{a}_y & \boldsymbol{a}_z\\ \dfrac{\partial}{\partial x} & \dfrac{\partial}{\partial y} & \dfrac{\partial}{\partial z}\\ 2z+5 & 3x-2 & 4x-1\end{vmatrix}=-2\,\boldsymbol{a}_y+3\,\boldsymbol{a}_z$$

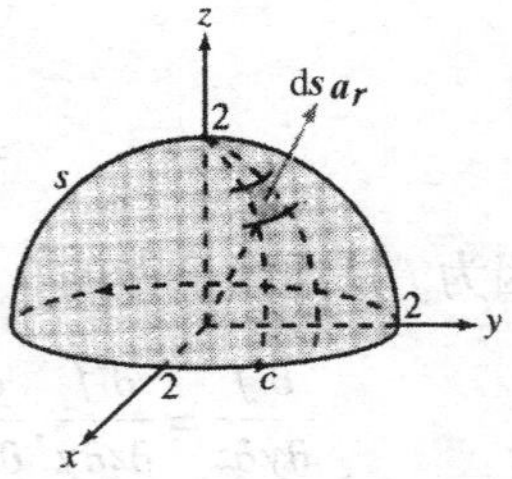

图 2-34

半径为 2 的半球表面单位法向矢量为$\boldsymbol{a}_r$，示于图 2-34。因此，微分面积为

$$\mathrm{d}\boldsymbol{s}=4\sin\theta\mathrm{d}\theta\mathrm{d}\phi\,\boldsymbol{a}_r$$

利用直角到球坐标的变换，得旋度 $\nabla\times\boldsymbol{F}$ 的$\boldsymbol{a}_r$分量为

$$(\nabla\times\boldsymbol{F})_r=-2\sin\theta\sin\phi+3\cos\theta$$

于是可以计算斯托克斯定理的左边为

$$\int_s(\nabla\times\boldsymbol{F})\cdot\mathrm{d}\boldsymbol{s}=-8\int_0^{\pi/2}\sin^2\theta\mathrm{d}\theta\int_0^{2\pi}\sin\phi\mathrm{d}\phi+12\int_0^{\pi/2}\sin\theta\cos\theta\mathrm{d}\theta\int_0^{2\pi}\mathrm{d}\phi$$
$$=12\pi$$

斯托克斯定理右边包含沿半径为2 的圆周 c 上的线积分。因 c 是 xy 平面上的圆周，故可用圆柱坐标计算 $\boldsymbol{F}\cdot\mathrm{d}\boldsymbol{l}$，其长度单元变成$\mathrm{d}\boldsymbol{l}=2\mathrm{d}\phi\,\boldsymbol{a}_\phi$。$\boldsymbol{F}$ 的$\boldsymbol{a}_\phi$分量，用直角到圆柱坐标的变换,是

$$F_\phi=-(2z+5)\sin\phi+(3x-2)\cos\phi$$

代入 $z=0$ 和 $x=2\cos\phi$，得

$$F_\phi=-5\sin\phi+6\cos^2\phi-2\cos\phi$$

于是，

$$\oint_c \boldsymbol{F}\cdot \mathrm{d}\boldsymbol{l} = -10\int_0^{2\pi}\sin\phi\mathrm{d}\phi + 12\int_0^{2\pi}\cos^2\phi\mathrm{d}\phi - 4\int_0^{2\pi}\cos\phi\mathrm{d}\phi = 12\pi$$

$\boldsymbol{F}$ 的线积分等于 $\nabla\times\boldsymbol{F}$ 的面积分，定理得证。

2.11　拉普拉斯算子

到目前为止所讨论的微分运算都是属于一阶微分算子。一个二阶微分算子经常出现在场论的研究中，就是所谓**拉普拉斯算子**(Laplacian operator)，表示符号是 ∇^2。它可用标函数的梯度的散度来定义。就是说，如果 $f(x, y, z)$ 是一连续可微标函数，则 $f(x, y, z)$ 的拉普拉斯[⊖]为

$$\nabla^2 f = \nabla\cdot(\nabla f) \tag{2-104}$$

在直角坐标系可写成

$$\nabla\cdot(\nabla f) = \left[\boldsymbol{a}_x\frac{\partial}{\partial x} + \boldsymbol{a}_y\frac{\partial}{\partial y} + \boldsymbol{a}_z\frac{\partial}{\partial z}\right]\cdot\left[\boldsymbol{a}_x\frac{\partial f}{\partial x} + \boldsymbol{a}_y\frac{\partial f}{\partial y} + \boldsymbol{a}_z\frac{\partial f}{\partial z}\right]$$

从而得

$$\nabla^2 f = \nabla\cdot(\nabla f) = \frac{\partial^2 f}{\partial x^2} + \frac{\partial^2 f}{\partial y^2} + \frac{\partial^2 f}{\partial z^2} \tag{2-105}$$

式(2-105)显示一个标函数的拉普拉斯是一个标量，它涉及该函数的二阶偏微分。经过简单变换，可得到标函数 f 在圆柱坐标的拉普拉斯表示式

$$\nabla^2 f = \frac{1}{\rho}\frac{\partial}{\partial\rho}\left(\rho\frac{\partial f}{\partial\rho}\right) + \frac{1}{\rho^2}\frac{\partial^2 f}{\partial\phi^2} + \frac{\partial^2 f}{\partial z^2} \tag{2-106}$$

类似的变换从直角到球坐标，便得 f 在球坐标的拉普拉斯

$$\nabla^2 f = \frac{1}{r^2}\frac{\partial}{\partial r}\left(r^2\frac{\partial f}{\partial r}\right) + \frac{1}{r^2\sin\theta}\frac{\partial}{\partial\theta}\left(\sin\theta\frac{\partial f}{\partial\theta}\right) + \frac{1}{r^2\sin^2\theta}\frac{\partial^2 f}{\partial\phi^2} \tag{2-107}$$

一个标函数称为**调和函数**(harmonic function)如果他的拉普拉斯是零。即

$$\nabla^2 f = 0 \tag{2-108}$$

此方程经常称之为**拉普拉斯方程**(Laplace's equation)。

在电磁场的讨论中，还会遇到一种形式为 $\nabla^2\boldsymbol{F}$ 的表达式，此处 $\boldsymbol{F}$ 是矢量场。我们称这样的式子为一个矢量场的拉普拉斯。根据矢量展开式可得

$$\nabla^2\boldsymbol{F} = \nabla(\nabla\cdot\boldsymbol{F}) - \nabla\times(\nabla\times\boldsymbol{F}) \tag{2-109}$$

在笛卡儿坐标系，式(2-109)成为

$$\nabla^2\boldsymbol{F} = \boldsymbol{a}_x\nabla^2 F_x + \boldsymbol{a}_y\nabla^2 F_y + \boldsymbol{a}_z\nabla^2 F_z \tag{2-110}$$

式中

$$\nabla^2 = \frac{\partial^2}{\partial x^2} + \frac{\partial^2}{\partial y^2} + \frac{\partial^2}{\partial z^2} \tag{2-111}$$

是拉普拉斯算子。不难看出，一个矢量场的拉普拉斯为零当且仅当它的每个分量的拉普拉斯是独立地为零。

⊖ 一个标或矢函数经过用拉普拉斯算子运算后得到的结果，称为该函数的拉普拉斯。过去有些书译成拉普拉辛或拉普拉新。——译注

例 2.23 证明标函数 $f=1/r(r\neq 0)$，是拉普拉斯方程的一个解。此处 r 是空间任一点 P 的位矢的大小。

解 如标函数 $f=1/r$ 是拉普拉斯方程的解，$\nabla^2 f$ 必须为零。在球坐标证明，可写成

$$\nabla^2 f = \nabla^2\left[\frac{1}{r}\right]=\frac{1}{r^2}\frac{\partial}{\partial r}\left[r^2\frac{\partial}{\partial r}\left(\frac{1}{r}\right)\right]$$

$$=\frac{1}{r^2}\frac{\partial}{\partial r}\left[r^2\left(-\frac{1}{r^2}\right)\right]=0$$

2.12 若干定理和电磁场的分类

现在考察两个矢量恒等式：格林第一恒等式和格林第二恒等式。后者又称格林定理(Green's theorem)，在电磁场理论的研究中用处很大。在以下各节，我们将用格林恒等式证明唯一性定理，并且证明一个矢量场必然属于四类场(Ⅰ~Ⅳ类)之一。

2.12.1 格林定理

设矢量场 $\boldsymbol{A}$ 在体积 v 内和它的表面 s 上处处都是连续可微单值函数。于是，根据散度定理，

$$\int_v \nabla\cdot\boldsymbol{A}\mathrm{d}v=\oint_s \boldsymbol{A}\cdot\mathrm{d}\boldsymbol{s} \tag{2-112}$$

如果定义矢量场 $\boldsymbol{A}$ 为一标函数 ϕ 与一矢函数 $\nabla\psi$ 之积，则

$$\nabla\cdot\boldsymbol{A}=\nabla\cdot(\phi\ \nabla\psi)=\nabla\phi\cdot\nabla\psi+\phi\ \nabla^2\psi$$

将之代入式(2-112)，得

$$\int_v \phi\ \nabla^2\psi\mathrm{d}v+\int_v \nabla\phi\cdot\nabla\psi\mathrm{d}v=\oint_s \phi\ \nabla\psi\cdot\mathrm{d}\boldsymbol{s} \tag{2-113}$$

式(2-113)即称为**格林第一恒等式**。互相调换 ϕ 和 ψ，式(2-113)可以写成

$$\int_v \psi\ \nabla^2\phi\mathrm{d}v+\int_v \nabla\psi\cdot\nabla\phi\mathrm{d}v=\oint_s \psi\ \nabla\phi\cdot\mathrm{d}\boldsymbol{s} \tag{2-114}$$

从式(2-113)减去式(2-114)，得**格林第二恒等式即格林定理**为

$$\int_v[\phi\ \nabla^2\psi-\psi\ \nabla^2\phi]\mathrm{d}v=\oint_s[\phi\ \nabla\psi-\psi\ \nabla\phi]\cdot\mathrm{d}\boldsymbol{s} \tag{2-115}$$

对特殊情况 $\phi=\psi$，格林第一恒等式，式(2-113)，成为

$$\int_v \phi\ \nabla^2\phi\mathrm{d}v+\int_v |\nabla\phi|^2\mathrm{d}v=\oint_s \phi\ \nabla\phi\cdot\mathrm{d}\boldsymbol{s} \tag{2-116}$$

我们将用此公式证明唯一性定理。

2.12.2 唯一性定理

唯一性定理(uniqueness theorem)说明一个矢量场在区域中是唯一确定的，如果下列要求得到满足：

(a) 它的散度遍及全区域是确定的；

(b) 它的旋度遍及全区域是确定的；

(c) 在包围区域的封闭面上它的法向分量是确定的。

为了证明这个定理，考虑一个由表面 s 包围的体积 v。还假设有两个不同的矢量场 $\boldsymbol{A}$ 和

$\boldsymbol{B}$(除了差一个常数)，它们遍及整个体积 v 有相同的散度和旋度，并且在边界 s 上有相同的法向分量。换言之，在 v 中每一点，

$$\nabla \cdot \boldsymbol{A} = \nabla \cdot \boldsymbol{B} \text{ 和 } \nabla \times \boldsymbol{A} = \nabla \times \boldsymbol{B}$$

此外，在任一微分面积d$\boldsymbol{s}$上 $\boldsymbol{A} \cdot \mathrm{d}\boldsymbol{s} = \boldsymbol{B} \cdot \mathrm{d}\boldsymbol{s}$。

现在的目的在于证明我们的假设要引起自相矛盾。令 $\boldsymbol{C}$ 是这样一个矢量，即 $\boldsymbol{C} = \boldsymbol{A} - \boldsymbol{B}$。于是

$$\nabla \cdot \boldsymbol{C} = \nabla \cdot \boldsymbol{A} - \nabla \cdot \boldsymbol{B} = 0$$

和

$$\nabla \times \boldsymbol{C} = \nabla \times \boldsymbol{A} - \nabla \times \boldsymbol{B} = 0$$

而且，遍及体积 v，在任一微分面积d$\boldsymbol{s}$上，有

$$\boldsymbol{C} \cdot \mathrm{d}\boldsymbol{s} = \boldsymbol{A} \cdot \mathrm{d}\boldsymbol{s} - \boldsymbol{B} \cdot \mathrm{d}\boldsymbol{s} = 0$$

由于 $\nabla \times \boldsymbol{C} = 0$，$\boldsymbol{C}$ 便可用一个标函数 f 的梯度表示。即

$$\boldsymbol{C} = -\nabla f$$

$$\nabla \cdot \boldsymbol{C} = 0 \Rightarrow \nabla \cdot (\nabla f) = 0$$

或

$$\nabla^2 f = 0$$

还有，在 v 的表面各处，

$$\boldsymbol{C} \cdot \mathrm{d}\boldsymbol{s} = 0 \Rightarrow \nabla f \cdot \mathbf{d}\boldsymbol{s} = 0$$

将 $\nabla^2 f = 0$ 和 $\nabla f \cdot \mathrm{d}\boldsymbol{s} = 0$ 代入式(2-116)，得

$$\int_v |\nabla f|^2 \mathrm{d}v = 0 \tag{2-117}$$

因为$|\nabla f|^2$ 是一个正数，仅在 v 内处处 $\nabla f = 0$，式(2-117)才能满足。所以 $\boldsymbol{C}$ 必须是零，于是 $\boldsymbol{A}$ 必须等于 $\boldsymbol{B}$(除了相差一常数)。显然，我们开始那个 $\boldsymbol{A}$ 和 $\boldsymbol{B}$ 是两上不同的矢量场的假设是没有理由的，这本身就证实了场的唯一性。

2.12.3 场的分类

一个矢量场的散度和旋度是两个独立的运算；因此，二者没有一个能单独充分完整地描述场。事实上，在电磁场的研究中，将会发现场有四种基本类型。在解场的问题时，需要知道所处理的场是属于哪一类，因为这将决定我们必须采用的解题方法。现在，首先探讨属于每一类场的特征。

第Ⅰ类场 第Ⅰ类矢量场 $\boldsymbol{F}$ 在区域中处处都是

$$\nabla \cdot \boldsymbol{F} = 0 \text{ 和 } \nabla \times \boldsymbol{F} = 0$$

因为，如果矢量的旋度为零，则该矢量能够写成用标函数 f 的梯度表示，即

$$\boldsymbol{F} = -\nabla f$$

加用负号的理由，将在第3章中解释。从 $\nabla \cdot \boldsymbol{F} = 0$，我们得

$$\nabla \cdot (-\nabla f) = -\nabla^2 f = 0$$

这是拉普拉斯方程。所以，为了求得Ⅰ类的场，必须解拉普拉斯方程并服从区域的边界条件。一旦求得 f，便可用 $\boldsymbol{F} = -\nabla f$ 计算矢量场 $\boldsymbol{F}$。

第Ⅰ类场的例子有无电荷媒质中的静电场及无电流媒质中的磁场。

第Ⅱ类场 一个矢量场 $\boldsymbol{F}$ 在给定区域中，如果 $\nabla\cdot\boldsymbol{F}\neq 0$ 和 $\nabla\times\boldsymbol{F}=0$，称为Ⅱ类场。

因为 $\nabla\times\boldsymbol{F}=0$，意味着 $\boldsymbol{F}=-\nabla f$。但 $\nabla\cdot\boldsymbol{F}\neq 0$，可以写成 $\nabla\cdot\boldsymbol{F}=\rho$，这里 ρ 可以是一个常数或区域中的一已知函数。于是

$$\nabla^2 f=-\rho$$

这是**泊松方程**(Poisson's equation)。因此，Ⅱ类场由解泊松方程在边界条件约束下找到 f，然后由 $\boldsymbol{F}=-\nabla f$ 求矢量场 $\boldsymbol{F}$。

在含电荷区域的静电场是Ⅱ类场的例子。

第Ⅲ类场 一个矢量场 $\boldsymbol{F}$ 在给定区域中，如果 $\nabla\cdot\boldsymbol{F}=0$ 和 $\nabla\times\boldsymbol{F}\neq 0$，称为Ⅲ类场。

因为 $\nabla\cdot\boldsymbol{F}=0$，则该矢量能用另一矢量的旋度表示，如写成

$$\boldsymbol{F}=\nabla\times\boldsymbol{A}$$

式中 $\boldsymbol{A}$ 为另一矢量场。由于 $\nabla\times\boldsymbol{F}\neq 0$，可以将它写成 $\nabla\times\boldsymbol{F}=\boldsymbol{J}$，此处 $\boldsymbol{J}$ 为一已知矢量场，代入 $\boldsymbol{F}=\nabla\times\boldsymbol{A}$，得

$$\nabla\times\nabla\times\boldsymbol{A}=\boldsymbol{J}$$

用矢量恒等式，将上式展开为

$$\nabla(\nabla\cdot\boldsymbol{A})-\nabla^2\boldsymbol{A}=\boldsymbol{J}$$

根据唯一性定理，为使矢量场唯一，必须还要定义散度。如果我们给定任意约束 $\nabla\cdot\boldsymbol{A}=0$，得

$$\nabla^2\boldsymbol{A}=-\boldsymbol{J}$$

这称为**矢泊松方程**(Poisson's vector equation)。因此，Ⅲ类场要求解矢泊松方程。矢量场 $\boldsymbol{F}$ 利用 $\boldsymbol{F}=\nabla\times\boldsymbol{A}$，由 $\boldsymbol{A}$ 算出。约束 $\nabla\cdot\boldsymbol{A}=0$ 通称为**库仑规范**(Coulomb's gauge)。

载流导体内部的磁场属于Ⅲ类场。

第Ⅳ类场 一个矢量场 $\boldsymbol{F}$，如果它的散度和旋度都不是零，则属于Ⅳ类场。然而，我们能分解 $\boldsymbol{F}$ 成两个矢量场 $\boldsymbol{G}$ 和 $\boldsymbol{H}$，让 $\boldsymbol{G}$ 满足Ⅲ类和 $\boldsymbol{H}$ 满足Ⅱ类场的要求。即

$$\boldsymbol{F}=\boldsymbol{G}+\boldsymbol{H}$$

$$\nabla\cdot\boldsymbol{G}=0,\ \nabla\times\boldsymbol{G}\neq 0,\text{而}\ \nabla\times\boldsymbol{H}=0,\text{和}\ \nabla\cdot\boldsymbol{H}\neq 0$$

因此，$\boldsymbol{G}=\nabla\times\boldsymbol{A}$ 和 $\boldsymbol{H}=-\nabla f$，从而得出结论为

$$\boldsymbol{F}=\nabla\times\boldsymbol{A}-\nabla f$$

可压缩媒质中的流体动力场是Ⅳ类场的例子。

2.13 矢量恒等式

有许多矢量恒等式在电磁场理论的学习中是很重要的。现在列表如下，我们希望学生用直角坐标系验证它们。

两个恒等于零：

$$\nabla\times(\nabla f)=0 \tag{2-118}$$

$$\nabla\cdot(\nabla\times\boldsymbol{A})=0 \tag{2-119}$$

二阶符号：

$$\nabla^2 f=\nabla\cdot(\nabla f) \tag{2-120}$$

$$\nabla^2\boldsymbol{A}=\nabla(\nabla\cdot\boldsymbol{A})-\nabla\times\nabla\times\boldsymbol{A} \tag{2-121}$$

和：

$$\nabla(f+g) = \nabla f + \nabla g \tag{2-122}$$

$$\nabla \cdot (\boldsymbol{A}+\boldsymbol{B}) = \nabla \cdot \boldsymbol{A} + \nabla \cdot \boldsymbol{B} \tag{2-123}$$

$$\nabla \times (\boldsymbol{A}+\boldsymbol{B}) = \nabla \times \boldsymbol{A} + \nabla \times \boldsymbol{B} \tag{2-124}$$

含标量的乘积：

$$\nabla(fg) = f\ \nabla g + g\ \nabla f \tag{2-125}$$

$$\nabla \cdot (f\boldsymbol{A}) = f\ \nabla \cdot \boldsymbol{A} + \boldsymbol{A} \cdot \nabla f \tag{2-126}$$

$$\nabla \times (f\boldsymbol{A}) = f\ \nabla \times \boldsymbol{A} + \nabla f \times \boldsymbol{A} \tag{2-127}$$

矢量积：

$$\boldsymbol{A} \cdot (\boldsymbol{B} \times \boldsymbol{C}) = \boldsymbol{B} \cdot (\boldsymbol{C} \times \boldsymbol{A}) = \boldsymbol{C} \cdot (\boldsymbol{A} \times \boldsymbol{B}) \tag{2-128}$$

$$\boldsymbol{A} \times (\boldsymbol{B} \times \boldsymbol{C}) = \boldsymbol{B}(\boldsymbol{A} \cdot \boldsymbol{C}) - \boldsymbol{C}(\boldsymbol{A} \cdot \boldsymbol{B}) \tag{2-129}$$

$$\nabla \cdot (\boldsymbol{A} \times \boldsymbol{B}) = \boldsymbol{B} \cdot (\nabla \times \boldsymbol{A}) - \boldsymbol{A} \cdot (\nabla \times \boldsymbol{B}) \tag{2-130}$$

$$\nabla \times (\boldsymbol{A} \times \boldsymbol{B}) = \boldsymbol{A}\ \nabla \cdot \boldsymbol{B} - \boldsymbol{B}\ \nabla \cdot \boldsymbol{A} + (\boldsymbol{B} \cdot \nabla)\boldsymbol{A} - (\boldsymbol{A} \cdot \nabla)\boldsymbol{B} \tag{2-131}$$

注意f和g是标量场；$\boldsymbol{A}$、$\boldsymbol{B}$和$\boldsymbol{C}$是矢量场。所有场在区域内和它的边界面上处处都是单值和连续可微的。

2.14 摘要

在这一节，我们重提用在本章的定义和列出一些关键公式。

如果一个物理实体(physical entity)，能够用它的大小完整地叙述明白，它就是一个标量。

一个物理实体，如果需要用大小和方向二者来描述称为矢量。

一个函数在区域中各点表征一个物理存在称为一个场。标量场是在区域中每点单纯用一个数来描述。矢量场则对区域中每点的物理陈述需要大小和方向两方面的知识。

为了在圆柱坐标系完成矢量场后面的运算，场必须是定义在同一个点或者是在ϕ = 常数的平面上。为了在球坐标系做同样的事，场必须是定义在θ = 常数和ϕ = 常数两平面的交线上。换言之，场必须是定义在同一个点或者同一径向线上。如果这些条件没有满足，则必须先把这些场变换到直角坐标，然后进行必要的运算。

点(标)积：$\boldsymbol{A} \cdot \boldsymbol{B} = AB\cos\theta$

直角坐标 $A_xB_x + A_yB_y + A_zB_z$

圆柱坐标 $A_\rho B_\rho + A_\phi B_\phi + A_zB_z$

球 坐 标 $A_rB_r + A_\theta B_\theta + A_\phi B_\phi$

叉(矢)积：$\boldsymbol{A} \times \boldsymbol{B} = |AB\sin\theta|\boldsymbol{a}_n$

直角坐标 $\begin{vmatrix} \boldsymbol{a}_x & \boldsymbol{a}_y & \boldsymbol{a}_z \\ A_x & A_y & A_z \\ B_x & B_y & B_z \end{vmatrix}$

圆柱坐标 $\begin{vmatrix} \boldsymbol{a}_\rho & \boldsymbol{a}_\phi & \boldsymbol{a}_z \\ A_\rho & A_\phi & A_z \\ B_\rho & B_\phi & B_z \end{vmatrix}$

球坐标 $\begin{vmatrix} \boldsymbol{a}_r & \boldsymbol{a}_\theta & \boldsymbol{a}_\phi \\ A_r & A_\theta & A_\phi \\ B_r & B_\theta & B_\phi \end{vmatrix}$

标函数的梯度：∇f

直角坐标 $\dfrac{\partial f}{\partial x}\boldsymbol{a}_x+\dfrac{\partial f}{\partial y}\boldsymbol{a}_y+\dfrac{\partial f}{\partial z}\boldsymbol{a}_z$

圆柱坐标 $\dfrac{\partial f}{\partial \rho}\boldsymbol{a}_\rho+\dfrac{1}{\rho}\dfrac{\partial f}{\partial \phi}\boldsymbol{a}_\phi+\dfrac{\partial f}{\partial z}\boldsymbol{a}_z$

球坐标 $\dfrac{\partial f}{\partial r}\boldsymbol{a}_r+\dfrac{1}{r}\dfrac{\partial f}{\partial \theta}\boldsymbol{a}_\theta+\dfrac{1}{r\sin\theta}\dfrac{\partial f}{\partial \phi}\boldsymbol{a}_\phi$

矢量场的散度：$\nabla\cdot\boldsymbol{A}$

直角坐标 $\dfrac{\partial A_x}{\partial x}+\dfrac{\partial A_y}{\partial y}+\dfrac{\partial A_z}{\partial z}$

圆柱坐标 $\dfrac{1}{\rho}\dfrac{\partial}{\partial \rho}(\rho A_\rho)+\dfrac{1}{\rho}\dfrac{\partial}{\partial \phi}(A_\phi)+\dfrac{\partial}{\partial z}(A_z)$

球 坐 标 $\dfrac{1}{r^2}\dfrac{\partial}{\partial r}(r^2A_r)+\dfrac{1}{r\sin\theta}\dfrac{\partial}{\partial\theta}(\sin\theta A_\theta)+\dfrac{1}{r\sin\theta}\dfrac{\partial}{\partial\phi}(A_\phi)$

矢量场的旋度：$\nabla\times\boldsymbol{B}$

直角坐标 $\begin{vmatrix}\boldsymbol{a}_x & \boldsymbol{a}_y & \boldsymbol{a}_z\\ \dfrac{\partial}{\partial x} & \dfrac{\partial}{\partial y} & \dfrac{\partial}{\partial z}\\ B_x & B_y & B_z\end{vmatrix}$

圆柱坐标 $\dfrac{1}{\rho}\begin{vmatrix}\boldsymbol{a}_\rho & \rho\boldsymbol{a}_\phi & \boldsymbol{a}_z\\ \dfrac{\partial}{\partial \rho} & \dfrac{\partial}{\partial \phi} & \dfrac{\partial}{\partial z}\\ B_\rho & \rho B_\phi & B_z\end{vmatrix}$

球 坐 标 $\dfrac{1}{r^2\sin\theta}\begin{vmatrix}\boldsymbol{a}_r & r\boldsymbol{a}_\theta & r\sin\theta\boldsymbol{a}_\phi\\ \dfrac{\partial}{\partial r} & \dfrac{\partial}{\partial \theta} & \dfrac{\partial}{\partial \phi}\\ B_r & rB_\theta & r\sin\theta B_\phi\end{vmatrix}$

标函数的拉普拉斯：$\nabla^2 f$

直角坐标 $\dfrac{\partial^2 f}{\partial x^2}+\dfrac{\partial^2 f}{\partial y^2}+\dfrac{\partial^2 f}{\partial z^2}$

圆柱坐标 $\dfrac{1}{\rho}\dfrac{\partial}{\partial\rho}\left(\rho\dfrac{\partial f}{\partial\rho}\right)+\dfrac{1}{\rho^2}\dfrac{\partial^2 f}{\partial\phi^2}+\dfrac{\partial^2 f}{\partial z^2}$

球 坐 标 $\dfrac{1}{r^2}\dfrac{\partial}{\partial r}\left(r^2\dfrac{\partial f}{\partial r}\right)+\dfrac{1}{r^2\sin\theta}\dfrac{\partial}{\partial\theta}\left(\sin\theta\dfrac{\partial f}{\partial\theta}\right)+\dfrac{1}{r^2\sin^2\theta}\dfrac{\partial^2 f}{\partial\phi^2}$

若干定理：

散度定理：
（高斯散度定理） $\int_v\nabla\cdot\boldsymbol{F}\mathrm{d}v=\oint_s\boldsymbol{F}\cdot\mathrm{d}\boldsymbol{s}$

斯托克斯定理： $\int_s(\nabla\times\boldsymbol{F})\cdot\boldsymbol{ds}=\oint_c\boldsymbol{F}\cdot\mathrm{d}\boldsymbol{l}$

格林第一恒等式：
$$\int_v \phi\ \nabla^2\psi dv + \int_v \nabla\phi \cdot \nabla\psi dv = \oint_s \phi\ \nabla\psi \cdot ds$$

格林第二恒等式：
（格林定理）
$$\int_v [\phi\ \nabla^2\psi - \psi\ \nabla^2\phi] dv = \oint_s [\phi\ \nabla\psi - \psi\ \nabla\phi] \cdot ds$$

2.15 复习题

2.1 什么是标量？列举几个标量的例子。

2.2 什么是矢量？给出几个矢量的例子。

2.3 两矢量相等是什么意思？

2.4 矢量加法是“封闭的”吗？

2.5 零矢量的意义是什么？

2.6 矢量的点乘积能是负的吗？如果是，必须是什么情况？

2.7 你能说出理由为什么两矢量的点乘积又称标量积吗？

2.8 你如何能确定两个矢量是相互依赖的还是相互独立的？

2.9 一个矢量被另一矢量除是可以定义的吗？

2.10 给几个关于矢量点乘积和叉乘积的物理例子。

2.11 一个矢量在另一个矢量上的投影是唯一的吗？

2.12 你如何用矢量决定平行四边形的面积呢？

2.13 什么是右手法则？

2.14 如果在圆柱坐标，有 $\boldsymbol{A}$ 和 $\boldsymbol{B}$ 两矢量分别给定在点 $P(3,\pi/6,10)$ 和点 $Q(1,\pi/6,5)$，不变换到直角坐标，这两矢量能否进行运算？

2.15 如果在球坐标系，有 $\boldsymbol{A}$ 和 $\boldsymbol{B}$ 两矢量分别给定在点 $(2,\pi/2,2\pi/3)$ 和点 $(10,\pi/2,2\pi/3)$。不作从球到直角坐标的变换，能否完成矢量运算。

2.16 标函数的梯度是什么意思？

2.17 一个矢量的散度表示什么？

2.18 一个矢量的旋度的意义是什么？

2.19 你将用什么方程去检验？如果矢量是(a)连续的，(b)无散的，(c)有旋的，(d)无旋的，和(e)保守的。每种情况给几个实际例子。

2.20 一张很薄的纸，假设它的厚度→0，具有多少矢量面？

2.21 如果一个纸盒的高度趋近于零，它有几个矢量面？

2.22 如果矢量 $\boldsymbol{E}$ 围绕一闭合回路的线积分为零，$\boldsymbol{E}$ 代表一个什么场？

2.23 如果矢量场 $\boldsymbol{E}$ 能够写成用标函数 f 的梯度表示，这矢量场的特性如何？

2.24 如果矢量场 $\boldsymbol{B}$ 的散度为零，则此矢量场是什么场？

2.25 如果 $\oint \boldsymbol{B} \cdot ds$ 环绕一封闭面为零，则矢量场 $\boldsymbol{B}$ 是什么场？

2.26 如果矢量场 $\boldsymbol{B}$ 的散度为零，$\boldsymbol{B}$ 能够用另一个未知矢量 $\boldsymbol{A}$ 表示使 $\boldsymbol{B} = \nabla \times \boldsymbol{A}$，$\boldsymbol{A}$ 是唯一确定的吗？

2.27 一个热力场由 $\boldsymbol{E} = -\nabla\phi$ 定义，并且 $\nabla \cdot \boldsymbol{E} = 0$，这个热力场是属于哪一类？

2.28 说明散度定理，它的用处和局限性是什么？

2.29 什么是斯托克斯定理？它的用处和局限性是什么？斯托克斯定理能用于封闭面吗？

2.30 什么是格林恒等式？唯一性定理是格林定理的结果吗？

2.16 练习题

2.1 验证对矢量加法的交换律。

2.2 证明 $\boldsymbol{A}$ 和 $\boldsymbol{B}$ 两个非零矢量互相垂直的充要条件是 $\boldsymbol{A}\cdot\boldsymbol{B}=0$。

2.3 证明矢量对标积服从分配律。

2.4 验证勾股定理。换句话说，当且仅当 $\boldsymbol{A}$ 垂直于 $\boldsymbol{B}$ 时，可证 $|\boldsymbol{A}+\boldsymbol{B}|^2=A^2+B^2$。

2.5 证明矢量对叉积服从分配律。

2.6 证明两非零矢量平行当且仅当它们的叉积为零。

2.7 证明 $\boldsymbol{A}\cdot(\boldsymbol{B}\times\boldsymbol{C})=\boldsymbol{B}\cdot(\boldsymbol{C}\times\boldsymbol{A})=\boldsymbol{C}\cdot(\boldsymbol{A}\times\boldsymbol{B})$

2.8 证明 $(\boldsymbol{A}\times\boldsymbol{B})\cdot(\boldsymbol{C}\times\boldsymbol{D})=(\boldsymbol{A}\cdot\boldsymbol{C})(\boldsymbol{B}\cdot\boldsymbol{D})-(\boldsymbol{A}\cdot\boldsymbol{D})(\boldsymbol{B}\cdot\boldsymbol{C})$

2.9 如果 $\boldsymbol{A}=2\boldsymbol{a}_x+0.3\boldsymbol{a}_y-1.5\boldsymbol{a}_z$，$\boldsymbol{B}=10\boldsymbol{a}_x+1.5\boldsymbol{a}_y-7.5\boldsymbol{a}_z$，证明 $\boldsymbol{A}$ 和 $\boldsymbol{B}$ 是相依矢量。

2.10 计算距离矢量从 $P(0,\ -2,\ 1)$ 到 $Q(-2,\ 0,\ 3)$。

2.11 如果 $\boldsymbol{A}=3\boldsymbol{a}_x+2\boldsymbol{a}_y-\boldsymbol{a}_z$，$\boldsymbol{B}=4\boldsymbol{a}_x-8\boldsymbol{a}_y-4\boldsymbol{a}_z$，$\boldsymbol{C}=7\boldsymbol{a}_x-6\boldsymbol{a}_y-5\boldsymbol{a}_z$，证明它们组成一直角三角形。

2.12 如果 $\boldsymbol{S}=3\boldsymbol{a}_x+5\boldsymbol{a}_y+17\boldsymbol{a}_z$ 和 $G=-\boldsymbol{a}_y-5\boldsymbol{a}_z$，求与和 $\boldsymbol{S}+\boldsymbol{G}$ 平行的单位矢量。并计算此单位矢量与 x 轴之间的夹角。

2.13 验证式(2-39)的变换。

2.14 用矢投影的方法计算例 2.10 中的 $\boldsymbol{C}$。

2.15 在直角坐标系表示下列矢量

(a) $\boldsymbol{F}=\rho\sin\phi\ \boldsymbol{a}_\rho-\rho\cos\phi\ \boldsymbol{a}_\phi$ (b) $\boldsymbol{H}=\dfrac{1}{\rho}\boldsymbol{a}_\rho$

2.16 给定在圆柱坐标系中的 $P(1,\ \pi,\ 0)$ 和 $Q(0,\ -\pi/2, 2)$ 两点。求从 P 到 Q 的距离矢量。它的长度是什么？从 Q 到 P 的距离矢量是什么？用 Q 到 P 的距离矢量表示从 P 到 Q 的距离矢量。

2.17 表示位矢 $\boldsymbol{r}=x\ \boldsymbol{a}_x+y\ \boldsymbol{a}_y+z\ \boldsymbol{a}_z$ 在球坐标系。

2.18 若 $\boldsymbol{F}=r\ \boldsymbol{a}_r+r\tan\theta\ \boldsymbol{a}_\theta+r\sin\theta\cos\phi\ \boldsymbol{a}_\phi$，试变换到直角坐标系。

2.19 求从点 $P(2,\ \pi/2,\ 3\pi/4)$ 到点 $Q(10,\ \pi/4,\ \pi/2)$ 的距离矢量的长度。

2.20 $\boldsymbol{S}=12\boldsymbol{a}_r+5\boldsymbol{a}_\theta+\pi\boldsymbol{a}_\phi$ 和 $\boldsymbol{T}=2\boldsymbol{a}_r+0.5\pi\boldsymbol{a}_\theta$ 是分别在点 $(2,\ \pi,\ \pi/2)$ 和 $(5,\ \pi/2,\ \pi/2)$ 的两矢量。求(a) $\boldsymbol{S}+\boldsymbol{T}$，(b) $\boldsymbol{S}\cdot\boldsymbol{T}$，(c) $\boldsymbol{S}\times\boldsymbol{T}$，(d)垂直于 $\boldsymbol{S}\times\boldsymbol{T}$ 的单位矢量，(e) $\boldsymbol{S}$ 与 $\boldsymbol{T}$ 之间的夹角。

2.21 给定一标函数 $g=g[u(t),\ v(t),\ s(t)]$，求 g 对 t 的导数的表达式($\mathrm{d}g/\mathrm{d}t$)。

2.22 若 $G=G(x,\ y,\ z,\ t)$，其中 x、y 和 z 是 t 的函数，求 $\mathrm{d}G/\mathrm{d}t$。

2.23 $\boldsymbol{F}$ 对 x 的偏导数给在式(2-50)。求 $\boldsymbol{F}$ 相对于 y 和 z 的偏导数。

2.24 微分直角坐标系的位矢 $\boldsymbol{r}$ 求式(2-53)。

2.25 微分圆柱坐标系的位矢 $\boldsymbol{r}$ 求式(2-56)。

2.26 微分球坐标系的位矢 $\boldsymbol{r}$ 求式(2-59)。

2.27 若 $g=20xy$，计算 $\int g\ \mathrm{d}\boldsymbol{l}$ 从 $P(0,\ 0,\ 0)$ 到 $Q(1,\ 1,\ 0)$ 沿(a)连接 P 和 Q 的直线和(b)曲线 $y=4x^2$。

2.28 计算 $\oint\boldsymbol{\rho}\cdot\mathrm{d}\boldsymbol{l}$ 在 xy 平面沿半径为 b 的圆闭合路径。

2.29 在半径为 b 的封闭球面上求 $\oint\boldsymbol{r}\cdot\mathrm{d}\boldsymbol{s}$。

2.30 求由 xy 平面($z=0$)和 $z=4-x^2-y^2$ 所包围区域的体积。

2.31 用方程(2-76a)所给标函数 f 的微分变化，验证由式(2-77)和(2-78)给出的 f 分别在圆柱和球坐标系的梯度表达式。

2.32 用位矢 $\boldsymbol{r}$ 在直角和球坐标系的定义，证明 $\nabla r=\boldsymbol{a}_r$。

2.33 求函数 $f=12x^2+yz^2$ 在点 $P(-1,\ 0,\ 1)$ 相对于距离的最大变化率。求 f 在 x、y 和 z 方向的变化率。f 从 P 向 $Q(1,\ 1,\ 1)$ 方向的变化率是什么？

2.34 同时用圆柱和球坐标系，验证 $\nabla\cdot\boldsymbol{r}=3$。

2.35 若 $\boldsymbol{F}=-xy\ \boldsymbol{a}_x+3x^2yz\ \boldsymbol{a}_y+z^3x\ \boldsymbol{a}_z$，在 $P(1,\ -1,\ 2)$ 求 $\nabla\cdot\boldsymbol{F}$。

2.36 若 $\boldsymbol{r}=r\boldsymbol{a}_r$，证明 $\nabla\cdot(r^n\boldsymbol{a}_r)=(n+2)r^{n-1}$。

2.37 在半径为 2 的球体的区域中，对矢量场

$$\boldsymbol{F} = x\,\boldsymbol{a}_x + xy\,\boldsymbol{a}_y + xyz\,\boldsymbol{a}_z$$

验证散度定理。

2.38 验证式(2-96b)和(2-96c)。

2.39 验证式(2-100)和(2-101)。

2.40 求 $\nabla\times\boldsymbol{F}$，若 $\boldsymbol{F}=(x/r)\boldsymbol{a}_x$，式中 r 是空间点 $P(x, y, z)$ 的位矢的大小。

2.41 证明一个矢量场的旋度的散度恒为零；即，$\nabla\cdot(\nabla\times\boldsymbol{F})=0$。

2.42 在例 2.21 中，用直角坐标系，已经证明了 $\nabla\times(\nabla f)=0$。证明不论用什么坐标系，这式子总是成立的。

2.43 在图 2-34 所示的半球上，如果矢量场是 $\boldsymbol{F}=10\cos\theta\boldsymbol{a}_r-10\sin\theta\boldsymbol{a}_\theta$，验证斯托克斯定理。

2.44 若 $g=25x^2yz+12xy^2$，证明 $\nabla^2 g=\nabla\cdot(\nabla g)$。

2.45 若 $f=2x^2y^3+3yz^3$ 证明 $\nabla^2 f=\nabla\cdot(\nabla f)$。

2.46 若 $h=\rho^2\sin2\phi+z^3\cos\phi$ 证明 $\nabla^2 h=\nabla\cdot(\nabla h)$。

2.47 一电缆有两同心导体，二者之间用电介质媒质隔开称为同轴电缆。设内外导体半径分别为 a 和 b，导体之间电位分布函数为 $\phi=K\ln(b/\rho)$，这里 K 为常数。证明电位分布满足拉普拉斯方程。

2.48 证明在练习题 2.47 中给定的电位分布也满足格林定理，式(2-116)。〔提示：可以在同轴电缆每单位长度的基础上计算每个积分。〕

2.17 习题

2.1 如果 A、B 和 C 是形成三角形的三条边，设边 C 对应的角是 θ，用矢量证明

$$C=[A^2+B^2-2AB\cos\theta]^{1/2}$$

2.2 如果 $\boldsymbol{A}$、$\boldsymbol{B}$ 和 $\boldsymbol{C}$ 是共面矢量，证明

$$\boldsymbol{A}\cdot(\boldsymbol{B}\times\boldsymbol{C})=0$$

2.3 如果 $P(x, y, z)$ 是球心在(2，3，4)的球面上的任一点，用矢量求球的方程式。

2.4 给定 $\boldsymbol{A}=\boldsymbol{a}_x\cos\alpha+\boldsymbol{a}_y\sin\alpha$、$\boldsymbol{B}=\boldsymbol{a}_x\cos\beta-\boldsymbol{a}_y\sin\beta$ 和 $\boldsymbol{C}=\boldsymbol{a}_x\cos\beta+\boldsymbol{a}_y\sin\beta$，证明它们每一个都是单位矢量。如果 $\beta<\alpha$，绘出这些矢量并证明它们是共面的。用这些矢量求下列三角恒等式：

$$\sin(\alpha+\beta)=\sin\alpha\cos\beta+\cos\alpha\sin\beta \text{ 和 } \sin(\alpha-\beta)=\sin\alpha\cos\beta-\cos\alpha\sin\beta$$

2.5 如果 $\boldsymbol{A}=\boldsymbol{a}_x+\boldsymbol{a}_y+\boldsymbol{a}_z$，$\boldsymbol{B}=4\boldsymbol{a}_x+4\boldsymbol{a}_y+\boldsymbol{a}_z$，求从 $\boldsymbol{A}$ 到 $\boldsymbol{B}$ 的距离矢量以及它的大小。

2.6 如果 $\boldsymbol{A}=3\boldsymbol{a}_x+2\boldsymbol{a}_y-\boldsymbol{a}_z$ 和 $\boldsymbol{B}=\boldsymbol{a}_x-2\boldsymbol{a}_y+3\boldsymbol{a}_z$，求(a)$\boldsymbol{A}+\boldsymbol{B}$，(b) $\boldsymbol{A}\cdot\boldsymbol{B}$，(c) $\boldsymbol{A}\times\boldsymbol{B}$，(d) $\boldsymbol{A}$ 和 $\boldsymbol{B}$ 所构成的平面的单位法线，(e) $\boldsymbol{A}$ 和 $\boldsymbol{B}$ 之间较小的角，和(f) $\boldsymbol{A}$ 在 $\boldsymbol{B}$ 上的标投影及矢投影。

2.7 P、Q 两点的位矢分别为 $5\boldsymbol{a}_x+12\boldsymbol{a}_y+\boldsymbol{a}_z$ 和 $2\boldsymbol{a}_x-3\boldsymbol{a}_y+\boldsymbol{a}_z$。从 P 到 Q 的距离矢量是什么？它的长度是什么？它的长度是否与 xy 平面平行？P 和 Q 两点的坐标是什么？

2.8 证明矢量 $\boldsymbol{A}=5\boldsymbol{a}_x-5\boldsymbol{a}_y$、$\boldsymbol{B}=3\boldsymbol{a}_x-7\boldsymbol{a}_y-\boldsymbol{a}_z$ 和 $\boldsymbol{C}=-2\boldsymbol{a}_x-2\boldsymbol{a}_y-\boldsymbol{a}_z$ 是直角三角形的边。用矢积计算它的面积。

2.9 证明 $\boldsymbol{A}=6\boldsymbol{a}_x+5\boldsymbol{a}_y-10\boldsymbol{a}_z$ 和 $\boldsymbol{B}=5\boldsymbol{a}_x+2\boldsymbol{a}_y+4\boldsymbol{a}_z$ 是正交矢量。

2.10 求矢量 $\boldsymbol{A}=-2\boldsymbol{a}_x-3\boldsymbol{a}_y+\boldsymbol{a}_z$、$\boldsymbol{B}=2\boldsymbol{a}_x-5\boldsymbol{a}_y+3\boldsymbol{a}_z$ 和 $\boldsymbol{C}=4\boldsymbol{a}_x+2\boldsymbol{a}_y+6\boldsymbol{a}_z$ 的长度形成的平行六面体的体积。

2.11 求对 $\boldsymbol{A}=4\boldsymbol{a}_x-3\boldsymbol{a}_y+\boldsymbol{a}_z$ 和 $\boldsymbol{B}=2\boldsymbol{a}_x+\boldsymbol{a}_y-\boldsymbol{a}_z$ 二矢量的单位法向矢量。

2.12 用矢量，求由 $P(1, 1, 1)$、$Q(3, 2, 5)$ 和 $s(5, 7, 9)$ 三点构成的三角形的面积。

2.13 求习题 2.11 中两矢量之间较小的角。

2.14 给定在圆柱坐标空间一公共点两矢量为 $\boldsymbol{A}=3\boldsymbol{a}_\rho+5\boldsymbol{a}_\phi-4\boldsymbol{a}_z$ 和 $\boldsymbol{B}=2\boldsymbol{a}_\rho+4\boldsymbol{a}_\phi+3\boldsymbol{a}_z$。计算(a) $\boldsymbol{A}+\boldsymbol{B}$，(b)$\boldsymbol{A}\cdot\boldsymbol{B}$，(c) $\boldsymbol{A}\times\boldsymbol{B}$，(d) $\boldsymbol{A}$ 和 $\boldsymbol{B}$ 二者的单位法线，(e) $\boldsymbol{A}$ 和 $\boldsymbol{B}$ 之间较小的角，和(f)$\boldsymbol{A}$ 在 $\boldsymbol{B}$ 上的标投

影及矢投影。

2.15 计算在圆柱坐标系 $P(5, \pi/6, 5)$ 和 $Q(2, \pi/3, 4)$ 两点之间的距离。

2.16 给定 $\boldsymbol{A}=2\boldsymbol{a}_\rho+3\boldsymbol{a}_\phi$ 在点 $P(1, \pi/2, 2)$ 和 $\boldsymbol{B}=-3\boldsymbol{a}_\rho+10\boldsymbol{a}_z$ 在点 $Q(2, \pi, 3)$，求(a) $\boldsymbol{A}+\boldsymbol{B}$，(b) $\boldsymbol{A}\cdot\boldsymbol{B}$，(c) $\boldsymbol{A}\times\boldsymbol{B}$，和(d) $\boldsymbol{A}$ 和 $\boldsymbol{B}$ 之间的角。

2.17 给定 $\boldsymbol{A}=-7\boldsymbol{a}_r+2\boldsymbol{a}_\theta+\boldsymbol{a}_\phi$ 和 $\boldsymbol{B}=\boldsymbol{a}_r-2\boldsymbol{a}_\theta+4\boldsymbol{a}_\phi$ 在空间同一点。计算(a) $2\boldsymbol{A}-3\boldsymbol{B}$，(b) $\boldsymbol{A}\cdot\boldsymbol{B}$，(c) $\boldsymbol{A}\times\boldsymbol{B}$，(d) 对 $\boldsymbol{A}$ 和 $\boldsymbol{B}$ 二矢量的单位法线，和(e) $\boldsymbol{A}$ 和 $\boldsymbol{B}$ 之间的角。

2.18 如果习题2.17的 $\boldsymbol{A}$ 和 $\boldsymbol{B}$ 二矢量是分别给定在 $P(2, \pi/4, \pi/4)$ 和 $Q(10, \pi/2\ \pi/2)$ 两点，重新解答。

2.19 求球坐标中 $P(10, \pi/4, \pi/3)$ 和 $Q(2, \pi/2, \pi)$ 两点之间的距离。并求点 Q 相对于点 P 的相对位矢(即从 P 到 Q 的距离矢量)。

2.20 给定一标函数 $f=12xy+z$，求(a) $\int f\,\mathrm{d}\boldsymbol{l}$ 和(b) $\int f dl$ 沿从(0, 0, 0)到(1, 1, 0)的直线。

2.21 由 z 方向无限长带电导线产生的电场强度为 $\boldsymbol{E}=(10/\rho)\,\boldsymbol{a}_\rho$ V/m。如果在点 $\rho=a$ 的电位相对于点 $\rho=b$ 的电位定义为 $V_{ab}=-\int_b^a \boldsymbol{E}\cdot\mathrm{d}\boldsymbol{l}$，计算 $a=10$ cm 和 $b=80$ cm 两点间的电位差。

2.22 在半径为20 m的圆盘面上的电子密度为 $n_e=300\rho\cos^2\phi$ 电子数/m^2。求停留在圆盘面上的电子数，在圆盘上的总电荷是什么？

2.23 若 $f=xyz$，在半径为2的圆柱在第一象限的曲面和以 $z=0$ 及 $z=1$ 两平面为界所形成的表面计算 $\int f\mathrm{d}s$。

2.24 对矢量场 $\boldsymbol{F}=x^3\boldsymbol{a}_x+x^2y\,\boldsymbol{a}_y+x^2z\boldsymbol{a}_z$，求半径为4的圆柱面和以 $z=0$ 及 $z=2$ 两平面为界所形成表面通过的总通量 $\oint \boldsymbol{F}\cdot\mathrm{d}\boldsymbol{s}$。

2.25 若 $\boldsymbol{F}=x\boldsymbol{a}_x$，在下列三处计算 $\int \boldsymbol{F}\cdot\mathrm{d}\boldsymbol{l}$：(a)在 xy 平面沿 x 轴从 $x=0$ 到 $x=1$，(b)沿半径为1从 $\phi=0$ 到 $\phi=\pi/2$ 的圆弧，和(c)沿 y 轴从 $y=1$ 到 $y=0$。

2.26 若 $\boldsymbol{F}=xy\,\boldsymbol{a}_x$，在 $\phi=\pi/3$ 的平面上，沿半径为2从 $\theta=0$ 到 $\theta=\pi$ 的弧求 $\int \boldsymbol{F}\cdot\mathrm{d}\boldsymbol{l}$。

2.27 若区域内给定的通量密度为 $\boldsymbol{D}=(2+16\rho^2)\,\boldsymbol{a}_z$，求穿过在 xy 平面上半径为 $\rho=2$ 的圆面的总通量 $\int \boldsymbol{D}\cdot\mathrm{d}\boldsymbol{s}$。

2.28 若 $\boldsymbol{D}=(2+16r^2)\,\boldsymbol{a}_z$，在半径为2和 $0\leqslant\theta\leqslant\pi/2$ 的半球面上计算 $\int \boldsymbol{D}\cdot\mathrm{d}\boldsymbol{s}$。

2.29 若 $\boldsymbol{D}=10\cos\phi\boldsymbol{a}_\rho$，重做习题2.27。

2.30 若 $\boldsymbol{D}=10\cos\theta\boldsymbol{a}_r$，重做习题2.28。

2.31 球心在原点的球内部电荷密度按 $\rho_v=kr^2$ 分布，其中 $0\leqslant r\leqslant a$，k 为一常数。求包含在球内的总电荷。

2.32 若 $\boldsymbol{F}=xy^2\boldsymbol{a}_x+(x^2y+y)\,\boldsymbol{a}_y$，计算(a) $\oint \boldsymbol{F}\cdot\mathrm{d}\boldsymbol{l}$ 沿半径为3的圆的圆周，和(b) $\int \boldsymbol{F}\cdot\mathrm{d}\boldsymbol{s}$ 在同一圆的面上。

2.33 若 $f=x^3y^2z$，求(a) ∇f，和(b)在 $P(2, 3, 5)$ 的 $\nabla^2 f$。

2.34 用圆柱坐标系，证明(a) $\nabla\phi+\nabla\times[\boldsymbol{a}_z\ln(\rho)]=0$，和(b) $\nabla[\ln(\rho)]-\nabla\times(\boldsymbol{a}_z\phi)=0$。

2.35 用球坐标，证明(a) $\nabla(1/r)-\nabla\times(\cos\theta\,\nabla\phi)=0$，和(b) $\nabla\phi-\nabla\times[(r\,\nabla\theta)/\sin\theta]=0$。

2.36 证明矢量场 $\boldsymbol{E}=yz\boldsymbol{a}_x+xz\boldsymbol{a}_y+xy\boldsymbol{a}_z$ 是连续的(无散的)，也是保守的(无旋的)。

2.37 用直角坐标系，验证(a) $\nabla\cdot(\nabla\times\boldsymbol{A})=0$，和(b) $\nabla\times(\nabla f)=0$。

2.38 在静电场，我们定义电场强度 $\boldsymbol{E}$ 是一个标函数 Φ 的负梯度；即，$\boldsymbol{E}=-\nabla\Phi$。我们还将定义体电荷密度 $\rho_v=\varepsilon_0\ \nabla\cdot\boldsymbol{E}$，此处 ε_0 是自由空间的电容率。求 $\boldsymbol{E}$ 和 ρ_v，若(a)在圆柱坐标 $\Phi=V_0\phi\ln(\rho/a)$，这里 V_0 和 a 是常数，(b)在球坐标 $\Phi=V_0r\cos\theta$，和(c)在球坐标 $\Phi=V_0r\sin\theta$。

2.39 验证下列恒等式：

a） $\nabla(fg)=f\nabla g+g\nabla f$

b） $\nabla\cdot(f\boldsymbol{A})=f\nabla\cdot\boldsymbol{A}+\boldsymbol{A}\cdot\nabla f$

c） $\nabla\times(f\boldsymbol{A})=f\nabla\times\boldsymbol{A}+\nabla f\times\boldsymbol{A}$

2.40 证明在圆柱坐标系(a) $\frac{\partial}{\partial x}=\cos\phi\frac{\partial}{\partial\rho}-(\sin\phi/\rho)\frac{\partial}{\partial\phi}$，和(b) $\frac{\partial}{\partial y}=\sin\phi\frac{\partial}{\partial\rho}+(\cos\phi/\rho)\frac{\partial}{\partial\phi}$。

2.41 证明在圆柱坐标系

$$\frac{\partial^2}{\partial x^2}+\frac{\partial^2}{\partial y^2}=\frac{1}{\rho^2}\left[\rho\frac{\partial}{\partial\rho}\left(\rho\frac{\partial}{\partial\rho}\right)+\frac{\partial^2}{\partial\phi^2}\right]$$

2.42 如果电场强度在空间给定是

$\boldsymbol{E}=E_0\cos\theta\boldsymbol{a}_r-E_0\sin\theta\boldsymbol{a}_\theta$，求 $\nabla\cdot\boldsymbol{E}$ 和 $\nabla\times\boldsymbol{E}$。

2.43 在半径为 b 的球内区域，对题2.42给定的 $\boldsymbol{E}$ 场，验证散度定理。

2.44 在圆柱 $x^2+y^2=16$ 和 $z=0$ 及 $z=2$ 两平面所包含的区域内，对矢量 $\boldsymbol{F}=x^3\boldsymbol{a}_x+x^2y\boldsymbol{a}_y+x^2z\boldsymbol{a}_z$，验证散度定理。

2.45 如果 $\boldsymbol{A}=[12+6\rho^2]z\boldsymbol{a}_z$，在半径为2的圆柱体和 $z=-1$ 及 $z=1$ 两平面所界定的区域内，验证散度定理。

2.46 如果 $\boldsymbol{F}=3y^2\boldsymbol{a}_x+4z\boldsymbol{a}_y+6y\boldsymbol{a}_z$，对在 $x=0$ 平面上的开面 $z^2+y^2=4$，验证斯托克斯定理。

2.47 在 $z=0$ 平面上半径为2的圆域内的第一象限，对函数 $\boldsymbol{F}=(x/\rho)\boldsymbol{a}_x$，验证斯托克斯定理。

2.48 在 $r=2$ 和 $0\leqslant\theta\leqslant\pi/2$ 半球表面上，对函数 $\boldsymbol{F}=100\cos\theta\,\boldsymbol{a}_r$，验证斯托克斯定理。

2.49 如果 $f=x^2$ 和 $g=y^2$ 是两个标函数，在中心位于原点的单位立方体区域内，验证格林第一和第二恒等式。

第3章　静　电　场

3.1　引言

掌握了矢量运算和矢量微积分工具后，就可以来探讨电磁场理论。本章研究静止电荷产生的静电场(static electric field，electrostatics)。这些电荷可以集中在某一点或以某种形式分布，但无论怎样，它们必须是恒定的。

我们以表征固定在空间两个点电荷之间的静电力的**库仑定律**(Coulomb's law)来开始我们的讨论。首先定义电场强度(electric field intensity)为单位电荷所受的力，然后我们要证实：

(a) 静电场是无旋或保守的(irrotational 或 conservative)。

(b) 在静电场中，把电荷由一点移到另一点所做的功与移动该电荷的路径无关，而只与两点的位置有关。

我们将通过电位(electric potential)来表示电场强度，并且推导出在静电场中把一个电荷从一点移到另一点所需能量的表达式。

本章还将探讨媒质对静电场的影响；定义束缚电荷(bound charge)密度；考察几种解静电场问题的方法(高斯定律、泊松方程、拉普拉斯方程、镜像法)；扩展电容的概念并得出电容器的储能方程。

本章所讨论静电场的某些内容，可能是物理学知识的重复。然而，适当的重复是必要的，这样既保证了章节之间的连贯，还有利于促进学习。我们相信，悟性好的学生会发现这样的重复是有帮助的。

3.2　库仑定律

库仑定律是关于一个带电粒子与另一个带电粒子之间作用力的定量描述，经实验证明是正确的，并且是静电学的基础。库仑(Charles Augustin de Coulomb)是一个法国物理学家，他假设两个带电粒子之间的电场力

(a) 正比于它们的电荷量的乘积；

(b) 反比于它们之间距离的平方；

(c) 力的方向沿它们之间的连接线；

(d) 同性电荷相斥，异性电荷相吸。

设 q_1 和 q_2 为位于 $P(x, y, z)$ 和 $S(x', y', z')$ 两点的带电粒子如图 3-1 所示，则 q_2 对 q_1 产生的电场力为

$$\boldsymbol{F}_{12} = K\frac{q_1 q_2}{R_{12}^2}\boldsymbol{a}_{12} \tag{3-1}$$

式中

(a) $\boldsymbol{F}_{12}$是 q_2 对 q_1 的作用力；

(b) K 是比例常数，与所选用的单位制有关；

(c) R_{12}是P、S两点之间的距离；

(d) $\boldsymbol{a}_{12}$是由S指向P的单位矢量。

S点到P点的距离矢量为

$$\boldsymbol{R}_{12} = R_{12}\boldsymbol{a}_{12} = \boldsymbol{r}_1 - \boldsymbol{r}_2 \tag{3-2}$$

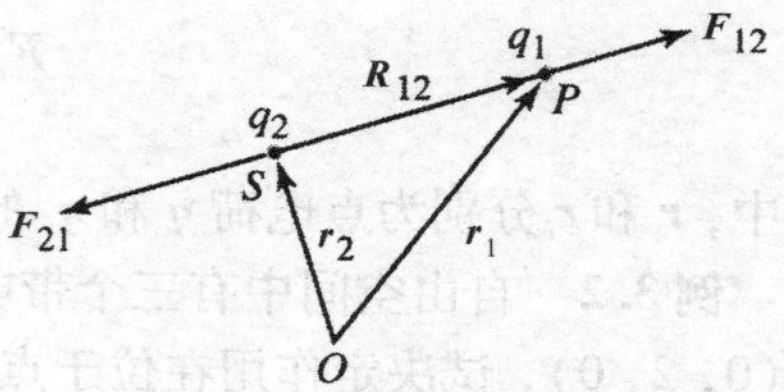

图 3-1 两点电荷之间的电场力

式中$\boldsymbol{r}_1$和$\boldsymbol{r}_2$分别为P点和S点的位置矢量(位矢)。

采用 SI 国际单位制，比例常数K为

$$K = \frac{1}{4\pi\varepsilon_0} \tag{3-3}$$

式中$\varepsilon_0 = 8.85 \times 10^{-12} \approx 10^{-9}/36\pi$(F/m)为自由空间(真空)电容率。

把式(3-2)和(3-3)代入式(3-1)得

$$\boldsymbol{F}_{12} = \frac{q_1 q_2}{4\pi\varepsilon_0 R_{12}^2}\boldsymbol{a}_{12} \tag{3-4a}$$

或

$$\boldsymbol{F}_{12} = \frac{q_1 q_2(\boldsymbol{r}_1 - \boldsymbol{r}_2)}{4\pi\varepsilon_0 |\boldsymbol{r}_1 - \boldsymbol{r}_2|^3} \tag{3-4b}$$

这个等式不仅对电子、质子那样的带电粒子有效，而且对可以看成为点电荷的带电体也是适用的。当带电体的大小远远小于它们之间的距离时就可以看作为点电荷。

若两个各带 1 C 电量的点电荷相距 1 m，则由式(3-4)，在自由空间中每个电荷受的力为 9×10^9 N。

式(3-4)还清楚表明，q_1对q_2的作用力与q_2对q_1的作用力在大小上是相等的，但方向相反。列式为

$$\boldsymbol{F}_{21} = -\boldsymbol{F}_{12} \tag{3-5}$$

式(3-5)与牛顿第三定律是一致的。应当指出，库仑定律在距离小到10^{-14} m(原子核之间的距离)时已被验证是有效的。可是，当距离小于10^{-14} m时，核力有趋势超出电场力。

本书中，若非特别说明，我们通常假设距离的单位为 m。

例 3.1 有两个带电量分别为 0.7 mC 和 4.9 μC 的点电荷位于自由空间的点(2, 3, 6)和(0, 0, 0)，试计算作用在 0.7 mC 点电荷上的电场力。

解 从 4.9 μC 的点电荷到 0.7 mC 点电荷的距离矢量为

$$\boldsymbol{R}_{12} = \boldsymbol{r}_1 - \boldsymbol{r}_2 = 2\,\boldsymbol{a}_x + 3\,\boldsymbol{a}_y + 6\,\boldsymbol{a}_z$$

因而，$R_{12} = \sqrt{2^2 + 3^2 + 6^2} = 7$ m，系数$\dfrac{1}{4\pi\varepsilon_0} = 9 \times 10^9$。由式(3-4b)，作用在 0.7 mC 点电荷上的电场力为

$$\boldsymbol{F}_{0.7\,\mathrm{mC}} = \frac{9 \times 10^9 \times 0.7 \times 10^{-3} \times 4.9 \times 10^{-6}}{7^3}[2\,\boldsymbol{a}_x + 3\,\boldsymbol{a}_y + 6\,\boldsymbol{a}_z]$$

$$= (0.18\,\boldsymbol{a}_x + 0.27\,\boldsymbol{a}_y + 0.54\,\boldsymbol{a}_z)\,\mathrm{N}$$

每个电荷经受的力的大小为 0.63 N。

关于库仑力的另一个经实验证明的事实是它服从叠加原理。也就是说，n个点电荷作用在一个电荷q上的合力是每个点电荷分别作用在q上的电场力的矢量和，如图 3-2 所示，即

$$\boldsymbol{F}_t = \sum_{i=1}^{n} q \frac{q_i(\boldsymbol{r} - \boldsymbol{r}_i)}{4\pi\varepsilon_0 \mid \boldsymbol{r} - \boldsymbol{r}_i \mid^3} \tag{3-6}$$

式中，$\boldsymbol{r}$ 和 $\boldsymbol{r}_i$ 分别为点电荷 q 和 q_i 的位矢。

例 3.2 自由空间中有三个带电量都为 200 nC 的电荷，分别位于点(0, 0, 0)，(2, 0, 0)和(0, 2, 0)，试决定作用在位于点(2, 2, 0)一个 500 nC 点电荷的合力。

解 如图 3-3 所示，距离矢量为

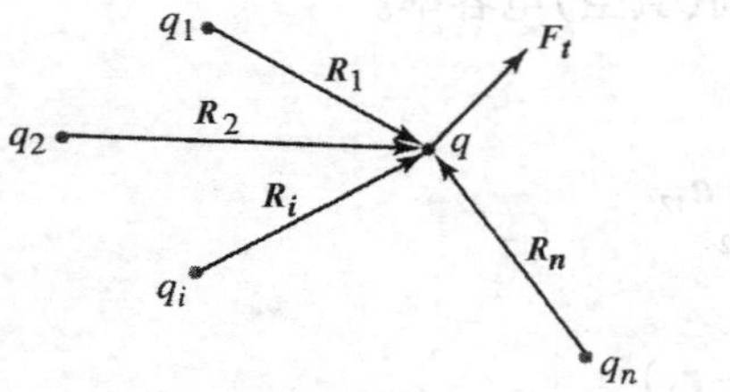

图 3-2 n 个点电荷作用于电荷 q 的电场力

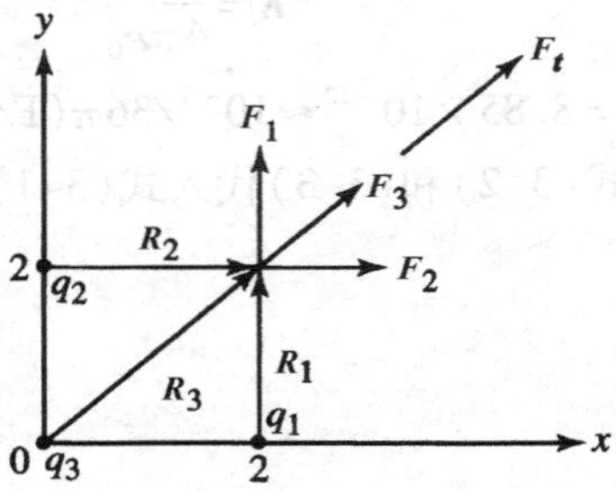

图 3-3 例 3.2 附图

$$\boldsymbol{R}_1 = \boldsymbol{r} - \boldsymbol{r}_1 = 2\,\boldsymbol{a}_y \Rightarrow R_1 = 2\text{ m}$$

$$\boldsymbol{R}_2 = \boldsymbol{r} - \boldsymbol{r}_2 = 2\,\boldsymbol{a}_x \Rightarrow R_2 = 2\text{ m}$$

$$\boldsymbol{R}_3 = \boldsymbol{r} - \boldsymbol{r}_3 = 2\,\boldsymbol{a}_x + 2\,\boldsymbol{a}_y \Rightarrow R_3 = 2.828\text{ m}$$

q_1 对 q 的作用力为

$$\boldsymbol{F}_1 = \frac{9\times10^9 \times 200\times10^{-9} \times 500\times10^{-9}}{2^3}[2\,\boldsymbol{a}_y] = 225\,\boldsymbol{a}_y\,\mu\text{N}$$

同理，我们可算出 q_2、q_3 分别作用于 q 的作用力

$$\boldsymbol{F}_2 = 225\,\boldsymbol{a}_x\,\mu\text{N} \text{ 和 } \boldsymbol{F}_3 = 79.6[\boldsymbol{a}_x + \boldsymbol{a}_y]\,\mu\text{N}$$

从式(3-6)，作用于 q 的合力为

$$\boldsymbol{F}_t = \boldsymbol{F}_1 + \boldsymbol{F}_2 + \boldsymbol{F}_3 = 304.6[\boldsymbol{a}_x + \boldsymbol{a}_y]\,\mu\text{N}$$

三个电荷对 q 的净推斥力是 430.8 μN，其方向与 x 轴成 45°角。

3.3 电场强度

既然我们已经知道怎样计算静止电荷之间的力，那为什么还要定义另一个场量呢？这个问题问得很好，下面我们就来回答这个问题。

库仑定律表明即使当这些电荷相距很远，一个电荷也要对另一个电荷施加作用力。在物理学上，一个电荷对另一个电荷产生作用力常常称之为**远距作用**⊖(action at a distance)。只要电荷是静止的，这种远距作用观点就满足所有必要的条件。可是，如果一个电荷朝着另一个电荷移动，则根据库仑定律，作用在电荷上的力应该立即改变。与此相反，相对论的观点则

⊖ action at a distance 可译作远距离作用或超距作用。超距理论认为电磁波是一种(弹力)机械波，靠粒子与粒子之间的相互作用，在一种充满整个空间(包括真空中)的“以太”中传播，速度无限，所以无任何时延。显然这与现代理论波速有限，接收电磁波信号必有时间滞后的观点相悖(经过许多实验特别是迈克尔逊—莫雷的干涉仪实验，完全否定了以太的存在)。——译注

认为一个电荷运动的信息(扰动),需要一定的时间才能传到另一个电荷,因为没有一种信号的传播速度会超过光速。因此,作用在电荷上力的增加不能是瞬时的,这就表示电荷系的能量和动量将暂时失去平衡。事实上,这符合相对论,它说明相互作用的物体动量和能量靠它们自己是不能守恒的。必须存在另一个实体,在相互作用体所处的媒质内以摄动的形式去计及从物体损失的动量和能量。这个实体称之为场。所以,用场来定义一个电荷对另一个电荷产生的力是很实用的。我们说:在电荷周围的空间中存在一个**电场或电场强度**。当另一个电荷进入这个电场就会受到力的作用。在物理学上,这种相互作用称之为**接触式作用**(action by contact)。

为了测出 P 点处的电场强度,我们放一个正探测电荷 q_t 在 P 点并测量作用在 q_t 上的力。于是,电场强度定义为单位电荷所受到的力。因为 q_t 也产生自己的电场并改变原始电场,为了使畸变最小,q_t 的值应尽可能小。事实上,我们可以不断减小 q_t 的大小进行力的测量,然后外推数据到极限 $q_t \to 0$ 而得到电场强度如图 3-4 所示。应注意到电场强度的大小就是 $q_t=0$ 的曲线的斜率。

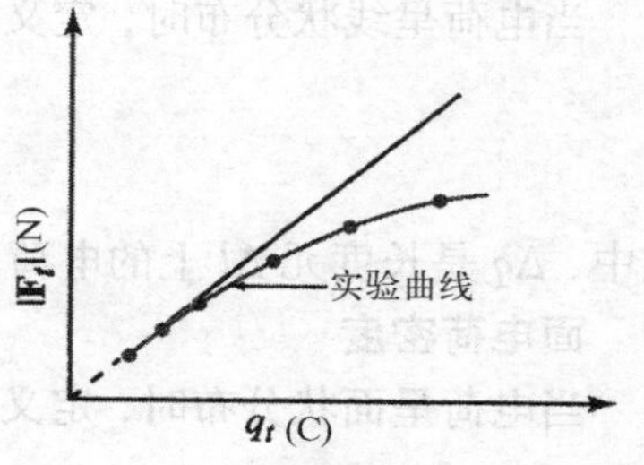

图 3-4 作用在探测电荷上的力

因此电场强度 $\boldsymbol{E}$ 就是当 $q_t \to 0$ 时,作用于探测电荷 q_t 上单位电荷受的力,即

$$\boldsymbol{E}=\lim_{q_t\to 0}\frac{\boldsymbol{F}}{q_t} \tag{3-7}$$

式中,$\boldsymbol{F}$ 为作用在 q_t 上的合力。

电场强度,一个矢量场,其单位为牛顿每库仑(N/C)。稍后我们还将看到,牛顿每库仑在量纲上等同于伏特每米(V/m)。尽管电场强度定义为单位电荷的力,但通常用伏特每米来表示。

若空间 P 点的电场强度为 $\boldsymbol{E}$,则在该点上作用于电荷 q 的力为

$$\boldsymbol{F}_q=q\boldsymbol{E} \tag{3-8}$$

从现在起,我们将用式(3-8)来计算电场中电荷所受到的静电力。

由式(3-4),我们能写出在 S 点的点电荷 q 在任意点 P 产生的电场强度的表达式为

$$\boldsymbol{E}=\frac{q}{4\pi\varepsilon_0}\frac{(\boldsymbol{r}_1-\boldsymbol{r}_2)}{|\boldsymbol{r}_1-\boldsymbol{r}_2|^3}=\frac{q}{4\pi\varepsilon_0 R^2}\boldsymbol{a}_R \tag{3-9}$$

式中,为了简洁,从 R 中略去了下标 12;而 $\boldsymbol{a}_R$ 是由 S 点指向 P 点的单位矢量。

再由式(3-6)可得 n 个点电荷所产生的电场强度为

$$\boldsymbol{E}=\sum_{i=1}^{n}\frac{q_i}{4\pi\varepsilon_0}\frac{(\boldsymbol{r}-\boldsymbol{r}_i)}{|\boldsymbol{r}-\boldsymbol{r}_i|^3} \tag{3-10}$$

式中,$\boldsymbol{r}_i$ 为从电荷 q_i 处指向 $\boldsymbol{E}$ 的测点的距离矢量。

例 3.3 两个点电荷位于(1, 0, 0)和(0, 1, 0),带电量分别为 20 nC 和 −20 nC,求(0, 0, 1)点处的电场强度。

解 两个距离矢量为

$$\boldsymbol{R}_1=\boldsymbol{r}-\boldsymbol{r}_1=-\boldsymbol{a}_x+\boldsymbol{a}_z,\ R_1=|\boldsymbol{r}-\boldsymbol{r}_1|=1.414\ \text{m}$$

和 $\boldsymbol{R}_2 = \boldsymbol{r} - \boldsymbol{r}_2 = -\boldsymbol{a}_y + \boldsymbol{a}_z$，$R_2 = |\boldsymbol{r} - \boldsymbol{r}_2| = 1.414$ m

代入式(3-10)得

$$\boldsymbol{E} = 9\times10^9\left[\frac{20\times10^{-9}}{1.414^3}(-\boldsymbol{a}_x+\boldsymbol{a}_z) - \frac{20\times10^{-9}}{1.414^3}(-\boldsymbol{a}_y+\boldsymbol{a}_z)\right]$$

$$= 63.67[-\boldsymbol{a}_x + \boldsymbol{a}_y]\ \text{V/m}$$

到目前为止，我们一直假设每个电荷是集中在一点上，更复杂的情况是电荷连续分布在一段线上、一个面上和一个体积内。因此，处理之前我们先定义电荷分布如下。

线电荷密度

当电荷呈线状分布时，定义线电荷密度为单位长度上的电荷

$$\rho_l = \lim_{\Delta l\to 0}\frac{\Delta q}{\Delta l} \tag{3-11}$$

式中，Δq 是长度元 Δl 上的电荷。

面电荷密度

当电荷呈面状分布时，定义面电荷密度为单位面积上的电荷

$$\rho_s = \lim_{\Delta s\to 0}\frac{\Delta q}{\Delta s} \tag{3-12}$$

式中，Δq 为面积元 Δs 上的电荷。

体电荷密度

如果电荷限制在体积内，定义体电荷密度为单位体积内的电荷

$$\rho_v = \lim_{\Delta v\to 0}\frac{\Delta q}{\Delta v} \tag{3-13}$$

式中，Δq 为体积元 Δv 内包含的电荷。

分布电荷的电场强度

设电荷的线形分布如图 3-5a 所示，我们的目的是求线外某一点 $P(x, y, z)$ 的电场强度。为此，先将线段 c 分为 n 个小段，每个小段的长度都趋于零，然后在线上任选一个长度元 Δl_i，其中电荷为 $\Delta q_i = \rho_l \Delta l_i$，其对电场强度的贡献随之可定，而最后的电场强度可由极限求和得出为

$$\boldsymbol{E} = \lim_{n\to\infty}\sum_{i=1}^{n}\frac{\Delta q_i}{4\pi\varepsilon_0}\frac{(\boldsymbol{r}-\boldsymbol{r}_i')}{|\boldsymbol{r}-\boldsymbol{r}_i'|^3}$$

式中，$\boldsymbol{r}$ 为 P 点的位矢，$\boldsymbol{r}_i'$是电荷元 $\Delta l_i'$ 所在点 $P'(x', y', z')$ 的位矢。大多数情况下，为避免混淆，我们用撇号表示源点，不加撇则表示场点。

上式的右边实际上定义了一个线积分(详见 2.7 节)，因此可改写为

$$\boldsymbol{E} = \frac{1}{4\pi\varepsilon_0}\int_c \frac{\rho_l(\boldsymbol{r}-\boldsymbol{r}_i')}{|\boldsymbol{r}-\boldsymbol{r}_i'|^3}\mathrm{d}l' \tag{3-14}$$

式中，$\boldsymbol{r}$ 是 $P(x, y, z)$ 点即场点的位矢，$\boldsymbol{r}_i'$是长度元 $\mathrm{d}l'$所在点 $P'(x', y', z')$ 即源点的位矢。

同理，我们也能得到图 3-5b 所示面电荷分布所产生的电场强度的表达式

$$\boldsymbol{E} = \frac{1}{4\pi\varepsilon_0}\int_s \frac{\rho_s(\boldsymbol{r}-\boldsymbol{r}')}{|\boldsymbol{r}-\boldsymbol{r}'|^3}\mathrm{d}s' \tag{3-15}$$

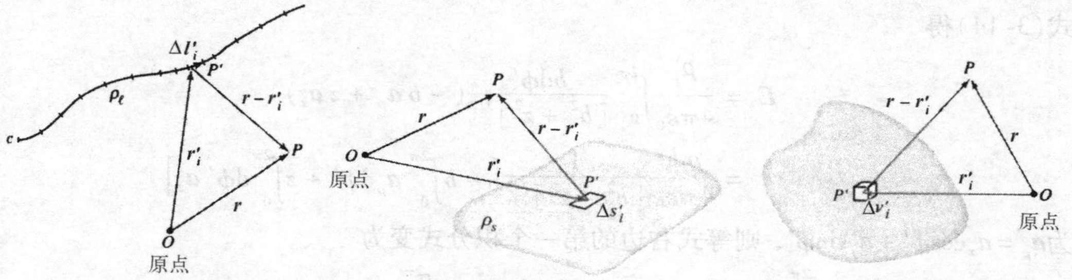

a) 线电荷　　b) 面电荷　　c) 体电荷

图 3-5　电荷在 P 点产生的电场

最后是图 3-5c 所示体电荷分布在 P 点产生的电场强度

$$\boldsymbol{E}=\frac{1}{4\pi\varepsilon_0}\int_v\frac{\rho_v(\boldsymbol{r}-\boldsymbol{r}')}{|\boldsymbol{r}-\boldsymbol{r}'|^3}\mathrm{d}v' \tag{3-16}$$

例 3.4　一根半无限长的带电线，沿 z 轴从 $-\infty$ 到 0，均匀电荷分布为 100 nC/m，求 $P(0,0,2)$ 点的电场强度。假设有一个 1 μC 的电荷置于 P 点，计算作用在此电荷上的力。

解　考虑在 $z=z'$ 处有一个电荷微元 $\rho_l\mathrm{d}z'$（如图 3-6 所示），从 z' 到 P 点的距离矢量为 $\boldsymbol{r}-\boldsymbol{r}'=(z-z')\boldsymbol{a}_z$，其大小为 $|\boldsymbol{r}-\boldsymbol{r}'|=z-z'$，由式(3-14)得 P 点的电场强度为

$$\boldsymbol{E}=\boldsymbol{a}_z\frac{\rho_l}{4\pi\varepsilon_0}\int_{-\infty}^{0}\frac{\mathrm{d}z'}{(z-z')^2}=\frac{\rho_l}{4\pi\varepsilon_0 z}\boldsymbol{a}_z$$

代入数值得

$$\boldsymbol{E}=\frac{9\times10^9\times100\times10^{-9}}{2}\boldsymbol{a}_z=450\ \boldsymbol{a}_z\ \mathrm{V/m}$$

在 $z=2$ m 处，1 μC 的电荷所受的力为

$$\boldsymbol{F}=q\boldsymbol{E}=1\times10^{-6}\times450\ \boldsymbol{a}_z=450\ \boldsymbol{a}_z\ \mu\mathrm{N}$$

例 3.5　均匀带电圆环半径为 b，如图 3-7 所示，求圆环轴线上任意一点的电场强度。

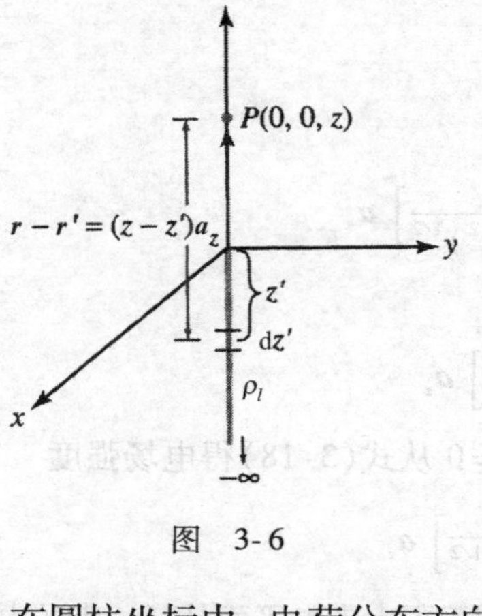

图　3-6

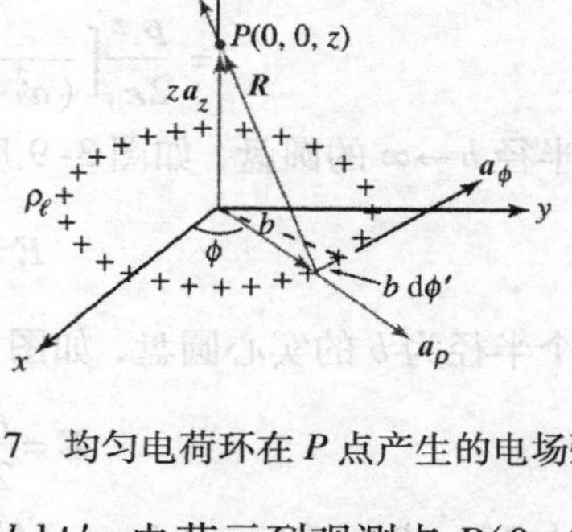

图 3-7　均匀电荷环在 P 点产生的电场强度

解　在圆柱坐标中，电荷分布方向上的长度微元是 $b\mathrm{d}\phi'$，电荷元到观测点 $P(0,0,z)$ 的距离矢量为

$$\boldsymbol{R}=-b\,\boldsymbol{a}_\rho+z\,\boldsymbol{a}_z$$

由式(3-14)得

$$E = \frac{\rho_l}{4\pi\varepsilon_0}\int_0^{2\pi} \frac{b\mathrm{d}\phi'}{[b^2+z^2]^{3/2}}(-b\,\boldsymbol{a}_\rho + z\,\boldsymbol{a}_z)$$

$$= \frac{\rho_l b}{4\pi\varepsilon_0}\frac{1}{[b^2+z^2]^{3/2}}\left[-b\int_0^{2\pi}\boldsymbol{a}_\rho\mathrm{d}\phi' + z\int_0^{2\pi}\mathrm{d}\phi'\,\boldsymbol{a}_z\right]$$

因为$\boldsymbol{a}_\rho = \boldsymbol{a}_x\cos\phi' + \boldsymbol{a}_y\sin\phi'$，则等式右边的第一个积分式变为

$$\int_0^{2\pi}\boldsymbol{a}_\rho\mathrm{d}\phi' = \boldsymbol{a}_x\int_0^{2\pi}\cos\phi'\mathrm{d}\phi' + \boldsymbol{a}_y\int_0^{2\pi}\sin\phi'\mathrm{d}\phi' = 0$$

等式右边第二个积分式为2π。因此，圆环轴线上P点的电场强度为

$$\boldsymbol{E} = \frac{\rho_l bz}{2\varepsilon_0[b^2+z^2]^{3/2}}\boldsymbol{a}_z \tag{3-17}$$

注意到，当$z=0$时，圆环中心处的场强为零，你知道是为什么吗？

例3.6 一个均匀带电的环形薄圆盘，内半径为a，外半径为b，面电荷密度为ρ_s，求z轴上任一点的电场强度。

解 如图3-8所示，圆盘上面微分元$\mathrm{d}s'$所带电荷为$\rho_s\rho'\mathrm{d}\rho'\mathrm{d}\phi'$，从此电荷到$z$轴上$P$点的距离矢量为$\boldsymbol{R} = -\rho'\boldsymbol{a}_\rho + z\,\boldsymbol{a}_z$，其大小为$R = (\rho'^2+z^2)^{1/2}$。由式(3-15)，得$P(0, 0, z)$点的电场强度为

$$\boldsymbol{E} = \frac{\rho_s}{4\pi\varepsilon_0}\int_a^b\int_0^{2\pi}\frac{\rho'\mathrm{d}\rho'\mathrm{d}\phi'}{[\rho'^2+z^2]^{3/2}}[-\rho'\,\boldsymbol{a}_\rho + z\,\boldsymbol{a}_z]$$

再一次可以证明$\int_0^{2\pi}\boldsymbol{a}_\rho\mathrm{d}\phi' = 0$。

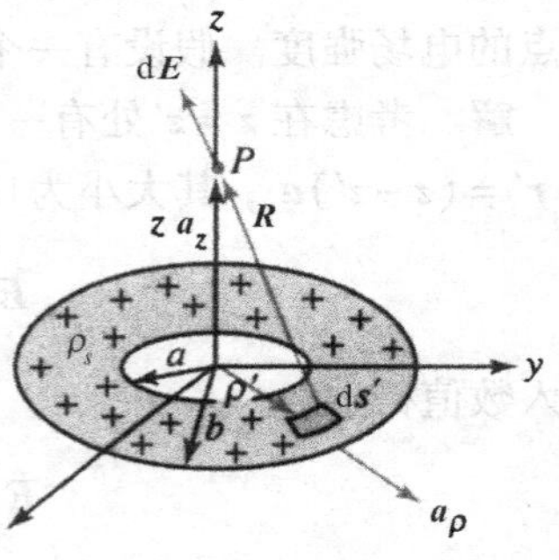

图3-8 均匀带电环形圆盘在P点产生的电场强度

至此，提出另一种观点可能是适当的，我们可以这样认为，由于电荷的对称分布，观测点的电场强度$\boldsymbol{E}$将没有径向分量。因为，对每一个可以产生电场强度$\boldsymbol{E}$径向分量P点一侧的电荷元，在P点另一侧存在相对应的电荷元恰好与它的作用抵消，从而$\boldsymbol{E}$的径向分量为零。于是

$$\boldsymbol{E} = \frac{\rho_s}{4\pi\varepsilon_0}\int_a^b\int_0^{2\pi}\frac{\rho'\mathrm{d}\rho'\mathrm{d}\phi'}{[\rho'^2+z^2]^{3/2}}z\,\boldsymbol{a}_z$$

$$= \frac{\rho_s z}{2\varepsilon_0}\left[\frac{1}{(a^2+z^2)^{1/2}} - \frac{1}{(b^2+z^2)^{1/2}}\right]\boldsymbol{a}_z \tag{3-18}$$

对于外半径$b\to\infty$的圆盘，如图3-9所示，电场强度为

$$\boldsymbol{E} = \frac{\rho_s z}{2\varepsilon_0}\left[\frac{1}{(a^2+z^2)^{1/2}}\right]\boldsymbol{a}_z \tag{3-19}$$

对于一个半径为b的实心圆盘，如图3-10所示，令$a=0$从式(3-18)得电场强度

$$\boldsymbol{E} = \frac{\rho_s z}{2\varepsilon_0}\left[\frac{1}{z} - \frac{1}{(b^2+z^2)^{1/2}}\right]\boldsymbol{a}_z \tag{3-20}$$

最后，对式(3-18)，令$a=0, b\to\infty$（见图3-11），便得到无限大带电平面外任一点的电场强度

$$\boldsymbol{E} = \frac{\rho_s}{2\varepsilon_0}\boldsymbol{a}_z \tag{3-21}$$

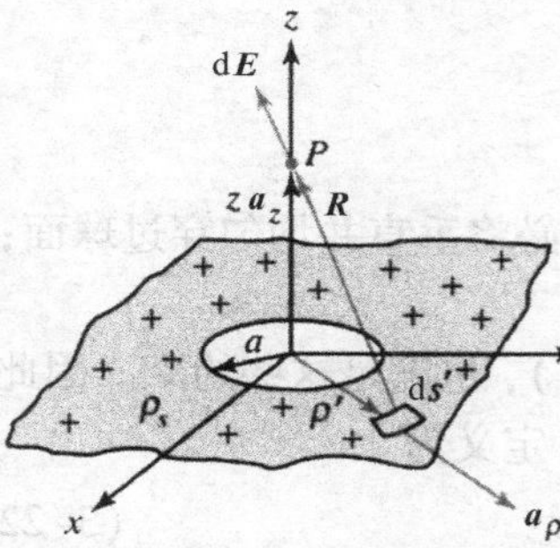

图 3-9　外半径无限大的带电中空圆盘 P 点的电场强度

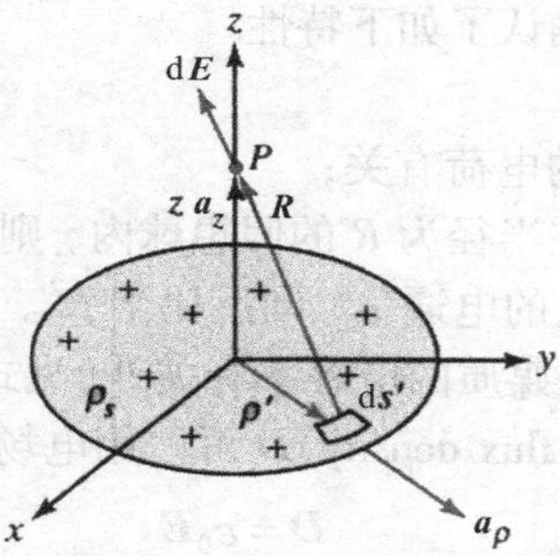

图 3-10　带电实心圆盘 P 点的电场强度

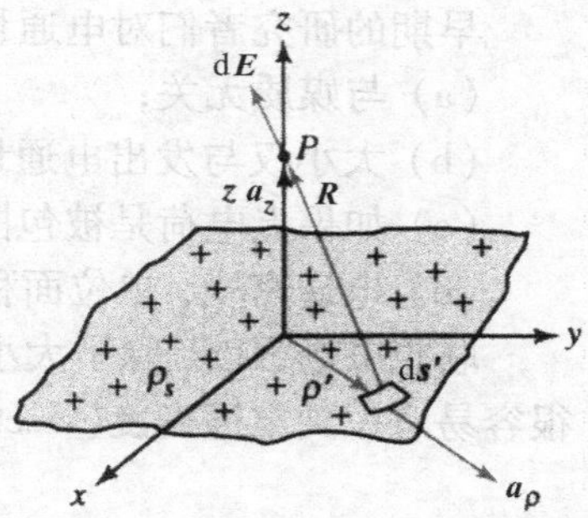

图 3-11　无限大带电平面 P 点的电场强度

式(3-21)所得的恒值电场强度对于任何 z 值都是适用的。虽然无限大的带电平面并不存在，但当场点靠近一个有限大带电平面时，其电场强度可以近似由无限大带电平面确定。

3.4　电通(量)和电通(量)密度

把一个测试电荷放入电场中，让它自由移动，作用在此电荷上的力将使它按一定的路线移动，这个路线我们称之为**力线**或**通量线**(line of force 或 flux line)。若把电荷放在一新的位置，又能描出另一条力线。这样，用重复的方法可以得到想要的任意多条力线。为了不使区域内被无数条力线塞满，通常人为地规定一个电荷产生的力线条数等于用库仑表示的电荷的大小。于是说场线(field line)表示**电通量**(electric flux)。虽然电通线实际上并不存在，但在电场的显示、形象化和描述中，它们是一个很有用的概念。

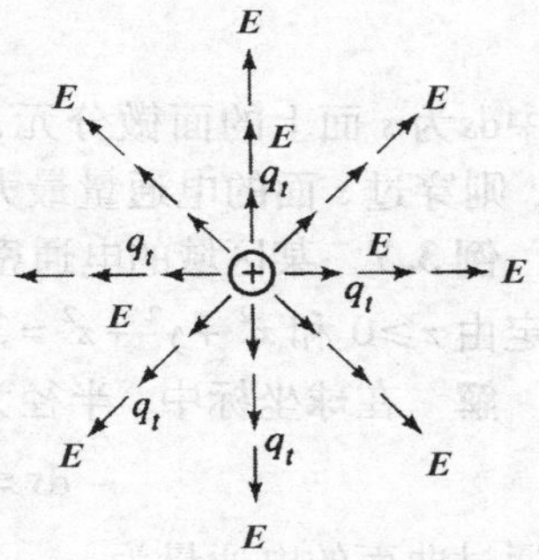

图 3-12　孤立正电荷的电通线

对于一个孤立正点电荷，电通是径向发散的，如图 3-12 所示。图 3-13 显示了一对等值异性点电荷以及两个正带电体之间的电通线。两个带异性电荷的平行平面之间的电通线则如图 3-14所示。显而易见，在任意点的电场强度总是在电通线的切线方向。

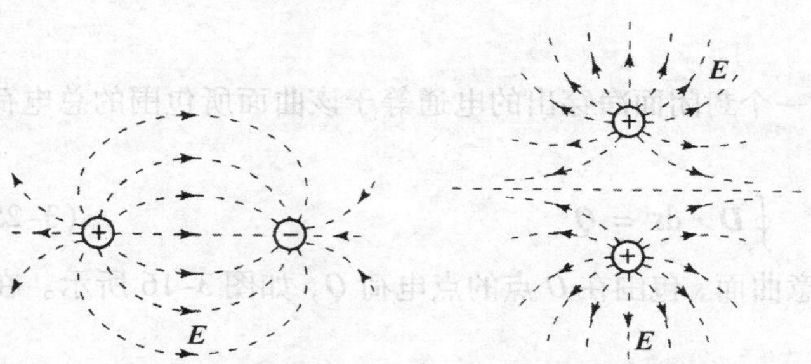

a) 正负电荷间的电通线　　b) 两正带电体间的电通线

图 3-13　电通线

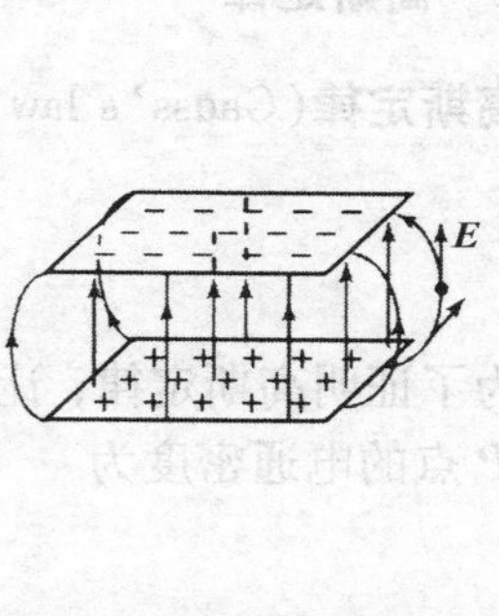

图 3-14　具有边缘现象的两带导性电荷平行平面的电通线

早期的研究者们对电通量确认了如下特性

(a) 与媒质无关；

(b) 大小仅与发出电通量的电荷有关；

(c) 如果点电荷是被包围在半径为 R 的假想球内，则电通量必将垂直并均匀穿过球面；

(d) 电通密度，单位面积上的电通量，则反比于 R^2。

联想电场强度，除了大小与媒质的电容率有关外(见式(3-9))，也满足这些约束。因此，很容易意识到**电通密度**(electric flux density) $\boldsymbol{D}$ 可以用电场强度 $\boldsymbol{E}$ 定义为

$$\boldsymbol{D}=\varepsilon_0\boldsymbol{E} \tag{3-22}$$

式中 ε_0 为早已定义过的自由空间(到现在为止我们选择用过的媒质)的电容率。

将点电荷 q 产生的电场强度 $\boldsymbol{E}$ 代入式(3-22)，在半径 r 处的电通密度为

$$\boldsymbol{D}=\frac{q}{4\pi r^2}\boldsymbol{a}_r \tag{3-23}$$

从此式显而易见，$\boldsymbol{D}$ 的单位为库仑每平方米($\mathrm{C/m^2}$)。

3.4.1 电通量的定义

现在，可以通过电通密度 $\boldsymbol{D}$ 来定义电通 Ψ

$$\Psi=\int_s \boldsymbol{D}\cdot \mathrm{d}\boldsymbol{s} \tag{3-24}$$

式中 $\mathrm{d}\boldsymbol{s}$ 为 s 面上的面微分元，如图 3-15 所示。如果 $\boldsymbol{D}$ 与 $\mathrm{d}\boldsymbol{s}$ 方向相同，则穿过 s 面的电通量最大。

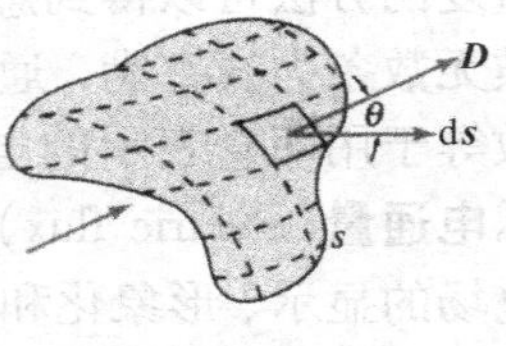

图 3-15　通过一个曲面的电通量

例 3.7　某区域的电通密度为 $\boldsymbol{D}=(10\,\boldsymbol{a}_r+5\,\boldsymbol{a}_\theta+3\,\boldsymbol{a}_\phi)$ $\mathrm{mC/m^2}$，确定由 $z\geqslant 0$ 和 $x^2+y^2+z^2=36$ 所界定区域的表面上通过的电通量。

解　在球坐标中，半径为 6 m 处的面微分元为

$$\mathrm{d}\boldsymbol{s}=36\sin\theta\mathrm{d}\theta\mathrm{d}\phi\,\boldsymbol{a}_r$$

则通过曲面的电通量为

$$\Psi=\int_s \boldsymbol{D}\cdot\mathrm{d}\boldsymbol{s}=360\int_0^{\pi/2}\sin\theta\mathrm{d}\theta\int_0^{2\pi}\mathrm{d}\phi=720\pi\ \mathrm{mC}$$

3.4.2 高斯定律

高斯定律(Gauss's law)说明通过一个封闭面净穿出的电通等于该曲面所包围的总电荷，即

$$\oint_s \boldsymbol{D}\cdot\mathrm{d}\boldsymbol{s}=Q \tag{3-25}$$

为了证明高斯定律，让我们用任意曲面 s 包围在 O 点的点电荷 Q，如图 3-16 所示。在 s 面上 P 点的电通密度为

$$\boldsymbol{D}=\frac{Q}{4\pi R^2}\boldsymbol{a}_R \tag{3-26}$$

式中 $\boldsymbol{R}=\boldsymbol{r}-\boldsymbol{r}'=R\,\boldsymbol{a}_R$ 是从 O 点到 P 点的距离矢量。通过封闭面 s 的电通量为

$$\Psi = \oint_s \boldsymbol{D} \cdot d\boldsymbol{s} = \frac{Q}{4\pi}\oint_s \frac{\boldsymbol{a}_R \cdot \boldsymbol{a}_n ds}{R^2}$$

式中的被积函数是由表面 ds 在 O 点所对应的立体角 dΩ 如图 3-16 所示。因而上式可写成

$$\Psi = \oint_s \boldsymbol{D} \cdot d\boldsymbol{s} = \frac{Q}{4\pi}\oint_s d\Omega$$

通过计算，任何封闭面所对应的立体角都是 4π 弧度，因而，通过 s 面的总电通量为

$$\Psi = \oint_s \boldsymbol{D} \cdot d\boldsymbol{s} = Q$$

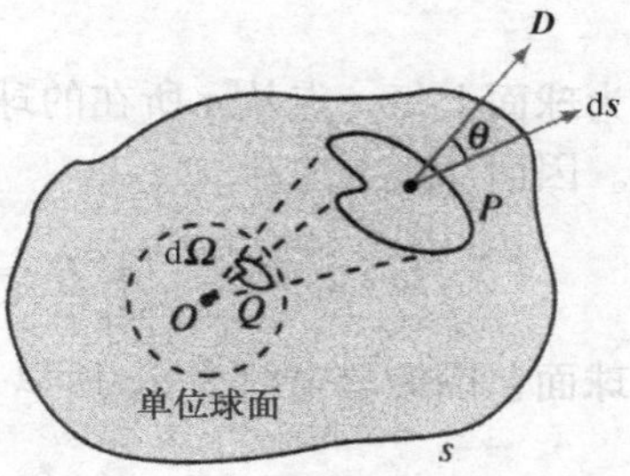

图 3-16 通过包围点电荷 Q 的封闭面 s 的电通量

这就是我们要证明的。进行积分的那个面称为**高斯面**。式(3-25)是高斯定律的数学表达式，可用文字陈述如下：从封闭面发出的总电通量数值上等于包含在该封闭面内的净正(自由)电荷。高斯定律也可以用自由空间中的电场强度表示为

$$\oint_s \boldsymbol{E} \cdot d\boldsymbol{s} = \frac{Q}{\varepsilon_0} \tag{3-27}$$

如果电荷分布在闭合面包围的体积内，则式(3-25)可写成

$$\oint_s \boldsymbol{D} \cdot d\boldsymbol{s} = \int_v \rho_v dv \tag{3-28}$$

如果电荷呈面状分布或线状分布，也可写出相似的公式。式(3-28)称为高斯定律的积分形式。我们指出，从前面的推导很明显，闭合面外的电荷对它包围的总电荷不能做贡献，而且，包在闭合面内部的电荷分散在什么位置也不必考虑。

如果已经知道封闭面上所有点的电场强度或电通密度，通过高斯定律便可求出封闭面内的总电荷。如果电荷呈对称分布，则很容易选择一个恒电通密度的面，从而用高斯定律能大大降低电场问题分析的难度。

应用散度定理，式(3-28)也可写成

$$\int_v \nabla \cdot \boldsymbol{D} dv = \int_v \rho_v dv$$

这个式子对任意由 s 面所包围的体积都是成立的，因此等式两边的被积函数一定相等。于是，在空间任意一点，有

$$\nabla \cdot \boldsymbol{D} = \rho_v \tag{3-29}$$

这个等式称为点的或微分形式的高斯定律，其含义为：空间任意存在正电荷密度的点都发出电通量线。如果电荷密度为负，则电通量线指向电荷所在的点。

式(3-29)表明电通密度常常是区域内自由电荷多少的量度，这一点我们将在讨论电介质时再重点阐述。

到现在为止所考虑的例题，我们都有意回避了任意点由体电荷分布产生 $\boldsymbol{E}$ 场的计算中因进行积分运算带来的复杂性。不过，只要电荷分布是对称的，有些这类问题现在用高斯定律就能够很容易求解。

例 3.8 用高斯定律求孤立点电荷 q 在任意 P 点产生的电场强度 $\boldsymbol{E}$。

解 如图 3-17 所示，以电荷为球心，构造一个经过 P 点半径为 R 的球形高斯面。电通量线沿径向从正电荷发出，电场强度与球面垂直(唯一的方向)。便有

$$\boldsymbol{E} = E_r\,\boldsymbol{a}_r$$

因为球面上每一点从 q 所在的球心都是等距的，在 $r = R$ 球面上的每一点，E_r 应该有相同的值。因而

$$\oint_s \boldsymbol{E} \cdot \mathrm{d}\boldsymbol{s} = E_r\int_0^{\pi} R^2 \sin\theta \mathrm{d}\theta\int_0^{2\pi} \mathrm{d}\phi = 4\pi R^2 E_r$$

被球面包围的总电荷为 q，所以 P 点的电场强度，由式(3-27)，为

$$E_r = \frac{q}{4\pi\varepsilon_0 R^2}$$

这与用库仑定律求得的结果完全相同。

例 3.9 如图 3-18 所示，电荷均匀分布在半径为 a 的球形表面上，求空间各处的电场强度。

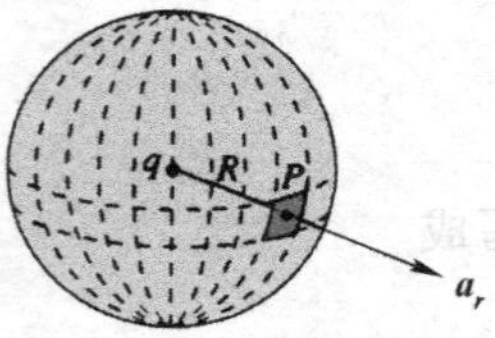

图 3-17 半径为 R 的球形(高斯)面包围一个在原点的电荷 q

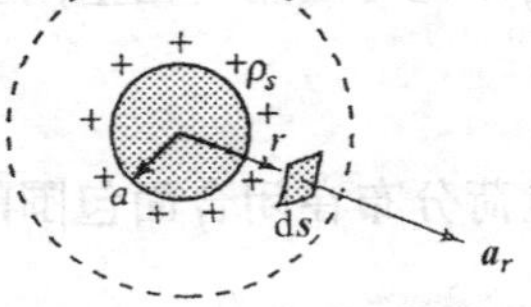

图 3-18 半径为 a，面电荷密度为 ρ_s 的球，被半径为 r 的球形高斯面包围

解 一个球形电荷分布暗示半径为 r 的球形高斯面上电场强度是常数。如果球面半径 $r<a$，电场强度应该是零，因为没有包围电荷。然而，当高斯面半径 $r>a$ 时，包围的总电荷为

$$Q = 4\pi a^2 \rho_s$$

式中 ρ_s 为均匀面电荷密度。又由于

$$\oint_s \boldsymbol{E} \cdot \mathrm{d}\boldsymbol{s} = 4\pi r^2 E_r$$

故由高斯定律得

$$E_r = \frac{Q}{4\pi\varepsilon_0 r^2} = \frac{\rho_s a^2}{\varepsilon_0 r^2}(r \geqslant a)$$

3.5 电位

以上我们都是用电场强度来描述静电效应。在这一节，将定义一个标量场，**电位**，以简化大量不必要的复杂计算，因为标量总是比矢量容易处理一些。

如果我们在电场 $\boldsymbol{E}$ 中放一个正探测电荷，则在其上将作用一个力 $\boldsymbol{F} = q\boldsymbol{E}$。这个力使电荷移动一个微分距离 $\mathrm{d}\boldsymbol{l}$，如图 3-19a 所示。当电荷移动时，电场就做了功。这个由电场消耗掉的能量，或明确说由电场 $\boldsymbol{E}$ 所做的功，为

$$\mathrm{d}W_e = \boldsymbol{F} \cdot \mathrm{d}\boldsymbol{l} = q\boldsymbol{E} \cdot \mathrm{d}\boldsymbol{l}$$

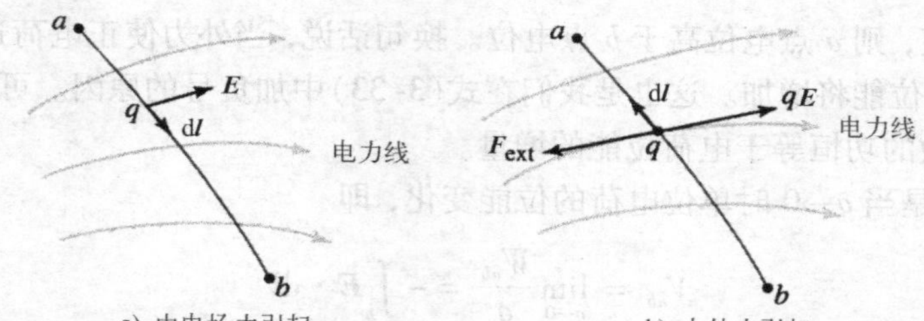

图 3-19 探测电荷在电场中的运动

下标 e 表示这功是电场 $\boldsymbol{E}$ 所为。注意，当电场 $\boldsymbol{E}$ 做功时，正电荷总是沿着 $\boldsymbol{E}$ 场的方向移动。但是，如果探测电荷受外力 $\boldsymbol{F}_{ext}$ 作用逆着电场方向移动，则外力做功的微分为

$$\mathrm{d}W = -\boldsymbol{F}_{ext} \cdot \mathrm{d}\boldsymbol{l}$$

式中负号表明电荷沿反对 $\boldsymbol{E}$ 场的方向运动。为了避免考虑运动电荷可能需要的任何动能，假设外力恰好平衡电场力，如图 3-19b 所示，在这种情况下

$$\mathrm{d}W = -q\boldsymbol{E} \cdot \mathrm{d}\boldsymbol{l}$$

探测电荷从 b 点移动到 a 点由外力做的总功为

$$W_{ab} = -q\int_b^a \boldsymbol{E} \cdot \mathrm{d}\boldsymbol{l} \tag{3-30}$$

如果沿闭合路径移动电荷，如图 3-20 所示，则做的功必须为零，换句话说

$$\oint_c \boldsymbol{E} \cdot \mathrm{d}\boldsymbol{l} = 0 \tag{3-31}$$

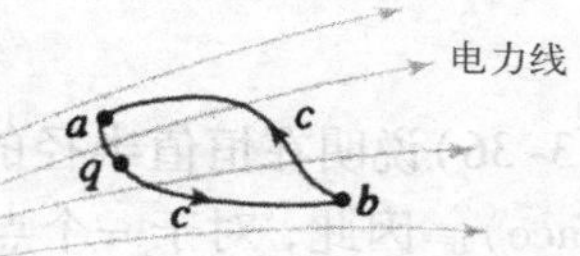

图 3-20 q 沿着电场中的闭合路途 c 运动

这个式子充分地说明 $\boldsymbol{E}$ 场在静态条件下是无旋的或保守的。然而，由 2.10 节，保守场的旋度为零，即

$$\nabla \times \boldsymbol{E} = 0 \tag{3-32}$$

如果一个矢量场的旋度为零，则该矢量场一定可用一个标量场的梯度来表示。这样，可用标量场 V 表示 $\boldsymbol{E}$ 场，即

$$\boldsymbol{E} = -\nabla V \tag{3-33}$$

加负号的理由很快将会明白。

式(3-30)可写为

$$W_{ab} = -q\int_b^a \boldsymbol{E} \cdot \mathrm{d}\boldsymbol{l} = q\int_b^a \nabla V \cdot \mathrm{d}\boldsymbol{l}$$

把 $\nabla V \cdot \mathrm{d}\boldsymbol{l} = \mathrm{d}V$(2.8 节)代入，得

$$W_{ab} = -q\int_b^a \boldsymbol{E} \cdot \mathrm{d}\boldsymbol{l} = q\int_{V_b}^{V_a} \mathrm{d}V = q(V_a - V_b) = qV_{ab} \tag{3-34}$$

式中 V_a 和 V_b 分别为标量场 V 在 a 和 b 两点的值。我们说 V_a 和 V_b 分别为点 a 和 b 相对于某参考点的电位。显然，$V_{ab} = V_a - V_b$ 是 a 点相对于 b 点的电位（这称为两点之间的电位差）。

如果做功为正，则 a 点电位高于 b 点电位。换句话说，当外力使正电荷逆着电场 $\boldsymbol{E}$ 的方向运动时，电荷的位能将增加。这也是我们在式(3-33)中加负号的原因。可以这样说，移动电场中正电荷所做的功恒等于电荷位能的增量。

因此，电位差是当 $q \to 0$ 时单位电荷的位能变化，即

$$V_{ab} = \lim_{q \to 0} \frac{W_{ab}}{q} = -\int_b^a \boldsymbol{E} \cdot \mathrm{d}\boldsymbol{l} \tag{3-35}$$

从式(3-35)，电位的单位为焦耳每库仑(J/C)或伏特(V)。从式(3-33)或(3-35)现在很明白，为什么用伏特每米(V/m)来表示电场强度。

例 3.10　求固定在原点的点电荷 q 在空间两点间产生的电位差。

解　距点电荷 q 半径为 r 处的电场强度为

$$\boldsymbol{E} = \frac{q}{4\pi\varepsilon_0 r^2}\boldsymbol{a}_r$$

如果 P 点和 S 点距原点 q 的径向距离分别为 r_1 和 r_2，则从式(3-35)得

$$V_{ab} = -\int_{r_2}^{r_1} \frac{q}{4\pi\varepsilon_0 r^2}\mathrm{d}r = \frac{q}{4\pi\varepsilon_0}\left(\frac{1}{r_1} - \frac{1}{r_2}\right)$$

如果令 $r_2 \to \infty$，则 P 点相对于无穷远处 S 点的电位称为**绝对电位**(absolute potential)。因此，在 $r_1 = R$ 处 P 点的绝对电位为

$$V_a = \frac{q}{4\pi\varepsilon_0 R} \tag{3-36}$$

式(3-36)说明在恒值半径的表面上电位保持不变。电位相同的面称为**等位面**(equipotential surface)。因此，对于一个点电荷，等位面为球面，如图 3-21 所示。读者可以证明均匀带电线的等位面为同轴圆柱面，如图 3-22 所示。

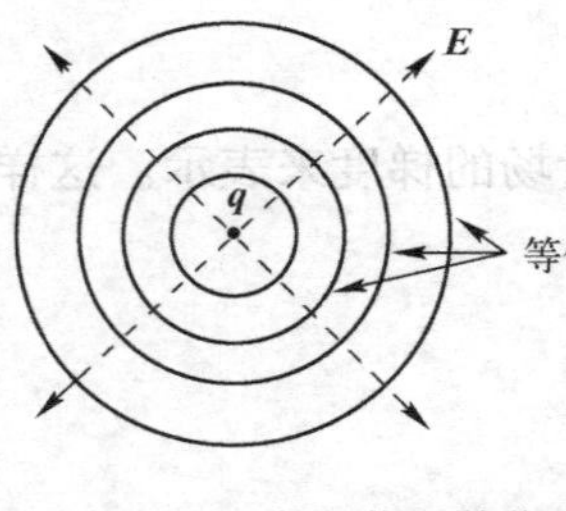

图 3-21　点电荷的等位面

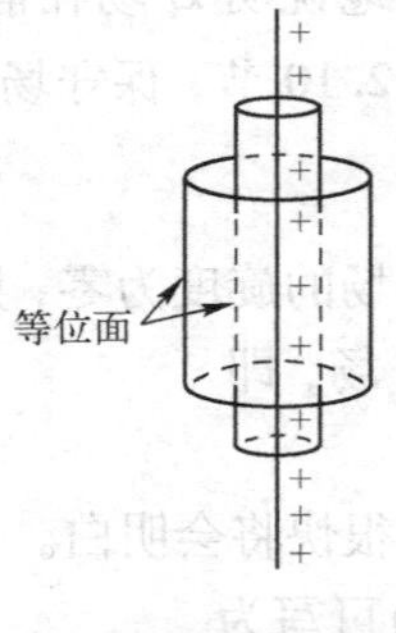

图 3-22　均匀带电线的等位面

在 3.3 节中，曾经用线电荷密度、面电荷密度和体电荷密度表示电场强度。对于任意点的电位也能得到相似的表达式。现在略去推导，只列出方程：
对体电荷密度的分布，

$$V = \frac{1}{4\pi\varepsilon_0}\int_v \frac{\rho_v(\boldsymbol{r}')\,\mathrm{d}v'}{|\boldsymbol{r} - \boldsymbol{r}'|} \tag{3-37a}$$

对面电荷密度的分布，

$$V = \frac{1}{4\pi\varepsilon_0}\int_s \frac{\rho_s(r')\,ds'}{|r - r'|} \tag{3-37b}$$

对线电荷密度的分布。

$$V = \frac{1}{4\pi\varepsilon_0}\int_c \frac{\rho_l(r')\,dl'}{|r - r'|} \tag{3-37c}$$

例 3.11　半径为 a 的带电圆环上电荷均匀分布，求圆环轴线上任意一点的电位和电场强度。

解　带电圆环电荷均匀分布，如图 3-23 所示。z 轴上 $P(0, 0, z)$ 点的电位由式(3-37c)，得

$$V(z) = \frac{1}{4\pi\varepsilon_0}\int_0^{2\pi} \frac{\rho_l a\,d\phi'}{(a^2 + z^2)^{1/2}} = \frac{\rho_l a}{2\varepsilon_0\sqrt{a^2 + z^2}}$$

此式在环的中心变成

$$V(z=0) = \frac{\rho_l}{2\varepsilon_0}$$

电场强度由式(3-33)，为

$$\boldsymbol{E} = -\nabla V = -\frac{\partial V(z)}{\partial z}\boldsymbol{a}_z = \frac{\rho_l a}{2\varepsilon_0}\left[\frac{z}{(a^2 + z^2)^{3/2}}\right]\boldsymbol{a}_z$$

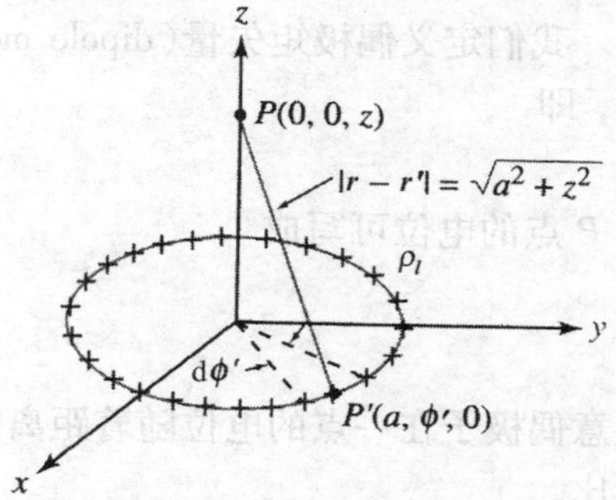

图 3-23　均匀带电环

正如由电荷对称分布所预期到的结果，圆环中心 $z=0$ 处的电场强度为零。

3.6　电偶极子

我们定义电偶极子(electric dipole)为一对极性相反但非常靠近的等量电荷。在本节末，我们将给出一个更准确的定义。现在，让我们假设每个带电体的电量为 q，它们之间的距离为 d，如图 3-24 所示。我们的目的是求出电偶极子固定的空间任意一点 $P(x, y, z)$ 的电位和电场强度。假设两电荷之间的间隔相对于到观测点的距离非常小，则 P 点总电位为

$$V = \frac{q}{4\pi\varepsilon_0}\left(\frac{1}{r_1} - \frac{1}{r_2}\right) = \frac{q}{4\pi\varepsilon_0}\left(\frac{r_2 - r_1}{r_1 r_2}\right)$$

式中 r_1 和 r_2 为从两电荷到 P 的距离，如图所示。

如果两电荷沿 z 轴对称分布而且距观测点很远 $r \gg d$，如图 3-25 所示，于是我们能够把 r_1、r_2 近似表示为

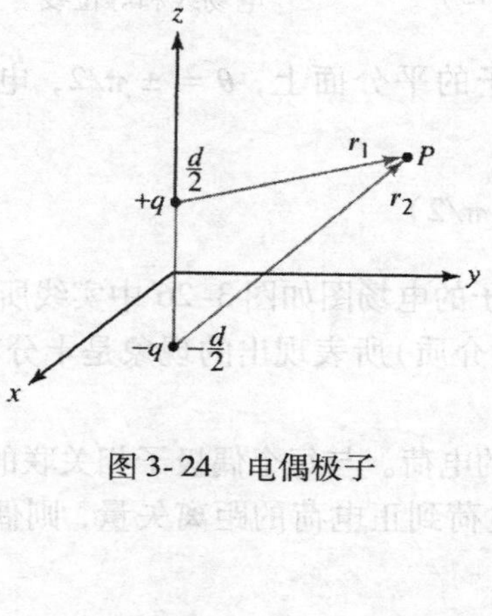

图 3-24　电偶极子

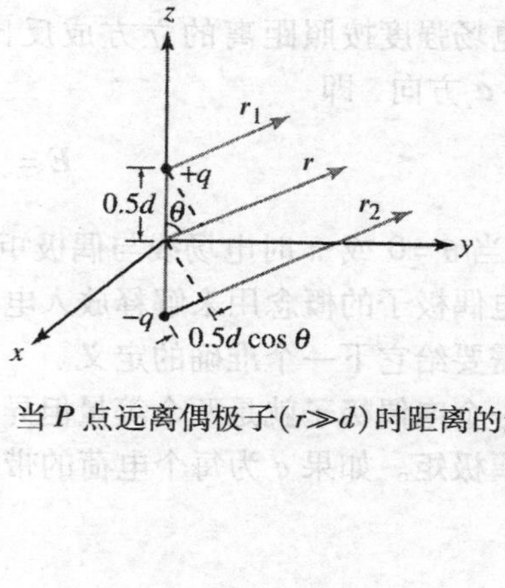

图 3-25　当 P 点远离偶极子($r \gg d$)时距离的近似值

$$r_1 \approx r - 0.5d\cos\theta, \quad r_2 \approx r + 0.5d\cos\theta$$

且

$$r_1 r_2 = r^2 - (0.5d\cos\theta)^2 \approx r^2$$

P 点电位现在便能够写成

$$V = \frac{q}{4\pi\varepsilon_0}\left(\frac{d\cos\theta}{r^2}\right) \tag{3-38}$$

很有趣的是，可以看出当 $\theta = 90°$时，在偶极子平分面上的任意点，电位 V 都为零。因此，在这个平面上如果电荷从一点移动到另一点是没有能量损耗的。

我们定义偶极矩矢量(dipole moment vector) $\boldsymbol{p}$ 的大小为 $p = qd$，方向由负电荷指向正电荷，即

$$\boldsymbol{p} = qd\,\boldsymbol{a}_z$$

则 P 点的电位可写成

$$V = \frac{p\cos\theta}{4\pi\varepsilon_0 r^2} = \frac{\boldsymbol{p}\cdot\boldsymbol{a}_r}{4\pi\varepsilon_0 r^2} \tag{3-39}$$

注意偶极子在一点的电位随着距离的平方下降，但是，对单个点电荷却是与距离的一次方成反比。

为了得到等位面，我们设式(3-38)中的 V 取一系列定值。考虑到式(3-38)中仅有的变量是 θ 和 r，于是等位面方程为

$$\frac{\cos\theta}{r^2} = 常数 \tag{3-40}$$

所得偶极子的等位面如图 3-26 中虚线所示。

现在，我们可采用式(3-33)计算 P 点的电场强度。对标量电位 V 求负梯度并变换到球形坐标系，得到

$$\boldsymbol{E} = \frac{p}{4\pi\varepsilon_0 r^3}(2\cos\theta\,\boldsymbol{a}_r + \sin\theta\,\boldsymbol{a}_\theta) \tag{3-41}$$

因为

$$\begin{aligned} 2\cos\theta\,\boldsymbol{a}_r + \sin\theta\,\boldsymbol{a}_\theta &= 3\cos\theta\,\boldsymbol{a}_r - (\cos\theta\,\boldsymbol{a}_r - \sin\theta\,\boldsymbol{a}_\theta) \\ &= 3\cos\theta\,\boldsymbol{a}_r - \boldsymbol{a}_z \end{aligned} \tag{3-42}$$

所以我们又可以把 P 点的电场强度写成

$$\boldsymbol{E} = \frac{3(\boldsymbol{p}\cdot\boldsymbol{r})\boldsymbol{r} - r^2\boldsymbol{p}}{4\pi\varepsilon_0 r^5} \tag{3-43}$$

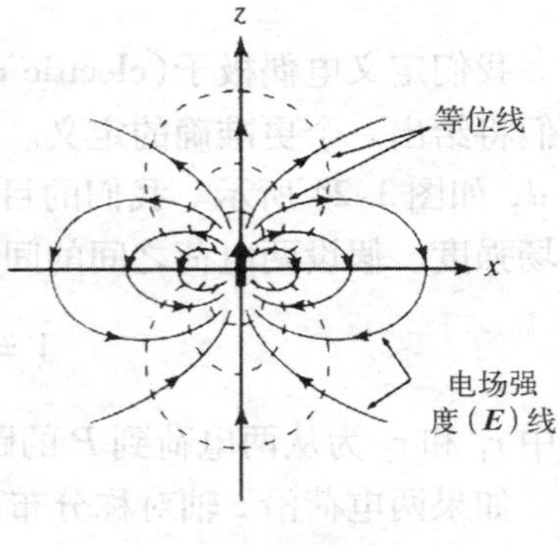

图 3-26 电偶极子的电场线和等位线

电场强度按照距离的立方成反比下降。在偶极子的平分面上，$\theta = \pm\pi/2$，电场线沿 $\boldsymbol{a}_\theta = -\boldsymbol{a}_z$ 方向，即

$$\boldsymbol{E} = -\frac{\boldsymbol{p}}{4\pi\varepsilon_0 r^3} \quad (\theta = \pm\pi/2) \tag{3-44}$$

然而，当 $\theta = 0$ 或 π 时电场线与偶极矩 $\boldsymbol{p}$ 平行。电偶极子的电场图如图 3-26 中实线所示。

电偶极子的概念用来解释放入电场中的绝缘体(电介质)所表现出的现象是十分有用的，因此需要给它下一个准确的定义。

一个**电偶极子**就是两个等量但异极性且相距很近的电荷。与每个偶极子相关联的一个矢量叫**偶极矩**。如果 q 为每个电荷的带电量，$\boldsymbol{d}$ 为从负电荷到正电荷的距离矢量，则偶极矩为

$\boldsymbol{p}=q\boldsymbol{d}$。

例 3.12 一个电子和一个质子相距 10^{-11} m，沿 z 轴对称安置以 $z=0$ 为它们的平分面。求点 $P(3, 4, 12)$ 的电位和电场强度。

解 位置矢量 $\boldsymbol{r}=3\boldsymbol{a}_x+4\boldsymbol{a}_y+12\boldsymbol{a}_z, r=13$ m

电偶极矩 $\boldsymbol{p}=1.6\times10^{-19}\times10^{-11}\boldsymbol{a}_z=1.6\times10^{-30}\boldsymbol{a}_z$

由式(3-39)可知 P 点电位为(因为 $\boldsymbol{a}_r=\boldsymbol{r}/r$)

$$V=\frac{\boldsymbol{p}\cdot\boldsymbol{r}}{4\pi\varepsilon_0 r^3}=\frac{9\times10^9\times1.6\times10^{-30}\times12}{13^3}=7.865\times10^{-23}\ \text{V}$$

由式(3-43)可知 P 点电场强度为

$$\boldsymbol{E}=\frac{9\times10^9}{13^5}(1.6\times10^{-30})[3\times12(3\boldsymbol{a}_x+4\boldsymbol{a}_y+12\boldsymbol{a}_z)-13^2\boldsymbol{a}_z]$$

$$=[4.189\boldsymbol{a}_x+5.585\boldsymbol{a}_y+10.2\boldsymbol{a}_z]\times10^{-24}\ \text{V/m}$$

3.7 电场中的物质

对于自由空间(真空)中不同电荷分布所产生的电场，我们已经进行了充分的讨论，现在来探讨一下电场中的物质，以完成我们对静电场的研究。通常，把物质分为三大类：导体、半导体和绝缘体。首先来看看在静电系统中的导体。

3.7.1 电场中的导体

导体(conductor)是一种拥有比较大量自由电子的物质，比如说金属。一个电子被认为是自由电子，如果它

(a) 与它的核是松散联系的；

(b) 通过导体能自由浮移；

(c) 对几乎是无穷小的电场有反应，和(d)只要它受到力就能连续运动。

在金属的晶格空间中，每个原子都有一个、两个或三个**价电子**(valence electron)在正常状态下离开核成为自由的。因为热扰动，这些自由电子在晶格空间中随机移动。在孤立导体中没有任何定向漂移，当导体内有外部能源维持电场时，正是这些电子产生电流。在实际应用中，我们倾向于用电导率来描述导体而不是用自由电子的数目。在第 4 章，我们将进一步讨论电导率。现在，我们只简单地说明价电子增多，电导率减小。换句话说，有一个价电子的金属比那些有两个或更多个电子的金属有更大的电导率。

在第 4 章，还将讨论载流导体内部确实发生了什么。在这一节，我们的目的是研究放在静电场中孤立导体的性质。必须注意的是，孤立导体是电中性的。换句话说，导体拥有的正电荷数正如同电子数。

首先，让我们提出一个问题：导体内能存在过量电荷吗？自然，答案断言是不，因为同性电荷之间存在着相互的排斥力。它们将由于排斥力而不断“飞开”，直到它们的相互排斥被表面势垒力所平衡。换句话说，过量电荷将从导体内部消散而在孤立导体表面重新分布。这个过程有多长呢？仍然是第 4 章将给出定量的答案。不过，这个时间极短，例如像铜这样的良导体也就是 10^{-14}s 这个数量级。这意味着在稳态(平衡)情况下，导体内部净体电荷密度为零，即

$$\rho_v = 0 \tag{3-45}$$

我们把一个孤立导体放入电场中，如图3-27所示。则外加电场对导体内的自由电子将产生作用力，使它们逆着电场 $\boldsymbol{E}$ 的方向运动。这样，在导体的一边荷负电，另一边荷正电。因为它们的产生并不要与导体有任何直接接触，因而把这样分离的电荷称之为**感应电荷**。这些感应电荷的作用是在导体内部产生一个电场，它最后与外加电场大小相等方向相反。换句话说，当达到稳定时，导体内部净电场为零，即

$$\boldsymbol{E} = 0 \tag{3-46}$$

表示内部是平衡状态。式(3-46)还表明导体中的电位处处相等。因此，稳态情况下，导体内既无体电荷密度也无电场强度，每个导体形成空间中的一个等位区域。

例 3.13 一个内半径为 b，外半径为 c 的孤立导体球壳，内部同心放置一个有电荷均匀分布半径为 a 的球，如图3-28所示。试求空间各处的电场强度。

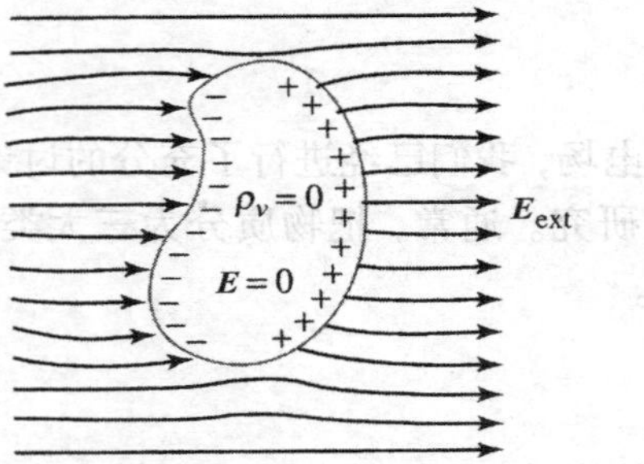

图3-27 静电场中的孤立导体

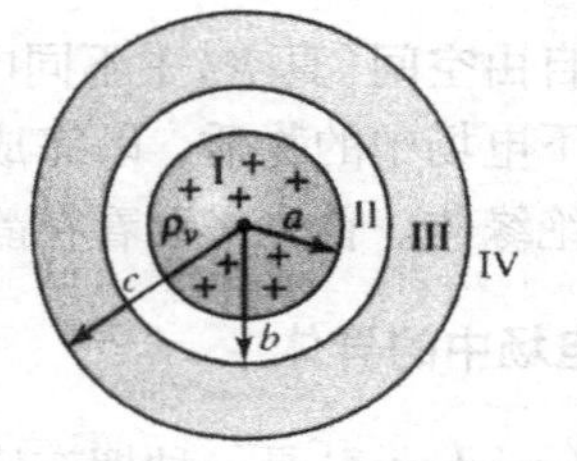

图3-28 被导体球壳包围的球状电荷分布

解 如图所示，把空间分为四个区域

(a) 区域Ⅰ，$r<a$。球面包围的总电荷为

$$Q = \frac{4\pi}{3} r^3 \rho_v$$

因为电荷均匀分布，$\boldsymbol{E}$ 场不仅是沿半径方向，并且在球（高斯）面上为常数，由

$$\oint_s \boldsymbol{E} \cdot d\boldsymbol{s} = 4\pi r^2 E_r$$

得，$\boldsymbol{E} = \dfrac{r}{3\varepsilon_0} \rho_v \boldsymbol{a}_r \quad (0<r<a)$

(b) 区域Ⅱ，$a \leqslant r < b$。球面包围的总电荷为

$$Q = \frac{4\pi}{3} a^3 \rho_v$$

由高斯定律得

$$\boldsymbol{E} = \frac{a^3}{3\varepsilon_0 r^2} \rho_v \boldsymbol{a}_r \quad (a \leqslant r < b)$$

(c) 区域Ⅲ，$b \leqslant r \leqslant c$。因为导体内的 $\boldsymbol{E}$ 必须是零，在半径 $r=b$ 的球面上一定拥有与所围总电荷等量的负电荷。若 ρ_{sb} 为面电荷密度，则表面电荷总量为 $-4\pi b^2 \rho_{sb}$，因而

$$\rho_{sb} = -\frac{a^3}{3b^2} \rho_v$$

(d) 区域Ⅳ, $r \geqslant c$。如果孤立导体球壳的内表面获得负电荷，则 $r=c$ 的外表面必须获得与之等量的正电荷,若 ρ_{sc} 为外表面的面电荷密度，则

$$\rho_{sc}=\frac{a^3}{3c^2}\rho_v$$

在此区域的电场强度为

$$\boldsymbol{E}=\frac{a^3}{3\varepsilon_0 r^2}\rho_v \boldsymbol{a}_r \quad (r \geqslant c)$$

3.7.2 电场中的电介质

严格地讲，**理想电介质**[㊀](ideal dielectric，绝缘体 insulator)是一种物质，在其晶格结构中没有自由电子。理想电介质所有的电子都与分子紧密相联，这些电子经受很强的内部约束力，阻碍着它们随机运动。因此，当外部能源在电介质内部保持电场时，并不会产生传导电流。正式定义，理想电介质为一种物质，其中正、负电荷如此紧密相联，致使它们分离不开，其电导率为零。

当然，实际上并不存在绝对理想的电介质。但存在一些物质，它们的电导率约为良导体的 $1/10^{20}$。当外加电场低于一定数值时，这些物质产生的电流可以忽略不计。对所有实际应用上的目的，这些物质就可以认为是理想(完全的)电介质。在电场力的作用下，电介质分子发生变形，使分子正电荷的中心与负电荷的中心不再重合，我们就说这样一个分子，从而此电介质，是被**极化**(polarized)了。物质处于被极化状态，将含有大量的偶极子。

一块电介质在正常状态下的示意图如图 3-29a 所示。图 3-29b 则表示在电场作用下的同一个截面。

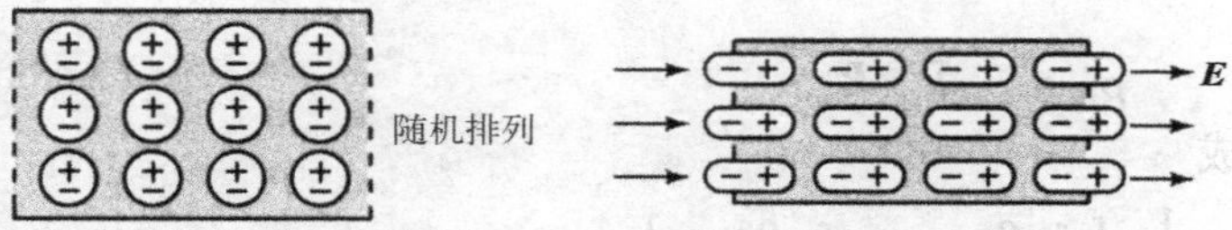

a) 电介质在正常状态下正负电荷中心重合　b) 极化电介质表示电荷偶(对)分离

图 3-29 电介质中的正负电荷

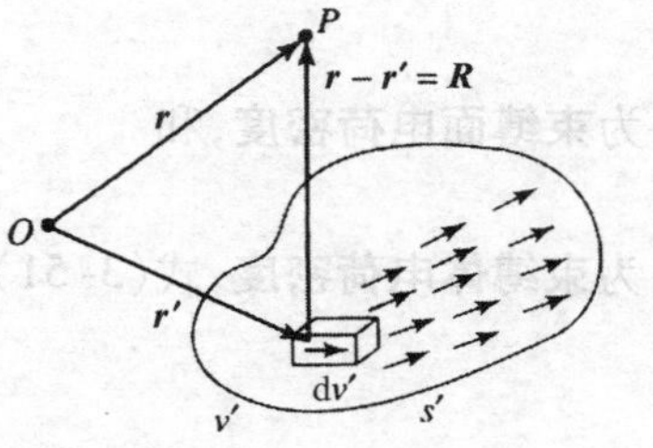

图 3-30 极化电介质外一点的电位

现在来计算极化电介质外一点 P 的电位，示意如图 3-30。为此，首先定义**极化矢量**(polarization vector，**电极化强度**[㊁]electric polarization)为单位体积内的偶极矩数，用式子表示为

$$\boldsymbol{P}=\lim_{\Delta v \to 0}\frac{\Delta \boldsymbol{p}}{\Delta v} \tag{3-47}$$

式中，$\Delta \boldsymbol{p}$ 为在极限 $\Delta v \to 0$，体积 Δv 的偶极矩。公式(3-47)单纯地是 $\boldsymbol{p}$ 对 v 的导数的定义。

㊀ 电介质(dielectric)常常就简称介质。理想电介质又称完全电介质，对电是完全绝缘体。导电性介质则电导率 $\sigma \neq 0$，又称有耗介质或色散介质。一般所称介质，未加特别说明，都作非导电性介质($\sigma=0$)考虑。媒质(medium)或译作媒介质，则意义较广泛，可包括介质和各种传导体(导电、导磁和导热等)。——校注

㊁ 简称极化强度。——译注

因此，对图3-30所示的体积 dv'，可表示 $d\boldsymbol{p}$ 为

$$d\boldsymbol{p} = \boldsymbol{P} dv' \tag{3-48}$$

由式(3-39)得 $d\boldsymbol{p}$ 在 P 点产生的电位为

$$dV = \frac{\boldsymbol{P} \cdot \boldsymbol{a}_R}{4\pi\varepsilon_0 R^2} dv' \tag{3-49}$$

式中，$\boldsymbol{R} = \boldsymbol{r} - \boldsymbol{r}' = |\boldsymbol{r} - \boldsymbol{r}'| \boldsymbol{a}_R = R\,\boldsymbol{a}_R$。因为 $\nabla'\left(\frac{1}{R}\right) = \frac{1}{R^2}\boldsymbol{a}_R$，式(3-49)便能写成

$$dV = \frac{\boldsymbol{P} \cdot \nabla'(1/R)}{4\pi\varepsilon_0} dv' \tag{3-50}$$

利用矢量恒等式(第2章)，

$$\boldsymbol{P} \cdot \nabla'(1/R) = \nabla' \cdot (\boldsymbol{P}/R) - (\nabla' \cdot \boldsymbol{P})/R$$

便能将式(3-50)写成

$$dV = \frac{1}{4\pi\varepsilon_0}\left[\nabla' \cdot \left(\frac{\boldsymbol{P}}{R}\right) - \frac{\nabla' \cdot \boldsymbol{P}}{R}\right] dv'$$

对极化电介质的体积 v' 积分，得 P 点电位为

$$V = \frac{1}{4\pi\varepsilon_0}\left[\int_{v'} \nabla' \cdot \left(\frac{\boldsymbol{P}}{R}\right) dv' - \int_{v'} \frac{\nabla' \cdot \boldsymbol{P}}{R} dv'\right]$$

对等式右边第一项利用散度定理得

$$V = \frac{1}{4\pi\varepsilon_0}\oint_{s'} \frac{\boldsymbol{P} \cdot \boldsymbol{a}_n}{R} ds' - \frac{1}{4\pi\varepsilon_0}\int_{v'} \frac{\nabla' \cdot \boldsymbol{P}}{R} dv' \tag{3-51}$$

从式(3-51)可以看出，极化电介质在 P 点产生的电位是两项的代数和，一个表面项和一个体积项。如果我们定义

$$\rho_{sb} = \boldsymbol{P} \cdot \boldsymbol{a}_n \tag{3-52}$$

为**束缚面电荷密度**，和

$$\rho_{vb} = -\nabla \cdot \boldsymbol{P} \tag{3-53}$$

为**束缚体电荷密度**，式(3-51)可写成

$$V = \frac{1}{4\pi\varepsilon_0}\left[\oint_{s'} \frac{\rho_{sb}}{R} ds' + \int_{v'} \frac{\rho_{vb}}{R} dv'\right] \tag{3-54}$$

这样，电介质的极化导致**束缚电荷**(bound charge)分布。这些束缚电荷分布不像自由电荷；如前所述，它们的产生是由于电荷对分离。

如果电介质中除了束缚电荷密度还有自由电荷密度，则自由电荷的作用也必须同时考虑以决定电介质区域的电场 $\boldsymbol{E}$，即

$$\nabla \cdot \boldsymbol{E} = \frac{\rho_v + \rho_{vb}}{\varepsilon_0} = \frac{\rho_v - \nabla \cdot \boldsymbol{P}}{\varepsilon_0}$$

或

$$\nabla \cdot (\varepsilon_0 \boldsymbol{E} + \boldsymbol{P}) = \rho_v \tag{3-55}$$

式(3-55)右边单纯是自由体电荷密度。当我们讨论自由空间的电场时，曾经说自由电荷密度等于 $\nabla \cdot \boldsymbol{D}$。显然，事实上，在自由空间 $\boldsymbol{P} = 0$，与式(3-22)及式(3-29)对比，式(3-55)仍然是成立的。因此，现在我们能够对任一媒质中的电通(量)密度下一个通用的定义为

$$\boldsymbol{D} = \varepsilon_0 \boldsymbol{E} + \boldsymbol{P} \tag{3-56}$$

以包含电介质中极化的影响。这样，$\nabla \cdot \boldsymbol{D}$ 将总是代表任一媒质中的自由电荷密度。

我们知道电介质中的电偶极矩 $\boldsymbol{p}$ 是由外电场 $\boldsymbol{E}$ 感应的。当电偶极矩，从而电极化强度与 $\boldsymbol{E}$ 成正比时，就说这种介质是**线性**的(linear)。如果电介质的电特性与方向无关，则说这种介质是**各向同性**的(isotropic)。如果电介质的各部分性质相同，则说这种介质是**均匀**的(homogeneous)。线性、均匀和各向同性电介质称之为 A **类**电介质(有时缩写为 L. H. I 介质)。整个这本书，我们将总是假设媒质是 A 类的。于是，可以用 $\boldsymbol{E}$ 表示电极化强度 $\boldsymbol{P}$ 为

$$\boldsymbol{P} = \varepsilon_0 \chi \boldsymbol{E} \tag{3-57}$$

式中，比例常数 χ 称为**电极化率**(electric susceptibility)，由于包含了因子 ε_0，致使 χ 成了一个无因次量。

式(3-56)现在可写成

$$\boldsymbol{D} = \varepsilon_0 (1 + \chi) \boldsymbol{E} \tag{3-58a}$$

量 $(1+\chi)$ 称为介质的**相对电容率**或介质常数(dielectric constant)，用 ε_r 表示。这样，电通密度的普通表达式最后变成

$$\boldsymbol{D} = \varepsilon_0 \varepsilon_r \boldsymbol{E} = \varepsilon \boldsymbol{E} \tag{3-58b}$$

式中，$\varepsilon = \varepsilon_0 \varepsilon_r$ 为介质的电容率。

式(3-58b)给出了用介质的电容率 ε 表示的 $\boldsymbol{D}$ 和 $\boldsymbol{E}$ 之间的结构关系(constitutive relation)。在自由空间，由于 $\varepsilon_r = 1$，所以 $\boldsymbol{D} = \varepsilon_0 \boldsymbol{E}$。因此，在任何介质中，静电场满足下列等式

$$\nabla \times \boldsymbol{E} = 0 \tag{3-59a}$$

$$\nabla \cdot \boldsymbol{D} = \rho_v \tag{3-59b}$$

$$\boldsymbol{D} = \varepsilon \boldsymbol{E} \tag{3-59c}$$

式中，ρ_v 为介质中的自由体电荷密度，$\varepsilon = \varepsilon_0 \varepsilon_r$ 为介质的电容率，ε_r 为介质的相对电容率。实际上，把 ε_0 换以 ε，就能把我们迄今为止已经导出的所有方程式推广。

当增大电场强度 $\boldsymbol{E}$ 到能拉出电子完全脱离分子的水平时，电介质将发生**击穿**，此后它将起导体一样的作用。电介质在击穿前所能承受的最大电场强度称之为该物质的**绝缘(电介质)强度**(dielectric strength)。表 3-1 列出了一些物质的电容率和绝缘强度(亦称电气强度)。

表 3-1 电介质的近似相对电容率和绝缘强度

电介质	相对电容率	绝缘强度(kV/m)
空气	1.0	3 000
电木	4.5	21 000
硬橡胶	2.6	60 000
环氧树脂	4	35 000
玻璃(硼硅酸)	4.5	90 000
古塔波胶	4	14 000
云母	6	60 000
矿物油	2.5	20 000
石蜡	2.2	29 000
聚苯乙烯	2.6	30 000
Paranol	5	20 000
瓷	5	11 000
石英(熔化态)	5	30 000
橡胶	2.5 ~ 3	25 000
变压器油	2 ~ 3	12 000
纯水	81	—

例 3.14 点电荷 q 被一个无限大的线性、均匀、各向同性介质包围，求 $\boldsymbol{E}$、$\boldsymbol{D}$、电极化强度 $\boldsymbol{P}$、束缚面电荷密度 ρ_{sb}、束缚体电荷密度 ρ_{vb}。

解 因为 $\boldsymbol{E}$、$\boldsymbol{D}$ 和 $\boldsymbol{P}$ 在线性介质中彼此互相平行，设想 $\boldsymbol{E}$ 沿 $\boldsymbol{a}_r$ 方向，于是，当 q 为介质中仅有的自由电荷时，由高斯定理，得

$$\oint_s \boldsymbol{D} \cdot \mathrm{d}\boldsymbol{s} = q$$

或

$$4\pi r^2 D_r = q$$

所以，

$$\boldsymbol{D} = \frac{q}{4\pi r^2}\boldsymbol{a}_r$$

由式(3-59c)得电场强度为

$$\boldsymbol{E} = \frac{q}{4\pi\varepsilon_0\varepsilon_r r^2}\boldsymbol{a}_r$$

这样，电介质的出现，使电场 $\boldsymbol{E}$ 按因数 ε_r 减弱了，但 $\boldsymbol{D}$ 仍保持不变。

由式(3-56)，算出 $\boldsymbol{P}$ 为

$$\boldsymbol{P} = \boldsymbol{D} - \varepsilon_0\boldsymbol{E} = \frac{q}{4\pi\varepsilon_r r^2}(\varepsilon_r - 1)\boldsymbol{a}_r$$

因为 $\nabla \cdot \boldsymbol{P} = 0$，所以由式(3-53)，束缚体电荷密度为零。

电介质有两个表面：一个在 $r\to\infty$ 处，另一个在点电荷周围。$r\to\infty$ 处表面上的束缚面电荷密度不影响 $0 < r < \infty$ 区域内的电场 $\boldsymbol{E}$。而在点电荷周围的束缚面电荷密度将影响 $\boldsymbol{E}$ 场。当 $r\to 0$ 时，$\boldsymbol{P}\to\infty$。在 $r\to 0$ 处 $\boldsymbol{P}$ 存在奇异点，是因为我们根据宏观尺度作点电荷的假设所致。然而，按分子尺度时，可以指定一个半径 b 取极限趋于零。这样，贴近点电荷 q 周围($r\to b$)电介质面上的总束缚电荷为

$$Q_{sb} = \lim_{b\to 0}[4\pi b^2\rho_{sb}] = \lim_{b\to 0}[4\pi b^2\boldsymbol{P}\cdot(-\boldsymbol{a}_r)] = -q(\varepsilon_r - 1)/\varepsilon_r$$

于是，对电场起作用的电荷总量为

$$q_t = q + Q_{sb} = q/\varepsilon_r$$

被因子 ε_r 减小了，这说明为什么电场 $\boldsymbol{E}$ 也减小了同样的因子。于是，介质内电场强度随 ε_r 的增大而下降。

3.7.3 电场中的半导体

在一些物质中，比如说硅和锗，价电子总数的一小部分在晶格空间自由随机运动。这些自由电子给予该物质一些导电性。这种类型的物质，称**半导体**(semiconductor)，是一种不良导体。如果在半导体内部放置一些多余电荷，它会由于排斥力的作用移动到它的外表面上，但是比在导体内的速度慢。然而，当达到平衡态时，半导体内部仍将没有多余的电荷留下。

如果把一块半导体单独放入电场中，自由电子的运动最终将产生一个电场抵消外加电场。也就是，在稳态下，孤立半导体内净电场将为零，这样，静电场中半导体与导体的表现没有区别。因此，从静电场的观点，可以把所有物质分为两类：导体和电介质。

3.8　电场中的储能

在这一节，我们将导出两种方法计算电场中的储能：一种用场源表示，另一种用场量表示。

让我们考虑一个没有电场的区域。为了得到这样一个区域，如果有任何电荷，必须放置在无限远处。设想有 n 个点电荷，每个在距所考虑区域无限远处。现在，把一个点电荷 q_1 从无穷远处移到 a 点，如图 3-31 所示。因为电荷没有受任何力的作用，这样做所需的能量为零，$W_1=0$。q_1 的出现，便在区域中建立了电位分布。如果现在再将另一个电荷 q_2 从无穷远处移到 b 点，这样做所需的能量为

$$W_2 = q_2 V_{b,a} = \frac{q_1 q_2}{4\pi\varepsilon R}$$

式中，$V_{b,a}$为 a 点的电荷 q_1 在 b 点建立的电位，R 为两电荷间的距离。在作以上陈述时，已经选择电位的参考点在无穷远处。把两个电荷从无穷远处移到 a、b 两点所需的总能量为

$$W = W_1 + W_2 = \frac{q_1 q_2}{4\pi\varepsilon R} \tag{3-60}$$

式(3-60)给出任何媒质中相隔距离为 R 的两个点电荷的**位能**(potential energy，严格地说是**互位能** mutual potential energy)如果改变这个过程，将 q_2 先从无穷远处移到无电场的 b 点，这样做所需的能量为零($W_2=0$)。b 点的 q_2 在 a 点建立的电位为

$$V_{a,b} = \frac{q_2}{4\pi\varepsilon R}$$

把电荷 q_1 移到 a 点所需的能量为

$$W_1 = q_1 V_{a,b} = \frac{q_1 q_2}{4\pi\varepsilon R}$$

改变顺序后所需的总能量为

$$W = W_1 + W_2 = \frac{q_1 q_2}{4\pi\varepsilon R} \tag{3-61}$$

两种情况所需的能量相同，因此使哪个电荷先移动无关紧要。

现在，把讨论扩展到三电荷系统，如图 3-32 所示，把 q_1、q_2 和 q_3 分别(按此顺序)从无穷远处移到 a、b、c 三点所需的能量为

$$\begin{aligned} W &= W_1 + W_2 + W_3 = 0 + q_2 V_{b,a} + q_3(V_{c,a} + V_{c,b}) \\ &= \frac{1}{4\pi\varepsilon}\left[\frac{q_2 q_1}{R_{21}} + \frac{q_3 q_1}{R_{31}} + \frac{q_3 q_2}{R_{32}}\right] \end{aligned} \tag{3-62}$$

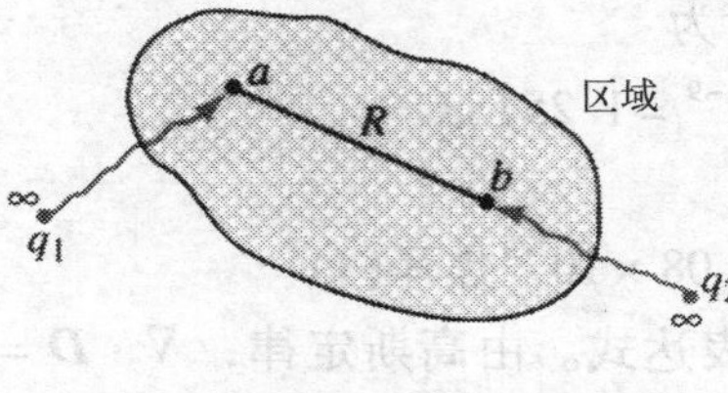

图 3-31　两个点电荷间的位能

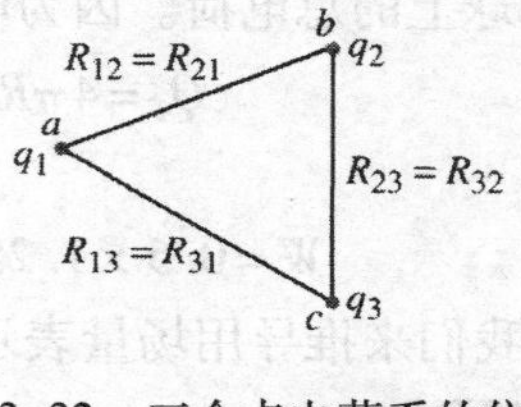

图 3-32　三个点电荷系的位能

然而，如果把三电荷移到它们各自位置的次序颠倒，所需总能量为

$$W = W_3 + W_2 + W_1 = 0 + q_2 V_{b,c} + q_1 (V_{a,c} + V_{a,b})$$

$$= \frac{1}{4\pi\varepsilon}\left[\frac{q_2 q_3}{R_{23}} + \frac{q_1 q_3}{R_{13}} + \frac{q_1 q_2}{R_{12}}\right] \tag{3-63}$$

它与式(3-62)一致。在每一种情况移动电荷做的功增加了电荷系内同样数量的储能。

把式(3-62)与(3-63)相加，得

$$W = \frac{1}{2}[q_1(V_{a,c} + V_{a,b}) + q_2(V_{b,a} + V_{b,c}) + q_3(V_{c,a} + V_{c,b})]$$

因为 $V_{a,c} + V_{a,b}$ 是 b、c 两点的电荷在 a 点的总电位，能写成

$$V_1 = V_{a,c} + V_{a,b} = \frac{1}{4\pi\varepsilon}\left[\frac{q_3}{R_{13}} + \frac{q_2}{R_{12}}\right]$$

同理，b、c 两点的电位分别为

$$V_2 = V_{b,a} + V_{b,c} \text{和} V_3 = V_{c,a} + V_{c,b}$$

总能量现在能写成

$$W = \frac{1}{2}[q_1 V_1 + q_2 V_2 + q_3 V_3] = \frac{1}{2}\sum_{i=1}^{3} q_i V_i$$

把上式推广到 n 个点电荷的系统得

$$W = \frac{1}{2}\sum_{i=1}^{n} q_i V_i \tag{3-64}$$

式(3-64)告诉我们如何计算一组点电荷在它们的共同电场中的静电位能。

如果电荷是连续分布的，则式(3-64)成为

$$W = \frac{1}{2}\int_v \rho_v V \mathrm{d}v \tag{3-65}$$

式中，ρ_v 为 v 内的体电荷密度。此式是用体电荷密度和电位表示的电荷系能量的标准表达式。面电荷密度、线电荷密度和点电荷代表此公式的特殊情况。

例 3.15 半径为 10 cm 的金属球，面电荷密度为 10 nC/m^2 求电场中的储能。

解 球面上的电位为

$$V = \int_s \frac{\rho_s \mathrm{d}s}{4\pi\varepsilon_0 R} = 9 \times 10^9 \times 10 \times 10^{-9} \times 0.1 \int_0^{\pi} \sin\theta \mathrm{d}\theta \int_0^{2\pi} \mathrm{d}\phi = 113.1 \text{ V}$$

由式(3-65)得系统中的储能为

$$W = \frac{1}{2}\int_s \rho_s V \mathrm{d}s = \frac{1}{2} Q_t V$$

式中，Q_t 为球上的总电荷。因为电荷均匀分布，总电荷为

$$Q_t = 4\pi R^2 \rho_s = 4\pi(0.1)^2 10 \times 10^{-9} = 1.257 \text{ nC}$$

于是，

$$W = 0.5 \times 1.257 \times 10^{-9} \times 113.1 = 71.08 \times 10^{-9} \text{焦耳(J)}$$

现在，我们来推导用场量表示静电系能量的另一表达式。由高斯定律，$\nabla \cdot \boldsymbol{D} = \rho_v$，式(3-65)可以写成

$$W = \frac{1}{2}\int_v V(\nabla \cdot \boldsymbol{D}) \mathrm{d}v$$

然而，利用矢量恒等式，式(2-126)

$$V(\nabla\cdot\boldsymbol{D})=\nabla\cdot(V\boldsymbol{D})-\boldsymbol{D}\cdot\nabla V$$

便得能量表达式为

$$W=\frac{1}{2}\left[\int_v\nabla\cdot(V\boldsymbol{D})\mathrm{d}v-\int_v\boldsymbol{D}\cdot(\nabla V)\mathrm{d}v\right]$$

现在，用散度定理把第一个体积分变换成封闭面积分

$$\int_v\nabla\cdot(V\boldsymbol{D})\mathrm{d}v=\oint_s V\boldsymbol{D}\cdot\mathrm{d}\boldsymbol{s}$$

上式中体积 v 的选择是任意的。唯一约束是 s 要包围 v。如果在如此大的体积上积分，以致表面上的 V 和 $\boldsymbol{D}$ 都是可以忽略不计的小，则面积分成为零。因此，静电系统内的储能变成

$$W=-\frac{1}{2}\int_v\boldsymbol{D}\cdot(\nabla V)\mathrm{d}v=\frac{1}{2}\int_v\boldsymbol{D}\cdot\boldsymbol{E}\mathrm{d}v \tag{3-66}$$

此式告诉我们如何用场量来求静电能量，注意式(3-66)中体积分的范围是整个空间($R\to\infty$)。

如果定义单位体积的能量为**能量密度**(energy density)，即

$$w=\frac{1}{2}\boldsymbol{D}\cdot\boldsymbol{E}=\frac{1}{2}\varepsilon E^2=\frac{1}{2\varepsilon}D^2 \tag{3-67}$$

则式(3-66)可以用能量密度表示为

$$W=\int_v w\mathrm{d}v \tag{3-68}$$

从式(3-65)，还能得到能量密度的另一个表达式为

$$w=\frac{1}{2}\rho_v V \tag{3-69}$$

式(3-67)显示，由于电场的连续性，整个空间能量密度都可能非零。但是式(3-69)却暗示，只有在有电荷存在的地方才有能量密度，是不是一个式子同另一个矛盾呢？我们认为并没有矛盾，只要认识到能量密度仅仅是一个(数)量，其对整个空间的积分为总能量。

例 3.16　用式(3-66)解例 3.15。

解　因为电荷分布是在球体表面，故球体内的能量密度为零。由高斯定律，空间任一点的电通密度为

$$\oint_s\boldsymbol{D}\cdot\mathrm{d}\boldsymbol{s}=Q_t$$

或

$$\boldsymbol{D}=\frac{Q_t}{4\pi r^2}=\frac{0.1\times10^{-9}}{r^2}\boldsymbol{a}_r\ \mathrm{C/m^2}$$

由式(3-67)，能量密度为

$$w=\frac{1}{2}\boldsymbol{D}\cdot\boldsymbol{E}=\frac{(0.1)^2\times10^{-18}}{2\varepsilon_0 r^4}$$

因而，系统总能量为

$$W=\int_{0.1}^{\infty}\frac{(0.1)^2\times10^{-18}}{2\varepsilon_0 r^4}r^2\mathrm{d}r\int_0^{\pi}\sin\theta\mathrm{d}\theta\int_0^{2\pi}\mathrm{d}\phi=71.06\ \mathrm{nJ}$$

3.9 边界条件

在这一节中，我们将研究电场在两种媒质分界面上变化的规律。分界面可以是在电介质与导体之间，也可以是在两种不同电介质之间。决定分界面两侧电场变化关系的方程称为**边界条件**(boundary conditions)。

3.9.1 *D* 的法向分量

用高斯定律推导分界面上关于电通密度法向分量的边界条件,如图3-33a所示。为此，可以构造一个扁圆盒形的高斯面，一半在媒质1中，另一半在媒质2中。因圆盒截面足够小，故穿过截面的电通密度可视为常数。此外，假设扁圆盒的高度 Δh 趋于零,其侧面面积可以忽略不计，设分界面上存在自由面电荷密度 ρ_s。

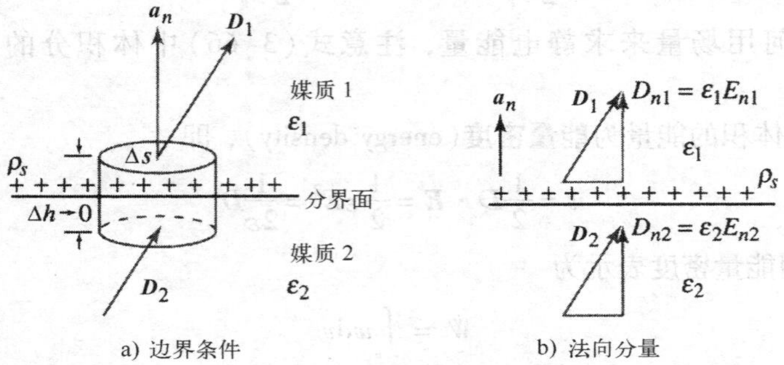

图3-33 ***D*** 和 ***E*** 的法向分量的边界条件

记分界面面积为 Δs,则圆盒体所包含的电荷总量为 $\rho_s\Delta s$。于是，根据高斯定律可得[⊖]

$$\boldsymbol{D}_1\cdot\boldsymbol{a}_n\Delta s-\boldsymbol{D}_2\cdot\boldsymbol{a}_n\Delta s=\rho_s\Delta s$$

或

$$\boldsymbol{a}_n\cdot(\boldsymbol{D}_1-\boldsymbol{D}_2)=\rho_s \tag{3-70a}$$

或

$$D_{n1}-D_{n2}=\rho_s \tag{3-70b}$$

其中，$\boldsymbol{a}_n$ 是垂直于分界面从媒质2指向媒质1的单位法向矢量。D_{n1} 和 D_{n2} 分别是媒质1和媒质2中电通密度的法向分量,如图3-33b所示。式(3-70)表明，如果分界面上存在自由面电荷密度，则电通量密度的法向分量不连续。

因为 $\boldsymbol{D}=\varepsilon\boldsymbol{E}$，所以也可以把式(3-70)用 ***E*** 的法向分量表示，即

$$\boldsymbol{a}_n\cdot(\varepsilon_1\boldsymbol{E}_1-\varepsilon_2\boldsymbol{E}_2)=\rho_s \tag{3-70c}$$

或

$$\varepsilon_1E_{n1}-\varepsilon_2E_{n2}=\rho_s \tag{3-70d}$$

当分界面在两种不同介质之间时，若非特意放置，一般并不存在任何自由面电荷密度。因此，排除放置的可能性,穿过介质分界面的电通量密度的法向分量是连续的，即

⊖ 因 $\Delta h\to 0$,不计盒内体电荷，只计面电荷。——译注

$$D_{n1} = D_{n2} \tag{3-71a}$$

或

$$\varepsilon_1 E_{n1} = \varepsilon_2 E_{n2} \tag{3-71b}$$

当媒质 2 为导体时，由静电场条件$\boldsymbol{D}_2$必须为零。若媒质 1 中存在着$\boldsymbol{D}_1$的法向分量，则导体表面必然存在自由面电荷密度以与式(3-70)相协调，亦即

$$\boldsymbol{a}_n \cdot \boldsymbol{D}_1 = D_{n1} = \rho_s \tag{3-72a}$$

或

$$\varepsilon_1 E_{n1} = \rho_s \tag{3-72b}$$

也就是说，紧挨导体表面介质中的电通密度的法向分量等于导体的面电荷密度。

3.9.2 E 的切向分量

由于静电场是保守场，因此$\oint \boldsymbol{E} \cdot \mathrm{d}\boldsymbol{l} = 0$。将这一结论应用于穿越分界面的闭合路径 $abcda$，如图 3-34a 所示。闭合路径由两条长度为$\Delta \boldsymbol{w}$，平行并位于分界面两侧的线段 ab、cd 和两条较短的长度为 Δh 的线段 bc、da 构成。当 $\Delta h \to 0$ 时，线段 bc、da 对线积分$\oint \boldsymbol{E} \cdot \mathrm{d}\boldsymbol{l}$的贡献可忽略不计，因此

$$\boldsymbol{E}_1 \cdot \Delta \boldsymbol{w} - \boldsymbol{E}_2 \cdot \Delta \boldsymbol{w} = 0$$

或

$$(\boldsymbol{E}_1 - \boldsymbol{E}_2) \cdot \Delta \boldsymbol{w} = 0$$

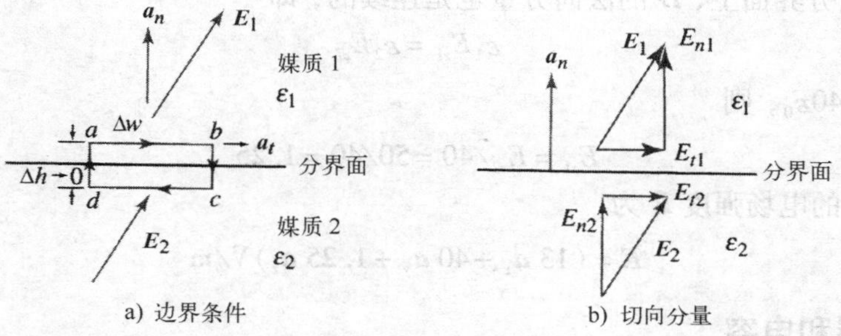

图 3-34 E 的切向分量的边界条件

如果定义$\Delta \boldsymbol{w} = \Delta w \boldsymbol{a}_t$，$\boldsymbol{a}_t$为平行于分界面的单位矢量，如图 3-34a 所示，则上述等式变为

$$\boldsymbol{a}_t \cdot (\boldsymbol{E}_1 - \boldsymbol{E}_2) = 0$$

或

$$E_{t1} = E_{t2} \tag{3-73a}$$

其中E_{t1}和E_{t2}分别是媒质1 和媒质2 中 $\boldsymbol{E}$ 的切向分量，如图 3-34b 所示。上述等式表明，分界面上电场强度的切向分量总是连续的。

式(3-73a)亦可写成矢量形式

$$\boldsymbol{a}_n \times (\boldsymbol{E}_1 - \boldsymbol{E}_2) = 0 \tag{3-73b}$$

如果媒质 1 是介质而媒质 2 是导体，则由于导体内部不存在静电场，故与导体邻接的媒质 1

中的电场强度的切向分量必然为零。因此，导体上的静电场总是垂直于导体表面。

例 3.17 电荷 Q 均匀分布在半径为 R 的金属球的表面，试确定球体表面上的电场强度 $\boldsymbol{E}$。

解 面电荷密度 $\rho_s = \dfrac{Q}{4\pi R^2}$

在导体表面只有 $\boldsymbol{D}$ 的法向分量存在，所以 $\boldsymbol{D} = D_r\,\boldsymbol{a}_r$，从式(3-72a)可得

$$D_r = \frac{Q}{4\pi R^2}$$

若 ε 是围绕球体的媒质的电容率，则

$$E_r = \frac{D_r}{\varepsilon} = \frac{Q}{4\pi\varepsilon R^2}$$

此结果很易用高斯定律验证。

例 3.18 平面 $z=0$ 是介于自由空间与相对电容率为 40 的电介质之间的边界。分界面上自由空间一侧的电场强度 $\boldsymbol{E}$ 为 $\boldsymbol{E} = 13\,\boldsymbol{a}_x + 40\,\boldsymbol{a}_y + 50\,\boldsymbol{a}_z$ V/m，试确定分界面另一侧的电场强度 $\boldsymbol{E}$。

解 令 $z>0$ 区域为介质 1，$z<0$ 区域为自由空间 2，则有

$$\boldsymbol{E}_2 = 13\,\boldsymbol{a}_x + 40\,\boldsymbol{a}_y + 50\,\boldsymbol{a}_z$$

由于垂直于分界面的单位向量 $\boldsymbol{a}_n$ 为 $\boldsymbol{a}_z$，而电场强度 $\boldsymbol{E}$ 的切向分量是连续的，故

$$\begin{cases} E_{x1} = E_{x2} = 13 \\ E_{y1} = E_{y2} = 40 \end{cases}$$

又由于两种介质分界面上，$\boldsymbol{D}$ 的法向分量也是连续的，即

$$\varepsilon_1 E_{z1} = \varepsilon_2 E_{z2}$$

而 $\varepsilon_2 = \varepsilon_0$，$\varepsilon_1 = 40\varepsilon_0$，则

$$E_{z1} = E_{z2}/40 = 50/40 = 1.25$$

因此，介质 1 中的电场强度 $\boldsymbol{E}$ 为

$$\boldsymbol{E} = (13\,\boldsymbol{a}_x + 40\,\boldsymbol{a}_y + 1.25\,\boldsymbol{a}_z)\ \text{V/m}$$

3.10 电容器和电容

相互接近而又绝缘的两块任意形状的导体构成一个**电容器**(capacitor)，如图 3-35 所示。在外部能量的作用下可以把电荷从一个导体传输到另一个导体，或者说，通过外电源给电容器充电。在整个充电过程中，这两块导体上有着等量的异性电荷。分隔开的电荷在介质中产生电场，并使导体间存在电位差。若继续充电，显然会有更多电荷从一个导体传输到另一个导体，它们之间的电位差也将越大。不难发现，导体间的电位差与传输的电荷量之间成正比关系。一个导体上的电荷量与此导体相对于另一导体的电位之比定义为**电容**(capacitance)，数学描述为

$$C = Q_a / V_{ab} \tag{3-74}$$

式中，C 表示电容，以法拉(F)为单位；Q_a 表示导体 a 的电荷，以库仑(C)为单位；V_{ab} 表示导体 a 相对于导体 b 的电位，以伏特(V)为单位。

你可能曾经在电子调谐电路的设计和电力系统的功率因数校正网络中使用过电容器。不

过，你或许并没有意识到电容在传输导线间和二极管 PN 结中的存在。

例 3.19 两间距为 d 每块面积为 A 的平行导电板构成一平板电容器，如图 3-36 所示。上面板的电荷为 $+Q$，下面板为 $-Q$，问电容是多少？并用此系统的电容表示媒质中储存的能量。

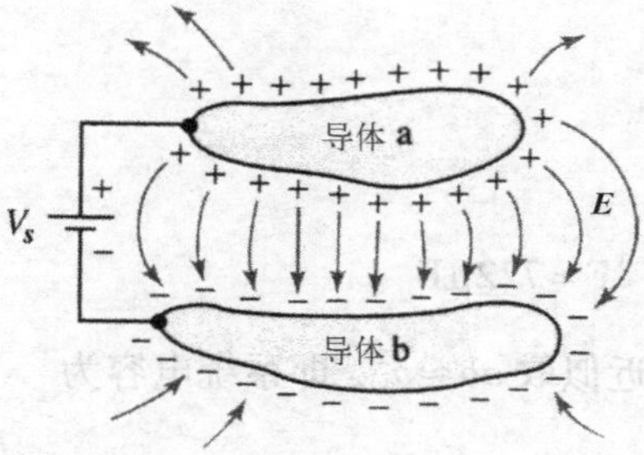

图 3-35 带电电容器

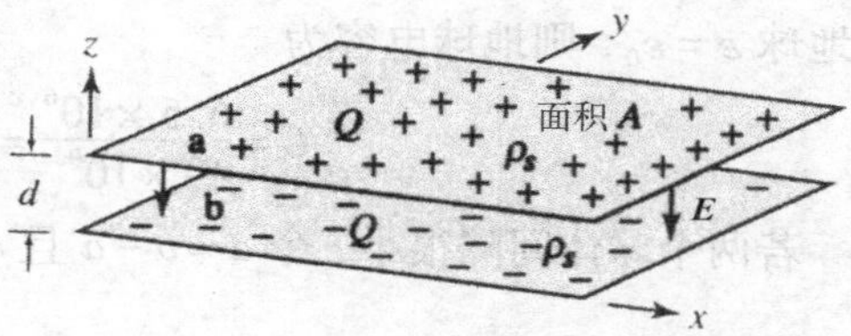

图 3-36 平板电容器

解 设两板间距与其面积相比足够小。从而，可忽略边缘效应，并认为电荷均匀分布在每块板的内侧面，则导体间的电场强度为

$$\boldsymbol{E} = -\frac{\rho_s}{\varepsilon}\boldsymbol{a}_z,\ \rho_s = \frac{Q}{A}$$

式中，Q 为处于 $z=d$ 的上面板 a 的电荷，A 为每块板的面积，ε 为媒质的电容率，$z=0$ 处下面板 b 的电荷为 $-Q$。

a 板相对于 b 板的电位为

$$V_{ab} = -\int_b^a \boldsymbol{E}\cdot d\boldsymbol{l} = \frac{\rho_s}{\varepsilon}\int_0^d dz = \frac{\rho_s d}{\varepsilon} = \frac{Qd}{\varepsilon A}$$

因此，平板电容器的电容为

$$C = \frac{Q}{V_{ab}} = \frac{\varepsilon A}{d} \tag{3-75a}$$

而系统的储能为

$$W = \frac{1}{2}\int_v \varepsilon E^2 dv = \frac{1}{2}\frac{Ad}{\varepsilon}\rho_s^2 = \frac{1}{2}\frac{d}{\varepsilon A}Q^2 = \frac{1}{2C}Q^2 = \frac{1}{2}CV_{ab}^2$$

这些就是电容器储存能量的基本电路方程。

例 3.20 一球形电容器由半径分别为 a 和 b 的同心金属球壳组成，如图 3-37 所示。内球带电 $+Q$，外球带电 $-Q$。试确定系统电容。一个孤立球体的电容是多少？视地球为一半径 6.5×10^6m 的孤立球体，计算它的电容。若两球体间隔相对于它们的半径足够小，试推导其电容的近似表达式。

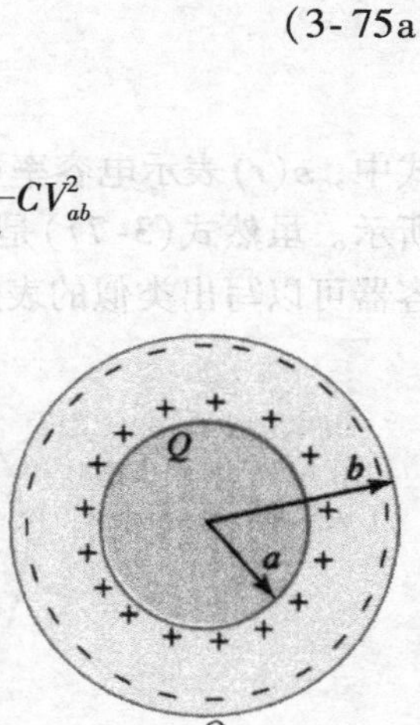

图 3-37 球形电容器

解 对于电荷均匀分布的球体，由高斯定律可知球内电场强度为

$$\boldsymbol{E} = \frac{Q}{4\pi\varepsilon r^2}\boldsymbol{a}_r$$

内球相对于外球的电位为

$$V_{ab} = -\frac{Q}{4\pi\varepsilon}\int_b^a \frac{1}{r^2}\mathrm{d}r = \frac{Q}{4\pi\varepsilon}\left(\frac{1}{a}-\frac{1}{b}\right)$$

因此系统的电容为

$$C = \frac{Q}{V_{ab}} = \frac{4\pi\varepsilon ab}{b-a} \tag{3-75b}$$

若 $b\to\infty$，可得孤立球体的电容

$$C = 4\pi\varepsilon a$$

取地球 $\varepsilon=\varepsilon_0$，则地球电容为

$$C = \frac{6.5\times10^6}{9\times10^9} = 0.722\times10^{-3}\mathrm{F} = 722\mu\mathrm{F}$$

若两个球体间隔很小，令 $d=b-a$ 且 $d\ll a$，则可近似取 $ab\approx a^2$，即系统电容为

$$C = \frac{4\pi\varepsilon a^2}{b-a} = \frac{\varepsilon A}{d} \tag{3-75c}$$

式中 $A=4\pi a^2$ 为内球的表面积。

从例 3.19 和例 3.20 可知，两导体间的电容取决于下列三个因素：(a) 导体的尺寸和形状，(b) 导体间距，及(c) 媒质的电容率。下面的示例说明，式(3-75c)对于我们确定两导体之间的电容会更为有用。

例 3.21 利用公式(3-75c)，确定球形电容器的电容。

解 如图 3-38a 所示，把 $a\leqslant r\leqslant b$ 的区域分为几部分，使 $\Delta r_i\ll r_i$，Δr_i 为第 i 个电容器两面间的距离，r_i 为内半径，A_i 为表面积，ε_i 为电容率，C_i 为通过式(3-75c)计算的电容值。在 $r=a$ 至 $r=b$ 之间，n 个电容器串联，因此两球体间的电容为

$$\frac{1}{C} = \sum_{i=1}^{n}\frac{\Delta r_i}{\varepsilon_i A_i} \tag{3-76}$$

当 $n\to\infty$，$\Delta r_i\to 0$ 时，式(3-76)的求和运算可由积分公式取代为

$$\frac{1}{C} = \int_a^b \frac{\mathrm{d}r}{\varepsilon(r)A_r} \tag{3-77}$$

式中，$\varepsilon(r)$表示电容率可能是 r 的函数，A_r 为任意半径 r 处的球体表面积($4\pi r^2$)，如图3-38b 所示。虽然式(3-77)是对球形电容器导出的，但应视之为通用公式，因为对平板和圆柱形电容器可以写出类似的表达式。

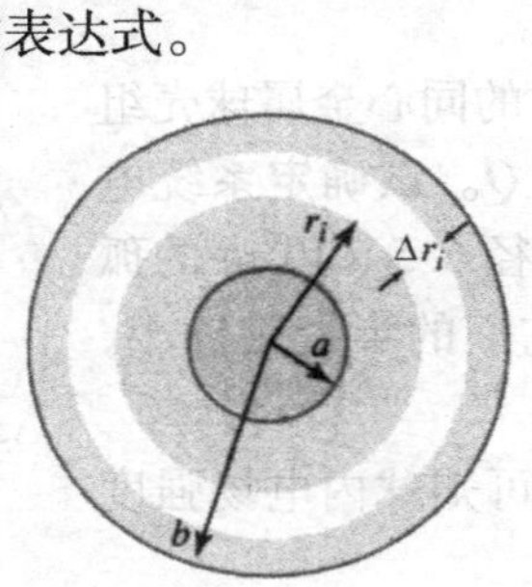

a) $\Delta r_i\ll r_i$

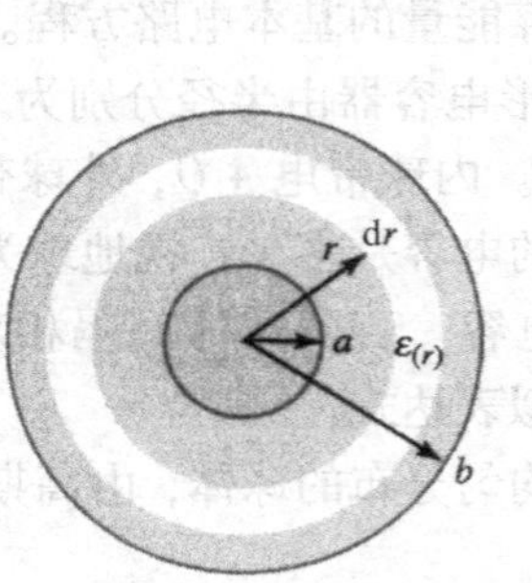

b) 电容率 $\varepsilon(r)$ 是 r 的函数

图 3-38 确定球形电容器电容的分析图

设媒质电容率为常数，则两导体球之间的电容为

$$\frac{1}{C}=\frac{1}{4\pi\varepsilon}\int_a^b\frac{\mathrm{d}r}{r^2}=\frac{1}{4\pi\varepsilon}\left(\frac{1}{a}-\frac{1}{b}\right)$$

或

$$C=\frac{4\pi\varepsilon ab}{b-a}$$

这与式(3-75b)的结果是完全一致的。

例 3.22　两同心球壳间充满两种不同的电介质，如图 3-39 所示，求系统的电容。

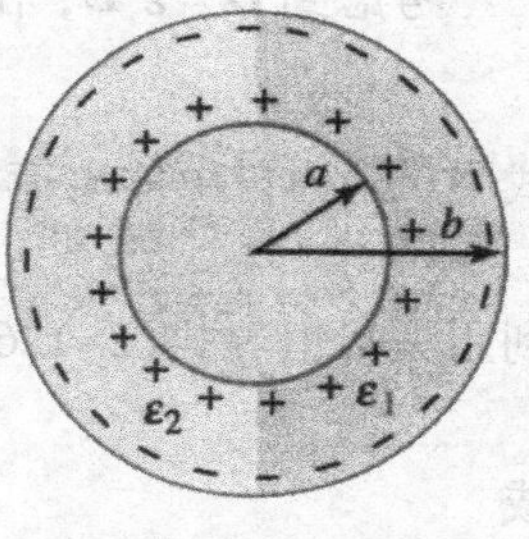

图 3-39　例 3.22 附图

解　设想电场强度 $\boldsymbol{E}$ 沿径向分布，且媒质分界面上的切向分量连续，即

$$E_{r1}=E_{r2}$$

因为 $\boldsymbol{D}=\varepsilon\boldsymbol{E}$

$$\begin{cases}D_{r1}=\varepsilon_1E_{r1},\\ D_{r2}=\varepsilon_2E_{r2}\end{cases}$$

因而

$$D_{r2}=\frac{\varepsilon_2}{\varepsilon_1}D_{r1}\tag{3-78}$$

由高斯定律可知，任一个闭合面 r，其中 $a\leqslant r\leqslant b$，有

$$\oint_s\boldsymbol{D}\cdot\mathrm{d}\boldsymbol{s}=Q\tag{3-79}$$

因而

$$D_{r1}+D_{r2}=\frac{Q}{2\pi r^2}\tag{3-80}$$

由式(3-78)和(3-80)可得

$$D_{r1}=\frac{Q\varepsilon_1}{2\pi r^2(\varepsilon_1+\varepsilon_2)}$$

$$E_{r1}=\frac{Q}{2\pi r^2(\varepsilon_1+\varepsilon_2)}$$

则内球相对于外球的电位为

$$V_{ab}=-\frac{Q}{2\pi(\varepsilon_1+\varepsilon_2)}\int_b^a\frac{1}{r^2}\mathrm{d}r=\frac{Q}{2\pi(\varepsilon_1+\varepsilon_2)}\left[\frac{b-a}{ab}\right]$$

因此系统的电容为

$$C=2\pi(\varepsilon_1+\varepsilon_2)\frac{ab}{b-a}=C_1+C_2$$

式中，$C_1=2\pi\varepsilon_1\dfrac{ab}{b-a}$，$C_2=2\pi\varepsilon_2\dfrac{ab}{b-a}$。$C_1$ 和 C_2 分别为媒质 1 和媒质 2 的电容。所以，系统的电容等于两个电容的并联值，这一结果你可能早在电路分析中就已经使用过。

3.11 泊松方程和拉普拉斯方程

在以上各节中，我们已经讨论过媒质中各处电荷分布已知情况下的静电场问题。然而，实际中遇到的许多情况却并非如此，且更经常见的反倒是要在能够计算电荷分布之前必须先确定电场。我们还遇到一些边界上面电荷密度或电位给定的问题。此类问题通称为**边界值问题**(boundary value problem)。在这一节里，我们希望导出解此类静电场问题的一种可取方法。

考虑到$\boldsymbol{D}=\varepsilon\boldsymbol{E}$，在线性媒质中高斯定律可表示为

$$\nabla\cdot(\varepsilon\boldsymbol{E})=\rho_v$$

式中，ρ_v为自由体电荷密度。将$\boldsymbol{E}=-\nabla V$代入上式，可得

$$\nabla\cdot(-\varepsilon\nabla V)=\rho_v \tag{3-81}$$

利用矢量恒等式(2-126)，可把式(3-81)表示为

$$\varepsilon\nabla\cdot(\nabla V)+\nabla V\cdot\nabla\varepsilon=-\rho_v$$

或

$$\varepsilon\nabla^2V+\nabla V\cdot\nabla\varepsilon=-\rho_v \tag{3-82}$$

这是一个关于电位函数V和体电荷密度ρ_v的二阶偏微分方程。如果ε是位置的函数，式(3-82)仍然成立。在边界条件和ρ_v及ε的函数关系已知时，方程可以求解。

特别的，若首先对均匀媒质的情况求解，即ε为常数，则由$\nabla\varepsilon=0$，方程(3-82)便可简化为

$$\nabla^2V=-\rho_v/\varepsilon \tag{3-83}$$

此方程即为静电场的泊松方程，它表示求解域内的电位分布决定于当地的电荷分布。事实上,式(3-83)的解已由式(3-37)给出。

对于那些电荷分布在导体表面的静电场问题，在感兴趣的区域内多数点的体电荷密度为零。于是，在$\rho_v=0$的区域，式(3-83)简化为

$$\nabla^2V=0 \tag{3-84}$$

这就是拉普拉斯方程。

在无电荷区，我们将寻求一个既满足拉普拉斯方程又符合边界条件的电位函数V。一旦这个函数求出来，电场强度$\boldsymbol{E}$即可用$\boldsymbol{E}=-\nabla V$确定。在线性、均匀、无电荷区，$\nabla\cdot\boldsymbol{E}=0$。这是第2章已讨论过的Ⅰ类场，因此，拉普拉斯方程的解是唯一的。而其他感兴趣的量，如电容、导体表面电荷、能量密度和系统总储能等也就随之可以确定。

例3.23 两块面积为A、间距为d的金属板组成一平板电容器，如图3-40所示。上板电位为V_0，下板接地。求(a)电位分布，(b)电场强度，(c)每块板上的电荷分布和(d)平板电容器的电容。

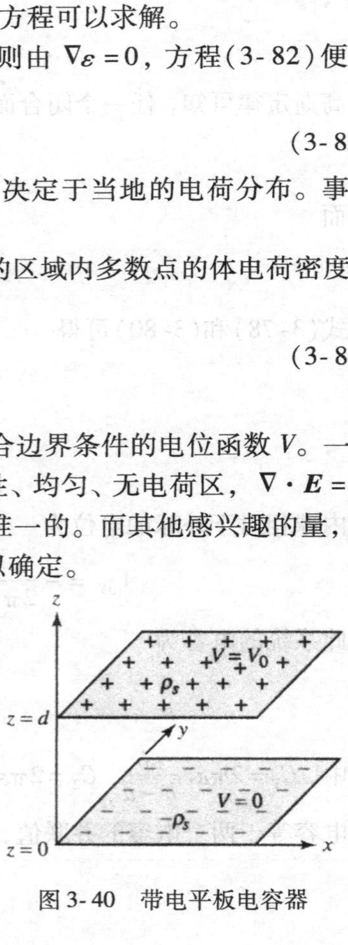

图3-40 带电平板电容器

解 因为这两块在xy平面$z=0$和$z=d$的金属板均为等位面，电位V就只是z的函数。于是，对两板间的无电荷区域，拉普拉斯方程为

$$\frac{\partial^2V}{\partial z^2}=0$$

其解为

$$V = az + b$$

式中，常数 a、b 可由边界条件确定。

当 $z=0$、$V=0$ 时，故 $b=0$，两板间电位分布则为

$$V = az$$

而 $z=d$ 时有 $V=V_0$，即 $a=V_0/d$。故平板电容器内电位按线性变化为

$$V = \frac{z}{d}V_0$$

电场强度为

$$\boldsymbol{E} = -\nabla V = -\boldsymbol{a}_z\frac{\partial V}{\partial z} = -\frac{V_0}{d}\boldsymbol{a}_z$$

电通密度为

$$\boldsymbol{D} = \varepsilon\boldsymbol{E} = -\frac{\varepsilon V_0}{d}\boldsymbol{a}_z$$

因为 $\boldsymbol{D}$ 的法向分量等于导体表面电荷密度，故下板的表面电荷密度为

$$\rho_s|_{z=0} = -\frac{\varepsilon V_0}{d}$$

上板表面电荷密度则为

$$\rho_s|_{z=d} = \frac{\varepsilon V_0}{d}$$

上板总电荷为

$$Q = \frac{\varepsilon V_0 A}{d}$$

平板电容器的电容为

$$C = \frac{Q}{V_0} = \frac{\varepsilon A}{d}$$

例 3.24　同轴电缆的内导体半径为 a，电压为 V_0，外导体半径为 b，接地，如图 3-41 所示。试求，(a) 导体间的电位分布，(b) 内导体的表面电荷密度，(c) 单位长度的电容。

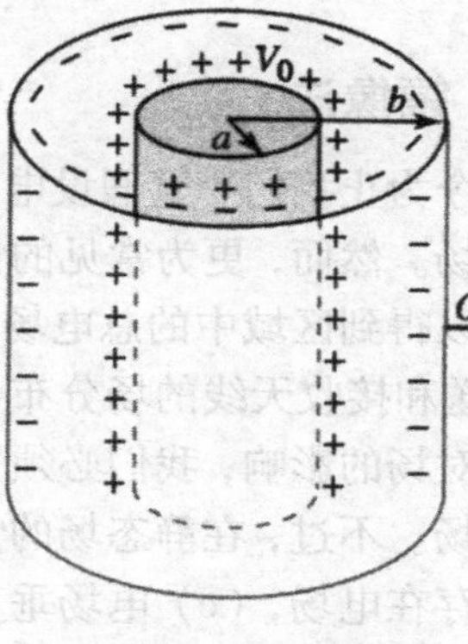

图 3-41　同轴电缆示意图

解　因为半径分别为 a、b 的内外导体组成了两个等位面，所以电位 V 就只是 ρ 的函数。因此，拉普拉斯方程简化为

$$\frac{1}{\rho}\frac{\mathrm{d}}{\mathrm{d}\rho}\left(\rho\frac{\mathrm{d}V}{\mathrm{d}\rho}\right) = 0$$

积分两次后可得

$$V = c\ln\rho + d$$

式中，c 和 d 为积分常数。

当 $\rho=b$，$V=0 \Rightarrow d=-c\ln b$。因而

$$V = c\ln\left(\frac{\rho}{b}\right)$$

当 $\rho = a$，$V = V_0 \Rightarrow c = V_0/\ln(a/b)$。因而在 $a \leqslant \rho \leqslant b$ 区域内的电位分布为

$$V = V_0 \frac{\ln\left(\frac{\rho}{b}\right)}{\ln\left(\frac{a}{b}\right)}$$

电场强度为

$$\boldsymbol{E} = -\nabla V = -\frac{\partial V}{\partial \rho}\boldsymbol{a}_\rho = \frac{V_0\,\boldsymbol{a}_\rho}{\rho\ln\left(\frac{b}{a}\right)}$$

电通密度为

$$\boldsymbol{D} = \varepsilon\boldsymbol{E} = \frac{\varepsilon V_0\,\boldsymbol{a}_\rho}{\rho\ln\left(\frac{b}{a}\right)}$$

在 $\rho = a$，$\boldsymbol{D}$ 的法向分量产生内导体表面电荷密度

$$\rho_s = \frac{\varepsilon V_0}{a\ln\left(\frac{b}{a}\right)}$$

内导体单位长度上的电荷为

$$Q = \frac{2\pi\varepsilon V_0}{\ln\left(\frac{b}{a}\right)}$$

则单位长度的电容为

$$C = \frac{2\pi\varepsilon}{\ln\left(\frac{b}{a}\right)}$$

3.12 镜像法

至今为止我们一直假设电荷是独自存在，并且在所讨论的区域内没有其他东西可以影响它们的场。然而，更为常见的情况是，电荷(或电荷分布)靠近到导电体表面，它们的影响必须考虑以得到区域中的总电场。例如地球对架空传输线所产生电场的影响就不可忽略。类似地，发送和接收天线的场分布会因支撑它们的金属导电体的出现而显著地改变。为了估算邻近导体对场的影响，我们必须知道导体表面的电荷分布，这些电荷本身又取决于正好在表面上方的场。不过，在静态场的情况下，我们知道(a) 导体带电形成等电位面，(b) 孤立导体内部不存在电场，(c) 电场垂直于导体表面。这些结论将有助于量化分析导体表面的电荷分布及其对域内电场的影响。

在讨论图3-24 的电偶极子时，我们已经指出在平分面上任一点的电位为零，并且电场强度垂直于此平面，因此，平分面满足导电平面的要求。也就是说，如果用一导电平面投放得与平分面重合，则电偶极子的电场分布保持不变。若导电平面下的负电荷被移走，平面上方区域的电场分布会依然保持相同，而且导体表面上感应的总电荷为 $-q$，如图 3-42 所示。现

在，如果在无穷大导电平面上方距离为 h 的地方放置点电荷 q，我们可以忽略此平面的存在并想像在平面另一边同样距离处有电荷 $-q$ 来确定导电平面上方任一点的电位和电场。这个虚拟的电荷 $-q$ 被称之为真实电荷 q 的**镜像**(image)。因此，所谓镜像法，就是暂时忽略导电平面的存在，并在平面后面放置虚拟电荷。虚拟电荷与真实电荷大小相等、极性相反，它们之间的距离是真实电荷与平面距离的两倍。不过，这些论述只有在导电平面无限宽大和厚的情况下才是正确的。对于曲面，则镜像电荷的量值不相等且在导电面另一边的距离也不是这样远。我们将用例子突出这一事实。应用镜像法时要记住的要点如下

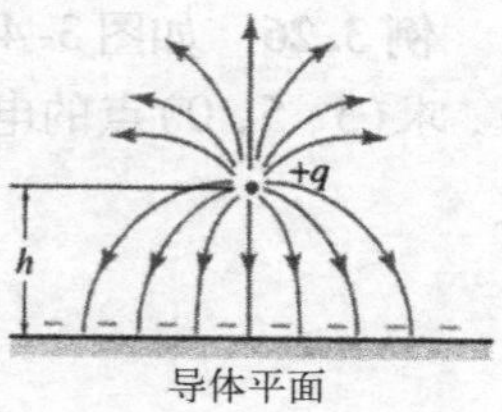

图 3-42 无穷大导电平面上方点电荷 q 的电力线

(a) 镜像电荷是虚拟电荷。

(b) 镜像电荷置于导电平面附近区域。

(c) 导电平面是等电位面。

当一点电荷置于两平行导电平面之中时，其镜像电荷数趋于无穷。然而，对于两相交平面，只要两平面的夹角为 360° 的约数，则镜像电荷数是有限的。例如，交叉平面间的夹角为 $\theta°$，而 $\dfrac{360°}{\theta°}=n$(整数)，则镜像电荷数为 $(n-1)$。⊖

例 3.25 一个点电荷 q 在一无穷宽和厚的导电平面上方，计算任一点 P 的电位和电场强度，证明平面表面上感生的总电荷为 $-q$。

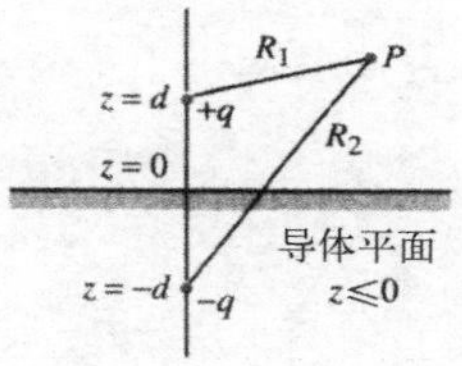

图 3-43 无穷大导电平面上的点电荷

解 图 3-43 表明点电荷 $+q$ 位于导电平面上方 $(0, 0, d)$ 点处。为了确定电场，在 $(0, 0, -d)$ 处放置镜像电荷 $-q$，且暂时忽略导电平面的存在。$z\geqslant 0$ 区域内任一点 $P(x,y,z)$ 的电位是

$$V=\frac{q}{4\pi\varepsilon}\left[\frac{1}{R_1}-\frac{1}{R_2}\right]$$

式中 $R_1=[x^2+y^2+(z-d)^2]^{\frac{1}{2}}$，$R_2=[x^2+y^2+(z+d)^2]^{\frac{1}{2}}$。在导电平面，即 $z=0$ 平面上，$R_1=R_2, V=0$。而 P 点的电场强度为

$$\boldsymbol{E}=-\nabla V=-\frac{q}{4\pi\varepsilon}\left[\left(\frac{x}{R_2^3}-\frac{x}{R_1^3}\right)\boldsymbol{a}_x+\left(\frac{y}{R_2^3}-\frac{y}{R_1^3}\right)\boldsymbol{a}_y+\left(\frac{z+d}{R_2^3}-\frac{z-d}{R_1^3}\right)\boldsymbol{a}_z\right]$$

在导电平面上，电场强度简化为

$$\boldsymbol{E}=-\frac{2qd}{4\pi\varepsilon R^3}\boldsymbol{a}_z \quad R=[x^2+y^2+d^2]^{\frac{1}{2}}$$

$\boldsymbol{D}$ 的法向分量等于导体表面 $(z=0)$ 的电荷密度，故有

$$\rho_s=-\frac{2qd}{4\pi R^3}$$

因此，在无穷大导电平面表面感生的总电荷为

$$Q=\int_s\rho_s\mathrm{d}s=-\frac{2qd}{4\pi}\int_0^\infty\frac{\rho\mathrm{d}\rho}{(\rho^2+d^2)^{3/2}}\int_0^{2\pi}\mathrm{d}\phi=-q$$

即导体表面的总电荷为预期值 $-q$。

⊖ 详细分析证明，可参考其他有关著作。——译注

例 3.26 如图 3-44 所示，两无穷大导电平面垂直放置，电量 100 nC 的点电荷置于(3, 4, 0)，求(3, 5, 0)点的电位和电场强度。

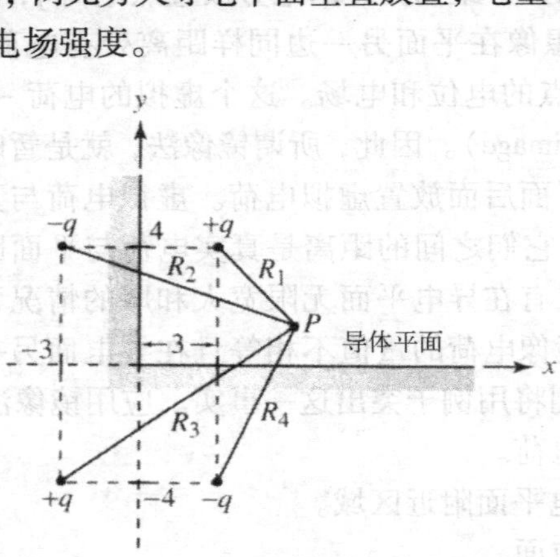

图 3-44 两垂直平面间的点电荷

解 两平面夹角为 90°，则 $n=360/90=4$，因此需要三个虚拟电荷，如图所示。如果 (x,y,z) 为 P 点的坐标，有

$$R_1=[(x-3)^2+(y-4)^2+z^2]^{\frac{1}{2}}$$
$$R_2=[(x+3)^2+(y-4)^2+z^2]^{\frac{1}{2}}$$
$$R_3=[(x+3)^2+(y+4)^2+z^2]^{\frac{1}{2}}$$
$$R_4=[(x-3)^2+(y+4)^2+z^2]^{\frac{1}{2}}$$

设场域为自由空间，则 $P(x,y,z)$ 点的电位为

$$V=9\times10^9\times100\times10^{-9}\left[\frac{1}{R_1}-\frac{1}{R_2}+\frac{1}{R_3}-\frac{1}{R_4}\right]$$

在 $P(3, 5, 0)$ 点

$$V(3,\ 5,\ 0)=735.2\ \text{V}$$

电场强度

$$\boldsymbol{E}=-\nabla V=-\frac{\partial V}{\partial x}\boldsymbol{a}_x-\frac{\partial V}{\partial y}\boldsymbol{a}_y-\frac{\partial V}{\partial z}\boldsymbol{a}_z$$

在 $P(3, 5, 0)$ 点有

$$\frac{\partial V}{\partial x}=900\left[-\frac{x-3}{R_1^3}+\frac{x+3}{R_2^3}-\frac{x+3}{R_3^3}+\frac{x-3}{R_4^3}\right]=19.8$$

同理，在 $P(3, 5, 0)$ 点有

$$\begin{cases}\dfrac{\partial V}{\partial y}=-891.36\\[2mm]\dfrac{\partial V}{\partial z}=0\end{cases}$$

因此，$P(3, 5, 0)$ 点的电场强度 $\boldsymbol{E}$ 为

$$\boldsymbol{E}=(-19.8\ \boldsymbol{a}_x+891.36\ \boldsymbol{a}_y)\ \text{V/m}$$

例 3.27 一接地导电球半径为 a，一点电荷 q 置于距球心距离 d 处，计算导体球的表面

电荷密度。

解 因为面的弯曲特性，我们不期望镜像电荷在数量上等于真实电荷 q。令镜像电荷为 $-mq$，此处 m 为常数。镜像电荷将位于球心与实际电荷的连线上，如图 3.45 所示。于是，任一点 P 的电位为

$$V=\frac{q}{4\pi\varepsilon}\left(\frac{1}{R_1}-\frac{m}{R_2}\right)$$

式中，$R_1=[r^2+d^2-2rd\cos\theta]^{\frac{1}{2}}$ 和 $R_2=[r^2+b^2-2rb\cos\theta]^{\frac{1}{2}}$。

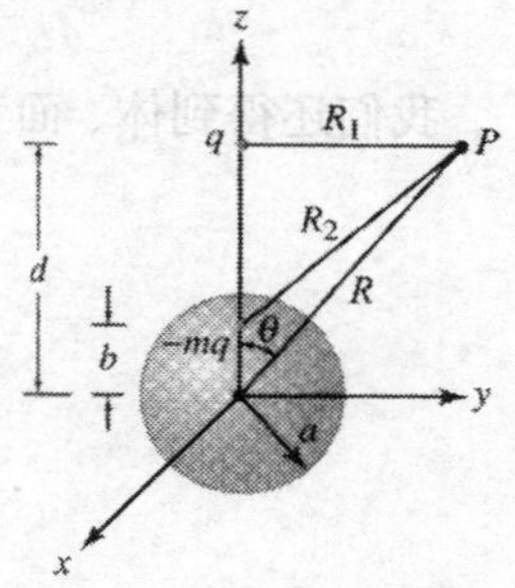

图 3-45 导电球外的点电荷

因边界条件要求球体表面处电位为零，即在 $r=a$ 处有

$$\frac{1}{[a^2+d^2-2ad\cos\theta]^{\frac{1}{2}}}=\frac{m}{[a^2+b^2-2ab\cos\theta]^{\frac{1}{2}}}$$

为确定 m 和 b，需要两个方程。为此，将等式两边平方，令 $\cos\theta$ 的系数及其余项相等，得

$$\begin{cases}(a^2+d^2)m^2=a^2+b^2\\ 2adm^2=2ab\end{cases}$$

由此解出

$$m^2=\frac{b}{d},b=\frac{a^2}{d}\text{和 } m=\frac{a}{d}$$

因此，镜像电荷为

$$-mq=-\frac{aq}{d}$$

显然，$m\leqslant1$。只当 $d=a$ 时，才有 $m=1$。亦即仅当真实电荷在球面上时，镜像电荷在数量上才等于真实电荷。当 q 远离球体移动时，镜像电荷则趋向于球心。又由于球体表面电荷密度等于 $\boldsymbol{D}$ 的法向分量，故有

$$\rho_s=\boldsymbol{a}_r\cdot\boldsymbol{D}=\boldsymbol{a}_r\cdot(-\varepsilon\ \nabla V)=-\varepsilon\frac{\partial V}{\partial r}\bigg|_{r=a}$$

$$=-\frac{q}{4\pi a}\left[\frac{(d^2-a^2)}{(d^2+a^2-2ad\cos\theta)^{3/2}}\right]$$

3.13 摘要

静电场理论研究静止电荷产生的恒定电场。其理论基础源于库仑的实验观测结果。库仑定律的数学描述为

$$\boldsymbol{F}=\frac{q_1q_2}{4\pi\varepsilon R^2}\boldsymbol{a}_R$$

更进一步的实验研究表明，点电荷 q 受到周围其他一些电荷的总作用力为每个电荷单独作用于 q 的力的矢量和，即

$$\boldsymbol{F}=\sum_{i=1}^{n}\frac{qq_i(\boldsymbol{r}-\boldsymbol{r}_i)}{4\pi\varepsilon\,|\,\boldsymbol{r}-\boldsymbol{r}_i\,|^3}$$

我们用探测电荷 q_t 在电荷量 $q_t\to0$ 时的受力定义电场强度。媒质中任一点由点电荷产生的电场强度为

$$E = \frac{q}{4\pi\varepsilon R^2}\boldsymbol{a}_R$$

我们还得到体、面和线电荷分布情况下媒质中一点电场强度的表达式分别为

$$\boldsymbol{E} = \frac{1}{4\pi\varepsilon}\int_v \frac{\rho'_v \mathrm{d}v'}{|\boldsymbol{r}-\boldsymbol{r}'|^3}(\boldsymbol{r}-\boldsymbol{r}')$$

$$\boldsymbol{E} = \frac{1}{4\pi\varepsilon}\int_s \frac{\rho'_s \mathrm{d}s'}{|\boldsymbol{r}-\boldsymbol{r}'|^3}(\boldsymbol{r}-\boldsymbol{r}')$$

$$\boldsymbol{E} = \frac{1}{4\pi\varepsilon}\int_c \frac{\rho'_l \mathrm{d}l'}{|\boldsymbol{r}-\boldsymbol{r}'|^3}(\boldsymbol{r}-\boldsymbol{r}')$$

定义电通密度为

$$\boldsymbol{D} = \varepsilon\boldsymbol{E} = \varepsilon_0\boldsymbol{E} + \boldsymbol{P}$$

定义穿过曲面 s 的电通为

$$\Psi = \int_s \boldsymbol{D}\cdot\mathrm{d}\boldsymbol{s}$$

高斯定律指出从一个闭合面净外向电通量等于闭合面内的净正电荷。以积分形式表示为

$$\oint_s \boldsymbol{D}\cdot\mathrm{d}\boldsymbol{s} = Q$$

以微分形式表示为

$$\nabla\cdot\boldsymbol{D} = \rho_v$$

只要电荷分布是对称的，就可以利用高斯定律来求出电通密度。这样，我们一定能够证明存在一个 $\boldsymbol{D}$ 的法向分量为常数的高斯面。

在每个置于 $\boldsymbol{E}$ 场中的孤立介质体表面，束缚面电荷密度为

$$\rho_{sb} = \boldsymbol{P}\cdot\boldsymbol{a}_n$$

而介质体内的束缚体电荷密度则为

$$\rho_{vb} = -\nabla\cdot\boldsymbol{P}$$

定义电位为单位电荷所做的功，用 $\boldsymbol{E}$ 计算电位的方程为

$$V_{ab} = -\int_b^a \boldsymbol{E}\cdot\mathrm{d}\boldsymbol{l}$$

点电荷 q 在 b 点产生的绝对电位为

$$V_b = \frac{q}{4\pi\varepsilon R}$$

体、面和线电荷分布的电位函数为

$$V = \frac{1}{4\pi\varepsilon}\int_v \frac{\rho'_v \mathrm{d}v'}{|\boldsymbol{r}-\boldsymbol{r}'|}$$

$$V = \frac{1}{4\pi\varepsilon}\int_s \frac{\rho'_s \mathrm{d}s'}{|\boldsymbol{r}-\boldsymbol{r}'|}$$

$$V = \frac{1}{4\pi\varepsilon}\int_c \frac{\rho'_l \mathrm{d}l'}{|\boldsymbol{r}-\boldsymbol{r}'|}$$

从电位方程可求电场强度 $\boldsymbol{E}$ 为

$$\boldsymbol{E} = -\nabla V$$

非时变电场在性质上是保守的

$$\nabla \times \boldsymbol{E} = 0$$

在边界上，$\boldsymbol{D}$ 的法向分量一般是不连续的，而是

$$\boldsymbol{a}_n \cdot (\boldsymbol{D}_1 - \boldsymbol{D}_2) = \rho_s$$

边界上 $\boldsymbol{E}$ 的切向分量是连续的

$$\boldsymbol{a}_n \times (\boldsymbol{E}_1 - \boldsymbol{E}_2) = 0$$

$\boldsymbol{D}$ 的法向分量和 $\boldsymbol{E}$ 的切向分量在两种不同电介质分界面上都是连续的。

静电平衡时，导体内部的体电荷密度为零，也不存在电场。

n 个点电荷的静电能量为

$$W = \frac{1}{2}\sum_{i=1}^{n} q_i V_i$$

体电荷连续分布的静电能量为

$$W = \frac{1}{2}\int_v \rho_v V \mathrm{d}v$$

用 $\boldsymbol{D}$ 和 $\boldsymbol{E}$ 表示为

$$W = \frac{1}{2}\int_v \boldsymbol{D} \cdot \boldsymbol{E} \mathrm{d}v$$

电容定义为一个导体上的电荷量与此导体相对于另一导体的电位的比值。平板电容器的电容为

$$C = \frac{\varepsilon A}{d}$$

长度为 L 的圆柱形电容器(同轴电缆)的电容为

$$C = \frac{2\pi\varepsilon L}{\ln\left(\frac{b}{a}\right)}$$

最后，球体电容器的电容为

$$C = \frac{4\pi\varepsilon ab}{b-a}$$

决定两导体间电容的一般表达式为

$$\frac{1}{C} = \int_a^b \frac{\mathrm{d}r}{\varepsilon(r) A_r}$$

任意媒质中电位分布的一般表达式为

$$\varepsilon \nabla^2 V + \nabla V \cdot \nabla\varepsilon = -\rho_v$$

这是一个二阶微分方程。如果媒质的电容率为常数，可得泊松方程

$$\nabla^2 V = -\rho_v / \varepsilon$$

如果在指定区域内净体电荷密度为零，可得拉普拉斯方程

$$\nabla^2 V = 0$$

当电荷存在于无限大导电区域附近时，可用镜像法求解电场。镜像电荷在求解域之外，且导体被忽略。

3.14 复习题

3.1 物体带电是什么意思?

3.2 封闭系统内的电荷守恒是什么含义?

3.3 用自己的话陈述库仑定律。

3.4 如果把两个正电荷放在同一区域内，它们会受到什么力?

3.5 如果把两个负电荷放于同一媒质中，它们会受到什么力?

3.6 如果把一正电荷放到一负电荷附近，正电荷会受到什么力?

3.7 什么是电场强度?

3.8 点电荷的严格定义是什么? 其他可能的电荷分布是什么?

3.9 证明牛/库在量纲上与伏/米是相同的。

3.10 用体电荷密度定义面电荷密度。

3.11 用面电荷密度定义线电荷密度。

3.12 什么是电通线?

3.13 从一个 10 C 的点电荷发出的电通线数目是________。

3.14 如果在静电场中移动正测试电荷用的是正功，则此功是________力所做? 沿运动方向的电位将________。

3.15 如果沿正测试电荷的运动方向电位是降低的，则表明是________力做功。

3.16 方程 $\boldsymbol{E} = -\nabla V$ 中负号的意义是什么?

3.17 表述高斯定律。

3.18 在下列式子中能用高斯定律吗? (a) $\rho_v = k\rho^2$, (b) $\rho_v = k\rho\cos\phi$, (c) $\rho_v = k/\rho$ 且 $\rho \neq 0$, (d) $\rho_v = kr$, (e) $\rho_v = kr\cos\theta$, (f) $\rho_v = kr\cos\phi$。

3.19 一个火柴盒形状的空心导体放在静电场中，导体内部的电场如何? 画出导体内外表面的电荷分布。

3.20 如果复习题 3.19 的空心导体上有 100 V 的电位，则导体内部的电位是多少?

3.21 为了应用高斯定律，找一个 $\boldsymbol{D}$ 的法向分量是常数的高斯面是必要的吗? 说明你的理由。

3.22 一个 10 mC 的电荷放在导电球壳里，内表面的感应电荷是多少? 外表面上的电荷是什么? 电荷放在球壳内什么位置有没有关系?

3.23 $\nabla \cdot \boldsymbol{D}$ 的物理意义是什么?

3.24 如果电荷分布在半径为 b 的薄球壳上，那么球壳内部的 $\boldsymbol{E}$ 如何?

3.25 收集一个点电荷需要多大能量? 点电荷真的能独立存在吗?

3.26 为什么等电位面正交于电通线?

3.27 在自由空间将 1 C 的点电荷从无穷远处移到 a 点，要做多少功? 如果第二个 1 C 的点电荷从无穷远处移到 b 点消耗了 1 J 的能量，问两个点电荷之间的距离是多少?

3.28 如果复习题 3.27 中的自由空间被 $\varepsilon_r = 4$ 的媒质代替，在消耗同样多的能量的前提下两点电荷间的距离是多少?

3.29 边界条件的意义是什么?

3.30 方程 $\nabla^2 V = 0$ 的解自然而然是唯一的吗?

3.31 解拉普拉斯方程时，边界条件的意义是什么?

3.32 束缚电荷的定义是什么?

3.33 证明对任意球形分布的电荷，其在半径为 r 处产生的场等价于半径为 r 的球体内所有电荷集中于球心时所产生的场，并且半径 r 以外部分已被移出。

3.34 在一无电荷区域，$E_x = \alpha x$, $E_y = \beta y$，求 E_z。

3.35 如果 n 个电容器串联在一起，等效电容是多少?

3.36 如果 n 个电容器并联在一起，等效电容是多少？

3.37 为什么电容器串联时每个电容器的电荷是相等的？

3.38 电容器并联时每个电容器上的电荷相等吗？

3.39 如果导体表面电荷密度为 10 mC/m^2，则其表面的电通密度是多少？

3.40 构造一个自由空间与相对电容率为 5 的介质分界面，自由空间 $\boldsymbol{D}$ 的法向分量为 10 C/m^2，介质中 $\boldsymbol{E}$ 的切向分量为 100 V/m。试求它们的对应项，即自由空间中 $\boldsymbol{E}$ 的切向分量和介质中 $\boldsymbol{D}$ 的法向分量。

3.41 上题中分界面上的束缚面电荷密度是多少？

3.42 我们考虑束缚电荷密度应用了边界条件吗？

3.43 当我们在电介质中运用高斯定律时，是否应该考虑束缚电荷密度？

3.44 一电场给出为 $\boldsymbol{E}=(10\,\boldsymbol{a}_x+20\,\boldsymbol{a}_y+20\,\boldsymbol{a}_z)$ V/m。这是个均匀场吗？为什么？电场强度的大小是多少？它与三单位矢量间夹角的余弦各是多少？

3.15 练习题

3.1 一个 5 nC 的电荷位于 $P(2,\pi/2,-3)$，另一个 -10 nC 的电荷位于 $Q(5,\pi,0)$，试计算一电荷对另一电荷的作用力，这个力的性质如何？

3.2 三个带电量分别为 2 nC，-5 nC 和 0.2 nC 的电荷位于 $P(2,\ \pi/2,\ \pi/4)$，$Q(1,\ \pi,\ \pi/2)$ 和 $S(5,\ \pi/3,\ 2\pi/3)$，试求作用在 P 点 2 nC 电荷上的电场力，这个力是吸引力还是排斥力？

3.3 用例 3.5 中电场强度 $\boldsymbol{E}$ 的表达式解例 3.6。

3.4 两个无限大平面相距为 d，分别均匀分布着等面密度异性电荷，求两平面外(上、下)及两平面间的电场强度。

3.5 一根 10 m 长的细线上均匀分布着线密度为 10 μC/m 的电荷，求细线垂直平分面上 $\rho=5$ m 处的电场强度。

3.6 穿过 $z=2.5$ m 平面上半径为 0.5 m 的圆域的电通密度为 $\boldsymbol{D}=10\sin\phi\,\boldsymbol{a}_\rho+12z\cos(\phi/4)\boldsymbol{a}_z$ C/m^2，求通过此表面的总电通量。

3.7 电荷分布在内半径为 a，外半径为 $b(a<b)$ 的球形区域内，设体电荷密度 $\rho_v=k/r$，其中 k 为常数。求空间内处处的电场强度。穿过 $r=b$ 的球面的总电通为多少？

3.8 半径为 a 的无限长圆柱导体上，均匀分布的面电荷密度为 ρ_s。计算空间各处的电场强度和电通密度，并求通过半径为 $b(b>a)$ 长度为 l 的圆柱面的电通量。

3.9 两个带电量为 120 nC 和 800 nC 的点电荷相距 40 cm。为减小间距到 30 cm 必须耗费多少能量？

3.10 运用式(3-9)及矢量运算，证明(a) $\boldsymbol{E}=-\nabla V$ 和(b) $\nabla\times\boldsymbol{E}=0$。

3.11 证明无限长均匀带电导线的等位面为同轴圆柱面。

3.12 证明式(3-40)。

3.13 求电偶极子电力线的表达式。

3.14 证明电偶极子的电场强度的大小为

$$E=\frac{p}{4\pi\varepsilon_0 r^3}[1+3\cos^2\theta]^{1/2}$$

3.15 证明电偶极子的电场强度描述一个保守场。

3.16 有一个半径为 a 的非常长的导体圆柱，带有均匀面电荷密度 ρ_{sa}，被另一个内、外半径分别为 b、c 的导体圆筒包围。试计算空间各处的电场强度。外圆筒的内表面电荷密度是多少？外表面的电荷密度又是多少？当外面圆筒的外表面接地时，电荷及电场将产生什么变化？

3.17 如果题 3.16 中内导体的面电荷密度为正，则内导体的电位比外导体的电位高还是低？两导体间电位差是多少？

3.18 半径为 b 的球体内体电荷密度为 $\rho_v=(b+r)(b-r)$ C/m^3，求自由空间各处的电场强度和电位。（设

在 $r=\infty$ 处电位为零)。

3.19 证明 $\nabla'(1/R)=(1/R^2)\boldsymbol{a}_R$，其中 $R=|\boldsymbol{r}-\boldsymbol{r}'|$。

3.20 沿 z 轴，从 $z=0$ 到 $z=10$ m 处有一根半径为 10 mm 的绝缘竿，竿的极化强度为 $\boldsymbol{P}=[2z^2+10]\boldsymbol{a}_z$。求束缚体电荷密度和每个面上的极化电荷。总的束缚电荷有多少?

3.21 一个每边长为 b 的介质立方体的极化强度为 $\boldsymbol{P}=x\,\boldsymbol{a}_x+y\,\boldsymbol{a}_y+z\,\boldsymbol{a}_z$，如果坐标系的原点在立方体的中心，求束缚体电荷密度和束缚面电荷密度。在这种情况下，总的束缚电荷会为零吗?

3.22 沿 z 轴从 $z=-L/2$ 到 $z=L/2$ 处有一半径为 b 的电介质圆柱，沿其长度方向极化。如果它被均匀极化达强度 P，求由于极化在 z 轴上介质圆柱内外两点产生的电场。

3.23 一无限长的线电荷被包围于电容率为常数的介质内，求介质中任一点的电场强度。当此线用半径为 α 的圆柱体近似至 $\alpha\to 0$ 时，束缚电荷密度为多少?

3.24 在半径为 a 的球体中，有均匀分布的体电荷用式(3-65)计算系统的总能量。

3.25 用式(3-68)求练习题 3.24 中系统的总能量。

3.26 如果练习题 3.24 中的电荷分布被内半径为 b，外半径为 c 电容率为 ε 的同心电介质球壳包围。求：(a) 系统的总能量，(b) 束缚电荷密度，(c) 净束缚电荷。

3.27 电容率分别为 ε_1 和 ε_2 的两种电介质被一平面分隔开来。若 θ_1、θ_2 分别是$\boldsymbol{E}_1$、$\boldsymbol{E}_2$与分界面法线的夹角，找出 θ_1 和 θ_2 之间的关系。

3.28 一半径为 10 cm 的圆柱形导体上有 200 μC/m^2 的均匀面电荷分布。导体置于 $\varepsilon_r=5$ 的无穷大电介质中。运用边界条件求导体表面上电介质中的 $\boldsymbol{D}$ 和 $\boldsymbol{E}$。与导体邻接的电介质表面单位长度上的束缚面电荷密度是多少?

3.29 有一平面介于自由空间与导体之间，自由空间中 x 方向的 $\boldsymbol{E}$ 为 10 V/m，且 $\boldsymbol{E}$ 与分界面的法线夹角为 30°，问 $\boldsymbol{E}$ 的其他分量为多少，分界面上的面电荷密度是多少?

3.30 两平行板被厚 2 mm 相对电容率为 6 的电介质隔开，若每块板的面积为 40 cm^2，板间电压为 1.5 kV，试求(a) 电容，(b) 电场强度，(c) 电通密度，(d) 极化强度，(e) 自由面电荷密度，(f) 束缚电荷密度，(g) 电容器储能。

3.31 半径为 a 的圆筒形导体置于另一半径为 b 的圆筒形导体中构成圆柱形电容器，媒质电容率为 ε。利用式(3-74)得出单位长度上的电容表达式。如果电容器长度为 L，则总电容值为多少?

3.32 用式(3-77)重解练习题 3.31。

3.33 半径为 10 cm 的内球壳相对于半径为 12 cm 的外球壳的电位为 1000 V，媒质的相对电容率为 2.5，确定介质中的 $\boldsymbol{E}$，$\boldsymbol{D}$ 和 $\boldsymbol{P}$，内、外球壳的面电荷密度各是多少? 束缚电荷密度是多少? 系统的电容是多少?

3.34 设媒质为自由空间，重复练习题 3.30，并计算两个电容之比。

3.35 设媒质为自由空间，重复练习题 3.33，并计算两个电容之比。

3.36 如果例 3.19 的媒质电容率从 $z=0$ 处的 ε_1 线性增加到 $z=d$ 处的 ε_2 ($\varepsilon_1\to\varepsilon_2$)，则平板电容器的电容是多少? 若 $\varepsilon_2\to\varepsilon_1$，电容又是多少?

3.37 在两个半径分别为 a 和 b 的同心球壳间充满了均匀电介质，内球壳电位为 V_0，外球壳接地。求(a) 电位分布，(b) 电场强度，(c) 电通密度，(d) 内球表面面电荷密度，(e) 电容，(f) 系统总储能。

3.38 在一同轴电缆的两导体之间充满了两层同心电介质，如图 E3-38 所示。求(a) 每种介质中的电位函数，(b) 每个介质区域中的 $\boldsymbol{E}$ 和 $\boldsymbol{D}$，(c) 内导体电荷分布，(d) 单位长度的电容。证明总电容等效于两个电容器串联。

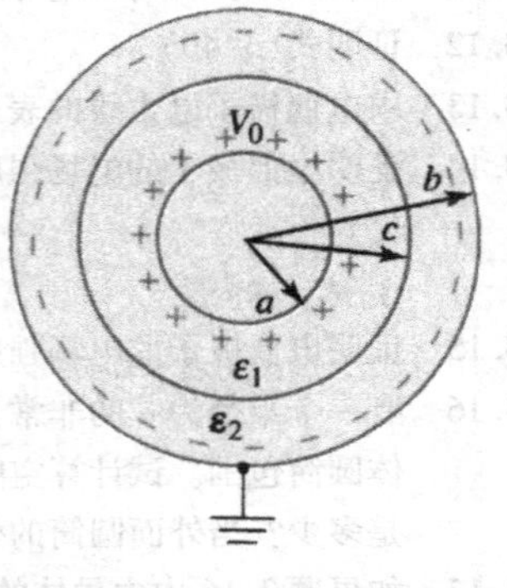

图 E3-38 具有两层介质的同轴电缆的截面图

3.39 如果 $V(x,y,z)$ 为拉普拉斯方程的一个解，证明 $\frac{\partial V}{\partial x}$，$\frac{\partial^2 V}{\partial x^2}$ 和 $\frac{\partial^2 V}{\partial x\partial y}$

也是拉普拉斯方程的解。

3.40 设媒质电容率为 $\varepsilon=\varepsilon_0(1+mz)$，$m$ 为常数，重复例 3.23。

3.41 在无穷大导电平面外距离为 d 的位置有一无限长细直导线，线上有均匀分布的电荷。求(a) 导电平面上沿导线单位长度上感生的电荷，(b) 等电位面方程。绘出几个等电位面的草图。

3.42 两无限宽导电平面在 z 方向成 $\phi=0°$ 和 $\phi=60°$。两平面均接地，一点电荷 q 置于 $\left(2,\frac{\pi}{6},0\right)$处，求 $\left(5,\frac{\pi}{6},0\right)$点的电位。

3.43 用一条带有均匀分布电荷的细线来取代点电荷，重复练习题 3.42。

3.16 习题

3.1 一点电荷 2 μC 位于 $P(0,4,0)$点，另一点电荷 10 μC 放在 $S(3,0,0)$点。计算每个电荷受的力。

3.2 一点电荷 200 nC 放在(0.2, 0.3, 0) m 处，另一点电荷 −1300 nC 放在(0.5, 0.7, −1.3) m处。求它们对置于原点的点电荷 1 μC 的作用力。

3.3 一沿 z 轴无限延伸的长线上均匀分布着线电荷密度为 100 nC/m，求一点电荷 500 nC 在(3, 4, 0)点受的力。

3.4 两无限长平行线间距 1 mm，二者均匀分布着 100 nC/m 的异性等量电荷。求单位长度上受的力，并确定力的性质。

3.5 一质子与电子的距离为 0.05 nm，计算质子与电子间静电力和万有引力的比值。假设万有引力常数为 $6.67\times10^{-11}\,\mathrm{N\cdot m/kg^2}$，并且可用牛顿引力定律。

3.6 氢原子内电子绕核旋转的半径为 0.05 nm，求旋转角速度和电子的运转周期㊀。

3.7 两带电粒子各用一条长为 L 的细绳吊在一公共点上，若每粒子的质量均为 m，带电量均为 q，求每条细绳与垂直线的夹角 θ。

3.8 一圆盘的第一象限，面电荷密度为 $K\cos\phi\,\mathrm{C/m^2}$。若圆盘半径为 a，求点 $P(0,0,h)$的 $\boldsymbol{E}$，设圆盘的圆心在坐标原点。

3.9 一半径为 b 的半圆环位于 xy 平面上，圆心在坐标原点，电荷分布为 $k\sin\phi$，求点 $P(0,0,h)$的电场强度。

3.10 两孤立面的面电荷分布如图 P3-10 所示，面电荷密度为 $\rho_{sa}=A\cos\phi$ 和 $\rho_{sb}=-A\cos\phi$，确定 z 轴上 $z=h$ 点的电场强度。

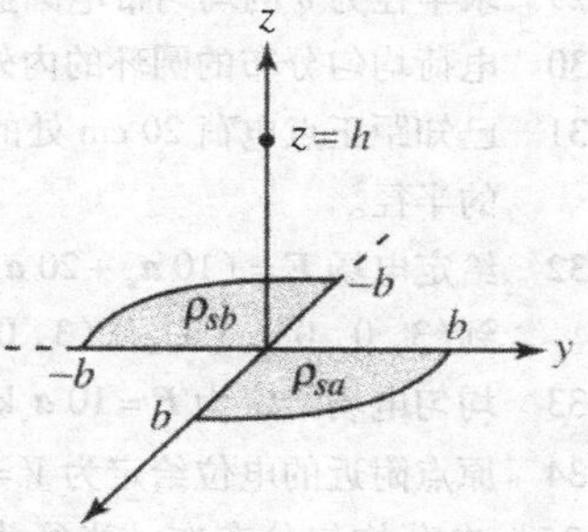

图 P3-10

3.11 一直线从$(x,-L/2,0)$到$(x,L/2,0)$，其上均匀分布的电荷密度为ρ_l，求点$P(0,0,z)$的 $\boldsymbol{E}$。

3.12 一沿 z 轴从 $z=0$ 向 $z=\infty$ 延伸的导线，线电荷密度为 ρ_l，求点 $P(\rho,\phi,0)$的 $\boldsymbol{E}$。

3.13 两条沿 z 轴均匀带电长直导线，一条线上的电荷分布为 1 μC/m 位于 $y=-3$ m 处延伸到 $z=-\infty$，另一条线上的电荷分布为 −1 μC/m位于 $y=3$ m 处延伸到 $z=\infty$，求 x 轴上 $x=4$ m 处的 $\boldsymbol{E}$。

3.14 三张无穷大平面上均匀分布的面电荷密度分别为 2，−3 和 0.5 μC/m²，面间空气隙均为 1 mm，如图 P3-14 所示，求空间处处的电场强度。

3.15 一半径为 0.2 m 的圆弧，张角为 $0\leqslant\phi\leqslant\pi/2$，置于 $z=0$ 的平面上，电荷分布为 $600\sin2\phi$ nC/m，求点 $P(0,0,1)$和原点处的 $\boldsymbol{E}$。

㊀ 提示：可先按 $v_e=\frac{1}{2\varepsilon_o}\frac{e^2}{nh}$求电子在定态轨道上运动的速率($h=6.63\times10^{-34}\,\mathrm{J\cdot s}$ 为普朗克常数，$n=1$)。——译注

3.16 一条从 $z=-10$ m 向 $z=10$ m 延伸的直线上，电荷分布为 $100z$ nC/m，求 $z=0$ 平面内离直线两米远的点上的 $\boldsymbol{E}$。

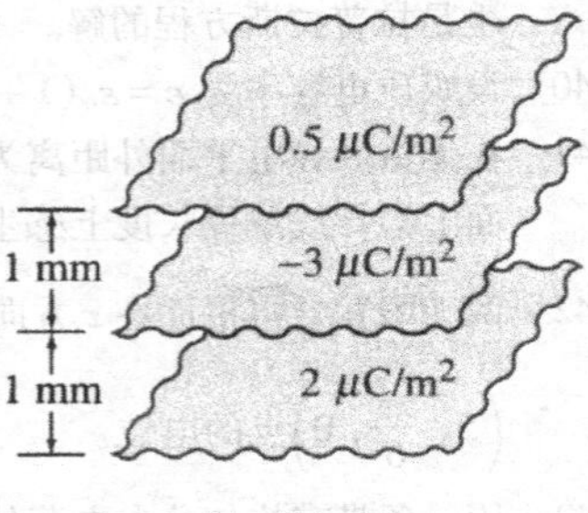

图 P3-14

3.17 一半径为 b 的薄圆筒上均匀分布的面电荷密度为 ρ_s，若圆筒从 $Q(0, 0, -L/2)$ 延伸到 $S(0, 0, L/2)$，求 $P(0, 0, h)$ 点的 $\boldsymbol{E}$，并计算 $h=0$，$h=L/2$，$h=-L/2$ 的 $\boldsymbol{E}$ 值。

3.18 设电通密度给出为 $\boldsymbol{D}=(6y\,\boldsymbol{a}_x+2x\,\boldsymbol{a}_y+14xy\,\boldsymbol{a}_z)$ mC/m^2，求通过下述面积中的电通量(a) 由(2, 0, 0)，(0, 2, 0)，(0, 2, 2)和(2, 0, 2)确定的矩形窗口，(b) 在 $z=0$ 的 xy 平面上半径为10 cm的圆，(c) 由(0, 0, 0)，(2, 0, 0)和(0, 2, 0)确定的三角形区域。

3.19 沿 z 轴有一半径为0.2 m的长直圆筒，其上均匀分布的面电荷密度为10 mC/m^2。求通过由 $\rho=2$ m，$\pi/4\leqslant\phi\leqslant3\pi/4$ 和 $2\leqslant z\leqslant4$ 所形成窗口中的电通量。

3.20 一半径为 b 的长直圆筒表面上电荷均匀分布，计算处处的电场强度以及通过窗口在 $\rho=c\,(c>b)$，$0\leqslant\phi\leqslant\pi/2$和$0\leqslant z\leqslant h$ 的电通量。

3.21 一无穷大平面上电荷均匀分布，用高斯定律计算任意点的电场强度和电通密度。

3.22 四同心球壳，半径分别为0.2 m，0.4 m，0.6 m，0.8 m，均匀分布面电荷密度分别为10，−2，−0.5和0.5μC/m^2。求半径为0.1 m，0.3 m，0.5 m，0.7 m和1 m五点处的电场强度 $\boldsymbol{E}$。

3.23 一点电荷 Q 位于原点，求通过表面在 $r=a$，$0\leqslant\theta\leqslant\theta_0$ 和 $0\leqslant\phi\leqslant2\pi$ 的电通量。

3.24 一长直同轴电缆外裹薄导体层，已知内导体半径为 a，外导体半径为 b，内导体面电荷密度为 k/ρ，k 为常数，求空间处处的 $\boldsymbol{D}$。

3.25 一半径为 b 的球体内处处的电荷分布为 $k/r^2\,(r=0$ 点除外)，求 $r<b$ 和 $r>b$ 两区域的电通密度。

3.26 自由空间有一半径为5 cm、电荷均匀分布的长直圆筒，已知在离圆筒轴线半径 1 m 处的电场强度为100 kV/m，求圆筒的面电荷密度。

3.27 有一从 $z=0$ 到 $z=L$ 放置的细线，均匀分布的线电荷密度为ρ_l C/m，求点 $P(a, \phi, 0)$ 的电位表达式及其电场强度。

3.28 500 nC 的点电荷被固定于原点，将 −600 nC 的电荷从无穷远移至距原点 1 mm 处要释放多少能量？

3.29 求半径为 b 的均匀带电圆盘轴线上一点的电位和 $\boldsymbol{E}$，设盘上面电荷密度为 ρ_s C/m^2。

3.30 电荷均匀分布的圆环的内外半径分别为 a 和 b，求轴线上的电位和 $\boldsymbol{E}$。

3.31 已知距正点电荷 20 cm 处的电位为 9 kV，问电荷量是多少？试求电位分别为 18 kV 和 3 kV 的等位面的半径。

3.32 给定电场 $\boldsymbol{E}=(10\,\boldsymbol{a}_x+20\,\boldsymbol{a}_y+20\,\boldsymbol{a}_z)$ kV/m，求 0.1 nC 的电荷沿下列路径移动所需作的功：(a) 从原点到(3, 0, 0)，(b) 从(3, 0, 0)到(3, 4, 0)，(c) 从原点直接到(3, 4, 0)。

3.33 均匀电场给定为 $\boldsymbol{E}=10\,\boldsymbol{a}_x$kV/m，若原点电位为零，求空间任一点的电位。

3.34 原点附近的电位给定为 $V=(10x^2+20y^2+5z)$ V。电场强度是什么？该电位函数能存在吗？

3.35 电荷均匀分布在一半径为 a 的无限长圆筒内，体电荷密度为 ρ_v。计算圆筒内外所有点的电位和电场强度。

3.36 设在区域中电场 $\boldsymbol{E}=(-10y\,\boldsymbol{a}_x+10x\,\boldsymbol{a}_y+2z\,\boldsymbol{a}_z)$kV/m，将 0.5 mC 的电荷沿半径为 2 m 的圆弧从 $\phi=0$ 移至 $\phi=\pi/4$，要做多少功？路径两端的电位差是多少？

3.37 一电荷均匀分布的直线从 $z=-L/2$ 延伸至 $z=L/2$，设电荷密度为 ρ_l，确定点$P(0, 0, z)\,(z>L/2)$的电位和电场强度表达式。

3.38 $z=0.5$ μm 处的正电荷 10 nC 与 $z=-0.5$ μm 处的负电荷 −10 nC 组成一电偶极子，求点 $P(0, 0, 1)$的电位和电场强度 $\boldsymbol{E}$。

3.39 一双重偶极子由位于(0, 0, a)的电荷 q、位于(0, 0, 0)的电荷 $-2q$ 和位于(0, 0, $-a$)的电荷 q 构成，求点 $P(0, 0, z)\,(z\gg a)$的电位和电场强度。

3.40 若附加电荷 q 置于原点，试修改电偶极子的电位和电场强度表达式(偶极子如图 3-24 所示)。

3.41 一长直同轴电缆，内导体半径为 a，外导体的内半径为 b、外半径为 c。内导体带有均匀面电荷分布为 ρ_s，求下列情况下空间任意点的 $\boldsymbol{E}$，(a) 外导体未接地，(b) 外导体接地。

3.42 一半径为 a 的无限长金属圆筒表面均匀电荷密度为 ρ_s，外套一以内半径为 a、外半径为 b 的同心介质圆筒，计算(a) 空间所有点的 $\boldsymbol{D}$、$\boldsymbol{E}$ 和 $\boldsymbol{P}$，(b) 束缚电荷密度，和(c) 系统能量密度。

3.43 求无电荷但非均匀媒质中 $\nabla\cdot\boldsymbol{E}$ 的表达式。

3.44 某介质的电容率给定为 $\varepsilon=\alpha z^n$，此处 α 和 n 均为常数。若介质内的电场强度只有 z 轴分量，证明：$\nabla\cdot\boldsymbol{E}=\dfrac{-nE}{z}$，式中 E 为电场强度的大小。[㊀]

3.45 一半径为 b 的金属球表面电荷均匀分布，周围介质的电容率为 $\varepsilon=\varepsilon_0(1+a/r)$，求(a) 空间处处的 $\boldsymbol{D}$、$\boldsymbol{E}$ 和 $\boldsymbol{P}$，(b) 束缚电荷密度，(c) 能量密度，(d) 证明介质区域内的电位为

$$V=\frac{Q}{4\pi\varepsilon_0 a}\ln\left(1+\frac{a}{r}\right)$$

式中 Q 为金属球的总电荷。

3.46 两点电荷的间距为 10 mm，置于 $\varepsilon_r=5.5$ 的介质中，若两电荷均为 10 μC，它们的互位能是多少?

3.47 两块 20 cm×20 cm 的平行平板间隔为 1 mm，带相等而异性的均匀面电荷密度为 250 nC/m^2，设板间媒质的相对电容率为 2，求系统的储能。

3.48 将 100 nC 和 300 nC 两电荷分别从无穷远移至自由空间中的(0,3,3) m 和(4,0,3) m 处，共需做多少功?

3.49 三点电荷 100 nC、200 nC 和 300 nC 呈等边三角形放置，边长为 5 cm，求系统储能。

3.50 两同心长直圆筒导体间的电场为 $\boldsymbol{E}=100/\rho\,\boldsymbol{a}_\rho$ V/m，内导体半径为 0.2m，外导体半径为 0.5 m，设 $\varepsilon_r=5.5$，求能量密度和单位长度的储能。

3.51 半径为 a 的金属球体上有一正电荷 Q，设 V 为球体表面电位，试证明系统的电位能为 $QV/2$。

3.52 半径为 20 cm 的实心导电球同心地放置于内径为 30 cm、外径为 40 cm 的球壳内。设内球带电 20 μC，外球壳带电 −10 μC，两导体间媒质的相对电容率为 5，求(a) 空间所有点的 $\boldsymbol{D}$、$\boldsymbol{E}$ 和 $\boldsymbol{P}$，(b) 系统总能量。

3.53 位于 $x=5$ 分界面两侧介质的相对电容率分别为 4 和 16。已知 ε_r 为 4 一侧内有 $\boldsymbol{E}=(12\,\boldsymbol{a}_x+24\,\boldsymbol{a}_y-36\,\boldsymbol{a}_z)$ V/m，求另一侧的 $\boldsymbol{E}$ 和 $\boldsymbol{D}$。

3.54 半径为 20 cm 的金属球外为自由空间，球体表面的电场强度为 10 MV/m，问表面上的电荷是多少?

3.55 一对带异性电荷的平行平板间的电场强度为 10 kV/m，若平板面积均为 25 cm^2，间隔为 1 mm，媒质相对电容率为 3.6，求平板的面电荷密度和总电荷量。

3.56 一边界面过点(4, 0, 0)和(0, 3, 0)在 z 方向无限延伸，如图 P3-56所示。媒质 1 中($\varepsilon_r=2.5$)的电场强度 $\boldsymbol{E}=(25\,\boldsymbol{a}_x+50\,\boldsymbol{a}_y+25\,\boldsymbol{a}_z)$ V/m，求媒质 2($\varepsilon_r=5$)中的 $\boldsymbol{E}$。

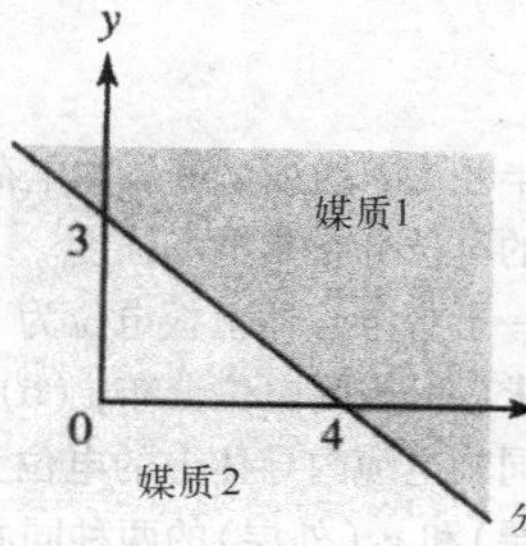

图 P3-56

3.57 若上题中媒质 2 为一导体，且媒质 1 中电场强度的 y 分量为 50 V/m，$\boldsymbol{E}$ 的其他分量为多少? 导体的自由面电荷密度是多少?

3.58 具有三种介质的平板电容器如图 P3-58 所示，系统总电容是多少?

3.59 求图 P3-59 所示平板电容器的电容。

3.60 同轴电缆线如图 P3-60 所示，$\varepsilon_{r1}=5$，$\varepsilon_{r2}=2.5$，$L=10$ m，$a=1$ cm，$b=1.5$ cm，求单位长度的电容和电缆线的总电容。

㊀ 提示：解此题要利用 $\nabla\cdot\boldsymbol{D}=0$ 的条件。——译注

3.61 一电容器的两带电极板分别处于 $\rho=10$ cm 和 $\rho=30$ cm，如图 P3-61 所示。若极板间媒质的相对电容率为3.6，求系统电容。

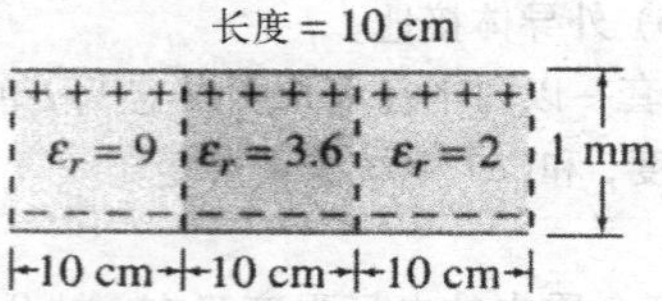

图 P3-58

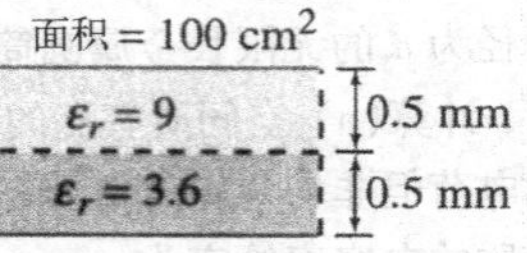

图 P3-59

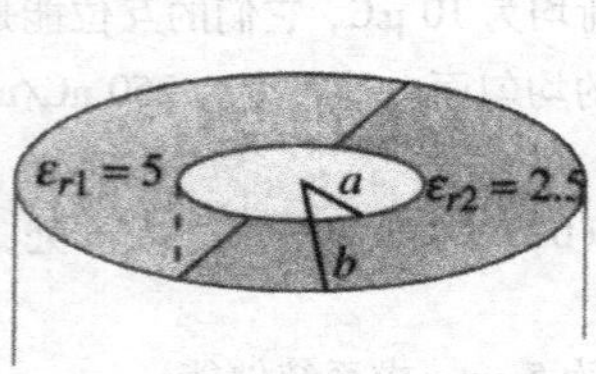

图 P3-60

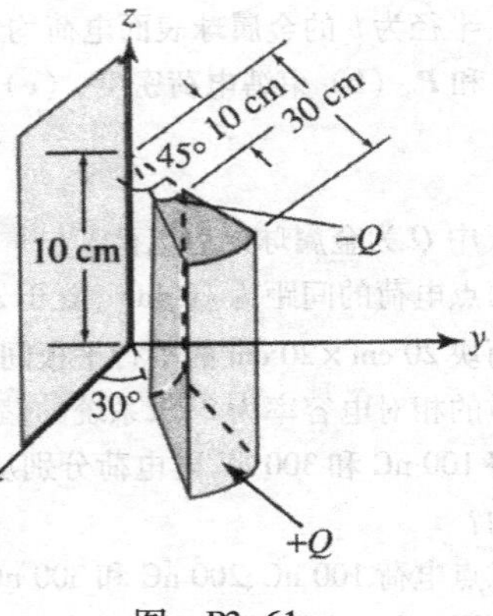

图 P3-61

3.62 两带电同心球壳间充满两种介质，如图 P3-62 所示，求系统电容。

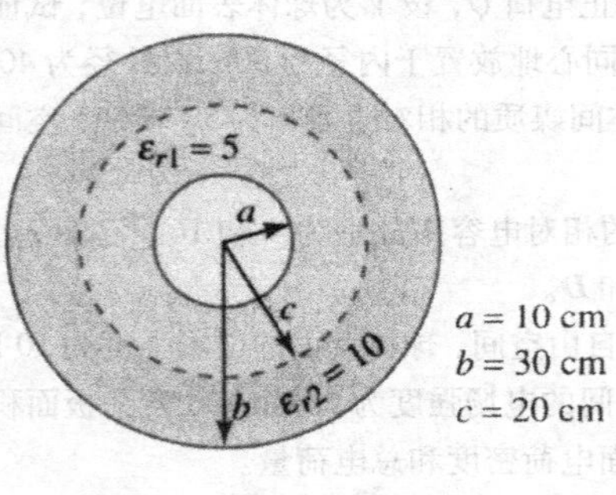

图 P3-62

3.63 半径为 b 的烟尘球体内电荷均匀分布，密度为 ρ_v，用泊松方程和拉普拉斯方程计算并用草图描绘空间的电位分布及电场强度。

3.64 一平板电容器上板电位为100 V，下板电位为 −100 V，设平板无穷大，间隔为4 cm，媒质为自由空间，求(a) 板间电位分布，(b) 板间的 $\boldsymbol{E}$ 和 $\boldsymbol{D}$，(c) 每个板上的面电荷密度。

3.65 同轴电缆内导体上的电位为 V_0，半径为 a，外导体接地半径为 b。设导体间充满电容率分别为 ε_1（内层）和 ε_2（外层）的两种同心电介质，其分界面半径为 c。求(a) 电位分布，(b) 每个区域内的 $\boldsymbol{D}$ 和 $\boldsymbol{E}$，(c) 内导体的面电荷密度，(d) 电缆单位长度的电容。

3.66 重解上题，若 $V_0=100$ V，$a=10$ cm，$b=20$ cm，$\varepsilon_{r1}=3$，$\varepsilon_{r2}=9$，$c=15$ cm，且电缆全长 100 m，求总电容。

3.67 用拉普拉斯方程计算半径分别为 a 和 b 的两同心球壳间的电容。设内壳电位为 V_0，外壳接地，问内壳的面电荷密度是多少？推导系统电容的表达式。

3.68 用拉普拉斯方程计算半径分别为 5 cm 和 10 cm 的同心球壳的电容。设内壳电位为500 V，外壳接地。问内壳的面电荷密度是多少？若媒质的 ε_r 为 9，计算媒质中的电位分布和电场强度。

3.69 在半径分别为 a 和 b 的两同轴导电圆筒围成的区域内，电荷分布为 $\rho_v = A/\rho$ C/m^3，A 为常数。若媒质电容率为 ε，内导体电位为 V_0，外导体接地，求(a) 两导体间的电位分布，(b) 电场强度，(c) 内外导体的面电荷密度，(d) 单位长度的电容。若 $A \to 0$，简化上述所有表达式。

3.70 两沿 z 方向无限延伸的导电平板构成30°的夹角，与 $\rho = 0.1$ m 和 $\rho = 0.2$ m 的两个圆柱面相截，一板电位为 10 kV，另一板接地，求电位分布、板间自由空间区域内的 $\boldsymbol{E}$ 和 $\boldsymbol{D}$，以及系统单位长度的电容。

3.71 两与 z 轴平行的无穷大接地金属板分别处于 $\phi = 0°$ 和 $\phi = 60°$，一个 500 nC 的电荷位于(5，30°，10) m 处，设两板间的媒质为自由空间，求电位函数和点(7，30°，10) m 处的电场强度。

3.72 在离半径为 R 的接地金属球球心距离为 d 处放置一电荷 q，用直接积分方法证明此接地金属球表面的总电荷为 $-qR/d$。这些电荷是从何而来？

第4章 恒定电流

4.1 引言

第3章我们主要是涉及静电荷之间的作用力，本章则讨论在静电场作用下电荷在导电媒质中的运动。更准确地说，就是专心致力于研究导体中保持电场作用时电荷的运动情况。

我们已经讨论过电场中的孤立导体，其内部保持为无电荷区，而电荷都重新分布于导体表面。当孤立导体达到静电平衡时，其内部电场强度为零。

假定在导体两端突然放置等量异性电荷，则导体的静电平衡遭到破坏，电荷将在导体内建立电场。电场迫使这些电荷向相反方向运动，异性电荷相遇便相互中和。这个过程一直持续到所有电荷全都消失。同时，导体内电场也消失，又回到平衡状态。

在这一章里，我们将证明导体达到静电平衡状态的过程是极其迅速的，一个良导体达到静电平衡的时间远不足1 s。在此极短时间，电荷在导体内重新分布。电荷的运动即形成**电流**(current)，因为运动持续的时间很短，故通常称为**瞬态电流**(transient current)。电流定义为通过导电媒质中某点电荷的传输速率，即

$$i = \frac{dq}{dt} \tag{4-1}$$

式中，dq 是在 dt 时间内通过指定点的电荷量。通常用小写字母 i 表示电流，它一般为时间的函数。在SI单位制中，电流的单位是**安培**(ampere，简记为A)，以纪念法国物理学家安培(André Marie Ampère)。一安培电流相当于在一秒钟内传输一库仑电荷。

本章仅讨论**恒定电流**(steady current)，即不随时间变化的电流，用大写字母 I 表示。恒定电流也称为**直流电流**(direct current)。

4.2 电流的性质和电流密度

本节介绍两种类型的电流：**传导电流**(conduction current)和**运流电流**[㊀](convection current)。还要讨论它们在单位面积上的电流值，即**电流密度**(current density)。

4.2.1 传导电流

金属中，如铜、银、金等，载流子主要是电子。更确切地说，起导电作用的是原子的价电子。不属于某个特定原子的电子称为自由电子，它具有在晶格(crystal lattice)中自由运动的能力。不过，金属中质量较大的正离子，在晶格中的正常位置是相对固定的，无助于形成电流。因此，金属导体中的电流，称为传导电流，只不过是电子的流动。

正如引言所提到的，放置在电场中的孤立导体，电荷的运动只能持续很短的时间。要在导体中维持一恒定电流，就必须在导体的一端连续提供向另一端移动的电子。导体中即使有

㊀ convection current一词我国科技名词委规定是运流电流，但有些书中译作对流电流或徙动电流。——译注

恒定电流流过，但此导体总的来说在静电上是中性的。

在一孤立导体中，电子朝着所有可能的方向，一般在 10^6 m/s 的高速范围内做随机热运动(random thermal motion)。考察一沿 z 方向延伸的圆导线，对任一与导线轴线垂直的假想平面，将会发现，电子沿正 z 方向和负 z 方向穿过该平面的速率相同。换句话说，电子的净速率为零，即孤立导体中的净电流为零。

假定一导体两端与电池相连，则两端的电位差使导体内部存在电场，如图 4-1a 所示，该电场对自由电子施加了 z 方向的作用力。电子在电场力作用下做加速运动，但只持续很短的时间。这是因为，电子每次运动，最终将和离子发生碰撞。碰撞前后的速度是完全不同的。事实上，电子在铜导体内运动时，每秒碰撞高达 10^{14} 次之多。每经历一次碰撞，电子的运动速度都要减慢，或者使它停下来，或者改变它的运动方向。要恢复电子的速度，电场就必须重新开始上述过程。因此，z 方向电场力引起的速度变化是电子随机速度的一个很小的百分数。然而，电场会产生随机速度的一有序分量，称为**漂移速度**(drift velocity)。漂移速度使电子沿 z 方向逐渐漂移，如图 4-1b 所示(为加强概念，特意夸大了漂移量)。电子沿 z 方向的漂移就构成了导体中的电流。

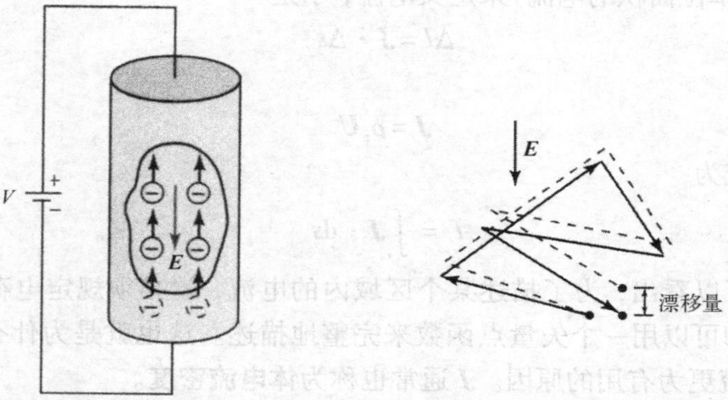

a）两端施加了电压的导体　　b）有（虚线）和没有（实线）E 作用时电子的运动

图 4-1　两端施加电压的导体内部的电场及电子的运动

按传统的惯例，电流方向是采用电场的方向。也就是说，电子运动方向与电流的习惯方向相反。即使横截面积在不同位置可能不同，但流过导体中所有截面的电流是相同的。电流的这种恒定性是由电荷守恒定律决定的。在稳态条件下，电荷不能在导体中某点稳定地堆积或消失。简单地说，导体中的一点不能作为电荷的“源”(source)或“汇”(sink)以维持电流恒定。

4.2.2　运流电流

自由空间(真空)中带电粒子的运动形成运流电流。真空管中电子从阴极向阳极的运动就是一个很典型的例子。刚从阴极释放出来的电子运动非常缓慢，而那些靠近阳极板的电子却达到很高的速度。这是因为沿阴极至阳极路径运动的电子不会发生任何碰撞。然而，对于恒定电流，通过任一截面的电荷必须是相等的。因此，当电子运动速度增加时，电荷密度减小，如图 4-2 所示。于是，运流电流和传导电流之间的明显区别就

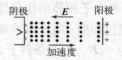

图 4-2　电子管中的电荷密度

是，运流电流不能达到静电上中性，且它的静电荷必须考虑，它不需要导体维持电荷的流动，也不服从欧姆定律。

4.2.3 运流电流密度

为了描述电荷的运动，假定有一体电荷密度为 ρ_v 的区域，在电场作用下，电荷以平均速度 $\boldsymbol{U}$ 运动，如图 4-3 所示。在 Δt 时间内，电荷运动距离 $\mathrm{d}\boldsymbol{l}$ 为

$$\mathrm{d}\boldsymbol{l} = \boldsymbol{U}\Delta t$$

$\mathrm{d}\boldsymbol{l}$ 的方向和平均速度的方向相同。假想有一与漂移速度方向垂直、面积为 Δs 的窗口，即 $\Delta \boldsymbol{s} = \Delta s\boldsymbol{a}_n$，则通过窗口的运动电荷为

$$\mathrm{d}q = \rho_v \Delta v = \rho_v \Delta \boldsymbol{s} \cdot \mathrm{d}\boldsymbol{l}$$

而通过面积 Δs 的电流为

$$\Delta I = \rho_v \Delta \boldsymbol{s} \cdot \left(\frac{\mathrm{d}\boldsymbol{l}}{\mathrm{d}t}\right) = \rho_v \Delta \boldsymbol{s} \cdot \boldsymbol{U} \qquad (4\text{-}2)$$

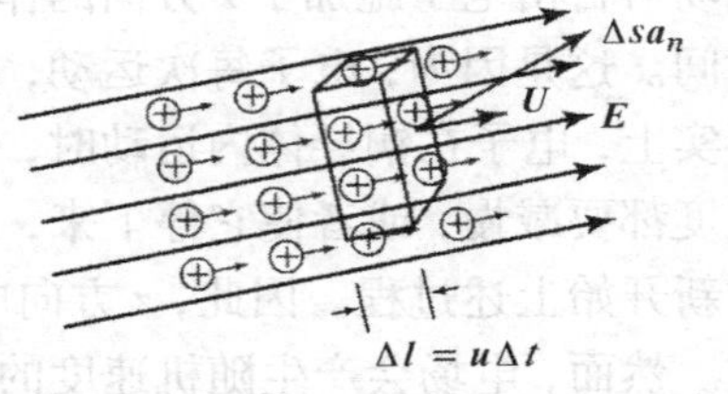

图 4-3 在自由空间电场 $\boldsymbol{E}$ 作用下电荷的运动

用运流电流密度 $\boldsymbol{J}$（单位面积的电流）来定义电流，于是

$$\Delta I = \boldsymbol{J} \cdot \Delta \boldsymbol{s}$$

由式(4-2)

$$\boldsymbol{J} = \rho_v \boldsymbol{U} \qquad (4\text{-}3)$$

则通过面积 s 的电流为

$$I = \int_s \boldsymbol{J} \cdot \mathrm{d}\boldsymbol{s} \qquad (4\text{-}4)$$

从前面的讨论中，可以看出，为了描述某个区域内的电流，就必须规定电荷所通过的表面。然而，电流密度 $\boldsymbol{J}$ 却可以用一个矢量点函数来完整地描述。这也就是为什么在描述电场时，电流密度概念比电流更为有用的原因。$\boldsymbol{J}$ 通常也称为**体电流密度**。

设正负电荷密度分别为 ρ_{v+} 和 ρ_{v-}，在电场作用下各以 $\boldsymbol{U}_+$ 和 $\boldsymbol{U}_-$ 的平均速度向相反方向运动。正电荷顺电场方向漂移，负电荷逆电场方向运动。但二者产生电流的方向相同。因此，总电流密度是

$$\boldsymbol{J} = \rho_{v+}\boldsymbol{U}_+ + \rho_{v-}\boldsymbol{U}_- \qquad (4\text{-}5)$$

通过某个表面的总电流可以由式(4-4)得出。由于视所有电荷均以平均速度运动，因此，我们所讨论的电流事实上是恒定电流，也就是说，电流的变化率为零。我们所说一个区域的恒定电流，就是指该域内处处的电流密度始终是常数。

4.2.4 传导电流密度

假定 $\boldsymbol{U}_e$ 为电场 $\boldsymbol{E}$ 作用下导体中电子运动的平均速度（或漂移速度），设 m_e 为电子质量，τ 为电子相邻两次碰撞之间的平均时间。在时间 τ 内，电子失去的动量为 $m_e\boldsymbol{U}_e$。因而，在碰撞过程中，电子失去动量的平均速率为 $m_e\boldsymbol{U}_e/\tau$，而在电场力作用下，电子获得动量的速率为 $-e\boldsymbol{E}$。稳态条件下，失去动量的速率必须等于获得的速率。即

$$\frac{m_e\boldsymbol{U}_e}{\tau} = -e\boldsymbol{E}$$

因此，

$$U_e = -\frac{e\tau \boldsymbol{E}}{m_e}$$

或

$$\boldsymbol{U}_e = -u_e\boldsymbol{E} \tag{4-6}$$

式中

$$u_e = \frac{e\tau}{m_e}$$

称为电子**迁移率**(mobility)。式(4-6)表明，导电媒质中电子的漂移速度和外施电场强度成正比，比例系数为电子迁移率。

如果单位体积内有 N 个电子，电子电荷密度就是

$$\rho_{v-} = -Ne \tag{4-7}$$

式中，e 为电子的电量。因此，导电媒质中的传导电流密度是

$$\boldsymbol{J} = \rho_{v-}\boldsymbol{U}_e$$

或

$$\boldsymbol{J} = Neu_e\boldsymbol{E} = \sigma\boldsymbol{E} \tag{4-8}$$

式中，$\sigma = Neu_e$，称为媒质的**电导率**(conductivity)。电导率的单位是西门子每米(S/m)，式(4-8)亦称为**欧姆定律的微分形式**(differential form of Ohm's law)。它表明，导电媒质中任意一点的电流密度和电场强度成正比，比例系数为导电媒质的电导率。对于线性媒质(本书仅讨论线性媒质)，$\boldsymbol{J}$ 和 $\boldsymbol{E}$ 的方向相同。

在电路理论中，只要电阻不随电压和电流变化，欧姆定律就一定成立。类似地，如果媒质的电导率不随电场强度变化，则导电媒质也一定服从欧姆定律。然而，必须记住的是，欧姆定律并不像高斯定律那样是电磁学的普遍定律。欧姆定律是对某些材料电特性的表述。满足式(4-8)的材料称为线性材料或欧姆材料。

表 4-1　金属、半导体和绝缘体的电阻率

a) 金属		b) 半导体		c) 绝缘体	
材　料	电阻率/Ω·m	材　料	电阻率/Ω·m	材　料	电阻率/Ω·m
铝	2.83×10^{-8}	碳(石墨)	3.5×10^{-5}	琥珀	5×10^{14}
康铜	49×10^{-8}	锗	0.42	玻璃	$10^{10}\sim10^{14}$
铜	1.72×10^{-8}	硅	2.6×10^{3}	硬橡胶	$10^{13}\sim10^{16}$
金	2.44×10^{-8}			云母	$10^{11}\sim10^{15}$
铁	8.9×10^{-8}			石英(熔化态)	7.5×10^{17}
汞	95.8×10^{-8}			硫	10^{15}
镍铬合金	100×10^{-8}				
镍	7.8×10^{-8}				
银	1.47×10^{-8}				
钨	5.51×10^{-8}				

电导率的倒数称为**电阻率**(resistivity)，即

$$\rho = \frac{1}{\sigma} \tag{4-9}$$

电阻率的单位是欧(姆)·米(Ω·m)。表4-1给出了一些常用材料的电阻率。

例4.1 长2 m的铜线两端的电位差为10 V，电子的平均碰撞周期τ为2.7×10^{-14} s，求自由电子的漂移速度。

解 设导线沿z方向延伸，上端电位相对于下端为正，则导线内的电场强度为

$$\boldsymbol{E} = -\left(\frac{10}{2}\right)\boldsymbol{a}_z = -5\boldsymbol{a}_z \text{ V/m}$$

电子迁移率为

$$u_e = \frac{e\tau}{m_e} = \frac{1.6\times10^{-19}\times2.7\times10^{-14}}{9.1\times10^{-31}} = 4.747\times10^{-3}$$

故漂移速度

$$\boldsymbol{U}_e = -u_e\boldsymbol{E} = 4.747\times10^{-3}\times5\boldsymbol{a}_z = 23.74\times10^{-3}\boldsymbol{a}_z \text{ m/s}$$

因此，电子以23.74 mm/s的速度沿z方向运动。电子从导线下端曲折运动到上端大概需要84 s(2 m/23.74 mm/s)。然而，电流在导线中是以光速行进的。其过程是进入导线下端的电子，由于电场作用推动相邻电子并在导线内产生一种压缩波。压缩波以光速在导线中传播，因而几乎在同时，导线的另一端就会释放出电子。

4.3 导体的电阻

长度为dl的导体的**电阻**(resistance)可以由欧姆定律用场量$\boldsymbol{E}$和$\boldsymbol{J}$表示为

$$\mathrm{d}R = \frac{\mathrm{d}V}{I} = \frac{-\boldsymbol{E}\cdot\mathrm{d}\boldsymbol{l}}{\int_s \boldsymbol{J}\cdot\mathrm{d}\boldsymbol{s}}$$

式中，dV为dl两端的电位差，$\boldsymbol{E}$为导体内的电场强度，$\boldsymbol{J}=\sigma\boldsymbol{E}$是体电流密度，$I$为导体电流，如图4-4所示。假定导体$a$端电位比$b$端高。

导体的总电阻为

$$R = \int_b^a \frac{-\boldsymbol{E}\cdot\mathrm{d}\boldsymbol{l}}{\int_s \boldsymbol{J}\cdot\mathrm{d}\boldsymbol{s}} \tag{4-10}$$

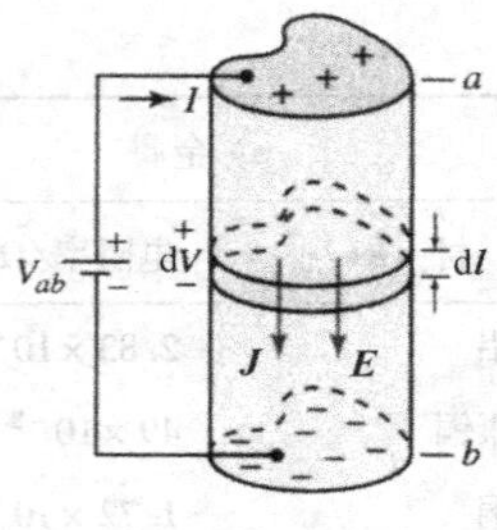

图4-4 运载电流的导体

此式是很通用的，可用于求出电导率在电流方向变化的导电媒质的电阻。在电导率为常数的均匀媒质的情况，式(4-10)可简化为

$$R = \frac{-\int_b^a \boldsymbol{E}\cdot\mathrm{d}\boldsymbol{l}}{\int_s \boldsymbol{J}\cdot\mathrm{d}\boldsymbol{s}} = \frac{V_{ab}}{I} \tag{4-11}$$

如果均匀导电媒质中电场强度已知，可用式(4-11)求出其电阻。然而，对于任意形状的导电体，其中的$\boldsymbol{E}$场并不是总能确定的，在那种情况，就可能要借助于近似方法或数值技术来决定电场强度。

例 4.2 长度为 l 的铜线两端的电位差为 V_0。设导线截面积为 A，求导线电阻的表达式。如果 $V_0=2\ \text{kV}$，$l=200\ \text{km}$，$A=40\ \text{mm}^2$，求导线电阻。

解 设导线沿 z 轴延伸，上端相对于下端的电位为 V_0，则导线内的电场强度为

$$\boldsymbol{E}=-\frac{V_0}{l}\boldsymbol{a}_z$$

若 σ 为铜线的电导率，导线任一截面的体电流密度为

$$\boldsymbol{J}=\sigma\boldsymbol{E}=-\frac{\sigma V_0}{l}\boldsymbol{a}_z$$

通过导线的电流

$$I=\int_s \boldsymbol{J}\cdot \mathrm{d}\boldsymbol{s}=\frac{\sigma V_0}{l}\int_s \mathrm{d}s=\frac{\sigma V_0 A}{l}$$

因此，由式(4-10)，可得导线电阻

$$R=\frac{V_0}{I}=\frac{l}{\sigma A}=\frac{\rho l}{A}$$

此方程给出了用导电体物理参数表示的计算电阻的理论表达式。代入参数值，得

$$R=\frac{1.7\times10^{-8}\times200\times10^{3}}{40\times10^{-6}}=85\ \Omega$$

4.4 电流连续性方程

导电区域内任取一闭合面 s，如图 4-5 所示。设区域内的体电荷密度为 ρ_v，且离开曲面的电流可用体电流密度 $\boldsymbol{J}$ 描述，则经闭合面 s 流出的总电流为

$$i(t)=\oint_s \boldsymbol{J}\cdot \mathrm{d}\boldsymbol{s} \tag{4-12}$$

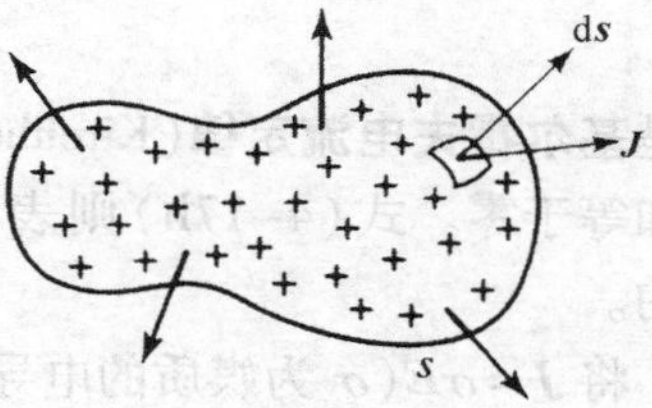

图 4-5 闭合面 s 包围有外向电荷流的导电区域

由于电流就是每秒的电荷流量，所以向外流出的电荷量必须与 s 包围区域内减少的电荷量相等，亦即电荷流出曲面的速率必须等于曲面内区域中电荷减少的速率。因此，我们也可以把电流表示为

$$i(t)=-\frac{\mathrm{d}Q}{\mathrm{d}t} \tag{4-13}$$

式中，Q 为时刻 t 曲面内包围的总电量，用体电荷密度 ρ_v 表示为

$$Q=\int_v \rho_v \mathrm{d}v \tag{4-14}$$

此处积分是遍及 s 包围的区域进行。结合式(4-12)、(4-13)和(4-14)，得

$$\oint_s \boldsymbol{J}\cdot \mathrm{d}\boldsymbol{s}=-\frac{\mathrm{d}}{\mathrm{d}t}\int_v \rho_v \mathrm{d}v \tag{4-15a}$$

式(4-15a)称为**连续性方程**(equation of continuity)的积分形式，是电荷守恒原理的数学表达式。它表明，区域内电荷的任何变化都必然伴随着穿越区域表面的电荷流动。也就是说，电荷既不能创造，也不能毁灭，但只能转移。

运用散度定理，可将式(4-15a)左边的闭合面积分变换为体积分。因为所考察体积是静止的，对时间的微分可以换成体电荷密度的偏导数，故式(4-15a)可改写为

$$\int_v \nabla\cdot \boldsymbol{J}\mathrm{d}v = -\int_v \frac{\partial\rho_v}{\partial t}\mathrm{d}v \tag{4-15b}$$

或

$$\int_v\left(\nabla\cdot \boldsymbol{J} + \frac{\partial\rho_v}{\partial t}\right)\mathrm{d}v = 0 \tag{4-15c}$$

由于所考察的体积是任意的，则上式普遍成立的唯一可能是被积函数每一点均为零，即

$$\nabla\cdot\boldsymbol{J} + \frac{\partial\rho_v}{\partial t} = 0 \tag{4-16}$$

这就是连续性方程的微分(点函数)形式。或者写成

$$\nabla\cdot\boldsymbol{J} = -\frac{\partial\rho_v}{\partial t}$$

式(4-16)表明，电荷密度 ρ_v 变化的点为体电流密度 $\boldsymbol{J}$ 的源点。

对于流过恒定电流(直流)的导电媒质，其中不存在电荷密度变化的点。此时，式(4-15a)简化为

$$\oint_s \boldsymbol{J}\cdot \mathrm{d}\boldsymbol{s} = 0 \tag{4-17a}$$

或从式(4-16)得

$$\nabla\cdot\boldsymbol{J} = 0 \tag{4-17b}$$

式(4-17a)表明，通过任一闭合曲面的净恒定电流为零。如果我们收缩闭合面 s 成一个点，式(4-17a)便可解释为

$$\sum I = 0 \tag{4-17c}$$

这是**基尔霍夫电流定律**(Kirchhoff's current law)，表示流经一点(连接点或节点)的电流的代数和等于零。式(4-17b)则表明导电媒质通过恒定电流时，其内部电流密度是无散或连续的。

将 $\boldsymbol{J}=\sigma\boldsymbol{E}$($\sigma$ 为媒质的电导率)代入式(4-17b)，得

$$\nabla\cdot(\sigma\boldsymbol{E}) = 0$$

或

$$\sigma\ \nabla\cdot\boldsymbol{E} + \boldsymbol{E}\cdot\nabla\sigma = 0 \tag{4-18}$$

对均匀媒质，$\nabla\sigma=0$，则式(4-18)成为

$$\nabla\cdot\boldsymbol{E} = 0$$

将 $\boldsymbol{E}=-\nabla V$ 代入(V 为导电媒质中任一点的电位)，上式可写成

$$\nabla^2 V = 0 \tag{4-19}$$

式(4-19)表明，导电媒质中的电位分布满足拉普拉斯方程，只要媒质均匀且电流分布是时不变的。

例 4.3 两电导率无穷大的平行板，每块截面积为 A，相距为 l，两板间电位差为 V_{ab}，如图 4-6 所示。板间媒质均匀且有有限的电导率 σ，求板间区域的电阻。

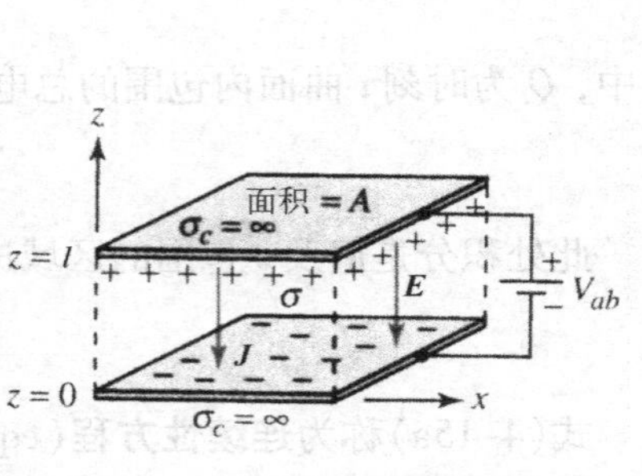

图 4-6 由导电媒质隔开的两平行板

解 因两平行板的电导率为无限大，则板的电阻为零。由式(4-19)求均匀导电媒质中的

电位分布，我们预期电位分布仅为 z 的函数。由式(4-19)有

$$\frac{d^2V}{dz^2}=0$$

积分两次，得

$$V=az+b$$

式中，a、b 为积分常数。由边界条件

$$V|_{z=0}=0\Rightarrow b=0$$

和

$$V|_{z=l}=V_{ab}\Rightarrow a=V_{ab}/l$$

于是，板间导电媒质中的电位分布为

$$V=\frac{z}{l}V_{ab}$$

导电媒质中的电场强度为

$$\boldsymbol{E}=-\nabla V=-\frac{\partial V}{\partial z}\boldsymbol{a}_z=-\frac{V_{ab}}{l}\boldsymbol{a}_z$$

媒质中的体电流密度为

$$\boldsymbol{J}=\sigma\boldsymbol{E}=-\frac{\sigma V_{ab}}{l}\boldsymbol{a}_z$$

通过垂直于 $\boldsymbol{J}$ 的表面的电流为

$$I=\int_s\boldsymbol{J}\cdot d\boldsymbol{s}=\frac{\sigma AV_{ab}}{l}$$

最后，可得导电媒质的电阻

$$R=\frac{V_{ab}}{I}=\frac{l}{\sigma A}\tag{4-20}$$

这与前面得到的导线电阻的表达式相同。事实上，我们可以用此式求任何具有相同截面的均匀导电媒质的电阻。

对于非均匀导电媒质，不能用式(4-20)直接求它的电阻。但如果把区域分为 n 层，每层厚度为 dl，当 $n\to\infty$ 时，$dl\to 0$，则可假定每一层的电导率为一常数，如图 4-7 所示。由式(4-20)，第 i 层电阻为

$$R_i=\frac{dl_i}{\sigma_i A_i}$$

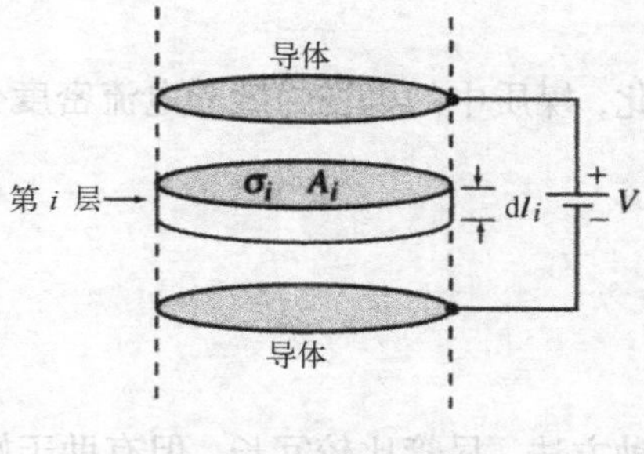

图 4-7　分为 n 层的非均匀导电媒质(仅标出第 i 层)

式中，dl_i、σ_i 及 A_i 分别为第 i 层的厚度、电导率及面积。因此，n 层串联总电阻为

$$R=\sum_{i=1}^{n}R_i=\sum_{i=1}^{n}\frac{dl_i}{\sigma_i A_i}\tag{4-21a}$$

当取极限 $dl\to 0$，$n\to\infty$，式(4-21a)变为

$$R=\int_c\frac{dl}{\sigma A}\tag{4-21b}$$

如果电导率的变化是离散的，由式(4-21a)可求出导电媒质的总电阻。若电导率为媒质厚度的函数，则可用式(4-21b)或(4-10)计算非均匀导电媒质的电阻。

例 4.4 某种材料的电导率 $\sigma = m/\rho + k$，m 和 k 均为常数，填充在两半径分别为 a 和 b 的同轴圆筒导体之间，如图 4-8 所示。V_0 为两导体间的电位差，L 为导体长度，求材料电阻、电流密度及电场强度的表达式。

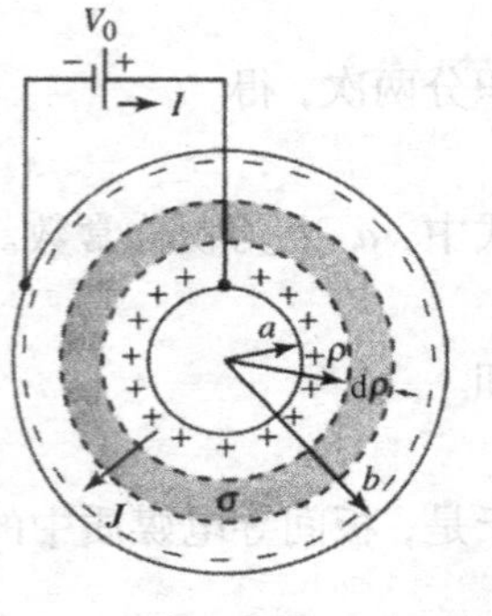

图 4-8 通过同轴圆筒导体间非均匀导电媒质中的电流

解 (a)方法 1：用式(4-21b)计算电阻。在任意半径 ρ 处，作厚度为 $d\rho$ 的薄圆筒，截面积为 $2\pi\rho L$，则材料电阻

$$R = \int_a^b \frac{d\rho}{(m+k\rho)2\pi L} = \frac{1}{2\pi Lk}\ln\left[\frac{m+kb}{m+ka}\right]$$

令 $M = \ln\left[\frac{m+kb}{m+ka}\right]$，则有 $R = \frac{M}{2\pi Lk}$

(b) 方法 2：用式(4-10)求材料电阻。通过任一截面的总电流是相同的，因此，电流密度

$$\boldsymbol{J} = \frac{I}{2\pi\rho L}\boldsymbol{a}_\rho$$

式中，I 暂未知。媒质中的电场强度

$$\boldsymbol{E} = \frac{\boldsymbol{J}}{\sigma} = \frac{I}{2\pi L(m+k\rho)}\boldsymbol{a}_\rho$$

两导体间的电位差

$$V_0 = -\int_c \boldsymbol{E}\cdot d\boldsymbol{l} = -\int_b^a \frac{I d\rho}{2\pi L(m+k\rho)} = \frac{I}{2\pi Lk}\ln\left[\frac{m+kb}{m+ka}\right] = \frac{IM}{2\pi Lk}$$

导电材料电阻

$$R = \frac{V_0}{I} = \frac{M}{2\pi Lk}$$

通过导电材料的电流

$$I = \frac{2\pi Lk}{M}V_0$$

因此，媒质中的电场强度和电流密度分别为

$$\boldsymbol{E} = \frac{k}{(m+k\rho)M}V_0\boldsymbol{a}_\rho$$

和

$$\boldsymbol{J} = \sigma\boldsymbol{E} = \frac{k}{M\rho}V_0\boldsymbol{a}_\rho$$

这种方法，尽管比较冗长，但有助于媒质中通过恒定电流时求解 (a) 导电媒质中的 $\boldsymbol{E}$ 和 $\boldsymbol{D}$，(b)导体的面电荷密度，(c)媒质内的体电荷密度，(d)导电媒质的总电荷。

4.5 弛豫时间

假定有一孤立的线性均匀各向同性媒质，电容率为 ε，电导率为 σ，剩余体电荷密度为 ρ_v。如前所述，为达到静电平衡，电荷间静电排斥力的作用会将剩余电荷转移到导体表面。但在电荷迁徙过程中，连续性方程必须满足。也就是说，在媒质中任一点

$$\nabla \cdot \boldsymbol{J}+\frac{\partial \rho_v}{\partial t}=0$$

代入 $\boldsymbol{J}=\sigma \boldsymbol{E}$ 得

$$\sigma \nabla \cdot \boldsymbol{E}+\frac{\partial \rho_v}{\partial t}=0$$

用 ρ_v/ε 代替 $\nabla \cdot \boldsymbol{E}$，得

$$\frac{\partial \rho_v}{\partial t}+\frac{\sigma}{\varepsilon}\rho_v=0$$

这是一个关于电荷密度 ρ_v 的一阶微分方程，解答为

$$\rho_v=\rho_0 \mathrm{e}^{-(\sigma/\varepsilon)t} \tag{4-22}$$

式中 ρ_0 为 $t=0$ 时刻的剩余体电荷密度。式(4-22)表明，静电平衡过程将按指数规律进行，理论上讲，它是导电媒质内剩余电荷永无休止的衰减过程。

可以证明，ε 与 σ 之比具有时间量纲，将其称之为**弛豫时间**(relaxation time) τ，即

$$\tau=\frac{\varepsilon}{\sigma} \tag{4-23}$$

弛豫时间用于度量导电媒质达到静电平衡的快慢程度。事实上，它是任一导电媒质中电荷量减少到初始值 1/e(36.8%)所需要的时间。当 $t=5\tau$ 时，媒质内电荷密度将降至不足初始值的 1%。因此，通常认为 5 倍弛豫时间后，导体达到静电平衡状态。

弛豫时间与媒质的电导率成反比——电导率越大，达到静电平衡的时间就越短。以铜为例，$\sigma=5.8\times10^7$ S/m，$\varepsilon\approx\varepsilon_0$，弛豫时间 $\tau=1.52\times10^{-19}$ s，表明铜几乎能瞬间达到静电平衡。此外可得，纯水的弛豫时间为 40 ns，琥珀的大约是 70 min。

例 4.5 一定数量的电荷被置于一孤立导体内。已知穿过该导体外表面的电流为 $i(t)=0.125\mathrm{e}^{-25t}$ A，求(a)弛豫时间，(b)初始电荷量，(c) $t=5\tau$ 时间内穿过导体表面的电荷量。

解 弛豫时间 $\tau=1/25=0.04$ s

t 时间内穿过导体表面的电荷量是

$$Q=\int_0^t i\mathrm{d}t=0.125\int_0^t \mathrm{e}^{-25t}\mathrm{d}t$$
$$=5\left[1-\mathrm{e}^{-25t}\right]\mathrm{mC} \tag{4-24}$$

令 $t=5\tau=0.2$ s，得穿过导体表面的电荷量为

$$Q=4.97\ \mathrm{mC}$$

进而由式(4-24)，令 $t=\infty$，得穿过导体表面的总电荷为 5 mC。因为不再发生电荷迁徙了，通过导体表面的电流为零，因此，$t=0$ 时导体内的总电荷必须是 5 mC。

4.6 焦耳定律

设某种媒质中，电荷在电场作用下以平均速度 $\boldsymbol{U}$ 运动。若 ρ_v 为体电荷密度，作用于 $\mathrm{d}v$ 体积内电荷的电场力

$$\mathrm{d}\boldsymbol{F}=\rho_v \mathrm{d}v\boldsymbol{E}$$

且 $\mathrm{d}t$ 时间内，电荷的移动距离为 $\mathrm{d}\boldsymbol{l}$，即 $\mathrm{d}\boldsymbol{l}=\boldsymbol{U}\mathrm{d}t$，则电场力做功为

$$\mathrm{d}W=\mathrm{d}\boldsymbol{F}\cdot\mathrm{d}\boldsymbol{l}=\rho_v\boldsymbol{U}\cdot\boldsymbol{E}\mathrm{d}v\mathrm{d}t=\boldsymbol{J}\cdot\boldsymbol{E}\mathrm{d}v\mathrm{d}t$$

式中，$\boldsymbol{J}=\rho_v\boldsymbol{U}$。

由于功率是单位时间内做的功，故电场提供的功率为

$$\mathrm{d}p=\frac{\mathrm{d}W}{\mathrm{d}t}=\boldsymbol{J}\cdot\boldsymbol{E}\mathrm{d}v$$

定义功率密度 p 为单位体积内的功率，即 $\mathrm{d}p=p\mathrm{d}v$，上式可改写为

$$p=\boldsymbol{J}\cdot\boldsymbol{E} \tag{4-25a}$$

式(4-25a)称为**焦耳定律**(Joule's law)的点函数(微分)形式。它表明由电场提供的单位体积的功率是电场强度和体电流密度的点积。

整个体积 v 内的功率

$$P=\int_v p\mathrm{d}v=\int_v \boldsymbol{J}\cdot\boldsymbol{E}\mathrm{d}v \tag{4-25b}$$

我们称此式为焦耳定律的积分形式。

如果自由电荷在导电媒质中运动时，电场 $\boldsymbol{E}$ 施加的作用力被碰撞过程中失去的动量所平衡，在这种情况，电场供给的功率就以热的形式作为欧姆热或焦耳热消耗在电阻上。于是，功率密度 p 就表示单位体积内产生热量的速率。

对于线性导体，$\boldsymbol{J}=\sigma\boldsymbol{E}$，单位体积消耗的功率为

$$p=\sigma\boldsymbol{E}\cdot\boldsymbol{E}=\sigma E^2 \tag{4-26a}$$

总的功率消耗是

$$P=\int_v \sigma E^2\mathrm{d}v \tag{4-26b}$$

如 V 是长度为 L 的导体两端的电位差，均匀截面积为 A，则功率密度为

$$p=\sigma\left[\frac{V}{L}\right]^2 \mathrm{W/m^3}$$

而以发热方式在导体中消耗的总功率是

$$P=\frac{\sigma AV^2}{L}=\frac{V^2}{R}\mathrm{W} \tag{4-27a}$$

式中，$R=\dfrac{L}{\sigma A}$是导体的电阻。

式(4-27a)是焦耳定律的等价形式，被广泛应用于电路理论中求取电阻发热所消耗的功率。鼓励读者证明下一个公式

$$P=I^2R \tag{4-27b}$$

这是焦耳定律的另一等价形式。它表明热损耗的速率与线性导体内电流的平方成正比。

例4.6 平板电容器的面积为10 $\mathrm{cm^2}$。间距为0.2 cm，包含媒质参数为 $\varepsilon_r=2$，$\sigma=4\times10^{-5}$ S/m，媒质中维持恒定电流而施加于两板间的电位差为120 V。求电场强度、体电流密度、功率密度、功率损耗、电流和媒质电阻。

解 设下板于 $z=0$ 处，电位为0 V，上板于 $z=0.2$ cm 处，电位为120 V，则介质中的电场强度

$$\boldsymbol{E}=-\frac{120}{0.002}\boldsymbol{a}_z=-60\boldsymbol{a}_z\ \mathrm{kV/m}$$

$$\sigma=4\times10^{-5}\ \mathrm{S/m}$$

电流密度

$$\boldsymbol{J}=-4\times10^{-5}\times60\times10^{3}\boldsymbol{a}_z=-2.4\boldsymbol{a}_z\text{A/m}^2$$

因此，媒质中的电流

$$I=\int_s \boldsymbol{J}\cdot \mathrm{d}\boldsymbol{s}=2.4\times100\times10^{-4}=24\ \text{mA}$$

媒质功率密度

$$p=\boldsymbol{J}\cdot\boldsymbol{E}=2.4\times60\times10^{3}=144\ \text{kW/m}^3$$

媒质中总功率损耗

$$P=\int_v p\mathrm{d}v=144\times10^{3}\times100\times10^{-4}\times0.2\times10^{-2}=2.88\ \text{W}$$

因为 $P=I^2R$，故导体电阻

$$R=\frac{2.88}{[24\times10^{-3}]^2}=5000\ \Omega\text{ 或 }5\ \text{k}\Omega$$

4.7 二极管中的恒定电流

设二极管由两块平行板构成，如图 4-9 所示。一板为阴极（cathode），另一板为阳极（anode）。阳极加正电位 V_0，阴极接地。设平板面积远大于它们之间的间距，即电位分布只是 z 的函数，则板间任一点的电场强度为

$$\boldsymbol{E}=-\frac{\mathrm{d}V}{\mathrm{d}z}\boldsymbol{a}_z$$

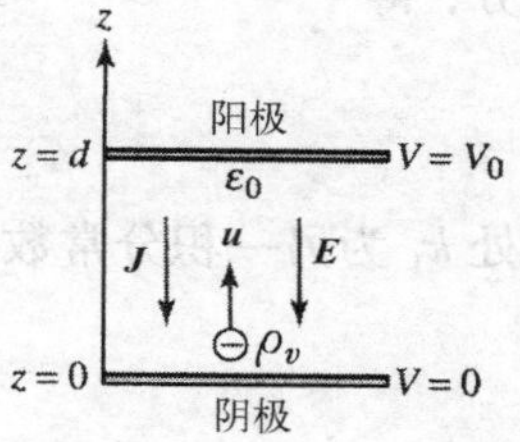

图 4-9 真空二极管

阴极加热后发出电子，在电场 $\boldsymbol{E}$ 作用下，电子向阳极运动。设 $\boldsymbol{U}=U\boldsymbol{a}_z$ 是任一时刻 t 的电子运动速度，m 是电子质量，$-e$ 是它的电荷，则 $-e\boldsymbol{E}$ 为电场加在电子上的作用力。此力使电子加速，于是

$$m\frac{\mathrm{d}U}{\mathrm{d}t}\boldsymbol{a}_z=e\frac{\mathrm{d}V}{\mathrm{d}z}\boldsymbol{a}_z$$

$$mU\frac{\mathrm{d}U}{\mathrm{d}z}=e\frac{\mathrm{d}V}{\mathrm{d}z}$$

或

$$\frac{\mathrm{d}}{\mathrm{d}z}\left[\frac{1}{2}mU^2-eV\right]=0$$

两边积分，得

$$\frac{1}{2}mU^2=eV+c$$

式中，c 为积分常数。因电子在阴极（$V=0$）从静止（$U=0$）开始加速，故有 $c=0$，即

$$\frac{1}{2}mU^2=eV \tag{4-28}$$

式(4-28)表明，电场提供的电位能被转换为电子的动能。电子在两板之间任意点的速度为

$$U=\left[\frac{2eV}{m}\right]^{\frac{1}{2}} \tag{4-29}$$

要求出 U 就必须知道板间的电位分布 V。然而，两板间的电位分布必须满足泊松方程。即

$$\frac{\mathrm{d}^2V}{\mathrm{d}z^2}=-\frac{\rho_v}{\varepsilon_0} \tag{4-30}$$

式中，$\rho_v = -Ne$，N 是区域内单位体积内的电子数目。此外，$\boldsymbol{J} = \rho_v \boldsymbol{U} = \rho_v U\boldsymbol{a}_z = J\boldsymbol{a}_z$，式中 $J = \rho_v U$。对于恒定电流，$\nabla \cdot \boldsymbol{J} = 0 \Rightarrow \boldsymbol{J} = \rho_v \boldsymbol{U} =$ 常数。因此，正如4.2节中指出的，当U增加时，ρ_v 是减少的。于是，体电荷密度可表示为

$$\rho_v = \frac{J}{\sqrt{\dfrac{2eV}{m}}} = \frac{K}{\sqrt{V}} \tag{4-31}$$

式中

$$K = \frac{J}{\sqrt{\dfrac{2e}{m}}}$$

从式(4-30)消去 ρ_v 得

$$\frac{\mathrm{d}^2 V}{\mathrm{d}z^2} = -\frac{K}{\varepsilon_0 \sqrt{V}}$$

积分，得

$$\left(\frac{\mathrm{d}V}{\mathrm{d}z}\right)^2 = -4\frac{K}{\varepsilon_0}\sqrt{V} + k_1$$

此处 k_1 为另一积分常数。在阴极，$z = 0$，$V = 0$，且$\dfrac{\mathrm{d}V}{\mathrm{d}z} = 0$，因此，积分常数 $k_1 = 0$，故

$$\frac{\mathrm{d}V}{V^{1/4}} = \sqrt{-\frac{4K}{\varepsilon_0}}\mathrm{d}z$$

再积分一次，得

$$\left(\frac{4}{3}\right)V^{3/4} = \sqrt{-\frac{4K}{\varepsilon_0}}z + k_2$$

式中，k_2 也是积分常数。因为 $V|_{z=0} = 0$，所以 k_2 也是零，于是，两边平方，得

$$\frac{16}{9}V^{3/2} = -4\frac{J}{\varepsilon_0}\sqrt{\frac{m}{2e}}z^2 \tag{4-32}$$

又因为 $V|_{z=d} = V_0$，最后就有

$$J = -\left(\frac{4}{9}\right)\left[\frac{\varepsilon_0}{d^2}\right]\sqrt{\frac{2e}{m}}(V_0)^{3/2} \tag{4-33}$$

此式称为 Child- Langmuir 关系式。这是一个非线性关系，因为电流密度亦即电流与 $V_0^{3/2}$ 成正比。还要注意，电流密度 $\boldsymbol{J}$ 是负的，这是必然的，因为电子束沿 $+z$ 方向运动构成电流在 $-z$ 方向。

我们还可以证明平行板间的电位分布为

$$V(z) = V_0\left[\frac{z}{d}\right]^{4/3} \tag{4-34}$$

两板之间的电场强度为

$$\boldsymbol{E} = -\frac{\mathrm{d}V}{\mathrm{d}z}\boldsymbol{a}_z = -\frac{4V_0}{3d}\left[\frac{z}{d}\right]^{1/3}\boldsymbol{a}_z \tag{4-35}$$

显然，该式表明 $z = 0$ 处的电场强度 $\boldsymbol{E}$ 为零，实际上它是一个很小的有限值。最后，由泊松方程得空间电荷密度为

$$\rho_v = -\frac{4\varepsilon_0 V_0}{9d^{4/3}} z^{-2/3} \tag{4-36}$$

例 4.7 真空二极管阳极电位为1000 V，阴极接地，板间相距 5 cm。求(a)电位分布，(b)电场强度，(c)体电流密度，(d)二极管中的电荷密度。

解 由式(4-34)，两板间的电位分布

$$V = 1000\left[\frac{z}{0.05}\right]^{4/3} = 54.288 z^{4/3}\,\text{kV}$$

由式(4-35)，得电场强度

$$\boldsymbol{E} = -\frac{4\times1000}{3\times0.05}\left[\frac{z}{0.05}\right]^{1/3}\boldsymbol{a}_z = -72.384 z^{1/3}\boldsymbol{a}_z\,\text{kV/m}$$

由式(4-33)，得电流密度

$$\boldsymbol{J} = -\frac{4}{9}\left[\frac{10^{-9}}{36\pi(0.05)^2}\right]\left[\frac{2\times1.6\times10^{-19}}{9.11\times10^{-31}}\right]^{1/2}\times1000^{3/2}\boldsymbol{a}_z$$
$$= -29.46\boldsymbol{a}_z\,\text{A/m}^2$$

由式(4-36)，得空间电荷密度

$$\rho_v = -\frac{4\times10^{-9}\times1000}{36\pi\times9\times(0.05)^{4/3}} z^{-2/3} = -213.34 z^{-2/3}\,\text{nC/m}^3$$

4.8 电流密度的边界条件

本节要研究的是，在电导率分别为 σ_1 和 σ_2 的两种媒质的分界面上，电流密度矢量 $\boldsymbol{J}$ 将如何变化。作一扁圆盒形闭合面，如图4-10所示。该圆盒的高度非常小，以致于经圆盒侧面流过的电流可以忽略不计。由式(4-17a)

$$\oint_s \boldsymbol{J}\cdot d\boldsymbol{s} = 0$$

对薄圆盒闭合面 s 积分，当 $h\to0$ 时有

$$\boldsymbol{a}_n\cdot\boldsymbol{J}_1\Delta s - \boldsymbol{a}_n\cdot\boldsymbol{J}_2\Delta s = 0$$
$$\boldsymbol{a}_n\cdot(\boldsymbol{J}_1-\boldsymbol{J}_2) = 0 \tag{4-37a}$$

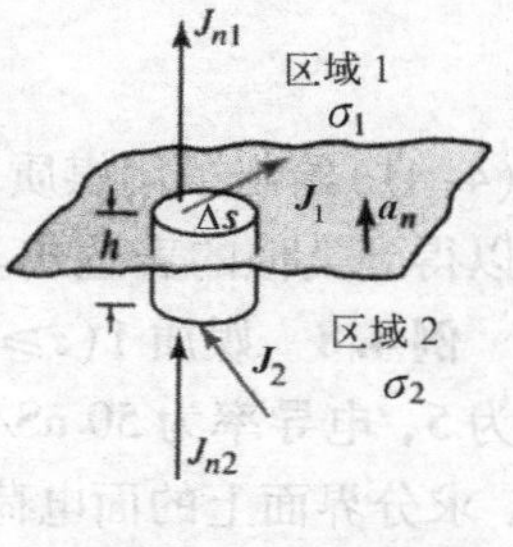

图 4-10 表示 $\boldsymbol{J}$ 的法向分量的边界条件

或

$$J_{n1} = J_{n2} \tag{4-37b}$$

式中，下标 n 表示场量的法向分量。式(4-37)表明，电流密度 $\boldsymbol{J}$ 的法向分量在分界面上是连续的。

由于电场 $\boldsymbol{E}$ 的切向分量在分界面上是连续的，即

$$\boldsymbol{a}_n\times[\boldsymbol{E}_1-\boldsymbol{E}_2] = 0$$

又 $\boldsymbol{J}=\sigma\boldsymbol{E}$，我们可以写出分界面上(见图 4-11)$\boldsymbol{J}$ 的切向分量方程为

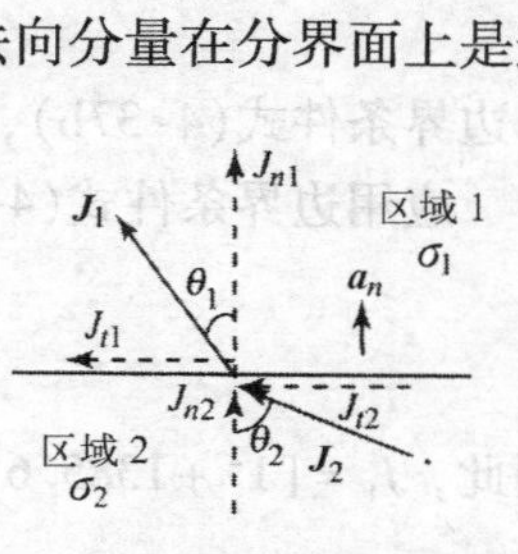

图 4-11 分界面两侧电流密度的法向和切向分量

$$\boldsymbol{a}_n\times\left[\frac{\boldsymbol{J}_1}{\sigma_1}-\frac{\boldsymbol{J}_2}{\sigma_2}\right] = 0 \tag{4-38a}$$

或

$$\frac{J_{t1}}{J_{t2}}=\frac{\sigma_1}{\sigma_2} \tag{4-38b}$$

式中，下标 t 表示场量的切向分量。式(4-38)表明，分界面上电流密度的切向分量之比等于电导率之比。

由式(4-37b)、(4-38b)及图4-11，有

$$\frac{J_{n1}\sigma_1}{J_{t1}}=\frac{J_{n2}\sigma_2}{J_{t2}}$$

或

$$\frac{\tan\theta_1}{\tan\theta_2}=\frac{\sigma_1}{\sigma_2} \tag{4-39}$$

作为特例，假定分界面上方(媒质1)为不良导体，下方(媒质2)为良导体。设 θ_2 在0°至90°之间，因 $\sigma_2 \gg \sigma_1$，则由式(4-39)可知，θ_1 是一个非常小的角。换句话说，媒质1中的 $\boldsymbol{J}$ 和 $\boldsymbol{E}$ 几乎与分界面垂直。因此，其切向分量很小，可以忽略不计。另一方面，媒质2中 $\boldsymbol{E}$ 的法向分量

$$E_{n2}=\frac{\sigma_1}{\sigma_2}E_{n1} \tag{4-40}$$

也非常小。这就表示，电场 $\boldsymbol{E}$ 在良导电媒质中实际上是不存在的。因此，在分界面上，一定存在自由面电荷密度。由 $\boldsymbol{D}$ 的法向分量，我们可以算出自由面电荷密度为

$$\begin{aligned}\rho_s &= D_{n1}-D_{n2}=D_{n1}\left[1-\frac{\sigma_1\varepsilon_2}{\sigma_2\varepsilon_1}\right]=E_{n1}\left[\frac{\varepsilon_1\sigma_2-\varepsilon_2\sigma_1}{\sigma_2}\right]\\ &= J_{n1}\left[\frac{\varepsilon_1}{\sigma_1}-\frac{\varepsilon_2}{\sigma_2}\right]\end{aligned} \tag{4-41}$$

式(4-41)给出了用媒质1中 $\boldsymbol{J}$ 的法向分量表示的面电荷密度。用媒质2中 $\boldsymbol{J}$ 的法向分量，也可以得到类似的表达式。

例4.8 媒质1($z\geqslant 0$)的相对电容率为2，电导率为40 μS/m。媒质2($z\leqslant 0$)的相对电容率为5，电导率为50 nS/m。如果 $\boldsymbol{J}_2$ 大小为2 A/m²，与分界面法线夹角 $\theta_2=60°$，计算 $\boldsymbol{J}_1$ 和 θ_1，求分界面上的面电荷密度。

解 由已知条件，得

$$J_{n2}=2\cos 60°=1\ \text{A/m}^2$$

及

$$J_{t2}=2\sin 60°=1.732\ \text{A/m}^2$$

由边界条件式(4-37b)，$J_{n1}=1\ \text{A/m}^2$

应用边界条件式(4-38b)，得

$$J_{t1}=\frac{40\times 10^{-6}}{50\times 10^{-9}}\times 1.732=1385.6\ \text{A/m}^2$$

因此，$J_1=[1^2+1385.6^2]^{\frac{1}{2}}\approx 1385.6\ \text{A/m}^2$ 及

$$\theta_1=\arctan\ [1385.6]=89.96°$$

最后，由式(4-41)，面电荷密度

$$\rho_s=1\left[\frac{2}{40\times 10^{-6}}-\frac{5}{50\times 10^{-9}}\right]\frac{10^{-9}}{36\pi}=-0.88\ \text{mC/m}^2$$

4.9 D和J之间的类比关系

在揭示静态(时不变)条件下 $\boldsymbol{D}$ 和 $\boldsymbol{J}$ 之间的类比关系，是很有意义的。这两种场可用相同数学形式的方程来描述，如对恒定电流，有

$$\nabla\cdot\boldsymbol{J}=0 \tag{4-42a}$$

而在无电荷区，有

$$\nabla\cdot\boldsymbol{D}=0 \tag{4-42b}$$

因为

$$\boldsymbol{J}=\sigma\boldsymbol{E} \tag{4-43a}$$

$$\boldsymbol{D}=\varepsilon\boldsymbol{E} \tag{4-43b}$$

且

$$\nabla\times\boldsymbol{E}=0$$

对电容率 ε 及电导率 σ 均为常数的线性媒质

$$\nabla\times\boldsymbol{J}=0 \tag{4-44a}$$

$$\nabla\times\boldsymbol{D}=0 \tag{4-44b}$$

由两种导电媒质分界面上法向分量的连续性条件，有

$$J_{n1}=J_{n2} \tag{4-45a}$$

$$D_{n1}=D_{n2} \tag{4-45b}$$

在两种绝缘介质分界面上，从切向分量的边界条件，有

$$\frac{J_{t1}}{J_{t2}}=\frac{\sigma_1}{\sigma_2} \tag{4-46a}$$

和

$$\frac{D_{t1}}{D_{t2}}=\frac{\varepsilon_1}{\varepsilon_2} \tag{4-46b}$$

上述分析表明，用 $\boldsymbol{J}$ 作变量的方程可由以 $\boldsymbol{D}$ 为变量的方程得到，只要用 $\boldsymbol{J}$ 代替 $\boldsymbol{D}$，用 σ 代替 ε 即可。为了找到 $\boldsymbol{D}$ 和 $\boldsymbol{J}$ 在无电荷媒质中的这种类比关系，我们可以先假定媒质是绝缘的，求出 $\boldsymbol{D}$ 场。接下来，将 σ 代替 ε，就得到电流密度。下面的例子将展示这一过程。

例 4.9 平板电容器板间电位差为 V_0。若平板面积为 A，间距为 d，导电媒质的电容率为 ε，电导率为 σ，试用 $\boldsymbol{D}$、$\boldsymbol{J}$ 的类比关系确定通过媒质的电流。

解 平板电容器的电场强度

$$\boldsymbol{E}=-\frac{V_0}{d}\boldsymbol{a}_z$$

此处假设两平板间距是沿 z 方向，上板在 $z=d$ 处，相对于下板 $z=0$ 为正。媒质中的电通量密度为

$$\boldsymbol{D}=-\frac{\varepsilon}{d}V_0\boldsymbol{a}_z$$

对无电荷区利用类比关系，以 σ 代替 ε，得体电流密度

$$\boldsymbol{J}=-\frac{\sigma}{d}V_0\boldsymbol{a}_z$$

因此，媒质中的电流为

$$I=\int_s \boldsymbol{J}\cdot \mathrm{d}\boldsymbol{s}=\frac{\sigma A}{d}V_0=\frac{V_0}{R}$$

式中，$R=\dfrac{d}{\sigma A}$为媒质电阻。

在第 3 章中，电容被定义为

$$C=\frac{Q}{V_{ab}}=\frac{\int_s \rho_s \mathrm{d}s}{-\int_b^a \boldsymbol{E}\cdot \mathrm{d}\boldsymbol{l}}=\frac{\int_s \varepsilon E_n \mathrm{d}s}{-\int_b^a \boldsymbol{E}\cdot \mathrm{d}\boldsymbol{l}} \tag{4-47}$$

式中，$\rho_s=\varepsilon E_n$ 是电容器导体 a 上的面电荷密度。定义电导 G 为电阻的倒数，由式(4-11)，有

$$G=\frac{I}{V_{ab}}=\frac{\int_s \boldsymbol{J}\cdot \mathrm{d}\boldsymbol{s}}{-\int_b^a \boldsymbol{E}\cdot \mathrm{d}\boldsymbol{l}}=\frac{\int_s \sigma E_n \mathrm{d}s}{-\int_b^a \boldsymbol{E}\cdot \mathrm{d}\boldsymbol{l}} \tag{4-48}$$

比较式(4-47)和(4-48)，得

$$G=\frac{\sigma}{\varepsilon}C \tag{4-49}$$

亦即只要知道了一种结构形状的电容，就可以求出它的电导和电阻。反之亦然。

例 4.10 两平行板，面积均为 A，相距为 d。板间媒质电导率为 σ、电容率为 ε。求该平板电容器的电阻。

解 已知平板电容器的电容

$$C=\varepsilon A/d$$

由式(4-49)，电导

$$G=\frac{\sigma}{\varepsilon}C=\frac{\sigma A}{d}$$

因此，平板电容器的电阻

$$R=\frac{1}{G}=\frac{d}{\sigma A}$$

例 4.11 两同心金属球壳之间媒质的电导率为 σ，电容率为 ε。若内外球壳半径分别为 a 和 b，求球壳间媒质的电阻。

解 第 3 章已导出两同心球电容器的电容表达式为

$$C=\frac{4\pi\varepsilon ab}{b-a}$$

因此，由式(4-49)可得电导

$$G=\frac{4\pi\sigma ab}{b-a}$$

最后，球体间媒质的电阻

$$R=\frac{b-a}{4\pi\sigma ab}$$

例 4.12 长直同轴电缆中充满电导率为 σ，电容率为 ε 的媒质。若内、外导体半径分别为 a 和 b，求导体间单位长的电阻。

解 第 3 章给出同轴电缆单位长的电容为

$$C=\frac{2\pi\varepsilon}{\ln(b/a)}$$

用 σ 代替 ε 得到单位长的电导

$$G=\frac{2\pi\sigma}{\ln(b/a)}$$

因此，两同轴导体之间单位长的电阻

$$R=\frac{\ln(b/a)}{2\pi\sigma}$$

4.10 电动势

在第 3 章中，我们已得出电场强度切向分量沿任意闭合路径积分为零的结论，即

$$\oint_c \boldsymbol{E}\cdot \mathrm{d}\boldsymbol{l}=0$$

在静电场中普遍成立。本章中，我们又已证明导电媒质中的体电流密度为 $\boldsymbol{J}=\sigma\boldsymbol{E}$，且流过导体的电流为

$$I=\int_s \boldsymbol{J}\cdot \mathrm{d}\boldsymbol{s}=\int_s \sigma\boldsymbol{E}\cdot \mathrm{d}\boldsymbol{s}$$

以上所述表明，纯粹的静电场不能使电流在闭合路径中流动。除静电场外，一定还存在一个维持恒定电流在闭合回路中流动的能源。这种外部能源可能是非电的，如化学反应（电池）、机械驱动（直流发电机）、光激发源（太阳能电池）、热敏装置（热电偶）等。因为这些装置都是把非电能转化为电能，称作非保守元件，由它们建立所谓**局外电场**（非保守的）$\boldsymbol{E}'$。

这样，闭合回路中的总电场就是 $\boldsymbol{E}+\boldsymbol{E}'$，相应总功率为

$$P=\int_v(\boldsymbol{E}+\boldsymbol{E}')\cdot \boldsymbol{J}\mathrm{d}v$$

设回路中的恒定电流是均匀分布的，用 $I\mathrm{d}\boldsymbol{l}$ 代替 $\boldsymbol{J}\mathrm{d}v$，体积分简化为

$$P=\oint_c I(\boldsymbol{E}+\boldsymbol{E}')\cdot \mathrm{d}\boldsymbol{l}=I\oint_c \boldsymbol{E}'\cdot \mathrm{d}\boldsymbol{l}$$

定义回路中的**电动势**（electromotive force，缩写为 emf 或 EMF）为

$$\mathscr{E}=\oint_c \boldsymbol{E}'\cdot \mathrm{d}\boldsymbol{l} \tag{4-50}$$

则供给回路的功率是

$$P=\mathscr{E}\, I \tag{4-51}$$

因此，供给回路的功率等于电动势和电流的乘积。

对于回路中 a、b 两点之间的部分支路，有

$$\int_a^b \frac{1}{\sigma}\boldsymbol{J}\cdot \mathrm{d}\boldsymbol{l}=\int_a^b[\boldsymbol{E}+\boldsymbol{E}']\cdot \mathrm{d}\boldsymbol{l}=\int_a^b \boldsymbol{E}\cdot \mathrm{d}\boldsymbol{l}+\int_a^b \boldsymbol{E}'\cdot \mathrm{d}\boldsymbol{l}$$

$$=-[V_b-V_a]+\mathscr{E}_{ab} \tag{4-52}$$

式中，$\mathscr{E}_{ab}$是 a、b 两点之间电源的电动势。若 $\mathscr{E}_{ab}=0$，则 ab 支路称为无源支路。如 $\mathscr{E}_{ab}\neq 0$，就说该支路含有电动势器件（有源元件）。

式（4-52）左边实际上就是IR，其最简单证明方法就是假定电流在面积为A、长为L的

圆柱导体中均匀分布，如图 4-12 所示。由 $J = I/A$，式(4-52)左边就变为

$$\frac{IL}{\sigma A} = IR$$

式中，

$$R = \frac{L}{\sigma A}$$

为 a、b 两点间的电阻。至此，式(4-52)可改写为

$$-[V_b - V_a] + \mathscr{E}_{ab} = IR \qquad (4\text{-}53)$$

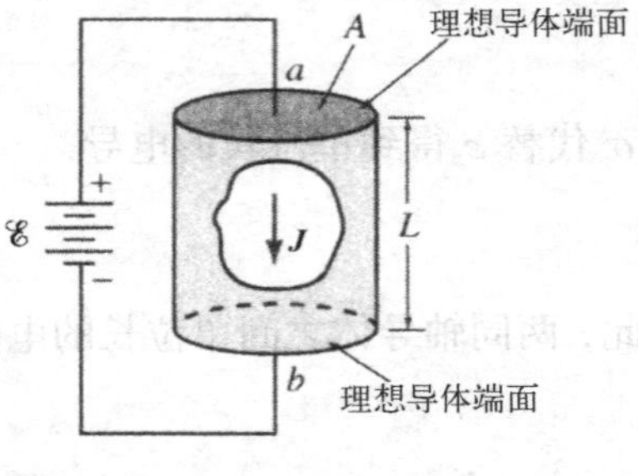

图 4-12　电流在圆导体中均匀流动

如果 ab 支路不含电源，该式成为

$$V_a - V_b = IR \qquad (4\text{-}54)$$

式(4-54)给出了电阻上的电压降及所流过的电流之间的关系。I 为正值时，V_a 必然大于 V_b；也就是说，a 点电位比 b 点电位高。电流从 a 点流进，b 点流出。由于 $\mathscr{E}_{ab} = 0$，整个闭合回路中(图 4-12)，只有电池中的局外电场产生电动势，维持电流从而出现 a、b 间的电压降，即

$$\mathscr{E} = IR \qquad (4\text{-}55a)$$

实际上，R 可代表电路中的总电阻，$\mathscr{E}$ 为电路中的总电动势。若回路中包含 m 个电动势(源)和 n 个电阻，流过不一定相同的电流，则式(4-55a)变成

$$\sum_{k=1}^{m} \mathscr{E}_k = \sum_{j=1}^{n} IR_j \qquad (4\text{-}55b)$$

此式为**基尔霍夫电压定律**(Kirchhoff's voltage law)的数学表达式，表明任一闭合回路中电动势的代数和等于该回路中电压降的代数和。

下面的例子展示如何用基尔霍夫电流定律式(4-17c)及基尔霍夫电压定律式(4-55b)求解简单电路。由于这些定律已在前期电路课程中应用过，故本书不作进一步讨论。

例 4.13　如图 4-13所示，求通过电路中各元件的电流。计算电源提供的总功率。

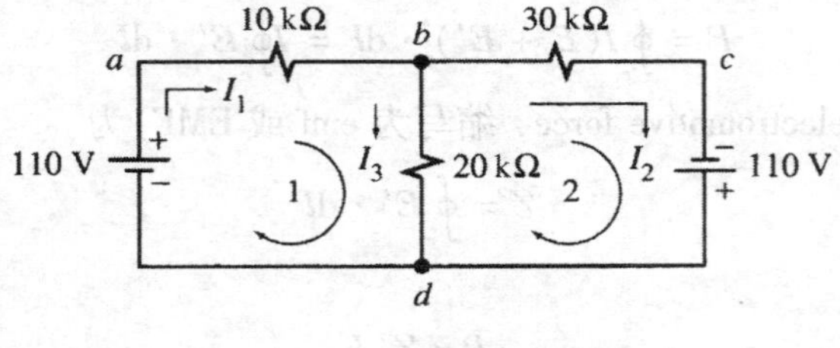

图 4-13　例 4.13 附图

解　任意给出图中各元件的电流方向。由于任一连接点(节点)上电流的代数和为零，故由式(4-17c)，进入节点的电流的和必然等于离开节点的电流的和。于是，在节点 b 有

$$I_1 = I_2 + I_3$$

或

$$I_3 = I_1 - I_2 \qquad (4\text{-}56)$$

取 emf 的总和等于回路中适当符号的 IR 之和，如对回路 1($abda$)和回路 2($bcdb$)可得

$$10 \times 10^3 I_1 + 20 \times 10^3 I_3 = 110$$

$$30 \times 10^3 I_2 - 20 \times 10^3 I_3 = 110$$

或化简为

$$I_1+2I_3=0.011$$
$$3I_2-2I_3=0.011$$

将式(4-56)代入后有

$$3I_1-2I_2=0.011$$
$$-2I_1+5I_2=0.011$$

由任一常规方法可解得

$$I_1=7\ \text{mA},\ I_2=5\ \text{mA},\ I_3=2\ \text{mA}$$

由式(4-51)，供给电路的总功率为

$$P_s=110\times7\times10^{-3}+110\times5\times10^{-3}=1.32\ \text{W}$$

由式(4-27b)得电阻发热消耗的总功率

$$P_d=(0.007)^2 10\times10^3+(0.005)^2 30\times10^3+(0.002)^2 20\times10^3=1.32\ \text{W}$$

结果表明，电源提供的功率和电阻消耗的功率相等，符合能量守恒定律。

4.11 摘要

我们定义电流为

$$i=\frac{\mathrm{d}q}{\mathrm{d}t}$$

式中，$\mathrm{d}q$ 为 $\mathrm{d}t$ 时间内流过有限截面的电荷。

本章讨论了两种形式的电流：运流电流和传导电流。运流电流归因于真空中电荷的流动，传导电流则由于导体内电子的流动。

单位面积的电流称为电流密度。运流电流密度为

$$\boldsymbol{J}=\rho_v\boldsymbol{U}_v$$

式中，ρ_v 为体电荷密度，$\boldsymbol{U}_v$ 为这些电荷运动的平均速度。传导电流密度为

$$\boldsymbol{J}=\sigma\boldsymbol{E}$$

式中，σ 为媒质的电导率，$\boldsymbol{E}$ 为导体中的电场强度。

用场量表示的导体电阻为

$$R=\frac{\int_b^a -\boldsymbol{E}\cdot\mathrm{d}\boldsymbol{l}}{\int_s \boldsymbol{J}\cdot\mathrm{d}\boldsymbol{s}}$$

对于线性媒质

$$R=\frac{l}{\sigma A}$$

式中，l 为导体长度，σ 为电导率，A 为导体面积。

电流连续性方程的一般表达式为

$$\nabla\cdot\boldsymbol{J}=-\frac{\partial\rho_v}{\partial t}$$

媒质中电流恒定时简化成

$$\nabla\cdot\boldsymbol{J}=0$$

线性、各向同性、均匀导电媒质中的电位分布满足拉普拉斯方程，即

$$\nabla^2 V=0$$

该方程的解可用于确定电场强度 $\boldsymbol{E}$、电通密度 $\boldsymbol{D}$、电流密度 $\boldsymbol{J}$、电流 I 以及媒质的电阻。

如在导体内放置多余电荷，它将遵循下述方程在导体表面重新分布

$$\rho_v=\rho_0 e^{-t/\tau}$$

式中，$\tau=\varepsilon/\sigma$ 是弛豫时间。在实际应用中，认为 $t=5\tau$ 后导体内部的电荷已为零。导体发热消耗的功率为

$$P_d=I^2R=\frac{V^2}{R}$$

导电媒质有关的功率用场量表示为

$$P=\int_v \boldsymbol{E}\cdot\boldsymbol{J}\mathrm{d}v$$

两种导电媒质间的边界条件表明，$\boldsymbol{J}$ 的法向分量在分界面上是连续的，即

$$J_{n1}=J_{n2}$$

而分界面上 $\boldsymbol{J}$ 的切向分量之比等于电导率之比：

$$\frac{J_{t1}}{J_{t2}}=\frac{\sigma_1}{\sigma_2}$$

已知给定导体装置的电容时，便可以求出电导为

$$G=\frac{\sigma}{\varepsilon}C$$

电动势(emf)源是维持输出端口电位差的装置。当电流经电源负端流向正端时，它向电路提供能量。电动势源提供的功率为

$$P=\mathscr{E}I$$

基尔霍夫电流定律表明，节点电流的代数和为零，即

$$\sum_{k=1}^{n} I_k=0$$

基尔霍夫电压定律表明，闭合回路中电动势的代数和等于电阻上电压降的代数和，即

$$\sum_{j=1}^{m}\mathscr{E}_j=\sum_{k=1}^{n} IR_k$$

4.12 复习题

4.1 为什么运载恒定电流的导体中，电场强度不等于零？

4.2 具有相同长度和截面积的铜线和铝线两端施加了相同的电压。问流过的电流是否相等？

4.3 直径为 d、长度为 L 的导线两端的电位差为 V。在下列条件下，电子的漂移速度将如何变化(a)电位差加倍，(b)直径加倍，(c)长度加倍？

4.4 导线中通过恒定电流 I。在下列条件下，电流密度 $\boldsymbol{J}$ 如何变化(a)长度加倍，(b)面积加倍，(c)长度加倍，但面积减半？

4.5 面积为 A，长度为 L 的导线电阻为 R。现用拉模把它拉长为 $3L$，求拉长后的电阻。

4.6 什么情况下可以用拉普拉斯方程求取通过恒定电流的导电媒质中的电位分布？

4.7 电动势和电位差之间的区别是什么？

4.8 平板电容器板间媒质的电导率和电容率分别为 σ 和 ε。$t=0$ 时，电容器充电至 V_0 伏。电容器上的电

荷将保持不变吗？

4.9 有人认为习题4.8中的电容器将按时间常数 $\tau=\sigma/\varepsilon$ 放电，你觉得对吗？

4.10 10 Ω、0.5 W 的电阻与 10 Ω、5 W 的电阻串联，等效电阻是多少？总的额定功率是多少？安全流过串联电阻的最大电流是多少？

4.11 复习题4.10中的两电阻并联。求(a)等效电阻，(b)额定功率，(c)安全流过并联电阻的最大电流。

4.12 $\mathscr{E}=IR$ 是否对不满足欧姆定律的媒质也适用？

4.13 我们说 p 点电位为 V_p 的实际含义是什么？

4.14 微细导体中流过的电流为 10 A，求一秒钟内通过导体某点的电子数目。

4.15 运载恒定电流的导线是否处于静电平衡状态？

4.16 如果导体内部的电场强度为零，导体中是否能流过电流？

4.17 如果通过导体的净电流为零，导体内是否能存在电场？

4.18 阐述基尔霍夫电流定律。

4.19 阐述基尔霍夫电压定律。

4.20 什么是焦耳定律？

4.13 练习题

4.1 直径 0.125 cm 的铝线一端焊接在直径 0.25 cm 的铜线上，连接成的导线内通过 8 mA 的电流。求每段导线中的电流密度？

4.2 长度为 100 km 的高压传输线采用直径为 3 cm 的铜电缆。设电缆中通过 1000 A 的恒定电流，求(a)电缆中的电场强度，(b)自由电子的漂移速度，(c)电缆中的电流密度，(d)平均碰撞周期为 2.7×10^{-14} s 时，电子通过电缆全长所需要的时间。

4.3 一真空管中电子的平均运动速度为 1.5×10^{6} m/s。若电流密度为 5 A/mm^2，求与运动方向垂直的假想平面内单位面积上通过的电子数目。

4.4 半径为 2 cm 的铝导体运载 100 A 的电流，导体长度为 100 km，求(a)导体中的电流密度，(b)导体中的电场强度 $\boldsymbol{E}$，(c)导体两端的电位降，(d)导体电阻。

4.5 内直径 2 cm、外直径 5 cm 的空心铁质圆柱体，长度为 200 m，圆柱内的电场强度为 10 mV/m，求(a)圆柱体的电位降，(b)通过圆柱体的电流，(c)圆柱体的电阻。

4.6 用相同长度的实心铜质圆柱体代替题4.5中的空心铁质圆柱体。若电阻相同，求出铜圆柱体的半径。若外施电压相同，计算铜圆柱体内的电场强度和电流密度。

4.7 证明例4.4中的体电流密度满足式(4-17b)。

4.8 设 ε 为例4.4中导电材料的电容率，求(a)媒质中的电通密度，(b)内导体的面电荷密度及总电荷，(c)外导体的面电荷密度及总电荷，(d)媒质中的体电荷密度及总电荷。

4.9 把例4.4中的 σ 改为常数重做一次并与原例4.4所得结果比较。

4.10 均匀导电媒质的电导率为 0.4 S/m，边界为 10 cm $\leqslant r\leqslant$ 20 cm，$30°<\theta<45°$，$\frac{\pi}{6}\leqslant\phi\leqslant\frac{\pi}{3}$。设 $\theta=45°$ 面接地，$\theta=30°$ 面上的电位为 100 V，忽略边缘效应，用拉普拉斯方程求媒质电阻。

4.11 练习题4.10中，$\varepsilon=5\varepsilon_0$ 是导电媒质的电容率，求(a)媒质中的电通密度，(b) $\theta=45°$ 处导体的面电荷密度及总电荷，(c) $\theta=30°$ 处导体的面电荷密度及总电荷，(d)媒质中的体电荷密度及总电荷。

4.12 设媒质中的体电流密度为 $\boldsymbol{J}=(\sin(10x)\boldsymbol{a}_x+y\,\boldsymbol{a}_y+e^{-3z}\boldsymbol{a}_z)$ A/m^2，求体电荷密度的变化速率。

4.13 若 $\boldsymbol{J}=(e^{-\beta\rho}\cos\phi\,\boldsymbol{a}_\rho+\ln(\cos\beta z)\boldsymbol{a}_z)$ A/m^2，重复上题。

4.14 一半径为 10 cm、电容率 ε 和电导率 σ 为常数的圆柱体，$t=0$ 时半径 2 cm 以内区域均匀带电，电荷密度为 10 μC/m^3。求(a) 电荷分布与时间的关系，(b)空间各点的电场强度，(c)外表面的电荷密度，(d)传导电流密度。假定电荷迁徙过程需要 5 倍弛豫时间，问电荷需要多少时间就能迁徙到下述的外表面（Ⅰ）铜圆柱体，（Ⅱ）铝圆柱体，（Ⅲ）碳圆柱体和（Ⅳ）石英圆柱体？

4.15 运用电阻的概念证实例4.6中的媒质电阻是5 kΩ。并验证媒质中的电流和发热的功率损耗。

4.16 两圆形金属板，半径均为5 cm，相距5 mm，组成一平板电容器。板间填入两层媒质，一层厚3 mm，电导率为40 μS/m，相对电容率为5；另一层厚2 mm，电导率为60 μS/m，相对电容率为2。为保持媒质中电流恒定，两板间外施电压为200 V。分别求每个区域的电场强度、电流密度、功率密度、功率损耗和电阻。总电阻是多少？计算每块板上的电荷密度和两种媒质分界面上的自由电荷密度。

4.17 如果例4.7中每块板的面积为10 cm^2，求二极管中的电流。电子运动的最大速度是多少？电场 $\boldsymbol{E}$ 提供的最大能量是多少？

4.18 当阳极电位为(a)500 V，(b)5000 V时，重做例4.7及练习题4.17。

4.19 根据媒质2中电流密度的法向分量，推导不同电导率的两种媒质分界面上的面电荷密度的表达式。

4.20 媒质1中($x \geqslant 0$，$\varepsilon_{r1}=1$ 及 $\sigma_1 = 20\ \mu S/m$)的体电流密度 $\boldsymbol{J}_1 = (100\boldsymbol{a}_x + 20\boldsymbol{a}_y - 50\ \boldsymbol{a}_z)\ A/m^2$。求媒质2中($x \leqslant 0$，$\varepsilon_{r2}=5$，$\sigma_2 = 80\ \mu S/m$)的体电流密度。并计算分界面上的 θ_1、θ_2 及 ρ_s。分界面两侧的 $\boldsymbol{E}$ 和 $\boldsymbol{D}$ 各为多少？

4.21 两导电球壳，内、外半径分别为 a 和 b，保持电位差 V_0。球壳之间媒质的电容率为 ε、电导率为 σ。试用 $\boldsymbol{D}$ 与 $\boldsymbol{J}$ 的类比方法，求出通过媒质的电流。

4.22 设练习题4.21中，$V_0 = 1000$ V，$a = 2$ cm，$b = 5$ cm，$\varepsilon_r = 1$，$\sigma = 4\ \mu S/m$，通过媒质的电流是多少？并求媒质的电容和电阻。媒质中消耗的功率是多少？

4.23 长100 m的同轴电缆，内、外导体半径分别为2 cm和5 cm，导体间的电位差为5 kV。试用 $\boldsymbol{D}$ 与 $\boldsymbol{J}$ 的类比方法求出通过媒质的电流。设媒质参数为 $\varepsilon_r = 2$，$\sigma = 10\ \mu S/m$，计算媒质中消耗的功率，并给出该媒质的等效电路。

4.24 长10 km，直径1.3 mm的铜线与24 V的电动势源相连，求(a)导线电阻，(b)流过导线的电流，(c)导线中的电流密度，(d)导线发热消耗的功率，(e)电源提供的功率。

4.25 用相同长度的镍铬合金线代替上题中的铜线。如果发热消耗的功率不变，求镍铬合金线直径。

4.26 证明 n 个电阻串联时的等效电阻

$$R = \sum_{i=1}^{n} R_i$$

式中，R_i 为第 i 个电阻的阻值。

4.27 证明 n 个电阻并联时的等效电导

$$G = \sum_{i=1}^{n} G_i$$

式中，$G_i = 1/R_i$ 是第 i 个电阻的电导。

4.28 求图E4-28电路中各元件的电流。计算(a)每个电阻消耗的功率，(b)每个电源提供的功率，(c) a、b 两点间的电位差。

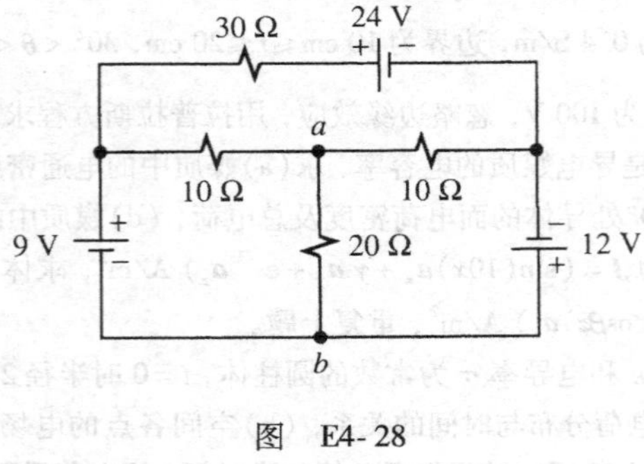

图 E4-28

4.14 习题

4.1 每立方米铜中大约有 8.5×10^{28} 个自由电子。若铜线截面积为 10 cm^2，通过电流1500 A，求(a)电子平均漂移速度，(b)电流密度，(c)电场强度，(d)电子迁移率。

4.2 在长 10 m、半径 2 mm 的镍线两端加电压 100 V，求(a)电场强度，(b)电流密度，(c)通过镍线的电流。

4.3 在电场作用下，真空中电子运动的平均速度是 3×10^5 m/s。若电流密度为 10 A/cm^2，求电子运动方向假想垂直面单位面积上的电子数。

4.4 在电解液中，具有相同质量的正、负离子的运动产生的电流密度为 0.2 nA/m^2。如果每种离子的平均电荷密度的大小为 25e 每立方米，e 为每个电子的电荷，离子的平均速度是多少？

4.5 两平行导电板之间由纯硅($\varepsilon_r\approx1$)填充。如果电容器漏电流是 100 A，求每块平板上的电荷。

4.6 30 km 长的导线，直径为 2.58 mm。求由下列材质制成时的导线电阻(a)铜，(b)铝，(c)银，(d)镍铬合金。

4.7 铜环一段，如图 P4-7 所示，求边界 A、B 之间的电阻。

4.8 一铁圆锥台，如图 P4-8 所示，上下底面之间的电阻是多少？

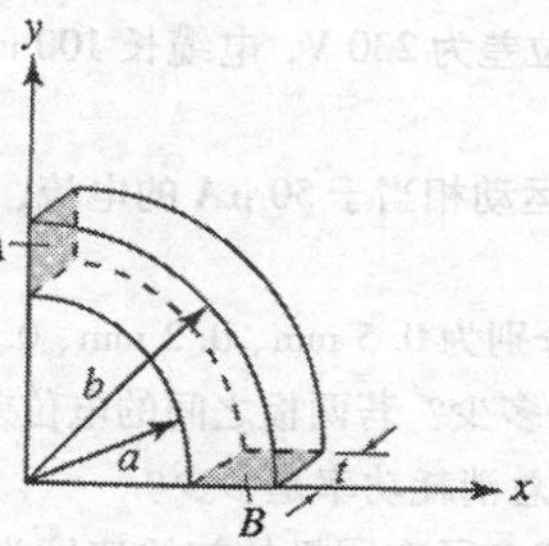

图 P4-7

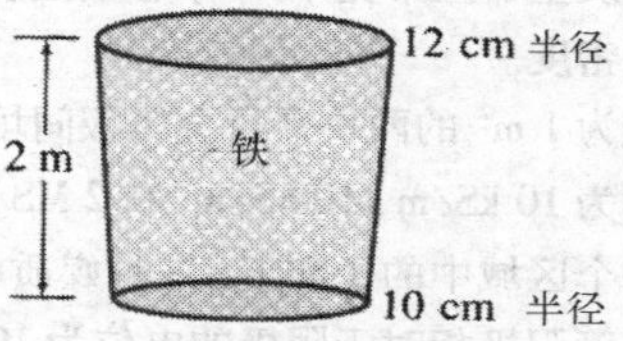

图 P4-8

4.9 长 10 km 的实心电缆由两层材料制成。内层材料为铜，半径为 2 cm，外层材料是康铜，外半径为 3 cm。如电缆运载电流 100 A，求(a)每种材料的电阻，(b)每种材料中的电流，(c)每种材料中的电流密度，(d)每种材料中的电场强度。

4.10 截面积 1 cm^2 的铜线，运载 200A 均匀分布的电流。已知铜的电子密度是每立方米8.5×10^{28}个电子，求电子的平均漂移速度。导线中的电场强度是多少？设导线长 100 km，求导线两端的电位差。导线电阻是多少？

4.11 图 P4-8 中圆锥台两底面间的电位差为 2 mV。计算(a)圆锥台中的电位分布，(b)电场强度，(c)体电流密度，(d)通过圆锥的电流。

4.12 两半径分别为 a 和 b($b>a$)的同心导电球壳之间填充了非均匀材料，其电导率 $\sigma=m/r+k$，式中 $a\leqslant r\leqslant b$，且 m 和 k 均为常数。设内球壳电位为 V_0，外球壳接地。计算(a)媒质的电阻，(b)每个球的面电荷密度，(c)媒质中的体电荷密度，(d)每个球体上的总电荷，(e)区域中的电流密度，(f)通过区域的电流。问当 $m\to0$ 时，电阻是多少？

4.13 一电磁铁由圆柱铁心外缠绕 200 匝铜线而成。铜线直径为 0.45 mm，线匝的平均半径为 8 mm。导线电阻是多少？

4.14 长 10 m、半径 0.5 mm 的导线，两端电位差为 12 V，运载电流为 2 A。导线电阻是多少？电导率是多少？

4.15 半径为 0.25 mm 的碳棒，长度为多少时其电阻值为 10 Ω？

4.16 半径 2 mm、长 10 m 的实心导体被内半径为 2 mm 的空心导体代替。若两导体由相同材料制成，并具有相同的长度和电阻，问空心导体的外半径是多少？

4.17 高压电缆线的直径为 4 cm，长度为 200 km，运载电流 1.2 kA。若电缆电阻为 4.5 Ω，求(a)电缆两端的电位降，(b)电场强度，(c)电流密度，(d)材料的电阻率。能判定是什么材料吗？

4.18 $t=0$ 时，半径为 10 cm 的铝球内堆积有 500 万亿个电子的多余电荷。多余电荷量是多少？假定铝的相对电容率为 1，弛豫时间是多少？电荷减少到初始值的 80% 需要多长时间？

4.19 导电媒质中的多余电荷在 100 ns 内减到初始值的一半。如媒质的相对电容率为 2.5，电导率是多少？弛豫时间是多少？200 ns 后，媒质内还剩多少电荷？

4.20 孤立导体内有多余电荷，已知经电荷包围面流出的电流 $i(t)=0.2e^{-50t}$ A，求(a)弛豫时间，(b)初始电荷，(c)在 $t=2\tau$ 时间内，通过包围面的总电荷，(d)电流减到初始值 10% 所需的时间。

4.21 某媒质中的体电流密度为 $\boldsymbol{J}=e^{-x}\sin\omega x\,\boldsymbol{a}_x$ A/m^2，求体电荷密度的变化速率。

4.22 ρ_v 是运动电荷的体电荷密度，$\boldsymbol{U}$ 是运动电荷的平均速度，证明 $\rho_v\,\nabla\cdot\boldsymbol{U}+(\boldsymbol{U}\cdot\nabla)\rho_v+\dfrac{\partial\rho_v}{\partial t}=0$。

4.23 用式(4-25)求习题 4.2 中导线消耗的功率，并用式(4-27)验证你的答案。

4.24 求习题 4.14 中发热所消耗的功率。

4.25 当习题 4.15 中碳电阻两端的电位差为 12 V 时，它所消耗的功率是多少？

4.26 同轴电缆两导体间媒质的相对电容率为 2，电导率为 6.25 μS/m，内、外导体的半径分别为 8 mm 和 10 mm。电缆两导体之间单位长度的电阻是多少？若导体间电位差为 230 V，电缆长 100 m，计算供给电缆的总功率。

4.27 静电发生器丝带宽 30 cm，移动速度 20 m/s。电荷随丝带的运动相当于 50 μA 的电流，求丝带上的面电荷密度。

4.28 面积为 1 m^2 的两块平行金属板间填充三种导电媒质，厚度分别为 0.5 mm、0.2 mm、0.3 mm，电导率分别为 10 kS/m、500 S/m、0.2 MS/m。两板间的有效电阻是多少？若两板之间的电位差为 10 mV，计算每个区域中的 $\boldsymbol{J}$ 和 $\boldsymbol{E}$，三种媒质中消耗的功率各是多少？总消耗功率是多少？

4.29 二极管阳极相对于阴极的电位为 10 kV，两板相距 10 cm。若电子在阴极的初始速度为零，那么最终触及阳极时的速度是多少？求电压分布、电场强度及二极管中的电流密度。

4.30 若习题 4.29 中每块极板的面积为 4 cm^2，求二极管中的电流。

4.31 运用边界条件，求习题 4.28 中三种导电媒质之间两个分界面上的面电荷密度。设三个区域的相对电容率均为 1。

4.32 媒质 1($\sigma_1=100$ S/m，$\varepsilon_{r1}=9.6$)的电流密度为 50 A/m^2 和分界面法线的夹角为 30°。如果媒质 2 的电导率为 10 S/m，相对电容率为 4，其中电流密度是多少？它和分界面法线的夹角是多少？分界面上的面电荷密度是多少？

4.33 两种导电媒质之间的分界面如图 P4-33 所示。若分界面上方媒质 1($\sigma_1=100$ S/m，$\varepsilon_{r1}=2$)的电流密度为 $\boldsymbol{J}_1=20\boldsymbol{a}_x+30\boldsymbol{a}_y-10\boldsymbol{a}_z$ A/m^2，分界面下方媒质 2($\sigma_2=1000$ S/m，$\varepsilon_{r2}=9$)的电流密度是多少？分界面两边 $\boldsymbol{E}$ 和 $\boldsymbol{D}$ 的对应分量各为多少？分界面上的面电荷密度是多少？

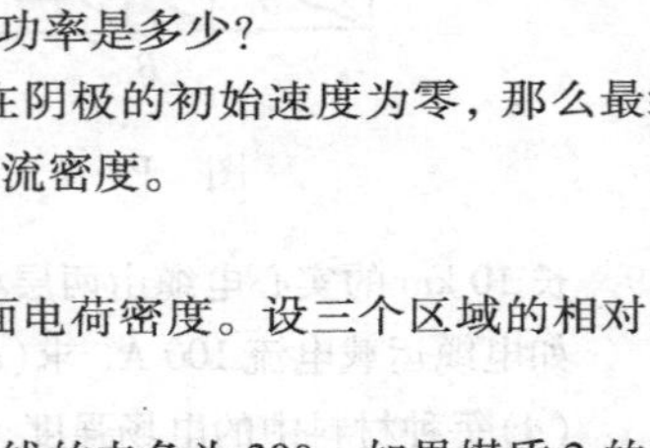

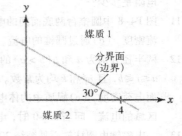

图 P4-33

4.34 同轴电缆内导体的半径为 10 cm，外导体的半径为 40 cm，两导体之间填两层媒质。里层媒质半径从 10 cm 到 20 cm，电导率 $\sigma_1=50$ μS/m，电容率 $\varepsilon_1=2\varepsilon_0$；外层媒质半径从 20 cm 到 40 cm，电导率 $\sigma_2=100$ μS/m，电容率 $\varepsilon_2=4\varepsilon_0$。运用 $\boldsymbol{D}$ 和 $\boldsymbol{J}$ 的类比方法，求单位长度(a)各层媒质区的电容，(b)各层媒质区的电阻，(c)总电容，(d)总电阻。

4.35 运用边界条件，求习题 4.34 中电缆长 100 m、内外导体电位差为 10 V 时分界面上的面电荷密度。

4.36 绘出习题 4.34 的等效电路。以电压 V_0 给电容器充电。若 $t=0$ 时撤去电压，求电容器电压降至初始值一半时所需的时间。从实用角度看，电容器放电完毕需多长时间？

4.37 两同心球形导体，半径分别为 3 cm 和 9 cm。两球间填两种媒质：里层媒质，半径从 3 cm 到 6 cm，电导率为 50 μS/m，电容率为 $3\varepsilon_0$；外层媒质，半径从 6 cm 到 9 cm，电导率为 100 μS/m，电容率为 $4\varepsilon_0$。运用 $\boldsymbol{D}$ 和 $\boldsymbol{J}$ 的类比方法，求(a)各层媒质区的电容，(b)各层媒质区的电阻，(c)总电容，(d)总电阻。

4.38 用边界条件，求习题 4.37 中导体间电位差为 50 V 时，分界面上的面电荷密度。

4.39 作习题 4.37 的等效电路。以电压 50 V 给电容器充电。若 $t=0$ 时撤去电压，求电容器电压降至初始值一半时所需的时间。从实用角度看，电容器放电完毕需多长时间？

4.40 图 P4-40 所示电路的等效电阻是多少？

4.41 求图 P4-41 所示电路中的 V_{ab}。

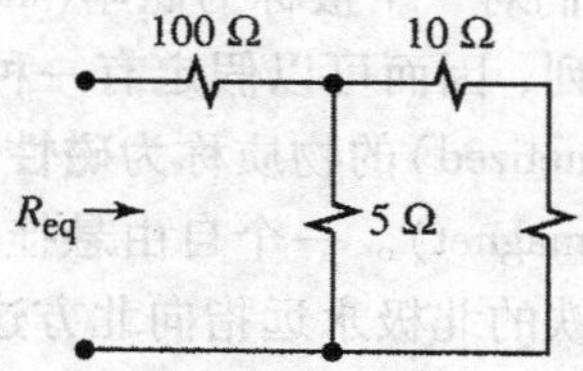

图 P4-40

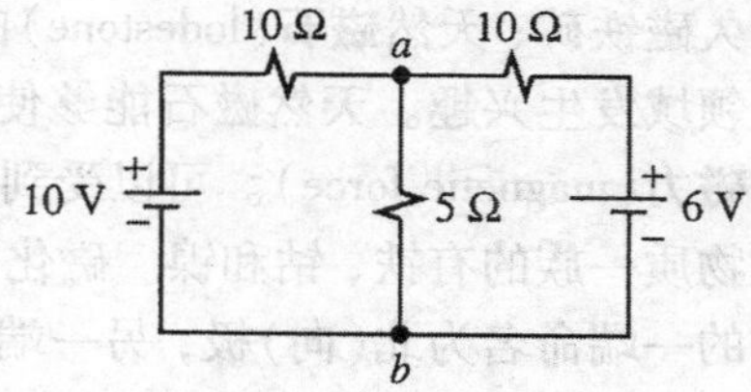

图 P4-41

4.42 图 P4-42 中每个电源提供的功率是多少？电路中提供的功率和消耗的功率是否相等？

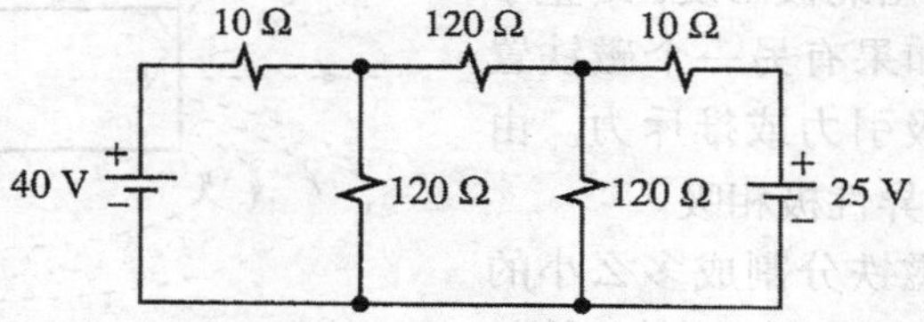

图 P4-42

第5章 静 磁 场⊖

5.1 引言

永久磁铁矿、天然**磁石**(lodestone)的被发现，使科学家们对一个被称为**磁学**(magnetism)的研究领域发生兴趣。天然磁石能够使自身沿南北方向排列，因而可以假定有一种力存在，称它为**磁力**(magnetic force)。可以受到磁力影响(磁化 magnetized)的物质称为**磁性物质**。属于磁性物质一族的有铁、钴和镍。磁化了的物质称为**磁铁**(magnet)。一个自由悬挂的磁铁指向北方的一端命名为北(向)极，另一端则是南(向)极。磁铁的北极永远指向北方这一特性，对早期的航海和探险有深远的影响。

每一个磁铁伴有**磁场**(magnetic field)，和每一个电荷伴有电场一样。**磁力线**(magnetic lines of force)在磁铁外部由北极出发，终止于南极，如图5-1所示。如果有另一个磁铁置于这磁场内，它将受到吸引力或推斥力。由实验发现，同性极相斥、异性极相吸。

由经验得知，不管磁铁分割成多么小的片块，北极和南极永远不能分开。换句话说，一个孤立的磁极在现实中是不可能存在的。

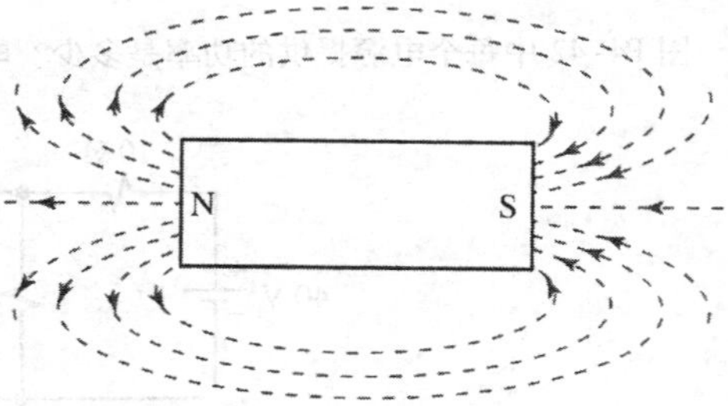

图5-1 磁棒周围的磁力线

除了磁性物质可以磁化并用作磁铁外，直到19世纪早期，科学对于磁的了解和开发非常少。1820年**奥斯特**(Hans Christian Oersted)实验发现通电流的导线可使磁针偏转，这是一个重大的突破。这一事实使电学和磁学之间联系起来。科学家们立刻认识到电流也是磁场的来源。

在奥斯特发现之后不久，**毕奥－萨伐尔**(Biot-Savart)用实验建立了通电流导体在某点产生的**磁通（量）密度**(magnetic flux density)的公式。我们现在把毕奥－萨伐尔定律(Biot-Savart Law)看作是磁学方面等效的库仑定律。1825年**安培**(André Marie Ampère)发现带电流导体之间存在有磁力，并通过实验建立了一组定量⊖关系式。这些发现导致发展了我们现在每日生活中所用的电器。

本章研究**静磁场**(magnetostatics)，即由恒定电流产生的磁场。我们的讨论由毕奥－萨伐尔定律开始，并用它作为基础工具，来计算由任何已知电流分布所建立的磁场。

5.2 毕奥－萨伐尔定律

由实验求得，图5-2中载有恒定电流 I 的导线，每一线元 $d\boldsymbol{l}$ 在点 P 所产生的磁通密度为

⊖ 亦可译为静磁学。——译注

⊖ 原书为 qualitative relationships，应译为定性关系式，似不妥，译者改为 quantitative relationship 定量关系式。——译注

$$dB = k\frac{Idl \times a_R}{R^2}$$

式中 d$\boldsymbol{B}$ 为磁通密度元，单位为**特斯拉**(T)(Tesla)，一个特斯拉等于每平方米一个**韦伯**(Weber)(Wb/m^2)；d$\boldsymbol{l}$ 为电流方向的导线线元；$\boldsymbol{a}_R$ 为由 d$\boldsymbol{l}$ 指向点 P 的单位矢量；R 为从电流元 d$\boldsymbol{l}$ 到点 P 的距离；k 为比例常数。

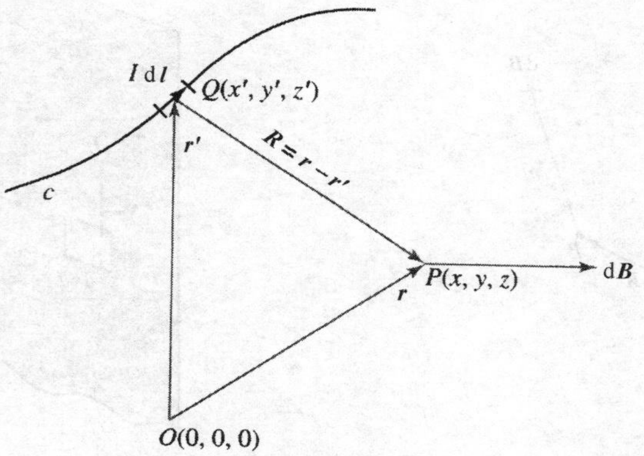

图 5-2　由 Q 点电流元在 P 点产生的磁通密度

由 $Q(x', y', z')$ 至 $P(x, y, z)$ 的距离矢量 $\boldsymbol{R}$ 为

$$\boldsymbol{R} = \boldsymbol{r} - \boldsymbol{r}'$$

在 SI 单位制中，k 表示为

$$k = \frac{\mu_0}{4\pi}$$

此处 $\mu_0 = 4\pi \times 10^{-7}$ H/m 为自由空间(真空)的磁导率。将 k 代入，d$\boldsymbol{B}$ 可表示为

$$d\boldsymbol{B} = \frac{\mu_0 Id\boldsymbol{l} \times \boldsymbol{R}}{4\pi R^3} \tag{5-1}$$

对式(5-1)积分可得

$$\boldsymbol{B} = \frac{\mu_0}{4\pi}\int_c \frac{Id\boldsymbol{l} \times \boldsymbol{R}}{R^3} \tag{5-2}$$

此处 $\boldsymbol{B}$ 为载有恒定电流 I 的导线在 $P(x, y, z)$ 点所产生的磁通密度。注意，$\boldsymbol{B}$ 的指向垂直于包含 d$\boldsymbol{l}$ 与 $\boldsymbol{R}$ 的平面。

式(5-2)中的被积函数包含 6 个变量：x、y、z、x'、y' 和 z'。没有加撇的 x、y 和 z 是 P 点的坐标(见图5-2)，加撇的变数(亦称虚设变数)x'、y' 和 z' 是 Q 点的坐标。点 $P(x, y, z)$ 常称为**场点**(field point)，而点 $Q(x', y', z')$ 则称**源点**(source point)。只当需要分清有撇与无撇的变数时，才用加撇的坐标[⊖]。

第 4 章已说明，我们可以将电流元 $Id\boldsymbol{l}$ 用体电流密度 $\boldsymbol{J}_v$ 表示如下

$$Id\boldsymbol{l} = \boldsymbol{J}_v dv$$

可得出以 $\boldsymbol{J}_v$ 表示 $\boldsymbol{B}$ 的表达式(见图 5-3)

⊖ 这段文字作了适当精简。——译注

$$B = \frac{\mu_0}{4\pi}\int_v \frac{J_v \times R}{R^3}\,dv \qquad (5\text{-}3)$$

我们也可用面电流密度 J_s(A/m) 获得相似的表达式，亦即，当导体表面流过的电流如图5-4所示时，则

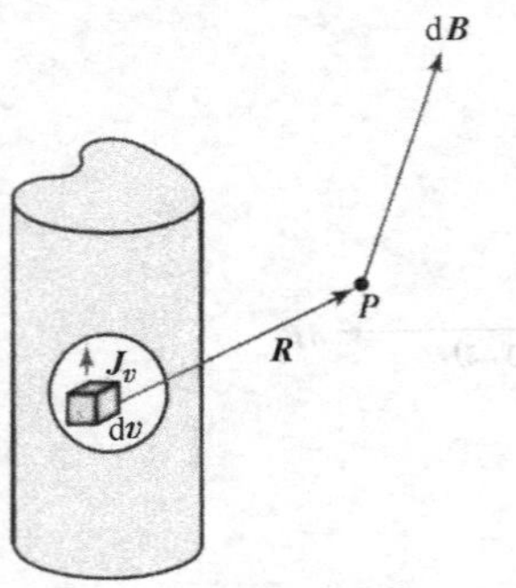

图5-3 体电流密度在 P 点产生的磁通密度

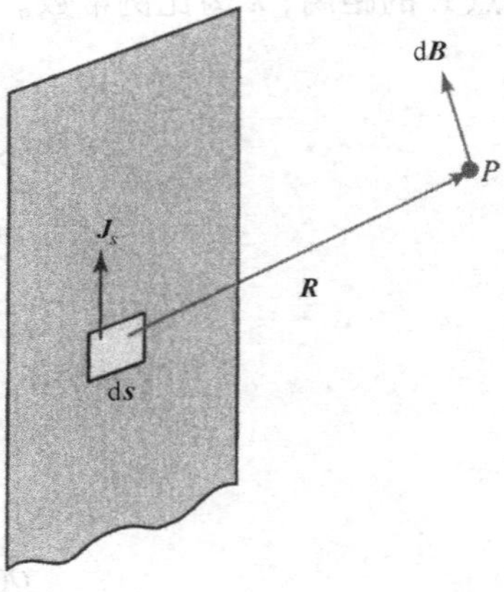

图5-4 面电流分布在 P 点产生的磁通密度

$$B = \frac{\mu_0}{4\pi}\int_s \frac{J_s \times R}{R^3}\,ds \qquad (5\text{-}4)$$

由于电流只是电荷的流动，因而式(5-4)也可由电荷 q 以平均速度 U 移动来表示。若设 ρ_v 为体电荷密度，A 为导线截面积，dl 为线元长度，则 $dq = \rho_v\, A dl$ 和 $J_v dv = dqU$。于是，由式(5-3)可得

$$B = \frac{\mu_0}{4\pi}\left[\frac{qU \times R}{R^3}\right] \qquad (5\text{-}5)$$

上式给出以平均速度 U 移动的电荷 q 在相隔距离 R 处所产生的磁通密度。

下面的例题给出用毕奥－萨伐尔定律求出某点由载流导线所产生的磁通密度。

例5.1 一根由 $z=a$ 至 $z=b$ 的有限长细导线，如图5-5a所示。求在 xy 平面上 P 点的磁通密度。若 $a\to-\infty$ 和 $b\to\infty$，则 P 点的磁通密度为若干？

解 由于 $I dl = I dz a_z$，$R = \rho a_\rho - z a_z$，因而

$$I dl \times R = I\rho\, dz\, a_\phi$$

代入式(5-2)可得

$$B = \frac{\mu_0 I\rho}{4\pi}\int_a^b \frac{dz}{[\rho^2+b^2]^{3/2}} a_\phi$$

$$= \frac{\mu_0 I}{4\pi\rho}\left[\frac{b}{\sqrt{\rho^2+b^2}} - \frac{a}{\sqrt{\rho^2+a^2}}\right] a_\phi$$

上面的结果说明 B 只在 a_ϕ 方向有一个非零分量。这正是所预期的，因为电流在 z 方向，而 B 必须垂直于它。

将 $a=-\infty$ 和 $b=\infty$ 代入上式，可得出当导线为无限长时，在一点产生的 B 场为

$$B = \frac{\mu_0 I}{2\pi\rho} a_\phi \qquad (5\text{-}6)$$

由式(5-6)可知，磁通密度与ρ成反比函数。在与导线垂直的平面中，磁力线是围绕它的圆，如图5-5b所示。为帮助记忆，可以设想用右手握载流导线，大拇指伸向电流方向，则弯曲的手指为磁力线的方向。

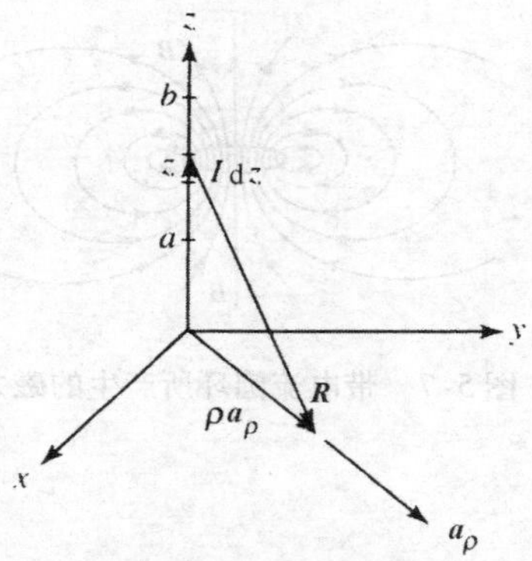

a) 有限长载流导线所产生的磁通密度

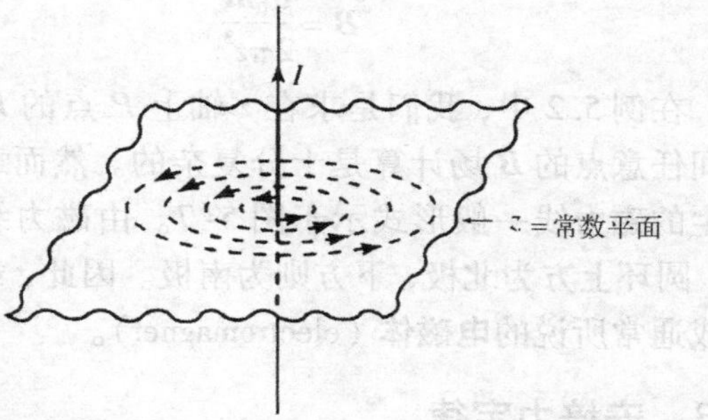

b) 无限长载流导线在与它垂直的平面上产生的磁通线为同心圆

图5-5　例5.1附图

有趣的是，$\boldsymbol{B}$的大小随ρ的变化与由带均匀电荷的长线所产生的电场$\boldsymbol{E}$的变化方式相同。这说明在一定条件下，静电场和静磁场虽然二者的方向不同，但它们之间有某种相似之处。以后我们将较详细地讨论这个相似性。

例5.2　图5-6所示为一个位于xy平面，载有电流I的圆环，其半径为b。求在正z轴上一点的磁通密度。当某点远离此圆环时，求出此处磁通密度的近似表达式。

解　因为$d\boldsymbol{l} = b d\phi \boldsymbol{a}_\phi$和$\boldsymbol{R} = -b\boldsymbol{a}_\rho + z\boldsymbol{a}_z$，于是

$$d\boldsymbol{l} \times \boldsymbol{R} = (b^2 \boldsymbol{a}_z + bz\boldsymbol{a}_\rho) d\phi$$

由式(5-2)，磁通密度为

$$\boldsymbol{B} = \frac{\mu_0 I b^2}{4\pi}\int_0^{2\pi}\frac{\boldsymbol{a}_z d\phi}{(b^2+z^2)^{3/2}} + \frac{\mu_0 I b z}{4\pi}\int_0^{2\pi}\frac{\boldsymbol{a}_\rho d\phi}{(b^2+z^2)^{3/2}}$$

$$= \frac{\mu_0 I b^2}{2(b^2+z^2)^{3/2}}\boldsymbol{a}_z \tag{5-7}$$

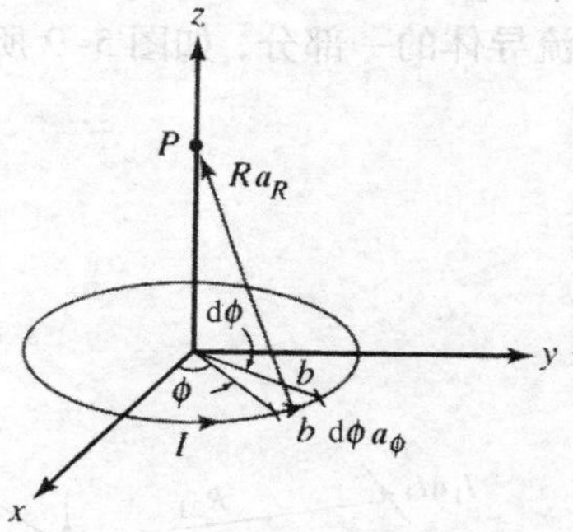

图5-6　带电流圆环在z轴上P点产生的磁通密度

这样，在带电流圆环的轴上只有z方向的磁通密度分量[⊖]。令$z=0$，则在圆环中心的磁通密度为

$$\boldsymbol{B} = \frac{\mu_0 I}{2b}\boldsymbol{a}_z \tag{5-8}$$

当观测点离圆环很远时，式(5-7)的分母可近似写为

$$(b^2+z^2)^{2/3} \approx z^3$$

因而可得出磁通密度表达式为

$$\boldsymbol{B} = \frac{\mu_0 I b^2}{2z^3}\boldsymbol{a}_z \tag{5-9}$$

⊖　载流环上各对称点处电流元在P点产生的B_ρ分量互相抵消。——译注

当观测点离圆环很远时，圆环尺寸远小于距离 z，此时可将载流圆环看成一个**磁偶极子**(magnetic dipole)。如果定义**磁偶极矩**(magnetic dipole moment)为

$$\boldsymbol{m} = I\pi b^2 \boldsymbol{a}_z = IA\boldsymbol{a}_z \tag{5-10}$$

此处 A 为圆环面积，则由式(5-9)，$\boldsymbol{B}$ 场为

$$\boldsymbol{B} = \frac{\mu_0 \boldsymbol{m}}{2\pi z^3}$$

在例5.2中，我们是求在 z 轴上 P 点的 $\boldsymbol{B}$ 场。对于空间任意点的 $\boldsymbol{B}$ 场计算是十分复杂的。然而载流圆环所产生的磁力线一般形式示于图5-7。由磁力线的指向可知，圆环上方为北极，下方则为南极。因此，载流圆环即形成通常所说的**电磁体**（electromagnet）。

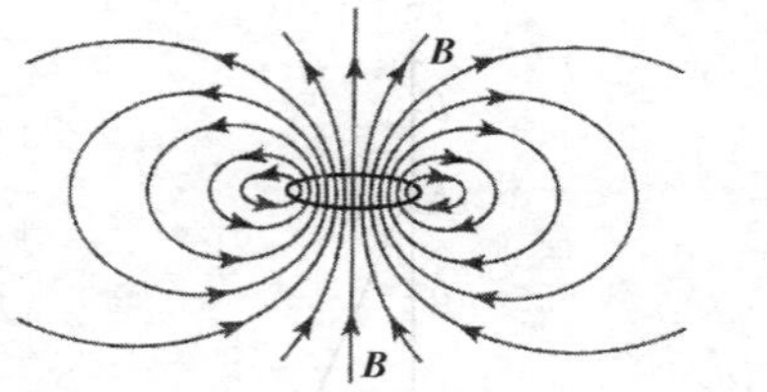

图5-7 带电流圆环所产生的磁力线

5.3 安培力定律

安培所进行的绝大多数实验是确定一个载流导体所受到另一个载流导体的作用力。由他的实验示出，当两个电流元 $I_1 \mathrm{d}\boldsymbol{l}_1$ 与 $I_2 \mathrm{d}\boldsymbol{l}_2$ 相互作用时，单元1对单元2所产生的单元磁力为

$$\mathrm{d}\boldsymbol{F}_2 = \frac{\mu_0 I_2 \mathrm{d}\boldsymbol{l}_2}{4\pi} \times \left[\frac{I_1 \mathrm{d}\boldsymbol{l}_1 \times \boldsymbol{R}_{21}}{R_{21}^3}\right]$$

式中 $\boldsymbol{R}_{21}$ 为矢量 $I_1 \mathrm{d}\boldsymbol{l}_1$ 至 $I_2 \mathrm{d}\boldsymbol{l}_2$ 的距离矢量(可简称距矢)，如图5-8所示。若每一个电流元是载流导体的一部分，如图5-9所示，则载流导体1对载流导体2所产生的磁力为

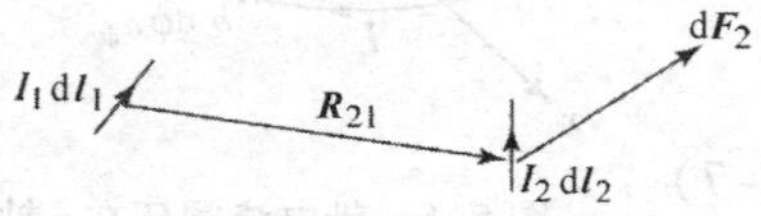

图5-8 由电流元1对电流元2所产生的单元磁力

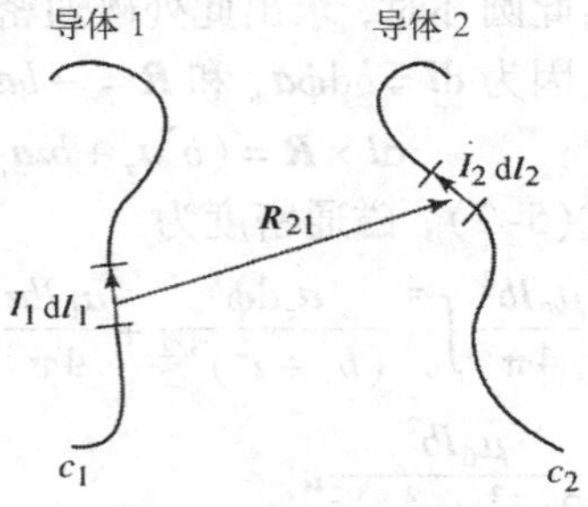

图5-9 导体1对导体2所产生的磁力

$$\boldsymbol{F}_2 = \frac{\mu_0}{4\pi}\int_{c_2} I_2 \mathrm{d}\boldsymbol{l}_2 \times \int_{c_1} \frac{I_1 \mathrm{d}\boldsymbol{l}_1 \times \boldsymbol{R}_{21}}{R_{21}^3} \tag{5-11a}$$

上式称为**安培力定律**（Ampère's force law）。

应用式(5-2)可将式(5-11a)写成

$$\boldsymbol{F}_2 = \int_{c_2} I_2 \mathrm{d}\boldsymbol{l}_2 \times \boldsymbol{B}_1 \tag{5-11b}$$

式中 $\boldsymbol{B}_1$ 为载流导体1在载流元 $I_2 \mathrm{d}\boldsymbol{l}_2$ 处所产生的磁通密度，表示为

$$\boldsymbol{B}_1 = \frac{\mu_0}{4\pi}\int_{c_1} \frac{I_1 \mathrm{d}\boldsymbol{l}_1 \times \boldsymbol{R}_{21}}{R_{21}^3} \tag{5-11c}$$

在一般情况下，当载流导体置于外磁场 $\boldsymbol{B}$ 时，导体所受的磁力为

$$\boldsymbol{F}=\int_c I\mathrm{d}\boldsymbol{l}\times\boldsymbol{B} \tag{5-12a}$$

用体电流密度来表示，式(5-12a)可表示为

$$\boldsymbol{F}=\int_v \boldsymbol{J}_v\times\boldsymbol{B}\mathrm{d}v \tag{5-12b}$$

式(5-12b)可作为安培力定律的一般形式。用 $\boldsymbol{J}_s\mathrm{d}s$ 代替 $\boldsymbol{J}_v\mathrm{d}v$，可得出面电流分布在外磁场下所受的磁力表示式。

若 ρ_{v1}是体电荷密度，$\boldsymbol{U}_1$ 是电荷的平均速度，A_1 是载流导体 1 的截面积，则 $\mathrm{d}q_1=\rho_{v1}A_1\mathrm{d}l_1$，$\boldsymbol{J}_{v1}\mathrm{d}v_1=\mathrm{d}q_1\boldsymbol{U}_1$。若 $\boldsymbol{B}$ 为此区域的磁通密度，则电荷 q_1 所受的磁力为

$$\boldsymbol{F}_1=q_1\boldsymbol{U}_1\times\boldsymbol{B} \tag{5-13}$$

如果 $\boldsymbol{B}$ 也是由电荷移动所产生，则由式(5-5)，以平均速度 $\boldsymbol{U}_2$ 移动的电荷 q_2 所产生的磁场对电荷 q_1 所产生的磁力为

$$\boldsymbol{F}_1=\frac{\mu_0}{4\pi R_{12}^3}[q_1\boldsymbol{U}_1\times q_2\boldsymbol{U}_2\times\boldsymbol{R}_{12}] \tag{5-14}$$

我们可将式(5-14)作为磁力的基本定律，由它可得出安培力定律和毕奥－萨伐尔定律的表示式。并且能看出，如同静电力（electric force）和万有引力一样，两个运动电荷之间的磁力与二者之间的距离平方成反比。

例 5.3 图 5-10 示一在 xy 平面上载有电流 I 的弯曲导线。若此处的磁通密度为 $\boldsymbol{B}=B\boldsymbol{a}_z$，求线所受的磁力。

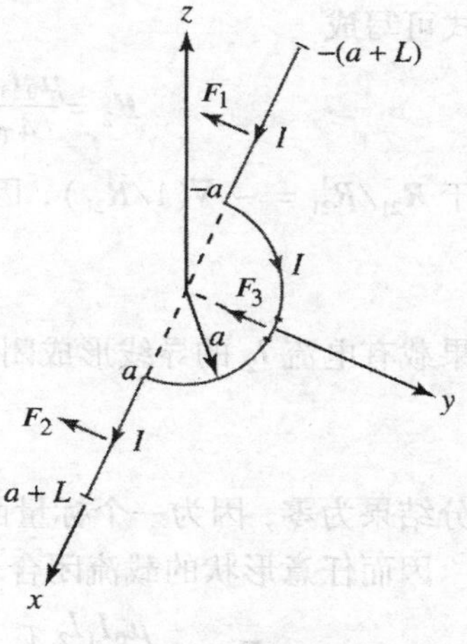

图 5-10 例 5.3 附图

解 由式(5-12a)，自 $x=-(a+L)$ 至 $x=-a$ 线段所受的磁力为

$$\boldsymbol{F}_1=\int_{-(a+L)}^{-a} IB(\boldsymbol{a}_x\times\boldsymbol{a}_z)\mathrm{d}x=-BIL\boldsymbol{a}_y$$

同样，由 $x=a$ 至 $x=a+L$ 线段所受的磁力为

$$\boldsymbol{F}_2=-BIL\boldsymbol{a}_y$$

半径为 a 的半圆形部分所受的磁力为

$$\begin{aligned}\boldsymbol{F}_3&=\int_\pi^0 IB(-\boldsymbol{a}_\phi\times\boldsymbol{a}_z)a\mathrm{d}\phi=-\int_\pi^0\boldsymbol{a}_\rho BIa\mathrm{d}\phi\\&=BIa\int_0^\pi[\boldsymbol{a}_x\cos\phi+\boldsymbol{a}_y\sin\phi]\mathrm{d}\phi=-2IBa\boldsymbol{a}_y\end{aligned}$$

因而整个线段所受的磁力为

$$\boldsymbol{F}=\boldsymbol{F}_1+\boldsymbol{F}_2+\boldsymbol{F}_3=-2IB(a+L)\boldsymbol{a}_y$$

有趣的是，弯曲的导线与长度为 $2(L+a)$ 的直导线所受的总磁力完全相同。

例 5.4 图 5-11 示一条有限长为 L 的载流导线与另一条无限长载流导线相距为 b。求这有限长导线每单位长度所受的磁力。

解 由例 5.1，在距离为 b 处，由无限长载流导线电流 I 所产生的磁通密度为

$$\boldsymbol{B}=\frac{\mu_0 I}{2\pi b}\boldsymbol{a}_\phi$$

由式(5-12)，作用于有限长导线上的磁力为

$$\boldsymbol{F} = -\frac{\mu_0 I^2}{2\pi b}\int_{-L/2}^{L/2}(\boldsymbol{a}_z \times \boldsymbol{a}_\phi)\mathrm{d}z$$

$$= \frac{\mu_0}{2\pi b}I^2 L\boldsymbol{a}_\rho$$

因此有限长导线每单位长导线上的磁力为

$$\boldsymbol{F}_{\text{每单位长度}} = \frac{\boldsymbol{F}}{L} = \frac{\mu_0}{2\pi b}I^2\boldsymbol{a}_\rho \mathrm{N/m} \quad (5\text{-}15)$$

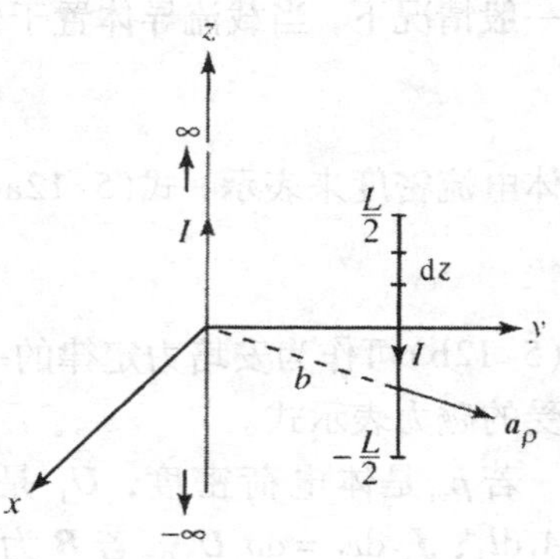

图 5-11 例 5.4 附图

由于磁力 $\boldsymbol{F}$ 沿 $\boldsymbol{a}_\rho$ 指向，是离开无限长导线的方向，因而是推斥力。如果两条导线上的电流方向相同，则二者间的磁力为吸引力。

实际上，式(5-15)是用来定义电流的单位——安培的。当两条长度均为 1 m 的平行导线相距为 1 m 时，所产生的力为 2×10^{-7} N，则每一导线的电流为 1 A(安培)。

对于两条载流导线，式(5-11a)也可写成

$$\boldsymbol{F}_2 = \frac{\mu_0 I_1 I_2}{4\pi}\int_{c_2}\int_{c_1}\frac{1}{R_{21}^3}[\mathrm{d}\boldsymbol{l}_2 \times \mathrm{d}\boldsymbol{l}_1 \times \boldsymbol{R}_{21}]$$

由矢量恒等式

$$\boldsymbol{A}\times(\boldsymbol{B}\times\boldsymbol{C}) = \boldsymbol{B}(\boldsymbol{A}\cdot\boldsymbol{C}) - \boldsymbol{C}(\boldsymbol{A}\cdot\boldsymbol{B})$$

上式可写成

$$\boldsymbol{F}_2 = \frac{\mu_0 I_1 I_2}{4\pi}\left[\int_{c_2}\int_{c_1}\frac{\mathrm{d}\boldsymbol{l}_2\cdot\boldsymbol{R}_{21}}{R_{21}^3}\mathrm{d}\boldsymbol{l}_1 - \int_{c_2}\int_{c_1}\frac{\mathrm{d}\boldsymbol{l}_1\cdot\mathrm{d}\boldsymbol{l}_2}{R_{21}^3}\boldsymbol{R}_{21}\right]$$

由于 $\boldsymbol{R}_{21}/R_{21}^3 = -\nabla(1/R_{21})$，因此右边积分式第一项可写为

$$-\int_{c_2}\int_{c_1}\left[\nabla\left(\frac{1}{R_{21}}\right)\cdot\mathrm{d}\boldsymbol{l}_2\right]\mathrm{d}\boldsymbol{l}_1$$

如果载有电流 I_2 的导线形成闭合环路，则可用斯托克斯定理，将上式的线积分变为面积分

$$-\int_{c_1}\int_{s_2}\left[\nabla\times\nabla\left(\frac{1}{R_{21}}\right)\cdot\mathrm{d}\boldsymbol{s}_2\right]\mathrm{d}\boldsymbol{l}_1$$

积分结果为零，因为一个标量函数的梯度的旋度恒为零。

因而任意形状的载流闭合环路所受的磁力为

$$\boldsymbol{F}_2 = -\frac{\mu_0 I_1 I_2}{4\pi}\int_{c_1}\oint_{c_2}\frac{\mathrm{d}\boldsymbol{l}_1\cdot\mathrm{d}\boldsymbol{l}_2}{R_{21}^3}\boldsymbol{R}_{21} \quad (5\text{-}16)$$

下面的例题是利用式(5-16)求载流闭合环路所受的磁力。

例 5.5 图 5-12 示一个载有电流 I_2 的矩形环路置于载有电流 I_1 的直导线旁(同在 yz 平面)。求这环路所受磁力的表达式。

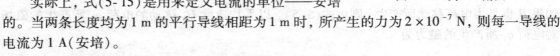

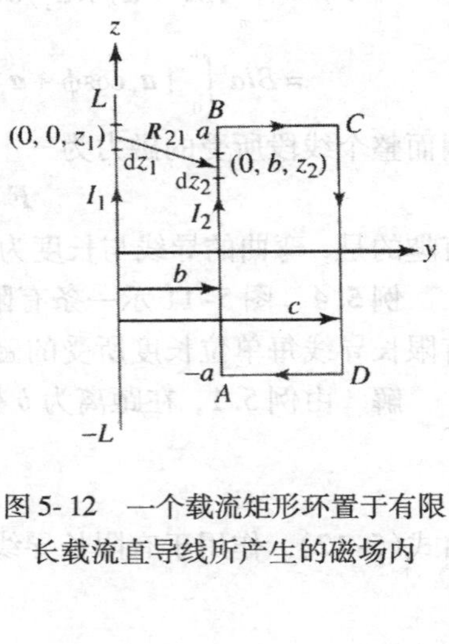

图 5-12 一个载流矩形环置于有限长载流直导线所产生的磁场内

解 闭合环所受的总磁力为 AB，BC，CD 和 DA 四部分导线所受之力的总和。线段 AB 或 CD 的微分长度为 $\mathrm{d}\boldsymbol{l}_2 = \mathrm{d}z_2\boldsymbol{a}_z$，$BC$ 或 DA 段则为 $\mathrm{d}\boldsymbol{l}_2 = \mathrm{d}y_2\boldsymbol{a}_y$。直导线的微分长度为 $\mathrm{d}\boldsymbol{l}_1 = \mathrm{d}z_1\boldsymbol{a}_z$。式(5-16)含有微分长度 $\mathrm{d}\boldsymbol{l}_1$ 与 $\mathrm{d}\boldsymbol{l}_2$ 的

点乘积。对于环的 BC 和 DA 段，其点乘积为零。因而只有 AB 与 CD 两段产生作用于闭合环上的总磁力。

首先确定 AB 段所受的磁力。距离矢量为

$$\boldsymbol{R}_{21} = b\boldsymbol{a}_y + (z_2 - z_1)\boldsymbol{a}_z$$

由式(5-16)，AB 段所受的磁力为

$$\boldsymbol{F}_{AB} = -\frac{\mu_0 I_1 I_2}{4\pi}\int_{-L}^{L}\mathrm{d}z_1\int_{-a}^{a}\frac{b\boldsymbol{a}_y + (z_2 - z_1)\boldsymbol{a}_z}{[b^2 + (z_2 - z_1)^2]^{3/2}}\mathrm{d}z_2$$

$$= -\frac{\mu_0 I_1 I_2}{2\pi b}\left[\sqrt{(L+a)^2 + b^2} - \sqrt{(L-a)^2 + b^2}\right]\boldsymbol{a}_y \tag{5-17}$$

方括号内的值为正，因而负号表示 AB 段所受的磁力为吸引力。

同样，可得 CD 段所受磁力的表达式为

$$\boldsymbol{F}_{CD} = \frac{\mu_0 I_1 I_2}{2\pi c}\left[\sqrt{(L+a)^2 + c^2} - \sqrt{(L-a)^2 + c^2}\right]\boldsymbol{a}_y \tag{5-18}$$

显然，$\boldsymbol{F}_{CD}$为推斥力。因而矩形环所受的总磁力为

$$\boldsymbol{F} = -\boldsymbol{a}_y\frac{\mu_0 I_1 I_2}{2\pi}\left\{\frac{1}{b}\left[\sqrt{(L+a)^2 + b^2} - \sqrt{(L-a)^2 + b^2}\right]\right.$$

$$\left. - \frac{1}{c}\left[\sqrt{(L+a)^2 + c^2} - \sqrt{(L-a)^2 + c^2}\right]\right\}$$

由于 $c > b$，因而载流直导线与载流矩形环之间的磁力为吸引力。

5.4 磁转矩

由 5.3 节已知，置于磁场中的载流导体，将受到一个同时垂直于磁场和导体方向的力。但如果将通有电流的线圈置于磁场中，则作用于这线圈的磁场力将使线圈旋转。事实上，这就是电动机和达松瓦尔（D'Arsonval）式电表[⊖]的工作原理。

图 5-13a 示一个通有电流 I 的单匝矩形线圈置于磁场 $\boldsymbol{B}$ 中。线圈平面与磁场平行，线圈将绕 z 轴自由旋转。线圈截面积为 LW。根据安培力定律，bc 与 da 两边没有作用力。$\boldsymbol{B}$ 场对 ab 边产生的力为

$$\boldsymbol{F}_{ab} = -BIL\boldsymbol{a}_y$$

cd 边所受的力为

$$\boldsymbol{F}_{cd} = BIL\boldsymbol{a}_y$$

图 5-13 b 示作用于线圈两边的力。由于两个力的作用线不重合，因而产生力矩（torque 或称转矩），使线圈绕轴旋转。ab 边的力臂为 $W/2\boldsymbol{a}_x$，cd 边的力臂为 $-W/2\boldsymbol{a}_x$。ab 边所受的力矩为

$$\boldsymbol{T}_{ab} = \frac{W}{2}\boldsymbol{a}_x \times \boldsymbol{F}_{ab} = -\frac{1}{2}BILW\boldsymbol{a}_z$$

同样，cd 边所受的力矩为

$$\boldsymbol{T}_{cd} = -\frac{W}{2}\boldsymbol{a}_x \times \boldsymbol{F}_{cd} = -\frac{1}{2}BILW\boldsymbol{a}_z$$

⊖ 即磁电式或称永磁动圈式电表——译注

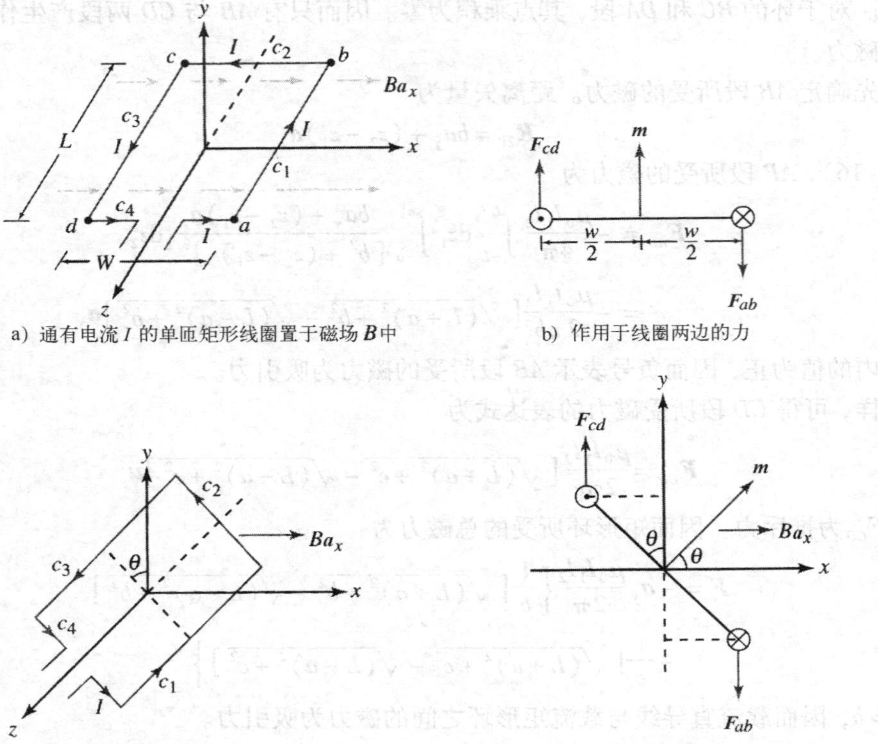

a) 通有电流 I 的单匝矩形线圈置于磁场 B 中　　b) 作用于线圈两边的力

c) 线圈与 y 轴成 θ 角　　d) $\boldsymbol{F}_{ab}$ 与 $\boldsymbol{F}_{cd}$ 产生力矩

图 5-13　磁场对载流环产生的力矩

线圈所受的净力矩为

$$\boldsymbol{T} = \boldsymbol{T}_{ab} + \boldsymbol{T}_{cd} = -BILW\boldsymbol{a}_z$$

上式可用磁偶极矩表示为

$$\boldsymbol{T} = \boldsymbol{m} \times \boldsymbol{B} \tag{5-19}$$

此处

$$\boldsymbol{m} = ILW\boldsymbol{a}_y = IA\boldsymbol{a}_y \tag{5-20}$$

设线圈在力矩的作用下，旋转到与 y 轴成 θ 角的位置，如图 5-13c 所示。ab 与 cd 边所受的磁力仍不变。但作用于 bc 边的磁力为

$$\boldsymbol{F}_{bc} = \int_{c_2} I(\mathrm{d}x\boldsymbol{a}_x + \mathrm{d}y\boldsymbol{a}_y) \times \boldsymbol{a}_x B = -BIW\cos\theta\boldsymbol{a}_z$$

同样地，da 边所受的磁力为

$$\boldsymbol{F}_{da} = BIW\cos\theta\boldsymbol{a}_z$$

由于 $\boldsymbol{F}_{bc}$ 与 $\boldsymbol{F}_{da}$ 两力的作用线相同[⊖]，因而沿 z 轴方向的合力为零。所以只有 $\boldsymbol{F}_{ab}$ 与 $\boldsymbol{F}_{cd}$ 产生力矩，如图 5-13d 所示。ab 与 cd 边的力矩分别为

$$\boldsymbol{T}_{ab} = \frac{W}{2}[\boldsymbol{a}_x\sin\theta + \boldsymbol{a}_y\cos\theta] \times (-\boldsymbol{a}_y BIL) = -\frac{1}{2}BILW\sin\theta\boldsymbol{a}_z$$

⊖ $\boldsymbol{F}_{bc}$ 与 $\boldsymbol{F}_{da}$ 两力共线，大小相等，但方向相反，因而合力为零。——译注

与

$$\boldsymbol{T}_{cd}=\frac{W}{2}[-\boldsymbol{a}_x\sin\theta+\boldsymbol{a}_y\cos\theta]\times(\boldsymbol{a}_yBIL)=-\frac{1}{2}BILW\sin\theta\boldsymbol{a}_z$$

总力矩为

$$\boldsymbol{T}=\boldsymbol{T}_{ab}+\boldsymbol{T}_{cd}=-BILW\sin\theta\boldsymbol{a}_z=\boldsymbol{m}\times\boldsymbol{B} \tag{5-21}$$

由于线圈承受的力矩按正弦函数变化，当线圈平面与磁场平行时，力矩最大；当线圈平面与磁场垂直时，力矩为零。如果线圈平面不与磁场垂直，则力矩将使线圈平面旋转，直到它的平面与磁场垂直。换句话说，$\boldsymbol{m}$ 趋向于与 $\boldsymbol{B}$ 一致。一旦线圈平面与磁场垂直，线圈即锁定在此位置，因为它将不再旋转。应当指出，式(5-21)虽然是由矩形线圈导出的，但它对于任意形状的线圈也适用。

若线圈紧密绕制 N 匝，则由磁场产生的力矩将是单匝线圈所受力矩的 N 倍。

例 5.6 一个 200 匝的圆形线圈，平均面积为 10 cm²，线圈平面与均匀磁通密度为 1.2T 的磁场成 30°夹角，如图 5-14 a 所示。若通过线圈的电流为 50 A，求线圈所受的力矩。

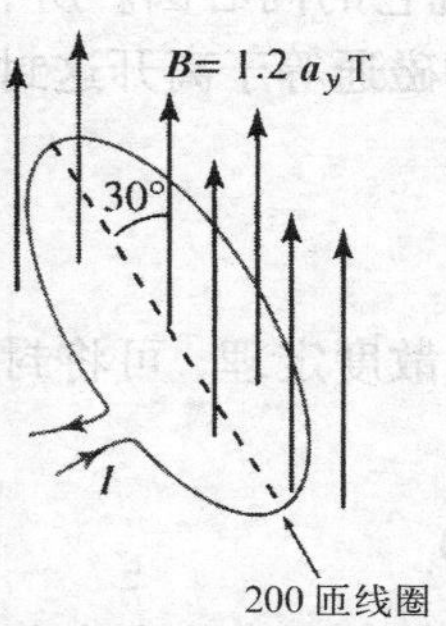

a) 线圈置于磁场中

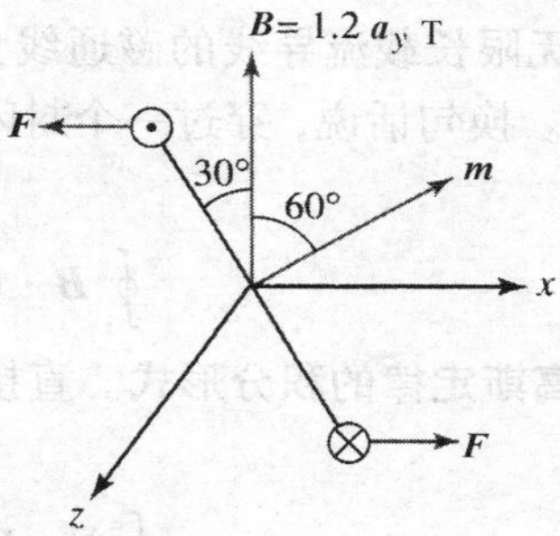

b) 侧视图

图 5-14 例 5.6 中的圆形线圈

解 图 5-14b 表示在线圈侧视图中磁偶极矩的方向。磁偶极矩在 xy 平面内，其值为

$$m=NIA=200\times50\times10\times10^{-4}=10$$

线圈所受的力矩为

$$\boldsymbol{T}=\boldsymbol{m}\times\boldsymbol{B}=\boldsymbol{a}_z10\times1.2\sin60°=10.39\boldsymbol{a}_z\text{N}\cdot\text{m}$$

5.5 磁通(量)和磁场的高斯定律

图 5-15a 示通过周界为 c 的开表面 s 的磁力线。磁通密度 $\boldsymbol{B}$ 在整个表面可以是均匀或不均匀分布。如果将此表面分成 n 个非常小的单元面积，如图 5-15b 所示，假定通过每一单元的 $\boldsymbol{B}$ 场是均匀的，则通过 $\Delta\boldsymbol{s}_i$ 面的磁通元为

$$\Delta\Phi_i=\boldsymbol{B}_i\cdot\Delta\boldsymbol{s}_i$$

此处 $\boldsymbol{B}_i$ 为通过 $\Delta\boldsymbol{s}_i$ 的磁通密度。通过 s 面的总磁通为

$$\Phi=\sum_{i=1}^{n}\boldsymbol{B}_i\cdot\Delta\boldsymbol{s}_i$$

当单元面积趋于零时，将上式换成定积分形式。这样，穿过开表面 s 的**磁通**(magnetic flux)为

$$\Phi = \int_s \boldsymbol{B} \cdot \mathrm{d}\boldsymbol{s} \tag{5-22}$$

磁通以韦伯(Wb)来计量。若磁通密度与表面相切，则穿过(交链)面的总磁通为零。

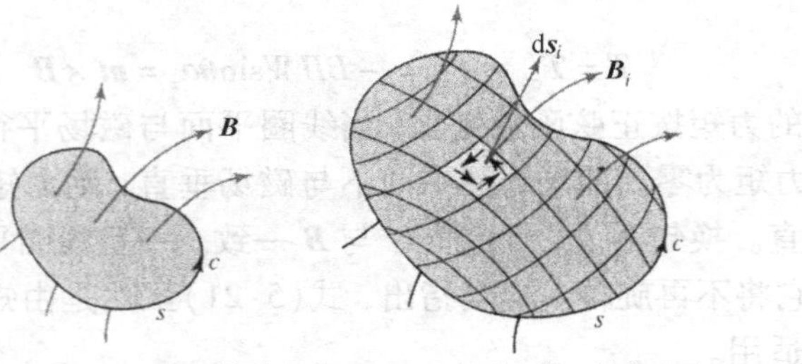

a）通过一个开表面的磁力线　b）开表面分为 n 个单元面

图5-15　开表面的磁力线与单元面

由于磁体的南北极不能分开，因此由北极出发的磁通线数应正好等于进入南极的磁通线数。我们已经证明，无限长载流导线的磁通线为围绕它的同心圆。所有以上这一切都说明，磁通线永远是连续的。换句话说，穿过一个封闭面的磁通等于离开这封闭面的磁通。因而对一个封闭面而言

$$\oint_s \boldsymbol{B} \cdot \mathrm{d}\boldsymbol{s} = 0 \tag{5-23a}$$

式(5-23a)是已知的**高斯定律的积分形式**。直接应用散度定理，可将封闭面积分变换成体积分如下

$$\int_v \nabla \cdot \boldsymbol{B} \mathrm{d}v = 0$$

此处 v 为封闭面 s 所包围的体积。因为通常体积分不等于零，上式隐含

$$\nabla \cdot \boldsymbol{B} = 0 \tag{5-23b}$$

式(5-23b)是**磁场高斯定律的点形式或微分形式**。由于 $\boldsymbol{B}$ 的散度永远为零，因此磁通密度场是**无散的或螺线管式的**（solenoidal）。虽然上面讨论的磁场是由恒定电流产生的，但式(5-23a)与(5-23b)是完全普遍的，并适用于电流以任何形式随时间变化的情况。以后可知，式(5-23)是麦克斯韦四个方程之一。

例5.7　两条非常长、完全相同的平行导线，通过方向相反的1000 A的电流，悬挂于相距100 m的支架上。若每根导线的半径为2 cm，轴距为1 m，试求通过由这两根导线和两个支架所形成的区间的磁通。

解　图5-16示两根平行导线，每根的半径为 a，相距为 b，通过方向相反的电流。两个支架的距离为 L。在两根导线平面上的点 y 处的磁通密度为

$$\boldsymbol{B} = -\frac{\mu_0 I}{2\pi}\left[\frac{1}{y} + \frac{1}{b-y}\right]\boldsymbol{a}_x$$

单元面积为 $\mathrm{d}\boldsymbol{s} = -\mathrm{d}y\mathrm{d}z\boldsymbol{a}_x$，因此所求的磁通为

$$\Phi = \frac{\mu_0 I}{2\pi}\int_a^{b-a}\left[\frac{1}{y} + \frac{1}{b-y}\right]\mathrm{d}y\int_0^L \mathrm{d}z$$

$$= \frac{\mu_0 IL}{\pi}\ln\left[\frac{b-a}{a}\right]$$

本例中，$a=0.02$ m，$b=1$ m，$L=100$ m 和 $I=1000$ A。
将这些值代入上式，即得

$$\Phi=155.67\ \text{mWb}$$

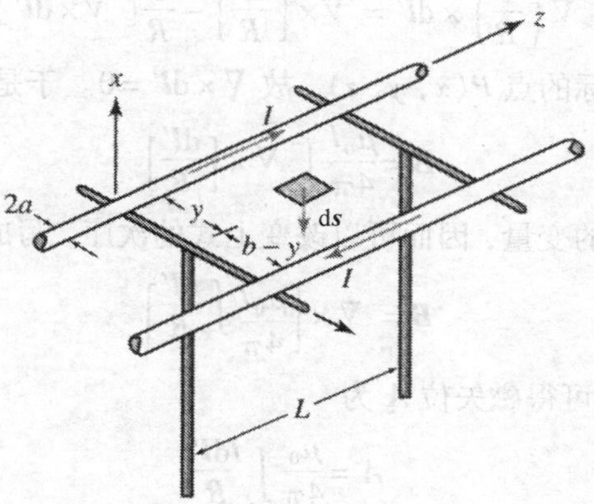

图 5-16 双线传输线

例 5.8 设 $\boldsymbol{B}=B\boldsymbol{a}_z$，计算位于 $z=0$ 平面上，半径为 R 中心在原点的半球所通过的磁通。

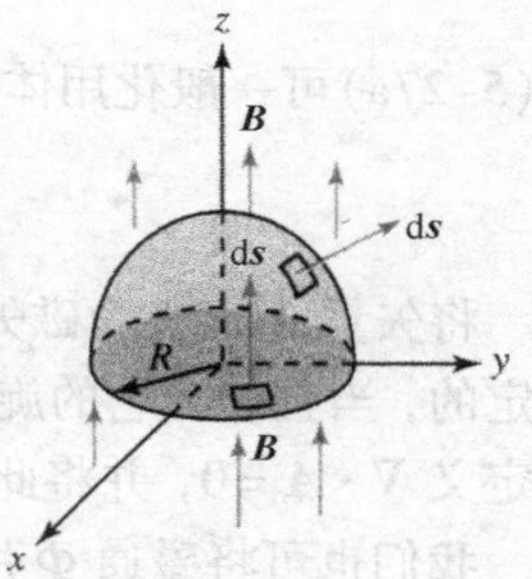

图 5-17 通过半球的磁通

解 半球和半径为 R 的圆盘所形成的封闭面如图 5-17 所示。通过半球的磁通应等于穿过圆盘的磁通。穿过圆盘的磁通为

$$\Phi=\int_s \boldsymbol{B}\cdot \mathrm{d}\boldsymbol{s}=\int_0^R\int_0^{2\pi} B\rho\mathrm{d}\rho\mathrm{d}\phi=\pi R^2 B$$

建议读者通过对半球表面的积分证明上述结果。

5.6 磁矢位

由 5.5 节已知，磁通密度是无散的(连续的)，因为它的散度恒为零。一个散度为零的矢量可用另一个矢量的旋度表示如下

$$\boldsymbol{B}=\nabla\times\boldsymbol{A} \tag{5-24}$$

此处 $\boldsymbol{A}$ 称为**磁矢位**（magnetic vector potential），以韦伯每米（Wb/m）表示。我们发现，由式(5-24）用磁矢位 $\boldsymbol{A}$ 来求 $\boldsymbol{B}$，更为方便。

为得出 $\boldsymbol{A}$ 的表示式，可由 $\boldsymbol{B}$ 场的比奥 - 萨伐尔定律开始。在任意点 $P(x, y, z)$ 处，由载流导体所产生的磁通密度为

$$\boldsymbol{B}=\frac{\mu_0 I}{4\pi}\int_c \frac{\mathrm{d}\boldsymbol{l}'\times\boldsymbol{R}}{R^3}$$

此处 $\boldsymbol{R}=(x-x')\boldsymbol{a}_x+(y-y')\boldsymbol{a}_y+(z-z')\boldsymbol{a}_z$。注意，在以前的方程式中也用过加撇的坐标，现在需要区分源(加撇)坐标与场(未加撇)坐标。

由于

$$\nabla\left(\frac{1}{R}\right)=-\frac{\boldsymbol{R}}{R^3}$$

因此磁通密度也可写成

$$B=\frac{\mu_0 I}{4\pi}\int_c \nabla\left(\frac{1}{R}\right)\times \mathrm{d}l' \tag{5-25}$$

此处由于矢量乘积项移位，因而负号被消去。采用式(2-127)的矢量恒等式，式(5-25)可写成

$$\nabla\left(\frac{1}{R}\right)\times \mathrm{d}l' = \nabla\times\left[\frac{\mathrm{d}l'}{R}\right]-\frac{1}{R}[\nabla\times \mathrm{d}l']$$

由于旋度运算是对无撇坐标的点 $P(x, y, z)$，故 $\nabla\times \mathrm{d}l'=0$。于是由式(5-25)可得

$$B=\frac{\mu_0 I}{4\pi}\int_c \nabla\times\left[\frac{\mathrm{d}l'}{R}\right]$$

积分和微分是对两组不同的变量，因而可以改变上式的次序，写成

$$B=\nabla\times\left[\frac{\mu_0 I}{4\pi}\int_c\frac{\mathrm{d}l'}{R}\right] \tag{5-26}$$

比较式(5-24)与(5-26)，可得磁矢位 A 为

$$A=\frac{\mu_0}{4\pi}\int_c\frac{I\mathrm{d}l'}{R} \tag{5-27a}$$

若载流导体为闭合回路，则上式成为

$$A=\frac{\mu_0}{4\pi}\oint_c\frac{I\mathrm{d}l'}{R} \tag{5-27b}$$

式(5-27a)可一般化用体电流密度表示为

$$A=\frac{\mu_0}{4\pi}\int_v\frac{J_v\mathrm{d}v'}{R} \tag{5-27c}$$

将矢量 A 定义为磁矢位，它的旋度即为磁通密度 B。由第2章已知，一个矢量场是唯一确定的，当且仅当它的旋度与散度同时是确定的。因此还要定义 A 的散度。在静磁学中，我们定义 $\nabla\cdot A=0$，并将此约束条件称为**库仑规范**(Coulomb's gauge)。

我们也可将磁通 Φ 用 A 来表示为

$$\Phi=\int_s B\cdot \mathrm{d}s=\int_s(\nabla\times A)\cdot \mathrm{d}s$$

应用斯托克斯定理可得

$$\Phi=\oint_c A\cdot \mathrm{d}l \tag{5-28}$$

此处 c 为开表面 s 的周界。

例 5.9 一根沿 z 轴的极长直导线通过 z 方向的电流 I。试求在平分这导线平面上某点的磁矢位表达式。在此点的磁通密度是什么？

解 图5-18示一根由 $z=-L$ 至 $z=L$ 沿 z 方向的导线。P 点距电流元 $Idz\boldsymbol{a}_z$ 的距离矢量为 $R=\rho a_\rho - z a_z$。因而 P 点的磁矢位为

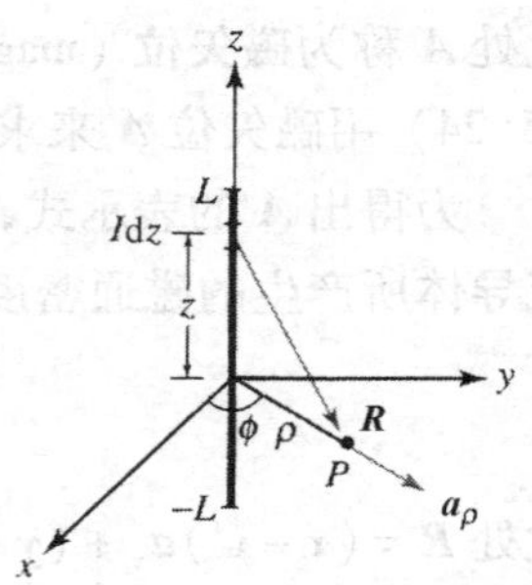

图5-18 一定长度载流导线在 P 点产生的磁矢位

$$\begin{aligned}A&=\frac{\mu_0 I a_z}{4\pi}\int_{-L}^{L}\frac{\mathrm{d}z}{[\rho^2+z^2]^{1/2}}\\&=\frac{\mu_0 I}{4\pi}\left\{\ln[L+\sqrt{L^2+\rho^2}]-\ln[-L+\sqrt{L^2+\rho^2}]\right\}a_z\end{aligned} \tag{5-29}$$

上式是在平分导线平面上的磁矢位的精确表达式。当导线极长时，$L>>\rho$，则可得下列近似值：

$$L+\sqrt{L^2+\rho^2}\approx L+L\left[1+\frac{1}{2}\left(\frac{\rho}{L}\right)^2\right]\approx 2L$$

和

$$-L+\sqrt{L^2+\rho^2}\approx -L+L\left[1+\frac{1}{2}\left(\frac{\rho}{L}\right)^2\right]\approx\frac{\rho^2}{2L}$$

利用上列近似值，可得

$$\boldsymbol{A}=\frac{\mu_0 I}{2\pi}\ln\left[\frac{2L}{\rho}\right]\boldsymbol{a}_z \tag{5-30}$$

由式(5-24)可得 P 点的磁通密度为

$$\boldsymbol{B}=\nabla\times\boldsymbol{A}=-\frac{\partial A_z}{\partial\rho}\boldsymbol{a}_\phi=\frac{\mu_0 IL}{2\pi\rho}\left[\frac{1}{\sqrt{L^2+\rho^2}}\right]\boldsymbol{a}_\phi$$

因为 $L>>\rho$，再一次进行近似可得

$$\boldsymbol{B}=\frac{\mu_0 I}{2\pi\rho}\boldsymbol{a}_\phi \tag{5-31}$$

以上结果与以前由毕奥－萨伐尔定律所求得无限长载流导线所产生的 $\boldsymbol{B}$ 场表示式完全相同。

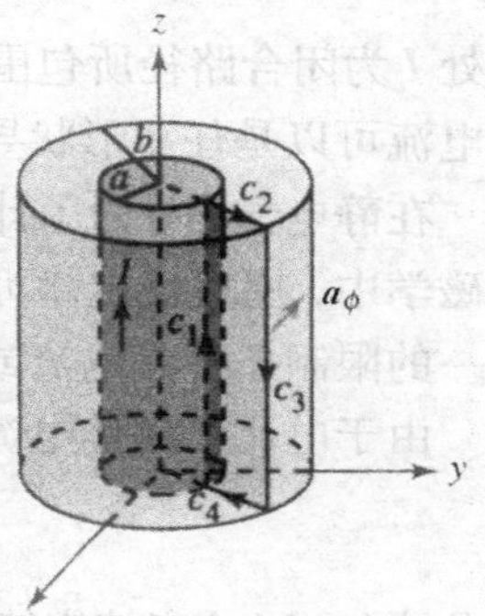

图5-19　载流的同轴电缆

例 5.10　一根 50 m 长的同轴电缆，内导线半径为 1 cm，沿 z 方向通过电流 80 A，如图 5-19 所示。外导体非常薄，其半径为 10 cm。试求两导体间所包含的总磁通。

解　由于两个导体之间的距离远小于电缆的长度，因此可用近似式(5-30)求在电缆内部任意点的磁矢位。由式(5-28)，总磁通为

$$\Phi=\oint_c \boldsymbol{A}\cdot d\boldsymbol{l}=\int_{c_1}\boldsymbol{A}\cdot d\boldsymbol{l}+\int_{c_2}\boldsymbol{A}\cdot d\boldsymbol{l}+\int_{c_3}\boldsymbol{A}\cdot d\boldsymbol{l}+\int_{c_4}\boldsymbol{A}\cdot d\boldsymbol{l}$$

为了获得同轴电缆所包含的磁通的普遍表示式，令 a 与 b 分别代表内导体与外导体的半径。由于磁矢位仅有 z 分量，因而沿 c_2 与 c_4 的积分为零。这样

$$\Phi=\int_{c_1}\boldsymbol{A}\cdot d\boldsymbol{l}+\int_{c_3}\boldsymbol{A}\cdot d\boldsymbol{l}=\frac{\mu_0 I}{2\pi}\int_{-L}^{L}\ln(2L/a)\,dz-\frac{\mu_0 I}{2\pi}\int_{-L}^{L}\ln(2L/b)\,dz=\frac{\mu_0 IL}{\pi}\ln\left(\frac{b}{a}\right) \tag{5-32}$$

将 $I=80$ A、$L=50$ m、$a=1$ cm 和 $b=10$ cm 代入式(5-32)得

$$\Phi=3.68\ \text{mWb}$$

5.7　磁场强度与安培环路定律

在研究静电场时，我们曾定义用电场强度表示的电通(量)密度为 $\boldsymbol{D}=\varepsilon\boldsymbol{E}$，因而 $\boldsymbol{D}$ 与介质的电容率无关[⊖]。现在我们定义自由空间的磁场强度 $\boldsymbol{H}$ 为

$$\boldsymbol{H}=\frac{\boldsymbol{B}}{\mu_0} \tag{5-33a}$$

⊖　在电场中 E 值一定时，ε 越大则 D 值越大。——译注

或

$$B=\mu_0 H \tag{5-33b}$$

由式(5-33)可见，磁场强度与磁导率无关，$\boldsymbol{B}$ 与 $\boldsymbol{H}$ 的关系类似于 $\boldsymbol{D}$ 与 $\boldsymbol{E}$ 的关系。5.8 节将定义在媒质中的 $\boldsymbol{H}$，并详细讨论它的特性。我们还将证明，在 $\boldsymbol{J}$ 为零的区域内，$\boldsymbol{H}$ 是守恒的；亦即 $\boldsymbol{H}$ 可用称为**磁标位**(magnetic scalar potential)的另一个场量的梯度来表示。由式(5-33)，显然在自由空间 $\boldsymbol{B}$ 与 $\boldsymbol{H}$ 为同一方向。现在可以用磁场强度来阐明安培环路定律。

安培环路定律

今后我们将**安培环路定律**(Ampère's circuital law)简称为安培定律，它阐明沿一闭合路径的磁场强度的线积分等于它所包围的电流，即

$$\oint_c \boldsymbol{H}\cdot \mathrm{d}\boldsymbol{l}=I \tag{5-34a}$$

此处 I 为闭合路径所包围面积内的净电流。式(5-34a)为**安培定律的积分形式**。式(5-34a)的电流可以是任意形状导体所载的电流，或者仅仅是电荷的流动(真空管中的电子束)。

在静电学中，为了计算某一区域内充分对称的电荷分布的电场，我们利用高斯定律。在静磁学中，用安培定律可以简捷地求出磁场，而无需用毕奥－萨伐尔定律的繁复积分过程。唯一的限制条件是电流或电流分布必须高度对称。

由于电流可用体电流密度表示为

$$I=\int_s \boldsymbol{J}_v\cdot \mathrm{d}\boldsymbol{s}$$

因此式(5-34a)安培定律的积分形式成为

$$\oint_c \boldsymbol{H}\cdot \mathrm{d}\boldsymbol{l}=\int_s \boldsymbol{J}_v\cdot \mathrm{d}\boldsymbol{s}$$

斯托克斯定理将线积分改用面积分表示，得

$$\int_s (\nabla\times \boldsymbol{H})\cdot \mathrm{d}\boldsymbol{s}=\int_s \boldsymbol{J}_v\cdot \mathrm{d}\boldsymbol{s}$$

由于 s 可以是闭合环路 c 所包围的任意开表面，因而上式可写成普遍形式为

$$\nabla\times \boldsymbol{H}=\boldsymbol{J}_v \tag{5-34b}$$

式(5-34b)是**静磁场中安培定律的微分形式**。

下面的例子说明，如何在满足电流为对称分布的条件下，用安培定律求磁场。

例 5.11 一根细而长的导线沿 z 轴放置，载有电流 I。试用安培定律求出自由空间任一点的磁场强度。

解 由于对称，磁力线必然是同心圆如图 5-20 所示。沿每个圆的磁场强度是恒定值，因此对于任意半径 ρ，我们有

$$\oint_c \boldsymbol{H}\cdot \mathrm{d}\boldsymbol{l}=\int_0^{2\pi} H_\phi \rho \mathrm{d}\phi=2\pi\rho H_\phi$$

由于闭合路径所包围的电流为 I，安培定律给出

$$\boldsymbol{H}=\frac{I}{2\pi\rho}\boldsymbol{a}_\phi \tag{5-34c}$$

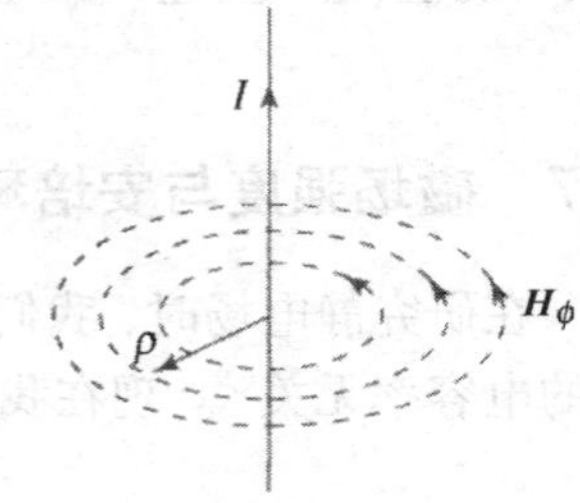

图 5-20 围绕一根载流长导线的磁场

可见由安培定律与由毕奥－萨伐尔定律所得的结果是一样的。

例 5.12 一根极长的沿 z 轴放置的空心导体，其外径为 b，内径为 a，载有沿 z 轴方向

的电流 I，如图 5-21a 所示。若电流是均匀分布的，试求在空间任一点的磁场强度。

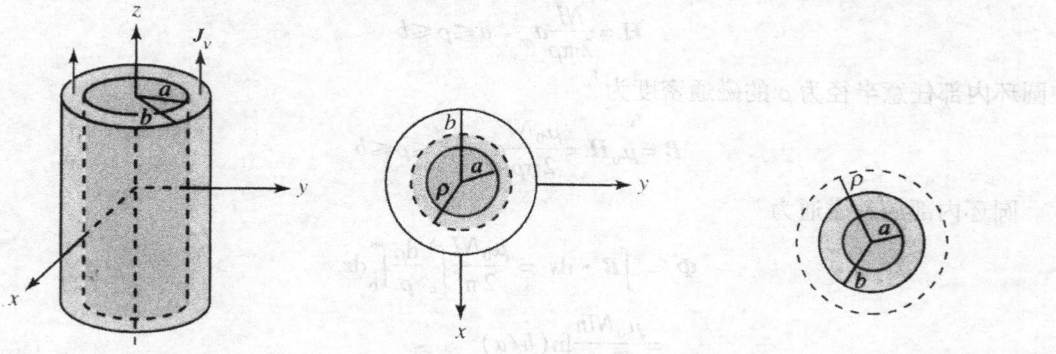

a）载有电流的空心导体　　b）截面图示 $a \leqslant \rho \leqslant b$ 的闭合圆环路径　　c）在 $\rho \geqslant b$ 的闭合路径截面图

图 5-21　例 5.12 中的空心导体

解　由于电流为均匀分布，因而可用体电流密度表示为

$$\boldsymbol{J}_v = \frac{I}{\pi(b^2 - a^2)}\boldsymbol{a}_z$$

根据对称的理由，磁力线应是同心圆，磁场强度应在 ϕ 方向，H_ϕ 沿每一圆环为一常数。此处有三个区域，我们分别对每一区域求磁场强度。

(a)区域 1，$\rho \leqslant a$：对于任何闭合环路来说，所包围的电流为零，即 $\rho \leqslant a$ 时，$\boldsymbol{H} = 0$。

(b)区域 2，$a \leqslant \rho \leqslant b$：图 5-21b 示半径为 ρ 的闭合圆环截流导体截面图。所包围的净电流为

$$I_{\text{enc}} = \int_s \boldsymbol{J}_v \cdot \mathrm{d}\boldsymbol{s} = \frac{I}{\pi(b^2 - a^2)}\int_a^\rho \rho\mathrm{d}\rho\int_0^{2\pi}\mathrm{d}\phi$$

$$= \frac{I(\rho^2 - a^2)}{b^2 - a^2}$$

另一方面

$$\oint_c \boldsymbol{H} \cdot \mathrm{d}\boldsymbol{l} = 2\pi\rho H_\phi$$

因此，由安培定律可得

$$\boldsymbol{H} = \frac{I}{2\pi\rho}\left[\frac{\rho^2 - a^2}{b^2 - a^2}\right]\boldsymbol{a}_\phi \quad a \leqslant \rho \leqslant b$$

(c)区域 3，$\rho \geqslant b$；观测点在导体之外（见图 5-21c）。因此包围的净电流为 I。在此区域的磁场强度为

$$\boldsymbol{H} = \frac{I}{2\pi\rho}\boldsymbol{a}_\phi \quad \rho \geqslant b$$

例 5.13　一个在圆环上密绕 N 匝的线圈（螺旋管形线圈 toroidal winding）如图 5-22a 所示。圆环的内外半径分别为 a 和 b，环的高度为 h。若线圈通过的电流为 I，试求（a）圆环内的磁场强度，（b）磁通密度，（c）圆环内的总磁通。

解　图 5-22b 示圆环和线圈的截面图。应用安培定律可知，磁场强度仅存在于圆环内部。在环内任意半径 ρ 的磁场强度在 ϕ 方向，其幅度为常数。所包围的总电流为 NI，因此

由安培定律，圆环内部的磁场强度为

$$\boldsymbol{H}=\frac{NI}{2\pi\rho}\boldsymbol{a}_{\phi} \quad a\leqslant\rho\leqslant b$$

在圆环内部任意半径为ρ的磁通密度为

$$\boldsymbol{B}=\mu_0\boldsymbol{H}=\frac{\mu_0 NI}{2\pi\rho}\boldsymbol{a}_{\phi} \quad a\leqslant\rho\leqslant b$$

圆环内部的总磁通为

$$\Phi=\int\boldsymbol{B}\cdot\mathrm{d}\boldsymbol{s}=\frac{\mu_0 NI}{2\pi}\int_a^b\frac{\mathrm{d}\rho}{\rho}\int_0^h\mathrm{d}z$$

$$=\frac{\mu_0 NIh}{2\pi}\ln(b/a)$$

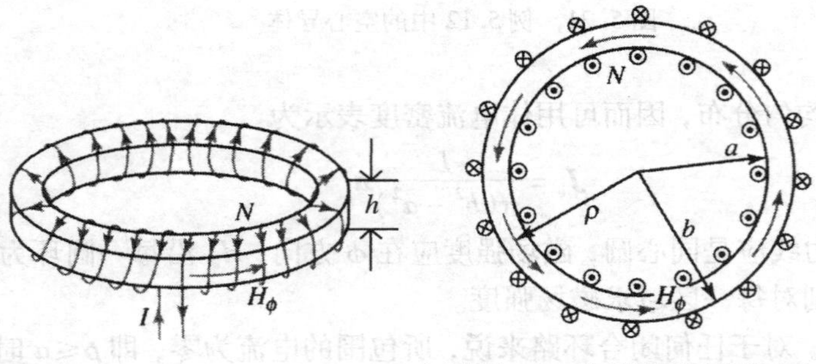

a) 环形线圈 b) 由半径为$a\leqslant\rho\leqslant b$的圆环所包围的总电流的截面图

图5-22 例5.13附图

5.8 磁性材料

现在将磁场理论扩展至包含磁性材料的领域。在某些方面，这些讨论与在电介质材料中的电场讨论平行进行，但也有一些重要区别，这将在以后不时强调。

我们用长度为L，通常称为螺线管的圆柱形线圈做实验，它所通过的电流为I，如图5-23a所示。假定线圈为均匀密绕，由练习题5-3已知，在螺线管中心的磁通密度为两端的二倍，如图5-23b所示。如果将不同物质的样品放在这磁场中，我们发现在螺线管近末端处所感受到的磁力最大，此处的梯度$\mathrm{d}B_z/\mathrm{d}z$很大。为了继续试验，假定总是将样品放在螺线管上端，并观察它所感受的力。我们发现，如果样品不是太大，则它所受的力与它的质量成比例，而与它的形状无关。同时也发现，有些样品吸向较强的场，另一些样品则被排斥。

感受轻微推斥力的物质称为**抗磁体**（diamagnet）。所有的有机化合物和大部分无机化合物是抗磁体。事实上，我们可以认为每一个原子与分子都有抗磁性。

有两种不同类型的物质感受到吸引力。受到轻微力量拉向中心的物质称为**顺磁体**（paramagnet）。金属如铝、铜等的顺磁性并不比抗磁性大多少。但是某些物质如铁、磁铁矿等，则确实被磁力吸进去。这些物质称为**铁磁体**（ferromagnet）。铁磁物质所受到的磁力可能是顺磁物质所受磁力的5000倍。

由于顺磁物质与抗磁物质所受的力很弱，因此实际上可将它们归并在一起，统称为非磁性物质。我们还假设所有非磁性物质的磁导率与自由空间的相同。

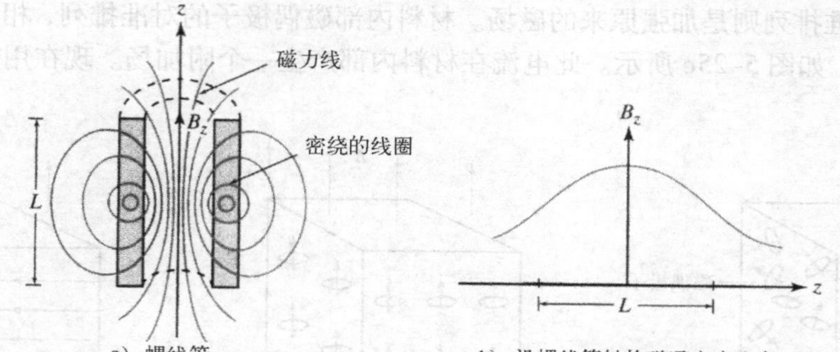

a) 螺线管　　b) 沿螺线管轴的磁通密度分布

图 5-23　螺线管的磁通密度

为全面论述物质的磁性，需用量子力学的概念，而这是超出本书范围的。但我们可用一个简单而且容易想像的原子模型，来解释某些磁的性质。我们知道，电子以恒速围绕原子核作圆周运动，如图 5-24a 所示。由于电流是每秒通过一点的电荷量，一个轨道电子产生的环流为

$$I=\frac{eU_e}{2\pi\rho} \tag{5-35}$$

式中 e 为电子电荷量，U_e 为它的速度，ρ 为半径。轨道电子产生的轨道磁矩为

$$\boldsymbol{m}=\frac{eU_e\rho}{2}\boldsymbol{a}_z \tag{5-36}$$

如图 5-24b 所示。

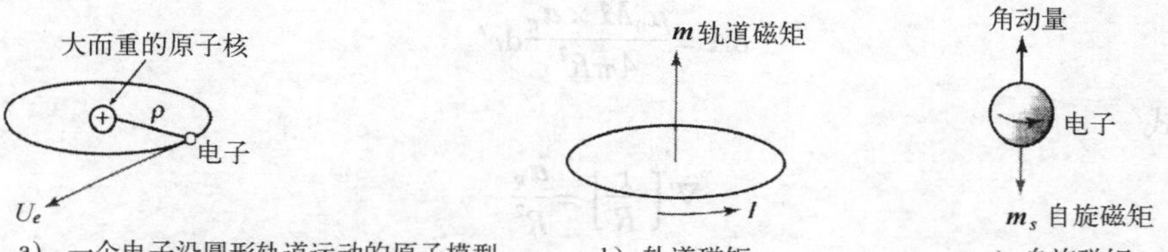

a) 一个电子沿圆形轨道运动的原子模型　　b) 轨道磁矩　　c) 自旋磁矩

图 5-24　原子模型及电子的磁矩

量子力学的一条基本原理是，轨道角动量永远等于 $h/2\pi$ 的整数倍，此处 h 为普朗克常数（$h=6.63\times10^{-34}\,\mathrm{J\cdot s}$）。电子还具有对它的轨道运动无影响的角动量。设想电子以恒速不断地围绕它自己的轴线转动（自旋）。自旋运动包括电荷环流，它产生自旋磁矩，如图 5-24c 所示。自旋磁矩为固定值

$$m_s=\frac{he}{8\pi m_e}=9.27\times10^{-24}\,\mathrm{A\cdot m^2} \tag{5-37}$$

此处 m_e 为电子质量。

原子的净磁矩由所有电子的轨道磁矩和自旋磁矩所组成，但要考虑这些磁矩的方向。净磁矩产生一个类似于电流（磁偶极子）产生的远方场，在没有外磁场时，物质中的磁偶极子是随机排列的，如图 5-25a 所示，因而净磁矩几乎为零。当有外磁场时，每一个磁偶极子感受到一个转动力矩（见第 5.4 节），使它们沿磁场方向排列，如图 5-25b 所示。此图表示完整排列的理想情形，但实际上只能有部分排列好。磁偶极子的对准排列类似于电偶极子在介质中的对准排列，但有显著的区别。电偶极子的对准排列总是减弱原来的电场，而顺磁体和铁磁

体中磁极的对准排列则是加强原来的磁场。材料内部磁偶极子的对准排列，相当于沿材料表面流动的电流，如图 5-25c 所示。此电流在材料内部产生一个附加场。现在用定量来证明。

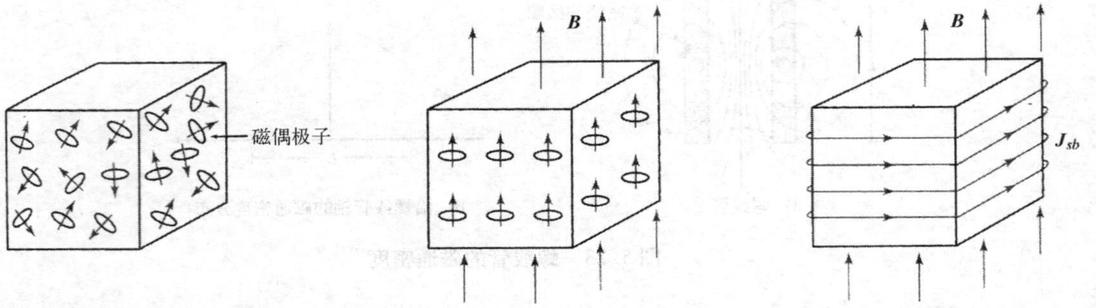

a)磁偶极子随机排列的磁性物质　b)外场 $\boldsymbol{B}$ 使磁偶极子沿它排列　c) b)中小的排列好的电流环等效于沿物质表面的电流

图 5-25　磁偶极子的排列

若在体积元 Δv 里有 n 个原子，$\boldsymbol{m}_i$ 是第 i 个原子的磁矩，于是**单位体积的磁矩**定义为

$$\boldsymbol{M}=\lim_{\Delta v\to 0}\frac{\sum_{i=1}^{n}\boldsymbol{m}_i}{\Delta v} \tag{5-38}$$

如 $\boldsymbol{M}\neq 0$，则该物体是已经磁化的。一个体积元 $\mathrm{d}v'$ 的磁矩 $\mathrm{d}\boldsymbol{m}$ 为 $\mathrm{d}\boldsymbol{m}=\boldsymbol{M}\mathrm{d}v'$。由 $\mathrm{d}\boldsymbol{m}$ 所产生的磁矢位为

$$\mathrm{d}\boldsymbol{A}=\frac{\mu_0\boldsymbol{M}\times\boldsymbol{a}_R}{4\pi R^2}\mathrm{d}v' \tag{5-39}$$

用矢量恒等式

$$\nabla'\left[\frac{1}{R}\right]=\frac{\boldsymbol{a}_R}{R^2}$$

式(5-39)可表示为

$$\mathrm{d}\boldsymbol{A}=\frac{\mu_0\boldsymbol{M}}{4\pi}\times\nabla'\left[\frac{1}{R}\right]\mathrm{d}v'$$

若 v' 为已经磁化材料的体积，则它所产生的磁矢位为

$$\boldsymbol{A}=\frac{\mu_0}{4\pi}\int_{v'}\boldsymbol{M}\times\nabla'\left[\frac{1}{R}\right]\mathrm{d}v'$$

再用矢量恒等式

$$\boldsymbol{M}\times\nabla'\left[\frac{1}{R}\right]=\frac{1}{R}\nabla'\times\boldsymbol{M}-\nabla'\times\left[\frac{\boldsymbol{M}}{R}\right]$$

则磁矢位可写成

$$\boldsymbol{A}=\frac{\mu_0}{4\pi}\int_{v'}\frac{\nabla'\times\boldsymbol{M}}{R}\mathrm{d}v'-\frac{\mu_0}{4\pi}\int_{v'}\nabla'\times\left[\frac{\boldsymbol{M}}{R}\right]\mathrm{d}v'$$

应用矢量恒等式

$$\int_{v'}\nabla'\times\left[\frac{\boldsymbol{M}}{R}\right]\mathrm{d}v'=-\oint_{s'}\left[\frac{\boldsymbol{M}}{R}\right]\times\mathrm{d}\boldsymbol{s}'$$

则 $\boldsymbol{A}$ 可重写为

$$A = \frac{\mu_0}{4\pi}\int_{v'}\frac{\nabla' \times M}{R}dv' + \frac{\mu_0}{4\pi}\oint_{s'}\frac{M \times a_n}{R}ds'$$

$$A = \frac{\mu_0}{4\pi}\int_{v'}\frac{J_{vb}}{R}dv' + \frac{\mu_0}{4\pi}\int_{s'}\frac{J_{sb}}{R}ds' \tag{5-40}$$

此处

$$J_{vb} = \nabla \times M \tag{5-41}$$

为**束缚体电流密度**，而

$$J_{sb} = M \times a_n \tag{5-42}$$

为**束缚面电流密度**。

在式(5-41)与(5-42)中，我们略去了上面的撇，但必须理解旋度与叉乘运算都是对源点坐标而言。式(5-40)说明，磁化材料内部的束缚体电流密度和它表面的束缚面电流密度可以用于确定由磁化体所产生的磁矢位。另外，可能还有自由体电流密度J_{vf}与自由面电流密度J_{sf}也产生磁矢位。总的体电流密度为$J_v = J_{vf} + J_{vb}$。由式(5-34)，$J_{vf} = \nabla \times H$。在自由空间的磁通密度为$B = \mu_0 H$或$H = B/\mu_0$。因而在自由空间，我们有

$$\nabla \times \left[\frac{B}{\mu_0}\right] = J_{vf}$$

若考虑到J_{vb}的作用，在磁介质中增强了的B场为

$$\nabla \times \left[\frac{B}{\mu_0}\right] = J_{vf} + J_{vb} = \nabla \times H + \nabla \times M$$

或

$$B = \mu_0[H + M] \tag{5-43}$$

式(5-43)适用于任何线性的或非线性的媒质。对于线性、均匀、各向同性的媒质，可将M用H表示为

$$M = \chi_m H \tag{5-44}$$

此处χ_m为一比例常数，称为**磁化率**（magnetic susceptibility）。将式(5-44)代入式(5-43)，得

$$B = \mu_0[1 + \chi_m]H = \mu_0\mu_r H = \mu H \tag{5-45}$$

量$\mu = \mu_0\mu_r$为媒质的**磁导率**，参数μ_r称为媒质的**相对磁导率**。对于线性、各向同性、均匀的媒质而言，χ_m和μ_r都是常数。

对于顺磁体和抗磁体(以前称它们为非磁性物质)，实用上常假定$\mu_r = 1$。但是，对于铁磁体，在磁通密度为1T时，它的相对磁导率可高达5000。注意，式(5-44)仅适用于线性、均匀、各向同性的物质。对于各向异性的物质，B、H和M可能不再平行㊀。详细讨论各向异性物质已超出本书的范围，但是，对铁磁材料性质需要有一些认识，以作为5.12节中讨论磁路的基础。

铁磁体

对于铁磁材料如铁、钴、镍等的特性，用磁畴来解释。**磁畴**（magnetic domain）是非常小的区域，它所有的磁偶极子完全排列好，如图5-26所示。每个磁畴中的磁偶极子排列方向都与相邻的另一磁畴不同，这时材料处于非磁化状态。

当磁性材料置于外磁场时，所有的磁偶极子都可能沿这磁场方向排列。一种使磁性材料

㊀ 意即三者不仅不成线性比例，而且方向都可能不同，所以可能不再平行。——译注

置于外磁场中的方法是缠绕一个线圈通以电流，如图5-27所示。我们能预期材料中的某些磁畴或多或少已经沿磁场方向排列，这些磁畴有趋势在压缩邻近磁畴的情况下增大。磁畴的增大改变了它的边界。磁畴界面的运动视材料晶粒结构而定。由于某些磁畴将它们的偶极子旋转至外加磁场方向，结果使材料内部的磁通密度增加。

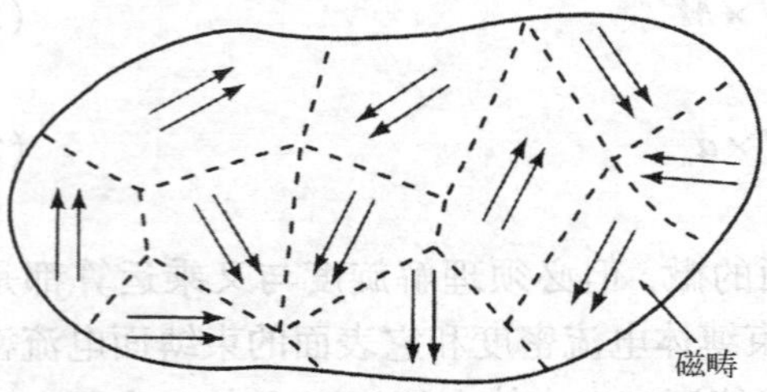

图5-26 在未磁化铁磁材料中的磁畴是随机排列的

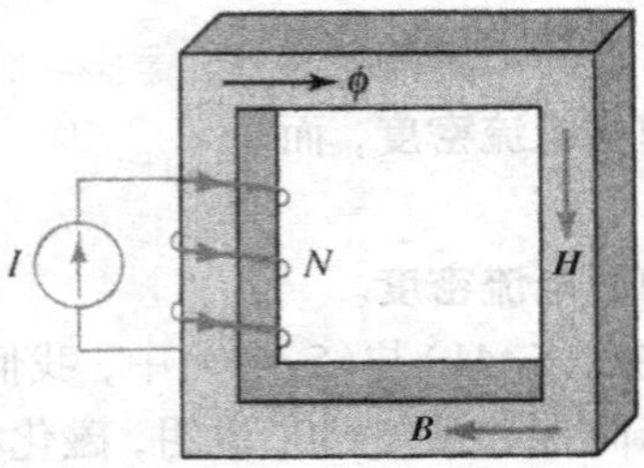

图5-27 缠绕的线圈在磁性材料内产生磁通

线圈中的电流在磁性材料(媒质)中产生的 $\boldsymbol{H}$ 场可视为独立变量。外加的 $\boldsymbol{H}$ 场在媒质中产生 $\boldsymbol{B}$ 场。当 $\boldsymbol{B}$ 场弱时，磁畴边界的运动是可逆的。当通过线圈的电流增加时，$\boldsymbol{H}$ 增加，因而媒质内的 $\boldsymbol{B}$ 将不断增强，越来越多的磁偶极子将沿 $\boldsymbol{B}$ 排列。如果我们测量磁性材料内部的磁场(第7章将说明如何做)，可以发现，最初 $\boldsymbol{B}$ 增加缓慢，继而快速增长，然后越来越慢，直至最后变成平坦的，如图5-28所示。图5-28的实曲线通常称为磁性材料的**磁化特性曲线**(magnetization characteristic)。每种磁性材料有不同的磁化特性。$\boldsymbol{B}$ 的变化是由 $\boldsymbol{M}$ 变化引起的。曲线的平坦部分显示磁性材料中的磁偶极子已几乎全部沿 $\boldsymbol{B}$ 场的方向排列。知道 $\boldsymbol{B}$ 与 $\boldsymbol{H}$ 后，即可由 $\boldsymbol{M}=\boldsymbol{B}/\mu_0-\boldsymbol{H}$ 来确定 $\boldsymbol{M}$。

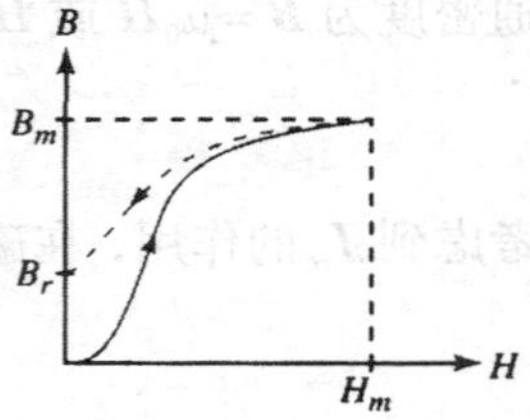

图5-28 磁性材料的磁化特性曲线

如果现在开始减小线圈内的电流，以降低 $\boldsymbol{H}$ 场，我们发现，$\boldsymbol{B}$ 场的下降并不那么快，如图5-28虚线所示。这种不可逆性称为**磁滞作用**(hysteresis)。虚线显示即使当 $\boldsymbol{H}$ 降为零时，材料中仍然有一定磁通密度。我们将它称为**剩余磁通密度** $\boldsymbol{B_r}$(residual 或 remanent flux density)。磁性材料已被磁化，作用就像永久磁铁，因为一旦磁畴按外加磁场沿一定方向排列，有些磁畴将停留在该状态。剩余磁通密度越高，则越好作为永久磁铁的材料。直流电机就属于这一范畴。具有高剩余磁通密度的磁性材料称为**硬磁材料**。

若将图5-27线圈中的电流方向逆转，则当 $\boldsymbol{H}$ 在相反方向为某值时，材料中的磁通密度降为零。这时的 $\boldsymbol{H}$ 场值称为**矫顽磁力** $\boldsymbol{H_c}$(coercive force，或称**矫顽磁场强度**)。在两个方向增加和减小 $\boldsymbol{H}$，可以描出一个回线，称为**磁滞回线**(hysteresis loop)，如图5-29所示。磁滞回线的面积确定每周的能量损耗(**磁滞损耗**)。这些能量用以使磁畴在每一周期内，先沿一个方向排列，然后在反方向重新排列。对于交流电应用如变压器、感应电机等，要求磁滞损耗尽可能低。换句话说，材料中的剩余磁通密度应尽可能地小。具有这种性质的材料，称为**软磁材料**。

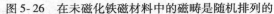

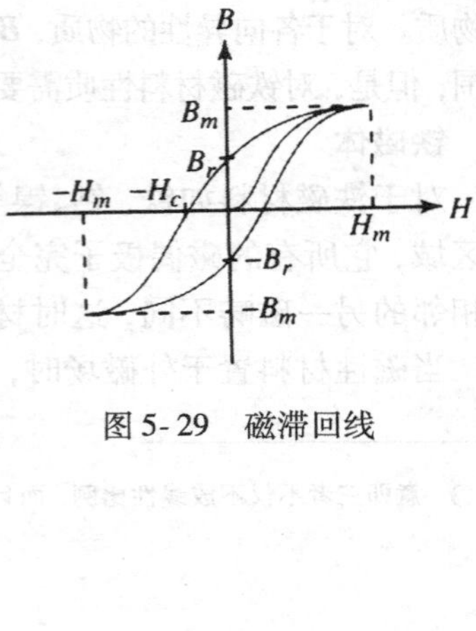

图5-29 磁滞回线

例 5.14 设例 5.13 的线圈绕在相对磁导率为 μ_r 的磁性材料上。试求(a)每单位体积的磁矩，(b)束缚体电流密度，(c)束缚面电流密度。

解 磁化率可用相对磁导率表示如下

$$\chi_m = \mu_r - 1$$

因而每单位体积的磁矩，或称为**磁极化矢量**(magnetization vector)也常称**磁化强度**，为

$$\boldsymbol{M} = \frac{(\mu_r - 1)NI}{2\pi\rho}\boldsymbol{a}_\phi$$

由式(5-41)，束缚体电流密度为

$$\boldsymbol{J}_{vb} = \nabla \times \boldsymbol{M} = 0$$

体积由四个表面所限制，现在分别计算每一表面的束缚面电流密度。

由式(5-42)，上方表面的束缚面电流密度为

$$\boldsymbol{J}_{sb}\big|_{\text{顶面}} = \boldsymbol{M} \times \boldsymbol{a}_z = \frac{(\mu_r - 1)NI}{2\pi\rho}\boldsymbol{a}_\rho$$

下方表面的束缚面电流密度为

$$\boldsymbol{J}_{sb}\big|_{\text{底面}} = \boldsymbol{M} \times (-\boldsymbol{a}_z) = -\frac{(\mu_r - 1)NI}{2\pi\rho}\boldsymbol{a}_\rho$$

$\rho = a$ 的表面的束缚面电流密度为

$$\boldsymbol{J}_{sb}\big|_{\rho=a} = \boldsymbol{M} \times (-\boldsymbol{a}_\rho)\big|_{\rho=a} = \frac{(\mu_r - 1)NI}{2\pi a}\boldsymbol{a}_z$$

最后，$\rho = b$ 的表面的束缚面电流密度为

$$\boldsymbol{J}_{sb}\big|_{\rho=b} = -\frac{(\mu_r - 1)NI}{2\pi b}\boldsymbol{a}_z$$

5.9 磁标位

在 5.6 节中，由磁矢位 $\boldsymbol{A}$ 所定义的磁通密度 $\boldsymbol{B}$ 为

$$\boldsymbol{B} = \nabla \times \boldsymbol{A}$$

并得出由(自由)体电流密度 $\boldsymbol{J}_v$ 所表示的 $\boldsymbol{A}$ 的一般表达式为

$$\boldsymbol{A} = \frac{\mu_0}{4\pi}\int_v \frac{\boldsymbol{J}_v \mathrm{d}v}{R}$$

我们已经得到，由体电流密度 $\boldsymbol{J}_v$ 在某点产生的磁场强度 $\boldsymbol{H}$ 的表达式为

$$\nabla \times \boldsymbol{H} = \boldsymbol{J}_v \tag{5-46}$$

此即安培定律。由上式可知，在有电流的区域，磁场强度场是非守恒的，即通常 $\boldsymbol{H}$ 场是有旋的。反之，在任意点由固定电荷产生的电场强度 $\boldsymbol{E}$ 是守恒的，因为 $\nabla \times \boldsymbol{E} = 0$。

在无源区域，即无电流区域，式(5-46)成为

$$\nabla \times \boldsymbol{H} = 0 \tag{5-47a}$$

当闭合环路 c 不包含任何电流时，上式隐含

$$\oint_c \boldsymbol{H} \cdot \mathrm{d}\boldsymbol{l} = 0 \tag{5-47b}$$

在静电场中，守恒场 $\boldsymbol{E}$ 可用电位 V 表示为

$$\boldsymbol{E} = -\nabla V$$

并得出 a 点相对于 b 点的电位(a 点和 b 点之间的电位差)为

$$V_{ab} = -\int_b^a \boldsymbol{E} \cdot \mathrm{d}\boldsymbol{l}$$

因为式(5-47a)表明，当区域无电流时，$\boldsymbol{H}$ 场是守恒的，我们可将 $\boldsymbol{H}$ 以标量场表示为

$$\boldsymbol{H} = -\nabla \mathscr{F} \tag{5-48a}$$

此处 $\mathscr{F}$ 称为**磁标位或静磁位**（magnetic scalar potential 或 magnetostatic potential)。磁标位的 SI 单位是安培。若 $\mathscr{F}_a$ 与 $\mathscr{F}_b$ 为 a 点与 b 点的磁标位，则 a 点相对于 b 点的磁位(差)为

$$\mathscr{F}_{ab} = \mathscr{F}_a - \mathscr{F}_b = -\int_b^a \boldsymbol{H} \cdot \mathrm{d}\boldsymbol{l} \tag{5-48b}$$

通常用**磁动势**(magnetomotive force)或 mmf 以表达任意两点间的磁位差。

当媒质是线性、各向同性与均匀时，由 $\nabla \cdot \boldsymbol{B} = 0$ 与 $\boldsymbol{B} = \mu \boldsymbol{H}$，可得

$$\nabla \cdot \boldsymbol{H} = 0$$

将式(5-48a)中的 $\boldsymbol{H}$ 代入上式，可得

$$\nabla^2 \mathscr{F} = 0 \tag{5-49}$$

上式为无电流区域磁标位的拉普拉斯方程。式(5-49)的解法与第 3 章中的 $\nabla^2 V = 0$ 的解法完全相同。我们将在 5.12 节中讨论磁路时，广泛利用以上诸式。

例 5.15 一根极长沿 z 轴放置的直导线，沿 z 轴方向通过均匀分布的电流 I。试求在空间两点间的磁位差表示式。

解 包围导线的区域满足式(5-46)。由安培定律，在此区域的磁场强度由式(5-34c)为

$$\boldsymbol{H} = \frac{I}{2\pi\rho}\boldsymbol{a}_\phi$$

和

$$\begin{aligned} \boldsymbol{H} \cdot \mathrm{d}\boldsymbol{l} &= H_\phi \boldsymbol{a}_\phi \cdot [\mathrm{d}\rho \boldsymbol{a}_\rho + \rho \mathrm{d}\phi \boldsymbol{a}_\phi + \mathrm{d}z \boldsymbol{a}_z] = \rho H_\phi \mathrm{d}\phi \\ &= \frac{I}{2\pi}\mathrm{d}\phi \end{aligned}$$

若在空间的两点为 $P(\rho_p, \phi_p, z_p)$ 和 $Q(\rho_q, \phi_q, z_q)$ 如图 5-30 所示，则 P 点相对于 Q 点的磁标位为

$$\mathscr{F}_{PQ} = -\int_{\phi_q}^{\phi_p} \frac{I}{2\pi}\mathrm{d}\phi = -\frac{I}{2\pi}[\phi_p - \phi_q] = \frac{I}{2\pi}[\phi_q - \phi_p]$$

图 5-30 示 $\phi_p > \phi_q$，则上式表示 Q 点至 P 点通过此路径的磁位降(得负的磁位降,实际是磁位升)。

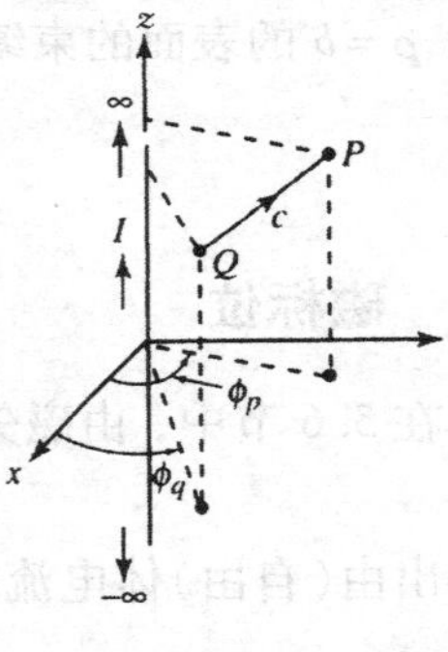

图 5-30 P 点相对于 Q 点的磁位

5.10 磁场的边界条件

为讨论磁场的应用或分析磁路之前，必须知道在具有不同磁导率的两种媒质(区)边界间的磁场性质。边界也称为分界面，是表示一个区域终端和另一个区域起端之间，厚度为无限小的面积。

5.10.1 B 的法向分量

为确定在两个区域分界面处磁通密度法向分量的边界条件，我们可做一个厚度极小的扁圆柱(小盒)的高斯面，如图 5-31 所示。由于磁通线是连续的，于是

$$\oint_s \boldsymbol{B} \cdot \mathrm{d}\boldsymbol{s} = 0$$

此处 s 为小盒的总面积。忽略穿过这小盒厚度极小边缘面的磁通量，上式变为

$$\int_{s_1} \boldsymbol{B} \cdot \mathrm{d}\boldsymbol{s} + \int_{s_2} \boldsymbol{B} \cdot \mathrm{d}\boldsymbol{s} = 0$$

若 $\boldsymbol{a}_n$ 是分界面处指向区域 1 的单位法线，$B_{n1} = \boldsymbol{a}_n \cdot \boldsymbol{B}_1$ 与 $B_{n2} = \boldsymbol{a}_n \cdot \boldsymbol{B}_2$ 为两个区域分界面处 $\boldsymbol{B}$ 场的法向分量，$\mathrm{d}\boldsymbol{s}_1 = \boldsymbol{a}_n \mathrm{d}s_1$ 与 $\mathrm{d}\boldsymbol{s}_2 = -\boldsymbol{a}_n \mathrm{d}s_2$ 为微分面，于是上式可以写成

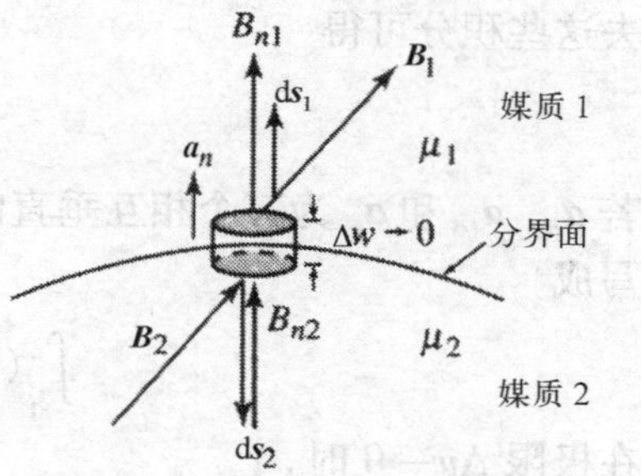

图 5-31 **B** 场法向分量的边界条件

$$\int_{s_1} B_{n1} \mathrm{d}s_1 - \int_{s_2} B_{n2} \mathrm{d}s_2 = 0$$

或

$$\int_{s_1} B_{n1} \mathrm{d}s_1 = \int_{s_2} B_{n2} \mathrm{d}s_2 \tag{5-50}$$

上式说明，离开边界的总磁通等于进入这边界的总磁通。我们将用上式来分析磁路。

对于小盒两个相等的表面，我们有

$$\int_s (B_{n1} - B_{n2}) \mathrm{d}s = 0$$

由于所考虑的表面是任意的，因而可用标量形式表示如下

$$B_{n1} = B_{n2} \tag{5-51a}$$

上式说明，在分界面处磁通密度的法向分量是相等的。式(5-51a)也可用矢量形式表示为

$$\boldsymbol{a}_n \cdot (\boldsymbol{B}_1 - \boldsymbol{B}_2) = 0 \tag{5-51b}$$

5.10.2 *H* 的切向分量

为了得到磁场强度切向分量的边界条件，考虑图 5-32 所示的闭合路径。对这闭合路径应用安培定律可得

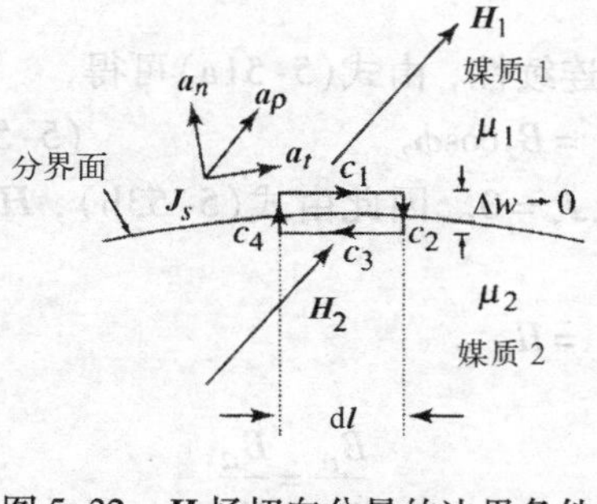

图 5-32 **H** 场切向分量的边界条件

$$\oint_c \boldsymbol{H} \cdot \mathrm{d}\boldsymbol{l} = \int_{c_1} \boldsymbol{H} \cdot \mathrm{d}\boldsymbol{l} + \int_{c_2} \boldsymbol{H} \cdot \mathrm{d}\boldsymbol{l} + \int_{c_3} \boldsymbol{H} \cdot \mathrm{d}\boldsymbol{l} + \int_{c_4} \boldsymbol{H} \cdot \mathrm{d}\boldsymbol{l} = I$$

此处 I 为闭合路径 c 所包围的电流。

对于非常小的厚度 $\Delta w \to 0$，因而 c_2 与 c_4 很小，它们对整个磁位降的影响可以忽略。略

去这些积分可得

$$\int_{c_1} \boldsymbol{H}\cdot \mathrm{d}\boldsymbol{l} + \int_{c_3} \boldsymbol{H}\cdot \mathrm{d}\boldsymbol{l} = I$$

若 $\boldsymbol{a}_n$，$\boldsymbol{a}_t$，和 $\boldsymbol{a}_\rho$ 为三个相互垂直的单位矢量，如图所示，I 可用体电流密度来表示，则上式可写成

$$\int_{c_1} (\boldsymbol{H}_1 - \boldsymbol{H}_2)\cdot \boldsymbol{a}_t \mathrm{d}l = \int_s \boldsymbol{J}_v \cdot \boldsymbol{a}_\rho \mathrm{d}l \Delta w \tag{5-52}$$

在极限 $\Delta w \to 0$ 时，

$$\lim_{\Delta w\to 0} \boldsymbol{J}_v \Delta w = \boldsymbol{J}_s$$

此处 $\boldsymbol{J}_s$ 为面电流密度(以 A/m 表示)。另外，依据右手定则，$\boldsymbol{a}_t = \boldsymbol{a}_\rho \times \boldsymbol{a}_n$，因而式(5-52)可表示成

$$\int_{c_1} (\boldsymbol{H}_1 - \boldsymbol{H}_2)\cdot(\boldsymbol{a}_\rho \times \boldsymbol{a}_n)\mathrm{d}l = \int_{c_1} \boldsymbol{J}_s \cdot \boldsymbol{a}_\rho \mathrm{d}l$$

用矢量恒等式(2-128)，上式可变为

$$\int_{c_1} [\boldsymbol{a}_n \times (\boldsymbol{H}_1 - \boldsymbol{H}_2)]\cdot \boldsymbol{a}_\rho \mathrm{d}l = \int_{c_1} \boldsymbol{J}_s \cdot \boldsymbol{a}_\rho \mathrm{d}l$$

由此得到

$$\boldsymbol{a}_n \times (\boldsymbol{H}_1 - \boldsymbol{H}_2) = \boldsymbol{J}_s \tag{5-53a}$$

上式说明，$\boldsymbol{H}$ 场在分界面处的切向分量是不连续的。式(5-53a)也可用标量形式表示为

$$H_{t1} - H_{t2} = J_s \tag{5-53b}$$

在应用式(5-53b)时应记住，当面电流密度是沿 $\boldsymbol{a}_\rho$ 方向时，H_{t1} 将大于 H_{t2}。同时应注意，$\boldsymbol{a}_\rho$ 是包含 $\boldsymbol{H}$ 切向分量的平面的单位矢量。此处我们想说明，电导率有限的两种磁介质的表面电流密度 $\boldsymbol{J}_s$ 为零；如果在任一媒质中有电流通过，它应该用体电流密度 $\boldsymbol{J}_v$ 来表示。若媒质之一为完全导体，则 $\boldsymbol{J}_s$ 存在于这完全导体的表面上，因为在完全导体内没有磁场[⊖]。

例 5.16 试证在电导率有限的两种磁介质的分界面处 $\tan\phi_1/\tan\phi_2 = \mu_1/\mu_2$。此处 ϕ_1 与 ϕ_2 为区域1与区域2的磁场与法线所成的夹角，如图5-33所示。

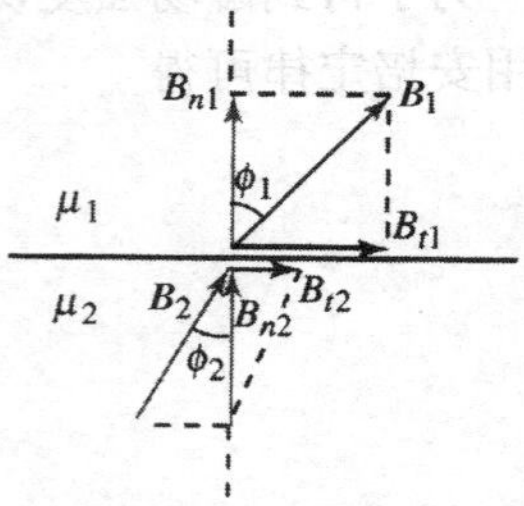

图 5-33 两种磁介质之间的分界面

解 根据 $\boldsymbol{B}$ 场法向分量的连续性，由式(5-51a)可得，

$$B_1\cos\phi_1 = B_2\cos\phi_2 \tag{5-54}$$

由于每种媒质具有有限电导率，$\boldsymbol{J}_s = 0$。因此由式(5-53b)，$\boldsymbol{H}$ 场的切向分量也是连续的，亦即

$$H_{t1} = H_{t2}$$

或

$$\frac{B_{t1}}{\mu_1} = \frac{B_{t2}}{\mu_2}$$

⊖ 此处的文字说明拟补充修改为："若媒质之一为完全导体(超导体)，则在外磁场作用下，完全导体表面将感生电流 J_s。该电流在导体内产生磁场，其大小正好与外磁场抵消，因而完全导体内没有磁场，成为所谓完全抗磁体。这是超导体的一个独立特性，称为迈斯纳现象。"(请参见廖耀发等编《大学物理教程》第4版，第3册第6篇。武汉测绘科技大学出版社 1998 年 12 月出版)——译注

或

$$B_1\sin\phi_1=\frac{\mu_1}{\mu_2}B_2\sin\phi_2 \tag{5-55}$$

由式(5-54)与式(5-55)即得

$$\frac{\tan\phi_1}{\tan\phi_2}=\frac{\mu_1}{\mu_2}$$

这就是所需要的两个区域之间角度与磁导率的关系。我们注意到以下几点：

(a) 如果 $\phi_1=0$，则 ϕ_2 也为零。换句话说，磁场线垂直于每个区域的分界面，且其数量相等。

(b) 如果区域2的磁导率远大于区域1的磁导率，ϕ_2 小于90°，则 ϕ_1 将非常小。换句话说，当磁场进入高磁导率区域时，磁场线垂直于分界面。例如，若区域1为自由空间，区域2为相对磁导率是2400的钢，$\phi_2=45°$，则 $\phi_1=0.02°$。这一事实在取电机磁路形状时是有用的。

例5.17　一个半径为10 cm，相对磁导率为5电导率有限的圆柱体，其磁通密度按 $0.2/\rho\boldsymbol{a}_\phi$ T变化。若圆柱外围是自由空间，试求紧接在圆柱体外的磁通密度。

解　分界面的半径为10 cm，因而紧接在圆柱体界面内的磁通密度为

$$\boldsymbol{B}_c=\frac{0.2}{0.1}\boldsymbol{a}_\phi=2\boldsymbol{a}_\phi\text{T}$$

注意，$\boldsymbol{B}$ 场与分界面相切。而且，假设电导率有限的圆柱体 $\boldsymbol{J}_s=0$。因而 $\boldsymbol{H}$ 场的切向分量必然是连续的。在 $\rho=10$ cm 处的 $\boldsymbol{H}$ 场切向分量为

$$\boldsymbol{H}_c=\frac{2}{5\times4\pi\times10^{-7}}\boldsymbol{a}_\phi=318.31\boldsymbol{a}_\phi\text{kA/m}$$

因此，圆柱体靠近表面外部自由空间的磁场强度为

$$\boldsymbol{H}_a=\boldsymbol{H}_c=318.31\boldsymbol{a}_\phi\text{kA/m}$$

最后，圆柱体靠近表面外部自由空间的磁通密度为

$$\boldsymbol{B}_a=\mu_0\boldsymbol{H}_a=4\pi\times10^{-7}\times318.31\times10^3\boldsymbol{a}_\phi=0.4\boldsymbol{a}_\phi\text{T}$$

5.11　磁场中的能量

我们设想磁场中储存磁能就像电场储存电能一样。磁能来源于回路中有载电流的导体或线圈，它们建立磁场。如果磁场是建立在自由空间内，则当电流中止，磁场消失时，全部磁能可以回收并重新回到电路。对其他磁介质，部分磁能将在该介质中消耗掉，而不能完全回收。第7章将详细讨论在磁介质中的能量损耗。

第3章曾用较长的篇幅推导出电场中的能量密度，表示式为

$$w_e=\frac{1}{2}\boldsymbol{D}\cdot\boldsymbol{E}$$

在媒质中储存的总电能为

$$W_e=\frac{1}{2}\int_v\boldsymbol{D}\cdot\boldsymbol{E}\text{d}v$$

虽然我们不能简易地获得静磁场中的能量密度表达式，但在第7章时变磁场中将得出能量表示式。现在根据电场中的相似表达式，将磁场中的能量密度 w_m 表示为

$$w_m = \frac{1}{2}\boldsymbol{B} \cdot \boldsymbol{H} \tag{5-56a}$$

由于 $\boldsymbol{B} = \mu \boldsymbol{H}$，式(5-56a)也可写成

$$w_m = \frac{1}{2}\mu H^2 = \frac{1}{2\mu}B^2 \tag{5-56b}$$

在任意有限体积内的总磁能可由磁能量密度在整个体积内积分求得，即

$$W_m = \int_v w_m \mathrm{d}v \tag{5-57}$$

此处 W_m 为总磁能，单位为焦耳。

例 5.18 试计算例 5.13 中的环形线圈储存的磁场能。

解 已知在环形线圈内部的磁场强度表示式为

$$\boldsymbol{H} = \frac{NI}{2\pi\rho}\boldsymbol{a}_\phi \qquad a \leqslant \rho \leqslant b$$

此处 a 和 b 为环形线圈的内半径与外半径。由式(5-56b)，线圈内部的磁能量密度为

$$w_m = \frac{1}{2}\mu_0 H^2 = \frac{1}{8}\mu_0\left[\frac{NI}{\pi\rho}\right]^2$$

线圈内部的总磁能为

$$W_m = \frac{N^2I^2}{8\pi^2}\mu_0\int_a^b \frac{1}{\rho}\mathrm{d}\rho\int_0^{2\pi}\mathrm{d}\phi\int_0^h \mathrm{d}z$$

$$= \frac{\mu_0}{4\pi}N^2I^2 h\ln[b/a]$$

5.12 磁路

由于磁力线形成闭合路径，在交界面处磁通进入和流出的量相等，因而可将磁通与闭合电路的电流相比拟。在传导电路中，电流完全在导线内流动，在导线外部没有任何泄漏[⊖]。磁性材料中的磁通则不能完全局限在给定的路径内。但如果磁性材料的磁导率远高于包围它的物质的磁导率，则磁通的绝大部分将集中在磁性材料内，泄漏到它外围物质的磁通数量几乎可以忽略。磁屏蔽就是建立在磁通这一特性的基础上。磁通在高导磁性材料中流通与电流在导体内流通非常相似。为此，我们将磁通在磁性材料流动的闭合路径称为**磁路**（magnetic circuit）。磁路是构成诸如电机、变压器、电磁铁与继电器等器件的组成部分。

我们讨论过由紧密缠绕的线圈所组成的螺线管形成简单的磁路，并已说明磁通仅存在于螺线管的芯内(见例 5.13)。现将这观点推广并普遍化。当螺线管芯是极高磁导率的材料，线圈仅集中在它的一小部分区域时(图 5-34)，磁通的大部分仍在螺线管中环流。由线圈所产生的总磁通的一小部分则经由磁路周围的空间完成闭合路径，它们称为**漏磁通**(leakage flux)。在设计磁路时，总是力求使漏磁通量最小，这是可能的，也是符合经济原则的。为此，在分析磁路时，不考虑漏磁通。

我们已求得螺线管中的磁场强度，以及由此而定的磁通密度，与总路径的半径成反比。换句话说，在螺线管内径处的磁通密度最大，外径处则为最小。在分析磁路时，通常假设在磁性材料内的磁通密度是均匀的，其值等于平均半径处的磁通密度。

⊖ 在一定条件下如此。——译注

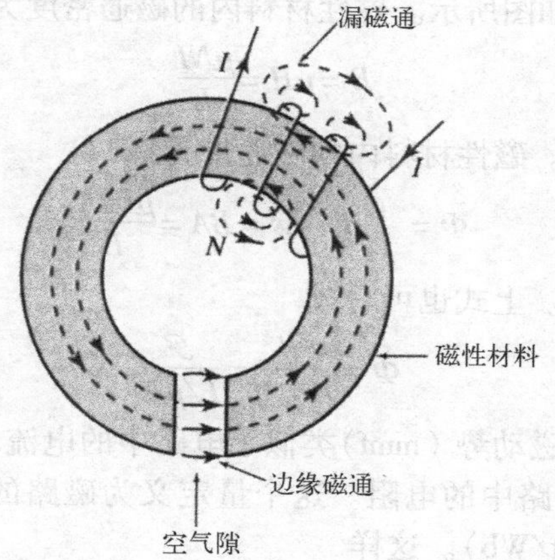

图 5-34 有空气隙的磁路

我们所研究的螺线管形成一个闭合磁路。但在如旋转电机的应用中，闭合路径被一个空气隙裂开，这样，磁路由一个高磁导率的磁性材料与空气隙串联而成，如图 5-34 所示。由于它是一个串联回路，因而高磁导率磁性材料内的磁通量应等于空气隙内的磁通量。如图所示，空气隙内磁通的扩散是不可避免的，称为**边缘效应**（fringing effect）。但是，如果空气隙的长度相对于其他尺寸很小，则绝大部分磁通线将集中在空气隙处磁芯的两侧表面，边缘效应即可以忽略。

总起来说，可以假设如下：

(a)磁通限在磁性材料内流动，没有漏磁。

(b)在空气隙区磁通没有扩散或边缘效应。

(c)在磁性材料内的磁通密度是均匀的。

考虑图 5-35a 所示的磁路。若线圈为 N 匝，载有电流 I，则外加的磁动势为 NI。即使在 SI 单位制中，匝数也是无量纲的量，但我们仍然用安匝(A·t)作为 mmf 的单位，以便与电流的基本单位相区别。因而

$$\mathscr{F} = NI = \oint_c \boldsymbol{H} \cdot \mathrm{d}\boldsymbol{l}$$

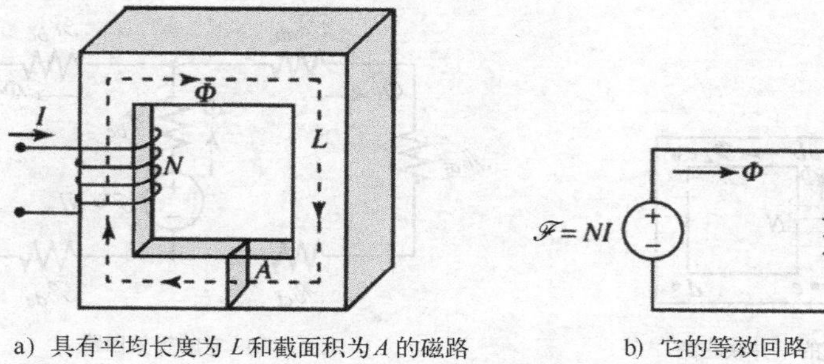

a) 具有平均长度为 L 和截面积为 A 的磁路　　b) 它的等效回路

图 5-35 磁路示例及其等效回路

若磁场强度在磁性材料内认为是均匀的，则上式成为

$$HL = NI \tag{5-58}$$

此处 L 为磁路的平均长度，如图所示。磁性材料内的磁通密度为

$$B=\mu H=\frac{\mu NI}{L}$$

式中 μ 为磁性材料的磁导率。磁性材料内的磁通量为

$$\Phi=\int_s \boldsymbol{B}\cdot \mathrm{d}\boldsymbol{s}=BA=\frac{\mu NIA}{L}$$

式中 A 为磁性材料的截面积。上式也可写成

$$\Phi=\frac{NI}{L/\mu A}=\frac{\mathscr{F}}{L/\mu A} \tag{5-59}$$

考虑磁路中的磁通和所加的磁动势（mmf)类似于电路中的电流和所加的电动势(emf)，则式(5-59)中的分母即相似于电路中的电阻。这个量定义为磁路的**磁阻**（reluctance)，用 $\mathscr{R}$ 表示，单位为安匝每韦伯(A·t/Wb)。这样

$$\mathscr{R}=\frac{L}{\mu A} \tag{5-60}$$

式(5-59)可用磁阻 $\mathscr{R}$ 形式重新写为

$$\Phi\mathscr{R}=NI \tag{5-61}$$

式(5-61)称为**磁路中的欧姆定律**。

由于导体的电阻为

$$R=L/\sigma A$$

因而磁性材料的磁导率类似于导体的电导率。磁性材料的磁导率越高，它的磁阻就越低。当外加 mmf 相同时，高磁导率材料中的磁通量高于低磁导率材料的磁通量。这一结果并不令人惊奇，因为它与我们的假设相吻合。现在可用一个等效回路来表示磁路，如图 5-35b 所示。

当磁路含有两个或多个部分的磁性材料，如图 5-36a 所示，它们可用磁阻表示成图 5-36b。总磁阻可由各部分磁阻串联与并联求得，因为磁阻遵从与电阻一样的规则。

若 H_i 为第 i 部分的磁场强度，L_i 是其平均长度，则磁路中总的磁位降应等于所加的 mmf，即

$$\sum_{i=1}^{n} H_i L_i=NI \tag{5-62}$$

式(5-62)类似于电路中的基尔霍夫电压定律。

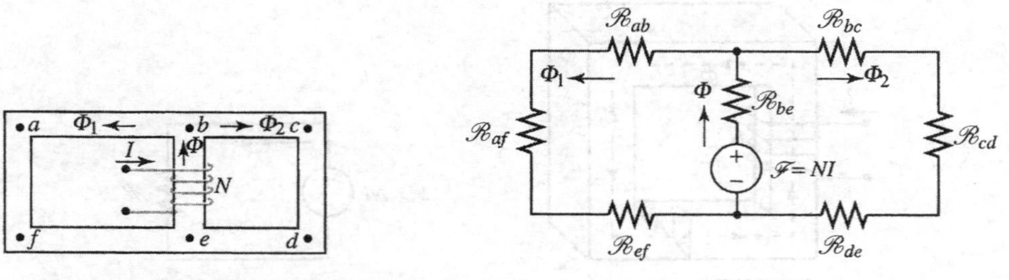

a） 具有同样厚度的串并联磁路　　b） 它的等效回路

图 5-36　串并联磁路示例及其等效回路

式(5-62)显示，每一磁路总可用一个相应的回路来分析。但这仅仅对于磁导率为常数的线性磁性材料才是准确的。对于铁磁材料，它的磁导率是磁通密度的函数，如图 5-37 所示。

这曲线描绘出磁性材料由所加的 H 与磁通密度的关系。它就是磁化特性曲线或简称为 $B-H$ 曲线。当磁导率随磁通密度而变化时，磁路称为非线性的。所有用铁磁材料的器件都形成非线性磁路。

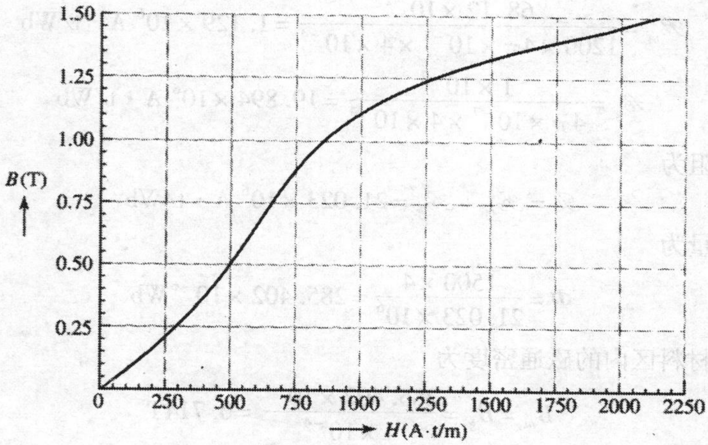

图 5-37 磁性材料的磁化特性曲线（$B-H$ 曲线）

磁路分析基本上是两种形式的问题。第一种形式的问题是要确定外加的 mmf，以在磁路中产生某定值的磁通密度。另一类问题是当 mmf 已知时，计算磁路内的磁通密度，从而求出磁通量。

对于线性磁路，磁性材料的磁导率是常数，因而可以用等效回路来求上述两类问题的解。在非线性磁路中，确定磁路中维持一定磁通密度所需的 mmf 是比较简单的。我们可以分别计算每部分磁截面的磁通密度，然后由 $B-H$ 曲线得出 H。知道 H 后，即可确定每部分磁路的磁位降，所需的 mmf 可由式(5-62)求各部分的磁位降总和即得。

非线性磁路的第二类问题可用迭代法来解决。这时我们可以估计一个磁区的磁位降⊖，然后得出所需总的 mmf。将此结果与给定的 mmf 对比，如果差别大，则另作一次估计。如此迭代下去，就可以很快得出计算的 mmf 与外加 mmf 之间的误差在允许范围内的结果。什么是允许范围是一个可讨论的问题。如果无特别规定，我们用 ±2% 作为允许的误差范围。进一步可用计算机程序来减小误差。下面举几个线性与非线性磁路的例子。

例 5.19 图 5-34 是横截面为正方形的电磁铁，具有 1500 匝密绕线圈。磁芯的内半径与外半径分别为 10 cm 与 12 cm。空气隙长为 1 cm。若通过线圈的电流为 4 A，磁性材料的相对磁导率为 1200，求磁路中的磁通密度。

解 由于磁性材料的磁导率为常数，外加 mmf 为已知，我们可以用磁阻法来求磁芯内的磁通密度。

平均半径为 11 cm，磁性材料部分平均磁路长度为

$$L_m = 2\pi \times 11 - 1 = 68.12 \text{ cm}$$

⊖ 实际上，用所谓试探法（cut and try），先假设一个磁通值，按第一类问题的方法计算所需的总 mmf，然后修改所设之磁通值，再求总 mmf，直到计算所得 mmf 值与给定值满足精度要求为止，可能较好。或者设定一些磁通值，逐一算出相应的 mmf 值，画出一条二者的相关曲线，然后利用此曲线对给定的 mmf 值查磁通。——译注

略去边缘效应，则磁路的截面积与空气隙的截面积相同，即

$$A_m = A_g = 2 \times 2 = 4\ \text{cm}^2$$

每一区域的磁阻为

$$\mathscr{R}_m = \frac{68.12 \times 10^{-2}}{1200 \times 4\pi \times 10^{-7} \times 4 \times 10^{-4}} = 1.129 \times 10^6\ \text{A} \cdot \text{t/Wb}$$

$$\mathscr{R}_g = \frac{1 \times 10^{-2}}{4\pi \times 10^{-7} \times 4 \times 10^{-4}} = 19.894 \times 10^6\ \text{A} \cdot \text{t/Wb}$$

串联回路的总磁阻为

$$\mathscr{R} = \mathscr{R}_m + \mathscr{R}_g = 21.023 \times 10^6\ \text{A} \cdot \text{t/Wb}$$

因而磁路的磁通量为

$$\Phi = \frac{1500 \times 4}{21.023 \times 10^6} = 285.402 \times 10^{-6}\ \text{Wb}$$

在空气隙或磁性材料区内的磁通密度为

$$B_m = B_g = \frac{285.402 \times 10^{-6}}{4 \times 10^{-4}} = 0.714\text{T}$$

例 5.20 一个各部分尺寸以厘米计的串并联磁路，如图 5-38 所示。若空气隙的磁通密度为 0.05T，磁性材料区的相对磁导率为 500，试用场近似法求 1000 匝线圈内的电流。

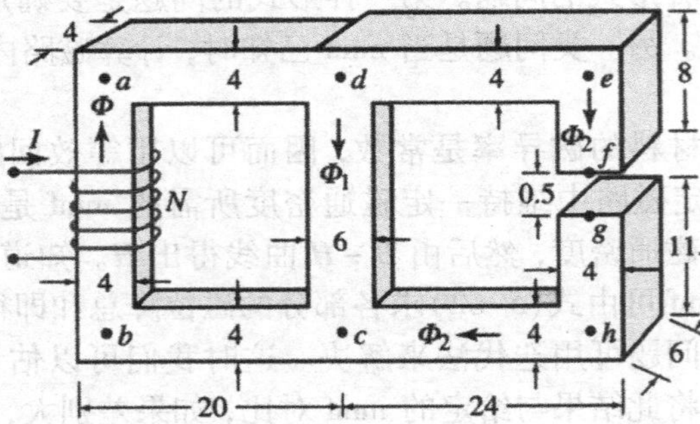

图 5-38 例 5.20 中的串并联磁路
（所有尺寸均以厘米为单位）

解 由于空气隙的磁通密度为已知，即可计算出空气隙内的磁通。磁性材料区 *def* 和 *chg* 与空气隙串联，因而它们具有同样的磁通。这样，可计算出每部分的磁位降，列表如下：

区	磁通/mWb	面积/cm²	B/T	H/(A·t/m)	L/cm	磁位降/A·t
fg	0.12	24	0.05	39 788.74	0.5	198.94
def	0.12	24	0.05	79.58	28.0	22.28
chg	0.12	24	0.05	79.58	31.5	25.07
磁区 *fg*、*def* 与 *chg* 的总 mmf 降						246.29

由于 *dc* 区的磁位降与由 *fg*、*def* 和 *chg* 三段的总磁位降相同，因而可以回过头来求 *cd* 区的磁通。*dabc* 区的磁通为 *dc* 区与 *fg* 区磁通之和。这些区每部分的磁位降列表如下：

区	磁通/mWb	面积/cm^2	B/T	H/(A·t/m)	L/cm	磁位降/A·t
dc	3.48	36	0.967	1539.31	16	246.29
ad	3.60	16	2.25	3580.99	18	644.58
ab	3.60	16	2.25	3580.99	16	572.96
bc	3.60	16	2.25	3580.99	18	644.58
磁路的总磁位降						2108.41

线圈的电流 $I = 2108.41/1000 = 2.108$ A。

例 5.21 一个各部分尺寸以毫米计的磁路如图 5-39 所示。磁性材料的磁化特性曲线见图5-37。若磁路均匀厚度为 20 mm，空气隙的磁通密度为 1.0T，求 500 匝线圈内的电流。

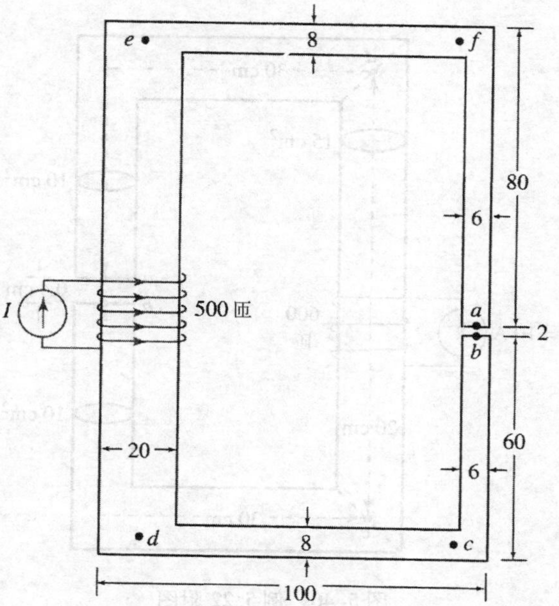

图 5-39 例 5.21 附图

解 由于磁性材料的磁导率与磁通密度有关，因此，除非已知道磁通密度，是不能计算出磁阻的。这种形式的问题容易用场近似法来解决。

空气隙的磁通密度为已知，因此空气隙的磁通为

$$\Phi_{ab} = 1.0 \times 6 \times 20 \times 10^{-6} = 0.12 \times 10^{-3}\,\text{Wb}$$

磁路每部分的磁通是相同的，因为所给的磁路是串联的。用场近似法计算各部分的磁位降列表如下：

区	磁通/mWb	面积/mm^2	B/T	H/(A·t/m)	L/mm	磁位降/A·t
ab	0.12	120	1.00	795 774.72	2	1 591.55
bc	0.12	120	1.00	850.00	56	47.60
cd	0.12	160	0.75	650.00	87	56.55
de	0.12	400	0.30	350.00	134	46.90

（续）

区	磁通/mWb	面积/mm²	B/T	H/(A·t/m)	L/mm	磁位降/A·t
ef	0.12	160	0.75	650.00	87	56.55
fa	0.12	120	1.00	850.00	76	64.60
		串联磁路的总磁位降				1 863.75

因而500匝线圈内的电流为

$$I=\frac{1863.75}{500}=3.73\ \text{A}$$

例 5.22 一个磁路的平均长度与横截面积如图 5-40 所示。若 600 匝线圈载电流 10 A，则串联磁路内的磁通为若干？利用图 5-37 的磁性材料的磁化特性曲线。

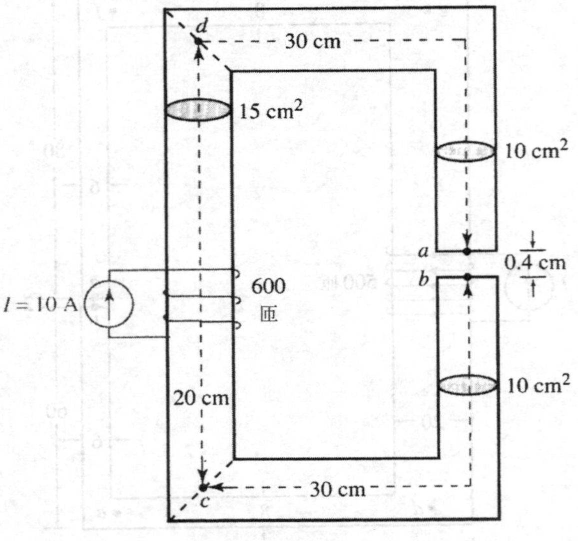

图 5-40 例 5.22 附图

解 外加 mmf = 600 × 10 = 6000 A · t。由于磁路是非线性的，因而必须用迭代法来确定磁通量。在没有任何另外信息的情况下，假设总 mmf 的50% 降在空气隙内，即可用场近似法计算出总的磁位降。下表给出结果：

第一次迭代

区	磁通/mWb	面积/cm²	B/T	H/(A·t/m)	L/cm	磁位降/A·t
ab	0.942	10	0.942	750000	0.4	3000
bc	0.942	10	0.942	780	30.0	234
cd	0.942	15	0.628	570	20.0	114
da	0.942	10	0.942	780	30.0	234
		串联磁路内的总磁位降				3 582

显然可见，外加 mmf 的绝大部分用在空气隙处。空气隙磁位降与总磁位降之比为 0.837（3000/3582），亦即空气隙的磁位降占总磁位降的 83.7%。但空气隙磁位降的任何增加，都将

引起每个区域磁通密度的增加。非线性磁特性也使每个区域的磁位降增加。因此不用50%，而以总 mmf 的80%作为空气隙的磁位降。即由 mmf 的4800 A·t(0.8×6000)作为空气隙的磁位降，作第二次迭代，所得结果列表如下：

第二次迭代

区	磁通/mWb	面积/cm^2	B/T	H/(A·t/m)	L/cm	磁位降/A·t
ab	1.508	10	1.508	1200000	0.4	4800.0
bc	1.508	10	1.508	2175	30.0	652.5
cd	1.508	15	1.005	850	20.0	170.0
da	1.508	10	1.508	2175	30.0	652.5
			串联磁路内的总磁位降			6275.0

误差仍有4.58%，仍然超出合乎需要的范围。由第二次迭代表可知，多出的275 A·t 的磁位降的绝大部分是在空气隙内。若将空气隙的磁位降减为4600 A·t，就可能将百分误差降至±2%以内。更进一步迭代，所得结果列表如下：

第三次迭代

区	磁通/mWb	面积/cm^2	B/T	H/(A·t/m)	L/cm	磁位降/A·t
ab	1.445	10	1.445	1150000	0.4	4600
bc	1.445	10	1.445	1950	30.0	585
cd	1.445	15	0.963	820	20.0	164
da	1.445	10	1.445	1950	30.0	585
			串联磁路内的总磁位降			5934

现在百分比误差为 -1.1%，非常好地在合乎要求的范围内。因而不需更进一步的迭代。磁结构内磁通为1.445 mWb。

5.13 摘要

静磁场理论是研究由运动电荷建立的与时间无关的场。由于运动电荷构成电流，因而我们用电流定义在媒质中的磁通密度(毕奥－萨伐尔定律)为

$$\boldsymbol{B}=\frac{\mu}{4\pi}\int_c\frac{I\mathrm{d}\boldsymbol{l}\times\boldsymbol{R}}{R^3}$$

同时用磁场强度定义磁通密度为

$$\boldsymbol{B}=\mu\boldsymbol{H}$$

载流导体在磁场中所受到的力由安培力定律

$$\boldsymbol{F}=\int_c I\mathrm{d}\boldsymbol{l}\times\boldsymbol{B}$$

确定，此处 $\boldsymbol{B}$ 为式中电流 I 以外的源所产生的磁通密度。

若一个载流环置于磁场中，它所受到的力矩为

$$\boldsymbol{T}=\boldsymbol{m}\times\boldsymbol{B}$$

它将使环转至其平面垂直于 $\boldsymbol{B}$ 场。磁偶极矩($\boldsymbol{m}$)为电流与环的截面积的乘积，其方向由右手定则确定。

通过一个开表面的磁通为

$$\Phi = \int_s \boldsymbol{B} \cdot \mathrm{d}\boldsymbol{s}$$

通过封闭面的净磁通量等于零。即

$$\oint_s \boldsymbol{B} \cdot \mathrm{d}\boldsymbol{s} = 0 \text{ 或 } \nabla \cdot \boldsymbol{B} = 0$$

上式为磁场中的高斯定律。它说明磁通密度是无散的。

安培环路定律为

$$\oint_c \boldsymbol{H} \cdot \mathrm{d}\boldsymbol{l} = I \text{ 或 } \nabla \times \boldsymbol{H} = \boldsymbol{J}_v$$

若电流或电流分布为高度对称的，由上式可以容易计算出 $\boldsymbol{H}$ 场。

我们也可由磁矢位 $\boldsymbol{A}$ 来计算 $\boldsymbol{B}$ 如下

$$\boldsymbol{B} = \nabla \times \boldsymbol{A}$$

式中

$$\boldsymbol{A} = \frac{\mu}{4\pi} \oint_c \frac{I\mathrm{d}\boldsymbol{l}}{R}$$

对于面分布或体分布的电流，式中的 $I\mathrm{d}\boldsymbol{l}$ 可用 $\boldsymbol{J}_s \mathrm{d}s$ 或 $\boldsymbol{J}_v \mathrm{d}v$ 来代替。

通过开表面的磁通也可由 $\boldsymbol{A}$ 来求出如下

$$\Phi = \oint_c \boldsymbol{A} \cdot \mathrm{d}\boldsymbol{l}$$

式中 c 为开表面 s 的边界线。

我们也可得到磁质区内束缚体电流密度与束缚面电流密度的表示式如下

$$\boldsymbol{J}_{vb} = \nabla \times \boldsymbol{M}$$

和

$$\boldsymbol{J}_{sb} = \boldsymbol{M} \times \boldsymbol{a}_n$$

此处 $\boldsymbol{M}$ 为磁极化矢量(磁化强度)。

磁场的两个边界条件是

$$\boldsymbol{a}_n \cdot (\boldsymbol{B}_1 - \boldsymbol{B}_2) = 0$$

和

$$\boldsymbol{a}_n \times (\boldsymbol{H}_1 - \boldsymbol{H}_2) = \boldsymbol{J}_s$$

磁场能量密度为

$$w_m = \frac{1}{2}\boldsymbol{B} \cdot \boldsymbol{H} = \frac{1}{2}\mu H^2 = \frac{1}{2\mu}B^2$$

用磁标位来分析磁路。定义 a 与 b 两点间的磁位差为

$$\mathscr{F}_{ab} = \mathscr{F}_a - \mathscr{F}_b = -\int_b^a \boldsymbol{H} \cdot \mathrm{d}\boldsymbol{l}$$

磁路的欧姆定律表示式为

$$NI = \Phi \mathscr{R}$$

式中

$$\mathscr{R} = \frac{L}{\mu A}$$

式中 $\mathscr{R}$ 是磁路的磁阻。

我们也注意到在闭合磁路中，总的磁位降等于总的外加 mmf。即

$$\sum_{i=1}^{n} H_i L_i = NI$$

我们用上面的方法分析磁路。利用例题的帮助，阐明了分析两种类型磁路问题的方法。

5.14 复习题

5.1 电荷 q 在自由空间以速度 $\boldsymbol{U}$ 运动。写出由此电荷在任一点所产生的磁场表达式。

5.2 移动的电荷能产生电场吗？

5.3 静止的电荷能产生磁场吗？

5.4 若将一个静止的电荷置于磁场中，它所受到的力是多少？

5.5 用你自已的语言表达毕奥－萨伐尔定律。

5.6 两个电荷沿同方向运动，其中任一电荷受到的力是多少？

5.7 一个沿 $\boldsymbol{B}$ 场方向运动的电荷，它所感受到的力是多少？

5.8 一个带电粒子通过磁场，未受到任何力。你对磁场有何结论？

5.9 一个沿 x 轴方向运动的电子，进入磁场在 y 轴方向的区域。问电子在此区域内运动的方向是什么？

5.10 什么是磁偶极子？磁偶极子与电偶极子有何不同？

5.11 何时可用安培环路定律来决定磁场？

5.12 一般来说，磁场是守恒场吗？

5.13 一根直径为 10 cm 的导线，载有 100 A 的电流。求紧接在此导线外面的磁场强度，如果(a)电流在导线内部的分布是均匀的；(b)电流只在导线表面流动。

5.14 求问题 5.13 中，紧接在导线表面内部的磁场强度。

5.15 说明安培力定律。

5.16 两根平行导线，沿同方向通过电流。它们所受的力是相吸还是相斥？

5.17 磁矢位表示什么意思？

5.18 磁矢位与磁标位有何区别？

5.19 为什么在静电场中没有电矢位㊀？

5.20 在自由空间和磁性物质交界处，存在 J_s 的条件是什么？

5.21 你能由磁矢位推导出毕奥－萨伐尔定律吗？

5.22 $\nabla \cdot \boldsymbol{B} = 0$ 表示什么意思？

5.23 束缚体电流密度和束缚面电流密度代表什么意思？

5.24 磁极化矢量(磁化强度)表示什么意思？

5.25 mmf 和磁阻之间怎样联系起来？

5.26 磁通与磁阻之间是什么关系？它们是线性关系吗？

5.27 我们可以用力的方程来定义电流吗？如果能，如何定义？

5.28 当恒定磁通建立后，需要一些能量来维持它吗？试解释之。

5.29 在设计磁路时，我们总是力求用尽可能少的 mmf 来产生所需的磁通密度。这意味着以(a)磁性材料的磁导率和 (b)磁性材料的磁阻来表示的话，是什么意思？

5.30 mmf 在数值上可能与产生它的电流相等吗？

5.31 当磁通密度增加时，铁磁材料的磁阻将如何变化㊁？

㊀ 在现代工程电磁场数值计算中，已定义有电矢位，并且有两种定义法。——译注

㊁ 可以将 B 值分段讨论。——译注

5.32 当磁通密度减小时，铁磁材料的磁导率增加吗？
5.33 非磁性材料的磁导率是否随磁通密度变化？对于磁阻的影响如何？
5.34 在磁路中，对铁磁材料可以用欧姆定律吗？
5.35 当我们说磁性材料已经饱和，代表什么意思？当磁性材料饱和时，它的磁导率将如何变化？
5.36 什么是磁滞？磁滞损耗代表什么意义？硬钢的磁滞损耗比软钢大吗？
5.37 一种称为波明伐（Perminvar）的镍－钴－锰合金，它的磁导率在广阔的磁通密度范围内是常数。这种材料有什么重要性？
5.38 铋是非铁磁材料，但它置于磁场内时，电阻发生变化。我们可以用它来测量一个区域内的磁通密度吗？试说明之。
5.39 有些合金的居里点很低。已发现每种这类合金在温度变化很小时，磁导率即发生显著变化。我们可以用这些合金测量温度吗？试说明之。
5.40 什么是剩余磁通密度？

5.15 练习题

5.1 一根由 $z=0$ 延伸至 $z=\infty$ 的带电流 I 的细线。求在 $z=0$ 平面上任一点的磁通密度表达式。
5.2 一根由 $z=-L$ 至 $z=L$ 的带电流 I 的直线。等分此直线的平面上的 $\boldsymbol{B}$ 场是什么？
5.3 一个半径为 b、长度为 L 的圆柱体，由极细的线密绕 N 匝。若线中有一恒定电流 I，求在圆柱体轴上任一点的磁通密度。在圆柱中心的磁通密度为若干？并求出在圆柱末端的 $\boldsymbol{B}$ 场表示式。
5.4 设式(5-14)为磁力的基本定律，求毕奥－萨伐尔定律与安培力定律的表达式。
5.5 证明式(5-17)与(5-18)。
5.6 设 $L=10$ m，$b=2$ cm，$c=10$ cm，$a=5$ cm 和 $I_1=I_2=10$ A。求例 5.5 中闭合环所受的磁力。
5.7 一个 10 cm 乘 20 cm 的 10 匝线圈置于 0.8 T 的磁场中。线圈通过的电流为 15 A，它可围绕长轴自由旋转。试绘出线圈在完整旋转一周过程中，它所受的力矩与位移角度的关系曲线。
5.8 一个达松瓦尔电表，它的线圈为 25 匝，置于 0.2 T 的磁场中。线圈长度为 4 cm、宽为 2.5 cm。电表的复原力矩由一个游丝产生，其大小与偏转角 θ 成比例。游丝常数为50 μN·m每度。覆盖 50° 的弧形刻度盘均匀分成 100 等份。电表的设计是使磁场常与线圈的平面平行。试求通过线圈的电流值(a)每偏转 1°，(b)每一刻度，(c)满刻度。
5.9 证明无限长载流导线所产生的 $\boldsymbol{B}$ 场，满足高斯定律。
5.10 当两根导线的电流都在 z 方向时，重作例 5.7。
5.11 一个边长为 $2b$ 的立方体，中心为原点。一根沿 z 轴放置的非常长的直线，通过电流为 I。求通过 $x=b$ 平面的磁通。
5.12 设 $\boldsymbol{B}=12x\boldsymbol{a}_x+25y\boldsymbol{a}_y+cz\boldsymbol{a}_z$，求 c。
5.13 对半圆表面积分，证明例 5.8 的结果。
5.14 在例 5.10 中，用两导体间区域内的磁通密度求总磁通。
5.15 一根长度为 L 的短导线，沿 z 方向通过电流 I。试证远离导线一点的磁矢位为

$$\boldsymbol{A}=\frac{\mu_0 IL}{4\pi R}\boldsymbol{a}_z$$

此处 R 为观测点至原点的距离。并问该点的磁通密度为若干？
5.16 一根沿 z 轴放置的截面积为圆、半径为 10 cm 的极长直导线。载有沿 z 方向并均匀分布于截面的100 A 电流。试求磁场强度(a)在导线内；(b)在导线外部。绘出以距导线中心距离的函数表示的磁场强度。
5.17 若 $N=500$ 匝，$a=15$ cm，$b=20$ cm，$h=5$ cm 和 $I=2$ A。求例 5.13 中在圆环内部的磁场强度、磁通密度与总磁通。如果圆环内部的磁场强度是均匀的，其数值等于平均半径处之值，试求圆环内的磁

通密度与总磁通。上述假设引起的误差是多少?

5.18　细线紧密绕成螺旋状的线圈称为螺线管。若线圈的内半径为 b，螺线管非常长，试证明线圈内部的磁场强度为 nI，此处 I 为线圈内的电流，n 为单位长度的线匝数。并计算线圈内的磁通密度与交链线圈的总磁通。

5.19　若线圈绕在相对磁导率为 μ_r 的材料上。重做练习题 5.18，并计算磁化强度 $\boldsymbol{M}$、束缚体电流密度 $\boldsymbol{J}_{vb}$ 与束缚面电流密度 $\boldsymbol{J}_{sb}$。

5.20　设 $\mu_r=1200$，$N=500$ 匝，$I=2$ A，$a=15$ cm，$b=20$ cm，$h=5$ cm，求例 5.14 环内磁通密度、束缚体电流密度、束缚面电流密度与环内的总磁通量。

5.21　考虑例 5.13 讨论过的环形线圈。试求在环的平均半径处任意两点间的磁位降。

5.22　当无电流区的磁通密度为已知时，则磁导率对此区任意两点间的磁位差影响如何?

5.23　一个半径为 b 的圆环置于 xy 平面，在 ϕ 方向载有电流 I。试求在 z 轴任意两点间的磁位差。在点 $P(0,0,0)$ 与 $Q(0,0,\infty)$ 之间的磁位差为若干?

5.24　一个由平面 $2y-x+4\leqslant 0$ 所界定的有限电导率的磁介质区域，其相对磁导率为 10，$\boldsymbol{B}=(2\boldsymbol{a}_x+3\boldsymbol{a}_y+5\boldsymbol{a}_z)$T。若另一区域为自由空间，试计算 (a) 两个区域的 $\boldsymbol{H}$ 场，(b) 磁介质区的磁化强度；(c) 自由空间的 $\boldsymbol{B}$ 场。

5.25　考虑空气与磁性物质的分界面为 $x=0$。在空气中的磁通密度为 0.5T，它与 x 轴的夹角为 5°。若磁性物质中的磁通密度为 1.2T，试确定 (a) 它与 x 轴的夹角；(b) 磁性物质的磁导率。在两个区域相应的 $\boldsymbol{H}$ 场是什么?

5.26　螺线管的内半径为 10 cm，外半径为 14 cm。均匀缠绕的线圈内通过 0.5 A 的电流。若在平均半径处的磁场强度为 79.578 A/m。求线圈的匝数。若线圈芯的相对磁导率为 500，试计算磁场中储存的能量，螺线管的高度为 4 cm。

5.27　在同轴电缆中，电流只在内导体 $(\rho=a)$ 的外表面和外导体 $(\rho=b)$ 的内表面流过。若通过同轴电缆的电流为 I。假定媒质是非磁性的，试求在内外导体之间每单位长度储存的磁场能量。

5.28　如果电流在内导体是均匀分布的，重做练习 5.27。

5.29　用磁阻法求图 5-38 的磁路内 1000 匝线圈中的电流，并绘出模拟磁路。

5.30　求在一个圆截面磁环内产生 10 mWb 磁通所需的 mmf。圆环内直径为 20 cm，外直径为 30 cm。磁性材料的相对磁导率为 1200。磁路的磁阻为若干?

5.31　一个磁芯的各部分尺寸如图 E5-31 所示。磁性材料的厚度为 10 cm。为在 c 支路产生 7 mWb 的磁通，在 500 匝线圈内所需的电流是多少? 应用图 5-37 所示的磁化特性曲线。

5.32　若图 E5-31 的 500 匝线圈通过的电流为 2 A，试求磁路每一支路的磁通。

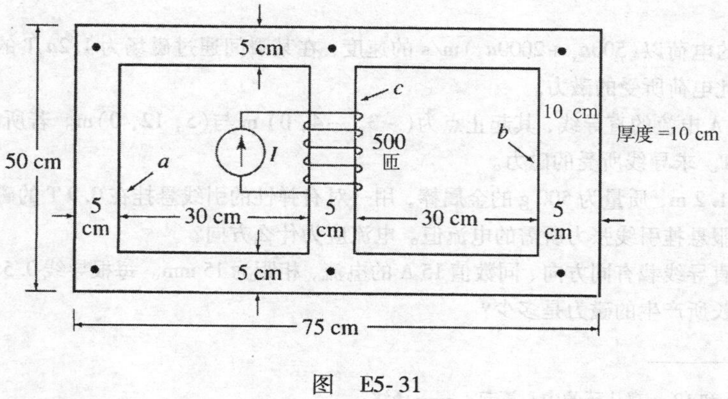

图　E5-31

5.16 习题

5.1 一个载有 10 A 电流半径为 2 cm 的圆环。用严格的和近似的表达式，求下列情形的磁通密度 (a)在环的中心，(b)在环的轴上 10 cm[⊖]，(c)在环的轴上 10 m。此环的磁偶极矩是什么？

5.2 一个螺线管长 1.2 cm，半径为 2 mm。若每单位长度的线匝数为 200，电流为 12 A。计算下列磁通密度 (a)在中心处；(b)在螺线管的尾端。

5.3 一个长螺线管每毫米为 2 匝。试求要在它内部产生 0.5 T 的磁场时，线圈内应通过的电流值[⊖]。

5.4 一个正方形环，每边长 10 cm，有 500 匝密绕的线圈，通过 120 A 的电流。求在环的中心处的磁通密度。

5.5 求图 P5-5 中 P 点的磁通密度。

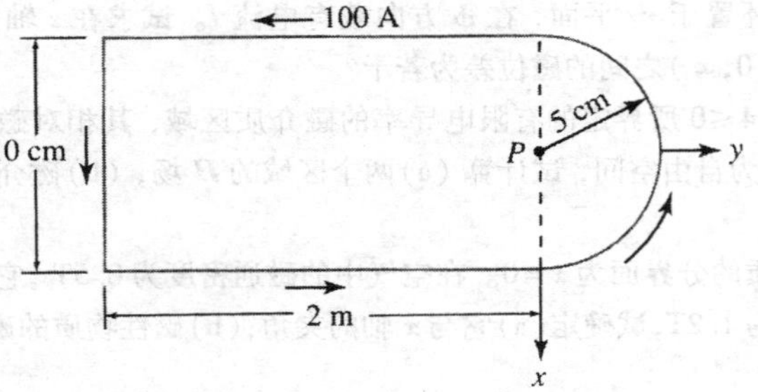

图 P5-5

5.6 用导线绕成两个半径分别为 a 和 b 的半圆圈，由长为 l 的直导线连成一个完整的环路。若环路的电流为 I，求在环的轴上任一点的磁通密度。

5.7 图 P5-7 示一个在 xy 平面上的弯曲线，通过 20 A 电流。在这区域内的磁场为 $1.25\boldsymbol{a}_z$T。求导线所受的力。

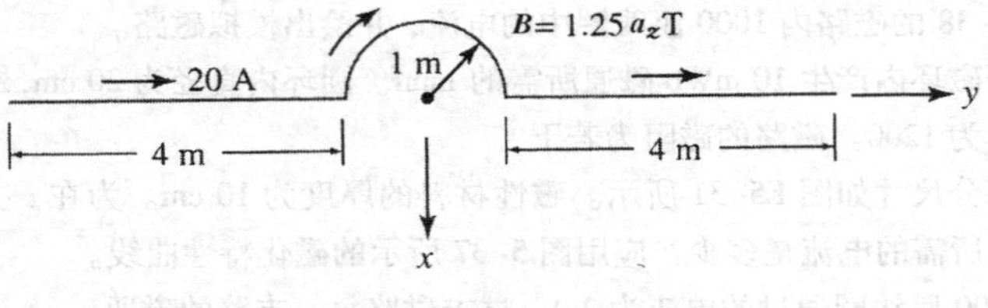

图 P5-7

5.8 一个 500 nC 的电荷以$(500\boldsymbol{a}_x + 2000\boldsymbol{a}_y)$ m/s 的速度，在某瞬间通过磁场为 $1.2\boldsymbol{a}_z$T 的自由空间的点(3, 4, 5) m。求此电荷所受的磁力。

5.9 一根载有 250 A 电流的直导线，其起止点为(−3, −4, 0) m 与(5, 12, 0) m。若所在自由空间的磁通密度为 $0.2\boldsymbol{a}_z$T。求导线所受的磁力。

5.10 一根长度为 1.2 m，质量为 500 g 的金属棒，用一对有弹性的引线悬挂在 0.9 T 的磁场中，如图 P5-10 所示。求克服悬挂引线张力所需的电流值。电流应为什么方向？

5.11 两根平行长直导线载有同方向、同数值 15 A 的电流，相距为 15 mm。每根导线 0.5 m 一段所感受到由另一导线全长所产生的磁力是多少？

⊖ 计算时，10 cm 和 10 m 都从环的中心算起。——译注

⊖ 提示：设螺线管内部磁场均匀分布，即 B 为常数。——译注

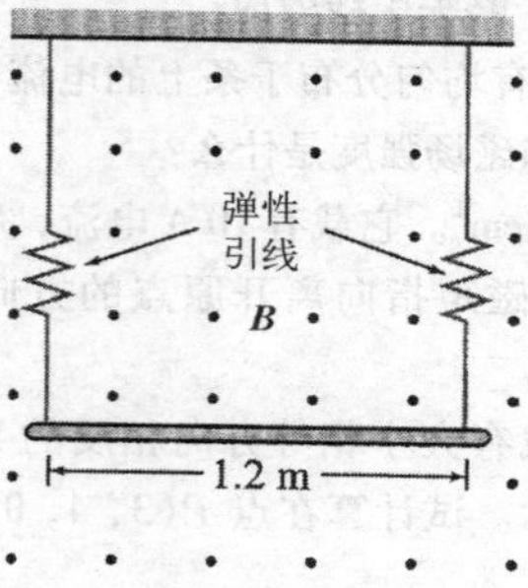

图　P5-10

5.12　两个 800 nC 和 400 nC 的电荷分别以 20000 km/s 和 50000 km/s 的速度在平面上同方向运动。若在某一瞬间，400 nC 的电荷在(0, 0, 0) m 处，800 nC 的电荷在(0, 0.1, 0) m 处，求此瞬间 800 nC 电荷所受到电场力与磁力的比例。800 nC 电荷所受的总力为若干？400 nC 电荷所受的电场力与磁力的比例为若干？400 nC 电荷所受总力为若干？两个电荷所受的总力相同吗？

5.13　当电荷沿反方向运动时，重做 5.12 题。

5.14　氢原子的电子沿半径为 5.3×10^{-11} m 的圆轨道旋转。电子的速度为 2200 km/s。电子在轨道中心所产生的磁场是什么？

5.15　试证明点电荷 q 以速度 $\boldsymbol{U}$ 运动时，在空间某点产生 $\boldsymbol{B}=\mu_0\varepsilon_0\boldsymbol{U}\times\boldsymbol{E}$，此处 $\boldsymbol{E}$ 为该点电荷产生的电场。

5.16　两根无限长的平行导线载有反方向电流 10 A 和 20 A。若导线相距为 10 cm，计算每根导线单位长度所受到另一导线电流磁场产生的力。

5.17　一根非常长的直导线载有 500 A 的电流。一个 80 cm × 20 cm 的矩形环载有 20 A 的电流。若环的 80 cm 的边平行于导线，如图 P5-17 所示，则作用于环的磁力为若干？

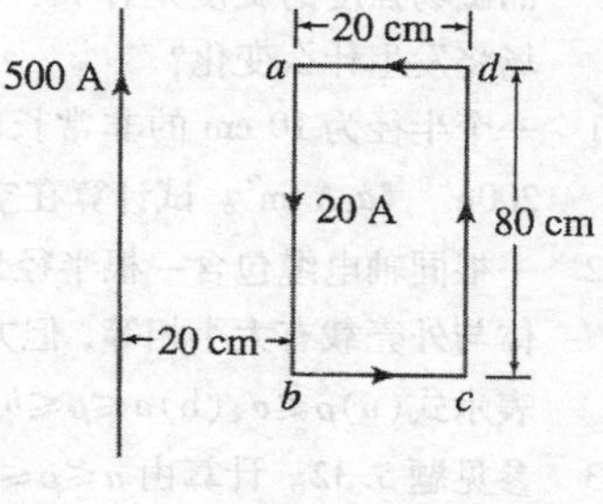

图　P5-17

5.18　一个正方形环悬挂于 $1.2\boldsymbol{a}_y$ T 的均匀磁场内，可自由旋转。若环有 400 匝，每边长 50 cm，载有 8 A 的电流。试求当环的平面(a)平行于磁场；(b)垂直于磁场时，环所受的力矩。

5.19　一个电流计有一个 1500 匝密绕、平均半径为 1.2 cm 的圆形线圈。线圈平面由一根扭力线保持与 0.5 T 的均匀磁场平行。若 10 A 电流产生 30° 偏转，则扭力线的扭曲常数或对于每弧度偏转回复力矩为若干？

5.20　每边长为 10 cm 的 1200 匝的正方形线圈，载有 25 A 的电流。计算它在 1.2 T 磁场内，由 $\phi=0°$ 至 $\phi=180°$ 旋转所需的功。此处 ϕ 为磁偶极矩与磁场的夹角。

5.21　一根载有 100 A 电流沿 z 轴放置的长直导线。计算通过由 $\rho=1$ cm，$\rho=10$ cm，$z=5$ cm 和 $z=50$ cm 所限定区域的总磁通量。

5.22　两根非常长的直导线，每根的半径为 1 mm，二者相距 10 cm。若它们通过大小相等，但方向相反的 200 A 电流，试确定两导线平面每单位长度的磁通量。若电流方向相同，则磁通量是什么？

5.23　图 P5-23 示一个不完整的圆环，具有极长的引线，载有 10 A 电流。试计算在环中心处的磁场强度和磁通密度。

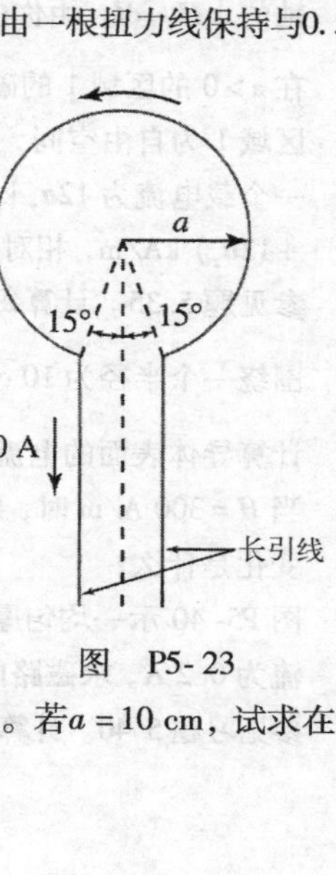

图　P5-23

5.24　一个一匝由 $\rho=ae^{-\phi/\pi}$ 表示的对数螺旋线，如图 P5-24 所示，通过电流 5 A。若 $a=10$ cm，试求在螺旋线原点处的磁场强度和磁通密度。略去引线效应。

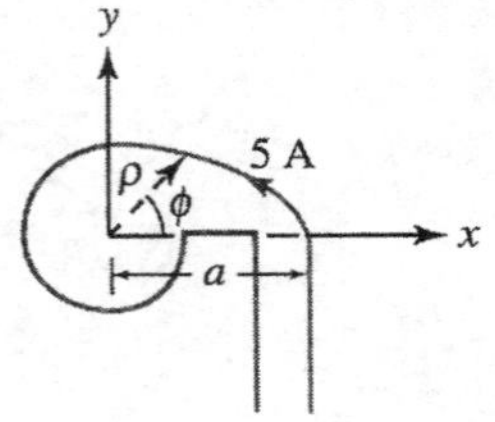

图 P5-24

5.25 一根宽度为 b 的非常长的铜条,载有均匀分布于条上的电流 I。在铜条中线上方距离为 z 处的磁通密度和磁场强度是什么?

5.26 一个密绕50匝的线圈,面积为20 cm^2。它载有10 A电流,并放置于平面 $3x+4y+12z=26$ 处。若线圈磁矩指向离开原点的方向,试求它的值。

5.27 两根平行直导线,每根长10 m,载有大小相等方向相反的10 A电流。导线距离为2 m,如图 P5-27 所示。试计算在点 $P(3, 4, 0)$ 处的磁矢位、磁通密度和磁场强度。

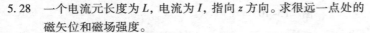

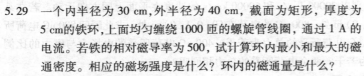

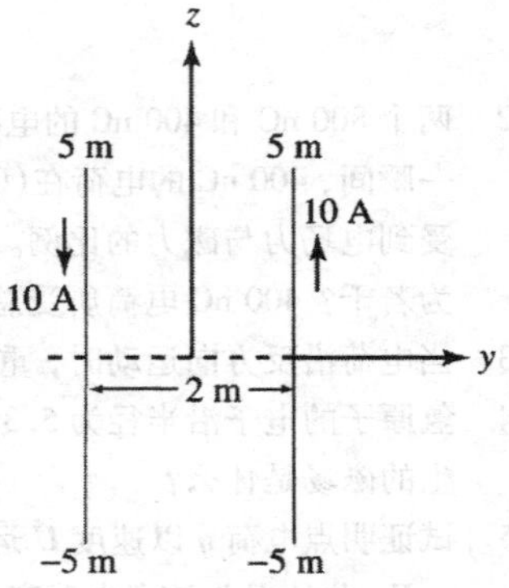

图 P5-27

5.28 一个电流元长度为 L,电流为 I,指向 z 方向。求很远一点处的磁矢位和磁场强度。

5.29 一个内半径为30 cm,外半径为40 cm,截面为矩形,厚度为5 cm的铁环,上面均匀缠绕1000匝的螺旋管线圈,通过1 A的电流。若铁的相对磁导率为500,试计算环内最小和最大的磁通密度。相应的磁场强度是什么?环内的磁通量是什么?

5.30 一个非磁性材料长圆柱体,具有一定的电导率,其直径为20 cm,载有100 A的电流。假设电流在圆柱体内为均匀分布,确定在圆柱体内部与外部任一点的磁场强度。在空间任一点的磁场强度的旋度是什么?若圆柱体的电导率为无限大,则场将发生什么变化?

5.31 一个半径为10 cm的非常长的圆柱体,它的电流密度为 $J_v = 200e^{-0.5\rho}\boldsymbol{a}_z \text{A/m}^2$。试计算在空间任一点的磁场强度。

5.32 一根同轴电缆包含一根半径为 a 的长圆柱导体,被内半径为 b,外半径为 c 的圆柱外壳所包围。内导体与外壳载有大小相等,但方向相反,均匀分布于导体内的电流。试求在下列各区域内的磁场强度表示式(a)$\rho \leqslant a$;(b)$a \leqslant \rho \leqslant b$;(c)$b \leqslant \rho \leqslant c$;(d)$\rho \geqslant c$。

5.33 参见题5.32。计算由 $a \leqslant \rho \leqslant b$ 所限定区域内,单位长度的磁通量。在这区域内每单位长度储存的能量是什么?

5.34 一根载有电流 I 的细导线,弯成半径为 b 的圆环。圆环的轴与 z 轴重合。计算由 $z=-\infty$ 至 $z=\infty$ 沿 z 轴的 $\int \boldsymbol{H} \cdot d\boldsymbol{l}$。由你的答案可得到什么结论?

5.35 在 $z>0$ 的区域1的磁通密度为 $\boldsymbol{B}=(1.5\boldsymbol{a}_x+0.8\boldsymbol{a}_y+0.6\boldsymbol{a}_z)$ mT。若 $z=0$ 为区域1与区域2的分界面。区域1为自由空间,区域2的相对磁导率为100。试求区域2的磁通密度。

5.36 一个载电流为 $12\boldsymbol{a}_y$ kA/m 的薄片,在 $z=0$ 处分开两个区域。$z>0$ 的区域2的磁场强度为 $(40\boldsymbol{a}_x+50\boldsymbol{a}_y+12\boldsymbol{a}_z)$ kA/m,相对磁导率为200。若 $z<0$ 的区域1的相对磁导率为1000,求此区域的磁场强度。

5.37 参见题5.35。计算每一区域的磁化强度。每一区域的束缚体电流密度和束缚面电流密度是什么?

5.38 围绕一个半径为10 cm的完全导体圆柱的磁场强度为 $\frac{10}{\rho}\boldsymbol{a}_\phi$ A/m。导体表面的面电流密度是什么?并计算导体表面的电流值。

5.39 当 $H=300$ A/m 时,磁性材料的 B 场为1.2T。当 H 增加至1500 A/m 后,B 场为1.5T。磁极化矢量的变化是什么?

5.40 图 P5-40 示一均匀厚度为2 cm的串联磁路,它的相关尺寸均以厘米为单位。若在1000匝线圈内的电流为0.2 A,求磁路内的磁通量。磁性材料的相对磁导率为2000。

5.41 参见习题5.40。计算(a)每一部分的磁能密度与储存的磁能;(b)磁介质储存的总能量;(c)等效电感。

5.42　用磁阻的概念求习题 5.40 磁路的电感和储存的能量。

5.43　图 P5-43 示一均匀厚度为 6 cm 的串联磁路，它所有的尺寸均以厘米为单位。若通过 500 匝线圈的电流为 0.8 A，要在空气隙处维持 1.44 mWb 的磁通，求 700 匝线圈中的电流。假设磁性材料的相对磁导率为 500。试计算空气隙磁位降与外加 mmf 之比。

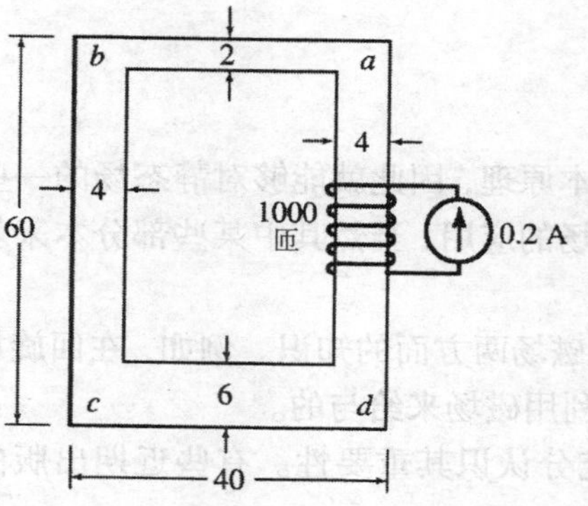

图　P5-40

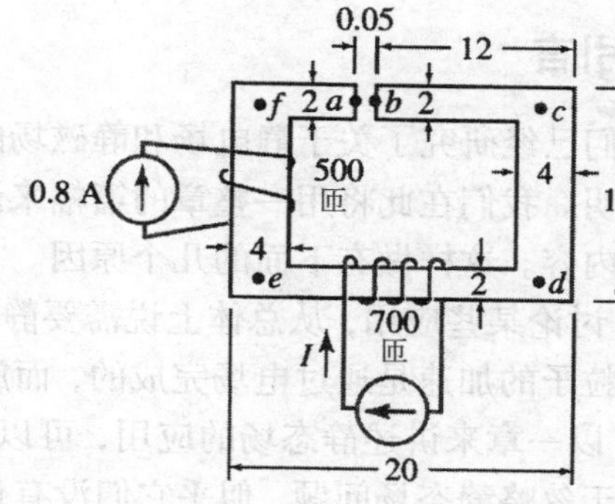

图　P5-43

5.44　重做习题 5.43，但对磁性材料用图 5-37 的 $B-H$ 曲线。

5.45　参见习题 5.43，计算(a)每一部分储存的磁能密度和磁能；(b)在磁介质中储存的总能量；(c)用能量的概念求电感；(d)用磁阻概念求电感。

5.46　图 P5-46 所示的磁路，其相关尺寸均以厘米为单位。对于磁性材料用图 5-37 的$B-H$曲线。为了在每个空气隙处产生 0.75T 的磁通密度，求在 1600 匝线圈中的电流。

5.47　参见习题 5.46，若线圈中的电流增加 50%，则空气隙的磁通密度是什么？

5.48　参见习题 5.46，计算(a)每一部分的磁能密度和储存的能量，(b)磁介质内储存的总能量，(c)电感，(d) 总磁阻。

5.49　图 P5-49 示一个串并联磁路。中心臂上绕有 200 匝线圈。若空气隙处的磁通密度为 0.2T，求线圈的电流。采用图 5-37 所示的 $B-H$ 曲线。并计算电感和磁场内储存的能量。

5.50　若习题 5.49 线圈中的电流增加 20%，则空气隙处的磁通密度是什么？

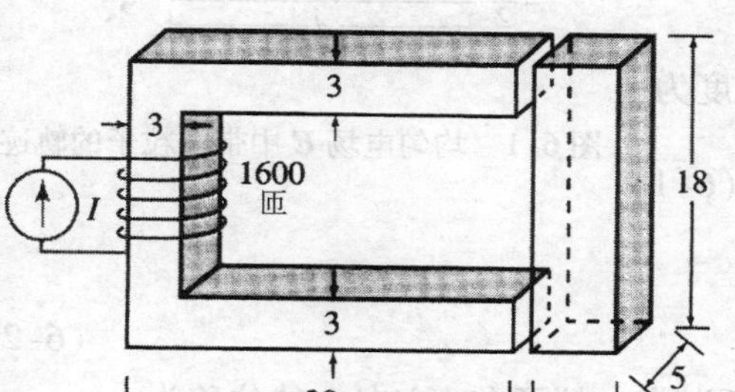

图　P5-46

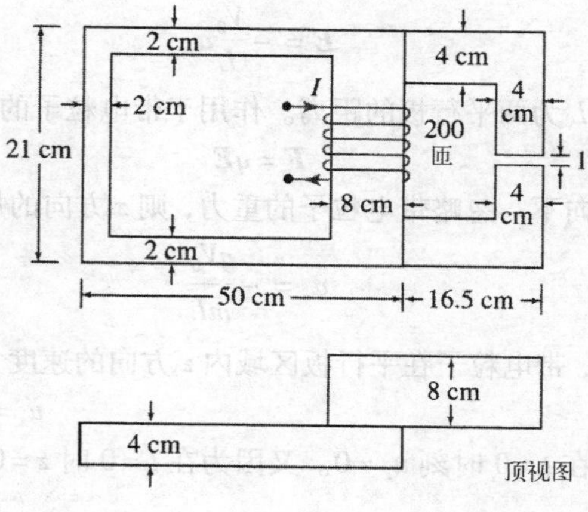

图　P5-49

第6章 静态场的应用

6.1 引言

我们已经研究了关于静电场和静磁场的一些基本原理，因此就能够对静态场的一些应用进行说明。我们在此将用一整章的篇幅来讨论静态场的应用，当然其中某些部分本来就是前几章的内容。这样做有下面的几个原因。

1. 讨论某些应用，从总体上说需要静电场和静磁场两方面的知识。例如，在回旋加速器中带电粒子的加速是通过电场完成的，而旋转则是利用磁场来给与的。

2. 以一章来讲述静态场的应用，可以使读者充分认识其重要性。有些近期出版的教科书倾向于忽略静态场问题，似乎它们没有什么意义。

3. 若没有足够的课时讨论关于静态场的应用，相信这一章的要点对学生而言是很好的阅读作业。

6.2 带电粒子的偏转

静电场的一个最常见的应用就是带电粒子的偏转，这样像控制电子或是质子的轨迹。很多装置，例如阴极射线示波器，回旋加速器，喷墨打印机以及速度选择器等都是基于这一原理的。阴极射线示波器中电子束的电量是恒定的，而喷墨打印机中细微粒子的电量却随着打印的字符而变化。在所有的例子中带电粒子的偏转都是通过两个平行板之间的电位差来实现的。

假设一个带电粒子电量为 q，质量为 m，在 x 方向以速度 u_x 运动，如图6-1所示。在 $t=0$ 时，这个带电粒子进入电位差为 V_0 的两个平行板所夹的区域。忽略电场线的边缘效应，这个区域内的电场强度为

$$\boldsymbol{E} = -\frac{V_0}{L}\boldsymbol{a}_z$$

其中 L 为两平行板的距离。作用于带电粒子的电场力为

$$\boldsymbol{F} = q\boldsymbol{E}$$

方向向下。忽略带电粒子的重力，则 z 方向的加速度为

$$a_z = -\frac{qV_0}{mL} \tag{6-1}$$

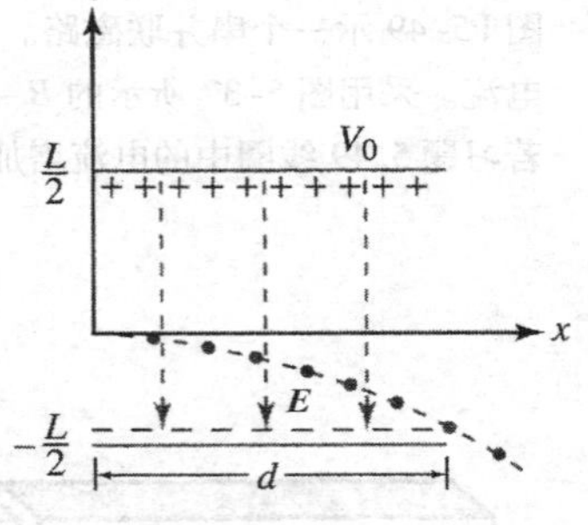

图6-1 均匀电场 $\boldsymbol{E}$ 中带电粒子的轨迹

因此，带电粒子在平行板区域内 z 方向的速度为：

$$u_z = a_z t \tag{6-2}$$

因为在 $t=0$ 时刻 $u_z=0$。又因为在 $t=0$ 时 $z=0$，所以带电粒子在 z 方向上的位移为

$$z = \frac{1}{2}a_z t^2 \tag{6-3}$$

而带电粒子在 x 方向的位移在 t 时刻是

$$x = u_x t \tag{6-4}$$

带电粒子离开平行平板区域所需时间为

$$T = \frac{d}{u_x} \tag{6-5}$$

因此，带电粒子在平行板区内的轨迹由式(6-3)和式(6-4)求得为

$$z = -\frac{qV_0}{2mL}\left[\frac{x}{u_x}\right]^2 \tag{6-6}$$

这是一个抛物线方程。

例 6.1 两平行板相距 10 cm，电位差为 1.5 kV，动能为 2 keV 的电子进入偏转板，运动方向与电场垂直。若平行板长 20 cm，求(a) 电子离开该区域所需的时间和(b) 电子离开板时偏转的大小。

解 由电子的动能能求出 $t=0$ 时它在 x 方向的速度

$$\frac{1}{2}mu_x^2 = 2\times10^3\times1.6\times10^{-19}$$

将电子质量 $m=9.11\times10^{-31}$ kg 代入得

$$u_x = 26.52\times10^6 \text{ m/s}$$

(a) 电子离开平行板区所需的时间为

$$T = \frac{20\times10^{-2}}{26.52\times10^6} = 7.54\times10^{-9}\text{s 或 } 7.54 \text{ ns}$$

(b) 电子的偏转为

$$z = \frac{1.6\times10^{-19}\times1.5\times10^3}{2\times9.1\times10^{-31}\times0.1}\left[\frac{20\times10^{-2}}{26.52\times10^6}\right]^2$$

$$= 74.97\times10^{-3}\text{m 或 } 74.97 \text{ mm}$$

6.3 阴极射线示波器

图 6-2 说明了**阴极射线示波器**(cathode - ray oscilloscope)的基本特征。管体由玻璃制成，并被抽成高度真空。阴极被灯丝加热后发射电子。阳极与阴极间有几百伏的电位差，电子朝向阳极加速。阳极上有一个小孔允许极细的一束电子通过。这些被加速的电子将进入偏转区，在那里它们以类似于 6.2 节讨论过的方式产生水平和垂直两个方向上的偏转。最后，这些电子轰击一个由能发射可见光的物质(磷)所覆盖的荧光屏的内表面。

设电子从阴极表面上发射出来的初速度为零。V_1 为阳极和阴极之间的电位差，电子到达阳极时的速度可由其动能的增益而求得为

$$\frac{1}{2}mu_x^2 = eV_1$$

或

$$u_x = \left[\frac{2e}{m}V_1\right]^{1/2} \tag{6-7}$$

设水平偏转板间不存在电位差，而上垂直偏转板对下板的电位差为 V_0，则电子在穿越水平偏转板时未受到影响而在穿越垂直偏转板时受到一个沿正 z 方向的力的作用。电子离开垂直偏转区时 $x=d$，此时其垂直位移如图 6-3 所示，由式(6-6)求得为

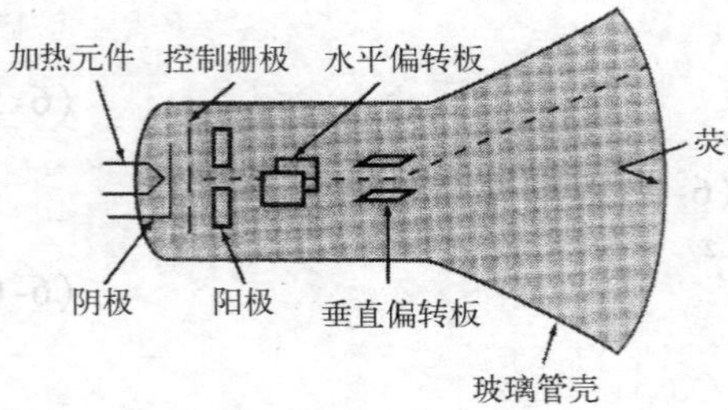

图 6-2 阴极射线示波器基本元件

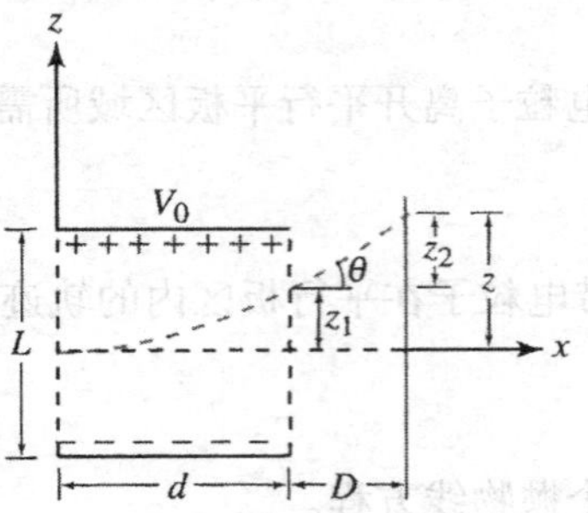

图 6-3 阴极射线示波器原理图

$$z_1 = \frac{eV_0}{2mL}\left[\frac{d}{u_x}\right]^2 \tag{6-8}$$

$x = d$ 对应的 z 方向上速度是

$$u_z = \frac{edV_0}{mLu_x} \tag{6-9}$$

而 x 方向速度保持不变。当电子离开垂直偏转区时，它沿直线运动，因 x 方向与 z 方向的速率都保持恒定。速度 $\boldsymbol{u}$ 与 x 轴有夹角 θ，而

$$\tan\theta = \frac{u_z}{u_x} \tag{6-10}$$

电子经过距离 D 到达荧光屏所需时间为

$$t_2 = \frac{D}{u_x}$$

因此

$$z_2 = u_z t_2 = \frac{edD}{mL}V_0\left[\frac{1}{u_x}\right]^2 \tag{6-11}$$

所以，将 u_x 代入上式，得到电子撞击荧光屏时垂直方向总位移为

$$z = z_1 + z_2 = \frac{d}{2L}[0.5d + D]\left[\frac{V_0}{V_1}\right] \tag{6-12}$$

显而易见，如果阳极和阴极间电位差保持恒定，电子的偏转量与垂直偏转板间的电位差成正比。水平偏转板间的电位差，可以使电子在 y 方向上运动。因此，电子束撞击荧光屏的点的位置依赖于水平和垂直偏转电压。

例 6.2 阴极射线示波器阳极阴极间电位差为 1000 V。垂直偏转板 $L = 5$ mm，$d = 1.5$ cm，$V_0 = 200$ V，D 为 15 cm。一电子从阳极释放时初速度为零，试求(a) 电子进入垂直偏转板之间时 x 方向上的速度，(b) 电子在板间 z 方向上的加速度和速度，(c) 电子离开偏转区时 z 方向上的速度，(d) 电子到达荧光屏时的总位移。

解 (a) 由式(6-7)，电子离开阳极时 x 方向上的速度为

$$u_x = \left[\frac{2 \times 1.6 \times 10^{-19} \times 1000}{9.1 \times 10^{-31}}\right]^{1/2} = 18.75 \times 10^6 \text{m/s}$$

因为速度小于光速的 10%，相对论效应很小，可以忽略。在此速度下，电子的质量与静止质量几乎相同。

(b) 电子在 z 方向上的加速度和速度可分别由式(6-1)和式(6-2)求得

$$a_z=\frac{e}{mL}V_0=\frac{1.6\times10^{-19}\times200}{9.1\times10^{-31}\times5\times10^{-3}}=7.03\times10^{15}\ \mathrm{m/s^2}$$

$$u_z=a_zt=7.03\times10^{15}t\ \mathrm{m/s}$$

(c) 电子将在时刻 $t=T$ 时离开偏转板，而

$$T=\frac{d}{u_x}=\frac{1.5\times10^{-2}}{18.75\times10^{6}}=8\times10^{-10}\ \mathrm{s}\ 或\ 0.8\ \mathrm{ns}$$

因此，z 方向上的速度为

$$u_z=7.03\times10^{15}\times8\times10^{-10}=5.624\times10^{6}\ \mathrm{m/s}$$

(d) 电子的总位移可由式(6-12)求得

$$z=\frac{1.5\times10^{-2}\times200}{2\times5\times10^{-3}\times1000}[0.75+15]\times10^{-2}=4.725\ \mathrm{cm}$$

6.4 喷墨打印机

一种基于静电场偏转原理，可以提高打印速度，改善打印质量的新型打印技术已开发出来。这种打印机称为**喷墨打印机**(ink - jet printer)。在喷墨打印机内，以超声频率振动的喷嘴按一定间距喷出非常细微且大小一致的墨滴，如图6-4所示。这些墨滴在经过带电板间时，按照与要打印的字符成正比的方式获得电荷，由于两垂直偏转板间电位差一定，墨滴垂直方向位移与所带电荷量成正比。若不使墨滴带电荷，则得到字符间的空白(此时墨滴由储墨器收回)。在阴极射线示波器中，电子的水平位移是通过均匀改变水平偏转板间的电位差实现的。而在喷墨打印机中，打印头以恒速水平移动，达到每秒形成100个字符的速率。

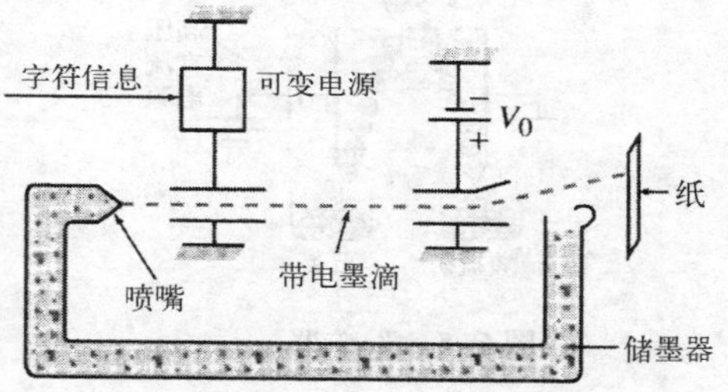

图6-4 喷墨打印机基本结构和工作原理图

由于运动部分很少，喷墨打印机与撞击式打印机相比，显得更安静，更可靠。同时，撞击式打印机仅能打印在打印轮上已有的字符，而喷墨打印机能形成任何字符，从而有更好的适应性。正如可能已经想到的那样，决定墨滴轨迹的方程与阴极射线管中的电子完全一样。

例6.3 一直径0.02 mm的墨滴以速度25 m/s穿过带电板时获得电量 −0.2 pC，相距2 mm的垂直偏转板间电位差为2000 V。如果每块偏转板长2 mm，且由偏转板射出端距纸8 mm，试求墨滴垂直方向上的位移。假设墨滴的密度为2 g/cm³。

解 墨滴的质量为

$$m=\frac{4\pi}{3}\left[\frac{1}{2}\times0.02\times10^{-3}\right]^3\times2\times10^{3}=8.38\times10^{-12}\ \mathrm{kg}$$

总垂直位移为

$$z=\frac{-qd}{mL}V_0\left[\frac{1}{u_x}\right]^2[0.5d+D]$$

$$=\frac{2\times10^{-13}\times2\times10^{-3}\times2000}{8.38\times10^{-12}\times2\times10^{-3}}\left[\frac{1}{25^2}\right][0.5\times2+8]\times10^{-3}$$

$$= 0.69\ \text{mm}$$

6.5 矿物的分选

静电偏转原理也被应用于矿业来分选带异种电荷的矿物。例如，在一台**矿砂分选器**(oreseparator)中，磷酸盐矿砂包含有磷酸盐岩石和石英。将其送入振动的进料器中，如图6-5所示。振动使得磷酸盐岩石微粒与石英颗粒发生摩擦。在摩擦过程中，石英颗粒得到正电荷，而磷酸盐颗粒得到负电荷。带异种电荷的微粒的分选由平行板电容器中的电场来完成。

为了导出带电粒子在平行板电容器间运动轨迹的表达式，假设石英的质量和电量分别为 m 和 q。令其在进入两平行极板间带电区域时的初始速为零，如图6-6所示：于是在 $t=0$ 时，$u_x=0$ 且 $u_z=0$。重力产生的加速度在 x 方向。在任意时刻 t，速度和 x 方向的位移为

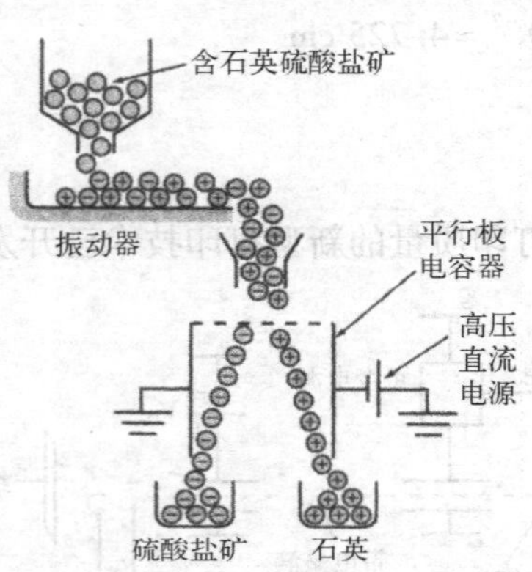

图6-5 选矿器

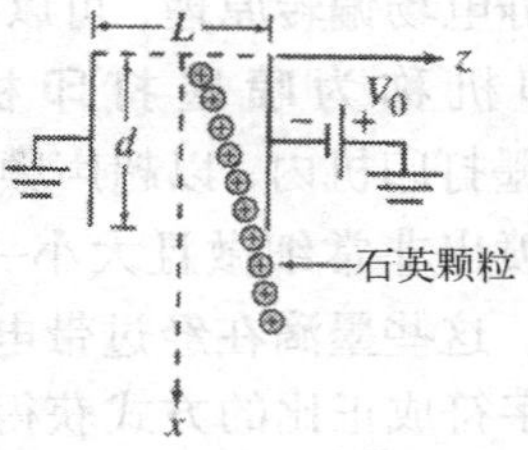

图6-6 石英颗粒在平行板区的轨迹

$$u_x = \frac{dx}{dt} = gt \tag{6-13}$$

和

$$x = \frac{1}{2}gt^2 \tag{6-14}$$

带电微粒在 z 方向的运动可以描述如下：

$$a_z = \frac{q}{mL}V_0 \tag{6-15}$$

$$u_z = a_z t \tag{6-16}$$

以及

$$z = \frac{1}{2}a_z t^2 \tag{6-17}$$

由式(6-14)和(6-17)可以得到每一带电微粒运动轨迹为

$$z = a_z\frac{x}{g} \tag{6-18}$$

这个方程揭示出一个带电粒子在平行板区域的轨迹为一条直线。带电粒子在 $x=d$ 处离开平行板区域所需用的时间为

$$T = \left[\frac{2d}{g}\right]^{1/2} \tag{6-19}$$

在任意时刻 $t \geq T$，带电粒子在 z 方向的速度恒定，且由式(6-16)可以得出

$$u_z = a_z T = \frac{qV_0}{mL}\left[\frac{2d}{g}\right]^{1/2} \quad \text{当 } t \geq T \text{ 时} \tag{6-20}$$

以及

$$z = u_z t \quad \text{当 } t \geq T \text{ 时} \tag{6-21}$$

由式(6-14)和式(6-21)，可以用 x 表示 z

$$z^2 = \frac{2}{g}u_z^2 x \quad \text{当 } t \geq T \text{ 时} \tag{6-22}$$

这是一个抛物线方程。因此，一个带电粒子在平行板区域内沿一条直线，以后则沿一条抛物线运动。

例 6.4 进入振动进料器后，一个 2 g 重的石英微粒获得了 100 nC 的电荷，该微粒由两平行极板上沿中心处开始自由下落。两极板长 2 m，相距 50 cm，电位差为 10 kV，试求该粒子到达板下沿时的位置和速度。

解 由式(6-19)，该粒子离开板所需用的时间为

$$T = \left[\frac{2 \times 2}{9.81}\right]^{1/2} = 638.55 \text{ ms}$$

由式(6-15)，石英微粒在平行板间的加速度为

$$a_z = \frac{100 \times 10^{-9} \times 10 \times 10^3}{2 \times 10^{-3} \times 0.5} = 1.0 \text{ m/s}^2$$

在 $t = T$ 时刻，z 方向位移为：

$$z = \frac{1}{2} \times 1.0 \times [638.55 \times 10^{-3}]^2 = 0.204 \text{ m 或 } 20.4 \text{ cm}$$

粒子离开时在 x 和 z 方向的速度分别为

$$u_x = 9.81 \times 638.55 \times 10^{-3} = 6.264 \text{ m/s}$$

$$u_z = 1.0 \times 638.55 \times 10^{-3} = 0.639 \text{ m/s}$$

因此，石英微粒离开时的速度为

$$\boldsymbol{u} = 6.264\boldsymbol{a}_x + 0.639\boldsymbol{a}_z \text{ m/s}$$

6.6 静电发电机

一种由开尔文构思，范德格拉夫(Robert J. Van de Graaff)实现的静电发电机现在被称为**范德格拉夫发电机**(Van de Graaff generator)。它由一个空心绝缘圆柱支撑的空心球状导体(圆罩)组成，如图 6-7a 所示。皮带绕过两个滑轮。下面的滑轮由电动机驱动，上面的是被动轮。一根有很高正电位的杆上装有许多尖端，尖端附近的空气都被电离了。正离子受到尖端排斥，其中一些离子依附于皮带表面。相似的过程也发生于圆罩内部的金属刷上。当电荷积聚时，圆罩的电位升高。范德格拉夫发电机可产生几百万伏的高压。其主要应用是加速带电粒子使之获得很高的动能，来进行原子碰撞实验。

为了理解该发电机的基本工作原理，现考虑一个空心的、不带电荷的导体球(圆罩)，它有一个小孔，如图 6-7b 所示。把一个带正电荷 q 的小球从开口处引入腔内。达到平衡状态后，罩的内表面获得净负电荷，而其外表面会感应出正电荷 q。若此时使小球接触圆罩的内表面，小球所带正电荷将被内表面的负电荷完全中和。然而圆罩外表面仍然带正电荷 q。如

果小球被撤回，并充以电荷 q 后再放入圆罩，罩的内表面将又得到负电荷，导致外表面的电量有同样大小的增加。使小球接触圆罩内表面，小球和内表面又都将都失去电荷。但此时圆罩外表面将有两倍的正电荷。换句话说，通过将带电物体放入圆罩并使之接触其内表面，则带电体所带电荷将被转移到圆罩外表面。当然，该过程与圆罩外表面所带初始电荷量是不相关的。

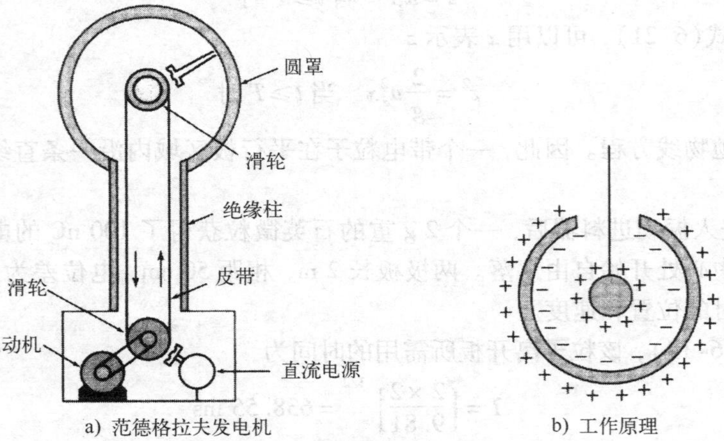

图 6-7　范德格拉夫发电机及工作原理图

让我们假设在任一瞬间，平衡状态建立之后，圆罩内小球所带电量为 q，圆罩外表面所带电量为 Q，如内外球半径分别为 r 和 R，圆罩上任一点的电位为

$$V_R = \frac{1}{4\pi\varepsilon_0}\left[\frac{Q}{R} + \frac{q}{R}\right]$$

括号内第一项是圆罩自身的电荷 Q 对电位的贡献，第二项是由于小球的电荷 q 在半径 R 处建立的等位面。小球的电位为

$$V_r = \frac{1}{4\pi\varepsilon_0}\left[\frac{q}{r} + \frac{Q}{R}\right]$$

其中第一项来源于小球的电荷，第二项考虑了小球位于大球内部所受到的影响。

因此，两球间的电位差为

$$V = V_r - V_R = \frac{q}{4\pi\varepsilon_0}\left[\frac{1}{r} - \frac{1}{R}\right] \tag{6-23}$$

由于有正电荷 q，内球的电位总高于圆罩。如果这两个球有电连接，内球的所有电荷都会流向外表面且与电荷 Q 无关。这是解释电荷从内球向圆罩外表面转移的另一种方式。注意电位差为零的必要条件为 $q=0$。

例 6.5　使一个半径为 45 cm 的绝缘金属球的电位提升到 900 kV 需要多少电荷？球表面的电场强度是多少？

解　设 Q 为所需总电荷

$$Q = 4\pi\varepsilon_0 RV = \frac{4\pi\times10^{-9}}{36\pi}\times0.45\times900\times10^3$$
$$=45\times10^{-6}\text{C 或 }45\ \mu\text{C}$$

球表面电场强度的大小为：

$$E_r = \frac{V}{R} = \frac{900 \times 10^3}{0.45} = 2 \times 10^6 \text{ V/m 或 } 2 \text{ MV/m}$$

6.7 静电电压表

还有许多其他应用是基于静电原理的。我们最后一种应用是研究**静电电压表**(electrostatic voltmeter)，它用来测量真 rms 电压。测量直流电压和交流电压同样有用。图 6-8 是静电电压表的结构简图。当接线端 1 和 2 之间加上电压时，极板 a 和 b 构成电容量随指针向右偏转而增加的电容器。

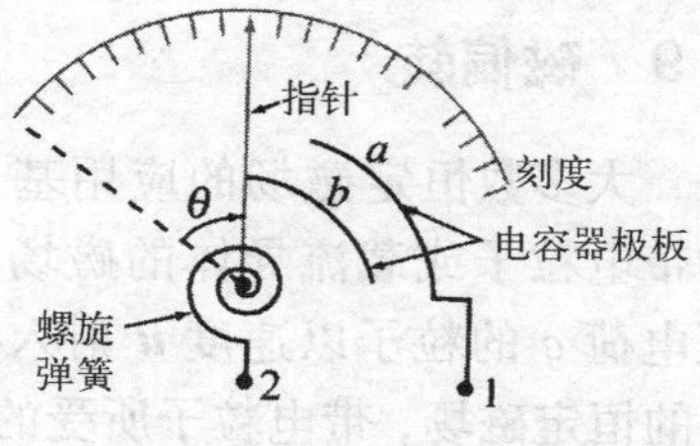

图 6-8 静电电压表

如图所示的螺旋弹簧不仅能控制指针的运动，也建立了活动极板 b 和接线端 2 的电接触。若施加恒定电压使指针偏转到角度为 θ 的最终位置，则增加的静电能等于所作的机械功。

静电电压表两端的任何电位差变化都可以表示为

$$dV = d\left(\frac{Q}{C}\right) = \frac{1}{C}dQ - \frac{Q}{C^2}dC$$

当电位恒定，即 $dV = 0$，则有

$$\frac{1}{C}dQ = \frac{Q}{C^2}dC \tag{6-24}$$

静电能的变化量为

$$dW_e = d\left[\frac{Q^2}{2C}\right] = \frac{Q}{C}dQ - \frac{Q^2}{2C^2}dC$$

$$= \frac{Q^2}{2C^2}dC \tag{6-25}$$

所作的机械功是

$$dW = Td\theta \tag{6-26}$$

由式(6-25)和式(6-26)可得

$$T = \frac{1}{2}\left[\frac{Q}{C}\right]^2 \frac{dC}{d\theta} = \frac{1}{2}V^2\frac{dC}{d\theta} \tag{6-27}$$

达到平衡时

$$T = \tau\theta \tag{6-28}$$

式中 τ 是弹簧的扭转常数，因此指针的偏转为

$$\theta = \frac{1}{2\tau}V^2\frac{dC}{d\theta} \tag{6-29}$$

当 $dC/d\theta$ 为常数时，指针的偏转角与所加电压的平方成正比。实际静电电压表 $dC/d\theta$ 依赖于 θ，因此出厂时必须对其进行校准。

6.8 磁分离器

磁分离器(magnetic separator)(见图 6-9)是静磁场一个重要的应用，它是为分离磁性物质

和非磁性物质而设计的。磁性物质和非磁性物质的混合物在传输带上匀速传输。传输带绕过磁性滑轮，后者由铁壳和激励线圈组成，该激励线圈可产生磁场。非磁性物质立刻落入一个仓室内，而磁性物质被滑轮吸住直到传输带离开滑轮才落下来。因此，如图所示，磁性物质绕着滑轮往前转送然后落入第二个仓室。

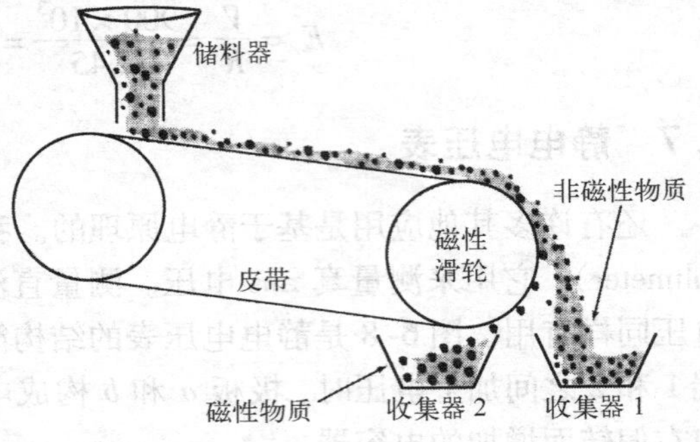

图 6-9　磁分离器

6.9　磁偏转

大多数恒定磁场的应用基于磁场对运动的带电粒子或载流导体的磁场力。若一个带正电荷 q 的粒子以速度 $\boldsymbol{u}$ 射入磁感应强度为 $\boldsymbol{B}$ 的恒定磁场，带电粒子所受的磁场力是

$$\boldsymbol{F} = q\boldsymbol{u} \times \boldsymbol{B}$$

磁场力不仅垂直于磁场而且垂直于带电粒子的运动方向。带电粒子的运动方向垂直于磁场力的方向突出了磁场力不做功这一事实。换句话说，磁场力仅改变了带电粒子的运动方向，而它的动能保持不变，正如现将进一步说明的那样。

如果我们把带电粒子的速度表示为

$$\boldsymbol{u} = \boldsymbol{u}_p + \boldsymbol{u}_n$$

式中 $\boldsymbol{u}_p$ 和 $\boldsymbol{u}_n$ 分别代表 $\boldsymbol{u}$ 与磁场 $\boldsymbol{B}$ 平行和垂直的两分量。平行分量 $\boldsymbol{u}_p$ 不产生磁场力。因此带电粒子所受的磁场力的大小可以用速度的垂直分量 $\boldsymbol{u}_n$ 表示为

$$F = qu_nB$$

所受力的方向可以根据右手定则判定。如果没有平行分量 $\boldsymbol{u}_p$，磁场力将使粒子限制在与磁感应强度 $\boldsymbol{B}$ 垂直的平面内。如果磁场是均匀的，那么作用在带电粒子的磁场力就是常数，也就是说，$\boldsymbol{u}$ 的垂直分量在与磁感应强度 $\boldsymbol{B}$ 垂直的平面内各点大小不变。这种情况类似于一块石头绑在绳子的一端在一平面内转动，对绳子产生恒定的张力，任何时刻绳子张力都垂直于石头的速度。在均匀磁场 $\boldsymbol{B}$ 中运动的带电粒子正有类似特性，可预见其如图 6-10 所示，作圆周运动。图中 $\boldsymbol{B}$ 沿 $-\boldsymbol{a}_z$ 方向。$\boldsymbol{u}$ 沿 $\boldsymbol{a}_\phi$ 方向，磁场力沿 $-\boldsymbol{a}_\rho$ 方向，如果 $\boldsymbol{u}$ 有平行于 $\boldsymbol{B}$ 的分量，粒子的运动轨迹将是螺旋线，如图 6-11 所示。

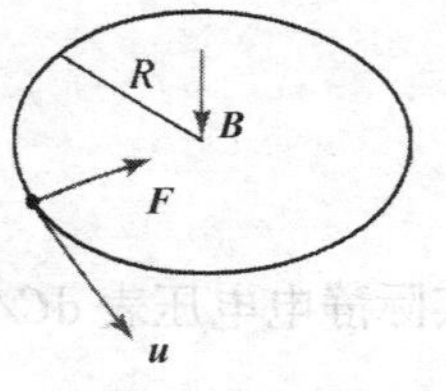

图 6-10　电荷垂直于均匀磁场旋转

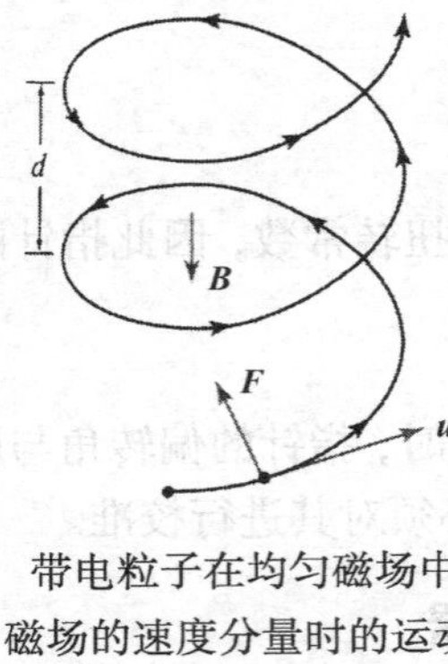

图 6-11　带电粒子在均匀磁场中有平行于磁场的速度分量时的运动

令作用在质量为 m，电量为 q 的粒子上的磁场力和向心力相等可得出

$$\frac{m}{R}u_n^2 = qBu_n$$

解出轨道半径为

$$R = \frac{m}{qB}u_n \tag{6-30}$$

此式直接说明轨道半径与垂直于 $\boldsymbol{B}$ 的速度分量成正比，与磁感应强度 $\boldsymbol{B}$ 成反比。而且带电粒子质量越大，轨道半径越大。这一原理被用于同位素的分离，将在6.11节内介绍。

带电粒子运动一圈所用的时间称**时间周期**(time period)，用 T 表示，则

$$T = \frac{2\pi R}{u_n} = \frac{2\pi m}{qB} \tag{6-31}$$

现在可定义频率，通常称**回旋频率**(cyclotron frequency)，为

$$f = \frac{1}{T} = \frac{qB}{2\pi m} \tag{6-32}$$

角频率则为

$$\omega = 2\pi f = \frac{qB}{m} \tag{6-33}$$

只要带电粒子是在均匀磁场中运动，那么其时间周期和频率都是恒定的。这种现象导致了粒子加速器即通称回旋加速器(见6.10节)的开发。

当带电粒子有平行于 $\boldsymbol{B}$ 的速度分量时，可以算出它在一个周期内经过的距离为

$$d = u_p T = \frac{2\pi m}{qB}u_p \tag{6-34}$$

d 是螺旋轨迹相邻两圈间的距离，即螺距，见图6-11。

例6.6 质子以 $3000\boldsymbol{a}_z - 4000\boldsymbol{a}_\phi$ km/s 的速度运行于 $\boldsymbol{B}$ 为 $1.75\boldsymbol{a}_z$T 的均匀磁场中，试决定(a)质子受力大小，(b)旋转方向，(c)轨道半径，(d)时间周期，(e)回旋加速频率及(f)螺距。

解

(a) 质子所受的磁场力为

$$\begin{aligned}\boldsymbol{F} &= q\boldsymbol{u}\times\boldsymbol{B} = 1.6\times10^{-19}\times10^{6}\times1.75\times[3\boldsymbol{a}_z - 4\boldsymbol{a}_\phi]\times\boldsymbol{a}_z \\ &= -1.12\times10^{-12}\boldsymbol{a}_\rho \text{N}\end{aligned}$$

(b) 因为质子速度垂直于 $\boldsymbol{B}$ 的分量在 $-\boldsymbol{a}_\phi$ 方向上，所以质子沿 z 轴正向看去是顺时针旋转的。

(c) 轨道半径为

$$R = \frac{m}{F}u_n^2 = \frac{1.7\times10^{-27}}{1.12\times10^{-12}}[4\times10^6]^2 = 24.286\times10^{-3}\ \text{m 或 } 24.286\ \text{mm}$$

(d) 一次完全回旋的时间周期为

$$T = \frac{2\pi R}{u_n} = \frac{2\pi\times24.286\times10^{-3}}{4\times10^6} = 38.148\times10^{-9}\ \text{s 或 } 34.148\ \text{ns}$$

(e) 回旋频率为

$$f = \frac{1}{T} = \frac{1}{38.148\times10^{-9}} = 26.21\times10^6\ \text{Hz 或 } 26.21\ \text{MHz}$$

（f）螺距为

$$d = u_p T = 3 \times 10^6 \times 38.148 \times 10^{-9} = 0.1144 \text{ m} \text{ 或 } 11.44 \text{ cm}$$

6.10 回旋加速器

高能带电粒子束，如质子或氘核，常用于所谓原子碰撞的实验中研究原子的内部结构。电场用于加速带电粒子使之获得很高的速度，从而具有很高的能量。这种使带电粒子具有高能量的装置叫**加速器**（accelerator）。

最常见的加速器就是电子枪，用于阴极射线管中。用单个电子枪需要很高的电压才能使粒子速度达到要求。然而用电子枪排成队列并使粒子依次通过，则只需要不高的电压。这时粒子每通过一个电子枪就获得一份能量。这种由电子枪阵列组成的装置叫**线性加速器**（linear accelerator）。可以想像得到线性加速器是相当长的。

另一方面，**回旋加速器**（cyclotron）只用一个电子枪，但使带电粒子一次又一次地通过它。最简单的回旋加速器如图6-12所示，由两个D形的铜质腔组成。一个高频振荡器跨接于两个腔。显然，只有两个腔之间的空隙中才存在电场，带电粒子也只有通过空隙时才获得能量。两个腔被密封在真空室中，以减小与空气分子碰撞而引起的能量损失。整个装置被放在均匀磁场中。

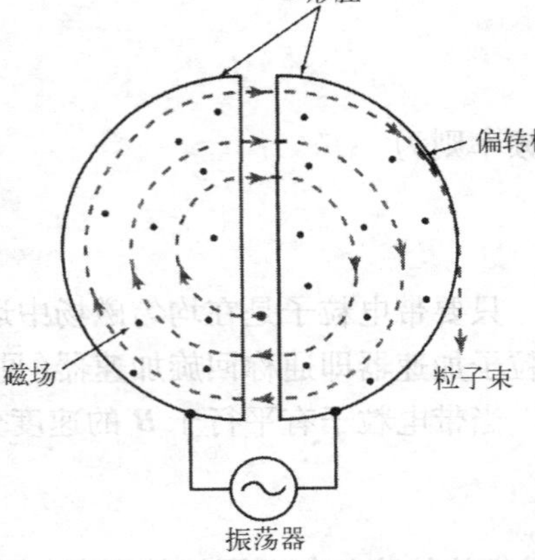

图6-12 回旋加速器基本元件

当电荷被缝隙的电场加速进入某一个D形腔时，加速过程开始，一旦电荷进入该腔，将沿半圆形路径运动，与式(6-30)一致。腔中没有电场，所以带电粒子速度保持不变。如果振荡器的频率与式(6-32)中的回旋频率相同，那么，带电粒子到达空隙的时候外加电压极性正好改变，缝隙中的电场方向随之改变，使粒子得到加速又进入另一D形腔，这时粒子运动的半径也就大了一些。这样，粒子每次通过空隙都获得一些动能，从而进入更大半径的运动轨道。这一过程一直重复到粒子从D形腔的边界射出。如果 u 是在与 $\boldsymbol{B}$ 垂直的平面中运动的粒子射出时的速度，R 是半径，则射出时的速度由式(6-30)，应为

$$u = \frac{qBR}{m} \tag{6-35}$$

式中 q 和 m 分别是带电粒子的电荷和质量。带电粒子的动能为：

$$W_k = \frac{1}{2}mu^2 = \frac{q^2B^2R^2}{2m} \tag{6-36}$$

由上式可以看出，带电粒子的动能与D形腔的半径有关。当磁通密度给定时，带电粒子的动能只能靠腔半径的增大而增大。因增大腔的半径，回旋加速器中电磁铁的体积和成本都要增加。

为了限制成本，可同时调整振荡器的频率和磁通密度使带电粒子轨道半径达到要求，这样的设计允许我们用环形电磁铁，就能节省一笔巨大的开支。因为 $u = \omega R_c = 2\pi f R_c$，式中 R_c 为一定的半径，振荡器的频率则应为

$$f = \frac{u}{2\pi R_c} \tag{6-37}$$

注意振荡器的频率与带电粒子速度成正比，而该速度每半周都有改变，因此振荡器的频

率必须作相应调整。为了满足式(6-32)，磁通密度也必须随之做相似的调整。体现了这种原理的装置称**同步加速器**(synchrotron)。欧洲核研究协会花28兆美元在日内瓦建立了一个直径175 m的同步加速器。一个质子在这个同步加速器中运动距离长达80 km，能获得动能4.5 nJ(28×10^9 eV)。

例6.7 有一个回旋加速器D形腔的半径为53 cm，外施电压的频率是12 MHz，求需要多大的磁感应强度来加速氘核？氘核离开腔时的动能多大？氘核带电量与质子相同，但质量几乎是质子的两倍。

解 磁感应强度应为

$$B=\frac{2\pi fm}{q}=\frac{2\pi\times12\times10^6\times3.4\times10^{-27}}{1.6\times10^{-19}}=1.6\text{T}$$

氘核离开腔时的动能由式(6-36)得

$$W_k=\frac{(1.6\times10^{-19}\times1.6\times0.53)^2}{2\times3.4\times10^{-27}}$$
$$=2.707\times10^{-12}\text{J 或 }16.92\text{ MeV}$$

6.11 选速器与质谱仪

中性气体被高能粒子轰击，会成为正离子源。使正电粒子通过电子枪能将它们形成一束，其中粒子的速度可能非常分散。为了获得同一速度的带电粒子束，就要用**选速器**(velocity selector)。

选速器的工作原理基于洛伦兹力方程

$$\boldsymbol{F}=q\boldsymbol{E}+q\boldsymbol{u}\times\boldsymbol{B} \tag{6-38}$$

式中q为正离子的带电量，$\boldsymbol{u}$是它的速度。在设计选速器时，$\boldsymbol{E}$、$\boldsymbol{B}$都要和正离子束进入的方向垂直，如图6-13所示。这样使离子所受的电场力与磁场力方向正好相反。每个离子所受的电场力都相同，但磁场力却随离子的速度的不同而不同。因此，离子在一特定速度u_0时受的合力为零，这样必须

$$\boldsymbol{E}=-\boldsymbol{u}_0\times\boldsymbol{B} \tag{6-39}$$

相应正离子的速度为

$$u_0=\frac{E}{B} \tag{6-40}$$

速度为u_0的正离子将不受任何外力通过此区域。速度小于u_0的正离子将向上偏转，速度大于u_0的正离子将向下偏转。所以，凡是通过小孔的正离子速度一定为u_0；因而此装置起到选速器的作用。选速器又称**速度过滤器**(velocity filter)，如图6-14所示。

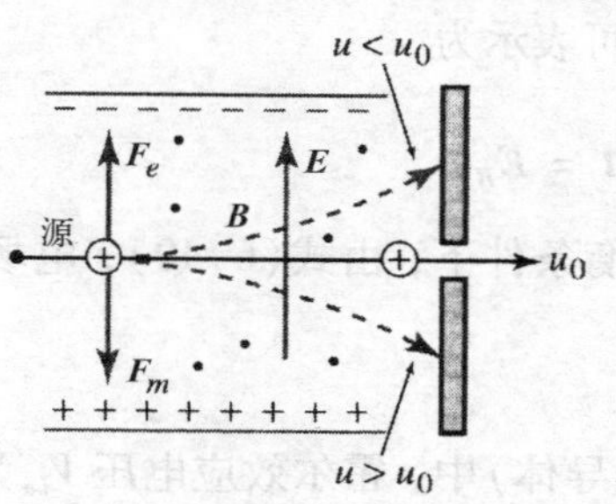

图6-13 速度选择器基本元件

图6-14 速度选择器

我们也可以用**质谱仪**(mass spectrometer)按质量来分离离子。质谱仪是由离子源，选速器，均匀磁场偏转区和离子检测器或显像板等四个基本部分组成，如图6-15所示。离子源产生正电粒子，选速器选出一束有同样运动速度的这种带电粒子，它们的质量可能不同但同时进入磁感应强度为$\boldsymbol{B}'$并与粒子运动方向垂直的均匀磁场区。根据式(6-30)，每个离子都通过一个半圆形轨道而到达离子检测器。轨道半径依赖于每个离子的质量，因此通过测量半径，可以决定离子的质量。由式(6-30)和式(6-40)，得

$$m=\frac{qRBB'}{E} \tag{6-41}$$

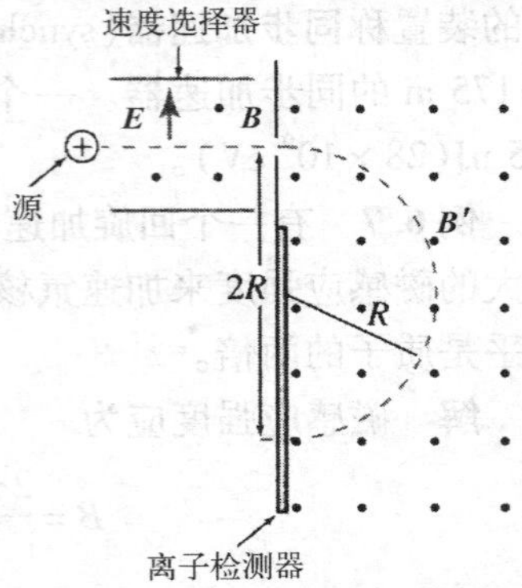

图6-15　质谱仪基本元件

质谱仪也用于**同位素**(isotope)的研究中。同位素是具有不同质量的同种元素，它们表现相同的化学性质。因此不能通过化学反应分离它们。用一个离子收集器代替质谱仪中的离子检测器就制成了**同位素分离器**(isotope separator)。

例6.8　用选速器从一束不同能量的粒子中选出能量为200 keV的α粒子，电场强度为800 kV/m，磁感应强度应多大?

解　α粒子的质量是6.68×10^{-27} kg，则α粒子的速度为

$$u_0=\left[\frac{2\times200\times10^3\times1.6\times10^{-19}}{6.68\times10^{-27}}\right]^{1/2}=3.095\times10^6\ \mathrm{m/s}$$

磁感应强度可由式(6-40)得

$$B=\frac{800\times10^3}{3.095\times10^6}=0.258\ \mathrm{T}\ 或\ 258\ \mathrm{mT}$$

6.12　霍尔效应

1879年霍尔(Edwin Herbert Hall)设计了一个实验，测定给定导电材料中主要载流子的正负。他把载流片放在与一均匀磁场垂直的平面中，如图6-16所示。如果是正电荷形成片中的电流时，正电荷的运动方向即为电流的方向，如图6-16a所示。因为正电荷运动的速度$\boldsymbol{u}$与磁场$\boldsymbol{B}$垂直，所以正电荷将受到向片的b边的力。于是b边有正电荷过剩，同时a边将缺少正电荷。这就在两边间形成了电位差，被称为**霍尔效应电压**(Hall - effect voltage)。此时b边电位高于a边电位。所建立的电位差不是没有限制的。产生的电位差在片内产生横向电场$\boldsymbol{E}$，此电场对正电荷产生的力正好与磁场力方向相反。当电场力等于磁场力时，正电荷将沿片的长度运动而不再向b边偏移。b边对a边的电位差可表示为

$$V_{ba}=V_b-V_a=-\int_a^b \boldsymbol{E}_H\cdot \mathrm{d}\boldsymbol{l}=E_H w$$

式中的w是片宽，E_H是霍尔效应引起的电场强度。平衡条件下，由式(6-40)，电场强度为$E_H=uB$，因此霍尔效应电压为

$$V_{ba}=uBw \tag{6-42}$$

在**P型半导体**(P- type semiconductor亦称空穴型半导体)中，霍尔效应电压V_{ba}为正，说明P型半导体中的电流是由正电荷产生的，也就是**空穴导电**(hole conduction)。

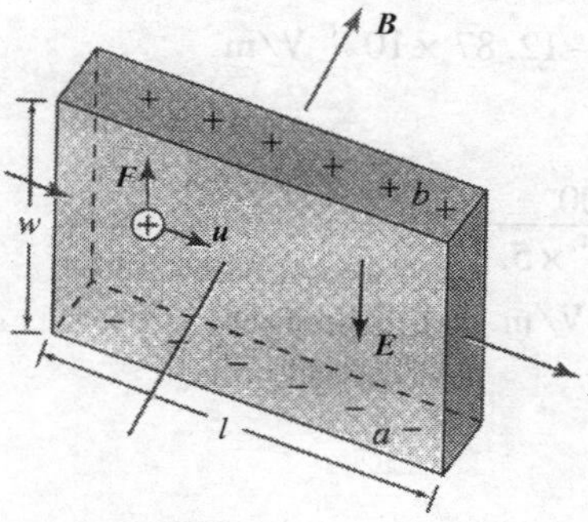

a) P 型材料

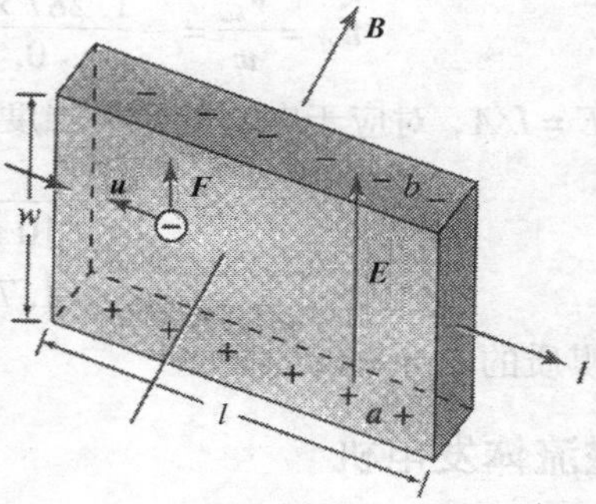

b) N 型材料

图 6-16　导电材料中的霍尔效应电压

如果导电材料中的电流是由电子运动引起的，电子的运动方向与电流方向相反，如图 6-16b所示。这时磁场力使电子偏向 b 边。电子将很快集中于 b 边，a 边则缺少电子。因而 b 边对 a 边的电位将为负值。场 $\boldsymbol{E}_H$ 的方向将是由 a 边指向 b 边。平衡条件下，霍尔效应电压仍由式(6-42)得出，但这时应为负值。实验发现如铜、铝、银、金等这样的导体是由电子产生电流，这一结论对所有 **N 型半导体**(N-type semiconductor 亦称电子型半导体)也是正确的。因此，利用静磁场可测定所给半导体材料片是 P 型还是 N 型。

如果 A 代表材料片的横截面积，n 是单位体积内主要载流子数，Δl 是载流子在 Δt 时间内移动的长度，那么片中的电流可表示为

$$I = \frac{qnA\Delta l}{\Delta t} \tag{6-43}$$

然而

$$\Delta t = \frac{\Delta l}{u} \tag{6-44}$$

式中 u 是媒质中载流子的平均速度，由上二式可得

$$u = \frac{I}{qnA} \tag{6-45}$$

霍尔效应电压现在可用片中的电流表示为

$$V_{ba} = \frac{BIw}{qAn} \tag{6-46}$$

在实践中，霍尔效应可用于：(a) 决定金属中的自由电子密度；(b) 测量电机气隙中的磁通密度。

例 6.9　一块 10 cm 宽、10 cm 长和 1 cm 厚的薄铜片，通过 100 A 的电流，与一 1.75 T 的均匀磁场垂直放置，确定霍尔效应电压。霍尔效应电场强度为多少？对应于铜片电流的电场强度为多少？设铜的电导率为 5.8×10^{7} S/m，铜的自由电子体密度为 $8.5\times10^{28}\ \mathrm{m}^{-3}$。

解　铜的主要载流子是电子，因此，由式(6-46)可知霍尔效应电压为

$$V_{ba} = -\frac{1.75\times100\times10\times10^{-2}}{1.6\times10^{-19}\times8.5\times10^{28}\times10\times1\times10^{-4}}$$
$$= -1.287\times10^{-6}\ \mathrm{V}\ 或\ -1.287\ \mu\mathrm{V}$$

霍尔效应电场强度为

$$E_H=\frac{V_{ba}}{w}=-\frac{1.287\times10^{-6}}{0.1}=-12.87\times10^{-6}\ \mathrm{V/m}$$

再由 $J=\sigma E=I/A$，对应于电流的电场强度为

$$E=\frac{I}{A\sigma}=\frac{100}{10\times1\times10^{-4}\times5.8\times10^{7}}$$

$$=1.72\times10^{-3}\ \mathrm{V/m}\text{ 或 }1.72\ \mathrm{mV/m}$$

式中 σ 是媒质的电导率。

6.13 磁流体发电机

我们已经知道，把载流片放入磁场会在其横向面的两边产生霍尔效应电压。**磁流体**(MHD)**发电机**(magnetohydrodynamic generator)也是应用了这一原理。在这种发电机中，流动的热电离气体或等离子体通过一个置于与均匀磁场垂直的平面内的矩形通道，如图6-17所示。等离子流中有带正电荷的离子，由于霍尔效应而偏向一边，在等离子体两边产生霍尔效应电压。根据图示的等离子体流及磁场的方向，等离子体流的右边形成电动势源的正端，而左边形成负端，此电动势源将在外部跨接的电阻中产生电流(见图)。为了保持良好的电接触，通道左右两边必须用良导体构成，但上下两边必须用绝缘体构成，以防止在通道四周产生环流。

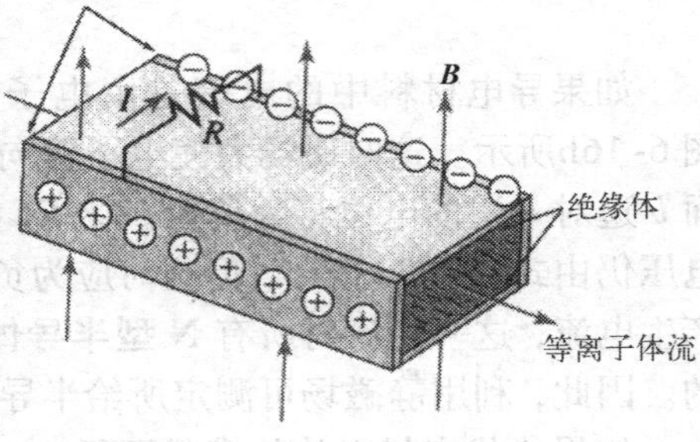

图6-17 MHD发电机基本元件

作为辅助发电机，MHD发电机能够在燃烧矿物燃料的发电技术发展中起重要作用。然而，矿物燃料的燃烧应在诸如喷气发动机之类的特殊燃烧室中进行，以便排出的MHD离子化废气能够被进一步利用来加热锅炉，再产生蒸汽供常规发电机使用。

上述装置也可用作**电磁流量计**(electromagnetic flowmeter)，通过测定流动液体在磁场中产生的霍尔电压，来测量导电液体，如啤酒、污水、洗涤剂等的流速。

例6.10 一个75 cm宽，3 cm厚的矩形通道，两边板之间绝缘，内部排出气体以1000 m/s的速度流动，如果磁场为1.5 T，则在两边板间的霍尔效应电压是多少?

解 由式(6-42)，霍尔效应电压为

$$V=uBw=1000\times1.5\times0.75=1125\ \mathrm{V}$$

6.14 电磁泵

磁场对移动电荷的作用力也导致了无运动部件的所谓**电磁泵**(electromagnetic pump)的开发。电磁泵中惟一使之从一处到另一处不停运动的就是泵中的液体本身。这种技术目前已应用于核反应堆中，利用液体金属如钠、铋、锂等来为反应堆降温。同时，电磁泵还能用来输血而不会对心肺及人造肾脏中血红细胞造成任何危害。

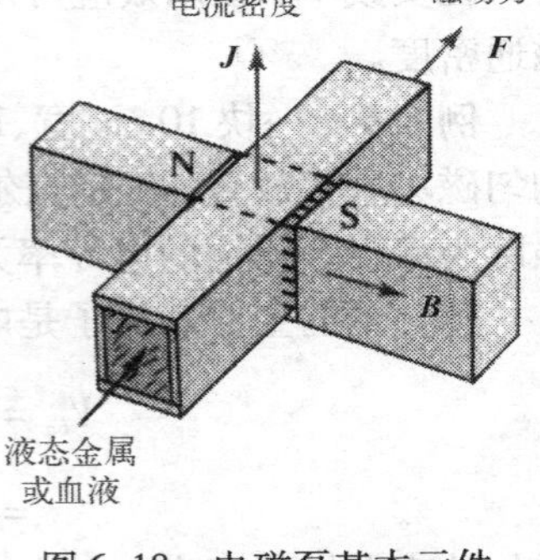

图6-18 电磁泵基本元件

电磁泵的最简单形式由放在磁场中的管道组成，如图6-18

所示。视其用途的不同，管道中可承载液态金属或血液。当有图示方向的横向电流时，磁场合力将驱动电流沿管内流动。

6.15 直流电动机

两极**直流电动机**(direct- current motor)的横截面如图 6-19a 所示。励磁绕组绕在电动机上的静止部分(定子)的两个磁极上，其中通过恒定电流 I_f 以产生电机所要求的磁通量。一圆柱形结构，称为电枢，同心地放置在两极之间的区域，电枢装在转轴上，可以自由地旋转。电枢表面上开槽并放入导体，形成闭合回路，且通过图示的直流电流 I。导体中电流的方向通过称为换向器的装置(图中未画出)始终保持不变。根据洛伦兹力方程，载流导体在磁场中将受到磁场力作用。该磁场力产生转矩，而使电枢转动，现在对此进行说明。

设电枢上所有导体在其表面上均匀分布且形成 N 匝，故包含在微分夹角 $d\theta$ 范围内的线匝数是 $Nd\theta/2\pi$。若电流方向如图 6-19b 所示，则微分磁矩可表示为

$$dm = \frac{NIA}{2\pi}d\theta$$

式中 I 是每匝的电流，A 是每匝的横截面积。根据右手定则，则磁矩方向如图 6-19b 所示。

微分转矩[㊀]为

$$d\boldsymbol{T} = d\boldsymbol{m} \times \boldsymbol{B} = \frac{1}{2\pi}NIAB\sin(\pi/2 - \theta)\,d\theta\boldsymbol{a}_z = \frac{1}{2\pi}NIAB\cos\theta d\theta\boldsymbol{a}_z$$

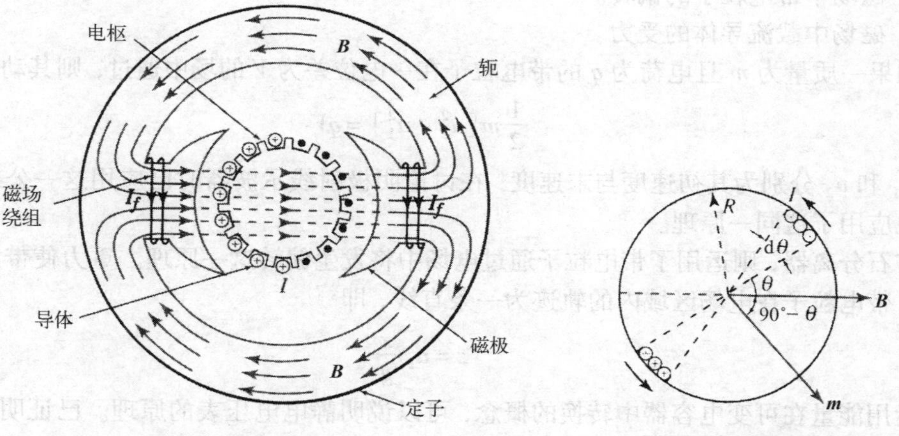

a) 直流电动机截面　　b) 电枢导体受到的力矩

图 6-19　直流电动机截面及电枢导体受到的力矩

这里我们假设 $\boldsymbol{a}_z$ 是包含 $\boldsymbol{m}$ 和 $\boldsymbol{B}$ 的面的单位法向矢量。换句话说，矢量 $\boldsymbol{m}$ 和 $\boldsymbol{B}$ 都假定是在 xy 平面内。由矢量叉乘的结果可知，导体受到的转矩将使电枢沿逆时针方向旋转。导体受到的总转矩为

$$\boldsymbol{T} = \boldsymbol{a}_z\frac{1}{2\pi}NIAB\int_{-\pi/2}^{\pi/2}\cos\theta d\theta$$

或者

㊀ 提示：可参考式(5-19)。——译注

$$T = \frac{1}{\pi} NIAB\boldsymbol{a}_z \tag{6-47}$$

这个公式表明直流电动机产生的转矩与电枢旋转的角度无关。当每个线圈在均匀磁场中以角速度 ω 旋转时，线圈中将会感应运动电动势，有关内容将在第7章讨论。

例6.11 在一直流电动机中，电枢的有效长度为5.08 cm，直径为7.62 cm。电枢上绕有1000匝。磁通密度为1.08 T。如果电枢绕组中的电流为2.5 A，确定此电动机的转矩。

解 每匝横截面积为

$$A = 5.08 \times 7.62 = 38.71\ \text{cm}^2$$

由此可得出电机的转矩为

$$T = \frac{1}{\pi} \times 1000 \times 2.5 \times 38.71 \times 10^{-4} \times 1.08 = 3.327\ \text{N} \cdot \text{m}$$

6.16 摘要

本章解释了静电场和静磁场的一些应用，但只是进行了浅显的讨论。还有许多静态场应用体现了本章概述的原理。而几乎所有的应用至少归属于下述类型之一。

1. 带电粒子在电场中的受力。如果带电粒子能自由运动，则电场力将会增加带电粒子的动能。
2. 电场中带电粒子的偏转。
3. 磁场中带电粒子的偏转。
4. 磁场中载流导体的受力。

如果一质量为 m 且电荷为 q 的带电粒子在一电位差为 V 的场中通过，则其动能变化为

$$\frac{1}{2} m [u_2^2 - u_1^2] = qV$$

其中 u_1 和 u_2 分别为其初速度与末速度，在讨论阴极射线示波器时已应用这一公式。喷墨打印机也应用了这同一原理。

矿石分离器，则运用了带电粒子通过电场中将发生偏转这一原理。重力使带电颗粒向下运动。带电粒子在电场区域内的轨迹为一条直线，即

$$z = a_z \frac{x}{g}$$

运用能量在可变电容器中转换的概念，可以说明静电电压表的原理。已证明，指针偏转角正比于电压的平方即

$$\theta = \frac{1}{2\tau} V^2 \frac{\mathrm{d}C}{\mathrm{d}\theta}$$

如果一带电荷 q 的粒子以速度 $\boldsymbol{u}$ 进入一与均匀磁场 $\boldsymbol{B}$ 垂直的平面内，则该粒子作圆周运动，其轨道半径为

$$R = \frac{mu}{qB} = \frac{u}{\omega}$$

式中 $\omega = \dfrac{qB}{m}$ 为回旋角频率。所谓回旋加速器，即一种高能粒子加速器，可用上式来说明其工作原理。

我们还发现了一个有趣的现象：只要使磁场与电场互相垂直，便可以选择出以要求的速

度运动的带电粒子，这个速度值是电场与磁场的比值：

$$u_0 = \frac{E}{B}$$

速度选择器是质谱仪的重要组成部分。质谱仪通过测定带电粒子的轨道半径来确定带电粒子的质量，即有

$$m = \frac{qRBB'}{E}$$

当有电流流过一放置在磁场中的半导体片时，产生霍尔效应电压。如果片中的电荷在与磁场垂直的方向上运动，则霍尔效应电压为

$$V = uBw = \frac{BIw}{qAn}$$

电压的极性使我们能判断试品材料是 N 型还是 P 型。

直流电动机利用了载流导体在磁场中受力的原理。磁场力产生转矩，从而驱动电动机的电枢。转矩大小为

$$T = \frac{1}{\pi}NIAB$$

我们也曾简单讨论过一些其他应用，比如电磁泵和磁流体发电机。你也可以在图书馆找到有关应用的书籍，或许你会诧异于一些简单的构思竟然能有这么多的应用。

6.17 复习题

6.1 试验电荷 q 在电场 $\boldsymbol{E}$ 中受力为多大？

6.2 试验电荷 q 在磁场 $\boldsymbol{B}$ 中以速度 $\boldsymbol{u}$ 运动，其受力是多少？何时该力为最大？何时最小？

6.3 已知电场 $\boldsymbol{E}$ 和磁场 $\boldsymbol{B}$ 相互垂直，电荷 q 以速度 $\boldsymbol{u}$ 在其中运动，求其受到的净作用力。

6.4 设计一个简单的实验，说明一个载流线圈如何在磁场中取向。

6.5 带电粒子离开一个平行板区域后其轨迹是怎样的？

6.6 一载流导体带净电荷为零，那么，为什么它在磁场中受力呢？

6.7 电场和磁场在一个回旋加速器中的主要功能是什么？

6.8 回旋加速器与同步加速器之间的主要区别是什么？

6.9 在一个直流电动机中作用于导体的力矩和力之间有何联系？

6.10 能否用阴极射线示波器测量电子电荷和质量之比？试解释之。

6.11 如果一个带电粒子在电场中运动，其动能会改变，而当它在磁场中运动时，动能却不变，为什么？

6.12 什么是霍尔效应电压？它与运动电动势是否类似？

6.13 解释一下阴极射线管的工作原理。

6.14 解释一下电磁泵的工作原理。

6.15 解释一下磁流体发电机的工作原理。

6.16 试解释直流电动机的工作原理。

6.17 有一沿 z 方向的均匀磁场 $\boldsymbol{B}$，一质子在场内以速度 $\boldsymbol{u}$ 沿圆轨迹运动。沿 z 轴方向看，质子的旋转是逆时针的还是顺时针的？

6.18 一个电子通过电场时向上偏转，决定电场方向。

6.19 一个质子通过磁场时向上偏转，决定磁场方向。

6.20 设电场与磁场相互垂直，一个电子从左至右通过该处并未受任何力。试决定电场 $\boldsymbol{E}$ 与磁场 $\boldsymbol{B}$ 的方向。

6.21 核物理学家喜欢用电子伏(eV)为单位测量能量，为什么？

6.22 一个带电粒子能量为2 MeV，用焦耳表示此能量为多少？

6.23 为什么速度选择器又叫做速度过滤器？

6.24 证明磁场中电流环的位能为 $-\boldsymbol{m}\cdot\boldsymbol{B}$。位能的意义是什么？

6.25 电流环的位能何时最大？何时最小？

6.26 当一个带电粒子在磁场中运动时，能否定义一个磁位能？

6.18 练习题

6.1 若例6.1中两板距离减少成5 cm，需多大的外施电压才能使偏转为0.5 cm？画出平行板间电子运动速度与时间和速度与距离的曲线。

6.2 例6.1中若偏转为2 cm，板长应为多少？计算电子离开平行板所需的时间，及电子离开该区域时偏转方向上的速度。

6.3 两平行板间距5 cm，一个电子由带负电荷的板的表面被释放，经过12.5 ns撞击到正极性板上。试求(a)电子撞击到正极板时的速度。(b)电子的加速度，(c)两极板间的电位差，(d)两板间电场强度。

6.4 一个电子以 $60\times10^6\boldsymbol{a}_z$ m/s 的速度进入 $100\boldsymbol{a}_z$ kV/m 的电场，求(a)电子在停止运动瞬间在 z 方向的位移及(b)电子通过上述位移所需的时间。电子消耗掉自身动能的80%时走了多远？

6.5 计算例6.3中墨滴撞击纸面时的速度，墨滴从进入偏转区到撞击纸面共用多少时间？

6.6 一直径0.01 mm的墨滴以20 m/s的速度穿越带电板时得到 −2 pC电荷，相距5 mm的垂直偏转板间电势差为200 V，每板长1.5 mm，偏转板出口距纸面12 mm，求墨滴垂直位移。墨的密度为2 g/cm³。

6.7 一粒磷酸盐微粒质量为1.2 g，进入振动进料器后获得 −100 nC电量，该微粒从平行板上沿中心处自由下落，两板间电位差为5 kV。如果板长1.5 m，求出两板间距，使得微粒能正好碰到正极板下沿，并求此时刻粒子的速度。

6.8 上题中粒子质量改为0.5 g至2.5 g之间。每个粒子获得电量在 −80 nC到 −120 nC之间。粒子由平行板上沿中心处下落，两板间距最小为多少？

6.9 空气的击穿场强为3 MV/m。设安全系数为10，绝缘金属球有240 kV的电位，其半径应为多少？球上电荷为多少？

6.10 范德格拉夫发电机内球半径为1 cm，圆罩半径为1 m。内球电荷为10 nC，圆罩电荷为10 μC，它们间的电位差是多少？

6.11 一个静电电压表，当两接线端间加有100 V电压时，指针偏转了30°，每弧度电容量的变化量是多少？设弹簧的扭转常数是1.5 N·m/rad。

6.12 上题的静电电压表，当指针偏转了60°，问所加电压为多大？

6.13 用 $m\boldsymbol{a}=q\boldsymbol{u}\times\boldsymbol{B}$ 证明式(6-30)，其中 $\boldsymbol{a}$ 为带电荷 q 和质量为 m 的带电粒子以速度 $\boldsymbol{u}$ 运动于 $\boldsymbol{B}=B\boldsymbol{a}_z$ 的均匀磁场获得的加速度。设当 $t=0$ 时，$\boldsymbol{u}=u_0\boldsymbol{a}_x$ 且带电粒子由原点进入磁场区域。

6.14 一个有5电子伏(eV)能量的电子在垂直于1.2 mT的均匀磁场的平面上做圆周运动，试计算(a)电子的速度，(b)轨道半径，(c)回旋频率，(d)振荡周期(提示：$1\text{eV}=1.6\times10^{-19}\text{J}$)

6.15 一个电子被20 kV的电压由静止状态开始加速，进入与其运动方向垂直的磁感应强度为50 mT的均匀磁场，试计算电子进入磁场和离开磁场两点间的距离。电子从进入磁场到离开磁场共花多少时间？

6.16 有一回旋加速器D形腔的半径为75 cm，外施电压的频率为10 MHz。求需要多大的 B 值加速质子？质子离开D形腔时的动能多大？

6.17 在一回旋加速器中，电子的运动圆周半径25 cm，$\boldsymbol{B}$ 场的大小是1.2 mT，计算：(a)回旋频率，(b)电子的动能。

6.18 在质谱仪中，一种氧同位素的质量为 26.72×10^{-27} kg，入射点与检测点的距离是20 cm。如果另一种氧同位素的检测距离为22 cm，求它的质量。

6.19 选速器的磁通密度是0.5 T，电场强度是1 MV/m，问质子无偏转通过的速度为多大？质子的动能多大？（质子的质量 $= 1.67 \times 10^{-27}$ kg）

6.20 如果练习题6.19中的那个质子进入 $\boldsymbol{B}$ 为0.5 T的均匀磁场中，沿半圆路径运动，那么它的进入点与离开点之间的距离是多少？需多长时间离开？

6.21 证明在导电媒质中单位体积内载流子个数为

$$n = \frac{JB}{qE_H}$$

式中 J 是电流密度。

6.22 若 E 是导电媒质中对应于电流的电场强度，E_H 是霍尔效应电场，证明

$$\frac{E_H}{E} = \frac{B\sigma}{nq}$$

式中 σ 是媒质的电导率。

6.23 矩形通道宽50 cm，磁场为1.6 T，则当等离子体流速为多少时，通过两壁之间连接的1150 Ω电阻中的电流为2 A？

6.24 一个塑料管直径为20 cm，中间通过污水。将它放入一0.5 T的横向磁场中，如果污水柱相对两边之间最大感应电压为0.25 V，那么管中污水的流速为多少？假定污水匀速流动。

6.25 直流电动机中，电枢有效长度为2.54 cm，直径为5.08 cm，电枢上绕有1500匝，磁通密度为1.5 T，如果电枢绕组的电流为12.5 A，确定电动机的转矩。

6.26 由上题，因为一匝有两个导体，每个导体受力为多大？全部导体共受力多大？每个导体的转矩为多大？计算电动机的总转动力矩。

6.19 习题

6.1 电容器两平板间距为5 cm，板间电位差为10 kV。平板各边均长10 cm，一质子从垂直电场方向以2 keV动能射入此区域。试计算：(a) 质子通过平板区域所需时间，(b) 质子通过平板后的偏移量，(c) 质子的初速度和末速度，(d) 质子穿出平板区后动能的改变。

6.2 一氘核以 $2 \times 10^6 \boldsymbol{a}_x$ m/s 的速度射入一强度为 $-50\boldsymbol{a}_x$ kV/m 的电场，试计算：(a)至氘核速度降为零时共计运动的路程，(b)氘核经过以上路程所需的时间，(c)当氘核损失它的50%动能时，它运动了多少距离？氘核的质量为 3.4×10^{-27} kg。

6.3 一个电子以 $0.8 \times 10^6 \boldsymbol{a}_z$ m/s 的速度进入强度为 $-10\boldsymbol{a}_z$ kV/m 的电场，当它运动了3 cm以后，速度变为多少？

6.4 距离为2 cm的两平行板间电位差为200 V，$t = 0$ 时电子从负极板释出，初速度为零。试确定(a)电子到达正极板时的速度，(b)到达所需时间，(c)到达时电子的动能。

6.5 上题中若电子以2 m/s的初速度从负极板释放，求当它到达正极板时的速度及电子获得的动能。

6.6 $t = 0$ 时，2 g重，带100 nC电荷的粒子以141.4 m/s的速度由原点在 xy 平面中与 x 轴成45°的方向运动。设电场强度为 $200\boldsymbol{a}_x$ kV/m 确定当 $t = 10$ s 时该粒子的速度和位置。

6.7 一个质子以 $-32.48 \times 10^6 \boldsymbol{a}_x$ m/s 的速度进入电场强度为 $150\boldsymbol{a}_x$ kV/m 的区域。刚进入时质子动能为多少？至质子静止瞬间运动的距离为多少？

6.8 一墨滴直径为0.025 mm，它以10 m/s速度通过充电板，获得了 −0.25 pC 的电荷，垂直板间相距2.5 cm时板间的电场强度为100 kV/m。如果每块偏转板长度为1.5 mm，从板的末端到纸面距离为5 mm，确定墨滴垂直方向的偏移，设墨滴密度为2 g/cm³。

6.9 上题中要使墨滴在纸面偏移5 mm，电场强度应为多大？

6.10 对习题6.8计算墨滴落到纸面时的速度和由刚进入偏转板至落到纸上所经历时间。

6.11 振动送料器内有一1.2克重的石墨粒子，获得了 −50 nC 的电荷，然后从平板电容器上端的中点自由

下落。板间电位差为 15 kV。如果板长为 1 m，两板间距为 40 cm，确定石墨粒子离开平行板时的速度和位置。

6.12 由习题 6.11，如果极板放置在离地 2 m 高处，确定石墨粒子着地时的速度和总偏移距离。

6.13 一个半径为 25 cm 的弧立金属球带多少电荷时，能使其电位达到 200 kV？金属球表面电场强度是多少？当周围媒质为空气时，电场能否维持而不发生击穿？

6.14 在范德格拉夫发电机中，内球半径为 2 cm，外球半径为 20 cm，外球带电荷 5 nC，内球需带多少电荷才能使二者电位差为 500 V？

6.15 粒子质量为 m，带电荷 q，从无穷远点，以初始动能 k 射向另一质量为 M，带电荷 Q 的重粒子，当前者停止运动瞬间，二者之间距离为多少？

6.16 静电电压表指针偏转角可表示为 $b\theta$，扭矩常数为 1.2 N·m/rad，当测量的电位差为 100 V 时，偏转角为 30°，则 b 为多少？当偏转角为 45°时，测得的电压为多少？

6.17 电子在垂直于 1.5 T 的磁场的平面中运动，当其动能分别为 100 eV 和 10 keV 时，运动轨道的曲率半径分别为多少？

6.18 质子在磁场 $\boldsymbol{B}$ 中转动频率为 10 MHz，则 $\boldsymbol{B}$ 应为多少？如果轨道半径为 10 cm，则质子动能为多少？以 (a) 焦耳和 (b) 电子伏为单位分别表示。

6.19 一个电子沿 z 方向运动以 20 keV 动能进入一个均匀磁场 $\boldsymbol{B}=1.25\boldsymbol{a}_x$ T。确定电子受到的磁场力。如果磁场限定于 $z\geqslant 0$ 的区域内，则电子的轨道半径为多少？决定电子离开磁场时的方向和进入与离开两点间的距离。

6.20 一铜片宽 20 cm，厚 0.2 cm，载有 500 A 电流，垂直放入 1.2 T 的磁场。计算铜片两边的霍尔效应电压。铜的自由电子密度为 8.5×10^{28} 个/m^3。

6.21 已知某区域电场为 $\boldsymbol{E}=20\boldsymbol{a}_z$ kV/m，磁场为 $\boldsymbol{B}=0.5\boldsymbol{a}_x$ T，当一个质子在其中运动时不发生偏移，计算质子动能。

6.22 当质子在回旋加速器获得最大动能时，其轨道半径为 12 cm。如果磁通密度为 1.5 T，确定质子的动量和动能。

6.23 用回旋加速器来加速质子，使其能量达到 8 MeV，如果质子轨道半径为 0.5 m，则磁通密度应为多大？回旋频率为多少？质子脱离时速度为多少？

6.24 氘核轨道半径为 50 cm，其振荡频率为 10 MHz，计算磁场和氘核的动能。

6.25 一直流电动机的电枢直径为 12 cm，长为 30 cm，均匀绕制了 1200 匝。定子绕组产生的磁通密度为 0.8 T。如果电枢电流为 120 A，计算电动机的转矩。

6.26 一个矩形线圈有 25 匝，面积为 10 cm^2，在 0.5 T 的恒定磁场内转动。如果该线圈电流为 2 A，确定产生的转矩。设磁力线与线圈法线成 30°角。

6.27 如上题，为了使线圈由 0°转到 180°时，要做多大的功？

第 7 章　时变电磁场

7.1　引言

对静态场的研究,我们已得出如下结论:(a)静电场是由静止电荷所产生,(b)静磁场是由运动电荷或恒定电流所产生,(c)静电场是保守场,因为它没有旋度,(d)静磁场是连续的,因为它的散度为零;和(e)静电场即使在没有静磁场时也可存在,反之亦然。

本章指出,时变电场可由时变磁场产生。我们将由磁场产生的电场称为**感应电场**(induced electric field)或**产生 emf 的电场**(emf -producing electric field)。同时突出这一事实,即感应电场不是保守场。感应电场沿闭合路径的线积分称为**感应电动势**(emf)。我们还将发现,时变电场产生时变磁场。简单说来,如果某区域存在时变电(磁)场,则同时存在时变磁(电)场。表述电场与磁场关系的方程式称为**麦克斯韦方程**(Maxwell's equation),因为它们是由麦克斯韦(James Clerk Maxwell)所简明公式化的。在系统阐述这些方程时,显然可知麦克斯韦方程是高斯、法拉第和安培等人有名工作的扩展。

我们可以从法拉第感应定律这一实验结果,或者从观察到荷电粒子受到磁力的现象来导出相应的麦克斯韦方程。因为我们已经熟悉磁力对荷电粒子的作用,所以从后者开始。

7.2　运动电动势

考虑图 7-1 所示的在 x 方向以匀速 $\boldsymbol{u}$ 运动的导体。在这区域内同时存在磁通密度 $\boldsymbol{B}$,$\boldsymbol{B} = -B\boldsymbol{a}_z$。对于导体中每一自由电子作用的磁力为

$$\boldsymbol{F} = q_e\boldsymbol{u} \times \boldsymbol{B} = q_e uB\boldsymbol{a}_y \tag{7-1}$$

式中 q_e 为电子电荷值。在力的作用下,导体内的自由电子将自右向左运动。这种电子迁移的结果,使导体左端出现净负电荷,右端则有净正电荷。巴奈特(Barnett)用实验证明在磁场中运动的导体可使电荷分离。他将仍在运动中的导体从中央切开,当导体的这两部分静止后,可以发现一个带正电荷,另一个则带负电荷。

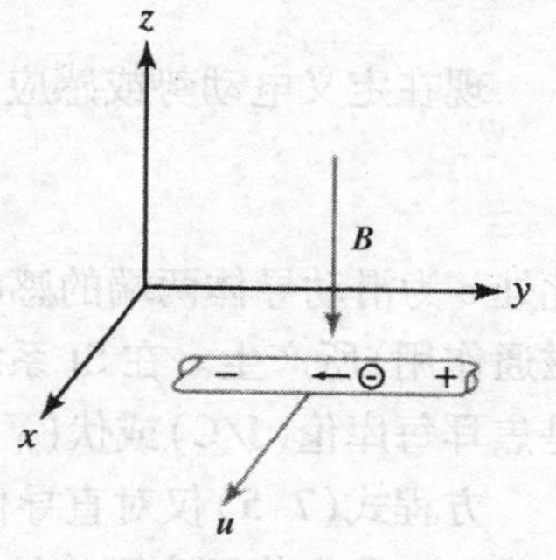

图 7-1　导体在均匀磁场中运动

每单位电荷受的力是电场强度 $\boldsymbol{E}$。这样,由式(7-1)可得 $\boldsymbol{E}$ 场的表示式为

$$\boldsymbol{E} = \boldsymbol{u} \times \boldsymbol{B} = uB\boldsymbol{a}_y \tag{7-2}$$

因为式(7-2)所表示的电场是由磁场所产生,因而称为感应电场。由于 $\boldsymbol{E}$ 是导体在磁场中运动的结果,因而也称为**运动电场**(motional electric field)。注意,感应电场垂直于包含 $\boldsymbol{u}$ 与 $\boldsymbol{B}$ 的平面。稍后我们将证明,感应电场是**非保守场**(nonconservative field)。

感应电场与导体表面相切。由于刚离开导体表面的电场切线分量为零,因而刚刚在导体

表面内的电场也必须为零。为了满足这一边界条件，在导体内部由右至左的电子流动，将在由电荷分离所产生的电场与感应电场大小相等方向相反时立刻中止。此时导体处于平衡状态，作用于自由电子的合力将不存在。

现在观察图7-2所示的导体在一对静止导体上自由滑动的情况。在两个静止导体的远端连接一个电阻器。这样，滑动导体、两个静止导体和电阻器形成一个闭合电路。在这种情况下，滑动导体左端将不可能有电子聚集。取而代之的是电子将通过两个静止导体和串接的电阻器流向导体的另一端。电子的流动在闭合电路中形成电流，称为**感应电流**。感应电流的规定方向与电子电流的方向相反，如图所示。滑动导体的作用就是感应emf(电动势)的源泉。感应电流仅是感应emf在闭合电路中作用的结果。由于在电阻器中的感应电流是由右向左，滑动导体右端($y=b$)相对于它的左端($y=a$)为正。注意，感应电流的规定方向与导体内感应电场的方向相同。

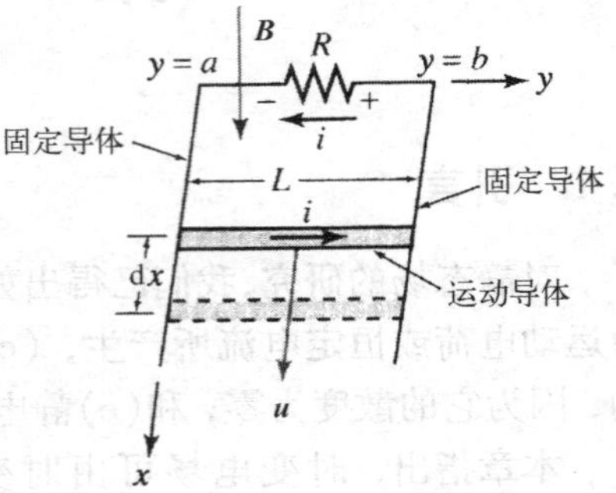

图7-2 一个滑动的导体

依照洛伦兹力方程，滑动导体所感受的磁力为

$$\boldsymbol{F}_m = i\boldsymbol{L}\times\boldsymbol{B} = -BiL\boldsymbol{a}_x \tag{7-3}$$

式中 i 为滑动导体内的电流，L 为它的有效长度。如所预料，磁力的方向是反抗导体的运动。因而必须在 x 方向施加外力，以维持导体沿此方向运动。维持导体匀速运动的外加力必须为

$$\boldsymbol{F}_{\text{ext}} = -\boldsymbol{F}_m = BiL\boldsymbol{a}_x \tag{7-4}$$

导体在 $\mathrm{d}t$ 时间内移动的距离为 $\mathrm{d}x$，则外力所做的功为

$$\mathrm{d}W = BLi\ \mathrm{d}x = BLiu\ \mathrm{d}t$$

式中 $\mathrm{d}x = u\mathrm{d}t$。因为 $i\mathrm{d}t$ 代表在 $\mathrm{d}t$ 时间内传送的电荷量 $\mathrm{d}q$，上式又可写成

$$\mathrm{d}W = BLu\ \mathrm{d}q$$

现在定义电动势或感应emf为外力对单位正电荷所做的功

$$e = \frac{\mathrm{d}W}{\mathrm{d}q} = BLu \tag{7-5}$$

此处 e 为滑动导体两端的感应emf。它又称为**运动emf**，因为它是由导体在磁场中运动(切割磁通作用)所产生。在SI系统中，B 是特斯拉(T，$\mathrm{Wb/m^2}$)，L 是米(m)，u 是米每秒(m/s)，e 是焦耳每库伦(J/C)或伏(V)。

方程式(7-5)仅对直导体在垂直于磁场的平面，沿着与它的长度成直角的方向运动，才能成立。我们将不言而喻地结合这些假设来解释运动emf的概念。现在推导运动emf的一般表示式。

运动emf的一般表示式

保持导体运动所需的力的一般表示式为

$$\boldsymbol{F}_{\text{ext}} = -\int_c i\mathrm{d}\boldsymbol{l}_c \times \boldsymbol{B}$$

式中 $\mathrm{d}\boldsymbol{l}_c$ 为导线在电流 i 方向的长度元，c 表示沿导线内感应电流方向的积分路径。在时间

$\mathrm{d}t$ 内外力使导线运动一段距离 $\mathrm{d}\boldsymbol{l}$ 所做的功为

$$\mathrm{d}W = \boldsymbol{F}_{\mathrm{ext}} \cdot \mathrm{d}\boldsymbol{l} = -i\mathrm{d}\boldsymbol{l} \cdot \int_c \mathrm{d}\boldsymbol{l}_c \times \boldsymbol{B}$$

代入 $i = \frac{\mathrm{d}q}{\mathrm{d}t}$ 和 $\boldsymbol{u} = \frac{\mathrm{d}\boldsymbol{l}}{\mathrm{d}t}$，即可得出导线内运动 emf 的一般表示式为

$$e = \frac{\mathrm{d}W}{\mathrm{d}q} = -\boldsymbol{u} \cdot \int_c \mathrm{d}\boldsymbol{l}_c \times \boldsymbol{B}$$

由于 $\boldsymbol{u}$ 沿导线的长度是不变的，因而上式又可写为

$$e = -\int_c \boldsymbol{u} \cdot (\mathrm{d}\boldsymbol{l}_c \times \boldsymbol{B}) = \int_c \boldsymbol{u} \cdot (\boldsymbol{B} \times \mathrm{d}\boldsymbol{l}_c)$$

最后由矢量恒等式，上式可写成

$$e = \int_c (\boldsymbol{u} \times \boldsymbol{B}) \cdot \mathrm{d}\boldsymbol{l}_c \qquad (7\text{-}6)$$

当 $\boldsymbol{u}$、$\boldsymbol{B}$ 与导线长度三者互相垂直时，上式即简化为式(7-5)。式(7-6)即用来确定导体在磁场中运动所产生的运动 emf。

我们再次说明，$\boldsymbol{u} \times \boldsymbol{B}$ 是感应电场强度，其方向与导体内感应电流的方向相同。这一事实使我们可确定导体两端运动 emf 的极性。概括地说，由运动 emf 所产生的感应电流是在感应电场的方向。

例 7.1 一根长为 L 的铜条，一端安装在枢轴上，另一端以角速度 ω 在均匀磁场中自由旋转，如图 7-3 所示。问铜条两端的感应 emf 是什么？

解 在铜条任意半径 ρ 处的速度为

$$\boldsymbol{u} = \rho\omega\boldsymbol{a}_\phi$$

感应电场强度为

$$\boldsymbol{E} = \boldsymbol{u} \times \boldsymbol{B} = \rho\omega B(\boldsymbol{a}_\phi \times \boldsymbol{a}_z) = \rho\omega B\boldsymbol{a}_\rho$$

由于感应 emf 在半径方向，铜条 b 端相对于装枢轴的 a 端为正。因而由式(7-6)可得感应 emf 为

$$e_{ba} = \omega B\int_0^L \rho\,\mathrm{d}\rho = \frac{1}{2}B\omega L^2$$

例 7.2 一根长度为 $2L$ 的铜条中点安在枢轴上，以角速度 ω 在均匀磁场中旋转，如图 7-4所示。求铜条中点至一端的感应 emf。在两端间的感应 emf 为若干？

解 设想长度为 $2L$ 的铜条是由两根长度为 L 的铜条在枢轴处联结在一起。由例 7.1，显然每一铜条远端与枢轴端相比，处于高电位。由于两根铜条长度相同，以同样角速度在共同的均匀磁场中旋转，因此每一铜条的自由端与枢轴端之间的感应 emf 的大小必然是相同的。于是，铜条一端至中点的感应 emf 为

$$e_{ba} = \frac{1}{2}B\omega L^2$$

在铜条两端之间的感应 emf 为零。

若图 7-3 的铜条可产生最大电流 I，则图 7-4 所示两同样铜条可产生总电流 $2I$。这样，将许多铜条按这种方式连接，则通过电阻 R 的电流将显著增加。按照这一原理做成的设备称为单极发电机(homopolar generator)，如图 7-5 所示。实际上它是由导电材料例如铜，制成

的薄圆盘，称为法拉第盘。当这圆盘在均匀磁场中恒定角速度旋转时，它的作用是恒定(直流)电压源，因而获得**单极发电机**的名称。

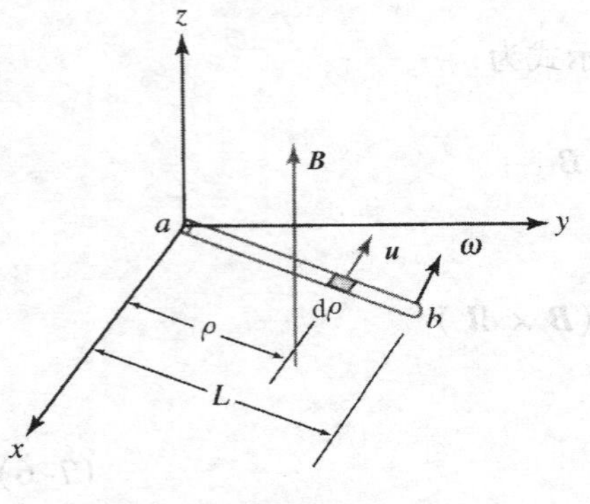

图7-3　在均匀磁场中绕 z 轴旋转的铜条

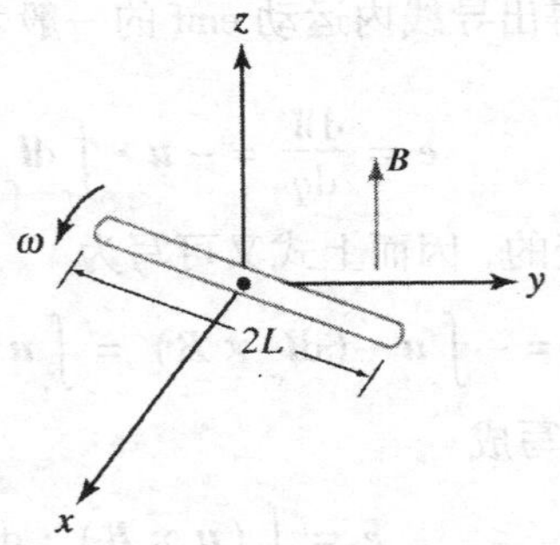

图7-4　中点安在枢轴上的铜条在均匀磁场中旋转

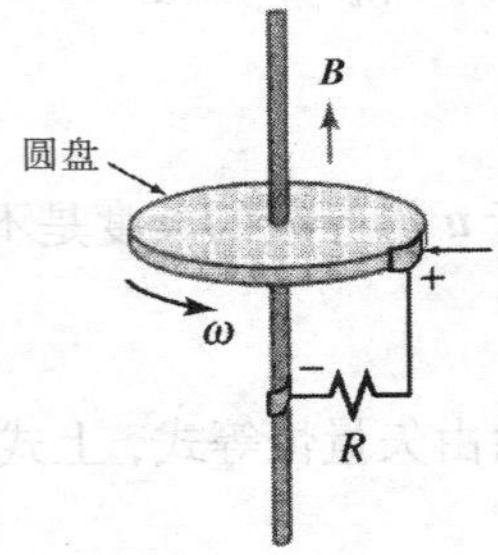

图7-5　单极发电机

7.3　法拉第感应定律

图7-2的闭合电路内的感应emf也可由另一观点来研究。当滑动导线沿 x 方向运动时，由滑动导线、两条固定导线和电阻器所形成的闭合电路增加的面积为

$$\mathrm{d}\boldsymbol{s}=L\mathrm{d}x\boldsymbol{a}_z$$

式中 L 为导线的长度，dx 是它在 dt 时间内移动的距离。通过这一闭合环平面的磁通变化为

$$\mathrm{d}\Phi=\boldsymbol{B}\cdot\mathrm{d}\boldsymbol{s}=-BL\mathrm{d}x$$ ⊖

通过这闭合面的磁通变化率为

$$\frac{\mathrm{d}\Phi}{\mathrm{d}t}=-BL\frac{\mathrm{d}x}{\mathrm{d}t}=-BLu$$

由式(7-5)，此方程可写成

$$e=-\frac{\mathrm{d}\Phi}{\mathrm{d}t}\tag{7-7}$$

事实上，式(7-7)是**法拉第感应定律**(Faraday's law of induction)的数学定义。它说明，沿闭合路径的感应emf等于由此闭合路径所包围面积内穿过的磁通对时间的负变化率。

虽然式(7-7)是在特定条件下推导的，但它是普遍成立的。严格地说，(a)此方程是建立在实验观察的基础上,大多数教科书常常如此说明，(b)负号是楞次创造的,称为**楞次定律**(Lenz's law)。虽然我们已经可以简单地解释它,不过是从运动emf进行推导⊜。那里，仍然可以认为是一个实验事实的陈述。在以下诸节中，将更多地研究法拉第定律与楞次定律。

在用静止线圈做了一系列实验后，法拉第(Michael Faraday)发现当时变磁通穿过由线圈包围的面积时，线圈将感应一个电动势(emf)。感应emf在闭合电路内产生感应电流。时变磁通可在线圈附近移动磁铁来产生，如图7-6所示,或者由打开或接通另一个线圈的电路来建立,如图7-7所示。

⊖　d$\boldsymbol{s}$ 与 $\boldsymbol{B}$ 的方向相反。——译注

⊜　参考图7-2及其相关说明。——译注

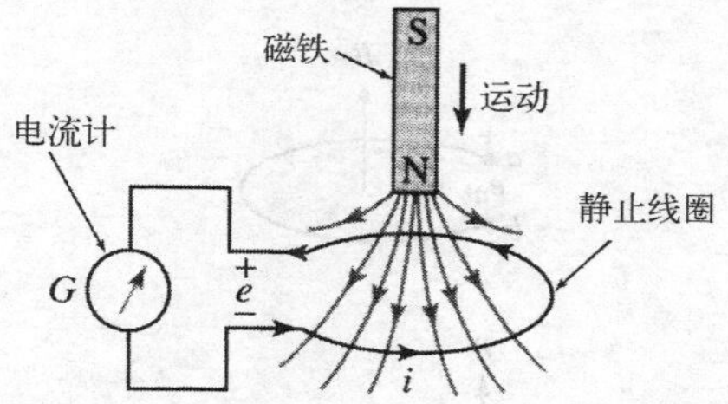

图 7-6　由磁通量增加产生的感应 emf 与电流

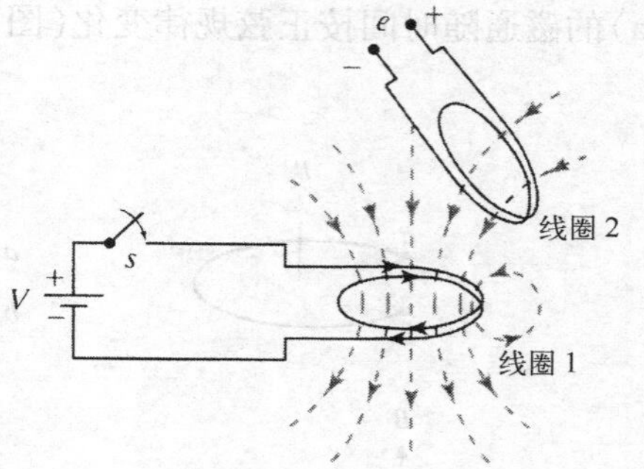

图 7-7　接通线圈 1 的开关 s 时，在线圈 2 中感应 emf

将线圈(亦称环路)放在时变磁场内感应一个 emf 的过程，称为**电磁感应**(electromagnetic induction)。事实上，下列条件之一存在时，即有电磁感应：

1. 随时间变化的磁通穿过(交链)静止线圈。
2. 线圈在均匀磁场中连续改变它的形状或位置。线圈的形状可用挤压或拉伸来改变。
3. 交链线圈的磁通量随时间变化，以及线圈在运动和(或)改变它们的形状。

在闭合导电路径中的感应电流是环路中感应 emf 的结果。就感应 emf 来说，形成闭合路径的环不一定是导电的。若闭合路径是在自由空间或是绝缘介质中，感应 emf 依然存在。

以前已提到，式(7-7)的负号是楞次(Heinrich Friedrich Emil Lenz)引入的，为的是遵守感应 emf 的极性，现在称为楞次定律。它说明，由于穿过环路的磁通变化在闭合导电环内感应的电流方向是使感应电流产生的磁通趋向于抵消原来磁通的变化。本章稍后我们将认识到，楞次定律只是在电学中能量守恒原理的结果。它帮助我们确定在闭合环路中感应电流的方向。在一个开环中的感应 emf 的极性可由想像这环是闭合时的感应电流方向来确定。

现在研究一个开环放在磁场内的情况。当磁通密度，亦即磁通均匀交链于此环，如图 7-8a所示，环的感应 emf 为零。当磁通密度随时间增加，如图 7-8b 所示，则环的 b 点相对于另一端点 a 为正。这是与楞次定律吻合的。若想像环形成闭合路径，则环内的感应电流将沿顺时针方向由 a 流至 b。此时由感应电流产生的磁通将反抗原来交链线圈磁通的增加。同样可以证明，当交链线圈的磁通密度随时间减小时，感应 emf 的极性将如图 7-8c 所示。

感应 emf 方程

若线圈为 N 匝密绕，线圈交链磁通的变化在每一匝中感应一个 emf。线圈总的感应 emf 是各匝感应 emf 串联之和，由式(7-7)，有

$$e = -N\frac{\mathrm{d}\Phi}{\mathrm{d}t} \tag{7-8}$$

定义**磁链**(magnetic flux linkage)为

$$\lambda = N\Phi \tag{7-9}$$

则式(7-8)可写成

$$e = -\frac{\mathrm{d}\lambda}{\mathrm{d}t} \tag{7-10}$$

我们可用式(7-8)或式(7-10)来确定 N 匝密绕线圈的感应 emf。如果交链 N 匝线圈(图

7-9a)的磁通随时间按正弦规律变化(图7-9b)，即

$$\Phi = \Phi_m \sin\omega t$$

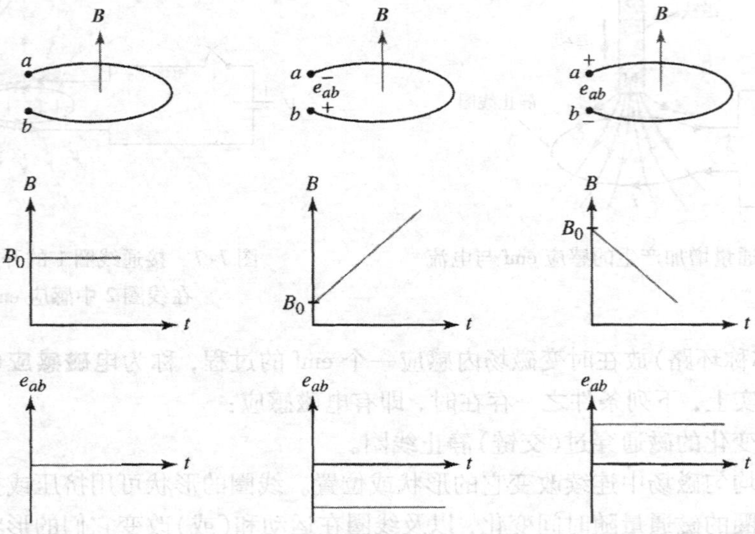

a) 磁通量恒定　b) 磁通量随时间增加　c) 磁通量随时间减少

图7-8　在开环中由交链磁通引起的感应emf

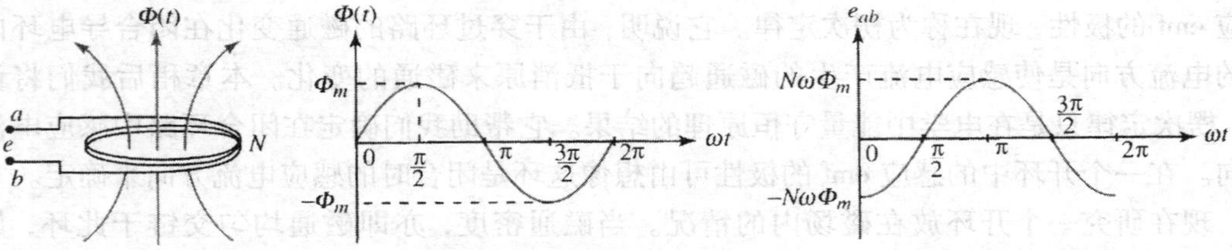

a) N匝开路线圈　b) 磁通随时间按正弦规律变化　c) 线圈中的感应emf

图7-9　交链N匝线圈磁通的变化规律及线圈中的感应emf

则线圈的感应emf为

$$e_{ab} = -N\omega\Phi_m\cos\omega t$$

感应emf的瞬时值绘于图7-9c，感应emf的最大值为

$$E_m = N\Phi_m\omega$$

它的有效值(或rms)为

$$E = \frac{1}{\sqrt{2}}E_m = \sqrt{2}\pi fN\Phi_m \tag{7-11}$$

实用上，$\sqrt{2}\pi$近似取为4.44，则式(7-11)可写成

$$E = 4.44fN\Phi_m \tag{7-12}$$

上述方程的导出是假定线圈静止，与线圈交链的磁通随时间按正弦变化。这是变压器的基本工作原理(7.14节将详细讨论)。式(7-12)惯例称为**变压器方程**，感应emf通常称为**变压器emf**。7.4节将进一步讨论变压器emf和变压器方程(transformer equation)。

例 7.3 半径为 40 cm 的圆形导电环位于 xy 平面，其电阻为 20 Ω。若该区的磁通密度为 $\boldsymbol{B}=0.2\cos 500t\boldsymbol{a}_x+0.75\sin 400t\boldsymbol{a}_y+1.2\cos 314t\boldsymbol{a}_z$T，求环内感应电流的有效值。

解 由于环位于 xy 平面，环的单位法线在 z 方面，这样，环的微分面积为

$$d\boldsymbol{s}=\rho\ d\rho\ d\phi\boldsymbol{a}_z$$

穿过此面积的磁通为

$$d\Phi=\boldsymbol{B}\cdot d\boldsymbol{s}=1.2\rho\ d\rho\ d\phi\cos 314t$$

在任意时间环的总交链磁通为

$$\Phi = 1.2\cos 314t\int_0^{0.4}\rho\ d\rho\int_0^{2\pi}d\phi = 0.603\cos 314t\ \text{Wb}$$

因为磁通以 $\omega=314$ rad/s 的角频率作正弦变化，感应 emf 频率为 50 Hz。磁通的最大值为 0.603 Wb。因此，由式(7-12)得出感应 emf 的有效值为

$$E=4.44\times 50\times 1\times 0.603=133.866\ \text{V}$$

在具有 20 Ω 电阻的环内感应电流有效值为

$$I=\frac{133.866}{20}=6.693\ \text{A}$$

7.4 麦克斯韦方程(法拉第定律)

我们已经知道在导体内维持电流必须在此导体内存在电场。基于这种理解，可以用导体内的感应电场强度来定义感应 emf 如下

$$e = \oint_c \boldsymbol{E}\cdot d\boldsymbol{l} \tag{7-13}$$

式中积分路径 c 是沿着假想路径为导电时的感应电流方向。若围线 c 所包围的总磁通为

$$\Phi = \int_s \boldsymbol{B}\cdot d\boldsymbol{s}$$

则式(7-7)可表示为

$$\oint_c \boldsymbol{E}\cdot d\boldsymbol{l} = -\frac{d}{dt}\int_s \boldsymbol{B}\cdot d\boldsymbol{s} \tag{7-14}$$

而 $d\boldsymbol{s}$ 的方向由围线 c 和右手定则来确定。当我们将右手四指沿围线 c 的方向弯曲时，大拇指则指出面 $d\boldsymbol{s}$ 的单位法线方向。

若考虑面在空间是固定的，则式(7-14)的时间导数仅施用于时变磁场 $\boldsymbol{B}$。这时可将上式表示为

$$\oint_c \boldsymbol{E}\cdot d\boldsymbol{l} = -\int_s \frac{\partial \boldsymbol{B}}{\partial t}\cdot d\boldsymbol{s} \tag{7-15}$$

为了显示 $\boldsymbol{B}$ 仅仅是对时间的微分，因而将它用偏导数表示。式(7-15)也是静止环位于时变磁场中，法拉第定律所定义的积分形式。由于沿闭合路径的感应电场线积分等于感应 emf，因而感应电场是非保守场。

利用斯托克斯定理，可将沿闭合路径 c 的线积分变换成由 c 包围的面积 s 的面积分如下

$$\int_s(\nabla\times\boldsymbol{E})\cdot d\boldsymbol{s} = -\int_s \frac{\partial \boldsymbol{B}}{\partial t}\cdot d\boldsymbol{s}$$

由于方程式两边的积分是在任意闭合路径 c 所包围的同一个面积 s，因此这方程当且仅当两

边的被积函数相等时才能成立，即

$$\nabla\times\boldsymbol{E}=-\frac{\partial\boldsymbol{B}}{\partial t}\tag{7-16}$$

式(7-16)也是法拉第定律在静止媒质某一固定观察点的表示式。此式是著名的麦克斯韦四个方程之一，我们称它为麦克斯韦方程(法拉第定律)的点函数形式或微分形式。此式可用以求出当磁场是时间函数时，空间某定点的电场强度。对于静态场，它简化为 $\nabla\times\boldsymbol{E}=0$。

我们还定名式(7-15)是麦克斯韦方程(法拉第定律)的积分形式。可以用它来计算静止闭合路径中的感应 emf。如 7.3 节中所述，此式也是变压器方程的积分形式，它也可表示为

$$e_t=-\int_s\frac{\partial\boldsymbol{B}}{\partial t}\cdot\mathrm{d}\boldsymbol{s}\tag{7-17}$$

下标 t 表示它仅是变压器 emf。

一般方程

一个闭合环(回路)在磁场中运动，将在环内产生运动 emf，如式(7-6)所示。若用下标 m 表明运动 emf，则对于闭合回路，式(7-6)可写成

$$e_m=\oint_c(\boldsymbol{u}\times\boldsymbol{B})\cdot\mathrm{d}\boldsymbol{l}\tag{7-18}$$

当此环在时变磁场内运动时，总的感应 emf 为

$$\begin{aligned}e&=e_t+e_m\\&=-\int_s\frac{\partial\boldsymbol{B}}{\partial t}\cdot\mathrm{d}\boldsymbol{s}+\oint_c(\boldsymbol{u}\times\boldsymbol{B})\cdot\mathrm{d}\boldsymbol{l}\end{aligned}\tag{7-19}$$

根据右手定则，式中围线 c 的方向确定了面 $\mathrm{d}s$ 单位法线的方向。此式为法拉第感应定律的另一种一般形式。以感应电场来表示，式(7-19)也可写成

$$\oint_c\boldsymbol{E}\cdot\mathrm{d}\boldsymbol{l}=-\int_s\frac{\partial\boldsymbol{B}}{\partial t}\cdot\mathrm{d}\boldsymbol{s}+\oint_c(\boldsymbol{u}\times\boldsymbol{B})\cdot\mathrm{d}\boldsymbol{l}$$

应用斯托克斯定理可得

$$\int_s(\nabla\times\boldsymbol{E})\cdot\mathrm{d}\boldsymbol{s}=-\int_s\frac{\partial\boldsymbol{B}}{\partial t}\cdot\mathrm{d}\boldsymbol{s}+\int_s[\nabla\times(\boldsymbol{u}\times\boldsymbol{B})]\cdot\mathrm{d}\boldsymbol{s}$$

由于 s 是由同一任意围线 c 所决定，为了此方程能在一般情况下成立，两边的被积函数必须相等，即

$$\nabla\times\boldsymbol{E}=-\frac{\partial\boldsymbol{B}}{\partial t}+\nabla\times(\boldsymbol{u}\times\boldsymbol{B})\tag{7-20}$$

上式是麦克斯韦方程(法拉第定律)点函数的最一般化形式。用它可确定在某观察点以速度 $\boldsymbol{u}$ 在磁场 $\boldsymbol{B}$ 中运动的电场。

例 7.4 一个 N 匝密绕的矩形线圈在均匀磁场中旋转，如图 7-10 所示。试求线圈中的感应 emf，采用(a)运动 emf 的概念，(b)法拉第感应定律。

解 (a) 运动 emf:磁通密度是均匀的，因而线圈感应 emf 仅是由于它的运动。并且只有在半径 R 处的导线才能产生感应 emf。在 C 处 N 个导线的感应 emf 应与 D 处 N 个导线的感应 emf 大小相等，但它们的相位相差 180°。基于这种理解来计算 C 处 N 个导线的感应 emf。导线的运动速度为

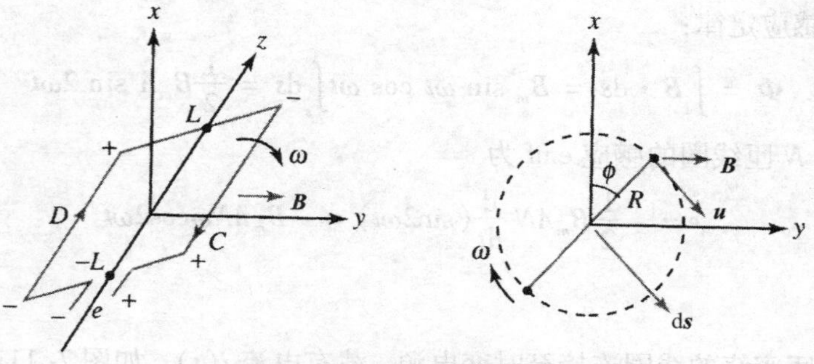

图 7-10 线圈在磁场中旋转的两个图

$$\boldsymbol{u} = \omega R \boldsymbol{a}_\phi$$

由于 $\phi = \omega t$，$\boldsymbol{B} = B\boldsymbol{a}_y$，$\boldsymbol{u} \times \boldsymbol{B} = -\omega RB\sin\omega t\boldsymbol{a}_z$（$\boldsymbol{a}_\phi \times \boldsymbol{a}_y = -\sin\omega t\boldsymbol{a}_z$），因而 C 处 N 个导线的运动 emf 为

$$\begin{aligned} e_m &= \int_c N(\boldsymbol{u} \times \boldsymbol{B}) \cdot \mathrm{d}\boldsymbol{l} = -NBR\omega\sin\omega t\int_L^{-L} \mathrm{d}z \\ &= 2NLRB\omega\sin\omega t \end{aligned}$$

所以 N 匝密绕线圈中的感应 emf 为

$$e = 2e_m = 4LRNB\omega\sin\omega t = NBA\omega\sin\omega t$$

式中 $A = 4LR$ 为线圈的面积。

（b）法拉第定律：对于图 7-10 所示的微分面积方向，我们有

$$\Phi = \int_s \boldsymbol{B} \cdot \mathrm{d}\boldsymbol{s} = \int_s (\boldsymbol{a}_y \cdot \boldsymbol{a}_\rho) B\mathrm{d}s = B\cos\omega t\int_s \mathrm{d}s = BA\cos\omega t$$

N 匝线圈中的感应 emf 为

$$e = -N\frac{\mathrm{d}\Phi}{\mathrm{d}t} = BAN\omega\sin\omega t$$

例 7.5 若例 7.4 的磁通密度按 $B_m\sin\omega t$ 变化，试求感应 emf，采用（a）运动与变压器 emf 概念，（b）法拉第感应定律。

解 （a）运动 emf：

$$\begin{aligned} e_m &= 2e'_m = 2N\int_c (\boldsymbol{u} \times \boldsymbol{B}) \cdot \mathrm{d}\boldsymbol{l} = 2N\omega B_m R\sin^2\omega t\int_L^{-L} \mathrm{d}z^{\ominus} \\ &= B_m AN\omega\sin^2\omega t \end{aligned}$$

此处 $A = 4LR$。

变压器 emf：

$$\begin{aligned} e_t &= -N\int_s \frac{\partial \boldsymbol{B}}{\partial t} \cdot \mathrm{d}\boldsymbol{s} = -N\omega B_m\cos\omega t(\boldsymbol{a}_y \cdot \boldsymbol{a}_\rho)\int_s \mathrm{d}s \\ &= -B_m AN\omega\cos^2\omega t \end{aligned}$$

此处 $\boldsymbol{a}_y \cdot \boldsymbol{a}_\rho = \cos\omega t$。因而线圈中的感应 emf 为

$$\begin{aligned} e &= e_m + e_t = -B_m AN\omega(\cos^2\omega t - \sin^2\omega t) \\ &= -B_m AN\omega\cos 2\omega t \end{aligned}$$

⊖ 此式左边原书写成 e，易与下面的符号混淆，现改成 e_m；同时将原书的 e_m 改为 e'_m。——译注

（b）法拉第感应定律：

$$\Phi = \int_s \boldsymbol{B} \cdot \mathrm{d}\boldsymbol{s} = B_m \sin \omega t \cos \omega t \int_s \mathrm{d}s = \frac{1}{2} B_m A \sin 2\omega t$$

因而由式(7-8)，N 匝线圈的感应 emf 为

$$e = -\frac{1}{2} B_m A N \frac{\mathrm{d}}{\mathrm{d}t}(\sin 2\omega t) = -B_m A N \omega \cos 2\omega t$$

7.5 自感

研究一个 N 匝密绕的线圈连接至时变电源，载有电流 $i(t)$，如图 7-11a 所示。此电流产生时变磁通，它反过来在线圈中产生感应 emf，如图所示。感应 emf 在线圈中产生感应电流倾向于反抗原来电流 $i(t)$ 的变化。若 $\Phi(t)$ 为任意时刻与线圈所有匝数交链的磁通，则此刻线圈中的感应 emf $e(t)$ 为

$$e = N \frac{\mathrm{d}\Phi}{\mathrm{d}t}$$

注意，式中略去了负号，因为我们在图中已标出感应 emf 的极性。

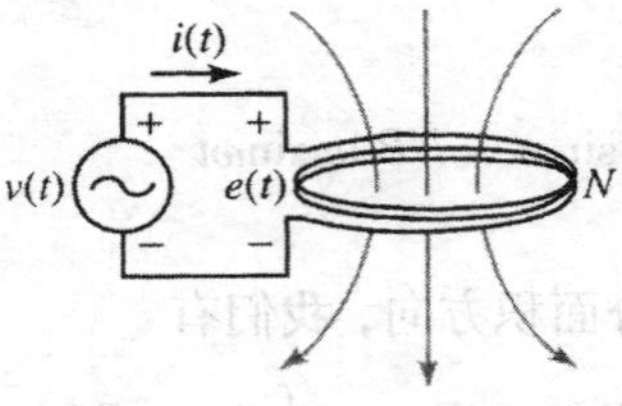

a) 载有时变电流的线圈

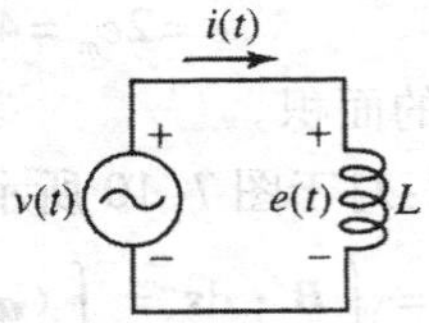

b) 线圈表示为电感器

图 7-11 载有时变电流的线圈表示为电感器

由于线圈的感应 emf 反抗外加电压，它也称为**感应电压**（induced voltage）或**反电动势**（back emf 或 counter emf）[㊀]。这样，可将上式以外加电压表示如下

$$v = e = N \frac{\mathrm{d}\Phi}{\mathrm{d}t} \tag{7-21}$$

乘积 $N\Phi$ 按式(7-9)定义为磁链以 λ 表示，即

$$\lambda = N\Phi \tag{7-22}$$

每单位电流变化的磁链变化（或者一个线圈的磁链对本身电流的变化率）称为线圈的**自感或电感**（self-inductance 或 inductance），通常以 L 表示。即

$$L = \frac{\mathrm{d}\lambda}{\mathrm{d}i} = N \frac{\mathrm{d}\Phi}{\mathrm{d}i} \tag{7-23}$$

此方程所定义的电感是韦伯匝数每安培。但为了纪念亨利（Joseph Henry），我们将一韦伯匝数每安培称为一亨[利]（henry）。

式(7-23)也可写成

$$L\,\mathrm{d}i = N\,\mathrm{d}\Phi \tag{7-24a}$$

下面的讨论是假定磁通 $\Phi(t)$ 与电流 $i(t)$ 成正比。换句话说，线圈是绕制在线性（磁导率为

㊀ 原书 back emf 和 counter emf 意思相同，故只以“反电动势”一词译出。——译注

常数)的磁性材料上，线圈电感 L 为常数。这时式(7-24a)也可表示为

$$Li = N\Phi \tag{7-24b}$$

此式说明，当每匝的磁链数相同时，Li 等于总磁链数。

由式(7-24b)可得出绕制在线性磁性材料上的线圈电感表达式为

$$L = \frac{N\Phi}{i} \tag{7-25}$$

此式通常用来确定线圈中有恒定电流的磁路的电感量。将式(7-24a)两边对 t 微分，得到

$$L\frac{\mathrm{d}i}{\mathrm{d}t} = N\frac{\mathrm{d}\Phi}{\mathrm{d}t} \tag{7-26}$$

比较式(7-21)与(7-26)可得

$$v = L\frac{\mathrm{d}i}{\mathrm{d}t} \tag{7-27}$$

这是熟知的表示电感 L 两端电压降的回路方程。它使我们将载流线圈以电感表示，如图 7-11b所示。在这种情况下，具有电感量的线圈称为**电感器**(inductor)。当电流在此元件中的变化率为一安培每秒，元件两端的电压降为一伏时，元件的电感量为一亨。

也可以用磁路的磁阻或磁导来定义电感。我们将证明电感主要由磁路的参数所决定。将式(7-25)分子与分母都乘以N，重写如下

$$L = \frac{N^2\Phi}{Ni} = \frac{N^2\Phi}{\mathscr{F}} = \frac{N^2}{\mathscr{R}} = \mathscr{P}N^2 \tag{7-28}$$

式中 $\mathscr{F} = Ni$ 为磁路(此处为线圈)的外加 mmf，$\mathscr{R}$ 为磁阻㊀，$\mathscr{P}$为磁路的磁导。这样，第 5 章讨论的每一个磁路㊁都可用它的电感表示的等效电路来描述。

例 7.6 一个半径为 20 cm、非常长的非磁性圆柱，每单位长度紧密缠绕 200 匝，形成空芯电感器(螺线管)。若通过线圈的电流是恒定的，求它的电感量。

解 在非常长的非磁性圆柱体内的磁通密度为

$$\boldsymbol{B} = \mu_0 nI\boldsymbol{a}_z$$

式中 n 为每单位长的匝数。半径为 b 的圆柱体所包围的磁通量为

$$\Phi = \int_s \boldsymbol{B}\cdot \mathrm{d}\boldsymbol{s} = \mu_0 nI\int_0^b \rho\,\mathrm{d}\rho\int_0^{2\pi}\mathrm{d}\phi = \mu_0 nI\pi b^2$$

由式(7-25)，螺线管每单位长的电感量为

$$L = \mu_0 \pi n^2 b^2$$

代入已知值，可得

$$L = 4\pi\times10^{-7}\times\pi\times200^2\times0.2^2 = 6.32\ \mathrm{mH/m}$$

例 7.7 求内导体半径为 a、外导体半径为 b 的同轴电缆每单位长的自感表示式。设外导体的厚度可忽略不计，内导体中的电流均匀分布。

解 内导体的电流密度(图 7-12)为

$$\boldsymbol{J} = \frac{I}{\pi a^2}\boldsymbol{a}_z$$

由安培定律，在内导体任意半径 ρ 处($0\leqslant\rho\leqslant a$)的磁通密度为

㊀ 由式(7-28)可知，磁阻的单位是亨利的倒数即 H^{-1}，如表 1-1 所示。——译注

㊁ 可以这样说，磁路的每一条支路可用它的电感表示成等效电路中相应的一条支路。——译注

$$\boldsymbol{B}_i=\frac{\mu_0 I\rho}{2\pi a^2}\boldsymbol{a}_\phi$$

在 z 方向单位长，ρ 与 $\rho+\mathrm{d}\rho$ 区间所包围的磁通为

$$\mathrm{d}\Phi_i=\frac{\mu_0 I\rho\ \mathrm{d}\rho}{2\pi a^2}$$

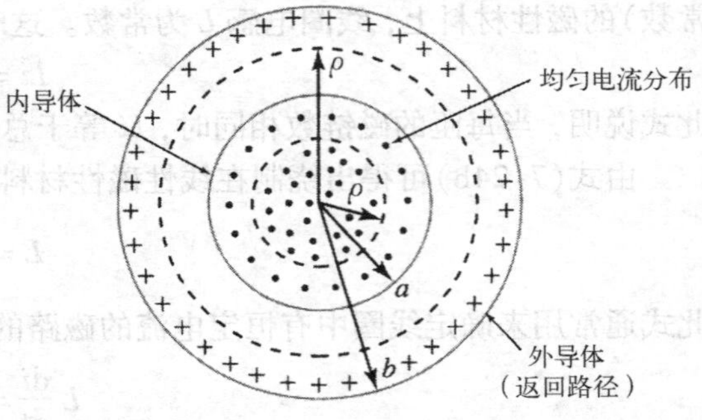

图 7-12 电流均匀分布的同轴电缆

由于在以半径为 ρ 的周界范围内只包含全电流的一部分，因而磁链为

$$\mathrm{d}\lambda_i=\frac{\mu_0 I\rho\ \mathrm{d}\rho}{2\pi a^2}\left(\frac{\rho}{a}\right)^2$$

在内导体内的总磁链为

$$\lambda_i=\frac{\mu_0 I}{2\pi a^4}\int_0^a\rho^3\ \mathrm{d}\rho=\frac{\mu_0 I}{8\pi}$$

因而内导体由于它的内部磁通所呈现的每单位长度的电感量为

$$L_i=\frac{\lambda_i}{I}=\frac{\mu_0}{8\pi}\ \mathrm{H/m}$$

现在来确定由于两个导体之间的磁通所呈现的电感(图 7-12)。在 $a\leqslant\rho\leqslant b$ 区域内的磁通密度为

$$\boldsymbol{B}_e=\frac{\mu_0 I}{2\pi\rho}\boldsymbol{a}_\phi$$

在 ρ 与 $\rho+\mathrm{d}\rho$ 与沿 z 方向单位长区域内穿过的磁通为

$$\mathrm{d}\Phi_e=\frac{\mu_0 I\mathrm{d}\rho}{2\pi\rho}$$

总磁链为

$$\lambda_e=\frac{\mu_0 I}{2\pi}\int_a^b\frac{1}{\rho}\mathrm{d}\rho=\frac{\mu_0 I}{2\pi}\ln\left(\frac{b}{a}\right)$$

这样，由上述磁链所产生的自感为

$$L_e=\frac{\lambda_e}{I}=\frac{\mu_0}{2\pi}\ln\left(\frac{b}{a}\right)\ \mathrm{H/m}$$

因而同轴电缆每单位长的总电感为

$$L=\frac{\mu_0}{2\pi}\left[\frac{1}{4}+\ln\left(\frac{b}{a}\right)\right]\ \mathrm{H/m} \tag{7-29}$$

7.6 互感

现在研究图 7-13 所示的有两个线圈的磁路。电流 i_1 在线圈 1 中产生磁通 Φ_1，线圈 2 为开路。线圈 1 的自感为

$$L_{11}=N_1\frac{\mathrm{d}\Phi_1}{\mathrm{d}i_1} \tag{7-30}$$

式中电感的第一个下标表示要计算其电感的线圈，第二个下标表示通过电流产生磁通的线圈。令 Φ_{21} 为 Φ_1 交链至线圈 2 的部分，则第 2 线圈的感应 emf 为

$$e_2 = N_2 \frac{d\Phi_{21}}{dt} \tag{7-31}$$

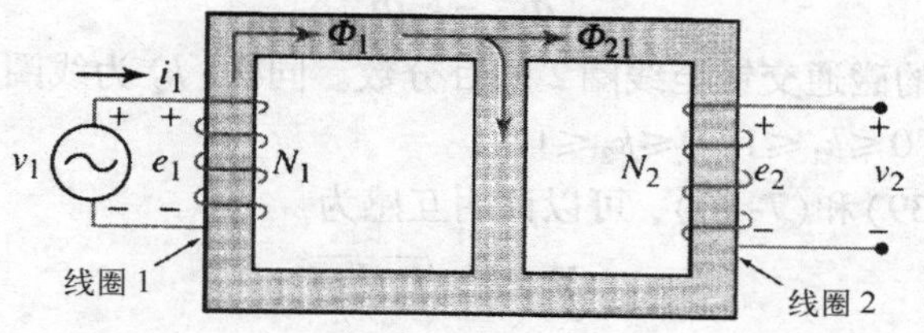

图 7-13 有两个截流线圈的磁路

其极性已示于图中。若 v_2 为线圈 2 的开路电压，则

$$v_2 = N_2 \frac{d\Phi_{21}}{dt} \tag{7-32}$$

若定义**互感**(mutual inductance)为

$$v_2 = L_{21} \frac{di_1}{dt} \tag{7-33}$$

则

$$L_{21} = N_2 \frac{d\Phi_{21}}{di_1} \tag{7-34}$$

式中 L_{21} 为线圈 2 由线圈 1 所产生的磁通引起的互感。上式使我们可用磁路中的磁通来定义互感。两个线圈间的互感可定义为一个线圈由另一线圈每单位电流所产生的磁链。

设线圈 2 有电流 i_2 产生磁通 Φ_2，线圈 1 为开路，线圈 2 的自感为

$$L_{22} = N_2 \frac{d\Phi_2}{di_2} \tag{7-35}$$

令 Φ_{12} 为 Φ_2 交链线圈 1 的部分磁通，则线圈 1 的感应 emf 为

$$e_1 = N_1 \frac{d\Phi_{12}}{dt} \tag{7-36}$$

若 v_1 为线圈 1 的开路电压，则

$$v_1 = N_1 \frac{d\Phi_{12}}{dt} \tag{7-37}$$

如定义互感如下，若

$$v_1 = L_{12} \frac{di_2}{dt} \tag{7-38}$$

则

$$L_{12} = N_1 \frac{d\Phi_{12}}{di_2} \tag{7-39}$$

此处 L_{12} 为线圈 1 由线圈 2 所产生的磁通引起的互感。

由于在两种情况下，两线圈的相对几何结构是相同的，稍后我们将证明

$$L_{12} = L_{21} = M \tag{7-40}$$

式中 M 为两个线圈间的互感。由于一个线圈所产生的磁通只有部分与另一线圈交链，因而可将这些磁通表示为

$$\Phi_{21}=k_1\Phi_1 \tag{7-41a}$$

和

$$\Phi_{12}=k_2\Phi_2 \tag{7-41b}$$

式中 k_1 为线圈 1 产生的磁通交链至线圈 2 的百分数。同样，k_2 为线圈 2 产生的磁通交链至线圈 1 的百分数。显然，$0\leqslant k_1\leqslant 1$，$0\leqslant k_2\leqslant 1$。

由式(7-34)、(7-39)和(7-40)，可以证明互感为

$$M=k\sqrt{L_{11}L_{22}} \tag{7-42a}$$

式中

$$k=\sqrt{k_1k_2} \tag{7-42b}$$

称为两个线圈间的**耦合系数**(coefficient of coupling)，$0\leqslant k\leqslant 1$。在理想情况下，$k=1$，两线圈称为**完全耦合**(perfectly coupled)。若多于两个线圈互相产生磁耦合，我们可分别求每对线圈之间的互感。由于 L_{11} 与 L_{22} 可由磁路的磁阻来定义，因而也可得出由磁阻表示的互感为

$$M=k\frac{N_1N_2}{\mathscr{R}} \tag{7-43}$$

此式在线性磁路中求任何两个线圈之间的互感是十分有用的。

现在来检验互感是决定于两个线圈间的几何位置、尺寸和形状及其排列的论断。图 7-14 表示两个紧密缠绕的线圈，线圈 1 载有电流，线圈 2 开路。线圈 2 的总磁链为

$$\lambda_{21}=N_2\int_{s_2}\boldsymbol{B}_1\cdot d\boldsymbol{s}_2$$

式中 $\boldsymbol{B}_1$ 为由线圈 1 的电流 $i_1(t)$ 在线圈 2 平面产生的磁通密度。磁通密度可用磁矢位 $\boldsymbol{A}$ 来表示，因此上式可写成

$$\lambda_{21}=N_2\int_{s_2}(\nabla\times\boldsymbol{A}_1)\cdot d\boldsymbol{s}_2$$

应用斯托克斯定理可得

$$\lambda_{21}=N_2\oint_{c_2}\boldsymbol{A}_1\cdot d\boldsymbol{l}_2 \tag{7-44}$$

然而，由线圈 1 的电流在线圈 2 任意点产生的磁矢位为

$$\boldsymbol{A}_1=\frac{\mu_1N_1i_1}{4\pi}\oint_{c_1}\frac{d\boldsymbol{l}_1}{r}$$

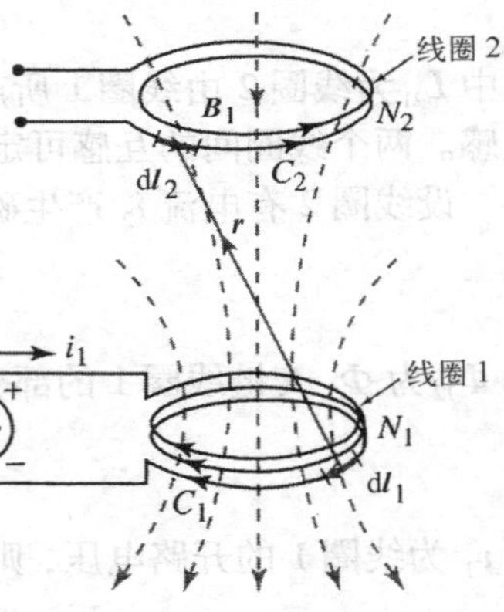

图 7-14 两个线圈之间的互磁链

将 $\boldsymbol{A}_1$ 代入式(7-44)，得

$$\lambda_{21}=\frac{\mu_1N_1N_2i_1}{4\pi}\oint_{c_1}\oint_{c_2}\frac{d\boldsymbol{l}_1\cdot d\boldsymbol{l}_2}{r}$$

因此，由线圈 1 的电流在线圈 2 引起的互感为

$$L_{21}=\frac{\mu_1N_1N_2}{4\pi}\oint_{c_1}\oint_{c_2}\frac{d\boldsymbol{l}_1\cdot d\boldsymbol{l}_2}{r} \tag{7-45}$$

同样地，当线圈 2 载有电流 $i_2(t)$，线圈 1 开路，则可得出线圈 1 由线圈 2 的电流所引起的互感表示式为

$$L_{12}=\frac{\mu_2 N_1 N_2}{4\pi}\oint_{c_1}\oint_{c_2}\frac{\mathrm{d}\boldsymbol{l}_1\cdot\mathrm{d}\boldsymbol{l}_2}{r} \tag{7-46}$$

式(7-45)和(7-46)已知是两个载流线圈之间互感的**牛曼公式**(Neumann's formula)。这些方程说明互感由两个线圈的几何排列和磁区域的磁导率所决定。对于线性磁介质，例如自由空间，这两个方程是相同的。但由于是重积分，因而这些方程很少用来确定任意两个线圈之间的互感。在线圈磁链的基础上计算自感与互感要容易得多。

例 7.8 一个绕制在内半径为 10 mm、外半径为 15 mm、高为 10 mm、相对磁导率为 500 的磁环上的 2000 匝螺旋管线圈，一根非常长的直导线载有时变电流 $i(t)$ 穿过圆环的中心。求螺旋管与直导线之间的互感。

解 图 7-15 示一内半径为 a、外半径为 b、高为 h 的圆环与一根载有电流 $i(t)$ 的非常长的直导线穿过它的中心。应用安培定律，圆环内任意半径 ρ 处的磁通密度为

$$\boldsymbol{B}_1=\frac{\mu i}{2\pi\rho}\boldsymbol{a}_\phi$$

因而交链圆环的磁通为

$$\Phi_{21}=\int_{s_2}\boldsymbol{B}_1\cdot\mathrm{d}\boldsymbol{s}_2=\frac{\mu i}{2\pi}\int_a^b\frac{1}{\rho}\mathrm{d}\rho\int_0^h\mathrm{d}z$$

$$=\frac{\mu i}{2\pi}\ln\left(\frac{b}{a}\right)h$$

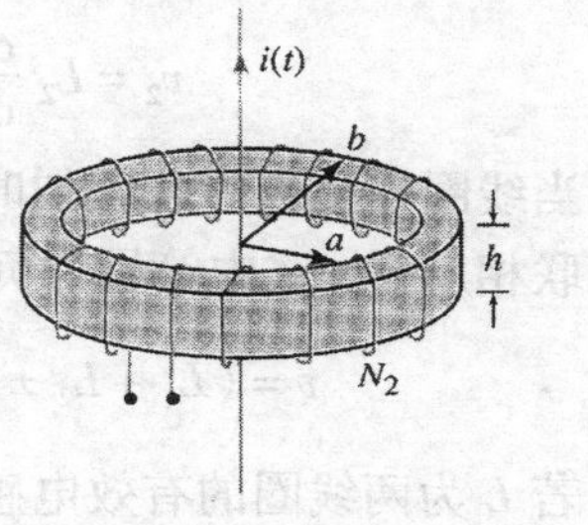

图 7-15 载流直导线与螺旋管线圈之间的互感

因此互感为

$$L_{21}=N_2\frac{\mathrm{d}\Phi_{21}}{\mathrm{d}i}=\frac{\mu}{2\pi}hN_2\ln\left(\frac{b}{a}\right)$$

代入已知值即得

$$L_{21}=\frac{500\times4\pi\times10^{-7}}{2\pi}\times0.01\times2000\times\ln\left(\frac{15}{10}\right)$$

$$=0.81\ \mathrm{mH}$$

7.7 耦合线圈的电感

两个磁耦合的线圈可以串联或并联。在每一种情形，耦合线圈的有效电感决定于线圈的方位与每一线圈所产生磁通的方向。现在讨论串联与并联，以及它们相加与相反的连接情形。

7.7.1 串联相接

若两个线圈前后相连(端与端)，则称为串联。当两个串联线圈产生的磁通在同一方向(图 7-16a)，则称为**串联相加**(series aiding)。另一方面，若它们所产生的磁通在相逆方向时(图 7-16b)，则是**串联相反**(series opposing)。当一个线圈的磁通垂直于另一线圈产生的磁通时，两线圈彼此独立工作，它们之间的互感为零。此时两个线圈的磁轴称为相互正交。

考虑图 7-17 所示的磁耦合线圈串联电路。令 L_1 与 L_2 为两个线圈的自感，M 为它们的互感，R_1 与 R_2 为线圈内阻。当串联电路的电流为 $i(t)$ 时，每一线圈的电压降为

$$v_1=L_1\frac{\mathrm{d}i}{\mathrm{d}t}+iR_1\pm M\frac{\mathrm{d}i}{\mathrm{d}t}$$

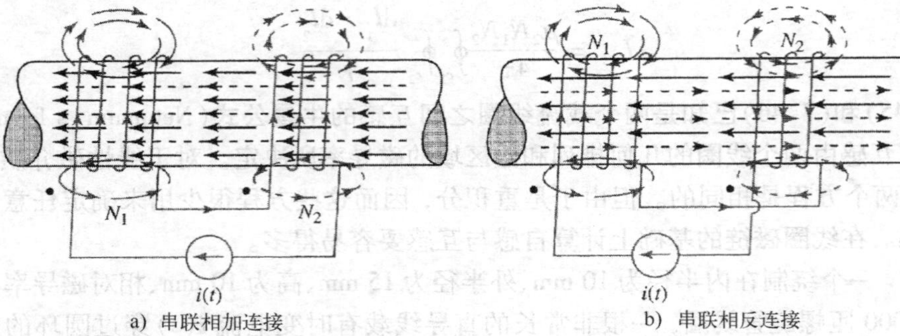

a) 串联相加连接　b) 串联相反连接

图 7-16　串联相接

和

$$v_2 = L_2 \frac{\mathrm{d}i}{\mathrm{d}t} + iR_2 \pm M \frac{\mathrm{d}i}{\mathrm{d}t}$$

当线圈连接为串联相加时，式中符号为正；当它们是串联相反时，式中符号为负。由基尔霍夫电压定律可得，

$$v = (L_1 + L_2 \pm 2M) \frac{\mathrm{d}i}{\mathrm{d}t} + i(R_1 + R_2)$$

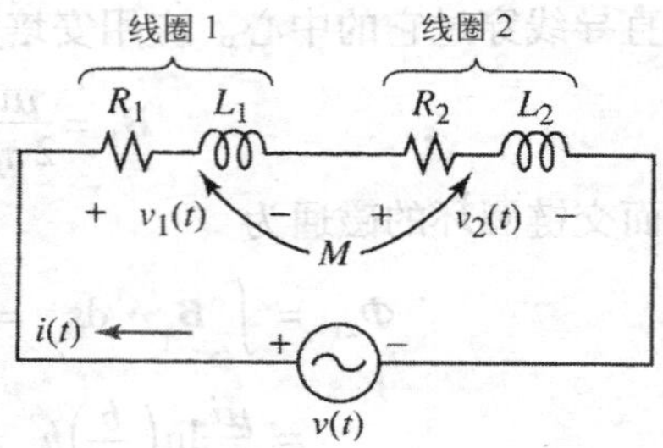

图 7-17　磁耦合线圈串联相接

若 L 为两线圈的有效电感，R 为两线圈的有效电阻，则

$$L = L_1 + L_2 \pm 2M \tag{7-47a}$$

$$R = R_1 + R_2 \tag{7-47b}$$

由式(7-47a)显然可知，当两个线圈为串联相加时，有效电感为最大；当它们为串联相反时，有效电感为最小。

耦合线圈产生的磁通究竟是互相相加或相反，可以很容易地用在每个线圈的一端标一个点(·)来识别(称同名端)，如图 7-16 所示。此处应理解当耦合线圈的所有电流都是在有点端流入(或流出)(图 7-16a)，磁通相加，式(7-47a)的 M 前取正号。而当一个线圈的电流在有点端流入，另一线圈在有点端流出时(图 7-16b)，磁通相反，式(7-47a)的 M 前取负号。

例 7.9　两个线圈串联相加与串联相反的有效电感分别为 2.38 H 与 1.02 H。若一个线圈的电感为另一线圈的 16 倍，求每一线圈的自感、它们之间的互感与耦合系数。

解　由所给数值有

$$L_1 + L_2 + 2M = 2.38$$

和

$$L_1 + L_2 - 2M = 1.02$$

因而 $L_1 + L_2 = 1.7$ H，$M = 0.34$ H。如令 $L_1 = 16L_2$，即得 $L_1 = 1.6$ H，$L_2 = 0.1$ H。线圈之间的耦合系数为

$$k = \frac{M}{\sqrt{L_1 L_2}} = \frac{0.34}{\sqrt{1.6 \times 0.1}} = 0.85$$

7.7.2 并联相接

当两个线圈并联，如图7-18所示，可以证明有效电感为

$$L=\frac{L_1L_2-M^2}{L_1+L_2\pm 2M} \tag{7-48}$$

当两个线圈的连接为**并联**(parallel)**相加**时，分母中的项取负号；而它们为**并联相反**时，则取正号。我们将上式的推导留作学生的练习题。

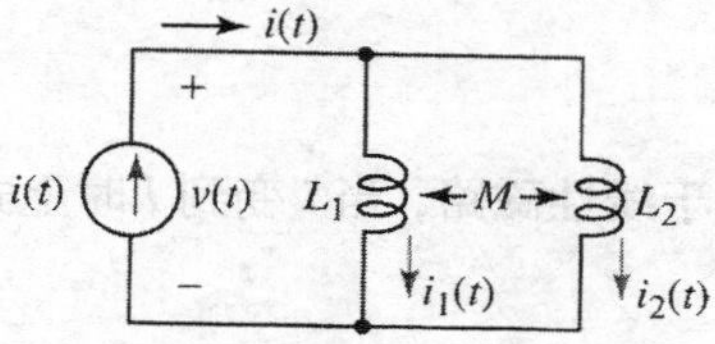

图7-18 磁耦合线圈并联相接

例7.10 两个线圈的自感为800 mH和200 mH，耦合系数为0.8。计算线圈的有效电感，当它们为(a)并联相加，(b)并联相反。

解 令 $L_1=0.8\ \text{H}$，$L_2=0.2\ \text{H}$，则互感为

$$M=k\sqrt{L_1L_2}=0.8\sqrt{0.8\times 0.2}=0.32\ \text{H}$$

(a) 对于并联相加连接，由式(7-48)得有效电感为

$$L=\frac{0.8\times 0.2-0.32^2}{0.8+0.2-2\times 0.32}=0.16\ \text{H 或 } 160\ \text{mH}$$

(b) 同样，当并联相反连接时，可得

$$L=\frac{0.8\times 0.2-0.32^2}{0.8+0.2+2\times 0.32}=0.035\ \text{H 或 } 35\ \text{mH}$$

7.8 磁场中的能量

本节要得出由(a)单个线圈，(b)耦合线圈所建立磁场中储存能量的表示式。

7.8.1 单个线圈

考虑一个 N 匝单个线圈与电源连接，通过电流 $i(t)$。当线圈中的电流增长时，在它两端产生的感应emf为

$$e=-N\frac{\mathrm{d}\Phi}{\mathrm{d}t}$$

此处 $\mathrm{d}\Phi$ 是环路电流 $i(t)$ 的函数。为了维持电流增长，电源必须供给能量。在时间 $\mathrm{d}t$ 内作的功为

$$\mathrm{d}W=-ei\mathrm{d}t=iN\mathrm{d}\Phi \tag{7-49}$$

此处负号表示，当电流增长时，电源供给能量或线圈吸收能量。作的总功为

$$W=N\int i\mathrm{d}\Phi \tag{7-50}$$

为了积分式(7-50)，必须知道磁通如何随时间变化。对于线性磁路，我们已知

$$N\mathrm{d}\Phi=L\mathrm{d}i \tag{7-51}$$

式中 L 为线圈的自感。将式(7-51)代入式(7-49)，得到

$$\mathrm{d}W=Li\mathrm{d}i$$

若 W_0 为线圈对应初始电流 I_0 的初始能量，W_f 为线圈电流为 I_f 时的最终能量，线圈增加的能量为

$$\int_{W_0}^{W_f} \mathrm{d}W = \int_{I_0}^{I_f} Li\mathrm{d}i$$

因此增加的能量为

$$W = W_f - W_0 = \frac{1}{2}LI_f^2 - \frac{1}{2}LI_0^2 \tag{7-52}$$

若线圈中的初始电流为零，任意时间 t 的电流为 $i(t)$，则由式(7-52)，磁路储存的能量为

$$W = \frac{1}{2}Li^2 \tag{7-53}$$

对于线性磁路，当 i 变到 I 时上式也可写成

$$W = \frac{1}{2}N\Phi I = \frac{1}{2}\lambda I \tag{7-54}$$

式中 $\lambda = N\Phi$ 表示线圈的总磁链。

线圈中储存的能量也可用场量表示如下

$$\Phi = \int_s \boldsymbol{B} \cdot \mathrm{d}\boldsymbol{s} = BA$$

和

$$NI = \oint_c \boldsymbol{H} \cdot \mathrm{d}\boldsymbol{l} = Hl$$

式中 NI 为由周线 c 所包围的总电流，A 为线圈的截面积，l 为它的长度。于是 Al 为线圈所包围的体积。式(7-54)可写为

$$W = \frac{1}{2}BHAl$$

由此可得出单位体积所储存的能量 w_m，即磁能密度为

$$w_m = \frac{1}{2}BH = \frac{1}{2}\mu H^2 = \frac{1}{2\mu}B^2 \tag{7-55a}$$

式(7-55a)也可写成矢量形式如下

$$w_m = \frac{1}{2}\boldsymbol{B} \cdot \boldsymbol{H} \tag{7-55b}$$

式(7-55)说明这一事实，即线圈的磁能是分布在它的整个磁场区间。但实用上认为是储存在电感器中。

例 7.11 同轴传输线内导体的外半径为 a，外导体的内半径为 b。应用磁能储存概念，确定此线单位长度的电感。

解 在 $a \leqslant \rho \leqslant b$ 的区间，当内导体在 z 方向载有电流 $i(t)$ 时，磁场强度为

$$H = \frac{i}{2\pi\rho}$$

这样，在此区间内任一点的能量密度为

$$w_m = \frac{1}{2}\mu\left[\frac{i}{2\pi\rho}\right]^2$$

因而每单位长储存的能量为

$$W_m = \frac{\mu}{8\pi^2}i^2\int_a^b \frac{1}{\rho}\mathrm{d}\rho\int_0^{2\pi}\mathrm{d}\phi = \frac{\mu}{4\pi}i^2\ln\left(\frac{b}{a}\right)\ \mathrm{J/m}$$

与式(7-53)相比较，得出每单位长度的电感为

$$L=\frac{\mu}{2\pi}\ln\left(\frac{b}{a}\right)\mathrm{H/m}$$

7.8.2 耦合线圈

现在来确定如图 7-14 所示的两个耦合线圈储存的能量。若 Φ_1 为载有电流 i_1 的线圈 1 的总磁通，则

$$\Phi_1=\Phi_{11}+\Phi_{12}$$

式中 Φ_{11} 为线圈 2 无电流时，由线圈 1 所产生的磁通，Φ_{12} 为线圈 1 无电流时，由线圈 2 中的电流 i_2 所产生的交链于线圈 1 的磁通。上式用加号，表示 Φ_{11} 与 Φ_{12} 在任何时间为同方向。当线圈产生相反的磁通时，则应变为负号。同样地，交链于第 2 线圈的总磁通为

$$\Phi_2=\Phi_{22}+\Phi_{21}$$

这样，在此区域内储存的能量为

$$\begin{aligned}W&=\frac{1}{2}N_1\Phi_1 i_1+\frac{1}{2}N_2\Phi_2 i_2\\&=\frac{1}{2}N_1\Phi_{11}i_1+\frac{1}{2}N_1\Phi_{12}i_1+\frac{1}{2}N_2\Phi_{22}i_2+\frac{1}{2}N_2\Phi_{21}i_2\end{aligned}$$

应用自感与互感的定义如下：

$$L_{11}=\frac{N_1\Phi_{11}}{i_1},\ L_{22}=\frac{N_2\Phi_{22}}{i_2},\ L_{12}=\frac{N_2\Phi_{12}}{i_2},\ L_{21}=\frac{N_2\Phi_{21}}{i_1}$$

则储存磁能的表示式可写为

$$W=\frac{1}{2}L_{11}i_1^2+\frac{1}{2}L_{12}i_1 i_2+\frac{1}{2}L_{22}i_2^2+\frac{1}{2}L_{21}i_1 i_2$$

对于线性磁路，若将 $M=L_{12}=L_{21}$ 代入上式，则得

$$W=\frac{1}{2}[L_{11}i_1^2+L_{22}i_2^2+2Mi_1 i_2] \tag{7-56}$$

这就是两个耦合线圈的磁通彼此相加时，所储存的能量。当磁通彼此相反时，储存的磁能为

$$W=\frac{1}{2}[L_{11}i_1^2+L_{22}i_2^2-2Mi_1 i_2] \tag{7-57}$$

当两个线圈串联时，$i_1=i_2=i$，对于串联相加，储存的总能量为

$$W=\frac{1}{2}[L_{11}+L_{22}+2M]i^2 \tag{7-58a}$$

而两个耦合线圈串联相反时，储存的总能量为

$$W=\frac{1}{2}[L_{11}+L_{22}-2M]i^2 \tag{7-58b}$$

由式(7-58a)和(7-58b)显然可知，耦合磁路储存的能量可用耦合电路的等效电感来计算。

例 7.12 例 7.9 中，耦合线圈的电流由初始值 2 A 变至 5 A。若线圈连接为串联相加，计算(a)初始能量，(b)最终能量，(c)储存能量的变化。

解 (a) 耦合线圈中的初始能量为

$$W_i=\frac{1}{2}\times 2.38\times 2^2=4.76\ \mathrm{J}$$

(b) 耦合线圈的最终能量为

$$W_f = \frac{1}{2} \times 2.38 \times 5^2 = 29.75\ \text{J}$$

（c）因此耦合线圈储存能量的增加值为

$$W = 29.75 - 4.76 = 24.99\ \text{J}$$

7.9 由安培定律导出麦克斯韦方程

在研究静磁场时，由式(5-34a)，表达安培定律的积分形式为

$$\oint_c \boldsymbol{H} \cdot \mathrm{d}\boldsymbol{l} = I$$

式中 $\boldsymbol{H}$ 为磁场强度，I 为闭合路径 c 所包围的恒定电流。将 I 用通过由闭合路径 c 所包围的面 s 的体电流密度 $\boldsymbol{J}$ 表示为

$$I = \int_s \boldsymbol{J} \cdot \mathrm{d}\boldsymbol{s}$$

得出以点函数(微分)形式表示的安培定律，即

$$\nabla \times \boldsymbol{H} = \boldsymbol{J} \tag{7-59}$$

将两边同时取散度，则得

$$\nabla \cdot \boldsymbol{J} = 0 \tag{7-60}$$

因为 $\nabla \cdot (\nabla \times \boldsymbol{H}) = 0$。

但对于时变场，$\nabla \cdot \boldsymbol{J}$ 不一定为零。事实上，由第4章导出的连续性方程说明

$$\nabla \cdot \boldsymbol{J} = -\frac{\partial \rho_v}{\partial t} \tag{7-61}$$

式中 $\rho_v(t)$ 为体电荷密度。由于时变电荷的存在不能总是使式(7-61)的右端为零，即在一般情况下，$\boldsymbol{J}$ 不能是连续的(无散度的)时变场。这样，式(7-59)在时变情况下便导致矛盾。下面将详细讨论这一点。

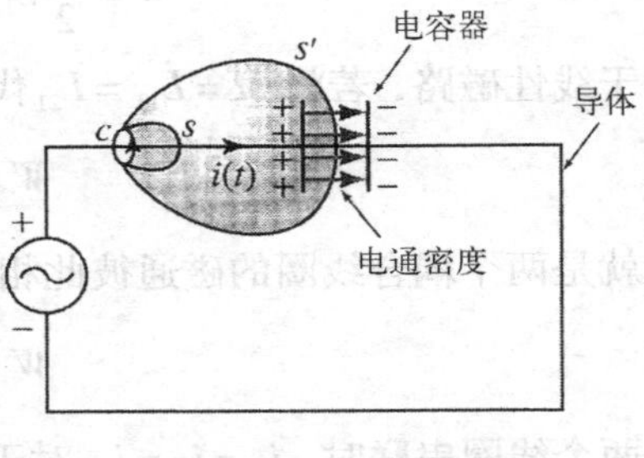

图 7-19　电容器中的位移电流维持在导体内传导电流的连续性

想像一个电容器与时变电压源相连，如图 7-19 所示。外加电压随时间上升与下降，表征由电源送至每一极板的电荷量在增减。换句话说，电容器各极板上电荷的积累是依赖于时间的过程。由于电荷的变化率形成电流，在电路中必有时变电流 $i(t)$。这电流也必然在此区域内建立时变磁场。这样，如果选一个由闭合路径 c 所包围的开放面 s，由安培定律有

$$\oint_c \boldsymbol{H} \cdot \mathrm{d}\boldsymbol{l} = i \tag{7-62}$$

式中 $\boldsymbol{H}$ 为时变磁场强度。

但若考虑由同一路径 c 所包围的另一个开放面 s'[㊀] 如图所示，通过此面的传导电流为零。换言之，我们有

$$\oint_c \boldsymbol{H} \cdot \mathrm{d}\boldsymbol{l} = 0 \tag{7-63}$$

㊀ 这一节写得很有特色，开放面 s' 想像是穿过电容器内部。并设电容器极板间的媒质是完全电介质，$\sigma = 0$。——译注

再一次，式(7-63)与式(7-62)又相矛盾。如果令 $i(t)=0$ 来消除这些方程中的歧异，我们就不能正确判断电路中的电流或由它所产生的磁场的存在与大小。

上述矛盾导致麦克斯韦断言，电容器中必须有电流存在。由于这电流不能由传导产生，他将它称为**位移电流**(displacement current)。为了考虑位移电流，麦克斯韦在安培定律中加入一项，以保证它对时变情况也是正确的。所加的项实际上是电荷守恒的结果。我们可由高斯定律与连续性方程得出此项，即

$$\nabla \cdot \boldsymbol{D} = \rho_v \tag{7-64}$$

将式(7-64)的 ρ_v 代入式(7-61)，得

$$\nabla \cdot \boldsymbol{J} = -\frac{\partial}{\partial t}(\nabla \cdot \boldsymbol{D})$$

由于时间与空间是独立变数，因而可将上述方程的微分次序改变，得

$$\nabla \cdot \boldsymbol{J} = -\nabla \cdot \left(\frac{\partial \boldsymbol{D}}{\partial t}\right)$$

或

$$\nabla \cdot \left(\boldsymbol{J} + \frac{\partial \boldsymbol{D}}{\partial t}\right) = 0 \tag{7-65}$$

此方程提示 $(\boldsymbol{J}+\partial \boldsymbol{D}/\partial t)$ 是连续场。当用 $\boldsymbol{J}+\partial \boldsymbol{D}/\partial t$ 来代替式(7-59)中的 $\boldsymbol{J}$ 时，即得安培定律的修正形式为

$$\nabla \times \boldsymbol{H} = \boldsymbol{J} + \frac{\partial \boldsymbol{D}}{\partial t} \tag{7-66}$$

麦克斯韦称式中的 $\partial \boldsymbol{D}/\partial t$ 为**位移电流密度**(以 A/m^2 计量)。虽然有时可能是没有真正物质的电流[⊖]，但这名称依然在用。当用式(7-66)来陈述安培定律时，所有的矛盾均告消失。

式(7-66)右方还说明，在媒质中的任一点存在一个**总电流密度**，它是传导电流密度与位移电流密度之和：

$$\text{总电流密度} = \boldsymbol{J} + \frac{\partial \boldsymbol{D}}{\partial t} \tag{7-67}$$

安培定律的修正是麦克斯韦最重大贡献之一，它导致统一电磁场理论的发展。在你们现在学习的阶段，你还不能完全意识到位移电流密度的重要性。但正是由于这项的存在，使麦克斯韦能够预言电磁场将在空间以波的形式传播。稍后数年，赫兹用实验证明了电磁波的存在。所有现代的通信手段，都是基于安培定律的这项修正。

今后称式(7-66)为麦克斯韦方程的点函数形式或微分形式。对于由闭合路径 c 所包围的任意开放面 s，式(7-66)可重写为积分形式

$$\oint_c \boldsymbol{H} \cdot \mathrm{d}\boldsymbol{l} = \int_s \boldsymbol{J} \cdot \mathrm{d}\boldsymbol{s} + \int_s \frac{\partial \boldsymbol{D}}{\partial t} \cdot \mathrm{d}\boldsymbol{s} \tag{7-68}$$

式中右边第一项表示传导电流，第二项则表示位移电流。对于稍早讨论过的电容器，现在可以断定是通过电容器的位移电流产生时变磁场。另一方面，由于电路中的电流是连续的，通过电容器的位移电流必须等于导线中的传导电流。

我们现在可以得出下列重要观察结果：

⊖ 在真空中也存在位移电流。修正后的安培定律，常称为全电流定律，必要时，还可加上由漂移电荷产生的运流电流密度，(或者将它包含于 $\boldsymbol{J}$ 中)。——译注

(a) 位移电流密度仅仅是电通密度(电位移)$\boldsymbol{D}$ 随时间变化的速率。

(b) 由于$\partial \boldsymbol{D}/\partial t$ 担当磁场的源，时变电场产生时变磁场。

(c) 式(7-67)中加入$\partial \boldsymbol{D}/\partial t$ 项，并不改变磁场 $\boldsymbol{H}$ 和 $\boldsymbol{B}$ 是无散度的这一事实。

(d) 时变磁场建立时变电场(法拉第定律)。

(e) 时变电场和时变磁场是互相依存的。

例 7.13 自由空间的磁场强度为 $\boldsymbol{H} = H_0 \sin\theta \boldsymbol{a}_y$ A/m，此处 $\theta = \omega t - \beta z$，$\beta$ 为常数。试求(a)位移电流密度，(b)电场强度。

解 自由空间的传导电流密度为零。这样由式(7-66)，位移电流密度等于 $\nabla \times \boldsymbol{H}$，亦即

$$\frac{\partial \boldsymbol{D}}{\partial t} = \begin{vmatrix} \boldsymbol{a}_x & \boldsymbol{a}_y & \boldsymbol{a}_z \\ \dfrac{\partial}{\partial x} & \dfrac{\partial}{\partial y} & \dfrac{\partial}{\partial z} \\ 0 & H_0 \sin\theta & 0 \end{vmatrix}$$

$$= -\frac{\partial}{\partial z}[H_0 \sin\theta]\boldsymbol{a}_x + \frac{\partial}{\partial x}[H_0 \sin\theta]\boldsymbol{a}_z$$

$$= \beta H_0 \cos\theta \boldsymbol{a}_x \ \text{A/m}^2$$

这样，位移电流密度的幅值为βH_0 A/m^2。将位移电流密度对时间积分，即得电通密度为

$$\boldsymbol{D} = \frac{\beta}{\omega} H_0 \sin\theta \boldsymbol{a}_x \ \text{C/m}^2$$

最后，自由空间的电场强度为

$$\boldsymbol{E} = \frac{\boldsymbol{D}}{\varepsilon_0} = \frac{\beta}{\omega \varepsilon_0} H_0 \sin\theta \boldsymbol{a}_x \text{V/m}$$

7.10 由高斯定律导出麦克斯韦方程

在研究静电场时，我们已得到高斯定律的点函数(微分)数学表示式为

$$\nabla \cdot \boldsymbol{D} = \rho_v \tag{7-69}$$

式中 $\boldsymbol{D}$ 是电通密度，ρ_v 是媒质中的自由电荷体密度。在导电体中 ρ_v 为零;在电介质中，ρ_v 纯属自由电荷㊀，因为极化电荷的效应已包含在相对电容率 ε_r 中㊁。这些论点同样适用于时变情况，唯一的不同是，现在 $\boldsymbol{D}$ 与 ρ_v 两者都是时变场量。式(7-69)是麦克斯韦四个方程之一。它也可以用积分形式表示为

$$\oint_s \boldsymbol{D} \cdot d\boldsymbol{s} = \int_v \rho_v dv = q \tag{7-70}$$

式中 $q(t)$为由闭合面 s 所包围的体积 v 内在任意时间 t 的总自由电荷。

由于磁通永远是连续的，早先对静磁场导出的高斯定律也适用于时变场。这样

$$\nabla \cdot \boldsymbol{B} = 0 \tag{7-71}$$

式中磁通密度 $\boldsymbol{B}$ 现在是时变场。这个方程完成了麦克斯韦四个方程的方程组。它也可写成积分形式如下

$$\oint_s \boldsymbol{B} \cdot d\boldsymbol{s} = 0 \tag{7-72}$$

㊀ 原书误印为电介质中自由电荷是零。——译注

㊁ 可参考 3.7.2 节。——译注

7.11 麦克斯韦方程与边界条件

在继续讨论之前，为明晰起见，我们将(a)四个麦克斯韦方程汇集起来，并突出每个方程的意义，(b)说明结构关系，(c)回顾边界条件。我们现在做的这些，是因为本书其余部分致力于在各种不同边界条件下，求麦克斯韦方程的解。

7.11.1 麦克斯韦方程

四个麦克斯韦方程的点函数(微分)形式与积分形式为

$$\nabla\times \boldsymbol{E} = -\frac{\partial \boldsymbol{B}}{\partial t}\Rightarrow\oint_c \boldsymbol{E}\cdot \mathrm{d}\boldsymbol{l} = -\int_s \frac{\partial \boldsymbol{B}}{\partial t}\cdot \mathrm{d}\boldsymbol{s} \tag{7-73}$$

$$\nabla\times \boldsymbol{H} = \boldsymbol{J} + \frac{\partial \boldsymbol{D}}{\partial t}\Rightarrow\oint_c \boldsymbol{H}\cdot \mathrm{d}\boldsymbol{l} = \int_s \boldsymbol{J}\cdot \mathrm{d}\boldsymbol{s} + \int_s \frac{\partial \boldsymbol{D}}{\partial t}\cdot \mathrm{d}\boldsymbol{s} \tag{7-74}$$

$$\nabla\cdot \boldsymbol{D} = \rho_v\Rightarrow\oint_s \boldsymbol{D}\cdot \mathrm{d}\boldsymbol{s} = \int_v \rho_v \mathrm{d}v \tag{7-75}$$

$$\nabla\cdot \boldsymbol{B} = 0 \Rightarrow\oint_s \boldsymbol{B}\cdot \mathrm{d}\boldsymbol{s} = 0 \tag{7-76}$$

式中 $\boldsymbol{E}$——电场强度(矢量)，V/m

$\boldsymbol{H}$——磁场强度(矢量)，A/m

$\boldsymbol{D}$——电通密度(矢量)，$\mathrm{C/m^2}$

$\boldsymbol{B}$——磁通密度(矢量)，$\mathrm{Wb/m^2}$(T)

ρ_v——自由电荷体密度(标量)，$\mathrm{C/m^3}$

$\boldsymbol{J}$——体电流密度(矢量)，$\mathrm{A/m^2}$

包括传导电流密度 $\boldsymbol{J}$ 与体电荷密度 ρ_v 的积分也可写成

$$I = \int_s \boldsymbol{J}\cdot \mathrm{d}\boldsymbol{s} \tag{7-77}$$

$$q = \int_v \rho_v \mathrm{d}v \tag{7-78}$$

式中 I——通过面积 s 的电流(标量)，A

q——体积 v 所包含的自由电荷(标量)，C

式(7-73)说明，时变磁场产生时变电场。这是变压器和感应电动机的工作原理。

式(7-74)表示时变磁场不但由传导电流产生，而且也由位移电流产生。位移电流代表电通密度的变化率，这样，本式提示时变电场产生时变磁场，它反过来又产生时变电场。亦即由电场传输能量至磁场，它反过来又回到电场。能量连续从一个场传输至另一场，使麦克斯韦能预言电磁能量可在任意媒质中传播。电磁场像波那样传播这一认识，有助于麦克斯韦预言这些波的速度和其他特性。这些波在自由空间的速度等于光速，导致麦克斯韦推断出光和电磁波具有同样的性质。1880 年赫兹(Heinrich Rudolf Hertz)实验证明了电磁波的存在，并证实了这些波显示的性质正如麦克斯韦所预言的。

式(7-75)断言，由闭合体积在任意时间发出的总电通等于该体积所包围的电荷。若包围的电荷为零，则电通线为连续的。

式(7-76)证实，磁通永远是连续的，由任意闭合面在任意时间发出的净磁通量为零。

对麦克斯韦方程的进一步联系，由连续性方程(微分形式与积分形式)

$$\nabla\cdot \boldsymbol{J} = -\frac{\partial\rho_v}{\partial t}\Rightarrow\oint_s \boldsymbol{J}\cdot \mathrm{d}\boldsymbol{s} = -\int_v \frac{\partial\rho_v}{\partial t}\mathrm{d}v \tag{7-79}$$

和洛伦兹力方程

$$\boldsymbol{F} = q(\boldsymbol{E}+\boldsymbol{u}\times\boldsymbol{B}) \quad \mathrm{N} \tag{7-80a}$$

来建立。式中 $\boldsymbol{F}$ 为以速度 $\boldsymbol{u}$ 在电磁场中运动的电荷 q 所受的力。由于电荷的漂移产生电流，因而也可将作用于电荷和单位体积的电流的力表示为

$$\boldsymbol{f} = \rho_v\boldsymbol{E}+\boldsymbol{J}\times\boldsymbol{B} \quad \mathrm{N/m^3} \tag{7-80b}$$

式中

$$\boldsymbol{J} = \rho_v\boldsymbol{u} \quad \mathrm{A/m^2} \tag{7-80c}$$

麦克斯韦方程连同连续性方程与洛伦兹力方程完整地描述电荷、电流、电场和磁场之间的相互作用。正确地应用这些方程，可以得出在任何媒质中电磁场的特性。我们通常将采用点函数(微分)形式。

7.11.2 结构方程

在线性、均匀、各向同性的媒质中，表示场量之间关系的**结构方程**(Constitutive equation)为

$$\boldsymbol{D} = \varepsilon\boldsymbol{E} \tag{7-81}$$

$$\boldsymbol{J} = \sigma\boldsymbol{E} \tag{7-82}$$

$$\boldsymbol{B} = \mu\boldsymbol{H} \tag{7-83}$$

式中 ε——电容率，F/m

ε_0——8.854×10^{-12} F/m，自由空间(真空)

μ——磁导率(标量)，H/m

μ_0——$4\pi\times10^{-7}$ H/m，自由空间(真空)

σ——电导率(标量)，S/m

σ_{Cu}——5.8×10^{7} S/m，铜

式(7-82)是欧姆定律，它说明在电场作用下，电荷在导体内移动产生电流。

7.11.3 边界条件

由麦克斯韦方程的解所得到的电磁场，还必须满足不同媒质交界面处的边界条件。结果证明，对于时变电场的边界条件与对于静态场的完全相同。我们将留下证明作为学生的练习题。边界条件说明如下

标量形式	矢量形式	
$E_{t1} = E_{t2}$	$\boldsymbol{a}_n\times(\boldsymbol{E}_1-\boldsymbol{E}_2)=0$	(7-84)
$H_{t1}-H_{t2} = J_s$	$\boldsymbol{a}_n\times(\boldsymbol{H}_1-\boldsymbol{H}_2)=\boldsymbol{J}_s$	(7-85)
$B_{n1} = B_{n2}$	$\boldsymbol{a}_n\cdot(\boldsymbol{B}_1-\boldsymbol{B}_2)=0$	(7-86)
$D_{n1}-D_{n2} = \rho_s$	$\boldsymbol{a}_n\cdot(\boldsymbol{D}_1-\boldsymbol{D}_2)=\rho_s$	(7-87)
$J_{n1} = J_{n2}$	$\boldsymbol{a}_n\cdot(\boldsymbol{J}_1-\boldsymbol{J}_2)=0$	(7-88)

$$\frac{J_{t1}}{\sigma_1}=\frac{J_{t2}}{\sigma_2} \qquad \boldsymbol{a}_n\times\left[\frac{\boldsymbol{J}_1}{\sigma_1}-\frac{\boldsymbol{J}_2}{\sigma_2}\right]=0 \tag{7-89}$$

下标 $t1$ 和 $t2$ 分别表示在媒质 1 和 2 边界处场的切线分量。同样地，下标 $n1$ 和 $n2$ 则表示在边界处场的法线分量。注意，在交界面处的单位矢量 $\boldsymbol{a}_n$ 指向媒质 1，ρ_s 为自由面电荷密度，$\boldsymbol{J}_s$ 为自由面电流密度。

式(7-84)说明，在交界面(边界)处 $\boldsymbol{E}_1$ 与 $\boldsymbol{E}_2$ 的切线分量是相等的。但式(7-85)则断言在交界面处任意点 $\boldsymbol{H}_1$ 与 $\boldsymbol{H}_2$ 的切线分量是不连续的，其差等于该点的面电流密度。

式(7-86)说明，在交界面处 $\boldsymbol{B}_1$ 与 $\boldsymbol{B}_2$ 的法线分量是连续的。但式(7-87)则说明，在交界面处任意点的 $\boldsymbol{D}_1$ 与 $\boldsymbol{D}_2$ 的法线分量是不连续的，其差值等于该点的面自由电荷密度。

式(7-88)说明，在交界面处 $\boldsymbol{J}_1$ 与 $\boldsymbol{J}_2$ 的法线分量是相等的。式(7-89)则说明，交界面两侧电流密度切线分量之比等于电导率之比。

在应用边界条件时，必须牢记下列条件：

(a) 在完全导体($\sigma=\infty$)内部的电磁场为零。这样，在完全导体表面 ρ_s 和 $\boldsymbol{J}_s$ 可以存在。

(b) 在导体($\sigma<\infty$)内部可以存在时变场，因而 $\boldsymbol{J}_s$ 为零，但 ρ_s 可以在导体和完全电介质的交界面存在。

(c) 在两个完全电介质交界面处 $\boldsymbol{J}_s$ 为零。同样，如果电荷不是特意放置于交界面，则 ρ_s 也为零。

在任何媒质中，电磁场的存在必须满足麦克斯韦方程。当我们在两种或多种媒质中求麦克斯韦方程的解时，必须确定场在边界处是匹配的。下面的例子阐明如何判断所假设的场是否满足麦克斯韦方程。

例 7.14 在一个无源电介质中的电场强度为 $\boldsymbol{E}=C\cos(\omega t-\beta z)\boldsymbol{a}_x$ V/m，式中 C 为场的幅值，ω 为角频率，β 为常数。在什么条件下，此场才能存在？其他的场量是什么？

解 场只有当且仅当它满足所有麦克斯韦方程时，才能存在。假定所给的场能存在于无源($\rho_v=0$, $\sigma=0$, $\boldsymbol{J}=0$)媒质中，则用基于法拉第定律导出的麦克斯韦方程，可如下得出磁通密度。

$$\nabla\times\boldsymbol{E}=-\frac{\partial\boldsymbol{B}}{\partial t}$$

$$\frac{\partial\boldsymbol{B}}{\partial t}=-\frac{\partial}{\partial z}[E_x]\boldsymbol{a}_y=-C\beta\sin(\omega t-\beta z)\boldsymbol{a}_y$$

积分上述表达式，可得出磁通密度表示式为

$$\boldsymbol{B}=\frac{C\beta}{\omega}\cos(\omega t-\beta z)\boldsymbol{a}_y\,\mathrm{T}$$

应用结构方程式 $\boldsymbol{B}=\mu\boldsymbol{H}$，可得出磁场强度为

$$\boldsymbol{H}=\frac{C\beta}{\mu\omega}\cos(\omega t-\beta z)\boldsymbol{a}_y\ \mathrm{A/m}$$

最后，应用结构方程式 $\boldsymbol{D}=\varepsilon\boldsymbol{E}$，由 $\boldsymbol{E}$ 场可得出电通密度为

$$\boldsymbol{D}=\varepsilon C\cos(\omega t-\beta z)\boldsymbol{a}_x\,\mathrm{C/m^2}$$

现在我们检验是否满足基于对电场的高斯定律的麦克斯韦方程。对于无源电介质

$$\nabla\cdot\boldsymbol{D}=0$$

或

$$\frac{\partial D_x}{\partial x}+\frac{\partial D_y}{\partial y}+\frac{\partial D_z}{\partial z}=0$$

由于 $\boldsymbol{D}$ 场仅有在 x 方向的一个分量 D_x，而它又不是 x 的函数，因而满足 $\nabla\cdot\boldsymbol{D}=0$。

同样可以证明，也满足 $\nabla\cdot\boldsymbol{B}=0$，因为 $\boldsymbol{B}$ 场仅有一个 y 方向的分量 B_y，但它不是 y 的函数。为了场存在，必须满足最后的麦克斯韦方程为

$$\begin{aligned}\nabla\times\boldsymbol{H}&=\frac{\partial\boldsymbol{D}}{\partial t}=-\frac{\partial}{\partial z}\left[\frac{C\beta}{\mu\omega}\cos(\omega t-\beta z)\right]\boldsymbol{a}_x\\&=\frac{\partial}{\partial t}[\varepsilon C\cos(\omega t-\beta z)]\boldsymbol{a}_x=\frac{-C}{\mu\omega}\beta^2\sin(\omega t-\beta z)\boldsymbol{a}_x\\&=-C\omega\varepsilon\sin(\omega t-\beta z)\boldsymbol{a}_x\end{aligned}$$

因此

$$\beta^2=\omega^2\mu\varepsilon$$

或

$$\beta=\pm\omega\sqrt{\mu\varepsilon} \tag{7-90}$$

这样，只要式(7-90)被满足时，所给定的电场及其他场量就能在无源媒质中存在。

7.12 坡印亭定理

以前各章已得出静电场和静磁场的能量密度表示式。本节我们打算证明这些表达式同样适用于时变场。此外，我们还将得出说明能量在媒质中传播的表示式。

考虑一个带电粒子 q 以速度 $\boldsymbol{u}$ 在时变电磁场中运动。在任意瞬间，带电粒子所受的力为

$$\boldsymbol{F}=q(\boldsymbol{E}+\boldsymbol{u}\times\boldsymbol{B})$$

式中 $\boldsymbol{E}$ 和 $\boldsymbol{B}$ 分别为时变电场强度和磁通密度。当电荷在力 $\boldsymbol{F}$ 的作用下，于 $\mathrm{d}t$ 时间内移动了 $\mathrm{d}\boldsymbol{l}$ 距离时，则力对带电粒子所做的功 $\mathrm{d}W$ 为

$$\mathrm{d}W=q(\boldsymbol{E}+\boldsymbol{u}\times\boldsymbol{B})\cdot\mathrm{d}\boldsymbol{l}$$

因为 $\mathrm{d}\boldsymbol{l}=\boldsymbol{u}\mathrm{d}t$ 和 $\mathrm{d}W=P\mathrm{d}t$，此式能写成用场供给的功率 P 表示为

$$P=q(\boldsymbol{E}+\boldsymbol{u}\times\boldsymbol{B})\cdot\boldsymbol{u}=q\boldsymbol{u}\cdot\boldsymbol{E} \tag{7-91}$$

因为 $(\boldsymbol{u}\times\boldsymbol{B})\cdot\boldsymbol{u}=0$。

由式(7-91)可见，时变磁场对带电粒子不供给任何能量。只有电场强度才对经过此区域的带电粒子供给功率。为了推广这一进展，现在考虑带有电荷密度 ρ_v 的体积分布电荷以平均速度运动。对于在体积 $\mathrm{d}v$ 中非常小的电荷 $\rho_v\mathrm{d}v$，场所供给的功率为

$$\mathrm{d}P=\rho_v\mathrm{d}v\boldsymbol{E}\cdot\boldsymbol{u}=\boldsymbol{E}\cdot\rho_v\boldsymbol{u}\mathrm{d}v \tag{7-92}$$

由于 $\boldsymbol{J}=\rho_v\boldsymbol{u}$，因而得到功率密度 p(每单位体积的功率)为

$$p=\frac{\mathrm{d}P}{\mathrm{d}v}=\boldsymbol{J}\cdot\boldsymbol{E} \tag{7-93}$$

在静态场中，在能量守恒的基础上已经得到相似的表达式，现在就证明了它对时变场也是正确的。用上式推导下列关系式：(a) 时变电场储存的能，(b) 时变磁场储存的能，(c) 给定区域流出或流入的瞬时功率。由麦克斯韦方程(安培定律)我们有

$$\boldsymbol{J}=\nabla\times\boldsymbol{H}-\frac{\partial\boldsymbol{D}}{\partial t}$$

代入式(7-93)的 $\boldsymbol{J}$，得

$$\boldsymbol{J}\cdot\boldsymbol{E}=\boldsymbol{E}\cdot(\nabla\times\boldsymbol{H})-\boldsymbol{E}\cdot\frac{\partial\boldsymbol{D}}{\partial t} \tag{7-94}$$

用矢量恒等式

$$\boldsymbol{E}\cdot(\nabla\times\boldsymbol{H})=\boldsymbol{H}\cdot(\nabla\times\boldsymbol{E})-\nabla\cdot(\boldsymbol{E}\times\boldsymbol{H})$$

式(7-94)可写成

$$\boldsymbol{J}\cdot\boldsymbol{E}=\boldsymbol{H}\cdot(\nabla\times\boldsymbol{E})-\nabla\cdot(\boldsymbol{E}\times\boldsymbol{H})-\boldsymbol{E}\cdot\frac{\partial\boldsymbol{D}}{\partial t}$$

将(7-73)的 $\nabla\times\boldsymbol{E}$ 代入，得到

$$\nabla\cdot(\boldsymbol{E}\times\boldsymbol{H})+\boldsymbol{J}\cdot\boldsymbol{E}+\boldsymbol{H}\cdot\frac{\partial\boldsymbol{B}}{\partial t}+\boldsymbol{E}\cdot\frac{\partial\boldsymbol{D}}{\partial t}=0 \tag{7-95}$$

为纪念坡印亭(John H. Poynting)对发展此理论的贡献，特将上式称为**坡印亭定理**(Poynting's theorem)的微分形式。此方程实际上是能量守恒定律的陈述。矢积 $\boldsymbol{E}\times\boldsymbol{H}$ 具有功率密度单位，瓦每平方米(W/m^2)，称为**坡印亭矢量**(Poynting Vector)。因此，坡印亭矢量表示单位面积的瞬时功率流。功率流的方向与包含 $\boldsymbol{E}$ 和 $\boldsymbol{H}$ 的平面垂直。本书以 $\boldsymbol{S}$ 表示坡印亭矢量，即

$$\boldsymbol{S}=\boldsymbol{E}\times\boldsymbol{H} \tag{7-96}$$

对于线性、均匀、各向同性媒质中的时变场，$\boldsymbol{B}=\mu\boldsymbol{H}$ 和 $\boldsymbol{D}=\varepsilon\boldsymbol{E}$。此外

$$\boldsymbol{H}\cdot\frac{\partial\boldsymbol{B}}{\partial t}=\frac{1}{2}\frac{\partial}{\partial t}[\boldsymbol{B}\cdot\boldsymbol{H}]=\frac{1}{2}\frac{\partial}{\partial t}[\mu H^2]$$

$$\boldsymbol{E}\cdot\frac{\partial\boldsymbol{D}}{\partial t}=\frac{1}{2}\frac{\partial}{\partial t}[\boldsymbol{D}\cdot\boldsymbol{E}]=\frac{1}{2}\frac{\partial}{\partial t}[\varepsilon E^2]$$

式(7-95)可表示为

$$\nabla\cdot\boldsymbol{S}+\boldsymbol{J}\cdot\boldsymbol{E}+\frac{\partial}{\partial t}\left[\frac{1}{2}\mu H^2\right]+\frac{\partial}{\partial t}\left[\frac{1}{2}\varepsilon E^2\right]=0 \tag{7-97}$$

式中第三项表示在磁场中能量密度的变化率；第四项表示在电场中能量密度的变化率。因而在磁场与电场中能量密度瞬时表示式分别为

$$w_m=\frac{1}{2}\boldsymbol{B}\cdot\boldsymbol{H}=\frac{1}{2}\mu H^2 \tag{7-98}$$

$$w_e=\frac{1}{2}\boldsymbol{D}\cdot\boldsymbol{E}=\frac{1}{2}\varepsilon E^2 \tag{7-99}$$

注意，时变场中能量密度的这些表示式与静态场中所得到的相同。唯一的区别是现在场随时间而变化。为了说明式(7-97)的真实意义，我们必须将它写成积分形式如下

$$\int_v\nabla\cdot\boldsymbol{S}\mathrm{d}v+\int_v\boldsymbol{J}\cdot\boldsymbol{E}\mathrm{d}v+\int_v\frac{\partial}{\partial t}w_m\mathrm{d}v+\int_v\frac{\partial}{\partial t}w_e\mathrm{d}v=0$$

或

$$\oint_s\boldsymbol{S}\cdot\mathrm{d}\boldsymbol{s}+\int_v\boldsymbol{J}\cdot\boldsymbol{E}\mathrm{d}v+\frac{\mathrm{d}}{\mathrm{d}t}\int_v w_m\mathrm{d}v+\frac{\mathrm{d}}{\mathrm{d}t}\int_v w_e\mathrm{d}v=0 \tag{7-100}$$

此处体积 v 由面 s 所包围。

式(7-100)为坡印亭定理的积分形式。第一项表示穿过包围体积 v 的封闭面 s 的功率。如积分为正，表示由体积流出净功率。如积分为负，则表示功率流入体积 v。

第二项表示由场供给带电粒子的功率。当积分为正时，场对带电粒子做功。当积分为负时，则外力做功，以使带电粒子反抗场而运动。在导电媒质中 $\boldsymbol{J}=\sigma\boldsymbol{E}$，此项表示功率损耗或欧姆功率损失。

第三项表示储存磁能的变化率。当积分为正时，有一个外源给磁场以能量，结果磁场增强。当积分为负时，磁能由磁场放出，使场减弱。

最后一项表示电场储能的变化率。对它的说明与第三项全同。通常式(7-100)写成

$$-\oint_s \boldsymbol{S}\cdot d\boldsymbol{s}=\int_v \boldsymbol{J}\cdot\boldsymbol{E}dv+\frac{d}{dt}\int_v(w_m+w_e)dv \tag{7-101}$$

公式左方的负号表示净功率必须流入体积 v，以提供(a)区域内的热损耗，和(b)电场与磁场增加的储能。对于静态场，式(7-101)成为

$$-\oint_s \boldsymbol{S}\cdot d\boldsymbol{s}=\int_v \boldsymbol{J}\cdot\boldsymbol{E}dv \tag{7-102}$$

它说明经过面 s 流入体积 v 的净功率等于体积内的功率损耗。

例 7.15 已知在无源电介质中的电场强度为 $\boldsymbol{E}=E\cos(\omega t-kz)\boldsymbol{a}_x$ V/m，此处 E 为峰值，k 为常数。试求(a) 此区域内的磁场强度，(b) 功率流的方向，(c) 平均功率密度。

解 (a) 求磁场强度，首先检验已知电场强度能否在此电介质中存在。$\boldsymbol{E}$ 场的 x 方向分量为

$$E_x=E\cos(\omega t-kz)\ \text{V/m}$$

若 ε 为电介质的电容率，电通密度为

$$D_x=\varepsilon E\cos(\omega t-kz)\ \text{C/m}^2$$

由于 $\boldsymbol{D}$ 场仅有在 x 方向的一个分量 D_x，且它又不是 x 的函数，因而满足无源电介质区的麦克斯韦方程

$$\rho_v=\nabla\cdot\boldsymbol{D}=0$$

再用麦克斯韦方程 $\nabla\times\boldsymbol{E}=-\frac{\partial\boldsymbol{B}}{\partial t}$来确定 $\boldsymbol{B}$ 场如下：

$$\frac{\partial\boldsymbol{B}}{\partial t}=-\nabla\times\boldsymbol{E}=-\frac{\partial}{\partial z}[E_x]\boldsymbol{a}_y=-Ek\sin(\omega t-kz)\boldsymbol{a}_y$$

对时间积分，得到 $\boldsymbol{B}$ 场的 y 分量为

$$B_y=\frac{Ek}{\omega}\cos(\omega t-kz)T$$

由于 $\boldsymbol{B}=\mu\boldsymbol{H}$，此处 μ 为电介质的磁导率，即可求得磁场强度为

$$H_y=\frac{Ek}{\omega\mu}\cos(\omega t-kz)\ \text{A/m}$$

现在我们来检验 $\boldsymbol{B}$ 或 $\boldsymbol{H}$ 场是否存在

$$\nabla\cdot\boldsymbol{B}=\frac{\partial}{\partial y}[B_y]=\frac{\partial}{\partial y}\left[\frac{Ek}{\omega}\cos(\omega t-kz)\right]=0$$

由于 $\nabla\cdot\boldsymbol{B}=0$，因而 $\boldsymbol{B}$ 场能存在。

现在由其余的麦克斯韦方程来计算体电流密度 $\boldsymbol{J}$ 如下：

$$\boldsymbol{J}=\nabla\times\boldsymbol{H}-\frac{\partial\boldsymbol{D}}{\partial t}=-\frac{\partial}{\partial z}[H_y]\boldsymbol{a}_x-\frac{\partial}{\partial t}[D_x]\boldsymbol{a}_x$$

$$= \left[\omega\varepsilon - \frac{1}{\omega\mu}k^2\right]E\sin(\omega t - kz)\boldsymbol{a}_x$$

由于在无源电介质中，$\boldsymbol{J}$ 必须为零，上式仅当

$$\omega\varepsilon - \frac{1}{\omega\mu}k^2 = 0$$

或

$$k = \pm\omega\sqrt{\mu\varepsilon}$$

时，方程式才能等于零。这样，k 不是一个任意常数，它与时变场的频率、媒质的电容率和磁导率有关。现在我们可以说，场能存在，因为它满足所有的麦克斯韦方程。

（b）瞬时功率密度或坡印亭矢量为

$$\boldsymbol{S} = \boldsymbol{E}\times\boldsymbol{H}$$
$$= \frac{k}{\omega\mu}E^2\cos^2(\omega t - kz)\boldsymbol{a}_z\ \mathrm{W/m^2}$$

由于 $\boldsymbol{S}$ 仅有一个 z 分量，因而功率沿 z 方向流动。

（c）现在可以得出 z 方向的平均功率密度为

$$\langle S_z\rangle = \frac{1}{T}\int_0^T \frac{k}{\omega\mu}E^2\cos^2(\omega t - kz)\,\mathrm{d}t$$

此处 T 为时间周期，即 $\omega T = 2\pi$。由三角恒等式

$$\cos(2\omega t - 2kz) = 2\cos^2(\omega t - kz) - 1$$

于是平均功率密度可表示为

$$\langle S_z\rangle = \frac{1}{2T}\int_0^T \frac{k}{\omega\mu}E^2\,\mathrm{d}t + \frac{1}{2T}\int_0^T \frac{k}{\omega\mu}E^2\cos(2\omega t - 2kz)\,\mathrm{d}t$$
$$= \frac{k}{2\omega\mu}E^2\ \mathrm{W/m^2}$$

7.13 时间简谐场㊀

时变电磁场的一种最重要类型是**时间简谐（正弦）场**（time-harmonic (sinusoidal) field）。在这种形式的场中，激励源以单一频率随时间作正弦变化。在线性系统中，一个正弦变化的源在系统中所有的点都产生随时间作正弦变化的场。对于**时谐场**，我们可以用相量分析以获得单频（单色）稳态响应。当以这种方式研究场时，不失一般性，因为（a）任何时变周期函数可用以正弦函数表示的傅里叶级数来描述，（b）在线性条件下，可用叠加原理。换句话说，时变周期场的完整响应可由单色响应线性合成。

在电路理论中，已经用**相量**（phasor）符号来表示随时间作正弦变化的电压和电流。本节我们扩展其界限以包括到矢量。任何矢量都能用它沿三个互相垂直坐标轴的分量来表示，这样每一分量可视为标量。例如若 $\boldsymbol{E}$ 场（有三个分量的瞬时值）为

$$\boldsymbol{E}(x,y,z,t) = E_x(x,y,z,t)\boldsymbol{a}_x + E_y(x,y,z,t)\boldsymbol{a}_y + E_z(x,y,z,t)\boldsymbol{a}_z \tag{7-103}$$

则 $E_x(x,y,z,t)$、$E_y(x,y,z,t)$ 和 $E_z(x,y,z,t)$ 分别为 $\boldsymbol{E}$ 场在 $\boldsymbol{a}_x$、$\boldsymbol{a}_y$ 和 $\boldsymbol{a}_z$ 方向的标分量。这些时谐变化的量可写成瞬时值表达式，即

㊀ 以下简称“时谐场”。——译注

$$E_x(x,\ y,\ z,\ t)=E_x(r,\ t)=E_{x0}(r)\cos[\omega t+\alpha(r)] \tag{7-104a}$$
$$E_y(x,\ y,\ z,\ t)=E_y(r,\ t)=E_{y0}(r)\cos[\omega t+\beta(r)] \tag{7-104b}$$
$$E_z(x,\ y,\ z,\ t)=E_z(r,\ t)=E_{z0}(r)\cos[\omega t+\gamma(r)] \tag{7-104c}$$

此处 E_{x0}、E_{y0}和 E_{z0}分别为$\boldsymbol{E}$ 场在$\boldsymbol{a}_x$、$\boldsymbol{a}_y$ 和$\boldsymbol{a}_z$ 方向分量的幅值。用简化符号(r)隐含场是空间坐标 x、y 和 z 的函数。此外，$\alpha(r)$、$\beta(r)$和 $\gamma(r)$为$\boldsymbol{E}$ 场在空间某点$(x,\ y,\ z)$处 x、y 和 z 分量的相位移。每一分量的幅值仅是空间函数。我们也可将每一分量写成

$$E_x(r,\ t)=\mathrm{Re}[E_{x0}(r)\mathrm{e}^{\mathrm{j}\alpha(r)}\mathrm{e}^{\mathrm{j}\omega t}] \tag{7-105a}$$
$$E_y(r,\ t)=\mathrm{Re}[E_{y0}(r)\mathrm{e}^{\mathrm{j}\beta(r)}\mathrm{e}^{\mathrm{j}\omega t}] \tag{7-105b}$$
$$E_z(r,\ t)=\mathrm{Re}[E_{z0}(r)\mathrm{e}^{\mathrm{j}\gamma(r)}\mathrm{e}^{\mathrm{j}\omega t}] \tag{7-105c}$$

此处 Re 表示取括号内复变函数的实数部分。如定义

$$\dot{E}_x(r)=E_{x0}(r)\mathrm{e}^{\mathrm{j}\alpha(r)} \tag{7-106a}$$
$$\dot{E}_y(r)=E_{y0}(r)\mathrm{e}^{\mathrm{j}\beta(r)} \tag{7-106b}$$
$$\dot{E}_z(r)=E_{z0}(r)\mathrm{e}^{\mathrm{j}\gamma(r)} \tag{7-106c}$$

则式(7-105)可写成

$$E_x(r,\ t)=\mathrm{Re}[\dot{E}_x(r)\mathrm{e}^{\mathrm{j}\omega t}] \tag{7-107a}$$
$$E_y(r,\ t)=\mathrm{Re}[\dot{E}_y(r)\mathrm{e}^{\mathrm{j}\omega t}] \tag{7-107b}$$
$$E_z(r,\ t)=\mathrm{Re}[\dot{E}_z(r)\mathrm{e}^{\mathrm{j}\omega t}] \tag{7-107c}$$

式(7-106)和式(7-107)中，$\dot{E}_x(r)$、$\dot{E}_y(r)$和$\dot{E}_z(r)$称为 $E_x(r,\ t)$、$E_y(r,\ t)$和 $E_z(r,\ t)$的等效相量。这样，时谐场的相量表示式是一个仅为空间函数的复数。它们与时间的依赖关系完全体现在 $\mathrm{e}^{\mathrm{j}\omega t}$项。我们用符号(·)表示相量[㊀]，并将在本书中一直用它。

现在式(7-103)可写成

$$\begin{aligned}\boldsymbol{E}(r,\ t)&=\mathrm{Re}\{[\dot{E}_x(r)\boldsymbol{a}_x+\dot{E}_y(r)\boldsymbol{a}_y+\dot{E}_z(r)\boldsymbol{a}_z]\mathrm{e}^{\mathrm{j}\omega t}\}\\&=\mathrm{Re}[\dot{\boldsymbol{E}}(r)\mathrm{e}^{\mathrm{j}\omega t}]\end{aligned} \tag{7-108}$$

式中

$$\dot{\boldsymbol{E}}(r)=\dot{E}_x(r)\boldsymbol{a}_x+\dot{E}_y(r)\boldsymbol{a}_y+\dot{E}_z(r)\boldsymbol{a}_z \tag{7-109}$$

是时谐电场存在的区域中任意点的$\boldsymbol{E}$ 场(矢量)的相量表示式[㊁](phasor representation)。再一次指出，空间关系包含在$\dot{\boldsymbol{E}}(r)$中，时间关系则保留在隐形式中。由式(7-108)显然可知，我们总可以将一个时域中的场，取它的相量或频域中的对应项乘以 $\mathrm{e}^{\mathrm{j}\omega t}$，取其实数部分(也可取虚数部分)来表示。由式(7-108)，$\boldsymbol{E}$ 场的时变率为

$$\frac{\partial \boldsymbol{E}(r,t)}{\partial t}=\mathrm{Re}[\mathrm{j}\omega\,\dot{\boldsymbol{E}}(r)\mathrm{e}^{\mathrm{j}\omega t}]$$

上式说明，在时域中对时间微分，产生一个在相量域的因子 jω。同样可以证明，对时间积分，则产生因子 1/jω(这和在电路理论中用相量符号分析做法相同)。

7.13.1 相量型式的麦克斯韦方程

将式(7-109)的$\boldsymbol{E}$ 场与$\boldsymbol{D}$, $\boldsymbol{B}$ 和$\boldsymbol{H}$ 的类似表达式，代入麦克斯韦方程，我们得到这些方程

㊀ 我国惯例用顶上加(·)表示相量。原书用顶上加(~)表示相量。——译注

㊁ $\dot{\boldsymbol{E}}(r)$亦称时谐场中代表电场强度的复矢量。注意 $\boldsymbol{E}(r,t)$、$\dot{\boldsymbol{E}}(r)$和$\dot{E}_x(r)$三者的区别，一般常写成 $\boldsymbol{E}$、$\dot{\boldsymbol{E}}$和$\dot{E}_x$。——译注

的微分与积分形式的相量型式为

$$\nabla\times\dot{\boldsymbol{E}} = -\mathrm{j}\omega\dot{\boldsymbol{B}}\Rightarrow\oint_c\dot{\boldsymbol{E}}\cdot\mathrm{d}\boldsymbol{l} = -\mathrm{j}\omega\int_s\dot{\boldsymbol{B}}\cdot\mathrm{d}\boldsymbol{s} \tag{7-110}$$

$$\nabla\times\dot{\boldsymbol{H}} = \dot{\boldsymbol{J}} + \mathrm{j}\omega\dot{\boldsymbol{D}}\Rightarrow\oint_c\dot{\boldsymbol{H}}\cdot\mathrm{d}\boldsymbol{l} = \int_s\dot{\boldsymbol{J}}\cdot\mathrm{d}\boldsymbol{s} + \mathrm{j}\omega\int_s\dot{\boldsymbol{D}}\cdot\mathrm{d}\boldsymbol{s} \tag{7-111}$$

$$\nabla\cdot\dot{\boldsymbol{D}} = \dot{\rho}_v\Rightarrow\oint_s\dot{\boldsymbol{D}}\cdot\mathrm{d}\boldsymbol{s} = \int_v\dot{\rho}_v\,\mathrm{d}v \tag{7-112}$$

$$\nabla\cdot\dot{\boldsymbol{B}} = 0\Rightarrow\oint_s\dot{\boldsymbol{B}}\cdot\mathrm{d}\boldsymbol{s} = 0 \tag{7-113}$$

$$\nabla\cdot\dot{\boldsymbol{J}} = -\mathrm{j}\omega\dot{\rho}_v\Rightarrow\oint_s\dot{\boldsymbol{J}}\cdot\mathrm{d}\boldsymbol{s} = -\mathrm{j}\omega\int_v\dot{\rho}_v\,\mathrm{d}v \tag{7-114}$$

相量型式的结构关系式为

$$\dot{\boldsymbol{D}} = \varepsilon\dot{\boldsymbol{E}} \tag{7-115}$$

$$\dot{\boldsymbol{B}} = \mu\dot{\boldsymbol{H}} \tag{7-116}$$

式中 μ 和 ε 为媒质的磁导率和电容率。

7.13.2 相量型式的边界条件

在两个媒质的交界面处，以相量型式表示的普遍边界条件为

$$\boldsymbol{a}_n\cdot(\dot{\boldsymbol{B}}_1-\dot{\boldsymbol{B}}_2)=0 \tag{7-117}$$

$$\boldsymbol{a}_n\cdot(\dot{\boldsymbol{D}}_1-\dot{\boldsymbol{D}}_2)=\dot{\rho}_s \tag{7-118}$$

$$\boldsymbol{a}_n\times(\dot{\boldsymbol{E}}_1-\dot{\boldsymbol{E}}_2)=0 \tag{7-119}$$

$$\boldsymbol{a}_n\times(\dot{\boldsymbol{H}}_1-\dot{\boldsymbol{H}}_2)=\dot{\boldsymbol{J}}_s \tag{7-120}$$

此处 $\boldsymbol{a}_n$ 为交界面处指向媒质 1 的法线单位矢量，$\dot{\rho}_s$ 为面电荷密度，$\dot{\boldsymbol{J}}_s$ 为交界面处的面电流密度。

7.13.3 相量型式的坡印亭定理

式(7-110)与 $\dot{\boldsymbol{H}}^*$ 的标积(此处 * 代表复量的共轭值)，以及式(7-111)的共轭值与 $\dot{\boldsymbol{E}}$ 的标积为

$$(\nabla\times\dot{\boldsymbol{E}})\cdot\dot{\boldsymbol{H}}^* = -\mathrm{j}\omega\dot{\boldsymbol{B}}\cdot\dot{\boldsymbol{H}}^* \tag{7-121}$$

$$(\nabla\times\dot{\boldsymbol{H}}^*)\cdot\dot{\boldsymbol{E}} = (\dot{\boldsymbol{J}}^* - \mathrm{j}\omega\dot{\boldsymbol{D}}^*)^{\ominus}\cdot\dot{\boldsymbol{E}} \tag{7-122}$$

式(7-122)减去(7-121)，得

$$\dot{\boldsymbol{E}}\cdot(\nabla\times\dot{\boldsymbol{H}}^*) - \dot{\boldsymbol{H}}^*\cdot(\nabla\times\dot{\boldsymbol{E}}) = \dot{\boldsymbol{E}}\cdot\dot{\boldsymbol{J}}^* + \mathrm{j}\omega(\dot{\boldsymbol{B}}\cdot\dot{\boldsymbol{H}}^* - \dot{\boldsymbol{E}}\cdot\dot{\boldsymbol{D}}^*) \tag{7-123}$$

用矢量恒等式

$$\nabla\cdot(\dot{\boldsymbol{E}}\times\dot{\boldsymbol{H}}^*) = \dot{\boldsymbol{H}}^*\cdot(\nabla\times\dot{\boldsymbol{E}}) - \dot{\boldsymbol{E}}\cdot(\nabla\times\dot{\boldsymbol{H}}^*)$$

与复坡印亭矢量或复功率密度的定义

$$\hat{\boldsymbol{S}} = \frac{1}{2}[\dot{\boldsymbol{E}}\times\dot{\boldsymbol{H}}^*] \tag{7-124}$$

式(7-123)可写成

$$-\nabla\cdot\hat{\boldsymbol{S}} = \frac{1}{2}\dot{\boldsymbol{E}}\cdot\dot{\boldsymbol{J}}^* + \mathrm{j}\omega\left[\frac{1}{2}\dot{\boldsymbol{B}}\cdot\dot{\boldsymbol{H}}^* - \frac{1}{2}\dot{\boldsymbol{E}}\cdot\dot{\boldsymbol{D}}^*\right] \tag{7-125}$$

⊖ 在式(7-111)中，$\mathrm{j}\omega\dot{\boldsymbol{D}}$ 前是 + 号，取共轭，在式(7-122)中变成负号。——译注

式(7-125)即是点函数(微分)形式的复坡印亭定理。在由 s 面包围的体积 v 内积分并用散度定理，得到复坡印亭定理的积分形式为

$$-\oint_s \hat{\boldsymbol{S}}\cdot \mathrm{d}\boldsymbol{s} = \int_v \frac{1}{2}\dot{\boldsymbol{E}}\cdot\dot{\boldsymbol{J}}^*\mathrm{d}v + \mathrm{j}\omega\int_v \frac{1}{2}\dot{\boldsymbol{B}}\cdot\dot{\boldsymbol{H}}^*\mathrm{d}v - \mathrm{j}\omega\int_v \frac{1}{2}\dot{\boldsymbol{E}}\cdot\dot{\boldsymbol{D}}^*\mathrm{d}v \quad (7\text{-}126)$$

式左方的 $(-\oint_s \hat{\boldsymbol{S}}\cdot\mathrm{d}\boldsymbol{s})$ 表示流入体积 v 的复功率㊀。若 v 内有源，则 $\oint_s \hat{\boldsymbol{S}}\cdot\mathrm{d}\boldsymbol{s}$ 表示由此区域辐射或传输出来的功率 。

对于导电媒质，$\dot{\boldsymbol{J}}=\sigma\dot{\boldsymbol{E}}$，右方第一项是导电媒质中的时间平均功率损耗。若 $\dot{\boldsymbol{J}}$ 为媒质中电荷运动产生的运流电流，这样 $\dot{\boldsymbol{J}}=\dot{\rho}_{v+}\boldsymbol{u}_+ + \dot{\rho}_{v-}\boldsymbol{u}_-$，则此项表示在电荷运动中，$\dot{\boldsymbol{E}}$ 场所消耗能量的速率。

右方第二项表示此区域内所储存的磁能。注意到

$$\langle w_m\rangle = \frac{1}{2}\dot{\boldsymbol{B}}\cdot\dot{\boldsymbol{H}}^* = \frac{1}{2}\mu H^2 \quad (7\text{-}127)$$

为区域内的时间平均磁能密度。右边最后一项表示此区域内所储存的时间平均电能。在此情况下

$$\langle w_e\rangle = \frac{1}{2}\dot{\boldsymbol{E}}\cdot\dot{\boldsymbol{D}}^* = \frac{1}{2}\varepsilon E^2 \quad (7\text{-}128)$$

为区域内的时间平均电能密度。

由式(7-124)可得出时间平均功率密度为

$$\langle\hat{\boldsymbol{S}}\rangle = \mathrm{Re}[\hat{\boldsymbol{S}}] \quad (7\text{-}129)$$

流过面 s 的平均功率为

$$\langle P\rangle = \int_s \langle\hat{\boldsymbol{S}}\rangle\cdot\mathrm{d}\boldsymbol{s} \quad (7\text{-}130)$$

例 7.16 已知无源区域的 $\dot{\boldsymbol{E}}$ 场为 $\dot{\boldsymbol{E}}=C\sin\alpha x\cos(\omega t-kz)\boldsymbol{a}_y$ V/m。用相量求(a)磁场强度，(b)场存在的必要条件，(c)每单位面积的时间平均功率流。

解 (a)$\boldsymbol{E}$ 场的等效相量为

$$\dot{E}_y = C\sin\alpha x\mathrm{e}^{-\mathrm{j}kz}$$

我们用麦克斯韦方程

$$\nabla\times\dot{\boldsymbol{E}} = -\mathrm{j}\omega\mu\dot{\boldsymbol{H}}$$

求 $\dot{\boldsymbol{H}}$ 场。然而

$$\begin{aligned}\nabla\times\dot{\boldsymbol{E}} &= -\frac{\partial}{\partial z}[\dot{E}_y]\boldsymbol{a}_x + \frac{\partial}{\partial x}[\dot{E}_y]\boldsymbol{a}_z\\ &= \mathrm{j}kC\sin\alpha x\mathrm{e}^{-\mathrm{j}kz}\boldsymbol{a}_x + \alpha C\cos\alpha x\mathrm{e}^{-\mathrm{j}kz}\boldsymbol{a}_z\end{aligned}$$

因此，$\dot{\boldsymbol{H}}$ 场是

$$\dot{\boldsymbol{H}} = -\frac{kC}{\omega\mu}\sin\alpha x\mathrm{e}^{-\mathrm{j}kz}\boldsymbol{a}_x + \mathrm{j}\frac{\alpha C}{\omega\mu}\cos\alpha x\mathrm{e}^{-\mathrm{j}kz}\boldsymbol{a}_z$$

(b)在时域内，$\boldsymbol{H}$ 的 x 和 z 分量是

㊀ 式(7-126)表示的复功率，右边实部即平均功率(有功功率)，虚部为体积 v 中磁场和电场能量时间变化率之差，即无功功率。注意，式中的场量都是正弦量的最大值。此处的推导过程，亦可参考俞大光著《电工基础》下册中关于"正弦电磁波"的论述(人民教育出版社 1982 年 2 月第 9 次印刷版)。——译注

$$H_x(r,t) = -\frac{kC}{\omega\mu}\sin\alpha x\cos(\omega t - kz)$$

和

$$H_z(r,t) = \frac{\alpha C}{\omega\mu}\cos\alpha x\cos(\omega t - kz + 90°)$$

$$= -\frac{\alpha C}{\omega\mu}\cos\alpha x\sin(\omega t - kz)$$

注意，在无源区($\dot{\rho}_v = 0$)，场应满足两个散度方程，即 $\nabla\cdot\dot{\boldsymbol{D}} = 0$ 和 $\nabla\cdot\dot{\boldsymbol{B}} = 0$。由于在无源区内 $\dot{\boldsymbol{J}} = 0$，最后一个麦克斯韦方程成为

$$\nabla\times\dot{\boldsymbol{H}} = \mathrm{j}\omega\varepsilon\,\dot{\boldsymbol{E}}$$

将$\dot{\boldsymbol{E}}$和$\dot{\boldsymbol{H}}$代入此方程，并进行一些简化即得

$$k^2 = \omega^2\mu\varepsilon - \alpha^2$$

为场存在的必要条件。

(c) 区域内的复功率密度为

$$\hat{\boldsymbol{S}} = \frac{1}{2}[\dot{\boldsymbol{E}}\times\dot{\boldsymbol{H}}^*]$$

$$= \frac{1}{2}[\dot{E}_y\dot{H}_z^*\boldsymbol{a}_x - \dot{E}_y\dot{H}_x^*\boldsymbol{a}_z]$$

$$= -\mathrm{j}\frac{\alpha}{2\omega\mu}C^2\sin\alpha x\cos\alpha x\boldsymbol{a}_x + \frac{k}{2\omega\mu}C^2\sin^2\alpha x\boldsymbol{a}_z$$

最后，每单位面积的时间平均实(有效)功率为

$$\langle\hat{\boldsymbol{S}}\rangle = \mathrm{Re}[\hat{\boldsymbol{S}}] = \frac{k}{2\omega\mu}C^2\sin^2\alpha x\boldsymbol{a}_z$$

虽然复功率密度有 x 和 z 方向的分量，但每单位面积的时间平均实功率流是在 z 方向。为了维持这样的功率流，沿 z 方向的每点就必须有 $\boldsymbol{E}$ 场和 $\boldsymbol{H}$ 场适当的分量。这就清楚地表示出场像波一样传播。

7.14 时变电磁场的应用

由本章的学习我们已经知道，所有电磁场存在的条件是必须满足麦克斯韦方程。事实上，当满足麦克斯韦方程后，每一场量($\boldsymbol{E}$ 或 $\boldsymbol{H}$)分别满足**波动方程**(wave equation)或**亥姆霍兹**(Helmholtz)**方程**。在波动方程众多可能解之中的**均匀平面波解**，其场分量是在与波传播方向垂直的平面内，且每一场分量的大小在该平面内是常数(均匀)。在第 8 章我们将导出波动方程，并讨论均匀平面波或被称为**横电磁波**(TEM)。我们还将证明，均匀平面波在自由空间以光速传播。

当两个或更多导体相互绝缘时，TEM 波也可存在。这种形式的 TEM 波也称为导波，因为它沿导体长度传播。平行传输线和同轴电缆由一端传送功率或信息(信号)至另一端，通常支持 TEM 模式，也称为**主模式**，它可在任何频率下存在，这是第 9 章的主题。

我们也可用空心导体引导波通过它包围的电介质区。当用单个导体来引导波时，它称为**波导**。通常有两种常用形式的波导：圆柱形和矩形。第 10 章讨论矩形波导。我们将研究在矩形波导中能存在的两种形式的波：**横电波**(TE 模)和**横磁波**(TM 模)。一个单独导体不能支持 TEM。TE 和 TM 两种波的显著特点是，每种波仅能在高于被称为**截止频率**(cutoff frequency)的某一定下限频率时存在。

我们用**天线**产生电磁场，它可以通过无界区域、或沿传输线、或通过波导包围的媒质来传播。天线可以是一根简单的直圆柱形导体或者是由各种尺寸的这类导体适当排列的组合。具有喇叭口和抛物形圆盘的波导也可用作天线。第11章将讨论某些天线的工作原理。

由此可见，本书以后各章只是在各种不同边界条件下麦克斯韦方程的应用。在每种情况下，波动解是唯一的。在众多的麦克斯韦方程的应用中，本节选出三个，即：**变压器、自耦变压器**和**电子回旋加速器**。

7.14.1 变压器

当两个电气绝缘的线圈安排得一个线圈产生的（时变）磁通与另一个线圈交链，并在其中产生 emf，则两个线圈是磁耦合而形成双绕组变压器。图7-20是双绕组变压器的最简单形式。与电源相连的线圈称为**初级绕组**，另一个线圈则称为**次级绕组**。当两个线圈是在自由空间互相绝缘，或者绕在非磁性材料上（称为芯），则此变压器通常称为**空芯变压器**。与次级线圈交链的总磁通决定于它与初级线圈的接近程度和方位。为保证两个绕组之间磁通链最大，它们可绕制在具有高磁导率的磁性材料上，形成一个公共磁路。这种装置称为**铁芯变压器**。

当磁芯的磁导率高，且变压器次级开路（空载情况），如图7-21所示，则初级绕组中有一称为激磁电流的小电流 $i_m(t)$，它：(a)在芯中建立时变磁通 $\Phi(t)$，(b)补偿磁路的磁阻所产生的磁位降，(c)提供原绕组的功率损耗和芯内的磁损耗[⊖]。

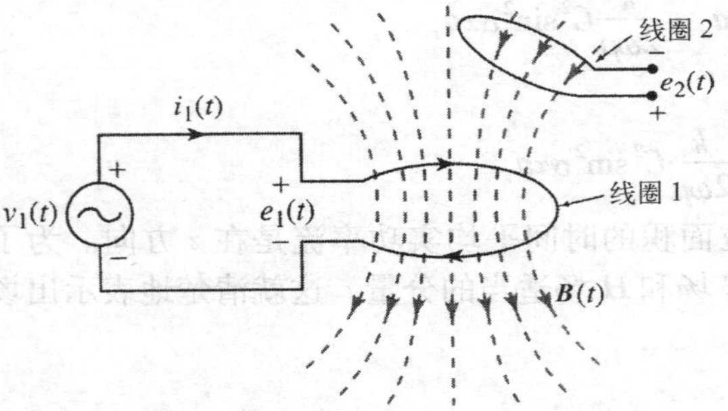

图7-20 两个磁耦合线圈形成的变压器

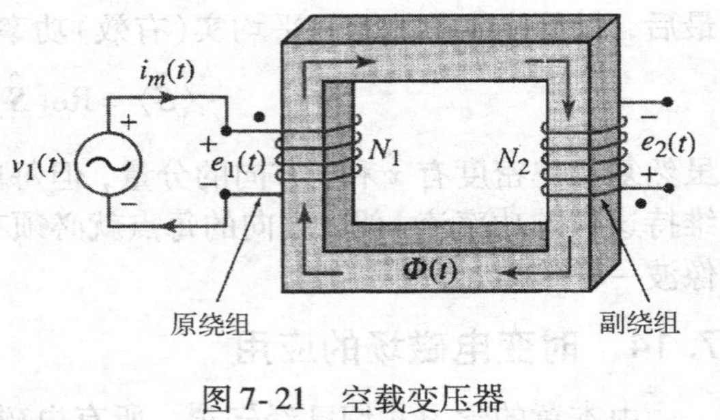

图7-21 空载变压器

理想变压器 现在所研究的理想变压器，应当具有：(a)无限大的磁导率，(b)绕组电阻为零，(c)磁损耗不存在。这些假设使得在空载情况下的激磁电流小到可以忽略，初级绕组（**原绕组，原边**）所产生的全部时变磁通将通过磁路，而无任何漏磁。在这些理想条件下，原绕组内感应的 emf $e_1(t)$ 和次级绕组，（**副绕组，副边**）内的 $e_2(t)$ 为

$$e_1 = N_1 \frac{\mathrm{d}\Phi}{\mathrm{d}t} \tag{7-131}$$

$$e_2 = N_2 \frac{\mathrm{d}\Phi}{\mathrm{d}t} \tag{7-132}$$

式中 N_1 与 N_2 为原、副绕组的匝数；$\Phi(t)$ 为交链两绕组的磁通。这里略去了式中的负号，因为我们已经在图7-21中注明了感应 emf 的极性。我们还在靠近每一绕组的一端注一个圆点，它表示当交链绕组的磁通随时间增加时，感应 emf 在绕组的圆点端对另一端为正。我们将用

⊖ 亦称“铁损耗”。——译注

此圆点标志以等效电路表示变压器。

感应 emf 的比值可表示为

$$\frac{e_1}{e_2}=\frac{N_1}{N_2} \tag{7-133}$$

即，**两绕组的感应 emf 之比等于它们的匝数比**。当原绕组开路，电压源加在副绕组时，可得到同样的表示式。在理想情况下，各绕组的感应 emf 应等于该绕组的额定电压。即

$$\frac{v_1}{v_2}=\frac{N_1}{N_2}=a \tag{7-134}$$

式中 $v_1(t)$ 和 $v_2(t)$ 为初级和次级绕组的额定电压；a 为原绕组和副绕组的匝数比，称为 ***a* 比**或**变压比**(a- ratio 或 ratio of transformation)。

当副绕组接有负载时(见图 7-22)，副绕组中的电流将产生自己的磁通，它反抗原有磁通[㊀]。芯中的净磁通以及由此在每一绕组中感应 emf 都趋向于从空载值减小。当原绕组的感应 emf 趋向减小时，立刻引起原绕组电流增大，以抵消磁通和感应 emf 的下降。电流一直增加到芯内的磁通，以及因此两个绕组中的感应 emf 都恢复到它们在空载时的值为止。这样，电源供给原绕组功率，副绕组则将功率送至负载。磁通在功率传输过程中的作用好像媒质一般。在理想情况下，输入功率应等于输出功率。即

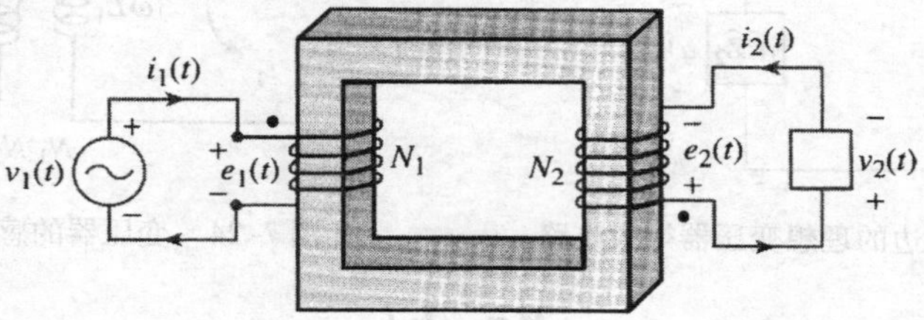

图 7-22 有载的变压器

$$v_1 i_1 = v_2 i_2$$

或

$$\frac{i_2}{i_1}=\frac{v_1}{v_2}=\frac{e_1}{e_2} \tag{7-135}$$

由上式可知，**电流比反比于感应 emf 比**。

由式(7-134)和式(7-135)，可以证明

$$N_1 i_1 - N_2 i_2 = 0 \tag{7-136}$$

此式说明，在理想情况下，所需用于激励变压器的净 mmf 为零。这是磁性材料有无限大的磁导率，或者磁路的磁阻为零的另一种表述法。

对于正弦变化源，上述关系可用相量形式表示为

$$\frac{\dot{V}_1}{\dot{V}_2}=\frac{\dot{I}_2}{\dot{I}_1}=\frac{N_1}{N_2}=a \tag{7-137}$$

如定义

㊀ 实际上，是反抗原有磁通的瞬时变化，可参考 7.3 节对图 7-8 中感应电流方向的解释。——译注

$$\hat{Z}_2 = \frac{\dot{V}_2}{\dot{I}_2}$$

为接入副绕组的负载阻抗，则可确定折算到原绕组的等效负载阻抗为

$$\hat{Z}_1 = \frac{\dot{V}_1}{\dot{I}_1} = (a\,\dot{V}_2)\left(\frac{a}{\dot{I}_2}\right) = a^2\frac{\dot{V}_2}{\dot{I}_2} = a^2\,\hat{Z}_2 \tag{7-138}$$

这样，副边接的实际负载阻抗$\hat{Z}_2$在原边表现为$a^2\,\hat{Z}_2$，理想变压器可用图7-23所示的等效电路来表示。

实际变压器 当磁芯具有有限磁导率时，每一线圈的自感为有限，两线圈之间的磁耦合形成互感。此外，每一绕组必然有自身电阻。考虑这些因素后，可以将双绕组的变压器用感应耦合等效电路表示，如图7-24所示。在此电路中，R_1与L_1为原绕组的电阻与电感；R_2与L_2为副绕组的电阻与电感，M为它们之间的互感。若芯为高磁导率材料，则预期磁通将限制在磁芯内，漏磁小到可以忽略。这样，我们可以假定两个线圈为完全耦合，它们之间的互感为

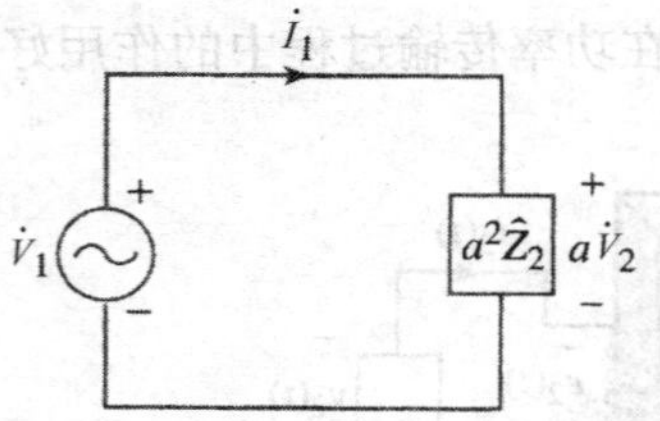

图7-23 折算到原边的理想变压器等效电路

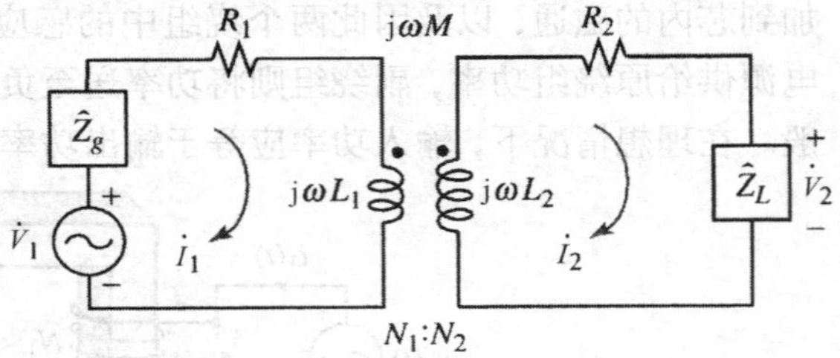

图7-24 变压器的感应耦合等效电路

$$M = \sqrt{L_1L_2} \tag{7-139}$$

令$\dot{I}_1$和$\dot{I}_2$为当负载阻抗$\hat{Z}_L$接至副绕组时原副绕组的电流，且内阻抗为$\hat{Z}_g$的电压源$\dot{V}_1$加到原绕组。两个耦合方程可写为

$$(R_1 + j\omega L_1 + \hat{Z}_g)\,\dot{I}_1 - j\omega M\,\dot{I}_2 = \dot{V}_1 \tag{7-140}$$

$$-j\omega M\,\dot{I}_1 + (R_2 + j\omega L_2 + \hat{Z}_L)\,\dot{I}_2 = 0 \tag{7-141}$$

方程的解可得出$\dot{I}_1$与$\dot{I}_2$㊀。

现在可以求出负载电压为

$$\dot{V}_2 = \dot{I}_2\,\hat{Z}_L$$

输送至负载的功率为

$$P_o = \mathrm{Re}[\dot{V}_2\,\dot{I}_2^*]$$

最后，输入变压器的功率为

$$P_i = \mathrm{Re}[\dot{V}_1\,\dot{I}_1^*]$$

变压器的效率为输出功率与输入功率之比。注意，在此处分析中，没有包括磁损耗。如何考虑这些损耗，可由许多电机教科书中找到。在本节中，我们将假定这些损耗可以忽略。

在式(7-140)和式(7-141)的基础上，也可将变压器用电导耦合的等效电路来表示，图7-25表示一个通常用来分析变压器性能的等效电路。

㊀ 方程中互感电压项前正负号的决定，按对图7-16说明的方法。——译注

例 7.17 两绕组变压器 $R_1 = 4\ \Omega$, $R_2 = 1\ \Omega$, $L_1 = 30$ mH, $L_2 = 120$ mH, $k = 1$。原边接以 120 V(rms)电源,副边末端接入负载电阻100 Ω。若电源角频率为 1000 rad/s,绘出此变压器的电导耦合等效电路并确定它的效率。

解 两绕组间的互感为

$$M = \sqrt{0.03 \times 0.12} = 0.06\ \text{H}$$

以图 7-25 为参考,可绘出图 7-26 的电导耦合等效电路。由网孔(回路)电流法,两个方程[⊖]为

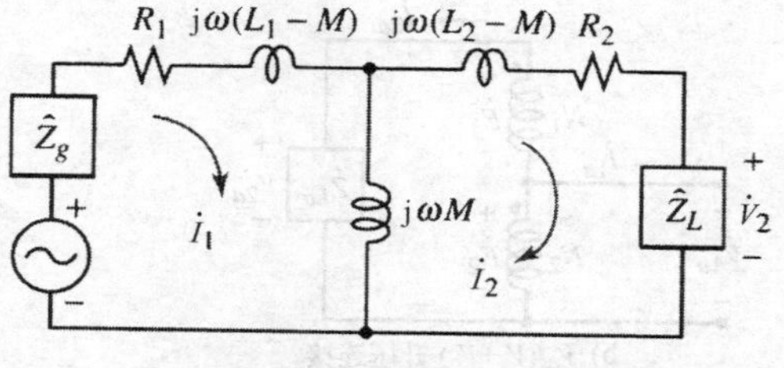

图 7-25 变压器的电导耦合等效电路

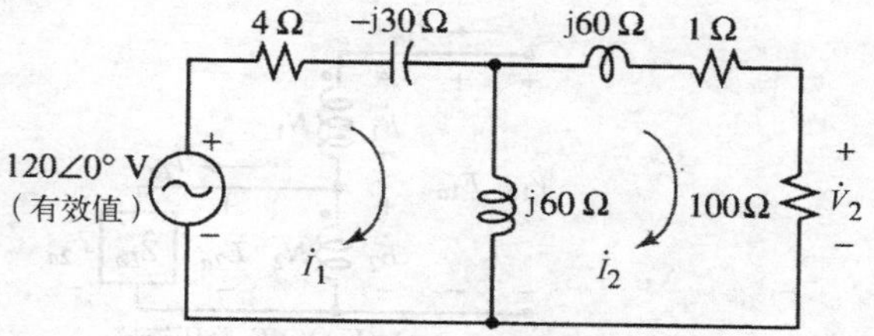

图 7-26 例 7.17 附图

$$(4 + j30)\dot{I}_1 - j60\ \dot{I}_2 = 120$$

$$-j60\ \dot{I}_1 + (101 + j120)\dot{I}_2 = 0$$

联立解上述方程得到

$$\dot{I}_1 = 5.33\angle -33.52^\circ\ \text{A}$$

和

$$\dot{I}_2 = 2.04\angle 6.57^\circ\ \text{A}$$

这样,负载电压、功率输出与功率输入为

$$\dot{V}_2 = 100 \times 2.04\angle 6.57^\circ = 204\angle 6.57^\circ\ \text{V}$$

$$P_o = \text{Re}[204\angle 6.57^\circ \times 2.04\angle -6.57^\circ] = 416.16\ \text{W}$$

$$P_i = \text{Re}[120 \times 5.33\angle 33.52^\circ] = 533.23\ \text{W}$$

最后,变压器效率为

$$\eta = \frac{P_o}{P_i} = \frac{416.16}{533.23} = 0.78 \text{ 或 } 78\%$$

7.14.2 自耦变压器

在两绕组变压器中,原绕组与副绕组是电气绝缘的。两个绕组由公共芯形成磁耦合。这样,磁感应完成原绕组至副绕组的能量传输。

当变压器的两个绕组在电方面也是连接时,称为**自耦变压器**(autotransformer)。一个自耦变压器可以是一个连续绕组作为原、副绕组,或者也可包含两个或多个不同的线圈绕在同一磁芯上。在这两种情形下,工作原理是相同的。绕组的直接电连接,保证部分能量由初级**传导**至次级绕组。绕组间的磁耦合则保证部分能量由**感应**来传送。

自耦变压器几乎可用于所有采用双绕组变压器的场合。唯一的缺点是自耦变压器的高压和低压边的电绝缘损耗。自耦变压器在下列几方面优于双绕组变压器。

⊖ 亦可照式(7-140)和(7-141)列出与此同样两个方程。——译注

1. 在同样额定电压和功率的条件下，自耦变压器比常规的双绕组变压器便宜。

2. 同样的物理尺寸，自耦变压器输出功率大于双绕组变压器。

3. 同样的额定功率，自耦变压器比双绕组变压器效率高。

4. 在磁芯内产生同样的磁通，自耦变压器与双绕组变压器相比，所需激磁电流较小。

现在开始讨论由一个理想的双绕组变压器连接成的自耦变压器。事实上，有四种可能的连接方式，如图7-27所示。研究图7-27a所示的电路，此处双绕组变压器连接成降压自耦变压器。注意，双绕组变压器的副绕组现在成为自耦变压器的公共绕组。在理想情况下

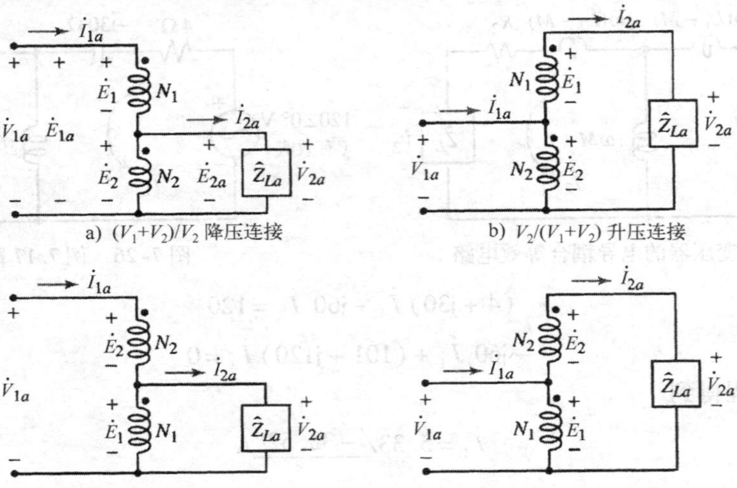

a) $(V_1+V_2)/V_2$ 降压连接　b) $V_2/(V_1+V_2)$ 升压连接

c) $(V_1+V_2)/V_1$ 降压连接　d) $V_1/(V_1+V_2)$ 升压连接

图7-27　双绕组变压器连接成自耦变压器的可能方式

$$\dot{V}_{1a}=\dot{E}_{1a}=\dot{E}_1+\dot{E}_2$$
$$\dot{V}_{2a}=\dot{E}_{2a}=\dot{E}_2 \tag{7-142}$$
$$\frac{\dot{V}_{1a}}{\dot{V}_{2a}}=\frac{\dot{E}_{1a}}{\dot{E}_{2a}}=\frac{\dot{E}_1+\dot{E}_2}{\dot{E}_2}=\frac{N_1+N_2}{N_2}=1+a=a_T$$

此处 $a=N_1/N_2$ 为双绕组变压器的 a 比，$a_T=1+a$ 为所研究的自耦变压器的 a 比。其他连接方式的 a 可由同样方式求得，因为所有连接方式的 a_T 都不相同。

在理想自耦变压器中，原边 mmf 必须等于副边 mmf，且二者相反：

$$(N_1+N_2)I_{1a}=N_2I_{2a}$$

由上式可得

$$\frac{I_{2a}}{I_{1a}}=\frac{N_1+N_2}{N_2}=1+a=a_T \tag{7-143}$$

这样，由理想变压器送至负载的视在功率 S_{oa} 为

$$S_{oa}=V_{2a}I_{2a}=\left[\frac{V_{1a}}{a_T}\right][a_TI_{1a}]=V_{1a}I_{1a}=S_{ina} \tag{7-144}$$

式中 S_{ina} 为自耦变压器的输入视在功率。上式说明，在理想条件下，输出功率与输入功率相等。

现在我们用双绕组变压器的参数来表示输出视在功率。对于所研究的结构

$$V_{2a}=V_2$$

和

$$I_{2a}=a_TI_{1a}=(a+1)I_{1a}$$

然而对于额定负载 $I_{1a}=I_1$，这样

$$S_{oa}=V_2I_1(a+1)$$

$$=V_2I_2\frac{a+1}{a}=S_o\left[1+\frac{1}{a}\right]$$

式中 $S_o=V_2I_2$ 为双绕组变压器的输出视在功率，此功率与自耦变压器的公共绕组相联系，因而是由感应传至负载。其余功率 S_o/a 则由电源直接传导至负载称为**传导功率**。可见双绕组变压器连接成自耦变压器时，将传送更多的功率。

例 7.18 一个 24 kVA，2400/240 V 的配电变压器连接成自耦变压器，对于每种可能连接方式，试求(a)原绕组电压，(b)副绕组电压，(c)变压比，(d)自耦变压器的标称额定值。

解 对于所给定的双绕组变压器，我们可以断定 $V_1=2400$ V，$V_2=240$ V，$S_o=24$ kVA，$I_1=10$ A及 $I_2=100$ A。

(a) 对于图 7-27a 的自耦变压器连接方式

$$V_{1a}=2400+240=2640\text{ V}$$

$$V_{2a}=240\text{ V}$$

$$a_T=2640/240=11$$

$$S_{oa}=V_{2a}I_{2a}=V_{1a}I_{1a}=V_{1a}I_1=2640\times10$$

$$=26\,400\text{ VA 或 }26.4\text{ kVA}$$

自耦变压器的标称额定值为 26.4 kVA，2640/240 V。

(b) 对于图 7-27b 的自耦变压器连接方式

$$V_{1a}=240\text{ V}$$

$$V_{2a}=2400+240=2640\text{ V}$$

$$a_T=240/2640=0.091$$

$$S_{oa}=V_{2a}I_{2a}=V_{2a}I_1=2640\times10$$

$$=26\,400\text{ VA 或 }26.4\text{ kVA}$$

自耦变压器的标称额定值为 26.4 kVA，240/2640 V。

(c) 对于图 7-27c 的自耦变压器连接方式

$$V_{1a}=240+2400=2640\text{ V}$$

$$V_{2a}=2400\text{ V}$$

$$a_T=2640/2400=1.1$$

$$S_{oa}=V_{2a}I_{2a}=V_{1a}I_{1a}=V_{1a}I_2=2640\times100$$

$$=264\,000\text{ VA 或 }264\text{ kVA}$$

自耦变压器的标称额定值为 264 kVA，2640/2400 V。

(d) 最后，对于图 7-27d 的自耦变压器连接方式

$$V_{1a}=2400\text{ V}$$

$$V_{2a}=2400+240=2640\text{ V}$$

$$a_T=2400/2640=0.91$$

$$S_{oa}=V_{2a}I_{2a}=V_{2a}I_2=2640\times 100$$
$$=264\,000\ \text{VA 或 } 264\ \text{kVA}$$

自耦变压器的标称额定值为 264 kVA，2400/2640 V。

注意当双绕组变压器连接成图 7-27c 的降压自耦变压器或图 7-27d 的升压自耦变压器时，额定功率增大 10 倍。

7.14.3 电子回旋加速器

在回旋加速器(cyclotron)中，带电粒子受到两个 D 形导电空腔之间的时变电场作用而加速。用一均匀磁场使带电粒子在每个 D 形区域沿圆轨道运动。当带电粒子进入空腔，它的(运动轨道)半径每次都要增大。而在**电子回旋加速器**(betatron，或称**电子感应加速器**)中，带电粒子却是在一个称为**轮环**(torus)的真空玻璃室内以恒定半径旋转。一个电磁铁产生时变磁场，电磁铁极面间隙沿半径向外方向增大，以控制磁场强度，如图 7-28 所示。

假设带电粒子(电子)在静止状态，磁场为零。当磁场在 z 方向增加时，它将感应一个在轮环平面上形成一个闭合圆环的电场，见图 7-29。由麦克斯韦方程，电场强度可按下式确定：

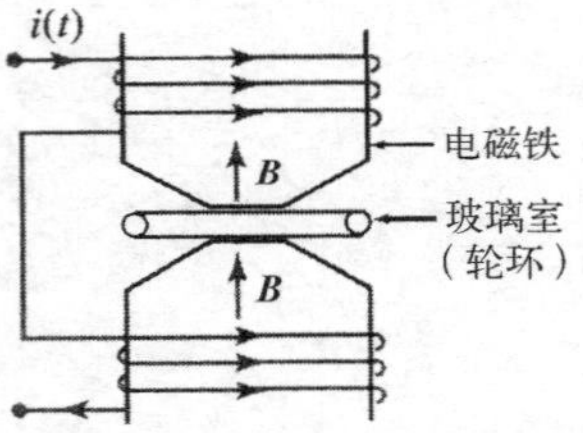

图 7-28 电子回旋加速器的图解

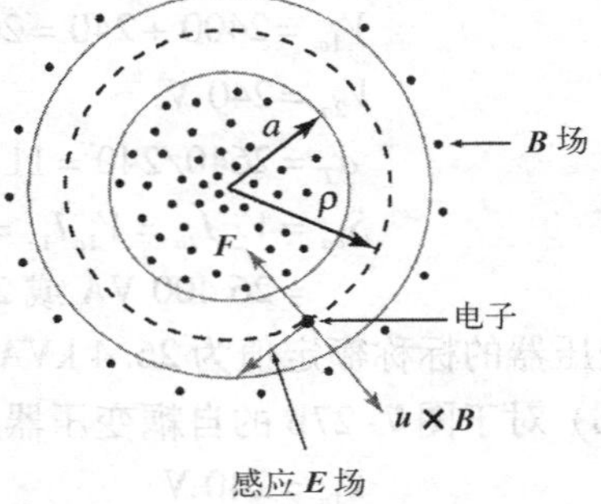

图 7-29 电子以速度 u 按半径 ρ 旋转所受的力

$$\oint_c \boldsymbol{E}\cdot \mathrm{d}\boldsymbol{l}=-\int_s \frac{\partial \boldsymbol{B}}{\partial t}\cdot \mathrm{d}\boldsymbol{s}$$

此处 $\boldsymbol{B}(r,t)$ 是空间与时间的函数。由于电磁铁的对称设计，保证在距中心为恒定半径处的 $\boldsymbol{B}$ 场是相同的。因而在同样半径处的 $\boldsymbol{E}$ 场也是常数。这样，在恒定半径为 a 的环道上，由上述方程得到

$$E_\phi=-\frac{1}{2\pi a}\frac{\mathrm{d}\Phi}{\mathrm{d}t} \tag{7-145}$$

式中

$$\Phi=\int_0^a B\rho\mathrm{d}\rho\int_0^{2\pi}\mathrm{d}\phi \tag{7-146}$$

为通过半径为 a 的圆环面积的总磁通。

$\boldsymbol{E}$ 场作用于电子的力为

$$F_\phi=-eE_\phi=\frac{e}{2\pi a}\frac{\mathrm{d}\Phi}{\mathrm{d}t} \tag{7-147}$$

式中 e 为电子电荷量(1.602×10^{-19} C)。根据牛顿运动第二定律，动量变化率等于施加的力。

即

$$\frac{\mathrm{d}p}{\mathrm{d}t}=\frac{e}{2\pi a}\frac{\mathrm{d}\Phi}{\mathrm{d}t}$$

在 $t=0$ 时，电子是静止的，因而在任意时间 t 获得的动量为

$$p=\frac{e\Phi}{2\pi a} \tag{7-148}$$

当电子在距中心半径为 a 的圆上开始旋转时，它受到洛伦兹力 $-e(\boldsymbol{u}\times\boldsymbol{B})$。这个力使电子向中心移动，如图7-29 所示。但与此同时，作用于电子的离心力使电子要脱离这设备。由于这两个力同时作用于电子，但方向相反，因而当这两个力大小相等时，电子即可维持圆形轨道。对于恒定半径 a 的圆轨道，必须有

$$\frac{m}{a}u^2=eBu$$

或

$$mu=eBa \tag{7-149}$$

式中 m 为电子质量，它可能数倍于它的静止质量(9.1×10^{-31} kg)，因为电子所得的速度已可与光速比拟。这样，必须将 m 作为变数。

由于 $p=mu$ 为电子的动量。令式(7-148)与式(7-149)相等，得到

$$B=\frac{\Phi}{2\pi a^2} \tag{7-150}$$

当我们定义空间平均磁通密度(通过轨道所包围的面)为

$$B_0=\frac{\Phi}{\pi a^2} \tag{7-151}$$

与式(7-150)相比较可知，在半径 a 处的磁通密度正好等于它的平均值的一半：

$$B=\frac{1}{2}B_0 \tag{7-152}$$

由于这一原因，电磁铁的极制成锥形，以建立一个向外沿半径方向减弱的 $\boldsymbol{B}$ 场。

第一座电子回旋加速器是 1940 年伊利诺伊大学的柯斯特(D. W. Kerst)建立的。不过这种想法早在 1928 年就由威德罗(R. Wideroe)提出了。到现在，已成功地建立的电子回旋加速器可以加速电子达到超过 400 MeV 的能量。

7.15 摘要

导体在磁场中移动所产生的运动 emf 为

$$e_m=\int_c(\boldsymbol{u}\times\boldsymbol{B})\cdot\mathrm{d}\boldsymbol{l}$$

式中 $\boldsymbol{u}$ 为导体的速度，$\boldsymbol{B}$ 为磁通密度。在闭合导体中由运动 emf 产生的感应电流是在感应电场($\boldsymbol{u}\times\boldsymbol{B}$)的方向。通过在空间固定的 N 匝线圈所包围面积的时变磁通产生的变压器 emf 由下式给出

$$e_t=-N\int_s\frac{\partial\boldsymbol{B}}{\partial t}\cdot\mathrm{d}\boldsymbol{s}$$

对于时谐变化场量，变压器 emf 的有效值(rms)为

$$E=4.44\,fN\Phi_m$$

此处 f 为振荡频率，Φ_m 为磁通振幅(最大)值。当闭合导体(环)在时变磁场中移动时，总感应 emf 为

$$e = e_m + e_t = -\frac{d\Phi}{dt}$$

式中 Φ 为通过闭合路径 c 所包围面 s 的总磁通。此式是法拉第感应定律的数学表达式。当用 $\boldsymbol{E}$ 与 $\boldsymbol{B}$ 场表示时，可得麦克斯韦四个方程之一的最普遍形式

$$\nabla \times \boldsymbol{E} = -\frac{\partial \boldsymbol{B}}{\partial t} + \nabla \times (\boldsymbol{u} \times \boldsymbol{B})$$

线圈的自感定义为

$$L = N\frac{d\Phi}{di} = \frac{N^2}{\mathscr{R}} = \mathscr{P}N^2$$

式中 $i(t)$ 为线圈中的电流，$\mathscr{R}$ 为磁阻，$\mathscr{P}$ 为磁导。两线圈之间的互感为

$$M = k\frac{N_1 N_2}{\mathscr{R}} = k\sqrt{L_1 L_2}$$

式中 L_1 与 L_2 分别为线圈 1 与线圈 2 的自感。当两个磁耦合的线圈串联时，有效电感为

$$L = L_1 + L_2 \pm 2M$$

式中正号用于串联相加，负号用于串联相反。两个磁耦合线圈并联时，有效电感为

$$L = \frac{L_1 L_2 - M^2}{L_1 + L_2 \pm 2M}$$

式中负号用于并联相加，正号用于并联相反。由修正的安培定律所得的麦克斯韦方程为

$$\nabla \times \boldsymbol{H} = \boldsymbol{J} + \frac{\partial \boldsymbol{D}}{\partial t}$$

式中 $\boldsymbol{J}$ 表示(a)区域中的源产生的体电流密度，(b)在导电媒质中的传导电流密度($\boldsymbol{J} = \sigma\boldsymbol{E}$)，或(c)由漂移电荷产生的运流电流密度($\boldsymbol{J} = \rho_v \boldsymbol{u}$)。另外两个麦克斯韦方程为

$$\nabla \cdot \boldsymbol{D} = \rho_v$$

$$\nabla \cdot \boldsymbol{B} = 0$$

当且仅当满足四个麦克斯韦方程时，场在媒质中才能存在。

麦克斯韦方程满足的连续性方程为

$$\nabla \cdot \boldsymbol{J} = -\frac{\partial \rho_v}{\partial t}$$

在有时变场的区域中，以速度 $\boldsymbol{u}$ 运动的电荷 q 所感受的力为

$$\boldsymbol{F} = q(\boldsymbol{E} + \boldsymbol{u} \times \boldsymbol{B})$$

瞬时功率密度或坡印亭矢量为

$$\boldsymbol{S} = \boldsymbol{E} \times \boldsymbol{H}$$

当场作正弦变化时，可计算出单位面积的平均功率为

$$\langle \hat{\boldsymbol{S}} \rangle = \frac{1}{2}\mathrm{Re}[\dot{\boldsymbol{E}} \times \dot{\boldsymbol{H}}^*]$$

式中 $\dot{\boldsymbol{E}}$ 与 $\dot{\boldsymbol{H}}$ 是表示时谐 $\boldsymbol{E}$ 与 $\boldsymbol{H}$ 场最大值的复矢量。

通过面 s 的平均功率流为

$$\langle P \rangle = \int_s \langle \hat{\boldsymbol{S}} \rangle . d\boldsymbol{s}$$

在双绕组变压器中的电压与电流关系为

$$\frac{e_1}{e_2}=\frac{i_2}{i_1}=\frac{N_1}{N_2}=a$$

一台双绕组变压器用作自耦变压器可以有四种连接方式。每种方式的自耦变压器都有较高的功率额定值，因为有部分由传导输送的功率。时变磁场用来加速带电粒子的装置称为电子回旋加速器，它的电磁铁总是作成锥形的，以使电子稳定轨道处的 $\boldsymbol{B}$ 场最大值等于空间平均磁通密度的一半。

7.16 复习题

7.1 导出运动 emf 表示式，并说明所有假设。

7.2 解释变压器 emf。

7.3 说明法拉第感应定律。

7.4 什么是楞次定律？它说明什么？

7.5 解释下列各项：串联相加，串联相反，并联相加与并联相反。

7.6 求三个磁耦合线圈的有效电感，当连接成(a)串联相加；(b)串联相反；(c)并联相加；(d)并联相反。

7.7 为什么感应场不是保守场？

7.8 完全耦合的线圈意味着什么？它的耦合系数是什么？

7.9 线圈的极性标志意味着什么？

7.10 导出磁能密度表示式。

7.11 为什么对时变场必须修正安培定律？

7.12 写出麦克斯韦方程组(a)点函数形式，(b)积分形式。解释每一方程的意义。

7.13 连续性方程能由麦克斯韦方程导出吗？如果能，导出它。如果不能，为什么？

7.14 导出时变场的边界条件。

7.15 为了场存在，它必须满足麦克斯韦方程组吗？

7.16 在无源电介质中，$\boldsymbol{J}$ 是什么？

7.17 在无源导电媒质中，$\boldsymbol{J}$ 是什么？

7.18 在电介质和导电媒质交界面处，能存在面电流吗？

7.19 在电介质和导电媒质交界面处，能存在面电荷吗？

7.20 在导电媒质中，场能存在吗？证明你的答案是正确的。

7.21 在完全导电媒质中，场能存在吗？证明你的答案是正确的。

7.22 说明电介质与完全导体交界面处的边界条件。

7.23 求时谐场的平均能量密度表示式。

7.24 说明坡印亭定理。什么是坡印亭矢量？

7.25 什么是平均功率密度？

7.26 什么是理想变压器？

7.27 一台 120 VA 的双绕组变压器，原绕组与副绕组的额定值分别为 120 V 与 60 V。每一绕组的额定电流是什么？

7.28 一台 240 VA，240/12 V 双绕组变压器连接成自耦变压器。求每种可能连接方式的电压、电流和功率额定值。

7.29 解释电子回旋加速器的工作原理。

7.30 时变磁场如何使带电粒子加速？

7.31 媒质中的电场强度为 $E_0\cos\omega t\cos\beta z\boldsymbol{a}_x$ V/m，此处 ω 为角频率，β 为常数。此场在自由空间能存在吗？

7.17 练习题

7.1 一根 2 m 长的铜条在垂直于均匀磁通密度为 12.5 mT 的平面内旋转。当铜条一端安装在枢轴上，另一端以 188 rad/s 的角速度旋转，求铜条两端的感应 emf。当一个 2 Ω 的电阻按图 E7-1 连接时，铜条内的电流是多少？铜条供应的功率是多少？计算作用于铜条的磁力。这力意味着什么？

7.2 若练习题 7.1 中的铜条中点安在枢轴上，如图 E7-2 所示。试求：(a)中点至一个自由旋转端点间的感应 emf，(b)铜条每部分的电流，(c)铜条所能供给的总功率。

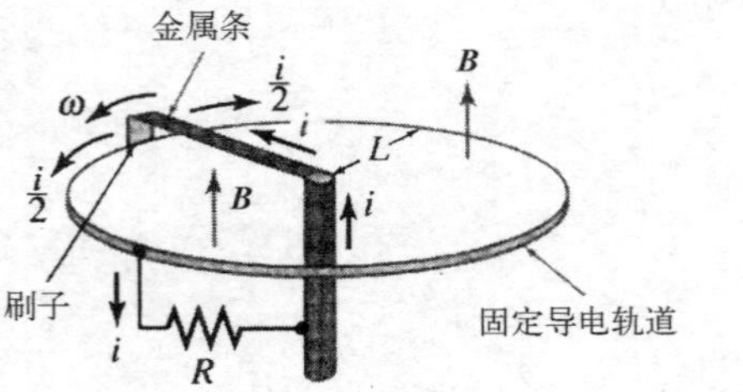

图 E7-1

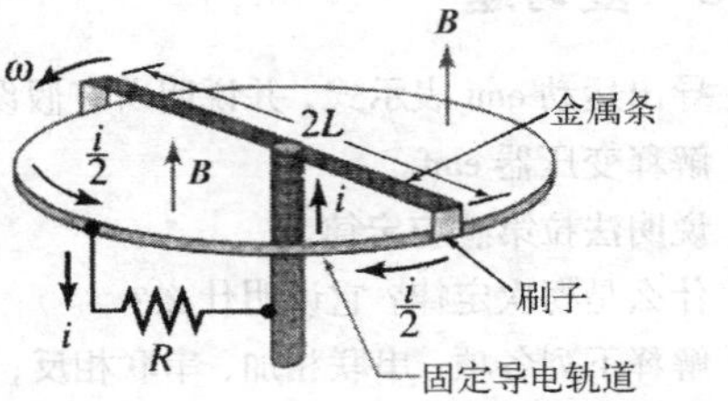

图 E7-2

7.3 一个由半径为 1.2 mm 的铝线做成的 20 cm × 10 cm 的矩形环，置于增长率为 40 T/s 的磁场中。环中的感应电流为若干？铝的电导率为 3.57×10^7 S/m。画出图形并示出感应电流的方向。

7.4 用法拉第定律求练习题 7.1 的铜条中的感应 emf。

7.5 一个半径为 10 cm 的圆形导电环位于磁场强度峰值为 10 A/m、频率为 200 kHz 按正弦变化的区域中。若将一个伏特计与此环串联，环的平面与磁场正交，求伏特计的读数，采用(a)法拉第感应定律，(b)变压器方程。

7.6 一个 N 匝矩形线圈位于平行传输线的中间，如图 E7-6 所示。线圈中的感应 emf 是什么？

7.7 求截面为正方形、绕有 200 匝的螺旋管的电感。管的内半径与外半径分别为 20 cm 与 25 cm，磁性材料的相对磁导率为 500。若通过线圈的电流按 $2\sin 314t$ A 正弦变化。求线圈的感应 emf。

7.8 求导线半径为 a、中心相距为 d 的两条平行传输线在自由空间每单位长度的自感。假设导体为完全导电体，并在相反的方向通过相等的电流。

7.9 计算很长的载流导线与一个边长为 a 的正方形环之间的互感。导线与环之间的最小间隔为 b，如图 E7-9 所示[⊖]。

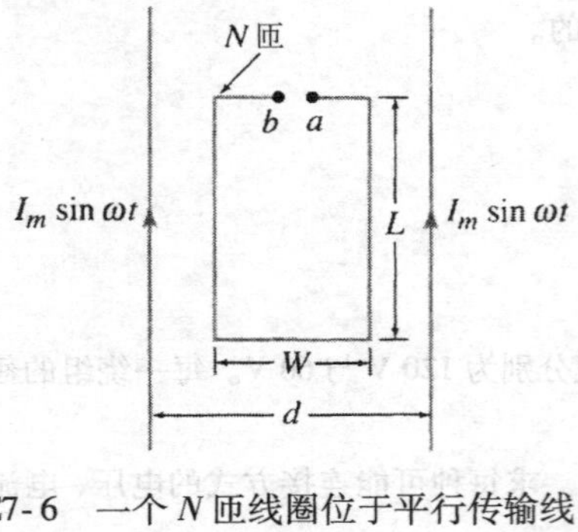

图 E7-6 一个 N 匝线圈位于平行传输线中间

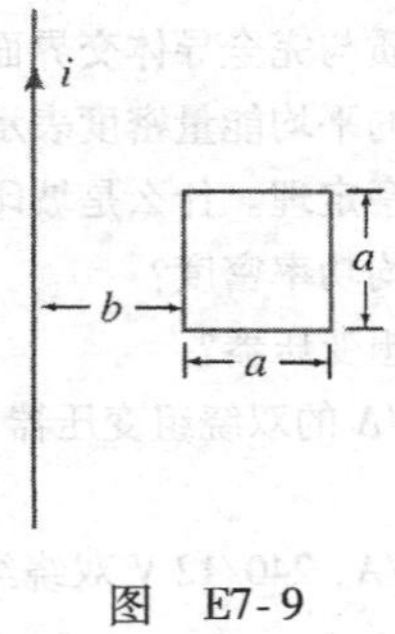

图 E7-9

⊖ 补充条件：导线与正方形环在同一平面上。——译注

7.10 两个线圈之间的互感为16 mH。若一个线圈的电感为20 mH，另一个线圈的电感为80 mH，试求两线圈之间的耦合系数。

7.11 证明式(7-48)。

7.12 两个线圈的自感为1.6H与4.9H。绘出两个线圈的有效电感与耦合系数的函数关系，当它们连接成(a)串联相加,(b)串联相反,(c)并联相加,(d)并联相反。

7.13 在半径为a,长度为无限的圆柱形导线中的体电流密度为

$$\boldsymbol{J}=J_0\boldsymbol{a}_z\ \mathrm{A/m^2}\qquad \rho\leqslant a$$
$$=0\qquad \rho\geqslant a$$

试求(a)任意点的磁能密度，(b)每单位长导线内部所储存的能量。

7.14 若交链于N匝线圈的磁通按$\Phi=a\sqrt{i}$变化，此处a为常数。试证储存的能量为$1/3N\Phi i$。媒质是线性还是非线性?

7.15 当两个线圈为串联相反时，重做例7.12。

7.16 试证在导体例如铜中的位移电流密度在所有实用频率下，与传导电流相比较是可以忽略的。假设导体中的传导电流密度为$J_0\cos\omega t\boldsymbol{a}_z\mathrm{A/m^2}$，$\varepsilon_{\mathrm{Cu}}=\varepsilon_0$，$\sigma_{\mathrm{Cu}}=5.8\times10^7\mathrm{S/m}$。

7.17 在无源电介质中的电场强度为$\boldsymbol{E}=C\cos\alpha x\cos(\omega t-\beta z)\boldsymbol{a}_y\mathrm{V/m}$，此处$C$为振幅，$\alpha$和$\beta$为常数。求(a)磁场强度和(b)电通密度。

7.18 应用时变场的麦克斯韦方程，导出式(7-84)至(7-89)所给出的边界条件。

7.19 说明下列情况下的边界条件(a)媒质1为完全电介质，媒质2为完全导体，(b)两个媒质都是完全电介质，(c)媒质1为完全电介质，媒质2为导体。

7.20 练习题7.17所给的电场能存在吗？如果能，必要的条件是什么？如果不能，为什么？

7.21 一根长为L，半径为b的实心导体在z方向载有均匀分布的直流I。试证流入导体的总功率为I^2R，此处R为导体的电阻。

7.22 自由空间的电场表示式为$\boldsymbol{E}=10\cos(\omega t+ky)\boldsymbol{a}_x\mathrm{V/m}$。若时间周期为100 ns，试求(a)常数$k$，(b)磁场强度，(c)功率流的方向，(d)平均功率密度，(e)电场中的能量密度，(f)磁场中的能量密度。

7.23 用相量验证例7.15的结果。

7.24 用相量重复练习题7.22。

7.25 一个10 kVA两绕组变压器，原绕组的额定电压为500 V。若a比为2，当额定电压加于原绕组时，变压器工作于其额定负载的80%(8 kVA)，超前功率因数为0.8。试求(a)原绕组电流，(b)副绕组的电压与电流。

7.26 一个100 kVA的两绕组变压器$R_1=16\ \Omega$，$R_2=4\ \Omega$，$L_1=80$ mH，$N_1=500$匝，$f=60$ Hz，a比为2。当变压器以0.707滞后功率因数输出电流40 A，负载电压为2500 V(rms)。试求(a)N_2和L_2，(b)磁芯的磁阻，(c)输出功率，(d)输入功率，(e)变压器效率。

7.27 一个720 VA，360/120 V双绕组变压器连接成自耦变压器。对于每种可能的组合方式，试求(a)原绕组电压，(b)副绕组电压，(c)变压比，(d)自耦变压器的标称额定值。

7.28 练习题7.27中的双绕组变压器，其360 V和120 V绕组的电阻分别为4.5 Ω和0.5 Ω。若将它连接成自耦变压器，在额定电压和0.8滞后功率因数的情况下，输出额定负载。试求每种连接方式的效率。

7.29 通过电磁铁绕组的时谐电流产生一个磁场$\boldsymbol{B}=B_m\sin\omega t\boldsymbol{a}_z$，此处$B_m$为电子在稳定轨道上的最大值。试求(a)空间平均磁通密度，(b)轨道半径为a所包围的总磁通，(c)感应电场，(d)电子沿轨道一周所获得的动能。

7.30 当$B_m=0.4$ T，$a=84$ cm，交流电频率为60 Hz时，重做练习题7.29。电子每旋转一周所获得的平均动能为若干？将能量用电子伏特(eV)表示。

7.18 习题

7.1 两根导电棒在两条静止导体上滑动，如图P7-1所示。当闭合环路的电阻为12 Ω时，感应电流是什么？

7.2 一个边长为25 cm，电阻为12 Ω 的正方形导电环路位于 yz 平面上。一个磁通密度为 $0.8\boldsymbol{a}_x$T 的均匀磁场存在于由 $0 \leqslant y \leqslant 150$ cm 和 $0 \leqslant z \leqslant 12$ cm 限定的区域内。在 $t=0$ 时，环的四个角位于(0, 0, 0) m，(0, 0.25, 0) m，(0, 0, 0.25) m 和(0, 0.25, 0.25) m。当环以 100 m/s 的速度通过此区域沿 y 方向运动。绘出交链的磁通和感应电流的时间函数。

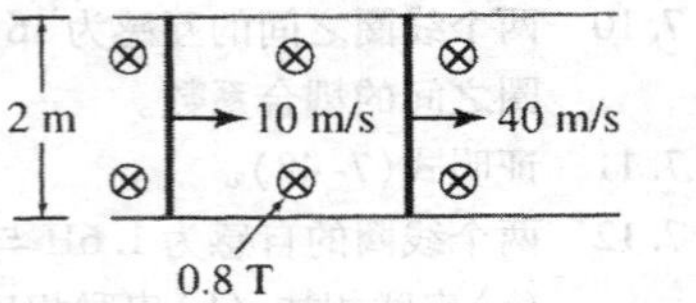

图 P7-1

7.3 一个半径为20 cm 的铜盘在一个250 mT 的均匀磁场中以每分钟1200 转(rpm)绕轴旋转。若磁场与盘的轴成30°夹角，试求盘的边缘至轴之间的感应 emf。

7.4 一个直径为6 cm 的铝盘置于一个非常长的螺线管中心，盘的轴与螺线管产生的磁轴重合。螺线管每单位长有50000 匝，载有12 A 电流。若盘的旋转速度为3600 rpm，则盘的轴至边缘之间的感应 emf 是什么？

7.5 一个区域的磁通密度按 $\boldsymbol{B} = (2.5\sin 300t\ \boldsymbol{a}_x + 1.75\cos 300t\ \boldsymbol{a}_y + 0.5\cos 500t\ \boldsymbol{a}_z)$ mT 变化。一个导电矩形环路的四个角位于(0, 0, 0)，(3, 4, 0)，(3, 4, 4)和(0, 0, 4)。试求(a)环路交链的磁通，(b)若环路的电阻为2 Ω 时的感应电流。

7.6 一个紧密缠绕的200 匝矩形线圈在0.8T 均匀磁场中以120 rad/s 旋转。线圈的旋转轴与场的方向成直角，线圈截面积为40 cm^2。计算线圈的感应 emf。

7.7 若习题7.6 的磁通密度幅值为0.8 T，以角频率120 rad/s 按正弦变化。求线圈中的感应 emf。

7.8 一根长为 l，以速度 $\boldsymbol{u} = u\cos\omega t\ \boldsymbol{a}_y$ m/s 运动的导体，用具有柔性的引线接至伏特计，如图 P7-8 所示。若此区域内的磁通密度为 $\boldsymbol{B} = B\cos\omega t\ \boldsymbol{a}_x$T，求电路中的感应 emf，用(a)变压器和运动 emf 的概念，(b)法拉第感应定律。

7.9 一块宽为10 cm 的矩形金属条，以恒速 $\boldsymbol{u} = -1000\boldsymbol{a}_y$ m/s 平行于 xy 平面运动，如图 P7-9 所示。若此区内的磁通密度为 $\boldsymbol{B} = 0.2\boldsymbol{a}_z$T，求伏特计的读数。示出感应电压的极性。

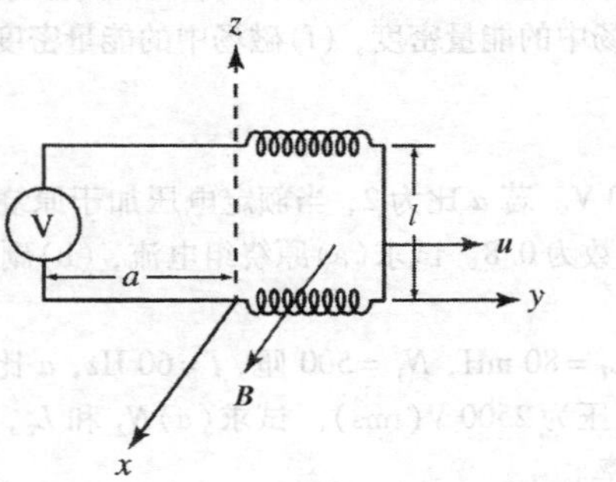

图 P7-8

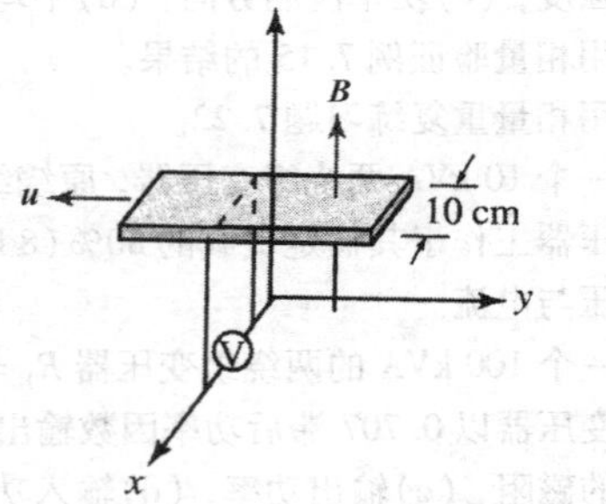

图 P7-9

7.10 截面为正方形的磁芯内半径与外半径分别为10 cm 和12 cm，芯上紧绕1200 匝线圈。磁性材料的磁化曲线如图 5-37 所示。当线圈电流为0.75 A 时，求此系统的电感。假设磁通密度在芯内为均匀分布。

7.11 一个有1000 匝紧密缠绕的圆环，当电流为2.5 A 时，电感为20 mH。圆环中的磁通是什么？

7.12 同轴电缆的内导体为半径2 mm 的实心。它的外导体非常薄，半径为4 mm。求电缆每单位长的电感，若电流(a) 均匀分布于每一导体的表面，(b) 均匀分布于内导体内与外导体的内表面。

7.13 三个100，150 与200 匝的线圈紧密缠绕在一个截面积为40 cm^2，长为80 cm 的公共磁路上。100 匝的线圈接至电流源 $10\sin 800\pi t$A。求(a) 每一线圈的自感，(b) 任意两线圈之间的互感，(c) 每一线圈的感应 emf。假设磁性材料的相对磁导率为500。

7.14 两个线圈连接成串联相加与串联相反的有效电感分别为3.28 mH 和0.72 mH。若一个线圈的自感为另一个线圈的 4 倍，求(a) 每一线圈的自感，(b) 互感，(c) 耦合系数。

7.15 两个相距为 d，半径为 a 和 b 的同轴环，此处 $a \gg b$。假定在小环平面任意点的磁通密度相同，求互感。

7.16 两个同心共平面的圆环，其半径为 a 和 b，此处 $a \gg b$。若小环所包围的平面上磁通密度相同，求互感。

7.17 求图 P7-17 所示的无限长直导线与闭合环路之间的互感。设直导线与环路在同一平面上。

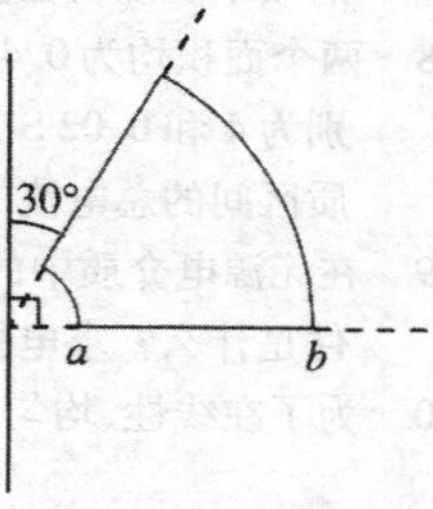

图 P7-17

7.18 一个直径为 2 cm 的非常长的空气芯螺线管，上面缠有互相重叠的两个线圈。内线圈为 400 匝/m，外线圈为 4000 匝/m。两线圈的互感是什么？若内线圈的电流为 $0.5\cos 200t$ A，则另一线圈每单位长度的感应 emf 是什么？

7.19 N 匝线圈的电流与由它产生的磁通关系式为 $\Phi = ai^n$，此处 a 与 n 为常数。当电流自 0 变至 I 时，求线圈中的磁能。

7.20 N 匝线圈的电流与由它产生的磁通关系式为 $\Phi = a\ln(bi)$，此处 a 与 b 为常数。当电流自 0 变至 I 时，求线圈中的磁能。

7.21 N 匝线圈的电流与由它产生的磁通关系式为 $\Phi = ai/(b+ci)$，此处 a，b 和 c 为常数。当电流由 0 变至 I 时，求线圈中的磁能。

7.22 一个电感为 30 mH，电阻为 10Ω 的线圈接至 200 V(dc) 电源。在稳态条件下，磁场储存的磁能是什么？若此线圈绕在长为 20 cm 和直径为 5 cm 的非磁性芯子上，计算在此区域的能量密度与磁通密度。假设磁通为均匀分布。

7.23 两个壁厚可以忽略的空心同轴圆柱用作同轴传输线，内圆柱的半径为 5 cm，外圆柱的半径为 10 cm。当线路电流为 1000 A 时，求(a) 能量密度，(b) 系统中储存的总能量。

7.24 靠近地球表面的磁通密度一般为 0.04 mT。磁能密度是什么？若地球半径约为6400 km，假定从地面直到海拔高度等于地球半径处的磁通密度为常数，则此区域内储存的总磁能是什么？

7.25 一个感应线圈的电阻为 0.5 Ω，电感为 2 H。要求它在所有时间储存 6.4 kJ 的磁能。问需要多大功率来维持这能量的存储？

7.26 一个 500 匝截面为正方形的螺旋管，它的内半径为 10 cm，外半径为 15 cm。芯的相对磁导率为 1000，线圈电流为 10 A，计算(a) 能量密度，(b) 储存的能量，(c) 螺旋管的电感。

7.27 由连续性方程出发，假设欧姆定律，证明在导体内的电荷密度由下列一阶微分方程式确定

$$\frac{\partial \rho_v}{\partial t} + \frac{\sigma}{\varepsilon}\rho_v = 0$$

式中 σ 和 ε 分别表示媒质的电导率和电容率。假设媒质为线性、均匀、各向同性。

7.28 从法拉第定律所得到的麦克斯韦方程和磁矢位 $\boldsymbol{A}$ 的定义出发。证明$(\boldsymbol{E} + \partial \boldsymbol{A}/\partial t)$沿闭合路径的线积分为零。

7.29 若无源电介质内的电场强度为 $\boldsymbol{E} = E_0[\sin(\alpha x - \omega t) + \sin(\alpha x + \omega t)]\boldsymbol{a}_y$ V/m，用由法拉第所得出的麦克斯韦方程求磁场强度。在媒质中的位移电流密度是什么？

7.30 若无源电介质内的磁场强度为 $\boldsymbol{H} = H_0[\cos(\alpha x - \omega t) + \cos(\alpha x + \omega t)]\boldsymbol{a}_z$ A/m，用由安培定律所得到的麦克斯韦方程求电场强度。在媒质中的位移电流密度是什么？

7.31 求习题 7.29 中，电场强度存在所必须满足的条件。

7.32 习题 7.30 所给出的磁场强度能存在吗？如果能，必要条件是什么？如果不能，说明为什么这场不能存在。

7.33 若在电介质中，$\boldsymbol{E} = E_0\cos(\omega t - \beta z)\boldsymbol{a}_x$ V/m，证明电能密度等于磁能密度。并计算(a) 坡印亭矢量，(b) 平均功率密度，(c) 能量密度的时间平均值。

7.34 计算习题7.29所给场的时间平均电能和磁能密度。

7.35 计算习题7.30所给场的时间平均电能和磁能密度。

7.36 通过平板电容器引线的电流为$i(t)=I_m\cos\omega t$A。证明在电容器内的位移电流正好等于$i(t)$。

7.37 海水的电导率近似为0.4 mS/m，它的相对电容率约为81。求位移电流密度值等于传导电流密度值时的频率。说明在极低和极高频率时海水的电特性。

7.38 两个面积均为0.4 m^2的圆形导电板，由厚为5 mm的有耗电介质分开。媒质的相对电容率和电导率分别为4和0.02 S/m。若板间的电位差为$141\sin 10^9 t$ V，求(a) 传导电流，(b) 位移电流，(c) 在电介质区间的总电流rms值。

7.39 在无源电介质中的电场强度为$\boldsymbol{E}=E\cos(\omega t-ax-kz)\boldsymbol{a}_y$ V/m。求相应的$\boldsymbol{H}$场。这些场存在的必要条件是什么？求电能密度、磁能密度和坡印亭矢量的时间平均值。

7.40 为了在线性、均匀、各向同性的无源导电区内存在电磁场，证明$\boldsymbol{E}$场必须满足下列方程：

$$\nabla^2\ \boldsymbol{E}-\mu\varepsilon\frac{\partial^2\boldsymbol{E}}{\partial t^2}-\mu\sigma\frac{\partial\boldsymbol{E}}{\partial t}=0$$

7.41 为了在线性、均匀、各向同性的无源导电区域内存在电磁场，证明$\boldsymbol{H}$场必须满足下列方程：

$$\nabla^2\ \boldsymbol{H}-\mu\varepsilon\frac{\partial^2\boldsymbol{H}}{\partial t^2}-\mu\sigma\frac{\partial\boldsymbol{H}}{\partial t}=0$$

7.42 对于电介质，重做习题7.40和7.41。

7.43 对于电介质区域，导出坡印亭定理的相量形式。

7.44 对于无源导电区域，导出坡印亭定理的相量形式。

7.45 用相量重做习题7.39。

7.46 在空气填充的内半径为a，外半径为b的同轴线内的场为

$$\dot{E}_\rho=\frac{V}{\rho\ln(b/a)}\mathrm{e}^{-jkz}\mathrm{V/m}\ 和\ \dot{H}_\phi=\frac{I}{2\pi\rho}\mathrm{e}^{-jkz}\mathrm{A/m}$$

式中V和I为电压和电流的峰值，它们以角频率ω rad/s按正弦变化。求场在同轴线内存在的条件。功率流动的方向是什么？并计算同轴线内的平均功率。

7.47 $\dot{\boldsymbol{A}}$和$\dot{\boldsymbol{B}}$为两个复矢量，$\dot{\boldsymbol{A}}=\boldsymbol{A}_r+\mathrm{j}\boldsymbol{A}_i$和$\dot{\boldsymbol{B}}=\boldsymbol{B}_r+\mathrm{j}\boldsymbol{B}_i$，此处下标$r$和$i$表示实部和虚部矢量。证明它们的标积的时间平均值为$\langle\boldsymbol{A}(t)\cdot\boldsymbol{B}(t)\rangle=\frac{1}{2}\mathrm{Re}[\dot{\boldsymbol{A}}\cdot\dot{\boldsymbol{B}}^*]$。

7.48 用习题7.47所给的复矢量$\dot{\boldsymbol{A}}$和$\dot{\boldsymbol{B}}$的定义，证明它们的矢积的时间平均值为$\langle\boldsymbol{A}(t)\times\boldsymbol{B}(t)\rangle=\frac{1}{2}\mathrm{Re}[\dot{\boldsymbol{A}}\times\dot{\boldsymbol{B}}^*]$。

7.49 为使线性、均匀、各向同性的无源导电区域存在电磁场，试证$\dot{\boldsymbol{E}}$场必须满足下式：

$$\nabla^2\ \dot{\boldsymbol{E}}+(\omega^2\mu\varepsilon-\mathrm{j}\omega\mu\sigma)\dot{\boldsymbol{E}}=0$$

7.50 同上，试证$\dot{\boldsymbol{H}}$场必须满足下式：

$$\nabla^2\ \dot{\boldsymbol{H}}+(\omega^2\mu\varepsilon-\mathrm{j}\omega\mu\sigma)\dot{\boldsymbol{H}}=0$$

7.51 在电介质中($\varepsilon=4\varepsilon_0$和$\mu=\mu_0$)，$\boldsymbol{E}$和$\boldsymbol{H}$场如下：

$$E_z=1000\cos\left(\omega t-\frac{\pi}{3}x\right)\mathrm{V/m}$$

和

$$H_y=-\frac{1000}{\eta}\cos\left(\omega t-\frac{\pi}{3}x\right)\mathrm{A/m}$$

用相量分析法，求(a) ω和η，(b) 功率的流向，(c) 通过由角在(2, 0, 0) m，(2, 4, 0) m和(2, 4, 2) m确定的三角形面积的平均功率。

7.52 一个变压器的磁耦合等效电路如图P7-52所示。在稳态条件下，当电源电压为120cos(1000t) V和耦

合系数为 1 时，求电容器的电压降。

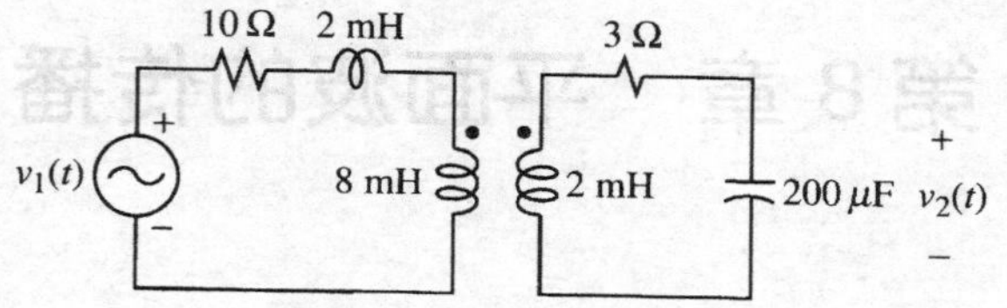

图　P7-52

7.53　一个电容性负载经过两个理想变压器接到电源，如图 P7-53 所示。试求（a）电源供给的电流，（b）由电源供给的平均功率，（c）传输线上的功率损耗，（d）负载电流，（e）负载电压，（f）供给负载的功率，（g）系统的总效率。

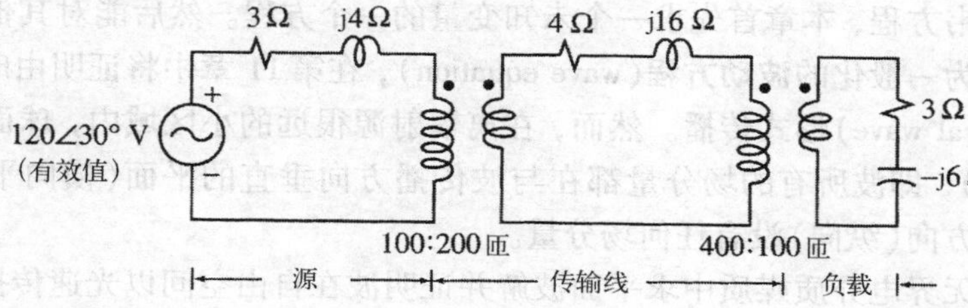

图　P7-53

7.54　一个理想变压器的原绕组有 30 匝，接至 240 V（rms），50 Hz 电源。副绕组有 750 匝，在 0.8 功率因数滞后的情况下，供给负载 4 A 电流。试求（a）变压比，（b）原绕组电流，（c）芯中的磁通。

7.55　一个绕在磁性材料上的线圈接到 230 V，60 Hz 电源，产生 1 mWb（rms）的磁通。在理想情况下，求线圈的匝数。

7.56　一台 1 kVA，480/120 V 的理想变压器，在 0.6 超前功率因数下，输出额定负载，求负载阻抗。

7.57　一台 4.8 kVA，120/480 V 双绕组变压器连接成自耦变压器。求在各种可能连接方式下的标称额定值。

7.58　若习题 7.57 的变压器原、副绕组的电阻分别为 0.5 Ω 和 12 Ω，求当它以 0.6 滞后功率因数送出额定负载时，双绕组变压器的效率。

7.59　习题 7.58 的变压器连接成自耦变压器。当它以 0.6 滞后功率因数送出额定负载时，每种可能连接方式的效率。

7.60　在电子回旋加速器中，通过由电子圆形轨道所包围面积内的空间平均磁通为 $\Phi = 1.5\sin(100\pi t)$ Wb。若稳定轨道的半径为 75 cm，试求（a）空间平均磁通密度，（b）稳定轨道上的磁通密度最大值，（c）电子沿轨道一周所获得的动能，（d）一周所获得的平均能量。为了获得 90 MeV 的能量，电子应绕行多少圈？

第8章 平面波的传播

8.1 引言

第7章中已经说明，这里再次说明，麦克斯韦方程包含了描述媒质中任意点的电磁场特性的全部信息。电磁(EM)场要存在，就必须在其产生的源点，在其传播的媒质中的任何点以及在其被接收或吸收的负载上都满足四个麦克斯韦方程。

本章主要集中讨论EM场在无源媒质中的传播。由于涉及四个未知变量的场必须满足四个耦合的麦克斯韦方程，本章首先求一个未知变量的一个方程。然后能对其他变量得到类似的方程。它们称为一般化的**波动方程**(wave equation)，在第11章中将证明由时变源产生的场以**球面波**(spherical wave)形式传播。然而，在离辐射源很远的小区域内，球面波可近似为**平面波**(plane wave)，即波所有的场分量都在与波传播方向垂直的平面(横向平面)内。所以，平面波在其传播方向(纵向)没有任何场分量。

本章首先在无界电介质媒质中求平面波解并证明波在自由空间以光速传播。然后考虑有限导电媒质的一般情况。将证明波的衰减是它在导电媒质中能量损耗的结果。最后引入平面波由一种媒质进入另一种媒质时**反射**(reflection)和**透射**(transmission)的概念。

8.2 一般波动方程

考虑无源均匀媒质，电容率为ε，磁导率为μ，电导率为σ。只要媒质中不包含产生场的电荷和电流就是无源的。然而，由欧姆定律($\boldsymbol{J}=\sigma\boldsymbol{E}$)决定的传导电流密度能在有限导电媒质中存在。在这些条件下，麦克斯韦方程是

$$\nabla\times\boldsymbol{E}=-\mu\frac{\partial\boldsymbol{H}}{\partial t} \tag{8-1}$$

$$\nabla\times\boldsymbol{H}=\sigma\boldsymbol{E}+\varepsilon\frac{\partial\boldsymbol{E}}{\partial t} \tag{8-2}$$

$$\nabla\cdot\boldsymbol{B}=0\Rightarrow\nabla\cdot\boldsymbol{H}=0 \tag{8-3}$$

$$\nabla\cdot\boldsymbol{D}=0\Rightarrow\nabla\cdot\boldsymbol{E}=0 \tag{8-4}$$

式中$\boldsymbol{B}=\mu\boldsymbol{H}$，$\boldsymbol{D}=\varepsilon\boldsymbol{E}$。

对于**线性**(linear)($\boldsymbol{D}$平行于$\boldsymbol{E}$，$\boldsymbol{B}$平行于$\boldsymbol{H}$)，**均匀**(homogeneous)(对所有的点媒质性能都相同)和**各向同性**(isotropic)(μ和ε与方向无关)媒质(简称L. H. I. 媒质)，μ和ε均为标常数。这样的媒质也称为**均匀媒质**(uniform medium)。除非另外说明，本章恒假定媒质是线性、均匀和各向同性的。

上述耦合方程不是与四个变量而只与两个变量($\boldsymbol{E}$和$\boldsymbol{H}$)有关。进一步还可得出一个变量的如$\boldsymbol{E}$场的方程。为此对式(8-1)取旋度得

$$\nabla\times\nabla\times\boldsymbol{E}=-\mu\ \nabla\times\left(\frac{\partial\boldsymbol{H}}{\partial t}\right) \tag{8-5}$$

利用矢量恒等式

$$\nabla\times\nabla\times\boldsymbol{E}=\nabla(\nabla\cdot\boldsymbol{E})-\nabla^2\boldsymbol{E}$$

并以 $\nabla\cdot\boldsymbol{E}=0$ 代入得到

$$\nabla\times\nabla\times\boldsymbol{E}=-\nabla^2\boldsymbol{E}$$

式中拉普拉斯算子对矢量的运算在直角坐标下的形式是

$$\nabla^2\boldsymbol{E}=\nabla^2E_x\boldsymbol{a}_x+\nabla^2E_y\boldsymbol{a}_y+\nabla^2E_z\boldsymbol{a}_z \tag{8-6}$$

而拉普拉斯算子为

$$\nabla^2=\frac{\partial^2}{\partial x^2}+\frac{\partial^2}{\partial y^2}+\frac{\partial^2}{\partial z^2} \tag{8-7}$$

改变对空间和时间的微分的顺序，式(8-5)能重写为

$$\nabla^2\boldsymbol{E}=\mu\frac{\partial}{\partial t}[\nabla\times\boldsymbol{H}]$$

以式(8-2)的 $\nabla\times\boldsymbol{H}$ 代入上式得到

$$\nabla^2\boldsymbol{E}=\mu\sigma\frac{\partial\boldsymbol{E}}{\partial t}+\mu\varepsilon\frac{\partial^2\boldsymbol{E}}{\partial t^2} \tag{8-8}$$

这是导电媒质中 $\boldsymbol{E}$ 场分量的三个标方程的集合。也能得出 $\boldsymbol{H}$ 场的三个方程的类似集合为

$$\nabla^2\boldsymbol{H}=\mu\sigma\frac{\partial\boldsymbol{H}}{\partial t}+\mu\varepsilon\frac{\partial^2\boldsymbol{H}}{\partial t^2} \tag{8-9}$$

这由式(8-8)和式(8-9)给定的六个独立方程的集合称为**一般波动方程**(general wave equation)。这些方程支配着无源均匀导电媒质中电磁场的行为。在二阶微分方程中，一阶项的存在表明场通过媒质传播时是衰减的(有能量损耗)。因此，**导电媒质**(conducting medium)称为**有耗媒质**(lossy medium)。下面求解这些方程并证明事实上每个方程都代表电磁波。

8.3 介质中的平面波

求解一般的波动方程之前，先考虑这样一种电介质媒质，其中传导电流与位移电流相比几乎不存在。这种媒质可按**完全电介质**(perfect dielectric)或**无耗媒质**(lossless medium)($\sigma=0$)处理。于是，在式(8-8)和式(8-9)中令 $\sigma=0$ 则得到无耗媒质中的波动方程为

$$\nabla^2\boldsymbol{E}-\mu\varepsilon\frac{\partial^2\boldsymbol{E}}{\partial t^2}=0 \tag{8-10}$$

$$\nabla^2\boldsymbol{H}-\mu\varepsilon\frac{\partial^2\boldsymbol{H}}{\partial t^2}=0 \tag{8-11}$$

这两个方程称为时变**赫姆霍茨方程**(Helmholtz equation)，也代表六个标方程的集合。式中没有一阶项，表明电磁场在无耗媒质中传播时是不衰减的。

现假定场量 $\boldsymbol{E}$ 和 $\boldsymbol{H}$ 的分量都在与波的传播方向垂直的平面，即**横向平面**(transverse plane)中。这种波被称为**平面波**。考虑沿 z 方向传播的平面波，则 $\boldsymbol{E}$ 和 $\boldsymbol{H}$ 场均无**纵向**(longitudinal direction)分量。即 $E_z=0$，$H_z=0$。这种波也称为**横电磁波**(TEM 波，transverse electromagnetic wave)。

在平面波之中，**均匀平面波**是研究起来最简单同时也是最容易理解的。**均匀**(uniform)一词意味着在任意时刻在所在的平面中场的大小和方向都是不变的。因此，对于沿 z 方向传播的均匀平面波，$\boldsymbol{E}$ 和 $\boldsymbol{H}$ 都不是 x 和 y 的函数，即

$$\frac{\partial\boldsymbol{E}}{\partial x}=0\quad\frac{\partial\boldsymbol{E}}{\partial y}=0$$

$$\frac{\partial \boldsymbol{H}}{\partial x}=0 \quad \frac{\partial \boldsymbol{H}}{\partial y}=0$$

对于沿 z 方向传播的均匀平面波，赫姆霍茨方程能表示为标量形式

$$\frac{\partial^2 E_x}{\partial z^2}-\mu\varepsilon\frac{\partial^2 E_x}{\partial t^2}=0 \tag{8-12a}$$

$$\frac{\partial^2 E_y}{\partial z^2}-\mu\varepsilon\frac{\partial^2 E_y}{\partial t^2}=0 \tag{8-12b}$$

$$\frac{\partial^2 H_x}{\partial z^2}-\mu\varepsilon\frac{\partial^2 H_x}{\partial t^2}=0 \tag{8-13a}$$

$$\frac{\partial^2 H_y}{\partial z^2}-\mu\varepsilon\frac{\partial^2 H_y}{\partial t^2}=0 \tag{8-13b}$$

式中 E_x、E_y、H_x 和 H_y 为 $\boldsymbol{E}$ 和 $\boldsymbol{H}$ 场的**横向分量**(transverse component)。并且场分量只是 z(传播方向)和 t(时间)的函数。

上述四个方程都是二阶微分方程，各有两个可能的解。由于它们彼此相似，其解也应相似。换句话说，一旦得到一个方程的解，也就立即知道了其他方程的解。

有许多函数满足这些波动方程。但我们只对导致**行波**(travelling wave)的函数有兴趣。形式为 $F(t\pm z/u)$(其中 u 为波速)的一般函数即属于我们有兴趣的函数族。然而，一般函数 $F(t\pm z/u)$ 的类型和属性取决于建立波的源的性质。由于大多数的源为正弦变化，函数 $F(t\pm z/u)$ 也应按正弦变化。因此我们不去求以一般函数表示的解，而是把注意力集中到时谐函数作为波动方程的可能解。这里也不会对求波动方程的一般解造成很大的困难，因为任何周期函数均可表示为正弦函数的无穷级数(傅里叶级数)。

上面的讨论说明，对于时谐场，每个波动方程均能以其等效相量形式表示。例如，式(8-12a)能写为

$$\frac{\mathrm{d}^2 \dot{E}_x}{\mathrm{d}z^2}+\omega^2\mu\varepsilon\dot{E}_x=0 \tag{8-14}$$

式中 $\dot{E}_x(z)$ 是 $E_x(z,t)$ 的相量形式，$\omega=2\pi f$ 是波的角频率，单位为 rad/s，f 是振荡的频率，单位为 Hz。注意用圆点(·)表示相量。也能对场分量 $\dot{E}_y(z)$，$\dot{H}_x(z)$ 和 $\dot{H}_y(z)$ 写出类似的波动方程。

对于均匀媒质中传播的单一频率的波，$\omega^2\mu\varepsilon$ 为常数。若定义变量 β 为

$$\beta=\omega\sqrt{\mu\varepsilon} \tag{8-15}$$

则能把波动方程写为

$$\frac{\mathrm{d}^2 \dot{E}_x}{\mathrm{d}z^2}+\beta^2\dot{E}_x=0 \tag{8-16}$$

设有指数形式的解为

$$\dot{E}_x(z)=\hat{C}e^{\hat{s}z}$$

式中 $\hat{C}$ 和 $\hat{s}$ 一般为复量并以记号(ˆ)表示。

将假定的解代入式(8-16)得到

$$\hat{s}=\pm \mathrm{j}\beta$$

正如所预期的那样，$\dot{E}$ 场的 x 分量有两个解。一个解取负号为

$$\dot{E}_x(z) = \hat{E}_{xf}\mathrm{e}^{-\mathrm{j}\beta z} \tag{8-17a}$$

式中$\hat{E}_{xf}$一般为复常数。另一解取正号为

$$\dot{E}_x(z) = \hat{E}_{xb}\mathrm{e}^{\mathrm{j}\beta z} \tag{8-17b}$$

式中$\hat{E}_{xb}$一般为另一个复常数。由于是求解二阶微分方程，其通解应为

$$\dot{E}_x(z) = \hat{E}_{xf}\mathrm{e}^{-\mathrm{j}\beta z} + \hat{E}_{xb}\mathrm{e}^{\mathrm{j}\beta z} \tag{8-18}$$

若将式(8-18)中的两个复常数写为

$$\hat{E}_{xf} = E_{xf}\mathrm{e}^{\mathrm{j}\theta_{xf}}$$

和

$$\hat{E}_{xb} = E_{xb}\mathrm{e}^{\mathrm{j}\theta_{xb}}$$

式中E_{xf}、θ_{xf}、E_{xb}和θ_{xb}为(实)常数，则得到

$$\dot{E}_x(z) = E_{xf}\mathrm{e}^{-\mathrm{j}(\beta z - \theta_{xf})} + E_{xb}\mathrm{e}^{\mathrm{j}(\beta z + \theta_{xb})} \tag{8-19a}$$

作为$\dot{\boldsymbol{E}}$场 x 分量的波动方程相量形式的通解。在时域中能将其写为

$$E_x(z,\ t) = E_{xf}\cos(\omega t - \beta z + \theta_{xf}) + E_{xb}\cos(\omega t + \beta z + \theta_{xb}) \tag{8-19b}$$

8.3.1 前向行波

现考察式(8-19b)右端的第一项 $F_x = E_{xf}\cos(\omega t - \beta z + \theta_{xf})$。由于 βz 是函数相位的一部分，称 β 为**相位常数**(phase constant)。在介质中，相位常数 β 由式(8-15)给出且为频率 f 或 ω 的线性函数。

在横向平面(z = 常数)内的任意点，函数 F_x 是以角频率 ω 随时间按正弦变化的，振幅为 E_{xf}，如图 8-1 所示。当 t 增加一个时间周期 T，$\omega T = 2\pi$，函数恢复其初始的大小和相位。函数 F_x 也随 z 改变。在几个不同的时刻 F_x 与 z 的函数曲线见图 8-2。注意，随时间的推移，函数的各点向右(前向)移动。因此式(8-19b)的第一项，$E_{xf}\cos(\omega t - \beta z + \theta_{xf})$，代表**前向行波**(forward-travelling wave)。

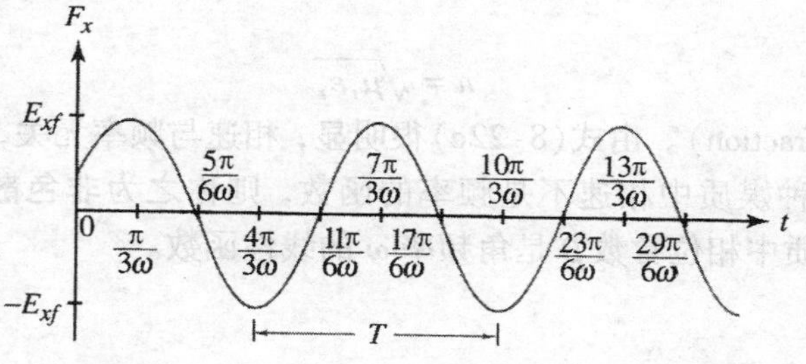

图 8-1 平面中 $F_x = E_{xf}\cos(\omega t - \beta z + \theta_{xf})$ 的图形，其中 $\beta z - \theta_{xf} = \pi/3$

对于任意给定的时间(t = 常数)，当 z 增加一个波长 λ，$\beta\lambda = 2\pi$，波形恢复其原来的大小和相位。相应地，按定义，**波长**(wavelength)是在任意给定的时刻相位相差 2π 弧度的两平面间的距离。因此波长为

$$\lambda = \frac{2\pi}{\beta} \tag{8-20}$$

时间是不停顿的，波也是不固定的，唯一能看作常数的量是波的相位。即

$$\omega t - \beta z + \theta_{xf} = M \tag{8-21}$$

式中M为常量。此式强调了随t增加z也必须增加以保证函数的相位为常数。例如，相位为常数的点必须在一个周期内移动一个波长的距离。在任意时间$t=t_a$，相位为常数要求

$$z_a=\frac{\omega t_a+\theta_{xf}-M}{\beta}$$

这表示在$z=z_a$处一个相位为常数的平面。

将式(8-21)对t微分，得到相位为常数的平面的速度(简称**相速** phase speed)为

$$u_p=\frac{dz}{dt}=\frac{\omega}{\beta} \qquad (8\text{-}22a)$$

由于ω和β均为正数，相速u_p大于零。因此，波沿z的正方向传播。此式也证实了上述关于$E_{xf}\cos(\omega t-\beta z+\theta_{xf})$代表前向行波的论点。由于$\theta_{xf}$为常量，宗量$(\omega t-\beta z)$中的负号㊀决定了波是前向传播的。

前向行波的相速为

$$\boldsymbol{u}_p=\frac{\omega}{\beta}\boldsymbol{a}_z \qquad (8\text{-}22b)$$

以式(8-15)的β代入，介质中的相速能表示为

$$\boldsymbol{u}_p=\frac{c}{n}\boldsymbol{a}_z \qquad (8\text{-}22c)$$

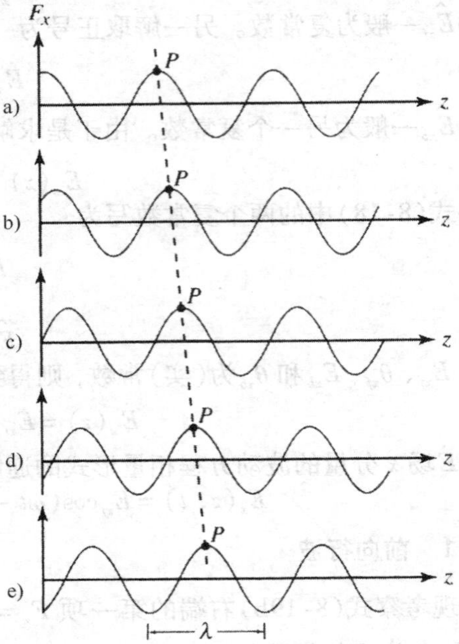

图8-2 当a)$\omega t=-\theta_{xf}$，b)$\omega t=\frac{\pi}{4}-\theta_{xf}$，c)$\omega t=\frac{\pi}{2}-\theta_{xf}$，d)$\omega t=\frac{3\pi}{4}-\theta_{xf}$，e)$\omega t=\pi-\theta_{xf}$时$F_x=E_{xf}\cos(\omega t-\beta z+\theta_{xf})$的图形

式中

$$\frac{1}{\sqrt{\mu_0\varepsilon_0}}=c\approx 3\times 10^8\ \text{m/s}$$

是光速，而

$$n=\sqrt{\mu_r\varepsilon_r} \qquad (8\text{-}23)$$

是**折射率**(index of refraction)。由式(8-22c)很明显，相速与频率无关，仅仅取决于媒质的电容率和磁导率。若一种媒质中相速不是频率的函数，则称之为**非色散**(nondispersive)媒质。换句话说，非色散媒质中相位常数β是角频率ω的线性函数。

8.3.2 后向行波

接着上节能够证明式(8-19b)右端的第二项，$E_{xb}\cos(\omega t+\beta z+\theta_{xb})$，代表**后向行波**(backward-travelling wave)，因为它随时间的推移沿负z方向运动。因此，当函数的宗量$(\omega t+\beta z)$中的符号为正时，波以相速$-\omega/\beta\,\boldsymbol{a}_z$后向运动。所以说，式(8-19a)是$\dot{\boldsymbol{E}}$场$x$分量波动方程的通解，其中包含了前向和后向行波。

由此也能得出$\dot{\boldsymbol{E}}$场y分量的解，由式(8-12b)其相量形式是

$$\dot{E}_y(z)=E_{yf}e^{-j(\beta z-\theta_{yf})}+E_{yb}e^{j(\beta z+\theta_{yb})} \qquad (8\text{-}24a)$$

㊀ 指βz项前的负号。——译注

而时域形式是

$$E_y(z,\ t) = E_{yf}\cos(\omega t - \beta z + \theta_{yf}) + E_{yb}\cos(\omega t + \beta z + \theta_{yb}) \tag{8-24b}$$

上两式中，E_{yf}和 E_{yb}是$\dot{\boldsymbol{E}}$场 y 分量前向和后向行波的振幅。同样，θ_{yf}和 θ_{yb}是 $t=0$ 和 $z=0$ 时相应的相移。

由于$\dot{\boldsymbol{E}}$和$\dot{\boldsymbol{H}}$场通过麦克斯韦方程耦合，而$\dot{\boldsymbol{E}}$场现已完全确定，故能由麦克斯韦方程(8-1)得出$\dot{\boldsymbol{H}}$场的各分量。

8.3.3 无界电介质

假设电介质区是无限延伸的，沿 z 方向仅有一个波传播。这里讨论沿正 z 方向传播的前向波。相量域中$\dot{\boldsymbol{E}}$场 x 和 y 分量是

$$\dot{E}_x(z) = E_{xf}e^{-j(\beta z - \theta_{xf})} \tag{8-25a}$$

$$\dot{E}_y(z) = E_{yf}e^{-j(\beta z - \theta_{yf})} \tag{8-25b}$$

由麦克斯韦方程的式(8-1)，$\dot{\boldsymbol{H}}$场的 x 和 y 分量是

$$\dot{H}_x(z) = -\sqrt{\frac{\varepsilon}{\mu}}\dot{E}_y(z) \tag{8-26a}$$

$$\dot{H}_y(z) = \sqrt{\frac{\varepsilon}{\mu}}\dot{E}_x(z) \tag{8-26b}$$

式(8-26a)和式(8-26b)也能写成简洁的形式

$$\boldsymbol{a}_z \times \dot{\boldsymbol{E}} = \sqrt{\frac{\mu}{\varepsilon}}\dot{\boldsymbol{H}}$$

或

$$\boldsymbol{a}_z \times \dot{\boldsymbol{E}} = \eta\,\dot{\boldsymbol{H}} \tag{8-27}$$

式中

$$\eta = \sqrt{\frac{\mu}{\varepsilon}} \tag{8-28}$$

由于$\dot{\boldsymbol{E}}$的单位是 V/m，$\dot{\boldsymbol{H}}$的单位是 A/m，η 的单位是欧姆。因此 η 称**本征阻抗**(**或波阻抗**)(intrinsic 或“wave”impedance)。对介质中传播的波，η 为纯电阻，所以在介质中$\dot{\boldsymbol{E}}$场和$\dot{\boldsymbol{H}}$场的相应分量在时间上同相，如图 8-3 所示。

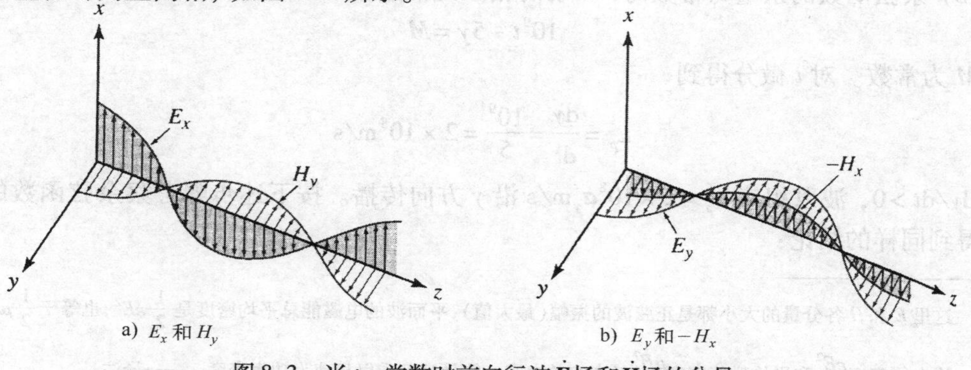

图 8-3 当 t = 常数时前向行波$\dot{\boldsymbol{E}}$场和$\dot{\boldsymbol{H}}$场的分量

在式(8-27)中，项 $\boldsymbol{a}_z$ 应理解为沿波传播方向的单位矢量。如果波沿 y 方向传播，则 $\boldsymbol{a}_z$ 应以 $\boldsymbol{a}_y$ 代替，以进行场的计算。

现在能算出媒质中任意点的平均功率密度为

$$\langle \hat{\boldsymbol{S}} \rangle = \frac{1}{2}\mathrm{Re}[\dot{\boldsymbol{E}} \times \dot{\boldsymbol{H}}^*] = \frac{1}{2}\mathrm{Re}[\dot{E}_x \dot{H}_y^* - \dot{E}_y \dot{H}_x^*]\boldsymbol{a}_z = \frac{1}{2\eta}[E_{xf}^2 + E_{yf}^2]\boldsymbol{a}_z = \frac{1}{2\eta}E^2\boldsymbol{a}_z \quad (8\text{-}29\text{a})$$

式中 $E^2 = \boldsymbol{E}\cdot\boldsymbol{E}^*$ 而 $\boldsymbol{E} = E_x\boldsymbol{a}_x + E_y\boldsymbol{a}_y$。以式(8-28)的 $\boldsymbol{\eta}$ 代入式(8-29a)并将结果用相速表示，得到平均功率密度为

$$\langle \hat{\boldsymbol{S}} \rangle = \frac{1}{2}\varepsilon E^2 \boldsymbol{u}_p \quad (8\text{-}29\text{b})$$

或

$$\langle \hat{\boldsymbol{S}} \rangle = \frac{1}{2}\mu H^2 \boldsymbol{u}_p \quad (8\text{-}29\text{c})$$

正如所预期的，这些公式表明平面波的电磁能传播速度等于相速。注意 $(1/2)\varepsilon E^2$（或 $(1/2)\mu H^2$）代表媒质中总的平均能量密度。平均电能量密度是 $(1/4)\varepsilon E^2$，平均磁能量密度是 $(1/4)\mu H^2$，因此上述各式说明当平面波在电介质中传播时，平均电能量密度等于平均磁能量密度。㊀

例 8.1 介质($\mu = \mu_0, \varepsilon = \varepsilon_r\varepsilon_0$)中沿 y 方向传播的均匀平面波电场强度为 $\boldsymbol{E} = 377\cos(10^9 t - 5y)\boldsymbol{a}_z$ V/m，求(a)相对电容率，(b) 传播速度，(c) 本征阻抗，(d) 波长，(e) 磁场强度，(f) 波的平均功率密度。

解 介质中平面波给定的 $\boldsymbol{E}$ 场应满足式(8-10)。

$$\nabla^2 \boldsymbol{E} = \frac{\partial^2 E_z}{\partial y^2} = -9425\cos(10^9 t - 5y)$$

$$\frac{\partial^2 E_z}{\partial t^2} = -377 \times 10^{18}\cos(10^9 t - 5y)$$

代入式(8-10)得

$$-9425\cos(10^9 t - 5y) + \mu\varepsilon[377 \times 10^{18}]\cos(10^9 t - 5y) = 0$$

或

$$\mu\varepsilon = 25 \times 10^{-18}$$

因此，$\varepsilon_r = \dfrac{25 \times 10^{-18}}{\mu_0\varepsilon_0} = 25 \times 10^{-18} \times (3 \times 10^8)^2 = 2.25$

(a) 只要媒质的相对电容率为2.25，给定的场即满足波动方程。

(b) 余弦函数的宗量为常数时，$\boldsymbol{E}$ 场的相位为常数，即

$$10^9 t - 5y = M$$

式中 M 为常数。对 t 微分得到

$$u_p = \frac{\mathrm{d}y}{\mathrm{d}t} = \frac{10^9}{5} = 2 \times 10^8 \mathrm{m/s}$$

由于 $\mathrm{d}y/\mathrm{d}t > 0$，波以相速 $\boldsymbol{u}_p = 2 \times 10^8 \boldsymbol{a}_y$ m/s 沿 y 方向传播。按下述步骤考察余弦函数的宗量也能得到同样的结论：

㊀ 这里 E 和 H 各分量的大小都是正弦波的振幅(最大值)，平面波的电磁能总平均密度是 $\frac{1}{2}\varepsilon E^2$，也等于 $\frac{1}{2}\mu H^2$，而平均电能密度 $\frac{\varepsilon E^2}{4}$ 和平均磁能密度 $\frac{\mu H^2}{4}$ 各占它的一半。能量密度乘以相速为功率密度。——译注

1. 宗量$(\omega t-\beta y)$是y的函数，其中$\omega=10^9\text{rad/s}$，$\beta=5\text{rad/m}$；因此波沿y方向传播。

2. 宗量$(\omega t-\beta y)$中的负号说明波沿正y方向传播。

3. 由式(8-22a)，相速是

$$u_p=\frac{\omega}{\beta}=\frac{10^9}{5}=2\times10^8\text{m/s}$$

(c) 由式(8-28)，本征阻抗是

$$\eta=\sqrt{\frac{\mu_0}{\varepsilon_0\varepsilon_r}}=\frac{120\pi}{\sqrt{2.25}}=251.33\ \Omega$$

(d) 对传播的波$\beta\lambda$恒为2π故波长是

$$\lambda=\frac{2\pi}{\beta}=\frac{2\pi}{5}=1.257\ \text{m}$$

(e) 电场强度的相量形式是

$$\dot{\boldsymbol{E}}=377\text{e}^{-\text{j}5y}\boldsymbol{a}_z\text{V/m}$$

由式(8-27)能得到$\dot{\boldsymbol{H}}$场为

$$\boldsymbol{a}_y\times\dot{\boldsymbol{E}}=\eta\dot{\boldsymbol{H}}$$

故$\dot{\boldsymbol{H}}=1.5\text{e}^{-\text{j}5y}\boldsymbol{a}_x\text{A/m}$。由麦克斯韦方程的式(8-1)也能决定$\boldsymbol{H}$场，以免记忆式(8-27)。

$\boldsymbol{H}$场的时域表达式是

$$\boldsymbol{H}=1.5\cos(10^9t-5y)\boldsymbol{a}_x\text{A/m}$$

(f) 媒质中的平均功率密度是

$$\langle\hat{\boldsymbol{S}}\rangle=\frac{1}{2}\text{Re}[\dot{\boldsymbol{E}}\times\dot{\boldsymbol{H}}^*]=\frac{1}{2}\times377\times1.5[\boldsymbol{a}_z\times\boldsymbol{a}_x]=282.75\boldsymbol{a}_y\text{W/m}^2$$

8.4 自由空间中的平面波

自由空间(或真空)是介质媒质的一种特殊情况。虽然能够直接以μ_0和ε_0代替上节讨论的各式中的μ和ε，但由于相当大一部分波的传播是在自由空间中进行，专门讨论自由空间中的平面波还是需要的。这类波大多处于电磁波谱的低端，称**无线电波**(radio wave)。包括AM(535-1605 kHz)无线电波，短波(2-26 MHz)，VHF电视和FM无线电波(54-216 MHz)和UHF电视(470-806MHz)。GHz范围的频率特别应用于雷达和卫星通信。

以$\varepsilon=\varepsilon_0$和$\mu=\mu_0$代入式(8-15)得到自由空间的相位常数为

$$\beta_0=\omega\sqrt{\mu_0\varepsilon_0}=\frac{\omega}{c}\tag{8-30}$$

式中$c=1/\sqrt{\mu_0\varepsilon_0}=3\times10^8$ m/s为光速。由式(8-22a)得到自由空间的波速为

$$u_p=\frac{\omega}{\beta_0}=c\tag{8-31}$$

此式表明自由空间内电磁波以光速传播。事实上，这一结果使麦克斯韦提出了光也可以看作是电磁现象的观点。这大概是支持对安培定律进行修正的最有力的一个论据。若没有位移电流项，麦克斯韦也就不可能预言电磁场的波动性。

自由空间的波长为

$$\lambda_0=\frac{2\pi}{\beta_0}=\frac{c}{f}\tag{8-32}$$

最后，自由空间的本征阻抗为

$$\eta_0 = \sqrt{\frac{\mu_0}{\varepsilon_0}} = 120\pi \approx 377\ \Omega \tag{8-33}$$

例 8.2 自由空间中均匀平面波的电场强度已知为 $\boldsymbol{E} = 94.25\cos(\omega t + 6z)\boldsymbol{a}_x$ V/m。求（a）传播速度，（b）波的频率，（c）波长，（d）磁场强度，（e）媒质中的平均功率密度。

解 （a）自由空间中波以光速传播。由于波沿负 z 方向运动，相速是

$$\boldsymbol{u}_p = -3\times 10^8 \boldsymbol{a}_z \text{ m/s}$$

（b）$\beta_0 = 6$ rad/m，因此波的角频率是

$$\omega = \beta_0 u_p = 6\times 3\times 10^8 = 1.8\times 10^9 \text{ rad/s}$$

（c）自由空间中的波长是

$$\lambda_0 = \frac{2\pi}{\beta_0} = \frac{2\pi}{6} = 1.047 \text{ m}$$

（d）电场强度的相量形式是

$$\dot{\boldsymbol{E}} = 94.25 e^{j6z} \boldsymbol{a}_x \text{V/m}$$

相应的后向行波磁场强度，由式(8-27)是

$$\dot{\boldsymbol{H}} = -\frac{94.25}{377} e^{j6z} \boldsymbol{a}_y = -0.25 e^{j6z} \boldsymbol{a}_y \text{ A/m}$$

或

$$\dot{\boldsymbol{H}}(z,t) = -0.25\cos(1.8\times 10^9 t + 6z)\boldsymbol{a}_y \text{ A/m}$$

（e）媒质中的平均功率密度是

$$\langle \hat{\boldsymbol{S}} \rangle = \frac{1}{2}\text{Re}[\dot{\boldsymbol{E}} \times \dot{\boldsymbol{H}}^*] = -\frac{1}{2}\times 94.25\times 0.25 \boldsymbol{a}_z = -11.78 \boldsymbol{a}_z \text{ W/m}^2$$

8.5 导电媒质中的平面波

上面几节中得到了电介质媒质中波动方程的稳态解及平面波在其中无能量损耗地传播的结论。现考虑具有有限电导率 σ、磁导率 μ 和电容率 ε 的媒质中波传播的一般情况。再次认为场作正弦变化来求解波动方程。为此，将一般波动方程式(8-8)和式(8-9)写成相量形式，为

$$\nabla^2 \dot{\boldsymbol{E}} = (j\omega\mu\sigma - \omega^2\mu\varepsilon)\dot{\boldsymbol{E}} \tag{8-34}$$

$$\nabla^2 \dot{\boldsymbol{H}} = (j\omega\mu\sigma - \omega^2\mu\varepsilon)\dot{\boldsymbol{H}} \tag{8-35}$$

这两方程中的复系数可写成较为紧凑的形式

$$j\omega\mu\sigma - \omega^2\mu\varepsilon = j\omega\mu(\sigma + j\omega\varepsilon) = -\omega^2\mu\varepsilon\left[1 - j\frac{\sigma}{\omega\varepsilon}\right] = -\omega^2\mu\hat{\varepsilon} \tag{8-36}$$

式中

$$\hat{\varepsilon} = \varepsilon\left[1 - j\frac{\sigma}{\omega\varepsilon}\right] \tag{8-37}$$

称为媒质的**复电容率**(complex permittivity)。复电容率为频率的函数，在文献中经常写成

$$\hat{\varepsilon} = \varepsilon' - j\varepsilon'' \tag{8-38}$$

式中 ε' 是电容率($\varepsilon_r\varepsilon_0$)，而 $\omega\varepsilon''$ 是媒质的电导率(σ)。式(8-37)中的项 $\sigma/\omega\varepsilon$ 称为**损耗正切**(loss tangent)，在后续章节中再作讨论。文献中复电容率也可以用某一定频率下的损耗正切给出。

导电媒质中的位移电流密度$\dot{\boldsymbol{J}}_d$和传导电流密度$\dot{\boldsymbol{J}}_c$是

$$\dot{\boldsymbol{J}}_d = \mathrm{j}\omega\varepsilon\,\dot{\boldsymbol{E}}$$

$$\dot{\boldsymbol{J}}_c = \sigma\,\dot{\boldsymbol{E}}$$

总电流密度是

$$\dot{\boldsymbol{J}}_t = \dot{\boldsymbol{J}}_c + \dot{\boldsymbol{J}}_d$$

以$\dot{\boldsymbol{E}}$作为参考相量，可绘出这三个电流密度的相量图，如图 8-4 所示。由图显然

$$\tan\delta = \frac{\sigma}{\omega\varepsilon} \tag{8-39}$$

式中 $\tan\delta$ 是损耗正切，而 δ 称**损耗正切角**，是导电媒质中位移电流密度$\dot{\boldsymbol{J}}_d$和总电流密度$\dot{\boldsymbol{J}}_t$间的夹角。对完全电介质 δ 为零而对完全导体 δ 接近 90°。因而，损耗正切为媒质的导电性提供了一种间接的测度。

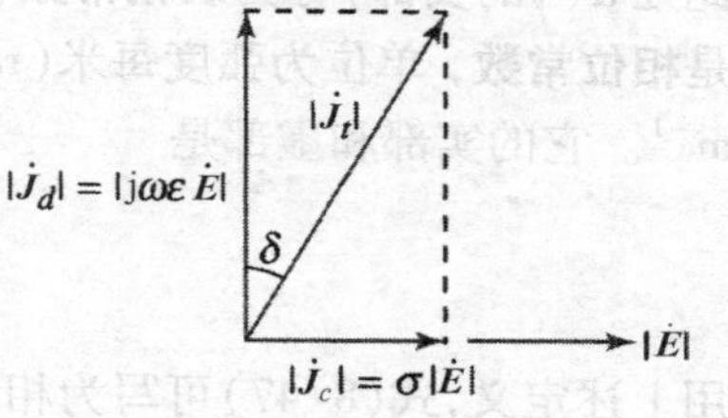

图 8-4 $\dot{\boldsymbol{J}}_c$, $\dot{\boldsymbol{J}}_d$ 和 $\dot{\boldsymbol{J}}_t$ 的相量图

按损耗正切的定义，由式(8-37)能把复电容率表示为

$$\hat{\varepsilon} = \varepsilon[1 - \mathrm{j}\tan\delta] \tag{8-40}$$

比较式(8-38)和式(8-40)得到

$$\varepsilon'' = \varepsilon\tan\delta \tag{8-41}$$

能用复电容率将波动方程写为

$$\nabla^2\dot{\boldsymbol{E}} = -\omega^2\mu\hat{\varepsilon}\dot{\boldsymbol{E}} \tag{8-42}$$

$$\nabla^2\dot{\boldsymbol{H}} = -\omega^2\mu\hat{\varepsilon}\dot{\boldsymbol{H}} \tag{8-43}$$

在这些方程中以 ε 代替$\hat{\varepsilon}$，即得到完全电介质的波动方程。这意味着对完全电介质正确的方程，只要用$\hat{\varepsilon}$代替 ε，则对导电媒质也是有效的。这就是我们在这一节一开始就选择用媒质的复电容率表示波动方程的原因。通常把式(8-42)和式(8-43)写作

$$\nabla^2\dot{\boldsymbol{E}} = \hat{\gamma}^2\dot{\boldsymbol{E}} \tag{8-44}$$

$$\nabla^2\dot{\boldsymbol{H}} = \hat{\gamma}^2\dot{\boldsymbol{H}} \tag{8-45}$$

式中

$$\hat{\gamma}^2 = -\omega^2\mu\hat{\varepsilon} \tag{8-46}$$

而$\hat{\gamma}$称为**传播常数**(propagation constant)，一般是复量。

再次假定(a)波沿 z 方向传播，(b)$\dot{\boldsymbol{E}}$场和$\dot{\boldsymbol{H}}$场的横向分量都不随 x 和 y 变化，(c) 场没有纵向分量。时间变化是隐含的，因此$\dot{\boldsymbol{E}}$场和$\dot{\boldsymbol{H}}$场的偏导数现在能作常导数处理。想像$\dot{\boldsymbol{E}}$场只有 x 方向的分量，此假设并不失去一般性，因为若$\dot{\boldsymbol{E}}$场也有 y 方向的分量，只需要使用叠加原理进行处理。按此假设，式(8-44)可写为$\dot{\boldsymbol{E}}$场 x 分量的标量方程

$$\frac{\mathrm{d}^2\dot{E}_x(z)}{\mathrm{d}z^2} = \hat{\gamma}^2\dot{E}_x$$

此二阶微分方程解的形式是

$$\dot{E}_x(z) = \hat{E}_f\mathrm{e}^{-\hat{\gamma}z} + \hat{E}_b\mathrm{e}^{\hat{\gamma}z} \tag{8-47}$$

式中$\hat{E}_f$和$\hat{E}_b$是任意的积分常数。一般这些常数可能是与 t 和 z 无关的复量。能将它们表示为

$$\hat{E}_f = E_f e^{j\theta_f} \tag{8-48}$$

$$\hat{E}_b = E_b e^{j\theta_b} \tag{8-49}$$

由于$\hat{\gamma}$为复量，也能用其实部和虚部表示为

$$\hat{\gamma} = j\omega\sqrt{\mu\hat{\varepsilon}} = \sqrt{j\omega\mu(\sigma + j\omega\varepsilon)} = \alpha + j\beta \tag{8-50}$$

此处α($\hat{\gamma}$的实部)称为**衰减常数**(attenuation constant)，单位为奈贝每米(Np/m)，β($\hat{\gamma}$的虚部)是**相位常数**，单位为弧度每米(rad/m)。由于弧度和奈贝均无量纲，通常传播常数的单位为m^{-1}。它的实部和虚部是

$$\alpha = \omega\sqrt{\mu\varepsilon\sec\delta}\sin(\delta/2) \tag{8-51a}$$

$$\beta = \omega\sqrt{\mu\varepsilon\sec\delta}\cos(\delta/2) \tag{8-51b}$$

用上述定义,式(8-47)可写为相量形式(频域)

$$\dot{E}_x(z) = E_f e^{-\alpha z} e^{j(\theta_f - \beta z)} + E_b e^{\alpha z} e^{j(\theta_b + \beta z)} \tag{8-52a}$$

或时域形式

$$E_x(z,t) = E_f e^{-\alpha z}\cos(\omega t - \beta z + \theta_f) + E_b e^{\alpha z}\cos(\omega t + \beta z + \theta_b) \tag{8-52b}$$

式(8-52)右端第一项表示一个沿正z方向传播的时谐均匀平面波(前向行波)。因子$e^{-\alpha z}$表明波沿z方向前进时是衰减的，如图8-5a所示。第二项是后向行波，向负z方向前进时也是衰减的，如图8-5b所示。

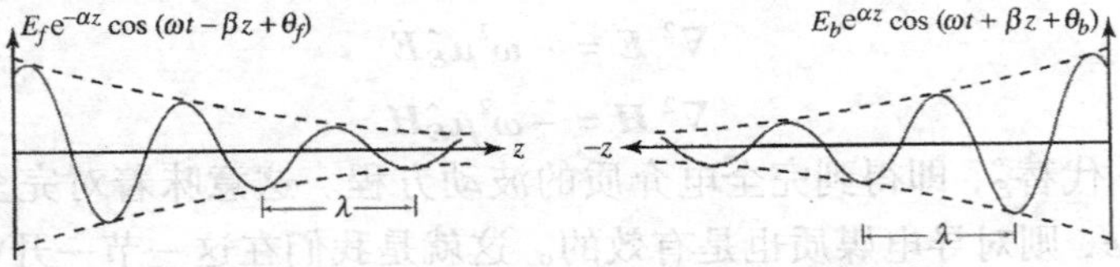

a) 前向行波　　b) 后向行波

图8-5　t = 常数时导电媒质中的平面波

由式(8-52)导致的结论是导电媒质中波动方程的解是**衰减(阻尼)波**(attenuated (damped) wave)。衰减系数取决于媒质的电导率。媒质的电导率越高，衰减越大。现在的问题是在波的振幅小到没有意义之前它能传播多远？这一问题一般用趋肤深度回答。**趋肤深度**[⊖](skin depth)是导电媒质中的波在其振幅降为导电媒质表面处振幅的$1/e$时传播的距离。若记趋肤深度为δ_c，则当$\alpha\delta_c = 1$时波的振幅降为$1/e$，因此

$$\delta_c = \frac{1}{\alpha} \tag{8-53}$$

波透入$5\delta_c$的距离后，其振幅降低至1%以下。因而也就可以认为波已衰减殆尽。

导电媒质中的波长是

$$\lambda = \frac{2\pi}{\beta} \tag{8-54}$$

式中β为$\hat{\gamma}$的虚部。注意，导电媒质中$\beta \neq \omega\sqrt{\mu\varepsilon}$。

再次将波的相位设为常数后对t微分，得到相速为

⊖ 或译作集肤深度。——译注

$$u_p = \frac{dz}{dt} = \frac{\omega}{\beta} \tag{8-55}$$

用麦克斯韦方程

$$\nabla \times \dot{E} = -j\omega\mu \dot{H}$$

得到磁场强度为

$$\dot{H} = \frac{\hat{\gamma}}{j\omega\mu}[\hat{E}_f e^{-\hat{\gamma}z} - \hat{E}_b e^{-\hat{\gamma}z}]a_y \tag{8-56}$$

由式(8-56)，导电媒质的本征阻抗$\hat{\eta}$是

$$\hat{\eta} = \frac{j\omega\mu}{\hat{\gamma}} = \sqrt{\frac{\mu}{\hat{\varepsilon}}} = \sqrt{\frac{j\omega\mu}{\sigma + j\omega\varepsilon}} = \eta\underline{/\theta_\eta} \tag{8-57}$$

式中 η 是本征阻抗的大小而 θ_η 是其相角。一般本征阻抗为复量。现在能将式(8-56)用$\hat{\eta}$表示为相量(频域)形式

$$\dot{H}_y(z) = \frac{1}{\eta}E_f e^{-\alpha z} e^{j(\theta_f - \beta z - \theta_\eta)} - \frac{1}{\eta}E_b e^{\alpha z} e^{j(\theta_b + \beta z - \theta_\eta)} \tag{8-58a}$$

或时域形式

$$H_y(z,t) = \frac{1}{\eta}E_f e^{-\alpha z}\cos(\omega t - \beta z + \theta_f - \theta_\eta)$$
$$-\frac{1}{\eta}E_b e^{\alpha z}\cos(\omega t + \beta z + \theta_b - \theta_\eta) \tag{8-58b}$$

比较式(8-52)和式(8-58)，可知导电媒质中传播的波的电场领先于磁场 θ_η 角，如图 8-6 所示。

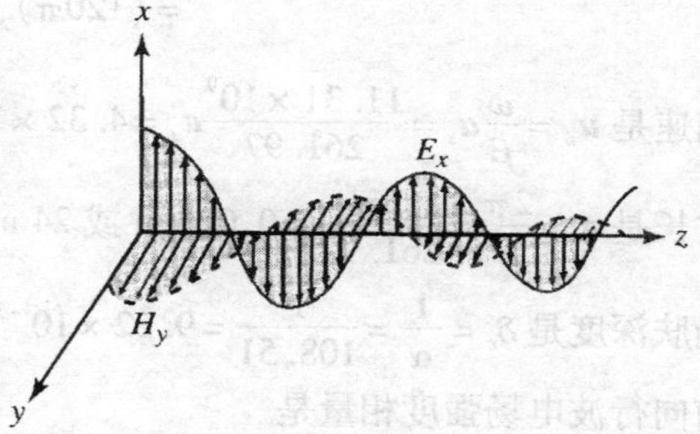

图 8-6 t = 常数时导电媒质中的前向行波

由式(8-52)和(8-58)能计算平均功率密度(单位面积功率流)为

$$\langle\hat{S}\rangle = \frac{1}{2}\mathrm{Re}[\dot{E}\times\dot{H}^*] = \frac{1}{2\eta}E_f^2 e^{-2\alpha z}\cos\theta_\eta a_z$$
$$-\frac{1}{2\eta}E_b^2 e^{2\alpha z}\cos\theta_\eta a_z$$
$$-\frac{1}{\eta}E_f E_b \sin(2\beta z - \theta_f + \theta_b)\sin\theta_\eta a_z$$
$$= \langle\hat{S}_f\rangle + \langle\hat{S}_b\rangle + \langle\hat{S}_{fb}\rangle \tag{8-59}$$

式中

$$\langle\hat{S}_f\rangle = \frac{1}{2\eta}E_f^2 e^{-2\alpha z}\cos\theta_\eta a_z \tag{8-60a}$$

代表前向行波的平均功率密度，

$$\langle\hat{S}_b\rangle = -\frac{1}{2\eta}E_b^2 e^{2\alpha z}\cos\theta_\eta a_z \tag{8-60b}$$

为后向行波的平均功率密度，而

$$\langle\hat{S}_{fb}\rangle = -\frac{1}{\eta}E_f E_b \sin(2\beta z - \theta_f + \theta_b)\sin\theta_\eta a_z \tag{8-60c}$$

是前向和后向波交叉耦合引起的平均功率密度。注意，两种波的交叉耦合按 $\sin\theta_\eta$ 变化。因此当 $\theta_\eta = 0$ 时交叉耦合项消失——这是仅当媒质为完全电介质才能成立的条件。

例 8.3 一 1.8 GHz 的波在 $\mu_r = 1.6$、$\varepsilon_r = 25$ 和 $\sigma = 2.5\ \mathrm{S/m}$ 的媒质中传播。该区域中电

场强度为$\dot{\boldsymbol{E}}=0.1\mathrm{e}^{-\alpha z}\cos(2\pi ft-\beta z)\boldsymbol{a}_x$ V/m。求传播常数，衰减常数，本征阻抗，相速，趋肤深度和波的波长。写出$\dot{\boldsymbol{H}}$场的表达式并求媒质中的平均功率密度。

解

$$\omega=2\pi\times1.8\times10^9=11.31\times10^9\ \mathrm{rad/s}$$

$$\omega\varepsilon=11.31\times10^9\times\frac{25\times10^{-9}}{36\pi}=2.5$$

复电容率是

$$\hat{\varepsilon}=\varepsilon\left[1-\mathrm{j}\frac{2.5}{2.5}\right]=\varepsilon[1-\mathrm{j}1]$$

因此传播常数是

$$\hat{\gamma}=\mathrm{j}\omega\sqrt{\mu\hat{\varepsilon}}=\mathrm{j}\omega\sqrt{\mu_0\varepsilon_0}\sqrt{\mu_r\varepsilon_r}\sqrt{1-\mathrm{j}1}$$

$$=\mathrm{j}\frac{11.31\times10^9}{3\times10^8}\sqrt{1.6\times25}\sqrt{1-\mathrm{j}1}$$

$$=283.55\angle 67.5^\circ=(108.51+\mathrm{j}261.97)\,\mathrm{m}^{-1}$$

衰减常数和相位常数是

$$\alpha=108.51\ \mathrm{Np/m}$$

$$\beta=261.97\ \mathrm{rad/m}$$

本征阻抗是

$$\hat{\eta}=\sqrt{\frac{\mu}{\hat{\varepsilon}}}=\sqrt{\frac{\mu_0}{\varepsilon_0}}\sqrt{\frac{\mu_r}{\varepsilon_r}}\sqrt{\frac{1}{1.414\angle -45^\circ}}$$

$$=(120\pi)\sqrt{\frac{1.6}{25}}\frac{1}{\sqrt{1.414}}\angle 22.5^\circ=80.2\angle 22.5^\circ\,\Omega$$

相速是$\boldsymbol{u}_p=\dfrac{\omega}{\beta}\boldsymbol{a}_z=\dfrac{11.31\times10^9}{261.97}\boldsymbol{a}_z=4.32\times10^7\boldsymbol{a}_z\mathrm{m/s}$

波长是$\lambda=\dfrac{2\pi}{\beta}=\dfrac{2\pi}{261.97}=0.024$ m 或 24 mm

趋肤深度是$\delta_c=\dfrac{1}{\alpha}=\dfrac{1}{108.51}=9.22\times10^{-3}$ m 或 9.22 mm

前向行波电场强度相量是

$$\dot{E}_x(z)=0.1\mathrm{e}^{-108.51z}\mathrm{e}^{-\mathrm{j}261.97z}\ \mathrm{V/m}$$

对应的磁场强度是

$$\dot{H}_y(z)=\frac{1}{\hat{\eta}}\dot{E}_x(z)=1.25\mathrm{e}^{-108.51z}\mathrm{e}^{-\mathrm{j}261.97z}\mathrm{e}^{-\mathrm{j}22.5^\circ}\ \mathrm{mA/m}$$

因此z方向的平均功率密度是

$$\langle\hat{\boldsymbol{S}}_f\rangle=\frac{1}{2}\mathrm{Re}[\dot{\boldsymbol{E}}\times\dot{\boldsymbol{H}}^*]$$

$$=\frac{1}{2}\times0.1\times1.25\times10^{-3}\times\mathrm{e}^{-217.02z}\cos(22.5^\circ)\boldsymbol{a}_z$$

$$=57.7\mathrm{e}^{-217.02z}\boldsymbol{a}_z\,\mu\mathrm{W/m}^2$$

8.6 良导体中的平面波

导电媒质中的总电流包括传导电流和位移电流，如图 8-4 所示。传导电流的增加总伴随着损耗正切角δ和损耗正切$\tan\delta$的增加。因此，在式(8-40)中，项$\tan\delta(\sigma/\omega\varepsilon)$可能占主导地位。然而，或者是媒质的电导率 σ 很高，或者是波的频率很低才能满足以上条件。无论哪种情况下，只要 $\sigma \gg \omega\varepsilon$，都把导电媒质看作**良导体**。本书设定当

$$\frac{\sigma}{\omega\varepsilon} \geqslant 10 \tag{8-61}$$

时，即把导电媒质看作良导体(good conductor)。

注意式(8-61)是良导体一种十分宽松的定义。例如，铜(5.8×10^7 S/m)即使在很高的频率下(10^{16} Hz)也是良导体；然而，海水(4 S/m)只在 8 MHz 以下才是良导体。对良导体能把式(8-37)近似为

$$\hat{\varepsilon} \approx \frac{\sigma}{\mathrm{j}\omega} \tag{8-62}$$

以式(8-62)代入式(8-50)得到传播常数为

$$\hat{\gamma} = \mathrm{j}\omega\sqrt{\mu\hat{\varepsilon}} \approx \mathrm{j}\omega\sqrt{\frac{\mu\sigma}{\mathrm{j}\omega}} = \sqrt{\mathrm{j}\omega\mu\sigma} = \sqrt{\omega\mu\sigma}\angle 45^\circ \tag{8-63}$$

因此良导体中衰减常数和相位常数均为

$$\alpha = \beta = \sqrt{\frac{\omega\mu\sigma}{2}} \tag{8-64}$$

也能将本征阻抗，相速和趋肤深度近似表示为

$$\hat{\eta} = \sqrt{\frac{\mu}{\hat{\varepsilon}}} = \sqrt{\frac{\omega\mu}{\sigma}}\angle 45^\circ \tag{8-65}$$

$$u_p = \frac{\omega}{\beta} = \sqrt{\frac{2\omega}{\mu\sigma}} \tag{8-66}$$

$$\delta_c = \frac{1}{\alpha} = \sqrt{\frac{2}{\omega\mu\sigma}} = \sqrt{\frac{1}{f\pi\mu\sigma}} \tag{8-67}$$

由以上各式很明显 α、β、$\hat{\eta}$和 u_p 都直接按$\sqrt{\omega}$变化。因此，由不同频率组成的波形在其前进的过程中将一直变化；即当信号到达目的地时发生了畸变。信号在其中会发生畸变的媒质称**色散媒质**(dispersive medium)。导电媒质一般是色散媒质。

实际上波传播 $5\delta_c$ 的距离后即消失于导电媒质中。在 1 MHz 频率下铜的趋肤深度 δ_c 约为 0.07 mm。波在透入 0.35 mm 距离后振幅已小到无意义。良导体中，波衰减很快，场局限于导体表面附近的区域中。这一现象称为**趋肤效应**(skin effect)。

表面电阻

设良导体中电场强度为

$$\dot{\boldsymbol{E}} = E\mathrm{e}^{-\hat{\gamma}z}\boldsymbol{a}_x$$

式中$\hat{\gamma} = \alpha + \mathrm{j}\beta = \sqrt{2}\alpha\angle 45^\circ$，而 α 由式(8-64)给出。忽略良导体中的位移电流密度，则总电流是

$$\dot{\boldsymbol{J}} = \sigma E\mathrm{e}^{-\hat{\gamma}z}\boldsymbol{a}_x$$

单位体积内平均耗散的功率(功率损耗)是

$$\langle\hat{S}_d\rangle = \frac{1}{2}\dot{\boldsymbol{E}}\cdot\dot{\boldsymbol{J}}^* = \frac{1}{2}\sigma E^2\mathrm{e}^{-2\alpha z}$$

集中到区 $0\leqslant x\leqslant b$, $0\leqslant y\leqslant w$, $0\leqslant z\leqslant\infty$，其中总功率损耗是

$$\langle P_d\rangle=\frac{1}{2}\sigma E^2\int_0^{\infty}\mathrm{e}^{-2\alpha z}\mathrm{d}z\int_0^b\mathrm{d}x\int_0^w\mathrm{d}y=\frac{1}{4\alpha}\sigma bwE^2 \tag{8-68}$$

沿 x 方向的总电流是

$$\dot{I}=\int_s\dot{\boldsymbol{J}}\cdot\mathrm{d}\boldsymbol{s}=\sigma E\int_0^{\infty}\mathrm{e}^{-\hat{\gamma}z}\mathrm{d}z\int_0^w\mathrm{d}y=\frac{1}{\sqrt{2}\alpha}\sigma wE\angle-45^\circ$$

若 R 为该导体块的电阻，则其中耗散的功率是

$$\langle P_d\rangle=\frac{1}{2}I^2R=\frac{1}{4}\left[\frac{\sigma wE}{\alpha}\right]^2R \tag{8-69}$$

比较式(8-68)和式(8-69)，得到该块形材料的电阻为

$$R=\frac{b\alpha}{\sigma w}=\frac{b}{\sigma w\delta_c} \tag{8-70}$$

式中 $\delta_c=1/\alpha$ 为趋肤深度。由于电流沿 x 方向，b 是块的长度，w 是其宽度，δ_c 是其厚度，等效横截面为 $w\delta_c$。

趋肤电阻(skin resistance)或**表面电阻率**(surface resistivity)定义为单位长度($b=1$)，单位宽度($w=1$)和厚度为 δ_c 的平板导体的电阻。因此

$$R_s=\frac{\alpha}{\sigma}=\frac{1}{\sigma\delta_c} \tag{8-71}$$

注意，趋肤电阻与直流电阻同样计算，只要假设导体厚度正好为一个趋肤深度，而其实际厚度要大于趋肤深度。

虽然上面计算的趋肤电阻基于平面波通过平板块传播的情况，式(8-71)也能应用于圆柱形导体计算其趋肤电阻的近似值。当电流沿圆柱导体长度方向，导体半径为 a 且 $a>\delta_c$，单位长度的趋肤电阻是

$$R_s=\frac{1}{2\pi a\sigma\delta_c} \tag{8-72}$$

注意这也是外半径为 a 厚度为 δ_c 的空心导体的电阻。这样，以薄银膜(厚度为 $1\delta_c$)覆盖介质材料，能使其性能像良导体。

例 8.4 当波的频率为 1.8 kHz 时重作例 8.3。

解

$$\omega=2\pi\times1800=11.31\times10^3\ \mathrm{rad/s}$$

$$\omega\varepsilon=11.31\times10^3\times\frac{25\times10^{-9}}{36\pi}=2.5\times10^{-6}$$

$$\frac{\sigma}{\omega\varepsilon}=\frac{2.5}{2.5\times10^{-6}}=10^6$$

$\sigma/\omega\varepsilon\gg10$，所以此媒质好似良导体。这样由式(8-63)传播常数为

$$\hat{\gamma}=\sqrt{11.31\times10^3\times1.6\times4\pi\times10^{-7}\times2.5}\angle45^\circ=0.2384\angle45^\circ\mathrm{m}^{-1}$$

因此

$$\alpha=0.1686\ \mathrm{Np/m}$$

$$\beta=0.1686\ \mathrm{rad/m}$$

由式(8-65)本征阻抗为

$$\hat{\eta}=\sqrt{\frac{11.31\times10^3\times1.6\times4\pi\times10^{-7}}{2.5}}\angle45^\circ=0.0954\angle45^\circ\Omega$$

相速：
$$u_p=\frac{\omega}{\beta}=\frac{2\pi\times1800}{0.1686}=67.08\times10^3\ \text{m/s}$$

波长：
$$\lambda=\frac{2\pi}{\beta}=\frac{2\pi}{0.1686}=37.27\ \text{m}$$

趋肤深度：
$$\delta_c=\frac{1}{\alpha}=\frac{1}{0.1686}=5.93\ \text{m}$$

相量形式的电场强度是

$$\dot{E}_x(z)=0.1\text{e}^{-0.1686z}\text{e}^{-\text{j}0.1686z}\ \text{V/m}$$

相应的$\dot{\boldsymbol{H}}$场是

$$\dot{H}_y(z)=\frac{1}{\hat{\eta}}\dot{E}_x(z)=1.048\text{e}^{-0.1686z}\text{e}^{-\text{j}0.1686z}\text{e}^{-\text{j}45°}$$

最后，平均功率密度是

$$\langle\hat{\boldsymbol{S}}\rangle=\frac{1}{2}\text{Re}[\hat{\boldsymbol{E}}\times\hat{\boldsymbol{H}}^*]=\frac{1}{2}\times0.1\times1.048\times\cos(45°)\text{e}^{-0.3372z}\boldsymbol{a}_z$$
$$=0.037\text{e}^{-0.3372z}\boldsymbol{a}_z\text{W/m}^2$$

8.7 良介质中的平面波

良电介质是一种导电媒质，其中位移电流较传导电流占压倒优势。换句话说，只要$\sigma\ll\omega\varepsilon$，弱导电媒质即可看成良介质。本书中若

$$\frac{\sigma}{\omega\varepsilon}\leqslant0.1 \tag{8-73}$$

则将媒质分类为**良电介质**(good dielectric)。注意式(8-73)是良介质一种十分宽松的定义。当媒质的电导率低或频率很高时均满足这一条件。

应用二项式展开，良介质$\sqrt{\hat{\varepsilon}}$的一阶近似是

$$\sqrt{\hat{\varepsilon}}=\sqrt{\varepsilon\left[1-\text{j}\frac{\sigma}{\omega\varepsilon}\right]}\approx\sqrt{\varepsilon}\left[1-\text{j}\frac{\sigma}{2\omega\varepsilon}\right] \tag{8-74}$$

应用式(8-74)并由式(8-50)传播常数的近似表示式为

$$\hat{\gamma}=\frac{\sigma}{2}\sqrt{\frac{\mu}{\varepsilon}}+\text{j}\omega\sqrt{\mu\varepsilon} \tag{8-75}$$

这样，良介质的衰减常数和相位常数是

$$\alpha=\frac{\sigma}{2}\sqrt{\frac{\mu}{\varepsilon}} \tag{8-76}$$

$$\beta=\omega\sqrt{\mu\varepsilon} \tag{8-77}$$

式(8-77)说明良介质的相位常数实质上与完全电介质相同。而式(8-76)表明场在良介质中运动时确实是衰减的。然而与良导体比较衰减系数小得多。许多书籍就此提出α可考虑为零。我们不同意这一观点；良电介质不是完全电介质。并且，在有限导电媒质中传播的波一定是衰减的。

由于$\dfrac{\sigma}{\omega\varepsilon}\leqslant0.1$，从式(8-74)看出，$\sqrt{\hat{\varepsilon}}\approx\sqrt{\varepsilon}$，所以良电介质的本征阻抗成为

$$\hat{\eta}=\sqrt{\frac{\mu}{\hat{\varepsilon}}}\approx\sqrt{\frac{\mu}{\varepsilon}} \tag{8-78}$$

例 8.5 180 MHz 的波在$\mu_r=1$、$\varepsilon_r=25$、$\sigma=2.5$ mS/m 的媒质中传播。电场强度给定为

$\dot{E}=37.7e^{-\hat{\gamma}z}\boldsymbol{a}_x$ V/m。求本征阻抗、衰减常数、传播常数、相速、趋肤深度及波的波长。写出 $\boldsymbol{H}$ 场的表达式，决定媒质中的平均功率密度。

解

$$\omega=2\pi\times1.8\times10^8=1.131\times10^9\ \text{rad/s}$$

$$\omega\varepsilon=1.131\times10^9\times\frac{25\times10^{-9}}{36\pi}=0.25$$

$$\frac{\sigma}{\omega\varepsilon}=\frac{2.5\times10^{-3}}{0.25}=0.01$$

这样，媒质特性像良介质。由式(8-78)，本征阻抗是

$$\eta=\sqrt{\frac{\mu_0}{\varepsilon_0}}\sqrt{\frac{\mu_r}{\varepsilon_r}}=120\pi\frac{1}{\sqrt{25}}=75.398\ \Omega$$

由式(8-76)衰减常数可表示为

$$\alpha=\frac{1}{2}\sigma\eta=\frac{1}{2}\times2.5\times10^{-3}\times75.398=0.094\ \text{Np/m} \qquad (8\text{-}79)$$

相位常数是

$$\beta=\omega\sqrt{\mu_0\varepsilon_0}\sqrt{\mu_r\varepsilon_r}=\frac{1.131\times10^9}{3\times10^8}\times5=18.85\ \text{rad/m}$$

因此，传播常数是

$$\hat{\gamma}=\alpha+j\beta=(0.094+j18.85)\ \text{m}^{-1}$$

现在能计算相速，趋肤深度和波长得

$$u_p=\frac{\omega}{\beta}=\frac{1.131\times10^9}{18.85}=6\times10^7\ \text{m/s}$$

$$\delta_c=\frac{1}{\alpha}=\frac{1}{0.094}=10.64\ \text{m}$$

$$\lambda=\frac{2\pi}{\beta}=\frac{2\pi}{18.85}=0.3333\ \text{m 或 } 33.33\ \text{cm}$$

电场强度给定为

$$\dot{\boldsymbol{E}}=37.7e^{-0.094z}e^{-j18.85z}\boldsymbol{a}_x\ \text{V/m}$$

波沿 z 方向传播，因而由式(8-27)$\dot{\boldsymbol{H}}$场是

$$\dot{\boldsymbol{H}}=0.5e^{-0.094z}e^{-j18.85z}\boldsymbol{a}_y\ \text{A/m}$$

最后，媒质中的平均功率密度是

$$\langle\hat{\boldsymbol{S}}\rangle=\frac{1}{2}\text{Re}[\dot{\boldsymbol{E}}\times\dot{\boldsymbol{H}}^*]=9.425e^{-0.188z}\boldsymbol{a}_z\ \text{W/m}^2$$

8.8 波的极化

实用上通常用极化描述一种电磁波。按定义，波的**极化**(polarization)是给定点的电场其矢量端点作为时间函数的轨迹。在两个或更多个同频率的波在同一方向传播时，极化则按所有波叠加后的合成波定义。媒质中某点的电场作为时间的函数沿直线振荡时称之为**线极化波**。若电场端点沿圆运动，称**圆极化波**。电场沿椭圆路径，则称**椭圆极化波**。无一定极化的波，比如光波，通常称为**随机极化波**(randomly polarized wave)。

波的极化取决于发射源(诸如天线)。在标准广播频段，设计了垂直天线发射**地波**(ground wave)，为垂直极化，因为由天线到地的 $\boldsymbol{E}$ 场是垂直的。在其他一些应用中，天线位

于水平平面发射水平极化波。垂直和水平极化波二者都是线极化波的例子。

8.8.1 线极化波

导电媒质中均匀平面波的电场强度在时域中可以写成

$$\boldsymbol{E}(z,t)=E_0\mathrm{e}^{-\alpha z}\cos(\omega t-\beta z)\boldsymbol{a}_x$$

它表示一线极化波，因为在 $z=$ 常数的平面内，$\boldsymbol{E}$ 场总是在 x 方向。例如，当 $z=0$ 时，电场强度是 $\boldsymbol{E}(0,t)=\boldsymbol{E}_0\cos\omega t\boldsymbol{a}_x$

其时间函数的图形见图 8-7。

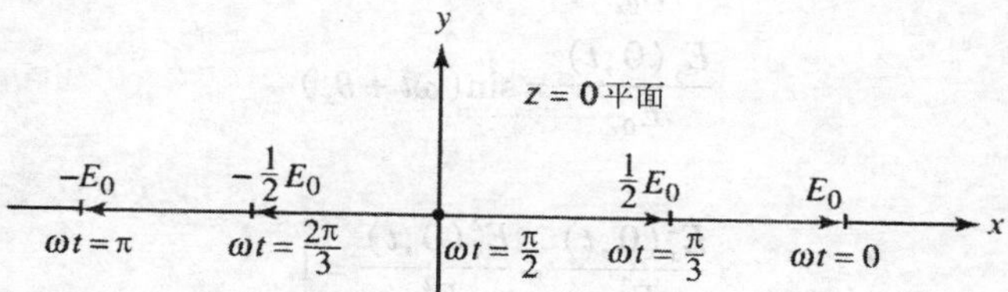

图 8-7 线极化波

$\boldsymbol{E}=E_0\cos(\omega t-\beta z)\mathrm{e}^{-\alpha z}\boldsymbol{a}_x\,\mathrm{V/m}$

现在考虑有下述电场强度分量的均匀平面波

$$E_x(z,t)=E_{0x}\mathrm{e}^{-\alpha z}\cos(\omega t-\beta z+\theta_x) \tag{8-80}$$

$$E_y(z,t)=E_{0y}\mathrm{e}^{-\alpha z}\cos(\omega t-\beta z+\theta_y) \tag{8-81}$$

在 $z=0$ 的平面内任意点，这些场分量成为

$$E_x(0,t)=E_{0x}\cos(\omega t+\theta_x) \tag{8-82}$$

$$E_y(0,t)=E_{0y}\cos(\omega t+\theta_y) \tag{8-83}$$

若这两个分量同相；即 $\theta_x=\theta_y=\theta$，则由上述方程得

$$E_x(0,t)=\frac{E_{0x}}{E_{0y}}E_y(0,t) \tag{8-84}$$

此式描述这两个分量间的线性关系，如图 8-8 所示。因此，若波有由式(8-80)和式(8-81)给出的两个场分量，且 $\theta_x=\theta_y$，则也是线极化波。

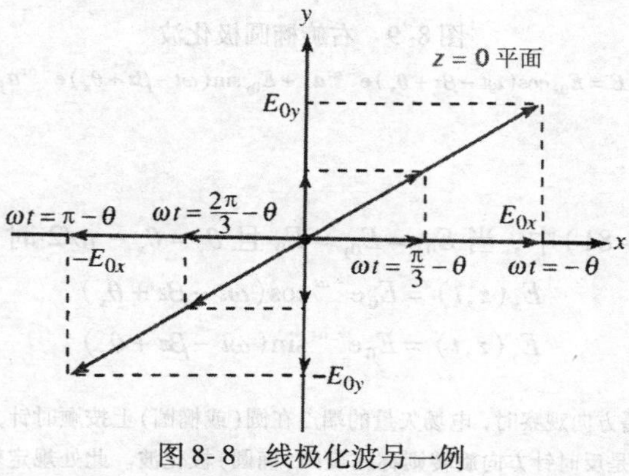

图 8-8 线极化波另一例

$\boldsymbol{E}=E_{0x}\cos(\omega t-\beta z+\theta)\mathrm{e}^{-\alpha z}\boldsymbol{a}_x+E_{0y}\cos(\omega t-\beta z+\theta)\mathrm{e}^{-\alpha z}\boldsymbol{a}_y$

8.8.2 椭圆极化波

当式(8-80)和式(8-81)中的场分量有90°相位差，例如 $\theta_y=\theta_x-\pi/2$，则两式成为

$$E_x(z,t)=E_{0x}e^{-\alpha z}\cos(\omega t-\beta z+\theta_x) \tag{8-85}$$

$$E_y(z,t)=E_{0y}e^{-\alpha z}\sin(\omega t-\beta z+\theta_x) \tag{8-86}$$

在 $z=0$ 平面内，式(8-85)和式(8-86)导致

$$\frac{E_x(0,t)}{E_{0x}}=\cos(\omega t+\theta_x) \tag{8-87}$$

$$\frac{E_y(0,t)}{E_{0y}}=\sin(\omega t+\theta_x) \tag{8-88}$$

两式平方后相加得

$$\frac{E_x^2(0,t)}{E_{0x}^2}+\frac{E_y^2(0,t)}{E_{0y}^2}=1 \tag{8-89}$$

此式是 $z=0$ 平面内的椭圆，如图8-9所示。当 $E_{0x}>E_{0y}$，其长轴为 $2E_{0x}$，短轴为 $2E_{0y}$，而当 $E_{0y}>E_{0x}$ 则相反。把逐渐增加的时间值 t 代入式(8-87)和式(8-88)，将发现 $\boldsymbol{E}$ 场端点反时针方向旋转。若以右手大拇指朝向波传播方向(z 方向)，则其余四指的转向与 $\boldsymbol{E}$ 场转向一致。因此，式(8-85)和式(8-86)表示**右旋椭圆极化波**[㊀](right-handed elliptically polarized wave)。但是，若假设 $\theta_y=\theta_x+\pi/2$，则会得到**左旋**(left-handed)**椭圆极化波**。

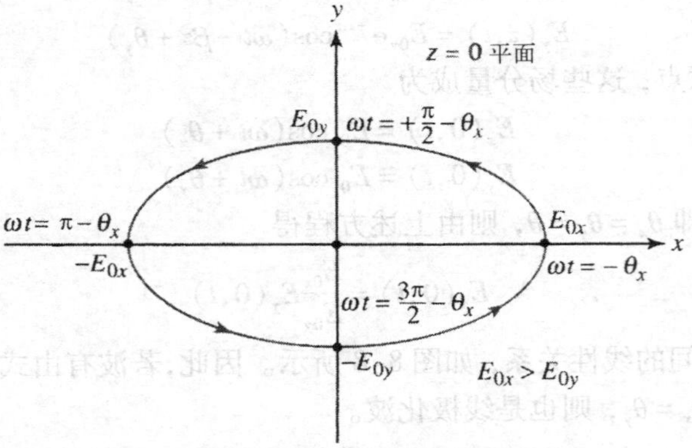

图8-9　右旋椭圆极化波

$\boldsymbol{E}=E_{0x}\cos(\omega t-\beta z+\theta_x)e^{-\alpha z}\boldsymbol{a}_x+E_{0y}\sin(\omega t-\beta z+\theta_x)e^{-\alpha z}\boldsymbol{a}_y$

8.8.3 圆极化波

在式(8-80)和式(8-81)中，当 $E_{0x}=E_{0y}=E_0$ 且 $\theta_y=\theta_x-\pi/2$ 时，两电场分量成为

$$E_x(z,t)=E_0e^{-\alpha z}\cos(\omega t-\beta z+\theta_x) \tag{8-90}$$

$$E_y(z,t)=E_0e^{-\alpha z}\sin(\omega t-\beta z+\theta_x) \tag{8-91}$$

㊀ 一般规定顺着波的传播方向观察时，电场矢量的端点在圆(或椭圆)上按顺时针方向旋转，称为右旋圆(椭圆)极化波；反之，E 的矢端是反时针方向旋转则称左旋圆(椭圆)极化波。此处规定转向符合右手法则，称为右旋圆(椭圆)极化波；反之，符合左手法则，则称左旋圆(椭圆)极化波，二种规定结论一致。——译注

在 $z=0$ 平面中，它们是

$$E_x(0,t)=E_0\cos(\omega t+\theta_x) \tag{8-92}$$

$$E_y(0,t)=E_0\sin(\omega t+\theta_x) \tag{8-93}$$

两式平方后相加得

$$E_x^2(0,t)+E_y^2(0,t)=E_0^2 \tag{8-94}$$

这是圆的方程。对不同的 t 值计算式(8-92)和式(8-93)，可知波是右旋圆极化的，如图 8-10 所示。若设 $\theta_y=\theta_x+\pi/2$，则会得到左旋圆极化波。

例 8.6 若某区域内的电场强度给定为

$$\dot{E}=(3\boldsymbol{a}_x+\mathrm{j}4\boldsymbol{a}_y)\mathrm{e}^{-0.2z}\mathrm{e}^{-\mathrm{j}0.5z}\mathrm{V/m}$$

求波的极化。

解 时域中电场能表示为

$$E_x(z,t)=3\mathrm{e}^{-0.2z}\cos(\omega t-0.5z)$$

$$E_y(z,t)=-4\mathrm{e}^{-0.2z}\sin(\omega t-0.5z)$$

在 $z=0$ 的平面中，这两个分量成为

$$\frac{1}{3}E_x(0,t)=\cos\omega t \tag{8-95}$$

$$\frac{1}{4}E_y(0,t)=-\sin\omega t \tag{8-96}$$

两式平方后相加得

$$\frac{1}{9}E_x^2(0,t)+\frac{1}{16}E_y^2(0,t)=1$$

这是一个椭圆的方程。因此波为椭圆极化。长轴沿 y 轴，短轴沿 x 轴，如图 8-11 所示。

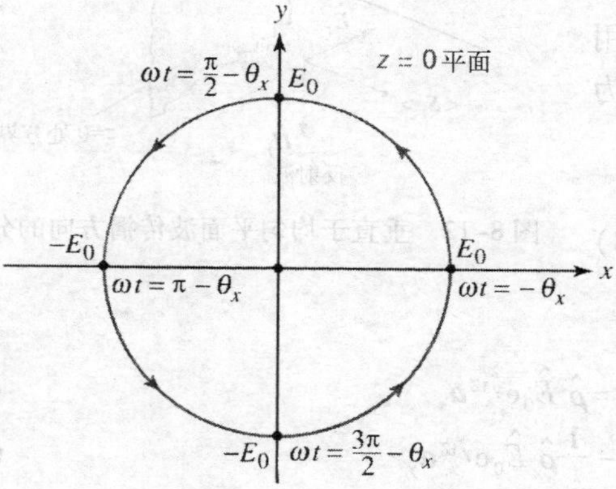

图 8-10 右旋圆极化波

$\boldsymbol{E}=E_0\cos(\omega t-\beta z+\theta_x)\mathrm{e}^{-\alpha z}\boldsymbol{a}_x+E_0\sin(\omega t-\beta z+\theta_x)\mathrm{e}^{-\alpha z}\boldsymbol{a}_y$

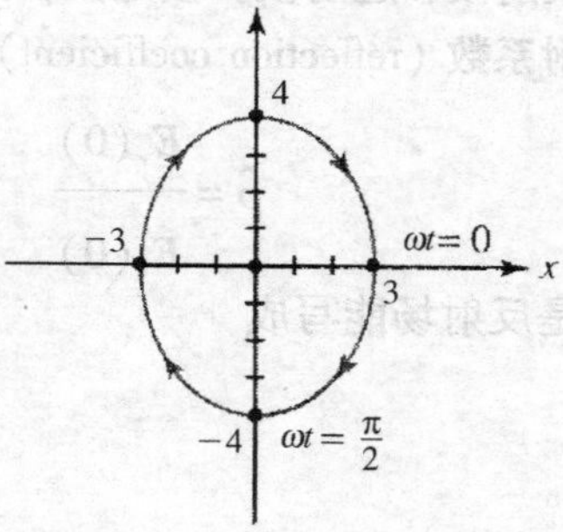

图 8-11 左旋椭圆极化波

为了决定转向，以一组 t 或 ωt 的值代入式(8-95)和式(8-96)。当 $\omega t=0(t=0)$ 时有

$$E_x(0,0)=3 \text{ 和 } E_y(0,0)=0$$

而 $\boldsymbol{E}$ 场的端点在正 x 轴上，如图所示。当 $\omega t=\pi/2(t=\pi/2\omega)$ 时有

$$E_x(0,\pi/2\omega)=0 \text{ 和 } E_y(0,\pi/2\omega)=-4$$

$\boldsymbol{E}$ 场的端点在负 y 轴上。因此，旋转为顺时针方向。此转向符合左手法则，所以给定的电场为左旋椭圆极化波。

8.9 平面边界上的垂直入射均匀平面波

至此我们集中讨论了均匀平面波在无界媒质中的传播。现考虑单频率均匀平面波由无限延伸的一种媒质进入另一种媒质的情况。首先假定两媒质的分界面与进入的波的传播方向垂直。同时进一步假定(a) 进入的波，即所谓**入射波**(incident wave)沿 z 方向传播；(b)分界面是位于 $z=0$ 处的无限大平面；(c)分界面左边区域是媒质1($z\leqslant0$)；(d)分界面右边区域是媒质2($z\geqslant0$)。我们预期波在分界面处有一部分透过边界并继续在媒质2中传播。这种波称为**透射波**(transmitted wave)。另一部分波在分界面处反射并沿负 z 方向传播，这种波称为**反射波**(reflected wave)。这样，入射波和透射波都沿正 z 方向传播，而反射波沿负 z 方向传播。入射波和反射波在媒质1中，透射波则在媒质2中。若把入射波当作前向行波，反射波则为后向行波。

8.9.1 导体－导体分界面

首先假定分界面两边是有限导电媒质，如图8-12所示。为简化讨论又不失一般性，考虑入射波 $\dot{\boldsymbol{E}}$ 场是在 x 方向极化的，在分界面处振幅为 $\hat{E}_0$。若 $\hat{\gamma}_1$ 和 $\hat{\eta}_1$ 分别是在媒质1的传播常数和本征阻抗，则入射波的电场强度和磁场强度能表示为

$$\dot{\boldsymbol{E}}_i(z)=\hat{E}_0 e^{-\hat{\gamma}_1 z}\boldsymbol{a}_x \qquad (8\text{-}97a)$$

$$\dot{\boldsymbol{H}}_i(z)=\frac{1}{\hat{\eta}_1}\hat{E}_0 e^{-\hat{\gamma}_1 z}\boldsymbol{a}_y \qquad (8\text{-}97b)$$

式中下标 i 表示入射波。下标 r 和 t 将分别用于反射波和透射波。按定义，在分界面处称为**反射系数**(reflection coefficient)的复量是

$$\hat{\rho}=\frac{\dot{E}_r(0)}{\dot{E}_i(0)} \qquad (8\text{-}98)$$

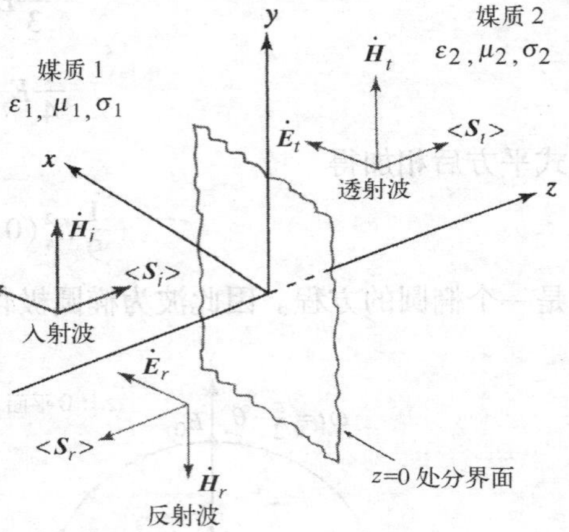

图8-12 垂直于均匀平面波传播方向的分界面

于是反射场能写成

$$\dot{\boldsymbol{E}}_r(z)=\hat{\rho}\,\hat{E}_0 e^{\hat{\gamma}_1 z}\boldsymbol{a}_x \qquad (8\text{-}99a)$$

$$\dot{\boldsymbol{H}}_r(z)=-\frac{1}{\hat{\eta}_1}\hat{\rho}\,\hat{E}_0 e^{\hat{\gamma}_1 z}\boldsymbol{a}_y \qquad (8\text{-}99b)$$

式(8-99b)中 $\dot{\boldsymbol{H}}$ 场的负号与负 z 方向的能流一致，因在式(8-99a)中，已隐含着反射 $\dot{\boldsymbol{E}}$ 场与入射场有相同的方向。注意，也能假定入射和反射的 $\dot{\boldsymbol{H}}$ 场同方向，但改变反射 $\dot{\boldsymbol{E}}$ 场的方向以保证沿负 z 方向的能量传播。

定义另一个复量

$$\hat{\tau}=\frac{\dot{E}_t(0)}{\dot{E}_i(0)} \qquad (8\text{-}100)$$

为**透射系数**(transmission coefficient),则透射场为

$$\dot{\boldsymbol{E}}_t(z)=\hat{\tau}\hat{E}_0\mathrm{e}^{-\hat{\gamma}_2 z}\boldsymbol{a}_x \tag{8-101a}$$

$$\dot{\boldsymbol{H}}_t(z)=\frac{1}{\hat{\eta}_2}\hat{\tau}\hat{E}_0\mathrm{e}^{-\hat{\gamma}_2 z}\boldsymbol{a}_y \tag{8-101b}$$

式中$\hat{\gamma}_2$和$\hat{\eta}_2$分别是媒质 2 中的传播常数和本征阻抗。媒质 1 中的总场是

$$\dot{\boldsymbol{E}}_1(z)=\dot{\boldsymbol{E}}_i(z)+\dot{\boldsymbol{E}}_r(z)=\hat{E}_0[\mathrm{e}^{-\hat{\gamma}_1 z}+\hat{\rho}\mathrm{e}^{\hat{\gamma}_1 z}]\boldsymbol{a}_x \tag{8-102a}$$

$$\dot{\boldsymbol{H}}_1(z)=\dot{\boldsymbol{H}}_i(z)+\dot{\boldsymbol{H}}_r(z)=\frac{1}{\hat{\eta}_1}\hat{E}_0[\mathrm{e}^{-\hat{\gamma}_1 z}-\hat{\rho}\mathrm{e}^{\hat{\gamma}_1 z}]\boldsymbol{a}_y \tag{8-102b}$$

现在应用 $z=0$ 处的边界条件能决定反射和透射系数。由边界处$\dot{\boldsymbol{E}}$场的切向分量连续得到

$$1+\hat{\rho}=\hat{\tau} \tag{8-103}$$

由于两媒质均为有限导电的，边界处不会有任何表面电流存在。于是分界面上$\dot{\boldsymbol{H}}$场的切向分量也是连续的，由此得到

$$\frac{1}{\hat{\eta}_1}-\frac{1}{\hat{\eta}_1}\hat{\rho}=\frac{1}{\hat{\eta}_2}\hat{\tau}$$

或

$$1-\hat{\rho}=\frac{\hat{\eta}_1}{\hat{\eta}_2}\hat{\tau} \tag{8-104}$$

由式(8-103)和式(8-104)得到

$$\hat{\rho}=\frac{\hat{\eta}_2-\hat{\eta}_1}{\hat{\eta}_2+\hat{\eta}_1} \tag{8-105}$$

和

$$\hat{\tau}=\frac{2\hat{\eta}_2}{\hat{\eta}_2+\hat{\eta}_1} \tag{8-106}$$

这分别就是反射系数和透射系数。

媒质 2 中透射波的平均功率密度是

$$\langle\hat{S}_t\rangle=\frac{1}{2}\mathrm{Re}[\dot{\boldsymbol{E}}_t(z)\times\dot{\boldsymbol{H}}_t^*(z)]$$

$$=\frac{1}{2\eta_2}\tau^2E_0^2\mathrm{e}^{-2\alpha_2 z}\cos\theta_{\eta 2}\boldsymbol{a}_z \tag{8-107}$$

式中

$$\hat{\gamma}_2=\alpha_2+\mathrm{j}\beta_2$$

$$\hat{\eta}_2=\eta_2\mathrm{e}^{\mathrm{j}\theta_{\eta 2}}$$

$$\tau^2=\hat{\tau}\hat{\tau}^*$$

媒质 1 中的总功率密度是

$$\langle\hat{\boldsymbol{S}}_1\rangle=\frac{1}{2}\mathrm{Re}[\dot{\boldsymbol{E}}_1(z)\times\dot{\boldsymbol{H}}_1^*(z)]$$

$$=\frac{1}{2\eta_1}E_0^2\mathrm{Re}[(\mathrm{e}^{-2\alpha_1 z}-\rho^2\mathrm{e}^{2\alpha_1 z}+\hat{\rho}\mathrm{e}^{\mathrm{j}2\beta_1 z}-\hat{\rho}^*\mathrm{e}^{-\mathrm{j}2\beta_1 z})\mathrm{e}^{\mathrm{j}\theta_{\eta_1}}]\boldsymbol{a}_z$$

式中

$$\hat{\gamma}_1=\alpha_1+\mathrm{j}\beta_1$$

$$\hat{\eta}_1=\eta_1\mathrm{e}^{\mathrm{j}\theta_{\eta_1}}$$

$$\rho^2=\hat{\rho}\hat{\rho}^*$$

若把反射系数写成指数形式

$$\hat{\rho}=\rho\mathrm{e}^{\mathrm{j}\theta_\rho}$$

则媒质 1 中的平均功率密度成为

$$\langle\hat{\boldsymbol{S}}_1\rangle=\frac{1}{2\eta_1}E_0^2\mathrm{e}^{-2\alpha_1 z}\cos\theta_{\eta_1}\boldsymbol{a}_z-\frac{1}{2\eta_1}\rho^2E_0^2\mathrm{e}^{2\alpha_1 z}\cos\theta_{\eta_1}\boldsymbol{a}_z$$

$$-\frac{1}{\eta_1}\rho E_0^2\sin(2\beta_1 z+\theta_\rho)\sin\theta_{\eta_1}\boldsymbol{a}_z \tag{8-108a}$$

$$=\langle\hat{\boldsymbol{S}}_i\rangle+\langle\hat{\boldsymbol{S}}_r\rangle+\langle\hat{\boldsymbol{S}}_{ir}\rangle \tag{8-108b}$$

式中

$$\langle\hat{\boldsymbol{S}}_i\rangle=\frac{1}{2}\mathrm{Re}[\dot{\boldsymbol{E}}_i(z)\times\dot{\boldsymbol{H}}_i^*(z)]=\frac{1}{2\eta_1}E_0^2\mathrm{e}^{-2\alpha_1 z}\cos\theta_{\eta_1}\boldsymbol{a}_z \tag{8-108c}$$

为入射波的平均功率密度，

$$\langle\hat{\boldsymbol{S}}_r\rangle=\frac{1}{2}\mathrm{Re}[\dot{\boldsymbol{E}}_r(z)\times\dot{\boldsymbol{H}}_r^*(z)]=-\frac{1}{2\eta_1}\rho^2E_0^2\mathrm{e}^{2\alpha_1 z}\cos\theta_{\eta_1}\boldsymbol{a}_z \tag{8-108d}$$

为反射波的平均功率密度，而

$$\langle\hat{\boldsymbol{S}}_{ir}\rangle=\frac{1}{2}\mathrm{Re}[\dot{\boldsymbol{E}}_i(z)\times\dot{\boldsymbol{H}}_r^*(z)+\dot{\boldsymbol{E}}_r(z)\times\dot{\boldsymbol{H}}_i^*(z)]$$

$$=-\frac{1}{\eta_1}\rho E_0^2\sin(2\beta_1 z+\theta_\rho)\sin\theta_{\eta_1}\boldsymbol{a}_z \tag{8-108e}$$

为入射波和反射波交叉耦合引起的平均功率密度。交叉耦合项按 $\sin\theta_{\eta_1}$ 变化，只要媒质导电总是存在。

例 8.7 50 MHz 的均匀平面波在媒质($\varepsilon_r=16$、$\mu_r=1$、$\sigma=0.02$ S/m)中传播，垂直入射到另一媒质（$\varepsilon_r=25$、$\mu_r=1$、$\sigma=0.2$ S/m）表面。若分界面处入射电场强度的振幅为10 V/m，求透射波的平均功率密度。

解 对媒质 1，$\varepsilon_{r1}=16$、$\mu_{r1}=1$、$\sigma_1=0.02$ S/m，有

$$\omega=2\pi\times50\times10^6=3.142\times10^8\ \mathrm{rad/s}$$

$$\frac{\sigma_1}{\omega\varepsilon_{r1}\varepsilon_0}=\frac{0.02\times36\pi}{3.142\times10^8\times16\times10^{-9}}=0.45$$

$$\hat{\varepsilon}_1=16\times\frac{10^{-9}}{36\pi}\times(1-\mathrm{j}0.45)=(14.15-\mathrm{j}6.366)10^{-11}$$

$$\hat{\gamma}_1=\mathrm{j}3.142\times10^8\sqrt{4\pi\times10^{-7}(14.15-\mathrm{j}6.366)10^{-11}}=(0.92+\mathrm{j}4.29)\,\mathrm{m}^{-1}$$

$$\hat{\eta}_1=\sqrt{\frac{4\pi\times10^{-7}\times10^{11}}{14.15-\mathrm{j}6.366}}=87.997+\mathrm{j}18.887=90\underline{/12.11^\circ}\,\Omega$$

对媒质 2，$\varepsilon_{r2}=25$、$\mu_{r2}=1$、$\sigma_2=0.2\text{S/m}$，有

$$\frac{\sigma_2}{\omega\varepsilon_{r2}\varepsilon_0}=\frac{0.2\times36\pi}{3.142\times10^8\times25\times10^{-9}}=2.88$$

$$\hat{\varepsilon}_2=25\times\frac{10^{-9}}{36\pi}\times(1-\text{j}2.88)=(2.21-\text{j}6.366)10^{-10}$$

$$\hat{\gamma}_2=\text{j}3.142\times10^8\sqrt{4\pi\times10^{-7}(2.21-\text{j}6.366)10^{-10}}=(5.30+\text{j}7.45)\ \text{m}^{-1}$$

$$\hat{\eta}_2=\sqrt{\frac{4\pi\times10^{-7}\times10^{10}}{2.21-\text{j}6.366}}=35.188+\text{j}25.031=43.182\angle 35.43^\circ\ \Omega$$

由式(8-105)反射系数是

$$\hat{\rho}=\frac{(35.188+\text{j}25.031)-(87.997+\text{j}18.887)}{35.188+\text{j}25.031+87.997+\text{j}18.887}=-0.365+\text{j}0.18=0.407\angle 153.74^\circ$$

由式(8-106)透射系数是

$$\hat{\tau}=\frac{2(35.188+\text{j}25.031)}{35.188+\text{j}25.031+87.997+\text{j}18.887}=0.635+\text{j}0.18=0.66\angle 15.81^\circ$$

由式(8-101)透射场是

$$\dot{\boldsymbol{E}}_t=6.6\text{e}^{-5.30z}\text{e}^{-\text{j}7.45z}\text{e}^{\text{j}15.81^\circ}\boldsymbol{a}_x\ \text{V/m}$$

$$\dot{\boldsymbol{H}}_t=0.153\text{e}^{-5.30z}\text{e}^{-\text{j}7.45z}\text{e}^{-\text{j}19.62^\circ}\boldsymbol{a}_y\ \text{A/m}$$

这样，透射波平均功率密度是

$$\langle\hat{\boldsymbol{S}}_t\rangle=\frac{1}{2}\text{Re}[\dot{\boldsymbol{E}}_t\times\dot{\boldsymbol{H}}_t^*]=0.41\text{e}^{-10.60z}\boldsymbol{a}_z\ \text{W/m}^2$$

8.9.2 介质－介质分界面

若两种媒质都是无耗的($\sigma_1=0$、$\sigma_2=0$)，则媒质的本征阻抗都是实量。相应地，透射和反射系数也是实量，即

$$\rho=\frac{\eta_2-\eta_1}{\eta_2+\eta_1} \tag{8-109}$$

$$\tau=\frac{2\eta_2}{\eta_2+\eta_1} \tag{8-110}$$

式中

$$\eta_1=\sqrt{\frac{\mu_1}{\varepsilon_1}}\text{和}\eta_2=\sqrt{\frac{\mu_2}{\varepsilon_2}}$$

现在能用$\hat{\gamma}_1=\text{j}\omega\sqrt{\mu_1\varepsilon_1}=\text{j}\beta_1$ 和$\hat{\gamma}_2=\text{j}\omega\sqrt{\mu_2\varepsilon_2}=\text{j}\beta_2$ 表示入射，反射和透射场

$$\dot{\boldsymbol{E}}_i(z)=E_0\text{e}^{-\text{j}\beta_1 z}\boldsymbol{a}_x \tag{8-111a}$$

$$\boldsymbol{H}_i(z)=\frac{1}{\eta_1}E_0\text{e}^{-\text{j}\beta_1 z}\boldsymbol{a}_y \tag{8-111b}$$

$$\boldsymbol{E}_r(z)=\rho E_0\text{e}^{\text{j}\beta_1 z}\boldsymbol{a}_x \tag{8-111c}$$

$$\dot{\boldsymbol{H}}_r(z)=-\frac{1}{\eta_1}\rho E_0\text{e}^{\text{j}\beta_1 z}\boldsymbol{a}_y \tag{8-111d}$$

$$\dot{\boldsymbol{E}}_t(z)=\tau E_0\text{e}^{-\text{j}\beta_2 z}\boldsymbol{a}_x \tag{8-111e}$$

$$\dot{\boldsymbol{H}}_t(z) = \frac{1}{\eta_2}\tau E_0 \mathrm{e}^{-\mathrm{j}\beta_2 z}\boldsymbol{a}_y \tag{8-111f}$$

这里假定 E_0 是入射 $\dot{\boldsymbol{E}}$ 场在分界面处的最大值。

入射、反射和透射波的平均功率密度是

$$\langle \hat{\boldsymbol{S}}_i \rangle = \frac{1}{2\eta_1}E_0^2\boldsymbol{a}_z \tag{8-112a}$$

$$\langle \hat{\boldsymbol{S}}_r \rangle = -\frac{1}{2\eta_1}\rho^2 E_0^2\boldsymbol{a}_z \tag{8-112b}$$

$$\langle \hat{\boldsymbol{S}}_t \rangle = \frac{1}{2\eta_2}\tau^2 E_0^2\boldsymbol{a}_z \tag{8-112c}$$

媒质 1 中的总场是

$$\dot{\boldsymbol{E}}_1(z) = \dot{\boldsymbol{E}}_i(z) + \dot{\boldsymbol{E}}_r(z) = E_0 \mathrm{e}^{-\mathrm{j}\beta_1 z}[1 + \rho \mathrm{e}^{\mathrm{j}2\beta_1 z}]\boldsymbol{a}_x \tag{8-113a}$$

$$\dot{\boldsymbol{H}}_1(z) = \dot{\boldsymbol{H}}_i(z) + \dot{\boldsymbol{H}}_r(z) = \frac{1}{\eta_1}E_0 \mathrm{e}^{-\mathrm{j}\beta_1 z}[1 - \rho \mathrm{e}^{\mathrm{j}2\beta_1 z}]\boldsymbol{a}_y \tag{8-113b}$$

例 8.8 电磁波在 $\varepsilon = 9\varepsilon_0$ 的介质中沿 z 方向传播。在 $z = 0$ 处入射到另一 $\varepsilon = 4\varepsilon_0$ 的介质。若来波在分界面处最大值为 0.1 V/m，角频率为 300 Mrad/s，求(a)反射系数，(b)透射系数，(c)入射、反射和透射波功率密度。

解 介质 1：

$$\hat{\gamma}_1 = \mathrm{j}\beta_1 = \mathrm{j}\omega\sqrt{\mu_0\varepsilon_1} = \mathrm{j}\,\frac{300 \times 10^6}{3 \times 10^8}\sqrt{9} = \mathrm{j}3 \text{ rad/m}$$

$$\eta_1 = \sqrt{\frac{\mu_0}{\varepsilon_1}} = \frac{120\pi}{\sqrt{9}} = 125.664\ \Omega$$

介质 2：

$$\hat{\gamma}_2 = \mathrm{j}\beta_2 = \mathrm{j}\omega\sqrt{\mu_0\varepsilon_2} = \mathrm{j}\,\frac{300 \times 10^6}{3 \times 10^8}\sqrt{4} = \mathrm{j}2 \text{ rad/m}$$

$$\eta_2 = \sqrt{\frac{\mu_0}{\varepsilon_2}} = \frac{120\pi}{\sqrt{4}} = 188.496\ \Omega$$

这样，反射和透射系数是

$$\rho = \frac{\eta_2 - \eta_1}{\eta_2 + \eta_1} = \frac{188.496 - 125.664}{188.496 + 125.664} = 0.2$$

$$\tau = \frac{2\eta_2}{\eta_2 + \eta_1} = \frac{2 \times 188.496}{188.496 + 125.664} = 1.2$$

入射、反射和透射场及其相应的功率密度是

$$\dot{\boldsymbol{E}}_i = 0.1\mathrm{e}^{-\mathrm{j}3z}\boldsymbol{a}_x \text{ V/m}$$

$$\dot{\boldsymbol{H}}_i = \frac{0.1}{125.664}\mathrm{e}^{-\mathrm{j}3z}\boldsymbol{a}_y \text{ A/m}$$

$$\langle \hat{\boldsymbol{S}}_i \rangle = \frac{1}{2}\left[\frac{0.1^2}{125.664}\right]\boldsymbol{a}_z = 39.79 \times 10^{-6}\boldsymbol{a}_z \text{ W/m}^2$$

$$\dot{\boldsymbol{E}}_r = 0.02\mathrm{e}^{\mathrm{j}3z}\boldsymbol{a}_x \text{ V/m}$$

$$\dot{\boldsymbol{H}}_r = \frac{0.02}{125.664} e^{j3z} \boldsymbol{a}_y \ \mathrm{A/m}$$

$$\langle \hat{\boldsymbol{S}}_r \rangle = -\frac{1}{2}\left[\frac{0.02^2}{125.664}\right] \boldsymbol{a}_z = -1.59 \times 10^{-6} \boldsymbol{a}_z \ \mathrm{W/m^2}$$

$$\dot{\boldsymbol{E}}_t = 0.12 e^{-j2z} \boldsymbol{a}_x \ \mathrm{V/m}$$

$$\dot{\boldsymbol{H}}_t = \frac{0.12}{188.496} e^{-j2z} \boldsymbol{a}_y \ \mathrm{A/m}$$

$$\langle \hat{\boldsymbol{S}}_t \rangle = \frac{1}{2}\left[\frac{0.12^2}{188.496}\right] \boldsymbol{a}_z = 38.2 \times 10^{-6} \boldsymbol{a}_z \ \mathrm{W/m^2}$$

8.9.3 介质-完全导体分界面

现考虑波在介质(媒质1)中行进垂直入射到完全导电媒质(媒质2)的情况，如图8-13所示。由于电磁场在完全导体($\sigma_2 = \infty$)内不能存在，$\hat{\eta}_2 = 0$。这样，由式(8-109)和式(8-110)，得到$\rho = -1$和$\tau = 0$。换句话说，入射波由边界完全反射。

在介质中的入射，反射和总场是

$$\dot{\boldsymbol{E}}_i(z) = \hat{E}_0 e^{-j\beta_1 z} \boldsymbol{a}_x \quad (8\text{-}114a)$$

$$\dot{\boldsymbol{H}}_i(z) = \frac{1}{\eta_1} \hat{E}_0 e^{-j\beta_1 z} \boldsymbol{a}_y \quad (8\text{-}114b)$$

$$\dot{\boldsymbol{E}}_r(z) = -\hat{E}_0 e^{j\beta_1 z} \boldsymbol{a}_x \quad (8\text{-}114c)$$

$$\dot{\boldsymbol{H}}_r(z) = \frac{1}{\eta_1} \hat{E}_0 e^{j\beta_1 z} \boldsymbol{a}_y \quad (8\text{-}114d)$$

$$\dot{\boldsymbol{E}}_1(z) = -j2 \hat{E}_0 \sin(\beta_1 z) \boldsymbol{a}_x \quad (8\text{-}114e)$$

$$\dot{\boldsymbol{H}}_1(z) = \frac{2}{\eta_1} \hat{E}_0 \cos(\beta_1 z) \boldsymbol{a}_y \quad (8\text{-}114f)$$

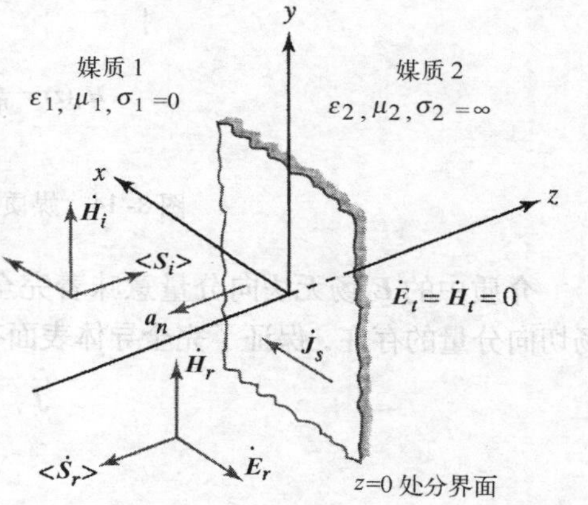

图8-13 垂直于均匀平面波传播方向的介质与完全导体分界面

式中

$$\beta_1 = \omega \sqrt{\mu_1 \varepsilon_1}$$

和

$$\eta_1 = \sqrt{\frac{\mu_1}{\varepsilon_1}}$$

若考虑入射电场在分界面上为最大值；即$\hat{E}_0 = E_0$，则时域内介质中的总场能写成

$$\boldsymbol{E}_1(z) = 2E_0 \sin(\beta_1 z) \sin\omega t \boldsymbol{a}_x \quad (8\text{-}115a)$$

$$\boldsymbol{H}_1(z) = \frac{2}{\eta_1} E_0 \cos(\beta_1 z) \cos\omega t \boldsymbol{a}_y \quad (8\text{-}115b)$$

图8-14绘出了这些式子不同时刻的图形。由这些图形可知，虽然场随时间脉动，但不是传播的波。***E*** 场和 ***H*** 场是**纯驻波**(pure standing waves)且互相正交。在任何时间，***E*** 场当

$$\sin(\beta_1 z) = \pm 1 \quad (8\text{-}116)$$

时有最大值。而当

$$\sin(\beta_1 z) = 0 \quad (8\text{-}117)$$

时为零。场为最大的点称**波腹**(loop)，场为零的点称**波节**(node)。注意 ***E*** 场的波腹处是 ***H*** 场

的波节处。而且，当 **E** 场在时间某瞬为最大㊀，则 **H** 场在该瞬间为零，反之亦然。这样，这些驻波的时间和空间相位都相差 90°。

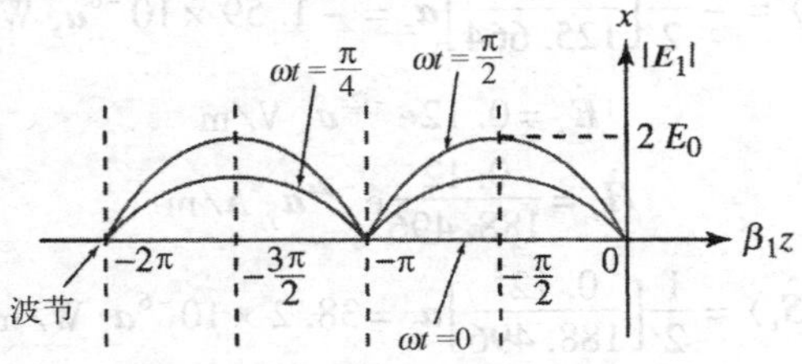

$E_1(z)=2E_0\sin(\beta_1 z)\sin\omega t\, a_x$

a)

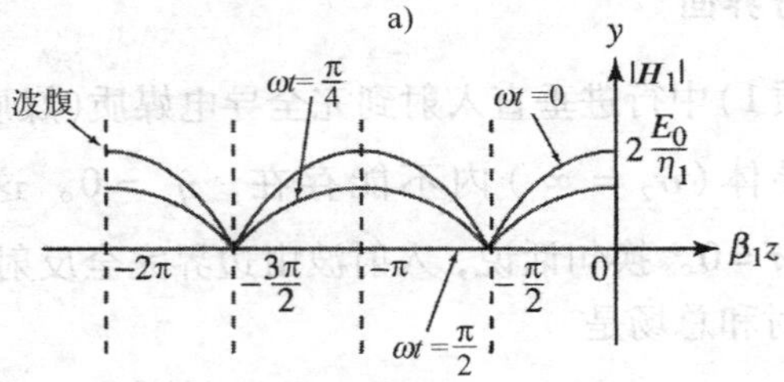

$H_1(z)=\frac{2}{\eta_1}E_0\cos(\beta_1 z)\cos\omega t\, a_y$

b)

图 8-14 媒质 1 中电场和磁场强度的大小

介质中的 **E** 场无法向分量意味着完全导体表面无感应电荷。然而，介质中紧靠边界处 **H** 场切向分量的存在，保证了完全导体表面有表面电流存在。应用 **H** 场切向分量的边界条件得到

$$\dot{\boldsymbol{J}}_s=-\boldsymbol{a}_z\times\dot{\boldsymbol{H}}_1(0) \tag{8-118a}$$

$$=\frac{2}{\eta_1}E_0\boldsymbol{a}_x \tag{8-118b}$$

式中 $\dot{\boldsymbol{J}}_s$ 是完全导体的表面电流密度。在时域中能表示为

$$\boldsymbol{J}_s(t)=\frac{2}{\eta_1}E_0\cos\omega t\boldsymbol{a}_x \tag{8-118c}$$

由洛伦兹力方程可求出分界面上的**辐射压强**(radiation pressure)(单位面积上的力)为

$$\boldsymbol{P}=\frac{\mathrm{d}\boldsymbol{F}}{\mathrm{d}s}=\boldsymbol{J}_s\times\boldsymbol{B} \tag{8-119a}$$

对正弦变化的场，平均辐射压强是

$$\langle\boldsymbol{P}\rangle=\frac{1}{2}\mathrm{Re}[\dot{\boldsymbol{J}}_s\times\dot{\boldsymbol{B}}^*] \tag{8-119b}$$

式中分界面上磁通密度 $\dot{\boldsymbol{B}}$ 来源于空间其他位置的源。这是因为实际上入射场是由空间其他位置的源产生的，分界面上的磁通密度是

$$\dot{\boldsymbol{B}}=\dot{\boldsymbol{B}}_i(0)=\mu_1\dot{\boldsymbol{H}}_i(0)=\frac{1}{\eta_1}\mu_1E_0\boldsymbol{a}_y$$

㊀ 此处原书为 *E* 场"在空间某点"为最大，现改为"在时间某瞬"，以体现 *E* 和 *H* 两波在时间上相位也差 90°。——译注

这样，由式(8-118b)和式(8-119b)平均辐射压强是

$$\langle \boldsymbol{P} \rangle = \frac{\mu_1}{\eta_1^2} E_0^2 \boldsymbol{a}_z = \varepsilon_1 E_0^2 \boldsymbol{a}_z \tag{8-120}$$

此式给出由垂直入射的电磁波所产生，在分界面使完全导体经受的单位面积平均力。

F－P(Fabry－Perot)谐振腔 由图8-14所示电场强度的大小图，很明显介质中的 $\boldsymbol{E}$ 场当 $\beta_1 z = n\pi$，n 为整数(0，1，2，等)时为零。这就是意味着能够在任一波节处插入完全导电板而不影响驻波波型。对 $n=3$ 的情况见图8-15。F－P腔的设计基于这一原理。在毫米波和亚毫米波波长范围内可用它测量频率。F－P腔两完全导电板的间距能表示为

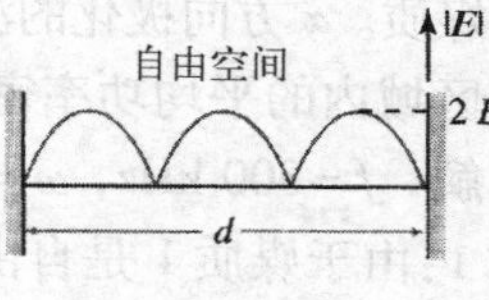

图8-15 F－P腔原理

$$d = \frac{n\pi}{\beta_1} \tag{8-121}$$

若两板间为自由空间，则

$$\beta_1 = \omega\sqrt{\mu_0 \varepsilon_0} = \frac{\omega}{c} = \frac{2\pi f}{c}$$

因此，电磁波的频率与 d 的关系是

$$f = \frac{nc}{2d} \tag{8-122}$$

例8.9 介质($\mu_r=1$，$\varepsilon_r=16$)中的均匀平面波垂直入射到完全导体。若波的角频率为96 Grad/s，入射 $\boldsymbol{E}$ 场在分界面上的振幅为100 V/m，写出介质中入射，反射和总场表达式。若用F－P腔测波的频率，另一完全导电板必须放置的最小距离是多少？

解 由于场仅存在于介质中，不必辨别媒质的下标。设入射 $\boldsymbol{E}$ 场为 x 方向极化，分界面位于 $z=0$。

$$\beta = \omega\sqrt{\mu\varepsilon} = \frac{96\times10^9}{3\times10^8}\sqrt{16} = 1280\ \text{rad/m}$$

$$\eta = \frac{120\pi}{\sqrt{16}} = 94.248\Omega$$

$$u_p = \frac{\omega}{\beta} = \frac{96\times10^9}{1280} = 7.5\times10^7\ \text{m/s}$$

介质中入射，反射和总场是

$$\dot{\boldsymbol{E}}_i = 100\mathrm{e}^{-\mathrm{j}1280z}\boldsymbol{a}_x$$

$$\dot{\boldsymbol{H}}_i = 1.061\mathrm{e}^{-\mathrm{j}1280z}\boldsymbol{a}_y$$

$$\dot{\boldsymbol{E}}_r = -100\mathrm{e}^{\mathrm{j}1280z}\boldsymbol{a}_x$$

$$\dot{\boldsymbol{H}}_r = 1.061\mathrm{e}^{\mathrm{j}1280z}\boldsymbol{a}_y$$

$$\dot{\boldsymbol{E}} = -\mathrm{j}200\sin(1280z)\boldsymbol{a}_x$$

$$\dot{\boldsymbol{H}} = 2.122\cos(1280z)\boldsymbol{a}_y$$

两板间距最小时，$n=1$。因此两板间距应为

$$d = \frac{n\pi}{\beta} = \frac{\pi}{1280} = 2.45\times10^{-3}\ \text{m 或 } 2.45\ \text{mm}$$

8.9.4 介质－导体分界面

最后一种情况是均匀平面波垂直入射到介质和有限导电媒质的分界面上。求解方法基本上与一般情况相同，因此仅用如下例子说明。

例 8.10 自由空间中的均匀平面波垂直入射到相对电容率为 18，电导率为 0.6 mS/m 的有耗媒质。x 方向极化的波频率为 300 kHz。若分界面上电场强度的振幅在 $t=0$ 时为 10 V/m，求各区域内的平均功率密度。

解 $f=300\ \text{kHz}$，$\omega=2\pi f=1.885\times10^{6}\ \text{rad/s}$

媒质 1：由于媒质 1 是自由空间

$$\hat{\gamma}=\text{j}\omega\sqrt{\mu_0\varepsilon_0}=\text{j}\frac{\omega}{c}=\text{j}\frac{1.885\times10^{6}}{3\times10^{8}}=\text{j}6.283\times10^{-3}\ \text{rad/m}$$

因此

$$\beta_1=6.283\times10^{-3}\ \text{rad/m}$$

$$\eta_1=\sqrt{\frac{\mu_0}{\varepsilon_0}}=120\pi\approx377\ \Omega$$

$$u_{p1}=\frac{\omega}{\beta_1}=\frac{1.885\times10^{6}}{6.283\times10^{-3}}=3\times10^{8}\ \text{m/s}$$

自由空间的传播常数是虚数，其值与相位常数相等，且无能量损耗。本征阻抗为实数，波以光速传播。

媒质 2：$\omega\varepsilon_2=1.885\times10^{6}\times18\times\dfrac{10^{-9}}{36\pi}=300\times10^{-6}$

损耗正切：$\tan\delta_2=\dfrac{\sigma_2}{\omega\varepsilon_2}=\dfrac{0.6\times10^{-3}}{300\times10^{-6}}=2$

复电容率：$\hat{\varepsilon}_2=\varepsilon_2[1-\text{j}\tan\delta_2]=18(1-\text{j}2)\varepsilon_0=40.25\varepsilon_0\underline{/-63.44^\circ}$

因而

$$\hat{\gamma}_2=\text{j}\omega\sqrt{\mu_2\hat{\varepsilon}_2}=\text{j}\frac{\omega}{c}\sqrt{40.25\underline{/-63.44^\circ}}=0.021+\text{j}0.034=0.04\underline{/58.28^\circ}\ \text{m}^{-1}$$

$$\alpha_2=0.021\text{Np/m} \text{ 和 } \beta_2=0.034\ \text{rad/m}$$

$$\hat{\eta}_2=\sqrt{\frac{\mu_0}{\hat{\varepsilon}_2}}=\frac{120\pi}{\sqrt{40.25\underline{/-63.44^\circ}}}=59.42\underline{/31.72^\circ}\ \Omega=(50.55+\text{j}31.24)\ \Omega$$

$$u_{p2}=\frac{1.885\times10^{6}}{0.034}=55.44\times10^{6}\ \text{m/s}$$

媒质 2 的有限电导率导致它传播常数和本征阻抗都是复量。导电媒质中波传播缓慢。因媒质 2 有限导电，分界面上将没有面电荷密度。因此，式(8-105)和式(8-106)在这种情况下仍然有效。反射系数是

$$\hat{\rho}=\frac{\hat{\eta}_2-\eta_1}{\hat{\eta}_2+\eta_1}=\frac{50.55+\text{j}31.24-377}{50.55+\text{j}31.24+377}=0.765\underline{/170.35^\circ}$$

而透射系数是

$$\hat{\tau}=\frac{2\hat{\eta}_2}{\eta_1+\hat{\eta}_2}=\frac{2(50.55+j31.24)}{50.55+j31.24+377}=0.277\angle 27.54^\circ$$

现在能写出入射，反射和透射场为：

$$\dot{\boldsymbol{E}}_i=10e^{-j6.283\times10^{-3}z}\boldsymbol{a}_x\ \text{V/m}$$

$$\dot{\boldsymbol{H}}_i=\frac{10}{120\pi}e^{-j6.283\times10^{-3}z}\boldsymbol{a}_y\ \text{A/m}$$

$$\dot{\boldsymbol{E}}_r=7.65e^{j170.35^\circ}e^{j6.283\times10^{-3}z}\boldsymbol{a}_x\ \text{V/m}$$

$$\dot{\boldsymbol{H}}_r=-\frac{7.65}{377}e^{j170.35^\circ}e^{j6.283\times10^{-3}z}\boldsymbol{a}_y\ \text{A/m}$$

$$\dot{\boldsymbol{E}}_t=2.77e^{j27.54^\circ}e^{-(0.021+j0.034)z}\boldsymbol{a}_x\ \text{V/m}$$

$$\dot{\boldsymbol{H}}_t=\frac{2.77}{59.42}e^{-j4.18^\circ}e^{-(0.021+j0.034)z}\boldsymbol{a}_y\ \text{A/m}$$

入射波的平均功率密度是

$$\langle\hat{\boldsymbol{S}}_i\rangle=\frac{1}{2}\text{Re}[\dot{\boldsymbol{E}}_i\times\dot{\boldsymbol{H}}_i^*]=0.133\boldsymbol{a}_z\ \text{W/m}^2$$

反射波的平均功率密度是

$$\langle\hat{\boldsymbol{S}}_r\rangle=\frac{1}{2}\text{Re}[\dot{\boldsymbol{E}}_r\times\dot{\boldsymbol{H}}_r^*]=0.078\boldsymbol{a}_z\ \text{W/m}^2$$

透射波的平均功率密度是

$$\langle\hat{\boldsymbol{S}}_t\rangle=\frac{1}{2}\text{Re}[\dot{\boldsymbol{E}}_t\times\dot{\boldsymbol{H}}_t^*]=0.065e^{-0.042z}\boldsymbol{a}_z\ \text{W/m}^2$$

趋肤深度，或透入深度对媒质 2 中的波为

$$\delta_c=\frac{1}{\alpha_2}=\frac{1}{0.021}=47.62\ \text{m}$$

因此，在媒质 2 中传播 5 个趋肤深度（≈238 m）距离后，电磁波实际上将完全消失。

8.10 平面边界上的斜入射

当电磁波以任意角度入射到平面边界上时，称之为**斜入射**（oblique incidence）。事实上垂直入射是斜入射的一种特殊情况。讨论斜入射是要导出三个著名的光学定理：即斯涅尔反射定律（Snell's law of reflection），斯涅尔折射定律（Snell's law of refraction）和研究涉及反射极化关系的布儒斯特定律（Brewster's law）。

我们再次考虑线极化波和在 $z=0$ 处的分界面。一个由分界面的单位法线（$\boldsymbol{a}_n$）和入射波（传播常数为$\hat{\gamma}_1$）构成的平面称为**入射平面**（plane of incidence），如图 8-16 所示。一般入射波 $\boldsymbol{E}$ 场能够与入射平面成任意角度；但这里只限于讨论两种特殊情况。第一，设 $\boldsymbol{E}$ 场垂直于入射平面而称之为**垂直极化**（perpendicularly polarized）**波**，如图 8-17 所示，这里 $\boldsymbol{E}$ 场在 $\boldsymbol{a}_x$ 方向而 yz 为入射平面。这种情况下，$\boldsymbol{E}$ 场平行于分界面。第二种情况是 $\boldsymbol{E}$ 场在入射平面之内而称之为**平行极化**（parallel polarized）**波**。这种情况下，$\boldsymbol{H}$ 场在平行于分界面的平面之内。对于与入射平面成任意角度的入射波，利用叠加原理即能得出所有需要的信息㊀。

㊀ 在任意方向极化的斜入射电磁波，都可以分解为垂直极化和平行极化两个分量。——译注

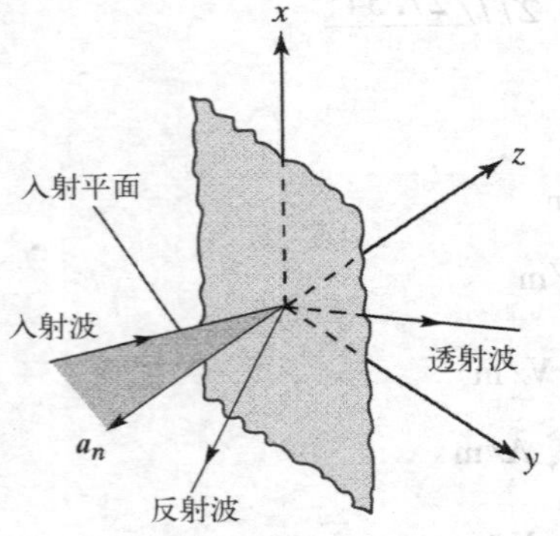

图 8-16 平面边界上的斜入射

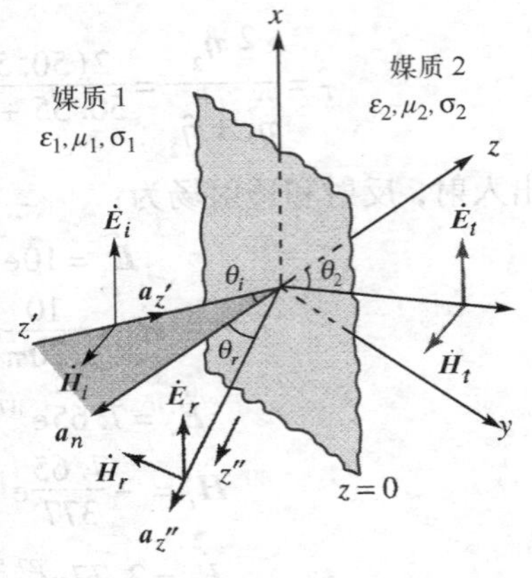

图 8-17 垂直极化波的斜入射

当我们想像自由空间和大地之间的分界面时，通常把垂直极化称为**水平极化**(horizontal polarization)，因为 $\boldsymbol{E}$ 场是在对大地而言的水平面内。

8.10.1 垂直极化

考虑分界面把两种线性、各向同性、均匀但有限导电的媒质分开的一般情况，如图 8-17 所示。入射波沿 z'方向传播，与单位法线 $\boldsymbol{a}_n$ 成 θ_i 角。若$\hat{E}_0$ 是 $t=0$ 和 $z=0$ 时入射$\dot{\boldsymbol{E}}$场的振幅，则媒质 1 中任意点的入射电场强度能表示为

$$\dot{\boldsymbol{E}}_i = \hat{E}_0 \mathrm{e}^{-\hat{\gamma}_1 z'} \boldsymbol{a}_x$$

注意指数$\hat{\gamma}_1 z'$代表了入射波波阵面的传播。即在时间 t 波阵面在 z'方向上由 a 到 b 以传播常数$\hat{\gamma}_1$ 传播，如图 8-18 所示。该指数能表示为

$$\begin{aligned}\hat{\gamma}_1 z' &= [\hat{\gamma}_1 \boldsymbol{a}_{z'}] \cdot [z' \boldsymbol{a}_{z'}] \\ &= [\hat{\gamma}_1 \cos\theta_i \boldsymbol{a}_z + \hat{\gamma}_1 \sin\theta_i \boldsymbol{a}_y] \cdot [z\boldsymbol{a}_z + y\boldsymbol{a}_y] \\ &= \hat{\gamma}_1 [z\cos\theta_i + y\sin\theta_i] \end{aligned} \tag{8-123}$$

由图 8-18 也很明显入射波波阵面是在 y 和 z 方向上行进的。入射波的 $\boldsymbol{E}$ 场能用式(8-123)的结果表示为

$$\dot{\boldsymbol{E}}_i = \hat{E}_0 \mathrm{e}^{-\hat{\gamma}_1 (z\cos\theta_i + y\sin\theta_i)} \boldsymbol{a}_x \tag{8-124a}$$

若$\hat{\eta}_1$ 是媒质 1 的本征阻抗，则由麦克斯韦方程

$$\nabla \times \dot{\boldsymbol{E}} = -\mathrm{j}\omega\mu_1 \dot{\boldsymbol{H}}$$

可得入射磁场强度为

$$\dot{\boldsymbol{H}}_i = -\frac{1}{\hat{\eta}_1} \hat{E}_0 \mathrm{e}^{-\hat{\gamma}_1 (z\cos\theta_i + y\sin\theta_i)} [-\cos\theta_i \boldsymbol{a}_y + \sin\theta_i \boldsymbol{a}_z] \tag{8-124b}$$

设反射波沿 z''方向传播，与单位法线 $\boldsymbol{a}_n$ 成 θ_r 角，如图 8-17 所示。反射波波阵面的传播示于图 8-19。波阵面沿正 y 方向和负 z 方向传播。计及此点且设反射的 $\boldsymbol{E}$ 场仍为 x 方向极化，反射系数为$\hat{\rho}_n$，则媒质 1 中的反射场能表示为

$$\dot{\boldsymbol{E}}_r = \hat{E}_0 \hat{\rho}_n \mathrm{e}^{\hat{\gamma}_1 (z\cos\theta_r - y\sin\theta_r)} \boldsymbol{a}_x \tag{8-125a}$$

$$\dot{\boldsymbol{H}}_r = -\frac{1}{\hat{\eta}_1}\hat{E}_0\,\hat{\rho}_n e^{\hat{\gamma}_1(z\cos\theta_r - y\sin\theta_r)}[-\cos\theta_r \boldsymbol{a}_y + \sin\theta_r \boldsymbol{a}_z] \tag{8-125b}$$

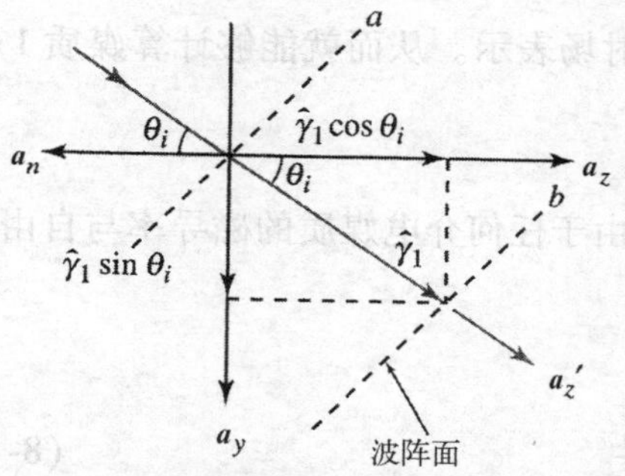

图 8-18 入射波波阵面沿 $\boldsymbol{a}_{z'}$ 方向由 a 向 b 传播

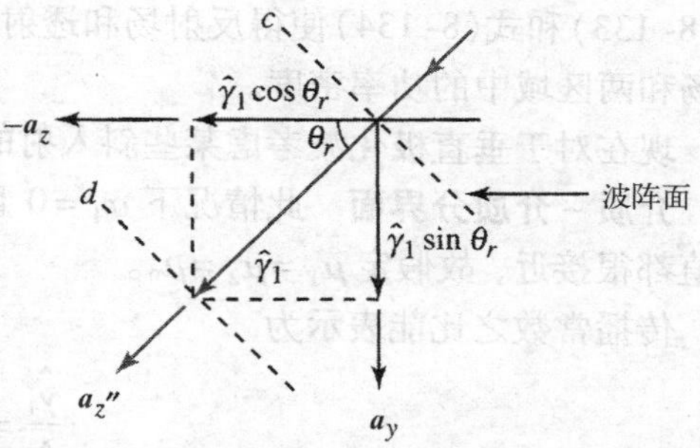

图 8-19 反射波波阵面沿 $\boldsymbol{a}_{z''}$ 方向由 c 向 d 传播

若$\hat{\tau}_n$ 是垂直极化波在媒质 2 中的透射系数，θ_2 是其与 z 方向的夹角，如图 8-17 所示，$\hat{\gamma}_2$ 是传播常数，$\hat{\eta}_2$ 是本征阻抗，则媒质 2 中的$\dot{\boldsymbol{E}}$场和$\dot{\boldsymbol{H}}$场是

$$\dot{\boldsymbol{E}}_t = \hat{E}_0\,\hat{\tau}_n e^{-\hat{\gamma}_2(z\cos\theta_2 + y\sin\theta_2)}\boldsymbol{a}_x \tag{8-126a}$$

$$\dot{\boldsymbol{H}}_t = -\frac{1}{\hat{\eta}_2}\hat{E}_0\,\hat{\tau}_n e^{-\hat{\gamma}_2(z\cos\theta_2 + y\sin\theta_2)}[-\cos\theta_2 \boldsymbol{a}_y + \sin\theta_2 \boldsymbol{a}_z] \tag{8-126b}$$

在 $z=0$ 处边界上$\dot{\boldsymbol{E}}$场的切向分量连续导致

$$e^{-\hat{\gamma}_1 y\sin\theta_i} + \hat{\rho}_n e^{-\hat{\gamma}_1 y\sin\theta_r} = \hat{\tau}_n e^{-\hat{\gamma}_2 y\sin\theta_2} \tag{8-127}$$

此式对全部 y 值均成立;但在 $y=0$ 处成为

$$1 + \hat{\rho}_n = \hat{\tau}_n \tag{8-128}$$

由式(8-127)和式(8-128)对任何 y 值都要成立，必须有

$$\hat{\gamma}_1\sin\theta_i = \hat{\gamma}_1\sin\theta_r = \hat{\gamma}_2\sin\theta_2 \tag{8-129}$$

由此方程的第一个等式得到

$$\theta_i = \theta_r = \theta_1 \tag{8-130}$$

此关系说明入射角等于反射角。这是光学中众所周知的关系并称为**斯涅尔反射定律**。

由式(8-129)的另一个等式得到

$$\hat{\gamma}_1\sin\theta_1 = \hat{\gamma}_2\sin\theta_2 \tag{8-131}$$

这是有限导电媒质的**斯涅尔折射定律**。由于这一原因，透射波又称为**折射波**(refracted wave)。

由于两种媒质都是有限导电的，不期望在边界上有任何表面电流。因此边界上$\dot{\boldsymbol{H}}$场的切向分量也必须连续。设 $z=0$ 并使两边$\dot{\boldsymbol{H}}$场的 y 分量相等得到

$$1 - \hat{\rho}_n = \frac{\hat{\eta}_1\cos\theta_2}{\hat{\eta}_2\cos\theta_1}\hat{\tau}_n \tag{8-132}$$

对式(8-128)和式(8-132)进行整理，得到如下反射和透射系数的表达式

$$\hat{\rho}_n = \frac{\hat{\eta}_2\cos\theta_1 - \hat{\eta}_1\cos\theta_2}{\hat{\eta}_2\cos\theta_1 + \hat{\eta}_1\cos\theta_2} \tag{8-133}$$

$$\hat{\tau}_n = \frac{2\hat{\eta}_2\cos\theta_1}{\hat{\eta}_2\cos\theta_1 + \hat{\eta}_1\cos\theta_2} \tag{8-134}$$

式(8-133)和式(8-134)使得反射场和透射场能用入射场表示。从而就能够计算媒质1中的总场和两区域中的功率密度。

现在对于垂直极化波考虑某些斜入射的特殊情况。

介质-介质分界面 此情况下 $\sigma_1=0$ 且 $\sigma_2=0$。由于任何介电媒质的磁导率与自由空间的值都很接近，故假定 $\mu_1=\mu_2=\mu_0$。

传播常数之比能表示为

$$\frac{\hat{\gamma}_1}{\hat{\gamma}_2} = \frac{j\beta_1}{j\beta_2} = \sqrt{\frac{\varepsilon_{r1}}{\varepsilon_{r2}}} \tag{8-135}$$

而本征阻抗之比为

$$\frac{\eta_1}{\eta_2} = \sqrt{\frac{\varepsilon_{r2}}{\varepsilon_{r1}}} \tag{8-136}$$

由式(8-131)，斯涅尔折射定律成为

$$\sin\theta_2 = \sqrt{\frac{\varepsilon_{r1}}{\varepsilon_{r2}}}\sin\theta_1 \tag{8-137}$$

而

$$\cos\theta_2 = \sqrt{1-\sin^2\theta_2} = \sqrt{1-\frac{\varepsilon_{r1}}{\varepsilon_{r2}}\sin^2\theta_1} \tag{8-138}$$

这些简化使式(8-133)可写成

$$\hat{\rho}_n = \frac{\cos\theta_1 - \sqrt{\frac{\varepsilon_{r2}}{\varepsilon_{r1}} - \sin^2\theta_1}}{\cos\theta_1 + \sqrt{\frac{\varepsilon_{r2}}{\varepsilon_{r1}} - \sin^2\theta_1}} \tag{8-139}$$

下面讨论的三种情况说明为什么反射系数仍可能为复量。

情况Ⅰ 若媒质2比媒质1的 ε_r 较大，即 $\varepsilon_{r2}>\varepsilon_{r1}$，则由式(8-139)反射系数为实量。而由式(8-132)透射系数结果也是实量。

情况Ⅱ 若媒质1比媒质2的 ε_r 较大，即 $\varepsilon_{r1}>\varepsilon_{r2}$，只要

$$\sin\theta_1 \leqslant \sqrt{\frac{\varepsilon_{r2}}{\varepsilon_{r1}}} \tag{8-140}$$

反射系数就是实量。当 $\theta_1=\theta_c$ 时，式(8-140)左右两边相等，则(a)称 θ_c 为**临界角**（critical angle），(b) $\rho=1$ 而 $\dot{\boldsymbol{E}}_r=\dot{\boldsymbol{E}}_i$，(c)由式(8-137)，$\theta_2=90°$，(d)透射波完全平行于分界面传播，如图8-20所示，而且(e)由于 $\cos\theta_2=0$，透射 $\dot{\boldsymbol{H}}$ 场的 y 分量将为零[⊖]。简言之，媒质2中将

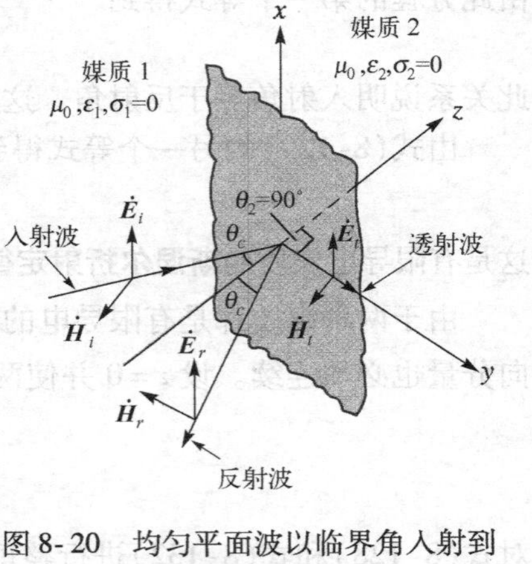

图8-20 均匀平面波以临界角入射到两介质的分界面

⊖ 参考式(8-126b)。——译注

没有沿 z 方向传播的功率，且反射功率密度将等于入射功率密度。这种情况称为**全反射**。由于这一原因，临界角也称为**全反射角**（angle of total reflection）。

情况Ⅲ 若入射角大于临界角，即 $\theta_i > \theta_c$，则 $\sin\theta_1 > \sin\theta_c = \sqrt{\dfrac{\varepsilon_{r2}}{\varepsilon_{r1}}}$，故由式(8-139)，反射系数将是幅值为 1 的复量。而且由式(8-137)有

$$\sin\theta_2 > 1^{㊀}$$

由式(8-138)则

$$\cos\theta_2 = \pm \mathrm{j}\sqrt{\frac{\varepsilon_{r1}}{\varepsilon_{r2}}\sin^2\theta_1 - 1} \tag{8-141}$$

两者均表明媒质 2 中不可能存在均匀平面波。然而媒质 2 中的场不能为零，因为完全介质不能突然变得与完全导体一样。为决定波的性质，将式(8-141)代入式(8-126a)并以 $\hat{\gamma}_2 = \mathrm{j}\beta_2$ 得

$$\dot{\boldsymbol{E}}_t = \hat{E}_0\,\hat{\tau}_n \mathrm{e}^{-\mathrm{j}\beta_2 y\sin\theta_2}\mathrm{e}^{-\beta_2 z\sqrt{\frac{\varepsilon_{r1}}{\varepsilon_{r2}}\sin^2\theta_2 - 1}}\boldsymbol{a}_x \tag{8-142a}$$

此处仅对第二个指数项取负号，因为波不能随 z 增加而增加（所以排除取正项）。此式证明波沿 y 方向（平行于分界面）传播且在 z 方向是衰减的，衰减常数是

$$\alpha_2 = \beta_2\sqrt{\frac{\varepsilon_{r1}}{\varepsilon_{r2}}\sin^2\theta_1 - 1} \tag{8-142b}$$

这是**非均匀平面波**（nonuniform plane wave）的特性。由于它在 z 方向衰减而沿平行于分界面的方向传播，也被称为**表面波**（surface wave）。这里再次说明 z 方向无实功率流。这样，基于光学实验观察，能预料到对所有大于临界角的入射角都会发生全反射。综合情况Ⅱ、Ⅲ的讨论可知，当入射角等于或大于 θ_c 时，都会发生全反射。

例 8.11 自由空间传播的均匀平面波电场强度已知为 $377\mathrm{e}^{-\mathrm{j}0.866z}\mathrm{e}^{-\mathrm{j}0.5y}\boldsymbol{a}_x$ V/m。它以与分界面法线 30°的角度入射到介质（$\varepsilon_r = 9$）上。求(a) 波的频率，(b)两种媒质中的 $\dot{\boldsymbol{E}}$ 场和 $\dot{\boldsymbol{H}}$ 场表达式以及(c) 介质中波的平均功率密度。设介质磁导率与自由空间相同。

解 (a) 由于 $\beta_1\cos\theta_1 = 0.866$ 和 $\theta_1 = 30°$，$\beta_1 = 1$ rad/m。因波在自由空间（媒质 1）内，角频率是

$$\omega = c\beta_1 = 3\times10^8\times1 = 3\times10^8\ \text{rad/s 或 300 Mrad/s}$$

介质（媒质 2）中的传播常数是

$$\beta_2 = \frac{\omega}{c}\sqrt{\varepsilon_{r2}} = 1\sqrt{9} = 3\ \text{rad/m}$$

本征阻抗是

$$\eta_1 = 120\pi\ \Omega$$

且

$$\eta_2 = \frac{120\pi}{\sqrt{9}} = 40\pi\ \Omega$$

由斯涅尔折射定律得

$$\sin\theta_2 = \frac{\mathrm{j}1}{\mathrm{j}3}\sin30° = 0.167 \Rightarrow \theta_2 = 9.594°$$

㊀ $\sin\theta_2 > 1$ 表明 θ_2 不可能是一个真实的角，但不影响折射定律和全反射原理的分析，详细讨论可见其他书本。如 Wangness 的《电磁场》和 Lorrain 与 Corson 的《电磁场与波》，两本书都有中译本。——译注

和
$$\cos\theta_2 = 0.986$$
由式(8-133)反射系数是
$$\rho_n = \frac{40\pi \times 0.866 - 120\pi \times 0.986}{40\pi \times 0.866 + 120\pi \times 0.986} = -0.547$$
而由式(8-128)折射系数是
$$\tau_n = 1 + \rho_n = 0.453$$

(b) 由式(8-124a)和式(8-124b)入射场为
$$\dot{\boldsymbol{E}}_i = 377\mathrm{e}^{-\mathrm{j}0.866z}\mathrm{e}^{-\mathrm{j}0.5y}\boldsymbol{a}_x\ \mathrm{V/m}$$
$$\dot{\boldsymbol{H}}_i = -[-0.866\boldsymbol{a}_y + 0.5\boldsymbol{a}_z]\mathrm{e}^{-\mathrm{j}0.866z}\mathrm{e}^{-\mathrm{j}0.5y}\ \mathrm{A/m}$$
由式(8-125a)和式(8-126b)反射场为
$$\dot{\boldsymbol{E}}_r = -206.22\mathrm{e}^{-\mathrm{j}0.5y}\mathrm{e}^{\mathrm{j}0.866z}\boldsymbol{a}_x\ \mathrm{V/m}$$
$$\dot{\boldsymbol{H}}_r = [0.474\boldsymbol{a}_y + 0.274\boldsymbol{a}_z]\mathrm{e}^{-\mathrm{j}0.5y}\mathrm{e}^{\mathrm{j}0.866z}\ \mathrm{A/m}$$
最后，由式(8-126a)和式(8-126b)透射场为
$$\dot{\boldsymbol{E}}_t = 170.78\mathrm{e}^{-\mathrm{j}2.958z}\mathrm{e}^{-\mathrm{j}0.5y}\boldsymbol{a}_x\ \mathrm{V/m}$$
$$\dot{\boldsymbol{H}}_t = -[-1.34\boldsymbol{a}_y + 0.227\boldsymbol{a}_z]\mathrm{e}^{-\mathrm{j}2.958z}\mathrm{e}^{-\mathrm{j}0.5y}\ \mathrm{A/m}$$

(c) 媒质2中的平均功率密度是
$$\langle \hat{\boldsymbol{S}}_t \rangle = \frac{1}{2}\mathrm{Re}[\dot{\boldsymbol{E}}_t \times \dot{\boldsymbol{H}}_t^*] = (114.4\boldsymbol{a}_z + 19.4\boldsymbol{a}_y)\ \ \mathrm{W/m^2}$$
因此，媒质2中 z 方向的单位面积的平均功率流是 114.4 $\mathrm{W/m^2}$。

介质-完全导体分界面 垂直极化的均匀平面波在介质中传播并斜入射到完全导电媒质的情况如图8-21所示。完全导体中不存在电磁场表明透射系数必须为零，由式(8-128)反射系数是
$$\rho_n = -1$$
设 $t=0$ 时入射波电场强度在分界面处达到最大值。由式(8-124a)和式(8-125a)，介质中任意点的总电场为
$$\dot{\boldsymbol{E}} = \dot{\boldsymbol{E}}_i + \dot{\boldsymbol{E}}_r = -\mathrm{j}2E_0\sin(\beta z\cos\theta)\mathrm{e}^{-\mathrm{j}\beta y\sin\theta}\boldsymbol{a}_x \tag{8-143a}$$

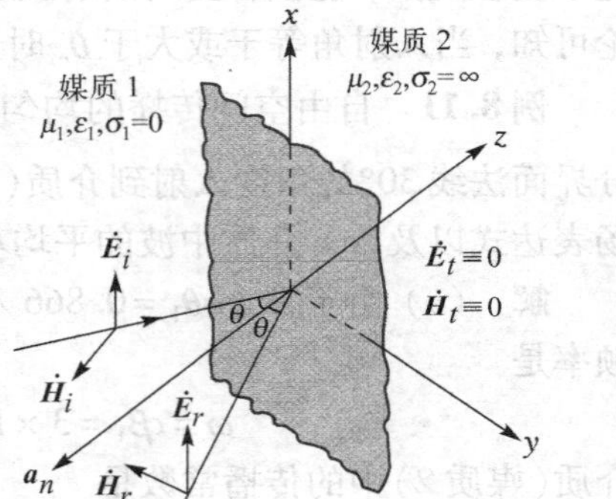

图8-21 介质和完全导电媒质间的分界面

式中 E_0 是入射电场最大值，θ 是入射角，β 是相位常数。注意现未标出下标1，因为场仅在介质中才存在。由式(8-124b)和式(8-125b)，介质中的磁场是
$$\dot{\boldsymbol{H}} = \dot{\boldsymbol{H}}_i + \dot{\boldsymbol{H}}_r = \frac{2}{\eta}E_0[\cos\theta\cos(\beta z\cos\theta)\boldsymbol{a}_y + \mathrm{j}\sin\theta\sin(\beta z\cos\theta)\boldsymbol{a}_z]\mathrm{e}^{-\mathrm{j}\beta y\sin\theta} \tag{8-143b}$$
式中 η 为介质的本征阻抗。介质中的平均功率密度是
$$\langle \hat{\boldsymbol{S}} \rangle = \frac{1}{2}\mathrm{Re}[\dot{\boldsymbol{E}} \times \dot{\boldsymbol{H}}^*] = \frac{2}{\eta}E_0^2\sin\theta\sin^2(\beta z\cos\theta)\boldsymbol{a}_y \tag{8-144}$$
此式表明没有沿 z 方向的功率流。这明显是由于 $\dot{\boldsymbol{E}}$ 的 x 分量和 $\dot{\boldsymbol{H}}$ 的 y 分量二者乘积是虚数[㊀]

㊀ 不是实功率流。——译注

的结果。然而功率流是存在的，但仅在 y 方向上（平行于分界面）。下面还将对由此得出的平行板波导设计问题进行讨论。

分界面（$z=0$）处介质中的磁场强度是

$$\dot{\boldsymbol{H}}(0)=\frac{2}{\eta}E_0\cos\theta e^{-j\beta y\sin\theta}\boldsymbol{a}_y$$

它是与分界面相切的。由 $\dot{\boldsymbol{H}}$ 场的切向分量的边界条件，在 $z=0$ 处的表面电流密度是

$$\dot{\boldsymbol{J}}_s(0)=\frac{2}{\eta}E_0\cos\theta e^{-j\beta y\sin\theta}\boldsymbol{a}_x \tag{8-145}$$

将 $\dot{\boldsymbol{E}}$ 和 $\dot{\boldsymbol{H}}$ 表示在时域中为

$$E_x(x,y,z,t)=2E_0\sin(\omega t-\beta y\sin\theta)\sin(\beta z\cos\theta) \tag{8-146a}$$

$$H_y(x,y,z,t)=\frac{2}{\eta}E_0\cos\theta\cos(\beta z\cos\theta)\cos(\omega t-\beta y\sin\theta) \tag{8-146b}$$

$$H_z(x,y,z,t)=-\frac{2}{\eta}E_0\sin\theta\sin(\beta z\cos\theta)\sin(\omega t-\beta y\sin\theta) \tag{8-146c}$$

我们意识到场沿 y 方向传播而在 z 方向形成驻波。电场强度和磁场强度 z 分量[㊀]的节点在

$$\beta z\cos\theta=-m\pi, m=0,1,2,\cdots$$

或在

$$z=-\frac{m\pi}{\beta\cos\theta} \tag{8-147}$$

$\beta\cos\theta$ 是相位常数在 z 方向的分量，因此能把该方向上的波长定义为

$$\lambda_z=\frac{2\pi}{\beta\cos\theta} \tag{8-148}$$

以 z 方向波长表示的节点位于

$$z=-\frac{m}{2}\lambda_z, m=1,2,3,\cdots \tag{8-149}$$

因此，$\boldsymbol{E}$ 场在 $z=0$ 以及由分界面起沿负 z 方向半波长的整数倍处都有节点。相似地也能证明，$\boldsymbol{H}$ 场 y 分量在负 z 方向上四分之一波长的奇数倍处也有节点。

由式（8-146a）、（8-146b）和（8-146c）也可看出波在 y 方向的相速是

$$u_{py}=\frac{\omega}{\beta\sin\theta}=\frac{1}{\sin\theta}u_p \tag{8-150}$$

式中 u_p 是无界介质中波的相速，即

$$u_p=\frac{\omega}{\beta}=\frac{1}{\sqrt{\mu\varepsilon}}$$

由于 $\sin\theta\leqslant 1$，可知 $u_{py}\geqslant u_p$。换句话说，若媒质是自由空间，能预料 y 方向的相速大于光速。是否这意味着 y 方向能量传播速度能大于光速呢？回答当然是否定的。注意相速是波的等相位点的速度。从波的传播方向之外的方向上看，等相位点的速度都要快一些，如图8-22所示。而能量是以所谓**群速**

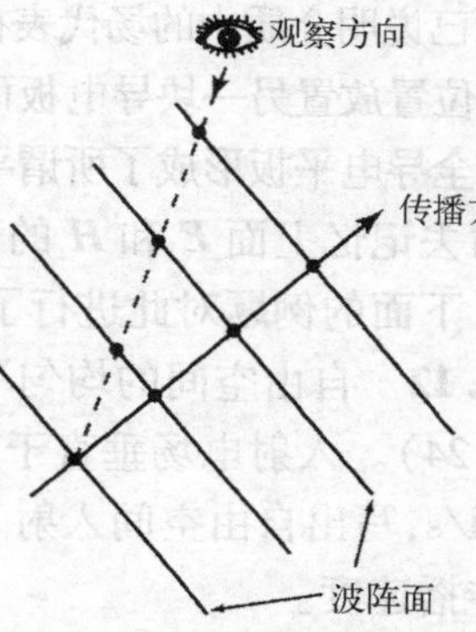

图 8-22　由不同方向看等相位点的运动

㊀　原文误印为 y 分量。——译注

(group velocity)传播的。要用玻印廷矢量计算平均功率流和能量密度才能决定群速。

(a) **用玻印廷矢量计算平均功率流**:由式(8-144),单位面积平均功率能表示为

$$\langle \hat{S} \rangle = 2\varepsilon E_0^2 \sin^2(\beta z\cos\theta)\, u_p \sin\theta \boldsymbol{a}_y$$

由于功率密度与 x 方向上的变化无关,能计算 x 方向上单位长度和 z 方向上任意两节点间的总平均功率为

$$\langle P \rangle = 2\varepsilon E_0^2 u_p \sin\theta \int_{z_1}^{z_2} [\sin(\beta z\cos\theta)]^2 \mathrm{d}z$$

$$= \frac{\varepsilon E_0^2 u_p \sin\theta}{\beta\cos\theta}(m-n)\pi \tag{8-151}$$

式中

$$z_1 = -\frac{m\pi}{\beta\cos\theta} \text{和} z_2 = -\frac{n\pi}{\beta\cos\theta}$$

是 $\boldsymbol{E}$ 场两个不同的节点($m \neq n$)。

(b) **由能量密度计算平均功率**:媒质中的平均能量密度是㊀

$$\langle w \rangle = \frac{1}{4}\mathrm{Re}[\dot{\boldsymbol{D}} \cdot \dot{\boldsymbol{E}}^* + \dot{\boldsymbol{B}} \cdot \dot{\boldsymbol{H}}^*] = \frac{1}{4}[\varepsilon E^2 + \mu H^2]$$

对线性,各向同性均匀媒质有 $\dot{\boldsymbol{D}} = \varepsilon \dot{\boldsymbol{E}}$ 和 $\dot{\boldsymbol{B}} = \mu \dot{\boldsymbol{H}}$。代入场表达式并化简得

$$\langle w \rangle = 2\varepsilon E_0^2 \sin^2(\beta z\cos\theta) \tag{8-152}$$

z 方向 z_1 和 z_2 两节点间和 x 方向单位长度上在 y 方向的平均功率流是

$$\langle P \rangle = \int_{z_1}^{z_2} \langle w \rangle u_{gy} \mathrm{d}z$$

式中 u_{gy} 是波在 y 方向上的群速。积分此式得

$$\langle P \rangle = \frac{\varepsilon E_0^2 u_{gy}}{\beta\cos\theta}[m-n]\pi \tag{8-153}$$

由以上两种观点应得到同一个平均功率,比较式(8-151)和式(8-153)得到的结论是

$$u_{gy} = u_p \sin\theta \tag{8-154}$$

由此可见,在无界媒质中,波的群速永远不能大于相速。由式(8-150)和式(8-154)有

$$u_{py} u_{gy} = u_p^2 \tag{8-155}$$

此式说明,随波在 y 方向上的相速的增大,该方向上能量传播的群速减小。

前面已说明介质中的场代表在 z 方向上的纯驻波和 y 方向上的行波。如图 8-23 所示,可以在任意节点位置放置另一块导电板而不影响场型。这种情况仿佛是以两个完全导电平面在引导场。这两个完全导电平板形成了所谓**平行板波导**,而上面的式子是这种波导中麦克斯韦方程的解。

费力去记忆上面 $\boldsymbol{E}$ 和 $\boldsymbol{H}$ 的表达式及其应用的几何条件,不如写出波动方程后求出需要的结果。下面的例题对此进行了说明。

例 8.12 自由空间的均匀平面波以与导体平面的法线为 60°的角入射到完全导体表面(见图 8-24)。入射电场垂直于入射面,在 $z=0$ 和 $t=0$ 时振幅为 37.7 V/m。若波的角频率为 3 Grad/s,写出自由空间入射、反射和总场表达式。计算媒质中的平均功率密度,功率流方向及其传播速度。

㊀ 参阅对式(8-29)所做的注释。——译注

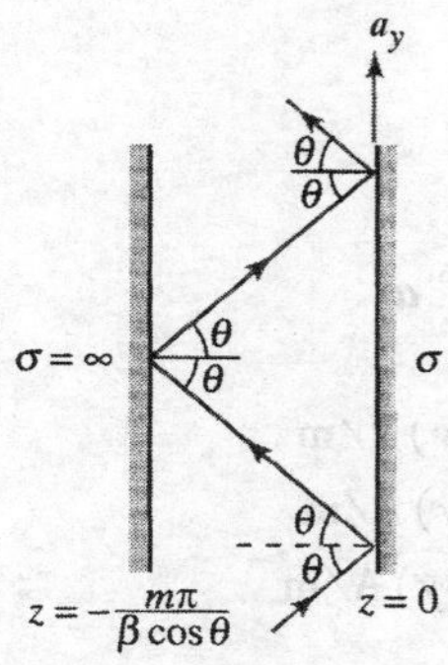

图 8-23 平行板波导

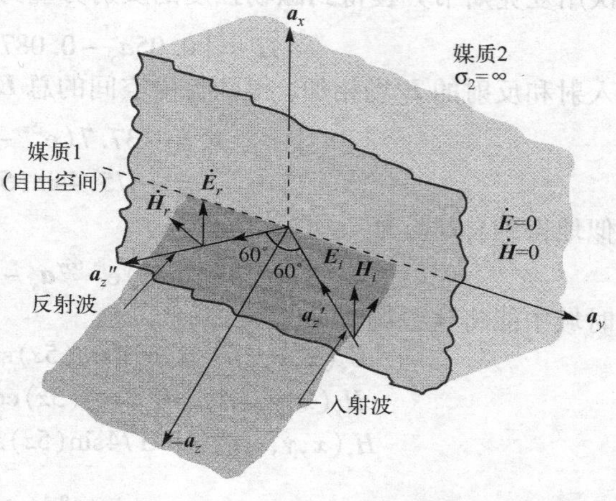

图 8-24 例 8.12 用图。平面波向完全导体斜入射

解 自由空间的传播常数是

$$\beta=\frac{\omega}{c}=\frac{3\times10^9}{3\times10^8}=10\ \text{rad/m}$$

设入射波沿 z' 方向行进，如图 8-24 所示。入射波的传播如图 8-25a 所示。此图清楚地表示出波以相位常数 $\beta\cos(60°)=5\text{rad/m}$ 沿正 z 方向，$\beta\sin(60°)=8.66\text{rad/m}$ 沿负 y 方向传播。用这些信息，能把自由空间中的入射电场强度表示为

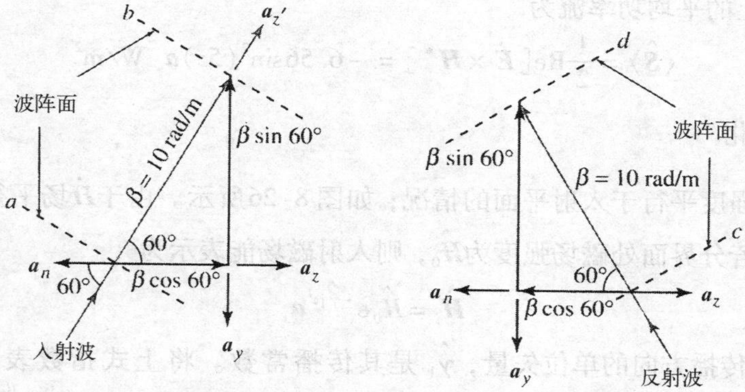

图 8-25 入射波和反射波的传播

$$\dot{E}_i=37.7\mathrm{e}^{-\mathrm{j}\beta z'}\boldsymbol{a}_x=37.7\mathrm{e}^{-\mathrm{j}5z}\mathrm{e}^{\mathrm{j}8.66y}\boldsymbol{a}_x\ \text{V/m}$$

用麦克斯韦方程 $\nabla\times\dot{\boldsymbol{E}}=-\mathrm{j}\omega\mu_0\dot{\boldsymbol{H}}$，得到入射波磁场强度是

$$\dot{\boldsymbol{H}}_i=[0.05\boldsymbol{a}_y+0.087\boldsymbol{a}_z]\mathrm{e}^{-\mathrm{j}5z}\mathrm{e}^{\mathrm{j}8.66y}\ \text{A/m}$$

完全导体表面总 $\boldsymbol{E}$ 场的切向分量应为零，这样反射系数 $\rho_n=-1$，而反射角是60°。若设反射波沿 z'' 方向传播，如图 8-25b 所示，则负 z 方向的相位常数是 $\beta\cos(60°)=5\text{rad/m}$，负 y 方向上是 $\beta\sin(60°)=8.66\text{rad/m}$。因此，反射波电场强度是

$$\dot{E}_r=-37.7\mathrm{e}^{-\mathrm{j}\beta z''}\boldsymbol{a}_x=-37.7\mathrm{e}^{\mathrm{j}5z}\mathrm{e}^{\mathrm{j}8.66y}\boldsymbol{a}_x\ \text{V/m}$$

再次用麦克斯韦方程得到磁场强度的反射分量为

$$\dot{\boldsymbol{H}}_r=[0.05\boldsymbol{a}_y-0.087\boldsymbol{a}_z]\mathrm{e}^{\mathrm{j}5z}\mathrm{e}^{\mathrm{j}8.66y}\ \mathrm{A/m}$$

把入射和反射的 $\boldsymbol{E}$ 场相加，得到自由空间的总 $\boldsymbol{E}$ 场为

$$\begin{aligned}\dot{\boldsymbol{E}}&=-37.7(\mathrm{e}^{\mathrm{j}5z}-\mathrm{e}^{-\mathrm{j}5z})\mathrm{e}^{\mathrm{j}8.66y}\boldsymbol{a}_x\\&=-\mathrm{j}75.4\sin(5z)\mathrm{e}^{\mathrm{j}8.66y}\boldsymbol{a}_x\end{aligned}$$

类似地得到总 $\dot{\boldsymbol{H}}$ 场为

$$\dot{\boldsymbol{H}}=0.1\cos(5z)\mathrm{e}^{\mathrm{j}8.66y}\boldsymbol{a}_y-\mathrm{j}0.174\sin(5z)\mathrm{e}^{\mathrm{j}8.66y}\boldsymbol{a}_z$$

在时域中能将这些场写为

$$\begin{aligned}E_x(x,y,z,t)&=75.4\sin(5z)\sin(3\times10^9t+8.66y)\ \mathrm{V/m}\\H_y(x,y,z,t)&=0.1\cos(5z)\cos(3\times10^9t+8.66y)\ \mathrm{A/m}\\H_z(x,y,z,t)&=0.174\sin(5z)\sin(3\times10^9t+8.66y)\ \mathrm{A/m}\end{aligned}$$

设

$$3\times10^9t+8.66y=k$$

式中 k 为常数，再对 t 微分，能得到相速为

$$u_{py}=\frac{\mathrm{d}y}{\mathrm{d}t}=-3.46\times10^8\ \mathrm{m/s}$$

负号表示波沿负 y 方向传播。无界媒质(此处即自由空间)中波的相速是 3×10^8 m/s；因此由式(8-155)得到波的群速为

$$u_{gy}=-\frac{[3\times10^8]^2}{3.46\times10^8}=-2.6\times10^8\ \mathrm{m/s}$$

最后，单位面积上的平均功率流为

$$\langle\hat{S}\rangle=\frac{1}{2}\mathrm{Re}[\dot{\boldsymbol{E}}\times\dot{\boldsymbol{H}}^*]=-6.56\sin^2(5z)\boldsymbol{a}_y\ \mathrm{W/m^2}$$

8.10.2 平行极化

现考虑电场强度平行于入射平面的情况；如图8-26所示。由于 $\dot{\boldsymbol{H}}$ 场平行于分界面，设其沿 x 方向极化。若分界面处磁场强度为 $\hat{H}_0$，则入射磁场能表示为

$$\dot{\boldsymbol{H}}_i=\hat{H}_0\mathrm{e}^{-\hat{\gamma}_1z'}\boldsymbol{a}_x$$

图中 $\boldsymbol{a}_{z'}$ 是入射波传播方向的单位矢量，$\hat{\gamma}_1$ 是其传播常数。将上式指数表示为 x 和 y 的函数得

$$\dot{\boldsymbol{H}}_i=\hat{H}_0\mathrm{e}^{-\hat{\gamma}_1(z\cos\theta_i+y\sin\theta_i)}\boldsymbol{a}_x\qquad(8\text{-}156\mathrm{a})$$

由麦克斯韦方程 $\nabla\times\dot{\boldsymbol{H}}=\mathrm{j}\omega\hat{\varepsilon}\dot{\boldsymbol{E}}$，相应的电场是

$$\dot{\boldsymbol{E}}_i=-[\cos\theta_i\boldsymbol{a}_y-\sin\theta_i\boldsymbol{a}_z]\hat{\eta}_1\hat{H}_0\mathrm{e}^{-\hat{\gamma}_1(z\cos\theta_i+y\sin\theta_i)}\qquad(8\text{-}156\mathrm{b})$$

式中 $\hat{\eta}_1$ 是介质1的本征阻抗。

若 $\hat{\rho}_p$ 和 $\hat{\tau}_p$ 分别是反射系数和透射系数，与反射波和透射波相关的场是

$$\dot{\boldsymbol{H}}_r=\hat{\rho}_p\hat{H}_0\mathrm{e}^{-\hat{\gamma}_1(y\sin\theta_r-z\cos\theta_r)}\boldsymbol{a}_x\qquad(8\text{-}157\mathrm{a})$$

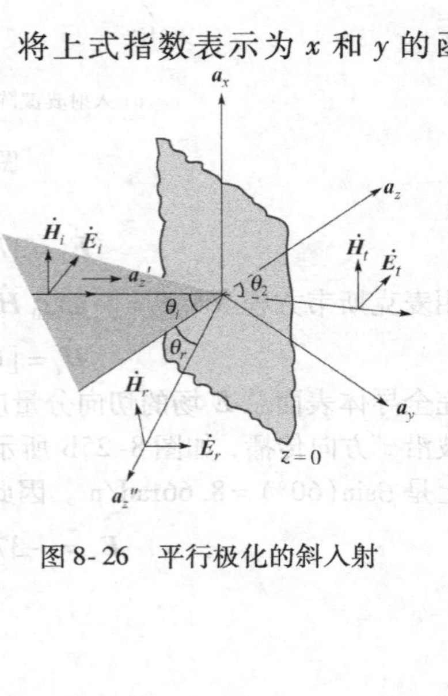

图8-26 平行极化的斜入射

$$\dot{\boldsymbol{E}}_r = [\cos\theta_r \boldsymbol{a}_y + \sin\theta_r \boldsymbol{a}_z]\hat{\rho}_p \hat{\eta}_1 \hat{H}_0 \mathrm{e}^{-\hat{\gamma}_1(y\sin\theta_r - z\cos\theta_r)} \tag{8-157b}$$

$$\dot{\boldsymbol{H}}_t = \frac{\hat{\eta}_1}{\hat{\eta}_2}\hat{\tau}_p \hat{H}_0 \mathrm{e}^{-\hat{\gamma}_2(z\cos\theta_2 + y\sin\theta_2)} \boldsymbol{a}_x \tag{8-158a}$$

$$\dot{\boldsymbol{E}}_t = -[\cos\theta_2 \boldsymbol{a}_y - \sin\theta_2 \boldsymbol{a}_z]\hat{\tau}_p \hat{\eta}_1 \hat{H}_0 \mathrm{e}^{-\hat{\gamma}_2(z\cos\theta_2 + y\sin\theta_2)} \tag{8-158b}$$

式中$\hat{\gamma}_2$和$\hat{\eta}_2$分别是媒质 2 中的传播常数和本征阻抗。每种媒质都考虑为是有限导电的，因此分界面上不可能有表面电流。于是，分界面上$\dot{\boldsymbol{H}}$场的切向分量连续导致

$$\mathrm{e}^{-\hat{\gamma}_1 y\sin\theta_i} + \hat{\rho}_p \mathrm{e}^{-\hat{\gamma}_1 y\sin\theta_r} = \frac{\hat{\eta}_1}{\hat{\eta}_2}\hat{\tau}_p \mathrm{e}^{-\hat{\gamma}_2 y\sin\theta_2} \tag{8-159a}$$

此式应对任意 y 值成立，因此令 $y=0$ 得

$$1 + \hat{\rho}_p = \frac{\hat{\eta}_1}{\hat{\eta}_2}\hat{\tau}_p \tag{8-159b}$$

且由式(8-159a)一般都成立，应有

$$\hat{\gamma}_1 \sin\theta_i = \hat{\gamma}_1 \sin\theta_r = \hat{\gamma}_2 \sin\theta_2 \tag{8-159c}$$

因此，入射角应等于反射角：

$$\theta_i = \theta_r = \theta_1 \tag{8-160a}$$

式(8-160a)就是斯涅尔反射定律的数学表述。另由式(8-159c)得到

$$\hat{\gamma}_1 \sin\theta_1 = \hat{\gamma}_2 \sin\theta_2 \tag{8-160b}$$

这是斯涅尔折射定律。

使分界面两边 $\boldsymbol{E}$ 场切向分量相等得

$$(1 - \hat{\rho}_p) = \frac{\cos\theta_2}{\cos\theta_1}\hat{\tau}_p \tag{8-161}$$

对式(8-159b)和式(8-161)进行整理得到平行极化波的透射系数

$$\hat{\tau}_p = \frac{2\hat{\eta}_2 \cos\theta_1}{\hat{\eta}_1 \cos\theta_1 + \hat{\eta}_2 \cos\theta_2} \tag{8-162}$$

及反射系数

$$\hat{\rho}_p = \frac{\hat{\eta}_1 \cos\theta_1 - \hat{\eta}_2 \cos\theta_2}{\hat{\eta}_1 \cos\theta_1 + \hat{\eta}_2 \cos\theta_2} \tag{8-163}$$

介质–介质分界面 作为平行极化波的一种特殊情况，考虑两种介质间的分界面，而每种介质的磁导率都与自由空间一样。由这些假设，反射系数能写为

$$\hat{\rho}_p = \frac{\cos\theta_1 - \sqrt{\dfrac{\varepsilon_1}{\varepsilon_2}}\cos\theta_2}{\cos\theta_1 + \sqrt{\dfrac{\varepsilon_1}{\varepsilon_2}}\cos\theta_2} \tag{8-164}$$

由式(8-160b)得

$$\sin^2\theta_2=\frac{\varepsilon_1}{\varepsilon_2}\sin^2\theta_1 \tag{8-165}$$

以 $\sin\theta_2$ 表示 $\cos\theta_2$ 且由式(8-165)中得到 $\sin\theta_2$ 后代入式(8-164)最后得到

$$\hat{\rho}_p=\frac{\dfrac{\varepsilon_2}{\varepsilon_1}\cos\theta_1-\sqrt{\dfrac{\varepsilon_2}{\varepsilon_1}-\sin^2\theta_1}}{\dfrac{\varepsilon_2}{\varepsilon_1}\cos\theta_1+\sqrt{\dfrac{\varepsilon_2}{\varepsilon_1}-\sin^2\theta_1}} \tag{8-166}$$

设当 $\theta_1=\theta_p$ 时反射系数为零。由此对入射角为 θ_p 时，上式的分子应为零，即

$$\left(\frac{\varepsilon_2}{\varepsilon_1}\right)^2\cos^2\theta_p=\frac{\varepsilon_2}{\varepsilon_1}-\sin^2\theta_p$$

由此导出

$$\sin^2\theta_p=\frac{\varepsilon_2}{\varepsilon_1+\varepsilon_2} \tag{8-167a}$$

$$\cos^2\theta_p=\frac{\varepsilon_1}{\varepsilon_1+\varepsilon_2} \tag{8-167b}$$

$$\tan\theta_p=\sqrt{\frac{\varepsilon_2}{\varepsilon_1}} \tag{8-167c}$$

这些式子说明波以角 θ_p 由一种介质进入另一种介质，不存在反射。式(8-167)称为**布儒斯特定律**，而角 θ_p 称**布儒斯特角**。当入射波有平行和垂直两种分量且以布儒斯特角入射到两介质间的边界面时，反射波将只包含垂直分量。这表示椭圆或圆极化波经过反射后将成为线极化波。由于这一原因，布儒斯特角又称**极化角**(polarizing angle)。

对式(8-166)进一步的分析表明如果媒质1比媒质2的 ε_r 较大，即 $\varepsilon_1>\varepsilon_2$ 且入射角使

$$\sin^2\theta_1=\frac{\varepsilon_2}{\varepsilon_1} \tag{8-168}$$

时,波将发生全反射。即

$$\rho_p=1 \tag{8-169}$$

式(8-168)事实上定义了全反射的临界角为

$$\theta_c=\arcsin\sqrt{\frac{\varepsilon_2}{\varepsilon_1}} \tag{8-170}$$

与垂直极化时一样，只要入射角大于或等于由式(8-170)给出的临界角，平行极化波就发生全反射。

介质-完全导体分界面 这种情况与垂直极化所讨论的非常相似。因此用下述例子加以说明。

例 8.13 自由空间中的平行极化均匀平面波以45°角入射到完全导体表面，如图8-27所示。入射波磁场在 x 方向，分界面处振幅为0.1 A/m。若波的角频率为600 Mrad/s 写出入射、反射和总场在自由空间中的表达式并计算该区域内的平均功率密度。

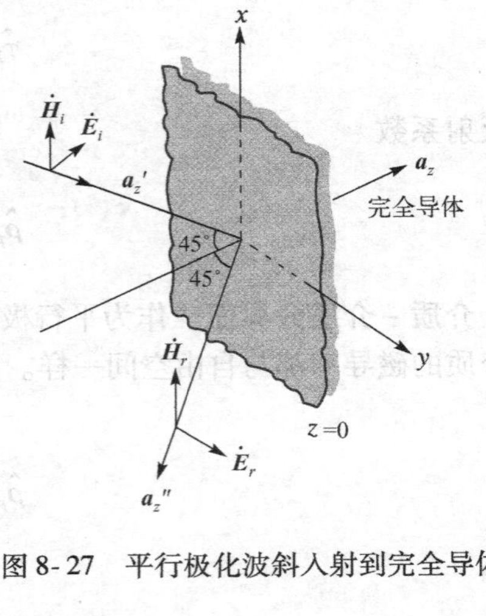

图 8-27 平行极化波斜入射到完全导体

解 由于媒质2为完全导体，只在自由空间有场存在。由式(8-163)反射系数为

$$\rho = 1$$

自由空间传播常数为

$$\hat{\gamma} = \mathrm{j}\omega\sqrt{\mu_0\varepsilon_0} = \mathrm{j}\frac{\omega}{c} = \mathrm{j}\frac{6\times10^8}{3\times10^8} = \mathrm{j}2\ \mathrm{m}^{-1}$$

因此相位常数 $\beta = 2$ rad/m，自由空间本征阻抗 $\eta = 377\ \Omega$。对45°角的入射和 $\rho = 1$，入射和反射场为

$$\dot{\boldsymbol{H}}_i = 0.1\mathrm{e}^{-\mathrm{j}1.414z}\mathrm{e}^{-\mathrm{j}1.414y}\boldsymbol{a}_x\ \mathrm{A/m}$$

$$\dot{\boldsymbol{E}}_i = -26.658(\boldsymbol{a}_y - \boldsymbol{a}_z)\mathrm{e}^{-\mathrm{j}1.414z}\mathrm{e}^{-\mathrm{j}1.414y}\ \mathrm{V/m}$$

$$\dot{\boldsymbol{H}}_r = 0.1\mathrm{e}^{\mathrm{j}1.414z}\mathrm{e}^{-\mathrm{j}1.414y}\boldsymbol{a}_x\ \mathrm{A/m}$$

$$\dot{\boldsymbol{E}}_r = 26.658(\boldsymbol{a}_y + \boldsymbol{a}_z)\mathrm{e}^{\mathrm{j}1.414z}\mathrm{e}^{-\mathrm{j}1.414y}\ \mathrm{V/m}$$

而自由空间的总场为

$$\dot{\boldsymbol{H}} = \dot{\boldsymbol{H}}_i + \dot{\boldsymbol{H}}_r = 0.2\cos(1.414z)\mathrm{e}^{-\mathrm{j}1.414y}\boldsymbol{a}_x\ \mathrm{A/m}$$

$$\dot{\boldsymbol{E}} = \dot{\boldsymbol{E}}_i + \dot{\boldsymbol{E}}_r = 53.32[\cos(1.414z)\boldsymbol{a}_z + \mathrm{j}\sin(1.414z)\boldsymbol{a}_y]\mathrm{e}^{-\mathrm{j}1.414y}\ \mathrm{V/m}$$

由 $z = 0$ 处 $\boldsymbol{H}$ 场切向分量引起的分界面上的面电流密度是

$$\dot{\boldsymbol{J}}_s(0) = -0.2\mathrm{e}^{-\mathrm{j}1.414y}\boldsymbol{a}_y\ \mathrm{A/m}$$

$z = 0$ 处自由空间电场强度的切向分量是零。但 $\boldsymbol{E}$ 场的法向分量是

$$\dot{\boldsymbol{E}}(0) = 53.32\mathrm{e}^{-\mathrm{j}1.414y}\boldsymbol{a}_z\ \mathrm{V/m}$$

由此在分界面上引起的面电荷密度为

$$\dot{\rho}_s = -53.32\varepsilon_0\mathrm{e}^{-\mathrm{j}1.414y} = 471.5\mathrm{e}^{-\mathrm{j}1.414y}p\ \mathrm{C/m^2}$$

自由空间中单位面积的平均功率流是

$$\langle\hat{\boldsymbol{S}}\rangle = \frac{1}{2}\mathrm{Re}[\dot{\boldsymbol{E}}\times\dot{\boldsymbol{H}}^*] = 5.33\cos^2(1.414z)\boldsymbol{a}_y\ \mathrm{W/m^2}$$

清楚地表明平均功率流是沿 y 方向的。

8.11 摘要

本章讨论了麦克斯韦方程的一种重要应用：均匀平面波，它可当作球面波的特殊情况。分析了无界且无源的媒质中均匀平面波的传播。在时域和相量域得到了 $\boldsymbol{E}$ 场和 $\boldsymbol{H}$ 场的波动方程。在相量域找到了这些方程的解并定义了传播常数

$$\hat{\gamma} = \mathrm{j}\omega\sqrt{\mu\hat{\varepsilon}} = \alpha + \mathrm{j}\beta$$

式中 ω 是波的角频率(rad/s)，μ 是媒质的磁导率，$\hat{\varepsilon}$ 是复电容率，α 是衰减常数而 β 是相位常数。

当波在导电媒质中前进时会被衰减，穿透 $5\delta_c$ 深度后将消失，这里 $\delta_c = 1/\alpha$ 是趋肤深度。传播方向上的相速 u_p 由下式给出

$$u_p = \frac{\omega}{\beta}$$

复电容率定义为

$$\hat{\varepsilon} = \varepsilon\left[1 - \mathrm{j}\frac{\sigma}{\omega\varepsilon}\right] = \varepsilon' - \mathrm{j}\varepsilon'' = \varepsilon[1 - \mathrm{j}\tan\delta]$$

式中 σ 是媒质的电导率而 ε 是其电容率。波长定义为在任意时间相位差为 2π 的两平面间的距离。即

$$\beta\lambda = 2\pi$$

当波通过媒质传播时，媒质显示出某种阻抗，称之为本征阻抗。数字上定义为

$$\hat{\eta} = \sqrt{\frac{\mu}{\hat{\varepsilon}}}$$

对均匀平面波，$\dot{\boldsymbol{E}}$场和$\dot{\boldsymbol{H}}$场的关系可用$\hat{\eta}$表示为

$$\boldsymbol{a}_z \times \dot{\boldsymbol{E}} = \hat{\eta}\dot{\boldsymbol{H}}$$

式中 $\boldsymbol{a}_z$ 是波传播方向。由于$\hat{\eta}$一般是复量，$\dot{\boldsymbol{E}}$和$\dot{\boldsymbol{H}}$场不同相。仅当媒质为介质(自由空间是其特殊情况)时$\dot{\boldsymbol{E}}$和$\dot{\boldsymbol{H}}$场才同相。

本章说明了如何以$\dot{\boldsymbol{E}}$场为参考量决定波的极化。波可能是线极化、圆极化或椭圆极化。无一定极化的波通常称为随机极化波。然而圆极化波可用两个线极化波表示。类似地椭圆极化波也可用两个圆极化波表示。

当波由一种媒质进入另一种媒质时，能垂直地(垂直入射)或以某一角度(斜入射)入射到边界上。垂直入射可当作斜入射的特殊情况处理。一部分波称之为反射波被反射回来。剩下的波透入第二种媒质并继续在其中传播。分界面能够是两导电媒质，两介质或介质与导电媒质等情况。对两导电媒质导出的一般式子也可应用于其他情况。这些情况下$\dot{\boldsymbol{E}}$和$\dot{\boldsymbol{H}}$场的切向分量都要连续。用这些边界条件能决定反射系数$\hat{\rho}$和透射系数$\hat{\tau}$。

当入射波碰到完全导电媒质时，$\boldsymbol{H}$ 场的切向分量会在导体表面引起面电流密度。仅当 $\boldsymbol{E}$ 场在入射平面内且波以某种角度入射到分界面上时，完全导体表面才有面电荷密度存在。其他情况下面电荷密度均为零。

8.12 复习题

8.1 说明平面波和均匀平面波的区别。

8.2 实际生活中能有均匀平面波存在吗？

8.3 什么是均匀媒质？

8.4 介质中的平面波有一 $\boldsymbol{E}$ 分量，形式为 $\boldsymbol{E} = E_0\sin(\beta x - \omega t)\boldsymbol{a}_z$ V/m。导出有关的 $\boldsymbol{H}$ 场和玻印廷矢量瞬时值表达式。媒质中的平均功率密度是多少？

8.5 自由空间中传播的波 $\beta = 2$，其波长和频率为多少？

8.6 介质中电场强度被给定为 $\boldsymbol{E} = 100\cos(3\times10^6 t - 0.1z)\boldsymbol{a}_x$ V/m。在 0 到 $4\pi/T$ 时间内，以共同的比例尺绘出 $z = 50$ m 和 $z = 100$ m 时间函数的图形。

8.7 以共同的比例尺对 $t = \pi/\omega$ 和 $t = 2\pi/\omega$ 绘出复习题 8.6 中 z 由 0 到 $4\pi/\lambda$ 的 $\boldsymbol{E}$ 场为 z 的函数图形。

8.8 自由空间中均匀平面波沿 x 方向传播。若 $\boldsymbol{E}$ 场在 z 方向且振幅为 100 V/m，写出相关的 $\boldsymbol{H}$ 场并计算时间平均玻印廷矢量。

8.9 证明对介质中传播的平面波电场和磁场平均储能相等。

8.10 证明本征阻抗有电阻的量纲。

8.11 解释下列名词：传播常数、衰减常数、相位常数、波长、本征阻抗、趋肤深度。

8.12 说明“高损耗”媒质的条件。设铜 $\sigma = 5.8\times10^7$ S/m，计算在(a)60 Hz，(b)60 kHz，(c)60 MHz，(d)2.4 GHz 时其中的相速，波长和趋肤深度。

8.13 计算湿土($\varepsilon_r=16$, $\sigma=5$ mS/m)在频率为 100 MHz 时的$\hat{\gamma}$、α、β、$\hat{\eta}$、λ、δ_c 和 $\tan\delta$。

8.14 计算岩土($\varepsilon_r=12$, $\sigma=1.25$ mS/m)在频率为 100 MHz 时的$\hat{\gamma}$、α、β、$\hat{\eta}$、λ、δ_c 和 $\tan\delta$。

8.15 解释导线电阻随频率增加的原因。

8.16 定义趋肤深度并说明表面电阻。

8.17 证明式(8-72)。当导线直径比 $2\delta_c$ 小时仍能应用这一公式吗？

8.18 什么是良介质？什么是良导体？良导体与完全导体有何不同？

8.19 解释波的极化。椭圆极化波与圆极化波有何主要区别？

8.20 知道圆极化波是右旋的或是左旋的有何意义？

8.21 定义反射和透射系数。它们能在传播方向上的任意点上定义吗？为什么在分界面上对它们进行定义？

8.22 练习题 8.21 定义了驻波比(SWR)。用那个定义求例 8.8 中媒质 1 内的 SWR。

8.23 在导电媒质中定义 SWR 有意义吗？说明你的答案的理由。

8.24 你如何区别驻波和传播的波(行波)？

8.25 一般一个驻波是否能用两个反方向的传播的波表示？

8.26 说明辐射压强并证明式(8-119)给出的定义。

8.27 说明 F-P 腔的工作原理。

8.28 入射平面的意思是什么？

8.29 垂直极化波与平行极化波有何不同？

8.30 什么是斯涅尔反射定律？

8.31 解释斯涅尔折射定律。

8.32 反射的临界角的意思是什么？有何意义？波以小于临界角的角度入射到分界面有什么现象发生？大于临界角呢？

8.33 什么是表面波？什么条件下均匀平面波通过介质边界后成为表面波？

8.34 说明相速和群速的区别。引用一些例子证实你的答案。

8.35 说明波在平行板波导中的传播。在两平行板中的波能看作是被导波吗？你是否知道其他被导波的例子？

8.36 能证实把传输线上的电压和电流波形看作被导波的观点吗？

8.37 解释布儒斯特角。临界角和布儒斯特角有何不同？为什么布儒斯特角又称为极化角？

8.38 垂直极化波可能有布儒斯特角吗？从数学上证明你的答案。

8.13 练习题

8.1 推导式(8-9)。

8.2 把式(8-8)和式(8-9)写为六个标方程的集合。

8.3 证明式(8-26a)、式(8-26b)和式(8-27)。

8.4 证明由 $\boldsymbol{E}=100\sin(10^8 t+x/\sqrt{3})\boldsymbol{a}_z$ V/m 给出的电场强度是电介质中的波动方程的一个有效的解。并求(a)媒质的电容率，设 $\mu_r=1$，(b)波传播速度，(c)磁场强度，(d)本征阻抗，(e)波长，(f)平均功率密度。

8.5 用式(8-27)证明 $\boldsymbol{E}$ 和 $\boldsymbol{H}$ 场互相垂直。

8.6 自由空间均匀平面波的电场强度已知为 $\boldsymbol{E}=120\cos(2\pi\times10^9 t-\beta y)\boldsymbol{a}_z$ V/m。求(a)相位常数，(b)磁场强度，(c)波长，(d)媒质中的平均功率密度，(e)电场平均能量密度，(f)磁场平均能量密度。

8.7 自由空间平面波的磁场强度已知为 $\boldsymbol{H}=0.1\cos(200\pi\times10^6 t+\beta z)\boldsymbol{a}_x$ A/m。求(a)相位常数，(b)传播速度，(c)波长，(d)电场强度，(e)位移电流密度，(f)单位面积上的平均功率流。

8.8 利用相量形式的麦克斯韦方程和$\hat{\varepsilon}$、$\hat{\gamma}$的定义推导式(8-44)和式(8-45)。

8.9 证明 α 的表达式(8-51a)和 β 的表达式(8-51b)。

8.10 频率为 100 MHz 的均匀平面波在导电媒质 $\mu_r=1$, $\varepsilon_r=2.25$ 和 $\sigma=9.375$ mS/m 中沿 z 方向传播。求

$\hat{\gamma}$、α、β、λ、δ_c、$\boldsymbol{u}_p$ 和 $\tan\delta$。若当 $z=0$, $t=0$ 时，y 方向的电场强度最大值为 125 V/m，写出 $\boldsymbol{E}$ 和 $\boldsymbol{H}$ 场的表达式。求媒质中功率密度的一般表达式。媒质中的总电流密度是多少？

8.11 玻璃材料镀银($\sigma=6.1\times10^7$ S/m)使其在 2.4 GHz 时为良导体。镀层表面电阻是多少？

8.12 计算 60 Hz 和 60 MHz 时铝的趋肤深度。设 $\sigma=3.5\times10^7$ S/m、$\mu=\mu_0$、$\varepsilon=\varepsilon_0$。若100 m长的空心导体外直径为 2.54 cm，厚度为 5 mm，求各频率下的表面电阻。

8.13 证明式(8-74)和式(8-75)。

8.14 一位于潮湿土地($\varepsilon_r=16$、$\mu_r=1$、$\sigma=5$ mS/m)表面下方的天线发送 60 MHz 的信号。设信号按均匀平面波传播，埋在地下的接收机接收强度为原值 1/10 的信号。计算接收机的距离。

8.15 若某区域内电场强度为 $\boldsymbol{E}=[3\cos(\omega t-\beta x-45°)\boldsymbol{a}_y+4\sin(\omega t-\beta x+45°)\boldsymbol{a}_z]$ V/m，求波的极化。

8.16 若电场强度为 $\dot{\boldsymbol{E}}=(-\mathrm{j}25\boldsymbol{a}_x+25\boldsymbol{a}_z)\mathrm{e}^{-(0.01+\mathrm{j}120)y}$ V/m，求波的极化。

8.17 一区域内波的电场强度为 $\boldsymbol{E}=[30\cos(\omega t-\beta x-30°)\boldsymbol{a}_y+40\cos(\omega t-\beta x+60°)\boldsymbol{a}_z]$ V/m，求波的极化。

8.18 写出例 8.7 中媒质 1 内入射、反射和总场的表达式并计算此区域内入射、反射和总功率密度。分界面处媒质 1 中和媒质 2 中的功率密度相等吗？

8.19 设波的频率为 500 MHz，重作例 8.7。比较结果后你能得出什么结论？

8.20 对例 8.8 中的均匀平面波，求(a)相速，(b)每种介质中的波长。证明 $z\leqslant0$ 区域内的总功率密度为入射和反射功率密度之和。

8.21 如果定义**驻波比**(SWR)为媒质 1 中总 $\boldsymbol{E}$ 场的最大值与最小值之比，证明

$$\mathrm{SWR}=\frac{|E|_{\max}}{|E|_{\min}}=\frac{1+|\rho|}{1-|\rho|}$$

式中 $|\rho|$ 是反射系数的大小。

8.22 电磁波在 $\varepsilon=2.25\varepsilon_0$ 的介质中沿 x 方向传播。在 $x=0$ 处入射到另一种 $\varepsilon=9\varepsilon_0$ 的介质。若来波为 z 方向极化，分界面处最大值为 250 mV/m，角频率为 300 Mrad/s，求 (a) 反射系数，(b) 透射系数，(c) 入射、反射和透射波的功率密度。

8.23 设入射波角频率为 600 Mrad/s，重作例 8.9。计算完全导体表面的面电流密度和辐射压强。实际上可能用 F－P 腔测量波的频率吗？

8.24 写出练习题 8.23 中入射、反射和总场的时域表达式。计算入射和反射波的平均功率密度。总的波的平均功率密度是多少？

8.25 空气中的均匀平面波垂直入射到海水($\varepsilon_r=81$、$\sigma=4$ S/m)。波的角频率为 96 Mrad/s，分界面上入射 $\boldsymbol{E}$ 场的振幅是 100 V/m，写出入射、反射和透射功率密度表达式。导电媒质中波的趋肤深度是多少？

8.26 若波的角频率为 9.6 Grad/s，重作练习题 8.25。比较二者趋肤深度后，你对媒质能提出何种结论？

8.27 自由空间的均匀平面波以与法线方向成30°的角入射到导电媒质($\sigma=0.4$ S/m、$\varepsilon=\varepsilon_0$、$\mu=\mu_0$) 表面。若入射波角频率为 96 Mrad/s，在分界面处振幅为 100 V/m，写出入射、反射和透射场的表达式。计算每种媒质中的平均功率密度。

8.28 在例 8.11 中讨论的波的临界角是多少？写出入射角等于临界角时各区域内场的表达式和平均功率密度。你能把关于这种情况的论述具体化吗？

8.29 证明式(8-145)。

8.30 若入射波在 $\varepsilon=9\varepsilon_0$、$\mu=\mu_0$ 的媒质中传播，重作例 8.12。

8.31 证明式(8-158a)。

8.32 对介质-介质分界面证明 $\rho=\dfrac{\tan(\theta_1-\theta_2)}{\tan(\theta_1+\theta_2)}$，式中 θ_1 和 θ_2 分别是入射角和透射角。为推导此式需要假定两介质磁导率相同吗？

8.33 自由空间平行极化均匀平面波以 30°角入射到导电媒质($\sigma=0.4$ S/m)表面。入射波磁场强度在 x 方向，分界面处振幅为 10 A/m。波的角频率若为 30 Mrad/s，写出入射、反射和透射场表达式并计算导

电媒质中的平均功率密度。

8.14 习题

8.1 对无源、线性、均匀、各向同性介质媒质中推导时域赫姆霍兹方程。

8.2 对线性、均匀、各向同性但有体电流和电荷密度的有限导电媒质推导时域一般波动方程。证明 $\boldsymbol{E}$ 和 $\boldsymbol{H}$ 的波动方程是不相同的。

8.3 对能忽略位移电流的高导电媒质推导波动方程。$\boldsymbol{E}$ 和 $\boldsymbol{H}$ 的波动方程是否相似？

8.4 证明 $\boldsymbol{E}=E_0\cos\omega t\cos\beta z\boldsymbol{a}_x$ V/m 当 $\beta=\pm\omega\sqrt{\mu\varepsilon}$ 时满足无源介质中的波动方程。求相应的 $\boldsymbol{H}$ 场。把这些场用前向和后向行波表示之。

8.5 证明 $E_x(z,t)=F_x(t+\sqrt{\mu\varepsilon}z)$ 满足介质中的波动方程并写出 $\boldsymbol{H}$ 场和玻印廷矢量的表达式。

8.6 证明一般函数 $F(t-z/u)$ 满足介质中的波动方程，只要 $u=\pm c/n$，此处 c 为光速，n 为折射率。

8.7 若自由空间均匀平面波的磁场强度为 $\boldsymbol{H}=100\cos(30000t+\beta z)\boldsymbol{a}_x$ A/m。求(a)相位常数，(b)波长，(c)传播速度，(d) $\boldsymbol{E}$ 场和(e)单位面积时间平均功率流。

8.8 100 MHz 均匀平面波在无耗无界媒质($\varepsilon_r=4$、$\mu_r=1.0$)中沿 y 方向传播。若 $\boldsymbol{E}$ 场只有 x 分量且 $t=0$，$y=0$ 时振幅为 500 V/m，求(a)相速，(b)相位常数，(c) $\boldsymbol{H}$ 场，(d)波长和(e)通过 16 cm^2 横截面的平均功率流。

8.9 均匀平面波经过相对电容率为 2.5 的介质传播。若介质的击穿强度为 70.7 kV/m(有效值)，不致引起击穿的波的单位面积最大功率流是多少？相应的磁场强度是多少？

8.10 均匀媒质中的单频率平面波 $\boldsymbol{E}$ 场为

$$\boldsymbol{E}=E_m\cos(\beta z-\omega t)\boldsymbol{a}_x+E_m\sin(\beta z-\omega t)\boldsymbol{a}_y$$

式中 $\beta=\omega\sqrt{\mu\varepsilon}$，$E_m$ 为常数。求相应的 $\boldsymbol{H}$ 场和玻印廷矢量。

8.11 由相量形式的麦克斯韦方程出发，导出 $\dot{\boldsymbol{E}}$ 和 $\dot{\boldsymbol{H}}$ 场在无源均匀导电媒质中的波动方程。

8.12 由相量形式的麦克斯韦方程出发，导出 $\dot{\boldsymbol{E}}$ 和 $\dot{\boldsymbol{H}}$ 场在无源均匀高导电($\sigma\gg\omega\varepsilon$)媒质中的波动方程。求解这些方程并对良导体检验 α、β、δ_c 和 u_p 的表达式。

8.13 50 MHz 的均匀平面波透入湿土($\varepsilon_r=16$、$\mu_r=1$、$\sigma=0.02$ S/m)。若紧靠土表面以下 $\boldsymbol{E}$ 场切向分量的幅值是 120 V/m，求(a)传播、衰减和相位常数，(b)相速，(c)波长，(d)本征阻抗，(e)趋肤深度和(f)平均功率密度。若取波振幅衰减 90% 的传送距离为信号传送的范围，求此范围。

8.14 频率 10 kHz 的均匀平面波在铁氧体($\varepsilon_r=9$、$\mu_r=4$、$\sigma=0.01$ S/m)中传播。若紧靠表面以下 $\boldsymbol{E}$ 场切向分量的幅值是 100 V/m，求(a)传播、衰减和相位常数，(b)相速，(c)波长，(d)本征阻抗，(e)趋肤深度和(f)平均功率密度。

8.15 媒质中的磁场强度被给定为

$$\boldsymbol{H}=0.1\mathrm{e}^{-77.485y}\cos(2\pi\times10^9t-203.8y)\boldsymbol{a}_x\ \text{A/m}$$

若媒质磁导率与自由空间相同，求媒质的相对电容率和电导率。并求 $\boldsymbol{E}$ 场的相关分量，计算平均功率密度。

8.16 紧靠铜($\varepsilon_r=1$、$\mu_r=1$、$\sigma=5.8\times10^7$ S/m)表面以下电场强度切向分量的振幅为 100 V/m。若均匀平面波频率为 10 kHz，写出 $z=0.2\delta_c$ 处 $\boldsymbol{E}$，$\boldsymbol{J}$ 和 $\boldsymbol{H}$ 的时域表达式，δ_c 为趋肤深度。

8.17 均匀平面波在良导体中传播。若磁场强度给定为

$$\boldsymbol{H}=0.1\mathrm{e}^{-15z}\cos(2\pi\times10^8t-15z)\boldsymbol{a}_x\ \text{A/m}$$

求电导率和相应的 $\boldsymbol{E}$ 场分量。计算单位面积和 δ_c 厚度的导体块中的平均功率损耗。

8.18 证明 $\theta_n=\delta/2$，式中 θ_n 是磁场滞后于电场的角度而 δ 是损耗正切角。

8.19 20 MHz 均匀平面波在有耗非磁性媒质中传播。波振幅每米降低 20%。磁场滞后于电场 20°角。计算 α、β、σ、$\hat{\eta}$ 和 δ_c。

8.20 若非磁性媒质本征阻抗为 $60\pi\angle 30^\circ\,\Omega$，相位常数为 1.2 rad/s，求(a) 相对电容率，(b)波的频率，(c)衰减常数和(d) 趋肤深度。衰减以 dB/m 为单位表示。

8.21 500 kHz 均匀平面波在地表面以下传播。紧靠地表面以下 $\boldsymbol{E}$ 场振幅为 120 V/m。若相对磁导率、相对电容率和电导率分别取为 1、16 和 0.02 S/m。求(a)传播、衰减和相位常数，(b)相速，(c)波长，(d)本征阻抗，(e)趋肤深度和(f)平均功率密度。若波衰减了 90% 的距离考虑为信号传送范围，求此范围。

8.22 决定下面波的极化类型

a) $\dot{\boldsymbol{E}} = (100e^{-j300x}\boldsymbol{a}_y + 100e^{-j300x}\boldsymbol{a}_z)$ V/m

b) $\dot{\boldsymbol{E}} = (16e^{j\pi/4}e^{-j100z}\boldsymbol{a}_x - 9e^{-j\pi/4}e^{-j100z}\boldsymbol{a}_y)$ V/m

c) $\boldsymbol{E} = [3\cos(t-0.5y)\boldsymbol{a}_x - 4\sin(t-0.5y)\boldsymbol{a}_z]$ V/m

8.23 $\boldsymbol{E}$ 为$[12\cos(\omega t-\beta z)\boldsymbol{a}_x - 5\sin(\omega t-\beta z)\boldsymbol{a}_y]$ V/m 的均匀平面波以 200Mrad/s 在无耗媒质中($\varepsilon_r=2.5$、$\mu_r=1$)传播。求相应的 $\boldsymbol{H}$ 场、相位常数 β、波长 λ、本征阻抗 η、相速 $\boldsymbol{u}_p$ 及波的极化。

8.24 证明线极化平面波 $E_0\cos(\omega t-\beta z)\boldsymbol{a}_x + E_0\cos(\omega t-\beta z)\boldsymbol{a}_y$ 能表示为等振幅的左旋和右旋圆极化波之和。

8.25 证明椭圆极化波 $3E_0\cos(\omega t-\beta z)\boldsymbol{a}_x + 4E_0\sin(\omega t-\beta z)\boldsymbol{a}_y$ 能表示为不等振幅的左旋和右旋圆极化波之和。

8.26 100 MHz 均匀平面波由导电媒质($\varepsilon_r=2.25$、$\mu_r=1$、$\sigma=2$ mS/m)垂直入射到另一导电媒质($\varepsilon_r=1$、$\mu_r=1$、$\sigma=20$ mS/m)的表面。入射波在分界面有最大振幅值 10 V/m，求入射、反射和透射波平均功率密度。在透射波振幅小到几乎消失时能传多远?

8.27 200 MHz 的均匀平面波由一种导电媒质($\sigma=0.04$ S/m、$\varepsilon_r=1$、$\mu_r=1$)垂直入射到另一导电媒质($\sigma=4$ S/m、$\varepsilon_r=1$、$\mu_r=1$)。分界面上入射电场有最大值 50 V/m。求入射、反射和透射平均功率密度。透射波透入深度为多少?

8.28 空气中的均匀平面波电场强度给定为 $\boldsymbol{E}=[100\sin(\omega t-\beta z)\boldsymbol{a}_x + 200\cos(\omega t-\beta z)\boldsymbol{a}_y]$ V/m，式中 $\omega=90$ Mrad/s。垂直入射到导电媒质($\sigma=0.4$ S/m、$\varepsilon_r=81$、$\mu_r=1$)，写出入射、反射和透射场表达式。证明每种媒质中的平均功率密度均与分界面($z=0$)处相同。

8.29 60 Mrad/s 均匀平面波在介质($\varepsilon_r=9$、$\mu_r=1$)中传播，电场强度为 $150\sin(\omega t-\beta z)\boldsymbol{a}_x$ V/m。若波由 z 轴方向在 $z=0$ 处垂直进入自由空间，写出两种媒质中的功率密度表达式。

8.30 120 Mrad/s 均匀平面波在介质($\varepsilon_r=9$、$\mu_r=1$) 中传播，电场强度为 $50\sin(\omega t+\beta z)\boldsymbol{a}_x$ V/m。若波由 z 轴方向在 $z=0$ 处垂直进入自由空间，写出两种媒质中的功率密度表达式。

8.31 均匀平面波由一种介质进入另一种介质。一种媒质的相对电容率是 1.25。若每种媒质的磁导率都与自由空间相同，反射系数是 0.25。求另一种媒质的相对电容率。

8.32 均匀平面波由一种介质进入另一种介质。一种介质的相对电容率是 2.25。若每种介质的磁导率都与自由空间相同，反射系数是 −0.75。求另一种介质的相对电容率。

8.33 自由空间的均匀平面波以与法线成 θ 角入射到介质($\varepsilon_r=2.25$、$\mu_r=1$)表面。分界面在 $z=0$ 处，入射波电场强度为 $50\cos(3\times10^6 t-0.766z+0.643y)\boldsymbol{a}_x$ V/m，求 θ、相速、群速。写出入射、反射和透射波表达式。计算每个区域中的功率密度。

8.34 习题 8.33 中的入射波以 θ 角入射到 $z=0$ 处的完全导体表面，写出入射、反射和总场表达式。导体表面的面电流密度是多少?

第9章 传 输 线

9.1 引言

第 8 章我们讨论了平面波在无边界媒质中的传播。因为这种波在纵向既无电场分量，又无磁场分量，故称为横电磁波。现在来考虑在由导体限制区域内存在的波。我们称它为**导波**(guided wave)。事实上，有三种形式的导波：横电磁波、横电波和横磁波。导波的存在，需要导体，它沿这导体的长度方向传播。

当导波的磁场在传播方向有分量，另外分量在横向，而电场则完全在横向，这种导波称为**横电**(TE)**波**。若磁场完全在横向，电场在传播方向有分量，则此导波称为**横磁**(TM)**波**。TE 波和 TM 波可在单独空心导体内存在。第 10 章波导与谐振腔将讨论它们。

横电磁(TEM)波也称为**主波**(principal wave)或**主模式**(principal mode)**波**，需要两个或更多的导体才能存在。波沿导体长度传播，它的电场与磁场完全在传播方向的横向，都没有沿波传播方向的分量。这种波很像平面波，它可在任何频率存在，并用来沿传输线输送信号。本章即致力于研究这种波。

在众多传输线(transmission line)的形式中有平行线、同轴线和微带线(microstrip)，如图 9-1 所示。由电介质分开的两个导体形成传输线。假定沿整个传输线长度的电介质性质是相同的，传输线每个导体由相同材料制成，它们的尺寸相同，沿线长度的截面积也相同，满足这些标准的传输线通常称为**均匀传输线**。这些条件使我们可以在单位长度基础上建立传输线模型。我们提到传输线时，总是隐含着它是均匀传输线。

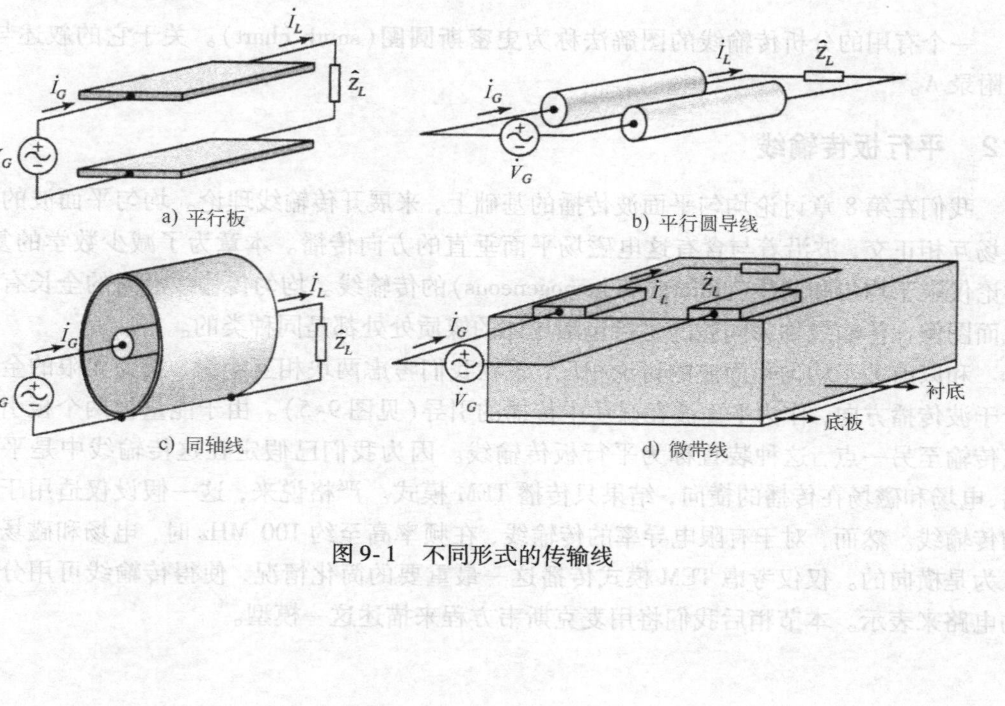

图 9-1 不同形式的传输线

传输线的长度由微波电路(微带)的几毫米至低功率信号(电话)线和大功率传输线的几百公里。它们可以是悬挂在电线杆上的平行传输线，或者是埋在地下的同轴电缆(图9-2~图9-4)。传输线也可用作谐振回路、滤波器或波形形成网络的一部分。

图9-2 架空电力线

图9-3 地下电力线

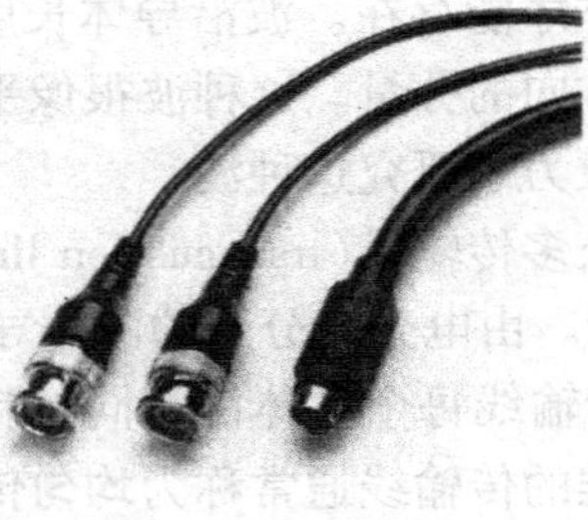

图9-4 同轴电缆

一个有用的分析传输线的图解法称为**史密斯圆图**(smith chart)。关于它的叙述与应用，见附录A。

9.2 平行板传输线

我们在第8章讨论均匀平面波传播的基础上，来展开传输线理论。均匀平面波的电场与磁场互相正交，波沿着与含有这电磁场平面垂直的方向传播。本章为了减少数学的复杂性，讨论仅限于均匀和同质(uniform 和 homogeneous)的传输线。均匀传输线沿它的全长有相同的截面图像。传输线称为同质的是指包围导体的媒质处处都是同种类的。

和以前关于均匀平面波的讨论相反，现在我们考虑两块相互绝缘，长为无限的金属板平行于波传播方向，作为平面波在媒质中传播的引导(见图9-5)。由于能量被两个板引导从一点传输至另一点，这种装置称为平行板传输线。因为我们已假定在这传输线中是平面波传播,电场和磁场在传播的横向，结果只传播TEM模式。严格说来，这一假设仅适用于无损耗的传输线。然而，对于有限电导率的传输线，在频率高至约100 MHz时，电场和磁场仍然可认为是横向的。仅仅考虑TEM模式传播这一最重要的简化情况，使得传输线可用分布参数的电路来表示。本节稍后我们将用麦克斯韦方程来描述这一模型。

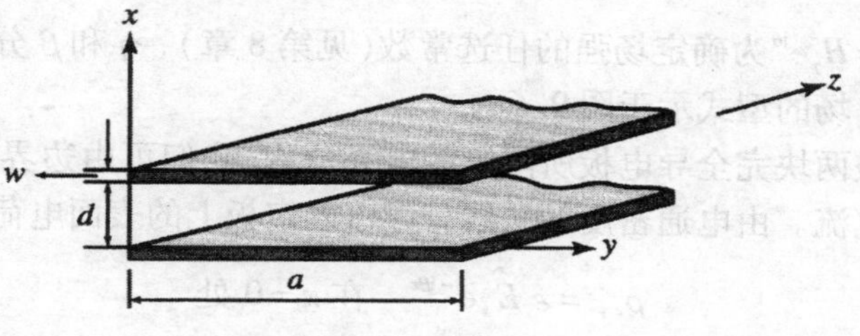

图 9-5 平行板传输线 $a \gg d$

假定有两块由完全导体($\sigma=\infty$)制成的平行板为完全电介质($\sigma=0$)所分开。这种线称为**无损耗传输线**。当两板之间的距离远小于板的宽度时，则在任何瞬间的电场与磁场在板间沿传播方向几乎是均匀的。

考虑图 9-6 所示的平行板传输线。由于板是无限延伸，可以预期电磁波在媒质中仅沿一个方向传播，而无反向行波。因而在媒质中的电场与磁场可用相量表示如下：

$$\dot{\boldsymbol{E}}(z)=\hat{E}_x \mathrm{e}^{-\mathrm{j}\beta z}\boldsymbol{a}_x$$

或

$$\dot{\boldsymbol{H}}(z)=\hat{H}_y \mathrm{e}^{-\mathrm{j}\beta z}\boldsymbol{a}_y \tag{9-1}$$

$$\dot{\boldsymbol{H}}(z)=\frac{\hat{E}_x}{\eta} \mathrm{e}^{-\mathrm{j}\beta z}\boldsymbol{a}_y \tag{9-2}$$

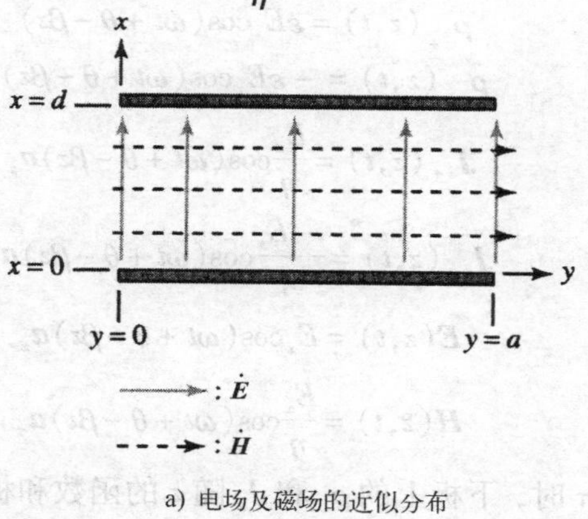

a) 电场及磁场的近似分布

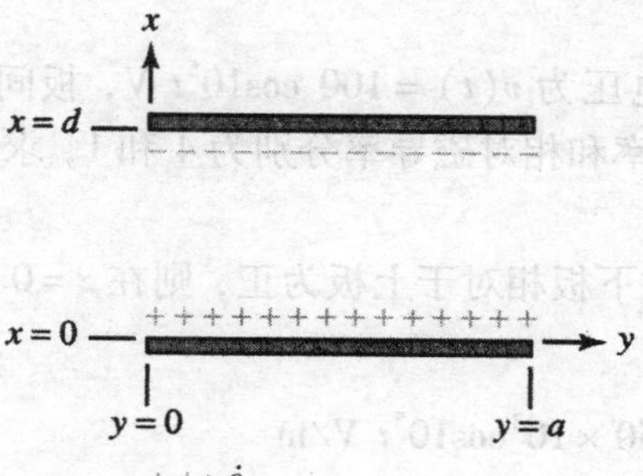

b) 上板与下板的表面电荷分布

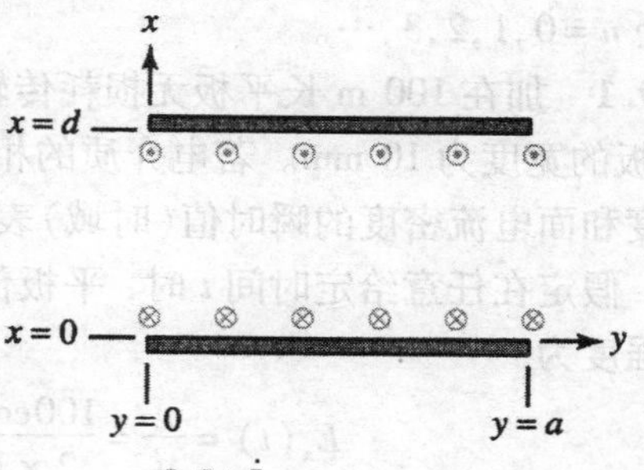

c) 两板上表面电流分布

图 9-6 平行板传输线(各种分布)

式中$\hat{E}_x = E_x e^{j\theta}$和$\hat{H}_y = H_y e^{j\theta}$为确定场强的任选常数(见第8章)，$\eta$和$\beta$分别代表无耗媒质的本征阻抗和相位常数。场的型式示于图9-6a。

由于场存在于被两块完全导电板所限制的电介质内,我们可由边界条件来确定完全导体内表面上的电荷与电流。由电通密度的法线分量可确定板上的表面电荷密度为

$$\dot{\rho}_{s+} = \varepsilon \hat{E}_x e^{-j\beta z} \quad 在 x=0 处 \tag{9-3}$$

和

$$\dot{\rho}_{s-} = -\varepsilon \hat{E}_x e^{-j\beta z} \quad 在 x=d 处 \tag{9-4}$$

这样，上板与下板具有数量相等，符号相反的表面电荷密度，如图9-6b所示。

因为在媒质内的磁场平行于两个完全导电板，由适合于磁场切线分量的边界条件，得出表面电流密度为

$$\dot{\boldsymbol{J}}_{s+} = \frac{\hat{E}_x}{\eta} e^{-j\beta z} \boldsymbol{a}_z \quad 在 x=0 处 \tag{9-5}$$

$$\dot{\boldsymbol{J}}_{s-} = -\frac{\hat{E}_x}{\eta} e^{-j\beta z} \boldsymbol{a}_z \quad 在 x=d 处 \tag{9-6}$$

由这些方程可得出结论:当下板载有z方向电流时，上板是流回的路径，如图9-6c所示。

两个导体内表面的面电荷与面电流密度和由它们所限定区域内的电场与磁场可表示为在时域的形式:

$$\rho_{s+}(z,t) = \varepsilon E_x \cos(\omega t + \theta - \beta z) \tag{9-7a}$$

$$\rho_{s-}(z,t) = -\varepsilon E_x \cos(\omega t + \theta - \beta z) \tag{9-7b}$$

$$\boldsymbol{J}_{s+}(z,t) = \frac{E_x}{\eta} \cos(\omega t + \theta - \beta z) \boldsymbol{a}_z \tag{9-8a}$$

$$\boldsymbol{J}_{s-}(z,t) = \frac{-E_x}{\eta} \cos(\omega t + \theta - \beta z) \boldsymbol{a}_z \tag{9-8b}$$

$$\boldsymbol{E}(z,t) = E_x \cos(\omega t + \theta - \beta z) \boldsymbol{a}_x \tag{9-9}$$

$$\boldsymbol{H}(z,t) = \frac{E_x}{\eta} \cos(\omega t + \theta - \beta z) \boldsymbol{a}_y \tag{9-10}$$

图9-7示当$\omega t + \theta = 2n\pi$时，下板上的$\rho_s$和$\boldsymbol{J}_s$随$z$的函数和板之间的$\boldsymbol{E}$和$\boldsymbol{H}$随$z$的函数变化，此处$n=0,1,2,3,\cdots$。

例9.1 加在100 m长平板无损耗传输线的电压为$v(t) = 100\cos 10^5 t$ V，板间距离为2 mm，每板的宽度为10 mm。若电介质的相对电容率和相对磁导率分别为4和1，求每板上面电荷密度和面电流密度的瞬时值(时域)表示式。

解 假定在任意给定时间t时，平板传输线的下板相对于上板为正，则在$z=0$处两板间的电场强度为

$$E_x(t) = \frac{v}{d} = \frac{100\cos 10^5 t}{2 \times 10^{-3}} = 50 \times 10^3 \cos 10^5 t \text{ V/m}$$

媒质的相位常数和本征阻抗为

$$\beta = \omega \sqrt{\mu\varepsilon} = 10^5 \sqrt{4\pi \times 10^{-7} \times 4 \times 8.85 \times 10^{-12}} = 6.67 \times 10^{-4} \text{ rad/m}$$

和

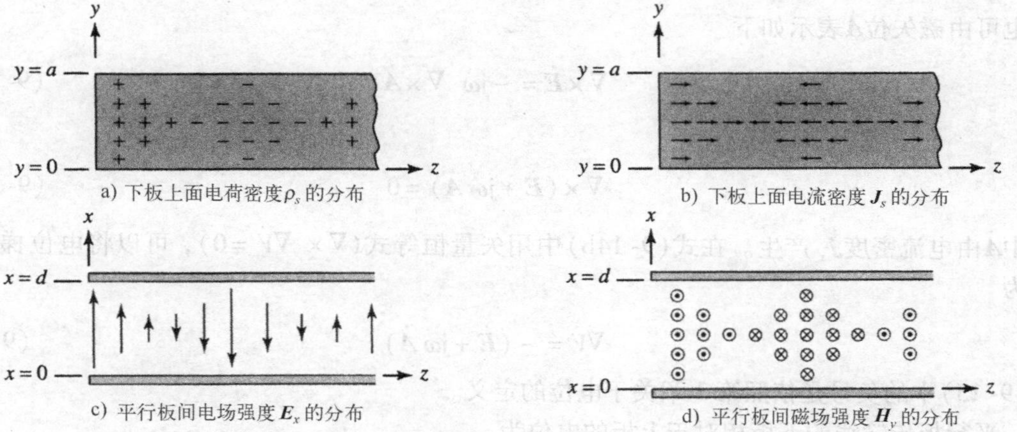

a) 下板上面电荷密度ρ_s的分布　b) 下板上面电流密度$\boldsymbol{J}_s$的分布

c) 平行板间电场强度$\boldsymbol{E}_x$的分布　d) 平行板间磁场强度$\boldsymbol{H}_y$的分布

图 9-7

$$\eta = \sqrt{\frac{4\pi \times 10^{-7}}{4 \times 8.85 \times 10^{-12}}} = 188.41\ \Omega$$

传输线上任意点的电场强度为

$$\boldsymbol{E}(z,t) = 50 \times 10^3 \cos(10^5 t - 6.67 \times 10^{-4} z)\boldsymbol{a}_x \text{V/m}$$

用式(9-7a)，可求出下板的面电荷密度为

$$\begin{aligned}\rho_s &= 4 \times 8.85 \times 10^{-12} \times 50 \times 10^3 \cos(10^5 t - 6.67 \times 10^{-4} z)\text{C/m}^2 \\ &= 1.77\cos(10^5 t - 6.67 \times 10^{-4} z)\mu\text{C/m}^2\end{aligned}$$

由式(9-8a)，下板的面电流密度为

$$\begin{aligned}\boldsymbol{J}_s(z,t) &= \frac{50 \times 10^3}{188.41}\cos(10^5 t - 6.67 \times 10^{-4} z)\boldsymbol{a}_z \\ &= 265.38\cos(10^5 t - 6.67 \times 10^{-4} z)\boldsymbol{a}_z \text{A/m}\end{aligned}$$

9.2.1 平行板传输线的参数

在继续讨论传输线之前，先离开主题，来确定在单位长度基础上它的等效电路参数。稍后这些参数可使我们用它的等效电路来代表传输线。

平行板传输线的电容　令ρ_l为在$x=0$处每单位长度的电荷，V为此板相对于$x=d$处的板的电位。则此传输线每单位长度的电容为

$$C_l = \frac{\rho_l}{V} \tag{9-11}$$

传输线每单位长度的电荷可由下式决定

$$\dot{\rho}_l = \int_0^a \hat{\rho}_{s+} \mathrm{d}y = \int_0^a \varepsilon \hat{E}_x \mathrm{e}^{-\mathrm{j}\beta z} \mathrm{d}y = \varepsilon \hat{E}_x a \mathrm{e}^{-\mathrm{j}\beta z} \tag{9-12}$$

两个平行板之间的电位差可由法拉第定律求得

$$\nabla \times \dot{\boldsymbol{E}} = -\mathrm{j}\omega \dot{\boldsymbol{B}} \tag{9-13}$$

它也可由磁矢位$\dot{\boldsymbol{A}}$表示如下

$$\nabla\times\dot{\boldsymbol{E}} = -\mathrm{j}\omega\ \nabla\times\dot{\boldsymbol{A}} \tag{9-14a}$$

或

$$\nabla\times(\dot{\boldsymbol{E}}+\mathrm{j}\omega\dot{\boldsymbol{A}}) = 0 \tag{9-14b}$$

式中$\dot{\boldsymbol{A}}$由电流密度$\dot{\boldsymbol{J}}_s$产生。在式(9-14b)中用矢量恒等式($\nabla\times\ \nabla\dot{V}=0$)，可以将电位梯度表示为

$$\nabla\dot{V} = -(\dot{\boldsymbol{E}}+\mathrm{j}\omega\dot{\boldsymbol{A}}) \tag{9-15}$$

式(9-15)中的负号是依照第3章关于电位的定义。

平行板传输线的下板相对于上板的电位为

$$\int_0^d \nabla\dot{V}\cdot \mathrm{d}x\boldsymbol{a}_x = -\int_0^d \dot{\boldsymbol{E}}\cdot \mathrm{d}x\boldsymbol{a}_x - \mathrm{j}\omega\int_0^d \dot{\boldsymbol{A}}\cdot \mathrm{d}x\boldsymbol{a}_x \tag{9-16}$$

由于$\dot{\boldsymbol{A}}$与沿z轴的$\dot{\boldsymbol{J}}_s$同方向，故$\int\dot{\boldsymbol{A}}\cdot\mathrm{d}x\boldsymbol{a}_x = 0$，且

$$\dot{V} = \int_0^d \dot{\boldsymbol{E}}\cdot \mathrm{d}x\boldsymbol{a}_x = \hat{E}_x\mathrm{e}^{-\mathrm{j}\beta z}d \tag{9-17}$$

因而两个平行板之间的电位差等于电介质中电场强度与板间距离的乘积。式(9-16)也清楚表示磁矢位对电位差并无贡献，因为它与积分路径是垂直的。结果，TEM模式的电位差分布与静电场的相同。

用式(9-11)、(9-12)与(9-17)可以确定平行板传输线每单位长度的电容量为

$$C_l = \frac{\varepsilon a}{d}\mathrm{F/m} \tag{9-18}$$

平行板传输线的电感 用类似的方法，也可确定同一平行板传输线每单位长度的电感。由第5章，线性磁系统中的电感为

$$L = \frac{\lambda}{I} \tag{9-19}$$

式中λ为系统的总磁链，I为总电流。我们感兴趣的是传输线每单位长度的电感值，这样，只要算出每单位长度的磁链数，即

$$\dot{\lambda}_l = \int_0^d \mu\frac{\hat{E}_x}{\eta}\mathrm{e}^{-\mathrm{j}\beta z}\mathrm{d}x = \mu d\frac{\hat{E}_x}{\eta}\mathrm{e}^{-\mathrm{j}\beta z}\mathrm{Wb/m} \tag{9-20}$$

传输线的总电流为

$$\dot{I} = \int_0^a \dot{J}_s\mathrm{d}y = \int_0^a \frac{\hat{E}_x}{\eta}\mathrm{e}^{-\mathrm{j}\beta z}\mathrm{d}y = \frac{\hat{E}_x}{\eta}\mathrm{e}^{-\mathrm{j}\beta z}a = \dot{H}_y a \tag{9-21}$$

将式(9-20)和(9-21)代入式(9-19)，即得平行板传输线每单位长度的电感为

$$L_l = \frac{\mu d}{a}\mathrm{H/m} \tag{9-22}$$

其他形式传输线的参数可用类似方法求出，列于表9-1。注意，表中σ是每个导体本身的电导率，而σ_d是两导体之间区域媒质的电导率。

表 9-1

参　数	平行板 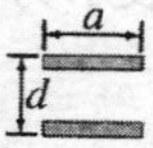	双平行线 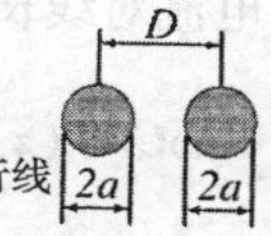	同轴电缆 	单　位
电阻(R_l)	$\frac{2}{a}\sqrt{\frac{\pi f\mu}{\sigma}}$	$\frac{1}{a}\sqrt{\frac{f\mu}{\pi\sigma}}$	$\frac{1}{2}\sqrt{\frac{f\mu}{\pi\sigma}}\left(\frac{1}{a}+\frac{1}{b}\right)$	$\frac{\Omega}{\mathrm{m}}$
电感(L_l)	$\frac{\mu d}{a}$	$\frac{\mu}{\pi}\cosh^{-1}\left(\frac{D}{2a}\right)$	$\frac{\mu}{2\pi}\ln\left(\frac{b}{a}\right)$	$\frac{\mathrm{H}}{\mathrm{m}}$
电容(C_l)	$\frac{\varepsilon a}{d}$	$\frac{\pi\varepsilon}{\cosh^{-1}(D/2a)}$	$\frac{2\pi\varepsilon}{\ln(b/a)}$	$\frac{\mathrm{F}}{\mathrm{m}}$
电导(G_l)	$\frac{\sigma_d a}{d}$	$\frac{\pi\sigma_d}{\cosh^{-1}(D/2a)}$	$\frac{2\pi\sigma_d}{\ln(b/a)}$	$\frac{\mathrm{S}}{\mathrm{m}}$

9.2.2 平行板传输线的等效电路

现在可以将传输线的单位长度由以 L_l 和 C_l 表示的等效电路来代表。为了这样做，需要推导电压和电流沿线的关系。这些关系可由麦克斯韦方程来求得。若我们在具有$\dot{\boldsymbol{E}}=\dot{E}_x\boldsymbol{a}_x$ 和 $\dot{\boldsymbol{H}}=\dot{H}_y\boldsymbol{a}_y$ 的平行板传输线结构中应用麦克斯韦方程 $\nabla\times\dot{\boldsymbol{E}}=-\mathrm{j}\omega\mu\dot{\boldsymbol{H}}$，得到

$$\frac{\partial\dot{E}_x}{\partial z}=\mathrm{j}\omega\mu\dot{H}_y \tag{9-23}$$

由 $x=0$ 至 $x=d$，由式(9-23)的积分得到

$$\frac{\partial}{\partial z}\int_0^d\dot{E}_x\mathrm{d}x=-\mathrm{j}\omega\mu\int_0^d\dot{H}_y\mathrm{d}x \tag{9-24}$$

$\dot{E}_x$ 与$\dot{H}_y$ 对于 x 都是常数，因而由式(9-24)和式(9-17)，上式可写成

$$\frac{\partial\dot{V}(z)}{\partial z}=-\mathrm{j}\omega\mu\dot{H}_y d$$

用式(9-21)和(9-22)，上式可写成

$$\frac{\partial\dot{V}(z)}{\partial z}=-\mathrm{j}\omega\frac{\mu d}{a}\dot{I}(z)$$

或

$$\frac{\partial\dot{V}(z)}{\partial z}=-\mathrm{j}\omega L_l\dot{I}(z) \tag{9-25}$$

同样，由麦克斯韦方程 $\nabla\times\dot{\boldsymbol{H}}=-\mathrm{j}\omega\varepsilon\dot{\boldsymbol{E}}$，可得

$$\frac{\partial\dot{H}_y}{\partial z}=-\mathrm{j}\omega\varepsilon\dot{E}_x \tag{9-26}$$

两边由 $x=0$ 至 $x=d$ 同时积分，得

$$\frac{\partial}{\partial z}\int_0^d\dot{H}_y\mathrm{d}x=-\mathrm{j}\omega\varepsilon\int_0^d\dot{E}_x\mathrm{d}x$$

或

$$\frac{\partial}{\partial z}(\dot{H}_y d) = -\mathrm{j}\omega\varepsilon \dot{V}(z) \tag{9-27}$$

直接比较式(9-18)、(9-21)和(9-27)，可将电流对线长的变化率表示为

$$\frac{\partial \dot{I}(z)}{\partial z} = -\mathrm{j}\omega C_l \dot{V}(z) \tag{9-28}$$

式(9-25)和(9-28)决定在线性、均匀、各向同性媒质中的无损耗传输线的电压和电流的变化。这些方程称为**传输线方程**或**电报员方程**(telegraphist's equation)。

式(9-25)和(9-28)可改写为

$$\mathrm{d}\dot{V}(z) = -\mathrm{j}\omega L_l \mathrm{d}z \dot{I}(z) \tag{9-29a}$$

和

$$\mathrm{d}\dot{I}(z) = -\mathrm{j}\omega C_l \mathrm{d}z \dot{V}(z) \tag{9-29b}$$

式中 $\mathrm{d}\dot{V}$ 是电感电抗上的电压降，$\mathrm{d}\dot{I}$ 是通过传输线微分长度 $\mathrm{d}z$ 的电容电抗的电流(电压电流均为有效值相量)。

对于传输线极短的一段 Δz，$\Delta z \to 0$，式(9-29a)和(9-29b)可近似为

$$\Delta\dot{V} = \dot{V}(z+\Delta z) - \dot{V}(z) \tag{9-30a}$$

和

$$\Delta\dot{I} = \dot{I}(z+\Delta z) - \dot{I}(z) \tag{9-30b}$$

从而用式(9-30a)和(9-30b)，对于传输线极短一段 Δz，可得出一个等效电路，如图9-8。

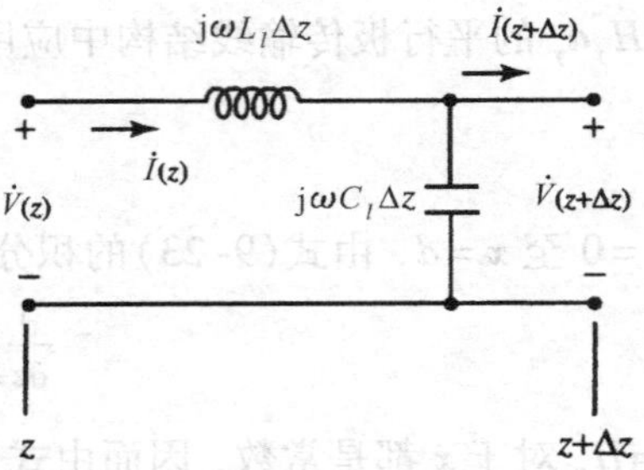

图9-8 传输线极短一段(Δz)的电路模型

为了确定电压与/或电流沿传输线的分布，必须首先得到一个变数表示的微分方程。这样做时，将方程(9-25)对 z 微分，得到

$$\frac{\mathrm{d}^2\dot{V}(z)}{\mathrm{d}z^2} = -\mathrm{j}\omega L_l \frac{\mathrm{d}\dot{I}(z)}{\mathrm{d}z} \tag{9-31}$$

借助式(9-28)，得到 V 的波动方程

$$\frac{\mathrm{d}^2\dot{V}(z)}{\mathrm{d}z^2} = -\omega^2 L_l C_l \dot{V}(z) = \hat{\gamma}^2 \dot{V}(z) \tag{9-32}$$

式中

$$\hat{\gamma} = \mathrm{j}\omega\sqrt{L_l C_l} = \mathrm{j}\beta \tag{9-33}$$

为传播常数，β 为无损耗线的相位常数。

类似地，可以得出 I 的波动方程为

$$\frac{\mathrm{d}^2\dot{I}(z)}{\mathrm{d}z^2} = -\omega^2 C_l L_l \dot{I}(z) = \hat{\gamma}^2\dot{I}(z) \tag{9-34}$$

式(9-32)和(9-34)具有同样的数学形式，因而它们的通解是相似的。解由下式给出

$$\dot{V}(z) = \hat{V}^+ \mathrm{e}^{-\hat{\gamma}z} + \hat{V}^- \mathrm{e}^{\hat{\gamma}z} \tag{9-35}$$

和

$$\dot{I}(z) = \hat{I}^+ \mathrm{e}^{-\hat{\gamma}z} + \hat{I}^- \mathrm{e}^{\hat{\gamma}z} \tag{9-36}$$

式中 $\hat{V}^+$ 和 $\hat{I}^+$ 为代表沿正 z 方向传送的电压和电流**前向行波**(forward travelling waves)的任意

常数；$\hat{V}^-$和$\hat{I}^-$则为代表沿负 z 方向传送的电压和电流**后向行波**（backward travelling waves）的任意常数。

因为无限长的传输线没有后向行波，因而式(9-35)和(9-36)成为

$$\dot{V}(z)=\hat{V}^+\mathrm{e}^{-\hat{\gamma}z}=\hat{V}^+\mathrm{e}^{-\mathrm{j}\beta z} \tag{9-37}$$

和

$$\dot{I}(z)=\hat{I}^+\mathrm{e}^{-\hat{\gamma}z}=\hat{I}^+\mathrm{e}^{-\mathrm{j}\beta z} \tag{9-38}$$

波在无损耗传输线中的传播速度为

$$u_p=\frac{\omega}{\beta}=\frac{1}{\sqrt{L_l C_l}}=\frac{1}{\sqrt{\mu\varepsilon}} \tag{9-39}$$

我们定义**传输时间**(transit time) t_t 为波由线的一端至另一端所消逝的时间。这样，传输时间为

$$t_t=\frac{l}{u_p} \tag{9-40}$$

式中 l 为传输线长度（传输时间亦称延迟时间或时延 delay time）。

传输线的特性阻抗$\hat{Z}_c$定义为波在正 z 方向传播的电压与电流之比。为了决定$\hat{Z}_c$，假定后向行波为零，将式(9-37)与(9-38)代入式(9-25)，得到

$$\frac{\mathrm{d}}{\mathrm{d}z}(\hat{V}^+\mathrm{e}^{-\hat{\gamma}z})=-\mathrm{j}\omega L_l\hat{I}^+\mathrm{e}^{-\hat{\gamma}z}$$

或

$$-\hat{\gamma}\hat{V}^+\mathrm{e}^{-\hat{\gamma}z}=-\mathrm{j}\omega L_l\hat{I}^+\mathrm{e}^{-\hat{\gamma}z}$$

因而

$$\hat{Z}_c=\frac{\hat{V}^+\mathrm{e}^{-\hat{\gamma}z}}{\hat{I}^+\mathrm{e}^{-\hat{\gamma}z}}=\frac{\mathrm{j}\omega L_l}{\hat{\gamma}}=\sqrt{\frac{L_l}{C_l}} \tag{9-41}$$

将式(9-22)和(9-18)的 L_l 和 C_l 代入式(9-41)，即得平行板传输线以无界电介质的本征阻抗 η（式(8-28)）所表示的特性阻抗为

$$\hat{Z}_c=\eta\frac{d}{a} \tag{9-42}$$

注意，无损耗传输线的特性阻抗为实数。但以后我们将看到，在一般情况下，有损耗传输线的特性阻抗为复数。

对于负 z 方向传播的电压和电流的关系，可以用得到式(9-41)的同样方法得出[⊖]

$$\frac{\hat{V}^-\mathrm{e}^{\hat{\gamma}z}}{\hat{I}^-\mathrm{e}^{\hat{\gamma}z}}=\frac{-\mathrm{j}\omega L_l}{\hat{\gamma}}=-\sqrt{\frac{L_l}{C_l}}=-\hat{Z}_c=\frac{\hat{V}^-}{\hat{I}^-} \tag{9-43}$$

由式(9-41)和(9-43)，可将$\hat{I}^+$与$\hat{I}^-$表示为

$$\hat{I}^+=\frac{\hat{V}^+}{\hat{Z}_c} \tag{9-44}$$

和

⊖ 将式(9-35)及(9-36)的后向行波项代入式(9-25)，即$\frac{\partial}{\partial z}(\hat{V}^-\mathrm{e}^{\hat{\gamma}z})=\hat{\gamma}\hat{V}^-e^{\hat{\gamma}z}=-\mathrm{j}\omega L_l\hat{I}^-\mathrm{e}^{\hat{\gamma}z}$，便得式(9-43)。或者如原书所述，认为后向波传送的功率在负 z 方向，故在式(9-36)中对电流后向波先置负号则式(9-43)得阻抗无负号，最后得与式(9-46)相同的结果。——译注

$$\hat{I}^- = \frac{-\hat{V}^-}{\hat{Z}_c} \tag{9-45}$$

若将式(9-44)和(9-45)代入(9-36)，可以得到以电压和特性阻抗表示的电流为

$$\dot{I}(z) = \frac{\hat{V}^+}{\hat{Z}_c}e^{-\hat{\gamma}z} - \frac{\hat{V}^-}{\hat{Z}_c}e^{\hat{\gamma}z} \tag{9-46}$$

式(9-35)和(9-46)即为沿线电压和电流的通解，可写为

$$\dot{V}(z) = \hat{V}^+ e^{-\hat{\gamma}z}[1+\hat{\rho}(z)] \tag{9-47a}$$

和

$$\dot{I}(z) = \frac{\hat{V}^+ e^{-\hat{\gamma}z}}{\hat{Z}_c}[1-\hat{\rho}(z)] \tag{9-47b}$$

式中

$$\hat{\rho}(z) = \frac{\hat{V}^- e^{\hat{\gamma}z}}{\hat{V}^+ e^{-\hat{\gamma}z}} = \frac{\hat{V}^-}{\hat{V}^+}e^{2\hat{\gamma}z} \tag{9-48}$$

定义为在传输线上距离为 z 处的反射系数。

例 9.2 一条 100 m 长的无损耗传输线,其总电感与总电容分别为 27.72 μH 和 18 nF。试求(a) 在工作频率为 100 kHz 时的传播速度与相位常数,和(b)传输线的特性阻抗。

解 (a) 传输线单位长度的电感与电容为

$$L_l = \frac{27.72\times10^{-6}}{100} = 0.2772\ \mu\text{H/m}$$

$$C_l = \frac{18\times10^{-9}}{100} = 0.18\ \text{nF/m}$$

传播速度为

$$u_p = \frac{1}{\sqrt{L_l C_l}} = \frac{1}{\sqrt{0.2772\times10^{-6}\times0.18\times10^{-9}}} = 1.416\times10^8\ \text{m/s}$$

传播常数为

$$\beta = \frac{\omega}{u_p} = \frac{2\pi\times100\times10^3}{1.416\times10^8} = 4.439\times10^{-3}\ \text{rad/m}$$

(b) 传输线的特性阻抗为

$$\hat{Z}_c = \sqrt{\frac{L_l}{C_l}} = \sqrt{\frac{0.2772\times10^{-6}}{0.18\times10^{-9}}} = 39.243\ \Omega$$

例 9.3 一根 10 m 长的同轴电缆的特性阻抗为 50 Ω。电缆内导体与外导体之间的绝缘材料的 $\varepsilon_r = 3.5$ 和 $\mu_r = 1$。若内导体半径为 1 mm，则外导体的半径应为若干?

解 同轴电缆的电感与电容分别为

$$L_l = \frac{\mu}{2\pi}\ln\left(\frac{b}{a}\right) \text{和}\ C_l = \frac{2\pi\varepsilon}{\ln\left(\frac{b}{a}\right)}$$

式中 a 和 b 分别为电缆的内半径和外半径。

$$\hat{Z}_c = \sqrt{\frac{L_l}{C_l}} = \frac{\ln\left(\frac{b}{a}\right)}{2\pi}\sqrt{\frac{\mu}{\varepsilon}}$$

$$50 = \frac{\ln\left(\frac{b}{10^{-3}}\right)}{2\pi}\sqrt{\frac{4\pi\times10^{-7}}{3.5\times8.85\times10^{-12}}}$$

$$b = 4.75\ \text{mm}$$

9.2.3　有限长的无损耗传输线

我们只要知道无损耗线的分布参数，就能用式(9-47a)和(9-47b)求出线上任意点的电压和电流。

现在考虑图9-9所示有限长l的无损耗传输线，终端接至任意负载阻抗$\hat{Z}_L$，若在$z=l$处的负载电压和负载电流用$\dot{V}_R=\dot{V}(z=l)$和$\dot{I}_R=\dot{I}(z=l)$表示，则由式(9-47a)和(9-47b)，得

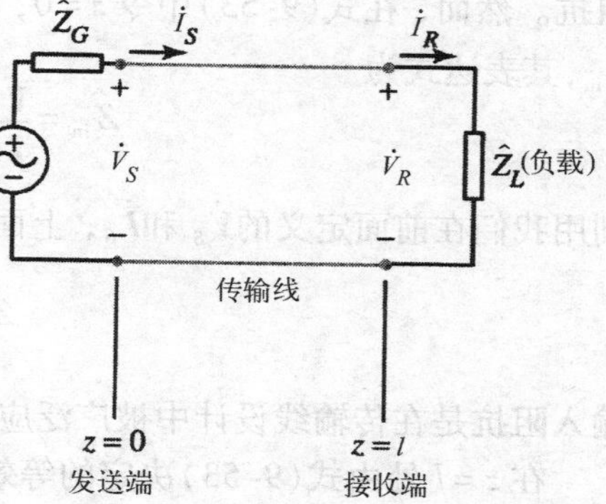

图9-9　长度为l的传输线

$$\dot{V}_R=\hat{V}^+\mathrm{e}^{-\hat{\gamma}l}[1+\hat{\rho}_R] \tag{9-49a}$$

$$\dot{I}_R=\frac{\hat{V}^+\mathrm{e}^{-\hat{\gamma}l}}{\hat{Z}_c}[1-\hat{\rho}_R] \tag{9-49b}$$

式中$\hat{\rho}_R=\hat{\rho}(z=l)$为$z=l$处的反射系数，由式(9-48)，得

$$\hat{\rho}_R=\frac{\hat{V}^-}{\hat{V}^+}\mathrm{e}^{2\hat{\gamma}l} \tag{9-49c}$$

此式也可以写成

$$\frac{\hat{V}^-}{\hat{V}^+}=\hat{\rho}_R\mathrm{e}^{-2\hat{\gamma}l} \tag{9-50}$$

我们若用$\dot{V}_S=\dot{V}(z=0)$和$\dot{I}_S=\dot{I}(z=0)$分别表示在$z=0$处的输入电压和电流，则由式(9-47a)和(9-47b)，$\dot{V}_S$和$\dot{I}_S$可以表示为

$$\dot{V}_S=\hat{V}^+[1+\hat{\rho}_S] \tag{9-51a}$$

$$\dot{I}_S=\frac{\hat{V}^+}{\hat{Z}_c}[1-\hat{\rho}_S] \tag{9-51b}$$

式中$\hat{\rho}_S=\hat{\rho}(z=0)$为传输线输入(源)端的反射系数，由式(9-48)和(9-50)，得

$$\hat{\rho}_S=\frac{\hat{V}^-}{\hat{V}^+}=\hat{\rho}_R\mathrm{e}^{-2\hat{\gamma}l} \tag{9-51c}$$

式(9-51c)是用在$z=l$处的反射系数表示在$z=0$处的反射系数。实际上，根据式(9-48)，我们可以用在$z=l$处的反射系数表示线上任意点的反射系数为

$$\hat{\rho}(z)=\hat{\rho}_R\mathrm{e}^{-2\hat{\gamma}(l-z)} \tag{9-52}$$

已知线上任意点的电压和电流，用式(9-47a)和(9-47b)，求它们的比值给出在该点的等效阻抗㊀为

㊀ 本书原作者把线上各处(任意点)电压和电流有效值相量之比值$\frac{\dot{V}}{\dot{I}}$定义为该点的等效阻抗。其他书中有时也用此名词，有些书将此比值称为线阻抗，还有些书称之为输入阻抗(本书有时亦如此)或入端阻抗。但有些书规定，只有在起始(源)端此比值称为输入阻抗。——译注

$$\hat{Z}(z)=\frac{\dot{V}(z)}{\dot{I}(z)}=\hat{Z}_c\left[\frac{1+\hat{\rho}(z)}{1-\hat{\rho}(z)}\right] \tag{9-53}$$

式(9-53)帮助我们能用等效阻抗$\hat{Z}(z)$取代负载阻抗加线上从 z 点到负载端的部分线路阻抗。然而，在式(9-53)中令 $z=0$，得到通常称为 l 长传输线的**输入阻抗**(input impedance) $\hat{Z}_{in}$,其表达式为

$$\hat{Z}_{in}=\frac{\dot{V}(z=0)}{\dot{I}(z=0)}=\hat{Z}_c\left[\frac{1+\hat{\rho}(z=0)}{1-\hat{\rho}(z=0)}\right]$$

利用我们在前面定义的$\dot{V}_S$ 和$\dot{I}_S$，上面输入阻抗的表达式，可以简化地写成

$$\hat{Z}_{in}=\frac{\dot{V}_S}{\dot{I}_S}=\hat{Z}_c\left[\frac{1+\hat{\rho}_S}{1-\hat{\rho}_S}\right] \tag{9-54}$$

输入阻抗是在传输线设计中被广泛应用的概念，所以我们将在以后专用一节作更多的分析。

在 $z=l$ 处由式(9-53)决定的等效阻抗，不是别的，就是负载阻抗，即

$$\hat{Z}_L=\hat{Z}_c\left[\frac{1+\hat{\rho}_R}{1-\hat{\rho}_R}\right] \tag{9-55}$$

由此式可以导出

$$\hat{\rho}_R=\frac{\hat{Z}_L-\hat{Z}_c}{\hat{Z}_L+\hat{Z}_c} \tag{9-56}$$

在负载阻抗已知时，利用上式就可计算负载的反射系数$\hat{\rho}_R$，在这个意义上，式(9-56)是一个很有用的公式。由于$\hat{\rho}_R$ 求出后，随即能够计算源的反射系数$\hat{\rho}_S$(用式(9-51c))和线上任意点的反射系数$\hat{\rho}(z)$(用式(9-52))，从而可以计算线上任意点的等效阻抗$\hat{Z}(z)$(用式(9-53))和输入阻抗$\hat{Z}_{in}$(用式(9-54))。

注意当$\hat{Z}_L=\hat{Z}_c$ 时，式(9-56)给出的反射系数为零，因此线上没有反射波。前向波的电压和电流表达式就分别如式(9-37)和(9-38)所示。传输线末端接的负载阻抗等于它的特性阻抗称为**匹配线**(matched line)。匹配线上各点电压的幅值相同,电流的幅值也相同。式(9-53)清楚地表明，匹配线上任意点的等效阻抗正好等于它的特性阻抗，输入阻抗也同样如此。反之，如果传输线终端接以某任意阻抗使$\hat{Z}_L\neq\hat{Z}_c$ 时，线上总是会有反射波。线上任意点的输入阻抗不同于它的特性阻抗，电压和电流的幅值都沿线的长度变化。

在源端输入阻抗能够表达整个线路和它的负载阻抗。此输入阻抗两端之间的电压降即是输入(源)端的外施电压$\dot{V}_S=\dot{V}(z=0)$；并且，通过此输入阻抗的电流即是在源端的外施电流$\dot{I}_S=\dot{I}(z=0)$。知道$\dot{V}_S$ 和$\dot{I}_S$ 之后,便能够计算传输线上任意点的电压和电流。下面的例题显示传输线上不同位置电压和电流的求解方法。

例 9.4　一条 500 m 长的无损耗传输线，其分布参数值为 $L_l=2.6\ \mu H/m$ 和 $C_l=28.7\ pF/m$，感性负载阻抗为$(75+j150)\Omega$。外施电源电压$\dot{V}_G$ 的有效值为 120 V，其内阻抗$\hat{Z}_G$ 为$(1+j9)\Omega$。试求工作频率为 10 kHz 时(a) 输入端的电压和电流，(b) 负载的电压和电流，(c) 输入传输线的功率，(d) 发送给负载的功率。并求出前向行波和反射波的电压和电流表达式。

解 $\omega=2\pi f=2\pi\times10\times10^3=62.83\times10^3\ \text{rad/m}$

用传输线的分布参数，求得特性阻抗、传播常数和相位常数为

$$\hat{Z}_c=\sqrt{\frac{L_l}{C_l}}=\sqrt{\frac{2.6\times10^{-6}}{28.7\times10^{-12}}}=300.986\ \Omega$$

$$\hat{\gamma}=\text{j}\omega\sqrt{L_lC_l}=\text{j}62.83\times10^3\sqrt{2.6\times10^{-6}\times28.7\times10^{-12}}$$
$$=\text{j}5.428\times10^{-4}$$
$$\beta=5.428\times10^{-4}\ \text{rad/m}$$

如所预期，无损耗传输线的特性阻抗为纯电阻而传播常数为纯虚数。相速度和波长可求得为

$$u_p=\frac{\omega}{\beta}=\frac{62.83\times10^3}{5.428\times10^{-4}}=1.158\times10^8\ \text{m/s}$$

$$\lambda=\frac{2\pi}{\beta}=\frac{2\pi}{5.428\times10^{-4}}=11.576\times10^3\ \text{m 或 }11.576\ \text{km}$$

经常，波在传输线上的相速也可用光速的百分数表示。此处，相速是光速的38.6%$\lfloor(u_p/c)100\rfloor$。

我们也可以用波长表示传输线的长度。这里，线的长度是$0.043\lambda[l/\lambda]$

现在用式(9-56)计算负载的反射系数得

$$\hat{\rho}_R=\frac{\hat{Z}_L-\hat{Z}_c}{\hat{Z}_L+\hat{Z}_c}=\frac{-225.986+\text{j}150}{375.986+\text{j}150}=0.67\ \underline{/124.68^\circ}$$

乘积βl将在下面需要，所以计算它，得

$$\beta l=5.428\times10^{-4}\times500=0.2714\ \text{rad 或 }15.55^\circ$$

注意βl是前向波和反射波经过500 m长的传输线后产生的相位差。

现在用式(9-51c)计算输入端的反射系数得

$$\hat{\rho}_S=\hat{\rho}_R\text{e}^{-2\hat{\gamma}l}=\hat{\rho}_R\text{e}^{-\text{j}2\beta l}=0.67\text{e}^{\text{j}124.68^\circ}\ \text{e}^{-\text{j}2\times15.55^\circ}$$
$$=0.67\ \underline{/93.58^\circ}$$

式(9-54)给出在$z=0$的输入阻抗为

$$\hat{Z}_{\text{in}}=\hat{Z}_c\left[\frac{1+\hat{\rho}_S}{1-\hat{\rho}_S}\right]=300.986\left[\frac{1+0.67\ \underline{/93.58^\circ}}{1-0.67\ \underline{/93.58^\circ}}\right]=284.087\ \underline{/67.61^\circ}\ \Omega$$

应用分压法则，求得传输线的输入电压

$$\dot{V}_S=\dot{V}_G\frac{\hat{Z}_{\text{in}}}{\hat{Z}_G+\hat{Z}_{\text{in}}}=120\left[\frac{284.087\ \underline{/67.61^\circ}}{1+\text{j}9+284.087\ \underline{/67.61^\circ}}\right]$$
$$=116.429\ \underline{/-0.49^\circ}\ \text{V}$$

传输线输入端的相应电流为

$$\dot{I}_S=\frac{\dot{V}_S}{\hat{Z}_{\text{in}}}=\frac{116.429\ \underline{/-0.49^\circ}}{284.087\ \underline{/67.61^\circ}}=0.41\ \underline{/-68.10^\circ}\ \text{A}$$

输入传输线的功率可以计算得

$$P_{\text{in}}=\text{Re}[\dot{V}_S\dot{I}_S^*]=\text{Re}[(116.429\ \underline{/-0.49^\circ})(0.41\ \underline{/68.10^\circ})]$$

$= 18.18\ \mathrm{W}$

为了计算接收端的电压和电流，我们首先用式(9-51a)计算$\hat{V}^+$得

$$\hat{V}^+ = \frac{\dot{V}_S}{1+\hat{\rho}_S} = \frac{116.429\ \angle -0.49^\circ}{1+0.67\ \angle 93.58^\circ} = 99.642\ \angle -35.40^\circ\ \mathrm{V}$$

由式(9-49a)，求得负载端的电压

$$\begin{aligned}\dot{V}_R &= \hat{V}^+ e^{-j\beta l}[1+\hat{\rho}_R]\\ &= 99.642 e^{-j35.40^\circ} e^{-j15.55^\circ}[1+0.67\ \angle 124.68^\circ]\\ &= 82.561\ \angle -9.27^\circ\ \mathrm{V}\end{aligned}$$

相应的负载电流为

$$\dot{I}_R = \frac{\dot{V}_R}{\hat{Z}_L} = \frac{82.561\ \angle -9.27^\circ}{75+j150} = 0.492\ \angle -72.7^\circ\ \mathrm{A}$$

最后,发送给负载的功率是

$$\begin{aligned}P_R &= \mathrm{Re}[\dot{V}_R \dot{I}_R^*]\\ &= \mathrm{Re}[(82.561\ \angle -9.27^\circ)(0.492\ \angle 72.7^\circ)]\\ &= 18.18\ \mathrm{W}\end{aligned}$$

因为传输线是无损耗的，在线上没有功率损耗。发送端输入线路的功率全部送给接收端的负载。由于$\hat{V}^+$和$\hat{\rho}_S$已知，便能用式(9-51c)求$\hat{V}^-$得

$$\begin{aligned}\hat{V}^- &= \hat{\rho}_S \hat{V}^+ = (0.67\ \angle 93.58^\circ)(99.642\ \angle -35.40^\circ)\\ &= 66.765\ \angle 58.18^\circ\ \mathrm{V}\end{aligned}$$

由式(9-44)和(9-45)，得相应的$\hat{I}^+$和$\hat{I}^-$值分别为

$$\hat{I}^+ = \frac{\hat{V}^+}{\hat{Z}_c} = \frac{99.642\ \angle -35.40^\circ}{300.986} = 0.331\ \angle -35.40^\circ\ \mathrm{A}$$

$$\hat{I}^- = \frac{-\hat{V}^-}{\hat{Z}_c} = \frac{-66.765\ \angle 58.18^\circ}{300.986} = -0.222\ \angle 58.18^\circ\ \mathrm{A}$$

于是，前向波的电压和电流以它们的有效值表示成相量形式为

$$\dot{V}_f(z) = \hat{V}^+ e^{-\hat{\gamma} z} = 99.642 e^{-j35.40^\circ} e^{-j5.428\times10^{-4}z}\ \mathrm{V}$$

$$\dot{I}_f(z) = \hat{I}^+ e^{-\hat{\gamma} z} = 0.331 e^{-j35.40^\circ} e^{-j5.428\times10^{-4}z}\ \mathrm{A}$$

在时域中则有

$$v_f(z,t) = 140.915\cos(6.283\times10^4 t - 5.428\times10^{-4}z - 35.40^\circ)\ \mathrm{V}$$

$$i_f(z,t) = 0.468\cos(6.283\times10^4 t - 5.428\times10^{-4}z - 35.40^\circ)\ \mathrm{A}$$

注意在时域中的表达式总是要用幅值。

类似地，后向波的电压和电流以它们的有效值表示成相量形式为

$$\dot{V}_b(z) = \hat{V}^- e^{\hat{\gamma} z} = 66.765 e^{j58.18^\circ} e^{j5.428\times10^{-4}z}\ \mathrm{V}$$

$$\dot{I}_b(z) = \hat{I}^- e^{\hat{\gamma} z} = -0.222 e^{j58.18^\circ} e^{j5.428\times10^{-4}z}\ \mathrm{A}$$

在时域中则有

$$v_b(z,t) = 94.42\cos(6.283\times10^4 t + 5.428\times10^{-4}z + 58.18^\circ)\ \mathrm{V}$$

$$i_b(z,t) = -0.314\cos(6.283\times10^4 t + 5.428\times10^{-4} z + 58.18°)\ \text{A}$$

9.3　以发送端和接收端变数表示的电压和电流

现在再研究图 9-9 所示的传输线。线的一端接至电源，另一端则接至负载。电源端通常作为**发送端**，负载端称为**接收端**。若发送端的电压和电流表示为$\dot V(0)=\dot V_S$ 和$\dot I(0)=\dot I_S$，则可唯一地计算出传输线上任一点的电压和电流。

由式(9-35)和(9-46)，在 $z=0$ 处的电压和电流为

$$\dot V_S = \hat V^+ + \hat V^- \tag{9-57}$$

和

$$\dot I_S = \frac{\hat V^+}{\hat Z_c} - \frac{\hat V^-}{\hat Z_c} \tag{9-58}$$

解式(9-57)和(9-58)，得

$$\hat V^+ = \frac{\dot V_S + \hat Z_c \dot I_S}{2} \tag{9-59}$$

和

$$\hat V^- = \frac{\dot V_S - \hat Z_c \dot I_S}{2} \tag{9-60}$$

将式(9-59)和(9-60)代入式(9-35)和(9-46)得

$$\dot V(z) = \left(\frac{\dot V_S + \hat Z_c \dot I_S}{2}\right)e^{-j\beta z} + \left(\frac{\dot V_S - \hat Z_c \dot I_S}{2}\right)e^{j\beta z} \tag{9-61}$$

和

$$\dot I(z) = \left(\frac{\dot V_S + \hat Z_c \dot I_S}{2\hat Z_c}\right)e^{-j\beta z} - \left(\frac{\dot V_S - \hat Z_c \dot I_S}{2\hat Z_c}\right)e^{j\beta z} \tag{9-62}$$

将式(9-61)和(9-62)中的$\dot V_S$ 和$\dot I_S$ 项合并，得到

$$\dot V(z) = \dot V_S\cos\beta z - j\hat Z_c \dot I_S\sin\beta z \tag{9-63}$$

$$\dot I(z) = -j\frac{\dot V_S}{\hat Z_c}\sin\beta z + \dot I_S\cos\beta z \tag{9-64}$$

或写成矩阵形式

$$\begin{bmatrix}\dot V(z)\\ \dot I(z)\end{bmatrix} = \begin{bmatrix}\cos\beta z & -j\hat Z_c\sin\beta z\\ -j\dfrac{1}{\hat Z_c}\sin\beta z & \cos\beta z\end{bmatrix}\begin{bmatrix}\dot V_S\\ \dot I_S\end{bmatrix} \tag{9-65}$$

当发送端的电压与电流为已知时，由这矩阵方程可计算出沿传输线任意 z 点的电压与电流。

令 $z=l$，即可求出接收端的电压与电流为

$$\begin{bmatrix}\dot V_R\\ \dot I_R\end{bmatrix} = \begin{bmatrix}\cos\beta l & -j\hat Z_c\sin\beta l\\ -j\dfrac{1}{\hat Z_c}\sin\beta l & \cos\beta l\end{bmatrix}\begin{bmatrix}\dot V_S\\ \dot I_S\end{bmatrix} \tag{9-66}$$

式中$\dot{V}_R=\dot{V}(l)$，$\dot{I}_R=\dot{I}(l)$。

也可用$\dot{V}_R$和$\dot{I}_R$来表示$\dot{V}_S$和$\dot{I}_S$为

$$\begin{bmatrix}\dot{V}_S\\ \dot{I}_S\end{bmatrix}=\begin{bmatrix}\cos\beta l & \mathrm{j}\hat{Z}_c\sin\beta l\\ \mathrm{j}\dfrac{1}{\hat{Z}_c}\sin\beta l & \cos\beta l\end{bmatrix}\begin{bmatrix}\dot{V}_R\\ \dot{I}_R\end{bmatrix} \tag{9-67}$$

若将式(9-67)代入式(9-65)，则可用V_R和I_R来预计沿传输线每点的电压与电流为

$$\begin{bmatrix}\dot{V}(z)\\ \dot{I}(z)\end{bmatrix}=\begin{bmatrix}\cos\beta(l-z) & \mathrm{j}\hat{Z}_c\sin\beta(l-z)\\ \mathrm{j}\dfrac{1}{\hat{Z}_c}\sin\beta(l-z) & \cos\beta(l-z)\end{bmatrix}\begin{bmatrix}\dot{V}_R\\ \dot{I}_R\end{bmatrix} \tag{9-68}$$

这样，当负载电压$\dot{V}_R$与电流$\dot{I}_R$为已知时，可由式(9-68)求出距电源距离为z处的电压$\dot{V}(z)$与电流$\dot{I}(z)$。

例9.5 50 m长的同轴电缆的电感与电容分别为0.25 μH/m和50 pF/m，工作频率为100 kHz。(a)计算线路的特性阻抗和相位常数，(b)若媒质的磁导率与自由空间相同，则媒质的电容率必须为多少？和(c)求传输线引起的迟延。

解 (a)电缆的特性阻抗为

$$\hat{Z}_c=\sqrt{\frac{L_l}{C_l}}=\sqrt{\frac{0.25\times10^{-6}}{50\times10^{-12}}}=70.71\ \Omega$$

相位常数为

$$\beta=\omega\sqrt{L_lC_l}=2\pi\times100\times10^3\times\sqrt{0.25\times10^{-6}\times50\times10^{-12}}$$
$$=2.22\times10^{-3}\ \mathrm{rad/m}$$

(b)传播速度为

$$u_p=\frac{1}{\sqrt{L_lC_l}}=\frac{1}{\sqrt{0.25\times10^{-6}\times50\times10^{-12}}}=2.83\times10^8\ \mathrm{m/s}$$

又由式(9-39)$u_p=\dfrac{1}{\sqrt{\mu\varepsilon}}$，因此

$$\varepsilon_r=\frac{1}{\varepsilon_0u_p^2\mu_0}=\frac{1}{8.85\times10^{-12}\times(2.83\times10^8)^2\times4\pi\times10^{-7}}=1.12$$

(c)传输线的延迟为

$$t_d=\frac{l}{u_p}=\frac{50}{2.83\times10^8}=176.68\times10^{-9}\mathrm{s}\text{ 或 }176.68\ \mathrm{ns}$$

例9.6 一条100 m长无损耗传输线，其分布电感为296 nH/m，分布电容为46.2 pF/m，工作于无负载状态。在传输线输入端接有电压源输送功率。电压源的开路电压为$v_S(t)=100\cos10^6t$ V，其内阻抗可以忽略。计算(a)线路的特性阻抗和相位常数，(b)接收端的电压和电源供给的电流，和(c)电源送出的功率。

解 (a)特性阻抗为

$$\hat{Z}_c=\sqrt{\frac{L_l}{C_l}}=\sqrt{\frac{296\times10^{-9}}{46.2\times10^{-12}}}\approx80\ \Omega$$

相位常数为

$$\beta=\omega\sqrt{L_lC_l}=10^6\sqrt{296\times10^{-9}\times46.2\times10^{-12}}=3.698\times10^{-3}\ \mathrm{rad/m}$$

（b）用式(9-66)，我们有

$$\begin{bmatrix}\dot{V}_R\\0\end{bmatrix}=\begin{bmatrix}\cos(0.3698) & -\mathrm{j}80\sin(0.3698)\\ -\mathrm{j}\dfrac{1}{80}\sin(0.3698) & \cos(0.3698)\end{bmatrix}\begin{bmatrix}100\ \underline{/0^\circ}\\ \dot{I}_S\end{bmatrix}$$

由这矩阵方程，我们首先求出电源输出的电流为

$$\dot{I}_S=\frac{\left[\mathrm{j}\dfrac{1}{80}\sin(0.3698)\right]100\ \underline{/0^\circ}}{\cos(0.3698)}=\mathrm{j}0.485\ \mathrm{A}$$

接收端的电压为

$$\dot{V}_R=100\cos(0.3698)-\mathrm{j}80\times(\mathrm{j}0.485)\sin(0.3698)=107.26\ \mathrm{V}$$

注意，接收端的电压高于发送端的电压。这是当无负载时，传输线的电容引起的。

（c）发送端的复功率为

$$\hat{S}_S=\frac{1}{2}\dot{V}_S\dot{I}_S^{*}=P_S+\mathrm{j}Q_S=\frac{1}{2}(100\ \underline{/0^\circ}\ )(-\mathrm{j}0.485)$$
$$=-\mathrm{j}24.25\ \mathrm{VA}$$

因而在发送端的平均功率 P_S 等于零。无功功率 $Q_S=-24.25$ 乏（VAR）。

9.4　输入阻抗

图 9-10 所示的无损耗传输线任意点 z 的输入阻抗 $\hat{Z}_{\mathrm{in}}(z)$ 是由该点的电压与电流比值计算的。这样，由式(9-68)，得

$$\hat{Z}_{\mathrm{in}}(z)=\frac{\dot{V}(z)}{\dot{I}(z)}=\frac{\dot{V}_R\cos\beta(l-z)+\mathrm{j}\hat{Z}_c\dot{I}_R\sin\beta(l-z)}{\mathrm{j}\dfrac{\dot{V}_R}{\hat{Z}_c}\sin\beta(l-z)+\dot{I}_R\cos\beta(l-z)}\tag{9-69}$$

又已知

$$\hat{Z}_L=\frac{\dot{V}_R}{\dot{I}_R}\tag{9-70}$$

式中 $\hat{Z}_L$ 为负载阻抗。

将式(9-70)代入(9-69)，得

$$\hat{Z}_{\mathrm{in}}(z)=\hat{Z}_c\frac{\hat{Z}_L+\mathrm{j}\hat{Z}_c\tan\beta(l-z)}{\hat{Z}_c+\mathrm{j}\hat{Z}_L\tan\beta(l-z)}\tag{9-71}$$

由式(9-71)显然可知，线路的输入阻抗取决于负载阻抗、特性阻抗、线长、相位常数以及所在线上的位置。令 $z=0$，则得传输线发送端的输入阻抗为

$$\hat{Z}_{\mathrm{in}}(0)=\hat{Z}_c\frac{\hat{Z}_L+\mathrm{j}\hat{Z}_c\tan\beta l}{\hat{Z}_c+\mathrm{j}\hat{Z}_L\tan\beta l}\tag{9-72}$$

当线路的接收端短路时，在 $z=0$ 处的输入阻抗成为

$$\hat{Z}_{\mathrm{in}}(0)|_{\mathrm{sc}}=\mathrm{j}\hat{Z}_c\tan\beta l\tag{9-73}$$

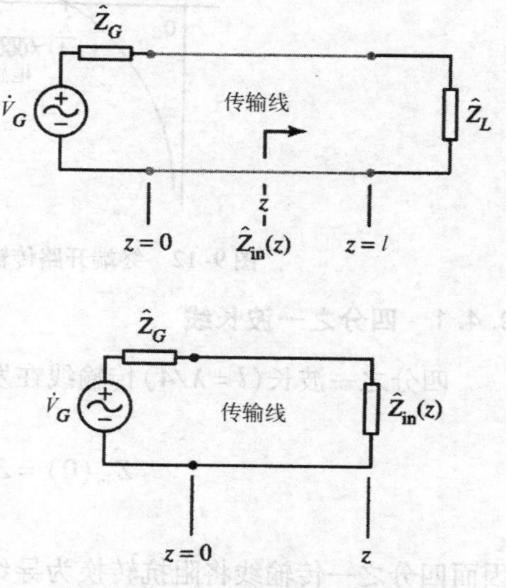

图 9-10　以输入阻抗表示的传输线

而当接收端开路时，在 $z=0$ 处的输入阻抗为

$$\hat{Z}_{in}(0)|_{oc} = -j\hat{Z}_c\cot\beta l \tag{9-74}$$

在任一情况下，所给传输线的输入阻抗依赖于线的长度。传输线短路与开路的 $\hat{Z}_{in}$ 与线长的关系分别示于图9-11与图9-12。由式(9-73)与(9-74)显然可知

$$\hat{Z}_c = \sqrt{\hat{Z}_{in}(0)\Big|_{oc}\hat{Z}(0)_{in}\Big|_{sc}}$$

因而进行线上的开路和短路测试后，即可确定它的特性阻抗。

下面我们研究传输线长度对发送端输入阻抗的影响。

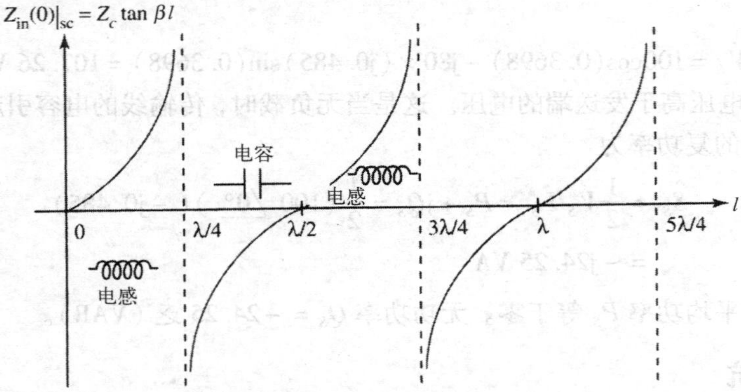

图9-11　终端短路传输线的发送端输入阻抗与长度的函数关系

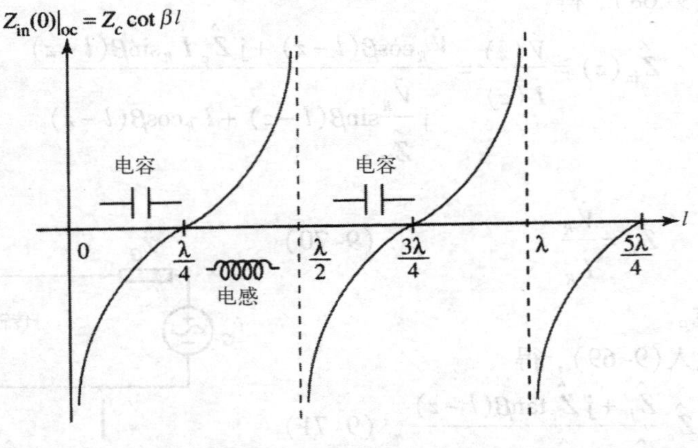

图9-12　终端开路传输线的发送端输入阻抗与长度的函数关系

9.4.1　四分之一波长线

四分之一波长($l=\lambda/4$)传输线在发送端的输入阻抗由式(9-72)决定

$$\hat{Z}_{in}(0) = \hat{Z}_c\frac{\hat{Z}_L + j\hat{Z}_c\tan\left(\frac{2\pi}{\lambda}\frac{\lambda}{4}\right)}{\hat{Z}_c + j\hat{Z}_L\tan\left(\frac{2\pi}{\lambda}\frac{\lambda}{4}\right)} = \frac{\hat{Z}_c^2}{\hat{Z}_L} \tag{9-75}$$

因而四分之一传输线将阻抗转换为导纳。当将阻抗定义为它相对于特性阻抗 $\hat{Z}_c$ 的归一化值时，这一事实就更为明显。当我们写出归一化的输入阻抗为 $\hat{z}_{in}=\hat{Z}_{in}/\hat{Z}_c$，归一化负载阻抗为

$\hat{z}_L=\hat{Z}_L/\hat{Z}_c$ 时，由式(9-75)得到 $\hat{z}_{in}=1/\hat{z}_L$。

若线的接收端短路，则输入阻抗成为无穷大。这样，一个终端短路的四分之一波长线，在它的输入端表现为开路，如图 9-13 所示。基于此理由，一个终端短路的四分之一波长传输线可以作为绝缘体。反之，一个终端开路的四分之一波长传输线，在它的输入端则可视为短路。

9.4.2 半波长线

当传输线长度为半波长($l=\lambda/2$)时，它的输入阻抗为

$$\hat{Z}_{in}(0)=\hat{Z}_c\frac{\hat{Z}_L+\mathrm{j}\,\hat{Z}_c\tan\left(\dfrac{2\pi}{\lambda}\dfrac{\lambda}{2}\right)}{\hat{Z}_c+\mathrm{j}\,\hat{Z}_L\tan\left(\dfrac{2\pi}{\lambda}\dfrac{\lambda}{2}\right)}=\hat{Z}_L \tag{9-76}$$

这样，负载阻抗在传输线上每隔半波长即重现一次，如图 9-14 所示。除了确定波的传输时间，我们可将所有计算假设传输线比它原有长度减少 $n\lambda/2$，此处 n 为整数。若 $\dot{V}(z)$ 与 $\dot{I}(z)$ 为传输线上任意点 z 处的电压与电流，则 $\dot{V}(z+\lambda/2)=-\dot{V}(z)$ 与 $\dot{I}(z+\lambda/2)=-\dot{I}(z)$。换句话说，沿线每半个波长，电压和电流即改变一次它们的方向。

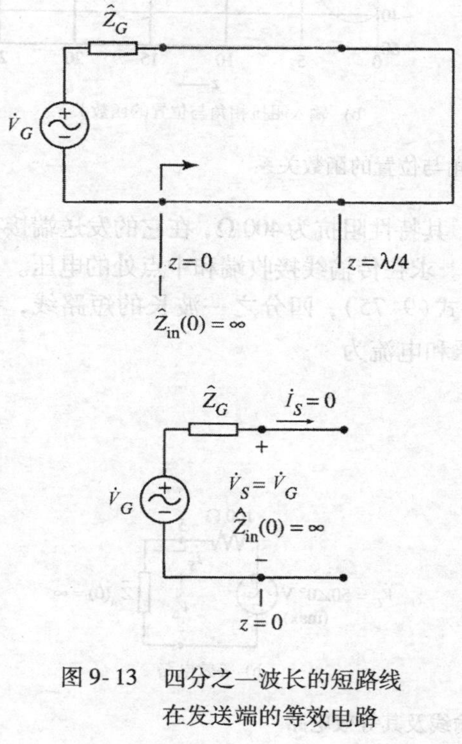

图 9-13 四分之一波长的短路线在发送端的等效电路

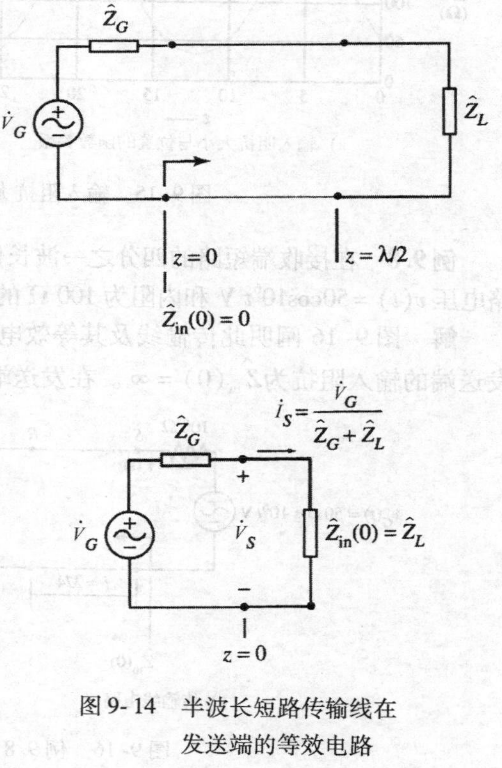

图 9-14 半波长短路传输线在发送端的等效电路

例 9.7 一条 25 m 长的无损耗传输线终端接有在 10 MHz 时等效阻抗为(40 + j30)Ω 的负载。线的单位长度电感与电容分别为 310.4 nH/m 和 38.28 pF/m。试计算在线的发送端和中点的输入阻抗，并绘出输入阻抗幅值和相角与在传输线上位置的函数关系。

解 特性阻抗和相位常数分别为

$$\hat{Z}_c = \sqrt{\frac{310.4\times10^{-9}}{38.28\times10^{-12}}}\approx 90\ \Omega$$

和

$$\beta = 2\pi\times10\times10^{6}\sqrt{310.4\times10^{-9}\times38.28\times10^{-12}} = 0.217\ \mathrm{rad/m}$$

由式(9-72)得到在发送端的输入阻抗为

$$\hat{Z}_{\rm in}(0) = 90\left[\frac{40+\mathrm{j}30+\mathrm{j}90\tan(0.217\times25)}{90+\mathrm{j}(40+\mathrm{j}30)\tan(0.217\times25)}\right]$$

$$= 57\ \angle -41.29^\circ\ \Omega = (42.83-\mathrm{j}37.62)\,\Omega$$

由式(9-71)，在中点的输入阻抗为

$$\hat{Z}_{\rm in}(12.5) = 90\left[\frac{40+\mathrm{j}30+\mathrm{j}90\tan(0.217\times12.5)}{90+\mathrm{j}(40+\mathrm{j}30)\tan(0.217\times12.5)}\right]$$

$$= 35.49\ \angle -5.61^\circ\ \Omega = (35.32-\mathrm{j}3.47)\,\Omega$$

输入阻抗的大小及相角与在传输线上位置的函数关系见图9-15。

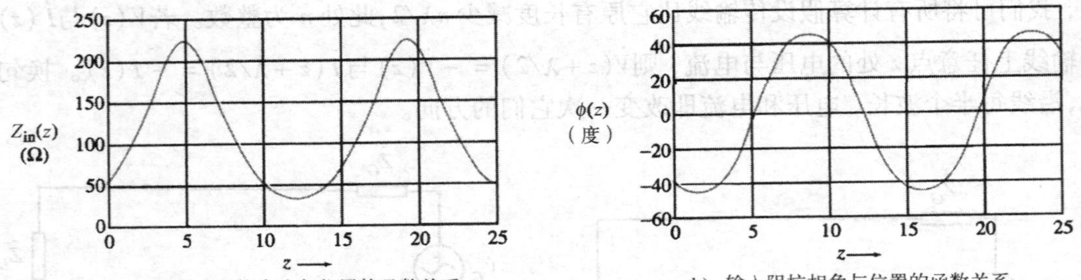

a) 输入阻抗大小与位置的函数关系　　b) 输入阻抗相角与位置的函数关系

图9-15　输入阻抗大小及相角与位置的函数关系

例9.8　在接收端短路的四分之一波长传输线。其特性阻抗为400 Ω，在它的发送端接有开路电压 $v(t)=50\cos10^6 t$ V 和内阻为100 Ω 的发生器。求在传输线接收端和中点处的电压。

解　图9-16 阐明此传输线及其等效电路。由式(9-75)，四分之一波长的短路线，在它发送端的输入阻抗为 $\hat{Z}_{\rm in}(0)=\infty$。在发送端的电压和电流为

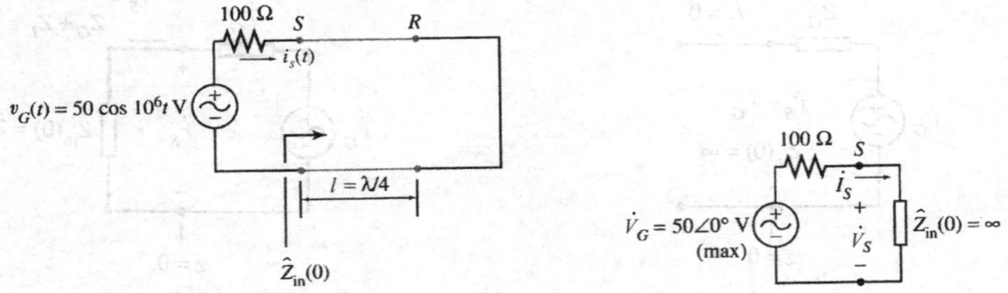

a) 传输线电路　　b) 等效电路

图9-16　例9.8中的传输线及其等效电路

$$v_S(t) = v(t) = 50\cos10^6 t\ \Omega,\qquad i_S(t) = 0$$

或用相量形式

$$\dot{V}_S = 50\ \angle 0^\circ\ \mathrm{V},\quad \dot{I}_S = 0$$

由式(9-66)，负载端的电压为

$$\dot{V}_R = (50\ \underline{/0^\circ}\ )\cos\left(\frac{2\pi}{\lambda}\frac{\lambda}{4}\right) = 0$$

在中点，$z=\dfrac{\lambda}{8}$，由式(9-65)，其电压为

$$\dot{V}\left(\frac{\lambda}{8}\right) = (50\ \underline{/0^\circ}\ )\cos\left(\frac{2\pi}{\lambda}\frac{\lambda}{8}\right)$$

$$= \frac{50}{\sqrt{2}}\underline{/0^\circ}\ \ \mathrm{V}$$

或写成时域形式

$$v\left(\frac{\lambda}{8},\ t\right) = \frac{50}{\sqrt{2}}\cos 10^6 t\ \mathrm{V}$$

例 9.9　一个内阻为 50 Ω 的发生器对无损耗传输线送入波长为 100 cm 的信号。传输线为 50 cm 长，终端负载阻抗为(50 + j20) Ω。信号源的开路电压峰值为 10 V。线的单位长度电感和电容分别为 0.17 μH/m 和 70 pF/m。计算(a) 电源的频率和(b) 传输线发送端和接收端的电压、电流和功率。

解　线路上波的传播速度与特性阻抗为

$$u_p = \frac{1}{\sqrt{L_l C_l}} = \frac{1}{\sqrt{0.17\times10^{-6}\times70\times10^{-12}}} = 2.899\times10^8\ \mathrm{m/s}$$

和

$$\hat{Z}_c = \sqrt{\frac{L_l}{C_l}} = \sqrt{\frac{0.17\times10^{-6}}{70\times10^{-12}}} = 49.28\ \Omega$$

(a) 电源的频率为

$$f = \frac{u_p}{\lambda} = \frac{2.899\times10^8}{1} = 2.899\times10^8\ \mathrm{Hz}$$

(b) 由于线长为 $l = 50\ \mathrm{cm} = \lambda/2$(半波长传输线)，发送端的输入阻抗为

$$\hat{Z}_{\mathrm{in}}(0) = \hat{Z}_L = (50 + \mathrm{j}20)\ \Omega$$

结果发送端的电流与电压为

$$\dot{I}_S = \frac{\dot{V}_G}{R_G + \hat{Z}_{\mathrm{in}}(0)} = \frac{10\ \underline{/0^\circ}}{50 + 50 + \mathrm{j}20} = 98\times10^{-3}\ \underline{/-11.31^\circ}\ \ \mathrm{A}$$

和

$$\dot{V}_S = \dot{I}_S\hat{Z}_{\mathrm{in}}(0) = (98\times10^{-3}\ \underline{/-11.31^\circ}\ )(50 + \mathrm{j}20) = 5.28\ \underline{/10.49^\circ}\ \ \mathrm{V}$$

发送端的复功率为

$$\hat{S}_S = \frac{1}{2}\dot{V}_S\dot{I}_S^* = \frac{1}{2}(5.28\ \underline{/10.49^\circ}\ )(98\times10^{-3}\ \underline{/11.31^\circ}\ ) = 0.259\ \underline{/21.8^\circ}\ \ \mathrm{VA}$$

$$= (0.24 + \mathrm{j}0.096)\ \mathrm{VA}$$

接收端的电流为

$$\dot{I}_R = \left[-\mathrm{j}\frac{1}{49.28}\sin\left(\frac{2\pi}{\lambda}\frac{\lambda}{2}\right)\right]\left[5.28\ \underline{/10.49^\circ}\ \right]$$

$$+\left[\cos\left(\frac{2\pi}{\lambda}\frac{\lambda}{2}\right)\right]\left[98\times10^{-3}\ \underline{/-11.31^\circ}\ \right]$$

$$\dot{I}_R = -98\times10^{-3}\ \underline{/-11.31^\circ}\ \ \mathrm{A}\ 或\ \dot{I}_R = 98\times10^{-3}\ \underline{/168.69^\circ}\ \ \mathrm{A}$$

接收端的电压为

$$\dot{V}_R = \left[\cos\left(\frac{2\pi}{\lambda}\frac{\lambda}{2}\right)\right][5.28\ \angle 10.49°\ ]$$

$$-\mathrm{j}49.28[98\times10^{-3}\ \angle -11.31°\ ]\left[\sin\left(\frac{2\pi}{\lambda}\frac{\lambda}{2}\right)\right]$$

$$\dot{V}_R = -5.28\ \angle 10.49°\ \mathrm{V}\ 或\ \dot{V}_R = 5.28\ \angle 190.49°\ \mathrm{V}$$

接收端的复功率为

$$\hat{S}_R = \frac{1}{2}\dot{V}_R\dot{I}_R^* = \frac{1}{2}(5.28\ \angle 190.49°\ )(98\times10^{-3}\ \angle -168.69°\ )$$
$$=0.259\ \angle 21.8°\ \ \mathrm{VA} = (0.24+\mathrm{j}0.096)\ \mathrm{VA}$$

如所预期，对于无损耗传输线，送至负载的功率等于发送端输入线路的功率。但电源所供给的复功率为

$$\hat{S}_G = \frac{1}{2}\times10\times\dot{I}_S^* = 0.49\ \angle 11.31°\ = (0.48+\mathrm{j}0.096)\ \mathrm{VA}$$

因此，系统的总效率为

$$\eta = \frac{0.24}{0.48} = 0.5\ 或\ 50\%$$

9.5 沿传输线上不连续点的反射

传输线上不连续点是线路特性阻抗改变的点。例如，当两条特性阻抗不同的传输线连接在一起时，这连接点就是不连续点。传输线的发送端与接收端也可以认为是不连续点，因为电源一端的内阻抗和另一端负载的阻抗都可能与线路的特性阻抗不同。

当波射入一个不连续点时，一部分将越过不连续点继续向前传输，其余部分则被反射回来，成为反向波，如图9-17所示。用式(9-47a)和(9-47b)可将$\hat{Z}_L$表示为

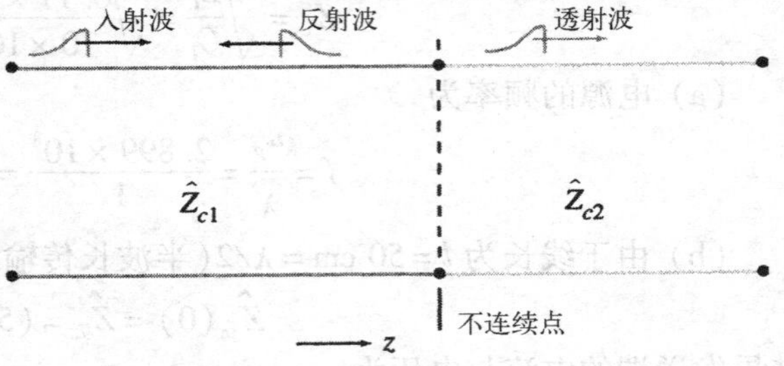

图9-17 传输线上不连续点的入射、反射和透射波

$$\hat{Z}_L = \frac{\dot{V}(l)}{\dot{I}(l)} = \hat{Z}_c\frac{1+\hat{\rho}_R}{1-\hat{\rho}_R} \tag{9-77}$$

式中$\hat{\rho}_R$为$z=l$处的反射系数。这样，由式(9-48)

$$\hat{\rho}_R = \frac{\hat{V}^-}{\hat{V}^+}\mathrm{e}^{2\hat{\gamma}l}$$

重新排列式(9-77)，得出$z=l$处的反射系数为

$$\hat{\rho}_R = \frac{\hat{Z}_L-\hat{Z}_c}{\hat{Z}_L+\hat{Z}_c} \tag{9-78}$$

任意点z的反射系数由式(9-48)，也可用$\hat{\rho}_R$表示为

$$\hat{\rho}(z) = \hat{\rho}_R\mathrm{e}^{-2\hat{\gamma}(l-z)} \tag{9-79}$$

由式(9-47a)，在$z=l$接收端的电压为

$$\dot{V}(l) = \hat{V}^{+}\mathrm{e}^{-\gamma l}(1+\hat{\rho}_R) \tag{9-80}$$

这样，我们也可定义透射系数为

$$\hat{\tau}_R = 1+\hat{\rho}_R \tag{9-81a}$$

或以$\hat{Z}_L$与$\hat{Z}_c$表示为

$$\hat{\tau}_R = \frac{2\hat{Z}_L}{\hat{Z}_L+\hat{Z}_c} \tag{9-81b}$$

透射系数帮助我们由入射波来确定透射波。

例 9.10　一条100m长无损耗传输线的相位常数和特性阻抗分别为3×10^{-3} rad/m 和 60 Ω。发送端和接收端的电压有效值分别为100 V和90 V。接收端电压滞后于发送端电压的角度为2°。求透射系数和在接收端的负载阻抗，并写出沿线任一点的电压与电流前向波和后向波的一般表示式。计算每种波的平均功率。

解　在发送端$z=0$,用式(9-51a)和(9-51c),得

$$\dot{V}(0) = \hat{V}^{+}(1+\hat{\rho}_R\mathrm{e}^{-\mathrm{j}2\times0.003\times100}) = 100\ \underline{/0°}$$

在接收端$z=l$,用式(9-80),得

$$\dot{V}(l) = \hat{V}^{+}\mathrm{e}^{-\mathrm{j}0.003\times100}(1+\hat{\rho}_R) = 90\ \underline{/-2°}$$

将$\dot{V}(0)$被$\dot{V}(l)$除，得

$$\frac{1+\hat{\rho}_R\mathrm{e}^{-\mathrm{j}0.6}}{(1+\hat{\rho}_R)\mathrm{e}^{-\mathrm{j}0.3}} = \frac{10}{9}\ \underline{/2°}$$

由此可以计算出反射系数$\hat{\rho}_R$为

$$\hat{\rho}_R = 0.814\ \underline{/56.03°}$$

透射系数则为

$$\hat{\tau}_R = 1+\hat{\rho}_R = 1+0.814\ \underline{/56.03°} = 1.604\ \underline{/24.89°}$$

由式(9-77)可决定负载阻抗为

$$\hat{Z}_L = 60\left[\frac{1+0.814\ \underline{/56.03°}}{1-0.814\ \underline{/56.03°}}\right] = 110.9\ \underline{/75.97°}\ \Omega$$

或

$$\hat{Z}_L = (26.89+\mathrm{j}107.59)\Omega$$

为了得到任意点处$\dot{V}(z)$和$\dot{I}(z)$,首先要确定$\hat{V}^{+}$和$\hat{I}^{+}$,用式(9-49a)和(9-44),得

$$\hat{V}^{+} = \frac{90\ \underline{/-2°}}{\mathrm{e}^{-\mathrm{j}0.3}\times1.604\ \underline{/24.89°}} = 56.12\ \underline{/-9.7°}\ \mathrm{V}$$

$$\hat{I}^{+} = \frac{\hat{V}^{+}}{\hat{Z}_c} = \frac{56.12\ \underline{/-9.7°}}{60\ \underline{/0°}} = 0.94\ \underline{/-9.7°}\ \mathrm{A}$$

线上任意点的电压和电流以它们的有效(rms)值表示，用式(9-47a)、(9-47b)和(9-52),得

$$\dot{V}(z) = 56.12\mathrm{e}^{-\mathrm{j}(0.003z+9.7°)}\left[1+0.814\mathrm{e}^{-\mathrm{j}[0.006(l-z)-56.03°]}\right]$$

$$\dot{I}(z) = 0.94\mathrm{e}^{-\mathrm{j}(0.003z+9.7°)}\left[1-0.814\mathrm{e}^{-\mathrm{j}[0.006(l-z)-56.03°]}\right]$$

前向和后向电压与电流波以它们的有效值表示成相量形式为

$$\dot{V}_f(z)=56.12\mathrm{e}^{-\mathrm{j}0.003z}\mathrm{e}^{-\mathrm{j}9.7^\circ}\ \mathrm{V}$$

$$\dot{I}_f(z)=0.94\mathrm{e}^{-\mathrm{j}0.003z}\mathrm{e}^{-\mathrm{j}9.7^\circ}\ \mathrm{A}$$

$$\dot{V}_b(z)=45.682\mathrm{e}^{\mathrm{j}0.003z}\mathrm{e}^{\mathrm{j}12.05^\circ}\ \mathrm{V}$$

$$\dot{I}_b(z)=-0.765\mathrm{e}^{\mathrm{j}0.003z}\mathrm{e}^{\mathrm{j}12.05^\circ}\ \mathrm{A}$$

式中下标f和b分别表示前向和后向场。

在时域中则有

$$v_f(z,t)=79.366\cos(\omega t-0.003z-9.7^\circ)\ \mathrm{V}$$

$$i_f(z,t)=1.329\cos(\omega t-0.003z-9.7^\circ)\ \mathrm{A}$$

$$v_b(z,t)=64.604\cos(\omega t+0.003z+12.05^\circ)\ \mathrm{V}$$

$$i_b(z,t)=-1.082\cos(\omega t+0.003z+12.05^\circ)\ \mathrm{A}$$

每个波的功率为

$$P_f(z)=\mathrm{Re}[\dot{V}_f(z)\dot{I}_f^*(z)]=52.75\ \mathrm{W}$$

$$P_b(z)=\mathrm{Re}[\dot{V}_b(z)\dot{I}_b^*(z)]=-34.95\ \mathrm{W}$$

沿z方向传输的净功率为

$$P(z)=52.75-34.95=17.8\ \mathrm{W}$$

注意，对于无损耗传输线，与场的交叉耦合所产生的平均功率为零⊖。

9.6 传输线的驻波

一般情况下，传输线上任意点z处的电压与电流为

$$\dot{V}(z)=\hat{V}^+\mathrm{e}^{-\mathrm{j}\beta z}[1+\rho_R\mathrm{e}^{\mathrm{j}\phi}\mathrm{e}^{-\mathrm{j}2\beta(l-z)}] \tag{9-82}$$

和

$$\dot{I}(z)=\frac{\hat{V}^+\mathrm{e}^{-\mathrm{j}\beta z}}{\hat{Z}_c}[1-\rho_R\mathrm{e}^{\mathrm{j}\phi}\mathrm{e}^{-\mathrm{j}2\beta(l-z)}] \tag{9-83}$$

式中$\hat{\rho}_R=\rho_R\mathrm{e}^{\mathrm{j}\phi}$为$z=l$处的反射系数。每个方程都是前向和后向行波的结果。如第8章已阐明的，前向和后向行波合成为驻波。这样，式(9-82)和(9-83)即为传输播线上电压与电流的驻波方程式。

对于任意负载，式(9-82)和(9-83)的电压和电流的大小当$\hat{V}^+=V^+\angle 0^\circ$时为

$$V(z)=V^+\sqrt{1+\rho_R^2+2\rho_R\cos[2\beta(l-z)-\phi]} \tag{9-84}$$

和

$$I(z)=\frac{V^+}{Z_c}\sqrt{1+\rho_R^2-2\rho_R\cos[2\beta(l-z)-\phi]} \tag{9-85}$$

对于$\hat{Z}_c=32\ \Omega$，$V^+=100\mathrm{V}$，$\beta=8.38\ \mathrm{rad/m}$，$l=1\ \mathrm{m}$和$\hat{\rho}_R=0.531\angle 7.77^\circ$的$V(z)$和$I(z)$的变化示于图9-18。注意，当电压为最大时，电流为最小，反之亦然。一种波最小与最大总是间隔半个波长，而相邻两个最大或最小之间的距离总是一个整波长。

⊖ 可参考本书第8.5节中对$<\hat{S}_{fb}>$的解释。——译注

当无损耗传输线接到电阻负载时，接收端的反射系数为实数。这时，$\phi=0$，式(9-84)与(9-85)成为

$$V(z)=V^{+}\sqrt{1+\rho_R^2+2\rho_R\cos[2\beta(l-z)]} \tag{9-86}$$

和

$$I(z)=\frac{V^{+}}{Z_c}\sqrt{1+\rho_R^2-2\rho_R\cos[2\beta(l-z)]} \tag{9-87}$$

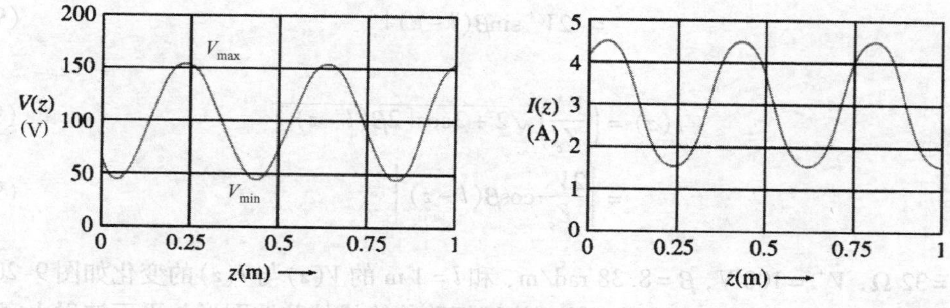

图 9-18 传输线上电压与电流的驻波

让我们用这些方程来研究当(a) $R_L>Z_c$ 和(b) $R_L<Z_c$ 时 $V(z)$ 和 $I(z)$ 随 z 变化的情形。

(a) $R_L>Z_c \Rightarrow \rho_R>0$：当$\hat{Z}_c=32\ \Omega$，$V^{+}=100\ \text{V}$，$\beta=8.38\ \text{rad/m}$，$l=1\ \text{m}$，$R_L=288\ \Omega$ 时，用式(9-86)和(9-87)绘出 $V(z)$ 和 $I(z)$，如图 9-19a 所示。由图可见，无损耗传输线上的驻波在接收端 $z=l$ 处产生电压最大值和电流最小值。在传输线上，每隔一个波长即产生同样情形。

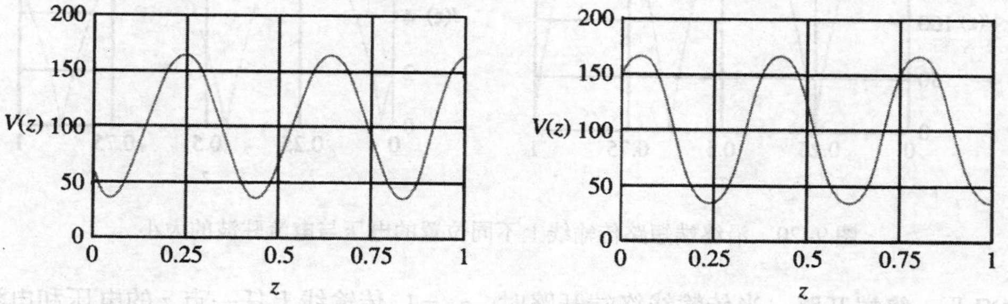

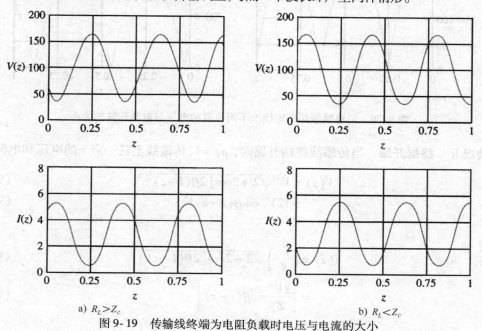

图 9-19 传输线终端为电阻负载时电压与电流的大小

(b) $R_L<Z_c \Rightarrow \rho_R<0$：当$\hat{Z}_c=32\ \Omega$，$V^{+}=100\ \text{V}$，$\beta=8.38\ \text{rad/m}$，$l=1\ \text{m}$，$R_L=3.55\ \Omega$ 时，在接收端的电压为最小，电流为最大，如图 9-19b 所示。事实上，对于 $R_L>Z_c$，哪里电压为最小；对于 $R_L<Z_c$，该处电压就为最大。反之亦然。

在这节以后的讨论中，我们考虑三种特殊情况：传输线终端短路、开路和接至匹配负载。此外，还要介绍一种称为电压驻波比的量度。

情况Ⅰ　终端短路　当传输线终端短路时，$\rho_R=-1$，传输线上任一点 z 处的电压与电流的大小为

$$V(z)=V^+\sqrt{2-2\cos[2\beta(l-z)]} \tag{9-88a}$$

$$=|2V^+\sin\beta(l-z)| \tag{9-88b}$$

和

$$I(z)=\left(\frac{V^+}{Z_c}\right)\sqrt{2+2\cos[2\beta(l-z)]} \tag{9-89a}$$

$$=\left|\frac{2V^+}{Z_c}\cos\beta(l-z)\right| \tag{9-89b}$$

对于$\hat{Z}_c=32\ \Omega$，$V^+=100\ \mathrm{V}$，$\beta=8.38\ \mathrm{rad/m}$，和 $l=1\ \mathrm{m}$ 的 $V(z)$ 与 $I(z)$ 的变化如图 9-20 所示，电压和电流二者的驻波图形都是明显的。终端短路传输线的驻波图形与平面波射入完全导体的情况相似(见图 8-14)。由图 9-20 可见，距接收端为四分之一波长奇数倍处的电压值为最大但电流为零。然而，距终端为半波长奇数倍处则是电流最大而电压为零。这些观察结果与我们以前讨论短路的四分之一波长和半波长传输线发送端的输入阻抗实际一致。

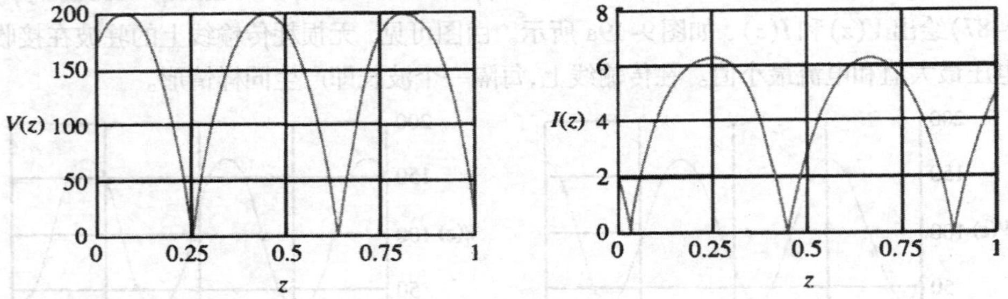

图 9-20　沿终端短路传输线上不同位置的电压与电流驻波的大小

情况Ⅱ　终端开路　当传输线终端开路时，$\rho_R=1$，传输线上任一点 z 的电压和电流值为

$$V(z)=V^+\sqrt{2+2\cos[2\beta(l-z)]} \tag{9-90a}$$

$$=|2V^+\cos\beta(l-z)| \tag{9-90b}$$

和

$$I(z)=\left(\frac{V^+}{Z_c}\right)\sqrt{2-2\cos[2\beta(l-z)]} \tag{9-91a}$$

$$=\left|\frac{2V^+}{Z_c}\sin\beta(l-z)\right| \tag{9-91b}$$

图 9-21 示当$\hat{Z}_c=32\ \Omega$，$\beta=8.38\ \mathrm{rad/m}$，$l=1\ \mathrm{m}$ 和 $V^+=100\ \mathrm{V}$ 时，沿传输线的电压与电流波形大小的变化。如所预期，接收端处的电流为零，电压为最大。在距接收端四分之一波长处，电压成为零，但电流为最大。这样，四分之一波长的开路线，在发送端看来是短路的。而在距接收端半波长处，传输线表现为开路的。可以看出，这些现象与上述情况Ⅰ恰好相反。

情况Ⅲ　终端接 $R_L = Z_c$　若无损耗传输线终端接入的电阻负载与传输线的特性阻抗相等，即 $R_L = Z_c$，则在接收端的反射系数 ρ_R 将等于零，入射波将被负载全部吸收。结果，传输线上不产生驻波。也可由式(9-84)和(9-85)得到结论，沿传输线的电压和电流的大小不变。当 $R_L = \hat{Z}_c = 32\ \Omega, \beta = 8.38\ \text{rad/m}$，$V^+ = 100\ \text{V}$ 和 $l = 1\ \text{m}$ 时，绘出 $V(z)$ 和 $I(z)$，如图9-22所示。由于在接收端无反射，传输线称为被**完全匹配**(perfectly matched)或简单地称为终端**匹配**。

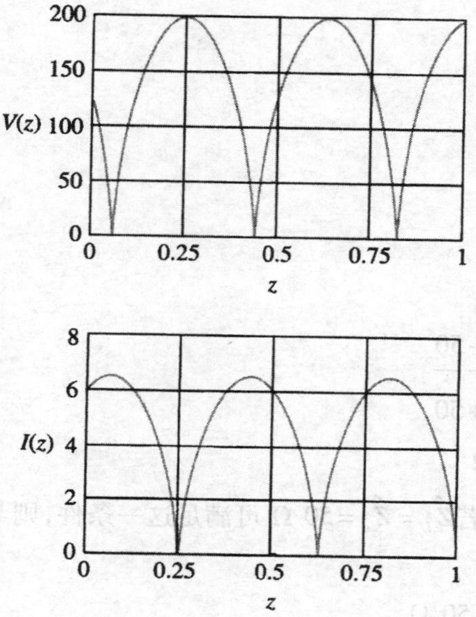

图9-21　终端开路传输线各点的电压与电流驻波大小的变化

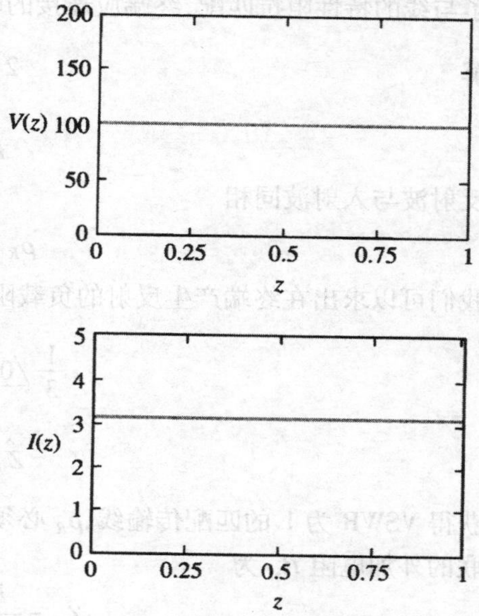

图9-22　沿完全匹配传输线上的电压与电流值

电压驻波比

我们可定义一个称为**电压驻波比**(voltage standing wave ratio, VSWR)的量度，来评价负载接至无损耗传输线的不匹配程度。VSWR 定义为传输线上驻波电压最大值与最小值之比：

$$\text{VSWR} = \frac{V_{\max}}{V_{\min}} \tag{9-92}$$

此处 $V_{\max}$ 与 $V_{\min}$ 示于图9-18。对于匹配传输线 $V_{\max} = V_{\min}$，VSWR 将为1。

电压驻波比也可方便地由接收端的反射系数来表示。传输线上的电压为⊖

$$\dot{V}(z) = \dot{V}^+ e^{-j\beta z}[1 + \rho_R e^{j\phi} e^{-j2\beta(l-z)}] \tag{9-93}$$

式中 $\hat{\rho}_R = \rho_R e^{j\phi}$，$\rho_R$ 为接收端反射系数的数值。为了使 $V(z)$ 的值为最大，$[\phi - 2\beta(l-z)]$ 必须是 $2n\pi$，此处 $n = 0,1,2,3,\cdots$。因此

$$V_{\max} = V^+(1 + \rho_R) \tag{9-94a}$$

为得到最小的电压值，$[\phi - 2\beta(l-z)]$ 必须为 $(2n-1)\pi$，此处 $n = 0,1,2,3,\cdots$。因此，

$$V_{\min} = V^+(1 - \rho_R) \tag{9-94b}$$

因而由式(9-92)可得

⊖ 当 $\hat{V}^+ = V^+\underline{/0^\circ} = \dot{V}^+$ 时，由式(9-82)便得式(9-93)。——译注

$$\mathrm{VSWR}=\frac{1+\rho_R}{1-\rho_R}\text{⊖} \tag{9-95}$$

对于完全匹配的传输线，VSWR 为 1，因为反射系数为零。但对于终端短路与开路，VSWR 将为无穷大，因为这两种情况的反射系数绝对值均为 1（表示全反射）。

例 9.11 特性阻抗为 50 Ω 的传输线终端连接负载产生的 VSWR 为 2，反射波没有相移。求为了与线的特性阻抗匹配，终端应连接的电阻值。

解

$$2=\frac{1+\rho_R}{1-\rho_R}$$

$$\rho_R=\frac{1}{3}$$

由于反射波与入射波同相

$$\rho_R=\frac{1}{3}\underline{/0^\circ}$$

现在我们可以求出在终端产生反射的负载阻抗

$$\frac{1}{3}\underline{/0^\circ}=\frac{\hat{Z}_L-50}{\hat{Z}_L+50}$$

$$\hat{Z}_L=100\ \Omega$$

为了获得 VSWR 为 1 的匹配传输线，ρ_R 必须为零。若$\hat{Z}_L=\hat{Z}_c=50\ \Omega$ 可满足这一条件，则与负载并联的外加电阻 R_m 为

$$Z_m=\frac{R_m100}{R_m+100}=50\ \Omega$$

$$R_m=100\ \Omega$$

例 9.12 一条 75 Ω，100 m 长的无损耗传输线，馈电至 45 Ω 电阻负载。负载电压为 30 V (max)，工作频率为 1 MHz。若线路的传输时间为 0.357 μs，求线路发送端电压。

解 接收端的反射系数为

$$\hat{\rho}_R=\frac{45-75}{45+75}=-0.25$$

相位常数为

$$\beta=\frac{\omega}{u_p}=\frac{\omega t_t}{l}=\frac{2\pi\times10^6\times0.357\times10^{-6}}{100}=2.24\times10^{-2}\ \mathrm{rad/m}$$

由式(9-47a)可确定任意常数为

$$\hat{V}^+=\frac{\dot{V}_R}{(1+\hat{\rho}_R)\mathrm{e}^{-\mathrm{j}\beta l}}=\frac{30\underline{/0^\circ}}{(1-0.25)\mathrm{e}^{-\mathrm{j}0.0224\times100}}=40\underline{/128.34^\circ}\ \mathrm{V}$$

发送端的反射系数为

$$\hat{\rho}_S=\hat{\rho}(0)=\rho_R\mathrm{e}^{-\mathrm{j}2\beta l}=-0.25\mathrm{e}^{-\mathrm{j}2\times0.0224\times100}=0.25\underline{/-76.69^\circ}$$

应用式(9-47a)，在 $z=0$ 时，得到发送端电压为

⊖ 用此式计算 VSWR（电流也可求驻波比）时，ρ_R 必须用绝对值$|\rho_R|$，详细讨论可参考其他书本，如 Carl T. A. Johnk 所著《工程电磁场与波》，此书有中译本。——译注

$$\dot{V}_S=\hat{V}^+(1+\hat{\rho}_S)=40\ \underline{/128.34^\circ}\ (1+0.25\ \underline{/-76.69^\circ}\ )=43.41\ \underline{/115.39^\circ}\ \text{V}$$

$\dot{V}_S$ 也可由式(9-67)来算出：

$$\dot{V}_S=\dot{V}_R\cos\beta l+\text{j}\,\hat{Z}_c\,\dot{I}_R\sin\beta l$$

接收端的电流$\dot{I}_R$ 为

$$\dot{I}_R=\frac{30\ \underline{/0^\circ}}{45}=0.667\ \underline{/0^\circ}\ \text{A}$$

因而

$$\begin{aligned}\dot{V}_S&=(30\ \underline{/0^\circ}\ )\cos(0.0224\times100)+\text{j}75(0.667\ \underline{/0^\circ}\ )\sin(0.0224\times100)\\&=43.41\ \underline{/115.39^\circ}\ \text{V}\end{aligned}$$

9.7 具有并联短截线的阻抗匹配

在9.6节，我们已观察到当传输线连接的负载不同于线的特性阻抗时，沿传输线将有驻波。同时已经知道当负载与传输线完全匹配时，驻波将消失。当等效负载阻抗精确等于传输线的特性阻抗时，称为完全匹配。由于无损耗线的特性阻抗为纯电阻，即 $Z_c=R_c$，等效负载阻抗也必须等于 R_c。由式(9-71)，传输线的输入阻抗对于一定的负载阻抗，是随 z 而变化的。另外，距离负载为半波长处的输入阻抗与负载阻抗相同。

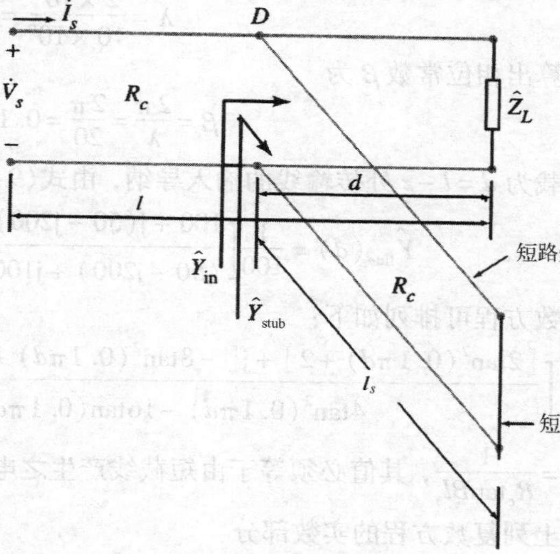

图 9-23 短路短截线连接至传输线

在尽可能靠近负载的传输线上某点 D，它的输入阻抗实数部分等于 R_c。令 D 点距离负载为 d 米，此处 $0<d<\lambda/2$。在此位置输入阻抗的电抗分量可能为正(感性)或负(容性)。我们又知道，一个短路线的输入阻抗总是电抗性，即纯电感性或纯电容性。因而可以在传输线 D 点处连接一条短路线，以便抵消原线输入阻抗的电抗分量，使成纯电阻性，如图9-23所示。当短路线用作这种方式时，它被称为**短截线**(stub line)。因为短截线和传输线是并联的㊀，可将它们的导纳相加。

假设在 D 点处传输线支路的输入导纳为

$$\hat{Y}_{\text{line}}=\frac{1}{R_c}+\text{j}B \tag{9-96}$$

式中 $1/R_c$ 为所期望的电导，B 为传输线支路的电纳，注意 B 可能为正(电容性)或负(电感性)。取短截线的特性阻抗 R_c 和 β 值都与传输线的相同，由式(9-73)，长度为 l_s 的短路短截线的输入导纳为

㊀ 这里对原文语句作了适当修改。——译注

$$\hat{Y}_{\text{stub}} = -\mathrm{j}\frac{1}{R_c\tan\beta l_s} \tag{9-97}$$

于是在 D 点的等效(总)输入导纳为

$$\hat{Y}_{\text{in}} = \hat{Y}_{\text{line}} + \hat{Y}_{\text{stub}} = \frac{1}{R_c} + \mathrm{j}B - \mathrm{j}\frac{1}{R_c\tan\beta l_s} \tag{9-98}$$

在 D 为完全匹配时，Y_{in} 等于 $1/R_c$，其虚部应为零，因而在 $z = l - d$ 处 $\frac{1}{R_c\tan\beta l_s}$ 必须等于 B，即

$$B = \frac{1}{R_c\tan\beta l_s} \tag{9-99}$$

例 9.13 一条100 Ω，200 m 长无损耗传输线工作于 10 MHz，终端连至(50 - j200) Ω 的阻抗。线的传输时间为 1 μs。求短路短截线的长度和位置，使短截线连接点完全匹配。

解 线上的传输速度和波长分别为

$$u_p = \frac{200}{10^{-6}} = 2\times10^8\ \text{m/s}$$

和

$$\lambda = \frac{2\times10^8}{10\times10^6} = 20\ \text{m}$$

然后可算出相位常数 β 为

$$\beta = \frac{2\pi}{\lambda} = \frac{2\pi}{20} = 0.1\pi\ \text{rad/m}$$

在距负载为 $d = l - z$ 处传输线的输入导纳，由式(9-71)可得

$$\hat{Y}_{\text{line}}(d) = \frac{1}{100}\left[\frac{100 + \mathrm{j}(50-\mathrm{j}200)\tan(0.1\pi d)}{(50-\mathrm{j}200) + \mathrm{j}100\tan(0.1\pi d)}\right] = \frac{1}{100} + \mathrm{j}B$$

上述复数方程可排列如下：

$$\left[\frac{[2\tan^2(0.1\pi d) + 2] + \mathrm{j}[-8\tan^2(0.1\pi d) + 13\tan(0.1\pi d) + 8]}{4\tan^2(0.1\pi d) - 16\tan(0.1\pi d) + 17}\right]\frac{1}{100} = \frac{1}{100} + \mathrm{j}B$$

式中 $B = \frac{1}{R_c\tan Bl_s}$，其值必须等于由短截线产生之电纳。

由上列复数方程的实数部分

$$G = \left[\frac{[2\tan^2(0.1\pi d) + 2]}{4\tan^2(0.1\pi d) - 16\tan(0.1\pi d) + 17}\right]\frac{1}{100} = \frac{1}{100}$$

d 有两个解。选较短的距离，得 $d = 2.63$ m。这就是短截线连接至传输线上的点与负载之间的距离。由同一方程的虚数部分

$$B = \left[\frac{[-8\tan^2(0.1\times2.63\pi) + 13\tan(0.1\times2.63\pi) + 8]}{4\tan^2(0.1\times2.63\pi) - 16\tan(0.1\times2.63\pi) + 17}\right]\frac{1}{100} = \frac{1}{100\tan(0.1\pi l_s)}$$

短截线长度也有两个解。选较短的长度，得 $l_s = 1.05$ m。这就是使负载与传输线匹配的短截线的最小长度。

9.8 具有不完全材料的传输线

以上诸节我们研究了具有完全导体和电介质的传输线的基础。这时传输线没有损耗，电磁场位于与波传播方向垂直的平面上(TEM 波)。不完全材料将在传输线上引起损耗。严格说来，线上不再能维持 TEM 波。然而对于所有的实际用途，TEM 波作近似仍然是分析这种传输线相当准确的方法。传输线不完全性基本上是由于(a)两根导线的有限电阻，和(b)隔离

导线的电介质材料的有限电导。

线的电阻和电介质材料的电导使波自传输线一端传播至另一端，发生功率损耗。这样，传输线的设计通常是强调减小这些损耗。由于这些损耗的存在不能消除，我们必须找出包括它们在内的传输线的分析方法。为此，现在讨论具有不完全材料传输线的分析。

9.8.1 波动方程

当电流通过导线时，每条导线的有限电导率使传输线产生功率损耗。功率损耗可用由 $R=P/I^2$ 确定的电阻表示，此处 P 为总功率损耗，I 为传输线中的电流。按照以前对于传输线的讨论，可以将线的每单位长度的电阻用 $R_l=R/l$ 表示，此处 l 为线的长度。由于引起功率损耗的电流与传输线产生磁场的电流相同，因此可以考虑将线的单位长度电阻与单位长度电感相串联，阻抗表示为

$$\hat{Z}_l = R_l + \mathrm{j}\omega L_l \tag{9-100}$$

式中 R_l 为两根导线单位长度的电阻，L_l 为单位长度的电感，$\hat{Z}_l$ 为传输线单位长度的**串联阻抗**。

现在式(9-25)可修改为

$$\frac{\partial \dot{V}(z)}{\partial z} = -(R_l + \mathrm{j}\omega L_l)\dot{I} \tag{9-101}$$

对于图9-5和图9-6所示的平行板传输线，其单位长度电阻 R_l 为 $R_l=2/(\sigma\delta_c a)$，只要 $\delta_c<w$，此处 w 为每块板的厚度；σ 为导体的电导率，δ_c 为趋肤深度。平行板单位长度的电容由式(9-18)决定为

$$C_l = \varepsilon \frac{a}{d} \tag{9-102a}$$

若两导体之间媒质的电导率为 σ_d，则媒质的复数电容率为 $\hat{\varepsilon}=\varepsilon\left[1-\mathrm{j}\dfrac{\sigma_d}{\omega\varepsilon}\right]$，用 $\hat{\varepsilon}$ 代替式(9-102a)中的 ε，得到

$$\hat{C}_l = \varepsilon\left(1-\mathrm{j}\frac{\sigma_d}{\omega\varepsilon}\right)\frac{a}{d} = \frac{\varepsilon a}{d} - \mathrm{j}\frac{\sigma_d a}{\omega d} \tag{9-102b}$$

将式(9-28)中的 C_l 用 $\hat{C}_l$ 代替，可得

$$\begin{aligned}\frac{\mathrm{d}\dot{I}(z)}{\mathrm{d}z} &= -\mathrm{j}\omega\left(\frac{\varepsilon a}{d} - \mathrm{j}\frac{\sigma_d a}{\omega d}\right)\dot{V} = -\left(\frac{\sigma_d a}{d} + \mathrm{j}\omega\frac{\varepsilon a}{d}\right)\dot{V} \\ &= -(G_l + \mathrm{j}\omega C_l)\dot{V}\end{aligned} \tag{9-103}$$

式中 $G_l=\dfrac{\sigma_d a}{d}$ 为平行板传输线单位长度的电导。将式(9-101)和(9-103)对 z 微分即得

$$\frac{\mathrm{d}^2\dot{V}}{\mathrm{d}z^2} = \hat{Z}_l\hat{Y}_l\dot{V} \tag{9-104}$$

和

$$\frac{\mathrm{d}^2\dot{I}}{\mathrm{d}z^2} = \hat{Z}_l\hat{Y}_l\dot{I} \tag{9-105}$$

式中 $\hat{Y}_l=G_l+\mathrm{j}\omega C_l$ 为传输线每单位长度的**并联导纳**。

图9-8所示的传输线等效电路由于具有不完全材料，现在可以修改成如图9-24。式(9-104)和(9-105)的解为(见式(9-35)及(9-46))

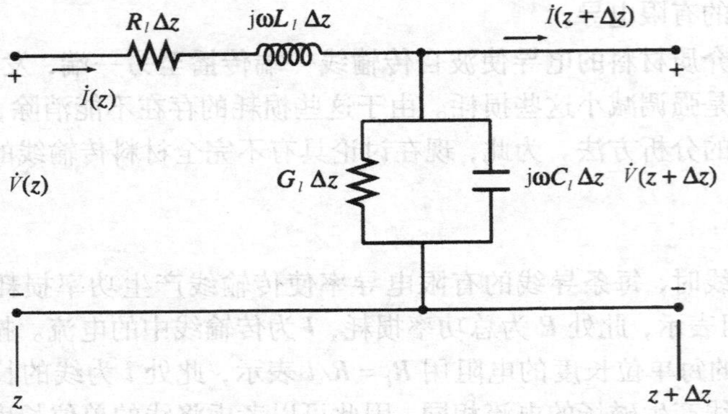

图9-24 具有不完全材料的传输线极短一段的等效电路

$$\dot{V}(z)=\hat{V}^{+}e^{-\hat{\gamma}z}+\hat{V}^{-}e^{\hat{\gamma}z} \tag{9-106}$$

和

$$\dot{I}(z)=\frac{\hat{V}^{+}}{\hat{Z}_c}e^{-\hat{\gamma}z}-\frac{\hat{V}^{-}}{\hat{Z}_c}e^{\hat{\gamma}z} \tag{9-107}$$

式中

$$\hat{Z}_c=\sqrt{\frac{\hat{Z}_l}{\hat{Y}_l}} \tag{9-108}$$

为特性阻抗。

$$\hat{\gamma}=\sqrt{\hat{Z}_l\hat{Y}_l}=\alpha+j\beta \tag{9-109}$$

为传播常数方程。α 是沿线的衰减常数，β 是相位常数。衰减常数在SI单位制中以奈培/米(Np/m)来计量。但分贝/米(dB/m)也是经常用作衰减的单位。此处由1 Np衰减引起的分贝/米数为 $20\log_e=8.69$ dB/m，即 $\alpha_{dB}=8.69\alpha_{Np}$，对于功率则为 $10\log_e=4.34$ dB/m，即 $\alpha_{dB}=4.34\alpha_{Np}$。

例9.14 工作于1.5 MHz的传输线具有下列参数：$R_l=2.6\ \Omega/m$，$L_l=0.82\ \mu H/m$，$G_l=0$，$C_l=22$ pF/m。计算特性阻抗、传播常数、衰减和相位常数，以及传播速度。

解 由式(9-100)算出线的每单位长度串联阻抗为

$$\hat{Z}_l=2.6+j2\pi\times1.5\times10^{6}\times0.82\times10^{-6}=2.6+j7.73$$
$$=8.16\ \angle 71.41^\circ\ \Omega$$

单位长度的并联导纳为

$$\hat{Y}_l=j2\pi\times1.5\times10^{6}\times22\times10^{-12}=j20.73\times10^{-5}\ S/m$$

因而由式(9-108)和(9-109)可分别得出特性阻抗和传播常数为

$$\hat{Z}_c=\sqrt{\frac{8.16\ \angle 71.41^\circ}{20.73\times10^{-5}\ \angle 90^\circ}}=198.40\ \angle -9.3^\circ\ \Omega$$

和

$$\hat{\gamma}=\sqrt{\hat{Z}_l\hat{Y}_l}=\sqrt{(8.16\ \angle 71.41^\circ)(20.73\times10^{-5}\ \angle 90^\circ)}=41.13\times10^{-3}\ \angle 80.71^\circ$$
$$=(6.64\times10^{-3}+j40.59\times10^{-3})\ m^{-1}$$

因而衰减常数为

$$\alpha = 6.64 \times 10^{-3} \text{Np/m} \text{ 或 } \alpha = 0.0577 \text{ dB/m}$$

相位常数为

$$\beta = 40.59 \times 10^{-3} \text{ rad/m}$$

计算出传播速度为

$$u_p = \frac{\omega}{\beta} = \frac{2\pi \times 1.5 \times 10^6}{40.59 \times 10^{-3}} = 2.322 \times 10^8 \text{ m/s}$$

9.8.2 电压与电流的关系式

如式(9-61)和(9-62)已经求得的，传播线上任一点的电压和电流可用发送端电压$\dot{V}_S$和电流$\dot{I}_S$现在表示为

$$\dot{V}(z) = \frac{\dot{V}_S + \hat{Z}_c \dot{I}_S}{2} e^{-\hat{\gamma} z} + \frac{\dot{V}_S - \hat{Z}_c \dot{I}_S}{2} e^{\hat{\gamma} z} \tag{9-110}$$

和

$$\dot{I}(z) = \frac{\dot{V}_S + \hat{Z}_c \dot{I}_S}{2\hat{Z}_c} e^{-\hat{\gamma} z} - \frac{\dot{V}_S - \hat{Z}_c \dot{I}_S}{2\hat{Z}_c} e^{\hat{\gamma} z} \tag{9-111}$$

对式(9-110)和(9-111)进行必要的数学运算和化简之后，得到

$$\dot{V}(z) = \dot{V}_S \cosh \hat{\gamma} z - \dot{I}_S \hat{Z}_c \sinh \hat{\gamma} z \tag{9-112}$$

和

$$\dot{I}(z) = -\frac{\dot{V}_S}{\hat{Z}_c} \sinh \hat{\gamma} z + \dot{I}_S \cosh \hat{\gamma} z \tag{9-113}$$

或以矩阵形式表示为

$$\begin{bmatrix} \dot{V}(z) \\ \dot{I}(z) \end{bmatrix} = \begin{bmatrix} \cosh \hat{\gamma} z & -\hat{Z}_c \sinh \hat{\gamma} z \\ -\frac{1}{\hat{Z}_c} \sinh \hat{\gamma} z & \cosh \hat{\gamma} z \end{bmatrix} \begin{bmatrix} \dot{V}_S \\ \dot{I}_S \end{bmatrix} \tag{9-114}$$

这个方程可帮助我们在已知发送(输入)端电压与电流时，确定传输线上任一点z的电压与电流。

$\dot{V}(z)$与$\dot{I}(z)$也可以$\dot{V}_R$与$\dot{I}_R$表示如下：㊀

$$\begin{bmatrix} \dot{V}(z) \\ \dot{I}(z) \end{bmatrix} = \begin{bmatrix} \cosh \hat{\gamma}(l-z) & \hat{Z}_c \sinh \hat{\gamma}(l-z) \\ \frac{1}{\hat{Z}_c} \sinh \hat{\gamma}(l-z) & \cosh \hat{\gamma}(l-z) \end{bmatrix} \begin{bmatrix} \dot{V}_R \\ \dot{I}_R \end{bmatrix} \tag{9-115}$$

用这个方程可以在接收(负载)端电压和电流为已知时，确定传输线上任一点的电压和电流。

传输线上任一点的输入阻抗为$\dot{V}(z)$和$\dot{I}(z)$之比，成为

$$\hat{Z}_{in}(z) = \hat{Z}_c \left[\frac{\hat{Z}_L + \hat{Z}_c \tanh \hat{\gamma}(l-z)}{\hat{Z}_c + \hat{Z}_L \tanh \hat{\gamma}(l-z)} \right] \tag{9-116}$$

㊀ 经过类似式(9-66)~(9-68)一样的运算。——译注

严格说来，电压驻波比(VSWR)的概念不适用于有不完全材料的传输线，因为电压最大值与最小值不能清楚地定义。但传输线损耗很小时，VSWR 仍然是评价失匹配程度的有用工具。

例 9.15 一条100 m长的通信线每单位长度的参数如下：$R_l = 22\ \text{m}\Omega/\text{m}$，$L_l = 0.63\ \mu\text{H/m}$，$G_l = 0.1\ \mu\text{S/m}$，$C_l = 31\ \text{pF/m}$。接收端的电阻负载在 50 V(rms)时吸收 10 W。求在工作频率为10 kHz 时，发送端的电压、电流和功率。

解 首先确定传输线接收端的电流

$$I_R = \frac{10}{50} = 0.2\ \text{A}$$

用相量形式表示：$\dot{I}_R = 0.2\ \underline{/0^\circ}\ \text{A}$，$\dot{V}_R = 50\ \underline{/0^\circ}\ \text{V}$。线的串联阻抗与并联导纳为

$$\begin{aligned}\hat{Z}_l &= R_l + \text{j}\omega L_l = 22\times10^{-3} + \text{j}2\pi\times10\times10^3\times0.63\times10^{-6}\\ &= 4.53\times10^{-2}\ \underline{/60.95^\circ}\ \ \Omega/\text{m}\end{aligned}$$

和

$$\begin{aligned}\hat{Y}_l &= G_l + \text{j}\omega C_l = 10^{-7} + \text{j}2\pi\times10\times10^3\times31\times10^{-12} = (10^{-7} + \text{j}1.948\times10^{-6})\,\text{S/m}\\ &= 1.95\times10^{-6}\ \underline{/87.06^\circ}\ \ \text{S/m}\end{aligned}$$

这样，线的特性阻抗和传播常数可计算为

$$\hat{Z}_c = \sqrt{\frac{4.53\times10^{-2}\ \underline{/60.95^\circ}}{1.95\times10^{-6}\ \underline{/87.06^\circ}}} = 152.42\ \underline{/-13.06^\circ}\ \ \Omega$$

和

$$\begin{aligned}\hat{\gamma} &= \sqrt{(4.53\times10^{-2}\ \underline{/60.95^\circ}\ )(1.95\times10^{-6}\ \underline{/87.06^\circ}\ )}\\ &= (81.89\times10^{-6} + \text{j}285.69\times10^{-6})\,\text{m}^{-1}\end{aligned}$$

用式(9-115)，令 $z=0$，得到发送端电压为

$$\begin{aligned}\dot{V}_S &= (50\ \underline{/0^\circ}\ )\cosh(81.89\times10^{-6}\times10^3 + \text{j}285.69\times10^{-6}\times10^3)\\ &\quad + (152.42\ \underline{/-13.06^\circ}\ )(0.2\ \underline{/0^\circ}\ )\sinh(81.89\times10^{-6}\times10^3 + \text{j}285.69\times10^{-6}\times10^3)\\ &= 53.19\ \underline{/9.75^\circ}\ \ \text{V}\end{aligned}$$

发送端电流为

$$\begin{aligned}\dot{I}_S &= \frac{50\ \underline{/0^\circ}}{152.42\ \underline{/-13.06^\circ}}\sinh(81.89\times10^{-6}\times10^3 + \text{j}285.69\times10^{-6}\times10^3)\\ &\quad + (0.2\ \underline{/0^\circ}\ )\cosh(81.89\times10^{-6}\times10^3 + \text{j}285.69\times10^{-6}\times10^3)\\ &= 0.221\ \underline{/27.14^\circ}\ \text{A}\end{aligned}$$

发送端功率可计算为

$$P_S = \text{Re}[\dot{V}_S \dot{I}_S^*] = \text{Re}[(53.19\ \underline{/9.75^\circ}\ )(0.221\ \underline{/-27.14^\circ}\ )] = 11.22\ \text{W}$$

注意，1.22 W 为损耗在传输线的功率。

9.9 传输线中的瞬变(现象)㊀

到此为止，我们研究了传输线在正弦波激励下的稳态情况。但是传输线也有输入电压和/或电流波形突然变化的情况。我们将这种冲激称为**瞬变波形**。这种波形有些是由自然原因引起的，另一些则是人为的。例如闪电，如图 9-25 极短持续时间的冲激所模拟的，可能使

㊀ 本节有关的例题和习题作了部分精简。——译注

架空电力传输线产生过电压，当它沿线传播时，除非在系统中装有保护装置，传输线上这种电压和电流的突然变化，不但对传输线，而且对相关设备都会产生有害的影响。我们必须评估传输线在有这种冲激时发生的情况。另一个例子是，通信网络的传输线经常有电压的突然变化："通(on)"与"断(off)"脉冲，这是传输信号时常发生的。在这种情况下，设计工程师必须评估脉冲码成功地由一端传送至另一端时，沿传输线产生的瞬变。当传输线接通或断开电源时，瞬变波形(transient waveform)也是自然的结果。由于所有这些原因，本节致力于研究传输线上的瞬变。我们将探讨无损耗传输线在受到短脉冲和长脉冲时发生的情况。

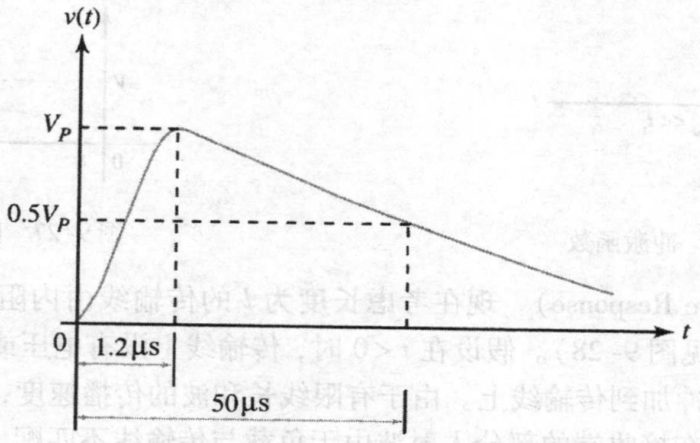

图 9-25 国际电工委员会(IEC)规定的标准闪电脉冲电压波形

9.9.1 时域中的传输线方程

时域中无损耗传输线的一般方程可写成

$$\frac{\partial V(z,t)}{\partial z} = -L_l\frac{\partial I(z,t)}{\partial t} \tag{9-117}$$

和

$$\frac{\partial I(z,t)}{\partial z} = -C_l\frac{\partial V(z,t)}{\partial t} \tag{9-118}$$

经过一些数学处理，可得到以下波动方程

$$\frac{\partial^2 V(z,t)}{\partial z^2} = L_lC_l\frac{\partial^2 V(z,t)}{\partial t^2} \tag{9-119}$$

和

$$\frac{\partial^2 I(z,t)}{\partial z^2} = L_lC_l\frac{\partial^2 I(z,t)}{\partial t^2} \tag{9-120}$$

按照第 8 章类似的步骤，可写出波动方程的通解为

$$V(z,t) = V^+(z-u_pt) + V^-(z+u_pt) \tag{9-121}$$

和

$$I(z,t) = I^+(z-u_pt) - I^-(z+u_pt) \tag{9-122}$$

此处 V^+ 和 V^- 分别为前向和后向电压行波的任意函数，$u_p = 1/\sqrt{L_lC_l}$ 为波的相速度。

将式(9-121)代入式(9-118)，可得式(9-120)的解为

$$I(z,t) = \frac{V^+(z-u_pt)}{R_c} - \frac{V^-(z+u_pt)}{R_c} \tag{9-123}$$

式中 $R_c = \sqrt{L_l/C_l}$ 为无损耗传输线的特性电阻。

9.9.2　无损耗传输线的瞬变响应

在探讨无损耗传输线的瞬变响应之前，首先应阐明短脉冲和长脉冲的意义。**短脉冲**的定义是脉冲持续时间远小于波沿传输线的传输时间(图9-26)。这种脉冲可看成是**冲激函数**(impulse function)。**长脉冲**的持续时间则远长于行波的传输时间(图9-27)。这种脉冲可看成是**阶跃函数**(step function)[⊖]。

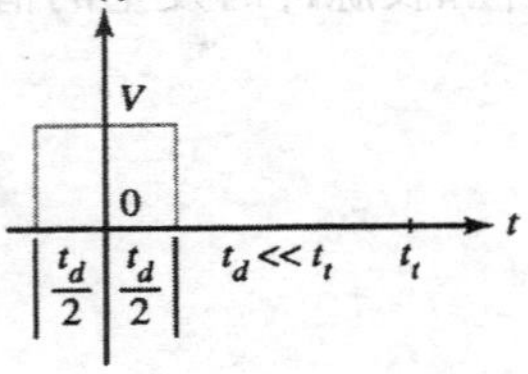

图9-26　冲激函数

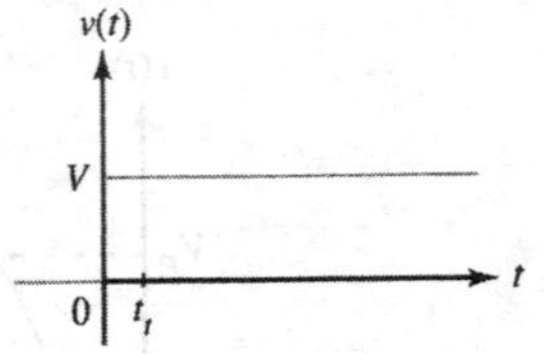

图9-27　阶跃函数

冲激响应(Impulse Response)　现在考虑长度为 l 的传输线由内阻为 R_G 的电压源供电，终端为电阻负载 R_L(见图9-28)。假设在 $t<0$ 时，传输线上没有电压或电流。在 $t=0$ 时，一个持续时间极短的脉冲加到传输线上。由于有限线长和波的传播速度，脉冲将在一个传输时间 t_t 内到达另一端。在接收端的部分入射波由于负载与传输线不匹配，而被反射。反射行波将再用一个传输时间到达发送端。这样，对于 $0<t<2t_t$，发送端的电压和电流均为零。但在 $t=0$ 时(见图9-29a)，发送端的电压、电流和功率分别为

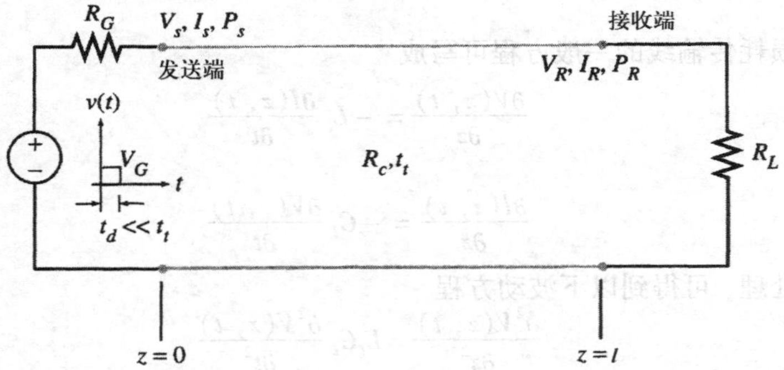

图9-28　冲激电压作用于无损耗传输线

$$V_S(0)=V^+=\frac{R_c}{R_G+R_c}V_G=V \tag{9-124}$$

$$I_S(0)=I^+=\frac{V_G}{R_G+R_c}=I \tag{9-125}$$

$$P_S(0)=P^+=V^+I^+=VI=P \tag{9-126}$$

在经过半个传输时间后，波到达线的中点，$V_M(0.5t_t)=V^+=V$，$I_M(0.5t_t)=I^+=I$，$P_M(0.5t_t)=P^+=P$，如图9-29b所示。

⊖　如函数高度为1，称为单位阶跃函数，记成 $u(t)$，见用于图9-30和图9-35。它的数学涵义是：$t<0, u(t)=0$；$t>0, u(t)=1$；$t=0$，从0跃变到1，导数奇异。——译注

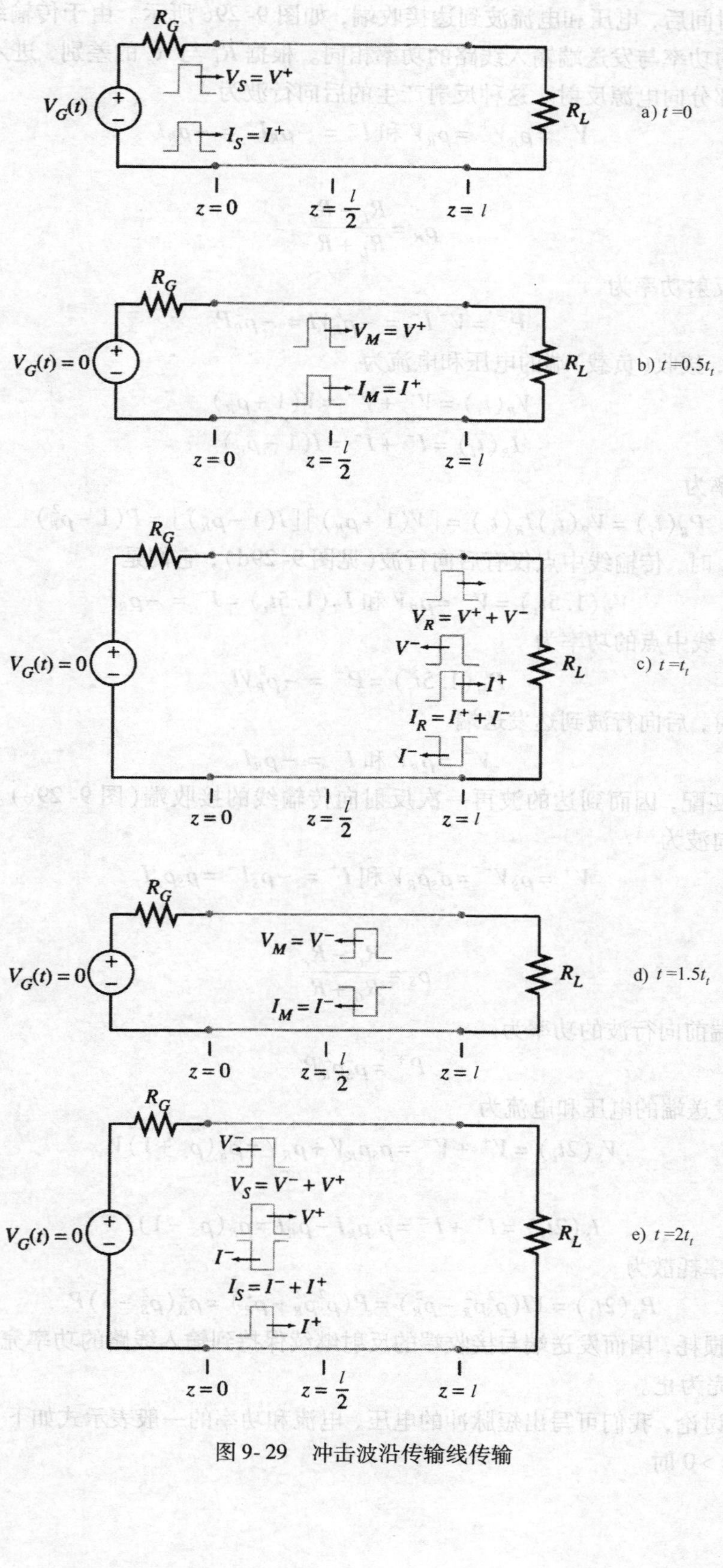

图 9-29 冲击波沿传输线传输

一个传输时间后，电压和电流波到达接收端，如图9-29c所示。由于传输线无损耗，因而到达接收端的功率与发送端输入线路的功率相同。根据R_L与R_c的差别，进入接收端的电压和电流的一部分向电源反射。这种反射产生的后向行波为

$$V^- = \rho_R V^+ = \rho_R V \text{ 和 } I^- = -\rho_R I^+ = -\rho_R I$$

式中

$$\rho_R = \frac{R_L - R_c}{R_L + R_c}$$

因而接收端的反射功率为

$$P^- = V^- I^- = -\rho_R^2 VI = -\rho_R^2 P$$

在时间$t = t_t$时，接收(负载)端的电压和电流为

$$V_R(t_t) = V^+ + V^- = V(1 + \rho_R)$$

和

$$I_R(t_t) = I^+ + I^- = I(1 - \rho_R)$$

负载吸收的功率为

$$P_R(t_t) = V_R(t_t) I_R(t_t) = [V(1 + \rho_R)][I(1 - \rho_R)] = P(1 - \rho_R^2)$$

在$t = 1.5t_t$时，传输线中点仅有后向行波(见图9-29d)，它们是

$$V_M(1.5t_t) = V^- = \rho_R V \text{ 和 } I_M(1.5t_t) = I^- = -\rho_R I$$

在$t = 1.5t_t$时，线中点的功率为

$$P_M(1.5t_t) = P^- = -\rho_R^2 VI$$

在$t = 2t_t$时，后向行波到达发送端

$$V^- = \rho_R V \text{ 和 } I^- = -\rho_R I$$

由于发送端不匹配，因而到达的波再一次反射向传输线的接收端(图9-29e)。在发送端发射，产生新前向波为

$$V^+ = \rho_S V^- = \rho_S \rho_R V \text{ 和 } I^+ = -\rho_S I^- = \rho_S \rho_R I$$

式中

$$\rho_S = \frac{R_G - R_c}{R_G + R_c}$$

这时，在发送端前向行波的功率为

$$P^+ = \rho_S^2 \rho_R^2 P$$

在$t = 2t_t$时，发送端的电压和电流为

$$V_S(2t_t) = V^+ + V^- = \rho_S \rho_R V + \rho_R V = \rho_R(\rho_S + 1) V$$

和

$$I_S(2t_t) = I^+ + I^- = \rho_S \rho_R I - \rho_R I = \rho_R(\rho_S - 1) I$$

电源内阻的功率耗散为

$$P_S(2t_t) = VI(\rho_S^2 \rho_R^2 - \rho_R^2) = P(\rho_S^2 \rho_R^2 - \rho_R^2) = \rho_R^2(\rho_S^2 - 1) P$$

由于传输线无损耗，因而发送端与接收端的反射继续保持到输入线路的功率完全被两个电阻R_L和R_G耗散完为止。

由以上的讨论，我们可写出短脉冲的电压、电流和功率的一般表示式如下：

在$z = 0$，$t > 0$时

$$V_S(2nt_t)=\rho_S^{n-1}\rho_R^{n}(1+\rho_S)V \qquad (9\text{-}127a)$$

$$I_S(2nt_t)=\rho_S^{n-1}\rho_R^{n}(\rho_S-1)I \qquad (9\text{-}127b)$$

$$P_S(2nt_t)=(\rho_S^{n-1}\rho_R^{n})^2(\rho_S^2-1)P \qquad (9\text{-}127c)$$

式中 $n=1, 2, 3, \cdots$。

在 $z=l$ 处，对于 $t=0$，$V_R(0)=0$，$I_R(0)=0$，$P_R(0)=0$。

在 $z=l$ 处，对于 $t>0$

$$V_R[(2n-1)t_t]=\rho_S^{n-1}\rho_R^{n-1}(1+\rho_R)V \qquad (9\text{-}128a)$$

$$I_R[(2n-1)t_t]=\rho_S^{n-1}\rho_R^{n-1}(1-\rho_R)I \qquad (9\text{-}128b)$$

$$P_R[(2n-1)t_t]=(\rho_S^{n-1}\rho_R^{n-1})^2(1-\rho_R^2)P \qquad (9\text{-}128c)$$

式中 $n=1, 2, 3, \cdots$。

阶跃响应(Step Response) 为了考察长脉冲对传输线发生的情况，我们考虑图 9-30 所示的线路。这种情况的电源电压为

$$v_G(t)=\begin{cases}0 & t<0\\ V_G & t>0\end{cases}$$

当 $t=0$ 时，在发送端的电压与电流为

$$V_S(t)=V^+=\frac{R_c}{R_G+R_c}V_G=V \qquad (9\text{-}129)$$

$$I_S(t)=I^+=\frac{V_G}{R_G+R_c}=I \qquad (9\text{-}130)$$

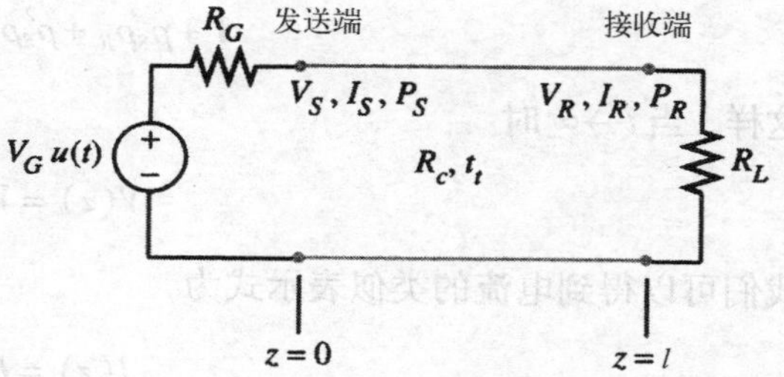

图 9-30 负载为 R_L 的传输线受阶跃函数的作用

在 $t=0$ 时，前向电压和电流波开始沿传输线传播，当 $t=t_t$ 时到达接收端(负载)，如图 9-31 所示。对于 $t<t_t$，负载电压和电流为零。在 $t=t_t$ 时，由于负载与传输线不匹配，使到来的电压与电流产生反射。

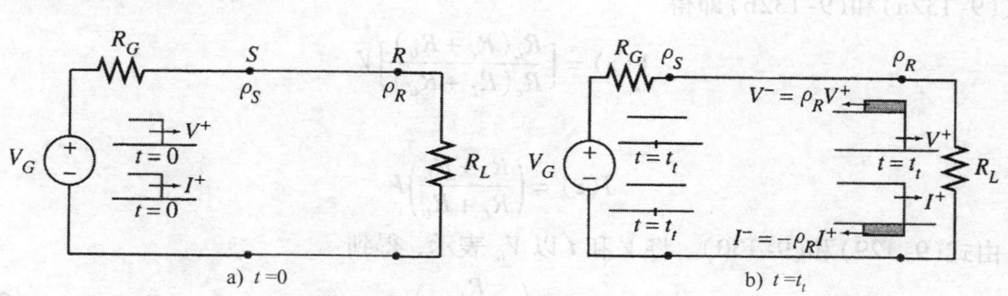

图 9-31 当 $t=0$ 和 $t=t_t$ 时，线上的电压和电流

$$V^-=\rho_R V \text{ 和 } I^-=-\rho_R I$$

式中 ρ_R 为接收端的反射系数。这样，对于 $t_t<t<2t_t$，沿传输线上任意距离 z 处的电压与电流可表示为

$$V(z)=V+\rho_R V \text{ 和 } I(z)=I-\rho_R I \qquad (9\text{-}131a)$$

如图 9-31b 所示。

现在让我们集中在电压波形。我们可以用类似的步骤解决电流波形。在 $t=2t_t$ 时，反射

波到达发送端。若发送端是失匹配的，则它将反射回向负载。由于任何失匹配，电压波的强度将为 $\rho_S\rho_R V$。这样，在 $2t_t<t<3t_t$ 时，沿线任意距离 z 处的电压为

$$V(z)=V+\rho_R V+\rho_S\rho_R V \tag{9-131b}$$

在 $t=3t_t$ 时，发送端反射的波又到达负载，此处它进行另一反射。这个向发送端行进的波强度为 $\rho_S\rho_R^2V$。对于 $3t_t<t<4t_t$，沿线在距离 z 处建立的总电压为

$$V(z)=V+\rho_R V+\rho_S\rho_R V+\rho_S\rho_R^2V \tag{9-131c}$$

在 $t=4t_t$ 时，反射波再到达发送端，并遭遇到又一次反射。这个波的强度为 $\rho_S^2\rho_R^2V$，它到达负载，又反射回向发送端的强度为 $\rho_S^2\rho_R^3V$。继续这种过程，达到稳态为止。在这过程中，沿传输线距发送端距离 z 处建立的总电压为

$$\begin{aligned}V(z)&=V+\rho_R V+\rho_S\rho_R V+\rho_S\rho_R^2V+\rho_S^2\rho_R^3V+\cdots\\&=V(1+\rho_R)[1+\rho_S\rho_R V+\rho_S^2\rho_R^2V+\cdots]\end{aligned} \tag{9-131d}$$

由于 $\rho_S\rho_R$ 总是 <1，式(9-131d)的无穷级数成为

$$1+\rho_S\rho_R+\rho_S^2\rho_R^2+\cdots=\frac{1}{1-\rho_S\rho_R}$$

这样，当 $t\to\infty$ 时

$$V(z)=V\left(\frac{1+\rho_R}{1-\rho_S\rho_R}\right) \tag{9-132a}$$

我们可以得到电流的类似表示式为

$$I(z)=I\left(\frac{1-\rho_R}{1-\rho_S\rho_R}\right) \tag{9-132b}$$

将

$$\rho_R=\frac{R_L-R_c}{R_L+R_c}\text{和}\rho_S=\frac{R_G-R_c}{R_G+R_c}$$

代入式(9-132a)和(9-132b)即得

$$V(z)=\left[\frac{R_L(R_c+R_G)}{R_c(R_L+R_G)}\right]V$$

和

$$I(z)=\left(\frac{R_c+R_G}{R_L+R_G}\right)I$$

最后，由式(9-129)和(9-130)，将 V 和 I 以 V_G 表示，得到

$$V(z)=\left(\frac{R_L}{R_L+R_G}\right)V_G \tag{9-133}$$

和

$$I(z)=\frac{V_G}{R_L+R_G} \tag{9-134}$$

这是负载和电源之间没有传输线时得到的表示式。这样，无损耗传输线接到直流电源，当瞬变平息，达到稳定状态时，求负载的电压与电流，就像传输线不存在一样。

9.9.3 格子图

在时域确定沿传输线的电压和电流是比较复杂的，因为我们要保持跟踪沿传输线不同点

在不同时间的前向和后向行波。一个非常有用的跟踪前向和反射波的技术是**格子图**（lattice diagram）或称**跳跃图**（bounce diagram）。格子图是一个时间－距离图：水平轴为沿线的距离，垂直轴是时间。

为了说明格子图的形成，假定一个直流电源强度为 V_G，内阻为 R_G，在 $t=0$ 时接至无损耗传输线上。无损耗线的特性电阻为 R_c，线的另一端接至负载电阻 R_L，如图 9-32a 所示。

在 $t=0$ 时，加在线的 $z=0$ 点的外加电压为

$$V=\frac{R_c}{R_G+R_c}V_G$$

随着时间的推移，强度为 V 的电压波沿着长度为 l 的传输线，以速度 u_p 前进，于 $t=t_t$ 时到达负载端。这个波示于图 9-32b 的箭头①，若负载端的反射系数为 ρ_R，有部分到达负载的波向电源反射。此波由图的箭头②所示，其幅度为 $\rho_R V$。在 $t=2t_t$ 时，反射波到达电源端。若电源的反射系数为 ρ_S，则它收到的强度为 $\rho_R V$ 的一部分又向负载反射。反射波强度为 $\rho_S\rho_R V$，在格子图中以箭头③表示。在 $t=3t_t$ 时，此波到达负载，产生另一个强度 $\rho_S\rho_R^2 V$ 的波向电源行进，如箭头④所示。我们在图 9-32b 中用此法继续多画了两次反射。这种过程可以一直继续下去。

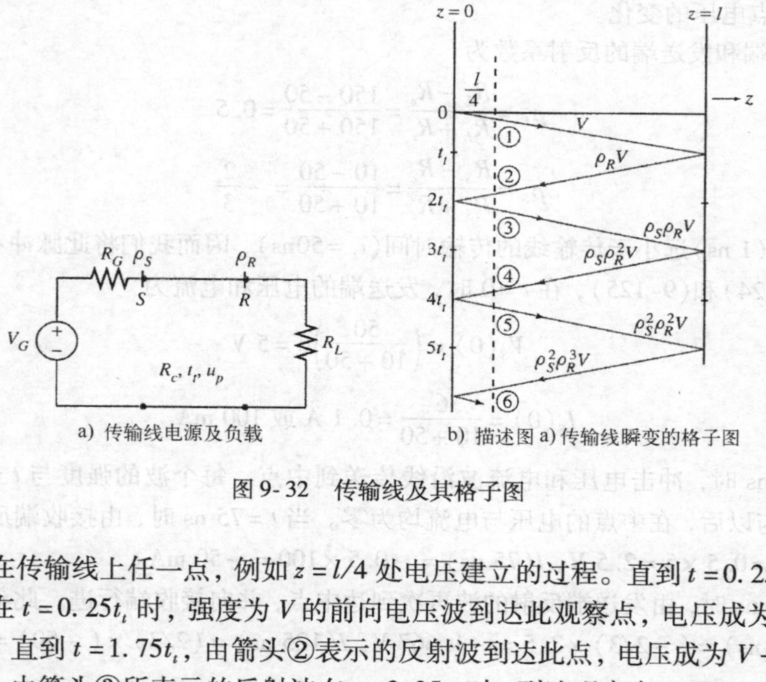

a) 传输线电源及负载　　b) 描述图 a) 传输线瞬变的格子图

图 9-32　传输线及其格子图

现在检查在传输线上任一点，例如 $z=l/4$ 处电压建立的过程。直到 $t=0.25t_t$ 之前，此点的电压为零。在 $t=0.25t_t$ 时，强度为 V 的前向电压波到达此观察点，电压成为 V，并一直停留在此水平上，直到 $t=1.75t_t$，由箭头②表示的反射波到达此点，电压成为 $V+\rho_R V$。电压停留在此水平上，由箭头③所表示的反射波在 $t=2.25t_t$ 时，到达观察点 $z=l/4$。此时电压升至 $V+\rho_R V+\rho_S\rho_R V$，并保持到 $t=3.75t_t$，由箭头④所表示的反射波到达此点，总电压成为 $V+\rho_R V+\rho_S\rho_R V+\rho_S\rho_R^2 V$。在 $z=l/4$ 处的电压建立过程示于图 9-33。

当我们在长时间内继续这一过程后，在线上观察点建立的电压为

$$V(z)=V+\rho_R V+\rho_S\rho_R V+\rho_S\rho_R^2 V+\rho_S^2\rho_R^3 V+\cdots$$

此式与式(9-131d)全同。但用格子图获得它要容易得多。我们也可用类似方式绘出求传输线电流的格子图。现在用后面的例题来说明用格子图建立电压与电流的模型。

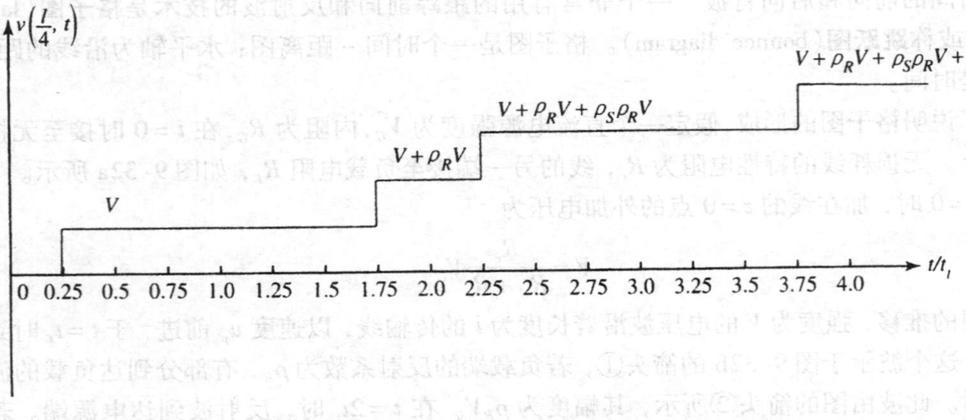

图 9-33 在 $z=\frac{l}{4}$ 处以时间函数建立的电压

例 9.16 一条50 Ω传输线，其传输时间为 50 ns，它将脉冲发生器连至 150 Ω 的负载电阻。脉冲发生器的内阻为 10 Ω，无负载电压为 6 V。若脉冲宽度为 1 ns，试求在 $5t_t$ 的时间间隔内，线路中点电压的变化。

解 接收端和发送端的反射系数为

$$\rho_R=\frac{R_L-R_c}{R_L+R_c}=\frac{150-50}{150+50}=0.5$$

和

$$\rho_S=\frac{R_S-R_c}{R_S+R_c}=\frac{10-50}{10+50}=-\frac{2}{3}$$

由于脉冲宽度（1 ns）远小于传输线的传输时间（t_t =50ns），因而我们将此脉冲看成一个冲击。

由式(9-124)和(9-125)，在 $t=0$ 时，发送端的电压和电流为

$$V_S(0)=\left(\frac{50}{10+50}\right)6=5\ \text{V}$$

$$I_S(0)=\frac{6}{10+50}=0.1\ \text{A 或 } 100\ \text{mA}$$

在 $t=25$ ns 时，冲击电压和电流波沿线传送到中点。每个波的强度与 $t=0$ 时相同。在 $t=25$ ns之前与以后，在中点的电压与电流均为零。当 $t=75$ ns 时，由接收端反射的波到达中点，$V(75\ \text{ns})=0.5\times5=2.5$ V，$I(75\ \text{ns})=-0.5\times100=-50$ mA。

在 $t=125$ ns 时，由发送端反射的波再次到达中点，并向接收端行进。此刻的电压与电流之值为 $V(125\ \text{ns})=(-2/3)\times2.5=-1.667$ V，$I(125\ \text{ns})=(2/3)\times(-50)=-33.333$ mA。

在 $t=175$ ns 时：

$$V(175\ \text{ns})=0.5\times(-1.667)=-0.833\ \text{V}$$
$$I(175\ \text{ns})=-0.5\times(-33.333)=16.667\ \text{mA}$$

在 $t=225$ ns 时：

$$V(225\ \text{ns})=(-2/3)\times(-0.833)=0.555\ \text{V}$$
$$I(225\ \text{ns})=(2/3)\times(16.667)=11.111\ \text{mA}$$

在 $t=275$ ns 时：

$$V(275\ \text{ns}) = 0.5 \times 0.555 = 0.278\ \text{V}$$
$$I(275\ \text{ns}) = -0.5 \times 11.111 = -5.556\ \text{mA}$$

图 9-34 示在传输线中点电压与电流冲击与时间的关系。由图可知，在 $5t_t$ 以后，电压和电流由它们的初始值显著衰减。最后，负载和电源电阻消耗掉波的能量，导致线上的电压和电流成为零。

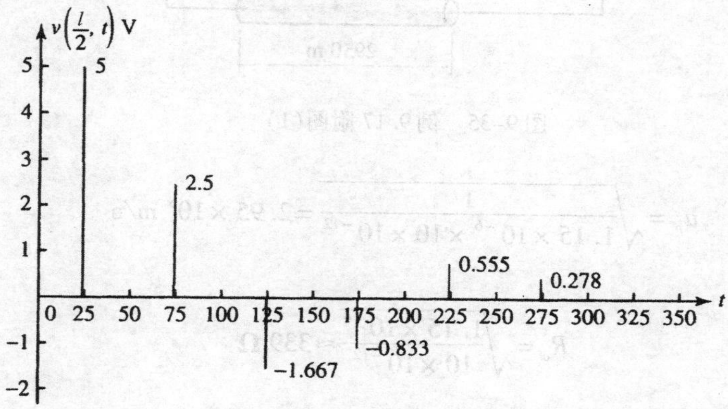

a) 电压在 $z=\frac{l}{2}$ 处的变化

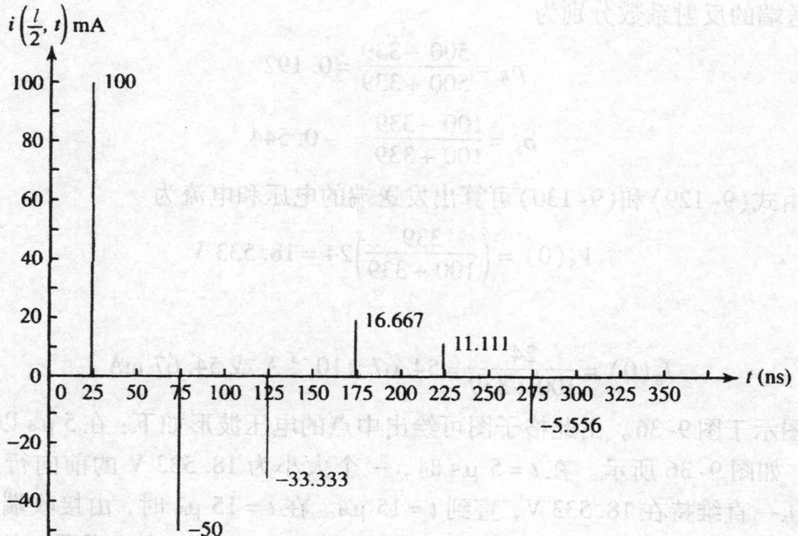

b) 电流在 $z=\frac{l}{2}$ 处的变化

图 9-34 电压和电流冲击与时间的关系

例 9.17 图9-35 示一条 2950 m 长的无损耗电话线，接至内阻为 100 Ω 电压为 24 V 的 $u(t)$ 电源，线的单位长度电感和电容分别为 1.15 μH/m 和 10 pF/m。当传输线终端负载电阻为 500 Ω 时，绘出线路中点电压和电流的时间函数波形。

解 线的传播速度和特性电阻分别为

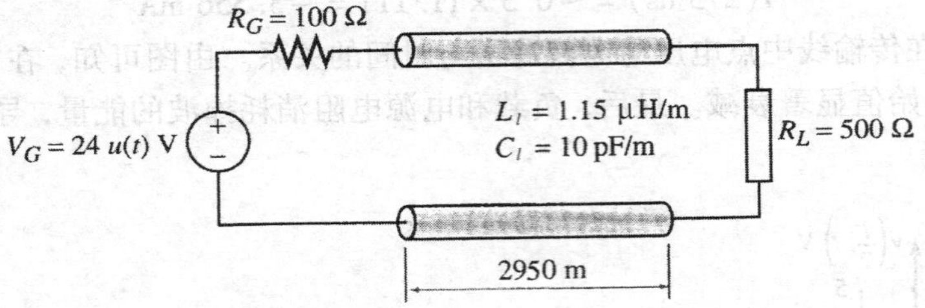

图 9-35 例 9.17 附图(1)

$$u_p = \sqrt{\frac{1}{1.15\times10^{-6}\times10\times10^{-12}}} = 2.95\times10^8\ \mathrm{m/s}$$

和

$$R_c = \sqrt{\frac{1.15\times10^{-6}}{10\times10^{-12}}} \approx 339\ \Omega$$

线的传输时间为

$$t_t = \frac{2950}{2.95\times10^8} = 10^{-5}\mathrm{s}\ 或\ t_t = 10\ \mu\mathrm{s}$$

接收端和发送端的反射系数分别为

$$\rho_R = \frac{500-339}{500+339} = 0.192$$

$$\rho_S = \frac{100-339}{100+339} = -0.544$$

在 $t=0$ 时，由式(9-129)和(9-130)可算出发送端的电压和电流为

$$V_S(0) = \left(\frac{339}{100+339}\right)24 = 18.533\ \mathrm{V}$$

和

$$I_S(0) = \frac{24}{100+339} = 54.67\times10^{-3}\ \mathrm{A}\ 或\ 54.67\ \mathrm{mA}$$

相应的格子图示于图 9-36。由此格子图可绘出中点的电压波形如下：在 5 μs 以前，没有波到达线的中点，如图 9-36 所示。在 $t=5$ μs 时，一个大小为 18.533 V 的前向行波抵达线的中点。中点电压一直维持在 18.533 V，直到 $t=15$ μs。在 $t=15$ μs 时，由接收端反射的波到达中点，其大小为3.558 V。现在在 $z=l/2$ 处的电压成为 22.091 V。由格子图，直到 $t=25$ μs 之前，中点电压无变化。在 $t=25$ μs 时，由发送端送来的 −1.936 V 电压波到达线的中点，使此点电压成为 20.155 V。在 $t=35$ μs 时，中点电压成为 19.783 V。反射继续进行，由图 9-37 可看出，一直达到稳态。此时所预期的电压为

$$V(\infty) = \left(\frac{24}{100+500}\right)500 = 20\ \mathrm{V}$$

用相类似的方式可以构成电流的格子图，并确定它的变化，留给学生作为练习题。

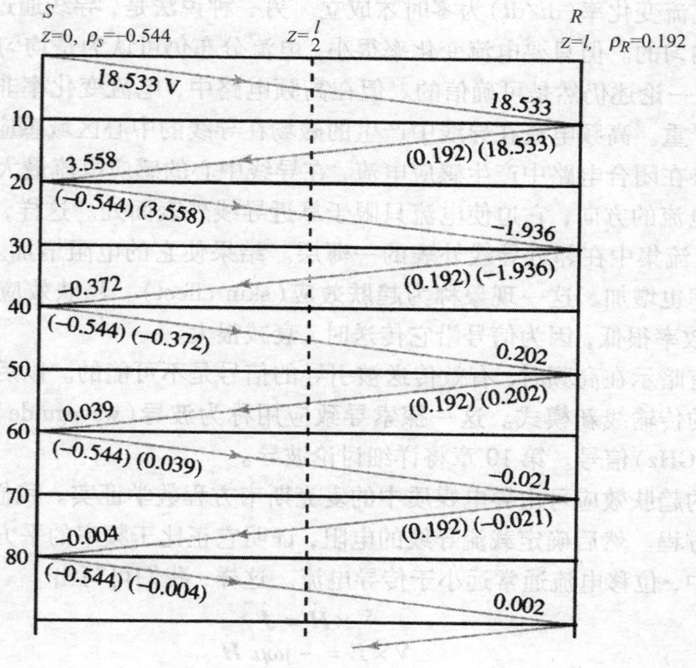

图 9-36　例 9.17 附图(2)

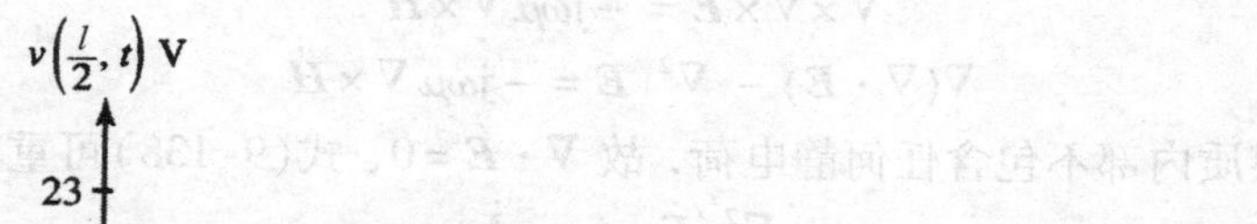

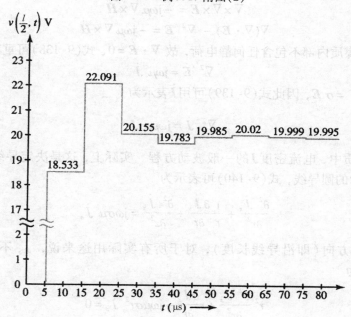

图 9-37　例 9.17 附图(3)

9.10　趋肤效应与电阻

在计算导线的电阻和电感时，假设电流是均匀分布于它的截面上。严格说来，这一假设仅在导体内的电流变化率(di/dt)为零时才成立。另一种说法是，导线通过直流(dc)时，能保证电流密度是均匀的。但只要电流变化率很小，电流分布仍可认为是均匀的。对于工作于低频的细导线，这一论述仍然是可确信的。但在高频电路中，电流变化率非常大，不均匀分布的状态将甚为严重。高频电流在导线中产生的磁场在导线的中心区域感应最大的电动势。由于感应的电动势在闭合电路中产生感应电流，在导线中心的感应电流最大。因为感应电流总是在减小原来电流的方向，它迫使电流只限于靠近导线外表面处。这样，导线内部实际上没有任何电流，电流集中在邻近导线外表的一薄层。结果使它的电阻增加。导线电阻的增加，使它的损耗功率也增加。这一现象称为**趋肤效应**(skin effect)。趋肤效应使导线型传输线在高频(微波)时效率很低，因为信号沿它传送时，衰减很大。

我们并没有暗示在高频时，有效传送被引导的信号是不可能的。以后即将探索除了导线型传输线以外的传输线新模式。这一探索导致应用称为**波导**(waveguide)的空心导体，以有效地传输高频(GHz)信号。第10章将详细讨论波导。

前面说明的趋肤效应可由导电媒质中的麦克斯韦方程数学证实。我们首先导出在导电区域的电流密度方程。然后确定载流导线的电阻，证明它正比于频率的平方根。

在良导体中，位移电流通常远小于传导电流。这样，我们可写出

$$\nabla\times\dot{\boldsymbol{H}}=\dot{\boldsymbol{J}} \tag{9-135}$$

由法拉第定律

$$\nabla\times\dot{\boldsymbol{E}}=-\mathrm{j}\omega\mu\dot{\boldsymbol{H}} \tag{9-136}$$

式(9-136)的旋度得出

$$\nabla\times\nabla\times\dot{\boldsymbol{E}}=-\mathrm{j}\omega\mu\nabla\times\dot{\boldsymbol{H}} \tag{9-137}$$

或

$$\nabla(\nabla\cdot\dot{\boldsymbol{E}})-\nabla^2\dot{\boldsymbol{E}}=-\mathrm{j}\omega\mu\nabla\times\dot{\boldsymbol{H}} \tag{9-138}$$

由于良导电媒质内部不包含任何静电荷，故 $\nabla\cdot\dot{\boldsymbol{E}}=0$，式(9-138)可重写为

$$\nabla^2\dot{\boldsymbol{E}}=\mathrm{j}\omega\mu\dot{\boldsymbol{J}} \tag{9-139}$$

在导电媒质中，$\dot{\boldsymbol{J}}=\sigma\dot{\boldsymbol{E}}$，因此式(9-139)可用$\dot{\boldsymbol{J}}$表示为

$$\nabla^2\dot{\boldsymbol{J}}=\mathrm{j}\omega\mu\sigma\dot{\boldsymbol{J}} \tag{9-140}$$

这就是在导电媒质中，电流密度$\dot{\boldsymbol{J}}$的一般波动方程。实际上，这是决定导线内涡流的方程。对于图9-38所示的圆导线，式(9-140)可表示为

$$\frac{\partial^2\dot{J}_z}{\partial r^2}+\frac{1}{r}\frac{\partial\dot{J}_z}{\partial r}+\frac{\partial^2\dot{J}_z}{\partial z^2}=\mathrm{j}\omega\sigma\mu\dot{J}_z \tag{9-141}$$

当电流密度在 z 方向(即沿导线长度)，对于所有实际用途来说，$\dot{J}_z$ 不随 z 而变化，式(9-141)可重写为

$$r^2\frac{\partial^2\dot{J}_z}{\partial r^2}+r\frac{\partial\dot{J}_z}{\partial r}-\mathrm{j}\omega\mu\sigma r^2\dot{J}_z=0 \tag{9-142}$$

这是**贝塞尔方程**(Bessel's equation)的形式，它的解需要贝赛尔函数的知识。这里我们不打算解此方程，而只希望读者了解如何将趋肤问题公式化。做到这一点，将简化此问题，计算圆导线的内阻抗，以决定该导线的电阻和内电感。

首先考虑一个理想的问题，载流导体放在 $y\geqslant0$ 的区域。假定导体在 x 方向的有限长度为 l，如图9-39所示。总电流$\dot{I}$在 z 方向以电流密度$\dot{\boldsymbol{J}}$的形式分布。这样，在 $y=0$ 处，$\dot{\boldsymbol{J}}=$

$\dot{J}_0 \boldsymbol{a}_z$；在 $y<0$ 处，$\dot{\boldsymbol{J}}=0$(介质区)。为了维持导体内的有限电流$\dot{I}$，$y\to\infty$ 时，$\dot{\boldsymbol{J}}\to 0$。电流密度$\dot{\boldsymbol{J}}$必须只是 y 的函数，因为它在 x 方向均匀分布。式(9-140)的 $\dot{J}_z$ 在直角坐标系中可写成

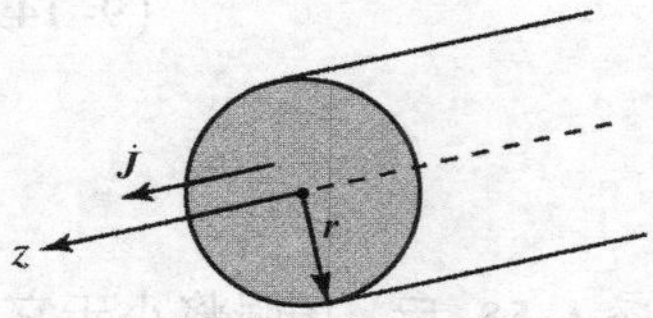

图 9-38 一个实心圆导线

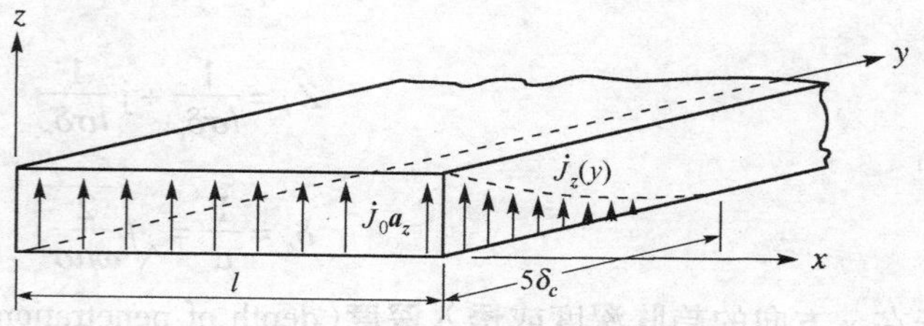

图 9-39 一块载流导电板的电流密度分布

$$\nabla^2 \dot{J}_z(y) = \mathrm{j}\omega\mu\sigma\, \dot{J}_z(y)$$

或

$$\frac{\partial^2 \dot{J}_z}{\partial y^2} - \mathrm{j}\omega\mu\sigma\, \dot{J}_z = 0 \tag{9-143}$$

波动方程的通解为

$$\dot{J}_z(y) = \hat{A}\mathrm{e}^{-\sqrt{\mathrm{j}\omega\mu\sigma}y} + \hat{B}\mathrm{e}^{\sqrt{\mathrm{j}\omega\mu\sigma}y} \tag{9-144}$$

我们预期，$\dot{\boldsymbol{J}}$由 $y=0$ 处的 $\dot{J}_0$ 减小至 $y=\infty$ 处的 0。因而$\hat{A}=\dot{J}_0$，$\hat{B}=0$。这样，导电板内的电流分布为

$$\dot{J}_z(y) = \dot{J}_0\mathrm{e}^{-\sqrt{\mathrm{j}\omega\mu\sigma}y} = J_0\mathrm{e}^{-\alpha y}\mathrm{e}^{-\mathrm{j}\beta y}\mathrm{e}^{\mathrm{j}\phi} \tag{9-145}$$

式中

$$\alpha = \beta = \sqrt{\frac{\omega\mu\sigma}{2}} \text{和} \dot{J}_0 = J_0\mathrm{e}^{\mathrm{j}\phi}$$

$J_z(y) = J_0\mathrm{e}_{\alpha}^{-\alpha y}$ 按指数衰减，示于图 9-39。

导体内的总电流$\dot{I}$为

$$\begin{aligned}\dot{I} &= \int_0^l\int_0^\infty \dot{J}_0\mathrm{e}^{-\sqrt{\mathrm{j}\omega\mu\sigma}y}\mathrm{d}y\mathrm{d}x \\ &= \frac{l\,\dot{J}_0}{\sqrt{\mathrm{j}\omega\mu\sigma}} = \frac{l\,\dot{J}_0}{\alpha+\mathrm{j}\beta}\end{aligned} \tag{9-146}$$

因为$\dot{\boldsymbol{J}}=\sigma\dot{\boldsymbol{E}}$，导体内的电场强度为

$$\dot{E}_z = \frac{\dot{J}_0\mathrm{e}^{-\sqrt{\mathrm{j}\omega\mu\sigma}y}}{\sigma}$$

或以导体内的总电流$\dot{I}$表示为

$$\dot{E}_z = \frac{\dot{I}\sqrt{\mathrm{j}\omega\mu\sigma}\mathrm{e}^{-\sqrt{\mathrm{j}\omega\mu\sigma}y}}{l\sigma} = \frac{\dot{I}}{l\sigma}(\alpha+\mathrm{j}\beta)\mathrm{e}^{-\alpha y}\mathrm{e}^{-\mathrm{j}\beta y} \tag{9-147}$$

注意，衰减常数 α 与频率的平方根成正比，这样，它将随频率的增加而增加。对于高度导电媒质例如铜($\sigma=5.8\times10^7$ S/m)的衰减常数($\alpha=15.13\sqrt{f}$)即使在中等频率时也很大，使场在与表面距离增加(y 方向，见图 9-39)时衰减。极端情形是电流成为在导体表面的电流外壳。有了这一概念，我们定义在 z 方向每单位长度的**内阻抗**(internal impedance)(有时称**表面**

阻抗(surface impedance)是在 $y=0$ 处的电场与电流之比，即

$$\hat{Z}_i=\frac{\dot{E}_z(0)}{\dot{I}}=\frac{1}{l\sigma}(\alpha+j\beta) \tag{9-148}$$

或

$$\hat{Z}_i=\frac{1}{l\sigma\delta_c}+j\frac{1}{l\sigma\delta_c} \tag{9-149}$$

式中

$$\delta_c=\frac{1}{\alpha}=\sqrt{\frac{2}{\omega\mu\sigma}}$$

为场在 y 方向的趋肤深度或**透入深度**(depth of penetration)。在透入 $5\delta_c$ 后，场强将小于它在表面初始值的1%，功率减至小于0.01%。在频率为10 kHz 时，铜的趋肤深度为0.66 mm，在10 MHz 时为0.02 mm。这样，在10 MHz 时，当经过0.1 mm($5\delta_c$)距离后，铜内的场几乎已消失。这些计算使我们能够证明，面电流在良导体边界薄层的概念是正确的；其次是，表面电流概念使我们得出以前内阻抗(表面阻抗)的定义。

内阻抗包括一个内电阻

$$R_{li}=\frac{1}{l\sigma\delta_c} \tag{9-150}$$

和内电感

$$L_{li}=\frac{1}{\omega l\sigma\delta_c} \tag{9-151}$$

若 a 与 b 是导电管的内外半径，它的厚度$(b-a)$大于趋肤深度 δ_c，则可用前面的方程来定义圆柱导体的内阻抗(每单位长度)为

$$\hat{Z}_{li}=\frac{1}{2\pi b\sigma\delta_c}+j\frac{1}{2\pi b\sigma\delta_c} \tag{9-152}$$

式中 $2\pi b$ 是导体外半径 b 的圆周线。由这方程很清楚看出，$2\pi b\delta_c$ 是管的外半径为 b，厚度为 δ_c 的外壳截面积，如图9-40所示。因而我们能够下结论：在此区域内的电流分布可以认为是均匀的。

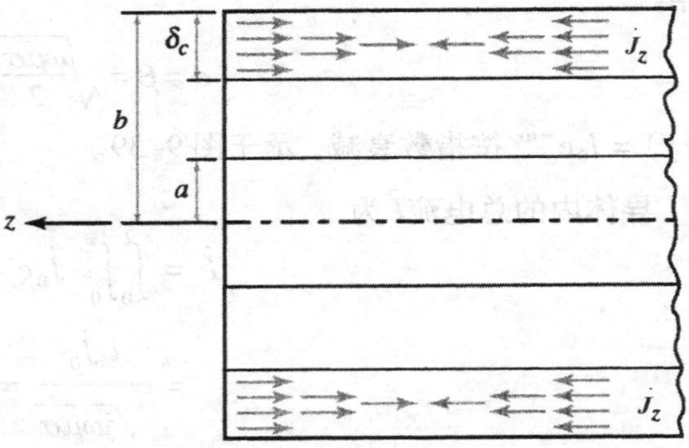

图9-40 在高频时，圆柱外壳的电流近似分布

例9.18 求一条直径为10 mm的圆铜导线在1 kHz和1 MHz频率时，每单位长度的电阻和内电感。铜的电导率为 5.8×10^7 S/m。

解 在1 kHz时，导线的趋肤深度为

$$\delta_c=\frac{1}{\sqrt{\pi f\sigma\mu}}=\frac{1}{\sqrt{\pi\times10^3\times5.8\times10^7\times4\pi\times10^{-7}}}$$
$$=2.09\times10^{-3}\ \text{m 或 } 2.09\ \text{mm}$$

由式(9-152)得内电阻为

$$R_{li}=\frac{1}{2\pi\times5\times10^{-3}\times5.8\times10^7\times2.09\times10^{-3}}$$
$$=262.59\times10^{-6}\ \Omega/\text{m 或 } 262.59\ \mu\Omega/\text{m}$$

内阻抗的电感电抗值与内电阻相等，因此内电感为

$$L_{li}=\frac{262.59\times10^{-6}}{2\pi\times10^{3}}=41.79\times10^{-9}\ \text{H/m 或 } 41.79\ \text{nH/m}$$

$$\hat{Z}_{li}=(262.59+\text{j}262.59)\ \mu\Omega/\text{m}=371.36\ \underline{/45^\circ}\ \ \mu\Omega/\text{m}$$

在 1 MHz 时

$$\delta_c=\frac{1}{\sqrt{\pi\times10^{6}\times5.8\times10^{7}\times4\pi\times10^{-7}}}=66.09\times10^{-6}\ \text{m 或 } 66.09\ \mu\text{m}$$

$$R_{li}=\frac{1}{2\pi\times5\times10^{-3}\times5.8\times10^{7}\times66.09\times10^{-6}}$$

$$=8.30\times10^{-3}\ \Omega/\text{m 或 } 8.3\ \text{m}\Omega/\text{m}$$

$$L_{li}=\frac{8.30\times10^{-3}}{2\pi\times10^{6}}=1.32\times10^{-9}\ \text{H/m 或 } 1.32\ \text{nH/m}$$

$$\hat{Z}_{li}=8.3(1+\text{j})\ \text{m}\Omega/\text{m}=11.74\ \underline{/45^\circ}\ \ \text{m}\Omega/\text{m}$$

如所预期，内阻抗随频率的增加而增加。

9.11 摘要

传输线是用来将电能从一处传送到另一处，在通信或测量信号时，所传送的能量非常低，而在将发电站连接至负载时，所传输的能量很大。根据用途的不同，传输线可以有各种不同的结构形式。最常用的是平行导线、同轴电缆和微带线。微带通常用于印制电路板。

无损耗传输线沿线没有功率损耗，沿线的电压和电流波为

$$\dot{V}(z)=\hat{V}^{+}\text{e}^{-\hat{\gamma}z}+\hat{V}^{-}\text{e}^{\hat{\gamma}z}$$

$$\dot{I}(z)=\frac{\hat{V}^{+}}{\hat{Z}_c}\text{e}^{-\hat{\gamma}z}-\frac{\hat{V}^{-}}{\hat{Z}_c}\text{e}^{\hat{\gamma}z}$$

式中$\hat{Z}_c=\sqrt{\dfrac{L_l}{C_l}}$和$\hat{\gamma}=\text{j}\sqrt{L_lC_l}$分别为线的特性阻抗和传播常数，$\hat{V}^{+}$和$\hat{V}^{-}$为任意常数，$L_l$ 和 C_l 为传输线单位长度的电感和电容。

在长度为 l 的无损耗传输线上任意处的输入阻抗为

$$\hat{Z}_{\text{in}}(z)=\hat{Z}_c\left[\frac{\hat{Z}_L+\text{j}\,\hat{Z}_c\tan\beta(l-z)}{\hat{Z}_c+\text{j}\,\hat{Z}_L\tan\beta(l-z)}\right]$$

式中$\hat{Z}_L$为负载阻抗。输入阻抗沿线每半波长重复一次。

传输线上的不连续点是线的特性阻抗有变化的地方。不连续点将使入射波产生反射。

在接收端，反射系数的定义为

$$\hat{\rho}_R=\frac{\hat{Z}_L-\hat{Z}_c}{\hat{Z}_L+\hat{Z}_c}$$

以确定反射电压波的量。透射系数 $\hat{\tau}_R=1+\hat{\rho}_R$ 可帮助我们确定电压传输到负载的量。当反射系数为零时，称为线路完全匹配，这隐含着沿线没有反射。

电压驻波比(VSWR)用于衡量沿传输线的失匹配程度。数学上，它是在无损耗线上电压的最大值与最小值的比值，即

$$\mathrm{VSWR}=\frac{V_{\max}}{V_{\min}}$$

“现实世界”中，由于不完全导体与不完全介质，传输线总是有一些损耗的。但采用低损耗的良导体(如铜和铝)和漏电极小的良好电介质(如空气、聚苯乙烯)，可使损耗保持为最小。

不完全材料的传输线的特性阻抗、传播常数和任意点的输入阻抗如下：

特性阻抗
$$\hat{Z}_c=\sqrt{\frac{\hat{Z}_l}{\hat{Y}_l}}$$

传播常数
$$\hat{\gamma}=\sqrt{\hat{Z}_l\hat{Y}_l}=\alpha+\mathrm{j}\beta$$

输入阻抗
$$\hat{Z}_{\mathrm{in}}(z)=\hat{Z}_c\left[\frac{\hat{Z}_L+\hat{Z}_c\tanh\hat{\gamma}(l-z)}{\hat{Z}_c+\hat{Z}_L\tanh\hat{\gamma}(l-z)}\right]$$

式中$\hat{Z}_l=R_l+\mathrm{j}\omega L_l$ 和$\hat{Y}_l=G_l+\mathrm{j}\omega C_l$ 分别为线路单位长度的串联阻抗和并联导纳，$\hat{Z}_L$ 为负载阻抗，α 和 β 分别为衰减和相位常数。

为了研究传输线的瞬变响应，讨论了短脉冲和长脉冲作为线的两种不同形式的输入。我们用格子图来确定传输线为长脉冲激励时的响应⊖。

当导体载有高频电流时，趋肤效应使导体内的电流分布集中在离它表面很近的区域。这样使导体的电阻随频率的增加而增加。一条圆导线每单位长度的电阻和电感近似为

$$R_{li}=\frac{1}{2\pi b\sigma\delta_c}$$

和

$$L_{li}=\frac{1}{2\pi b\sigma\delta_c\omega}$$

式中 δ_c 为趋肤深度，b 为导线外半径，ω 为工作角频率。

9.12 复习题

9.1 传输线的典型用途是什么?

9.2 什么是 TEM 波传播?

9.3 平行板传输线能满足 TEM 波传播吗?

9.4 什么是传输线方程?

9.5 用前向和后向行波表示传输线内的电压和电流波。

9.6 为什么对于传输线内的电压和/或电流需要边界条件?

9.7 用传输线参数表示它的传播常数和特性阻抗。

9.8 如何表示传输线的延迟?

9.9 定义传输线的输入阻抗。

9.10 四分之一波长的传输线的输入阻抗是什么?

⊖ 对于短脉冲(冲激信号)，得到的是类似离散频谱的图形，如图 9-34 所示，而不用格子图。——译注

9.11 半波长的传输线的输入阻抗是什么？

9.12 用传输线的特性阻抗和负载阻抗表示它的电压反射系数。

9.13 用反射系数定义透射系数。

9.14 什么是传输线的驻波？

9.15 当传输线终端短路时，它的电压和电流大小是什么？

9.16 当传输线终端开路时，重做题9-15。

9.17 如何定义完全匹配的传输线？

9.18 电压驻波比是什么？

9.19 完全导体与不完全导体的区别是什么？

9.20 在不完全传输线中的传播常数是什么？

9.21 不完全传输线的衰减常数和相位常数的单位是什么？

9.22 沿传输线有瞬变的可能原因是什么？

9.23 短脉冲和长脉冲的区别如何？

9.24 什么是格子图？它有何用途？

9.25 解释被称为趋肤效应的现象。

9.26 在微波频率用实心导体有效吗？

9.27 长度小于 $\lambda/4$ 的无损耗传输线终端短路，它的输入阻抗是电感性还是电容性？

9.28 无损耗传输线终端短路，输入阻抗为电容性的最小长度是什么？

9.29 无损耗传输线终端开路，输入阻抗为电感性的最小长度是什么？

9.30 要将归一化阻抗变换成归一化导纳，所需传输线的最小长度是什么？

9.13 练习题

9.1 同轴传输线的内半径和外半径分别为3 mm和6 mm。求它每单位长度的电感与电容。隔离导体的绝缘材料为聚乙烯，其电容率为 $2.5\,\varepsilon_0$。

9.2 一条600 m长无损耗传输线，其电感和电容分别为0.4 μH/m和85 pF/m。试求(a)工作频率为100 kHz时的传播速度和相位常数，和(b)传输线的特性阻抗。

9.3 一条无损耗同轴电缆用来使脉冲延迟100 ns。电缆每米长的电感和电容分别为0.20 μH/m和60 pF/m。求电缆长度。

9.4 一条20 m长的无损耗传输线，每单位长的电感与电容为0.35 μH/m与45 pF/m，终端为电阻负载，若当工作频率为1 MHz，负载在50 V时的功率损耗为20 W，求(a)线路的特性阻抗与相位常数，(b)接收端与发送端的电压与电流，和(c)电源供给的功率。

9.5 计算具有0.3 μH/m和40 pF/m，50 m长的传输线，在100 kHz和负载端为20 V时，送至负载的复功率为(10 + j2) VA，求发送端输入阻抗。

9.6 一条2 m长的同轴电缆工作于10 MHz。电缆的分布电感与电容分别为0.215 μH/m和38.28 pF/m。测得电缆发送端的输入阻抗为(50 + j25) Ω。试求负载阻抗。假定电缆无损耗。

9.7 一条3 m长的传输线接至 $20\cos(3.14\times10^{8}t)$ V的电源，馈电给阻抗为(100 + j20) Ω的负载。求电源送出的电流和平均功率。线路的分布电感和电容分别为0.4 μH/m和40 pF/m。

9.8 一条10 m长的无损耗传输线馈电至(35 + j10) Ω的负载，负载电压为 $\sqrt{2}\times50\cos10^{8}t$ V，加在线上的电压为 $\sqrt{2}\times66\cos(10^{8}t+31^\circ)$ V。计算传输线单位长度的电感和电容。

9.9 50 m长无损耗传输线的电容为75 pF/m，其末端透射系数为 $0.75\,\angle 9^\circ$。在20 V(rms)时，送到功率因数为0.9的电感性负载的功率为10 W。试求(a)接收端的反射系数，(b)特性阻抗，和(c)在1 kHz时的相位常数。并且证明发送端的平均功率与接收端的平均功率相同。写出电压与电流波的相量和时域表示式。各种波的平均功率是什么？

9.10 一个电阻负载接至75 Ω的电缆上，产生的VSWR为1.3，反射波无相移。试确定为使沿线没有驻波，负载所需并联的电阻值。

9.11 一条50 Ω的电缆传输1 MHz的信号至100 Ω电阻与10 μH电感串联的负载上。计算沿电缆的VSWR。

9.12 一条75 Ω，10 m长的无损耗传输线工作于150 MHz，终端接至(150 + j225) Ω的阻抗。若线上的传播速度为2.95×10^8 m/s，为短截线连接点匹配，则短路短截线的长度和位置是什么？

9.13 一条50 Ω，2 m长无损耗传输线工作于60 MHz，由一个50 cm长的短路短截线在距负载60 cm处匹配。若信号由传输线一端至另一端的延迟为7 ns，求负载阻抗。

9.14 一个电源在电压为$50\cos(314\times10^3 t)$ V时，输入10 m长的同轴电缆的电流为$2\sin(314\times10^3 t)$ A。电缆总长的参数为：$R=0.25\ \Omega$，$L=6.5\ \mu H$，$G=0$，$C=320$ pF。求负载阻抗、功率输入、功率输出和传输线效率。

9.15 一条40 m长的传输线在2 MHz时，特性阻抗为$75\ \angle -4°\ \Omega$，衰减常数为0.001 dB/m。在给定频率下，波的传播速度250 000 km/s，加在线上的电压为$60\ \angle 0°$ V，线路工作于空载，求(a)接收端电压和(b)发送端电流。输入线路的功率是多少？

9.16 一个大小为5 V的短脉冲加到10 cm长的无损耗传输线，它的特性阻抗为50 Ω。若$u_p=2.85\times10^8$ m/s，求在5个传输时间后，接收端的电压、电流和功率。负载电阻为100 Ω，电源内阻可忽略。

9.17 一个10 V阶跃电压加在20 m长R_c为75 Ω的无损耗传输线上，电源内阻为75 Ω。线的负载电阻为100 Ω。绘出距离电源发送端5 m处电压和电流的时间函数波形。传输线上的传播速度假定为光速。

9.18 半径为2 mm的圆铝导线工作于(a)60 Hz，(b)1000 Hz和(c)1 MHz，趋肤深度是多少？铝的电导率为3.55×10^7S/m。

9.14 习题

9.1 证明具有圆形截面的平行双线传输线每单位长度的电容为

$$C_l=\frac{\pi\varepsilon}{\operatorname{arccosh}\dfrac{d}{2a}}\ \text{F/m}$$

式中d为二导线中心至中心的距离，a为导线半径。

9.2 一条20 km长无损耗传输线特性阻抗为150 Ω。若传输速度为光速的90%，计算线的总电感与总电容。

9.3 同轴电缆的内外半径分别为a和b，求其每单位长度的电感和电容。

9.4 一条特殊用途的电缆设计在1 MHz时，时延为14 ns。电缆长度限制为2 m。求适用于这时延电缆电介质的相对电容率。电介质的磁导率与自由空间相同。

9.5 一条300 m长的传输线的特性阻抗为75 Ω，在3 MHz时的相速度为220 000 km/s。线的终端接入阻抗为(150 + j400) Ω。若接收端电压为$50\ \angle 0°$ V(rms)，求通过负载的电流和传输线的输入电压。

9.6 一条2 m长的传输线工作于15 MHz频率时的相位常数为369.6×10^{-3} rad/m。在$50\ \angle 0°$ V(rms)电压时，负载吸收的复功率为(3.5 - j1.5) VA。若线的输入电压为34 V，求线的特性阻抗。

9.7 同轴电力传输电缆在频率60 Hz向100 km处传送(100 + j30) MVA的功率。负载电压为110 kV(rms)，电缆的电感与电容分别为0.372 μH/m和76 pF/m。计算(a)特性阻抗，(b)相位常数和相速度，(c)发送端的电压，和(d)沿电缆的电压降。忽略电缆的电阻。

9.8 两条长度为l_1和l_2的不同类型传输线连接在一起，以在(l_1+l_2)的距离传送信号。这些线的特性阻抗为$\hat{Z}_{c1}$、$\hat{Z}_{c2}$，相位常数为β_1和β_2。求变换$\hat{A}$，以使

$$\begin{bmatrix}\dot{V}(0)\\ \dot{I}(0)\end{bmatrix}=\hat{A}\begin{bmatrix}\dot{V}(l_1+l_2)\\ \dot{I}(l_1+l_2)\end{bmatrix}$$

9.9 一条长为20 m的无损耗传输线，由工作频率为10 MHz的信号发生器所激励，线路连接到(100 + j60)Ω负载阻抗。计算线中点的输入阻抗。线的电感和电容分别为3×10^{-7}H/m和40×10^{-12}F/m。

9.10 一条90 m长50 Ω传输线工作于500 kHz。波的相速度为2.8×10^{8} m/s。测得发送端的输入阻抗为(60 - j20)Ω，试计算负载的阻抗。

9.11 一条2 m长的无损耗传输线的$\hat{Z}_c=75$ Ω，$u_p=2.6\times10^8$ m/s，$\hat{Z}_L=(120+\text{j}90)$ Ω。若在时域内的负载工作电压为$v_R(t)=150\cos(1.26\times10^8 t)$ V。计算(a) 反射系数$\hat{\rho}(z)$，(b) 发送端电压与电流在时域的前向波与后向波，(c) VSWR，(d)电压降，(e) 前向波和后向波在任何点的平均功率，和(f)线的效率。

9.12 一条50 m长无损耗传输线的$L_l=0.5$ μH/m，$C_l=50$ pF/m，连接至电压$v_S(t)=280\cos(6.28\times10^7 t)$ V。当接收端负载为250 Ω时，(a) 确定接收端的反射系数，(b) 计算线上任意点的前向和后向电压和电流波，和(c)求每个波的平均功率。

9.13 四分之一波长的传输线长度为1.5 m，终端接至(20 - j10)Ω。若线的总电容为166.66 pF，为了在发送端维持电流$i(t)=\sqrt{2}\cos(6\times10^8 t)$ A，发送端的rms电压应为若干？

9.14 一条7 m长的无损耗传输线，当接收端的电压与电流为50 $\angle 0^\circ$ V(rms)和2 $\angle 0^\circ$ A(rms)时，它从$\hat{Z}_G=28\ \angle -20^\circ$ Ω的电源吸取最大平均功率。试计算传输线的特性阻抗和相位常数。

9.15 一条75 Ω的同轴电缆终端接至(10 - j40)Ω的阻抗。计算终端电压和电流的反射系数。

9.16 一条50 Ω的同轴电缆传送1 MHz测量信号至示波器。示波器的输入电阻为1 MΩ。计算为了不在线上产生反射，示波器需要跨接的电阻值。

9.17 一条1.2 m长无损耗传输线，发送端的输入阻抗为(120 - j80)Ω，传输线的波长和工作频率分别为2 m和50 MHz。计算线的特性阻抗。

9.18 一条10 m长的50 Ω同轴电缆，由200 kHz 50 $\angle 0^\circ$ V(rms)的信号发生器馈给。一条2 m长75 Ω的电缆连至此50 Ω的电缆，以将信号传送至输入阻抗为(120 - j200)Ω的设备。50 Ω和75 Ω电缆的传输时间分别为36 ns和8 ns。计算(a) 反射和透射系数，和(b) 两条电缆连接处的电压和电流。

9.19 将负载连至50 Ω的传输线，产生的VSWR为1.5，反射波无相移。为了在传输线上没有驻波，计算应并联至负载的电阻。

9.20 一条10 m长的传输线工作于50 MHz，其特性阻抗为80 Ω，相位常数为1.18 rad/m。此线供给1 500 Ω电阻负载上的电压为100 V(rms)。计算线路发送端所需要的电压。

9.21 计算习题9.20中，电压与电流的峰值及它们在传输线上的位置，并计算此传输线的电压驻波比。

9.22 无损耗75 Ω传输线的VSWR为2，计算沿线驻波图形在最大和最小电压时的阻抗。

9.23 同轴电缆工作于10 MHz频率，其特性阻抗为55 Ω。它的终端连接至一个20 Ω电阻与100 pF电容并联。若相位常数为0.22 rad/m，计算沿线的VSWR，并确定驻波图形中离接收端最近的电压最大值的位置。

9.24 一条12 m长50 Ω无损耗传输线，其相速度为2.7×10^8 m/s，连接至负载阻抗$\hat{Z}_L=150$ Ω。电源的开路电压为$v_G(t)=25\cos(8\times10^5 t)$ V，电源内阻抗为$\hat{Z}_G=(10-\text{j}5)$ Ω。计算下列各点的输入阻抗、电压、电流和功率(a)发送端，(b) 接收端，(c) 距电源3 m处，(d) 距负载3 m处，和(e) 沿线的电压降。

9.25 一条100 m长50 Ω无损耗传输线接至负载阻抗(40 - j100)Ω。线的传输时间为0.5 μs。为使传输线与负载相匹配，若工作频率为20 MHz，试确定短路短截线的长度和位置。

9.26 一条15 m长的聚苯乙烯($\varepsilon_r=2.5$)同轴电缆工作于125 MHz，终端连至(150 + j225)Ω，内外导体的直径分别为2.5 mm和6 mm。为使终端完全匹配，短路短截线的长度和位置应是什么？

9.27 一条100 m长，双平行铜传输线有下列参数：导线半径 = 5 mm，$L=150$ μH，$G=0$和$C=2\,000$ pF。计算在10 kHz、100 kHz、1 MHz、10 MHz、100 MHz和1 GHz时的特性阻抗、传播常数、衰减和相位常数、相速度。在对数坐标纸上绘出α和β随频率的变化。

9.28 一条100 km长的电缆在60 Hz时，每单位长度有下列参数：$R_l=34.63\times10^{-6}\ \Omega/\text{m}$，$L_l=1.5\times10^{-6}\ \text{H/m}$，$G_l=0$，$C_l=55\times10^{-12}\ \text{F/m}$。接收端的电感性负载在功率因数0.9和电压100 kV时，要求功率100 MW。确定(a) 电缆发送端的电压、电流和功率，和(b) 沿电缆的效率和电压调整率。

9.29 一条200 m长的同轴电缆传送通信信号至偶极子天线，它的输入阻抗在载波频率90 MHz时为(74 + j42.5)Ω。电缆的单位长度参数为：$R_l=1.4\times10^{-3}\ \Omega/\text{m}$，$L_l=220\times10^{-9}\ \text{H/m}$，$C_l=177\times10^{-12}\ \text{F/m}$，$G_l=0.1\ \mu\text{S/m}$。(a) 计算在信号源端的电缆输入阻抗，(b) 若加在电缆的电流为$10\ \underline{/0^\circ}$ A(rms)，求供给电缆的平均功率和天线发送的功率。

9.30 一条500 m长的传输线，其特性阻抗为$50\ \underline{/-5^\circ}\ \Omega$，在2.5 MHz工作频率的衰减常数为$50\times10^{-3}$ dB/m。在工作频率沿线的传播速度为230 000 km/s。线的终端接(200 - j300)Ω的阻抗。若发送端电压为$20\ \underline{/0^\circ}$ V，计算通过负载阻抗的电流。

9.31 验证方程(9-114)、(9-115)和(9-116)。

9.32 一条50 m长的传输线，其特性阻抗为$\hat{Z}_c=40\ \underline{/-5^\circ}\ \Omega$，终端接至负载$\hat{Z}_L=280\ \Omega$。发送端的电源供给开路电压$v_G(t)=20\cos(6\times10^6t)$ V，其内阻抗为$\hat{Z}_G=(30+\text{j}40)\ \Omega$。若发送端电压为$v_S(t)=18\cos(6\times10^6t-12^\circ)$ V，试求(a) 输入阻抗$\hat{Z}_{\text{in}}(0)$，(b) 反射系数$\hat{\rho}(z)$，(c) 传播常数，(d) 接收端在时域的电压和电流波形，(e) 在任意点的前向波和后向波的平均功率，和(f) 线路总效率。

9.33 一条25 m长的传输线，$L_l=0.4\ \mu\text{H/m}$，$C_l=45$ pF/m，$R_l=8\ \Omega/\text{m}$，和$G_l=0$，连接至电压$v_S(t)=60\cos(7\times10^6t)$ V，接收端负载为160 Ω。计算(a) 反射系数$\hat{\rho}(z)$，(b) 任意点的前向和后向电压和电流波，(c) 每个波的平均功率，(d) 效率，和(e)沿线的电压降。

9.34 一条长为10 cm的平行板带状传输线的衬底是厚度为0.2 mm的环氧树脂。板由宽为5 mm，厚为0.01 mm的铜板制成。若带状线的工作频率为100 MHz，试求(a) 特性阻抗，(b) 传播常数，(c) 传播速度。略去边缘效应和通过衬底的导电性。环氧树脂：$\varepsilon=3.5\ \varepsilon_0$，$\mu=\mu_0$；铜：$\sigma=5.8\times10^7$ S/m。

9.35 习题9.34的带状线接到$v_S=5\cos(6.28\times10^8t)$ V。当通过负载的电流为$5\ \underline{/0^\circ}$ mA(峰值)时，求发送端的功率。

9.36 一条2 m长的同轴电缆，具有铜导体和聚乙烯电介质，内外导体的半径分别为1 mm和5 mm，电缆连至电压$v_S(t)=10\cos(5\times10^{10}t)$ V。若负载电流为$i_R(t)=0.5\cos(5\times10^{10}t-10^\circ)$ mA，求沿电缆的功率损耗。讨论你的结果。铜：$\sigma=5.8\times10^7$ S/m；聚乙烯：$\varepsilon=2.5\ \varepsilon_0$，$\mu=\mu_0$。

9.37 一条350 km长单相电力传输线，它的负载功率因数为1，在300 kV 60 Hz时，供给150 MW。求(a) 特性阻抗，(b) 传播常数，(c) 传播速度，(d) 波长，(e) 任意点的前向和后向电压波，(f) 由前向和后向电压所得的发送端电压，(g) 发送端施加的功率，(h) 效率，和(i) 沿线电压降。线的参数为：$R_l=0.1\ \Omega/\text{km}$，$L_l=1.3$ mH/km，$C_l=7.9$ nF/km 和$G_l=0$。

9.38 具有$R_lC_l=L_lG_l$性质的传输线称为**无畸变线**(distortionless line)，因为它的特性阻抗是纯电阻，它的传播速度与频率无关。证明在无畸变线中$\hat{Z}_c=\sqrt{L_l/C_l}$，$\alpha=\sqrt{R_lG_l}$，和$\beta=\omega\sqrt{L_lC_l}$。

9.39 在习题9.38所描述的无畸变线具有$L_l=0.4\ \mu\text{H/m}$，$C_l=86$ pF/m，和$R_l=11\ \text{m}\Omega/\text{m}$。若工作频率为95 MHz，求它的特性阻抗、传播常数和传播速度。

9.40 一条20 m长，特性阻抗为75 Ω的无畸变电缆，其性质如习题9.38所述。加在电缆的信号在接收端测试延迟了90 ns。并且在接收端观测到衰减的大小为0.1 dB。求电缆的参数R_l，C_l，L_l和G_l。

9.41 习题9.38所描述的无畸变同轴电缆工作于100 kHz。电缆的内导线和外壳半径分别为1.5 mm和3 mm。求电缆的特性阻抗、衰减常数和传播速度。导体的电导率为5.8×10^7 S/m，介质的电容率为$2.2\varepsilon_0$。

9.42 大小为10 V，宽度为1 ns的脉冲加至一条10 m长，2 μH电感和2000 pF电容的无损耗同轴电缆上。电源内阻为10 Ω，接收端负载电阻为100 Ω。(a) 计算线的传输时间，(b) 绘出0.4 μs间隔内，电缆发送端和接收端的电压、电流和功率的变化。

9.43 一个大小为 100 V 的阶跃函数电压加在特性阻抗为 90 Ω，100 m 长无损耗传输线上。沿线的传播速度为 250 000 km/s。电源和负载电阻分别为 50 Ω 和 250 Ω。(a) 绘出线路中点的电压、电流的时间函数波形。(b)当达到稳定状态时，计算电源和负载两端的电压、电流和功率。

9.44 一条无损耗传输线在 120 V(dc)电压时，供给电阻负载 1 kW。线长为 500 m，其特性阻抗为 90 Ω。发送端的电路断路器突然闭合，线路由内阻为 50 Ω 的直流电源 130 V 所激励。求当开关闭合 25 μs 后，发送端、接收端和距发送端 100 m 处的电压变化。线上电压的传播速度为210 000 km/s。应用格子图。

9.45 计算直径为 4 mm 的圆铜导线在频率为 100 Hz、1 kHz、10 kHz、100 kHz、1 MHz、10 MHz、100 MHz 和 1 GHz 时，每单位长度的电感和电阻。在对数纸上绘出电阻和电感随频率的变化。

第 10 章 波导与谐振腔

10.1 引言

在讨论传输线时我们曾经指出，随信号频率的增加导体的电阻也会增加，从而使线路功率损耗增加。在微波频率(进入 GHz 范围)功率损耗大到不能容许的程度，使传输线变得几乎不能付诸实用。在这样高的频率范围内，要使用被称为波导的空心导体才能有效地引导电信号。一种典型的波导组件如图 10-1 所示。

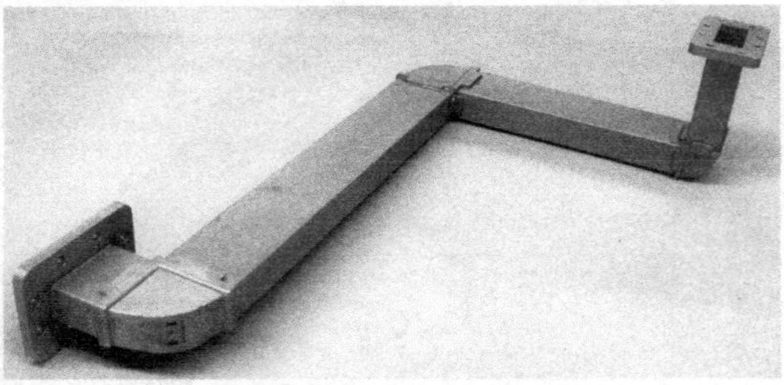

图 10-1 一个矩形波导组件

在研究至少有两根导线的传输线时，我们发现波的场(电场和磁场)分量是横向的，因而称之为**横电磁**(TEM, Transverse Electromagnetic)**波**。然而，对于由一个空心导体组成的波导，不能够支持 TEM 波。本章中我们将证明波导能够支持另外两种波，即**横磁**(TM, Transverse Magnetic)**波**和**横电**(TE, Transverse Electric)**波**。在一定条件下，这两种波能够在空心导体内部存在。TE 波和 TM 波也能够在平行板传输线限定的空间之中传播，此时两导电板即组成了**平行板波导**(parallel- plate waveguide)。

波导中电磁波的传播与 TEM 波的传播有很多不同之处。由波导的一端进入的波，在碰到波导壁时一定会发生反射。由于波是被完整的导电壁所包围的，可以想见它沿波导传播途中要发生多次反射。各种反射波的相互作用会产生无穷多个离散的特征场型，称之为**模式**(mode)。某种离散模式的存在取决于(a)波导的尺寸和形状，(b) 波导内的介质，和(c)工作频率。

与可由任意频率激励的 TEM 模式不同，TE 模式和 TM 模式只有在其频率高于被称之为**截止频率**(cutoff frequency)的特定频率时才能传播。每一模式的截止频率是不同的。当工作频率低于最低次模的截止频率时，波的衰减很大，传播一小段距离后就会消失。反之，截止频率低于工作频率的那些模式均可同时存在于波导中。为了避免许多模式存在的情况，波导的工作频率应取在最低次模和次最低次模的两截止频率之间。这样只有最低次模能够传播，而所有其他模式都是衰减的。

有两种波导常用来沿其长度方向引导微波频率的信号。一种有矩形截面，因而称之为**矩形波导**(rectangular waveguide)，另一种有圆形截面，因而称之为**圆柱波导**(cylindrical waveguide)。矩形波导最为常用，分析也比较容易。因此在本章中将只讨论矩形波导。

讨论波导时我们将假定(a)波导的四壁均为完全导体，(b)这些完全导体壁包围的媒质均为完全电介质。以上的假定将有助于推导完全电介质中$\dot{\boldsymbol{E}}$和$\dot{\boldsymbol{H}}$场的波动方程。每一波动方程的解还应当满足在波导四壁每一处的边界条件。完全导体壁的假定会使边界条件大大简化。这一假定也并不牵强，因为波导或者是铜一类的良导体制成，或者是内壁镀银。

由于场在沿波导长度方向传播时，会在完全导体壁间来回反射，可以预期横向平面内将形成驻波(正弦变化)场型。我们还假定波沿波导纵向传播(按 $e^{-j\beta z}$变化)，根据这个条件求波导内波动方程的解。一类解适用于 TM 模式而另一类适用于 TE 模式。

对于 TM 模式，磁场完全在横向平面内而没有纵向(波传播方向)分量，而电场可以有任意方向的分量。由于电场的纵向分量对波导的各个壁而言都是切向的，我们将对该分量求波动方程的解，因为这样容易使用四个边界条件。然后可以用麦克斯韦方程求出横向的场分量。

对于波导支持的 TE 模式，电场完全在横向平面内，而磁场可以有任意方向的分量。此时我们将对磁场的纵向分量求波动方程的解。未知常数将由电场切向分量应满足的边界条件决定。为此需要用磁场的纵向分量来表示电场的横向分量。一旦决定了未知常数，其他分量便均可由麦克斯韦方程求出。

用两块完全导体平板封闭波导长度方向上的两个开口，就能形成一种完全闭合的结构，这个器件称之为**谐振腔**(cavity resonator)。此时可以预期所有方向上都是驻波。微波频率的谐振腔与低频的谐振电路相似。一种测量微波频率的频率计实际上就是一个经过定标的谐振腔。本章将揭示可存在于谐振腔内的场应满足的条件。

本章对波导的讨论还将导出波的相速在波导中可大于光速的论断。这是否与相对论的原理相矛盾？答案当然不是，对此以后将进行解释。

前面各章中，所讨论的信号其传播方向是与相速一致的。因此信号传播速度也与相速相同——对此在讨论平面波时进行了数学证明。然而，波导内的波沿波导长度传播时还要被波导壁来回反射。因此波导内相速的方向并不与信号传播方向一致。本章的理论推导将揭示信号沿波导传播的速度(被称为**群速** group velocity)恒小于光速。同时还将证明相速是频率的函数。当工作频率接近截止频率时，相速成为无穷大，同时群速降为零。实际上，我们将导出波导中波的相速、波导中信号传播的群速以及无界媒质中波的相速等三种速度之间的关系。

10.2 直角坐标中的波动方程

第 8 章在对平面波的讨论中，我们用复电容率的概念导出了$\dot{\boldsymbol{E}}$和$\dot{\boldsymbol{H}}$的一般波动方程。我们也说过对完全电介质，复电容率就是媒质的电容率。在波导内所考虑的媒质也是完全电介质；因此，与式(8-42)和式(8-43)同样的波动方程也应当适用于波导内的场$\dot{E}$和$\dot{H}$。用ε代替$\hat{\varepsilon}$，即可写出一系列的标量波动方程：

$$\frac{\partial^2 \dot{E}_x}{\partial x^2}+\frac{\partial^2 \dot{E}_x}{\partial y^2}+\frac{\partial^2 \dot{E}_x}{\partial z^2}=-\omega^2\mu\varepsilon\,\dot{E}_x \tag{10-1a}$$

$$\frac{\partial^2 \dot{E}_y}{\partial x^2}+\frac{\partial^2 \dot{E}_y}{\partial y^2}+\frac{\partial^2 \dot{E}_y}{\partial z^2}=-\omega^2\mu\varepsilon\,\dot{E}_y \tag{10-1b}$$

$$\frac{\partial^2 \dot{E}_z}{\partial x^2}+\frac{\partial^2 \dot{E}_z}{\partial y^2}+\frac{\partial^2 \dot{E}_z}{\partial z^2}=-\omega^2\mu\varepsilon\,\dot{E}_z \tag{10-1c}$$

$$\frac{\partial^2 \dot{H}_x}{\partial x^2}+\frac{\partial^2 \dot{H}_x}{\partial y^2}+\frac{\partial^2 \dot{H}_x}{\partial z^2}=-\omega^2\mu\varepsilon\,\dot{H}_x \tag{10-1d}$$

$$\frac{\partial^2 \dot{H}_y}{\partial x^2}+\frac{\partial^2 \dot{H}_y}{\partial y^2}+\frac{\partial^2 \dot{H}_y}{\partial z^2}=-\omega^2\mu\varepsilon\,\dot{H}_y \tag{10-1e}$$

$$\frac{\partial^2 \dot{H}_z}{\partial x^2}+\frac{\partial^2 \dot{H}_z}{\partial y^2}+\frac{\partial^2 \dot{H}_z}{\partial z^2}=-\omega^2\mu\varepsilon\,\dot{H}_z \tag{10-1f}$$

式中$\dot{E}_x$、$\dot{E}_y$、$\dot{E}_z$、$\dot{H}_x$、$\dot{H}_y$ 和 $\dot{H}_z$ 是电场和磁场的各分量。

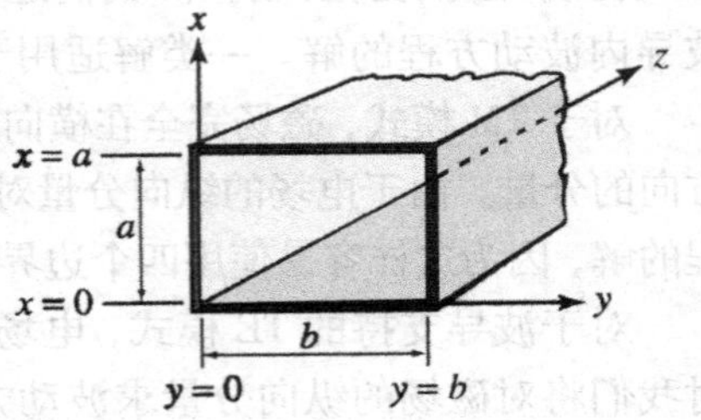

图 10-2 矩形波导

图 10-2 所示的波导内部的场应满足上述波动方程。用这种有完全导电壁的矩形波导沿轴向(z 方向)传送信号能做到仅有最小量的衰减。对此进行确切分析，可以假设在波导内场按 $e^{-\hat{\gamma}z}$ 变化，其中$\hat{\gamma}=\alpha+j\beta$ 是传播常数，α 是衰减常数，β 是相位常数。

若仅考虑前向波，场$\dot{\boldsymbol{E}}$和$\dot{\boldsymbol{H}}$可写为

$$\dot{\boldsymbol{E}}(x,y,z)=\dot{E}_x(x,y)e^{-\hat{\gamma}z}\boldsymbol{a}_x+\dot{E}_y(x,y)e^{-\hat{\gamma}z}\boldsymbol{a}_y+\dot{E}_z(x,y)e^{-\hat{\gamma}z}\boldsymbol{a}_z$$

和$\dot{\boldsymbol{H}}(x,y,z)=\dot{H}_x(x,y)e^{-\hat{\gamma}z}\boldsymbol{a}_x+\dot{H}_y(x,y)e^{-\hat{\gamma}z}\boldsymbol{a}_y+\dot{H}_z(x,y)e^{-\hat{\gamma}z}\boldsymbol{a}_z$

这样式(10-1)变成

$$\frac{\partial^2 \dot{E}_x}{\partial x^2}+\frac{\partial^2 \dot{E}_x}{\partial y^2}=-(\omega^2\mu\varepsilon+\hat{\gamma}^2)\dot{E}_x \tag{10-2a}$$

$$\frac{\partial^2 \dot{E}_y}{\partial x^2}+\frac{\partial^2 \dot{E}_y}{\partial y^2}=-(\omega^2\mu\varepsilon+\hat{\gamma}^2)\dot{E}_y \tag{10-2b}$$

$$\frac{\partial^2 \dot{E}_z}{\partial x^2}+\frac{\partial^2 \dot{E}_z}{\partial y^2}=-(\omega^2\mu\varepsilon+\hat{\gamma}^2)\dot{E}_z \tag{10-2c}$$

$$\frac{\partial^2 \dot{H}_x}{\partial x^2}+\frac{\partial^2 \dot{H}_x}{\partial y^2}=-(\omega^2\mu\varepsilon+\hat{\gamma}^2)\dot{H}_x \tag{10-2d}$$

$$\frac{\partial^2 \dot{H}_y}{\partial x^2}+\frac{\partial^2 \dot{H}_y}{\partial y^2}=-(\omega^2\mu\varepsilon+\hat{\gamma}^2)\dot{H}_y \tag{10-2e}$$

$$\frac{\partial^2 \dot{H}_z}{\partial x^2}+\frac{\partial^2 \dot{H}_z}{\partial y^2}=-(\omega^2\mu\varepsilon+\hat{\gamma}^2)\dot{H}_z \tag{10-2f}$$

由于这些方程彼此相似，其解也应彼此相似。而场的各分量也要满足麦克斯韦方程，得到某个方程中某个场分量的解，就可以决定其余的各场分量。这是一种常用的决定波导内各场分量的方法。所以在求解以上方程之前，让我们先决定场分量间的相互关系。

对于前向行波，可以把麦克斯韦方程 $\nabla\times\dot{\boldsymbol{E}}=-j\omega\mu\,\dot{\boldsymbol{H}}$表示为标量形式

$$\frac{\partial \dot{E}_z}{\partial y}+\hat{\gamma}\dot{E}_y=-j\omega\mu\,\dot{H}_x \tag{10-3a}$$

$$\frac{\partial \dot{E}_z}{\partial x}+\hat{\gamma}\dot{E}_x=j\omega\mu\,\dot{H}_y \tag{10-3b}$$

$$\frac{\partial \dot{E}_y}{\partial x}-\frac{\partial \dot{E}_x}{\partial y}=-j\omega\mu\,\dot{H}_z \tag{10-3c}$$

相似地，$\nabla\times\dot{\boldsymbol{H}}=j\omega\,\dot{\boldsymbol{E}}$也有标量形式

$$\frac{\partial \dot{H}_z}{\partial y}+\hat{\gamma}\dot{H}_y=\mathrm{j}\omega\varepsilon\,\dot{E}_x \tag{10-4a}$$

$$\frac{\partial \dot{H}_z}{\partial x}+\hat{\gamma}\dot{H}_x=-\mathrm{j}\omega\varepsilon\,\dot{E}_y \tag{10-4b}$$

$$\frac{\partial \dot{H}_y}{\partial x}-\frac{\partial \dot{H}_x}{\partial y}=\mathrm{j}\omega\varepsilon\,\dot{E}_z \tag{10-4c}$$

由式(10-3)和(10-4)，可用电场和磁场的 z 分量表示它们的 x 和 y 分量

$$\dot{E}_x=-\frac{1}{\hat{\gamma}^2+\omega^2\mu\varepsilon}\left(\hat{\gamma}\frac{\partial \dot{E}_z}{\partial x}+\mathrm{j}\omega\mu\frac{\partial \dot{H}_z}{\partial y}\right) \tag{10-5a}$$

$$\dot{E}_y=\frac{1}{\hat{\gamma}^2+\omega^2\mu\varepsilon}\left(-\hat{\gamma}\frac{\partial \dot{E}_z}{\partial y}+\mathrm{j}\omega\mu\frac{\partial \dot{H}_z}{\partial x}\right) \tag{10-5b}$$

$$\dot{H}_x=\frac{1}{\hat{\gamma}^2+\omega^2\mu\varepsilon}\left(-\hat{\gamma}\frac{\partial \dot{H}_z}{\partial x}+\mathrm{j}\omega\varepsilon\frac{\partial \dot{E}_z}{\partial y}\right) \tag{10-5c}$$

$$\dot{H}_y=-\frac{1}{\hat{\gamma}^2+\omega^2\mu\varepsilon}\left(\hat{\gamma}\frac{\partial \dot{H}_z}{\partial y}+\mathrm{j}\omega\varepsilon\frac{\partial \dot{E}_z}{\partial x}\right) \tag{10-5d}$$

由式(10-5)的关系可以看出，需要求解式(10-2c)和(10-2f)得出 $\dot{E}_z$ 和 $\dot{H}_z$。一旦我们由(10-2c)得出 $\dot{E}_z$，同样也可写出 $\dot{H}_z$ 的类似的解，这是不成问题的。为求解二维二阶微分方程，我们首先把式(10-2c)的解表示为乘积的形式

$$\dot{E}_z(x,\ y)=\dot{X}(x)\dot{Y}(y) \tag{10-6}$$

并用分离变量法求 $\dot{X}(x)$ 和 $\dot{Y}(y)$。以(10-6)代入式(10-2c)得到

$$\frac{\partial^2}{\partial x^2}[\dot{X}(x)\dot{Y}(y)]+\frac{\partial^2}{\partial y^2}[\dot{X}(x)\dot{Y}(y)]=-(\omega^2\mu\varepsilon+\hat{\gamma}^2)\dot{X}(x)\dot{Y}(y)$$

或

$$\frac{1}{\dot{X}(x)}\frac{\partial^2\dot{X}(x)}{\partial x^2}+\frac{1}{\dot{Y}(y)}\frac{\partial^2\dot{Y}(y)}{\partial y^2}=-(\omega^2\mu\varepsilon+\hat{\gamma}^2) \tag{10-7}$$

式(10-7)等号的左边是两项的代数和，每一项仅仅只是一个变量的函数，而它们的和等于一个常数。因此，每一项都只能为常数，即

$$\frac{1}{\dot{X}(x)}\frac{\partial^2\dot{X}(x)}{\partial x^2}=-M^2 \tag{10-8a}$$

和

$$\frac{1}{\dot{Y}(y)}\frac{\partial^2\dot{Y}(y)}{\partial y^2}=-N^2 \tag{10-8b}$$

这里 M 和 N 是两个任意常数。

将式(10-8)代入式(10-7)得到

$$M^2+N^2=\omega^2\mu\varepsilon+\hat{\gamma}^2$$

或

$$\hat{\gamma}=\sqrt{\omega^2\mu\varepsilon-(M^2+N^2)} \tag{10-9}$$

式(10-8)的解分别是

$$\dot{X}(x)=\hat{C}_1\sin(Mx)+\hat{C}_2\cos(Mx) \tag{10-10a}$$

和

$$\dot{Y}(y)=\hat{C}_3\sin(Ny)+\hat{C}_4\cos(Ny) \quad (10\text{-}10b)$$

这里$\hat{C}_1$、$\hat{C}_2$、$\hat{C}_3$ 和$\hat{C}_4$ 是任意复常数，将由边界条件决定。这样一来，式(10-2c)的通解导致前向行波$\dot{E}_z$ 为

$$\dot{E}_z(x,\ y,\ z)=[\hat{C}_1\sin(Mx)+\hat{C}_2\cos(Mx)][\hat{C}_3\sin(Ny)+\hat{C}_4\cos(Ny)]\mathrm{e}^{-\hat{\gamma}z} \quad (10\text{-}11a)$$

类似地，式(10-2f)可解出磁场的 z 分量$\dot{H}_z$ 为

$$\dot{H}_z(x,y,z)=[\hat{K}_1\sin(Mx)+\hat{K}_2\cos(Mx)][\hat{K}_3\sin(Ny)+\hat{K}_4\cos(Ny)]\mathrm{e}^{-\hat{\gamma}z} \quad (10\text{-}11b)$$

式中$\hat{K}_1$、$\hat{K}_2$、$\hat{K}_3$ 和$\hat{K}_4$ 为未知的复常数。现在即可利用式(10-5)的各方程决定其他场分量的通解。

下面我们不继续求其他的通解，而是把已求得的解应用到上面提到的两类模式，即横磁(TM)模和横电(TE)模。

10.3 横磁(TM)模

TM 模的磁场只有横向(xy)平面的分量。换句话说，其纵向(z 方向)的磁场分量 H_z 为零，而$\dot{E}_x$、$\dot{E}_y$ 和$\dot{E}_z$ 可能都是存在的。

式(10-11a)表示的$\dot{E}_z$ 的通解应当满足在波导 4 个完全导体壁处的边界条件。注意$\dot{E}_z$ 代表的是每个边界上的切向场。$\dot{\boldsymbol{E}}$场的切向分量在边界处应当连续，而$\boldsymbol{E}$场在完全导体内应为零；故边界上$\dot{E}_z$ 均应为零。因此 4 个边界条件是(见图 10-2)：

$$x=0\ 处 \qquad \dot{E}_z(0,\ y,\ z)=0 \quad (10\text{-}12a)$$

$$y=0\ 处 \qquad \dot{E}_z(x,0,z)=0 \quad (10\text{-}12b)$$

$$x=a\ 处 \qquad \dot{E}_z(a,y,z)=0 \quad (10\text{-}12c)$$

$$y=b\ 处 \qquad \dot{E}_z(x,b,z)=0 \quad (10\text{-}12d)$$

由 $x=0$ 和 $y=0$ 两处的边界条件知式(10-11a)中应有$\hat{C}_2=0$ 和$\hat{C}_4=0$。因此

$$\dot{E}_z(x,y,z)=\hat{C}_1\ \hat{C}_3\sin(Mx)\sin(Ny)\mathrm{e}^{-\hat{\gamma}z}$$

或

$$\dot{E}_z(x,y,z)=\hat{E}_{zm}\sin(Mx)\sin(Ny)\mathrm{e}^{-\hat{\gamma}z} \quad (10\text{-}13)$$

式中$\hat{E}_{zm}=\hat{C}_1\ \hat{C}_3=E_{zm}\angle\phi$，而 E_{zm}是$\hat{E}_{zm}$的幅值。

使用 $x=a$ 处的边界条件可得

$$\sin(Ma)=0$$

或

$$M=\frac{m\pi}{a},\quad m=0,1,2,\cdots \quad (10\text{-}14)$$

最后，由 $y=b$ 处的边界条件得到

$$\sin(Nb)=0$$

或

$$N=\frac{n\pi}{b},\quad n=0,1,2,\cdots \quad (10\text{-}15)$$

波导内的电场 z 分量 $\dot{E}_z$ 现可写成

$$\dot{E}_z = \dot{E}_{zm}\sin\left(\frac{m\pi}{a}x\right)\sin\left(\frac{n\pi}{b}y\right)e^{-\hat{\gamma} z} \tag{10-16}$$

由式(10-16) $\dot{E}_z$ 的表达式和 $\dot{H}_z=0$，可以用式(10-5)决定 TM 模式的其他场分量为

$$\dot{E}_x = -\frac{\hat{\gamma}}{\hat{\gamma}^2+\omega^2\mu\varepsilon}M\hat{E}_{zm}\cos(Mx)\sin(Ny)e^{-\hat{\gamma} z} \tag{10-17a}$$

$$\dot{E}_y = -\frac{\hat{\gamma}}{\hat{\gamma}^2+\omega^2\mu\varepsilon}N\hat{E}_{zm}\sin(Mx)\cos(Ny)e^{-\hat{\gamma} z} \tag{10-17b}$$

$$\dot{H}_x = \frac{j\omega\varepsilon}{\hat{\gamma}^2+\omega^2\mu\varepsilon}N\hat{E}_{zm}\sin(Mx)\cos(Ny)e^{-\hat{\gamma} z} \tag{10-17c}$$

$$\dot{H}_y = -\frac{j\omega\varepsilon}{\hat{\gamma}^2+\omega^2\mu\varepsilon}M\hat{E}_{zm}\cos(Mx)\sin(Ny)e^{-\hat{\gamma} z} \tag{10-17d}$$

式中

$$\hat{\gamma}^2+\omega^2\mu\varepsilon = M^2+N^2$$

正如我们可由以上各式所见，矩形波导可以支持无穷多个 TM 模式，每个模式与整数 m 和 n 相对应，记作 TM_{mn}。然而，若 m 或 n 为零，由式(10-16)可看出，波导中不会有场存在。因此，可能的最低次 TM 模是 TM_{11} 模，其场图和激励方式分别见图 10-3 和图 10-4。激励波导中某个特殊模式可用探针（天线）形成的电场耦合，如图 10-4a 所示，也可用位于波导中场最大处的电流环（环形天线）形成的磁场耦合，如图 10-4b 所示。

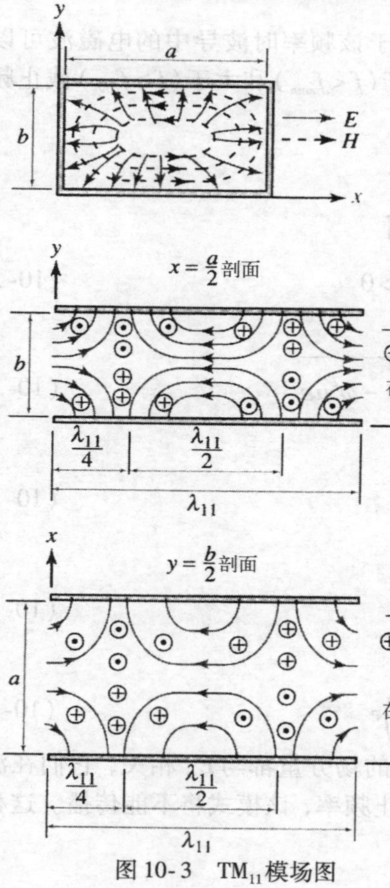

图 10-3 TM_{11} 模场图

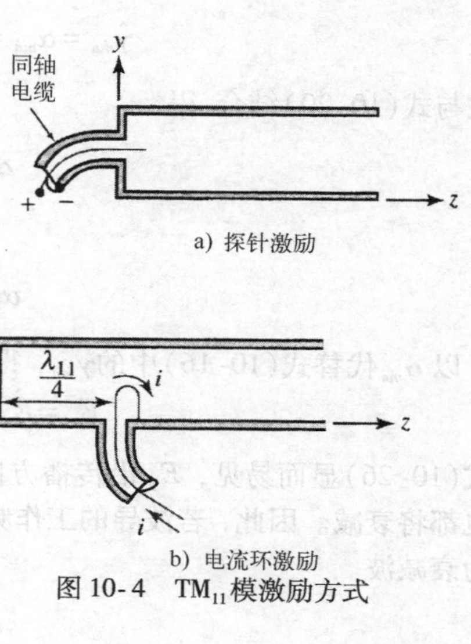

图 10-4 TM_{11} 模激励方式

由式(10-9)，传播常数的一般表达式是

$$\hat{\gamma}_{mn}=\sqrt{\left(\frac{m\pi}{a}\right)^2+\left(\frac{n\pi}{b}\right)^2-\omega^2\mu\varepsilon}=\alpha_{mn}+\mathrm{j}\beta_{mn} \tag{10-18}$$

式中 α_{mn} 和 β_{mn} 分别是 TM_{mn} 模的衰减常数和相位常数。由式(10-18)，若 $\hat{\gamma}_{mn}$ 为实数，即 $\hat{\gamma}_{mn}=\alpha_{mn}$，则不会有波传播，因为波导内部电场和磁场将急剧衰减。另一方面，若 $\hat{\gamma}_{mn}$ 为虚数，即 $\hat{\gamma}_{mn}=\mathrm{j}\beta_{mn}$，电磁波将沿波导无衰减地传播。

为了使 $\hat{\gamma}_{mn}$ 为实数或虚数，式(10-18)中根号内的量应分别为正数或负数。因此对于某一频率，该量应可为零；即

$$\left(\frac{m\pi}{a}\right)^2+\left(\frac{n\pi}{b}\right)^2-\omega_{cmn}^2\mu\varepsilon=0 \tag{10-19}$$

使得

$$\omega_{cmn}=u_p\sqrt{\left(\frac{m\pi}{a}\right)^2+\left(\frac{n\pi}{b}\right)^2} \tag{10-20}$$

式中 $\omega_{cmn}=2\pi f_{cmn}$ 被称为TM模的**截止角频率**，而 $u_p=\frac{1}{\sqrt{\mu\varepsilon}}$ 是无界媒质中的相速。

式(10-20)也可以表示为

$$f_{cmn}=\frac{u_p}{2}\sqrt{\left(\frac{m}{a}\right)^2+\left(\frac{n}{b}\right)^2} \tag{10-21}$$

式中 f_{cmn} 被称为 TM_{mn} 模的**截止频率**。这样命名是由于高于该频率时波导中的电磁波可以传播。我们将讨论两种特殊工作状况，即波导工作频率小于($f<f_{cmn}$)和大于($f>f_{cmn}$)截止频率这两种状况。

10.3.1 低于截止频率工作

对于给定的矩形波导，若工作频率小于截止频率，则

$$\left(\frac{m\pi}{a}\right)^2+\left(\frac{n\pi}{b}\right)^2-\omega^2\mu\varepsilon>0 \tag{10-22}$$

由式(10-18)得

$$\hat{\gamma}_{mn}=\alpha_{mn}=\sqrt{\left(\frac{m\pi}{a}\right)^2+\left(\frac{n\pi}{b}\right)^2-\omega^2\mu\varepsilon} \tag{10-23}$$

此式与式(10-20)结合，得

$$\alpha_{mn}=\frac{1}{u_p}\sqrt{\omega_{cmn}^2-\omega^2} \tag{10-24}$$

或

$$\alpha_{mn}=\frac{\omega}{u_p}\sqrt{\left(\frac{f_{cmn}}{f}\right)^2-1} \tag{10-25}$$

以 α_{mn} 代替式(10-16)中的 $\hat{\gamma}_{mn}$，得到

$$\dot{E}_z=\hat{E}_{zm}\sin\left(\frac{m\pi}{a}x\right)\sin\left(\frac{n\pi}{b}y\right)\mathrm{e}^{-\alpha_{mn}z} \tag{10-26}$$

由式(10-26)显而易见，$\dot{E}_z$ 沿传播方向衰减。由于所有的场分量都与 $\dot{E}_z$ 相关，它们在波导内也都将衰减。因此，若波导的工作频率小于模式的截止频率，该模式将不能传播。这种波称为衰减波。

由式(10-17a)和(10-17d)的$\dot{E}_x$与$\dot{H}_y$之比，即波阻抗为

$$\hat{\eta}_{mn}^{\mathrm{TM}} = -\mathrm{j}\,\frac{\alpha_{mn}}{\omega\varepsilon} \tag{10-27}$$

当某个特定的TM_{mn}模的工作频率小于截止频率时，由式(10-27)可以看出，该波导中不存在平均功率流，因为波阻抗是纯容性的，仅仅产生无功功率，或者说在波导中只储存能量。图 10-5 表示在$0\leqslant f\leqslant f_{cmn}$范围内波阻抗随频率改变的函数曲线。

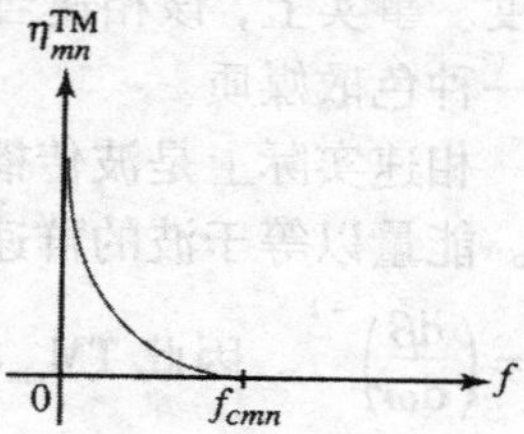

图 10-5 当$f<f_{cmn}$时波阻抗的大小

10.3.2 高于截止频率工作

工作频率f高于截止频率f_{cmn}时有

$$\left(\frac{m\pi}{a}\right)^2+\left(\frac{n\pi}{b}\right)^2-\omega^2\mu\varepsilon<0 \tag{10-28}$$

由式(10-18)得

$$\hat{\gamma}_{mn}=\mathrm{j}\beta_{mn}=\mathrm{j}\sqrt{\omega^2\mu\varepsilon-\left[\left(\frac{m\pi}{a}\right)^2+\left(\frac{n\pi}{b}\right)^2\right]} \tag{10-29}$$

可以用截止频率把相位常数β_{mn}表示为

$$\beta_{mn}=\frac{1}{u_p}\sqrt{\omega^2-\omega_{cmn}^2} \tag{10-30}$$

或

$$\beta_{mn}=\frac{\omega}{u_p}\sqrt{1-\left(\frac{f_{cmn}}{f}\right)^2}=\beta\sqrt{1-\left(\frac{f_{cmn}}{f}\right)^2} \tag{10-31}$$

式中$\beta=\omega/u_p$是无界媒质中的相位常数。

由$\lambda_{mn}=\dfrac{2\pi}{\beta_{mn}}$可以计算波导中该模式的波长

$$\lambda_{mn}=\frac{2\pi u_p}{\omega\sqrt{1-\left(\frac{f_{cmn}}{f}\right)^2}}=\frac{\lambda}{\sqrt{1-\left(\frac{f_{cmn}}{f}\right)^2}} \tag{10-32}$$

式中$\lambda=\dfrac{2\pi}{\beta}$是无界媒质中的波长。式(10-32)也可以表示为

$$\frac{1}{\lambda_{mn}^2}=\frac{1}{\lambda^2}-\frac{1}{\lambda_{cmn}^2} \tag{10-33}$$

式中$\lambda_{cmn}=\dfrac{u_p}{f_{cmn}}$是截止频率对应的波长，又称为截止波长。

波沿波导传播的相速是

$$u_{pmn}=\frac{\omega}{\beta_{mn}} \tag{10-34}$$

或

$$u_{pmn}=\frac{u_p}{\sqrt{1-\left(\frac{f_{cmn}}{f}\right)^2}} \tag{10-35}$$

式中 u_p 是无界媒质中的相速。由式(10-35)可见，矩形波导中的相速大于波在无界媒质中的速度。事实上，该相速当工作频率趋于截止频率时甚至会接近于无穷大。因此，波导应看作是一种色散媒质。

相速实际上是波传播时波的等相位点的速度。换句话说，它并不是波导中能量传播的速度。能量以等于波的群速 u_{gmn} 的速度传播。波在任意媒质中传播的群速已在第8章中定义为 $u_g=\left(\frac{\mathrm{d}\beta}{\mathrm{d}\omega}\right)^{-1}$。因此 TM_{mn} 模的群速是

$$u_{gmn}=\left(\frac{\mathrm{d}\beta_{mn}}{\mathrm{d}\omega}\right)^{-1}=u_p\sqrt{1-\left(\frac{f_{cmn}}{f}\right)^2} \tag{10-36}$$

相速和群速随频率的变化曲线如图10-6所示。图10-7绘出了 α_{mn} 和 β_{mn} 对角频率的函数曲线。

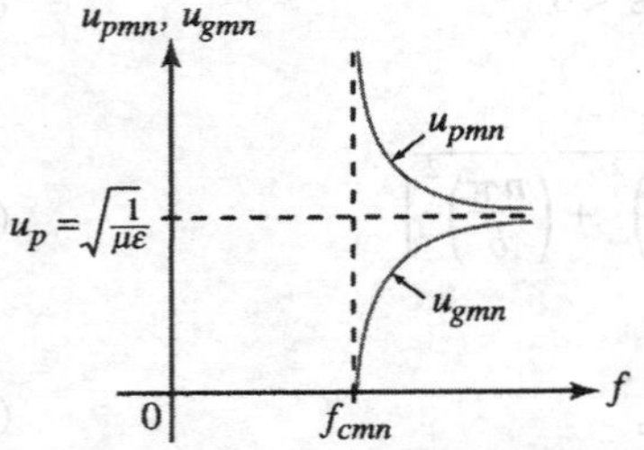

图10-6 u_{pmn} 和 u_{gmn} 随频率的变化

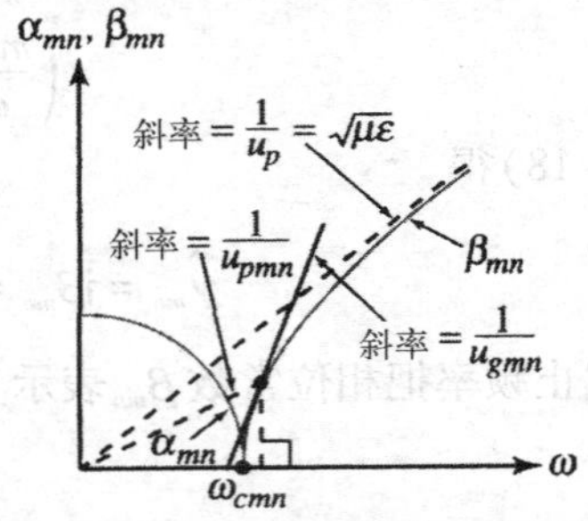

图10-7 α_{mn} 和 β_{mn} 对角频率 ω 的函数曲线

利用式(10-35)和(10-36)我们还可以得到三种速度 u_p、u_{pmn} 和 u_{gmn} 之间的关系为

$$\sqrt{u_{pmn}u_{gmn}}=u_p \tag{10-37}$$

由式(10-17a)和(10-17d)可得出传播模的波阻抗

$$\hat{\eta}_{mn}^{TM}=\frac{\hat{\gamma}_{mn}}{\mathrm{j}\omega\varepsilon}$$

或

$$\eta_{mn}^{TM}=\eta\sqrt{1-\left(\frac{f_{cmn}}{f}\right)^2} \tag{10-38}$$

式中 $\eta=\sqrt{\mu/\varepsilon}$ 是无界媒质的特征阻抗。还应当注意，式(10-38)中的波阻抗是纯电阻性的，且恒小于无界媒质的波阻抗。波阻抗对频率的函数曲线见图10-8。

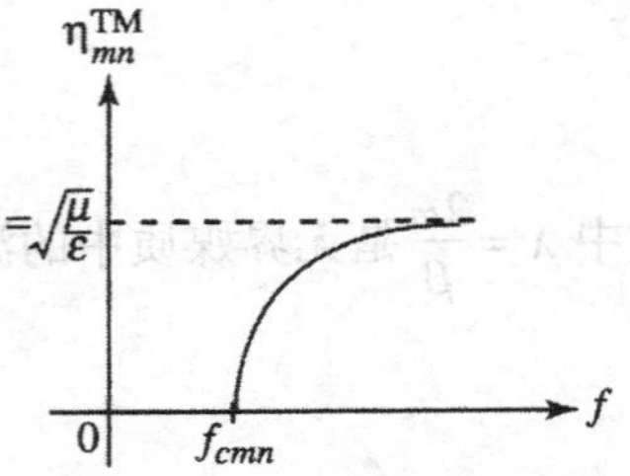

图10-8 波阻抗对频率的函数曲线($f>f_{cmn}$)

10.3.3 TM模式的功率流

为了决定波导中的平均功率流，首先让我们按下式计算波导内的平均功率密度

$$\langle\hat{S}\rangle=\frac{1}{2}\mathrm{Re}[\dot{\boldsymbol{E}}\times\dot{\boldsymbol{H}}^*] \tag{10-39}$$

TM_{mn} 模式 z 方向的平均功率密度是

$$\langle\hat{S}_{mn}\rangle_z=\frac{1}{2}\mathrm{Re}[\dot{E}_x\dot{H}_y^*-\dot{E}_y\dot{H}_x^*] \tag{10-40}$$

或

$$\langle \hat{S}_{mn} \rangle_z = \frac{1}{2\eta_{mn}^{\text{TM}}}(E_x^2 + E_y^2) \tag{10-41}$$

以 E_x 和 E_y 代入上式，并用 $\text{j}\beta_{mn}$代替 $\hat{\gamma}$，我们得到平均功率密度矢量为

$$\langle \boldsymbol{S}_{mn} \rangle = \Big[\frac{\beta_{mn}^2}{2(\omega^2\mu\varepsilon - \beta_{mn}^2)^2} M^2 \frac{E_{zm}^2}{\eta_{mn}^{\text{TM}}} \cos^2(Mx)\sin^2(Ny) + \frac{\beta_{mn}^2}{2(\omega^2\mu\varepsilon - \beta_{mn}^2)^2} N^2 \frac{E_{zm}^2}{\eta_{mn}^{\text{TM}}} \sin^2(Mx)\cos^2(Ny) \Big] \boldsymbol{a}_z \tag{10-42}$$

现可算出波导内的平均功率流

$$\begin{aligned} \langle P_{mn} \rangle &= \int_s \langle \boldsymbol{S}_{mn} \rangle \cdot \mathrm{d}\boldsymbol{s} \\ &= \frac{\beta_{mn}^2 E_{zm}^2}{2(\omega^2\mu\varepsilon - \beta_{mn}^2)^2 \eta} \Big[\int_0^b\int_0^a M^2 \cos^2(Mx)\sin^2(Ny)\,\mathrm{d}x\mathrm{d}y + \\ &\quad \int_0^b\int_0^a N^2 \sin^2(Mx)\cos^2(Ny)\,\mathrm{d}x\mathrm{d}y \Big] \end{aligned} \tag{10-43}$$

从而

$$\langle P_{mn} \rangle = \frac{\beta_{mn}^2 ab E_{zm}^2}{8\eta_{mn}^{\text{TM}}(M^2+N^2)^2}(M^2+N^2) \tag{10-44}$$

以 $M = m\pi/a$ 和 $N = n\pi/b$ 代入上式，得到波导中的平均功率为

$$\langle P_{mn} \rangle = \frac{\beta_{mn}^2 a^3 b^3}{8\pi^2 \eta_{mn}^{\text{TM}}(n^2a^2 + m^2b^2)} E_{zm}^2 \tag{10-45}$$

下面的例子是要说明(a)如何写出波导内场的表达式，(b)决定给定的模是否能传播，和(c)如何计算相速、群速、波长等与可能存在于波导中某模式相关的量。

例 10.1　试决定波导中最低次的 TM_{11}模的截止频率、电场和磁场分布、相位常数、特征阻抗及平均功率流。

解　由式(10-21)，截止频率为

$$f_{c11} = \frac{u_p}{2}\sqrt{\frac{1}{a^2}+\frac{1}{b^2}} = \frac{u_p}{2a}\sqrt{1+\left(\frac{a}{b}\right)^2} \tag{10-46}$$

由式(10-16)和式(10-17)，矩形波导中传播的 TM_{11}模的场分量是

$$\dot{E}_x = -\frac{\text{j}\beta_{11}\pi \hat{E}_{zm}}{(\omega^2\mu\varepsilon - \beta_{11}^2)a}\cos\left(\frac{\pi}{a}x\right)\sin\left(\frac{\pi}{b}y\right)\mathrm{e}^{-\text{j}\beta_{11}z} \tag{10-47a}$$

$$\dot{E}_y = -\frac{\text{j}\beta_{11}\pi \hat{E}_{zm}}{(\omega^2\mu\varepsilon - \beta_{11}^2)b}\sin\left(\frac{\pi}{a}x\right)\cos\left(\frac{\pi}{b}y\right)\mathrm{e}^{-\text{j}\beta_{11}z} \tag{10-47b}$$

$$\dot{E}_z = \hat{E}_{zm}\sin\left(\frac{\pi}{a}x\right)\sin\left(\frac{\pi}{b}y\right)\mathrm{e}^{-\text{j}\beta_{11}z} \tag{10-47c}$$

$$\dot{H}_x = \text{j}\frac{\omega\varepsilon\pi \hat{E}_{zm}}{(\omega^2\mu\varepsilon - \beta_{11}^2)b}\sin\left(\frac{\pi}{a}x\right)\cos\left(\frac{\pi}{b}y\right)\mathrm{e}^{-\text{j}\beta_{11}z} \tag{10-47d}$$

$$\dot{H}_y = -\text{j}\frac{\omega\varepsilon\pi \hat{E}_{zm}}{(\omega^2\mu\varepsilon - \beta_{11}^2)a}\cos\left(\frac{\pi}{a}x\right)\sin\left(\frac{\pi}{b}y\right)\mathrm{e}^{-\text{j}\beta_{11}z} \tag{10-47e}$$

$$\dot{H}_z = 0 \tag{10-47f}$$

而

$$\beta_{11} = \frac{\omega}{u_p}\sqrt{1 - \left(\frac{f_{c11}}{f}\right)^2}$$

或以波导尺寸表示为

$$\beta_{11} = \frac{\pi}{u_p}\sqrt{4f^2 - u_p^2\left(\frac{1}{a^2} + \frac{1}{b^2}\right)} \tag{10-48}$$

对 TM_{11} 模式，波阻抗由式(10-38)决定为

$$\eta_{11}^{TM} = \eta\sqrt{1 - \left(\frac{f_{c11}}{f}\right)^2}$$

或

$$\eta_{11}^{TM} = \frac{\eta}{2f}\sqrt{4f^2 - u_p^2\left(\frac{1}{a^2} + \frac{1}{b^2}\right)} \tag{10-49}$$

而平均功率流可由式(10-45)得到：

$$\langle P_{11} \rangle = \frac{\beta_{11}^2 a^3 b^3}{8\pi^2 \eta_{11}^{TM}(a^2 + b^2)} E_{zm}^2 \tag{10-50}$$

例 10.2 空心矩形波导 $a = 5$ cm，$b = 2$ cm，工作频率 1 GHz。(a) 证明在这一频率下 TM_{21} 模不能传播(为衰减模)。(b) 决定使电场的 z 分量衰减到它在 $z = 0$ 处的幅值的 0.5% 所需的距离。设在 $z = 0$ 处电场 z 分量的幅值为 1 kV/m。

解 (a) 由式(10-18)，TM_{21} 模的传播常数为

$$\hat{\gamma}_{21} = \sqrt{\left(\frac{2\pi}{5 \times 10^{-2}}\right)^2 + \left(\frac{\pi}{2 \times 10^{-2}}\right)^2 - (2\pi \times 10^9)^2 \times 4\pi \times 10^{-7} \times 8.85 \times 10^{-12}}$$

$$\hat{\gamma}_{21} = 200 + \mathrm{j}0 \quad \alpha_{21} = 200 \text{ Np/m}$$

传播常数 $\hat{\gamma}_{21}$ 的虚部为零，因此 1 GHz 时 TM_{21} 模不能传播，实用上认为它在波导内传播了 $5/\alpha_{21}$ 的距离后就衰减殆尽。

(b) 设电场幅值在 $z = d$ 处是 $z = 0$ 处的 0.5%，则

$$E_z(d) = 0.005 \times 1000 = 5 \text{ V/m}$$

由于 $E_z(d) = 1000\mathrm{e}^{-\alpha_{21} d}$ 且 $E_z(d) = 5$ V，所以 $\alpha_{21} d = \ln(1000/5)$，故

$$d = \frac{1}{200}\ln\left(\frac{1000}{5}\right) = 26.5 \times 10^{-3} \text{ m 或 } 26.5 \text{ mm}$$

例 10.3 以 20 GHz 的频率激励例 10.2 中的波导。

(a) 计算 TM_{21} 模的截止频率并决定它是否为衰减模式。若不是，决定其相位常数、相速、群速及传播波长。

(b) 计算 TM_{21} 模的波阻抗。

(c) 若波导中外加电场幅值为 500 V/m，求波导所传送的平均功率。

解 (a) TM_{21} 模的截止频率可用式(10-21)计算：

$$f_{c21} = \frac{3 \times 10^8}{2}\sqrt{\left(\frac{2}{0.05}\right)^2 + \left(\frac{1}{0.02}\right)^2} = 9.6 \times 10^9 \text{ Hz}$$

该截止频率小于波导中 TM_{21} 模的工作频率 20 GHz，因此波导中波是传播的。

相位常数用式(10-31)计算：

$$\beta_{21}=\frac{2\pi\times20\times10^9}{3\times10^8}\sqrt{1-\left(\frac{9.6\times10^9}{20\times10^9}\right)^2}=367.47\ \text{rad/m}$$

而相速是

$$u_{p21}=\frac{2\pi\times20\times10^9}{367.47}=3.42\times10^8\ \text{m/s}$$

群速由式(10-37)得出

$$u_{g21}=\frac{(3\times10^8)^2}{3.42\times10^8}=2.63\times10^8\ \text{m/s}$$

最后，TM_{21} 模的波长用式(10-32)求得为

$$\lambda_{21}=\frac{2\pi}{\beta_{21}}=\frac{2\pi}{367.47}=0.017\ \text{m 或 } 17\ \text{mm}$$

(b) TM_{21} 模的特性阻抗是

$$\eta_{21}^{TM}=-\text{j}\frac{\hat{\gamma}_{21}}{\omega\varepsilon}=-\text{j}\frac{\text{j}367.47}{2\pi\times20\times10^9\times8.85\times10^{-12}}=330.42\ \Omega$$

(c) 用式(10-45)，该无耗波导中的平均功率流为

$$\langle P_{21}\rangle=\frac{(367.47)^2\times(0.05)^3(0.02)^3}{8\pi^2\times330.42\times[(0.05)^2+2^2\times(0.02)^2]}500^2=0.3156\ \text{W 或 } 315.6\ \text{mW}$$

10.4 横电(TE)模

TE 模是矩形波导中可激励的另一种模式。这时电场总是只有横向分量，即对于沿 z 方向传播的波，$\dot{E}_z$ 分量为零。然而，磁场各个方向上的分量可能都是存在的。

现在再次考虑图 10-2 所示的矩形波导，其通解 $\dot{H}_z$ 由式(10-11b)给出。由式(10-5a)，电场 x 分量可用 $\dot{H}_z$ 分量表示为

$$\dot{E}_x=-\frac{\text{j}\omega\mu}{\hat{\gamma}^2+\omega^2\mu\varepsilon}\left(\frac{\partial\dot{H}_z}{\partial y}\right)\tag{10-51}$$

由于各边界上 E_x 均为零，上式表明在 $y=0$ 和 $y=b$ 处有

$$\frac{\partial\dot{H}_z}{\partial y}=0\tag{10-52}$$

求 $\dot{H}_z$ 对 y 的偏导数得到

$$\frac{\partial\dot{H}_z}{\partial y}=[\hat{K}_1\sin(Mx)+\hat{K}_2\cos(Mx)][\hat{K}_3N\cos(Ny)-\hat{K}_4N\sin(Ny)]\text{e}^{-\hat{\gamma}z}$$

利用 $y=0$ 处的边界条件得到

$$\hat{K}_3=0\tag{10-53}$$

由于 N 能取非零的值，利用 $y=b$ 处的边界条件导致

$$\sin(Nb)=0$$

或

$$N=\frac{n\pi}{b}\quad n=0,1,2,\cdots\tag{10-54}$$

现可将式(10-11b)的 $\dot{H}_z$ 表示为

$$\dot{H}_z(x,\ y) = [\hat{K}_1\sin(Mx) + \hat{K}_2\cos(Mx)]\left[\hat{K}_4\cos\left(\frac{n\pi}{b}y\right)\right]\mathrm{e}^{-\hat{\gamma}z} \tag{10-55}$$

由式(10-5b)可用$\dot{H}_z$将$\dot{E}_y$表示为

$$\dot{E}_y = \frac{\mathrm{j}\omega\mu}{\hat{\gamma}^2 + \omega^2\mu\varepsilon}\left(\frac{\partial \dot{H}_z}{\partial x}\right) \tag{10-56}$$

然而，在$x=0$和$x=a$处$\dot{E}_y$应为零，这一要求意味着在$x=0$和$x=a$处

$$\frac{\partial \dot{H}_z}{\partial x} = 0 \tag{10-57}$$

对式(10-55)求x的偏导数得到

$$\frac{\partial \dot{H}_z}{\partial x} = [\hat{K}_1 M\cos(Mx) - \hat{K}_2 M\sin(Mx)]\left[\hat{K}_4\cos\left(\frac{n\pi}{b}y\right)\right]\mathrm{e}^{-\hat{\gamma}z}$$

利用$x=0$处的边界条件得到

$$\hat{K}_1 = 0 \tag{10-58}$$

由于M一般能取非零的值，$x=a$处的边界条件导致

$$\sin(Ma) = 0$$

或

$$M = \frac{m\pi}{a} \quad m = 0,1,2,\cdots \tag{10-59}$$

最后，由于$\hat{K}_1=0$和$\hat{K}_3=0$，式(10-11b)给出TE_{mn}模式的磁场z分量完整的表达式是

$$\dot{H}_z(x,\ y,\ z) = \dot{H}_{zm}\cos\left(\frac{m\pi}{a}x\right)\cos\left(\frac{n\pi}{b}y\right)\mathrm{e}^{-\hat{\gamma}z} \tag{10-60}$$

式中 $\dot{H}_{zm} = \hat{K}_2\hat{K}_4$。

现即可由式(10-5)得到TE模的所有其他场分量

$$\dot{H}_x = \frac{\hat{\gamma}}{\hat{\gamma}^2 + \omega^2\mu\varepsilon}M\,\dot{H}_{zm}\sin(Mx)\cos(Ny)\mathrm{e}^{-\hat{\gamma}z} \tag{10-61a}$$

$$\dot{H}_y = \frac{\hat{\gamma}}{\hat{\gamma}^2 + \omega^2\mu\varepsilon}N\,\dot{H}_{zm}\cos(Mx)\sin(Ny)\mathrm{e}^{-\hat{\gamma}z} \tag{10-61b}$$

$$\dot{E}_x = \frac{\mathrm{j}\omega\mu}{\hat{\gamma}^2 + \omega^2\mu\varepsilon}N\,\dot{H}_{zm}\cos(Mx)\sin(Ny)\mathrm{e}^{-\hat{\gamma}z} \tag{10-61c}$$

$$\dot{E}_y = -\frac{\mathrm{j}\omega\mu}{\hat{\gamma}^2 + \omega^2\mu\varepsilon}M\,\dot{H}_{zm}\sin(Mx)\cos(Ny)\mathrm{e}^{-\hat{\gamma}z} \tag{10-61d}$$

$$\dot{E}_z = 0 \tag{10-61e}$$

正如由式(10-60)所能看出的那样，即使m和n二者均为零，$\dot{H}_z(x,\ y,\ z)$也存在，但这时所有其他的场分量均消失，由式(10-61)这是很显然的。这样一来，TE_{00}模在波导中不能存在。然而，TE_{01}和TE_{10}模的场分量却能有以下的表达式：

(a) TE_{01}模

$$\dot{H}_x = 0,\quad \dot{E}_y = 0,\quad \dot{E}_z = 0 \tag{10-62a}$$

$$\dot{H}_y = \mathrm{j}\frac{\beta_{01}b}{\pi}\hat{H}_{zm}\sin\left(\frac{\pi}{b}y\right)\mathrm{e}^{-\mathrm{j}\beta_{01}z} \tag{10-62b}$$

$$\dot{H}_z = \hat{H}_{zm}\cos\left(\frac{\pi}{b}y\right)\mathrm{e}^{-\mathrm{j}\beta_{01}z} \tag{10-62c}$$

$$\dot{E}_x = \mathrm{j}\,\frac{\omega\mu b}{\pi}\hat{H}_{zm}\sin\left(\frac{\pi}{b}y\right)\mathrm{e}^{-\mathrm{j}\beta_{01}z} \tag{10-62d}$$

（b）TE_{10}模

$$\dot{H}_y = 0,\quad \dot{E}_x = 0,\quad \dot{E}_z = 0 \tag{10-63a}$$

$$\dot{H}_x = \mathrm{j}\,\frac{\beta_{10}a}{\pi}\hat{H}_{zm}\sin\left(\frac{\pi}{a}x\right)\mathrm{e}^{-\mathrm{j}\beta_{10}z} \tag{10-63b}$$

$$\dot{H}_z = \hat{H}_{zm}\cos\left(\frac{\pi}{a}x\right)\mathrm{e}^{-\mathrm{j}\beta_{10}z} \tag{10-63c}$$

$$\dot{E}_y = -\mathrm{j}\,\frac{\omega\mu a}{\pi}\hat{H}_{zm}\sin\left(\frac{\pi}{a}x\right)\mathrm{e}^{-\mathrm{j}\beta_{10}z} \tag{10-63d}$$

TE_{01}模场分量$\dot{E}_x$和$\dot{H}_y$的存在表明在z方向能够有功率流产生；即这一模式能够在波导中存在。类似地，TE_{10}模的场分量$\dot{E}_y$和$\dot{H}_x$也会引起z方向的功率流，说明它也是一种能够存在的模式。因此，对TE_{mn}模，m或n能够为零，但二者不能同时为零。若$a>b$，则TE_{10}是最低次模而TE_{01}是次低次模。TE_{10}模的场型和激励见图10-9和图10-10。

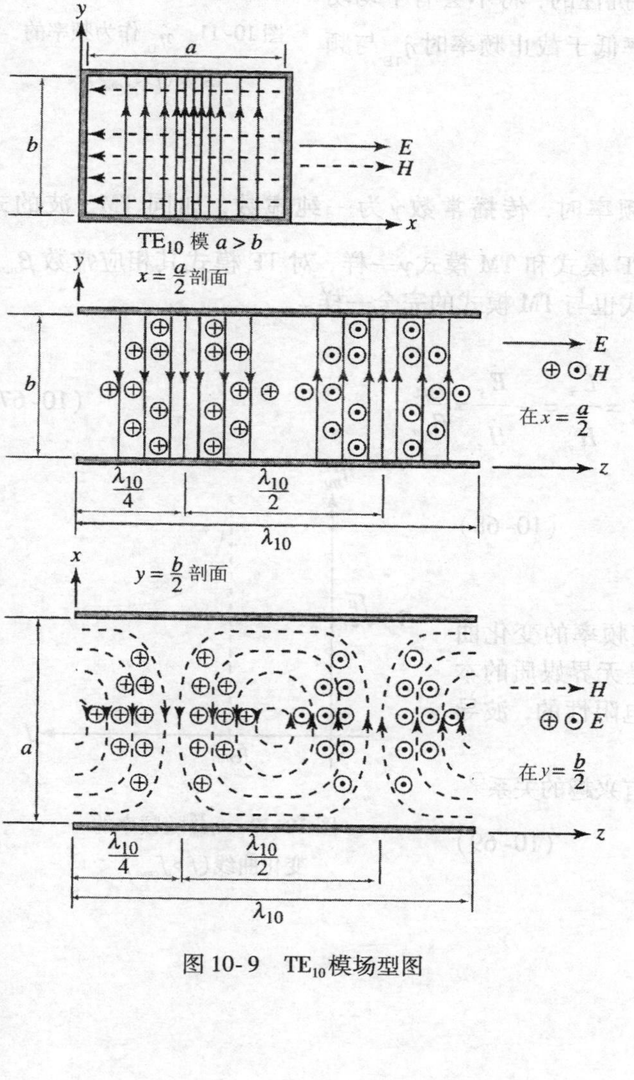

图10-9　TE_{10}模场型图

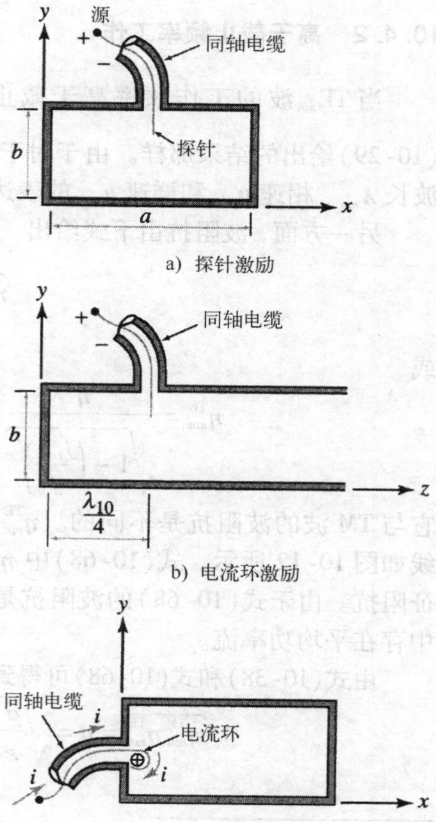

图10-10　TE_{10}模激励图

与 TM 波一样，TE 模式也有两个不同的工作频率区，它们的分界是截止频率

$$f_{cmn}=\frac{u_p}{2}\sqrt{\left(\frac{m}{a}\right)^2+\left(\frac{n}{b}\right)^2} \tag{10-64}$$

下面研究 TE 模式在这两个工作频率区中不同的特性。

10.4.1 低于截止频率工作

当 TE_{mn} 波的工作频率低于截止频率时，由式(10-23)及(10-24)可写出其传播常数

$$\hat{\gamma}_{mn}=\alpha_{mn}=\frac{1}{u_p}\sqrt{\omega_{cmn}^2-\omega^2} \tag{10-65}$$

说明波导内也是一种完全衰减的波。因此，这时 TE 波是一种衰减波。虽然 TE 模和 TM 模的衰减常数一样，二者的波阻抗却不同。现在是

$$\hat{\eta}_{mn}^{\mathrm{TE}}=\frac{\dot{E}_x}{\dot{H}_y}=-\frac{\dot{E}_y}{\dot{H}_x}=\mathrm{j}\,\frac{\omega\mu}{\alpha_{mn}} \tag{10-66}$$

由式(10-66)可见，由于波阻抗是纯电抗性的，将不会有平均功率流存在。图 10-11 绘出了当工作频率低于截止频率时 $\hat{\eta}_{\mathrm{TE}}$ 与频率的函数关系。

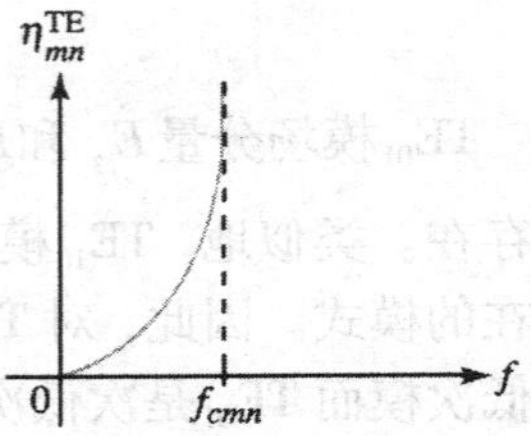

图 10-11 $\hat{\eta}_{\mathrm{TE}}$ 作为频率的函数($f<f_{cmn}$)

10.4.2 高于截止频率工作

当 TE_{mn} 波的工作频率高于截止频率时，传播常数 $\hat{\gamma}$ 为一纯虚数，如同 TM_{mn} 波的式(10-29)给出的结果那样。由于对于 TE 模式和 TM 模式 $\hat{\gamma}$ 一样，对 TE 模式其相应常数 β_{mn}、波长 λ_{mn}、相速 u_{pmn} 和群速 u_{gmn} 的表达式也与 TM 模式的完全一样。

另一方面，波阻抗由下式给出

$$\hat{\eta}_{mn}^{\mathrm{TE}}=\frac{\dot{E}_x}{\dot{H}_y}=-\frac{\dot{E}_y}{\dot{H}_x}=\frac{\omega\mu}{\beta_{mn}} \tag{10-67}$$

或

$$\eta_{mn}^{\mathrm{TE}}=\frac{\eta}{\sqrt{1-\left(\frac{f_{cmn}}{f}\right)^2}} \tag{10-68}$$

它与 TM 波的波阻抗是不同的。η_{mn}^{TE} 随频率的变化曲线如图 10-12 所示。式(10-68)中 η 是无界媒质的本征阻抗。由于式(10-68)的波阻抗是电阻性的，波导中存在平均功率流。

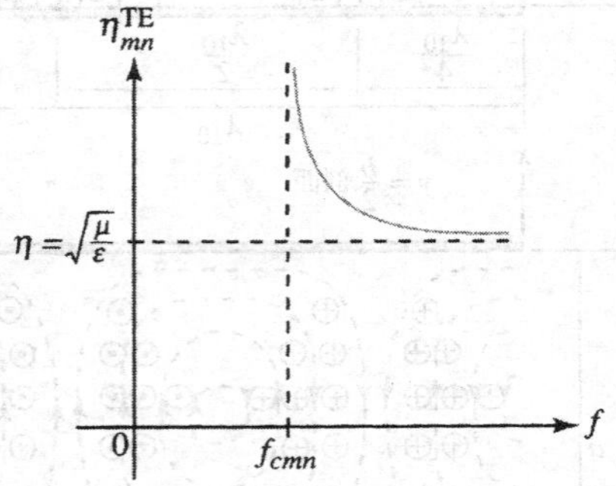

图 10-12 $\hat{\eta}_{mn}^{TE}$ 随频率的变化曲线($f>f_{cmn}$)

由式(10-38)和式(10-68)可得到有兴趣的关系⊖

$$\sqrt{\eta_{mn}^{\mathrm{TM}}\eta_{mn}^{\mathrm{TE}}}=\eta=\sqrt{\frac{\mu}{\varepsilon}} \tag{10-69}$$

⊖ 引入式(10-29)的关系。——译注

10.4.3 TE 模式的功率流

TE_{mn}模式的平均功率密度是

$$\langle S_{mn}\rangle_z=\frac{1}{2}\mathrm{Re}(\dot{E}_x\dot{H}_y^*-\dot{E}_y\dot{H}_x^*)$$

或

$$\langle S_{mn}\rangle_z=\frac{1}{2\eta_{mn}^{\mathrm{TE}}}(E_x^2+E_y^2) \tag{10-70}$$

或

$$\langle S_{mn}\rangle_z=\Big[\eta_{mn}^{\mathrm{TE}}\frac{n^2\pi^2\beta_{mn}^2}{2(\omega^2\mu\varepsilon-\beta_{mn}^2)^2b^2}H_{zm}^2\cos^2(Mx)\sin^2(Ny)+\eta_{mn}^{\mathrm{TE}}\frac{m^2\pi^2\beta_{mn}^2}{2(\omega^2\mu\varepsilon-\beta_{mn}^2)^2a^2}H_{zm}^2\sin^2(Mx)\cos^2(Ny)\Big]\boldsymbol{a}_z \tag{10-71}$$

因此波导中的平均功率是

$$\langle P_{mn}\rangle=\int_s\langle \boldsymbol{S}_{mn}\rangle\cdot\mathrm{d}\boldsymbol{s}=\eta_{mn}^{\mathrm{TE}}\frac{\pi^2\beta_{mn}^2H_{zm}^2}{2(\omega^2\mu\varepsilon-\beta_{mn}^2)}\Big[\int_0^b\int_0^a\frac{n^2}{b^2}\cos^2(Mx)\sin^2(Ny)\,\mathrm{d}x\mathrm{d}y+\int_0^b\int_0^a\frac{m^2}{a^2}\sin^2(Mx)\cos^2(Ny)\,\mathrm{d}x\mathrm{d}y\Big]$$

或

$$\langle P_{mn}\rangle=\eta_{mn}^{\mathrm{TE}}\Big[\frac{\beta_{mn}^2abH_{zm}^2}{8(\omega^2\mu\varepsilon-\beta_{mn}^2)}\Big]\Big[\Big(\frac{m\pi}{a}\Big)^2+\Big(\frac{n\pi}{b}\Big)^2\Big] \tag{10-72a}$$

或

$$\langle P_{mn}\rangle=\eta_{mn}^{\mathrm{TE}}\Big[\frac{\beta_{mn}^2a^3b^3H_{zm}^2}{8\pi^2(b^2m^2+a^2n^2)}\Big]^{\ominus} \tag{10-72b}$$

例 10.4 对无耗矩形波导 $a>b$ 的主模 TE_{10} 决定其截止频率，相位常数，波阻抗和平均功率流。

解 TE_{10}模的截止频率能用式(10-64)得到：

$$f_{c10}=\frac{u_p}{2a} \tag{10-73}$$

由式(10-31)相位常数为

$$\beta_{10}=\frac{\omega}{u_p}\sqrt{1-\Big(\frac{f_{c10}}{f}\Big)^2}$$

TE_{10}的波阻抗为

$$\eta_{10}^{\mathrm{TE}}=\frac{\eta}{\sqrt{1-\Big(\frac{u_p}{2af}\Big)^2}} \tag{10-74}$$

此模的平均功率流可由式(10-72a)算出为

⊖ 当 $m=0$ 或 $n=0$ 时(二者不能同时为零)，(10-72a)及(10-72b)二式中分母的 8 要改为 4。——译注

$$\langle P_{10}\rangle=\eta_{10}^{\mathrm{TE}}\left[\frac{\beta_{10}^2\pi^2H_{zm}^2b}{4(\omega^2\mu\varepsilon-\beta_{10}^2)^2a}\right] \tag{10-75a}$$

或

$$\langle P_{10}\rangle=\eta_{10}^{\mathrm{TE}}\left[\frac{\beta_{10}^2a^3bH_{zm}^2}{4\pi^2}\right] \tag{10-75b}$$

实际应用时要对一定的频率选择波导尺寸，使得波导只传输与主模相关的能量。

例 10.5 一空心波导工作于 10 GHz 频率。若波导尺寸为 $a=2$ cm 及 $b=1$ cm，决定波导中传播的模式。

解 首先考虑两个最低次的模式 TE_{01} 和 TE_{10}。并计算二者的截止频率。

$$TE_{01}:\ f_{c01}=\frac{u_p}{2b}=\frac{3\times10^8}{0.02}=1.5\times10^{10}\text{Hz 或 15 GHz}$$

由于工作频率($f=10$ GHz)低于$f_{c01}=15$ GHz，TE_{01}不能成为可能的传播模式。

$$TE_{10}:\ f_{c10}=\frac{u_p}{2a}=\frac{3\times10^8}{2\times2\times10^{-2}}=0.75\times10^{10}\text{Hz 或 7.5 GHz}$$

因此，TE_{10}是波导中唯一能传播的模式。

例 10.6 空心波导工作于 7 GHz。波导尺寸为 $a=3$ cm 和 $b=2$ cm。计算不致于在波导中引起击穿的 TE_{10}模式能沿波导传送的最大平均功率。空气介质强度为 30 kV/cm。选安全系数为 10。

解 TE_{10}的截止频率为

$$f_{c10}=\frac{u_p}{2a}=\frac{3\times10^8}{2\times0.03}=5\times10^9\text{Hz}$$

由式(10-61d)，存在的 TE_{10}的电场分量是

$$\dot{E}_y=-\mathrm{j}\frac{\omega\mu a}{\pi}\hat{H}_{zm}\sin\left(\frac{\pi}{a}x\right)\mathrm{e}^{-\mathrm{j}\beta_{10}z}=\hat{E}_{ym}\sin\left(\frac{\pi}{a}x\right)\mathrm{e}^{-\mathrm{j}\beta_{10}z}$$

空气的介质强度已知为 30 kV/cm 或 3 MV/m，因此 E_y 的最大值考虑安全系数 10 后应为 0.3 MV/m。这样

$$\dot{E}_y=3\times10^5\sin\left(\frac{\pi}{a}x\right)\mathrm{e}^{-\mathrm{j}\beta_{10}z}$$

TE_{10}模的本征阻抗为

$$\eta_{10}^{\mathrm{TE}}=\frac{\eta}{\sqrt{1-\left(\frac{f_{c10}}{f}\right)^2}}=\frac{377}{\sqrt{1-\left(\frac{5}{7}\right)^2}}=538.68\ \Omega$$

由式(10-70)最大平均功率密度为

$$\langle \boldsymbol{S}_{10}\rangle=\frac{1}{2}\left[\frac{(3\times10^5)^2\sin^2\left(\frac{\pi}{a}x\right)}{538.68}\right]\boldsymbol{a}_z=83.54\sin^2\left(\frac{\pi}{a}x\right)\boldsymbol{a}_z\text{MW/m}^2$$

可沿波导安全传送的最大功率是

$$\langle P_{10}\rangle=\int_0^b\int_0^a 83.54\times10^6\sin^2\left(\frac{\pi}{a}x\right)\mathrm{d}x\mathrm{d}y=25.06\text{ kW}$$

例 10.7 $b=1$ cm 的空心波导 TE_{10}模的相位常数是 102.65 rad/m。若波导工作频率为

12 GHz，且只有 TE_{10}模传播，计算波导尺寸 a。

解 TE_{10}模的截止频率可由下述关系导出

$$\beta_{10} = \beta\sqrt{1-\left(\frac{f_{c10}}{f}\right)^2}$$

$$\beta = \omega\sqrt{\mu_0\varepsilon_0} = 2\pi\times 12\times 10^9\sqrt{4\pi\times 10^{-7}\times 8.85\times 10^{-12}} = 251.44\ \text{rad/m}$$

$$102.65 = 251.44\sqrt{1-\left(\frac{f_{c10}}{12\times 10^9}\right)^2}$$

因此

$$f_{c10} = 10.95\ \text{GHz}$$

$$f_{c10} = \frac{u_p}{2a}$$

故

$$a = \frac{u_p}{2f_{c10}} = \frac{3\times 10^8}{2\times 10.95\times 10^9} = 0.0136\ \text{m}$$

$$a = 1.36\ \text{cm}$$

10.5 波导损耗

对于完全导体壁包围的完全介质构成的理想波导中的场的研究，揭示了只要工作频率高于模式的截止频率，模式就能沿波导长度方向无任何损耗地传输。实际波导内，介质不是完全介质，波导壁也不是完全导体。因此，我们预期波在实际波导中传播时会有一定的损耗。换句话说，场在波导内传播也会有一定的衰减。

10.5.1 完全介质与有限电导率壁

绝大多数波导都是由黄铜、青铜或其他材料加上薄镀银层做成的。波导内壁的电导率尽管很高，但并不是无穷大。由于有这种有限电导率的壁，场在壁的内部也是存在的，因而决定波导内的场变得相当复杂。为了决定壁内的功率损耗和衰减常数，首先不得不求得介质以及壁内的场，再应用四壁处的边界条件。你可能猜想得到这一过程虽然精确，但相当复杂。由于壁的高电导率，我们预期趋肤深度是很小的。换言之，我们预计(a)场集中于壁的内表面(靠近介质的表面)附近的区域中，(b)损耗非常小。也就是说，我们认为这时波导中实际的场与有完全导体壁时的场只略有不同。因而可以假定这两种场几乎是相同的。然而，由于有限电导率壁，波导内的场是以衰减常数 α_{cmn} 按指数律衰减的。

当场按函数 $e^{-\alpha_{cmn}z}$ 衰减时，波导纵向任意一点 z 的功率可表示为

$$\langle P_{mn}(z)\rangle = P_0 e^{-2\alpha_{cmn}z} \tag{10-76}$$

式中 P_0 是参考点($z=0$)处的功率。波导壁内单位长度的损耗能够由 z 方向的功率变化率算出

$$\langle P_d(z)\rangle = -\frac{\partial\langle P_{mn}(z)\rangle}{\partial z} \tag{10-77}$$

式中负号计及功率沿 z 方向传播是下降的，而$\langle P_d(z)\rangle$是单位长度的平均损耗(以 W/m 为单位)。

式(10-76)使我们可将$\langle P_d(z)\rangle$表示为

$$\langle P_d(z)\rangle = 2P_0\alpha_{cmn}\mathrm{e}^{-2\alpha_{cmn}z} \tag{10-78}$$

这样，未知的衰减常数α_{cmn}为

$$\alpha_{cmn} = \frac{\langle P_d(z)\rangle}{2\langle P_{mn}(z)\rangle} \tag{10-79}$$

现在说明当波导各壁电导率为σ_c时，如何由波导内TE_{10}模场的表达式找出衰减常数。由式(10-60)和式(10-61)波导内TE_{10}模场的表达式能近似表示为

$$\dot{H}_x = \mathrm{j}\frac{\beta_{10}a}{\pi}\hat{H}_{zm}\sin\left(\frac{\pi}{a}x\right)\mathrm{e}^{-\mathrm{j}\beta_{10}z}\mathrm{e}^{-\alpha_{c10}z} \tag{10-80a}$$

$$\dot{H}_z = \hat{H}_{zm}\cos\left(\frac{\pi}{a}x\right)\mathrm{e}^{-\mathrm{j}\beta_{10}z}\mathrm{e}^{-\alpha_{c10}z} \tag{10-80b}$$

$$\dot{E}_y = -\mathrm{j}\frac{\omega\mu a}{\pi}\hat{H}_{zm}\sin\left(\frac{\pi}{a}x\right)\mathrm{e}^{-\mathrm{j}\beta_{10}z}\mathrm{e}^{-\alpha_{c10}z} \tag{10-80c}$$

式中

$$\hat{\gamma}_{10} = \alpha_{c10} + \mathrm{j}\beta_{10}$$

z方向的平均功率密度为

$$\langle \boldsymbol{S}_{10}\rangle_z = \frac{1}{2}\mathrm{Re}\left[\dot{\boldsymbol{E}}\times\dot{\boldsymbol{H}}^*\right]\cdot\boldsymbol{a}_z = \frac{1}{2}\mathrm{Re}\left[-\dot{E}_y\dot{H}_x^*\right]$$

$$= \frac{\omega\mu a^2}{2\pi^2}\beta_{10}H_{zm}^2\sin^2\left(\frac{\pi x}{a}\right)\mathrm{e}^{-2\alpha_{c10}z} \tag{10-81}$$

z方向的平均功率流为

$$\langle P_{10}\rangle_z = \int_0^a\int_0^b\langle S_{10}\rangle_z\,\mathrm{d}x\mathrm{d}y = \frac{\omega\mu a^2}{2\pi^2}\beta_{10}H_{zm}^2\mathrm{e}^{-2\alpha_{c10}z}\left(\frac{ab}{2}\right)$$

$$= \frac{\omega\mu a^3 b}{4\pi^2}\beta_{10}H_{zm}^2\mathrm{e}^{-2\alpha_{c10}z} \tag{10-82}$$

为了计算各壁单位长度上的损耗，将首先利用各表面上的边界条件决定表面电流密度。我们将总是假定区域1是波导内的介质而区域2是导电壁内的区域。当区域2中的趋肤深度小到可以忽略时，假设区域2中的磁场为零即可决定表面电流。即$\dot{\boldsymbol{J}}_s = \boldsymbol{a}_n\times\dot{\boldsymbol{H}}_1$，这里$\boldsymbol{a}_n$是朝向区域1的表面单位法线矢量。设电流在各壁中均匀分布在一个趋肤深度δ_c的厚度内，利用表面电阻$R_s = 1/\sigma_c\delta_c$即能确定壁内的损耗为

$$P_d = \frac{1}{2}R_s I^2 \tag{10-83}$$

式中I是壁表面总电流的振幅。这一处理过程是根据第9章中对趋肤效应进行的讨论。

现要决定四个壁中的损耗。但$x=0$处和$x=a$处的壁内损耗应相等。同样，$y=0$处和$y=b$处的壁内损耗也相等。这样单位长度总损耗

$$\langle P_d\rangle = 2\left[\langle P_d\rangle_{x=0} + \langle P_d\rangle_{y=0}\right] \tag{10-84}$$

为了计算$x=0$处壁内损耗，由下式能决定壁表面电流密度

$$\dot{\boldsymbol{J}}_s = \boldsymbol{a}_n\times\dot{\boldsymbol{H}}_1 \tag{10-85}$$

由图10-2，此时$\boldsymbol{a}_n = \boldsymbol{a}_x$；因此表面电流密度为

$$\dot{\boldsymbol{J}}_s = -\hat{H}_{zm}\mathrm{e}^{-\mathrm{j}\beta_{10}z}\mathrm{e}^{-\alpha_{c10}z}\boldsymbol{a}_y \tag{10-86}$$

而z方向单位长度的功率损耗为

$$\langle P_d\rangle_{x=0} = \frac{1}{2}\left(\frac{1}{\sigma_c\delta_c}\right)\int_0^b H_{zm}^2 \mathrm{e}^{-2\alpha_{c10}z}\mathrm{d}y = \frac{H_{zm}^2 b}{2\sigma_c\delta_c}\mathrm{e}^{-2\alpha_{c10}z} \tag{10-87}$$

在 $y=0$ 处壁表面的电流密度为

$$\begin{aligned}\dot{\boldsymbol{J}}_s &= \boldsymbol{a}_y \times (\dot{H}_x\boldsymbol{a}_x + \dot{H}_z\boldsymbol{a}_z) = -\mathrm{j}\frac{\beta_{10}a}{\pi}\hat{H}_{zm}\sin\left(\frac{\pi}{a}x\right)\mathrm{e}^{-\mathrm{j}\beta_{10}z}\mathrm{e}^{-\alpha_{c10}z}\boldsymbol{a}_z \\ &\quad + \hat{H}_{zm}\cos\left(\frac{\pi}{a}x\right)\mathrm{e}^{-\mathrm{j}\beta_{c10}z}\mathrm{e}^{-\alpha_{c10}z}\boldsymbol{a}_x\end{aligned} \tag{10-88}$$

而相应的损耗是

$$\begin{aligned}\langle P_d\rangle_{y=0} &= \frac{1}{2}\left(\frac{1}{\sigma_c\delta_c}\right)\int_0^a \left[\frac{(\beta_{10}a)^2}{\pi^2}H_{zm}^2\sin^2\left(\frac{\pi}{a}x\right)\mathrm{e}^{-2\alpha_{c10}z} + H_{zm}^2\cos^2\left(\frac{\pi}{a}x\right)\mathrm{e}^{-2\alpha_{c10}z}\right]\mathrm{d}x \\ &= \frac{H_{zm}^2 a}{4\sigma_c\delta_c}\left[1+\left(\frac{\beta_{10}a}{\pi}\right)^2\right]\mathrm{e}^{-2\alpha_{c10}z}\end{aligned} \tag{10-89}$$

由式(10-84)，单位长度总损耗是

$$\langle P_d\rangle = \frac{H_{zm}^2}{\sigma_c\delta_c}\left(b+\frac{a}{2}+\frac{\beta_{10}^2a^3}{2\pi^2}\right)\mathrm{e}^{-2\alpha_{c10}z}$$

或

$$\langle P_d\rangle = \frac{H_{zm}^2}{\sigma_c\delta_c}\left[b+\frac{a}{2}\left(\frac{f}{f_{c10}}\right)^2\right]\mathrm{e}^{-2\alpha_{c10}z} \tag{10-90}$$

上式可用 $\beta_{10}^2=\omega^2\mu\varepsilon-(\pi/a)^2$ 和 $f_{c10}=\dfrac{1}{2a\sqrt{\mu\varepsilon}}$ 得出。

现在能用式(10-79)、(10-82)和(10-90)决定 α_{c10} 为

$$\alpha_{c10} = \frac{1}{2}\left(\frac{\langle P_d\rangle}{\langle P_{10}\rangle_z}\right) = \frac{\dfrac{H_{zm}^2}{\sigma_c\delta_c}\left[b+\dfrac{a}{2}\left(\dfrac{f}{f_{c10}}\right)^2\right]\mathrm{e}^{-2\alpha_{c10}z}}{\dfrac{\omega\mu a^3 b}{2\pi^2}\beta_{10}H_{zm}^2\mathrm{e}^{-2\alpha_{c10}z}}$$

$$= \left(\frac{1}{\sigma_c\delta_c\eta b}\right)\frac{\left(1+\dfrac{2b}{a}\left(\dfrac{f_{c10}}{f}\right)^2\right)}{\sqrt{1-\left(\dfrac{f_{c10}}{f}\right)^2}} \tag{10-91}$$

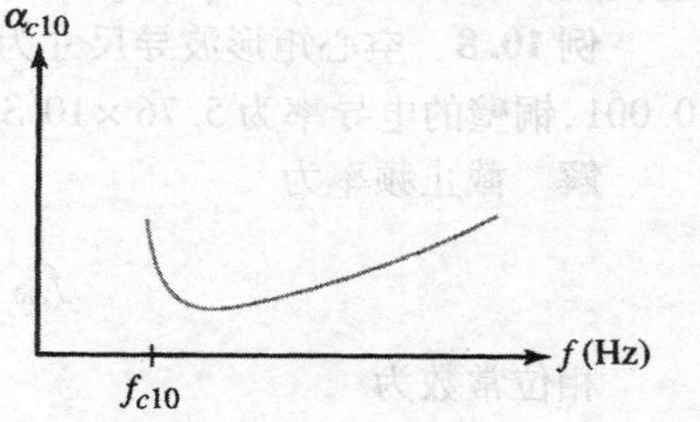

图 10-13　α_{c10} 作为频率的函数的变化曲线

上式说明 α_{c10} 是频率的复杂函数。其频率依赖关系见图 10-13。

10.5.2　非完全介质与完全导体壁

对于这种情况，波导中介质的电导率 σ_d 无论多小，总能直接用 $\hat{\varepsilon}=\varepsilon-\mathrm{j}\sigma_d/\omega$ 代替 ε 加以考虑。此时假定波导壁为完全导体。只要此假定不变，就能按以前的步骤决定波导内的场。这一假定使我们能够认为(a)壁内没有电场存在和(b)四壁处电场切向分量为零。而 TE_{10} 模的传播常数成为

$$\begin{aligned}\hat{\gamma} &= \mathrm{j}\omega\sqrt{\mu\hat{\varepsilon}}\sqrt{1-\left(\frac{f_{c10}}{f}\right)^2} = \mathrm{j}\omega\sqrt{\mu\varepsilon}\sqrt{1-\mathrm{j}\frac{\sigma_d}{\omega\varepsilon}}\sqrt{1-\left(\frac{f_{c10}}{f}\right)^2} \\ &= \mathrm{j}\beta\sqrt{1-\left(\frac{f_{c10}}{f}\right)^2}\sqrt{1-\mathrm{j}\frac{\sigma_d}{\omega\varepsilon}}\end{aligned} \tag{10-92}$$

只要介质的 $\sigma_d/\omega\varepsilon \ll 1$，项

$$\sqrt{1-\mathrm{j}\frac{\sigma_d}{\omega\varepsilon}}$$

可用二项式的一阶近似表示为

$$\sqrt{1-\mathrm{j}\frac{\sigma_d}{\omega\varepsilon}}\cong 1-\mathrm{j}\frac{1}{2}\left(\frac{\sigma_d}{\omega\varepsilon}\right) \tag{10-93}$$

这样

$$\hat{\gamma}=\mathrm{j}\beta\sqrt{1-\left(\frac{f_{c10}}{f}\right)^2}\left[1-\mathrm{j}\frac{1}{2}\left(\frac{\sigma_d}{\omega\varepsilon}\right)\right]$$
$$=\sqrt{1-\left(\frac{f_{c10}}{f}\right)^2}\left[\frac{\beta}{2}\left(\frac{\sigma_d}{\omega\varepsilon}\right)+\mathrm{j}\beta\right]=\alpha_{d10}+\mathrm{j}\beta_{10} \tag{10-94}$$

式中

$$\alpha_{d10}=\frac{\beta}{2}\left(\frac{\sigma_d}{\omega\varepsilon}\right)\sqrt{1-\left(\frac{f_{c10}}{f}\right)^2}=\frac{\sigma_d}{2}\eta\sqrt{1-\left(\frac{f_{c10}}{f}\right)^2} \tag{10-95}$$

和

$$\beta_{10}=\beta\sqrt{1-\left(\frac{f_{c10}}{f}\right)^2}\text{而}\ \eta=\sqrt{\mu/\varepsilon}$$

应该注意，只要 $\sigma_d/\omega\varepsilon\ll 1$，良介质的相位常数与完全介质无异。微波频段良介质的损耗正切($\sigma_d/\omega\varepsilon$)通常为 10^{-4}左右。当壁为有限电导率而媒质为良介质时，对场的处理可以看作它们是按衰减常数 $\alpha=\alpha_c+\alpha_d$ 衰减的。

例 10.8 空心矩形波导尺寸为 $a=3$ cm, $b=2$ cm, 以 6 GHzTE_{10}模激励。空气损耗正切为 0.001, 铜壁的电导率为 5.76×10^7S/m。计算衰减常数。

解 截止频率为

$$f_{c10}=\frac{u_p}{2a}=\frac{3\times10^8}{2\times0.03}=5\times10^9\,\text{Hz}$$

相位常数为

$$\beta_{10}=\omega\sqrt{\mu\varepsilon}\sqrt{1-\left(\frac{f_{c10}}{f}\right)^2}=2\pi\times6\times10^9\ \frac{1}{3\times10^8}\sqrt{1-\left(\frac{5\times10^9}{6\times10^9}\right)^2}$$
$$=69.5\ \text{rad/m}$$

趋肤深度为

$$\delta_c=\frac{1}{\sqrt{\sigma_c\mu f\pi}}=\frac{1}{\sqrt{5.76\times10^7\times4\pi\times10^{-7}\times6\times10^9\pi}}$$
$$=8.56\times10^{-7}\ \text{m 或 }0.856\ \mu\text{m}$$

空气的电导率为

$$\sigma_d=\omega\varepsilon\tan\delta=2\pi\times6\times10^9\times0.001\times8.85\times10^{-12}=3.336\times10^{-4}\,\text{S/m}$$

这样由式(10-91)，有限电导率壁的衰减常数为

$$\alpha_{c10}=\frac{\left[1+\dfrac{2\times0.02}{0.03}\left(\dfrac{5\times10^9}{6\times10^9}\right)^2\right]}{5.76\times10^7\times8.56\times10^{-7}\times377\times0.02\sqrt{1-\left(\dfrac{5}{6}\right)^2}}$$

$$=9.372\times10^{-3}\text{Np/m}$$

由式(10-95)，介质的衰减常数为

$$\alpha_{d10}=\frac{1}{2}\times3.336\times10^{-4}\times377\sqrt{1-\left(\frac{5}{6}\right)^2}=0.035\ \text{Np/m}$$

10.6 谐振腔

当我们如图10-14用导电平板使波导的两端闭合时，则组成的腔体称为**谐振腔**(cavity resonator)。由于波在封闭端的反射，预期腔体间会产生驻波。只有满足6个壁处边界条件，驻波场型(模式)才能够存在。在某种称为谐振频率的特定频率下，某个模式能够存在，则该模式吸收了这一频率的能量。集中某些离散频率的能量使得谐振腔可以用作频率计测量微波频率。此时一个壁，如 $z=0$ 处的壁固定，而对面的壁能来回运动。移动壁改变了腔在 z 方向的长度，长度的改变又会改变谐振频率。

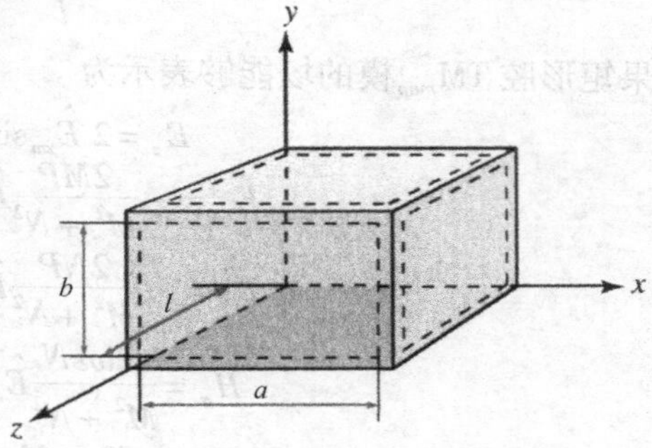

图 10-14 矩形谐振腔

本节将研究腔内 TE 模式和 TM 模式的场分布，决定二者的谐振频率并计算相应的品质因数。

10.6.1 横磁(TM)模

谐振腔中预期存在正、反两方向的波。基于这种理解，沿 z 轴方向的电场可表示为

$$\dot{E}_z=\hat{E}_{zm}^{+}\sin(Mx)\sin(Ny)e^{-\hat{\gamma}z}+\hat{E}_{zm}^{-}\sin(Mx)\sin(Ny)e^{\hat{\gamma}z}\tag{10-96a}$$

式中 $\hat{E}_{zm}^{+}$ 和 $\hat{E}_{zm}^{-}$ 是正、反向波电场的振幅，而

$$M=\frac{m\pi}{a},N=\frac{n\pi}{b},m=1,2,3,\cdots,\text{及 } n=1,2,3,\cdots$$

把式(10-96a)代入式(10-5)，对反向(即后向)波，用 $(-\hat{\gamma})$ 代替式中的 $\hat{\gamma}$，得到

$$\dot{E}_x=-\frac{\hat{\gamma}M}{\hat{\gamma}^2+\omega^2\mu\varepsilon}[\hat{E}_{zm}^{+}\cos(Mx)\sin(Ny)e^{-\hat{\gamma}z}-\hat{E}_{zm}^{-}\cos(Mx)\sin(Ny)e^{\hat{\gamma}z}]\tag{10-96b}$$

$$\dot{E}_y=-\frac{\hat{\gamma}N}{\hat{\gamma}^2+\omega^2\mu\varepsilon}[\hat{E}_{zm}^{+}\sin(Mx)\cos(Ny)e^{-\hat{\gamma}z}-\hat{E}_{zm}^{-}\sin(Mx)\cos(Ny)e^{\hat{\gamma}z}]\tag{10-96c}$$

$$\dot{H}_x=\frac{j\omega\varepsilon N}{\hat{\gamma}^2+\omega^2\mu\varepsilon}[\hat{E}_{zm}^{+}\sin(Mx)\cos(Ny)e^{-\hat{\gamma}z}+\hat{E}_{zm}^{-}\sin(Mx)\cos(Ny)e^{\hat{\gamma}z}]\tag{10-96d}$$

$$\dot{H}_y=-\frac{j\omega\varepsilon M}{\hat{\gamma}^2+\omega^2\mu\varepsilon}[\hat{E}_{zm}^{+}\cos(Mx)\sin(Ny)e^{-\hat{\gamma}z}+\hat{E}_{zm}^{-}\cos(Mx)\sin(Ny)e^{\hat{\gamma}z}]\tag{10-96e}$$

$$\dot{H}_z=0\tag{10-96f}$$

假定谐振腔的壁为完全导体，则有关电场切向分量的边界条件为

$$\dot{E}_x=\dot{E}_y=0\qquad(\text{在 } z=0 \text{ 和 } z=l \text{ 处})\tag{10-97}$$

把边界条件和 $z=0$ 用于式(10-96b)得到

$$\hat{E}_{zm}^{+}=\hat{E}_{zm}^{-}=\hat{E}_{zm}\tag{10-98}$$

为了使矩形腔中有驻波存在，$\hat{\gamma}$应为纯虚数，如$\hat{\gamma}=\mathrm{j}P$。这样式(10-96b)能表示为

$$\dot{E}_x=\frac{\mathrm{j}PM}{-P^2+\omega^2\mu\varepsilon}\hat{E}_{zm}\cos(Mx)\sin(Ny)[\mathrm{j}2\sin(Pz)] \tag{10-99}$$

应用$z=l$处式(10-97)给出的边界条件得到

$$\sin Pl=0$$

而

$$P=\frac{p\pi}{l},\ 其中\ p=0,1,2,\cdots \tag{10-100}$$

结果矩形腔TM_{mnp}模的场能够表示为

$$\dot{E}_z=2\hat{E}_{zm}\sin(Mx)\sin(Ny)\cos(Pz) \tag{10-101a}$$

$$\dot{E}_x=-\frac{2MP}{M^2+N^2}\hat{E}_{zm}\cos(Mx)\sin(Ny)\sin(Pz) \tag{10-101b}$$

$$\dot{E}_y=-\frac{2NP}{M^2+N^2}\hat{E}_{zm}\sin(Mx)\cos(Ny)\sin(Pz) \tag{10-101c}$$

$$\dot{H}_x=\frac{\mathrm{j}2\omega\varepsilon N}{M^2+N^2}\hat{E}_{zm}\sin(Mx)\cos(Ny)\cos(Pz) \tag{10-101d}$$

$$\dot{H}_y=\frac{-\mathrm{j}2\omega\varepsilon M}{M^2+N^2}\hat{E}_{zm}\cos(Mx)\sin(Ny)\cos(Pz) \tag{10-101e}$$

$$\dot{H}_z=0 \tag{10-101f}$$

由以上方程能得出两点重要结论：

1. 电场和磁场不是沿z轴传播，而是在一定位置随时间作振荡。
2. 矩形谐振腔的最低次TM模由$m=1$、$n=1$和$p=0$决定。

TM_{mnp}模的谐振频率可由式(10-9)中以jP代替$\hat{\gamma}$后决定

$$f_{mnp}=\frac{1}{2\sqrt{\mu\varepsilon}}\sqrt{\left(\frac{m}{a}\right)^2+\left(\frac{n}{b}\right)^2+\left(\frac{p}{l}\right)^2} \tag{10-102}$$

式中$m=1,2,3,\cdots$，$n=1,2,3,\cdots$，和$p=0,1,2,3,\cdots$。

最低次TM模($m=1$, $n=1$, $p=0$)的频率是

$$f_{110}=\frac{1}{2\sqrt{\mu\varepsilon}}\sqrt{\frac{1}{a^2}+\frac{1}{b^2}} \tag{10-103}$$

10.6.2 横电(TE)模

谐振腔中横电(TE)模磁场的z分量能写为

$$\dot{H}_z=\hat{H}_{zm}^{+}\cos(Mx)\cos(Ny)\mathrm{e}^{-\hat{\gamma}z}+\hat{H}_{zm}^{-}\cos(Mx)\cos(Ny)\mathrm{e}^{\hat{\gamma}z} \tag{10-104}$$

式中$\hat{H}_{zm}^{+}$和$\hat{H}_{zm}^{-}$是正、反向波磁场的振幅。利用式(10-5)和式(10-104)，其他场分量将由式(10-105)给出。式(10-5)中与反向行波相关的场用$\hat{\gamma}$代替($-\hat{\gamma}$)。

$$\dot{H}_x=\frac{\hat{\gamma}M}{\hat{\gamma}^2+\omega^2\mu\varepsilon}\sin(Mx)\cos(Ny)(\hat{H}_{zm}^{+}\mathrm{e}^{-\hat{\gamma}z}-\hat{H}_{zm}^{-}\mathrm{e}^{\hat{\gamma}z}) \tag{10-105a}$$

$$\dot{H}_y=\frac{\hat{\gamma}N}{\hat{\gamma}^2+\omega^2\mu\varepsilon}\cos(Mx)\sin(Ny)(\hat{H}_{zm}^{+}\mathrm{e}^{-\hat{\gamma}z}-\hat{H}_{zm}^{-}\mathrm{e}^{\hat{\gamma}z}) \tag{10-105b}$$

$$\dot{E}_x = \frac{j\omega\mu N}{\hat{\gamma}^2 + \omega^2\mu\varepsilon}\cos(Mx)\sin(Ny)(\hat{H}_{zm}^+ e^{-\hat{\gamma}z} + \hat{H}_{zm}^- e^{\hat{\gamma}z}) \tag{10-105c}$$

$$\dot{E}_y = \frac{-j\omega\mu M}{\hat{\gamma}^2 + \omega^2\mu\varepsilon}\sin(Mx)\cos(Ny)(\hat{H}_{zm}^+ e^{-\hat{\gamma}z} + \hat{H}_{zm}^- e^{\hat{\gamma}z}) \tag{10-105d}$$

$$\dot{E}_z = 0 \tag{10-105e}$$

应用式(10-97)给定的边界条件并定义$\hat{\gamma} = jP$，得到

$$\hat{H}_{zm}^+ = -\hat{H}_{zm}^- = \hat{H}_{zm} \tag{10-106}$$

和

$$P = \frac{p\pi}{l} \quad p = 0, 1, 2, 3, \cdots \tag{10-107}$$

因此，谐振腔 TE_{mnp} 模的场能够表示为

$$\dot{H}_x = j\frac{2MP}{M^2 + N^2}\hat{H}_{zm}\sin(Mx)\cos(Ny)\cos(Pz) \tag{10-108a}$$

$$\dot{H}_y = j\frac{2PN}{M^2 + N^2}\hat{H}_{zm}\cos(Mx)\sin(Ny)\cos(Pz) \tag{10-108b}$$

$$\dot{H}_z = -j2\hat{H}_{zm}\cos(Mx)\cos(Ny)\sin(Pz) \tag{10-108c}$$

$$\dot{E}_x = \frac{2\omega\mu N}{M^2 + N^2}\hat{H}_{zm}\cos(Mx)\sin(Nx)\sin(Pz) \tag{10-108d}$$

$$\dot{E}_y = -\frac{2\omega\mu M}{M^2 + N^2}\hat{H}_{zm}\sin(Mx)\cos(Ny)\sin(Pz) \tag{10-108e}$$

$$\dot{E}_z = 0 \tag{10-108f}$$

正如 TM 模一样，TE 模的场不是在腔内传播，而是随时间振荡。然而，最低次 TE 模，m 和 n 二者之一能够为零，但 p 至少应为 1，使电场和磁场二者都在腔内存在。

按照与 TM 模同样的过程，能决定 TE 模的谐振频率为

$$f_{mnp} = \frac{1}{2\sqrt{\mu\varepsilon}}\sqrt{\left(\frac{m}{a}\right)^2 + \left(\frac{n}{b}\right)^2 + \left(\frac{p}{l}\right)^2} \tag{10-109}$$

尽管此式与式(10-102)完全一样，但关于 m、n 和 p 的约束是不同的。

当 $a > b$ 时最低次模($m = 1$, $n = 0$, $p = 1$)的谐振频率是

$$f_{101} = \frac{1}{2\sqrt{\mu\varepsilon}}\sqrt{\frac{1}{a^2} + \frac{1}{l^2}} \tag{10-110}$$

TE_{101} 模的电场和磁场是

$$\dot{E}_x = 0 \tag{10-111a}$$

$$\dot{E}_y = -\frac{2\omega\mu a}{\pi}\hat{H}_{zm}\sin\left(\frac{\pi x}{a}\right)\sin\left(\frac{\pi z}{l}\right) \tag{10-111b}$$

$$\dot{E}_z = 0 \tag{10-111c}$$

$$\dot{H}_x = j\frac{2a}{l}\hat{H}_{zm}\sin\left(\frac{\pi x}{a}\right)\cos\left(\frac{\pi z}{l}\right) \tag{10-111d}$$

$$\dot{H}_y = 0 \tag{10-111e}$$

$$\dot{H}_z = -j2\hat{H}_{zm}\cos\left(\frac{\pi x}{a}\right)\sin\left(\frac{\pi z}{l}\right) \tag{10-111f}$$

10.6.3 品质因数

除谐振频率之外，品质因数 Q 是谐振腔的另一个重要特征。一谐振系统的**品质因数**(quality factor)定义为

$$Q=\omega_0\frac{W}{P_d} \tag{10-112}$$

式中 ω_0 是谐振角频率，单位为 rad/s，W 是时间平均储能，单位为焦耳，P_d 是系统功率损耗，单位为瓦。因此，品质因数越高，谐振腔越优良。事实上，在 $\sigma_d\to0$ 和 $\sigma_c\to\infty$ 的理想条件下，$Q\to\infty$。

现在考虑矩形谐振腔的 TE_{101} 模并推导 Q 因子的表达式。谐振腔中总的能量存储是电场储能(W_e)和磁场储能(W_m)之和，即

$$W=W_e+W_m \tag{10-113}$$

可以证明在谐振频率下 $W_e=W_m$。因此

$$W=2W_e=2W_m \tag{10-114}$$

电场时间平均储能是

$$W_e=\frac{1}{4}\int_v\varepsilon E^2\mathrm{d}v \tag{10-115}$$

而谐振腔中总的能量存储是

$$W=\frac{1}{2}\int_v\varepsilon E^2\mathrm{d}v=\frac{\varepsilon}{2}\int_0^l\int_0^b\int_0^a\left[-\frac{2\omega\mu aH_{zm}}{\pi}\right]^2\left[\sin^2\left(\frac{\pi x}{a}\right)\sin^2\left(\frac{\pi z}{l}\right)\mathrm{d}x\mathrm{d}y\mathrm{d}z\right] \tag{10-116}$$

或

$$W=\frac{\omega^2\mu^2a^3H_{zm}^2\varepsilon bl}{2\pi^2} \tag{10-117a}$$

或

$$W=2\varepsilon bla^3f^2\mu^2H_{zm}^2 \tag{10-117b}$$

所讨论的谐振腔假定有完全介质。因此，总功率损耗就是谐振腔各壁面的损耗。

考虑图 10-14 所示的谐振腔。腔壁一般是用铜一类的良导体制成的。由于忽略趋肤深度，假定腔的内表面以内磁场的切向分量为零将是一种良好的近似。这样壁表面的边界条件可表示为

$$\dot{\boldsymbol{J}}_s=\boldsymbol{a}_n\times\dot{\boldsymbol{H}}_1 \tag{10-118}$$

式中 $\dot{\boldsymbol{H}}_1$ 是紧靠壁表面介质中的磁场，$\dot{\boldsymbol{J}}_s$ 是壁表面的面电流密度。用磁场切向分量能决定壁表面功率密度的大小为

$$\langle\hat{S}\rangle=\frac{1}{2}\mathrm{Re}[\eta H_{t1}^2] \tag{10-119a}$$

或

$$\langle\hat{S}\rangle=\frac{1}{2}H_{t1}^2\mathrm{Re}\left[\sqrt{\frac{\mathrm{j}\omega\mu}{\sigma_c+\mathrm{j}\omega\varepsilon}}\right] \tag{10-119b}$$

对良导体($\sigma_c\gg\omega\varepsilon$)功率密度可近似为

$$\langle\hat{S}\rangle=\frac{1}{2}H_{t1}^2\mathrm{Re}\left(\sqrt{\frac{\mathrm{j}\omega\mu}{\sigma_c}}\right)=\frac{1}{2}H^2R_s \tag{10-120}$$

式中 $R_s=\sqrt{\dfrac{\omega\mu}{2\sigma_c}}$是本征阻抗的电阻部分。$R_s$ 也能用壁的趋肤深度表示为

$$R_s=\frac{1}{\sigma_c\delta_c} \tag{10-121}$$

式中 $\delta_c=\sqrt{\dfrac{2}{\omega\mu\sigma_c}}$是导体的趋肤深度。

现在能算出总功率损耗，所用公式为

$$P_d=\oint_s\langle \boldsymbol{S}\rangle\cdot \mathrm{d}\boldsymbol{s} \tag{10-122}$$

式中 s 是谐振腔的闭合内表面。

磁场切向分量、平均功率密度和壁的功率损耗为

在 $z=0$ 平面：

$$H_t\big|_{z=0}=|\boldsymbol{a}_z\times\dot{\boldsymbol{H}}|=\left(\frac{2a}{l}\right)H_{zm}\sin\left(\frac{\pi}{a}x\right)$$

$$\langle S\rangle\big|_{z=0}=\frac{2}{\sigma_c\delta_c}\left(\frac{a}{l}\right)^2H_{zm}^2\sin^2\left(\frac{\pi}{a}x\right)$$

在 $z=l$ 平面：

$$H_t\big|_{z=l}=|\boldsymbol{a}_z\times\dot{\boldsymbol{H}}|=\left(\frac{2a}{l}\right)H_{zm}\sin\left(\frac{\pi}{a}x\right)$$

$$\langle S\rangle\big|_{z=l}=\frac{2}{\sigma_c\delta_c}\left(\frac{a}{l}\right)^2H_{zm}^2\sin^2\left(\frac{\pi}{a}x\right)$$

在 $y=0$ 平面：

$$H_t\big|_{y=0}=|\boldsymbol{a}_y\times\dot{\boldsymbol{H}}|=\sqrt{4\left(\frac{a}{l}\right)^2H_{zm}^2\sin^2\left(\frac{\pi}{a}x\right)\cos^2\left(\frac{\pi}{l}z\right)+4H_{zm}^2\cos^2\left(\frac{\pi}{a}x\right)\sin^2\left(\frac{\pi}{l}z\right)}$$

$$\langle S\rangle\big|_{y=0}=\frac{1}{\sigma_c\delta_c}\left[2\left(\frac{a}{l}\right)^2H_{zm}^2\sin^2\left(\frac{\pi}{a}x\right)\cos^2\left(\frac{\pi}{l}z\right)+2H_{zm}^2\cos^2\left(\frac{\pi}{a}x\right)\sin^2\left(\frac{\pi}{l}z\right)\right]$$

在 $y=b$ 平面：

$$H_t\big|_{y=b}=|\boldsymbol{a}_y\times\dot{\boldsymbol{H}}|=\sqrt{4\left(\frac{a}{l}\right)^2H_{zm}^2\sin^2\left(\frac{\pi}{a}x\right)\cos^2\left(\frac{\pi}{l}z\right)+4H_{zm}^2\cos^2\left(\frac{\pi}{a}x\right)\sin^2\left(\frac{\pi}{l}z\right)}$$

$$\langle S\rangle\big|_{y=b}=\frac{1}{\sigma_c\delta_c}\left[2\left(\frac{a}{l}\right)^2H_{zm}^2\sin^2\left(\frac{\pi}{a}x\right)\cos^2\left(\frac{\pi}{l}z\right)+2H_{zm}^2\cos^2\left(\frac{\pi}{a}x\right)\sin^2\left(\frac{\pi}{l}z\right)\right]$$

在 $x=0$ 平面：

$$H_t\big|_{x=0}=|\boldsymbol{a}_x\times\dot{\boldsymbol{H}}|=2H_{zm}\sin\left(\frac{\pi}{l}z\right)$$

$$\langle S\rangle\big|_{x=0}=\frac{2}{\sigma_c\delta_c}H_{zm}^2\sin^2\left(\frac{\pi}{l}z\right)$$

在 $x=a$ 平面：

$$H_t\big|_{x=a}=|\boldsymbol{a}_x\times\dot{\boldsymbol{H}}|=2H_{zm}\sin\left(\frac{\pi}{l}z\right)$$

$$\langle S\rangle\big|_{x=a}=\frac{2}{\sigma_c\delta_c}H_{zm}^2\sin^2\left(\frac{\pi}{l}z\right)$$

壁的总功率损耗是

$$P_d = \int_0^b\int_0^a \langle S\rangle|_{z=0}\mathrm{d}x\mathrm{d}y + \int_0^l\int_0^a \langle S\rangle|_{y=0}\mathrm{d}x\mathrm{d}z + \int_0^l\int_0^b \langle S\rangle|_{x=0}\mathrm{d}y\mathrm{d}z$$
$$+ \int_0^b\int_0^a \langle S\rangle|_{z=l}\mathrm{d}x\mathrm{d}y + \int_0^l\int_0^a \langle S\rangle|_{y=b}\mathrm{d}x\mathrm{d}z + \int_0^l\int_0^b \langle S\rangle|_{x=a}\mathrm{d}y\mathrm{d}z$$
$$= \frac{H_{zm}^2}{\sigma_c\delta_c l^2}(2a^3b + a^3l + al^3 + 2bl^3) \quad (10\text{-}123)$$

最后，以式(10-117b)和式(10-123)直接代入式(10-112)能决定品质因数为

$$Q = \frac{4\pi f^3a^3l^3\mu^2\varepsilon b\sigma_c\delta_c}{2a^3b + a^3l + al^3 + 2bl^3} \quad (10\text{-}124)$$

例 10.9 铜矩形谐振腔，尺寸为 $a=3$ cm，$b=1$ cm，$l=4$ cm，运行于主模。铜的电导率为 5.76×10^7S/m。决定腔的谐振频率和品质因数。

解 TE_{101} 模是矩形谐振腔的主模，相应的谐振频率为

$$f_{101} = \frac{u_p}{2}\sqrt{\left(\frac{1}{a}\right)^2+\left(\frac{1}{l}\right)^2} = \frac{3\times10^8}{2}\sqrt{\left(\frac{1}{0.03}\right)^2+\left(\frac{1}{0.04}\right)^2}$$
$$=6.25\times10^9\text{Hz 或 }6.25\text{ GHz}$$

趋肤深度 δ_c 为

$$\delta_c = \frac{1}{\sqrt{\pi f\sigma_c\mu}} = \frac{1}{\sqrt{\pi\times6.25\times10^9\times5.76\times10^7\times4\pi\times10^{-7}}} = 8.39\times10^{-7}\text{m}$$

由式(10-124)，品质因数为

$$Q\approx7427$$

10.7 摘要

波导是用来传送微波频率的电磁信号的空心导体，在这种频率下，由于传输损耗高，传统的传输线不能有效地工作。按应用的不同，波导可能有不同形状。最常用的有矩形，圆形和脊形波导。本章主要研究矩形波导，因为它的分析比较容易。

矩形波导能支持横磁(TM)模和横电(TE)模。对于每种工作模式，矩形波导有一定的截止频率，由它的尺寸决定。一般 TM_{mn} 或 TE_{mn} 模式的截止频率是

$$f_{cmn} = \frac{u_p}{2}\sqrt{\left(\frac{m}{a}\right)^2+\left(\frac{n}{b}\right)^2}$$

式中 a 是波导沿 x 方向的尺寸，b 是沿 y 方向的尺寸。为了沿波导长度方向传送信号，信号频率应大于截止频率，否则信号将不能沿波导传输。

波导内能量以群速传输，群速为

$$u_{gmn} = u_p\sqrt{1-\left(\frac{f_{cmn}}{f}\right)^2}$$

而相速决定了波运动时等相位点的速度。矩形波导中相速大于无界媒质中的波速，为

$$u_{pmn} = \frac{u_p}{\sqrt{1-\left(\frac{f_{cmn}}{f}\right)^2}}$$

TM_{mn} 和 TE_{mn} 模的相位常数为

$$\beta_{mn}=\beta\sqrt{1-\left(\frac{f_{cmn}}{f}\right)^2} \text{ 式中 } \beta=\omega\sqrt{\mu\varepsilon}$$

TM_{mn}模的波阻抗是

$$\hat{\eta}_{mn}^{TM}=\eta\sqrt{1-\left(\frac{f_{cmn}}{f}\right)^2}$$

TE_{mn}模的波阻抗是

$$\hat{\eta}_{mn}^{TE}=\frac{\eta}{\sqrt{1-\left(\frac{f_{cmn}}{f}\right)^2}}$$

TM_{mn}模的平均功率流是

$$\langle P_{mn}\rangle=\frac{\beta_{mn}^2a^3b^3}{8\pi^2\eta_{mn}^{TM}(n^2a^2+m^2b^2)}E_{zm}^2$$

而对TE_{mn}模则为

$$\langle P_{mn}\rangle=\eta_{mn}^{TM}\left[\frac{\beta_{mn}^2a^3b^3H_{zm}^2}{8\pi^2(b^2m^2+a^2n^2)}\right] \quad \text{当 } m、n\neq 0 \text{ 时}$$

$$\langle P_{mn}\rangle=\eta_{mn}^{TM}\left[\frac{\beta_{mn}^2a^3b^3H_{zm}^2}{4\pi^2(m^2b^2+n^2a^2)}\right] \quad \text{当 } m=0 \text{ 或 } n=0 \text{ 时}$$

一个波导的导体壁和介质都不是完全的材料。因此信号在波导中传送不可避免的有衰减。对如何计算这些损耗已经加以说明。

谐振腔是一个金属盒，在微波频段用来对电路进行调谐。谐振腔中，电磁场并不沿 z 轴传播，而是在一定位置随时间振荡。谐振腔最低次的TM_{mnp}模是TM_{110}模，而最低次的TE_{mnp}模是TE_{101}或TE_{011}模。TM_{mnp}和TE_{mnp}两类模的谐振频率均为

$$f_{mnp}=\frac{1}{2\sqrt{\mu\varepsilon}}\sqrt{\left(\frac{m}{a}\right)^2+\left(\frac{n}{b}\right)^2+\left(\frac{p}{l}\right)^2}$$

TE_{101}模的品质因数是

$$Q=\frac{4\pi f^3a^3l^3\mu^2\varepsilon b\sigma_c\delta_c}{2a^3b+a^3l+al^3+2bl^3}$$

品质因数是谐振腔的性能指标。腔壁的损耗越小，品质因数越高。

10.8 复习题

10.1 为什么使用波导？

10.2 波导支持 TEM 波吗？

10.3 什么是传播的 TM 模？

10.4 什么是传播的 TE 模？

10.5 矩形波导中能有多少可能的 TM 模存在？

10.6 什么是可能的最低次 TM 模？

10.7 波导截止频率是如何定义的？

10.8 什么是衰减波？

10.9 若工作频率低于截止频率，波导中有平均功率流吗？

10.10 矩形波导在低于截止频率的频率激励时，TM 模波阻抗的特性是什么？

10.11 怎样计算 TM 波的群速？

10.12 TM 模功率流表达式是什么？

10.13 什么是最低次 TE 模？

10.14 计算矩形波导主模的截止频率。

10.15 波导为正方形，截面积 4 cm^2，在 z 方向由峰值为 2 A/m，频率为 10 GHz 的场激励。波导中有波传播吗？若有，哪种模式存在？将传送多大的功率？

10.16 波导虽然被激励在主模截止频率之上，为什么仍有信号衰减发生？

10.17 为什么不能用普通 LC 电路调谐微波频率？

10.18 什么是谐振腔？

10.19 解释谐振腔中谐振是怎样发生的。

10.20 什么是谐振腔的谐振频率？

10.21 如何定义谐振腔的品质因数？

10.9 练习题

10.1 一2 m 长、$a=2$ cm、$b=1$ cm 的空心矩形波导内 TM_{11} 模的传播常数为 $\hat{\gamma}_{11}=j200$。波导的工作频率是多少？

10.2 写出上题中场的相量和时域两种表达式，设 z 方向电场强度的幅值在 $z=0$ 处为2 kV/m。

10.3 聚乙烯填充($\varepsilon_r=2.5$)的矩形波导 $a=1$ cm、$b=0.5$ cm，支持 TM_{11} 模式，当工作频率9 GHz。$z=0$ 处电场 z 分量幅值为 1.5 kV/m。计算(a)截止频率，(b)传播常数，(c)相速和群速，(d)本征阻抗和(e)平均功率流。

10.4 空心矩形波导 $b=1$ cm 工作于 12 GHz 且 $\beta_{10}=150$ rad/m。为了支持 TE_{10} 模 a 应为多少？

10.5 空心矩形波导 $a=1$ cm、$b=1.5$ cm 支持最低次 TE 模，其传播常数为 100 rad/m。波导工作频率是多少？(a)若电场强度幅值为 500 V/m，写出时域和相量形式的场的表达式和(b)决定波导的平均功率。

10.6 空心矩形波导 $a=2$ cm、$b=1$ cm 支持 TE_{10} 模，工作于 9 GHz。在 $z=0$ 处波导激励场强达到20 V/cm。计算(a)截止频率，(b)传播常数，(c)相速和群速，(d)本征阻抗和(e)波导平均功率流。

10.7 若波导填充介质为聚乙烯($\varepsilon_r=2.5$、$\mu_r=1$)重作练习题 10.6。

10.8 在例 10.8 中，若介质以聚乙烯替代，其损耗正切为 10^{-13}，相对电容率为 2.5，$\mu=\mu_o$，工作频率改为 4 GHz。决定波导的衰减常数。

10.9 以铝作为谐振腔材料，重作例 10.9。铝的电导率为 3.55×10^7 S/m。

10.10 铜矩形谐振腔支持 TM_{101} 模。计算此模的谐振频率，品质因数及腔壁功率损耗。谐振腔尺寸为 $a=2$ cm、$b=1$ cm 和 $l=4$ cm。

10.10 习题

10.1 一平行板波导(传输线)由位于 $x=0$ 和 $x=a$ 处的两完全导体板组成。板在 y 方向可以认为是无限延伸的。若板由一种介质分开，证明电场

$$\dot{\boldsymbol{E}}=\hat{E}_o\sin\left(\frac{n\pi}{a}x\right)e^{-\hat{\gamma}z}\boldsymbol{a}_y \quad 此处\ n=1,2,3,\cdots$$

定义了由 n 个可能的解组成的集合，它们为以 $\hat{\gamma}=\sqrt{(n\pi/a)^2-\omega^2\mu\varepsilon}$ 沿 z 方向的前向行波。这些解属于 n 个横电(TE_n)模组成的集合，并仅在截止频率 f_c 之上才能存在，而 $f=f_c$ 时 $\hat{\gamma}=0$。决定其他场分量和截止频率。

10.2 对习题 10.1 的平行板波导(传输线)，求出在 y 方向单位宽度上波携带功率的表达式以及面电荷密度和面电流密度。

10.3 证明习题 10.1 的平行板波导(传输线)中的磁场

$$\dot{\boldsymbol{H}}=\hat{H}_o\cos\left(\frac{n\pi}{a}x\right)e^{-\hat{\gamma}z}\boldsymbol{a}_y \quad 此处\ n=0,1,2,3,\cdots$$

定义了由 n 个可能的解组成的集合，它们为以 $\hat{\gamma}=\sqrt{(n\pi/b)^2-\omega^2\mu\varepsilon}$ 沿 z 方向的前向行波。这些解属于 n 个横磁(TM_n)模组成的集合。决定其他场分量、截止频率、面电流密度及面电荷密度。

10.4 证明习题 10.3 中的 TM_0 模实际上是 TEM 模。决定在 y 方向单位宽度上波携带的功率。

10.5 矩形波导截面尺寸 $a=4$ cm、$b=3$ cm，工作频率 20 GHz。若电场 z 分量幅值为600 V/m，(a)决定相位常数，和(b)对 TM 主模，计算 $x=1$ cm、$y=1.5$ cm 和 $z=50$ cm 处的电场和磁场分量。

10.6 一 2 cm 正方形波导，以 TM_{11} 模和 12 GHz 频率工作。决定(a)截止频率，(b)截止波长，(c)波导内的波长，(d)相速和(e)群速。写出场的一般表达式及面电流密度和面电荷密度。

10.7 工作于主模和 3 GHz 的正方形波导的波群速为 2×10^8 m/s。若波导内填充 $\varepsilon=2\varepsilon_0$ 的介质，计算波导截面的尺寸。

10.8 $b=1$ cm 的矩形波导 TE_{10} 模电场 y 分量和磁场 x 分量为

$$\dot{E}_y=-j100\sin\left(\frac{\pi x}{a}\right)e^{-j\beta_{10}z}$$

$$\dot{H}_x=j0.1\sin\left(\frac{\pi x}{a}\right)e^{-j\beta_{10}z}$$

若波导工作频率为 10 GHz，且只能传播 TE_{10} 模，决定波导 a 的临界值。决定其他场分量。求场在时域内的表达式。求波导传送的平均功率。

10.9 空心矩形波导工作于 TM_{21} 模的相位常数为 165 rad/m。若波导激励频率较工作模式的截止频率高 10%，计算波导波长。

10.10 空心矩形波导工作于 TE_{10} 模和 10 GHz，外加电场幅值为 500 V/m。决定沿波导传送的平均功率。波导长 2 m、$a=3$ cm、$b=2$ cm。写出场分量、面电流密度及面电荷密度的时域表达式。

10.11 空心波导尺寸为 $a=2$ cm、$b=1$ cm。要求只能有主模工作，决定其工作频率范围。

10.12 矩形波导 $a=2$ cm、$b=3$ cm，填充 $\varepsilon_r=3$ 的介质，工作于 50 GHz。计算 TE_{22} 模的截止频率、波长、相位常数、相速、群速及波阻抗。写出时域和相量形式的场的一般表达式及面电流密度和面电荷密度。

10.13 空心无耗矩形波导 $a=2$ cm、$b=1$ cm，工作于 TE_{10} 模及 15 GHz。若波导传送的平均功率为 1 kW 计算外加电场和磁场的幅值，写出时域和相量形式的场表达式及面电流密度和面电荷密度。

10.14 1 m 长，截面为 3 cm × 1 cm 的空心波导工作于 12 GHz、TE_{10} 模。计算由不完全导体和介质引起的波导衰减常数，设介质的损耗正切为 10^{-4}，导体的电导率为 5.8×10^7 S/m。

10.15 计算习题 10.14 情况下沿波导的功率损耗，设外加电场幅值为 800 V/m，工作频率为 12 GHz，TE_{10} 模激励。写出面电荷密度和面电流密度的近似表达式。

10.16 10 m 长，截面为 $a=4$ cm 和 $b=3$ cm 的空心矩形波导激励于 TE_{10} 模、4 GHz。外加电场幅值为 1000 V/m。空气的损耗正切为 0.0001，铜壁电导率为 5.8×10^7 S/m。计算传送到负载的平均功率。

10.17 计算习题 10.16 中沿波导的功率损耗，设外加电场幅值为 800 V/m，TE_{10} 模激励，工作频率 4 GHz。

10.18 矩形谐振腔尺寸为 $a=5$ cm、$b=2$ cm、$l=7$ cm。计算 TM_{10} 模耦合时的谐振频率。

10.19 立方形谐振腔谐振频率为 9 GHz，若激励模为 TE_{101}，计算谐振腔尺寸。

10.20 矩形谐振腔主模工作。计算(a)谐振频率，(b)品质因数和(c)储存能量，若 $H_{zm}=2$ A/m。谐振腔由铜壁组成($\sigma_{Cu}=5.8\times10^7$ S/m)，尺寸为 $a=3$ cm、$b=1$ cm、$l=5$ cm。

10.21 设计一个等效于习题 10.20 谐振腔的集中参数并联 *RLC* 谐振电路，其中使用理想元件且 $C=1$ pF。

10.22 立方谐振腔主模工作，谐振频率 10 GHz，空心铜壁。决定谐振腔尺寸使其损耗最小。

10.23 比较矩形谐振腔用铜壁和铝壁时的谐振频率，品质因数及储能大小。设 $\sigma_{Cu}=5.8\times10^7$ S/m，$\sigma_{Al}=3.5\times10^7$ S/m，腔为主模工作且 $a=2$ cm、$b=3$ cm、$l=5$ cm。

10.24 立方谐振腔主模工作，谐振频率为 20 GHz。填充聚乙烯，$\varepsilon_r=2.5$，铜壁，决定谐振腔尺寸使其损耗最小。

第11章 天　线

11.1 引言

我们已理解了场是怎样以平面波在无界媒质中携带能量由一点向其他地方传播，能量如何沿传输线或波导输送。现讨论不仅能产生电磁场，而且能使之有效辐射的系统。

麦克斯韦方程指出，需要有时变电荷、电流一类的源来建立时变电磁场。当这类源建立的场局限于在传输线或波导内以波的形式传播时，这种波前已称为被导波（导波）。若这类源具有有限的尺寸，在无界媒质内建立了离开源传播的波，则它们总称为**辐射系统**（radiating system），这一过程称为电磁波的辐射。辐射系统的端部设备称为**发射天线**（transmitting antenna，见图 11-1）。图 11-2 所示的辐射天线称偶极子天线，图中也包括了馈电传输线。图 11-3 所示为波导馈电的喇叭形天线。其他类型的天线还有槽隙天线（由波导馈电给大金属板上的槽隙），见图 11-4；微带天线（接地介质衬底上的薄金属贴片），见图 11-5。当天线用于捕获辐射能时称为接收天线。

图 11-1　不同形式的喇叭形天线

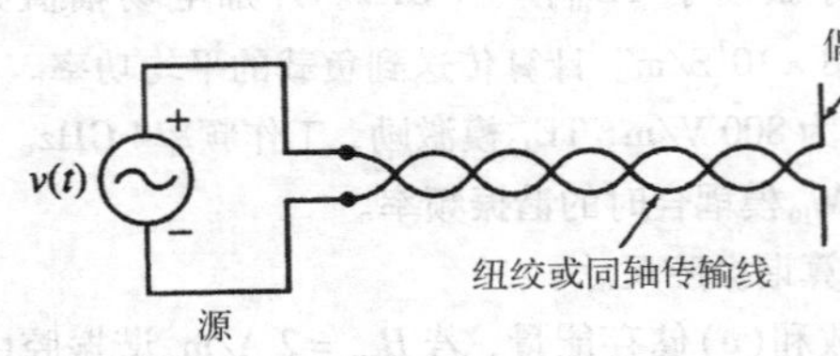

图 11-2　偶极子天线

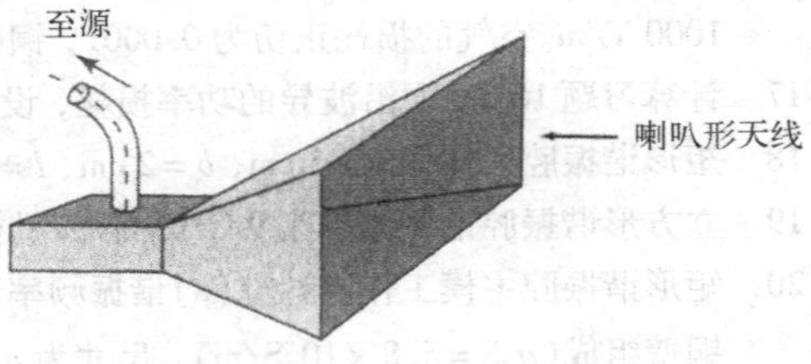

图 11-3　喇叭形天线

一根 60 Hz 的传输线的功率辐射太小，不能看成是辐射系统。传输线的功能是沿其长度方向引导场，不是当作天线设计的。基于这个原理，同轴电缆用作高频传输线，它在任何频率下都不辐射。平面波在很大范围内都是一种辐射波。然而，平面波的产生要求无限大的平面辐射系统，这在实际工作中是不可能的。

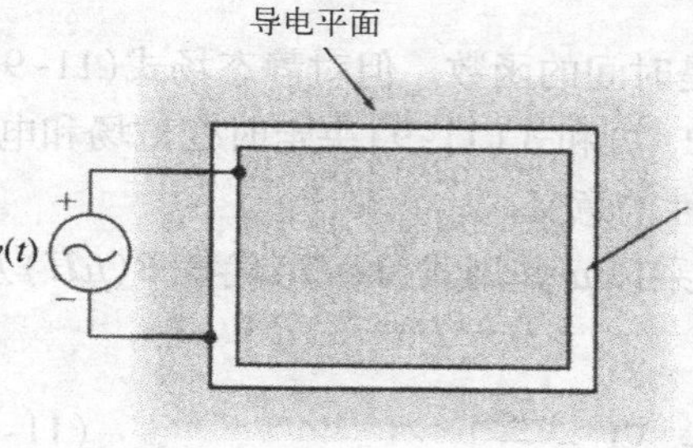

图 11-4　槽隙天线

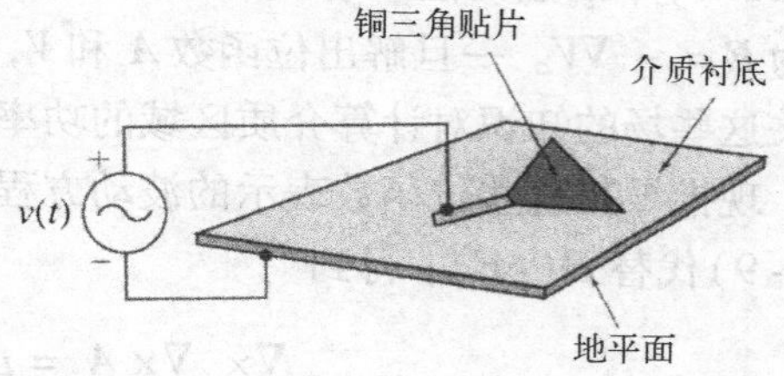

图 11-5　三角贴片微带天线

有限尺寸的天线产生的时变电磁场在空间以球面波传播，本章只对此感兴趣。在包含时变电荷和电流源的区域中，均应满足麦克斯韦 4 个方程。换言之，必须由麦克斯韦方程在球坐标系导出 $\boldsymbol{E}$ 或 $\boldsymbol{H}$ 场以时变源表示的波动方程然后求解。由于时变源的存在，可以猜测问题相当复杂。然而，改成求标位或矢位的波动方程的解时，问题变得较易处理。尽管只能分析几种简单的天线型式，但对理解辐射场会有帮助。本章将从推导以电标位 V 和磁矢位 $\boldsymbol{A}$ 为求解变量的波动方程开始。

11.2　位函数的波动方程

线性均匀各向同性无耗媒质（介质）中时变形式的麦克斯韦方程是

$$\nabla\times\boldsymbol{E} = -\frac{\partial\boldsymbol{B}}{\partial t} \tag{11-1}$$

$$\nabla\times\boldsymbol{H} = \boldsymbol{J} + \frac{\partial\boldsymbol{D}}{\partial t} \tag{11-2}$$

$$\nabla\cdot\boldsymbol{B} = 0 \tag{11-3}$$

$$\nabla\cdot\boldsymbol{D} = \rho \tag{11-4}$$

式中 ρ 和 $\boldsymbol{J}$ 分别是媒质中作为时变源的体电荷密度和体电流密度。场量间的结构关系是

$$\boldsymbol{D} = \varepsilon\boldsymbol{E} \tag{11-5}$$

$$\boldsymbol{B} = \mu\boldsymbol{H} \tag{11-6}$$

式中 ε 和 μ 分别是介质媒质的电容率和磁导率。

由于 $\boldsymbol{B}$ 是连续（无散或无源）场，可由另一矢量场 $\boldsymbol{A}$ 定义为

$$\boldsymbol{B} = \nabla\times\boldsymbol{A} \tag{11-7}$$

这里 $\boldsymbol{A}$ 为磁矢位（或简称矢位）。此定义与静磁场研究中用到的矢位相同。以式(11-7)代入式(11-1)得

$$\nabla\times\boldsymbol{E} = -\frac{\partial}{\partial t}[\nabla\times\boldsymbol{A}] = -\nabla\times\left[\frac{\partial\boldsymbol{A}}{\partial t}\right]$$

或

$$\nabla\times\left[\boldsymbol{E} + \frac{\partial\boldsymbol{A}}{\partial t}\right] = 0 \tag{11-8}$$

由于一般而言式(11-8)对任何时刻和所有的点都成立，能定义一电标位 V 使

$$\boldsymbol{E} = -\nabla V - \frac{\partial \boldsymbol{A}}{\partial t} \tag{11-9}$$

式(11-7)中的磁矢位 $\boldsymbol{A}$ 和式(11-9)中的电标位 V 都是时间的函数。但对静态场式(11-9)简化为 $\boldsymbol{E} = -\nabla V$。一旦解出位函数 $\boldsymbol{A}$ 和 V，即能由式(11-7)和式(11-9)决定时变磁场和电场。有关这些场的知识对计算介质区域的功率密度有实质性的意义。

现推导用这些位函数表示的波动方程。式(11-2)乘以 μ 并用式(11-7)代替 $\boldsymbol{B}(\mu\boldsymbol{H})$ 及式(11-9)代替 $\boldsymbol{D}(\varepsilon\boldsymbol{E})$，得到

$$\nabla\times\nabla\times\boldsymbol{A} = \mu\boldsymbol{J} + \mu\varepsilon\frac{\partial}{\partial t}\left[-\nabla V - \frac{\partial \boldsymbol{A}}{\partial t}\right] \tag{11-10}$$

由于

$$\nabla\times\nabla\times\boldsymbol{A} = \nabla(\nabla\cdot\boldsymbol{A}) - \nabla^2\boldsymbol{A}$$

式(11-10)作简化后能重写为

$$\nabla^2\boldsymbol{A} - \mu\varepsilon\frac{\partial^2\boldsymbol{A}}{\partial t^2} = -\mu\boldsymbol{J} + \nabla\left[\nabla\cdot\boldsymbol{A} + \mu\varepsilon\frac{\partial V}{\partial t}\right] \tag{11-11}$$

根据赫姆霍茨定理，要唯一地确定一矢量场，必须定义其散度和旋度。现已定义了 $\boldsymbol{A}$ 的旋度，$\boldsymbol{A}$ 的散度可定义为

$$\nabla\cdot\boldsymbol{A} + \mu\varepsilon\frac{\partial V}{\partial t} = 0 \tag{11-12}$$

式(11-11)便可简化为

$$\nabla^2\boldsymbol{A} - \mu\varepsilon\frac{\partial^2\boldsymbol{A}}{\partial t^2} = -\mu\boldsymbol{J} \tag{11-13}$$

这是矢位 $\boldsymbol{A}$ 的波动方程。式(11-12)称为**洛仑兹条件**(Lorentz condition)，对静态场得 $\nabla\cdot\boldsymbol{A}=0$，即早先使用过的条件(称库伦条件或库伦规范)。

类似地替换式(11-4)中的 $\boldsymbol{D}(\varepsilon\boldsymbol{E})$ 并用洛仑兹条件由式(11-9)可得标位 V 的波动方程

$$\nabla^2 V - \mu\varepsilon\frac{\partial^2 V}{\partial t^2} = -\frac{1}{\varepsilon}\rho \tag{11-14}$$

式(11-13)和式(11-14)又称为位函数的**非齐次赫姆霍茨方程**(inhomogeneous Helmholtz equation)，实际上是4个相似的标量方程的集合。只要能解出其中之一，即能写出其他方程相似的解。现不去寻求这些波动方程的一般解函数，而是先令源随时间正弦变化。由此能把波动方程和洛仑兹条件写为相量形式：

$$\nabla^2\dot{\boldsymbol{A}} + \beta^2\dot{\boldsymbol{A}} = -\mu\dot{\boldsymbol{J}} \tag{11-15}$$

$$\nabla^2\dot{V} + \beta^2\dot{V} = -\frac{1}{\varepsilon}\dot{\rho} \tag{11-16}$$

$$\nabla\cdot\dot{\boldsymbol{A}} + j\omega\mu\varepsilon\dot{V} = 0 \tag{11-17}$$

式中 $\dot{\boldsymbol{A}}$，$\dot{V}$，$\dot{\boldsymbol{J}}$ 和 $\dot{\rho}$ 都是相量形式的量，ω 为波的角频率，单位为 rad/s，而

$$\beta = \omega\sqrt{\mu\varepsilon} \tag{11-18}$$

是无界媒质中的**波数**㊀(wave number)。

㊀ 即无耗介质中在时谐情况下的相位常数。——译注

考虑一随时间正弦变化的点电荷。由于时间变化已在相量中体现，可预期某点的解仅为该点到电荷的距离 r 的函数。考虑与电荷有一定距离的某点（无电荷的点）的位函数，式(11-16)在球坐标系能表示为齐次方程

$$\frac{1}{r^2}\frac{\partial}{\partial r}\left[r^2\frac{\partial \dot{V}}{\partial r}\right]+\beta^2\dot{V}=0 \tag{11-19}$$

对式(11-19)作替换

$$\dot{V}=\frac{1}{r}\dot{G} \tag{11-20}$$

其中$\dot{G}(r)$是 r 的函数，这样得到

$$\frac{\mathrm{d}^2\dot{G}}{\mathrm{d}r^2}+\beta^2\dot{G}=0 \tag{11-21}$$

这是众所周知的简谐运动的波动方程。其解为 $M\mathrm{e}^{-\mathrm{j}\beta r}$ 和 $N\mathrm{e}^{\mathrm{j}\beta r}$，此处 M 和 N 为常数。对于外向波，感兴趣的解为 $M\mathrm{e}^{-\mathrm{j}\beta r}$。因此由式(11-20)，位函数在相量域是

$$\dot{V}(r)=\frac{M}{r}\mathrm{e}^{-\mathrm{j}\beta r} \tag{11-22}$$

而

$$V(r,t)=\frac{M}{r}\cos(\omega t-\beta r)=\frac{M}{r}\cos\omega(t-r/u) \tag{11-23}$$

式中

$$u=\frac{\omega}{\beta} \tag{11-24}$$

是媒质中外向波的相速。注意对自由空间 $u=c$，c 为光速。式(11-23)中，r/u 代表响应函数（与电荷相距 r 的位 V）和源（时变电荷）间的时延。换句话说，时变源在 $t=t_0$ 时刻的改变将反映在 $t=t_0+r/u$ 时刻的位函数中。因此此位函数称为**滞后标量位**（retarded scalar potential）。

观察点非常接近时变电荷 $Q(t)=Q\cos(\omega t+\theta)$时，可预期时延小到可以忽略。因此距离 r 处的位函数 $V(r,t)$近似时域表示式为

$$V(r,t)=\frac{Q\cos(\omega t+\theta)}{4\pi\varepsilon r} \tag{11-25}$$

相量域表示为

$$\dot{V}(r)=\frac{\dot{Q}}{4\pi\varepsilon r} \tag{11-26}$$

式中$\dot{Q}=Q\mathrm{e}^{-\mathrm{j}\theta}$。比较式(11-22)和式(11-26)，可找到与点源相距 r 处考虑时延的滞后位应为

$$\dot{V}(r)=\frac{\dot{Q}}{4\pi\varepsilon r}\mathrm{e}^{-\mathrm{j}\beta r} \tag{11-27}$$

式(11-27)能推广到有正弦变化的体电荷分布的情况，即

$$\dot{V}=\frac{1}{4\pi\varepsilon}\int_v\frac{\dot{\rho}}{r}\mathrm{e}^{-\mathrm{j}\beta r}\mathrm{d}v \tag{11-28}$$

类似地也能得到**滞后磁矢位**的相量表示式

$$\dot{\boldsymbol{A}}=\frac{\mu}{4\pi}\int_v\frac{\dot{\boldsymbol{J}}}{r}\mathrm{e}^{-\mathrm{j}\beta r}\mathrm{d}v \tag{11-29}$$

电荷和电流分布已知时，即能用式(11-28)和式(11-29)决定电标位$\dot{V}$和磁矢位$\dot{\boldsymbol{A}}$，再用式(11-7)和式(11-9)分别计算磁场和电场。

11.3 赫兹偶极子

为理解天线的工作，考虑介质中任意一点由**电流线**(current filament)产生的场，如图11-6所示。为了研究这种短**载流元**(current-carrying element)的作用，可将其想像为两个相距l并用细直导线相连带时变电荷的固定导体小球。当一个导体球上的电荷为$q(t)$时，另一导体球上的电荷为$-q(t)$，而二者间的电流是$i(t)=\mathrm{d}q/\mathrm{d}t$。这就是为什么小电流元通常称之为**电偶极子**(electric dipole)或**赫兹偶极子**(Hertzian dipole)[⊖]。

将电流写为相量形式$\dot{I}$，则$\dot{I}=\mathrm{j}\omega\dot{q}$，同时在式(11-29)中以$\dot{I}\,\mathrm{d}z$替换$\dot{\boldsymbol{J}}$[⊖]$\mathrm{d}v$，能将磁矢位表示为

$$\dot{A}_z=\frac{\mu}{4\pi}\int_c\frac{\dot{I}}{r}\mathrm{e}^{-\mathrm{j}\beta r}\mathrm{d}z$$

式中μ为介质的磁导率而r为偶极子中心到P点的距离，如图11-6所示。假定在很短的偶极子长度l上电流都相同，而且观察点离得很远，于是上述积分能近似表示为

$$\dot{A}_z=\frac{\mu}{4\pi r}\dot{I}\,l\mathrm{e}^{-\mathrm{j}\beta r}\tag{11-30}$$

此式的时域形式为

$$A_z(r,t)=\frac{\mu}{4\pi r}I_0 l\cos(\omega t-\beta r)\tag{11-31}$$

此处假定$i(t)=I_0\cos\omega t$。式(11-31)表明有波由偶极子离去并以相位常数β沿r方向传播。波幅与距离成反比地衰减，而相速是

$$u_p=\frac{\omega}{\beta}\tag{11-32}$$

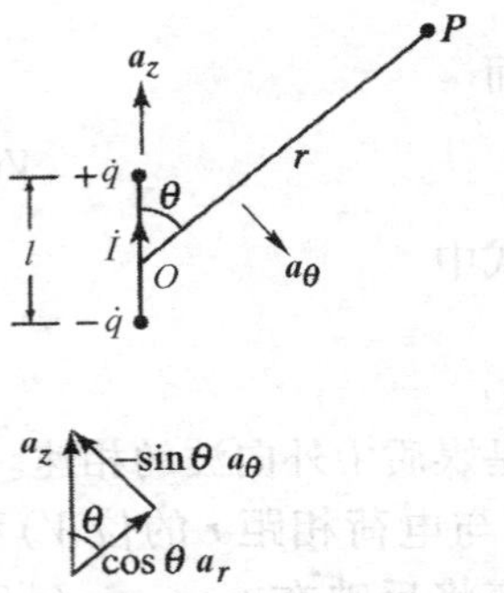

图11-6 赫兹偶极子[⊖]

对自由空间相位常数为β_0，而相速为光速。

媒质中的波长是

$$\lambda=\frac{2\pi}{\beta}=\frac{u_p}{f}\tag{11-33}$$

由于现在$\dot{\boldsymbol{A}}$为已知，能用式(11-7)决定$\dot{\boldsymbol{B}}$。为简化计算，先把$\dot{\boldsymbol{A}}$用球坐标表示为

$$\dot{\boldsymbol{A}}=\frac{\mu\dot{I}l}{4\pi r}\mathrm{e}^{-\mathrm{j}\beta r}(\cos\theta\boldsymbol{a}_r-\sin\theta\boldsymbol{a}_\theta)\tag{11-34}$$

用了下述变换

$$\boldsymbol{a}_z=\cos\theta\boldsymbol{a}_r-\sin\theta\boldsymbol{a}_\theta$$

由式(11-7)得到

$$\dot{\boldsymbol{H}}=\frac{1}{\mu}[\nabla\times\dot{\boldsymbol{A}}]=\frac{\mathrm{j}\beta\dot{I}l}{4\pi r}\left(1+\frac{1}{\mathrm{j}\beta r}\right)\sin\theta\mathrm{e}^{-\mathrm{j}\beta r}\boldsymbol{a}_\phi\tag{11-35}$$

⊖ 偶极子的中点取作坐标原点。过原点且$\theta=90°$的平面称为赤道平面，即以后讨论中所指$\theta=90°$的平面。——译注

⊖ 此处的$\dot{\boldsymbol{J}}$实际上只有z方向分量。——译注

为了用式(11-9)计算$\dot{E}$，必须先确定标量位$\dot{V}$，这可直接求(见习题11-3)或由$\dot{A}$通过式(11-12)来决定。由于H为已知，直接用麦克斯韦方程(11-2)计算E似乎比较方便。在媒质中远离偶极子的一点上，$\dot{J}=0$。因此能把式(11-2)写成相量形式为

$$\dot{E}=\frac{1}{j\omega\varepsilon}[\nabla\times\dot{H}]$$

由此得

$$\dot{E}=\frac{\eta\dot{I}l}{2\pi r^2}\left(1+\frac{1}{j\beta r}\right)\cos\theta e^{-j\beta r}\boldsymbol{a}_r+\frac{j\dot{I}l\eta\beta}{4\pi r}\left(1+\frac{1}{j\beta r}-\frac{1}{\beta^2 r^2}\right)\sin\theta e^{-j\beta r}\boldsymbol{a}_\theta \tag{11-36}$$

式中$\eta=\sqrt{\mu/\varepsilon}$是介质的本征阻抗。

11.3.1　近区场

式(11-35)和式(11-36)有按$1/r$，$1/r^2$和$1/r^3$变化的项。只要$\beta r\ll 1$，按$1/r^2$和$1/r^3$变化的项就起支配作用并形成**近区场**(near-zone field)。此时指数项$e^{-j\beta r}$能近似为1。按此近似能将近区场表示为

$$\dot{H}=\frac{\dot{I}l\sin\theta}{4\pi r^2}\boldsymbol{a}_\phi \tag{11-37}$$

$$E=\frac{\dot{I}l\eta}{4\pi r^2}\left[\frac{1}{j\beta r}+1\right](2\cos\theta\boldsymbol{a}_r+\sin\theta\boldsymbol{a}_\theta) \tag{11-38}$$

当$\beta r\ll 1$时，项$1/(j\beta r)+1$能近似为$1/j\beta r$。以$j\omega\dot{q}$和$1/\omega\varepsilon$分别代替I和η/β，$\dot{E}$场也能写成

$$\dot{E}=\frac{\dot{q}l}{4\pi\varepsilon}\left[\frac{2\cos\theta}{r^3}\boldsymbol{a}_r+\frac{\sin\theta}{r^3}\boldsymbol{a}_\theta\right] \tag{11-39}$$

这里已将近区场表示为较易于识别的形式。由式(11-39)给出的电场强度表达式与静电偶极子产生的一样。由于这一原因，按$1/r^3$变化的项被称为静电场项。式(11-37)给出由短电流线产生的静磁场强度，由于它按$1/r^2$变化，被称之为**感应项**(induction term)。

由式(11-37)和式(11-39)算出的近区场功率密度为

$$S=\frac{1}{2}[\dot{E}\times\dot{H}^*]=-j\frac{I^2l^2}{32\pi^2r^5\omega\varepsilon}\sin^2\theta\boldsymbol{a}_r \tag{11-40}$$

这是纯电抗性的。换言之，近区场平均功率为零。式(11-40)中的$-j$指出近区场表现好似一个电容器。注意$I^2=\dot{I}\dot{I}^*$。

11.3.2　辐射场

现考虑观察点远离偶极子以致$\beta r\gg 1$. 这种情况下，$1/r$的项占支配地位而其他项小到近乎为零。有此理解，能把远场分量(由式11-35及11-36)表示为

$$\dot{H}=\frac{j\beta\dot{I}l}{4\pi r}\sin\theta e^{-j\beta r}\boldsymbol{a}_\phi \tag{11-41}$$

$$\dot{E}=\frac{j\beta\eta\dot{I}l}{4\pi r}\sin\theta e^{-j\beta r}\boldsymbol{a}_\theta \tag{11-42}$$

这两式表明(a)远场沿径向传播，(b)远场只有横向分量及(c)电场和磁场互相垂直。这些就是TEM(横电磁)波的特征。简言之，远场代表了一种球面波。$\dot{E}_\theta$和$\dot{H}_\phi$二者之比即媒

质的本征阻抗 η。对自由空间，$\eta_0=120\pi\approx377\ \Omega$。

如式(11-30)⊖所示，z 方向的载流元产生 z 方向的磁矢位。由式(11-30)和式(11-41)，可得远区磁场强度和磁矢位的关系是

$$\dot{H}_\phi=\frac{\mathrm{j}\beta\dot{A}_z}{\mu}\sin\theta \tag{11-43}$$

任何时候要决定线载流元的磁场，都将用到此式。

我们也观察到当 $\theta=0°$ 或 $\theta=180°$ 时，随 $\sin\theta$ 变化的场分量其大小均为零。当 $\theta=90°$ 时其值最大。即沿偶极子轴的场为零而垂直于该轴(偶极子侧面)的平面中场为最大。在 $r=$ 常数的表面上场的相位均为常数。对场分量归一化后能绘出远区场的方向图。所谓**归一化场分量**(normalized field component)是某点场分量的大小与其最大值之比。这样，按定义归一化电场分量是

$$E_\theta(\theta,\phi)\Big|_n=\frac{E_\theta(\theta,\phi)}{E_\theta(\theta,\phi)\big|_{\max}} \tag{11-44a}$$

用此定义，得到赫兹偶极子归一化电场分量为

$$E_\theta(\theta,\phi)\big|_n=\sin\theta \tag{11-44b}$$

其图形见图11-7。注意归一化磁场分量也随 $\sin\theta$ 变化。

由式(11-41)和式(11-42)远区复功率密度是

$$\boldsymbol{S}=\frac{1}{2}[\dot{\boldsymbol{E}}\times\dot{\boldsymbol{H}}^*]=\frac{1}{2\eta}E_\theta^2\boldsymbol{a}_r=\frac{I^2l^2}{32\pi^2r^2}\beta^2\eta\sin^2\theta\ \boldsymbol{a}_r \tag{11-45}$$

由于复功率密度为纯实数并沿径向向外，表明这是单位表面由媒质消耗的功率。问题是完全介质如何会消耗功率呢？唯一合理的答案是功率由波携带沿径向离去。因此，这是单位面积的**辐射功率**，而相关的场称为**辐射场**(radiated field)。偶极子归一化辐射功率(功率密度与其最大值之比)可表示为

$$f(\theta,\phi)=\sin^2\theta \tag{11-46}$$

项 $f(\theta,\phi)$ 称为功率密度方向图函数，其图形称之为**功率方向图**(power pattern)，见图11-8。

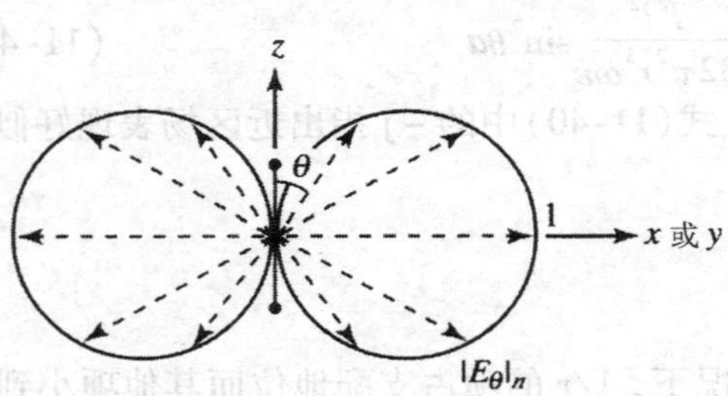

图11-7　电偶极子归一化辐射电场方向图

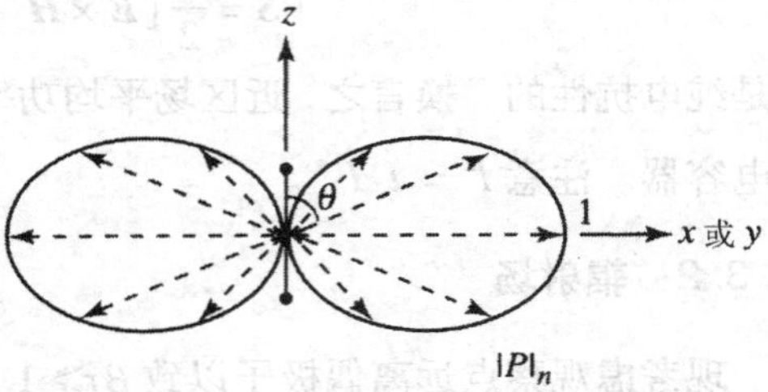

图11-8　电偶极子归一化辐射功率方向图

通过 r 处封闭球面的总功率 P_{rad} 为

⊖ 如改用式(11-29)更好。因在 L. H. I. 媒质中，$\boldsymbol{A}$(矢量)总是与 $\boldsymbol{J}$(矢量)同方向。——译注

$$P_{\text{rad}} = \oint_s \langle \boldsymbol{S} \rangle \cdot d\boldsymbol{s} = \frac{I^2 l^2 \beta^2 \eta}{32\pi^2}\int_0^{\pi} \sin^3\theta d\theta \int_0^{2\pi} d\phi = \frac{\eta}{12\pi}\beta^2 l^2 I^2 \tag{11-47a}$$

或

$$P_{\text{rad}} = \frac{\pi}{3}\eta\left(\frac{l}{\lambda}\right)^2 I^2 \tag{11-47b}$$

这是电偶极子辐射的总功率。上式中 l/λ 表示电流线的长度与介质中波长之比，η 是媒质的本征阻抗，而 I 是电流的最大值。

用自由空间的 $\beta_0 = 2\pi/\lambda_0$ 和 $\eta_0 = 120\pi$ 两式，自由空间中电偶极子的辐射功率为

$$P_{\text{rad}} = 40\pi^2\left(\frac{l}{\lambda_0}\right)^2 I^2 \tag{11-47c}$$

11.3.3　辐射电阻

作为电偶极子辐射功率，该功率必须由与偶极子相连的源供给；也就是说，源供给的功率是由线电流消耗的。由于复功率为纯实数，远区可用一称之为**辐射电阻**(radiation resistance)的电阻来模拟。计算功率密度时假定场用最大值表示，因此电流 I 也用其最大值表示。这样辐射电阻消耗的功率是

$$P_{\text{rad}} = \frac{1}{2}I^2 R_{\text{rad}} \tag{11-48}$$

比较式(11-47a、b)和式(11-48)得到介质中的辐射电阻

$$R_{\text{rad}} = \frac{2\pi}{3}\eta\left(\frac{l}{\lambda}\right)^2 \tag{11-49}$$

及自由空间的辐射电阻

$$R_{\text{rad}} = 80\pi^2\left(\frac{l}{\lambda_0}\right)^2 \tag{11-50}$$

11.3.4　方向增益和方向性

由式(11-45)和图 11-7 明显可见平均辐射功率密度随 $\sin^2\theta$ 变化。因此沿电偶极子轴($\theta = 0°$)辐射功率为零而在垂直于偶极子轴($\theta = 90°$)的平面内功率最大。换言之，电偶极子的功率辐射是有方向性的，用称为**方向增益**(directive gain)的参数 G 来对此进行度量。方向增益定义为偶极子辐射功率密度与平均功率密度($P_{\text{rad}}/4\pi r^2$)之比，数学上可表示为

$$G = \frac{4\pi r^2 \langle S \rangle}{P_{\text{rad}}} \tag{11-51a}$$

以式(11-45)的平均功率密度和式(11-47a)的辐射功率代入得到电偶极子的方向增益为

$$G = 1.5\sin^2\theta \tag{11-51b}$$

当 G 为最大时，称之为偶极子的**方向性**(directivity) D。因此电流线的方向性为

$$D = 1.5 \tag{11-51c}$$

电偶极子的方向性正式的规定是最大辐射功率密度与平均功率密度之比。方向增益一般用分贝数表示为

$$D = 10\log_{10}(1.5) = 1.76\ \text{dB} \tag{11-51d}$$

例 11.1　自由空间中长 50 cm 的电偶极子电流幅值为 25 A，频率为 10 MHz，决定(a)远

区电场和磁场，(b)平均功率密度和(c)辐射电阻。

解 偶极子在自由空间中辐射，场以光速 $c=3\times10^8\text{m/s}$ 传播。

$$\omega=2\pi f=6.283\times10^7\ \text{rad/s}$$

相位常数
$$\beta=\frac{\omega}{c}=0.209\ \text{rad/m}$$

由已知数据 $\dot{I}=25\angle 0°\text{A}$ 和 $l=0.5$ m 代入式(11-41)和式(11-42)得

$$\dot{\boldsymbol{H}}=\frac{\text{j}0.208}{r}\sin\theta\text{e}^{-\text{j}0.209r}\boldsymbol{a}_\phi\quad \text{A/m}$$

$$\dot{\boldsymbol{E}}=\frac{\text{j}78.416}{r}\sin\theta\text{e}^{-\text{j}0.209r}\boldsymbol{a}_\theta\quad \text{V/m}$$

这样，由式(11-45)辐射方向上的平均功率密度为

$$\langle S_r\rangle=\frac{8.15}{r^2}\sin^2\theta\quad \text{W/m}^2$$

由式(11-47a)，通过 r 处球面的总功率为

$$P_{\text{rad}}=68.25\ \text{W/m}^2$$

最后，由式(11-48)辐射电阻为

$$R_{\text{rad}}=\frac{2}{25^2}\times68.25=0.22\ \Omega$$

11.4 磁偶极子

一个载有电流 $I=I_0\cos\omega t$A 的小圆环如图 11-9 所示。通常称之为**磁偶极子**(magnetic dipole)。因为此时辐射场由电偶极子的磁对偶量来产生。我们已默认电流分布不随 ϕ 方向改变且 $\beta a\ll1$，其中 a 是环的半径，如图所示。由位于点 $Q\left(a,\frac{\pi}{2},\phi'\right)$ 的电流元 $\dot{I}\text{d}\phi'$ 到点 $P(r,\theta,\phi)$ 的距离矢量 $\boldsymbol{R}$ 是

$$\boldsymbol{R}=r\boldsymbol{a}_r-a\boldsymbol{a}_{\rho'}\tag{11-52}$$

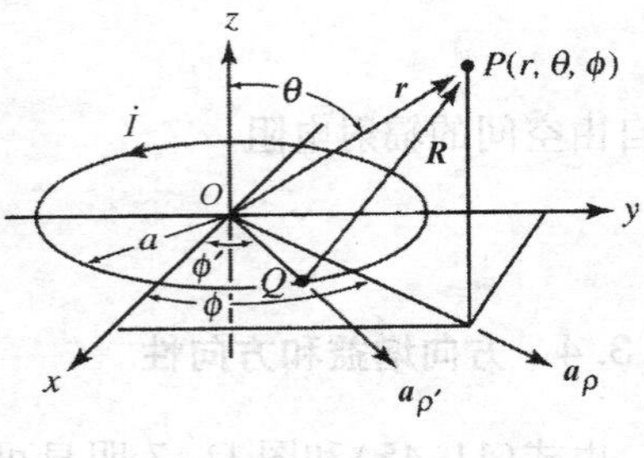

图 11-9 磁偶极子

由此得到

$$R^2=r^2+a^2-2ar\sin\theta\cos(\phi-\phi')^{⊖}$$

在假定 $r\gg a$ 的条件下，距离 R 可近似为

$$R=r-a\sin\theta\cos(\phi-\phi')\tag{11-53}$$

这样，P 点的磁矢位是

$$\dot{\boldsymbol{A}}=\frac{\mu\dot{I}a}{4\pi r}\text{e}^{-\text{j}\beta r}\int_0^{2\pi}\text{e}^{\text{j}\beta a\sin\theta\cos(\phi-\phi')}\text{d}\phi'\boldsymbol{a}_{\phi'}$$

式中 $\dot{I}=I_0$ 是 $i(t)=I_0\cos\omega t$ 的等效相量。由于单位矢量 $\boldsymbol{a}_{\phi'}$ 为 ϕ' 的函数，因此能以点 $P(r,\theta,\phi)$ 的单位矢量表示为

⊖ 此式的导出，必须根据立体几何，利用$(90°-\theta)$、$(\phi-\phi')$和$\angle POQ$三个角的余弦之间的关系，即 $\cos\angle POQ=\cos(90°-\theta)\cos(\phi-\phi')=\sin\theta\cos(\phi-\phi')$，而 $R^2=r^2+a^2-2ar\cos\angle POQ$。——译注

$$\boldsymbol{a}_{\phi'}=\cos(\phi-\phi')\boldsymbol{a}_{\phi}+\sin(\phi-\phi')\boldsymbol{a}_{r} \tag{11-54}$$

这看起来像是$\dot{A}$也有了径向分量。当然这是不可能的，因为电流在ϕ方向，只能产生ϕ方向分量。我们留作一个练习题让你证明此径向分量为零。

利用式(11-54)，得磁矢位的ϕ分量是

$$\dot{A}_{\phi}=\frac{\mu\dot{I}a}{4\pi r}\mathrm{e}^{-\mathrm{j}\beta r}\int_{0}^{2\pi}\mathrm{e}^{\mathrm{j}\beta a\sin\theta\cos(\phi-\phi')}\cos(\phi-\phi')\mathrm{d}\phi' \tag{11-55}$$

式(11-55)中的积分求值很困难。实际上要用到贝塞尔函数，但只要$\beta a\ll 1$，指数项可近似为

$$\mathrm{e}^{\mathrm{j}\beta a\sin\theta\cos(\phi-\phi')}\approx 1+\mathrm{j}\beta a\sin\theta\cos(\phi-\phi') \tag{11-56}$$

用此近似得出积分

$$\int_{0}^{2\pi}[1+\mathrm{j}\beta a\sin\theta\cos(\phi-\phi')]\cos(\phi-\phi')\mathrm{d}\phi'=\mathrm{j}\beta a\pi\sin\theta \tag{11-57}$$

代入式(11-55)得到磁矢位

$$\dot{A}_{\phi}=\frac{\mathrm{j}\mu\dot{I}a^{2}\beta}{4r}\sin\theta\mathrm{e}^{-\mathrm{j}\beta r} \tag{11-58}$$

注意到A_{ϕ}不随ϕ改变，因此

$$\nabla\cdot\dot{A}=0$$

同时由式(11-17)可得$V=0$，这显然也能够很好地说明净电荷为零这一事实。因而由式(11-9)，远场的电场强度是

$$\dot{E}=-\mathrm{j}\omega\dot{A}=-\mathrm{j}\omega\dot{A}_{\phi}a_{\phi}$$

或

$$\dot{E}_{\phi}=\frac{\omega\mu\beta}{4\pi r}\dot{M}\sin\theta\mathrm{e}^{-\mathrm{j}\beta r} \tag{11-59}$$

式中

$$\dot{M}=\pi a^{2}\dot{I} \tag{11-60}$$

是磁偶极矩。

由麦克斯韦方程

$$\nabla\times\dot{E}=-\mathrm{j}\omega\mu\dot{H}$$

得出远场的磁场强度为

$$\dot{H}_{\theta}=-\frac{\omega\mu\beta}{4\pi r\eta}\dot{M}\sin\theta\mathrm{e}^{-\mathrm{j}\beta r} \tag{11-61}$$

其中η是介质的本征阻抗。式(11-59)和式(11-61)也代表垂直于辐射方向的平面内的TEM波，各场的大小随距离成反比地衰减。由于场随$\sin\theta$变化，磁偶极子的场方向图与赫兹偶极子的相似(图11-7)。虽然我们只对圆环计算了磁矢位、电场和磁场，但只要以回路面积代替πa^2，式(11-60)就有助于计算关于任何载流回路的场。

远场的复功率密度是

$$\langle\boldsymbol{S}\rangle=\frac{1}{2}[\dot{\boldsymbol{E}}\times\dot{\boldsymbol{H}}^{*}]=\frac{1}{2\eta}M^{2}\left(\frac{\omega\mu\beta}{4\pi r}\right)^{2}\sin^{2}\theta\boldsymbol{a}_{r} \tag{11-62}$$

式中$M^2=\dot{M}\dot{M}^*=(\pi a^2 I_0)^2$。由于复功率密度为实数量，它代表媒质中的时间平均功率密度。同样功率流是沿辐射方向，功率方向图类似于图11-8。在半径r的大球形表面上积分式(11-62)可得到载流回路的总辐射功率为

$$P_{rad}=\frac{1}{2\eta}M^2\left(\frac{\omega\mu\beta}{4\pi}\right)^2\int_0^{\pi}\sin^3\theta d\theta\int_0^{2\pi}d\phi=\frac{4}{3}\pi^3\eta\left(\frac{M}{\lambda^2}\right)^2 \tag{11-63a}$$

或

$$P_{rad}=\frac{\pi}{12}\eta I^2(\beta a)^4 \tag{11-63b}$$

式中$\beta=\omega\sqrt{\mu\varepsilon}$是相位常数(rad/m)，$\lambda=2\pi/\beta$是波长(m)，$\eta=\sqrt{\mu/\varepsilon}$是本征阻抗(Ω)。

与处理赫兹偶极子一样，用式(11-48)能决定磁偶极子**环形天线**(loop antenna)的辐射电阻

$$R_{rad}=\frac{8}{3}\pi^3\eta\left(\frac{\pi a^2}{\lambda^2}\right)^2 \tag{11-64a}$$

或

$$R_{rad}=\frac{\pi}{6}\eta(\beta a)^4 \tag{11-64b}$$

环形天线的辐射电阻不大，因为βa通常很小。

应用式(11-51a)的定义，由式(11-62)和式(11-63)可得方向增益为

$$G=1.5\sin^2\theta \tag{11-65}$$

及方向性

$$D=1.5 \text{ 或 } D=1.76\ \text{dB} \tag{11-66}$$

这些与已得关于短电流线的结果相同。

例 11.2 半径为10 cm的小环，电流为100 cos($\omega t-30°$) A，式中ω为300 Mrad/s。写出自由空间中远场的时域表达式。计算环的辐射功率和辐射电阻。

解

$$\dot{I}=100e^{-j\pi/6}\ \text{A}$$

$$\dot{M}=\pi a^2\ \dot{I}=3.142e^{-j\pi/6}$$

相位常数、本征阻抗及自由空间波长为

$$\beta_0=\frac{\omega}{c}=\frac{300\times10^6}{3\times10^8}=1\ \text{rad/m}$$

$$\eta_0=120\pi\approx377\ \Omega$$

$$\lambda_0=\frac{2\pi}{\beta_0}=2\pi=6.283\ \text{m}$$

计算如下的因子

$$\frac{\omega\mu\beta}{4\pi}\dot{M}=\frac{300\times10^6\times4\pi\times10^{-7}\times1}{4\pi}3.142e^{-j\pi/6}=94.26e^{-j\pi/6}$$

因此，由式(11-59)，远区电场强度为

$$\dot{E}_\phi=\frac{94.26}{r}\sin\theta e^{-j(r+\pi/6)}$$

其时域形式为

$$E_\phi(r,\theta,\phi,t)=\frac{94.26}{r}\sin\theta\cos(\omega t-r-\pi/6)\ \text{V/m}$$

由式(11-61)，磁场强度为

$$\dot{H}_\theta=-\frac{0.25}{r}\sin\theta e^{-j(r+\pi/6)}$$

其时域形式为

$$H_\theta(r,\ \theta,\ \phi,\ t)=\frac{0.25}{r}\sin\theta\cos(\omega t-r+5\pi/6)\ \text{A/m}$$

由式(11-64b)，辐射电阻为

$$R_{\text{rad}}=\frac{\pi}{6}\times377\times(1\times0.1)^4=19.74\ \text{m}\,\Omega$$

最后，环的总辐射功率为

$$P_{\text{rad}}=\frac{1}{2}I^2R_{\text{rad}}=0.5\times100^2\times19.74\times10^{-3}=98.7\ \text{W}$$

11.5 短偶极子天线

讨论赫兹偶极子，需要理解载流元如何在介质媒质中辐射功率，但那种长度无穷小的辐射元实际上不能实现。因此，现考虑有不大长度 l(使 $\beta l\ll1$)由中心馈电的偶极子天线，如图 11-10。由于到天线的两端电流必须为零，现假定这种短天线上的电流分布在其中心为最大值，逐渐均匀地减至两端为零如图所示。并设电流在中心处与赫兹偶极子的完全一样，则电流分布可以表示成

$$\dot I(z)=\begin{cases}\dot I(1-2z/l) & 0\leqslant z\leqslant l/2\\ \dot I(1+2z/l) & -l/2\leqslant z\leqslant0\end{cases}$$

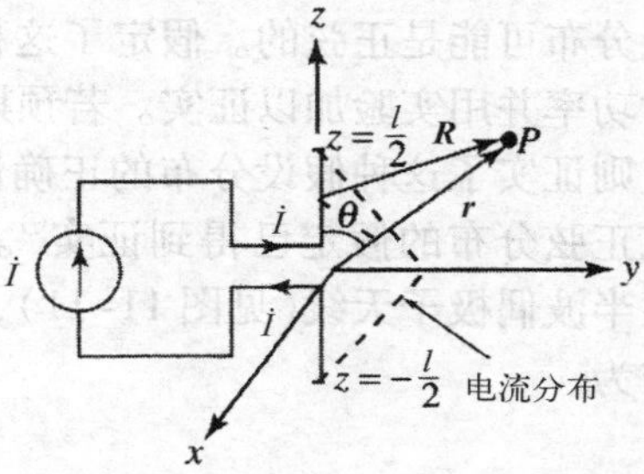

图 11-10 中心馈电的短天线

磁矢位的一般表达式则为

$$\dot A_z=\frac{\mu}{4\pi}\int_c\frac{1}{R}\dot I\left(1-\frac{2z}{l}\right)e^{-j\beta R}dz \tag{11-67}$$

在 $\beta l\ll1$ 假定下，近似认为上式分母中的 $R=r$ 且

$$e^{-j\beta R}=e^{-j\beta r}e^{j\beta z\cos\theta}\approx(1+j\beta z\cos\theta)e^{-j\beta r} \tag{11-68}$$

以式(11-68)代入式(11-67)并进行积分得

$$\dot A_z=\frac{\mu}{8\pi r}\dot I le^{-j\beta r}\left(1+\frac{j\beta l}{6}\cos\theta\right) \tag{11-69}$$

由式(11-69)且用到(11-43)，相应的辐射场为

$$\dot{\boldsymbol H}=\frac{j\beta\dot I l}{8\pi r}e^{-j\beta r}\sin\theta\left(1+\frac{j\beta l}{6}\cos\theta\right)\boldsymbol a_\phi \tag{11-70}$$

$$\dot{\boldsymbol E}=\frac{j\beta\dot I l}{8\pi r}\eta e^{-j\beta r}\sin\theta\left(1+\frac{j\beta l}{6}\cos\theta\right)\boldsymbol a_\theta \tag{11-71}$$

若假设 $(j\beta/6)\cos\theta\ll1$，忽略括号中的第 2 项，再与式(11-41)和(11-42)相比较可知短天线的场强正好为长度和电流大小都相同的赫兹偶极子的场强之半。

短天线的平均功率密度是

$$\langle\boldsymbol S\rangle=\frac{I^2l^2\beta^2}{128\pi^2r^2}\eta\sin^2\theta\left(1+\frac{\beta^2l^2}{36}\cos^2\theta\right)\boldsymbol a_r \tag{11-72}$$

直接与式(11-45)相比证明，当 $(\beta l/6)\cos\theta\ll1$ 时，短天线的辐射功率是同长度赫兹偶极子的四分之一。在同样的假定下导致的短天线辐射电阻是

$$R_{\text{rad}}=\frac{2\pi}{12}\eta\left(\frac{l}{\lambda}\right)^2 \tag{11-73}$$

这是赫兹偶极子的四分之一当$(\beta l/6)\cos\theta$项已经忽略。

虽然短偶极子天线的计算式是在$\beta l \ll 1$假定下导出的，但它们对一直到长度为四分之一波长($l \leqslant \lambda/4$)的中心馈电天线都是很好的近似。

11.6 半波偶极子天线

由于天线的辐射功率直接与其辐射电阻成比例，而辐射电阻按l^2变化，因而要用较长的天线辐射大小适当的功率。基于这一原因，使用长度为半波长和全波长的偶极子天线。为了计算长天线的辐射场必须知道沿长度上的电流分布。除了天线端部电流必须为零之外，实际上无法确定其他地方电流是如何分布的。然而若将中心馈电天线看作开路传输线，能设想其电流分布可能是正弦的。假定了这种分布后，即能计算辐射功率并用实验加以证实。若预期值与实验值很好地对应则证实了这种假设分布的正确性。对细天线，这种电流正弦分布的假定已得到证实[⊖]。因此，现开始讨论线性半波偶极子天线(见图11-11)，并假定天线上电流分布为

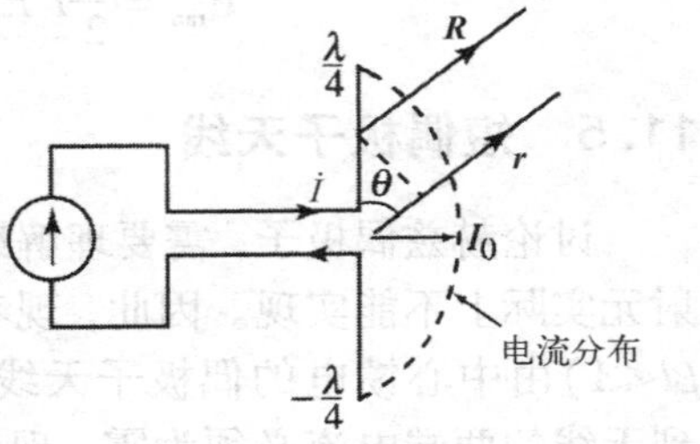

图11-11 线性半波偶极子天线

$$\dot{I} = I_0\cos\beta z \tag{11-74}$$

式中I_0是电流的最大值。

在天线外的点$P(r, \theta, \phi)$，磁矢位是

$$\dot{A}_z = \frac{\mu}{4\pi}I_0\int_{-\lambda/4}^{\lambda/4}\frac{\cos\beta z}{R}e^{-j\beta R}dz$$

当$P(r, \theta, \phi)$点远离天线时，可再次在相移中作近似$R = r - z\cos\theta$，而在分母中认为$R \approx r$。把$\cos\beta z$表示为

$$\cos\beta z = \frac{e^{j\beta z} + e^{-j\beta z}}{2}$$

能将A_z的近似表达式重写为

$$\dot{A}_z = \frac{\mu}{8\pi r}I_0 e^{-j\beta r}\int_{-\lambda/4}^{\lambda/4}(e^{j\beta z} + e^{-j\beta z})e^{j\beta z\cos\theta}dz$$

积分后得

$$\dot{A}_z = \frac{\mu}{2\pi\beta r}I_0 e^{-j\beta r}\left[\frac{\cos\left(\frac{\pi}{2}\cos\theta\right)}{\sin^2\theta}\right] \tag{11-75}$$

z方向天线辐射区的磁场强度，由式(11-43)为

$$\dot{\boldsymbol{H}} = \frac{j\beta\dot{A}_z}{\mu}\sin\theta\boldsymbol{a}_\phi = \frac{j}{2\pi r}I_0 e^{-j\beta r}\left[\frac{\cos\left(\frac{\pi}{2}\cos\theta\right)}{\sin\theta}\right]\boldsymbol{a}_\phi \tag{11-76}$$

相应的电场强度为

⊖ 普克林顿(H. E. Pocklington)曾解析证明假设线性天线上的电流呈正弦驻波分布的合理性。——译注

$$\dot{\boldsymbol{E}}=\frac{\mathrm{j}}{2\pi r}\eta I_0\mathrm{e}^{-\mathrm{j}\beta r}\left[\frac{\cos\left(\frac{\pi}{2}\cos\theta\right)}{\sin\theta}\right]\boldsymbol{a}_\theta \tag{11-77}$$

这样半波天线单位面积平均辐射功率为

$$\langle\boldsymbol{S}\rangle=\frac{\eta I_0^2}{8\pi^2 r^2}\left[\frac{\cos^2\left(\frac{\pi}{2}\cos\theta\right)}{\sin^2\theta}\right]\boldsymbol{a}_r \tag{11-78}$$

半波天线总辐射功率为

$$P_{\text{rad}}=\frac{\eta I_0^2}{8\pi^2}\int_0^{\pi}\frac{\cos^2\left(\frac{\pi}{2}\cos\theta\right)}{\sin\theta}\mathrm{d}\theta\int_0^{2\pi}\mathrm{d}\phi$$

对 θ 的积分用数值法能够计算。应用软件 MathCAD 得出的结果是 1.21882[⊖]。近似取为 1.219 故半波天线辐射功率是

$$P_{\text{rad}}=\frac{1.219}{4\pi}\eta I_0^2 \tag{11-79}$$

最后，半波天线的辐射电阻是

$$R_{\text{rad}}=\frac{1.219}{2\pi}\eta \tag{11-80}$$

在自由空间中为 73.14 Ω。较高的辐射电阻使半波偶极子天线很有效地辐射相当大的功率，且其辐射方向图比电偶极子的较好。半波天线的输入阻抗有约 43 Ω 的电感性分量，但将其长度减少约 5% 即能消除。

例 11.3 自由空间中距半波天线侧面 15 km 处电场强度的幅值为 0.1 V/m。若工作频率为 100 MHz，决定天线长度和总辐射功率。同时在时域写出其电场和磁场强度的一般表达式。

解

$$f=100\ \text{MHz}$$

$$\omega=2\pi f=628.319\ \text{Mrad/s}$$

$$\beta=\frac{\omega}{c}=\frac{628.319\times10^6}{3\times10^8}=2.094\ \text{rad/m}$$

$$\lambda=\frac{2\pi}{\beta}=\frac{2\pi}{2.094}=3\ \text{m}$$

因此，半波偶极子天线的长度为 1.5 m。由式(11-77)，当 $\theta=90°$ 及 $r=15$ km 时，电流最大值为

$$I_0=\frac{2\pi r}{\eta_0}|E|=\frac{2\pi\times15\times10^3}{120\pi}(0.1)=25\ \text{A}$$

半波偶极子天线的辐射电阻为 73.14 Ω，因此天线的辐射功率为

$$P_{\text{rad}}=\frac{1}{2}I_0^2R_{\text{rad}}=0.5\times25^2\times73.14=22.86\ \text{kW}$$

时域中 $\boldsymbol{E}$ 和 $\boldsymbol{H}$ 场的表达式，由式(11-77)和式(11-76b)为

$$E_\theta(r,\theta,\phi,t)=-\frac{1500}{r}\left[\frac{\cos\left(\frac{\pi}{2}\cos\theta\right)}{\sin\theta}\right]\sin(6.283\times10^8t-2.094r)\ \text{V/m}$$

⊖ 也可以从表中查出，例如参看 M. Abramowitz 等编《Handbook of Mathematical Functions》Dover, New York, 1965, p. 231 或 E. Jahnke 等编《Tables of Functions》Dover, 1951, pp. 3 ~6。——译注

$$H_{\phi}(r,\ \theta,\ \phi,\ t)=-\frac{3.98}{r}\left[\frac{\cos\left(\frac{\pi}{2}\cos\theta\right)}{\sin\theta}\right]\sin(6.283\times10^{8}\ t-2.094\ r)\ \text{A/m}$$

11.7 天线阵

现已认识到线性天线在任意垂直于自身轴线的平面内各方向的功率辐射均相同。其原因当然是它的功率方向图与 ϕ 的变化无关。换言之，线性天线在 θ = 常数的平面内其方向增益是相同的。为有高方向增益因而有高方向性的辐射系统，可在一定方向上以简单**天线元**(antenna element)组成**阵列**(array)。一个天线阵列是由许多指向同一方向的相似天线组成的。这些天线的适当排列能产生一种辐射方向图，使得对空间某些点辐射同相，而对另一些点，刚好180°反相。这种对方向图进行修正的能力使我们能设计天线阵列，让所有的能量都传送到预定的方向，而在其他方向则几乎没有辐射。可能设计这样的方向图是由于能控制(a) 阵列元数目，(b) 阵列元间隔和(c) 每个阵列元馈给电流的大小和相位。

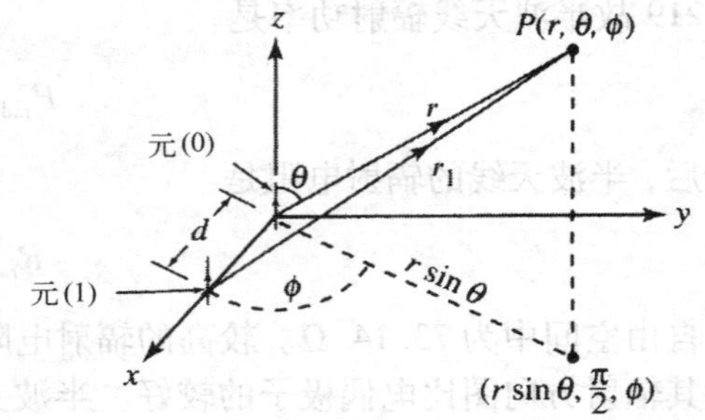

图 11-12 线性二元阵

首先讨论图 11-12 所示的二元阵，二元间距为 d。若以元(0)的电流为参考，即

$$\dot{I}=I_0\angle 0°$$

式中 I_0 是其最大值，则元(1)的电流能定义为

$$\dot{I}_1=kI_0\angle \alpha$$

式中 k 是元(1)和元(0)电流幅度之比，α 是元(1)电流领先元(0)电流的相角。

每个天线在远区辐射的电场强度表示为

$$\dot{E}_{\theta}=E_mF(\theta,\phi)\frac{1}{r}e^{-j\beta r} \tag{11-81}$$

式中 E_m 是 $\dot{E}$ 场的最大值，$F(\theta,\ \phi)$ 是有关的场方向图(亦称**元方向图** element pattern)。例如，由式(11-42)，赫兹偶极子辐射电场的最大值是

$$E_m=\frac{\beta l}{4\pi}\eta I$$

元方向图是

$$F(\theta,\phi)=\sin\theta$$

由于两天线相似且指向同一方向，远离阵列的点 $P(r,\ \theta,\ \phi)$ 的总电场强度为

$$\dot{E}_{\theta}=E_mF(\theta,\ \phi)\left[\frac{1}{r}e^{-j\beta r}+\frac{k}{r_1}e^{-j\beta r_1}e^{j\alpha}\right] \tag{11-82}$$

只要观察点远离阵列，就可以写成

$$\frac{1}{r_1}\approx\frac{1}{r}$$

及

$$r_1=r-d\sin\theta\cos\phi$$

依此近似，式(11-82)能表示为

$$\dot{E}_\theta = E_m F(\theta,\ \phi)\frac{1}{r}e^{-j\beta r}[1+ke^{j\psi}] \tag{11-83}$$

式中 $\psi=\beta d\sin\theta\cos\phi+\alpha$。由式(11-83)总电场强度的大小为

$$E_\theta=\frac{1}{r}E_m F(\theta,\ \phi)[(1+k\cos\psi)^2+(k\sin\psi)^2]^{1/2} \tag{11-84}$$

若定义 $F(\psi)$ 为

$$F(\psi)=[(1+k\cos\psi)^2+(k\sin\psi)^2]^{1/2} \tag{11-85}$$

则 $F(\psi)$ 称为归一化**阵方向图**(array pattern)，式(11-84)便能表示为

$$E_\theta=\frac{1}{r}E_m F(\theta,\phi)F(\psi) \tag{11-86}$$

这样，由相似元组成的阵列的**总场方向图**(total field pattern)是元方向图 $F(\theta,\ \phi)$ 和阵方向图 $F(\psi)$(或称**阵因子**)的积。此即**方向图相乘原理**(principle of pattern multiplication)。

例 11.4　对于(a) $d=\lambda/2$、$k=1$ 和 $\alpha=0°$；(b) $d=\lambda/2$、$k=1$ 和 $\alpha=\pi$；(c) $d=\lambda$、$k=1$ 和 $\alpha=-\pi/2$ 绘出赫兹偶极子天线二元阵在垂直于天线轴线的平面内场的方向图。

解　设二赫兹偶极子天线轴线为 z 方向，则 $\theta=90°$ 即垂直于其轴线的平面。这样，由式(11-42)每个元的场方向图是

$$F(\theta,\phi)=\sin(\pi/2)=1$$

(a)这种情况下，$\beta d=\pi$、$k=1$、$\alpha=0$ 和 $\psi=\pi\cos\phi$。将 ψ 和 k 代入式(11-85)得到一 ϕ 的函数式。使 ϕ 由 0 变到 2π，可绘出场图。用 MathCAD 进行这一工作，绘出的场方向图如图 11-13 所示。(b) 在(a)中设定 $\alpha=\pi$ 得出的图如图 11-14 所示。(c)这种情况下，$\beta d=2\pi$ 而 $\alpha=-\pi/2$。改变这些参数后得到的场方向图见图 11-15。

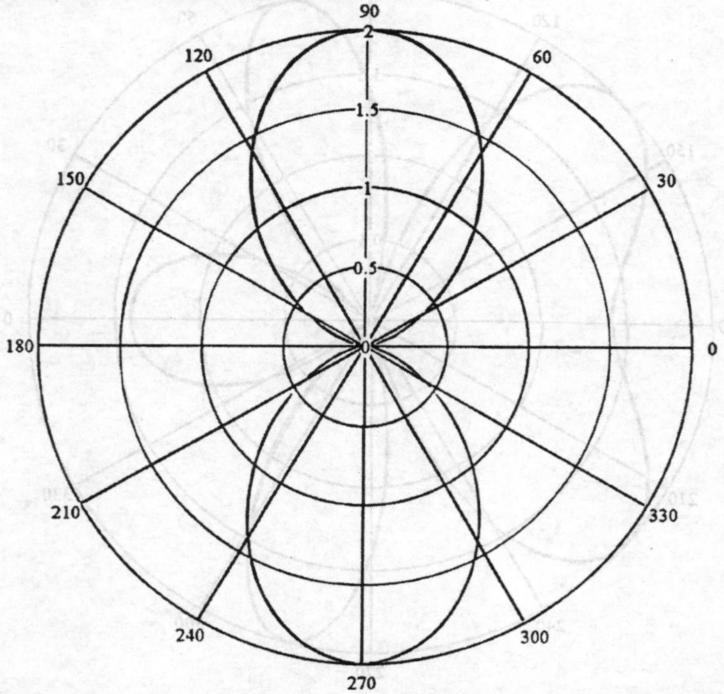

图 11-13　$k=1$、$d=\lambda/2$ 和 $\alpha=0$ 时两赫兹偶极子组成的阵列的场方向图

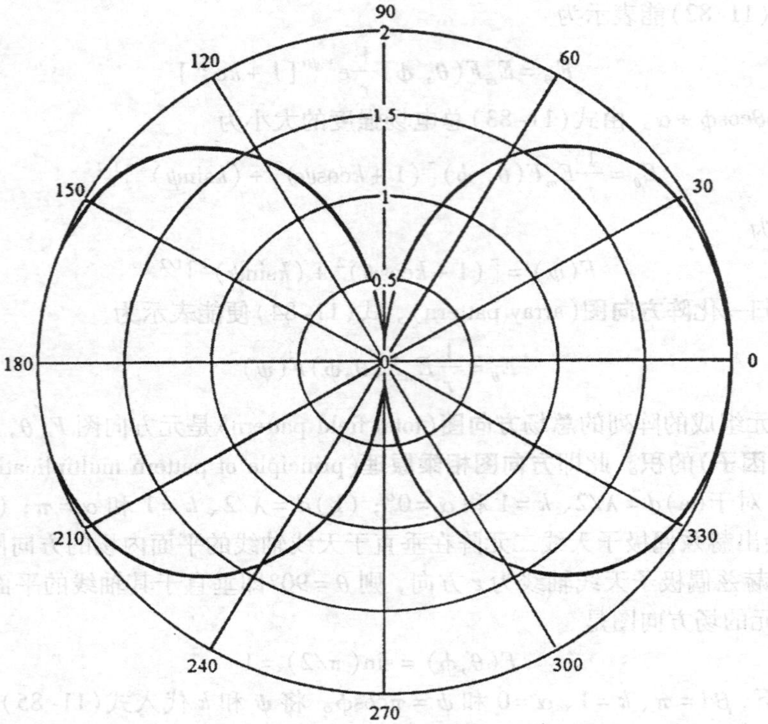

图 11-14 $k=1$、$d=\lambda/2$、$\alpha=\pi$ 两赫兹偶极子阵列的场方向图

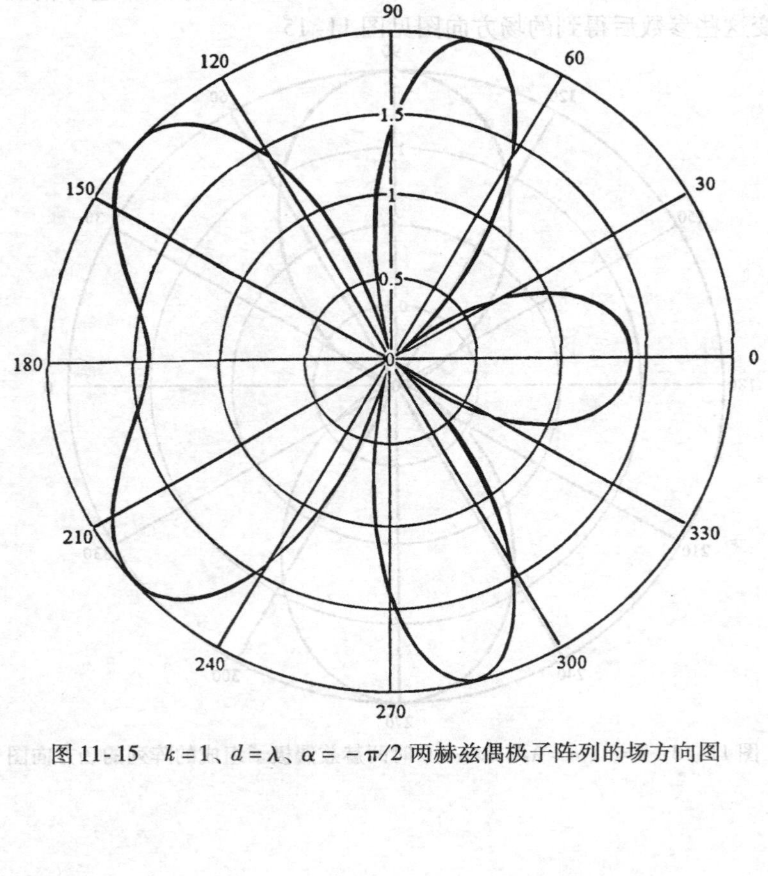

图 11-15 $k=1$、$d=\lambda$、$\alpha=-\pi/2$ 两赫兹偶极子阵列的场方向图

11.8　线性阵列

由二元阵的讨论很显然只能在有限的程度上对场方向图进行控制。为了得到更好的方向性用于点对点通信，需要更多元的阵列。此节考虑 n 元**均匀线性阵列**(uniform linear array)。此处线性一词的含义是阵中所有的元素沿一直线等距分布，如图 11-16 所示。均匀一词用于表明每个元的电流大小相同，而相移是递增的。这样，若元(k)的电流为

$$\dot{I}_k = I_0 e^{jk\alpha} \tag{11-87}$$

则元($k+1$)的电流为

$$\dot{I}_{k+1} = I_0 e^{j(k+1)\alpha} \tag{11-88}$$

设元(0)带有参考电流并有最大值 I_0。上述方程中，α 即是由一个元到下一个元的递增相移。

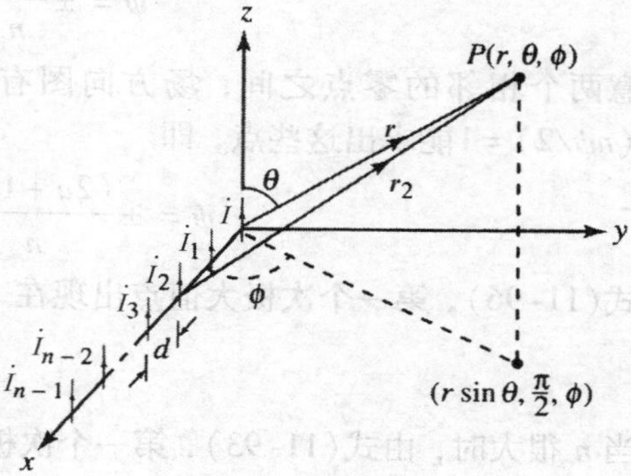

图 11-16　n 元线性阵列

用与 11.7 节同样的近似，式(11-83)可推广到 n 元阵(令 $k=1$)：

$$\dot{E}_\theta = E_m F(\theta,\phi)\frac{1}{r}e^{-j\beta r}\left[1 + e^{j\psi} + e^{j2\psi} + e^{j3\psi} + \cdots + e^{j(n-1)\psi}\right] \tag{11-89}$$

式中

$$\psi = \beta d \sin\theta\cos\phi + \alpha \tag{11-90}$$

由于式(11-89)括号中是一个几何级数，按照等比级数求和公式，求出其前 n 项之和，式(11-89)便可改写成

$$\dot{E}_\theta = \frac{1}{r}F(\theta,\phi)e^{-j\beta r}\left[\frac{1-e^{jn\psi}}{1-e^{j\psi}}\right] \tag{11-91}$$

式(11-91)㊀也能重写为

$$\dot{E}_\theta = \frac{1}{r}F(\theta,\phi)e^{-j\beta r}\frac{e^{jn\psi/2}}{e^{j\psi/2}}\left[\frac{e^{jn\psi/2}-e^{-jn\psi/2}}{e^{j\psi/2}-e^{-j\psi/2}}\right]$$

$$= \frac{1}{r}F(\theta,\phi)e^{-j\beta r}e^{j(n-1)\psi/2}\left[\frac{\sin(n\psi/2)}{\sin(\psi/2)}\right] \tag{11-92}$$

这样，归一化的阵方向图为

$$F(\psi) = \frac{\sin(n\psi/2)}{\sin(\psi/2)} \tag{11-93}$$

在 xy 平面(垂直于阵列轴线的赤道平面)中，$\theta = 90°$ 而 $F(\theta, \phi) = 1$，对赫兹偶极子或半波天线均成立。这样总场方向图在 $\theta = 90°$ 时仅取决于 $F(\psi)$。

式(11-93)当 $\psi = 0°$ 时有极大值 n。称之为阵列的**主极大值**(principal maximum)。对固定观察点 $P(r, \pi/2, \phi)$，ϕ 固定。这样，由式(11-90)，当 $\psi = 0°$ 时递增相移为

㊀ 此式及式(11-92)均应乘以 E_m，但如着重研究方向性，也可令 $E_m = 1$。——译注

$$\alpha = -\beta d\cos\phi \tag{11-94}$$

令式(11-93)为零可得使场强为零的 ψ 值。每个这样的点都称为**方向图的零点**(null of the pattern)。零点出现在

$$\psi = \pm\frac{2p\pi}{n} \quad p = 1,2,3,\cdots \tag{11-95}$$

任意两个相邻的零点之间，场方向图有一个**次极大值点**(secondary maximum point)。令 $\sin(n\psi/2) = 1$能求出这些点，即

$$\psi = \pm\frac{(2q+1)\pi}{n} \quad q = 1,\ 2,\ 3,\cdots \tag{11-96}$$

由式(11-96)，第一个次极大值点出现在

$$\psi = \frac{3\pi}{n}$$

而当 n 很大时，由式(11-93)，第一个次极大值(**波瓣**)的幅值为

$$\frac{1}{\sin(1.5\pi/n)} \approx \frac{n}{1.5\pi} \tag{11-97}$$

这样，第一个次极大值与主极大值之比为21.22%(100/1.5π)。换句话说，第一个次极大值较主极大值低13.56 dB。

例 11.5 绘出20元，间距 $\lambda/8$，相移0°的赫兹偶极子线性阵列在 xy 和 xz 平面内的场方向图。

解 由已知数据有

$$\alpha = 0°、\beta d = \pi/4 \text{ 和 } n = 20$$

(a) xy 平面中的场方向图：

$$\theta = 90° \Rightarrow F(\theta,\ \phi) = 1$$

$$\psi = \frac{\pi}{4}\cos\phi \text{ 和 } F(\psi) = \frac{\sin(10\psi)}{\sin(0.5\psi)}$$

令 $\psi = 0$，求得 $\phi = 90°$ 和 $\phi = 270°$时有主极大值。xy 平面中的场方向图示于图11-17。注意当电流均同相且天线沿 x 轴布置时，主瓣在 y 方向($\phi = 90°$或270°)。

当场方向图在垂直于阵的方向上有最大值时称之为**侧边射阵**(broadside array)。为了在 x 方向上得到零点，阵元间距必须为 $\lambda/2$。为什么呢？令 $d = \lambda/2$、$\alpha = \pi$，能得到沿 x 轴的方向图(见练习题11.15)。一个按自己排列的方向辐射功率的阵列称为**端射阵**(end-fire array)。

(b) 为得出 xz 平面内的场方向图，令 $\phi = 0°$。对赫兹偶极子，由式(11-44b)场方向图为

$$F(\theta,\phi) = \sin\theta$$

$$\psi = \frac{\pi}{4}\sin\theta \text{ 和 } F(\psi) = \frac{\sin(10\psi)}{\sin(0.5\psi)}$$

xz 平面内的场方向图 $F(\theta,\ \phi)F(\psi)$ 如图11-18所示。

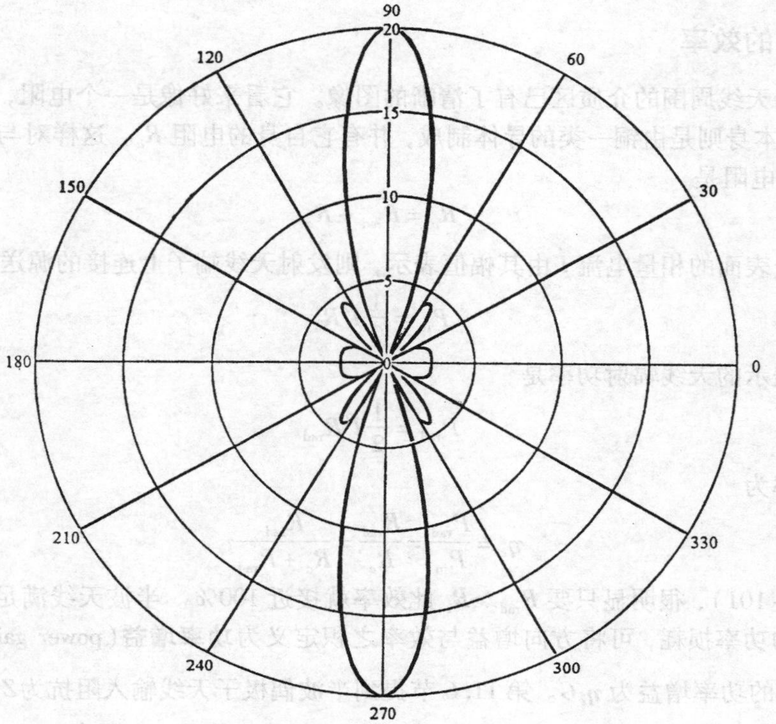

图 11-17　20 元均匀线性阵列 xy 平面内场方向图，$d=\lambda/8$、$\theta=90°$、$\alpha=0$

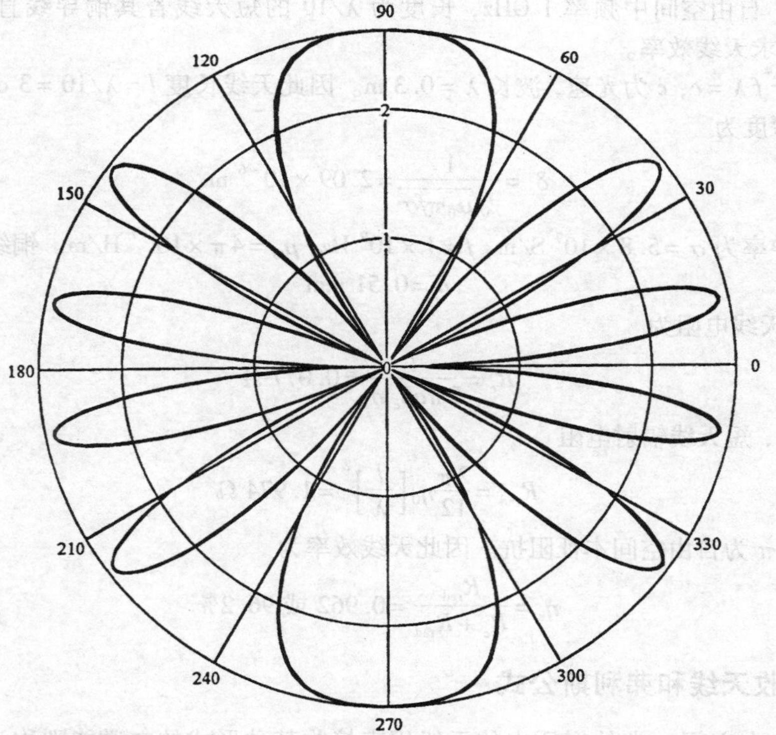

图 11-18　20 元均匀线性阵列 xz 平面内场方向图，$d=\lambda/8$、$\phi=0°$、$\alpha=0$

11.9 天线的效率

现在对于天线周围的介质区已有了清晰的图像。它看来好像是一个电阻，即所谓辐射电阻 R_{rad}。天线本身则是由铜一类的导体制成，并有它自身的电阻 R_c。这样对与天线端子相连的源，天线总电阻是

$$R_a = R_{\mathrm{rad}} + R_c \tag{11-98}$$

若偶极子天线表面的相量电流 $\dot{I}$ 由其幅值表示，则发射天线端子上连接的源送给它的功率为

$$P_{\mathrm{in}} = \frac{1}{2} I^2 R_a \tag{11-99}$$

以辐射电阻表示的天线辐射功率是

$$P_{\mathrm{rad}} = \frac{1}{2} I^2 R_{\mathrm{rad}} \tag{11-100}$$

因此天线效率为

$$\eta_e = \frac{P_{\mathrm{rad}}}{P_{\mathrm{in}}} = \frac{R_{\mathrm{rad}}}{R_a} = \frac{R_{\mathrm{rad}}}{R_c + R_{\mathrm{rad}}} \tag{11-101}$$

由式(11-101)，很明显只要 $R_{\mathrm{rad}} \gg R_c$ 此效率就接近100%。半波天线满足这一条件。为了计量天线的功率损耗，可将方向增益与效率之积定义为**功率增益**(power gain)。即对给定的方向，天线的功率增益为 $\eta_e G$。第11.6节提到半波偶极子天线输入阻抗为 $\hat{Z}_a = R_a + jX_a$，而 $X_a \approx 43\ \Omega$。按照最大功率传输定理，当馈电给天线的传输线具有阻抗 $\hat{Z}_a^*$ 时，发射天线辐射最大的功率。

例 11.6 自由空间中频率 1 GHz，长度为 $\lambda/10$ 的短天线若其铜导线直径为 1.02 mm (AWG#18)，求天线效率。

解 由于 $f\lambda = c$，c 为光速，波长 $\lambda = 0.3$ m。因此天线长度 $l = \lambda/10 = 3$ cm。由第8章，良导体趋肤深度为

$$\delta_c = \frac{1}{\sqrt{\mu_0 \pi f \sigma}} = 2.09 \times 10^{-6}\ \mathrm{m}$$

式中铜的电导率为 $\sigma = 5.8 \times 10^7$ S/m，$f = 1 \times 10^9$ Hz，$\mu_0 = 4\pi \times 10^{-7}$ H/m。铜线半径为

$$a = 0.51\ \mathrm{mm}$$

由于 $a \gg \delta_c$，天线电阻为

$$R_c = \frac{l}{2\pi a \delta_c \sigma} = 0.077\ \Omega$$

由式(11-73)，短天线辐射电阻

$$R_{\mathrm{rad}} = \frac{2\pi}{12} \eta_0 \left[\frac{l}{\lambda} \right]^2 = 1.974\ \Omega$$

式中 $\eta_0 = 120\pi$ 为自由空间本征阻抗。因此天线效率为

$$\eta_e = \frac{R_{\mathrm{rad}}}{R_c + R_{\mathrm{rad}}} = 0.962 \text{ 或 } 96.2\%$$

11.10 接收天线和弗利斯公式

位于如自由空间一类的媒质中的天线用来接收某种形式的电磁能则称为**接收天线**(receiving antenna)。发射天线辐射的功率与距离的平方成反比地减小，传播时散布在媒质中，所以接收天线只能获取总功率中很小的一部分。因此，接收天线不仅应当在获取功率中具有高效率，而且应当与负载匹配以向它传送最大的功率。这意味着负载阻抗应为天线阻抗的共轭复数。

接收天线获取功率的能力由其**有效面积**(effective area)或**有效口(孔)径**(effective apeture)定义。有效面积是接收天线的平均接收功率与入射波平均功率密度之比，即

$$A_{er} = \frac{P_r}{\langle S \rangle} \tag{11-102}$$

式中 P_r 表示天线平均接收功率，$\langle S \rangle$ 为接收天线所在处的平均功率密度，而 A_{er} 是接收天线的有效面积。

为导出用波长 λ 和接收天线方向增益 G_r 表示的有效面积表达式，考虑发送和接收天线均为赫兹偶极子，其轴线在 z 方向的情况，如图 11-19 所示。若两天线相距 R，则接收天线处的电场由式(11-42)为

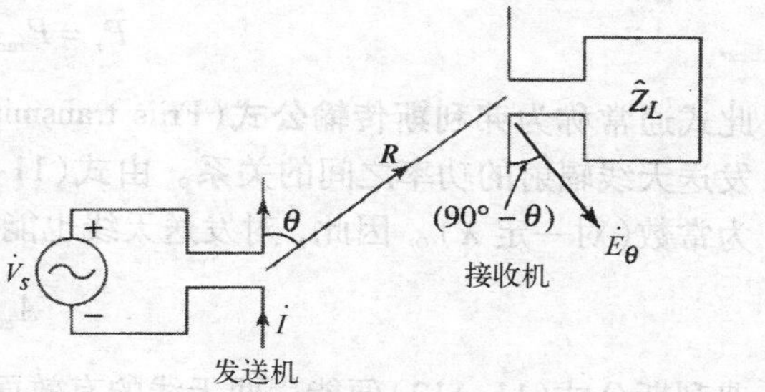

图 11-19　发送和接收天线装置

$$\dot{E}_\theta = E_0 e^{-j\psi} \tag{11-103}$$

式中

$$\psi = \beta R - \pi/2 - \alpha$$

此时天线电流分布由下式给出

$$\dot{I} = I e^{j\alpha}$$

此外，由式(11-42)，E_0 的值为

$$E_0 = \frac{\beta \eta I l}{4\pi R}\sin\theta \tag{11-104}$$

由于电场与接收天线有一夹角 $90° - \theta$ 如图所示，电场的切向分量 $E_0\sin\theta$ 引起感应电压。因此，长度为 l 的接收天线上的感应电压为

$$V_0 = E_0 l \sin\theta \tag{11-105}$$

当负载与天线匹配时，负载阻抗是 $\hat{Z}_L = R_a - jX_a$。而且，对于无耗天线，$R_a = R_{rad}$。因此，天线和负载的总阻抗是 $2R_{rad}$。传送到负载的功率为

$$P_r = \frac{1}{2}\left[\frac{V_0}{2R_{rad}}\right]^2 R_{rad} = \frac{1}{8R_{rad}} E_0^2 l^2 \sin^2\theta \tag{11-106}$$

天线处的平均功率密度是

$$\langle S \rangle = \frac{1}{2\eta} E_0^2 \tag{11-107}$$

由式(11-102)、(11-106)和(11-107)得到天线的有效面积是

$$A_{er} = \frac{\eta}{4R_{rad}} l^2 \sin^2\theta \tag{11-108}$$

将式(11-49)中的 R_{rad} 代入上式，即得有效面积

$$A_{er} = \frac{\lambda^2}{4\pi}(1.5\sin^2\theta) = \frac{\lambda^2}{4\pi} G_r \tag{11-109}$$

式中 $G_r = 1.5\sin^2\theta$ 为赫兹偶极子的方向增益，λ 为媒质中场的波长。注意有效面积与天线长度无关。因此，虽然式(11-109)是针对赫兹偶极子导出的，一般情况下仍然成立。

由式(11-51a)，与发送天线相距 R 处的平均功率密度为

$$\langle S\rangle = \frac{P_{\text{rad}}G_t}{4\pi R^2} \tag{11-110}$$

式中 G_t 是发送天线的方向增益。由式(11-102)，接收天线所获取的功率为

$$P_r = \langle S\rangle A_{\text{er}} \tag{11-111}$$

或由式(11-109)及(11-110)，得

$$P_r = P_{\text{rad}}G_tG_r\left[\frac{\lambda}{4\pi R}\right]^2 \tag{11-112}$$

此式通常称为**弗利斯传输公式**(Friis transmission formula)。它提供了接收天线接收的功率和发送天线辐射的功率之间的关系。由式(11-109)可见天线的有效面积与其方向增益之比恒为常数(对一定 λ)。因此，对发送天线也能写出有效面积 A_{et} 和方向增益 G_t 间类似的公式

$$A_{\text{et}} = \frac{\lambda^2}{4\pi}G_t \tag{11-113}$$

弗利斯公式(11-112)便能用两天线的有效面积表示为

$$P_r = \left[\frac{1}{\lambda R}\right]^2 A_{\text{et}}A_{\text{er}}P_{\text{rad}} \tag{11-114}$$

应再次记住所有这些公式都只在 $R\gg\lambda$ 的情况下才有效。

例 11.7 半波偶极子天线工作频率为 100 MHz，辐射功率为 10 kW。25 km 外的短偶极子天线用作接收天线。若两天线对称布置于 xy 平面内，媒质为自由空间，求各天线的有效面积和接收天线吸收的功率。发送和接收天线的方向增益分别为 $G_t = 1.64$ 和 $G_r = 1.5$。

解 由于两天线均在 xy 平面内，$\theta = 90°$。频率 100 MHz 时，在自由空间的波长为 3 m，因此有效面积是

$$A_{\text{et}} = \frac{3^2}{4\pi}\times 1.64 = 1.175$$

$$A_{\text{er}} = \frac{3^2}{4\pi}\times 1.5 = 1.074$$

距离 25 km 外的接收天线吸收的功率，由式(11-114)是

$$P_r = 10\times 10^3\times 1.175\times 1.074\times\left[\frac{1}{3\times 25000}\right]^2 = 2.243\,\mu\text{W}$$

11.11 雷达系统

雷达(radar)是**无线电探测**和**定位**(radio detection and ranging)的缩写，它是能发送和接收高频信号的电磁系统。信号通常为短持续时间的时谐脉冲。此时，装置的发送部分(发送机)向空间目标发送信号，一部分信号从目标后向**散射**(scattered，漫反射即散射)朝着雷达，目标反射信号总量的一小部分被装置的接收器件(接收机)接收并分析。雷达系统多用同一个天线发送和接收信号，借助于发送—接收(SR)开关完成转换任务。

若 R 为目标至雷达的距离，t 为信号发送至收到信号所用的时间，则

$$R = \frac{ct}{2} \tag{11-115}$$

式中 c 为光速。发送功率按 $1/R^2$ 变化，因此预期接收功率按 $1/R^4$ 变化。另外，接收机为区分信号和噪声，需要最小可检测功率。所以，存在一最大距离，在此之外雷达将不能检测到目标。这称为雷达的**最大探测距离**(maximum range)，现求其表达式。

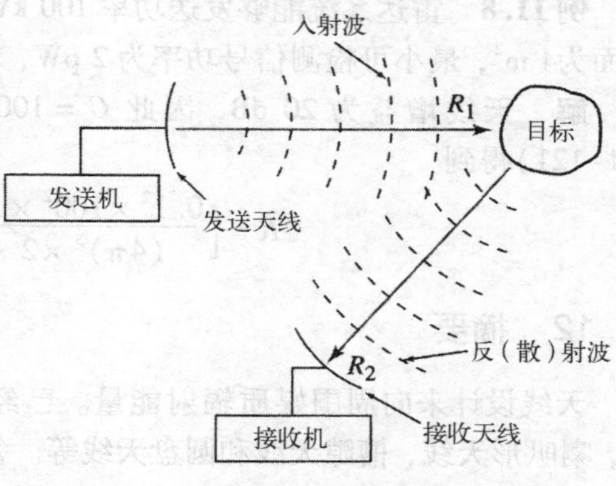

图 11-20　使用分别发送和接收天线的基本雷达系统

考虑使用两个不同的发送和接收天线的一般系统，如图 11-20 所示。若 G_t 为发送天线方向增益，R_1 为天线至目标的距离，目标处平均入射功率密度 $\langle S\rangle_{inc}$，由式(11-110)，为

$$\langle S\rangle_{inc}=\frac{P_{rad}G_t}{4\pi R_1^2} \tag{11-116}$$

若 A_{eo} 是目标有效面积，通常称之为**散射截面**(scattering cross section)，担负着各向同性的回向反(散)射，则目标总反射功率 P_{ref} 为

$$P_{ref}=A_{eo}\langle S\rangle_{inc} \tag{11-117}$$

这样，由距目标 R_2 处的接收天线收到的平均功率密度 $\langle S\rangle_r$ 为

$$\langle S\rangle_r=\frac{P_{ref}}{4\pi R_2^2}=\frac{P_{rad}G_tA_{eo}}{(4\pi)^2R_1^2R_2^2} \tag{11-118}$$

若 A_{er} 是接收天线的有效面积，定义如式(11-109)，则天线接收的功率 P_r，由式(11-111)，为

$$P_r=\frac{P_{rad}G_tA_{eo}A_{er}}{(4\pi)^2R_1^2R_2^2}$$

将式(11-109)的 A_{er} 代入上式得

$$P_r=\frac{1}{4\pi}G_tG_rA_{eo}\left[\frac{\lambda}{4\pi R_1R_2}\right]^2P_{rad} \tag{11-119}$$

式中 G_r 为接收天线的方向增益，λ 为波长。式(11-119)称为**双站雷达方程**(radar equation for a bistatic radar)，这种雷达发送和接收天线是分离的。

对于**单站雷达**(monostatic radar)，即使用同一个天线发送和接收信号的雷达，$R_1=R_2=R$，$G_t=G_r=G$。由此式(11-119)简化成

$$P_r=\frac{1}{4\pi}\left[\frac{G\lambda}{4\pi R^2}\right]^2A_{eo}P_{rad} \tag{11-120}$$

由式(11-120)便导出最大探测距离 R 的表达式为

$$R=\left[\frac{\lambda^2G^2P_{rad}}{(4\pi)^3P_r}A_{eo}\right]^{1/4} \tag{11-121}$$

多普勒效应

对于运动目标，接收信号与发送信号的频率不同。这称为**多普勒效应**(Doppler effect)。这种频率的差别被用于设计交通管制雷达来确定径向目标的速度。若 f 为发送信号频率，u 为目标速度，则从趋近目标收到的信号频率为

$$f_r=\left[1+\frac{2u}{c}\right]f \tag{11-122}$$

对远离雷达的目标应将式(11-122)中的正号改为负号。

例 11.8 雷达系统能够发送功率 100 kW 工作频率为 3 GHz。若天线增益为 20 dB，目标截面为4 m²，最小可检测信号功率为 2 pW，求雷达系统最大的探测距离。

解 天线增益为 20 dB，因此 $G = 100$。频率为 3 GHz 时波长 λ_0 为 0.1 m，代入式(11-121)得到

$$R = \left[\frac{0.1^2 \times 100^2 \times 100 \times 10^3}{(4\pi)^3 \times 2 \times 10^{-12}} \times 4\right]^{1/4} \approx 10 \text{ km}$$

11.12 摘要

天线设计来向周围媒质辐射能量。已经设计出各种天线，包括半波偶极子天线，环天线，喇叭形天线，槽隙天线和圆盘天线等。每一种天线都是为满足特定的目的设计的。偶极子天线很接近于各向同性天线。它的辐射方向图是围绕其轴线对称的。然而，天线阵能在给定的方向传送能量。

我们开始天线的研究，先用公式表示磁矢位和电标位的波动方程。然后求这些方程的解。由于得到这些方程的一般解很困难，只考察了几种类型的天线。其中分析了赫兹偶极子、环天线、短偶极子天线和半波长天线。每种情况下重点都是远区(辐射)场。与这些场相关的平均功率密度是与距离平方成反比变化的。

本章也绘出了归一化场方向图和功率方向图。场方向图通常是按归一化电场强度的数值绘出的。功率方向图是按归一化平均功率密度的数值绘出的。

本章定义了方向增益，方向性和各种天线的辐射电阻。为了在需要的方向上发送信号，对阵列的应用进行了解释。

导出了当发送天线总辐射功率已知时，计算接收天线获取的总功率的弗利斯传输公式。此时需要知道两个天线的有效面积或它们的方向性。

向空间目标发送信号，然后接收一部分由目标反射的功率的系统称雷达系统。本章导出了决定目标与雷达之间的距离的方程。对运动目标，雷达接收的反射信号的频率与发送信号的频率不同，称为多普勒效应。应用此概念能算出一目标接近或远离雷达的速度。

11.13 复习题

11.1 一根载流导体可以起天线的作用吗？

11.2 你是否认为每个电路都有辐射电磁波的能力？

11.3 叙述有效和不良辐射系统的不同点。

11.4 辐射系统的长度起到什么作用？

11.5 定义各向同性天线。

11.6 什么是全向辐射天线？

11.7 为什么电力传输线的辐射被忽略？

11.8 球面波和平面波有何异同？

11.9 滞后场的意义是什么？

11.10 为什么赫兹偶极子又称为电偶极子？

11.11 若 $\boldsymbol{E}$ 场的一项按 $1/r^3$ 变化，此项代表______场。

11.12 若 $\dot{\boldsymbol{H}}$ 场的一项按 $1/r^2$ 变化，此项代表______场。

11.13 $\dot{E}$和$\dot{H}$场中的辐射项只是那些按______变化的项。
11.14 方向增益和方向性有何区别？
11.15 辐射电阻有何意义？如果能忽略天线的电阻，天线馈电传输线的特征阻抗应为何值才能使天线辐射最大的功率？
11.16 若天线方向性为1，你对此有何结论？
11.17 什么是磁偶极子？它与电偶极子有何不同？
11.18 定义单极天线。你能谈谈我们日常生活中用到这种天线的例子吗？
11.19 若电标位$\dot{V}$为零能存在辐射场吗？引证适当的方程以确立你的观点。
11.20 若磁矢位$\dot{A}$为零能有辐射场吗？引证适当方程证明你的答案。
11.21 什么是半波偶极子天线？能够用导电体表面上方的四分之一波长单极子代替半波偶极子吗？四分之一波长单极子的辐射电阻是什么？
11.22 用阵列辐射有何实质性的意义？均匀线性阵列的特性是什么？
11.23 叙述方向图相乘原理及其意义。
11.24 何谓均匀线性阵列？端射和侧射阵列有何不同？
11.25 什么是天线有效面积？说明其重要性及其与波长和方向增益的关系。
11.26 弗利斯传输公式的意义是什么？
11.27 说明单站和双站雷达系统的区别。
11.28 能由弗利斯传输公式导出雷达方程吗？引用适当理由说明你的答案。
11.29 解释多普勒效应。它如何改变信号的频率？
11.30 雷达最大探测距离是什么意义？
11.31 一天线以100 MHz频率辐射。波长是多少？波经过10 000 km需要的时间是多少？
11.32 偶极子天线长$\lambda/8$ m，其辐射电阻为多少？

11.14 练习题

11.1 利用麦克斯韦方程和洛仑兹条件推导式(11-14)。
11.2 把式(11-15)表示为3个标量方程。
11.3 由式(11-19)利用式(11-20)导出式(11-21)，写出所有必需的步骤。
11.4 证明当$r=\lambda/2\pi$时感应场与辐射场有相等的幅值。
11.5 证明式(11-35)和式(11-36)。
11.6 证明式(11-41)和式(11-42)给出的辐射场近似表达式不满足麦克斯韦方程。
11.7 证明式(11-53)、(11-57)和(11-61)。
11.8 当(a)$\omega=3$ Mrad/s和(b) $\omega=30$ Mrad/s时重作例11.2。关于用线圈作天线的有效性，能提出什么样的结论呢？
11.9 证明式(11-69)、(11-70)和(11-71)。
11.10 图E11-10所示安装在导电平面上高度为$h=l/2$的短天线称**单极子**(monopole)。证明它的辐射电阻是长度为l带有同样电流的短偶极子天线的一半。
11.11 求出线性半波天线的方向增益和方向性并绘出其场强和功率方向图。
11.12 自由空间中的半波偶极子天线在$r=5$ km和$\theta=\pi/6$ rad处的电场强度幅值为0.01 V/m，工作频率30 MHz，确定其长度和总辐射功率。并写出其电场和磁场强度的时域表达式。

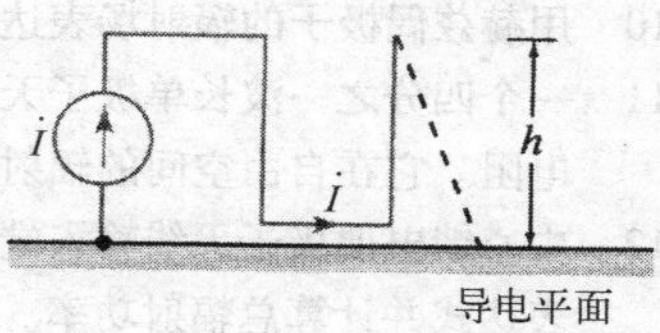

图E11-10 安装于导电平面上的短单极子

11.13 对(a) $d=\lambda/4$、$k=1$、$\alpha=-\pi/2$，(b) $d=\lambda$、$k=1$、$\alpha=0$ 绘出赫兹偶极子天线二元阵在垂直于天线轴线的平面内的场方向图。

11.14 对(a) $d=\lambda/4$、$k=1$、$\alpha=-\pi/2$，(b) $d=\lambda$、$k=1$、$\alpha=0$ 绘出半波偶极子天线二元阵在垂直于天线轴线的平面内的场方向图。

11.15 绘出20元赫兹偶极子线性阵列，阵元间距 $\lambda/2$，相移 π，在 xy 平面内的场方向图。指明它在 x 轴的原因。

11.16 绘出10元半波偶极子间距 $\lambda/2$，相移 $-90°$ 线性阵列在 xy 平面内的场方向图。

11.17 自由空间中频率为300 MHz，长度为 $\lambda/10$ 的发送短天线以直径为0.813 mm的铜线(AWG#22)制成，求天线效率。

11.18 自由空间中频率为600 MHz的半波偶极子发送天线以直径为0.813 mm的铜线(AWG#22)制成，求天线效率。

11.19 若接收天线也是半波偶极子天线，重作例11.7。

11.20 一接收天线方向性为12 dB，位于方向性为20 dB的发送天线 100λ 距离处。若两天线对称放置于 xy 平面内，媒质为自由空间，接收天线获取的功率为10 μW，发送天线辐射的功率是多少？

11.21 用天线有效面积 A_e 表示式(11-120)。

11.22 若例11.8中目标与雷达的距离为2 km，求天线由散射波中吸收的功率。

11.15 习题

11.1 在离开天线的无源介质中写出球坐标麦克斯韦方程。

11.2 对电(赫兹)偶极子天线，导出其电标位的表达式。

11.3 证明电场强度能完全用磁矢位表示为

$$\dot{\boldsymbol{E}}=-\mathrm{j}\omega\left[\dot{\boldsymbol{A}}+\frac{\nabla(\nabla\cdot\dot{\boldsymbol{A}})}{\beta^2}\right]$$

式中 $\beta=\omega\sqrt{\mu\varepsilon}$ 是无界媒质中的相位常数。

11.4 证明无源媒质中的磁矢位 $\boldsymbol{A}=\sin\beta y\cos\omega t\boldsymbol{a}_x$ 是波动方程(11-13)的解，式中 $\beta=\omega\sqrt{\mu\varepsilon}$。决定与 $\boldsymbol{A}$ 相关的电场和磁场。

11.5 设 z 方向载流元产生的磁矢位 $\dot{A}_z$ 已知，证明辐射波的磁场强度为

$$\dot{H}_\phi=\frac{\mathrm{j}\beta\dot{A}_z}{\mu}\sin\theta$$

11.6 若一短天线长 $0.1\lambda_0$，λ_0 为自由空间波长，求其辐射电阻。若此天线设计为辐射500 W，计算天线电流最大值。

11.7 一短天线在10 km处产生的最大场强为6 mV/m。写出场的表达式并计算天线总辐射功率。

11.8 一中心馈电的短偶极子天线长 0.1λ，端电流7.07 A(有效值)。工作频率300 Mrad/s，媒质为自由空间。在与偶极子轴线成30°的方向上3 km距离处场强为多少？

11.9 证明式(11.75)给出的半波偶极子磁矢位的方程。

11.10 用赫兹偶极子的辐射场表达式证明半波偶极子天线辐射场的表达式。

11.11 一个四分之一波长单极子天线安装于反射面上。写出场表达式和平均功率密度，总辐射功率和辐射电阻。它在自由空间的辐射电阻是多少？

11.12 中心馈电偶极子天线输入端电流最大值为5 A，频率为50 MHz。求自由空间中天线的长度。写出场表达式并计算总辐射功率。

11.13 考虑半径为 b 的半波偶极子天线。若天线电流 $\dot{I}_0$ 取均匀分布，$b\gg\delta_c$，δ_c 是趋肤深度，求面电流密度和天线电阻。

11.14 若假定电流分布为 $\dot{I}_0\cos\beta z$，重做习题 11.13。为何此时电阻为原习题 11.13 中值的一半？

11.15 无线广播电台覆盖范围由天线侧向电场强度最小值为 25 mV/m 所限定。为了在距离100 km处维持最小电场强度，半波天线的最大电流应为多大？总辐射功率为多大？

11.16 若用地面上的四分之一波长单极子天线，重做习题 11.15。

11.17 为了辐射 100 W，长为 $\lambda/10$ 的短天线中心处电流应为多大？天线侧面 10 km 处电场强度为多大？设天线工作频率为 100 MHz。

11.18 为了辐射 100 W，半波偶极子天线中心处电流应为多大？天线侧面 10 km 处电场强度为多大？设天线工作频率为 100 MHz。

11.19 为了辐射 100 W，地面上的四分之一波长单极子天线中心处电流应为多大？天线侧面10 km处电场强度为多大？设天线工作频率为 100 MHz。

11.20 为了辐射 100 W，磁偶极子的磁偶极矩应为多大？偶极子侧面 10 km 处电场强度为多大？设天线工作频率为 100 MHz。

11.21 长 l 中心馈电偶极子天线的电流分布形式为

$$\dot{I}(z) = I_0\sin\beta(l/2 - z) \quad z\geqslant 0$$

$$\dot{I}(z) = I_0\sin\beta(l/2 + z) \quad z\leqslant 0$$

证明远区电场强度是

$$\dot{E}_\theta = \mathrm{j}\frac{\mathrm{e}^{-\mathrm{j}\beta r}}{2\pi r\sin\theta}\eta I_0\left[\cos\left(\frac{\beta l}{2}\cos\theta\right) - \cos\left(\frac{\beta l}{2}\right)\right]\mathrm{V/m}$$

决定相应的磁场强度。天线沿径向的平均功率密度为多少？

11.22 证明全波长天线的归一化辐射场方向图为

$$E = \frac{\cos(\pi\cos\theta) + 1}{\sin\theta}$$

并绘出方向图。

11.23 证明 $1\frac{1}{2}$波长天线的归一化辐射场方向图是

$$E = \frac{\cos(1.5\pi\cos\theta)}{\sin\theta}$$

并绘出方向图。

11.24 证明 4 元半波偶极子天线阵在 xy 平面内的场方向图是侧射场方向图，若各元电流同相且元间隔为半波长。

11.25 证明 4 元半波偶极子天线阵在 xy 平面内的场方向图是端射场方向图，若各元电流为 $-180°$异相且元间距为半波长。

11.26 当元间距为四分之一波长，电流 $-108°$相移时绘出 8 元半波偶极子天线阵的端射阵方向图。

11.27 当元间距为四分之一波长，电流 $-90°$相移时绘出 8 元半波偶极子天线阵的端射阵方向图。

11.28 天线远区电场强度用其最大输入电流 I_0 表示为

$$\dot{E}_\theta = \frac{15}{r}I_0\ \mathrm{V/m}$$

求相应的磁场表达式。天线辐射的总功率为多少？辐射电阻是多少？它能称之为各向同性天线吗？为辐射 75 kW 的总功率 I_0 应为多少？

11.29 天线远区电场强度用其最大输入电流 I_0 给出为

$$\dot{E}_\theta = \frac{15}{r}I_0\sin\theta\ \mathrm{V/m}$$

求相应的磁场表达式。天线辐射的总功率为多少？辐射电阻是多少？它能称之为各向同性天线吗？为辐射 75 kW 的总功率 I_0 应为多少？

11.30 用半径5 mm的铜线做成环形天线，辐射频率为3 MHz。若环半径为0.5 m，环中最大电流为100 A，求(a) 环辐射的功率，(b) 环的辐射电阻和(c) 辐射效率。

11.31 用数值积分，计算偶极子天线长度为(a) $l=\lambda$，(b) $l=1.5\lambda$ 和(c) $l=2\lambda$ 时的辐射电阻。

11.32 用数值积分，计算并绘出偶极子天线辐射电阻与其长度的函数关系曲线。考察此曲线你能得出何种论断？

11.33 两个同样的天线相距300 m，用于发送和接收。每个天线的方向增益为20 dB。若在频率为100 MHz时，接收天线收到的功率为10 mW，发送天线发射的功率为多少？

11.34 若两天线为半波偶极子，重做习题11.33。

11.35 装在热气球内的全向(非定向)辐射天线直接与基站联络。基站也有一全向天线。气球距基站500 m时，基站接收功率为10 mW。若基站仪器的最小可检测功率为10 μW，气球移动多远后会与基站失去联系？

11.36 单站雷达系统在5 GHz频率时可发送10 kW功率，能检测3 pW信号。天线方向增益是30 dB。它检测1.5 m^2 截面的目标的最大距离是多少？

第 12 章 电磁场计算机辅助分析

12.1 引言

在一个电磁系统中，电场和磁场的计算对于完成该系统的有效设计是极端重要的。例如：在系统中，用一种绝缘材料，使导体相互隔离，就要保证电场强度低于绝缘介质的击穿强度。在磁力开关中，磁场强弱应能产生足够大的力来驱动开关。对于发射系统中天线的有效设计，关于天线周围介质中电磁场分布的知识显然有实质性的意义。

为了分析电磁场，我们从问题所涉及到的数学公式着手。依据电磁系统的特性，拉普拉斯方程和泊松方程可能适合于描述静态和准静态(低频)运行条件下的情况。但是，在高频应用中，必须在时域或频域中求解波动方程，以做到准确地预测电场和磁场。在任何情况下，满足边界条件的一个或多个偏微分方程的解，对于决定电磁系统内部和周围的电场和磁场都是必要的。仅对那些具有最简单的边界条件和几何形状规则的(如矩形，圆形等)问题才有解析解。在前面几章中，已经给出了几种这样的形状用解析法求的解。有些问题必须用数值方法。

在这一章中，我们将研究用三种数值方法来计算电磁场：有限差分法(FDM)，有限单元法(FEM)和矩量法(MOM)。原则上，每种方法都是将一个连续域离散化成有限个分区，然后求解一系列代数方程而不是微分或积分方程。我们已经为这三种数值方法开发了计算机程序，这些程序的清单在附录 B 中给出。

12.2 有限差分法

有限差分法是解任何偏微分方程最为有效的数值方法之一。因为所有的电磁场问题都是用标量或矢量偏微分方程来表示，FDM 能用来求解各种媒质中随空间和时间变化的电场与磁场。**有限差分法**(finite- difference method)技术上是将求解区域划分成有限个离散点并用一系列差分方程来代替偏微分方程，因此解不是精确的而是近似的。然而，如果离散化的点选择得足够紧密的话，解的误差就能减小到可接受的程度。

虽然决定电磁场会涉及空间三维的变化，但在本书范围内，我们仅限于讨论二维变化。现考虑二维泊松方程：

$$\nabla^2 V(x, y) = \frac{\partial^2 V(x, y)}{\partial x^2} + \frac{\partial^2 V(x, y)}{\partial y^2} = -\frac{\rho_v}{\varepsilon} \tag{12-1}$$

其中 $V(x, y)$ 是未知的静电位的空间分布，ρ_v 是体电荷密度，ε 是媒质的电容率。

我们的任务是确定区域中的 $V(x, y)$，如图 12-1 所示，并满足边界条件。首先，我们将这个区域划分成有限个网格，如图 12-2 所示。网格形状可以是正方形、矩形、三角形等等，但是现在仅讨论矩形或正方形的网格。考虑尺寸为 a、b、c、d 的网格，其节点的电位分别为 $V_1 = V(x, y+a)$，$V_2 = V(x-b, y)$，$V_3 = V(x, y-c)$，$V_4 = V(x+d, y)$ 和 $V_0 = V(x, y)$，如图 12-3 所示，以找出近似的有限差分方程代替泊松方程。

$V(x, y)$ 在 B 点和 D 点对 x 的一阶导数近似为

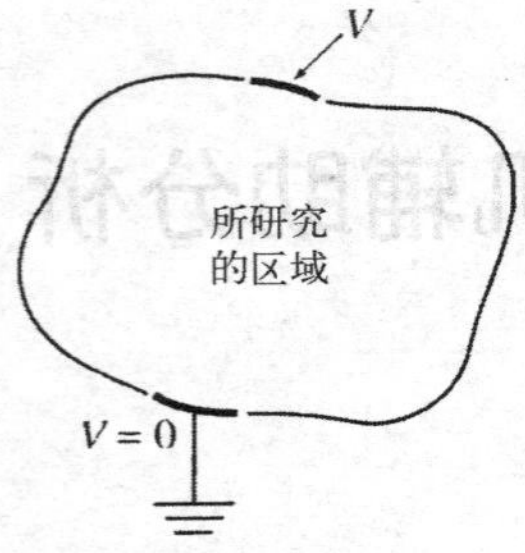

图 12-1 研究任意区域的电位

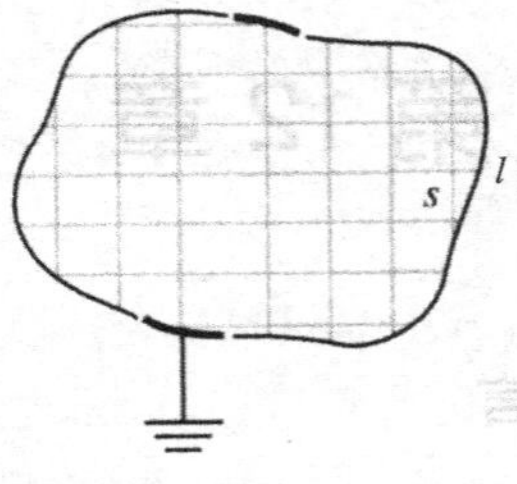

图 12-2 求解区域内网格的分布

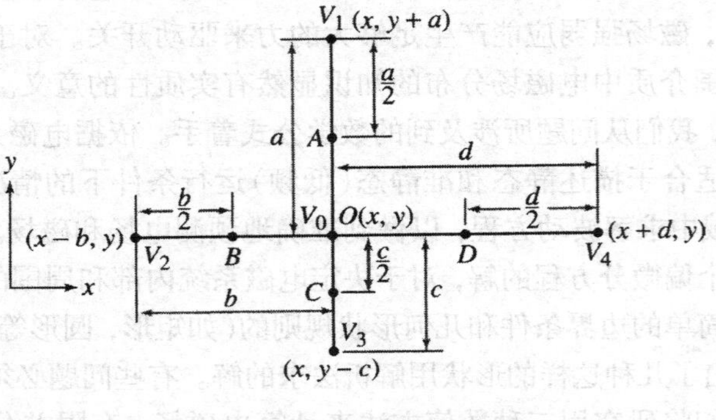

图 12-3 不等距网格设置

$$\left.\frac{\partial V}{\partial x}\right|_B = \left.\frac{\Delta V}{\Delta x}\right|_B = \frac{V_0 - V_2}{b} \tag{12-2}$$

$$\left.\frac{\partial V}{\partial x}\right|_D = \left.\frac{\Delta V}{\Delta x}\right|_D = \frac{V_4 - V_0}{d} \tag{12-3}$$

同样地，在 A 点和 C 点的一阶导数近似为

$$\left.\frac{\partial V}{\partial y}\right|_A = \left.\frac{\Delta V}{\Delta y}\right|_A = \frac{V_1 - V_0}{a} \tag{12-4}$$

$$\left.\frac{\partial V}{\partial y}\right|_C = \left.\frac{\Delta V}{\Delta y}\right|_C = \frac{V_0 - V_3}{c} \tag{12-5}$$

$V(x, y)$ 在 O 点的二阶偏导数可近似为

$$\left.\frac{\partial^2 V}{\partial x^2}\right|_O = \frac{\left.\frac{\Delta V}{\Delta x}\right|_D - \left.\frac{\Delta V}{\Delta x}\right|_B}{\Delta x} = \frac{\frac{V_4 - V_0}{d} - \frac{V_0 - V_2}{b}}{\frac{d}{2} + \frac{b}{2}} \tag{12-6}$$

$$\left.\frac{\partial^2 V}{\partial x^2}\right|_O = 2\,\frac{(V_4 - V_0)\,b - (V_0 - V_2)\,d}{bd(d + b)} \tag{12-7}$$

$$\left.\frac{\partial^2 V}{\partial y^2}\right|_O = \frac{\left.\frac{\Delta V}{\Delta y}\right|_A - \left.\frac{\Delta V}{\Delta y}\right|_C}{\Delta y} = \frac{\frac{V_1 - V_0}{a} - \frac{V_0 - V_3}{c}}{\frac{a}{2} + \frac{c}{2}} \tag{12-8}$$

$$\left.\frac{\partial^2 V}{\partial y^2}\right|_O = 2\,\frac{(V_1 - V_0)\,c - (V_0 - V_3)\,a}{ac(a + c)} \tag{12-9}$$

利用这些近似表达式，方程(12-1)成为

$$\frac{1}{a(a+c)}V_1+\frac{1}{b(b+d)}V_2+\frac{1}{c(a+c)}V_3+\frac{1}{d(d+b)}V_4-\left(\frac{1}{bd}+\frac{1}{ac}\right)V_0=-\frac{\rho}{2\varepsilon} \tag{12-10}$$

它是以 O 点为中心用各离散节点电位和各网格尺寸表示的。进一步对图 12-2 区域中每个节点进行这样的近似，就会得出与未知电位点数目同样多的代数方程，这些方程的解即是各个节点的电位。

对于正方形网格，式(12-10)可以简化为

$$\frac{1}{h^2}(V_1+V_2+V_3+V_4-4V_0)=-\frac{\rho_v}{\varepsilon} \tag{12-11}$$

h 是网格的尺寸。由于拉普拉斯方程实质上是泊松方程右端项为零的一种特殊情况，所以用来代替拉普拉斯方程的有限差分方程可以表示为

$$\frac{1}{a(a+c)}V_1+\frac{1}{b(b+d)}V_2+\frac{1}{c(a+c)}V_3+\frac{1}{d(b+d)}V_4-\left(\frac{1}{bd}+\frac{1}{ac}\right)V_0=0 \tag{12-12}$$

对于正方形网格可简化为

$$V_1+V_2+V_3+V_4-4V_0=0 \tag{12-13}$$

12.2.1 边界条件

由于描述电磁场的偏微分方程是空间坐标的函数，只有在一组特定的边界条件下才能获得唯一解。大部分电磁场问题涉及三种类型的边界条件：狄里赫利型，纽曼型[⊖]和混合型边界条件。

考虑被曲线 l 所包围的区域 s，如图 12-4 所示。如果要在 l 上的电位为 $V=g$ 时决定区域 s 中的电位分布 V，g 是一个事先特定的连续电位函数，这种沿边界 l 电位值已知的条件称为**狄里赫利**(Dirichlet)边界条件。

一些电磁场问题会涉及另一类边界条件，这时边界上电位函数的法向导数作为已知数或一种连续函数给出(如图 12-5)。这种边界条件用数学公式可表示为

$$\frac{\mathrm{d}V}{\mathrm{d}n}=f \tag{12-14}$$

并称为**纽曼**(Neumann)边界条件。

最后，有些问题在边界 l 的 l_1 部分和 l_2 部分分别有狄里赫利条件和纽曼条件，如图12-6所示。这就定义了混合型边界条件。

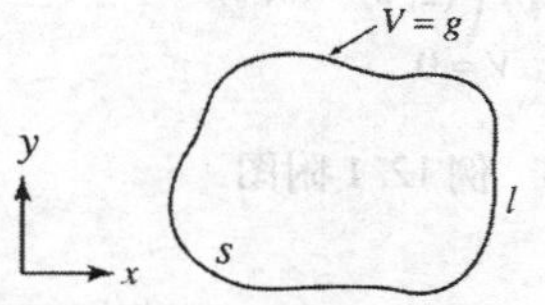

图 12-4 狄里赫利型边界

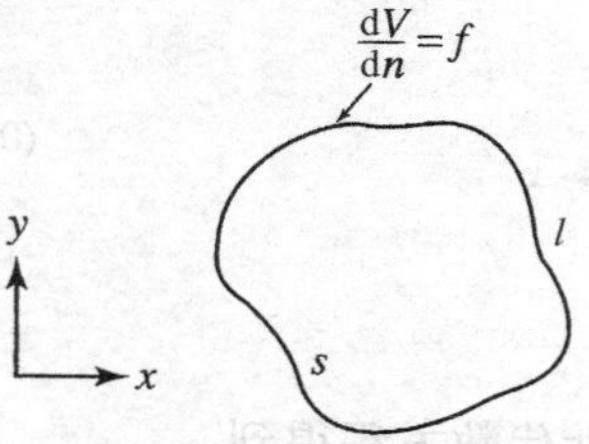

图 12-5 纽曼型边界

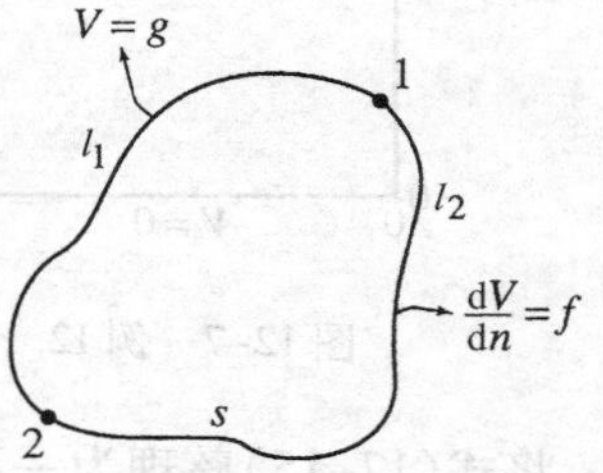

图 12-6 混合型边界

⊖ 狄里赫利和纽曼两种类型的边界条件通常分别称为第一类和第二类边界条件；另外还有第三类边界条件不是同一区域不同边界段分别属第一、二类(如图 12-6)，而是一段边界(如果是三维情况，则是同一块表面)同时含一、二类条件 $\alpha u+\beta\frac{\partial u}{\partial n}=p$，与同时包含边界条件和初始条件的混合型条件意义也不同。电磁场问题中第三类边界条件较少见，这里不作详细介绍。——译注

现以下面的例子，说明上面讨论的有限差分法（FDM）的概念。

例 12.1 若边界条件由图 12-7 给定，试决定区域内部静电电位分布。

解 由图 12-7 可见，边界在 $x=0$、$0<y<3$ 范围内，$0<x<3$、$y=0$ 范围内和 $0<y<3$、$x=3$范围内三段是零电位（$V=0$）。换言之，这些边界上的电位均为常数，因此，满足狄里赫利边界条件。边界在 $y=3$、$0<x<3$ 范围内电位为常数 100 V，因此，这又是一个狄里赫利边界条件。注意在 $y=3$ 处，x 不是严格地等于零或 3，但是可以很接近于这些边界。这是由于在上水平边界和垂直边界之间存在一个很小的间隙 δ。正是这些间隙使上水平边界维持着一个不同于其他边界的电位。

为了使用 FDM 方法来判决电位分布，我们将此区域划分成 $h=1$ 的正方网格，如图 12-8 所示，按网格编号，问题简化为决定节点（1, 2）、（2, 2）、（1, 1）、（2, 1）处的电位。节点（1, 3）和（2, 3）的电位给定为 100 V，节点（0, 3）、（0, 2）、（0, 1）、（0, 0）、（1, 0）、（2, 0）、（3, 0）、（3, 1）、（3, 2）和（3, 3）已全被给定为零。将未知电位重新命名为 $V_1=V(1,2)$、$V_2=V(2,2)$、$V_3=V(1,1)$ 和 $V_4=V(2,1)$。由于区域中无自由电荷，使用公式（12-13）可写出：

$$
\begin{aligned}
V_1 &= \frac{1}{4}(100+0+V_3+V_2) \\
V_2 &= \frac{1}{4}(100+V_1+V_4+0) \\
V_3 &= \frac{1}{4}(V_1+0+0+V_4) \\
V_4 &= \frac{1}{4}(V_2+V_3+0+0)
\end{aligned}
\tag{12-15}
$$

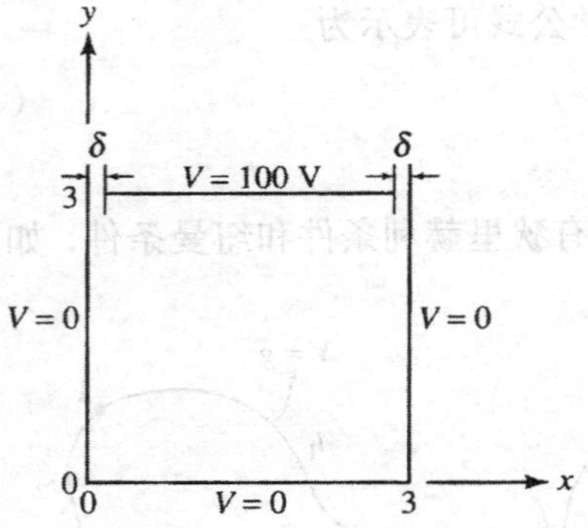

图 12-7 例 12.1 附图

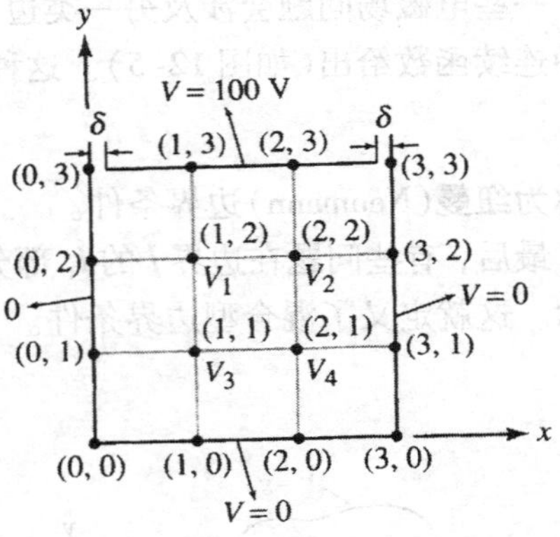

图 12-8 例 12.1 附图

将式（12-15）整理为一系列线性代数方程得到

$$
\begin{aligned}
4V_1-V_2-V_3 &= 100 \\
-V_1+4V_2-V_4 &= 100 \\
-V_1+4V_3-V_4 &= 0 \\
-V_2-V_3+4V_4 &= 0
\end{aligned}
\tag{12-16}
$$

或写成矩阵形式

$$\begin{bmatrix} 4 & -1 & -1 & 0 \\ -1 & 4 & 0 & -1 \\ -1 & 0 & 4 & -1 \\ 0 & -1 & -1 & 4 \end{bmatrix}\begin{bmatrix} V_1 \\ V_2 \\ V_3 \\ V_4 \end{bmatrix} = \begin{bmatrix} 100 \\ 100 \\ 0 \\ 0 \end{bmatrix} \tag{12-17}$$

方程(12-17)是线性方程组的标准形式。其紧凑形式为

$$\boldsymbol{AV} = \boldsymbol{b} \tag{12-18}$$

式中 $\boldsymbol{A}$ 为方阵，$\boldsymbol{V}$ 是未知电位向量，$\boldsymbol{b}$ 是输入向量。由此得出电位

$$\boldsymbol{V} = \boldsymbol{A}^{-1}\boldsymbol{b}$$

并可解出 $V_1 = 37.5$ V，$V_2 = 37.5$ V，$V_3 = 12.5$ V，和 $V_4 = 12.5$ V。

12.2.2 有限差分方程的迭代解

在例 12.1 中，我们有意地选择网格的大小，使得仅有四个未知电位需要求解。但是，为提高准确度，对区域进行细分是十分必要的，这就要使矩阵 A 变大，直接求解变得很费事。一种用来决定多节点电位的有效方法叫做**逐次超松弛**(successive over-relaxation)**法**(SOR)。SOR 法基本上是一种迭代算法，它需要为每个节点的电位设置一个初始猜测值以便开始迭代过程。由于所有初始猜测值不可能准确，它们将不满足拉普拉斯方程或泊松方程。例如，V_1^0，V_2^0，V_3^0，V_4^0 和 V_0^0 是正方形网格的初始猜测值，如图 12-9 所示，应用式(12-13)将得到如下余量 R：

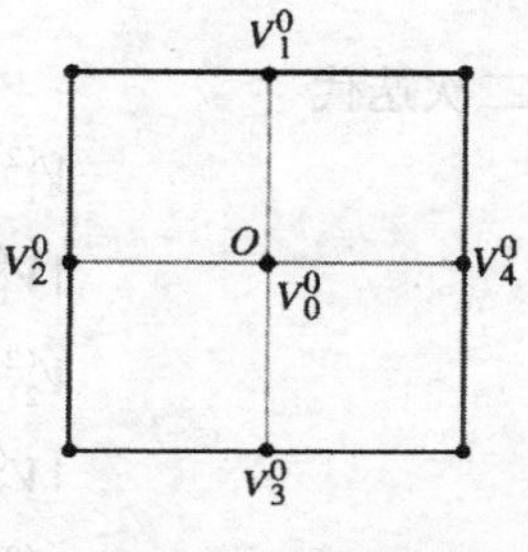

图 12-9 正方网格中假定的初值

$$V_1^0 + V_2^0 + V_3^0 + V_4^0 - 4V_0^0 = R \tag{12-19}$$

为了得到准确的电位，必须通过 SOR 迭代过程最小化 R。

设 V_0^n 是节点 0 的电位经过 n 次迭代后的结果。按照 SOR 法，第 $n+1$ 次修正电位可表示为

$$V_0^{n+1} = V_0^n + \frac{\alpha}{4}R^n \tag{12-20}$$

式中 α 叫做**加速因子**(acceleration factor)，其成功收敛值为 $1 \leqslant \alpha < 2$。从式(12-20)显然可见，如果已经获得正确解，则下一次迭代对电位值不会产生什么改善，因为 R 将会为零。在每个节点要余量减小到零是一个很耗时的计算过程。因此，应在迭代开始就设定一个误差判据 $|V_0^{n+1} - V_0^n| \ll 1$。当每个节点的电位满足这个误差判据时，迭代过程停止。

在式(12-20)中，节点 0 经过 n 次迭代后的余量 R^n 由如下计算得出：

$$R^n = V_1^{n+1} + V_2^{n+1} + V_3^n + V_4^n - 4V_0^n \tag{12-21}$$

将它代入式(12-20)中可得

$$V_0^{n+1} = V_0^n + \frac{\alpha}{4}(V_1^{n+1} + V_2^{n+1} + V_3^n + V_4^n - 4V_0^n) \tag{12-22}$$

这使我们可以依据相邻节点的电位求出 V_0。

例 12.2 使用 SOR 法，求解例 12.1 中各节点的电位。

解 设节点 1，2，3，4 的初始猜测值为 50 V，误差判据为 0.1，并且选择加速因子为 1。

第一次迭代

$$V_1^{(1)}=50+0.25(100+0+50+50-200)=50$$
$$|V_1^{(1)}-V_1^{(0)}|=|50-50|=0$$
$$V_2^{(1)}=50+0.25(100+50+50+0-200)=50$$
$$|V_2^{(1)}-V_2^{(0)}|=|50-50|=0$$
$$V_3^{(1)}=50+0.25(50+0+0+50-200)=25$$
$$|V_3^{(1)}-V_3^{(0)}|=|25-50|=25$$
$$V_4^{(1)}=50+0.25(50+25+0+0-200)=18.75$$
$$|V_4^{(1)}-V_4^{(0)}|=|18.75-50|=31.25$$

第二次迭代

$$V_1^{(2)}=50+0.25(100+0+25+50-200)=43.75$$
$$|V_1^{(2)}-V_1^{(1)}|=|43.75-50|=6.25$$
$$V_2^{(2)}=50+0.25(100+43.75+18.75+0-200)=40.63$$
$$|V_2^{(2)}-V_2^{(1)}|=|40.63-50|=9.37$$
$$V_3^{(2)}=25+0.25(43.75+0+0+18.75-100)=15.63$$
$$|V_3^{(2)}-V_3^{(1)}|=|15.63-25|=9.37$$
$$V_4^{(2)}=18.75+0.25(40.63+15.63+0+0-75)=14.07$$
$$|V_4^{(2)}-V_4^{(1)}|=|14.07-18.75|=4.68$$

经过6次迭代后，结果收敛于 $V_1=37.5$ V，$V_2=37.5$ V，$V_3=12.5$ V，$V_4=12.5$ V。每经过一次迭代后的电压值在图12-10中标出。

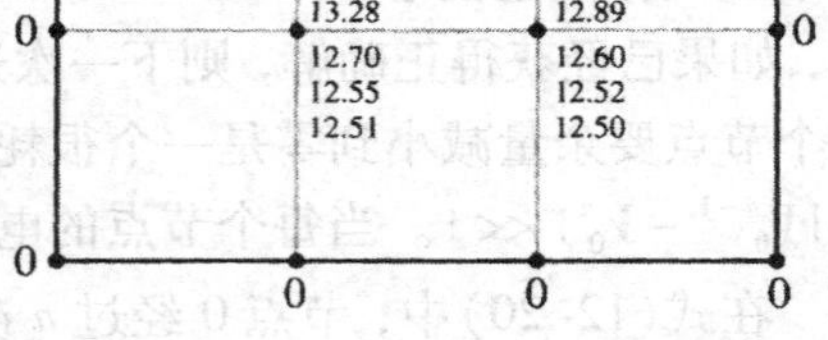

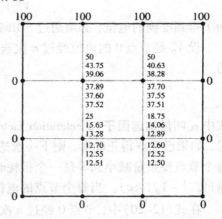

图12-10 每次迭代后的电压(例12.2)

当我们利用边长为5 mm的正方网格来求解例12.2时，图12-8中节点(1 cm，2 cm)，(2 cm，2 cm)，(1 cm，1 cm)和(2 cm，1 cm)的电位将为 $V(1,2)=38.1$ V，$V(2,2)=38.1$ V，$V(1,1)=12.3$ V，$V(2,1)=12.3$ V。注意此时所得的节点电位同网格大小为1 cm时所得结果略有差别。这种差别本质上是由FDM法中的离散化误差造成的。

例12.3 60 Hz的变压器的高压和低压线圈放置如图12-11a所示。试决定高压和低压线圈之间的电压分布。此时高压线圈电位为100 V，低压线圈电位为零。假设60 Hz下绝缘体内的电流可以忽略不计，考虑用大小为0.5 cm的正方网格结构。

解 图12-11b表示了本问题的部分模型，以便利用有限差分程序(FDM.TR)。计算结果在附录B的程序清单后给出。

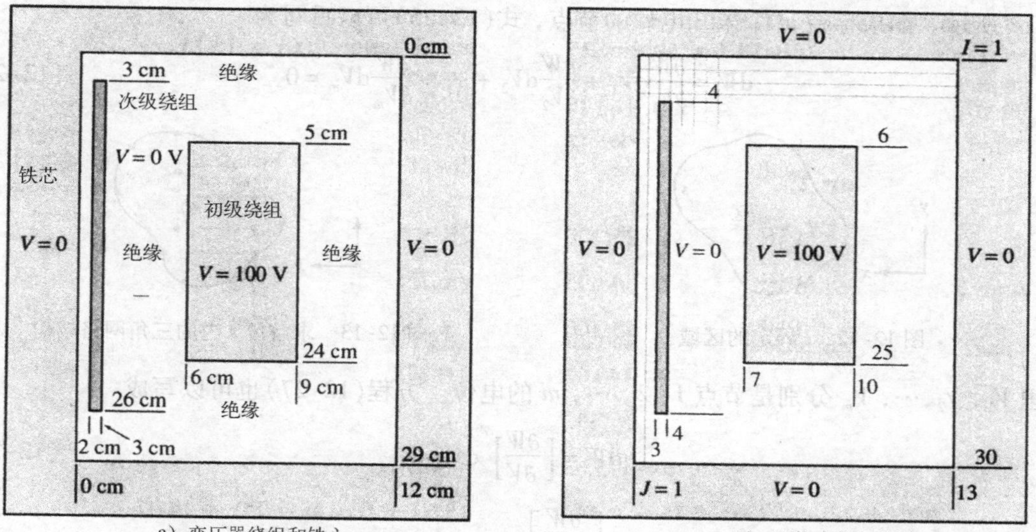

a）变压器绕组和铁心　　b）网格分布和边界条件

图 12-11　例 12.3 附图

12.3　有限单元法

有限单元法(finite-element method 简称**有限元法**)最先由结构工程师发明并用于计算如桥梁，船舶等复杂结构物的应力和应变。有限差分法适于进行结构分析，但它的出发点总是要求一个偏微分方程和一组边界条件。有时对一个复杂的结构问题很难提出一个偏微分方程。因此，结构工程师发明了基于工程的洞悉和物理学基本原理的 FEM 法。当这种方法被最终总结普遍化之后，很明显地它是属于系统位能的泛函近似极小化方法。同时也知道泛函极小化不是别的，就是变分原理的应用。基于这些认识，FEM 法也推广到那些解偏微分方程能够恰当地用泛函通过变分原理代替的问题。

在过去 25 年里，FEM 法已广泛应用于求解电磁场问题。在本节将学习 FEM 法应用于解电磁场问题的基本原理。

在静电场分析中，待极小化的泛函即为在封闭体积中的静电能

$$W = \frac{1}{2}\int_v \varepsilon E^2 \mathrm{d}v \tag{12-23}$$

方程(12-23)也可以静电位 V 来表示：

$$W = \frac{1}{2}\varepsilon\int_v \left[\left(\frac{\partial V}{\partial x}\right)^2 + \left(\frac{\partial V}{\partial y}\right)^2 + \left(\frac{\partial V}{\partial z}\right)^2\right]\mathrm{d}v \tag{12-24}$$

让我们在二维情况下考虑一个封闭面 s 内的能量泛函，如图 12-13 所示，即为

$$W = \frac{1}{2}\varepsilon\int_s \left[\left(\frac{\partial V}{\partial x}\right)^2 + \left(\frac{\partial V}{\partial y}\right)^2\right]\mathrm{d}s \tag{12-25}$$

在 FEM 中，应使式(12-25)的能量泛函极小，因为在封闭区域 s 范围内对于 $\mathrm{d}V$ 很小的变化，系统中的能量变化也是很小的。因此，我们可以令能量的微分为零而求出区域 s 中的电位分布：

$$\mathrm{d}W = 0 \tag{12-26}$$

在有限元分析中，将所研究的区域划分成有限的 n 个三角形网格[㊀]，称为单元，如图

㊀ 四边形网格结构在 FEM 中也常被采用，但是我们不作讨论。——原作者注

12-14 所示。如果存在 m 个未知电位的节点，式(12-26)可以重写为

$$\mathrm{d}W=\frac{\partial W}{\partial V_1}\mathrm{d}V_1+\frac{\partial W}{\partial V_2}\mathrm{d}V_2+\cdots+\frac{\partial W}{\partial V_m}\mathrm{d}V_m=0 \tag{12-27}$$

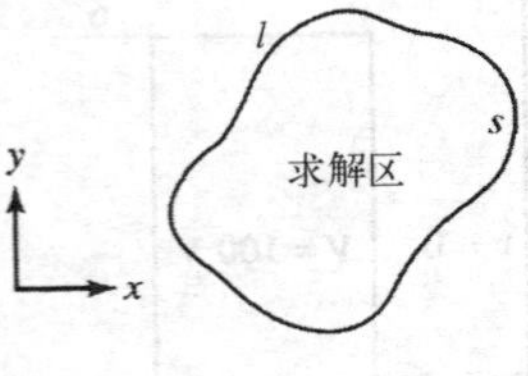

图 12-12 l 界定的区域

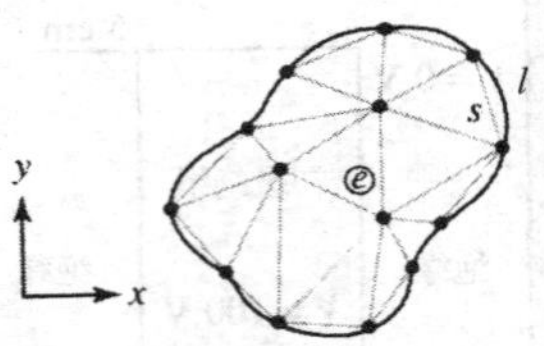

图 12-13 求解区 s 内的三角网格结构

这里 V_1，V_2，…，V_m 分别是节点 1，2，…，m 的电位。方程(12-27)也可以写成

$$\mathrm{d}W=\left[\frac{\partial W}{\partial V}\right]^T\mathrm{d}V=0 \tag{12-28}$$

这里 $$\frac{\partial W}{\partial V}=\begin{bmatrix}\dfrac{\partial W}{\partial V_1}\\ \vdots\\ \dfrac{\partial W}{\partial V_m}\end{bmatrix}\text{和 } \mathrm{d}V=\begin{bmatrix}\mathrm{d}V_1\\ \vdots\\ \mathrm{d}V_m\end{bmatrix}$$

式(12-28)中 $\mathrm{d}V$ 内的元素不能全为零；因此$\dfrac{\partial W}{\partial V}$必须为零以使能量泛函极小。于是

$$\frac{\partial W}{\partial V}=\begin{bmatrix}\dfrac{\partial W}{\partial V_1}\\ \vdots\\ \dfrac{\partial W}{\partial V_m}\end{bmatrix}=\begin{bmatrix}0\\ \vdots\\ 0\end{bmatrix}=\mathbf{0} \tag{12-29}$$

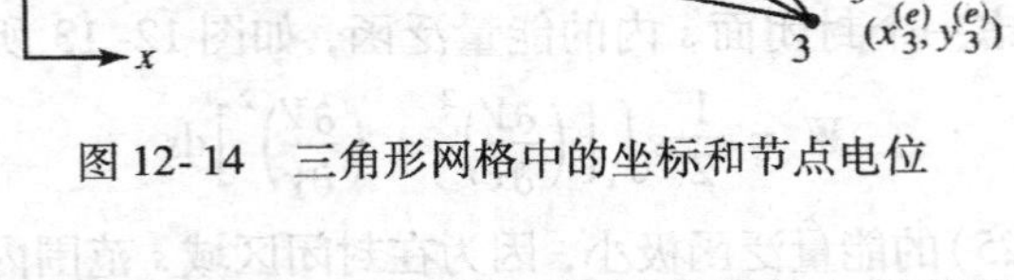

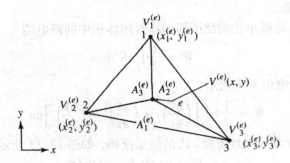

图 12-14 三角形网格中的坐标和节点电位

图 12-13 中的单元 e 被放大后如图 12-14 所示，该单元内的电场能量为：

$$W^{(e)}=\frac{1}{2}\varepsilon\int_{s^{(e)}}\left[\left(\frac{\partial V^{(e)}}{\partial x}\right)^2+\left(\frac{\partial V^{(e)}}{\partial y}\right)^2\right]\mathrm{d}s^{(e)} \tag{12-30}$$

这里 $V^{(e)}$ 是单元 e 内部的电位分布，$s^{(e)}$ 是单元的面积。

这样，能够得到整个区域中的总能量

$$W = W^{(1)} + W^{(2)} + \cdots + W^{(n)} = \sum_{e=1}^{n} W^{(e)}$$

或

$$W = \sum_{e=1}^{n} \frac{1}{2}\varepsilon\int_{s(e)} f_e^T f_e \mathrm{d}s^{(e)} \tag{12-31}$$

此处

$$f_e = \begin{bmatrix} \dfrac{\partial V^{(e)}}{\partial x} \\ \dfrac{\partial V^{(e)}}{\partial y} \end{bmatrix}$$

设单元 e 中电位分布的一个近似解以形状函数㊀ $L_1^{(e)}(x, y)$，$L_2^{(e)}(x, y)$，$L_3^{(e)}(x, y)$，和节点电位 $V_1^{(e)}$，$V_2^{(e)}$，$V_3^{(e)}$ 表示，为

$$V^{(e)}(x, y) = L_1^{(e)}(x, y)V_1^{(e)} + L_2^{(e)}(x, y)V_2^{(e)} + L_3^{(e)}(x, y)V_3^{(e)} \tag{12-32}$$

二维单元的形状函数定义为

$$L_i^{(e)}(x, y) = \frac{A_i^{(e)}}{A^{(e)}} \quad i = 1, 2, 3 \tag{12-33}$$

这里 $A^{(e)}$ 是单元 e 的面积，A_i^e 是单元 e 中一个部分的面积，如图 12-15 所示 $A^{(e)}$ 和 $A_i^{(e)}$ 可按下式计算。

$$A^{(e)} = \frac{1}{2}\begin{vmatrix} 1 & x_i & y_i \\ 1 & x_{i+1} & y_{i+1} \\ 1 & x_{i+2} & y_{i+2} \end{vmatrix} \tag{12-34a}$$

和

$$A_i^{(e)} = \frac{1}{2}\begin{vmatrix} 1 & x & y \\ 1 & x_{i+1} & y_{i+1} \\ 1 & x_{i+2} & y_{i+2} \end{vmatrix} \quad i = 1, 2, 3 \tag{12-34b}$$

我们可以如下算出 $\dfrac{\partial V^{(e)}}{\partial x}$ 和 $\dfrac{\partial V^{(e)}}{\partial y}$

$$\frac{\partial V^{(e)}}{\partial x} = \frac{\partial L_1(x, y)}{\partial x}V_1 + \frac{\partial L_2(x, y)}{\partial x}V_2 + \frac{\partial L_3(x, y)}{\partial x}V_3 \tag{12-35a}$$

和

$$\frac{\partial V^{(e)}}{\partial y} = \frac{\partial L_1(x, y)}{\partial y}V_1 + \frac{\partial L_2(x, y)}{\partial y}V_2 + \frac{\partial L_3(x, y)}{\partial y}V_3 \tag{12-35b}$$

并重建 f_e 为

$$f_e = T^{(e)} V^{(e)} \tag{12-36}$$

式中

$$T^{(e)} = \begin{bmatrix} \dfrac{\partial L_1^{(e)}(x, y)}{\partial x} & \dfrac{\partial L_2^{(e)}(x, y)}{\partial x} & \dfrac{\partial L_3^{(e)}(x, y)}{\partial x} \\ \dfrac{\partial L_1^{(e)}(x, y)}{\partial y} & \dfrac{\partial L_2^{(e)}(x, y)}{\partial y} & \dfrac{\partial L_3^{(e)}(x, y)}{\partial y} \end{bmatrix}$$

㊀ 形状函数可从单元的插值函数导出。初次学习时，可参考其他有关书籍，如胡之光主编《电机电磁场的分析与计算》第二版机械工业出版社，1989。——译注

和

$$\boldsymbol{V}^{(e)}=\begin{bmatrix}V_1^{(e)}\\ V_2^{(e)}\\ V_3^{(e)}\end{bmatrix}$$

利用式(12-36)，我们可将式(12-31)修改为

$$W=\frac{1}{2}\varepsilon\int_{s(e)}\boldsymbol{V}^{(e)T}\boldsymbol{T}^{(e)T}\boldsymbol{T}^{(e)}\boldsymbol{V}^{(e)}\mathrm{d}s^{(e)} \tag{12-37}$$

W 对节点电位的偏导数为

$$\frac{\partial W}{\partial \boldsymbol{V}}=\sum_{e=1}^{n}\varepsilon\int_{s(e)}\boldsymbol{T}^{(e)T}\boldsymbol{T}^{(e)}\boldsymbol{V}^{(e)}\mathrm{d}s^{(e)} \tag{12-38}$$

利用式(12-29)及式(12-38)可得

$$\sum_{e=1}^{n}\int_{s(e)}\boldsymbol{T}^{(e)T}\boldsymbol{T}^{(e)}\boldsymbol{V}^{(e)}\mathrm{d}s^{(e)}=\boldsymbol{0} \tag{12-39}$$

从此式可求得各节点的电位。

例 12.4 考虑例 12.1 并用 FEM 决定电位分布。

解 如图 12-15 对三角网格和全部节点进行编号。此模型中有 8 个单元和 9 个节点。现采用两种编号系统。节点编号 1 至 9 为**全局编号系统**(global numbering system)。而对每一单元的节点又编号为 1 至 3；称之为**局部**㊀(local)**编号系统**。按此网格划分本题中除节点 5 是未知电位的节点之外，其余节点的电位均已给定。现用式(12-39)求解节点 5 的未知电位，分单元分析和总体合成两步进行㊁。

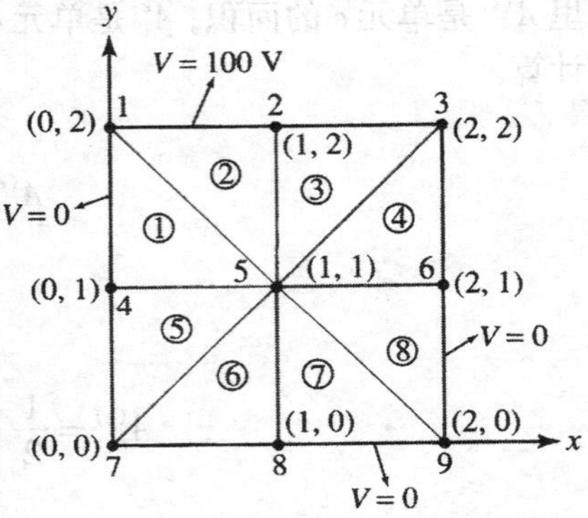

图 12-15 例 12.4 附图

首先作单元分析，我们用式(12-33)和式(12-34)计算三角单元的形状函数

$$L_1(x,\ y)=\frac{(x_2y_3-y_2x_3)+(y_2-y_3)x+(x_3-x_2)y}{2A^{(e)}} \tag{12-40}$$

$$L_2(x,\ y)=\frac{(x_3y_1-y_3x_1)+(y_3-y_1)x+(x_1-x_3)y}{2A^{(e)}} \tag{12-41}$$

$$L_3(x,\ y)=\frac{(x_1y_2-y_1x_2)+(y_1-y_2)x+(x_2-x_1)y}{2A^{(e)}} \tag{12-42}$$

这里利用式(12-34a)求得 $A^{(e)}=(y_2-y_3)x_1+(y_3-y_1)x_2+(y_1-y_2)x_3$

在式(12-40)至式(12-42)中，所有的坐标都属于局部编号系统。

现在构造 $\boldsymbol{T}^{(e)}$ 如下：

$$\boldsymbol{T}^{(e)}=\frac{1}{2A^{(e)}}\begin{bmatrix}y_2^{(e)}-y_3^{(e)} & y_3^{(e)}-y_1^{(e)} & y_1^{(e)}-y_2^{(e)}\\ x_3^{(e)}-x_2^{(e)} & x_1^{(e)}-x_3^{(e)} & x_2^{(e)}-x_1^{(e)}\end{bmatrix}$$

㊀ 三角形单元三节点的局部编号一律按逆时针排列，以保证计算所得单元面积为正值。——译注

㊁ 对本例题的数字演算部分作了一些精简。——译注

单元 1:	局部节点号(LN)	全局节点号(GN)	x	y
	1	1	0	2
	2	4	0	1
	3	5	1	1

由表中所示局部编号，算得 $A^{(1)}=\dfrac{1}{2}$，所以

$$\boldsymbol{T}^{(1)}=\begin{bmatrix}0 & -1 & 1\\ 1 & -1 & 0\end{bmatrix}\qquad \boldsymbol{T}^{(1)T}=\begin{bmatrix}0 & 1\\ -1 & -1\\ 1 & 0\end{bmatrix}$$

$$\boldsymbol{U}^{(1)}=\boldsymbol{T}^{(1)T}\boldsymbol{T}^{(1)}=\begin{bmatrix}1 & -1 & 0\\ -1 & 2 & -1\\ 0 & -1 & 1\end{bmatrix}$$

$$\int_{s^{(1)}}\boldsymbol{U}^{(1)}\boldsymbol{V}^{(1)}\mathrm{d}s^{(1)}=A^{(1)}\boldsymbol{U}^{(1)}\boldsymbol{V}^{(1)}=\begin{bmatrix}0.5 & -0.5 & 0\\ -0.5 & 1 & -0.5\\ 0 & -0.5 & 0.5\end{bmatrix}\begin{bmatrix}V_1\\ V_4\\ V_5\end{bmatrix}\tag{12-43}$$

为了得到式(12-39)的形式，必须将式(12-43)的矩阵和向量写成如下形式：

单元 1:

节点	1	2	3	4	5	6	7	8	9	
1	0.5	0.0	0.0	–0.5	0.0	0.0	0.0	0.0	0.0	V_1
2	0.0	0.0	0.0	0.0	0.0	0.0	0.0	0.0	0.0	V_2
3	0.0	0.0	0.0	0.0	0.0	0.0	0.0	0.0	0.0	V_3
4	–0.5	0.0	0.0	1.0	–0.5	0.0	0.0	0.0	0.0	V_4
5	0.0	0.0	0.0	–0.5	0.5	0.0	0.0	0.0	0.0	V_5
6										V_6
7		0.0					0.0			V_7
8										V_8
9										V_9

(12-44)

其余第 2 至第 8 共七个单元也照上述第 1 单元的分析方法，得到七个如同式(12-44)一样形式的方程，然后将八个这种方程相加，即完成总体合成㊀。总体合成后，要修改刚度矩阵及右端向量，对总方程组求解便得到各节点的电位。

例 12.5 为例 12.4 中的问题编一个有限元法计算机程序。

解 已用图 12-15 中所示的同样的网格划分编写了计算机程序。Fortran 语言计算机程序清单已在附录 B 中给出。用此程序可算出各节点的电位。

例 12.6 用有限元法决定图 12-16 中给出的同轴电缆中，距轴心 2.8 cm 处的电位，并将获得的数值计算结果与解析法进行对比。

㊀ 总体合成得到总的方程组后，其系数矩阵(又称刚度矩阵)和右端向量必须经强加边界条件处理后求解。具体做法可参阅有关书籍，如前脚注介绍的胡之光主编《电机电磁场的分析与计算》第 142 页。——译注

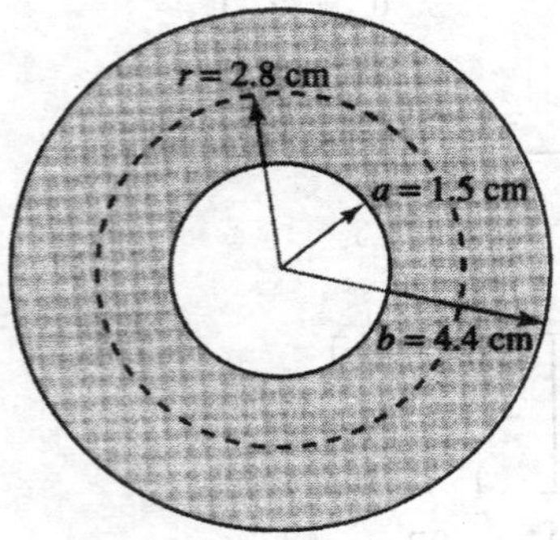

图 12-16 例 12.6 附图(1)

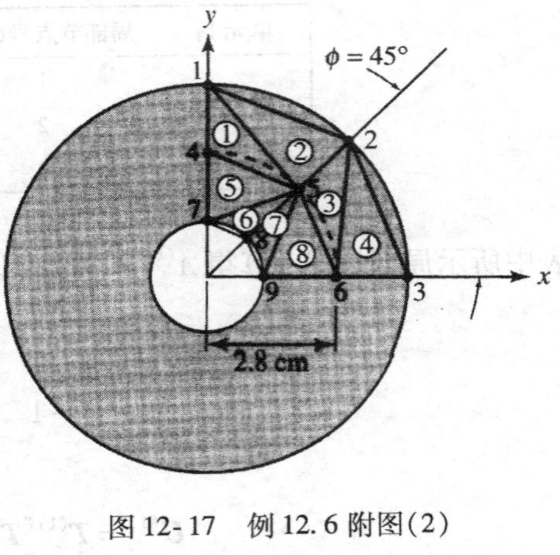

图 12-17 例 12.6 附图(2)

解 同轴电缆内外导体间没有自由电荷。因此，拉普拉斯方程的解给出我们要求的电位的计算结果。因为同轴电缆形状的轴对称性，所以能够只考虑电缆的四分之一，并构造一个如图 12-17 绘出的网格，在这个模型中有八个单元和九个节点，电位 V_4，V_5 和 V_6 是未知的，其他节点上的电位是作为边界条件指定的。借助于在附录 B 中列出的计算机程序FEM. CX能计算出未知的电位 $V_4=42$ V，$V_5=41$ V，及 $V_6=42$ V。

解析结果由下面的算式得出

$$V(2.8\ \text{cm})=100\frac{\ln\dfrac{4.4}{2.8}}{\ln\dfrac{4.4}{1.5}}=42\ \text{V}$$

你会看到除节点 5 外，数值法的和解析法的结果几乎是完全一样的。节点 5 上电位的差异是因为对媒质离散化引起的。

12.4 矩量法

这一节将考察一种称为**矩量法**(method of moment)的技术，它在电磁场分析中有着各种不同的应用。其概念相当简单，基本上是用未知场的积分方程去计算给定媒质中场的分布。在现在的讨论中，将用积分形式的电位计算公式去求场的分布。

在静电学中，由在点(x', y', z')的电荷分布在点(x, y, z)产生的电位分布可以表示为

$$V(x, y, z)=\frac{1}{4\pi\varepsilon}\int_v\frac{\rho_v(x', y', z')\mathrm{d}v'}{R}\tag{12-45}$$

这里$\rho_v(x', y', z')$实质上是电位分布的源，R是点(x, y, z)和点(x', y', z')间的距离。然而一般情况下$\rho_v(x', y', z')$是未知的，而源区电位的分布却是给定的。因此，为了求出空间每个地方的电位分布，我们必须估计源区的电荷分布$\rho_v(x', y', z')$。

设$\rho_v(x', y', z')$的一个解是

$$\begin{aligned}\rho_v(x', y', z')&=\alpha_1\rho_1(x', y', z')+\alpha_2\rho_2(x', y', z')+\cdots+\alpha_n\rho_n(x', y', z')\\&=\sum_{i=1}^{n}\alpha_i\rho_i(x', y', z')\end{aligned}\tag{12-46}$$

这里$[\rho_i(x', y', z')]_{i=1}^{n}$是源区一些离散位置上预先选定的电荷分布，$[\alpha_i]_{i=1}^{n}$是待定未知系

数。以式(12-46)代入式(12-45)得

$$V_j = V(x_j, y_j, z_j) = \frac{1}{4\pi\varepsilon}\int_{v'} \frac{\sum_{i=1}^{n} \alpha_i \rho_i(x', y', z')}{|R|} dv' \tag{12-47}$$

或

$$V_j = \sum_{i=1}^{n} \alpha_i \frac{1}{4\pi\varepsilon}\int_{v'_i} \frac{\rho_i(x', y', z')}{|R_{ji}|} dv'_i \tag{12-48}$$

这里 $j=1, 2, \cdots, n$。所以考虑在 $[\rho_i(x', y', z')]_{i=1}^{n}$ 各位置的电荷，$V(x, y, z)$ 可以表示为下述电位的线性组合，即

$$V_{ji} = \frac{1}{4\pi\varepsilon}\int_{v'_i} \frac{\rho_i(x', y', z')}{|R_{ji}|} dv'_i \quad i = 1, 2, \cdots, n \tag{12-49}$$

所以

$$V_j = \sum_{i=1}^{n} \alpha_i V_{ji} \tag{12-50}$$

由于 $V(x, y, z)$ 在源区内是已知的，所以未知系数 $\alpha_1, \alpha_2, \cdots, \alpha_n$ 可以由

$$\begin{aligned} V_1 &= \alpha_1 V_{11} + \alpha_2 V_{12} + \cdots + \alpha_n V_{1n} \\ V_2 &= \alpha_1 V_{21} + \alpha_2 V_{22} + \cdots + \alpha_n V_{2n} \\ &\vdots \\ V_j &= \alpha_1 V_{j1} + \alpha_2 V_{j2} + \cdots + \alpha_n V_{jn} \\ &\vdots \\ V_n &= \alpha_1 V_{n1} + \alpha_2 V_{n2} + \cdots + \alpha_n V_{nn} \end{aligned}$$

决定，或表示成矩阵形式

$$\begin{bmatrix} V_1 \\ \vdots \\ V_j \\ \vdots \\ V_n \end{bmatrix} = \begin{bmatrix} V_{11} & & V_{1j} & & V_{1n} \\ \vdots & \ddots & \vdots & \ddots & \vdots \\ V_{j1} & & V_{jj} & & V_{jn} \\ \vdots & \ddots & \vdots & \ddots & \vdots \\ V_{n1} & & V_{nj} & & V_{nn} \end{bmatrix} \begin{bmatrix} \alpha_1 \\ \vdots \\ \alpha_j \\ \vdots \\ \alpha_n \end{bmatrix} \tag{12-51}$$

诸 α 值求出之后，用式(12-46)，就可以确定源区的电荷分布 $\rho_v(x', y', z')$。接着就可以用式(12-47)预测空间任意点的电位分布。

例 12.7 一个长 20 cm 半径 1 mm 的细圆柱体保持 1 V 的电位，用矩量法计算沿着导体的电荷分布。

解 图 12-18 给出导体的几何尺寸。由对称性此问题能简化为一个二维问题并设想电荷集中在轴对称线上，即密度为 ρ_l 的线电荷，如图 12-19 所示。

如图 12-20 所示，把导体划分为二个单元，并设想单位线电荷都集中在每单元中心位置，即 $\rho_1 = 1$ 和 $\rho_2 = 1$㊀。距离 R_{11}，R_{12}，R_{21} 和 R_{22} 为

$$R_{11} = a = 0.001 \text{ m}$$

$$R_{12} = \sqrt{0.001^2 + 0.1^2} \text{m}$$

㊀ 这些是离散位置预先选定的电荷密度值。——译注

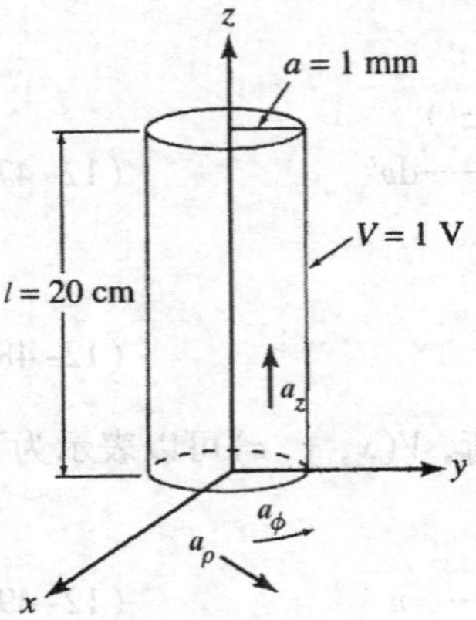

图 12-18 例 12.7 附图(一)导体的几何结构

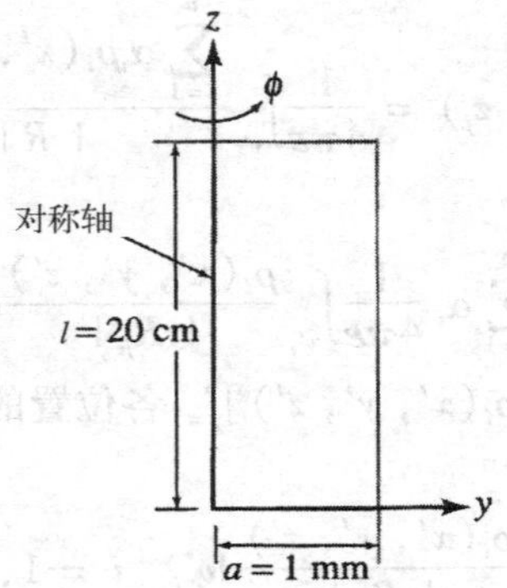

图 12-19 例 12.7 附图(二)导体的二维模型

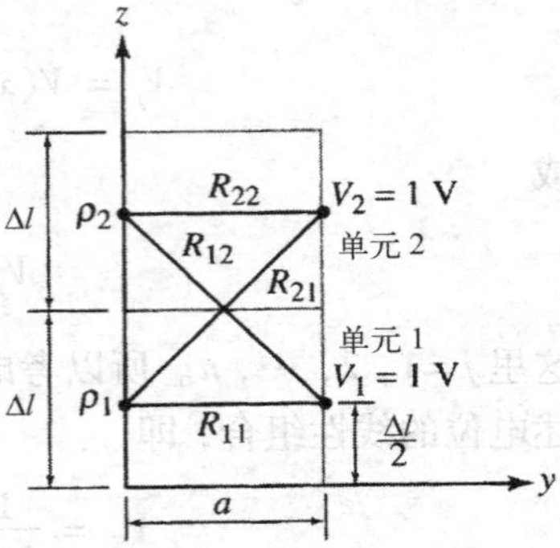

图 12-20 例 12.7 附图(三)两单元导体模型

$$R_{22} = a = 0.001 \text{ m}$$

$$R_{21} = \sqrt{0.001^2 + 0.1^2} \text{m}$$

在计算中，还假设每单元的线电荷在对应单元内保持不变。现在能用式(12-49)计算 V_{ji} 为

$$V_{11} = \frac{1}{4\pi\varepsilon}\ \frac{1\times 0.1}{0.001} = 9\times 10^{11}$$

$$V_{12} = \frac{1}{4\pi\varepsilon}\ \frac{1\times 0.1}{\sqrt{0.001^2 + 0.1^2}} = 8.99\times 10^{9}$$

$$V_{21} = \frac{1}{4\pi\varepsilon}\ \frac{1\times 0.1}{\sqrt{0.001^2 + 0.1^2}} = 8.99\times 10^{9}$$

$$V_{22} = \frac{1}{4\pi\varepsilon}\ \frac{1\times 0.1}{0.001} = 9\times 10^{11}$$

把所有的已知变量代入式(12-51)得出

$$\begin{bmatrix} 1 \\ 1 \end{bmatrix} = \begin{bmatrix} 9\times 10^{11} & 8.99\times 10^{9} \\ 8.99\times 10^{9} & 9\times 10^{11} \end{bmatrix} \begin{bmatrix} \alpha_1 \\ \alpha_2 \end{bmatrix}$$

从上式求出

$$\alpha_1 = 1.1\times 10^{-12} \quad \alpha_2 = 1.1\times 10^{-12}$$

以及对应的电荷密度计算值

$$\rho_1 = 1\times 1.1\times 10^{-12} \text{ C/m} \quad \rho_2 = 1\times 1.1\times 10^{-12} \text{ C/m}$$

现用矩量法得到的电位表达式和电荷分布来计算在导体的中点和表面的电位。如图 12-21 所示，在点$(x, 0, 0)$上的电位，取决于有限的线电荷，即

$$V = \frac{\rho_1}{2\pi\varepsilon_0}\left\{\ln\left[\frac{L}{2} + \sqrt{\left(\frac{L}{2}\right)^2 + x^2}\right] - \ln x\right\} \tag{12-52}$$

因为平均电荷 $\rho_1 = 1.1\times 10^{-12}$ C/m，在导体表面上，$x = 0.1$ cm，所以

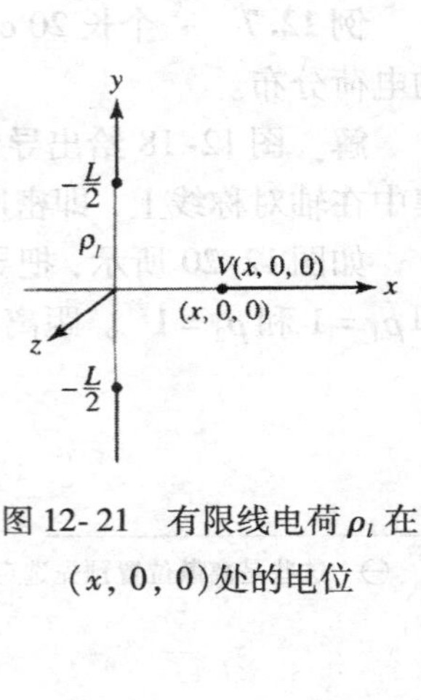

图 12-21 有限线电荷 ρ_l 在$(x, 0, 0)$处的电位

$$V=\frac{1.1\times10^{-12}}{2\pi\varepsilon_0}\left[\ln\left(10+\sqrt{10^2+0.1^2}\right)-\ln 0.1\right]^{\ominus}=0.105\ \mathrm{V}$$

计算得到的导体表面的电位仅占外施于导体的电压的10.5%，这清楚地说明计算得到的电荷分布是不精确的。用一种等效的电荷分布去模拟导体，二个单元是不够的。如果把单元数增加到50，并且运用附录B中列出的计算机程序MOM.CD可以把电荷密度的平均值计算得更准确，结果为1.026×10^{-11} C/m。用解析解法能验证它的准确性，按式(12-52)，是

$$V=\frac{1.026\times10^{-11}}{2\pi\varepsilon_0}\left[\ln\left(10+\sqrt{10^2+0.1^2}\right)-\ln 0.1\right]=0.98\ \mathrm{V}$$

12.5 摘要

设计电磁系统要求分析电场和(或)磁场以保证有效地利用系统使用的材料。对于静态或准静态场问题的分析，拉普拉斯和泊松方程加上边界条件一般已构成完备的数学模型。但高频工作时，波动方程对于量化系统中的电场和磁场是更准确的数学模型。

由于大多数实际工程问题都有不规则性，数学方程的求解面临这样一个困难，即封闭形式的解通常不能得到。然而，计算机的运用，促进了应用数值技术，如有限差分法，有限单元法和矩量法，在实际中有效地计算场分布，尽管几何上还很复杂。

有限差分法，基本上是把求解区域划分成某些有限个离散的点，然后用差分方程组替代偏微分方程。结果自然不是精确解而是近似解。离散化求解区域网格的大小是衡量解的准确度的一个标志：网格越小，解越准确。一种迭代技术，即逐次超松弛法，对解差分法中的差分方程是一个很有用的手段。适当的加速因子可使方程求解过程大大加快。

有限元法是数值求解电磁场问题的另一种技术。它是一种优化方法，本质上是把由边界条件支配的系统储能极小化。其最重要的一个优点是处理几何形状复杂的边界情况，一般不会有什么困难。另一个重要优点是它能够较为方便地处理多媒质区域内场的分析。

在那些开放边界的问题中，计算电场和磁场，矩量法似乎是最佳选择。此方法用一般的积分方程，本质上是滞后位方程，所以无实际需要用有限边界来定义解。但这个方法需要问题在边界上电荷或电流分布的信息，而通常这些信息并不具备。但若边界上的电位给定，就能用数值法预测边界上电荷或电流的分布，这要把边界划分成若干单元，有时称之为**边界单元**(boundary element)。然后就能计算系统中任何地方的场分布。

12.6 复习题

12.1 为什么需要计算电场和磁场？

12.2 什么方程描述静态场和准静态场？

12.3 能不能用拉普拉斯方程计算工作在100 MHz的系统的电场？

12.4 我们为什么需要数值方法求解场的问题？

12.5 什么是有限差分法？

12.6 为什么我们要用逐次超松弛法？

12.7 在SOR法中加速因子的作用是什么？

12.8 加速因子对场分布问题的解有影响吗？

⊖ 应将L和x换成用m计算，但所得结果与此式中用cm的完全相同。——译注

12.9 什么是有限单元法?

12.10 解释一下 FEM 的过程。

12.11 在有限元法中,用三角网格的优点是什么?

12.12 有限元法最主要的优点是什么?

12.13 解释什么是矩量法?

12.14 主要在什么情况下用矩量法?

12.15 在用矩量法计算场时,准确度决定于什么?

12.7 练习题

12.1 写出系数矩阵 A,用有限差分法求解图 E12-1 所示网格的电位分布。

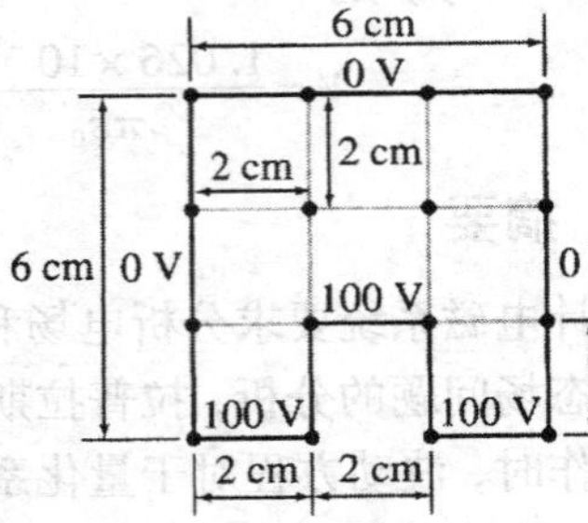

图 E12-1

12.2 用逐次超松弛迭代结合有限差分法,完成图 E12-1 中电位分布求解中的两次迭代过程。

12.3 图 E12-3 给出了由两个平行无限长导线组成的闭合传输线,编一个简单的 FEM 计算机程序,计算在此结构中电位的分布。

12.4 图 E12-4 给出了两个同轴矩形导体,编写 FEM 计算机程序计算两导体间的电位分布。

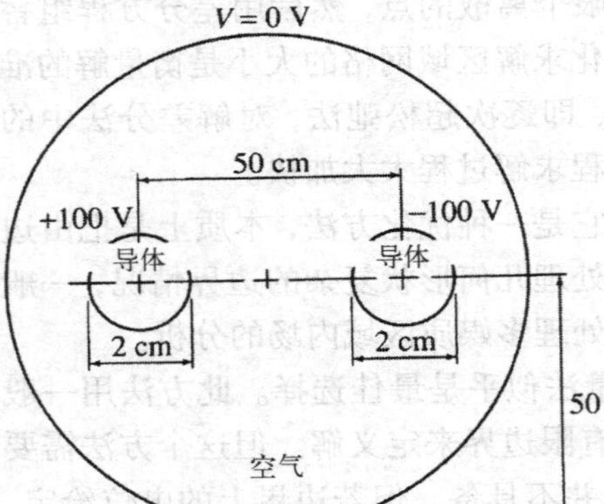

图 E12-3

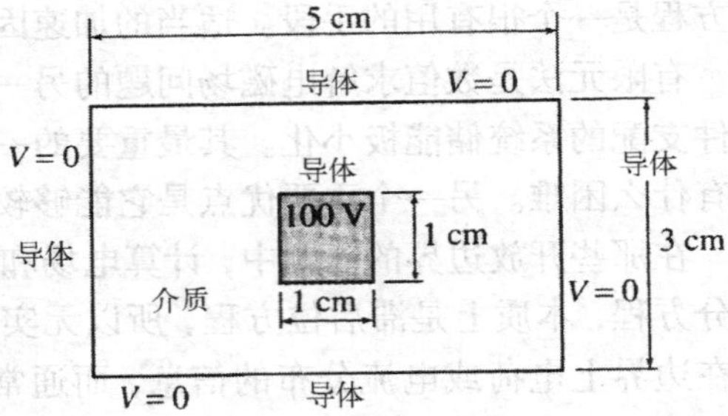

图 E12-4

12.5 为例 12.7 编写 MOM 法的计算机程序,计算各处的电位分布。在程序中考虑单元数分别为 2,4,10 和 20 时的情况,并讨论单元数对电位分布的影响。

12.8 习题

12.1 图 P12-1 给出了 x, y 平面内的几何尺寸。试在不用逐次超松弛迭代下用有限差分法计算界定媒质内的电位分布。考虑边长为(a) 10 mm 和(b) 5 mm 的正方网格并比较得到的结果。

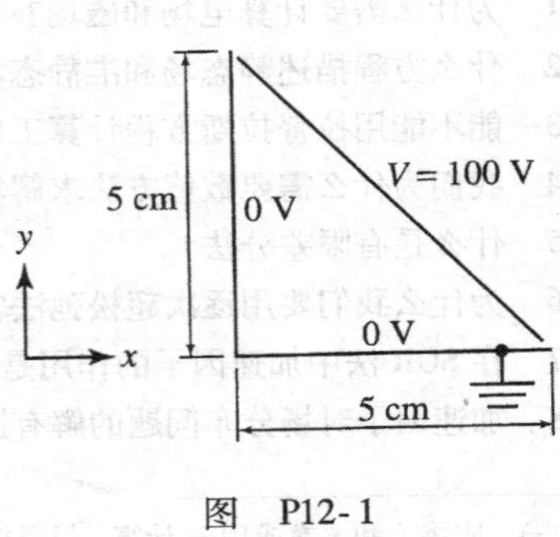

图 P12-1

12.2 用边长为 10 mm 的正方网格和逐次超松弛法重解 12.1 题,加速因子分别取 $\alpha = 1.0$, $\alpha = 1.2$, $\alpha = 1.4$, $\alpha = 1.5$, $\alpha = 1.7$ 和 $\alpha = 1.9$ 并讨论结果。

12.3 用有限差分法，计算介质表面的电位分布，介质被不同电位的导电材料包围着，如图 P12-3 所示。

12.4 用有限元法求出电位为 100 V 和 0 V 的导体之间(图 P12-4)的等位线。

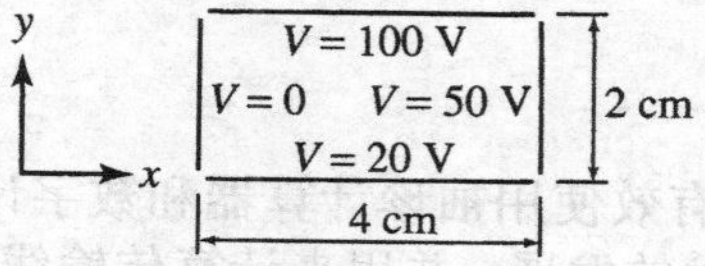

图 P12-3

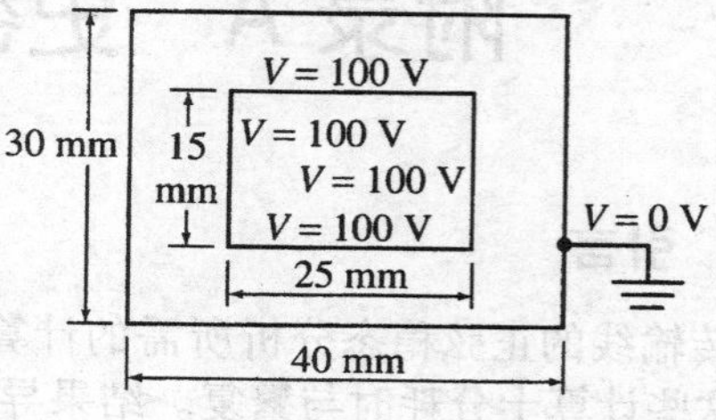

图 P12-4

12.5 图 P12-5 给出一个机电设备的定子和转子齿，计算定子与转子齿间和槽内磁标位的分布，要求用有限元法。设磁性材料区域内磁导率为无穷大。

12.6 用有限元法计算图 P12-6 中电位为 100 V 的圆柱形导体和接地金属板之间的电位分布。

12.7 用矩量法求出图 P12-7 中两个圆形导体之间的等位线和电场线。

12.8 图 P12-8 给出了一个 100 mm 长的微带线横截面图。用矩量法计算这个带状线的导体间电位和电场分布。

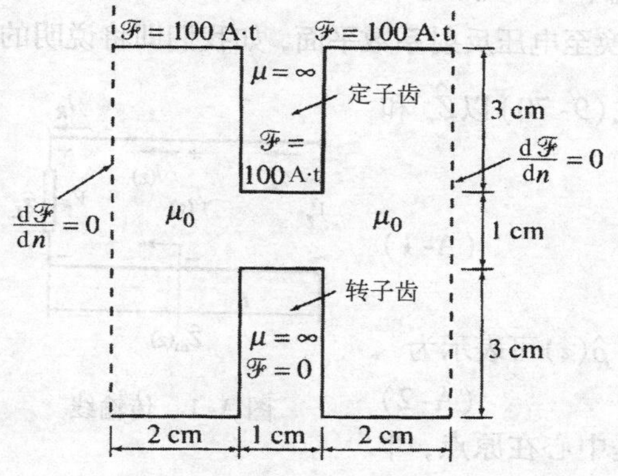

图 P12-5

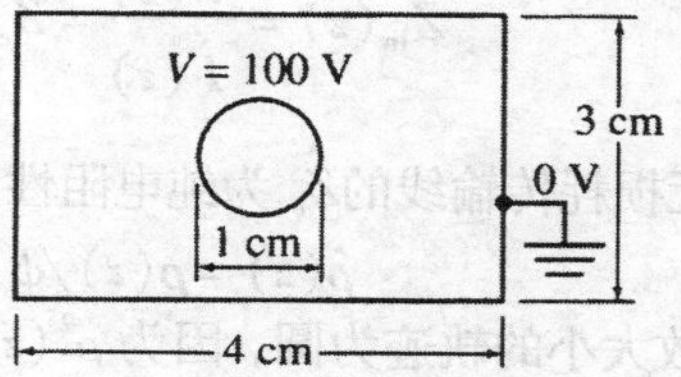

图 P12-6

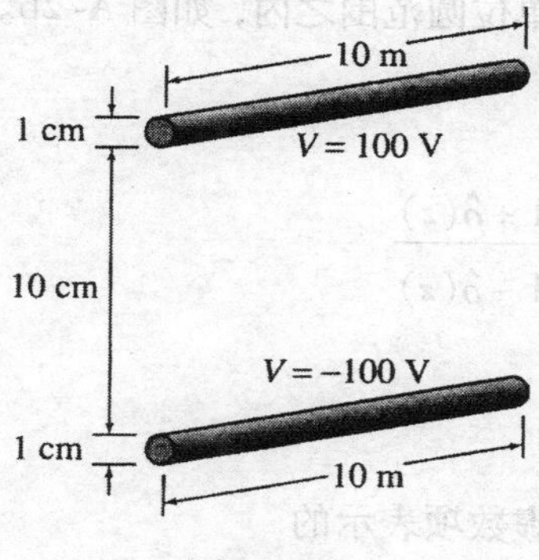

图 P12-7

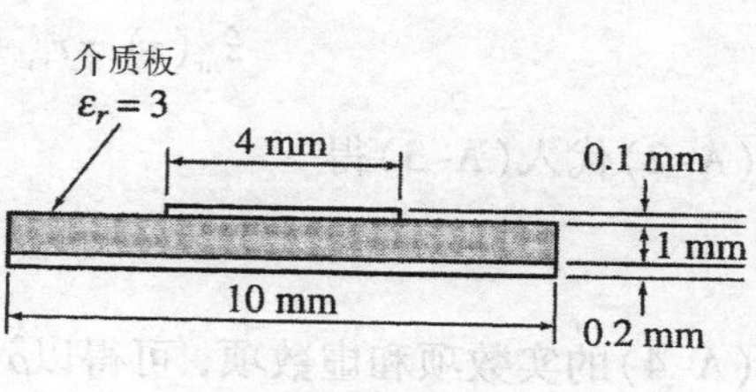

图 P12-8

附录 A　史密斯圆图及其应用⊖

A.1　引言

传输线的正弦稳态分析所需的计算含有复数。在有效使用袖珍计算器和数字计算机之前，这些计算十分耗时与繁复。结果导致图解分析技术的发展，并用来计算传输线的性能。在若干图解法中，史密斯圆图是多年来应用最广的。虽然今日的快速计算机的计算速度异常之快，但史密斯圆图仍然保有它的大众性，主要因为它能使用者迅速得出在传输线上任一点所发生的物理解释。除了确定线上任一点的输入阻抗，电压反射系数，VSWR，在线上放置短截线的位置以使传输线匹配外，还可由史密斯圆图获得一些其他数据。虽然史密斯圆图可用于具有不完全材料的传输线，但我们仅限于研究无损耗线。

A.2　史密斯圆图

史密斯圆图给出传输线上某一点的输入阻抗$\hat{Z}_{\text{in}}(z)$和该点电压反射系数$\hat{\rho}(z)$的关系。为获得这一关系，将输入阻抗从阻抗平面（*RX* 平面）转换至电压反射系数平面，如我们即将说明的。

图 A-1 中传输线上任一点的输入阻抗，由式(9-70)以$\hat{Z}_c$和电压反射系数$\hat{\rho}(z)$表示为

$$\hat{Z}_{\text{in}}(z) = \frac{\dot{V}(z)}{\dot{I}(z)} = \hat{Z}_c\left[\frac{1+\hat{\rho}(z)}{1-\hat{\rho}(z)}\right] \tag{A-1}$$

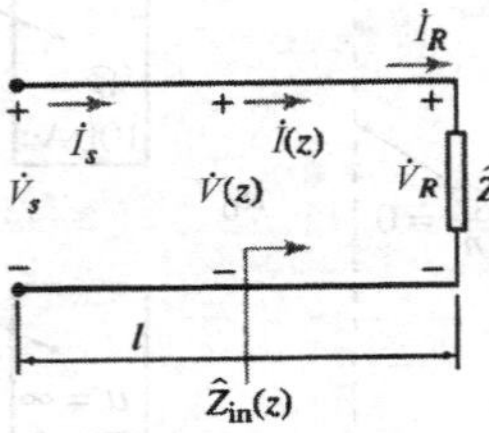

图 A-1　传输线

注意，无损耗传输线的$\hat{Z}_c$为纯电阻性，以 R_c 表示。$\hat{\rho}(z)$可表示为

$$\hat{\rho}(z) = \rho(z)\underline{/\phi} = a + \mathrm{j}b \tag{A-2}$$

反射系数大小的轨迹为圆，因为$\rho^2(z) = a^2 + b^2$是中心在原点，半径为$\rho(z)$的圆。注意，a 和 b 为$\hat{\rho}(z)$在复数ρ平面实数轴与虚数轴上的投影，如图 A-2a 所示。电压反射系数在 1 至 −1 之间变化，因而$\hat{\rho}(z)$平面限制在单位圆范围之内，如图 A-2b。换句话说，$0 < \rho(z) < 1$。

将输入阻抗对$\hat{Z}_c$进行归一化，得

$$\hat{z}_{\text{in}}(z) = r_{\text{in}} + \mathrm{j}x_{\text{in}} = \frac{\hat{Z}_{\text{in}}(z)}{\hat{Z}_c} = \frac{1+\hat{\rho}(z)}{1-\hat{\rho}(z)} \tag{A-3}$$

将式(A-2)代入(A-3)得

$$r_{\text{in}} + \mathrm{j}x_{\text{in}} = \frac{1+a+\mathrm{j}b}{1-a-\mathrm{j}b} \tag{A-4}$$

由式(A-4)的实数项和虚数项，可得以$\hat{\rho}(z)$的实数项和虚数项表示的

$$r_{\text{in}} = \frac{1-a^2-b^2}{(1-a)^2+b^2} \tag{A-5}$$

和

⊖ 本附录有关的例题和习题作了部分精简。——译注

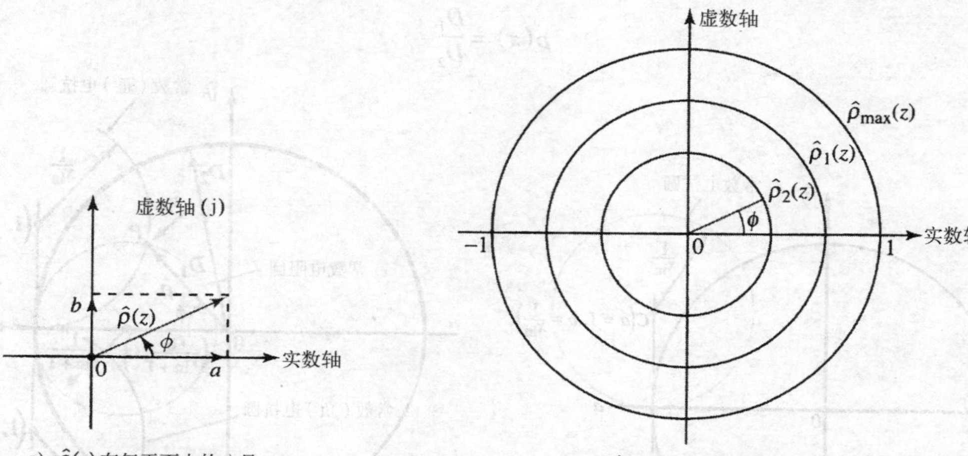

a) $\hat{\rho}(z)$在复平面上的分量　　b) $\hat{\rho}(z)$在复平面上的极限

图 A-2　$\hat{\rho}(z)$在复平面上的表示

$$x_{in}=\frac{2b}{(1-a)^2+b^2} \tag{A-6}$$

我们可将式(A-5)和(A-6)安排成如下两个方程

$$\left(a-\frac{r_{in}}{r_{in}+1}\right)^2+b^2=\frac{1}{(r_{in}+1)^2}\quad r_{in}\text{为常数} \tag{A-7}$$

和

$$(a-1)^2+\left(b-\frac{1}{x_{in}}\right)^2=\frac{1}{x_{in}^2}\quad x_{in}\text{为常数} \tag{A-8}$$

上面两个方程(A-7)和(A-8)各自在$\hat{\rho}$平面上表示一个圆。

对于常数r_{in}，式(A-7)表示半径为$1/(r_{in}+1)$，圆心在$a=r_{in}/(r_{in}+1)$和$b=0$的圆轨迹，如图 A-3 所示。另一方面，对于常数x_{in}，式(A-8)是一个半径为$1/x_{in}$，圆心在$a=1$和$b=1/x_{in}$的圆，如图 A-4 所示。将图 A-4 叠加在图 A-3 上，即得**史密斯圆图**(Smith chart)，如图 A-5 所示。

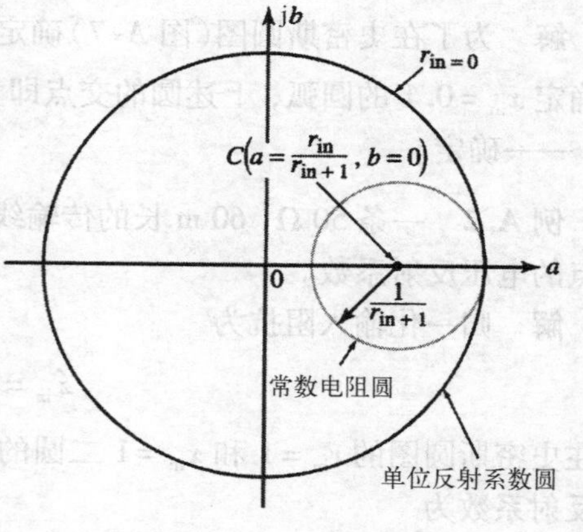

图 A-3　常数电阻圆

在图 A-5 的史密斯圆图上，r_{in}与x_{in}两曲线的交点 P 即为传输线在该点的归一化阻抗。因为x_{in}可以为正(电感性电抗)或负(电容性电抗)，x_{in}曲线绘出x_{in}为正和负的两种情形。图 A-6 是按照式(A-7)与(A-8)在不同r_{in}与x_{in}的数值下绘制的图。在图 A-5 中，由$\hat{\rho}$平面中心辐射到 P 点的线的长度，给出反射系数的量值。相角则是相对于实数轴量度的。若 D_1 为由中心至 P 点的径向距离，D_2 为 $\rho=1$ 的圆的径向距离，则

$$\rho(z)=\frac{D_1}{D_2}$$

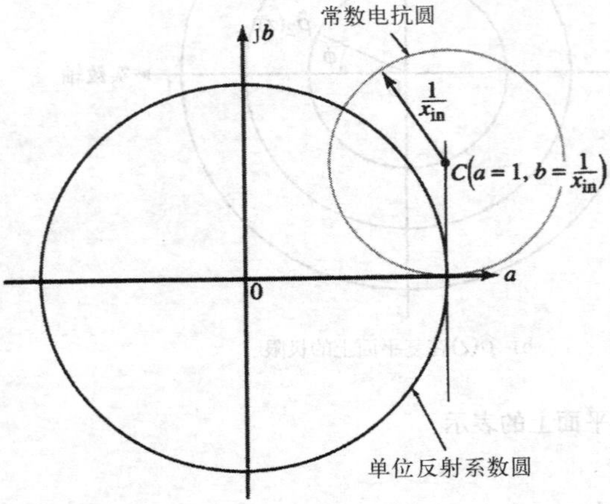

图 A-4 常数电抗圆

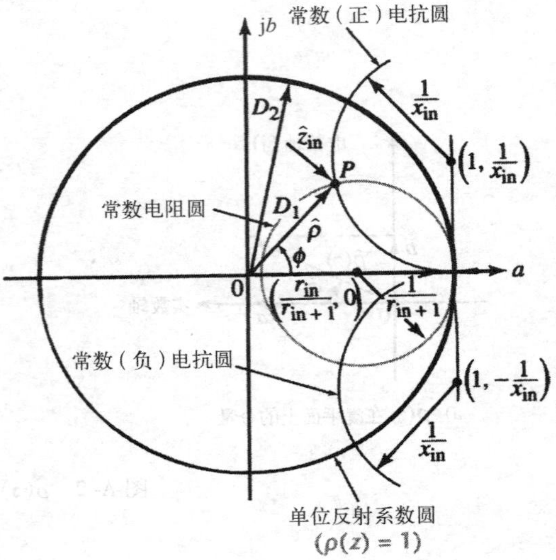

图 A-5 电阻圆和电抗圆

图 A-6 所给的标准史密斯圆图外围的角度刻度是反射系数$\hat{\rho}(z)=\rho(l)\mathrm{e}^{\mathrm{j}[2\beta(z-l)-\theta]}$的角度 ϕ。由于式(A-2)中的角 ϕ 与 $2\beta(z-l)$ 有关,因而 ϕ 也可以用传输线长度为信号波长的分数或倍数来表示。在图 A-6 中,紧靠角度刻度有两条外刻度。一条标示“走向发生器的波长”用于观测点沿传输线向发生器移动。另一条标示“走向负载的波长”用于观测点沿传输线向负载移动。下面的例子说明如何将史密斯圆图用于无损耗传输线。

例 A.1 在史密斯圆图上确定下列归一化阻抗：$\hat{z}_1=0.3+\mathrm{j}0.1$，$\hat{z}_2=0.2-\mathrm{j}0.3$，$\hat{z}_3=\mathrm{j}0.4$，$\hat{z}_4=0.6$，$\hat{z}_5=0+\mathrm{j}0$，$\hat{z}_6=\infty+\mathrm{j}\infty$。

解 为了在史密斯圆图(图 A-7)确定$\hat{z}_1=0.3+\mathrm{j}0.1$，过程如下：确定 $r_{in}=0.3$ 的圆，然后确定 $x_{in}=0.1$ 的圆弧，上述圆的交点即为$\hat{z}_1=0.3+\mathrm{j}0.1$。其余的归一化阻抗也可按类似方式，一一确定。

例 A.2 一条 50 Ω，60 m 长的传输线在 $z=50$ m 处的输入阻抗为$\hat{Z}_{in}=(50+\mathrm{j}50)$ Ω。求此点的电压反射系数。

解 归一化输入阻抗为

$$\hat{z}_{in}=\frac{50+\mathrm{j}50}{50}=1+\mathrm{j}$$

可在史密斯圆图的 $r_{in}=1$ 和 $x_{in}=1$ 二圆的交点来确定，如图 A-8 所示。量径向距离㊀。可求得反射系数为

$$\rho(50\ \mathrm{m})=\frac{D_1}{D_2}=\frac{38\ \mathrm{mm}}{84\ \mathrm{mm}}=0.45$$

㊀ 由于史密斯圆图的尺寸差异，所测得的径向距离可能与本书的值不同。——原作者注

阻抗或导纳坐标

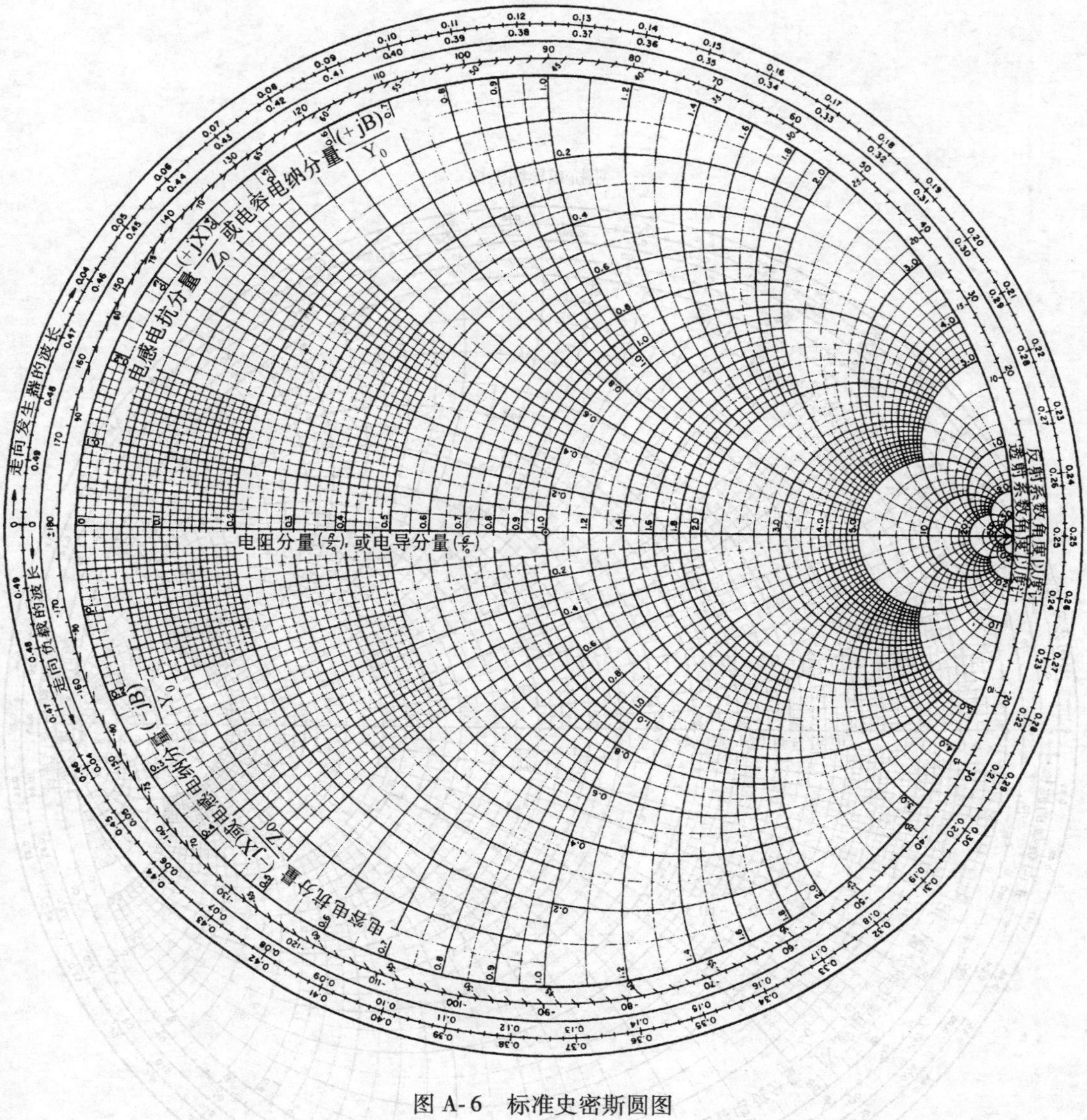

图 A-6 标准史密斯圆图

反射系数的角度 ϕ 即为 a 轴(实数轴)与通过$\hat{z}_{in}=1+j1$ 径向线之间的夹角 63°。因而反射系数为$\hat{\rho}(50\ \text{m})=0.45\underline{/63°}$。

现在我们用反射系数的准确方程来检验这结果。由式(A-1)可写出

$$50+j50=50\,\frac{1+\hat{\rho}(50\ \text{m})}{1-\hat{\rho}(50\ \text{m})}$$

或

$$\hat{\rho}(50\ \text{m})=\frac{j50}{100+j50}=\frac{j1}{2+j1}=0.447\underline{/63.43°}$$

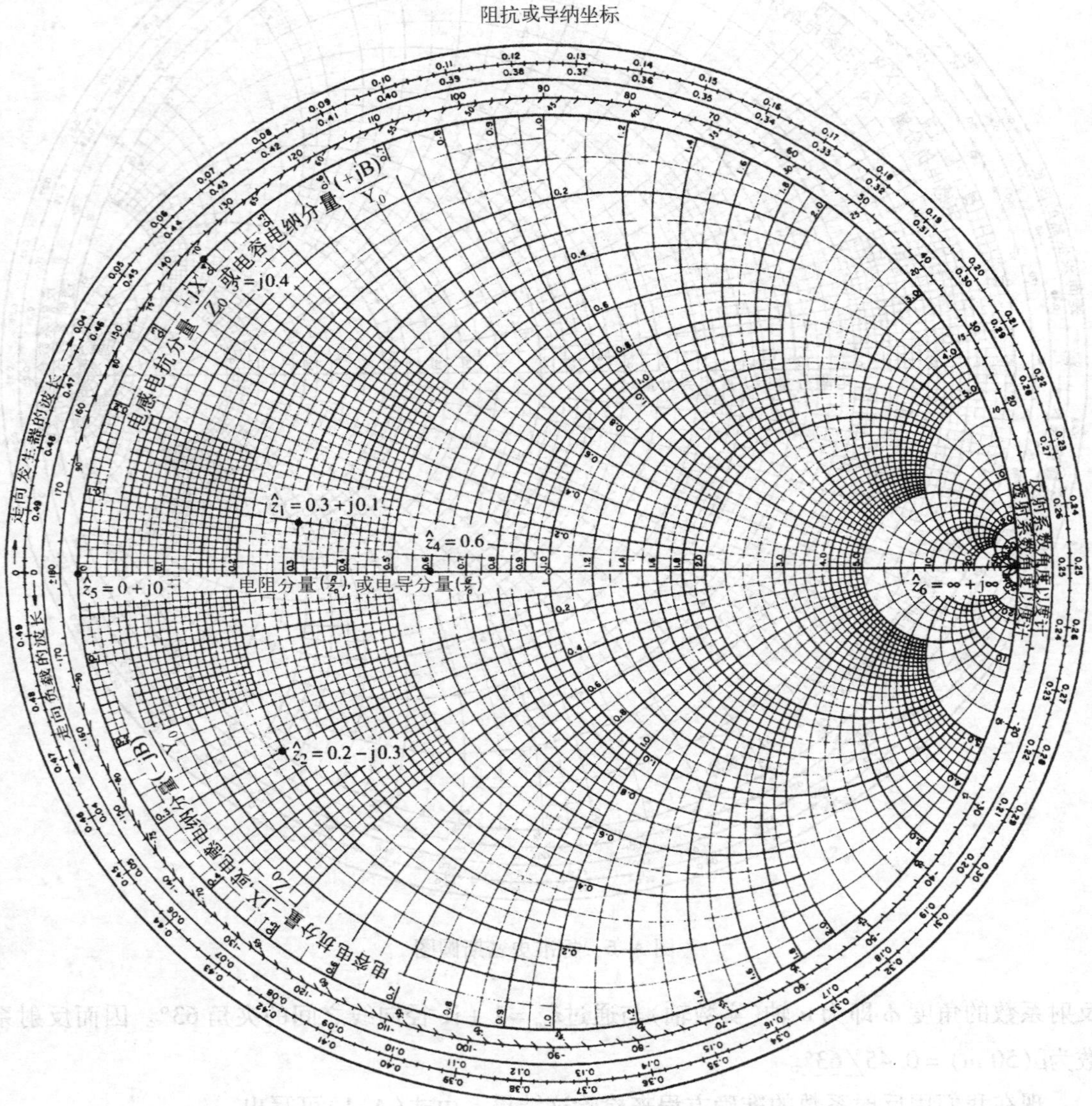

图 A-7 例 A.1 的史密斯圆图

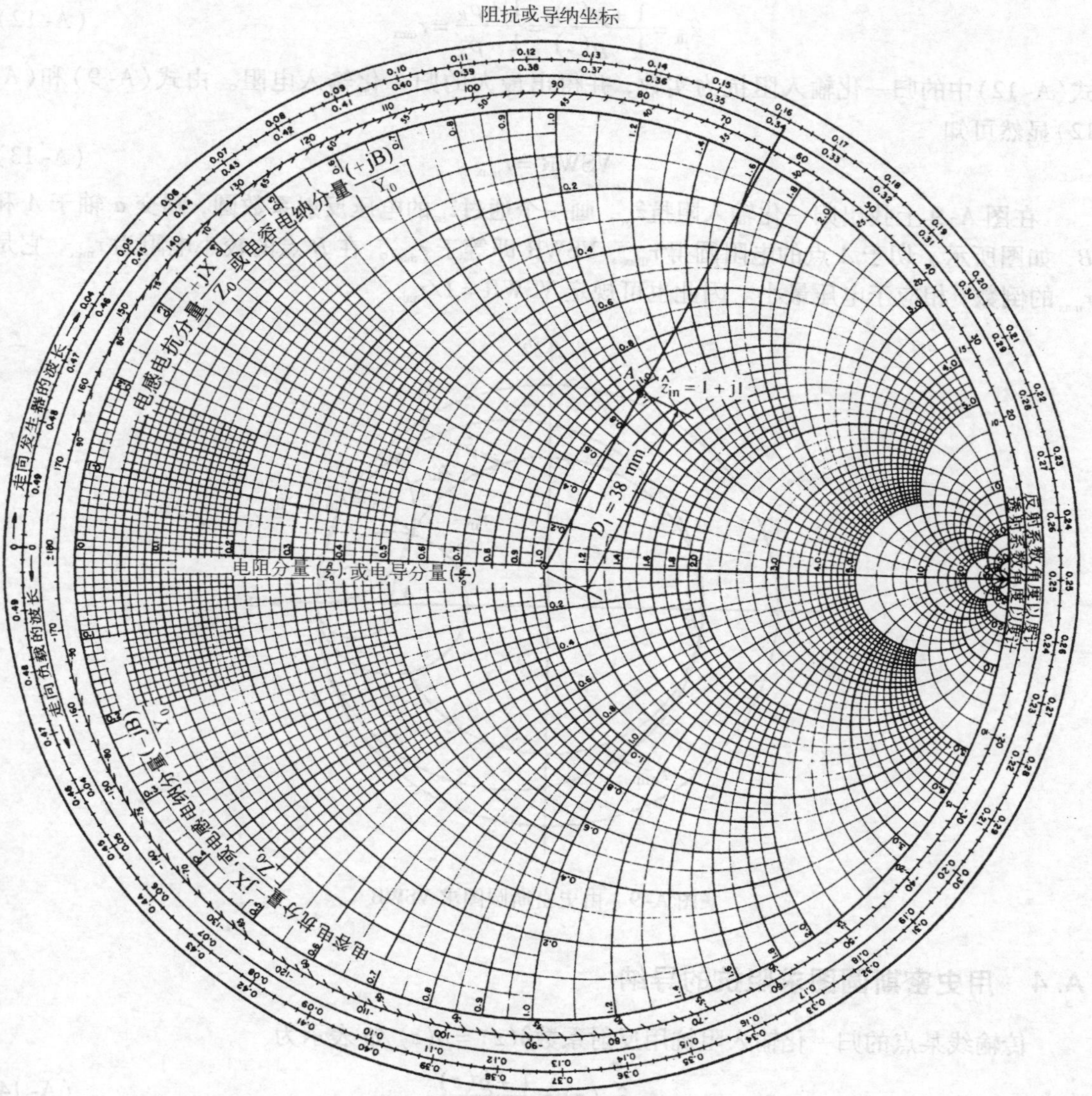

图 A-8　例 A.2 的史密斯圆图

A.3　用史密斯圆图求 VSWR

在第 9 章中，曾推导出传输线电压驻波比（VSWR）的表示式为

$$\mathrm{VSWR} = \frac{1 + \rho_R}{1 - \rho_R} \tag{A-9}$$

当在传输线上的一定位置出现电压最大值时，则

$$1 + \hat{\rho}(z) = 1 + \rho(z) \tag{A-10}$$

我们知道，在无损耗传输线上每一点的反射系数都是相同的，即

$$\rho(z) = \rho_R \tag{A-11}$$

式中 ρ_R 为接收端反射系数的大小。此外，在传输线上电压为最大值的地方，归一化输入阻抗可写为

$$\hat{z}_{in}=\frac{1+\rho(z)}{1-\rho(z)}=\frac{1+\rho_R}{1-\rho_R}=r_{max} \tag{A-12}$$

式(A-12)中的归一化输入阻抗为实数，并得出最大的归一化输入电阻。由式(A-9)和(A-12)显然可知

$$\text{VSWR}=r_{max} \tag{A-13}$$

在图 A-9 上找出归一化输入阻抗$\hat{z}_{in}$，画一个通过$\hat{z}_{in}$的电压反射系数圆，圆交 a 轴于 A 和 B，如图所示。切于 A 点的电阻圆得 r_{max}，VSWR 即等于 r_{max}。在 B 点的较小电阻为 r_{min}，它是 r_{max}的倒数，相应于电压最小。因此也可规定 VSWR = $1/r_{min}$。

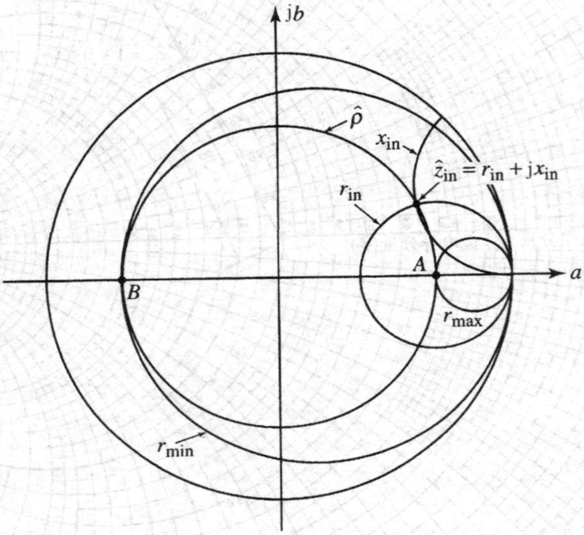

图 A-9 由史密斯圆图求 VSWR

A.4 用史密斯圆图求阻抗的导纳

传输线某点的归一化输入阻抗用反射系数$\hat{\rho}(z)=\rho(z)\underline{/\phi}$ 表示为

$$\hat{z}_{in}(z)=\frac{1+\hat{\rho}(z)}{1-\hat{\rho}(z)} \tag{A-14}$$

因为$\hat{y}_{in}(z)=1/\hat{z}_{in}(z)$，故也可写出

$$\hat{y}_{in}(z)=\frac{1-\rho(z)\underline{/\phi}}{1+\rho(z)\underline{/\phi}}$$

或

$$\hat{y}_{in}(z)=\frac{1+\rho(z)\underline{/\phi+180^\circ}}{1-\rho(z)\underline{/\phi+180^\circ}}=\frac{1+\rho(z)\underline{/\theta}}{1-\rho(z)\underline{/\theta}} \tag{A-15}$$

式中 $\theta=\phi+180^\circ$。

由式(A-14)和(A-15)明显可知，$\hat{y}_{in}(z)$是在ρ 圆上离$\hat{z}_{in}(z)$为 180°的点。这样，由史密斯圆图上的电阻和电抗圆分别看成是$\hat{y}_{in}(z)$的归一化的电导 g_{in}和电纳 b_{in}，而容易得出$\hat{y}_{in}(z)$，如图 A-10 所示。

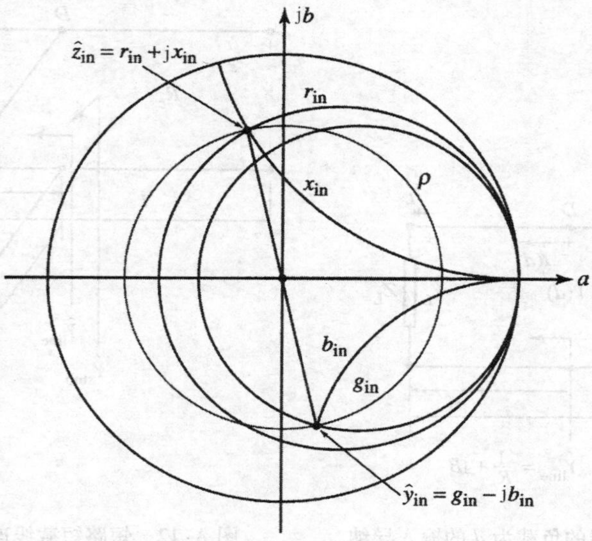

图 A-10 用史密斯圆图求阻抗的导纳

A.5 用并联短截线的阻抗匹配

第 9 章我们已注意到，当传输线的负载阻抗不等于它的特性阻抗时，线上将产生驻波。我们还知道，当负载与传输线完全匹配时，驻波即消失。

第 9 章还讨论了如何用短路短截线使负载与传输线匹配。短路短截线的长度与它在传输线上的位置，是帮助我们获得匹配的两个关键参数。这两个参数可方便地由史密斯圆图得出。当达到匹配时，连接点的输入阻抗应正好等于线路的特性阻抗。

设距离无损耗传输线的负载为 d 处的输入导纳为

$$\hat{Y}_{\text{line}}=\frac{1}{R_c}+\text{j}B$$

如图 A-11 所示。输入导纳为 $\hat{Y}_{\text{stub}}=-\text{j}B$ 的短截线接在 D 点，以使负载与传输线匹配，如图 A-12 所示。结果，D 点的输入阻抗即等于传输线的特性阻抗。

现在用史密斯圆图来确定短路短截线的长度 l_s 和它在传输线上的位置。

(a) 在史密斯圆图上找出归一化负载阻抗 $\hat{z}_L=r_L+\text{j}x_L$，然后将它的位置对圆图的原点旋转 180°，以确定负载的导纳(见图 A-13)。

(b) 因为短截线连接处的归一化输入导纳为 $\hat{y}_{\text{line}}=R_c\left(\frac{1}{R_c}+\text{j}B\right)=1+\text{j}b$，沿顺时针(走向发生器数波长)移动，求出 $r=1$ 的圆。由负载至短截线连接点的最小距离为

$$d=k_2\lambda-k_1\lambda$$

(c) 因为短截线的终端短路，归一化负载导纳为

$$\hat{y}_{\text{sc}}=\infty+\text{j}\infty$$

位于史密斯圆图的 A 点。短截线的归一化输入导纳为

$$\hat{y}_{\text{stub}}=-\text{j}b$$

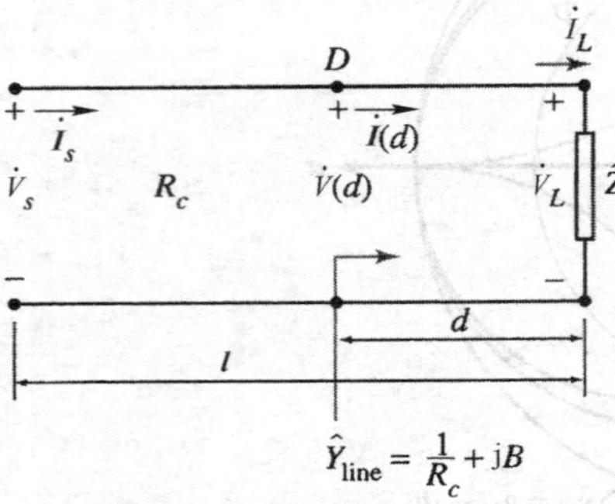

图 A-11　距离传输线的负载为 d 的输入导纳

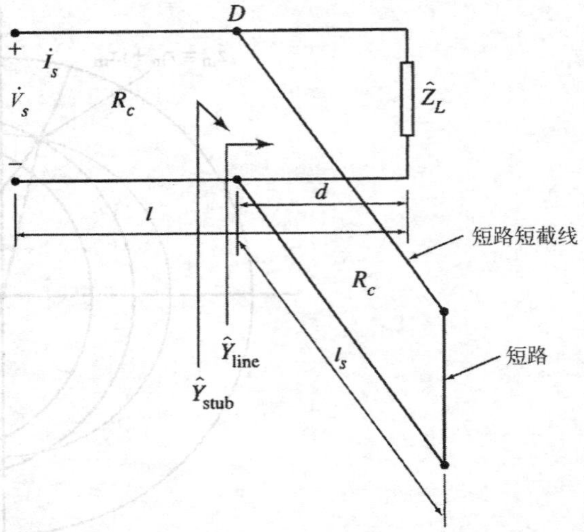

图 A-12　短路短截线连到图 A-11 的传输线

这样，将短截线向发生器移动（在史密斯圆图上顺时针）到 $r=0$ 的圆上，以确定短截线的长度为

$$l_s = k_3\lambda - 0.25\lambda$$

如图 A-13 所示。

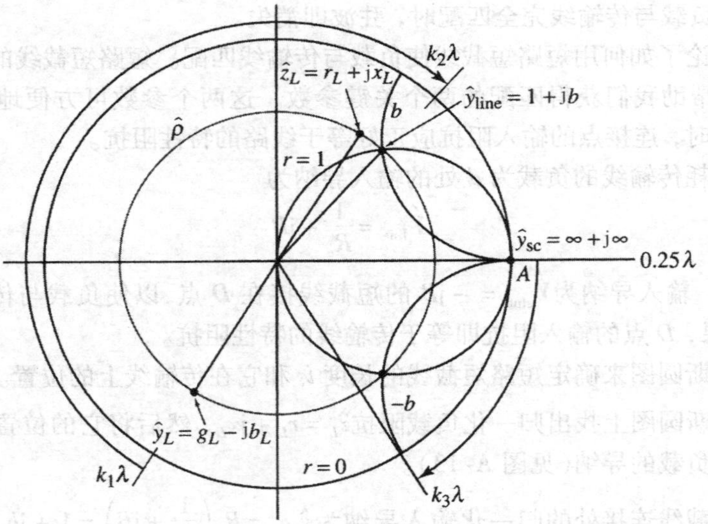

图 A-13　用史密斯圆图确定（使负载与传输线匹配的）短截线长度及其位置

我们可得出此问题的若干解，但实用上通常取最短的距离。

A.6　习题

A.1　将 $\hat{Z}_1 = (40+\text{j}30)\,\Omega$，$\hat{Z}_2 = (25-\text{j}36)\,\Omega$，$\hat{Z}_3 = \text{j}50\Omega$，$\hat{Z}_4 = 60\ \Omega$ 对 50 Ω 归一化，求出它们在史密斯圆图上

的位置。

A.2 用史密斯圆图求$\hat{Z}=(120+j280)\,\Omega$相对于$\hat{Z}_c=100\,\Omega$的导纳。

A.3 当不同的负载阻抗连接到接收端时，一条$\lambda/4$长，75 Ω 的传输线的输入阻抗为$\hat{Z}_1=(50+j25)\,\Omega$和$\hat{Z}_2=(40-j40)\,\Omega$。在每种情况下，求负载阻抗和发送端与接收端的反射系数。

A.4 一条 30 m 长，90 Ω，无损耗传输线相速度为2.8×10^8 m/s，终端负载工作于10 MHz。负载阻抗为$60\angle15^\circ\,\Omega$。(a) 求传输线的 VSWR 和负载端的电压反射系数。(b) 计算发送端的输入阻抗和相应的反射系数。

A.5 一条 2 m 长无损耗传输线具有$\hat{Z}_c=75\,\Omega$和$u_p=2.6\times10^8$ m/s，终端接至负载$\hat{Z}_L=(120+j90)\,\Omega$。若在时域的负载工作电压为$v_R(t)=150\cos(1.26\times10^8 t)$ V，用史密斯圆图计算 (a) 反射系数$\hat{\rho}(z)$，(b) VSWR。

A.6 一条 75 Ω 无损耗同轴电缆输入端的电压和电流分别为$v_s(t)=50\cos(10^7 t)$ V 和$i_s(t)=0.5\cos(10^7 t-22^\circ)$ A。电缆的负载是一个阻抗为$\hat{Z}_{ant}=(36.5+j21.25)\,\Omega$的四分之一波长单极天线。当$u_p=2.5\times10^8$ m/s时，求电缆的最短可能长度。

A.7 为使习题 A-6 的同轴电缆与负载匹配，求短路短截线的长度和位置。

A.8 一条 100 m 长 50 Ω 无损耗传输线终端接至阻抗(40 − j100) Ω 的负载。线的传输时间为 0.5 μs。若工作频率为 20 MHz，为使传输线与负载匹配，求短路短截线的长度和位置。

附录 B　各种问题的计算机程序

B.1　例 12.3 的计算机程序

```
C FINITE DIFFERENCE PROGRAM.
C EXAMPLE 12.3
      DIMENSION V(50,50),MESH(50,50)
      OPEN(UNIT=6,FILE='F.O',STATUS='NEW')
C SET BOUNDARY VALUES AND MESH ADDRESSES
C SET ACCELERATION FACTOR AL.
      AL=1.
      DO 5 I=1,30
      DO 5 J=1,13
      V(I,J)=50.
    5 MESH(I,J)=2
      DO 6 J=1,13
      V(1,J)=0.
      MESH(1,J)=0
      V(30,J)=0.
    6 MESH(30,J)=0
      DO 7 I=1,30
      V(I,1)=0.
      MESH(I,1)=0
      V(I,13)=0.
    7 MESH(I,13)=0
      DO 8 I=4,27
      DO 8 J=3,4
      V(I,J)=0.
    8 MESH(I,J)=0
      DO 9 I=6,25
      DO 9 J=7,10
      V(I,J)=100.
    9 MESH(I,J)=1
C ITERATION COUNT FOR S.O.R
      IT=0
   60 IT=IT+1
      DIFMAX=0.0
      DO 10 I=1,30
      DO 10 J=1,13
      M=MESH(I,J)
      IF(M.LT.2) GO TO 10
      VOLD=V(I,J)
      V(I,J)=VOLD+(AL/4.)*(V(I-1,J)+V(I,J-1)
     1+V(I+1,J)+V(I,J+1)-4.*V(I,J))
      DIF=V(I,J)-VOLD
```

```
      DIF=ABS(DIF)
C  ERROR CHECK
      IF (DIF.GT.DIFMAX) DIFMAX=DIF
 10   CONTINUE
      WRITE(6,300) IT,DIFMAX
 300  FORMAT(1X,I3,F10.4)
      IF(IT.GT.50) GO TO 70
      IF(DIFMAX.GT.0.1) GO TO 60
      WRITE(6,200) ((V(I,J),J=1,13),I=1,30)
 200  FORMAT(1X,13F6.1)
 70   STOP
      END
```

It	Difax
1	33.3333
2	15.2344
3	8.5659
4	4.9125
5	3.5134
6	2.6380
7	2.0372
8	1.5849
9	1.2613
10	0.9874
11	0.7750
12	0.6146
13	0.4841
14	0.3798
15	0.2971
16	0.2320
17	0.1810
18	0.1418
19	0.1112
20	0.0871

POTENTIAL VALUES IN THE TRANSFORMER

0.0	0.0	0.0	0.0	0.0	0.0	0.0	0.0	0.0	0.0	0.0	0.0	0.0
0.0	0.4	1.1	2.7	5.7	9.1	12.0	13.5	13.4	11.7	8.6	4.5	0.0
0.0	0.5	1.3	3.8	11.0	18.8	25.2	28.4	28.3	24.8	18.1	9.4	0.0
0.0	0.1	0.0	0.0	15.7	29.9	41.4	46.6	46.5	41.1	29.4	15.1	0.0
0.0	0.0	0.0	0.0	21.8	43.6	63.8	70.1	70.1	63.6	43.4	21.6	0.0
0.0	0.0	0.0	0.0	27.9	58.9	100.0	100.0	100.0	100.0	58.8	27.8	0.0
0.0	0.0	0.0	0.0	31.1	63.9	100.0	100.0	100.0	100.0	63.9	31.0	0.0
0.0	0.0	0.0	0.0	32.4	65.7	100.0	100.0	100.0	100.0	65.6	32.4	0.0
0.0	0.0	0.0	0.0	33.0	66.3	100.0	100.0	100.0	100.0	66.3	33.0	0.0
0.0	0.0	0.0	0.0	33.2	66.5	100.0	100.0	100.0	100.0	66.5	33.2	0.0
0.0	0.0	0.0	0.0	33.3	66.6	100.0	100.0	100.0	100.0	66.6	33.3	0.0
0.0	0.0	0.0	0.0	33.3	66.6	100.0	100.0	100.0	100.0	66.6	33.3	0.0
0.0	0.0	0.0	0.0	33.3	66.7	100.0	100.0	100.0	100.0	66.7	33.3	0.0
0.0	0.0	0.0	0.0	33.3	66.7	100.0	100.0	100.0	100.0	66.7	33.3	0.0
0.0	0.0	0.0	0.0	33.3	66.7	100.0	100.0	100.0	100.0	66.7	33.3	0.0
0.0	0.0	0.0	0.0	33.3	66.7	100.0	100.0	100.0	100.0	66.7	33.3	0.0
0.0	0.0	0.0	0.0	33.3	66.7	100.0	100.0	100.0	100.0	66.7	33.3	0.0
0.0	0.0	0.0	0.0	33.3	66.7	100.0	100.0	100.0	100.0	66.7	33.3	0.0
0.0	0.0	0.0	0.0	33.3	66.6	100.0	100.0	100.0	100.0	66.6	33.3	0.0
0.0	0.0	0.0	0.0	33.3	66.6	100.0	100.0	100.0	100.0	66.6	33.3	0.0
0.0	0.0	0.0	0.0	33.2	66.5	100.0	100.0	100.0	100.0	66.5	33.2	0.0
0.0	0.0	0.0	0.0	33.0	66.3	100.0	100.0	100.0	100.0	66.3	33.0	0.0
0.0	0.0	0.0	0.0	32.5	65.7	100.0	100.0	100.0	100.0	65.7	32.4	0.0
0.0	0.0	0.0	0.0	31.1	63.9	100.0	100.0	100.0	100.0	63.9	31.0	0.0
0.0	0.0	0.0	0.0	28.0	58.9	100.0	100.0	100.0	100.0	58.8	27.9	0.0
0.0	0.0	0.0	0.0	21.9	43.7	63.9	70.3	70.2	63.7	43.4	21.6	0.0
0.0	0.1	0.0	0.0	15.8	30.0	41.5	46.8	46.7	41.2	29.5	15.1	0.0
0.0	0.5	1.4	3.8	11.1	18.9	25.3	28.5	28.4	24.9	18.1	9.4	0.0
0.0	0.4	1.1	2.7	5.7	9.2	12.0	13.5	13.4	11.7	8.6	4.5	0.0
0.0	0.0	0.0	0.0	0.0	0.0	0.0	0.0	0.0	0.0	0.0	0.0	0.0

B.2 例 12.5 的计算机程序

```
C FINITE ELEMENT PROGRAM.
      DIMENSION X(20),Y(20),NE(20,20),TI(20,20),TIN
       (20,20),
     1U(20),XL(20,3),YL (20,3),B (20,2,3),IB
       (3,3),AREA (20),
     2P(20,3,3),BT(20,3,2),A(20,3,3), AA(20,20,
       20),S(20,20),
     3SA(20,20),TTI(20,20),SL(20,20),SAR(20,20),
       R(20),UN(20),
     4BB(20,20),SLINV(20,20)
      LM=20
C
```

```
C MN:  NUMBER OF NODES
C ME:  NUMBER OF ELEMENTS
C MS:  NUMBER OF NODES AT WHICH THE POTENTIALS ARE
         KNOWN
C MU:  NUMBER OF NODES AT WHICH THE POTENTIALS ARE
         UNKNOWN
C X:   X-COORDINATE
C Y:   Y-COORDINATE
C
      READ(5,110) MN
      READ(5,110) ME
      READ(5,110) MS
      READ(5,110) MU
  110 FORMAT(I3)
      IMU=2*MU
      DO 1 I=1,MN
      READ(5,100) X(I)
      READ(5,100) Y(I)
  100 FORMAT(F10.3)
    1 CONTINUE
C
C NE:  CONNECTION MATRIX WITH ELEMENTS WITH THEIR
         RELATED NODES.
C     IF THE NODE NUMBER IS RELATED TO AN ELEMENT,
         THEN NE=1,
C     OTHERWISE IT IS ZERO.
C
      READ(5,101) ((NE(I,J),J=1,MN),I=1,ME)
  101 FORMAT(16I1)
      READ(5,102) ((TI(I,J),J=1,MN),I=1,MU)
      READ(5,103) ((TIN(I,J),J=1,MS),I=1,MN)
  102 FORMAT(16F4.1)
  103 FORMAT(12F4.1)
C
C U: KNOWN POTENTIAL VALUES.
C
      DO 2 I=1,MS
      READ(5,100) U(I)
    2 CONTINUE
C
C IB: A WORK MATRIX
C
      READ(5,105) ((IB(I,J),J=1,3),I=1,3)
  105 FORMAT(3I2)
C
C  TRANSFORMATION FROM GLOBAL TO LOCAL COORDINATES.
C
      DO 5 I=1,ME
      K=0
      DO 5 J=1,MN
```

```
      IF(NE(I,J).EQ.0) GO TO 5
      K=K+1
      XL(I,K)=NE(I,J)*X(J)
      VL(I,K)=NE(I,J)*Y(J)
    5 CONTINUE
      WRITE(6,600) ((XL(I,J),J=1,3),I=1,ME)
  600 FORMAT(1X,'XL',3F5.1)
      WRITE(6,601) ((YL(I,J),J=1,3),I=1,ME)
  601 FORMAT(1X,'YL',3F5.1)
C
C CALCULATION OF ELEMENT AREAS
C
      DO 22 K=1,ME
      AREA(K)=0.0
      DO 6 I=1,3
      B(K,1,I)=0.0
      B(K,2,I)=0.0
      DO 7 J=1,3
      B(K,1,I)=B(K,1,I)+YL(K,J)*IB(J,I)
      B(K,2,I)=B(K,2,I)-XL(K,J)*IB(J,I)
    7 CONTINUE
      AREA(K)=AREA(K)+B(K,1,I)*XL(K,I)
    6 CONTINUE
      IF(AREA(K).LT.0.0) AREA(K)= -1.*AREA(K)
   22 CONTINUE
      WRITE(6,605)(((B(K,J,I),I=1,3),J=1,2),
     K=1,ME)
  605 FORMAT(1X,'B',3F5.1)
      WRITE(6,606) (AREA(K),K=1,ME)
  606 FORMAT(1X,'TA',8F5.1)
      DO 8 K=1,ME
      DO 8 I=1,3
      B(K,1,I)=B(K,1,I)/AREA(K)
    8 B(K,2,I)=B(K,2,I)/AREA(K)
      DO 10 K=1,ME
      DO 10 I=1,2
      DO 10 J=1,3
   10 BT(K,J,I)=B(K,I,J)
      WRITE(6,230)(((BT (K,I,J),J=1,2),I=1,3),
      K=1,ME)
  230 FORMAT(1X,'BT',2F5.1)
      DO 9 K=1,ME
      DO 9 I=1,3
      DO 9 J=1,3
      P(K,I,J)=0.0
      DO 9 L=1,2
      P(K,I,J)=P(K,I,J)+BT(K,I,L)*B(K,L,J)
    9 CONTINUE
      WRITE(6,650) (((P(K,I,J),J=1,3), I= 1,3),
     K=1,ME)
```

```
  650 FORMAT (1X,'P',3F5.1)
      DO 11 K=1,ME
      DO 11 I=1,3
      DO 11 J=1,3
   11 A(K,I,J)=P(K,I,J)*AREA(K)/2.
      WRITE(6,701) (((A (K,I,J),J=1,3),I=1,3),
     K=1,ME)
  701 FORMAT(1X,'A',3F7.2)
C AUGMENTING THE MATRIX.
      DO 12 L=1,ME
      I=0
      DO 12 J=1,MN
      IF(NE(L,J).EQ.0) GO TO 17
      I=I+1
   17 K=0
      DO 12 M=1,MN
      IF((NE(L,J)*NE(L,M)).EQ.0) GO TO 18
      K=K+1
      AA(L,J,M)=A(L,I,K)
      GO TO 12
   18 AA(L,J,M)=0.0
   12 CONTINUE
      WRITE(6,700) (((AA(K,I,J),J=1,MN),I=1,MN),
     K=1,ME)
  700 FORMAT(1X,'AA',9F7.2)
C ADDING A'S.
      DO 15 I=1,MN
      DO 15 J=1,MN
      S(I,J)=0.0
      DO 15 L=1,ME
   15 S(I,J)=S(I,J)+AA(L,I,J)
      WRITE(6,500) ((S(I,J),J=1,MN),I=1,
     MN)
  500 FORMAT(1X,'S',9F7.2)
C SOLVING THE EQUATIONS.
      WRITE(6,499) ((TI(I,J),J=1,MN),I=1,MU)
  499 FORMAT(1X,'IT',9F4.1)
      CALL MMULT(TI,S,SA,MU,MN,MN,LM)
      WRITE(6,501) ((SA(I,J),J=1,MN),I=1,MU)
  501 FORMAT(1X,'SA',9F7.2)
      CALL TRMAT(TI,TTI,MU,MN,LM)
      WRITE(6,498)((TTI(I,J),J=1,MU),I=1,MN)
  498 FORMAT(1X,'ITT',F4.1)
      CALL MMULT(SA,TTI,SL,MU,MN,MU,LM)
      WRITE(6,503) ((SL(I,J),J=1,MN),I=1,MU)
  503 FORMAT(1X,'SL',F7.2)
      CALL MMULT(SA,TIN,SAR,MU,MN,MS,LM)
      WRITE(6,497) ((TIN(I,J),J=1,MS),I=1,MN)
  497 FORMAT(1X,'INT',8F4.1)
      WRITE(6,504) ((SAR(I,J),J=1,MS),I=1,MU)
```

```
504  FORMAT(1X,'SAR',8F7.2)
     CALL MVULT(SAR,U,R,MU,MS,LM)
     WRITE(6,505) (R(I),I=1,MU)
505  FORMAT(1X,'R',F7.2)
     CALL CMINV(SL,BB,SLINV,MU,IMU,LM)
     CALL MVULT(SLINV,R,UN,MU,MU,LM)
     WRITE(6,400) (UN(I),I=1,MU)
400  FORMAT(1X,'UN',F10.3)
     STOP
     END
C  VARIOUS USEFUL SUBROUTINES
     SUBROUTINE MMULT(A,B,C,M,N,L,LM)
     DIMENSION A(LM,LM),B(LM,LM),C(LM,LM)
     DO 5 I=1,M
     DO 5 J=1,L
     C(I,J)=0.0
     DO 5 K=1,N
     C(I,J)=C(I,J)+A(I,K)*B(K,J)
   5 CONTINUE
     RETURN
     END
     SUBROUTINE MVULT(A,B,C,M,N,LM)
     DIMENSION A(LM,LM),B(LM),C(LM)
     DO 5 I=1,M
     C(I)=0.0
     DO 5 J=1,N
     C(I)=C(I)+ A(I,J)*B(J)
   5 CONTINUE
     RETURN
     END
     SUBROUTINE TRMAT(A,B,M,N,LM)
     DIMENSION A(LM,LM),B(LM,LM)
     DO 5 I=1,M
     DO 5 J=1,N
     B(J,I)=A(I,J)
   5 CONTINUE
     RETURN
     END
     SUBROUTINE CMINV(A,B,C,M,N,LM)
     DIMENSION A(LM,LM),B(LM,LM),C(LM,LM)
     DO 6 I=1,M
     DO 6 J=1,M
     IF(I. EQ. J) GO TO 11
     A(I,M+J)=0.0
     GO TO 6
  11 A(I,M+J)=1.0
   6 CONTINUE
     DO 5 J=1,M
     DO 5 I=1,M
     IF(I.EQ.J) GO TO 5
```

```
      IF(A(J,J).EQ.0.) GO TO 28
      GO TO 38
   28 DO 20 K=1,N
      B(J,K)=A(J+1,K)
   20 B(J+1,K)=A(J,K)
      DO 25 K=1,N
      A(J,K)=B(J,K)
   25 A(J+1,K)=B(J+1,K)
   38 PIVOT=A(I,J)/A(J,J)
      DO 15 K=1,N
      A(I,K)=A(I,K)-(PIVOT)*A(J,K)
   15 CONTINUE
    5 CONTINUE
      DO 10 I=1,M
      DO 10 J=1,N
      C(I,J)=A(I,J)/A(I,I)
   10 CONTINUE
      DO 7 I=1,M
      DO 7 J=1,M
    7 C(I,J)=C (I,M+J)
      RETURN
      END
```

Data File

```
009
008
008
001
0.
2.
1.
2.
2.
2.
0.
1.
1.
1.
2.
1.
0.
0.
1.
0.
2.
0.
100110000
110010000
011010000
001011000
```

```
000110100
000010110
000010011
000011001
0.    0.    0.   0.   1.   0.   0.   0.   0.
-1.   0.    0.   0.   0.   0.   0.   0.
0.    -1.   0.   0.   0.   0.   0.   0.
0.    0.    -1.  0.   0.   0.   0.   0.
0.    0.    0.   -1.  0.   0.   0.   0.
0.    0.    0.   0.   0.   0.   0.   0.
0.    0.    0.   0.   -1.  0.   0.   0.
0.    0.    0.   0.   0.   -1.  0.   0.
0.    0.    0.   0.   0.   0.   -1.  0.
0.    0.    0.   0.   0.   0.   0.   -1.
1.
1.
1.
0.
0.
0.
0.
0.
0.    -101
010   -1
-1010
```

B.3 例12.6的计算机程序

```
       DIMENSION MR(35),TI(35,35),TIN(35,35),U(35)
       DIMENSION NE(35,35),X(35),Y(35),
      1XL(35,3),YL(35,3),B(35,2,3),IB(3,3),
       AREA(35),
      2P(35,3,3),BT(35,3,2),A(35,3,3),AA(35,35,35),
       S(35,35),
      3SA(35,35),TTI(35,35),SL(35,35),SAR(35,35),
       R(35),UN(35),
        4BB(35,35),SLINV(35,35)
         LM=35
C  FI: ANGULAR INCREMENT IN DEGREES.
C  RO: OUTER SHEATH RADIUS IN CM.
C  RI: INNER CONDUCTOR RADIUS IN CM.
C   G: RADIAL INCREMENT IN CM.
C   V: POTENTIAL VALUES.
         READ(5,200) FI
         READ(5,200) RO
         READ(5,200) RI
         READ(5,200) G
         READ(5,200) V1
```

```
      READ(5,200) V2
      READ(5,200) V3
      READ(5,200) V4
200   FORMAT(F10.3)
C
C
      CALL MG(FI,RO,RI,G,LM,NE,X,Y,NJ,NKK,MN,ME)
      CALL BC(MR,NJ,NKK,MN,TI,TIN,U,LM,V1,V2,V3,
       V4,MU 1,MS)
C
      CALL FINEL(X,Y,NE,TI,TIN,U,MU,MS,ME,MN,LM,
      UN,XL,YL,B,IB,AREA,P,BT 1,A,AA,S,SA,TTI,SL,
       SAR,R,BB,SLINV)
      STOP
      END
C
      SUBROUTINE BC(MR,NJ,NKK,MN,TI,TIN,U,LM,V1,
       V2,V3 1,V4,MU,MS)
C   A SUBROUTINE THAT SETS THE BOUNDARIES.
      DIMENSION MR(LM),TI(LM,LM),TIN(LM,LM),U(LM)
      NX1=NJ
      NX2=NJ
      NY1=1
      NY2=NKK
C
      MS=0
      MU=0
C
      DO 21 I=1,NJ
      DO 21 J=1,NKK
      IJ=NJ* (J-1)
      MR (I+IJ)=1
      IF(I.LE.NX1.AND.J.LE.NY1) GO TO 10
      IF(I.GE.NX2.AND.J.LE.NY1) GO TO 11
      IF(I.LE.NX1.AND.J.GE.NY2) GO TO 12
      IF(I.GE.NX2.AND.J.GE.NY2) GO TO 13
      GO TO 21
10    MS=MS+1
      MR(I+IJ)=2
      GO TO 21
11    MS=MS+1
      MR(I+IJ)=3
      GO TO 21
12    MS=MS+1
      MR(I+IJ)=4
      GO TO 21
13    MS=MS+1
      MR(I+IJ)=5
21    CONTINUE
C
```

```
      MS=0
      DO 30 I=1,MN
      IF(MR(I)-2) 30,31,31
   31 MS=MS+1
      TIN(I,MS)= -1.
      IF(MR(I)-3) 32,33,34
   32 U(MS)=V1
      GO TO 30
   33 U(MS)=V2
      GO TO 30
   34 IF(MR(I)-4) 30,35,36
   35 U(MS)=V3
      GO TO 30
   36 U(MS)=V4
   30 CONTINUE
C
      MU=0
      DO 40 I=1,MN
      IF(MR(I)-1) 40,41,40
   41 MU=MU+1
      TI(MU,I)=1.
   40 CONTINUE
C
      WRITE(6,103)
  103 FORMAT(1X,'U')
      WRITE(6,100) (U(I),I=1,MS)
  100 FORMAT(1X,F10.3)
      WRITE(6,110) (MR(I),I=1,MN)
  110 FORMAT(1X,'MR',I3)
      RETURN
      END
C
      SUBROUTINE MG(FI,RO,RI,G,LM,NE,X,Y,NJ,NKK,
     MN,ME)
C A SUBROUTINE THAT GENERATES MESHES.
      DIMENSION NE(LM,LM),X(LM),Y(LM)
      NJ=90./FI
      PI=3.14159
      FI=FI*PI/180.
      NJ=NJ+1
      NK= (RO-RI)/G
      NJJ=NJ-1
      ME=2*NJJ*NK
      NKK=NK+1
      MN=NJ*NKK
      NRC=NJ/2
      NRCC=NRC*2
      GG=1.6
      IF(NRCC.EQ.NJ) GO TO 11
      NMC=NRC
      GO TO 16
```

```
   11 NMC=NRC-1
C
   16 DO 21 I=1,NJ
      DO 21 J=1,NKK
      IJ=NJ*(J-1)
      RR=RO-(GG*(J-1))
      IF(J.EQ.NKK) RR=RI
      THETA=(PI/2)-(I-1)*FI
      X(I+IJ)=RR*COS(THETA)
      Y(I+IJ)=RR*SIN(THETA)
   21 CONTINUE
C
      WRITE(6,300) NJ,NK,NJJ,ME,NKK,MN,NRC,NMC
  300 FORMAT(1X,8I3)
      DO 5 I=1,NRC
      NERO=1+(I-1)*4
      NFRO=1+(I-1)*2
      NSRO=1+NJ+(I-1)*2
      NTRO=NSRO+1
C
      NERE=2+(I-1)*4
      NFRE=NFRO
      NSRE=NFRE+1
      NTRE=NSRE+NJ
C
      DO 10 K=1,NK
      NE(NERO,NFRO)=1
      NE(NERO,NSRO)=1
      NE(NERO,NTRO)=1
      NERO=NERO+2*(NJ-1)
      NFRO=NFRO+NJ
      NSRO=NSRO+NJ
C
      KI=K/2
      KS=KI*2
      IF(KS.EQ.K) NTRO=NTRO+2*NJ
   10 CONTINUE
C
      DO 15 K=1,NK
      NE(NERE,NFRE)=1
      NE(NERE,NSRE)=1
      NE(NERE,NTRE)=1
      NERE=NERE+2*(NJ-1)
C
      KI=K/2
      KS=KI*2
      IF(KS.EQ.K) GO TO 20
      NFRE=NFRE+2*NJ
      NSRE=NSRE+2*NJ
      GO TO 15
```

```
   20 NTRE=NTRE+2*NJ
   15 CONTINUE
    5 CONTINUE
C
C
      DO 8 I=1,NMC
      NEMO=3+(I-1)*4
      NFMO=3+(I-1)*2
      NSMO=NFMO-1
      NTMO=NSMO+NJ
C
      NEME=4+(I-1)*4
      NFME=NFMO
      NSME=NFME+NJ
      NTME=NSME-1
C
      DO 18 K=1,NK
      NE(NEMO,NFMO)=1
      NE(NEMO,NSMO)=1
      NE(NEMO,NTMO)=1
      NEMO=NEMO+2*(NJ-1)
C
      KI=K/2
      KS=KI*2
      IF(KS.EQ.K) GO TO 28
      NFMO=NFMO+2*NJ
         NSMO=NSMO+2*NJ
         GO TO 18
   28 NTMO=NTMO+2*NJ
   18 CONTINUE
C
      DO 19 K=1,NK
      NE(NEME,NFME)=1
      NE(NEME,NSME)=1
      NE(NEME,NTME)=1
      NEME=NEME+2*(NJ-1)
      NFME=NFME+NJ
      NSME=NSME+NJ
C
      KI=K/2
      KS=KI*2
      IF(KS.EQ.K) NTME=NTME+2*NJ
   19 CONTINUE
    8 CONTINUE
      DO 9 I=1,MN
      WRITE(6,110) X(I),Y(I)
  110 FORMAT(1X,2F10.3)
    9 CONTINUE
      WRITE(6,100) ((NE(I,J),J=1,MN),I=1,ME)
  100 FORMAT(1X,'NE',20I2)
```

```
      RETURN
      END
C
C
      SUBROUTINE FINEL(X,Y,NE,TI,TIN,U,MU,MS,ME,
       MN,LM,UN,XL,YL,B,IB,AREA1,P,BT,A,AA,S,SA,
        TTI,SL,SAR,R,BB,SLINV)
C
C  FINITE ELEMENT PROGRAM.
       DIMENSION X(LM),Y(LM),NE(LM,LM),TI(LM,LM),
        TIN(LM,LM),
      1U(LM),XL(LM,3),YL(LM,3),B(LM,2,3),
        IB(3,3),AREA(LM),
      2P(LM,3,3),BT(LM,3,2),A(LM,3,3),AA(LM,LM,
        LM),S(LM,LM),
      3SA(LM,LM),TTI(LM,LM),SL(LM,LM),SAR(LM,LM),
        R(LM),UN(LM),
      4BB(LM,LM),SLINV(LM,LM)
       IMU=2*MU
       IB(1,1)=0
       IB(1,2)= -1
       IB(1,3)=1
       IB(2,1)=1
       IB(2,2)=0
       IB(2,3)=-1
       IB(3,1)=-1
       IB(3,2)=1
       IB(3,3)=0
C   TRANSFORMATION FROM GLOBAL TO LOCAL COORDINATES.
       DO 5 I=1,ME
       K=0
       DO 5 J=1,MN
       IF(NE(I,J).EQ.0) GO TO 5
       K=K+1
       XL(I,K)=NE(I,J)*X(J)
       YL(I,K)=NE(I,J)*Y(J)
     5 CONTINUE
       WRITE(6,600) ((XL(I,J),J=1,3),I=1,ME)
   600 FORMAT(1X,'XL',3F5.1)
       WRITE(6,601) ((YL(I,J),J=1,3),I=1,ME)
   601 FORMAT(1X,'YL',3F5.1)
       DO 22 K=1,ME
       AREA(K)=0.0
       DO 6 I=1,3
       B(K,1,I)=0.0
       B(K,2,I)=0.0
       DO 7 J=1,3
       B(K,1,I)=B(K,1,I)+YL(K,J)*IB(J,I)
       B(K,2,I)=B(K,2,I)-XL(K,J)*IB(J,I)
     7 CONTINUE
```

```
      AREA(K)=AREA(K)+B(K,1,I)*XL(K,I)
    6 CONTINUE
      IF(AREA(K).LT.0.0) AREA(K)=-1.*AREA(K)
   22 CONTINUE
      WRITE(6,606) (AREA(K),K=1,ME)
  606 FORMAT(1X,'TA',8F5.1)
      DO 8 K=1,ME
      DO 8 I=1,3
      B(K,1,I)=B(K,1,I)/AREA(K)
    8 B(K,2,I)=B(K,2,I)/AREA(K)
      DO 10 K=1,ME
      DO 10 I=1,2
      DO 10 J=1,3
   10 BT(K,J,I)=B(K,I,J)
      DO 9 K=1,ME
      DO 9 I=1,3
      DO 9 J=1,3
      P(K,I,J)=0.0
      DO 9 L=1,2
      P(K,I,J)=P(K,I,J)+BT(K,I,L)*B(K,L,J)
    9 CONTINUE
      DO 11 K=1,ME
      DO 11 I=1,3
      DO 11 J=1,3
   11 A(K,I,J)=P(K,I,J)*AREA(K)/2.
C AUGMENTING THE MATRIX.
      DO 12 L=1,ME
      I=0
      DO 12 J=1,MN
      IF(NE(L,J).EQ.0) GO TO 17
      I=I+1
   17 K=0
      DO 12 M=1,MN
      IF((NE(L,J)*NE(L,M)).EQ.0) GO TO 18
      K=K+1
      AA(L,J,M)=A(L,I,K)
      GO TO 12
   18 AA(L,J,M)=0.0
   12 CONTINUE
C ADDING A'S.
      DO 15 I=1,MN
      DO 15 J=1,MN
      S(I,J)=0.0
      DO 15 L=1,ME
   15 S(I,J)=S(I,J)+AA(L,I,J)
C SOLVING THE EQUATIONS.
      CALL MMULT(TI,S,SA,MU,MN,MN,LM)
      CALL TRMAT(TI,TTI,MU,MN,LM)
      CALL MMULT(SA,TTI,SL,MU,MN,MU,LM)
      CALL MMULT(SA,TIN,SAR,MU,MN,MS,LM)
```

```
      CALL MVULT(SAR,U,R,MU,MS,LM)
      CALL CMINV(SL,BB,SLINV,MU,IMU,LM)
      CALL MVULT(SLINV,R,UN,MU,MU,LM)
      WRITE(6,400) (UN(I),I=1,MU)
  400 FORMAT(1X,'UN',F10.3)
      RETURN
      END
      SUBROUTINE MMULT(A,B,C,M,N,L,LM)
      DIMENSION A(LM,LM),B(LM,LM),C(LM,LM)
      DO 5 I=1,M
      DO 5 J=1,L
      C(I,J)=0.0
      DO 5 K=1,N
      C(I,J)=C(I,J)+A(I,K)*B(K,J)
    5 CONTINUE
      RETURN
      END
      SUBROUTINE MVULT(A,B,C,M,N,LM)
      DIMENSION A(LM,LM),B(LM),C(LM)
      DO 5 I=1,M
      C(I)=0.0
      DO 5 J=1,N
      C(I)=C(I)+A(I,J)*B(J)
    5 CONTINUE
      RETURN
      END
      SUBROUTINE TRMAT(A,B,M,N,LM)
      DIMENSION A(LM,LM),B(LM,LM)
      DO 5 I=1,M
      DO 5 J=1,N
      B(J,I)=A(I,J)
    5 CONTINUE
      RETURN
      END
      SUBROUTINE CMINV(A,B,C,M,N,LM)
      DIMENSION A(LM,LM),B(LM,LM),C(LM,LM)
      DO 6 I=1,M
      DO 6 J=1,M
      IF(I.EQ.J) GO TO 11
      A(I,M+J)=0.0
      GO TO 6
   11 A(I,M+J)=1.0
    6 CONTINUE
      DO 5 J=1,M
      DO 5 I=1,M
      IF(I.EQ.J) GO TO 5
      IF(A(J,J).EQ.0.) GO TO 28
      GO TO 38
   28 DO 20 K=1,N
      B(J,K)=A(J+1,K)
```

```
   20 B(J+1,K)=A(J,K)
      DO 25 K=1,N
      A(J,K)=B(J,K)
   25 A(J+1,K)=B(J+1,K)
   38 PIVOT=A(I,J)/A(J,J)
      DO 15 K=1,N
      A(I,K)=A(I,K)-(PIVOT)*A(J,K)
   15 CONTINUE
    5 CONTINUE
      DO 10 I=1,M
      DO10 J=1,N
      C(I,J)=A(I,J)/A(I,I)
   10 CONTINUE
      DO 7 I=1,M
      DO 7 J=1,M
    7 C(I,J)=C(I,M+J)
      RETURN
      END
```

B.4 例12.7的计算机程序

```
C  METHOD OF MOMENT(MOM.CD)
      DIMENSION V(20,40),VB(20),AL(20),R(20,20),
        RO(20),ROE(20),
     1VD(20),VINV(20,40),VV(20,40),RI(20,20),
      VM(20)
      LM=20
      ML=2*LM
      READ(5,100)N
  100 FORMAT(I2)
      NN=2*N
      READ(5,110) VC
      READ(5,110) ROL
      READ(5,110)RA
      READ(5,110) BOY
      READ(5,110) DA
      READ(5,110) AD
  110 FORMAT(F15.5)
      DL=BOY/N
      DO 1 I=1,N
      VB(I)=VC
    1 RO(I)=ROL
      DO 2 J=1,N
      DO 2 I=1,N
      F=1.*(I-J)
      F=ABS(F)
      RSQ=RA**2.+(F*DL)**2.
      R(J,I)=SQRT(RSQ)
      WRITE(6,300) R(J,I),RO(I),DL
```

```
      V(J,I)=9.E09*RO(I)*DL/R(J,I)
      WRITE(6,300) V(J,I)
  300 FORMAT(1X,3E15.3)
    2 CONTINUE
      WRITE(6,300) ((V(I,J),J=1,N),I=1,N)
      CALL CMINV(V,VV,VINV,N,NN,LM,ML)
      CALL MVULT(VINV,VB,AL,N,N,LM)
      ROS=0.
      DO 5 I=1,N
      ROS=ROS+AL(I)*RO(I)
    5 CONTINUE
      DO 6 I=1,N
    6 ROE(I)=AL(I)*RO(I)
      WRITE(6,300) ROS
      WRITE(6,300)(ROE(I),I=1,N)
      DO 18 I=1,N
      DO 18 J=1,N
   18 RI(I,J)=1./R(I,J)
      CALL MVULT(RI,ROE,VD,N,N,LM)
      DO 19 I=1,N
   19 VD(I)=9.E09*DL*VD(I)
      WRITE(6,200) ((R(I,J),J=1,N),I=1,N)
  200 FORMAT(1X,'R',5E15.3)
      WRITE(6,220) (VB(I),I=1,N)
  220 FORMAT(1X,'VB',5E15.3)
      WRITE(6,230) (AL(I),I=1,N)
  230 FORMAT(1X,'AL',5E15.3)
      WRITE(6,250) (VD(I),I=1,N)
  250 FORMAT(1X,'VD',5E15.3)
   32 RA=RA+DA
      DO 22 J=1,N
      DO 22 I=1,N
      F=1.*(I-J)
      F=ABS(F)
      RSQ=RA**2.+(F*DL)**2.
      R(J,I)=SQRT(RSQ)
      RI(J,I)=1./R(J,I)
      WRITE(6,300) R(J,I),RO(I),DL
   22 CONTINUE
      CALL MVULT(RI,ROE,VM,N,N,LM)
      DO 23 I=1,N
   23 VM(I)=9.E09*VM(I)*DL
      WRITE(6,290)(VM(I),I=1,N)
  290 FORMAT(1X,'VM',5E15.3)
      IF(RA.LE.AD) GO TO 32
      STOP
      END
      SUBROUTINE MVULT(A,B,C,M,N,LM)
      DIMENSION A(LM,LM),B(LM),C(LM)
      DO 5 I=1,M
```

```
        C(I)=0.0
        DO 5 J=1,N
        C(I)=C(I)+A(I,J)*B(J)
    5   CONTINUE
        RETURN
        END
        SUBROUTINE CMINV(A,B,C,M,N,LM,ML)
        DIMENSION A(LM,ML),B(LM,ML),C(LM,ML)
        DO 6 I=1,M
        DO 6 J=1,M
        IF(I.EQ.J) GO TO 11
        A(I,M+J)=0.0
        GO TO 6
   11   A(I,M+J)=1.0
    6   CONTINUE
        DO 5 J=1,M
        DO 5 I=1,M
        IF(I.EQ.J) GO TO 5
        IF(A(J,J).EQ.O.) GO TO 28
        GO TO 38
   28   DO 20 K=1,N
        B(J,K)=A(J+1,K)
   20   B(J+1,K)=A(J,K)
        DO 25 K=1,N
        A(J,K)=B(J,K)
   25   A(J+1,K)=B(J+1,K)
   38   PIVOT=A(I,J)/A(J,J)
        DO 15 K=1,N
        A(I,K)=A(I,K)-(PIVOT)*A(J,K)
   15   CONTINUE
    5   CONTINUE
        DO 10 I=1,M
        DO10 J=1,N
        C(I,J)=A(I,J)/A(I,I)
   10   CONTINUE
        DO 7 I=1,M
        DO 7 J=1,M
    7   C(I,J)=C(I,M+J)
        RETURN
        END
```

附录 C　应用数学公式表

C.1　级数简表

$$(1+x)^{n}=1+nx+\frac{n(n-1)}{2!}x^{2}+\frac{n(n-1)(n-2)}{3!}x^{3}+\cdots|x|<1$$

$$(1-x)^{n}=1-nx+\frac{n(n-1)}{2!}x^{2}-\frac{n(n-1)(n-2)}{3!}x^{3}+\cdots|x|<1$$

$$(1-x)^{-n}=1+nx+\frac{n(n+1)}{2!}x^{2}+\frac{n(n+1)(n+2)}{3!}x^{3}+\cdots|x|<1$$

$$1+\frac{1}{2}+\frac{1}{3}+\frac{1}{4}+\cdots=\infty$$

$$1-\frac{1}{2}+\frac{1}{3}-\frac{1}{4}+\cdots=\ln(2)$$

$$1-\frac{1}{3}+\frac{1}{5}-\frac{1}{7}+\cdots=\frac{\pi}{4}$$

$$1+\frac{1}{2^{2}}+\frac{1}{3^{2}}+\frac{1}{4^{2}}+\cdots=\frac{\pi^{2}}{6}$$

$$1-\frac{1}{2^{2}}+\frac{1}{3^{2}}-\frac{1}{4^{2}}+\cdots=\frac{\pi^{2}}{12}$$

$$1+\frac{1}{3^{2}}+\frac{1}{5^{2}}+\frac{1}{7^{2}}+\cdots=\frac{\pi^{2}}{8}$$

$$\sin(x)=x-\frac{x^{3}}{3!}+\frac{x^{5}}{5!}-\frac{x^{7}}{7!}+\cdots$$

$$\cos(x)=1-\frac{x^{2}}{2!}+\frac{x^{4}}{4!}-\frac{x^{6}}{6!}+\cdots$$

$$\ln(1+x)=\sum_{n=1}^{\infty}(-1)^{n+1}\frac{x^{n}}{n}\quad \text{对所有 } x$$

C.2　三角恒等式表

$$e^{\theta}=\cosh(\theta)+\sinh(\theta)=1+\theta+\frac{\theta^{2}}{2!}+\frac{\theta^{3}}{3!}+\frac{\theta^{4}}{4!}+\cdots$$

$$e^{j\theta}=\cos(\theta)+j\sin(\theta)\quad \text{这里 } j=\sqrt{-1}$$

$$\cosh(\theta)=\frac{1}{2}[e^{\theta}+e^{-\theta}]$$

$$\sinh(\theta)=\frac{1}{2}[e^{\theta}-e^{-\theta}]$$

$$\cos(\theta)=\frac{1}{2}[e^{j\theta}+e^{-j\theta}]$$

$$\sin(\theta)=\frac{1}{2j}[e^{j\theta}-e^{-j\theta}]$$

$$\sin(-\alpha)=-\sin(\alpha)\qquad \sin(\alpha)=\cos(\alpha-\pi/2)$$

$$\cos(-\alpha)=\cos(\alpha)\qquad \cos(\alpha)=-\sin(\alpha-\pi/2)$$

$\cosh(j\alpha)=\cos(\alpha)$

$\sinh(j\alpha)=j\sin(\alpha)$

$\cos(j\beta)=\cosh(\beta)$

$\sin(j\beta)=j\sinh(\beta)$

$\sinh(\alpha+\beta)=\sinh(\alpha)\cosh(\beta)+\cosh(\alpha)\sinh(\beta)$

$\cosh(\alpha+\beta)=\cosh(\alpha)\cosh(\beta)+\sinh(\alpha)\sinh(\beta)$

$\sinh(\alpha+j\beta)=\sinh(\alpha)\cos(\beta)+j\cosh(\alpha)\sin(\beta)$

$\cosh(\alpha+j\beta)=\cosh(\alpha)\cos(\beta)+j\sinh(\alpha)\sin(\beta)$

$\sin(\alpha+j\beta)=\sin(\alpha)\cosh(\beta)+j\cos(\alpha)\sinh(\beta)$

$\sin(\alpha-j\beta)=\sin(\alpha)\cosh(\beta)-j\cos(\alpha)\sin(\beta)$

$\cos(\alpha+j\beta)=\cos(\alpha)\cosh(\beta)-j\sin(\alpha)\sinh(\beta)$

$\cos(\alpha-j\beta)=\cos(\alpha)\cosh(\beta)+j\sin(\alpha)\sinh(\beta)$

$\sin(\alpha+\beta)=\sin(\alpha)\cos(\beta)+\cos(\alpha)\sin(\beta)$

$\cos(\alpha+\beta)=\cos(\alpha)\cos(\beta)-\sin(\alpha)\sin(\beta)$

$\sin(2\alpha)=2\sin(\alpha)\cos(\alpha)$

$\sin(3\alpha)=3\sin(\alpha)-4\sin^3(\alpha)$

$$\begin{aligned}\cos(2\alpha)&=\cos^2(\alpha)-\sin^2(\alpha)\\&=2\cos^2(\alpha)-1\\&=1-2\sin^2(\alpha)\end{aligned}$$

$\cos(3\alpha)=4\cos^3(\alpha)-3\cos(\alpha)$

$\sin^2(\alpha)+\cos^2(\alpha)=1$

$1+\tan^2(\alpha)=\sec^2(\alpha)\quad 1+\cot^2(\alpha)=\csc^2(\alpha)$

$$\sin^2(\alpha)=\frac{1}{2}(1-\cos(2\alpha))$$

$$\cos^2(\alpha)=\frac{1}{2}(1+\cos(2\alpha))$$

$$\sin^3(\alpha)=\frac{1}{4}(3\sin(\alpha)-\sin(3\alpha))$$

$$\cos^3(\alpha)=\frac{1}{4}(3\cos(\alpha)+\cos(3\alpha))$$

$2\sin(\alpha)\cos(\beta)=\sin(\alpha+\beta)+\sin(\alpha-\beta)$

$2\cos(\alpha)\cos(\beta)=\cos(\alpha+\beta)+\cos(\alpha-\beta)$

$2\sin(\alpha)\sin(\beta)=\cos(\alpha-\beta)-\cos(\alpha+\beta)$

$$\tan(\alpha+\beta)=\frac{\tan(\alpha)+\tan(\beta)}{1-\tan(\alpha)\tan(\beta)}$$

C.3 不定积分表(下列积分中 C 为积分常数)

令 $X=\sqrt{a^2+x^2}$

$$\int x^{1/2}\mathrm{d}x=\frac{2}{3}x^{3/2}+C$$

$$\int\frac{\mathrm{d}x}{\sqrt{x}}=2\sqrt{x}+C$$

$$\int X\mathrm{d}x = \frac{1}{2}xX + \frac{a^2}{2}\ln|x + X| + C$$

$$\int xX\mathrm{d}x = \frac{1}{3}X^3 + C$$

$$\int \frac{\mathrm{d}x}{X} = \ln[x + X] + C$$

$$\int \frac{\mathrm{d}x}{X^3} = \frac{1}{a^2} \quad \frac{x}{X} + C$$

$$\int \frac{\mathrm{d}x}{X^5} = \frac{1}{a^4}\left[\frac{x}{X} - \frac{1}{3}\ \frac{x^3}{X^3}\right] + C$$

$$\int \frac{x\mathrm{d}x}{X} = X + C$$

$$\int \frac{x\mathrm{d}x}{X^3} = -\frac{1}{X} + C$$

$$\int \frac{x\mathrm{d}x}{X^5} = -\frac{1}{3X^3} + C$$

$$\int \frac{\mathrm{d}x}{a^2 + x^2} = \frac{1}{a}\tan^{-1}(x/a) + C$$

$$\int \frac{\mathrm{d}x}{(a^2 + x^2)^2} = \frac{x}{2a^2(a^2 + x^2)} + \frac{1}{2a^3}\tan^{-1}(x/a) + C$$

$$\int \frac{x\mathrm{d}x}{a^2 + x^2} = \frac{1}{2}\ln|a^2 + x^2| + C$$

$$\int \frac{x\mathrm{d}x}{(a^2 + x^2)^2} = -\frac{1}{2(a^2 + x^2)} + C$$

$$\int \frac{\mathrm{d}x}{a^2 - x^2} = \frac{1}{2a}\ln|(a + x)/(a - x)| + C = \frac{1}{a}\tanh^{-1}(x/a) + C$$

$$\int \frac{x\mathrm{d}x}{(a^2 - x^2)} = -\frac{1}{2}\ln|a^2 - x^2| + C$$

$$\int \sin(ax)\mathrm{d}x = -\frac{1}{a}\cos(ax) + C$$

$$\int \cos(ax)\mathrm{d}x = \frac{1}{a}\sin(ax) + C$$

$$\int \sin^2(ax)\mathrm{d}x = \frac{x}{2} - \frac{\sin(2ax)}{4a} + C$$

$$\int \cos^2(ax)\mathrm{d}x = \frac{x}{2} + \frac{\sin(2ax)}{4a} + C$$

$$\int \sin(ax)\cos(bx)\mathrm{d}x = -\frac{\cos(a + b)x}{2(a + b)} - \frac{\cos(a - b)x}{2(a - b)},\ a \neq \pm b$$

$$\int \sin(ax)\sin(bx)\mathrm{d}x = \frac{\sin(a - b)x}{2(a - b)} - \frac{\sin(a + b)x}{2(a + b)},\ a \neq \pm b$$

$$\int \cos(ax)\cos(bx)\mathrm{d}x = \frac{\sin(a - b)x}{2(a - b)} + \frac{\sin(a + b)x}{2(a + b)},\ a \neq \pm b$$

$$\int \sin(ax)\cos(ax)\mathrm{d}x = -\frac{\cos(2ax)}{4a} + C$$

$$\int \sin^n(ax)\cos(ax)\mathrm{d}x = \frac{\sin^{n+1}(ax)}{(n + 1)a} + C,\ n \neq -1$$

$$\int \tan(ax)\,dx = -\frac{1}{a}\ln|\cos(ax)| + C$$

$$\int \cot(ax)\,dx = \frac{1}{a}\ln|\sin(ax)| + C$$

$$\int x\sin(ax)\,dx = \frac{1}{a^2}\sin(ax) - \frac{x}{a}\cos(ax) + C$$

$$\int x\cos(ax)\,dx = \frac{1}{a^2}\cos(ax) + \frac{x}{a}\sin(ax) + C$$

$$\int \tan^2(ax)\,dx = \frac{1}{a}\tan(ax) - x + C$$

$$\int \cot^2(ax)\,dx = -\frac{1}{a}\cot(ax) - x + C$$

$$\int e^{ax}\,dx = \frac{1}{a}e^{ax} + C$$

$$\int b^{ax}\,dx = \frac{1}{a\ln(b)}b^{ax} + C$$

$$\int xe^{ax}\,dx = \frac{e^{ax}}{a^2}(ax - 1) + C$$

$$\int x^n e^{ax}\,dx = \frac{1}{a}x^n e^{ax} - \frac{n}{a}\int x^{n-1}e^{ax}\,dx$$

$$\int e^{ax}\sin(bx)\,dx = \frac{e^{ax}}{a^2 + b^2}[a\sin(bx) - b\cos(bx)] + C$$

$$\int e^{ax}\cos(bx)\,dx = \frac{e^{ax}}{a^2 + b^2}[a\cos(bx) + b\sin(bx)] + C$$

$$\int \ln(ax)\,dx = x\ln(ax) - x + C$$

$$\int x^n\ln(ax)\,dx = \frac{x^{n+1}}{n+1}\ln(ax) - \frac{x^{n+1}}{(n+1)^2} + C \quad n \neq -1$$

$$\int \frac{1}{x}\ln(ax)\,dx = \frac{1}{2}[\ln(ax)]^2 + C$$

$$\int \sinh(ax)\,dx = \frac{1}{a}\cosh(ax) + C$$

$$\int \cosh(ax)\,dx = \frac{1}{a}\sinh(ax) + C$$

$$\int \tanh(ax)\,dx = \frac{1}{a}\ln[\cosh(ax)] + C$$

$$\int \coth(ax)\,dx = \frac{1}{a}\ln|\sinh(ax)| + C$$

$$\int \operatorname{sech}(ax)\,dx = \frac{1}{a}\sin^{-1}[\tanh(ax)] + C$$

$$\int \operatorname{csch}(ax)\,dx = \frac{1}{a}\ln|\tanh(ax/2)| + C$$

$$\int \sinh^2(ax)\,dx = \frac{\sinh(2ax)}{4a} - \frac{x}{2} + C$$

$$\int \cosh^2(ax)\,dx = \frac{\sinh(2ax)}{4a} + \frac{x}{2} + C$$

$$\int \tanh^2(ax) = x - \frac{1}{a}\tanh(ax) + C$$

$$\int \coth^2(ax)\,dx = x - \frac{1}{a}\coth(ax) + C$$

$$\int \mathrm{sech}^2(ax)\,dx = \frac{1}{a}\tanh(ax) + C$$

$$\int \mathrm{csch}^2(ax)\,dx = -\frac{1}{a}\coth(ax) + C$$

C.4 一部分定积分表

$$\int_0^\infty e^{-ax}dx = \frac{1}{a} \qquad (a > 0)$$

$$\int_0^\infty xe^{-ax}dx = \frac{1}{a^2} \qquad (a > 0)$$

$$\int_0^\infty x^2e^{-ax}dx = \frac{2}{a^3} \qquad (a > 0)$$

$$\int_0^\infty x^ne^{-ax}dx = \frac{n!}{a^{n+1}} \qquad (a > 0,\ n > -1)$$

$$\int_0^\infty x^{1/2}e^{-ax}dx = \frac{1}{2a}\sqrt{\pi/a} \qquad (a > 0)$$

$$\int_0^\infty x^{-1/2}e^{-ax}dx = \sqrt{\pi/a} \qquad (a > 0)$$

$$\int_0^\infty e^{-ax}\sin(bx)\,dx = \frac{b}{a^2 + b^2} \qquad (a > 0)$$

$$\int_0^\infty e^{-ax}\cos(bx)\,dx = \frac{a}{a^2 + b^2} \qquad (a > 0)$$

$$\int_0^\infty xe^{-ax}\sin(bx)\,dx = \frac{2ab}{(a^2 + b^2)^2} \qquad (a > 0)$$

$$\int_0^\infty xe^{-ax}\cos(bx)\,dx = \frac{a^2 - b^2}{(a^2 + b^2)^2} \qquad (a > 0)$$

$$\int_0^{2\pi} \sin(ax)\,dx = 0 \qquad (a = 1, 2, 3, \cdots)$$

$$\int_0^{2\pi} \cos(ax)\,dx = 0 \qquad (a = 1, 2, 3, \cdots)$$

$$\int_0^{2\pi} \sin^2(ax)\,dx = \pi \qquad (a = 1, 2, 3, \cdots)$$

$$\int_0^{2\pi} \cos^2(ax)\,dx = \pi \qquad (a = 1, 2, 3, \cdots)$$

$$\int_0^{\pi} \cos(ax)\,dx = 0 \qquad (a = 1, 2, 3, \cdots)$$

$$\int_0^{\pi} \sin(ax)\,dx = \frac{1}{a}[1 - \cos(a\pi)] \qquad (a = 1, 2, 3, \cdots)$$

$$\int_0^{\pi} \sin^2(ax)\,dx = \frac{\pi}{2} \qquad (a = 1, 2, 3, \cdots)$$

$$\int_0^{\pi}\cos^2(ax)\,dx = \frac{\pi}{2} \qquad (a = 1, 2, 3, \cdots)$$

$$\int_0^{\pi}\sin(ax)\sin(bx) = 0 \quad a \neq b(a\text{和}b\text{是整数})$$

$$\int_0^{\pi}\cos(ax)\cos(bx) = 0 \quad a \neq b(a\text{和}b\text{是整数})$$

$$\int_0^{\pi}\sin(ax)\cos(bx) = 0 \quad a = b(a\text{和}b\text{是整数})$$

$$= a \quad a\neq b\text{但}(a+b)\text{是偶数}$$

$$= \frac{2a}{a^2-b^2} \quad a\neq b\text{但}(a+b)\text{是奇数}$$

$$\int_0^{\pi/2}\sin(ax)\,dx = \frac{1}{a}[1-\cos(a\pi/2)]$$

$$\int_0^{\pi/2}\cos(ax)\,dx = \frac{1}{a}\sin(a\pi/2)$$

$$\int_0^{\pi/2}\sin^2(ax)\,dx = \frac{\pi}{4} \qquad (a = 1, 2, 3, \cdots)$$

$$\int_0^{\pi/2}\cos^2(ax)\,dx = \frac{\pi}{4} \qquad (a = 1, 2, 3, \cdots)$$

C.5 频带(波段)及其注释

频带号	频率范围	基本说明	典型用途
2	30—300 Hz	ELF 极低频	电力
3	300—3000 Hz	VF 声(音)频	
4	3—30 kHz	VLF 甚低频	导航,声纳
5	30—300 kHz	LF 低频	全向无线电信标,助航设备
6	300—3000 kHz	MF 中频	调幅广播,海上无线电业务,海岸巡逻通信,无线电定向
7	3—30 MHz(兆赫)	HF 高频	电话,电报,传真通信,短波国际广播,业余无线电,居民波段
8	30—300 MHz	VHF 甚高频	电视,治安,调频广播,飞行器控制,助航设备,出租汽车无线电通信
9	300—3000 MHz	UHF 超高频	电视,卫星通信,监视(警戒)雷达,助航设备
10	3—30 GHz [吉(千兆)赫]	SHF 特高频	航空雷达,微波中继线,陆地机动运输移动通信,卫星通信
11	30—300 GHz	EHF 极高频	雷达,实验研究

C.6 有耗媒质中 TEM 波若干参数的准确和近似表达式

	准确的	良电介质 $\frac{\sigma}{\omega\varepsilon}\ll 1$	良导体 $\frac{\sigma}{\omega\varepsilon}\gg 1$
衰减常数(Np/m)	$\alpha = \mathrm{Re}\left(j\omega\sqrt{\mu\varepsilon\left(1-j\frac{\sigma}{\omega\varepsilon}\right)}\right)$	$\alpha = \frac{\sigma}{2}\sqrt{\frac{\mu}{\varepsilon}}$	$\alpha = \sqrt{\frac{\omega\mu\sigma}{2}}$
相位常数(rad/m)	$\beta = \mathrm{Im}\left(j\omega\sqrt{\mu\varepsilon\left(1-j\frac{\sigma}{\omega\varepsilon}\right)}\right)$	$\beta = \omega\sqrt{\mu\varepsilon}$	$\beta = \sqrt{\frac{\omega\mu\sigma}{2}}$
本征阻抗(Ω)	$\hat{\eta} = \sqrt{\frac{\mu}{\hat{\varepsilon}}} = \sqrt{\frac{j\omega\mu}{\sigma + j\omega\varepsilon}}$	$\eta = \sqrt{\frac{\mu}{\varepsilon}}$	$\hat{\eta} = (1+j)\sqrt{\frac{\omega\mu}{2\sigma}}$
波长(m)	$\lambda = \frac{2\pi}{\beta}$	$\lambda = \frac{2\pi}{\omega\sqrt{\mu\varepsilon}}$	$\lambda = 2\pi\sqrt{\frac{2}{\omega\mu\sigma}}$
波(相)速(m/s)	$u_p = \frac{\omega}{\beta}$	$u_p = \frac{1}{\sqrt{\mu\varepsilon}}$	$u_p = \sqrt{\frac{2\omega}{\mu\sigma}}$
趋肤深度(m)	$\delta_c = \frac{1}{\alpha}$	$\delta_c = \frac{2}{\sigma}\sqrt{\frac{\varepsilon}{\mu}}$	$\delta_c = \sqrt{\frac{2}{\omega\mu\sigma}}$

C.7 一些物理常数

名 称	符 号	数 值
真空中光速	c	2.988×10^{8} m/s
电子电荷(量)	$\|e\|$	1.602×10^{-19} C
电子(静止)质量	$m(m_e)$	9.109×10^{-31} kg
电子荷质比	$\|e\|/m$	1.759×10^{11} C/kg
真空(自由空间)磁导率	μ_0	$4\pi\times10^{-7}$ H/m
真空(自由空间)电容率	ε_0	$\frac{10^{-9}}{36\pi}\approx8.854\times10^{-12}$ F/m
电子伏(能)	$\|e\|V$	1.602×10^{-19} J
玻尔兹曼常数	k	1.381×10^{-23} J/K
普朗克常数	$h(H)$	6.626×10^{-34} J·s

推荐阅读

信号、系统及推理

作者：(美) Alan V. Oppenheim　George C.Verghese 译者：李玉柏 等

中文版 ISBN：978-7-111-57390-6 英文版 ISBN：978-7-111-57082-0 定价：99.00元

本书是美国麻省理工学院著名教授奥本海姆的最新力作，详细阐述了确定性信号与系统的性质和表示形式，包括群延迟和状态空间模型的结构与行为；引入了相关函数和功率谱密度来描述和处理随机信号。本书涉及的应用实例包括脉冲幅度调制，基于观测器的反馈控制，最小均方误差估计下的最佳线性滤波器，以及匹配滤波；强调了基于模型的推理方法，特别是针对状态估计、信号估计和信号检测的应用。本书融合并扩展了信号与系统时频域分析的基本素材，以及与此相关且重要的概率论知识，这些都是许多工程和应用科学领域的分析基础，如信号处理、控制、通信、金融工程、生物医学等领域。

离散时间信号处理（原书第3版·精编版）

作者：(美) Alan V. Oppenheim　Ronald W. Schafer 译者：李玉柏　潘晔 等

ISBN：978-7-111-55959-7 定价：119.00元

本书是我国数字信号处理相关课程使用的最经典的教材之一，为了更好地适应国内数字信号处理相关课程开设的具体情况，本书对英文原书《离散时间信号处理（第3版）》进行缩编。英文原书第3版是美国麻省理工学院Alan V. Oppenheim教授等经过十年的教学实践，对2009年出版的《离散时间信号处理（第2版）》进行的修订，第3版注重揭示一个学科的基础知识、基本理论、基本方法，内容更加丰富，将滤波器参数设计法、倒谱分析又重新引入到教材中。同时增加了信号的参数模型方法和谱分析，以及新的量化噪声仿真的例子和基于样条推导内插滤波器的讨论。特别是例题和习题的设计十分丰富，增加了130多道精选的例题和习题，习题总数达到700多道，分为基础题、深入题和提高题，可提升学生和工程师们解决问题的能力。

数字视频和高清：算法和接口（原书第2版）

作者：(加) Charles Poynton 译者：刘开华 褚晶辉 等ISBN：978-7-111-56650-2 定价：99.00元

本书精辟阐述了数字视频系统工程理论，涵盖了标准清晰度电视（SDTV）、高清晰度电视（HDTV）和压缩系统，并包含了大量的插图。内容主要包括了：基本概念的数字化、采样、量化和过滤，图像采集与显示，SDTV和HDTV编码，彩色视频编码，模拟NTSC和PAL，压缩技术。本书第2版涵盖新兴的压缩系统，包括NTSC、PAL、H.264和VP8 / WebM，增强JPEG，详细的信息编码及MPEG-2系统、数字视频处理中的元数据。适合作为高等院校电子与信息工程、通信工程、计算机、数字媒体等相关专业高年级本科生和研究生的“数字视频技术”课程教材或教学参考书，也可供从事视频开发的工程技师参考。